中国石油石化工程建设科技大会
论文集

中国石油工程建设协会　编

中国石化出版社

图书在版编目(CIP)数据

中国石油石化工程建设科技大会论文集 / 中国石油工程建设协会编. — 北京 : 中国石化出版社, 2022.8
ISBN 978-7-5114-6774-4

Ⅰ.①中… Ⅱ.①中… Ⅲ.①石油化工-化学工程-中国-学术会议-文集 Ⅳ.①TE65-53

中国版本图书馆 CIP 数据核字(2022)第 120313 号

中国石化出版社出版发行

地址:北京市东城区安定门外大街 58 号
邮编:100011 电话:(010)57512500
发行部电话:(010)57512575
http://www.sinopec-press.com
E-mail:press@sinopec.com
北京艾普海德印刷有限公司印刷
全国各地新华书店经销

*

880×1230 毫米 16 开本 42.5 印张 1214 千字
2023 年 4 月第 1 版 2023 年 4 月第 1 次印刷
定价:380.00 元

前　言

世界百年未有之大变局加速演进，国际环境日趋错综复杂，面对风险和挑战，习近平总书记指出：要瞄准世界科技前沿，强化基础研究，实现前瞻性基础研究、引领性原创成果重大突破，加快建设创新型国家。“十四五”时期中国将开启全面建设社会主义现代化国家新征程，进入向第二个百年目标进军的新阶段，能源行业要在新时期构建新格局，锚定世界一流战略目标，巩固传统核心业务，拓展战略新兴业务，持续完善产业链价值链，加大科技创新，推动数字化转型，增强工作的系统性、预见性和创造性，牢牢掌握发展的主动权，在百舸争流的激烈竞争中抢占先机。近期，为充分发挥国有经济主导作用，主动把握和引领新一代信息技术变革趋势，国资委下发了《关于加快推进国有企业数字化转型工作的通知》，明确提出数字化转型是企业高质量发展的重要引擎，是构筑国际竞争新优势的有效路径，是构建创新驱动发展格局的有力抓手。石油石化行业积极响应国家号召，推动新一代信息技术创新应用，加快推进生产经营数字化，着力培育数字新模式新业态，为数字化转型工作奠定良好开局。

工程建设企业结合生产实际和经营需要在技术和管理上不断创新和突破，持续推进信息技术与工程业务深度融合，积极深化物联网、云计算、大数据、人工智能、区块链等新一代信息技术在工程建设全产业链的应用，提高业务的数字化、可视化、自动化、智能化水平，促进组织架构变革、商业模式创新、流程优化和降本增效，增强企业市场竞争力，推动企业转型升级和高质量发展，全面加强能源安全保障能力。

为积极促进行业科技创新和企业数字化转型，中国石油工程建设协会联合中国建筑业协会、中国石油、中国石化、中国海油和国家管网等相关企业于2023年4月在成都市召开“中国石油石化工程建设科技大会暨创新驱动与数字赋能高质量发展专题交流会”，会议聚焦创新驱动，实施科技赋能，推动石油石化工程建设数字化转型、智能化发展，助力企业加快数字化转型步伐，实现从要素驱动向创新驱动发展，从粗放型向集约化发展，从量的扩张向质的提高发展。

本次大会得到了中国石油、中国石化、中国海油、国家管网等单位的有力指导和大力支持，各相关企事业单位、科研院校积极参与，踊跃投稿。大会共征集学术论文220余篇，经相关专家评审择优收录133篇，内容涉及油气田地面工程、炼油化工工程、油气储运工程、LNG工程、加油站工程、施工及项目管理等各个方面的科技创新和数字化转型、智能化发展的最佳实践，论文整体上反映了国内油气工程建设最新研究成果、技术、方法及应用等进展，具有较高的学术价值和借鉴意义。

本书编委会

2023年4月

目　录

工程设计与管理

数字化与智能化

综合

LNG 接收站再冷凝器操作性能仿真计算

贾保印　刘以荣

(中国寰球工程有限公司北京分公司)

摘　要　结合 LNG 接收站再冷凝器的运维经验，采用动态模拟的工具分别计算研究高压泵启动、BOG 压缩机停机等 2 个典型工况，定量分析再冷凝器各工艺参数的变化趋势和程度，验证控制系统的灵敏度和可靠性，助力和提升再冷凝器的自动化率，指导操作人员实际操作过程。研究计算结果表明：再冷凝器的操作压力随操作工况的变化反应最为迅速，液位受流体惯性的影响存在一定的滞后性；再冷凝器液位浸没填料部分的高度变大和再冷凝器气相操作压力的降低均需更高的液气质量比才能冷凝气相 BOG，是影响液气比的主要因素。

关键词　LNG 接收站；再冷凝器；仿真计算；动态模拟

1　前言

2022 年 2 月 21 日，壳牌发布的 2022 年度《液化天然气(LNG)前景报告》显示，2021 年全球 LNG 贸易量达 3.8 亿吨，同比增长 6%。2021 年美国 LNG 出口增量位居全球第一，同比增长 2400 万吨，2021 年中国 LNG 进口量达 7900 万吨，同比增加 1200 万吨，增幅达 17.9%。此外，自“30・60”碳达峰、碳中和被写入政府工作报告以来，社会各领域启迈向低碳转型发展的“快进键”。全力推动能源行业高质量发展、推进包括天然气在内的清洁能源的高效利用和产业升级，既是“双碳”发展目标的需要，也是全球天然气行业蓬勃发展的大势所趋。截至目前，我国已投产运营的 LNG 接收站达 22 座，年接收能力超过 9000 万吨/年。面向十四五，我国液化天然气产业的发展空间仍然十分广阔。作为液化天然气产业的重要载体，LNG 接收站的建设将继续迎来其改建、扩建及新建的高峰期。

再冷凝器作为 LNG 接收站的“心脏”，是 BOG 处理工艺中最关键的核心设备。在设计和运维过程程，再冷凝器系统存在控制变量多、控制方式复杂、控制回路调试难度大、液位压力波动大等设计难点问题，控制回路自动化率较低，存在极大的优化空间。现场实践只能依托操作人员通过积累的操作经验手动控制来维持再冷凝器面对变化工况下的稳定操作，造成了一定的操作难度，从而导致设备无法在设计最佳点运行，增加运行操作成本和操作风险。

国内许多学者或运维人员已对 LNG 接收站再冷凝器及其工艺优化进行了大量的研究。陈茂峰通过对再冷凝器自动控制系统进行调试，实现了再冷凝器液位及压力的自动控制运行，提高了工艺运行的稳定性与 LNG 接收站的工艺运行安全性，还可为国内已建、在建 LNG 接收站的数字化、智慧化转型、设计提供了运行和设计思路及自动控制技术基础。赵世亮研究再冷凝器运行中出现的液位波动以及高压泵放空量对再冷凝器液位的影响，通过对再冷凝器结构的计算分析，通过质量守恒定律和能量守恒定律计算得到单台高压泵运行时的 BOG 放空量约为 2t/h，对再冷凝器液位的影响约为 8.8%，保证再冷凝器内的气液平衡，从而保证再冷凝器的稳定运行。LNG 接收站典型工艺流程图如图 1 所示。

图 2 为 LNG 接收站典型再冷凝器系统的控制逻辑图。

本文从设计角度出发，依托实际工程运维数据，总结分析影响再冷凝器的主要工艺参数，并利用动态仿真工具定量分析各影响的影响程度，助力和提升再冷凝器的自动化率，指导操作人员实际操作过程。

2　计算基础

2.1　LNG 组分的影响

以国内某 LNG 接收站为例，典型液化天然气的组分如表 1 所示。

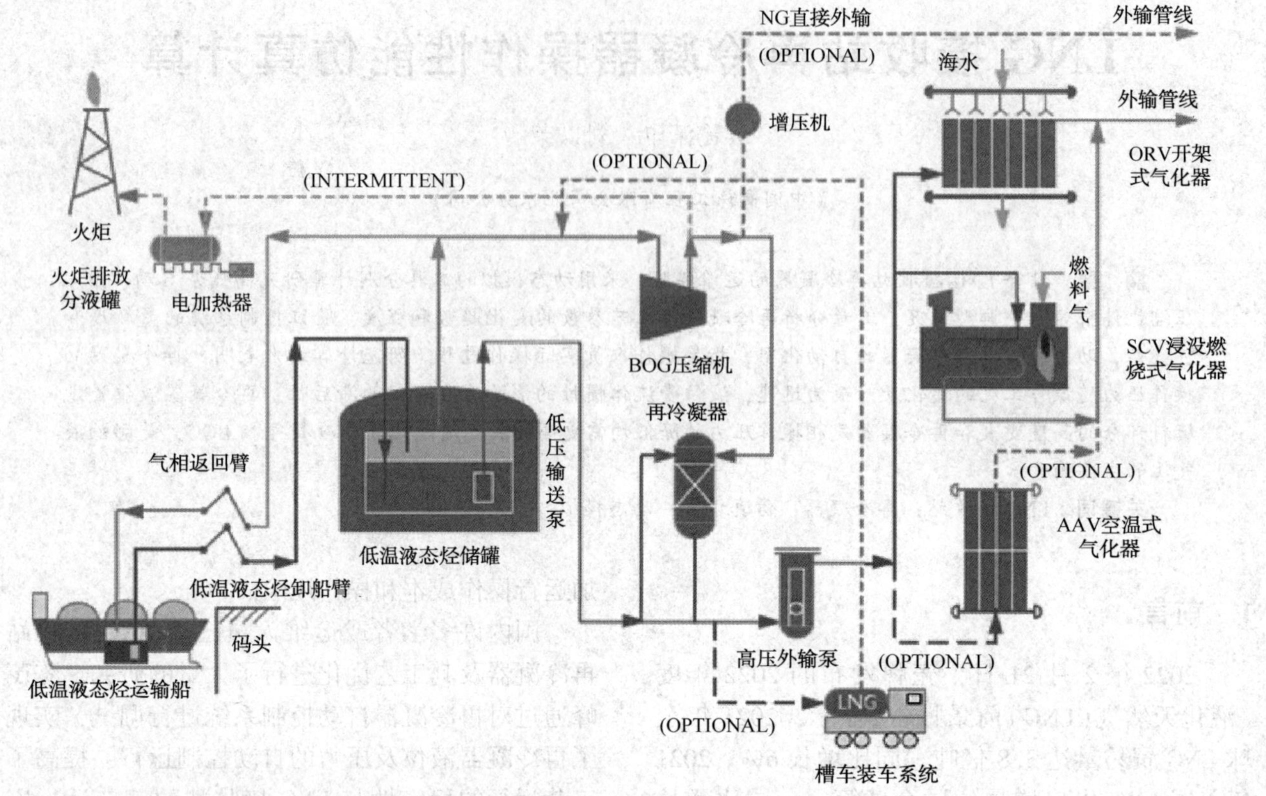

图 1　LNG 接收站工艺流程示意图

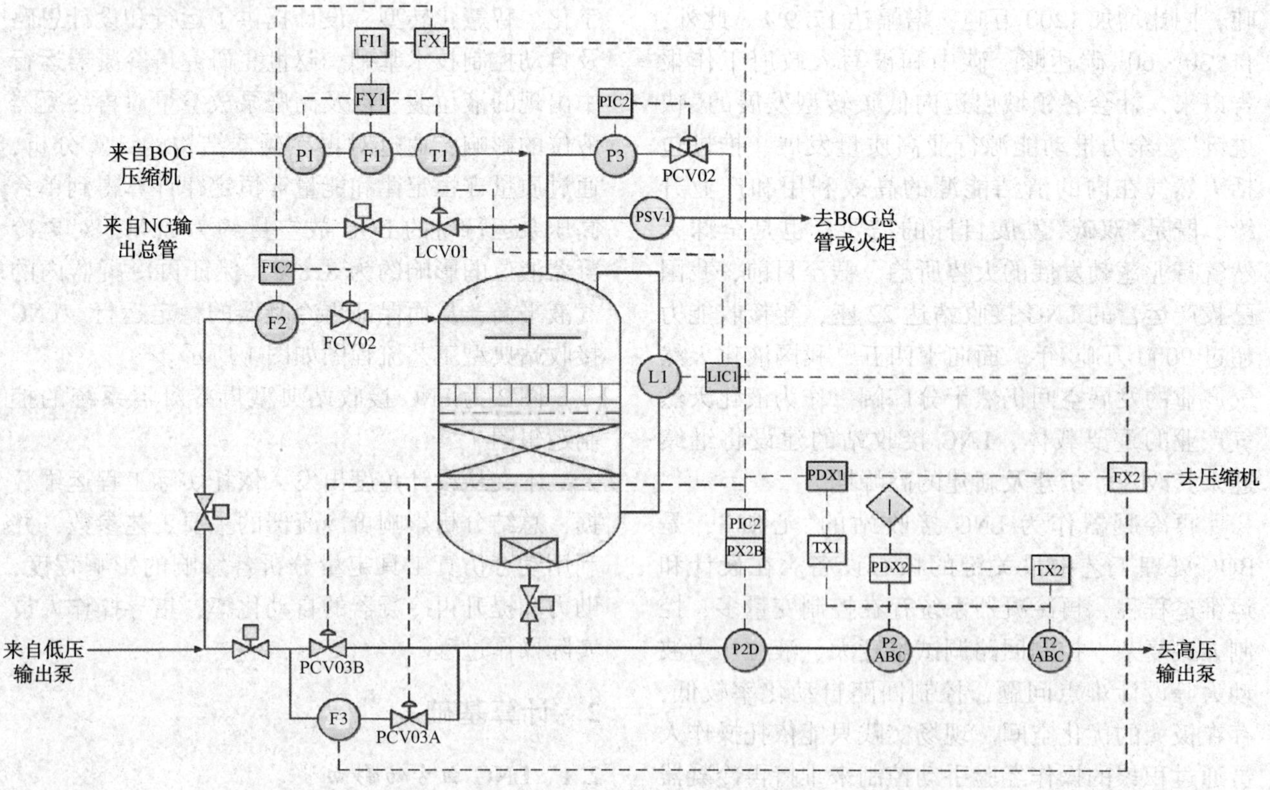

图 2　LNG 接收站再冷凝器控制系统逻辑图

表 1　液化天然气的组份

组分	摩尔分数/%	
	贫气	富气
甲烷	96.64	89.39
乙烷	1.97	5.76
丙烷	0.34	3.30
异丁烷	0.07	0.78
正丁烷	0.08	0.66
戊烷及以上	0.00	0.00
氮气	0.90	0.11
密度/(kg/m^3)	432	464

2.2　主要设备参数

再冷凝器系统主要涉及设备包括 BOG 压缩机、再冷凝器、高压泵以及各压力、温度、液位控制回路，其中主要设备参数如表 2 所示。

表 2　再冷凝器系统的主要工艺操作参数

工艺参数	数　值
BOG 压缩机数目	2
BOG 压缩机的质量流量/(t/h)	8.3
BOG 压缩机出口操作压力(kPaG)	700
单台高压泵流量/(kg/h)	200
再冷凝器直径/m	2.5
再冷凝器高度/m	7.5
再冷凝器填料传质传热平衡模式	非平衡

BOG 压缩机和再冷凝器的工艺流程模型图如图 3 所示。

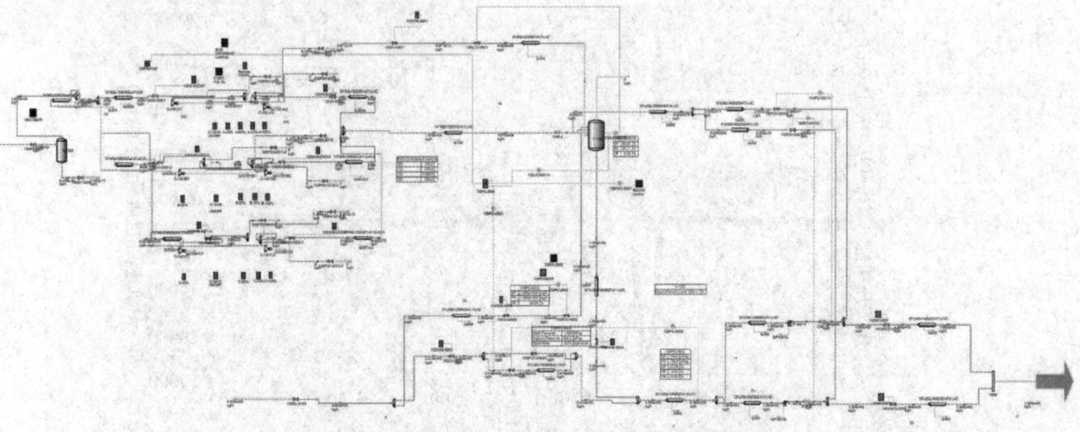

图 3　BOG 压缩机和再冷凝器的工艺流程模型图

2.3　计算工况

基于本示例项目，分别考察 BOG 压缩机负荷降低、高压泵启泵 2 种主要工况，考虑到再冷凝器变化过程为动态变化过程，各工艺参数均为时间的函数，是从稳态逐步动态变化的过程，因此引入了动态模拟软件先进计算工具从定量角度实时计算和分析再冷凝器操作液位、操作压力、液气质量比、BOG 压缩机质量流量等主要工艺参数的变化程度。具体工况如下所示。

工况一：正常情况下外输流量为 1 台高压泵 100%负荷运行，通过手动控制方式启动第 2 台高压泵；

工况二：正常情况下 2 台 BOG 压缩机 100%负荷运行，通过手动控制方式停止 1 台 BOG 压缩机。

3　计算结果分析

3.1　工况一计算结果分析

正常情况下 2 台 BOG 压缩机 100%负荷运行，1 台高压泵运行，通过手动控制方式启动 1 台高压泵，采用动态模拟软件计算单台 BOG 压缩机质量流量和操作压力趋势图，如图 4 所示；进入再冷凝器的 BOG 质量流量和操作压力趋势图，如图 5 所示；再冷凝器操作压力和操作液位的趋势图，如图 6 所示；再冷凝器流量控制阀和液气质量比的趋势图如图 7 所示。

从图 4、图 5 和图 6 看出，当运行时间为 600s 时启动第 2 台高压泵，高压泵启动瞬间再冷凝器下部的操作压力首先降低；而受液位惯性的影响，液位下降存在滞后，液位的变化相比于操作压力变化存在滞后；再冷凝器的气相操作压力和液位的静液柱压头之和等同于再冷凝器的液相操作压力，随后再冷凝器气相和液相操作压力持续约 10min 的波动，相应再冷凝器的操作液位也发生波动，10min 后操作压力和操作液位稳定在新的数据。

从图 6 和图 7 看出，再冷凝器的工艺参数恢

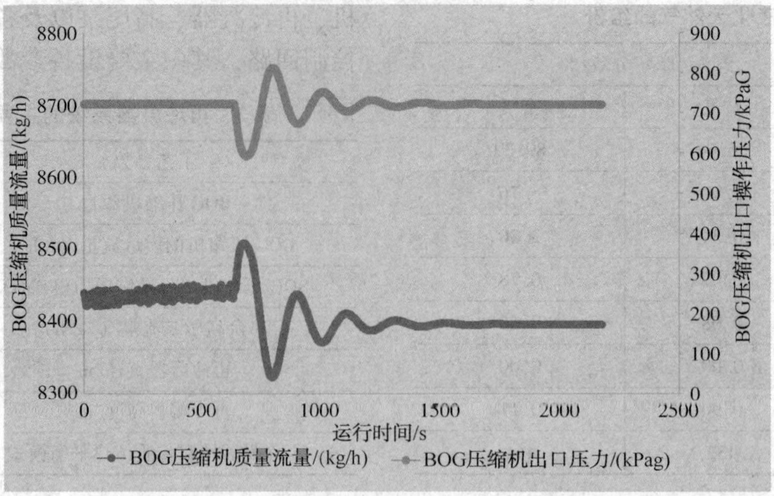

图 4　单台 BOG 压缩机质量流量和操作压力趋势图

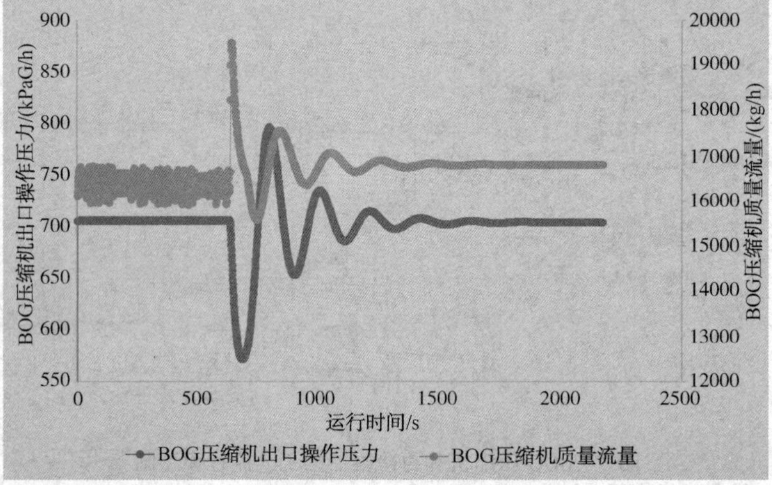

图 5　进入再冷凝器的 BOG 质量流量和操作压力趋势图

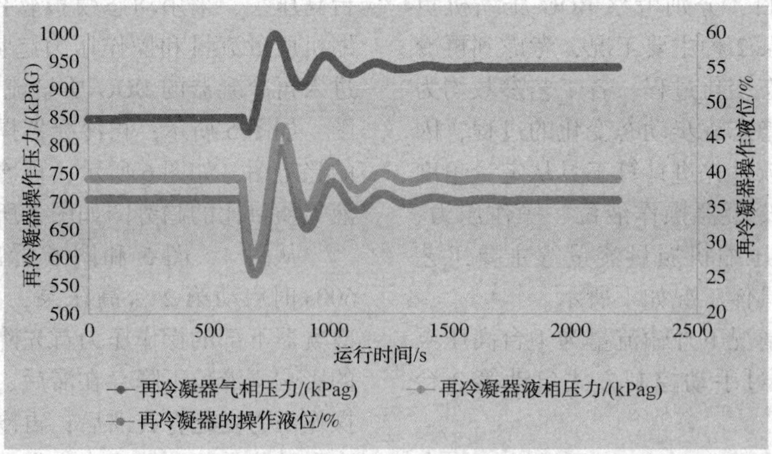

图 6　再冷凝器操作压力和操作液位的趋势图

复稳定后，再冷凝器的液相操作压力通过压力控制回路维持同初始状态相同，但气相压力稍低于初始态气相压力，再冷凝器的液位最终稳定位置较初始位置较高，但再冷凝器的气相操作压力和液位的静液柱压头之和依然等同于再冷凝器的液相操作压力。再冷凝器的液位浸没填料部分的高度变大，未被 LNG 浸没的填料高度降低，因此真正发挥传质传热的有效填料表面积变小。对于

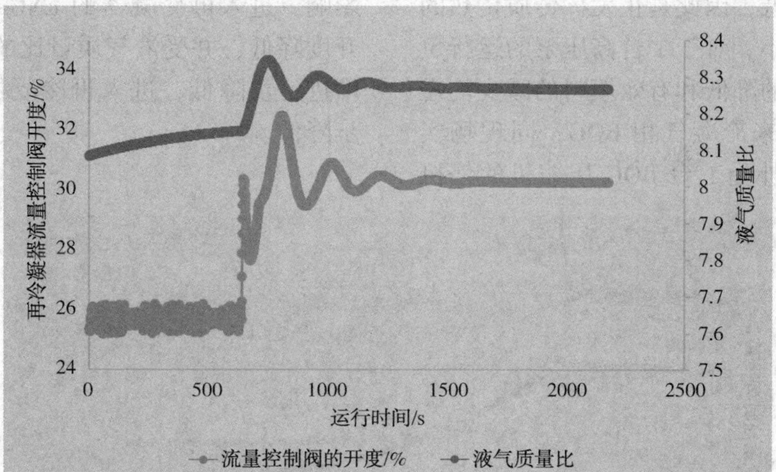

图 7　再冷凝器流量控制阀和液气质量比的趋势图

2 台 BOG 压缩机的负荷，气相操作压力的降低，以及有效填料的减少均需要更高液气质量比来冷凝气相 BOG，同现场实践操作相吻合，受液气质量比的影响，进入再冷凝器的 LNG 管道流量控制阀的开度增大，流量增加。

从图 4 和图 5 看出，受再冷凝器气相操作压力降低的影响，2 台 BOG 压缩机操作背压先是降低，随后发生波动，最终趋于稳定。同理，BOG 压缩机背压的变化导致其质量流量的变化，进而导致轴功率的变化。

3.2　工况二计算结果分析

正常情况下 2 台 BOG 压缩机 100% 负荷运行，1 台高压泵运行，通过手动控制方式停止 1 台 BOG 压缩机，采用动态模拟软件计算进入再冷凝器的 BOG 质量流量和操作压力趋势图，如图 8 所示；再冷凝器操作压力和操作液位的趋势图，如图 9 所示；再冷凝器流量控制阀和液气质量比的趋势图如图 10 所示。

从图 10 看出，当运行时间为 600s 时手动停止第 2 台 BOG 压缩机，BOG 压缩机停止瞬间再冷凝器上部气相操作压力首先降低，液相操作压力也逐步降低；而受液位惯性的影响，液位上升存在滞后，液位的变化相比于操作压力变化存在滞后；再冷凝器的气相操作压力和液位的静液柱压头之和等同于再冷凝器的液相操作压力，随后再冷凝器气相和液相操作压力持续约 10min 的波动，相应再冷凝器的操作液位发生明显的升高，10min 后操作压力和操作液位稳定在新的数据。

从图 9 看出，再冷凝器的工艺参数恢复稳定后，再冷凝器的液相操作压力通过压力控制回路维持同初始状态相同，再冷凝器的液位最终稳定位置较初始位置较高数值，因此再冷凝器的气相压力低于再冷凝器的初始状态，但再冷凝器的气相操作压力和液位的静液柱压头之和依然等同于再冷凝器的液相操作压力。随着再冷凝器液位的升高，液位浸没填料部分的高度变大，未被 LNG

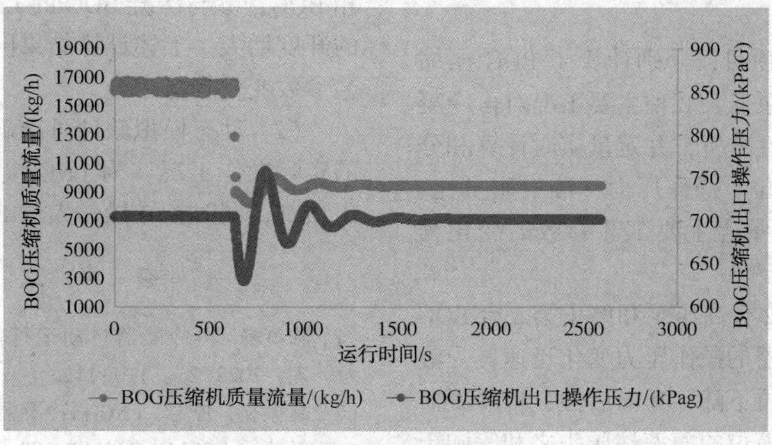

图 8　进入再冷凝器的 BOG 质量流量和操作压力趋势图

浸没的填料高度降低，因此真正发挥传质传热的有效填料表面积变小。对于1台高压泵的运行负荷，气相操作压力的降低和有效填料的减少均需要更高液气质量比来冷凝气相BOG，同现场实践操作相吻合。此外受1台BOG压缩机的停机影响，进入再冷凝器的LNG管道流量控制阀的开度降低，并受液气质量比的影响，控制阀的开度进一步降低，进入再冷凝器的LNG流量进一步降低。

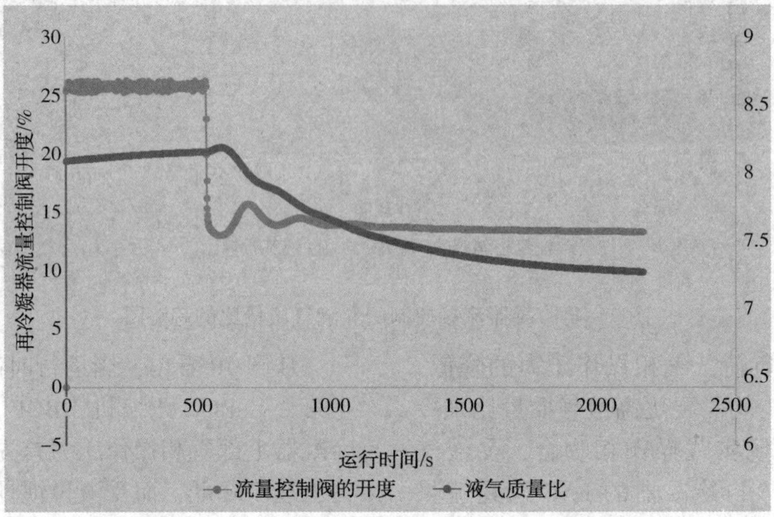

图9　再冷凝器操作压力和操作液位的趋势图

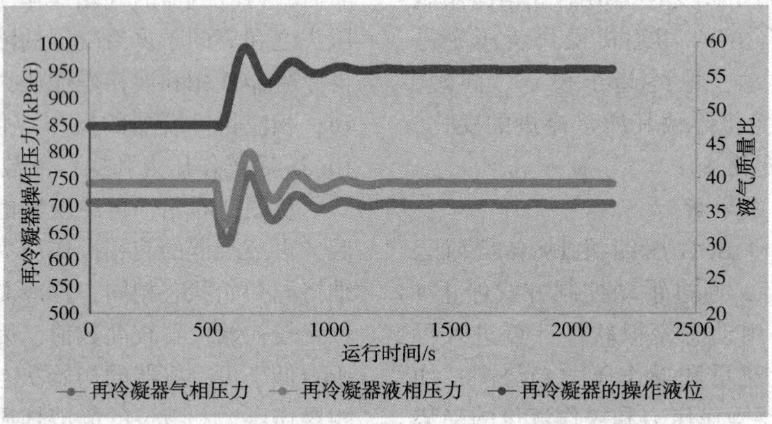

图10　再冷凝器流量控制阀和液气质量比的趋势图

4　结论

依托实际工程项目，分别计算了BOG压缩机负荷降低、高压泵启泵2种主要工况对再冷凝器的工艺参数的定性分析，并定量实时计算和分析再冷凝器操作液位、操作压力、液气质量比、BOG压缩机质量流量等主要工艺参数的变化程度。主要结论如下：

（1）当启动第2台高压泵和停止第2台BOG压缩机时，再冷凝器的操作压力变化迅速，受液位惯性的影响，液位下降存在滞后性；再冷凝器的气相操作压力和液位的静液柱压头之和等同于再冷凝器的液相操作压力；再冷凝器液位浸没填料部分的高度变大需更高的液气质量比来冷凝气相BOG，参与冷凝BOG的LNG管道流量控制阀的开度增大。上述计算结果同实际运维过程中工艺参数变化趋势吻合。

（2）动态模拟软件可准确仿真反映工艺系统的实际操作工况，为LNG接收站的运维工况作出预判，同时指导操作人员的工艺操作。

参　考　文　献

[1] 陈茂峰. 再冷凝器自动运行优化探究[J]. 化工管理，2022(2)：110-112.

[2] 赵世亮，庄芳. LNG再冷凝器操作运行优化[J]. 油气储运，2014，33(z1)：99-102.

[3] 严涛，刘玉丰，刘丰. 液化天然气(LNG)接收站节

能再冷凝器的研究与设计[J]. 化工进展，2015(z1)：51-54.

[4] 刘召，张水红. LNG 接收站再冷凝器控制原理[J]. 油气储运，2012，31(z1)：125-128，132. DOI：10.6047/j.issn.1000-8241.2012.z1.036.

[5] 杨信一. LNG 接收站再冷凝器自动控制设计[J]. 油气田地面工程，2017，36(1)：22-27.

[6] 鲁珊，曹耀中. LNG 接收站再冷凝器设计的对比[J]. 油气储运，2012，31(z1)：119-121，124.

[7] 陈国霞. LNG 接收站入口 BOG 温度对再冷凝器控制的影响[J]. 石油与天然气化工，2020，49(5)：50-55.

[8] 张德志. LNG 接收站再冷凝器操作稳定性影响因素分析[J]. 化工设计，2021，31(6)：3-6，30.

[9] 朱乾壮，王宁，周华. LNG 接收站再冷凝器工艺运行优化控制[J]. 低温与特气，2020，38(4)：13-18，40.

[10] 郭新. 浅析再冷凝器的试车与控制[J]. 石化技术，2016(1)：94-94，86.

[11] 曹耀中. 江苏 LNG 再冷凝器在特殊工况下的安全操作方法[J]. 油气储运，2014，33(z1)：76-80.

[12] 刘庆胜，周琳琳. LNG 接收站再冷凝器工艺控制研究[J]. 石油化工自动化，2014，50(3)：17-19，23.

[13] 李云. LNG 接收站再冷凝器液位波动原因分析[J]. 化工管理，2019(15)：136.

[14] 张旭，陶宗宝，王柄懿，等. 大型不锈钢再冷凝器制造方案[J]. 石油和化工设备，2014(1)：8-10.

[15] 郭冰冰，李佳霖. 关于 LNG 接收站再冷凝器最大吸收率的问题探讨[J]. 化工设计通讯，2020，46(3)：114-115.

[16] 周燕青. 江苏 LNG 再冷凝器填料层压力降的计算[J]. 当代化工研究，2018(10)：158-159.

[17] 邓励强，李宁，郭开华. LNG 接收站再冷凝器非设计工况运行动态模拟分析[J]. 石油与天然气化工，2016，45(4)：31-37.

[18] 景佳琪. LNG 接收站再冷凝器工艺控制分析[J]. 管道技术与设备，2015(3)：35-38.

[19] 李鑫，陈帅. LNG 接收站再冷凝器工艺参数及控制系统分析[J]. 石油化工自动化，2016，52(2)：37-42.

[20] 李昭新，孙骥姝. LNG 接收站 BOG 再冷凝器系统不稳定问题探讨[J]. 石油规划设计，2014，25(5)：37-39.

[21] 嵇俊. 滨海 LNG 接收站 BOG 再冷凝器工艺及控制系统[J]. 山东化工，2020，49(15)：150-152.

[22] 刘召，张水红，汪世涛. 再冷凝器负荷性能图的绘制及操作弹性的讨论[C]. //中国燃气运营与安全研讨会(第九届)暨中国土木工程学会燃气分会.2018 年学术年会论文集. 2018：747-752.

[23] 李昌徽. 论 LNG 接收站再冷凝工艺技术分析及其优化[J]. 中国石油和化工标准与质量，2019，39(9)：255-256.

[24] 张圆. 接收站最小外输下再冷凝控制分析[J]. 石化技术，2018，25(11)：15-16，20.

[25] 李昌徽. 刍议 LNG 接收站再冷凝工艺优化[J]. 中国化工贸易，2019，31(36)：23.

[26] 王亮，吕文祥，黄德先. 动态流程模拟及其在精馏塔的操作分析中的应用[J]. 计算机与应用化学，2006，23(1)：83-87.

[27] 孔录，董秀芹，张敏华. 高浓度乙烯精馏塔灵敏板选择的动态模拟研究[J]. 计算机与应用化学，2014，31(5)：562-566.

[28] 邓励强，吕志军，李宁，等. LNG 接收站再冷凝系统稳定性动态模拟研究[J]. 石油与天然气化工，2016，45(4)：31-37.

脉动燃烧加热炉在水驱应用和聚驱应用适应性改造方案

韩嘉祥

（中国石油大庆油田建设集团有限责任公司）

摘　要　为解决油田二合一加热炉使用短期结垢不能连续运行，引发热效率低的问题，大庆油田在加热炉改造、更新中应用了脉动燃烧加热炉技术，在20多年的推广使用中取得了良好的成效。然而在聚驱应用中，脉动燃烧加热炉因炉管固化聚合物垢连续运行周期不超过2年。根据聚驱运行工况和已运行水驱含少量聚合物污水加热现场使用情况，通过分析脉动燃烧加热炉的技术原理、技术特点，提出了聚驱脉动燃烧加热炉适应性改造方案，将燃烧器受热材质改为成熟的乙烯裂解炉专用炉管310S并加防垢涂层，把成熟的聚驱分体相变加热炉上壳管换热器内的往复式齿条刮垢机技术借用到脉动燃烧加热炉上，更换空气阀燃料阀片材质为PEEK板，增加可靠稳定运行时间。

关键词　脉动燃烧加热炉；聚驱加热；换热效率；改造方案

油田加热炉是地面集输、处理与输送各个环节中必不可少的重要生产设施之一，用于井口加热、掺水、热洗、转油站含水油外输、原油脱水等环节供热；该设备以火筒式加热炉和真空相变加热炉为主，目前大庆油田正在运行加热炉2900多台。在实际运行中，加热炉炉效等设计参数存在热效率低、天然气耗量大，由火筒式加热炉发展来的加热缓冲二合一加热炉在含聚污水加热连续使用不足一年就需清洗污垢或大修的现象。现有的可连续在聚驱污水加热运行的加热炉均为新建炉，结构为真空相变加热炉上部体外加装带有PLC自控装置的齿轮齿条往复式刮垢机；而在二合一加热炉基础上改造烟火管炉体内加装该类往复式刮垢机，试用后难以稳定运行。在目前油田节能节省费用大环境下，对二合一加热炉进行有效的技术改造适应现场工况是急需的。

1　脉动炉构成原理改造方法应用技术特点

1.1　脉动燃烧加热炉构成原理

1.1.1　脉动燃烧加热炉构成

脉动燃烧加热炉是由容器缓冲储水部分、燃烧系统、进出液系统、排气消音系统、空气吹扫系统和自动控制系统六大部分组成的。容器缓冲储水部分与原火筒炉加热炉（包括二合一加热炉）一致，进出液系统也与原炉一样；燃烧系统主要由点火器、燃烧室、尾管、排气去藕器和排烟管组成；空气吹扫系统只在启炉前运行；自动控制系统包括就地一次仪表和中控室的PLC控制系统等；核心技术是进空气和进燃气的单向膜片阀门专利技术，其余是辅助系统（图1）。

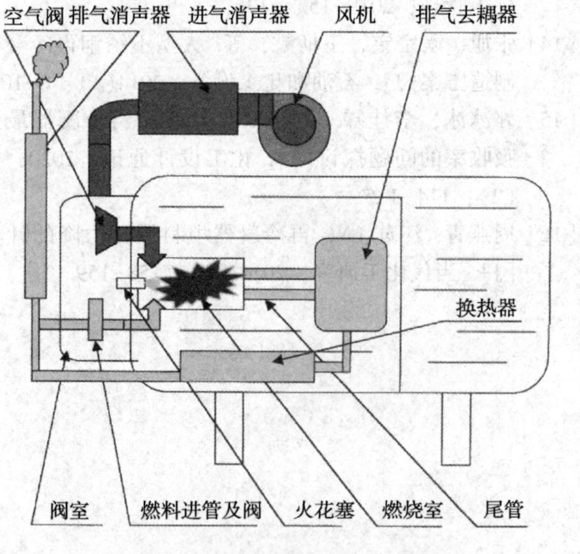

图1　脉动燃烧加热炉构成

1.1.2　脉脉动燃烧加热炉原理

脉动燃烧加热炉又名热声耦合加热炉。当启动加热炉时，首先启动空气吹扫系统将燃烧室吹扫干净；然后点火器火花塞打火，燃料电磁阀和空气计量阀打开，天然气进入并被点燃，燃烧室内压力迅速升高，使空气计量阀和燃料计量阀关闭，燃烧产物沿尾管高速向下游排出；在燃烧产物惯性作用下，燃烧室被抽成负压，使空气计量阀和燃料计量阀再次打开，空气和天然气再次进入燃烧室并被上次的燃烧余热点燃，这样以一定的声波频率(正弦波、单向阀频率 62.6Hz)周而复始燃烧、熄灭便形成脉动燃烧；持续开关空气计量阀和燃料计量阀也叫 Helmoholtz 型无阀自激脉动燃烧，形成热声耦合燃烧，也在燃烧筒体和尾管上形成固定频率声波耦合(图 2)。

图 2　现场试验检波器检测

1.2　脉动燃烧换热技术改造方法

采用改造原有和新建加热炉两种解决办法：

1.2.1　改造原有加热炉为脉动炉

在旧加热炉大修时，将二合一式加热炉直接去掉燃烧机，更换内部燃烧结构为脉动燃烧结构，水驱不加刮垢装置，聚驱加装防结垢装置提高连续用周期提高热效率。

脉动燃烧换热技术适用于改造二合一式加热炉。脉动燃烧加热炉适用于替换泵前加热流程的加热炉。脉动燃烧技术在老加热炉改造中应用时，先将老加热炉燃烧器一侧的碟型封头切下，拆除原有二合一加热炉的烟囱、烧火间、燃烧器和烟火管，保留原筒体和其它部分；再将脉动燃烧装置安装到老加热炉壳体中，然后用新的碟型封头封闭炉体，再配套安装引风机、控制屏等自动控制系统，加热炉改造方法见图 3。

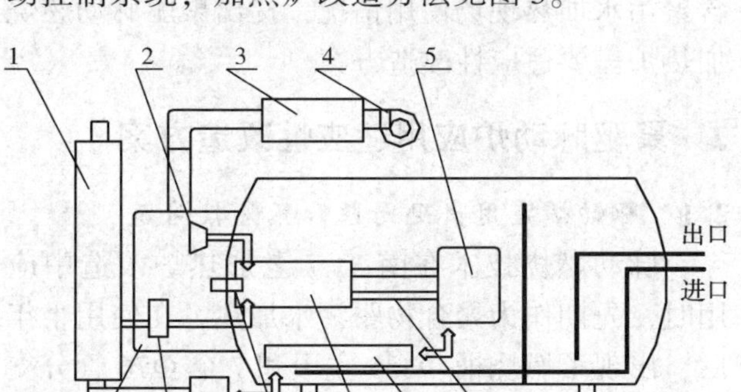

图 3　二合一加热炉改造脉动燃烧加热炉

1—排气消声器管；2—空气阀；3—进气消声器；4—风机；5—排气去耦器；6—空气室；7—燃料进管及阀；8—火花塞；9—燃烧器；10—换热器；11—尾管

1.2.2　新建脉动燃烧加热炉

在更换新加热炉时，采用新型高效率的脉动燃烧加热炉部燃烧结构，新建脉动燃烧加热炉技术应用在水驱转油站，脉动燃烧加热炉技术在水驱已经平稳运行。

1.3　脉动燃烧加热炉现场应用情况

从 1997 年以来，大庆油田一些区块根据自身特点，在适宜的站场开展老旧二合一加热炉改脉动燃烧方式改造工作，积累了一定的运行管理经验，同时取得了一定的节能效果。采油二厂近几年结合维护修理和安全隐患治理等专项资金，累计将 24 台老旧二合一加热炉改造为脉动燃烧加热炉。中石油集团公司节能监测中心于 2015 年对其中 8 台脉动燃烧加热炉进行抽查监测，监测报告显示，脉动燃烧加热炉的平均热效率达到 86.35%，换热效率高、节能效果明显。

从二十多年来的使用情况看，效果良好。使用脉动燃烧加热炉提温速度远比其它加热炉要快，尤其是温度按设定值自动调节，简化了操作程序。每年停炉清炉检查，发现炉内加热部件基本未结垢，个别部位挂垢后脱落，较好地保持了高效率运行。经测试，新改造后二合一加热炉效率达 90.3%。

1.4　脉动燃烧加热炉的技术特点

(1) 燃烧所需空气和燃料由单向阀门控制，工作时自动吸入，不再需要火咀或燃烧机；烟气自动排出，无需较高的烟囱。

(2) 燃烧装置本体尺寸很小，燃烧室容积最大不超过 200L，尾管(烟管)直径也只有 Φ76mm，结构上不具备爆炸的条件，因此使用非常安全。

表1　采油二厂脉动燃烧加热炉目前仍在运行统计表

序号	矿别	站名	加热炉号	投产时间	用途	开发方式
1	第一作业区	南2-12站	1#	2007	掺水/热洗	水驱
2	第二作业区	南4-4站	2#	2005	掺水/热洗	水驱
3	第二作业区	南4-4站	1#	2009	掺水	水驱
4	第二作业区	南4-6站	1#	2013	掺水/热洗	水驱
5	第三作业区	南6-3站	3#	2007	掺水/热洗	水驱
6	第三作业区	南6-2站	1#	2013	掺水	水驱
7	第三作业区	南7-1站	3#	2013	掺水/热洗	水驱
8	第三作业区	南7-1站	1#	2013	掺水/热洗	水驱
9	第五作业区	南2-3站	5#	2013	掺水/热洗	水驱
10	第五作业区	南2-11站	4#	2013	掺水/热洗	水驱
11	第五作业区	南2-11站	3#	2013	掺水/热洗	水驱
12	第五作业区	萨西一号站	6#	2000	采暖	水驱
13	第六作业区	南3-2站	1#	2013	掺水/热洗	聚驱
14	第六作业区	南3-2站	2#	2013	掺水/热洗	聚驱
15	第六作业区	南3-7站	1#	2007	掺水/热洗	水驱
16	第六作业区	南五区三元采出液试验站脱水转油站	3#	2007	掺水/热洗	聚驱

（3）脉动燃烧是指工作状态时，燃烧室内的压力在微正压和微负压（不超过±5000Pa）之间，周期性变化的燃烧方式。实现脉动燃烧的条件是燃烧室和尾管需符合一定声学要求，此时，可燃混合气浓度过稀或过浓都不会着火，也就不存在爆炸的危险，这又从原理上保证了使用安全。

（4）辐射受热面的设计表面热强度高于二合一炉3.5倍，同等功率下，脉动炉用料比一般加热炉至少节省30%~40%，降低制造成本，方便制造，单台1.16MW的燃烧室（火管）和尾管（烟管）总重只有400kg左右。

（5）排烟温度从最初280℃已降至180℃，炉效较高，节能；排放CO可低至30ppm以下，NO_x不超过80ppm，环保，脉动炉的热效率还有提升空间，NO_x的排放还能继续降低。

（6）脉动燃烧加热炉一经点火启动，便进入满负荷工作状态。当被加热介质温度达到设定的上限时，自动熄火，降到下限又自动启动。由于间歇性工作，管壁温度的变化，使得水垢自动崩掉，即能保持长期高效运行，也提高使用寿命。

（7）工作时无明火外露，点火前和熄火后自动扫膛，燃烧室内的压力在±0.005MPa内，超压力自动熄火。

（8）电脑自动控制西门子彩色触摸屏控制柜安装在值班室内，操作者在触摸屏上设定所需温度的上下限之后，按启动后完成全部操作。点火、熄火、自动扫膛，到上限停炉，到下限启动，均由电脑完成。操作简单可靠，达到无人执守。

综上所述，脉动燃烧加热炉替代旧加热炉效果是好的，改造后加热炉的热效率分别提高了5.3~10个百分点，节能效果显著；改造措施后，加热炉自控水平高，节省制造材料。

然而在聚驱脉动燃烧加热炉应用中，发生因炉管固化聚合物垢连，为了适应聚驱污水加热工况，依据其技术原理、技术特点及在已运行水驱含聚污水加热现场使用情况，提出聚驱脉动燃烧加热炉需要适应性改造方案。

2　聚驱脉动炉应用适应性改造方案

2.1　脉动炉应用出现问题和预见性问题

脉动燃烧技术在南3-7老加热炉改造中应用时，先期作为聚合物驱污水加热，在使用半年后，出现了燃烧桶Φ325主干和7个Φ76管分支的焊接处，因为结垢严重，焊缝出现裂纹，造成停炉补修；再次翻修后继续运行，总是半年时间周期性出现这个问题，将加热炉切换到少量含聚的水驱做加热使用，就没有再次出现类似问题；现场的燃烧桶和尾管的结垢现象见图4、图5。图4表明，燃烧器尾管上的结垢成为波浪形状，每六个垢环形高点长度约等于管径76尾管，表明在尾管上形成热声耦合波长约12-13毫米；图5中，靠近去耦合室的尾管结垢后，因为周期性冷热开机停机而脱落，这些都符合热声耦合燃烧计算结果。

图4　燃烧筒侧的结垢现象

图5　去耦合器侧的结垢现象

一厂聚中102站是含聚合物污水站，在运行2年期间，将材质20G的Φ325燃烧桶和Φ76尾管改为SS304不锈钢材质，连续运行半年后，清理炉内检修发现，不锈钢管出现局部过热烧蚀层现象，按照SS304钢烧蚀温度850℃，说明该处因为固化了聚合物垢已经超温度了，需要进一步选择高温耐蚀材质管材，同时预见到潜在的失效问题而采取多余度设计方案。

2.2　聚驱脉动炉应用适应性改造方案

在水驱加热炉专家验收报告上，专家提出"加快聚驱和三元复合驱专用炉的研制和试验"，探讨不结垢的机理。在聚驱的二合一加热炉运行中，因为炉管内的被加热介质在管内壁形成碳酸盐垢以碳酸钙为主、硅酸盐垢为辅，除了钙镁垢还有锶钡垢，为了保证长期运行高的热效率改造加热炉，并表面刮、防结垢来保证连续性运行，解决燃烧器第一个焊口开裂和清、防垢，提出如下措施：

2.2.1　更换炉管材质

聚驱脉动加热炉，在进入前加热炉来液管路加装T形自排污过滤器，应用成熟技术：将Φ325燃烧桶和Φ76尾管材质改为乙烯裂解炉专用炉管310S（25Cr20Ni）或其改进材质314（25Cr35Ni），耐热温度从1050~1080度提高到1100~1150度。材质310S或材质314炉管耐受温度在1150度，防止发生烧蚀现象，解决了燃烧筒尾管间第一个焊口开裂问题。

2.2.2　加装刮垢动力装置防垢

将应用成熟的聚驱分体相变加热炉技术中的壳管换热器内的往复式齿条刮垢机技术移植借用过来，在7根Φ76尾管主管上加装成功应用的往复式齿条刮垢装置，行程0.8~1.6米的受热变化硬度的毛刷刮板刮垢机，把所有燃烧管都刮垢，动力来自上部加装二个伺服防爆长轴伺服电机深入炉内带动往复式齿条刮垢装置，起到刮垢效果，提高换热效率，延长检修清洗周期。

2.2.3　更换空气阀燃料阀片材质

为了延长阀片的连续使用寿命，更换呼吸阀片材质，通常情况使用湿气做燃料气的情况下，单体1.16MW燃烧器的空气阀零件2和燃料进阀零件7的内部阀片材质为PEEN板其使用寿命短，而单体0.74MW的阀片寿命超过2年，为了延长空气阀和燃料进阀零件7的内部阀片使用寿命，建议将内部阀片的PEEN板改为机械性能更好的的黑色增强导热PEEK板，按照相似工况空压机或天然气压缩机的进出口阀片的PEEK板的振动频率和冲击力测算使用寿命，推算出单体1.16MW燃烧器的阀片连续使用寿命约3年，单体燃烧器0.29~0.74MW左右的阀片连续使用寿命将超过4年以上。

综合上述带有冗余度改进措施，加热炉热效率得到提高，延长维修间隔，保证连续使用周期、提高热效率，可以达到节能降耗效果。

3　技术经济对比

根据聚驱二合一加热炉在油田应用情况是，每5年大修2次，新建的可靠的聚驱加热炉多采用分体式相变加热炉用往复式刮垢机在壳管式换热器内运行的形式，2.32WM炉总重量高于61吨，不能在老式二合一加热炉基础上改造只能新建，而老式聚驱二合一加热炉在运行数量占比大，因此改造这类炉子为聚驱脉动燃烧加热炉就非常适用。以下是根据油田在用聚驱炉新建费用、运行维修费用做对比表(表2)。

表2　聚驱二合一加热炉新建费用、脉动炉新建改型费用和运行费用对比表　　万元

聚驱2.32MW炉型 / 分项目	二合一加热炉改造	脉动燃烧加热炉改炉型(带刮垢机)	备　注
聚驱改造加热炉	80(不算燃烧器费)	78	二合一炉5年改造2次
聚驱新建加热炉	129+11(燃烧机费)	129	新增聚驱炉是分体换热刮垢，140万元
检测费	0.2	0.1	
更换维修燃烧器附件费用	2.2	1.3	5年平均
大修费用	16	2.9	脉动炉维修项少
使用寿命/年	15年	20年	
节省天然气/(m^3/年)	0	节省湿气60000	60000方每年湿气或75000方干气
热效率/%	80~85	90.3	效率差5.3~10

从表2看不论改造炉还是新建炉，都比以前的聚驱加热炉投资少，运行维护费低很多，热效率高节能明显。

4　结论

（1）二十年来的现场使用结果表明，脉动燃烧加热炉替代报废加热炉效果是好的，改造后加热炉的热效率分别提高了5.3~10个百分点，换热效率高、节能效果显著；改造措施后，加热炉自控水平也有了较大的提高，节省制造材料。

（2）油田聚驱加热炉热效率低维修率高的问题普遍存在，在节能降耗背景下，采用改进后脉动燃烧技术对老加热炉进行改造或采用新加热炉替代旧加热炉，采取三项成熟改进措施后，提高加热炉连续使用周期，延长检修清洗间隔，提高利用率。

（3）在改造投资紧缺情况下，不论改造还是新建炉，都比以前的聚驱加热炉结构简单，节省投资，运行维护费低很多。

参　考　文　献

[1] 孟岚，赵雪峰，韦振光，等. 油田加热炉的应用现状与提效技术方向[J]. 石油石化节能，2015，(4)：33-35.

[2] 程显辰.《脉动燃烧》[M]. 北京：铁路出版社，1994：12-35.

[3] 姚淑鹏，李玉星，王武昌，等. 油田常用加热炉类型及发展趋势[J]. 油气田地面工程，2019，38(Z1)：18-23.

[4] 庄德龙. Helmoholtz型无阀自激脉动燃烧器在油田加热炉中的应用研究[D]. 哈尔滨：哈尔滨工业大学，2012.

[5] 杨立军，王永涛，廖圣洁. 热声耦合脉动燃烧油田加热炉的研究设计[J]. 石油机械，2006(8). 43-46.

[6] 程显辰. 脉动燃烧器的设计与研究[J]. 北京航空航天大学学报. 1998，24(2)：241-244.

[7] 克勒J. O，HONGOI. 脉动燃烧. NOX产生机理[J]. 燃烧与火炬，1990，80(3)：219-237.

[8] 李秉信，董喜贵，安家顺. 新型换热加热炉在油田生产中的应用[J]. 油气田地面工程，2007，(2)：6-7.

[9] 张健，吴成斌. 乙烯裂解炉管选材及制造技术[J]. 石油化工设备，2011. 40(增2)：54-57.

[10] 王进卿，袁益超，池作和，等. 防结渣复合陶瓷涂层在燃用准东煤锅炉上的应用研究[J]. 动力工程学报，2017，37(1)：7-12.

[11] 孙金凤，毕航铭，王岩. 一种自动除垢式加热炉节能效果分析[J]. 石油石化节能，2015(08)：46-48.

[12] 郭强，田爱国，罗唯力. PEEK在气体压缩机阀片上的应用研究[J]. 上海化工，1997，(6)：15-19.

油田施工企业设备全生命周期集中管理

盛海涛

(大庆油田工程建设有限公司)

摘　要　为贯彻落实中国石油天然气集团有限公司“六化”建设目标，工程建设公司利用信息可视化管理方式，辅助专业维护团队对设备进行精细化管理，整合现有信息平台基础上，建设集设备业务、HSE管理、设备全寿命周期管理为一体的信息平台。平台具备基础数据分析、设备运维动态、维保配件管控等功能。通过推广应用进一步提升设备的专业化管控能力，降低设备运行成本，通过大数据分析，优化资产动态调配，提高装备投资效益。以计划性调度和智能匹配相结合的方式，建立集中式统一调配体系，盘活设备资源，增强区域流动，解决装备结构性缺失，避免同质低效投入，提升资产运行效率。通过设备全生命周期大数据分析，以市场化需求为目标，自动生成项目设备配套计划。通过运行数据的可视化展示，辅助购置决策，改变“重占有、轻使用”的矛盾，提升整体创效能力。

大庆油田工程建设有限公司隶属于中国石油大庆油田，是一家具有EPC/PMC总承包和项目管理能力，集设计、采办、施工于一体的大型石油和天然气工程建设企业。公司拥有工程设计综合甲级资质、化工石油工程施工总承包特级资质，业务范围覆盖工程咨询、工程勘察、工程设计、防腐产品与油田化学剂研发、化工石油工程建设、建筑施工、路桥建设、建材产品预制、道路养护管理、工程检测、专业技术培训、多种经营等多领域。公司现有在册员工15000余人，固定资产原值72.41亿元、净值31.39亿元。

公司注重科技创新和技术进步，拥有10大核心技术系列和40余项专有技术以及7项国家级工法和77项省部级工法，在高寒地区“三高”原油的集输处理、聚合物注入与采出液处理等方面积累了丰富的经验；在数字化管道勘察设计与施工、数田、长距离油气混输、大型油库及金属储罐设计与施工、油田气深冷处理技术等方面处于国内领先水平。

在服务保障大庆油田稳产的同时，公司积极实施“走出去”战略，建设足迹遍布31个省市自治区，并先后进入了巴基斯坦、孟加拉、哈萨克斯坦、土库曼斯坦、蒙古、伊拉克等国家和地区。先后参与建设了大庆油田规模最大的中十四联合站、北十五联合站、南三油库接卸俄油工程以及新疆塔中四联合站、大连国家战略石油储备库、陕京管道、西气东输管道、中俄原油管道等一大批国家重点工程，缔造了辉煌的业绩。公司先后荣获“国家最高工程质量奖”鲁班奖4项、国家优质工程奖20项、全国用户满意工程9项、全国优秀焊接工程54项、省部级优质工程355项。公司持续入选“ENR全球承包商250强”和“中国承包商80强”，位居国内石油工程建设企业前列。

1　油田地面施工企业设备全生命周期集中管理的背景

1.1　油田施工企业设备管理面临的现状

大庆油田建设集团有限责任公司现有各类主要施工设备14161台(套)，分布在14个成员单位。设备分散管理作为施工企业发展初期较为初级的一种设备与项目相混杂管理的经营模式，随着国家基础设施建设项目管理的加强，施工企业机械规模扩大，这种管理模式已显冗赘庞杂、弊端纰漏。油田地面施工企业设备管理存在管理职能分散，业务流程不畅，对市场需求反应滞后，资源配置优化不足，“大而全、小而全”依然存在，资产总量居高不下，整体创效能力不强，“以量取胜”与“以质取胜”的矛盾凸显；设备系统内部相互间信息共享渠道不畅，未形成统一调配体系，调剂盘活难度大，季节性停用多，装备结构性闲缺，存在“各自为战”与“集团作战”的矛盾凸显；设备经营管理“重主观、轻量化”，对项目前期策划参与不足，过程管控不连续，后期维护“失保、失修”，维修费用高，租赁、运输费用大，影响项目效益，“粗放管理”

与“集约管理”的矛盾凸显。这些与现代“细化分工合作、单项精专管理和全生命周期管理”等社会发展理念相背离，不利于调动企业施工力量，不利于发挥设备效能，不利于提升经营效益。

1.2　油田地面施工企业高质量发展的需要

（1）一体化发展的需要。解决设备管理业务分散、涉及部门多的问题；整合资源，解决设备业务面临管理、操作和修保资源不足的状况；加速一体化建设，实现购置、使用、修理、保养、报废高效管理。

（2）全生命周期管理的需要。掌握设备的采购、运行、检修、报废的全过程，在满足安全、效益、效能的前提下，追求资产全生命周期成本最优，提高投资效益。

（3）对标管理的需要。将业务数据化，实现内外部的横向、纵向对标，构建“对标管理”生态圈，做到“对比标杆找差距，对比目标抓落实，对比标准促进步”，提升管理水平、强化管理深度。

（4）规范化管理的需要。解决管理标准不统一，管理流程不统一，管理人员素质不统一，管理职能分散的矛盾。

2　建设设备全生命周期集中管理的基本原则

（1）专业化管理原则。设备管理是一项专业性比较强的工作，油田施工企业设备数量庞杂，需要专业的人干专业的事。

（2）信息化管理原则。对在用设备加装设备远程监控系统，实时准确掌握设备运行动态信息，便于实现设备的统一调派、远程监控和运行成本管理。

（3）市场化管理原则。形成内部和外部两个租赁市场，以内部市场为根基，持续开拓外部市场，最终形成全面市场化的格局。

社会化服务原则。资产“轻量化”是一个发展趋势，把不体现核心竞争力的、社会竞争充分、创效能力低的设备利用社会资源进行保障。

（4）业务集中的原则。按照设备集中运营，最大限度发挥设备利用率，实现设备全生命周期内有效管理的总体要求，坚持管理集中、设备集中、修保集中，坚持租赁管理统一归口，集中调派。

3　建立适应油田施工企业的设备全生命周期集中运营模式的内涵和主要做法

3.1　建立明晰的产权关系、清晰的职责范围和内部大租赁市场

成立资源共享中心，将所属成员单位的主要生产设备全部划归到资源共享中心。按照市场化的方式建立整个公司内部租赁市场，打破条块化管理模式，实施市场化模式运营，增强市场服务意识，发挥整体合力，在保障公司生产需求的前提下，抢占油田内部市场，向物流方向发展。需求方需要设备全部以租赁的方式解决。解决设备资产归属问题，是保障设备流动性的基础。以往各单位设备使用信息不畅，形成固有壁垒，造成设备季节性闲置、利用率不高、设备协调难度大等问题，并且容易出现借用双方由于设备事故责任问题扯皮等情况。

明确“管”“办”“用”职责，公司物资装备部作为管理部门主负责“管”；资源共享中心作为主办单位负责“办”，作为设备产权单位负责设备修保、报废等工作；承租单位主责“用”，负责设备的使用管理。设备产权单位作为服务方，在承租单位的指挥下作业；承租单位作为使用方，严格按照公司设备管理要求使用设备，为出租方提供必要的作业条件，负责属地设备的管理。物资装备部作为第三方负责承租方和出租方合同关系的建立，承租方通过平台提需求，调度中心负责匹配出租方设备，从而建立起合同关系。承租方和出租方通过平台确认双方认同的金额，形成最终的结算金额。

3.2　建立以效益为中心的运营机制、完善的考核体系和多样化的租赁模式

形成有效的价格管理制度，建立以市场调配为主的价格变动机制，坚持效益优先的理念，合理配置设备资源。差异化设定贴合实际的效益考核制度，激励全员参与设备租赁市场开发，鼓励市场开发人员分享到效益收入。破除市场对接过程中的体制机制壁垒，通过混改、建立战略合作伙伴等方式，搭船出海，激发企业活力，提高生存能力。建立一整套完善的考核机制，利用信息化手段，实现智能化考核，自动生成考核结果。既要对设备产权单位考核，又要对使用单位考核，划清责任主体，突出专业监察队伍在检查和鉴定中的作用。

在坚持产权不变的前提下，在常规租赁方式的基础上，以市场化的方式，依据不同设备、不同周期、不同运作模式、不同使用区域、不同用户需求，建立灵活的租赁机制。依据不同设备的特点，项目的实际情况，按照年、季、月、周或日的计期周期，设定不同的计价方式。

（1）不同设备的租赁方式：不同设备采取差异化的租赁方式，如服务车辆采用社会上租赁公司的模式，以不带驾驶员的方式出租。客车、汽车吊等配备专业驾驶员和操作手的设备，按照台班、里程算台班的方式出租。移动电站、发电机组等结合具体情况，以不带操作手租赁的方式为主，不同的方式采取不同的计价标准。

（2）不同周期的租赁方式：按照不同租赁周期计价标准不同的方式，连续租赁时间越长，价格越低，鼓励承租单位结合实际选择租赁周期。既减少租赁手续的办理频次，又能有效盘活设备。

（3）不同运作模式的租赁方式：依据施工项目的组织形式，建立通用和可变的租赁模式，满足不同市场的需求。如设备相对集中的现场，出租方派管理人员在承租方的管理下开展工作。

（4）不同使用区域的租赁方式：针对油田内部、国内、国际三个市场，采取特色的租赁方式，如油田内部以自有设备租赁为主，产权单位负责修保等，承租单位负责使用和属地管理；国内结合具体情况，采取自有和租赁相结合的方式，设备的修保等权限的划分，按项目特点决定；国际结合施工所在地域社会依托条件，综合考虑租赁方式，采取产权不变，设备管理依托项目部为主的租赁方式。

（5）不同用户需求的租赁方式：公司施工项目的种类多，服务的对象多样，各类项目甲方的要求也不同，以满足项目管理的要求，以效率效益为出发点，结合项目特点，采取灵活的租赁方式。

3.3　建立信息化、专业化、一体化和服务化的检、修、保队伍

整合公司修保资源，分区域建立“一体化服务站”，每个服务站由检查站、润滑站和修保站构成，每个服务站覆盖区域范围设备的安全检查、润滑保养、故障修复、技术支持和管理支撑的职能。

3.3.1　服务站的信息化建设

检查站依据信息平台生成的检查计划和移动端预约开展工作，设备进场自动识别、登记，检查情况实时统计、录入和反馈，动态跟踪问题整改去向和复查。润滑站依据信息平台自动生成的换油计划和移动端预约完成换油保养工作。保养站依据检查站发现的问题完成设备的故障修复和故障抢险工作。三站间实现信息化传递，检查站发现问题，需要保养站或润滑站处理的，订单下达到相应站点，由站点按照订单执行，执行完毕后由检查站复查，形成闭环管理。执行过程中的指令传递均通过信息平台实时传输(图 1、图 2)。

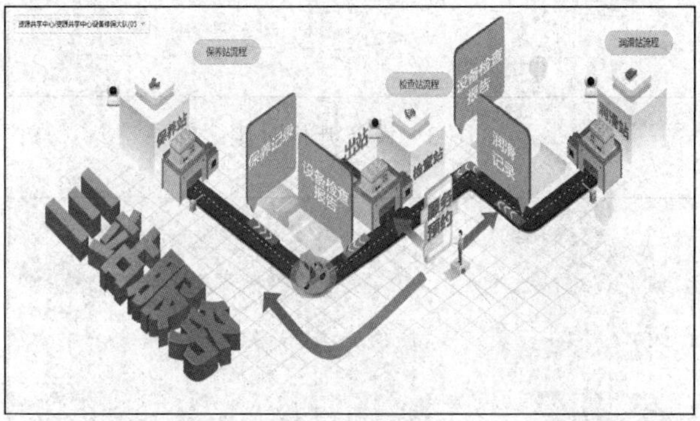

图 1　三站管理界面

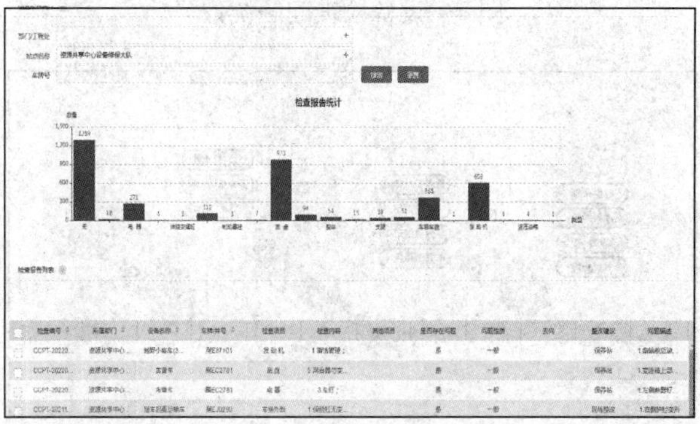

图 2　设备检查报告统计

3.3.2　服务站的专业化建设

集中技能熟练、经验丰富的专家，采取师带徒、请进来、送出去等方式科学配置人力资源，达到各服务站人员匹配适当，能力均衡且各具专长。建立完善的岗位人员考核和能力评估制度，开展岗位流转，培养高素质综合性人才。在传统检查方法的基础上，使用专业的检测仪器提高故障判断能力；利用信息平台的大数据管理，实现依据故障现象，给出“诊断”方法，提高问题处理准确性。充分发挥管理作用，检查站在检查职能的基础上，具备故障原因分析，提出解决方案的能力；具备定期分析检查数据，提出风险防控点及解决方案的能力。润滑站在油品检测和油品

更换职能的基础上，具备确定润滑油品合理更换周期的能力，具备油品选型和编制润滑图册的能力。保养站具备二级保养和现场应急保障能力，达到自修量占年维修量的70%以上，具备对修理承包商评估、监督考核和修理价格审定的能力（图3~图6）。

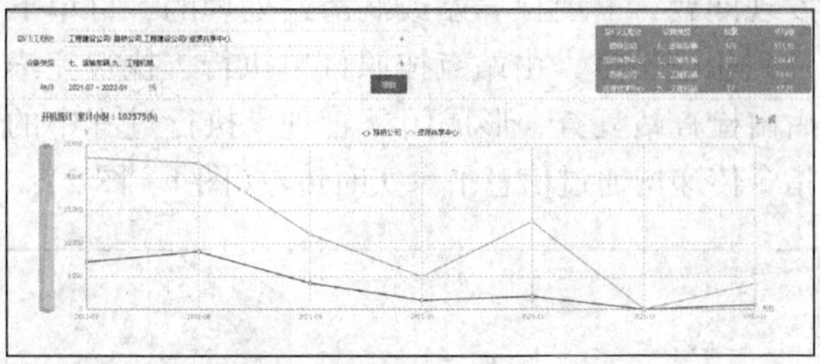

图3　设备开机对比

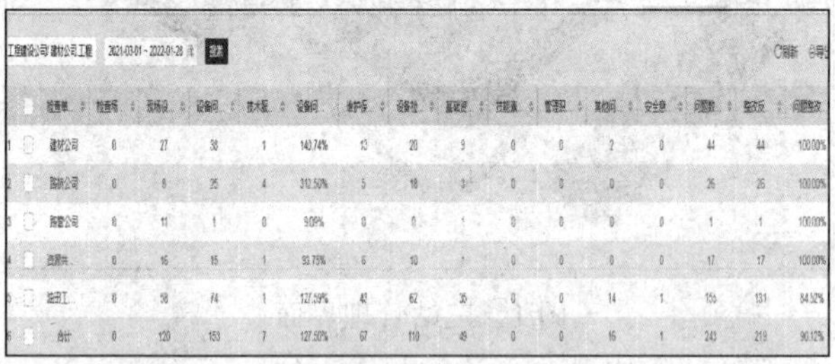

	检查单...	检查场...	现场设...	设备问...	技术服...	设备问...	维护保...	设备检...	基础资...	技能素...	管理职...	其他问...	安全意...	问题数...	整改反...	问题整改...
1	建材公司	0	27	38	1	140.74%	13	20	9	0	0	2	0	44	44	100.00%
2	[illegible]公司	0	8	25	4	312.50%	5	18	3	0	0	0	0	26	26	100.00%
3	[illegible]公司	0	11	1	0	9.09%	0	0	1	0	0	0	0	1	1	100.00%
4	[illegible]...	0	16	15	1	93.75%	6	10	1	0	0	0	0	17	17	100.00%
5	[illegible]工...	0	58	74	1	127.59%	43	62	35	0	0	14	1	155	131	84.52%
6	合计	0	120	153	7	127.50%	67	110	49	0	0	16	1	243	219	90.12%

图4　设备检查问题统计

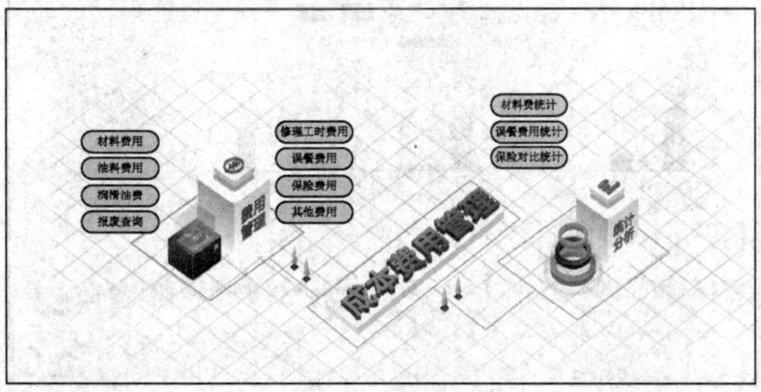

图5　成本费用管理界面

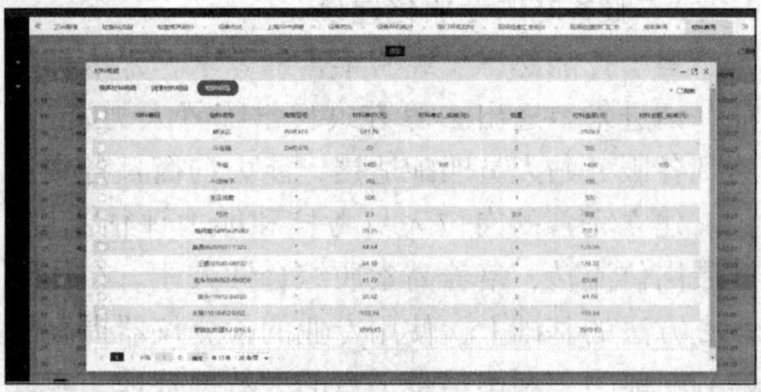

图6　配件明细及费用

3.3.3　服务站的一体化建设

在充分发挥检查站"体检中心"、润滑站"血液检测中心"、保养站"康复中心"作用的基础上，形成三站间相互监督、互为补充的闭环管理，公司所有三站间实现信息共享和协同配合，实现"1+1+1>3"的整体效应，借助信息共享和大数据分析逐步实现设备的预防性修保、区域设备的就近回场检查和维保。

3.3.4　服务站的服务化建设

在专业化和一体化建设基础上，挖掘服务站在管理决策支持、项目设备管理策划和人员培训等管理方面的潜能，建立一支服务型的专业化队伍。发挥管理决策支持职能，定期对自有、租赁和分包设备开展日常和专项检查，形成服务站管理报告，为公司设备管理决策和日常工作方向提供信息支撑，抓住重点工作，解决主要矛盾，提高管理效率。发挥项目设备管理策划职能，为项目提供设备管理的总体策划，帮助项目构建设备管理体系，编制设备管理制度，指导现场设备管理人员工作，为现场提供咨询服务，接受项目委托管理现场设备等。通过有偿的专业服务，既能发挥专业特长，又能使施工项目部更专注于项目管理。发挥人员培训职能，将服务站建设成培训基地，主要培训对象为工程部、项目部层面的设备管理人员和操作人员，通过采取VR虚拟技术开展实操培训，提升管理人员的检查能力和操作人员的业务能力。

3.4　建设支撑设备全生命周期集中管理的信息平台，借助数字化、智能化方式推动业务管理的大融合

3.4.1　设备集中运维管理平台功能

建设集基础数据分析、设备运维动态、维保备件管控、决策规划支撑、成本费用管理等五大功能的设备管理系统信息系统。

（1）基础数据分析模块：包括设备档案管理、操作手档案管理、设备（自有、租赁、分包）运行核算管理、服务商评价管理、月度季度年度统计等；整合现有平台设备动、静态数据，实现终端设备物联化，基础工作规范化。

（2）设备运维动态模块：包括设备调派管理、三交一封管理，设备（自有、租赁、分包）定位、实时监控、路径回放、路单验证、加油管理等功能；结合GIS展示设备的分布情况以及工作状态，可定位到单台设备查看基本信息，利用实时监控实现设备的全过程管控。

（3）维保备件管控模块：包括配件管理、三站管理、修保提醒、故障预警、维修管理、数据统计分析等；搭建全方位维保体系，依托PMS

设备预防性管理，建立预约式修保服务模式；打造设备检、修、保信息共享渠道，实现保障能力提升。

(4) 决策规划支撑模块：包括自有及租赁分包设备的进退场管理、路单结算、可视化展示、调拨、停用、租赁台班统计、各项计划的上报和下达等功能；通过信息共享，掌握设备使用状况，实现闲置、低效设备的跨单位、跨部门及时调拨，为装备配备、租赁决策提供数据支撑。

(5) 成本费用管理模块：包括设备各项费用的管理，材料费、油品费用、修理费用等，以及对各项费用的统计分析等功能；实现全生命周期费用的管理，建立成本管控体系，开展单机成本核算，为项目核算提供支持；利用数据分析不同属性、不同类型的各类费用定额指标，为设备费用标准化管理提供依据。

3.4.2 建立内、外租赁相结合的统一管理模式

依托平台，集中管理，建立统一模式。解决设备租赁管理分布在不同的部门，如生产部门管理货物运输、设备部门管理设备租赁，业务分散不利于资源的统筹分配。同时各单位管理方式不一，有的单位全部委托给使用单位，以事后管理为主，缺少过程管控。依托平台集中管理，可有效解决部门间协同办公，强化过程管控，再造流程，形成规范管理。

统筹选商管理，增强议价能力，提高资源获取能力。设备租赁存在选商方式多、组织方多、计价标准多、引入的服务商多而杂等问题。实行集中统筹管理，发挥总体规模效应，提升谈价议价方面优势。稳定的市场需求，必然会得到更多有实力的企业的关注，解决广泛寻源选商的矛盾，与有实力的企业合作，也必然会改变目前租赁市场的乱象，达到互利共赢的效果。

3.4.3 建立涵盖分包商的全面管理模式

分包商设备管理之所以效果不佳，主要是多部门管理，管理界面不清晰，管理内容不明确，未形成管理合力。其次是信息不对称。由于分包管理业务从招标到工程验收管理环节多，实现各环节信息的共享渠道不畅通。在分包设备管理上应按照业务管理需求，以施工现场为中心，配备相应的人、财、物资源，划出清晰的职责界限，形成各司其职、相互监督、信息共享的管理格局，达到多部门整体协同管控的目标。加强对分包商全方位的考核，在黑名单的设定条件上，应针对管理的难点、问题的突出点来设定，加大设备管理部门的话语权，这样才能起到震慑作用，取得显著的效果。

3.4.4 应用大数据分析，支撑设备全生命周期管理

在开展单机成本核算的基础上，引入全员参与成本管理的理念，即每一笔节约的费用，都能给参与的人得到收益，从上到单位经理，下到一台设备的操作手，充分调动全员管理的积极性，改变目前人盯人式的低效监督方式。同时要落实好按劳分配，改变干与不干收入拉不开差距，操作人员积极性不高的状况。应用大数据可视化分析，实现设备生命周期全过程和全费用管理，构建一体化设备管理体系，提升装备配备、设备租赁和调剂的决策支持能力。利用设备全生命周期数据，结合同类设备利用率和创效能力，经大数据分析，可视化展示购置与租赁的优劣势，辅助决策装备配置。建立项目模型，实现设定参数后，平台自动匹配设备资源，生成设备配置计划，再结合项目实际进行个性化调整，辅助项目决策。利用大数据分析，形成设备费用定额，为设备费用的标准化管理提供依据，实现设备费用的预算化管理，提高设备费用支出的监管能力。

4 油田施工企业开展设备集中管理取得的成效

依托设备集中运维管理平台，实施设备集中管理，推进设备全生命周期有效管控，实现“四升一降”新成效，推进设备自动化、智能化、信息化应用，现已形成设备管理“平台可视化、状态数字化、管理集中化、运行智能化、维保专业化”的全新局面。

4.1 设备平台可视化，提升动态运行效率

利用GPS远程监控动态运行情况，实现设备全生命周期全过程和全费用管理100%覆盖，构建一体化管理体系，提升动态运行效率；应用后台大数据可视化分析，横向对比设备经济性、配备合理性、工作实效性，实现降本增效；建立设备可视化集中调度中心，强化公司内部设备资源的集中掌控和调派，提高设备利用率，推动设备管理高质量、高效率、高水平运行，设备外部租赁费用同期减少4100万元(图7、图8)。

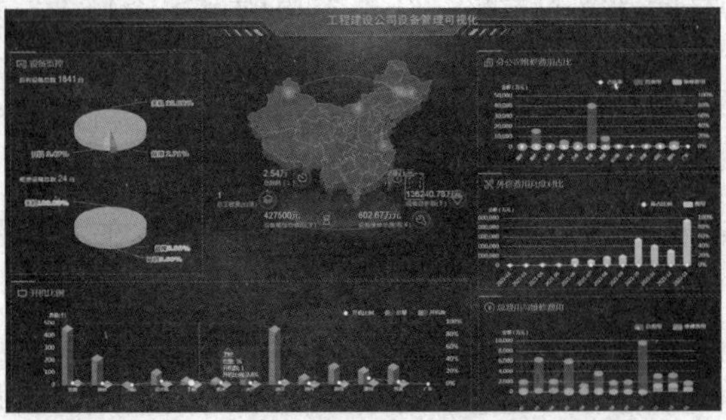

图 7　设备管理可视化界面

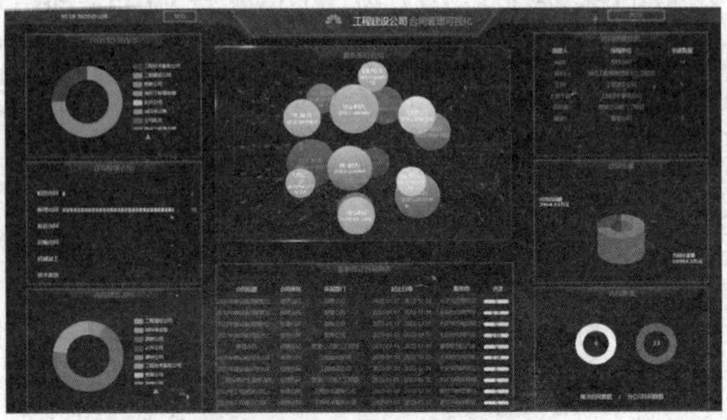

图 8　合同管理可视化界面

4.2　设备状态数字化，提升整体工作效率

整合现有平台的动、静态数据，拓展数据库的广度、深度；建立设备“一机一档”电子化管理模式，按照谁管理谁采集，谁使用谁采集，谁的属地谁采集的原则，建立数据多元化数据采集架构，达到业务部门管数据、数据支撑业务的良性循环，保证数据信息采集及时、准确、可持续，实现信息跨部门共享、共用，形成全生命周期数据库，实现无纸化办公，基础数据管理的整体工作效率提升 30%；通过制作设备资产二维码，建立设备“身份证”，实现标记化管理，资产盘点清查效率提高 50%(图 9、图 10)。

图 9　自有设备明细

4.3　设备管理集中化，提升综合创效能力

通过设备 GPS 动态数据，坚持“先内部协调、后外部租赁”的原则，项目全过程中自有设备、所属租赁、分包一键掌握，实现全费用预算

图 10　设备二维码

式管理，变被动查询上报为主动分析预警，避免超预算支出、超合同服务，有效控制成本，实现合规管理；依托设备集中运维管理平台，盘活设备资源，提高设备利用率，减少租赁费用，提升综合创效能力。自有设备利用率提高 23%，主要生产设备出勤同期增加 2.2 万台次/年，产值同期增加 4500 万元/年(图 11、图 12)。

图 11　设备分布度

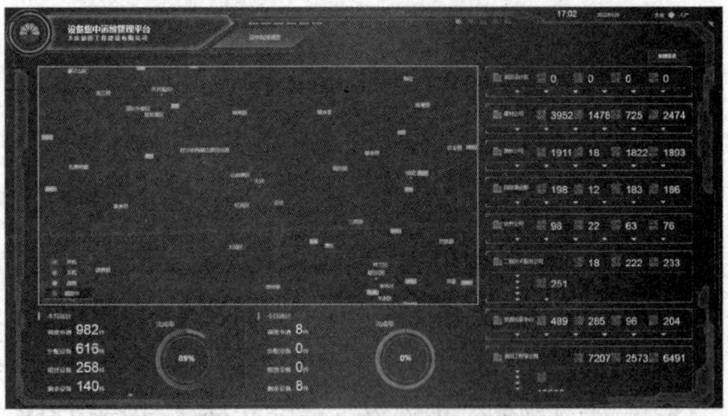

图 12　设备调派可视化界面

4.4　设备运行智能化，提升安全管理水平

运用物联网与移动端实时互联，远程查看“三交一封”执行情况，强化安全意识；智能柜设立安全提示，通过定置化目视化，录入设备运行数据，形成电子路单，提升设备运行安全监控和事故预防能力(图 13、图 14)。

4.5　设备维保专业化，降低经营成本费用

整合“三站”资源，实现信息化共享，打造示范基地；门禁及车牌识别系统，提高服务实效；建立预约式修保服务，杜绝“失保失修”现

象，推行检、修、保信息一键快捷查询，强化过程监督，提高设备完好率，设备运行成本同期减少 1250 万元(图 15、图 16)。

图 13　智能柜

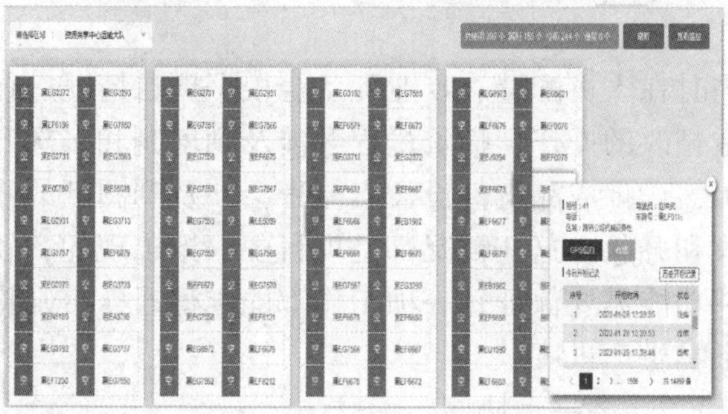

图 14　远程查看设备收车情况

图 15　设备数字化示范基地

图 16　门禁及车牌识系统

工程建设领域协同设计管理平台的建设与应用

李　冰

（大庆石化工程有限公司）

摘　要　工程建设企业是项目驱动型企业，高效的项目管理是企业赢利的不二法门，其中生产管理即设计管理又是项目管理中最重要的一环。值得注意的是，该行业中项目管理和设计管理不只是全集和子集的关系，更存在流程的上下游关系和生产数据的联动。因此，在信息化设计管理系统部署和应用时，需要结合项目管理手段和计算机程序，实现不同维度的生产和管理需求。本文就以上内容进行详细论述，并做进一步思考和展望。

关键词　协同设计管理平台；信息化建设；数据质量；Project Wise；多平台数据交互

1　引言

大庆石化工程有限公司2020年上线投入使用协同设计管理平台（以下简称协同平台），该平台可实现线上设计过程文件管理、设计成品文件管理、流程管理和输图管理等功能，承载了全公司设计生产任务。在硬件方面，部署有前端服务器一台，用于搭载Project Wise客户端和Auto View、Tomcat服务等；数据库服务器一台，搭载SQL Server2012数据库产品。软件访问方式采用B/S结构，并为实现线上设校审和红批加载Auto View控件。该平台上线时间近两年，仍处于不断梳理工作流程和优化功能点阶段，这其中打通了一些工作流程，重新定义了工作方式，但同时也暴露出了部分应用问题，下文将进行详细论述和讨论。

2　协同设计管理平台应用功能点设计

2.1　基于传统设计管理的需求

2.1.1　多专业协同

工程建设领域设计项目往往需要多专业协同工作，专业之间涉及到提资、会审会签等配合，同时在人员配置、专业配备会根据项目情况进行增删改的操作，提资过程会涉及到增删和多次升版，设计成品文件设校审流程会涉及到图纸的修改和升版。这些情况都是项目中频繁出现的，软件功能需要保证每一项工作都能走得通，否则将影响生产进度。

2.1.2　多平台协同

（1）与项目管理平台的数据交互

在应用该协同平台前，公司已较成熟地应用某项目管理平台。在该平台上实现接收委托任务到下达到具体设计部室的工作，即生产任务自经营计划部下达到设计部，设计部将项目与以往项目比对，以确定为新项目或是已有项目基础上增加子项，同时下发给主导科室和主导专业，随后由主导科室领导确定设计经理，再由设计经理整体规划项目和确定所需专业以及配备专业负责人等工作。由此可见项目基本信息和人员信息已在项目管理平台体现。协同平台只需读取自项目管理平台的数据，并继续开展设计生产任务，无需重复录入。如图1所示，协同平台中“项目同步”功能即可从项目管理平台中读取项目信息，即项目细节、人员信息和一二级进度计划等。

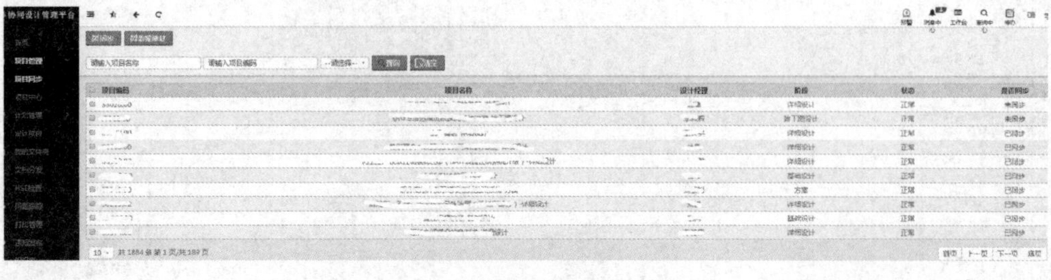

图1　项目同步界面

值得注意的是，项目情况经常变化，如业主要求、人员变动等。在项目管理平台内信息发生变化后，可在协同平台中重新同步项目，即可更新有关信息和数据。其中增改信息功能较为容易，但如删除某专业，考虑到该专业可能已在平台中开展工作，程序上设定保留数据和工作记录，故不会直接删除专业目录，如图2所示标注为待报废。

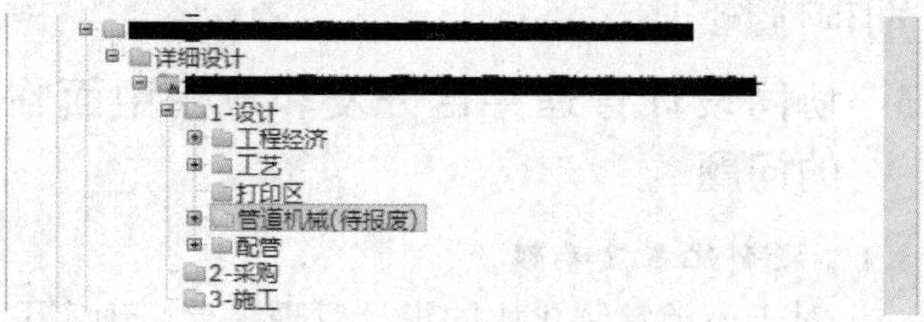

图2　待报废项目目录界面

(2) 与档案管理系统的数据交互

原线下工作中，项目存档需以纸质文件和数据刻录光盘存档两种方式进行。在存档和调档时，都需要人员拿着各类审批表往返于档案室(负责保存和借阅项目文件)和信息中心(负责刻录和读取项目光盘)之间，工作效率受限。

考虑到协同平台上线后，可保存各类设计过程文件和设计成品文件，且保存多个版本。因此，在开发协同平台之初，就已确定开发该平台和档案管理系统的数据接口，即建立一定程度的软件上下游应用关系。在协同平台上增加“一键归档”功能，项目归档数据存入档案管理系统的中间数据库，待档案管理人员确认后存入档案管理系统中。同时，协同平台中该项目数据转入到已归档项目目录，程序上限制不允许再做更改。考虑到平台上线存在过渡期，系统也设有“解除归档”功能，以便项目归档数据的调整，最大限度地保证项目数据的准确性和完整性。

2.2　流程管理

流程管理渗透在设计项目管理的始终，按照生产分工和过程可分为：提资流程、设计成品文件设校审流程、HSE检查流程、质检流程、设计成品文件打印流程等。这其中如提资流程和设计成品文件等流程，需经过设校审，因此需具有往复审批和修改文件内容的功能；如设计成品文件设校审等流程，需要根据工作情况或业主要求做出成品文件升版的功能；如设计成品文件打印等流程，在发现图纸图面错误时需终止流程，并待更新文件内容和重新发起设计成品文件设校审流程后，再提交打印流程。因此在流程的设计和功能方面，既要保证工作的灵活性又要兼顾程序的约束性。

2.3　权限管理

就该类大规模应用软件，其权限主要分为管理类权限和应用类权限。

(1) 管理类权限管理

① 系统运维

系统运维人员享有最高权限，可查看所有项目和人员数据、管理人员档案和电子签名、发布通知公告、删除故障流程、为其他权限组人员分配权限等。

② 公司领导级查看

公司领导级人员被赋予查看权限，即为方便企业高层管理人员查看项目数据和进展情况，权限为全部数据可见但只读。

③ 设计部项目管理人员查看

每个项目都配备一位项目管理人员，负责监督项目进展和沟通协调等工作，该角色权限为可查看自己所负责项目的所有数据和人员情况、项目进展情况。

④ 部室领导级查看

因设计项目具有多专业、跨部门的特点，为各设计部室领导及时准确了解项目进展情况，该角色权限为：本部室作为设计项目主导部室的，可查看全部项目数据和人员信息；本部室参与但非主导科室的，只能查看项目中涉及到本部室的专业级目录内数据。

(2) 应用类权限管理

① 设计经理可同步项目、配置各专业设校审人员、查看所有专业级目录中数据、修改本人上传的文件，以及一键存档等权限。

② 专业负责人可配置本专业设校审人员、查看本专业级目录内文件以及修改本人上传的文件。

③ 一般设校审人员配有查看本专业级目录内数据和增删改本人上传的文件。

2.4　设计成品文件管理

输图管理作为设计成品文件出版的重要一环。每张打印出的图纸内都应附有设校审人员、审定人员和会签人员的电子签名，以及企业设计出图专用章、日期、二维码等信息。需要企业内定制各专业适用的统一图框模板，并在程序上实现图纸电子签名、会签和日期的定位。同时，注意图纸升版和该类图纸的电子签名显示位置变化。设置设计成品文件打印流程，方便绘图员及时收到打印任务并对图纸质量做出补充校验。

此外其他设计成品文件还包括表格类和文档类，也需不断完善模板定制工作，以便实现该部分非结构化数据的线上规范管理。

2.5 数据质量管理

（1）基于线下管理规定的数据质量管理

线上系统的功能点和工作方式有约 70%～80%沿用线下方式，因此也需参照线下管理方式进行线上平台的数据质量把控。

公司为规范设计文件的编制工作、保证设计文件的质量，已编制有《设计文件编制规定》。具体为规定了设计过程文件和设计成品文件的编号规则、设计文件清单内容、图纸规格等。协同平台内的设计管理在功能设计和应用规则定义也应参照此规定。以项目文件目录层级设定为例，如图 3 所示，项目各层级目录严格依照规定中内容进行归类，且在项目同步后自动生成并配置人员权限，限制人为改动层级结构，以保证项目文件目录的规范统一。

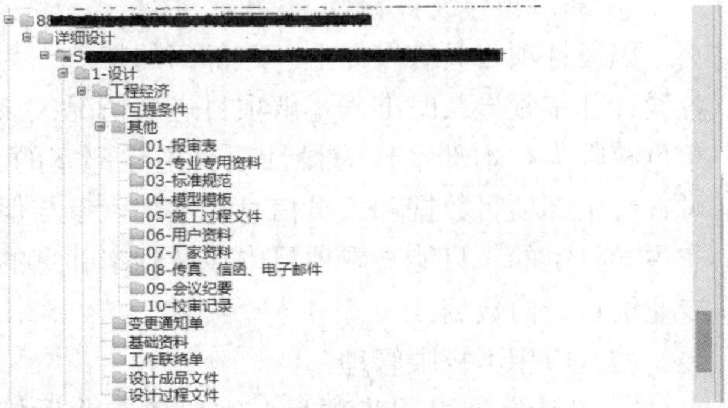

图 3　目录层级界面

（2）质检管理

原线下工作中设有质检角色，即各设计部室均设有一位质检人员，经过质检后的设计成品文件方可进行交付和内部存档。其质检内容包含：核对设计成品文件交付数量，检查图面错误等。在协同平台上线后该工作仍有重要的实际作用，应予以保留，作为数据质量管理的重要环节之一。但由于线上工作方式和形式的变化，质检工作不能拘泥于原有内容，还需探索对其他如文件命名、操作规范性等进行把控。

此外设计成品文件打印流程中，绘图员可对电子版图纸图面内容进行补充校验，以保证图纸质量和节约纸张、油墨耗材。

（3）闭环管理

质量管理中 PDCA 循环可适用于项目管理的各个方面，以本公司三大平台为例，项目管理平台中开展项目基本信息和计划编制，协同平台中进行具体设计管理，所有流程和文件均分门别类地存放在项目目录中，经过质量审查后一键归档，并最终传入至档案管理系统，以备日后的调档和数据复用。三大平台的数据联动实现了完整的闭环管理。

3　协同设计管理平台开发和应用中面临的问题

3.1 定制化程度不够

对于该类定制化协同设计管理平台，确实可以根据软件方在其他公司的案例和设计管理的普遍性工作内容进行基础性开发。但工程建设企业各家有各家的工作方式，且组织机构和人员分工不同，因此定制开发是及其重要的环节。但在上线后发现很多定制开发的功能不充分、不准确，还需在应用中不断发现问题、分析问题、解决问题。

3.2 上线过渡期时间不确定

任何事务在新旧交替时都会面临困难，协同平台的上线初期也是如此，本文将此称为上线过渡期。软件上线试运行只为几个月，但过渡期是随着问题的不断暴露才能完善功能的，因此时间更长，甚至是几年。这其中面临的困难主要有：增加了员工的学习时间和精力成本，功能不完善导致的线上线下混合作业，以及由此带来的员工情绪影响。

3.3 软件公司技术支持能力限制

上线初期必然会遇到问题，需要软件方投入相当量的人工时进行程序开发和故障处理，而受不确定的时间周期、人员因素、地域因素等影响，软件公司的技术支持能否充分支撑平台建设到平稳运行，存在一定不确定性。

3.4 因故障而故障的情况发生

该协同平台应用范围较广，由于员工对软件的熟悉程度、操作行为和软件自身问题，都会导致软件应用时出现故障，需要系统管理员或软件方进行修复。而员工不了解软件架构和原理，可能因一种情况走不通而自行以其他方式继续进行，致使为规避问题而衍生出新的问题。如在设计成品文件设校审流程中发现图纸内容需要更改，设计人员因不确定如何在校审过程中修改图纸，就会更改文件名重新上传图纸，而非在原文件基础上升级版次，就导致增加服务器存储负荷，且最终在项目存档时造成混乱。

4 协同设计管理平台应用问题解决方案的探索

站在工程建设企业自身的立场，可在平台运行的不同阶段，使用适宜的项目管理方式，努力在一定程度上缓解新旧交替期带来的各方工作的不适应感，缩短上线过渡期，降低对设计生产造成的可能影响，早日实现信息化平台对企业生产活动的提质增效。

4.1 开发中的必要事宜

（1）重视需求分析

与软件方共同拆解系统功能模块，即 WBS 分解结构。组织人员利用头脑风暴、专家咨询法等，对设计生产环节的每个功能点进行准确沟通，必要时甚至可细化到某个按钮或提示的界面呈现方式。参与功能点的设计，保证程序兼顾灵活作业和行为约束。需求分析后进行需求跟踪，考核软件方对需求的记录情况，以防信息沟通有误或漏记。

（2）合理安排对接事宜

对于该类多专业协同、多部室参与、多平台交互的信息化平台，需要合理规划己方人员，以配合软件方完成需求分析、功能开发和测试、验收等事宜。可在信息化平台建设启动会的集中讨论后，进行模块拆解后的分组讨论。分别选拔具备丰富设计生产经验和管理经验的员工参与不同模块的需求分析和功能点实现。

4.2 筹备上线前的准备

这里主要以风险管理作为筹备上线前准备的着力点。虽然风险识别在平台建设之初就有必要进行，但上线前的风险管控最为重要，其关系到系统是否能顺利上线和平稳度过过渡期。例如，提前预判员工对新系统的不适应，为此需要督促软件方做好多维度多角度的培训和操作手册，并在每个部门抽调一两名好学的员工事先熟悉系统，逐步带动全员参与。预估到一次性上线全部功能对员工的负荷过大，即可根据工作难易程度和生产进程，分批次上线应用。

4.3 上线过渡期的工作基准

此时虽然软件已完成试运行，但该类平台会因项目复杂程度和应用深度的增加而不可避免的出现新问题、面临新挑战、改变旧方法，调整程序设定。因此首先要对该阶段的必然存在有清晰的认识，并在发现问题和解决问题中，优化功能点和提高易用性。其次，该阶段考验系统运维人员与公司内部、软件方的沟通协调能力，这其中包括：准确判断和表述新需求；参与新需求的功能设计；监管软件方工作进度，根据迫切程度安排需求优先级；合理安排即错即改和大的功能点完善。

5 信息化建设工作的思考与展望

5.1 数字化转型不能跨越信息化建设

近年来，全球各行业都提出要实现数字化转型，看似是一件亟待解决并快速发展的事情。但不容忽视的是，数字化转型是不能跨越信息化建设而独立发展的。之前各类信息化平台建设的初衷多出于无纸化办公。无纸化办公除节省纸张、沟通成本等，最重要的就是打通线下转线上的所有流程，使各类结构化数据和非结构数据进行准确并及时的流转和存储。在这一基础上所产生的数据才是有价值的，才是有利于数字化转型的，否则巧妇难为无米之炊。

5.2 接受可能带来的生产变革，探索新的工作方式

数字化转型关乎企业未来的生存发展，被称为公司一把手工程，足可见其受重视程度之高。信息化建设作为数字化转型的“地基”，也在潜移默化的影响着公司的生产经营，而不只是无纸化办公的工作形式替代品。例如，线下设计管理中，项目和子项的划分是依照装置数量，而在以装置为子项划分的设计阶段没有严格定义，都靠人员自行区分项目，对工作细节可能产生不确定性。应用信息化平台后，系统无法做出个性化判断，为此，在划分子项时，对不同装置和装置的设计阶段做出了明确的拆分，并以八位子项号（如 S8888.01，其中 S 为详细设计阶段，8888 为项目整体编号，.01 作为具体某装置的标识）作为项目数据的主键。这就是对工作方式的变革。此外流程审批中的审批、同级分发、告知等信息推送方式的设定也大大降低了多部门协同工作的沟通成本。由此，可深刻地体会到信息化平台应用对公司生产变革的良性推动。

5.3 重视数据质量，夯实基础

未来工程建设行业最重要的资源可能由人力资源向数据资源倾斜。但目前对数据资源价值的量化还存在不确定性。但我们可以尝试对照资产价值的评估来衡量数据价值：

（1）首次购买和后续升级的成本

（2）数据损失更换和追溯数据的成本

（3）数据丢失对组织的影响

（4）改进数据的成本

（5）高质量数据的优势

（6）竞争对手为数据付出的费用

（7）数据潜在的价值

（8）创新性应用数据的预期收入

由此可见，数据价值不可低估，而数据质量管理又是数据价值的根本保证。且随着数据形式多样、数量庞大，并来源于不同的平台，数据管理和数据治理组织都要足够灵活，跟得上生产经营进度，制定相关工作原则。在保证数据质量的前提下，充分挖掘和提升数据价值。任重而道远，这是新变革对信息管理部门乃至整个企业指明的新方向和新挑战。

PDMS 软件在化工装置设计中的应用

杨　鹤

（大庆石化工程有限公司）

摘　要　从实际应用角度介绍了 PDMS 软件的主要优势。PDMS 通过设备、管道、结构、电气和仪表、暖通等各专业协同设计，实现了专业之间的联动，同时软件强大的出图功能保证了图纸的准确性，提高了设计质量，加快了施工进度，经济效益显著。

关键词　PDMS；模块；应用

1　引言

近年，随着化工项目的不断增加，化工装置设计也在追求更高效、更快速、更简便的设计目标。想要取得成功，工程设计公司需具备强大的适应性、高效性，以最短的周期交付工程设计项目。英国 AVEVA 公司开发的 PDMS 自 1977 年第一个商业版本发布以来，成为大型、复杂化工装置设计的首选设计软件系统。目前 PDMS 最新版本是 12.1 SP6，该版本在原有版本基础上又添加更多方便设计的功能，进一步加快了设计速度，提高了设计效率。

2　PDMS 软件应用上的主要优势

（1）全比例三维实体建模

PDMS 采用了全方位三维立体的建模形式，使得装置整体布局更加直观。

（2）多专业协同设计

PDMS 为项目用户提供易于使用的完全交互式三维环境，能够以虚拟方式模拟现实工厂中多专业协同布置设计的合理性，每个专业都工作于各自专业的三维环境中，使来自不同专业的工程设计团队并行工作，共同开发全套的化工厂数字化模型。

（3）实时三维碰撞检查。

PDMS 的元件库包含丰富的预定义参数化部件和对象，能够在模型中快速选择并定位它们，然后使用配置规则自动检查碰撞和数据一致性。碰撞检查和可配置的数据一致性检查规则可以识别设计的错误和不一致性，确保高品质的设计和减少返工。

（4）拥有独立的数据库结构

在 PDMS 软件实际使用过程中，其等级是联系元件库和设计数据库的纽带，库的容量是相对比较大的，不同项目同一个等级也不一定相同，需要凭借软件强大的数据库功能，来建立相应等级的数据库。

使用 PDMS 软件对化工管道进行设计，可以提前建立一个化工管道的专属元件库。这样可以实现针对每一个单独的元件，都可以有元件的准确信息。同时，针对不同种类和属性不同的管道元件也详细的有记录信息，可以作用于设计人员在开展管道设计时，信息数据的采纳依据。

（5）开放的开发环境

开放的编程环境，允许客户在标准 PDMS 的基础上去开发自己的应用程序。支持大量的国际字符集，用于数据库、元件库、图纸、报表和用户界面，拥有与分析系统、出图软件、实体管道支吊架等第三方设计系统的多种接口。可二次开发的图形用户界面便于使用与 AVEVA 的各类工程产品无缝集成，从而使功能得到优化本地化数据集提供一流的设计能力。

（6）图纸与报表

PDMS 三维模型可直接生成自动标注的分专业或多专业布置图、单管图、配管图、结构详图、支吊架安装图等，并抽取材料等报表。

所有图纸都直接生成于 PDMS 数据库，图纸会自动更新到最新一次的修改，从而确保图纸文件和设计模型之间高度的一致性。灵活的报表功能，确保能从 PDMS 数据库中直接生成各种类型的报表和列表，生成为“.CSV”格式或者其他格式，还可为所有专业按照类型、单位、区域等生成详细材料表。

（7）管理与控制

PDMS 支持多个设计团队在一个平台上进行协同设计。拥有久经考验的高效权限控制工具，允许系统为多种可变的工程设计需求和项目状态定制权限。

3 PDMS 不同模块在化工装置设计中的应用

PDMS 提供了多个专业实时协同设计的多个模块，包括仪表、电气、配管、设备、结构等专业。多用户在同一平台上操作是实现协同设计的先决条件，PDMS 提供广泛的多专业元件库，涵盖各个行业、国家和国际标准，包括管道、钢结构、暖通、支吊架和电缆托架等。PDMS 以数据库为核心进行多专业任意组合，可满足用户在设计各阶段按工程需要投入不同专业人员的要求。图 1 是化工装置利用 PDMS 建模的主要流程。

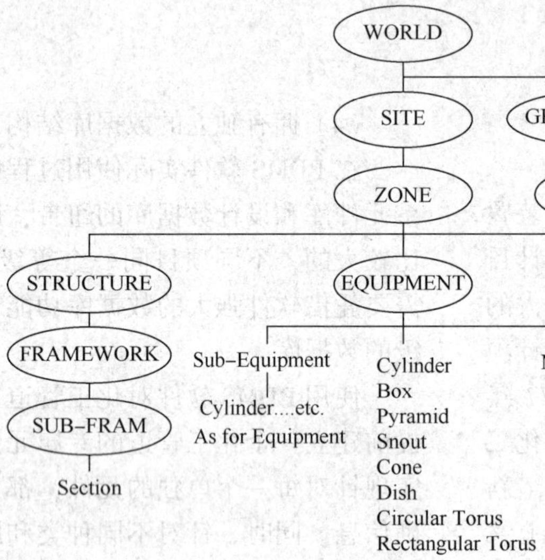

图 1

（1）设备模块

采用 PDMS Equipment 的模式下建立起来的模型是一个等比例的 3D 实体的模型。设计人员在对管道进行设计时，可以很直观的看到空间中的各个模型的位置关系，还可以显示设备关键的维修空间，在布置和设计的时候参与碰撞检查，从而进行合理的设计安排，提高了设计判断的准确性。

（2）管道模块

通常管道布置是设计当中最耗时的部分，也是最容易出现问题的地方。PDMS 软件的管道建模模块主要分为管道、分支和元件等三个层次，属于一种金字塔结构。通过 PDMS 系统中的管道建模功能，可以有效减少这些错误的产生，管道设计功能通过元件库和等级库为管道系统建立详细的模型。大量可定义的定制用以满足特定行业、国家、公司或项目对于管道设计的需求。PDMS 集成了管道设计流程所有阶段的功能，从基础设计阶段到详细设计，再到现场预制材料的制定。在设计模块通过等级指向的控制方式来选择需要的元件，用户能够轻松定义特殊规格的元件库。针对已经搭建的管道设计模型，PDMS 软件可以生成管道和设备的布置图、符合设计施工要求的管道图(能够在每张图纸上生成精确的材料表信息和材料统计)，可以有效的减少设计人员在出图方面的工作量，从而提高化工管道设计的整体效率。

在管道设计出图的方面，PDMS 还可以通过开放的平台集成其它出图软件和三维支架程序，使得设计进度明显加快，极大减少的设计工期。

（3）结构和土建结构

结构模型大量采用了参数化的元件库，如结构截面、节点、附件。用户可以根据项目的要求添加结构元件库。型材截面库包括了国际和国家标准的截面库，包括：角钢、槽钢、工字钢。节点库包含了标准类型的节点，如楔形板、端板等。节点库可以通过参数化来定义。如果结构修改后，关联的节点也会自动修改。带节点的网状结构加上模型中定义载荷，可传递到结构分析软件进行计算。附件，如门、窗、管道穿孔、加强板、吊环、阻燃材料等可以添加到所有类型的元素上，如梁、板、墙、楼板等。在设计过程中可通过调节参数来修改外形。

（4）电气和仪表设计

PDMS 支持所有的电气和仪表的布置设计包括接线盒、变压器和开关设备等，在三维模型中实现工厂布置，可视化显示、碰撞检查和出图。电气设备和离线仪表的三维模型可以通过参数化的模版来创建。阀门和在线仪表可以通过等级从元件库中选择，工作流程完全与管路设计集成，模型能够详细的表示出来。

（5）HVAC 和风管设计

PDMS 提供专门的暖通、风管设计模块。暖通设计模块，使用等级从元件库中选择参数化部件，建立暖通三维模型。填充功能用来沿着路径方向，根据直段的长度自动填充合适数量的直段。系统提供大量参数化的在线设备，如风门、导流片、散流器和风罩等。风管模型通过 Spooler 模块分离成预制管件，用来制造和预安装；可以自动生成管件轴测图。

4 结语

PDMS 软件帮助化工装置以最低成本、在最短时间内、以最环保方式设计、建造并维护高质量的工厂，从而满足全球不断增长的对化工装置的需求。无论是小型的工厂升级项目，还是超大规模和复杂的新建项目，均整体提高了设计质量，加快了施工进度，经济效益显著。

参 考 文 献

[1] 李美慧，左传鹏，等. PDMS 软件在管道设计中的应用[J]. 当代化工，2019，48(9)：1-2.

[2] 庞亮. 浅谈 PDMS 软件平台的协同设计[J]. 石油化工设计，2020，37(1)：56-58.

[3] 徐庚，黄太安，等. 利用 PDMS 软件三维设计平台进行配管加工设计新方法探讨[J]. 化工设备与管道，2011，48(2)：1-2.

[4] 何奇，刘璐. PDMS 软件在化工设计中的应用[J]. 广州化工，2019，47(14)：1-2.

火炬泄放系统设计的计算分析

王　平

（中国寰球工程有限公司北京分公司）

摘　要　火炬泄放系统是石油及化工设计的重要部分，通过对低压泄放系统和高压泄放系统的分析，包括泄放量、分液罐及火炬筒体直径和高度的设计计算，更加深入理解 API2000、API521 和 SH3009-2013 设计规范，据此分析了 API2000 中两种大罐泄放量计算方法，比较了 API521 和 SH3009-2013 两种规范在分液罐设计方法上的异同。因此在后续的工程设计时，可更加着重对比分析两种大罐泄放量计算方法的异同、两个分液罐设计规范的异同，取长补短，以优化设计，降低成本。

关键词　泄放量；分液罐；火炬筒体；计算分析

油气田地面及石油化工及炼油等大型工艺装置都需要一个庞大的火炬排放系统。该排放系统的设计计算是化工设计的重要内容，它不仅仅是一个经济问题(火炬排放系统投资约占装置总投资的 2%~3%)，更重要的是一个安全与环保问题。

对火炬排放系统的设计，已形成了国际通用的标准和规范，如 API521《Pressure-relieving and Depressuring Systems》和 API2000《Venting Atmospheric and Low-pressure Storage Tanks》。API2000 主要用于大罐泄放量的计算分析，API521 主要用于分液罐和火炬筒体的设计；在国内应用比较多的为 SH3009《石油化工可燃性气体排放系统设计规范》。

本文以委内瑞拉某油田为背景，针对这一地区地面工程的集输系统，开展火炬泄放系统设计的计算分析。该油田的原油为稠油，黏度和含水率较高，通常掺稀释剂加以输送。脱水原油储罐(DDEHO 大罐)和含水原油储罐(WDEHO 大罐)各 2 个。超稠油电脱盐电脱水工艺流程如图 1 所示。

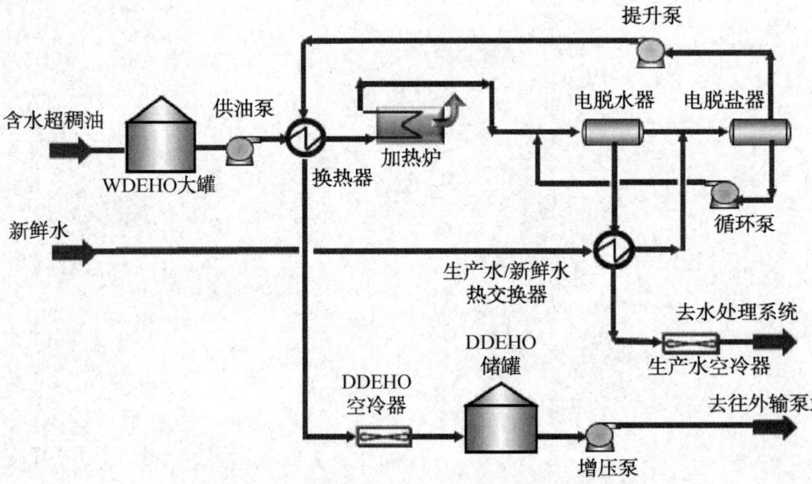

图 1　超稠油脱盐脱水单元的工艺流程图

低压火炬气主要来于 DDEHO 大罐和 WDEHO 大罐的蒸发气和呼出气，即常说的大呼吸和小呼吸。高压火炬气主要来自电脱盐电脱水器出口阀关闭的工况下油品闪蒸出来的气体。要求的大罐原油处理能力为 17361.4m^3/d。

火炬泄放系统主要由火炬管网、火炬分液罐和火炬筒体等组成，本文分别针对低压泄放系统和高压泄放系统进行分析。

1　低压泄放系统分析

DDEHO 大罐和 WDEHO 大罐均属于常压罐，工艺上采用燃料气进行补气。本文分析的大罐泄放气除了主要来自原油流入，热呼吸外，还包含油品闪蒸及倒罐操作所导致的气体流出。

1.1 大罐泄放量计算分析

低压火炬大罐泄放量的计算以API2000为基础，通过对该规范的分析，结合本地面工程特点，泄放量按以下原则进行计算：(1)由液体流入流出带来的泄放量由API 2000中的3.3计算得出，由于DDEHO罐的容积大于附录A要求的罐容，故而不能采用查附表的形式；(2)对于倒罐而产生的泄放量，本文根据工程特点，仅考虑1台泵用于倒罐；(3)大罐内油品的闪蒸气量由HYSYS软件模拟得出；(4)由热呼吸产生的泄放量由API 2000中的3.3.2计算得出。

大罐呼出量详细的计算结果见表1。

对于单个WDEHO大罐，泄放气量由原油流入、倒罐、油品闪蒸及热呼吸而产生的泄放气量总和。

大罐吸入量是由于液体的流出、倒罐和热呼吸产生的，详细的计算结果见表2。大罐吸入量主要用来设计燃料气罐。大罐呼出量主要用于设计计算低压火炬分液罐和低压火炬筒体。

表1 大罐呼出量

大罐类型	设计能力/m^3	最大泄放量				小计/(kg/h)
		液体流入/(kg/h)	倒罐/(kg/h)	油品闪蒸/(kg/h)	热呼吸/(kg/h)	
WDEHO大罐	12719×2	1421.1	388.6	0	1520.5×2	4850.8
DDEHO大罐	62169×2	1292.0	603.3	17.7	6341.7×2	14596.2
合计						19447

表2 大罐吸入量

大罐类型	设计能力/m^3	最大泄放量			小计/(kg/h)
		液体流出/(kg/h)	倒罐/(kg/h)	热呼吸/(kg/h)	
WDEHO大罐	12719×2	1502.6	221.2	3874.8×2	9473.2
DDEHO大罐	62169×2	1373.2	343.3	11766.0×2	25248.6
合计					34721.9

另在API2000中，仍由附表A可用来计算大罐泄放量。API2000中附表A的使用条件为：(1)大罐为绝热的；(2)罐内的液体具有挥发性，类似于石油，且进入大罐的液体温度要低于其最大操作压力下的泡点温度；(3)大罐空间的最大操作温度大约为48.9℃；(4)当大罐内气体空间冷却时气体体积变小；(5)大罐罐容小于30000m^3。

在满足附表A使用条件的情况下，通过计算分析，采用公式法计算得到的热呼吸量要大于查附件A。对于满足附表A使用条件的大罐(罐容为12719m^3)，计算实例如表3所示。

表3 API2000公式计算结果与附表计算结果对比

	API2000公式计算结果R1/(Nm^3/h)	API2000附表A计算R2结果/(Nm^3/h)	相差百分比H
热吸入量	4853	1456	233.3%
热呼出量	1582	878	80.2%

注：H=(R1-R2)/R2＊100%

可得出同样的条件下，附表A计算出的热吸入量和呼出量都比公式计算的小，而且小得较多。具体应该选用哪种计算方法，设计人员需根据工程项目特点、工程经验及业主意见确定。

同时需计算大罐发生火灾时的泄放量，与以上泄放量进行对比分析，以选取最大泄放工况下的泄放量进行低压火炬分液罐和低压火炬筒体的设计计算。

1.2 低压火炬分液罐计算分析

低压火炬分液罐的设计主要是由于从大罐泄放出来的气体在管道输送过程中，由于温度降低导致液体析出。在气体进入火炬前，需将液相从大罐泄放气中分离出来，否则会造成火炬下“火雨”，带来安全隐患。

分别采用API521和SH 3009—2013规范进行卧式分液罐设计。API521未对长径比作规定，SH 3009—2013则规定，“分液罐的型式应依据容器及火炬气排放系统设计的经济性选择，采用卧式分液罐时其长度与直径的比值宜取2.5~

6.0；同时要求卧式分液罐内最高液面之上气体流动的截面积(沿罐的径向)应大于或等于入口管道横截面积的3倍”。API521对分液罐的最小管长Lmin作了规定。做设计时，同时采用两个规范进行分析，以选取最安全又最经济的分液罐直径。表4为采用API521规范进行的分液罐设计过程实例。

表4　采用API521规范进行的分液罐设计过程

项　目	单位	数值
压力	kPa	102.83
火炬气流量	kg/s	7.3
气相流量	kg/s	7.3
操作条件下气相密度	kg/m^3	0.7518
黏度 μ	cP	0.0117
分液罐内径 D_i	m	1.8
气体体积流量 R_v	m^3/s	9.71
需要罐体长度 L_{min}	m	4.34
温度 T	℃	32
液相流量 W_L	kg/s	0.2327
操作条件下液相密度 ρ_L	kg/m^3	971.9
需要分离的液滴直径 D	m	0.0003
分液罐长度 L	m	6.3
$C \cdot Re^2$		1.87E+03
C		1.9

火炬分液罐的设计是一系列的试算过程，经过一系列的试算，还要考虑罐的进料口与封头焊缝要有一定的距离，同时参考以往类似装置，来选定分液罐的尺寸。目前设计的低压火炬分液罐的直径为1.8m，长度为6.3m。

针对分液罐设计总结出的API521和SH 3009两个规范的异同如表5所示。

因此在设计过程中亦采用SH 3009—2013，两个规范结合，互相校对，以得到最优的分液罐的尺寸。

表5　国内外规范对比表

序号	规范名称	主要内容
1	《石油化工可燃性气体排放系统设计规范》SH 3009—2013	假设值为分液罐内储存的液体量、分液罐的高液位；且规定分液罐的长径比为2.5~3；分液罐的型式应依据容器及火炬气排放系统设计的经济性选择，采用卧式分液罐时其长度与直径的比值宜取2.5~6.0；同时要求卧式分液罐内最高液面之上气体流动的截面积(沿罐的径向)应大于或等于入口管道横截面积的3倍
2	《Pressure - relieving and Depressuring Systems》API521	假设值有最低液位、气体部分高度和分液罐直径，并且对分液罐的长径比无规定；对分液罐的最小罐长作了规定

1.3　低压火炬筒体计算分析

火炬适用于处理石油化工厂、炼油厂发生事故时或者正常生产排放大量易燃、有毒、有腐蚀性的气体时设计。环保要求使化工装置中对环境有危害的排放气排放更加严格，相应的规模扩大意味着火炬设计要不断完善。

根据1.1中大罐泄放量的计算分析，排放到火炬系统的最大气量为19450kg/h，平均相对分子质量为18.55，温度为37.8℃，压缩因子为0.996，热值为18346.5kJ/h，火炬顶部内侧压力为103kPa，当地的风速为28.3m/s。

1.3.1　火炬筒体直径的计算

根据总图布置，用Aspen Flare System Analyzer V8.6软件，建立低压系统火炬管网模拟模型，见图2和图3，模拟得到低压火炬的直径为0.91m。

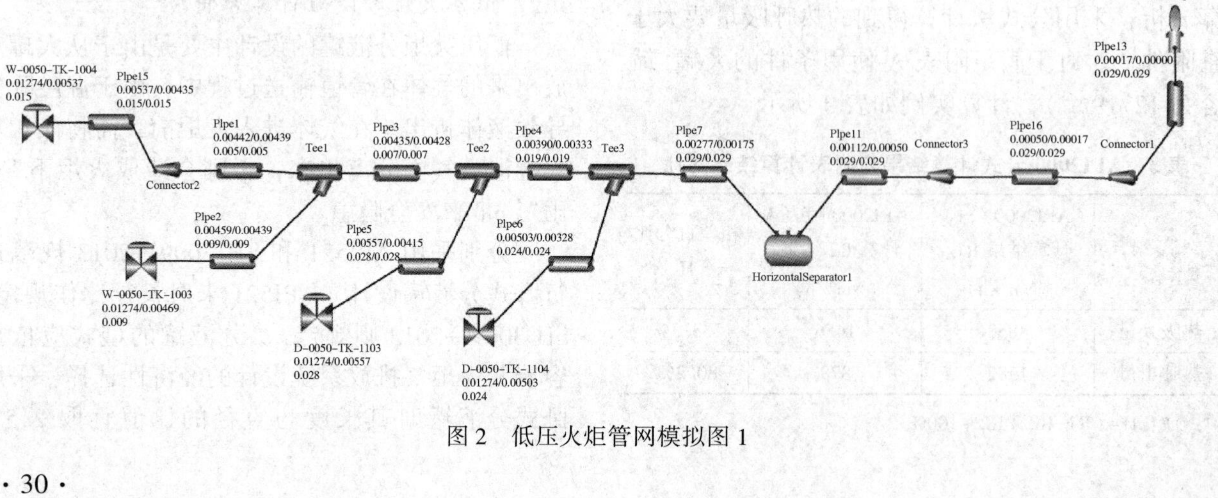

图2　低压火炬管网模拟图1

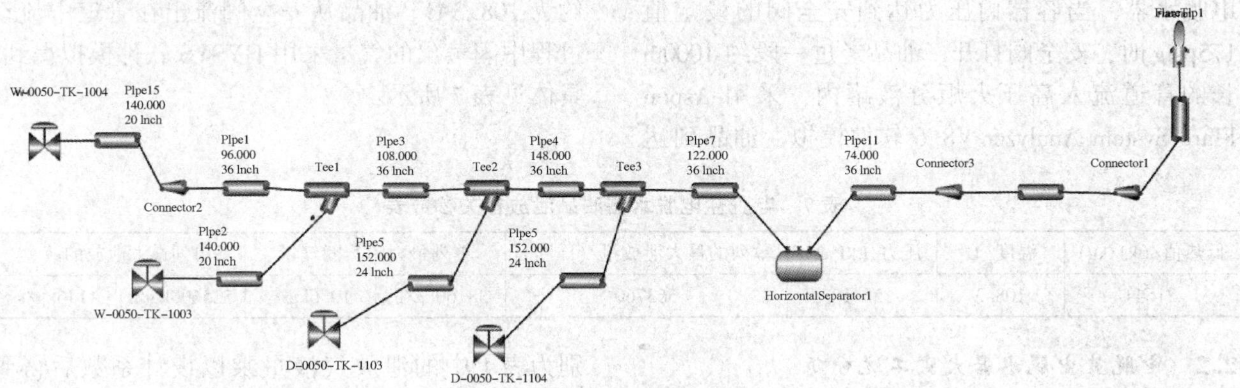

图 3 低压火炬管网模拟图 2

1.3.2 火焰长度的计算

根据已知参数计算得到火炬的燃烧热 $Q=7.39\times10^{8}$ kW，查 API 中的表 7，火焰长度 $L=35$m。

1.3.3 火炬筒高度的计算

如图 4 所示，D 依据公式 $D=\sqrt{\frac{\tau\cdot F\cdot Q}{4\pi\cdot K}}$ 和 $\tau=0.79\left(\frac{100}{R_H}\right)^{1/16}\left(\frac{30}{D}\right)^{1/16}$ 计算，r 根据总图条件得出。

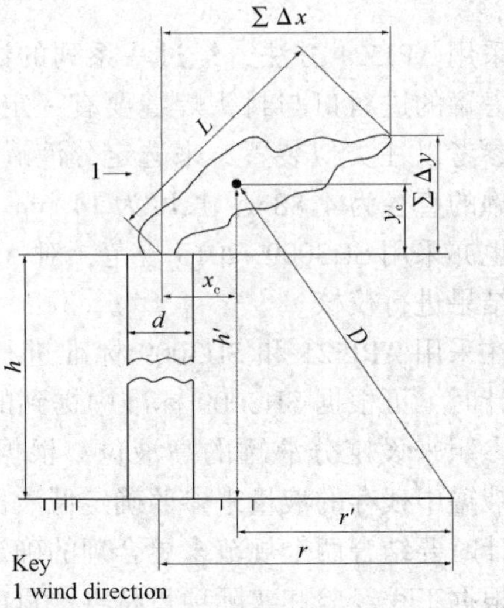

图 4 确定火炬筒体大小的示意图

其中 D 为火焰中心距地面的距离，m，F 为热辐射系数，Q 为热辐射量，kW，K 为最大允许的热辐射强度，kW/m^2，τ 为空气对 K 值的影响因子；R_H 为相对湿度。

在火炬计算过程中，需要人为确定的关键性参数为最大热辐射强度，该参数直接影响着火焰中心到地面边界的距离，影响着在安全距离之内人员可操作的时间等因素。

根据 API521－2014 标准，热辐射强度对照表见表 6。

表 6 推荐的设计所用的热辐射强度

最大的热辐射强度，K/(kW/m^2)	使用条件
9.46	操作人员允许经过，停留时间仅为几秒
6.31	事故时允许操作人员穿着防护服在其中工作近 1min
4.73	事故时允许操作人员穿着防护服在其中工作近 10min
1.58	操作人员可长期工作

据业主要求，最大热辐射强度选用 4.73kW/m^2，计算得出低压火炬筒体的高度为 15.3m。

2 高压泄放系统分析

高压泄放系统的介质主要来自于电脱盐电脱水装置事故工况产生的泄放流体。电脱盐电脱水器操作温度为 143.3℃，操作压力为 1.034MPag，电脱盐器和电脱水器的内部直径皆为 4m，壳体长度皆为 20.7m。高压泄放系统主要是对于电脱盐电脱水系统而言。本工程共有 2 列电脱盐电脱水装置，并联运行，原油设计处理能力约为 1127520kg/h，计算泄放量时，需同时考虑电脱盐电脱水器运行过程中的水循环量。设定 3 种工况，分别为出口阀关闭、火灾及停电工况进行分析。

2.1 电脱盐电脱水器出口阀关闭工况分析

本事故工况仅考虑单列电脱盐电脱水器出口

阀关闭。出口阀关闭时，油品仍不断流入电脱盐电脱水器，当容器内压力达到安全阀的设定值175psig时，安全阀打开，油品经过一段约1000m长的管道流入高压火炬分液罐内，采用Aspen Flare System Analyzer V8.6软件模拟，油品到达高压火炬分液罐时的压力约为55.1kpag，温度约为108.3℃。油品从安全阀流出在管道中流动过程中闪蒸出的气量采用HYSYS软件模拟得到。具体见表7所示：

表7　电脱盐电脱水器油品泄放相关参数表

低热值/(kJ/kg)	温度/℃	压力/(kPag)	单列的最大泄放量/(kg/h)	单列最大闪蒸的气量		单列最大泄放的液量	
21644	108.3	55.1	563760	38160kg/h	10.6kg/s	525600kg/h	146kg/s

2.2　电脱盐电脱水器火灾工况分析

根据电脱盐电脱水器的尺寸及API521的计算火灾工况泄放量的计算公式：

$$Q=C_1 \cdot F \cdot A_{ws}^{0.82}$$

电脱盐电脱水器的保温材料为岩棉，F值根据规范API521-2007的5.15.2的表6的内容，可取0.026。考虑到工程经验等情况，本项目F取值0.3。

A_{ws}为总的湿周面积。

所以 $Q = 43200 \times 0.3 \times 276.80.82 = 4.69 \times 106$kJ/h，油品的潜热值由HYSYS软件模拟得出，取为1104kJ/kg，所以泄放量为$\frac{4.69\times10^6}{1104}=4.251\times10^3$kg/h；

仅有1列电脱盐电脱水器发生火灾，所以火灾工况下的最大泄放量为8502.1kg/h。

2.3　电脱盐电脱水器停电工况分析

根据工艺流程特点，电脱盐电脱水器的进口和出口泵由同一电源控制，所以此工况可不考虑。

所以对于出口阀关闭和火灾这两种工况，计算出来的泄放量如表8所示。

表8　出口阀关闭和火灾工况的泄放量计算对比表

工况	泄放量/(kg/h)	热值/(kJ/kg)
出口阀关闭	563760	20419.1
火灾	8502.1	24314.0

根据计算结果，选用出口阀关闭工况来进行高压火炬的设计。此泄放量也是分析计算电脱盐电脱水器出口安全阀的基础。

2.4　高压火炬分液罐计算分析

当一列电脱盐电脱水器出口阀关闭时，大量液体从安全阀流出，进入火炬分液罐，假定设计系数取1.1，表中的最大闪蒸气量和最大液量分别为表1中的泄放气液量乘以设计系数后得到的。其基本参数见表9。

表9　高压火炬分液罐计算基础数据

最大的闪蒸气量	11.66	kg/s
最大的液量	160.6	
操作温度	108.3	℃
操作压力	8	psig
液体密度	910~915.4	kg/m^3
闪蒸气密度	1.444	kg/m^3
	0.0102	cPa
液体停留时间.	20	min
允许的最大液滴直径	300	μm
分液罐中残存的液体量	410	mm

采用API521方法，经过一系列的试算，还要考虑罐的进料口与封头焊缝要有一定的距离，同时参考以往类似装置，来选定分液罐的尺寸。分液罐的直径为4.88m，长度为14.6m。设计过程中也亦采用SH3009-2013规范，对API521的设计结果进行校核。

在采用API521和SH3009标准进行分液罐的设计时，可根据SH3009标准中提到的储存液量作参照来设定分液罐的高液位，根据API521中分液罐中残存的液量来参照确定低液位。因此作设计时要结合两个规范来更合理的确定高低液位。根据工程经验和实际项目特点，目前设计的分液罐的尺寸见表10。

表10　高压火炬分液罐的尺寸

直径	长度	设计容量
4.88m	14.6m	$304m^3$

2.5　高压火炬筒体计算

如表11所示为高压火炬筒体设计的基础参数。

表 11　高压火炬设计的基础参数

气体质量流量	kg/h	45792
气体平均分子量	—	30.76
流动温度	F	227.1
压缩因子	—	0.987
热值	kJ/h	9260.4
风速	m/s	28.3
火炬头的绝对压力	kPa	101.325

2.5.1　火炬筒体直径的计算

根据项目总图布置，用 Aspen Flare System Analyzer V8.6 软件，建立低压系统火炬管网模拟模型，得到低压火炬的直径为 12inch(图 5、图 6)。

2.5.2　火焰长度的计算

根据已知参数计算得到火炬的燃烧热查 API 中的表 7，火焰的长度 $L=37$m。

2.5.3　火炬筒高度的计算

设计思路同低压火炬筒体高度的分析，经计算，高压火炬筒体高度为 20.3m。

3　对比分析

在大罐泄放量计算上，API2000 中公式法和附表法的计算结果相差较大，具体该选用哪一种方法，仍需根据工程特点及工程经验及业主意见决定。

在分液罐设计上，API521 和 SH 3009—2013 总体原理一致，但 API521 和 SH 3009—2013 设定的假设值不同。因此在设计时，可结合两个规范，取长补短，以得到最优的分液罐的尺寸。

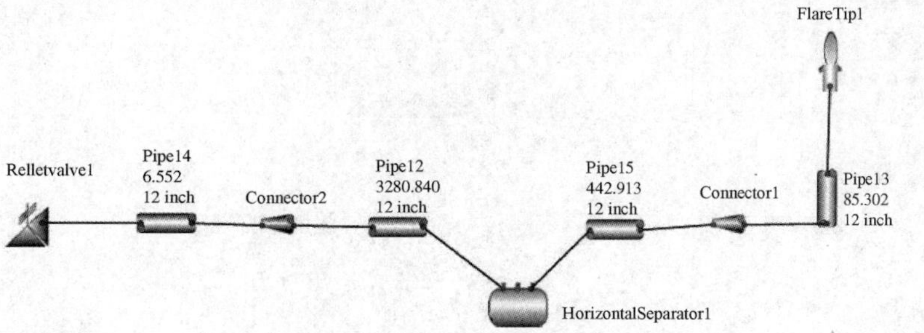

图 5　高压火炬管网模拟 1

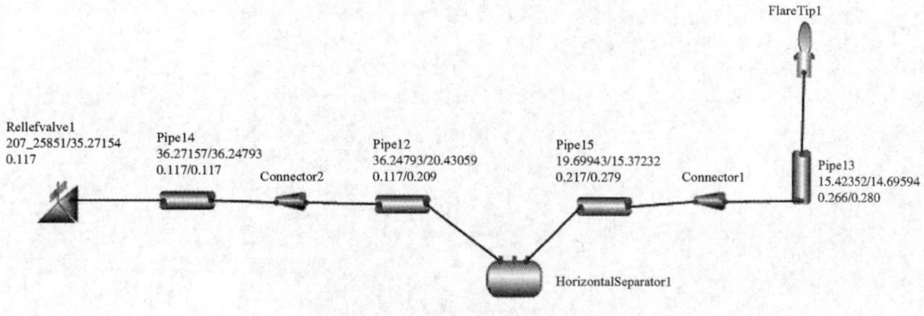

图 6　高压火炬管网模拟 2

4　结语

大罐泄放量的工况，包括液体正常的流入流出而产生的泄放量、大罐内蒸气空间温度变化导致的热呼吸，火灾工况下的泄放量等等。在确定大罐泄放量时，液体正常流入流出而产生的泄放量和大罐内蒸气空间温度变化导致的热呼吸是必须要考虑的部分。具体计算依据 API2000 规范，并根据工程项目特点和工程设计人员的经验，选择采用公式法进行计算，或者采用查附表的方法进行计算。

火炬管网的设计计算是采用 flarenet 软件，根据每个大罐的泄放量、管道长度数据及火炬头压降等，模拟得到火炬管网系统的管径。

低压火炬分液罐的设计，对于有经验的工程设计人员，宜优先采 API521 规范的方法；对于初做设计的工程人员，宜采用 API521，并用 SH 3009—2013 规范的方进行校对和核算，以保证分液罐设计的正确和合适。

火炬筒体的设计，宜直接采用 API521 的计算方法。

火炬泄放系统的分析，包括火炬管网系统设计、火炬分液罐设计及火炬筒体设计。在对整个工艺流程进行系统掌握的基础上，根据泄放工况分析出泄放气量的来源，并依据相应的规范进行泄放量的计算，为后续的分液罐设计及火炬筒体等的设计做好基础。根据流体性质和工艺系统特点，选择适宜的火炬泄放系统组成，以进行合理的设计，对降低项目投资，优化工艺流程，保证工程安全具有非常重要的意义。

参 考 文 献

[1] American Petroleum Institute. API521-2007 Pressure-relieving and Depressuring Systems [S]. Washington: American Petroleum Institute, 2006.
[2] 中华人民共和国工业和信息化部. 石油化工可燃性气体排放系统设计规范：SH 3009—2013[S]. 北京：中国石化出版社，2013.
[3] American Petroleum Institue. API2000-2014Venting Atmospheric and Low-pressure Storage Tanks [S]. Washington: American Petroleum Institute, 2014.
[4] 赵春风. 火炬分液罐的工艺设计[J]. 石油化工设计，2011，28(3)，62-64.
[5] 牛晓旭，孙伟. 火炬系统分液罐的工艺设计[J]. 化工设计，2010，20(3)，28-30.
[6] 弥勇，李文杰. 火炬计算的参数分析[J]. 化工生产与技术，2010，17(2)，49-52.
[7] 赵晋云，周兴涛等. 国内外输气管道放空系统设计标准分析[J]. 油气储运，2013，32(3)，274-278.
[8] 杨鼎雅，晓旭，王涛等. 火炬系统分液罐的工艺设计[J]. 吉林化工学院学报，2008，25(4)，15-19.

3D 建模技术在污水站施工中的应用

吕彬彬　姜兴安

（大庆油田建设集团有限责任公司）

摘　要　结合油田新建、改造污水处理站项目施工实际情况，应用基于 3Dmax 的三维建模技术在工程各个阶段对施工过程加以控制、辅助，为项目决策提供可视化、形象化、动态的策划平台，解决管道螺纹焊道开孔补强、管道设计碰撞、马鞍口大样制作精确度低等问题，同时，实现现场实时查看管道安装参数，在提高管道施工效率，降低机械设备使用，减少费用投入方面具有良好价值。

关键词　3D Max；三维模型；污水站

油气田地面建设中，污水站施工由于其设备及材料种类多、数量大，存在多专业交叉施工等特点，对于项目的前期策划、过程控制、竣工投产均提出了较高的要求。通过引入 3D 建模技术，不但能减少人员机械支出、提高劳动效率，同时还可以快捷、方便的完成工程施工策划、管理任务。

1　3D MAX 软件

1.1　软件简介

3d Max 为 3D Studio Max 的简写，是由 Autodesk 下属企业 Discreet 公司开发的三维动画渲染和制作软件，广泛应用于广告、影视、建筑设计、游戏以及工程可视化等领域。

1.2　建模方式

使用 3D Max 建模可分为以下 6 种方法：基础建模，复合对象建模，多边形建模，suface toods 建模，面片建模，NURBS 建模。在油田污水站施工中只需使用前三种建模方式即可达到预期的应用效果。

2　综合运用举例

此项技术在 2020 年中 113 高浓度聚驱污水站工程中得到较为全面的运用，起到了较好的效果。

2.1　施工前期应用

（1）在项目招投标期间，将标书内平面配图全部更换为三维图形，使评标者更为直观的了解施工流程及方案，增加投标成功几率。

（2）在项目策划期间，建立施工现场、临时暂设区及材料库三维模型，结合现场条件，在电脑中调整板房、库房、料台、管材区、危险化学品区、消防设施等区域的位置，为项目策划者提供更形象、更直观的现场布局策划平台，如图 1 所示。

（3）在项目施工前，由于二维设计的离散行为不可预见性，将使设计人员疏漏掉一些各专业碰撞的问题，通过绘制工程三维模型，提前发现图纸中工艺、土建、电气专业碰撞问题，即时与设计沟通解决，避免后期处理造成的人员、机械、材料浪费。

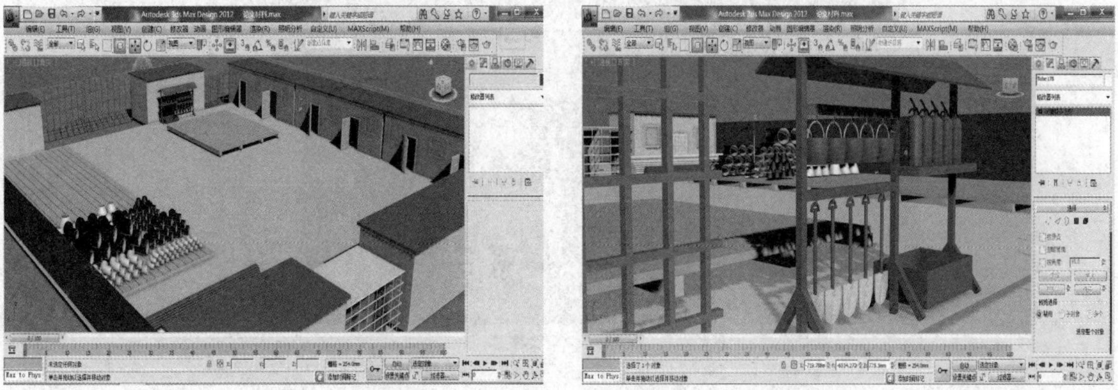

图 1　材料库布局图

2.2　项目过程应用

(1) 在滤罐操作间施工中，应用3dmax 建模软件模拟螺纹管支管及汇管连接，通过旋转坐标轴，调整出每根汇管的最佳旋转角度，最大限度避免三通焊口开在螺纹焊道上，减少加强圈的使用，避免现场排列、调整造成的机械浪费，减少质量通病的发生，如图 2 所示。

(2) 通过 3Dmax 软件复合对象功能快捷制作三通大样，按实际尺寸打印，辅助管工进行马鞍口下料，如图 3 所示。

(3) 将建立的三维模型导入平板电脑，技术员及班组长可在现场随时查看。通过点击任意一段管线、管件即可得到其材质、用途、管径、长度、标高及处于房号内的横纵坐标等参数，便于指导施工及核对，如图 4、图 5 所示。

(4) 通过在软件内设置关键时间点，创建管线施工模拟动画，实现施工流程可视化，通过在标高±0 点添加平面，区分地上地下管线，便于合理编排施工流程、编写施工方案、技术交底，如图 6 所示。

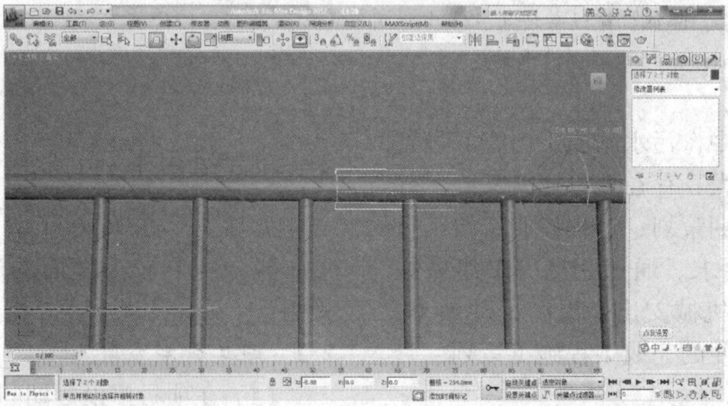

图 2　螺纹管三通模拟图

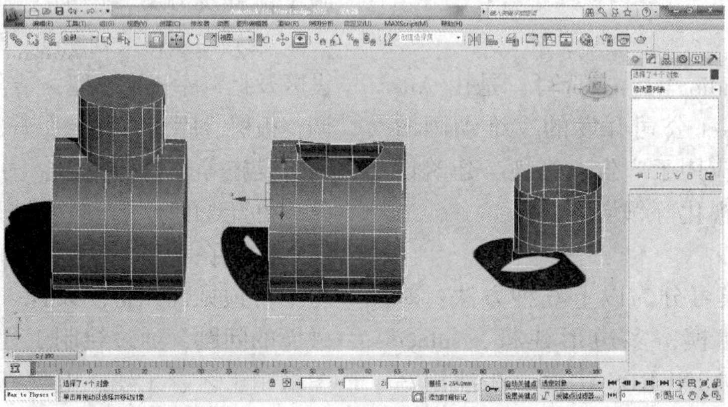

图 3　3Dmax 制作三通大样图

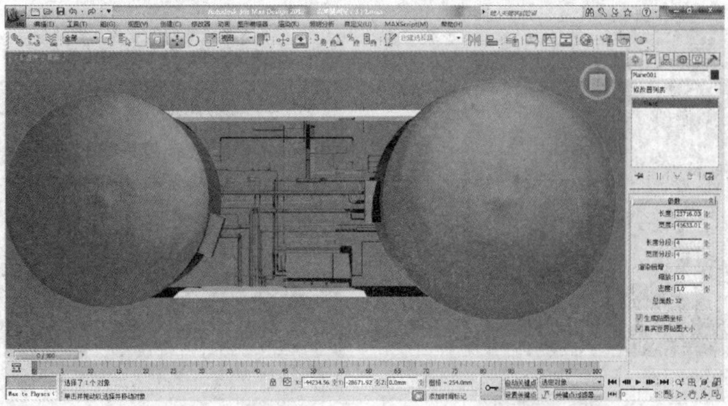

图 4　沉降罐阀室工艺安装图

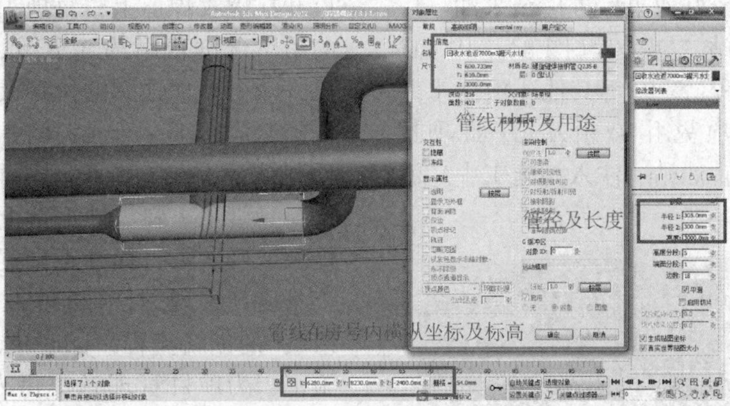

图 5　管线参数图

图 6　地上及地下管线区分图

2.3　项目后期应用

（1）工程量计算：施工结束后，通过已绘制完成的三维模型可快捷计算出相应的大部分工程量，如土方量、混凝土量、管线长度、道路面积等，便于预算员校核。

（2）经验分享交流：将施工过程中绘制的各种三维材料渲染，配合使用 Photoshop 软件处理后作为效果图，供后期工程经验交流、技术革新发布使用，如图 7 所示。

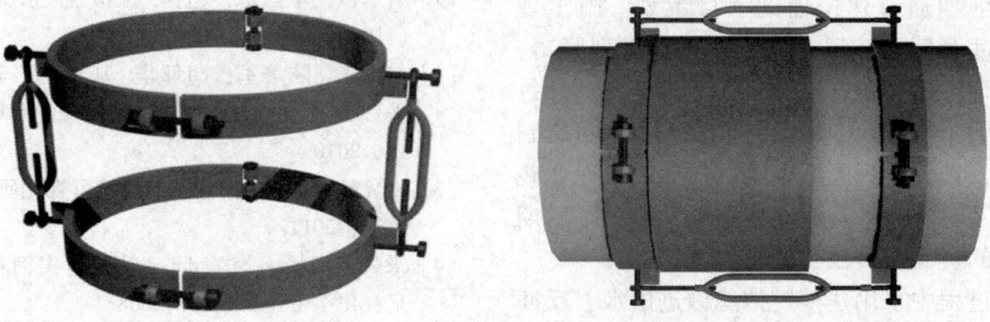
图 7　后期经验交流效果图

3　主要技术指标及应用优势

3.1　主要技术指标

（1）3Dmax 的制作流程十分简洁高效，软件提供多种建模方式，针对工程只需学习多边形建模即可。

（2）节省施工过程中人员、机械费用。

（3）为项目管理者提供直观、形象的管理平台，便于项目决策、管理。

3.2　应用范围及数量

在 2018 年至 2021 年之间，最先将 3D 建模技术应用于聚中 415 高浓度聚驱污水站工程沉降罐阀室施工中，取得较好效果后推广至采油一厂中416深度污水处理站二期工程(图8)、中113高浓度聚驱污水站工程(图9)等其他4项污水站工程施工中，节约各项费用30余万元。此项技术也可在油田大部分转油站、注入站施工中广泛应用。

图8　中416深度污水处理站二期工程

图9　中113高浓度聚驱污水站工程

在工程项目各阶段应用3D建模技术均取得了较好的效果。

施工前期通过建模辅助项目策划，施工现场、材料库及暂设布置一次成型，且排列紧凑，减少了土地占用面积，降低了征地难度，预计每项工程节约工期20~30天，同时通过前期绘制三维模型，预先发现图纸中难以核对的各专业碰撞问题，及时与设计沟通纠正图纸，避免了后期处理造成的资源浪费及工期延误。

施工过程中采用建模模拟滤罐进出水、反冲洗进出水螺纹管三通排列，最大限度避免三通焊口开在螺纹焊道上，每项工程减少现场调整发生的吊车台班费用约3万元，人工费用约0.7万元，减少了加强圈的使用及质量通病的发生，降低施工成本1.5万元；将3D建模技术与工厂化预制结合，在三维模型中将可预制部分单独摘出，为管工下料、地下地上管线分开防腐、保温提供准确参数，提高工厂化预制准确度，降低施工难度，实现“计算机模拟，工厂化预制，现场组装”的创新流程。同时应用三维建模技术模拟施工，为项目管理者提供人、机、料、法、环、策更为直观的管理平台，提前做出决策、编制施工方案，每项工程节约综合费用3万~5万元。

施工结束后，通过已绘制完成的三维模型可快捷计算出相应的大部分工程量，如土方量、混凝土量、管线长度、道路面积等，便于预算员校核，同时将施工过程中绘制的各种三维材料渲染后，作为效果图，供后期工程经验交流、技术革新发布使用，获得广泛认可。

4　结论

通过在污水站施工中引入3D建模技术为项目管理及施工人员提供了更好的平台，自招投标开始至工程结束均有相应的应用，展现了二维图纸所不能给予的视觉效果和认知角度，同时为有效控制施工安排，减少返工，控制成本等方面提供了有利的支持。

参　考　文　献

[1] 来炳恒，李昌华，赵佳. 虚拟现实技术在建筑中的应用[J]. 安徽建筑，2010.

[2] 何耀光，陆培军，胡郁华. 基于三维全景的可视化平台技术的研究与实践[J]. 计算机与现代化，2010.

[3] 张鹭静. 基于虚拟现实的建筑可视化研究[J]. 山西建筑，2011.

[4] 张帆，李岭，等. 3dmax基础与实例教程[M]. 北京：化学工业出版社，2008.

压力容器标准化设计在炼化一体化项目中的应用实践

陶　钧　李小梅　岳国印　张运强　彭薇薇

（中国寰球工程有限公司北京分公司）

摘　要　本文对压力容器零部件标准化现状、施工图设计技术现状、工程项目的执行现状、设备专业的工作现状等进行了分析阐述，指出了提高压力容器零部件标准化水平的必要性。介绍了压力容器零部件标准施工图的编制过程及其在某炼化一体化项目中的应用实践，阐述了该应用实践取得的经济效益和社会效益，最后总结了标准化设计的实践经验对提高压力容器施工图设计效率的有益启示。

关键词　压力容器；标准化设计；炼化一体化项目；应用；施工图；提质增效

2020 年是中国寰球工程有限公司北京分公司(下称“北京寰球公司”)的生产大年，公司一方面面临项目众多、工期紧张的压力；一方面面临疫情防控、油价低迷的压力。在工程项目方面，无论是设计类项目还是总承包项目，业主更希望寰球公司而不是制造厂，来承担压力容器施工图的设计工作。设备专业需兼顾工期和质量，在用工紧张的情况下，向越来越多的工程项目提供压力容器施工图。压力容器设备施工图设计工作量大、消耗工时多，设备室员工一般同时参与数个项目的设计、校核或审核工作，工作负荷大、工作压力大。

在上述背景下，北京寰球公司设备室积极响应中石油集团公司“战严冬、转观念、勇担当、上台阶”主题教育活动，深入贯彻中油工程、北京寰球公司提质增效专项行动的工作要求。针对部分压力容器零部件没有实现标准化，施工图设计时需反复设计、校核和审核，施工图设计繁琐费时的现状，设备专业立足工作岗位，转变观念，开动脑筋，结合自身工作特点，依托在建的炼化一体化项目，积极探索压力容器施工图设计新模式，提出了压力容器零部件标准化、编制压力容器零部件标准施工图创新创效工作。该工作成果已在某炼化一体化项目乙烯装置和聚丙烯装置中得到应用实施，并取得了良好的应用效果和经济效益。

1　提高压力容器零部件标准化水平的必要性

1.1　压力容器零部件标准化的现状

目前压力容器常用的零部件已大部分实现了标准化和系列化。但是仍有部分零部件没有实现标准化，或者零部件标准没有对其覆盖。当设计人员设计该类零部件时，需对其进行非标设计。举例说明，NB/T 47065. 1—2018《容器支座 第一部分：鞍式支座》适用的容器直径的上限为 6000mm，随着装置和设备的大型化，往往出现公称直径超过 6000mm 的卧式容器，此时便需对超过标准界限的支座进行非标设计。

1.2　压力容器施工图设计技术的现状

在压力容器设计行业，由于压力容器一般无法按标准选型，往往每一台设备都需要专门设计并出图，设计手段虽然由手工绘图发展到计算机辅助设计，但目前的设计手段仍具有设计效率低，消耗人工时多；计算与绘图过程连接不紧密；设计与制造过程连接不紧密等特点。压力容器设计未来将向协同设计、设计制造一体化等更高层次方向发展，但压力容器目前的设计手段的特点严重制约了工程项目的设计效率，影响了项目的建设进度。

1.3　工程项目的执行现状

北京寰球公司设备专业以图纸设计质量高而著名，另外，从工程项目的投资费用等角度考虑，无论是设计类项目还是总承包项目，工程项目的业主更希望由寰球公司设备室来承担压力容器施工图的设计工作。

北京寰球公司在乙烯、聚丙烯、聚乙烯、EOEG、POD、LNG 等工程项目方面，具有良好的口碑和品牌优势，近年来承接了越来越多的工程项目。

以某典型乙烯装置为例，该装置内静设备共482台(套)(不包括成套设备)，其中塔器20台、反应器11台、干燥器9台，容器57台、储罐4台、混合器97台、过滤器35台，聚结器8台、换热器类设备240台(套)。上述设备数量仅仅是单个化工装置中的设备数量，实际工作中，往往遇到多个化工装置并行执行的情况。

表1列出了未应用标准施工图的某乙烯装置中反应器设备施工图图纸数量统计表，该表表明，该装置反应器共有施工图58.5张，平均每台反应器设备施工图数量平均值为7.3125张。

上述表明，化工装置中需要进行施工图设计的设备数量多，设备施工图的图纸数量多，施工图设计工作量巨大。

表1　乙烯装置中反应器设备施工图图纸数量调查表

设备名称	设备施工图图纸数量/张(折合A1)
裂解气干燥器	7.25
裂解气第二干燥器	8
液烃干燥器	5.25
碳二加氢反应器	8.5
碳二加氢脱砷反应器	8
碳三加氢脱砷反应器	7
碳三加氢反应器	7.25
废碱氧化反应器	7.25

1.4　设备专业的工作现状

相较于之前的设计院模式，工程公司的工作重点向工程设计转移，设计人员的工作任务更为繁重；压力容器设计人员一般同时参与数个项目的设计、校核或审核工作，有时在担任项目管理工作岗位的同时，还要兼任其他项目的设计、校核或审核工作。由于受到人力资源、项目工期、项目数量等因素的限制，压力容器设计人员需兼顾工期和质量，向越来越多的工程项目提供压力容器施工图，承受了较大的工作负荷和工作压力。

综上所述，通过提高压力容器零部件标准化水平，将压力容器施工图设计中一部分“画”的工作更改为“注”(或称为“引用”)，以稳定压力容器施工图设计质量、降低压力容器施工图设计的人工时成本，对于工程项目的高质量和高效率发展，具有重要意义。

2　压力容器零部件标准施工图的编制

2.1　标准施工图图框的编制

压力容器零部件标准施工图往往需要用到A4大小的图框，如果使用目前现行的公司的施工图图签，图签占据三分之一的A4图幅，图纸剩余空间较少，另外标准施工图图不需要现行图签中的“项目栏”和“装置/工区栏”等内容，设备专业经与技术管理与开发部、项目控制部和质量安全环保部磋商，编制了适用于标准施工图的专用图签，如图1所示。该图签作为公司质量体系文件，不仅适用于设备专业的标准图，后续其他专业(部门)编制标准图，同样可应用该图签。

图1　标准施工图专用图签

2.2　压力容器零部件标准施工图的编制与应用

基于简化、统一化、系列化、通用化、组合化、模块化等标准化的形式，结合压力容器零部件的自身特点，通过对压力容器零部件公称直径(尺寸)和公称压力等基本参数的分析，总结了提高压力容器零部件标准化水平的实施思路：

(1) 在现行零部件标准的基础上进行零部件标准化；

(2) 将压力容器内部和外部常用零部件进行标准化；

(3) 对零部件进行标准化标记。

基于上述思路(1)，编制完成了包括碳素钢和低合金钢、不锈钢材料，涉及规则设计和分析设计的非标人孔标准施工图图集，对压力容器行业标准 HG/T 21514～21535—2014《钢制人孔和手孔》的进行了有效地补充，填补了行业标准空白。

基于上述思路(2)、(3)，编制完成了包括包括防涡流挡板、基础模板、爬梯、锻管等在内的通用零部件标准施工图图集，涉及塔、容器、换热器等设备，涉及范围广，技术水平达到了行业的领先水平。

综述所述，设备专业共完成压力容器零部件标准施工图及配套的选用手册共 70 张(套)，并在执行的某炼化一体化项目乙烯装置和聚丙烯装置中得到应用实施。

图 2 给出了应用标准施工图的某炼化一体化项目乙烯装置碳二加氢脱砷保护床反应器的图纸目录实例，从该图中可以看出，该反应器施工图应用(引用)了 10 张标准施工图，有效地提高了施工图的设计效率，节省了设计人工时，同时确保了施工图的设计质量。

压力容器施工图设计效率的时间指标容易受到设备类型、设计人员、工作状态等因素的影响，比较难以衡量。为了客观衡量标准施工图的应用对施工图设计效率的影响，可以将该指标确定为可以测量和检查的乙烯装置中单台反应器设备需要进行绘图的施工图图纸数量平均值。表 2 列出了应用标准施工图的某炼化一体化乙烯装置与未应用标准施工图的某乙烯装置中相同设备施工图所需绘图数量的对比。由此可见，通过应用标准施工图，该炼化一体化项目乙烯装置中单台反应器设备施工图需要绘图的图纸数量平均值降低了 38%，取得了良好的应用效果。

中国寰球工程有限公司北京分公司 CHINA HUANQIU CONTRACTING & ENGINEERING (BEIJING) CO., LTD.	碳二加氢脱砷保护床 图纸目录	图号 DWG NO.		
中国寰球工程有限公司 CHINA HUANQIU CONTRACTING & ENGINEERING CO.,LTD.		设计 Design		第 2 张共 2 张 of

序号 NO.	名称 NAME	图号或文件编号 NUMBER OF DRAWING OR NUMBER OF DOCUMENT	版次 REV.	图幅 SIZE	张数 QTY	备注 REMARKS
1	碳二加氢脱砷保护床 图纸目录	XXXX-XXXX-00-2110-20-DLT-05	C00	A4	2	
2	碳二加氢脱砷保护床 装配图(一)	XXXX-XXXX-00-2110-20-321-0501	C00	A1	1	
3	碳二加氢脱砷保护床零部件图(一)	XXXX-XXXX-00-2110-20-322-0501	C00	A1	1	
4	碳二加氢脱砷保护床零部件图(二)	XXXX-XXXX-00-2110-20-322-0502	C00	A1	1	
5	碳二加氢脱砷保护床零部件图(三)	XXXX-XXXX-00-2110-20-322-0503	C00	A1	1	
6	碳二加氢脱砷保护床零部件图(四)	XXXX-XXXX-00-2110-20-322-0504	C00	A3	1	
		公司标准图				
1	基础模板II	HQBJ-SDc-20-0217-2020	0	A2	1	由设备专业统一发送
2	接地板	HQBJ-SDc-20-0222-2020	0	A4	1	由设备专业统一发送
3	立式容器内部爬梯	HQBJ-SDc-20-0223-2020	0	A4	1	由设备专业统一发送
4	碳钢人孔塞子I	HQBJ-SDc-20-0553-2020	0	A2	1	由设备专业统一发送
5	碳素钢和低合金钢垂直吊盖人孔 DN600-600#	HQBJ-SDc-20-0402-2020	0	A1	1	由设备专业统一发送
6	温度计套管 DN50	HQBJ-SDc-20-0557-2020	0	A3	1	由设备专业统一发送
7	厚壁管 IA	HQBJ-SDc-20-0201-2020	0	A4	1	由设备专业统一发送
8	厚壁管 IIIA	HQBJ-SDc-20-0203-2020	0	A4	1	由设备专业统一发送
9	厚壁管 IVA	HQBJ-SDc-20-0204-2020	0	A4	1	由设备专业统一发送
10	厚壁管 IB	HQBJ-SDc-20-0205-2020	0	A4	1	由设备专业统一发送

图 2　某炼化一体化项目乙烯装置碳二加氢脱砷保护床反应器的图纸目录

表2　应用标准施工图与未应用标准施工图的两个乙烯装置中相同设备施工图所需绘图数量的对比

设备名称	未应用标准施工图的某乙烯装置	应用标准施工图的某炼化一体化项目乙烯装置		绘图图纸数量减少百分比
	应用标准施工图前的绘图图纸数量/张(折合A1)	应用标准施工图后的绘图图纸数量/张(折合A1)	引用标准施工图数量/张(折合A1)	
裂解气干燥器	7.25	5	2.5	31.03%
裂解气第二干燥器	8	3.5	2.625	56.25%
液烃干燥器	5.25	5	2.625	4.76%
碳二加氢反应器	8.5	5.5	2.375	35.29%
碳二加氢脱砷反应器	8	4.25	3	46.88%
碳三加氢脱砷反应器	7	3.25	1.5	53.57%
碳三加氢反应器	7.25	5.25	1.5	27.59%
图纸张数平均值	7.321	4.536	2.304	38.04%

3　应用效益评价

3.1　经济效益

标准施工图已在某炼化一体化项目乙烯装置和聚丙烯装置中得到应用，根据计算，该项目共应用标准施工图211.75张(折合A1)/次，如表3所示。由于应用标准施工图减少了使用软件绘图的工作量，因此可以为整个项目节约可观的人工时成本。若保守考虑，以每应用1张A1篇幅的标准施工图能节省10小时计算，则压力容器零部件标准施工图的应用能为公司节省约2117.5人工时。

表3　在某炼化一体化项目中应用标准施工图情况一览表

某炼化一体化项目装置名称	设备类型	应用标准施工图张数(折合A1)
乙烯装置	塔器	39
	干燥器	23.75
	容器	59
	换热器	60
聚丙烯装置	塔器、容器等	30

除上述可以量化的人工时指标外，还有以下难以用量化指标衡量的经济效益：

(1) 标准施工图的应用稳定和提高了施工图的设计质量。

(2) 标准施工图的应用促进了压力容器的轻量化和标准化设计，避免了过度设计，间接降低了项目的投资费用。

(3) 标准施工图的应用有助于零部件的批量采购和制造安装，有助于降低项目的管理成本，缩短项目建设周期。

3.2　社会效益

(1) 标准施工图在公司的推广、示范引领作用

标准施工图的编制实施思路、组织过程，可供公司其他专业借鉴和参考。编制的设备专业专用标准施工图的专用图签，经过了技术管理与开发部、项目控制部和质量安全环保部的会签确认，可以供其他专业参考采纳。

(2) 标准施工图在设计行业的推广、示范引领作用

应用标准施工图的某炼化一体化项目的设备施工图已交付给中标该项目的设备制造厂，用于设备制造。该设计模式必将引起设备制造厂家的模仿和跟随。

基于标准化设计工作完成并发表在压力容器行业顶级核心期刊《压力容器》的论文《压力容器零部件标准化研究》系统地阐述了压力容器零部件标准化的现状、发展空间、实施思路以及工作建议，这必将有力地推动国内整个压力容器行业零部件的标准化进程。

(3) 标准施工图提升寰球公司的行业影响力和话语权

中国寰球工程有限公司是石油化工行业的龙头企业，北京分公司设备室在压力容器设计制造行业具有较高的声誉和地位，压力容器标准施工图的编制能够有效地提升了寰球公司和设备室的行业影响力和话语权。

4 结论与展望

基于2020年压力容器设计制造行业背景和公司的生产背景，设备专业从自身工作特点出发，积极探索了压力容器施工图设计新模式，努力提高了压力容器零部件标准化水平，编制了一系列压力容器零部件标准施工图，并在具体执行的某炼化一体化项目乙烯装置和聚丙烯装置中得到应用实施。压力容器零部件标准施工图具有广泛的适用性、通用性和长期有效性，不单适用于某个具体的炼化一体化项目，而且能够广泛适用于公司后续各炼油、化工项目的压力容器施工图设计工作，能够持续为公司创造经济效益和社会效益，在全行业、全公司范围内具有推广应用价值和示范引领作用。

我们可以根据上述标准化设计的实践经验来提高压力容器零部件的标准化水平，扩大能够被直接引用的压力容器非标零部件的数量，继续深化提高施工图设计效率。

参 考 文 献

[1] 陶钧，张运强，李小梅，等. 压力容器零部件标准化研究[J]. 压力容器，021，38(3)：60-65.

[2] 国家能源局. 容器支座：NB/T 47065.1～47065.5—2018[S]. 北京：新华出版社，2018.

[3] 李春田. 标准化概论[M]. 北京：中国人民大学出版社，2005.

[4] 中华人民共和国工业和信息化部. 钢制人孔和手孔：HG/T 21514～21535—2014[S]. 北京：中国计划出版社，2014.

埕岛油田海底管道悬空治理智能化管理体系建设与实践

王鹏鹏　杨　光

（中国石油化工股份有限公司胜利油田分公司海洋采油厂）

摘　要　海底管道承担海洋油气外输和注水的任务，是油田生产的重要组成环节。针对埕岛油田所在海域海底管道存在的安全隐患，采油厂组织开展了多种治理方案的研究和论证，不断在实践中探索埕岛油田海底管道悬空治理智能化管理体系。本文从技术和管理两方面出发，应用“无人机、RTK技术”降低砂量损耗率，提出了设定“质量见证点、停止点制度”提升施工质量，从源头入手更新监理模式，提升监理质量，旨在强化管理标准，优化施工方式，全面提升海底管道悬空治理质量。

关键词　海底管道；悬空治理；填砂；智能化管理

1　前言

埕岛油田位于黄河入海口附近，所在海域水深5~20m。截止到2022年4月，埕岛油田共计投入运行的海底管道163条，中心平台3座。其中海底管道承担油田油气外输和注水的任务，是油田生产的重要组成环节。

由于黄河携带的入海泥沙逐年降低，该区域的海床泥沙在海洋动力环境作用下被逐渐剥蚀，海底管道、海洋平台等构筑物周边的海床冲刷更为明显。根据多年来的研究发现，本海域浅层地质有以下特征：一是在波浪、海流和地层内部不稳定因素的共同作用下，海底表面形成了冲刷沟槽、侵蚀台地、波痕、冲刷坑、侵蚀残留体等一系列的微地貌单元，影响敷设在该海域内海底管道安全运行。二是由于泥沙输入减少，海床状态以冲刷为主。观测发现水深小于15m的海区冲刷尤为严重，大于15m的海区冲刷和淤积大致平衡。海底冲淤状态直接影响到海底工程设施稳定性。以上原因造成了部分海底管道裸露甚至悬跨，特别是管线立管底部附近悬跨现象较为普遍，严重危害到埕岛油田的产能建设及生产安全。总结近年来海底管道悬空治理施工，主要受以下两方面制约：

1.1　海流冲刷对海底管道水下治理施工影响大

海底管道裸露及悬跨状态存在动态变化，规律难以摸索。泥沙运动机理见图1，泥沙运动主要包括三种状态：底层的泥沙保持静止状态，即河床保持不变；中间层的泥沙为推移状态，在水流作用下泥沙颗粒不断滚动、跳跃，但整体移动速度小于外部水流速度；顶层的泥沙为悬移状态，运动速度与水流基本一致，输移量大。浮游的位置的时候接近水面，有时候接近河床。有时与床沙发生置换，但与推移质比较，浮游持续性相当大。在运动河流泥沙中，悬移质在总输沙率中所占比重较大。消耗水流的紊动能，对水流阻力的影响是间接复杂的。

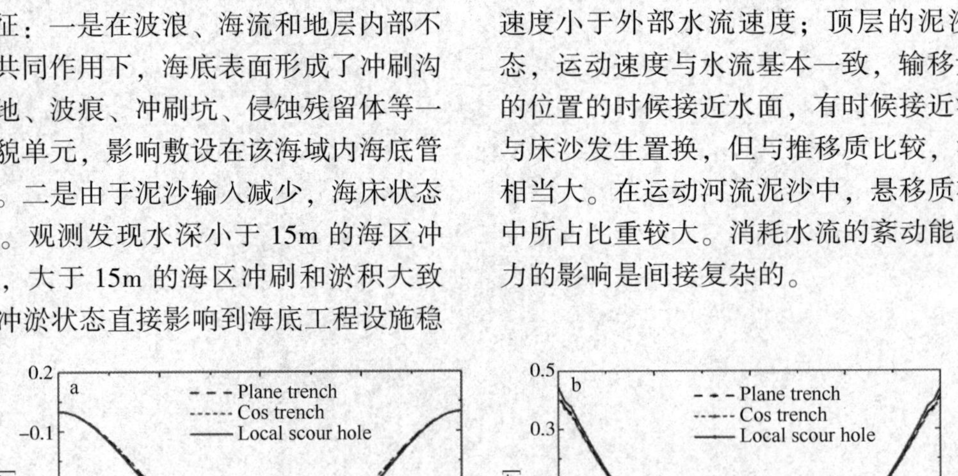

图1　三种冲刷海床形态位移、应力曲线

1.2　水文复杂、管网密集，水下施工难度大

埕岛油田位于渤海湾南部与莱州湾西北部之间的浅海海域，靠近黄河入海口，水质浑浊能见度几乎为零。埕岛海域近300余条海底管缆分布在350km²海域，平台近端存在管管交叉、管缆交叉。施工受季节影响，5~9月份为施工黄金季节，每日有效作业时间平均为4~5小时，施工时间短。

2　海底管道悬跨失效影响因素

影响海底管道悬跨失效的因素综合起来包括如下几个方面：(1)海底管道自身因素：悬跨长度、悬跨高度；(2)环境因素：海床冲刷状态(是否冲刷)、管道位置的水动力条件。分析上述因素对悬跨管道极限承载能力的影响规律，为悬跨管道的治理与维护提供理论保障。

2.1　海底管道自身因素影响

2.1.1　悬跨长度的影响

随着跨长增大，管道位移和应力极值也增大，位移增大得更快；悬跨导致管道接触海床后可使管道重新回到安全状态，实际工程中可以采用再次挖沟消除支撑高点。

2.1.2　悬跨高度的影响

间隙比(L/D)由0.05增大到0.3时，位移增加1.68倍，应力增加0.95倍，悬跨高度增大，管道可能发生刚度失效。

2.2　海床冲刷形态的影响

冲刷海床通常呈现两种状态：与流向平行的深槽和沿管道轴向的深槽。不同形态的海床位移和应力由小到大：沟槽底床、整体冲刷底床、局部冲刷底床。

3　海底管道悬跨段应力分析

冲刷海床上的油气管道，随着海床泥沙的输移将不可避免出现悬空现象。水流作用下的悬空管道会导致周期性的漩涡脱落现象进而导致涡激振动。一旦管道的悬空长度发展到特定长度后，涡激振动频率与悬跨管道自身频率接近或相等，管道振动幅度大大增加，长期振动下管道可能会疲劳失效。

3.1　悬跨管道屈曲分析

针对悬空长度为20m的双层管悬空管段，计算在自重、油重和海水浮力共同作用下管道结构的变形及应力。

假定内管外径为Do_{i}，内管壁厚为δ_{i}，外管外径为Do_0，外管壁厚为δ_{o}。钢、油和海水的密度分别为$\rho_{\mathrm{steel}}=7850\mathrm{kg/m^3}$、$\rho_{\mathrm{oil}}=800\mathrm{kg/m^3}$和$\rho_{\mathrm{sea}}=1025\mathrm{kg/m^3}$。钢的弹性模量为$E$。

由于悬空长度和外管外径之间的比值为20/0.278=73.26，因此可将整个双层管道看成细长梁，不考虑内外管之间的互相作用，认为二者是一体的，此时双层管的总体抗弯截面惯性矩为：

$$I=\frac{\pi[Do_0^4-(Do_0-2*\delta_{\mathrm{o}})^4]+[Do_i^4-(Do_i-2*\delta_i)^4]}{64}\tag{1}$$

从理论分析的角度考虑，将管道两端的边界条件简化为简支，此时管道的挠曲线方程为：

$$w=\frac{qx(L^3-2Lx^2+x^3)}{24EI}\tag{2}$$

最大挠度值和最大弯矩均发生在管道的正中间，分别为：

$$w_{\max}=\frac{5qL^4}{384EI}\qquad M_{\max}=\frac{qL^2}{8}\tag{3}$$

最大应力发生在管道的外表面为：

$$\sigma_{\max}=\frac{M_{\max}}{I}\frac{Do_0}{2}\tag{4}$$

将各参数的数值代入上述表达式，可到当前工况下管道最大横向变形为76.2mm，最大弯矩为4.6589×104N·m，最大应力为49.94MPa，小于管道的屈服强度386MPa，悬空管段无屈服风险。

3.2　悬跨管道静态分析

通过对BZ34-1至友谊号含腐蚀缺陷悬跨段静态条件下的应力分析结果来看，在简支和固支两种约束下管跨段的应力集中位置都发生在了缺陷部分中心及其边缘，应力大小分别为79MPa和97MPa。

3.3　悬跨管道共振分析

以埕岛油田CB30A-海五联海底输油管道中3处悬跨管段振动测试进行分析，同时结合2015~2016年测试其它的12处悬跨管道在恶劣气象周期的振动情况，分析测试数据可以得到以下结论：

(1)悬跨管道水平振动强度大于垂向振动强度，且悬跨管道位置的垂向流速与管道振动相关性较小；

（2）浪高与悬跨管道振动的关联性较大，而且在垂直方向和水平方向存在临界值，超过临界值后振动随波高增大而加强，两个方向的临界值不同；上述临界值与管道悬跨长度有关，悬跨长度越大临界值越小；

（3）相同类型管道，管道超过一定长径比后（$L/D=30$）振动强度随悬跨长度的增加而增加，在长径比小于30时可以不考虑环境因素对其振动影响；

（4）海流流速小于0.8m/s时对管道振动影响不明显，波高超过1.5m后管道振动受环境因素的影响才较为明显，且海流要小于波高对振动的影响；

（5）海域水越浅，悬跨高度越大，悬跨长度越长，管线振动位移越大；且小管径管道更易产生大位移振动。

4　海底管道悬空治理智能化管理体系建设与实践

2002～2019年间，海洋采油厂累计治理77条海底管道，治理215端立管，2014年以来治理资金超过4亿元。治理方法包括填砂、铺设土工布、铺设仿生水草、铺设连锁排、挖沟、安装水下支撑桩等。对新建海底管道采取铺设仿生水草、填砂、铺设土工布等方法进行防护。

4.1　建标制规，保证海底管道水下治理有章可循

4.1.1　编制行业标准《海底管道维修、干预施工技术规范》

国内现没有专门针对海底管道维修、干预施工做出具体要求的规范标准。仅在SY/T 10037《海底管道系统》、DNV-RP-F116《海底管道系统的完整性管理》部分规范章节中提出了相关要求。埕岛油田位于黄河入海口浅层地质发育区域，自然与地质灾害、第三方破坏与机械损伤是当前海底管道管理面临的主要风险。海底管道新建时全部埋覆于海底泥下，部分管道处于灾害性海洋地质区域，管土作用机理复杂，由于波浪流冲刷和海床大面积剥蚀，导致部分管道露出海底泥面，有时出现悬跨，悬跨海管应力集中造成疲劳破坏易发生失效。采油厂目前采用平管起吊、干式仓、卡具等方法进行海底管道维修，采用填砂、安装水下支撑桩方案、覆盖土工布、覆盖连锁排等方法进行海底管道干预。随着海洋工程维修设备更新换代飞速发展，有必要制定统一标准，规定海底管道维修干预技术细节，广泛应用于海底管道维修干预招投标、施工、检查验收。

4.1.2　制定《海洋采油厂海底管道水下治理工程项目管理细则》

在总结以往施工管理经验的基础上，为保证施工质量和用量，确保安全、工期等难题，制定了《海洋采油厂海底管道水下治理工程项目管理细则》，《细则》除了进一步明确采油厂各部门、单位的职责外，更是从制度上规定了此类施工必须根据《细则》要求，按标准做好规定动作。规定了施工过程中的见证点和停止点，明确要求，用3D等最新的检测仪器进行自检和终检，代替以往通过潜水员的描述来确认施工质量是否合格的做法。避免了人为因素对施工质量的影响，在施工安全和施工进度以及考核方面，《细则》也作了明确的要求。

4.2　工艺标准化、工法机械化，确保治理效果客观有效

4.2.1　传统施工工艺方法

传统的海底管道裸露及悬空治理方案包括“安装水下支撑桩”、“抛填砂袋结合混凝土连锁排”、“抛填砂袋覆盖仿生水草”、“挖沟埋设”等，几种水下治理方法优缺点对比如表1所示。

安装水下支撑桩。悬跨管道的涡激振动幅度与悬跨长度高度相关，通过在悬跨管道处设置水下支撑桩的方法，降低悬跨管道的连续悬空长度，可有效控制悬跨管道的涡激振动幅度。

抛填砂袋结合混凝土连锁排。混凝土连锁排干预方法为在裸露、悬空管道及其周围一定范围内抛填砂袋，整平后铺设联锁排，保持海底管道横向稳定，防止海底管道第三方破坏。施工前应先采用砂袋对海底管道裸露或悬空区域及周边海床进行预处理，完成后在管道上方铺设连锁排。适用于平管段裸露，立管附近管网密集不适用于铺设连锁排。

铺设仿生水草。由海底冲刷所导致的管道裸露或悬跨，从根本上解决冲刷问题的办法是降低流速和与流速相关的沉积物搬运率，可利用粘滞拖曳系统实现，目前采用的主要方法是仿生草技术。通过仿生草系统可以降低流速，阻止海床冲刷侵蚀的发生（图2）；流速降低后，使沉积物在仿生草区域沉积下来。这种“回填”作用可以将侵蚀坑填平，并形成经过纤维加固的沙坝。

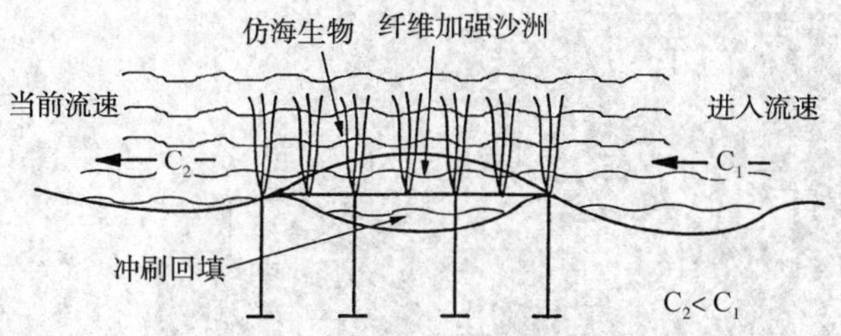

图 2　仿生草作用机理

挖沟埋设。沿着管线路由，对裸露管段进行二次挖沟埋设，使管线重新埋入泥面以下，挖沟埋设分带压挖沟和停产挖沟两种情况分析论证，选择挖沟埋设方案前提是保证管线在挖沟过程及挖沟完成后的完整性和安全性不受破坏。在施工前首先应对每条管线进行路由勘察，确认每条管线的实际运行状态，并根据每条管线的具体情况进行挖沟分析，保证管线的应力在规范许可范围内，并有详细施工措施保证施工安全。挖沟施工应严格按照计算分析文件及施工程序文件要求进行，确保管道在施工过程中的安全。

4.2.2　机械设备填砂方法

对传统填砂方法进行改进，采用人工填砂与机械填砂相结合的方法治理海管悬空。将两种填砂方法进行对比，如表 2 所示。

表 1　几种水下治理方法优缺点对比

方案名称	优　点	缺　点
水下短桩支撑	1. 施工简单，海上工期短； 2. 不需停产； 3. 局部悬跨长度治理可靠性高，抗冲环境变化能力强； 4. 对悬跨高度适应性强	1. 水下桩控制范围小，对小管径且悬跨较长的情况，投资较高； 2. 无法防止冲刷范围的扩展
覆盖层	1. 施工工艺及取材简单，便于实施； 2. 可以在管道不停产的情况下实施，不影响生产； 3. 保护的范围广，对同一平台周围的海底管道均可产生保护； 4. 能在一定程度上保护管道不受落物撞击	1. 只能机械防冲刷，不具备促淤作用； 2. 覆盖层水下施工存在一定困难； 3. 抛填的砂袋边缘有掏空的可能，如果掏空，砂袋将发生塌落，管线下面的砂袋起不到支撑作用，而管线上面的砂袋层将对管线产生不利影响
仿生水草	1. 不需停产，安装灵活； 2. 有促进淤积作用，不产生二次冲刷，且有效防止冲刷扩展的产生； 3. 安全环保，对环境无不良作用	1. 悬跨太高情况水草锚固困难； 2. 仿生水草专营性强，成本高； 3. 水下作业量大，海上工期较长
挖沟埋设	成本较低	1. 管线施工应力大，风险高； 2. 一次挖沟深度小，施工难度大

表 2　两种填砂方法对比

	定位	填砂方式	填砂效率	填砂平整	检测方式
传统填砂方法	不进行船舶定位，直接填砂，砂袋损耗率高	人工填砂	填砂数量 300 方/船/天	填砂后需潜水员平整，潜水员工作量较大	多波束、侧扫声呐
改进后填砂方法	抛锚定位，砂袋损耗率低	人工填砂与机械填砂相结合	填砂数量 400 方/船/天	填砂后需潜水员整平，潜水员工作量较小	3D 实时声呐

根据图纸及前期路由复测数据、对需治理的管线部位进行 MS1000 声呐扫测及水下探摸调查、栓系浮漂，施工船舶根据定位及现场浮漂位置，船体一侧调整到管线正上方。根据当日潮汐规律平流时进行液压翻斗填砂作业(图 3)，保证砂船作业过程中的稳定性。填砂完成后，潜水员水下探摸填砂治理情况，对填砂不均匀区域进行整平作业；使用 3D 实时声呐对填砂质量验收。

方案一：对于平管段治理长度大于 50 米、填砂量大于 400 方的裸露/悬跨部位，装砂船安装 8 组液压翻斗进行填砂施工，单斗装砂 63.5 方，每船装砂总量约 500 方。

方案二：平管段治理长度小于 50 米、填砂量小于 400 方的裸露/悬跨部位使用平板驳船，安装 6 组履带式传输砂仓，每组砂仓装砂 30 方，每船装砂 180 方，抛锚定位进行填砂。

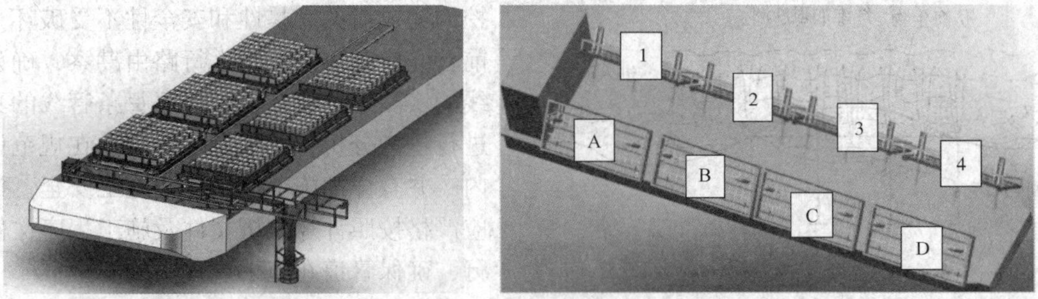

图3　翻斗式、履带式填砂装备示意图

4.3　推进智能化辅助优化过程控制管理

4.3.1　严格履行质量见证点、停止点制度

对关键工序、特殊工序设立质量见证点和质量停止点。质量见证点包括物料进场验收、数量核对、物料装船、水下立管管卡修复、管道试压。质量停止点包括管道悬跨段填砂后、管道连锁排铺设前、仿生水草铺设前、海管交叉点防护前、水下支撑桩安装后。

4.3.2　无人机、RTK技术应用于海底管道水下治理工程，降低砂量损耗率

精确测量砂量。采用全站仪或RTK对放置沙堆前的场地进行测量，依据测图数据及沙堆底部高程，采用南方CASS软件中的三角网法计算沙堆的方量。平面控制可采用相对独立坐标系，高程系统可采用假定高程系。

填砂施工采用无人机辅助定位，在无人机上安装投影仪，光束投影至水面形成稳定“矩形填砂区域”，确保界址点、界址线与设计符合，误差在可控范围内。将砂袋填充至“矩形填砂区域”过程中，确保砂量无损耗，降低砂量损耗率至2%(设计为10%)。

4.3.3　更新监理模式，提升监理质量

强化工程运行管理，掌握管理、监督监理的技巧，使监理充分发挥职责。一是对监理明确授权，使其在施工现场发挥应尽的职能，通过加强原材料进场的控制、实时关注填砂精度、不定期巡检、出海前对施工设备和人员进行检查和严格落实施工计划等发面对工程质量、安全和进度进行全面控制，保障工程平稳运行；二是邀请专业监理工程师对现场管理人员和施工人员进行事前指导、质量交底以及安全教育培训工作；三是针对本工程隐患防护的填砂核心内容，监理单位对施工现场工程量写实实行“双确认”制度，对每条现场填砂防护船舶进行实测实量现场见证，对填砂配合船只的AIS轨迹进行跟踪确认，在签认现场写实单时进行双确认后方可签认，确保了工程量写实的真实、有效。

4.3.4　厘定责任，细分层级，严抓海底管道水下治理过程控制

施工前做好项目合同、队伍资质、船舶设备、施工方案、开工报告等事项审核；施工组织中抓好人、机、物、环等各方面管控；监督并协调好管理区、第三方检验监理和施工单位三方责任落实；施工过程中控制关键点，掌控作业面，严格落实安全、质量两项本质要求；通过完整闭环管理过程确保海底管道水下治理项目按设计要求优质高效施工。在海底管道水下治理中利用三维实时声呐+定点声呐设备来提高水下治理的施工质量和效率。2021年水下治理中要求施工方应用三维声呐+定点声呐设备开展定位抛砂，着力解决目前人工抛砂定位不准、工效不高和人身安全风险等问题。治理完随即组织验收，第一时间消除隐患(图4)。

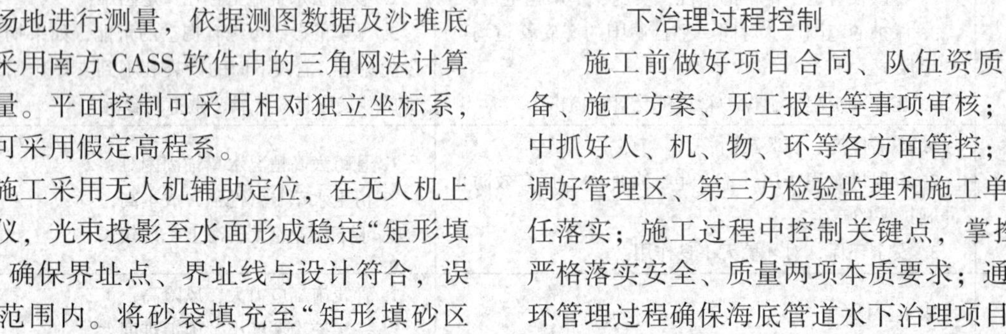

图4　某输油海管某悬跨段治理前后对比图

5 小结

采油厂在实践中不断探索并完善埕岛油田海底管道悬空治理智能化管理体系，专注海底管道悬空治理质量提升创新与实践。对海底管道水下治理深入分析，提出了设定“质量见证点、停止点制度”提升施工质量；应用“无人机、RTK 技术”降低砂量损耗率；从源头入手更新监理模式，提升监理质量。

依据海底管道悬空治理智能化管理体系，指导海底管道水下治理质量提升，降低海底管道泄漏风险的同时，也为本单位降本增效方面做出了重要贡献，极大的促进了行业的发展。此外，施工单位海底管道的维修干预的专业优势不断凸显，培养了一大批海洋工程及安全工程的专业技术人才。

参 考 文 献

[1] 王煜博. BZ34-1至友谊号海底管道的安全评价技术研究[D]. 成都：西南石油大学，2015：31-32.

[2] 王晓宇. 油田海底管道检测技术应用[J]. 安全、健康和环境，2020，20(06)：19-21+37.

油气田地面工程智能化施工管理

车荣杰

（中石化石油工程设计有限公司）

摘　要　油气田地面工程中典型的施工对象是油气处理场站与管线。针对油气处理场站物资及施工机具繁杂的特点，本文介绍了利用RFID技术进行智能化物资管理及施工管理的方法。对于管线施工中焊机不断变动的特点，介绍焊机数据采集的方法及其典型应用。针对隧道施工危险系数高、工作人员多，管理困难的特点，阐述一种隧道人员定位系统。所有功能最终都通过物联网平台进行统一的数据采集与管理，这些技术对于油气田地面工程施工现场的智能化管理具有重要意义。

关键词　射频识别技术；物资管理；数据采集；隧道人员定位；物联网平台

1　引言

目前油气田地面建设工程中普遍存在场站、人员较为分散的特点，施工过程中经常会出现监督管理力度不足等问题，使建设工程存在大量安全隐患，降低了工程的施工质量和水平。而对施工过程进行智能化管理，可以及时发现工程中遗留的安全隐患，关注施工的细节，实现油气田的可持续发展。

射频识别技术RFID(Radio Frequency Identification)是一种短距无线通信系统。近年来，由于这种技术成本的急剧下降以及功能的提升，使RFID在工程建设领域的关注迅速升温，建设单位也试图使用RFID技术降低管理及营运成本。

油气田管线施工均在野外进行，焊接设备(半自动焊机、全自动焊机)的地理位置随着施工进程不断改变，工程管理者难以及时、准确地掌握和有效管理焊接设备异地的工作情况。将焊接数据记录下来，可以有效监管焊接质量(工艺规范执行情况)、施工过程和进度实施，方便管理。同时焊接数据可以形成报表、存档，作为考核依据；存档数据经过分析，可以筛选可能存在焊接缺陷的焊缝，促进质量管理。

此外，在长输管道的隧道施工过程中，由于施工环境恶劣，工种危险系数高，使隧道施工单位面临巨大的管理困难。隧道人员定位系统可以实时记录每名人员所在位置的情况，可对某区域内的人员信息进行统计查询。管理单位可以随时随地查询现场人员数据的同时一旦遇到突发施工困难，可有针对性的组织救援。隧道人员定位系统配合现场LED大屏幕、移动APP等终端进行可视化展示，在提升使用便利性的同时也可大大提高施工现场的安全质量。

2　RFID应用原理

RFID主要功能在于识别及流向追踪。在流向追踪技术上，RFID传输距离可长达数十米，且RFID具有高耐环境特性使其资料传输更具有穿透性，可穿透纸张、木板、塑料等物体。

RFID无线射频识别是一种非接触式识别系统，由RFID标签(tag)、RFID读写器(reader)及应用支撑软件(application support software)等3部分组成，如图1所示。

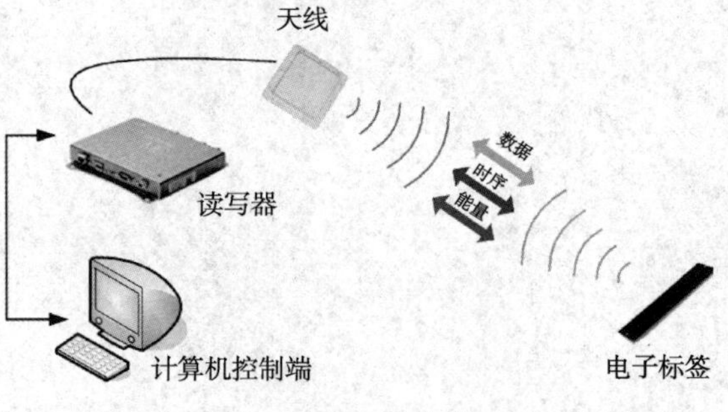

图1　RFID系统组成

RFID较其它技术明显的优点是电子标签和读写器无需接触便可完成识别。射频识别技术改变了条形码依靠一维或二维几何图案来提供信息的方式，通过芯片来提供存储在其中的数量巨大的信息。

3　施工仓储材料及设备管理

基于RFID技术的仓库管理模式可以通过对

物资的电子标签进行扫描的方式去完成入库过程。读写器可以安装在物资入库处，以实现物资的自动扫描，同时也可以利用专门人员逐一的对物资进行扫描。这一扫描方式具有时间短效率高的特点。扫描完成后的物资信息还可以直接被记录到 RFID 标签当中，以备有关人员随时对信息进行提取。另外，利用这一方式进行扫描，出现错误的几率也会极大的减少，对于油气田企业运行规范性的保证以及经济效益的提高能够起到极大的价值。

将 RFID 技术应用到物资查找过程中，同样能够起到积极作用。在传统的信息识别方法下，对于物资的归类十分困难，同时，想要对其进行查找，也存在浪费时间的问题。RFID 技术的存在使得工程中的每一项物资都会被记录在案，因此，想要对物资进行查找，只需要通过 RFID 标签便能够实现，这极大程度地减少了由于物资查找困难而带来的时间与成本的浪费，对于工程的顺利完成能够起到重要的作用。

由于建设工程中施工现场环境复杂，且时常有不可预见状况发生，因此，若能充分掌握工地中机具及设备的位置，则能控制调度整体施工作业节拍并可提高生产力效率。RFID 技术追踪施工工地的机具及设备，因其可读取范围及距离，主要利用主动式标签追踪工地内的机具设备，但是主动式标签有其电池寿命问题，通常约 3 个月需更换标签上的电池。针对国外相关机构所作的研究结果显示，应用 RFID 导入追踪工具的企业，其员工找寻工具所耗费的时间较传统方法约节省 40%。

4　半自动焊机数据采集方案

油气田管线口径相对较小，目前在油气田管线焊接中多使用半自动焊机。目前大多数半自动焊机无法实现焊机数据的在线采集，通过在半自动焊机中内置数据采集模板的方式，可以改善这种情况。数据采集板(含移动 Sim 卡一张)从半自动焊机内各传感器提取信号，通过嵌入式软件采集并存储半自动焊机工作数据(焊接电流、焊接电压、送丝速度等)和位置信息；数据采集板内集成 WiFi 模块和蓝牙模块，以备数据上传至移动终端使用。通过无线扫码器将焊口及焊接人员信息传至数据采集模板，模板构成见图 2。

根据具体项目情况，存储方案可以有本地、半实时、实时三种。本地存储可以将数据存放在数据采集板中，存储年限 3~5 年，采集数据可通过 WiFi、蓝牙、USB 等传输方式随用随取；半实时方案即将数据通过 GPRS/WiFi、蓝牙等方式传送至现场移动终端，此时移动终端可以作为中转服务器；实时方案为将数据通过网络上传至终端(客户)服务器，供终端客户管理检索等，具体方案见图 3。

基于前述采集方案，在远程控制室可设置监控系统。监控系统基于 Windows 的软件设计，主要涉及用户界面、数据解析、数据存储和数据传输。监控系统在网络信号良好的情况下能尽快查询半自动焊机的相关工作数据，可以通过友好的人机界面，形成电流电压实时曲线，追溯历史焊接参数，在办公室内即可方便地监控施工过程。

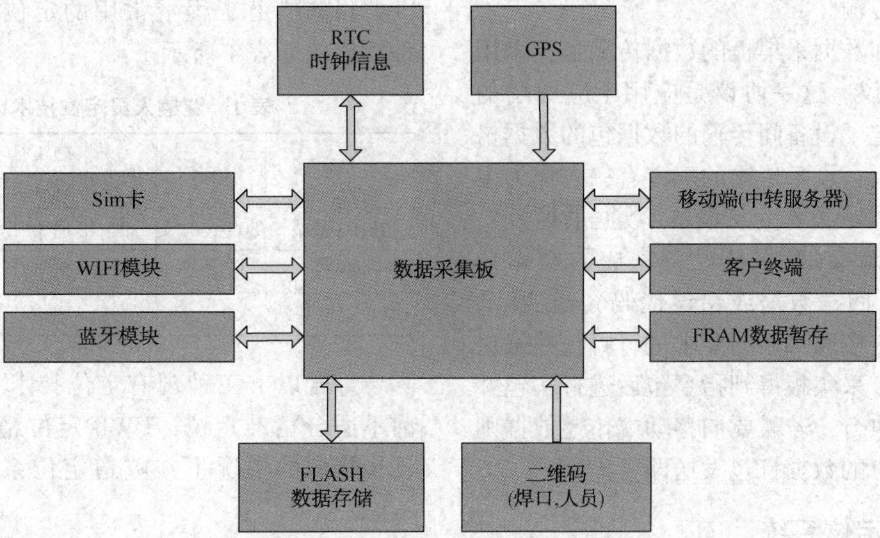

图 2　数据采集板构成

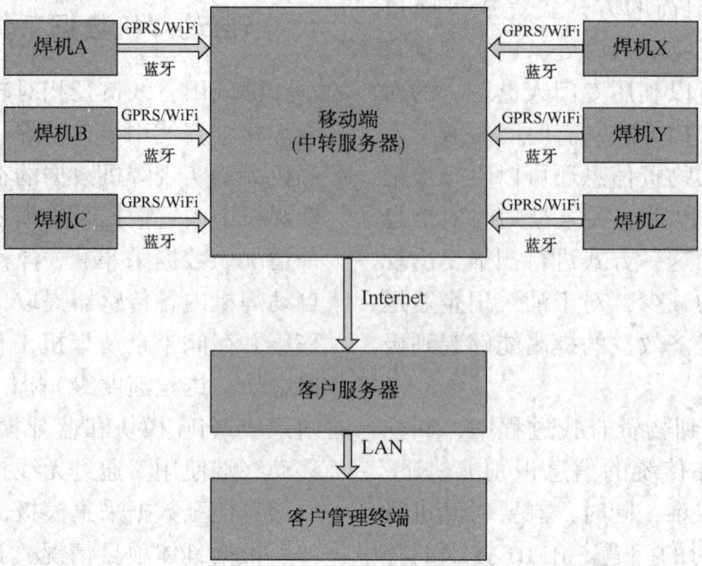

图3　数据传输方案

5　半自动焊机数据传输移动端开发

对于数据采集板中存放的焊接数据，最便捷的方式是通过无线通信方式直接传递至现场移动端进行显示校验。下面以WiFi直连的方式阐述数据传输的移动端开发方案。首先将WiFi模块配置成AP模式产生一个局域网，将移动端和数据采集板分别连接此局域网。每个设备连接时WiFi模块会依次分配IP地址，由此可以得到数据采集板的IP地址。在移动端应用程序中创建一个套接字并为它绑定数据采集板的IP地址和端口，当数据采集板的端口处于监测状态时可以通过IP地址找到采集板，并通过端口进行两个设备的TCP连接，完成TCP连接后就可以进行设备间的数据传输。

在移动端和数据采集板的数据传输上，采用Modbus TCP协议。这一协议是应用于应用层的特殊协议，规定了设备间传输的数据包的数据格式。此协议规定，设备传输的双方有一方作为主设备(移动端)，一方作为从设备(数据采集板)，由主设备发出请求(要求从设备完成的操作)，从设备来应答(回送数据或错误代码)。在移动端将对应的指令按照协议的要求进行打包并发送给数据采集板，采集板得到指令包后进行解包并提取指令进行执行，若需要向移动端传递数据则采集板进行相应的数据打包发送即可。

6　隧道人员定位系统

油气田隧道工程的管理涉及方面众多，安全管理和工效管理是隧道施工现场的重中之重，直接决定了工期能否如期顺利开展和推进。隧道施工面临着施工环境恶劣复杂、工艺复杂、保障条件差、多工种、人机混合等风险。目前在隧道建设期间，大部分依靠以RFID为核心的门禁管理系统。这种系统通过在工地入口处安装闸机，并识别人员携带的射频卡的形式实现工地的考勤管理、安全管理。但无法实现实时定位、有效考勤、安全预警和有效的反馈管控。

通过在隧道顶部架设AP，作业人员携带定位标签的方式建立隧道人员定位系统，结合隧道入口的人脸识别系统等，在任何时刻任意位置，定位基站都可以感应到信号，并上传至现场监控中心，得出人员ID、位置、具体时间等有效信息。

目前隧道工程上常用的定位技术有以下几种，比较如表1所示。

表1　隧道人员定位技术比较

方案	精度	成本	施工难度	待机时间	工作距离
RFID+基站	50~100米	低	适中	2年	<100米
Wi-Fi	3~10米	低	适中	低	30~50米
UWB定位基站	<0.5米	高	适中	1周	<50米

综合以上三种现有定位技术，RFID技术目前不适合精准定位；UWB定位精度高，在成本逐步降低的情况下在隧道定位系统中可以优先考虑。

狭长场景中的人员定位，采用一维定位的方式实现。在这种场景中，只需要关注作业人员在沿着隧道伸展方向上的精确位置即可。使用一维定位方案，仅需要每隔一段距离，部署一个定位微基站，即可实现人员在隧道方向上的精确定位。具体来说，在直隧道时基站间距可以大一点，在拐弯的地方，需要增加基站布置密度。

除了人员实时位置定位功能外，隧道人员定位系统还可以实现突发情况报警、工作区域超员报警、电子围栏划定、紧急人员搜救和日常人员管理等功能，这些对提高隧道施工现场的智能化管理具有重要意义。

7　基于物联网技术的油气田地面工程数据采集

油气田地面工程施工过程中，会产生大量的过程数据、施工影像、施工环境参数等。如何将这部分施工数据采集完整，并自动上传，是进行油气田地面工程智能化施工管理的前提条件。基于物联网技术的油气田工程数据采集方案如图4所示。

通过焊机数据采集板、RFID读写器、施工管理助手、现场摄像、人脸识别系统、人员定位系统等设备将现场焊机数据信息、机具设备信息、施工人员信息、环境参数等信息进行在线采集。采集数据可通过现场的无线路由器传入现场数据中心，也可以通过3G/4G等无线通讯技术将数据传递至远端的数据中心。

8　智能工地物联网平台

通过激光测距传感器、裂缝检测传感器、孔隙水压计等传感设备，可以对隧道的变形、受力、环境进行实时检测，辅助预判隧道是否存在塌方风险，及时提出预警，防范人身安全风险；对隧道内环境参数进行检测(温湿度、粉尘)，可以保障施工人员的人身健康和安全；通过4、5节介绍的半自动焊机数据采集方案，可自动采集半自动焊机电压、电流、送丝速度，配合二维码+施工助手等方式记录施工人员和焊口信息，全程记录焊接施工质量；通过建立第6节介绍的高精度、实时的人员、设备定位系统，为灾害发生后第一时间进行准确的救援提供依据，通过设立电子围栏的方式，可对超出安全区域、或进入的施工人员进行声光电警示；通过部署施工工地摄像头，采用前置算法或者后台算法可实现人脸识别和行为分析的功能。以上功能通过统一的物联网平台实现信息采集与上传，最终上传至智能工地管理系统，实现对现场施工环境的实时监控与质量管理(图5)。

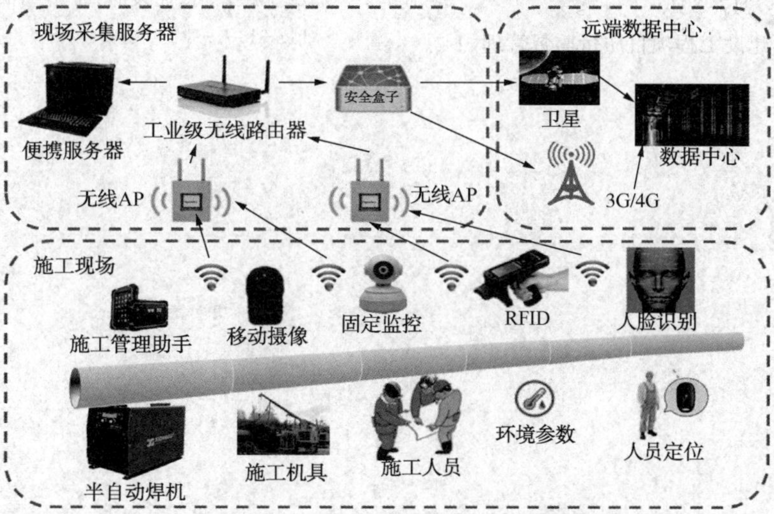

图4　基于物联网技术的数据采集方案

9　结语

在施工管理的机械、材料、质量及安全等方面应用RFID技术，为油气田工程智能化施工管理推广提供了便捷路径。同时在管线施工中，由于使用了半自动焊机数据采集方案，可根据用户需求定制特定的焊接参数进行上传，在现场移动端和控制室PC端同时进行监视，显著提升焊接设备的管理效率。在施工管理最为复杂的隧道建设中，使用人员定位系统，可以做到作业人员的精确定位，对人员管理有着极大的便利性。基于物联网技术的油气田地面工程建设，采用多种技术融合的方式，为工程智能化施工管理奠定了良好的基础。

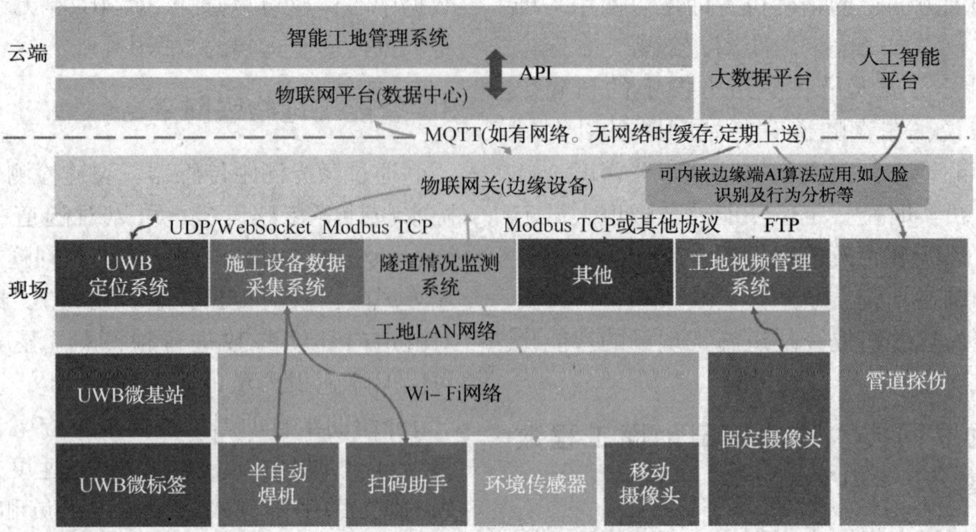

图5　智能工地物联网平台

参 考 文 献

[1] 李恒敏，朱洪亮，许玉东，等. 基于GPS定位和移动互联网的焊接设备远程监控系统[J]. 电焊机，2017，47(5)：48-51.

[2] 汪贵明，刘晓景. 基于RFID技术的出入控制系统设计[J]. 甘肃科技，2016，26(4)：32-33，130.

[3] 蒋辉，孙林娟，张新荣. 基于RFID与NFC技术的防伪认证系统的研究与应用[J]. 计算机应用与软件，2017，34(9)：317-321.

[4] 罗淑芳. 油田地面建设工程项目质量监督管理[J]. 油气田地面工程，2017，11(36)：103-105.

[5] 陈蕾，吴克辛，刘浩飞，李静原，张一. 施工现场物资管理与智能工地建设方法分析[J]. 施工技术，2018，47(7)：1-3，25.

[6] 唐啸楠，刘海峰. 石油工程施工阶段质量控制探讨[J]. 企业改革与管理，2017，23(12)：214.

[7] 陈善为. 物联网环境下的智能工地研究[J]. 软件导刊，2014，1：52-53.

[8] 徐婷，曹世理，周伟，王元庆. 长大隧道施工人员定位跟踪系统设计研究[J]. 公路，2014，2(2)：113-117.

绿色低碳背景下
油田地面设计研究发展趋势及展望

杨佳朋　邵艳波　曲　虎

（中国石油工程建设有限公司华北分公司）

摘　要　化石能源作为目前全球能源消费结构的主流，仍然拥有着举足轻重的地位，但是气候问题使世界各国不得不向绿色低碳的方向转型。油田设计单位想在转型中获得主动权必须主动出击，积极探索转型方向的可能性，与油田单位携手共进，提前布局，积极开展技术交流，围绕油气密闭集输处理、清洁能源替代、碳排放捕集利用及储存等方面进行技术革新，为碳中和作出贡献。

关键词　碳排放；油田建设；清洁能源；低碳发展

环境保护，是国际和国内讨论的热点话题，我国从可持续性发展到人与自然和谐相处，再到绿水青山就是金山银山，再到绿色低碳节能降耗，一直为环境保护作出突出的贡献。2020 年 9 月，中国国家主席习近平在第七十五届联合国大会一般性辩论上强调“应对气候变化《巴黎协定》代表了全球绿色低碳转型的大方向，是保护地球家园需要采取的最低限度行动，各国必须迈出决定性步伐。”2020 年 12 月，中央经济工作会议指出：要抓紧制定 2030 年前碳排放达峰行动方案，支持有条件的地方率先达峰。要加快调整优化产业结构、能源结构，推动煤炭消费尽早达峰，大力发展新能源，加快建设全国用能权、碳排放权交易市场，完善能源消费双控制度。要继续打好污染防治攻坚战，实现减污降碳协同效应。要开展大规模国土绿化行动，提升生态系统碳汇能力。2021 年 11 月 1 日，习主席向《联合国气候变化框架公约》第二十六次缔约方大会世界领导人峰会发表书面致辞“中国秉持人与自然生命共同体理念，坚持走生态优先、绿色低碳发展道路，加快构建绿色低碳循环发展的经济体系，持续推动产业结构调整，坚决遏制高耗能、高排放项目盲目发展，加快推进能源绿色低碳转型，大力发展可再生能源，规划建设大型风电光伏基地项目。”

1　绿色低碳发展的意义

1.1　*发展的必经之路*

石油、天然气一直是人类社会发展的主要能源，2020 年全球能源消费结构中，石油消费量在全球能源消费结构中的占比仍高居榜首为 31.2%，煤炭的占比为 27.2%，天然气为 24.7%，水能为 6.9%，可再生能源为 5.7%，核能为 4.3%。石油可以提炼出乙烯、丙烯、三苯、汽油、柴油、航煤、润滑油、沥青、石油焦、溶剂油、蜡等等，以上材料广泛用于塑料、化纤、医药、精细化工、道路、装修、汽车、机械、电子、农药、涂料等行业，关乎着人民群众的民计民生，为中国的改革开放和高速发展提供了有力保障。

工业革命以来，全球碳排放与全球经济发展基本呈现正相关，随着全球经济发展，碳排放和人均排放均有大幅增长，这种特点在欧美等发达国家身上可以得到充分的验证。随着国家的发展和社会的进步，经济增长必然带来的大量的能源需求，化石能源开采利用，导致大量碳排放，这是世界上所有发展中国家都要经历的一步。

碳排放是被认为导致全球变暖的主要原因之一，如果长期不节制碳排放，会使得气温继续升高，当全球变暖 3 或者 4 度，每年遭受洪水袭击的人口将由于海平面上升而增加上千万甚至上亿人；还可能导致区域天气模式的突然改变，例如东南亚的季风或是厄尔尼诺现象；生态系统中大概有 15%～40%的物种可能会在全球气温升高 2 度后面临灭绝的命运；全球变暖还可能会致使虫灾频发，粮食生产可能会受到影响，产量逐渐下降，严重的话会导致人类粮食短缺。

1.2 大国的责任担当

中国作为发展中国家，2020年碳排放总量达100亿吨，占世界排放总量的32%，相比于约在1990年、2007年、2013年碳达峰的欧盟、美国、日本等国家，在继续保持和增强中国的经济竞争力和发展活力的同时，又要用比发达国家短得多的时间里在2030年前实现碳达峰，是实现民族伟大复兴必须破解的世界难题。中国作为世界第二大经济体，随着国际地位和影响力的提高，始终主张以合作共赢为核心的新型国际关系，打造人类命运共同体，能源绿色低碳转型是实现可持续发展作出的重大战略需求，也是世界大国的责任担当。

中国石油作为国企，坚定落实习总书记和党中央的决策部署，坚持绿色低碳循环发展，坚持节约资源和保护环境，全力推进能源绿色低碳转型，加大清洁能源生产供应和节能减排力度，打破传统发展惯性，聚焦能源清洁低碳发展，努力建成世界一流的综合性国际能源公司。

2 油田单位绿色低碳发展面临的问题

油田地面工程是油田开发生产大系统中的一个子系统，主要包括油气集输、采出水处理、注水、消防、供配电、通信、仪控、结构、建筑等，其中注水系统和油气集输耗能较多，油气集输更是碳排放的主要源头。早期的油田地面建设为了满足人民日益增长的物质需要以及改革开放以来飞速的经济增长，更注重提高产能，做好能源供应。如今，中国已经从一穷二白到世界第二经济体，物质生活极大提高，早期的野蛮发展不可避免的带来环境问题，中国从来不推卸自己的责任，主动体现大国担当，习主席更是多次在国内国外各种会议上多次强调中国要可持续性发展，绿水青山就是金山银山的环保理念，中国石油在党中央和习主席的领导下，坚定绿色低碳可持续性发展，油田企业面临的问题需要进行大刀阔斧的解决。

2.1 油气密闭集输及处理

油田单位早期对油田伴生气的排放并没有系统的认知，由于政策的收紧，越来越多的油田单位意识到伴生气的泄露及挥发是碳排放的主要原因之一，急需对伴生气的收集、油气密闭集输及处理方面进行改造。原油储罐作为油气储存设施广泛存在于油气站场中，原油中的溶解气每天通过呼吸阀向大气排放一定气量，挥发出的轻烃不仅造成了能源的浪费、大气的污染还为站场带来了安全隐患。传统的油气集输处理，原油稳定输送至站场，处理成合格油后进入大罐储存，整个过程通常要耗费大量的电能和热能；采用油气密闭处理后，能够有效降低油气的挥发损耗，通过利用井口的剩余能量完成原油的处理过程，减少了对电能和热能的需求，既能降低能耗，又能提高效益。

2.2 清洁能源替代

油田地面工程用能设备主要包括抽油机、加热炉、电加热设施等，主要消耗的能源为电能、热能，我国目前电能仍以火力发电为主，热能通常来源于原油和天然气的燃烧，燃烧的过程中产生了大量的碳排放。为了减少这部分对环境的污染，当务之急是寻求清洁能源替代火力发电得到的电能、原油和天然气的燃烧产生的热能，太阳能、风能、地热能等都是良好的选择，通过对清洁能源的综合利用，实现能源替代，降低碳排放。

2.3 碳捕集利用与封存

碳捕集利用与封存指的是对生产过程中产生的CO_2进行捕集、压缩后，运到指定地点，通过地质封存、海洋封存等方式长期封存。碳捕集利用与封存主要包括捕集、运输、封存与利用三大环节，由于捕集与运输技术发展较早，目前比较成熟。捕集有化学吸收、物理吸收、膜分离等；运输有管输、拉运等；封存与利用技术还有待开发，目前回注CO_2驱油提高采收率的方式最有经济效益。世界各国在油气开发过程中越来越重视CO_2回注提高采收率技术的应用，我国延长石油结合自身油藏特点，打造出一套全流程低成本的碳捕集利用与封存工程示范；各油田单位应积极探索符合自身特点的碳捕集利用技术，将生产过程中不可避免产生的碳排放回收，并发挥国企责任担当，与其他碳排放较多企业达成合作，将回收的CO_2用以提高采收率，既保护环境，又提高自身效益，合作共赢。

3 设计单位绿色低碳发展技术的革新

设计单位应该具有行业前瞻性，密切关注国家对能源行业发展的最新指示，对于油田单位向绿色低碳方向转型，应该具备满足其需求的技术实力，定期进行技术革新，保持自身主营业务的同时，积极开拓新业务方向。传统的油田地面建设已经无法满足现在的发展需求，新建油田项目应该摒弃固有的传统设计方式，将绿色清洁、智能高效融入到建设中去，打造成模范化试点，并对已建油田逐步进行绿色低碳及数字化改造，保住绿水青山的同时，提高采收率和处理能力，完成人与自然和谐共赢的新局面。

自2020年以来，华北油田、冀东油田、吐哈油田等陆续进行密闭卸油改造和大罐抽气改造，将集输处理过程以及储罐挥发气中的碳排放降至最低，设计单位对此已有一定的技术积累，在设计及建设的过程中发挥了重要的作用。油气密闭集输及处理技术已趋近成熟，但仍有进步的空间，作为设计单位应时刻关注油气密闭的最新发展，随时准备更新知识储备，面对将来可能更严格的碳排放标准。

清洁能源通常指的是使用过后不产生碳排放的能源，最为主流的是太阳能、风能、地热能、潮汐能等。清洁能源应用虽发展多年，技术趋近成熟，但是并不广泛，耳熟能详的是民用及发电领域。民用领域主要以太阳能热水器及小型光伏板发电为主，具有占地面积小，使用量少的特点，技术相对简单可行，太阳能热水器深耕多年，目前已深入人心；发电领域主要以国家电网的大型风光发电为主，占地面积较大，技术复杂，需要所处地域具备相应的风光资源，目前仅在内蒙古、西藏、新疆等建有大型风光发电群；潮汐能利用水位落差推动叶轮机进行发电，同样需要水利资源丰富地区得以实现；火力发电仍为主要发电方式。

油田单位应用清洁能源替代技术相较于以上两种领域还不成熟，设计单位应该同各家油田单位携手积极探索新技术。总的思路都是采用清洁能源方式替代油田生产中碳排量较大的电能和热能，积极开展风光资源、地热能等清洁能源的应用。目前，地热能的应用技术已经成熟，在各油田单位广泛应用，并取得了不错的成绩；风光资源丰富地区更着重与风光综合利用。清洁能源相较于传统化石能源并不稳定，设计单位需要大力探索多能互补技术保证油田平稳生产，构建多能互补能源格局，使清洁能源逐步替代化石能源。

设计单位下一步应紧密关注碳捕集利用与封存技术的探索，随着碳排放权的日益成熟，相关法律法规的日益完善，不久的将来允许排放的CO_2会越来越少，碳排放权可能会作为一种商品进行交易，将排放的CO_2捕集后储存仍是一个问题。延长石油根据自身油藏特点开发出了适合自身的碳捕集利用与封存技术，在捕、运、用三个环节作出了大量的研究，打造了一套全流程低成本的可实用工程示范。设计单位可参考延长石油已取得的成绩，与其开展技术交流，相互推进技术进步，为之后碳排放项目积累技术实力，为绿色低碳发展持续提供新鲜力量。

4　绿色低碳背景下的展望

石油和天然气如今仍占全球能源消费结构的50%以上，在推动社会经济发展，提高人民生活品质方面还有着举足轻重的位置。然而，气候问题已经迫使全球各国不得不朝着绿色低碳的方向发展，无论是油田单位还是设计单位想在这场转型中获得主动权，必须携手共进，提前布局，密切关注国家发布的相关政策，积极开展新技术交流和研究，围绕节能减排、碳排放循环利用、提高采收率和油气利用率、清洁能源替代等方面进行技术革新，在保持自身优势前提下，向绿色低碳领域技术攻关。

发达国家一直想通过以碳排放权的名义来限制中国为首的发展中国家高速发展，进而巩固自身地位，使发展中国家成为原材料供应国，高科技消费国，成为发达国家永远的“小弟”。中国不会答应发达国家的霸权主义，但也不会推卸大国应具有的责任与担当，想在未来既要减少碳排放，又要经济不下降，需要趁这段过渡期提前进行技术转型。设计单位相较于油田单位更要将眼光放得长远，提早对绿色低碳转型可能需要研究的各个技术大力研究，完善相关标准规范，积极吸取国外先进的经验，吸收、消化、总结、实验，最终得出属于自己的标准体系，我们不但要与国际接轨，还要比国际标准更加严格，向世界各国展示中国的硬实力。

参 考 文 献

[1] 王喜莲，金青. 煤炭产业绿色低碳发展政策情景模拟研究[J]. 生态经济，2022，38(04)：60-67.

[2] 邹才能，何东博，贾成业，等. 世界能源转型内涵、路径及其对碳中和的意义[J]. 石油学报，2021，42(2)：233-247.

[3] 李爱华，宿洁，贾传亮. 经济增长与碳排放协调发

展及一致性模型研究——宏观低碳经济的数理分析[J]. 中国管理科学，2017(4)：6.
[4] 孟祥娟. 创新驱动油田绿色低碳转型发展的实践与思考[J]. 北京石油管理干部学院学报，2021，28(06)：69-73.
[5] 方琦，钱立华，鲁政委. 我国实现碳达峰与碳中和的碳排放量测算[J]. 环境保护，2021，49(16)：6.
[6] 舟丹. 中国石油建设世界一流综合性国际能源公司的战略目标[J]. 中外能源，2021，26(2)：1.
[7] 王帅，王荣辉. 试析油田地面建设中集输系统工艺的完善措施[J]. 化学工程与装备，2019(11)：2.
[8] 王余波. 油气集输处理工艺及工艺流程[J]. 化工设计通讯，2019，45(04)：69.
[9] 李战明. 聚焦高质量 推进新能源——关于青海油田新能源业务发展的思考[J]. 石油石化节能，2022，12(01)：1-3+6.
[10] 康宇龙，白艳伟，江绍静，王维波，王宏，梁凯强. 延长石油碳捕集、利用与封存全流程技术特色与工程实践[J]. 应用化工，2020，49(07)：1768-1771+1775.
[11] 曲虎. 油田伴生气回收利用技术研究[J]. 现代化工，2015，35(08)：147-150+152.
[12] 曲虎. 原油密闭装卸工艺研究[J]. 石油化工高等学校学报，2016，29(06)：92-96.
[13] 胡润青，李俊峰. 全球太阳能热水器产业与技术发展状况及启示[J]. 太阳能，2007，000(002)：8-11.
[14] 何黎娟. 新能源风光发电预测技术的发展及应用[J]. 建筑工程技术与设计，2018.
[15] 陈金松，王东辉，吕朝阳. 潮汐发电及其应用前景[J]. 海洋开发与管理，2008，25(11)：3.
[16] 张智勇，郑义清，宁志海，许杰，余永辉. 油气生产中风光互补清洁能源应用[J]. 农村电工，2022，30(04)：30.
[17] 唐国平，孙洪锋，陈曦. 碳排放权交易制度与企业投资行为[J]. 财经论丛，2022(4)：12.

含氢天然气管道工程设计中有关间距问题探讨

陈俊文[1] 汤晓勇[1] 谌贵宇[1] 李玉星[2] 何 山[3] 李助兴[4] 刘翠伟[2] 李天雷[1] 郭艳林[1]

(1. 中国石油工程建设有限公司西南分公司；2. 中国石油大学(华东)储运与建筑工程学院；
3. 伊尔姆环境资源管理咨询(上海)有限公司；4. 挪威船级社(DNV)可持续发展卓越中心)

摘 要 近年来氢能综合利用已成为世界各国研究的热点，也是世界新能源的重要发展方向之一。大规模运输氢气时，管道运输更加高效、安全。国外已建成氢气管道约6000km，一些国家将氢气掺入天然气管道中实现氢气长距离运输和利用，并形成了部分相关的管道标准。中国尚无氢气/混氢天然气长输管道相关标准规范，由于设计理念差异，在站场布置间距问题上无法参考国外标准规范；同时对于不同氢气/天然气浓度的混合体系，国外相关标准规范规定的管道潜在影响半径、防爆区域范围等是否合理尚待考证。基于氢气、混氢天然气的物性特点，结合天然气管道、站场相关间距的本质原则，定量比对了氢气、混氢天然气、天然气的影响范围，探讨了含氢管道工程设计若干间距参照依据。研究表明：含氢天然气站场的防火间距可参照天然气站场相关规定；含氢天然气管道潜在影响半径参考纯氢气管道的潜在影响半径计算方法具有较大风险，可采用提出的基于浓度修正的定量计算方法；含氢天然气管道站场防爆区域应综合执行相关氢气、天然气站场标准要求。研究成果可为含氢管道工程设计提供借鉴。

关键词 含氢天然气管道；工程设计；间距；探讨

近年来，氢能利用是世界各国研究的热点，也是世界新能源的重要发展方向之一。大规模运输氢气时，管道运输更加高效、安全。国外已建成氢气管道约6000km，同时一些国家将氢气掺入天然气管道中实现氢气长距离运输和利用，构成了氢气管道输送、混氢天然气管道输送等长距离储运模式，可统称为含氢管道输送。同时，美国、欧洲等相继发布了部分相关的含氢管道标准。在“碳达峰”“碳中和”的发展背景下，中国建设含氢管道的需求日益旺盛，但国内尚无专门的含氢管道输送相关标准规范，因此亟待填补空白。目前，诸多学者在含氢管道输送工艺、天然气掺氢后设备适应性、技术规范剖析和氢气/混氢管道技术发展分析等方面开展了研究工作，取得了较多成果，均可对管道输送标准规范的制定提供一定的支撑，但受氢气、天然气介质特性差异和含氢管道中氢气/天然气比例等影响，目前在涉及到站场区域布置、管道潜在影响半径、防爆区域范围等在工程设计中具有定量要求的关键间距问题上，国内尚无相关报道。同时，由于设计理念差异，在站场区域布置间距问题上无法参考国外标准规范；同时对于不同氢气/天然气浓度的混合体系，国外相关标准规范规定的管道潜在影响半径、防爆区域范围等是否合理尚待考证。为此，有必要结合氢气与含氢天然气的介质特性，基于含氢管道工程设计技术标准规范需求，对前述站场布置间距、管道潜在影响半径、防爆区域范围等相关问题进行探讨，以期对形成设计标准规范的关键技术要求提供支撑，更好地为含氢管道工程设计提供参考。

1 氢气与天然气基本性质对比

由于常规天然气以甲烷为主要介质，为了便于对比介质特性，下文采用甲烷代表天然气进行比对与探讨。

氢气在空气中最小点火能量很低。有数据表明，其最小点火能仅为0.019mJ，点燃后燃烧速率很快，是燃烧危险性很大的危险化学品；而甲烷的最小点火能相对较高，达到0.29mJ。在工程应用场景中，这种差异直接体现在泄漏后的点火概率上，即氢气在泄漏并暴露在大气环境时，其立即点火概率大于甲烷的点火概率。

氢气的爆炸极限是4.0%~77%(体积浓度)，其在空气中的燃烧和爆炸的极限范围大于甲烷，但氢气和甲烷的燃烧下限相差不大，氢气约为4.0%，甲烷约为4.4%。在工程应用中，一般在泄放和危险区域分析时使用燃烧下限，可知氢气的控制要求相对较严。

在常压下，氢气的比重仅为0.069，甲烷的密度为氢气的8倍；氢气与甲烷均属于比空气轻的可燃气体，相比于甲烷，氢气在空气中扩散速度极快，一旦泄漏更容易扩散，不易在设备或建筑低洼处积聚。

在热值上，标况下单位体积的氢气热值约为12.1MJ/m^3，甲烷为37.7MJ/m^3，可见单位体积的氢气热值远低于天然气。然而，在涉及到泄漏燃烧时，由于氢气密度小，声速高，还需要结合实际泄放体积来综合判断热辐射尺度。

综上，氢气相比于天然气，具有垂向扩散性较好、燃烧范围较宽、点火能量较低、体积热值较低等特点，这为后文探讨相关问题提供了基础。

2　站址区域布置间距问题探讨

2.1　相关规范现状

目前，国外实施了ASME B31.12—2019 *Hydrogen Piping and Pipelines*（以下简称ASME B31.12—2019）和CGA-5.6—2005（R2013）*Hydrogen Pipeline Systems*（以下简称CGA-5.6—2005(R2013)）等标准规范，适用于氢气含量大于10%体积分数的含氢天然气管道输送工程。ASME B31.12—2019则主要关注于管道与管件本体设计，未提及站场区域布置间距要求。在CGA-5.6—2005(R2013)中，对混氢管道站场与周围环境的安全距离提出了典型参考值，与变电站的安全距离为15m，与公共建筑的距离为8m等。需要注意的是，与中国油气站场设计常用的防火间距不同，该间距综合了风险评价的安全距离，与防火间距存在设计本质的不同。由此可见，定性来看，国外的相关含氢管道规范在站场区域布置间距的典型参考值并不宜作为中国含氢管道设计的直接参考。

同时，中国目前实施的GB 50516—2010《加氢站技术规范（2021年版）》（以下简称GB 50516—2010）中，对加氢站的站址选择主要按照防火间距进行考虑；国外的IGC Doc 15/06/E *Gaseous Hydrogen Stations*（以下简称IGC Doc 15/06/E）也适用于加氢站，提供了最小的水平安全距离参考值。上述标准规范的防火间距与安全间距可比指标对比见表1。

表1　国内外加氢站防火间距与安全间距可比指标对比表

标准规范	重要公共建筑间距/m	可燃物堆场间距/m	明火或散发火花地点/m
GB 50516—2010	50（储氢容器，高值）/ 35（氢气压缩机、加氢机）	35（储氢容器，高值）/ 18（氢气压缩机、加氢机）	40（储氢容器，高值）/ 20（氢气压缩机、加氢机）
IGC Doc 15/06/E	8	8	5

由表1可见，对于国内外系统配置基本类似的加氢站，受国内外实际情况与间距考虑原则的影响，国内的防火间距距离明显大于国外的安全间距。因此，定量来看，中国借鉴国外的含氢管道标准规范推荐的安全间距作为防火间距的参考基准是不适宜的。另外，由于加氢站与含氢管道工程站场的设施、操作压力、储存量等均有较大区别，含氢管道工程一般不设置储氢罐，操作压力也基本不超过10MPa，故也不应直接参考加氢站的防火间距。

2.2　热辐射强度分析与推荐作法

在实际工程中，含氢管道工程一般设置首站、中间站、末站等站场，其主要功能、工艺流程与常规天然气管道站场类似。同时，防火间距主要考虑火灾热辐射对周围环境的影响。为此，考虑借助理论与模拟分析，从比对相同事故辐射后果的角度出发，借鉴输气管道站场防火间距标准要求，对含氢管道站场的防火间距提出取值建议。

为此，在某相同压力的站场泄漏场景下，对氢气、含氢天然气与天然气进行相同孔径下的水平泄漏喷射火影响范围模拟，模拟软件选择为DNVGL PHAST V8.0，模拟结果见图1。

由图1可见，在相同运行压力下的相同孔径泄漏时，对同一热辐射强度，天然气燃烧的热辐射距离大于氢气，且基本满足随着氢气浓度增加，热辐射距离降低的规律。这主要是相同泄漏孔径下，对于运行压力相同的体系，由于天然气的密度相对较大，其泄漏的质量流量较高；同时，虽然氢气的单位质量热值较高，但协同计算后，天然气的热辐射强度大于氢气。同时，还进行了其他泄漏压力场景的喷射火分析，得出的结论与图1规律一致。

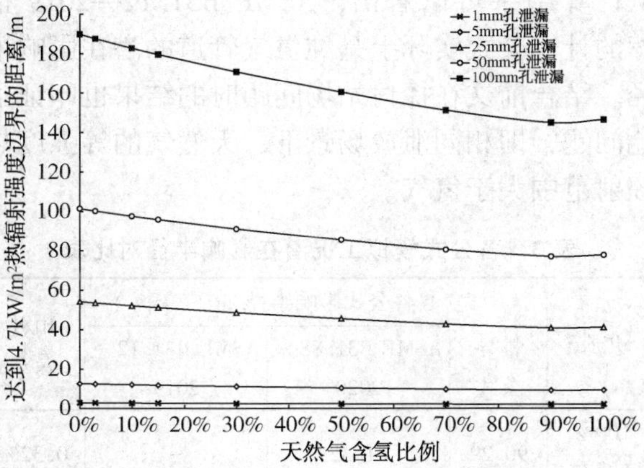

图 1　不同氢含量的含氢天然气泄漏后喷射火热辐射范围模拟结果对比图

同时，进一步利用 Flacs 3D 软件进行了氢气泄漏后热辐射分析，在相同工况下，Flacs 3D 的计算结果与 DNVGL PHAST V8.0 软件误差小于 20%，但仍明显小于天然气的热辐射影响距离。

现行输气管道站场区域布置的防火间距参照现行 GB 50183—2004《石油天然气工程设计防火规范》(以下简称 GB 50183—2004)执行，与 GB 50516—2010 的区域布置防火距离相比，以重要公共建筑与站场的防火间距为例，前者要求为 30m(间距为站场边界与重要公共建筑的距离)，后者要求为 35m(间距为氢气压缩机或加氢机等工艺设施与重要公共建筑的距离)，加氢设施的操作压力一般大于 30MPa，远高于可预计的含氢管道工程运行压力；另外，上述两项规范对站场与室外变配电站、铁路等的间距较为接近。因此，结合前文分析，在相同压力泄漏场景下对比，可认为参考天然气站场相关的防火间距作为氢气或含氢天然气管道工程站场的总体布局间距要求是合理和保守的。

GB 50516—2010 的加氢站放空管口与站外建(构)筑物的防火间距要求，制定的依据是综合比对 GB 50156—2012《汽车加油加气站设计与施工规范(2014 年版)》和 GB 50028—2006《城镇燃气设计规范(2020 年版)》中的天然气相关要求，并根据氢气与天然气物性差异进行优选，这进一步说明利用一种介质的防火间距作为另一种介质防火间距确定的比选参考已有先例。

另外，对于含氢管道工程的站场内部防火间距，对比分析现行 GB 50183—2004 与 GB 50516—2010 的近似要求后，结合加氢站的运行压力远高于含氢管道站场运行压力的实际情况，推荐含氢管道工程的站场内部防火间距参考现行天然气站场布置的相关要求。

本文同时还模拟了相同压力、孔径的水平泄漏后不同浓度氢气-天然气体系的扩散场景，由于氢气的声速较高，初始喷射速度较快，故中孔、小孔泄漏后达到 50% 爆炸下限距离稍大于甲烷，因此对于含氢站场中“生产设施与明火或散发火花地点的防火间距”，推荐考虑 20% 裕量。

3　含氢管道潜在影响半径问题探讨

3.1　相关标准规范现状

输气管道发生泄漏事故时可能形成对周边公众安全和财产造成严重影响的区域，该区域范围通过管道潜在影响半径进行表征是行业内公认的做法。

现行的 ASME B31.8S—2020 *Managing System Integrity of Gas Pipelines*(以下简称 ASME B31.8S—2020)和 GB 32167—2015《油气输送管道完整性管理规范》(以下简称 GB 32167—2015)均提出了相同的定量计算公式，主要考虑了管道管径、最大允许操作压力的影响，仅适用于天然气管道。现行的 ASME B31.12—2019 提出了适用于氢气的潜在影响半径计算公式，主要影响因素也是管道管径和最大允许操作压力。为了体现其差异，列出 ASME B31.8S—2020 和 ASME B31.12—2019 的潜在影响半径计算公式(1)~式(2)。

ASME B31.8S—2020 中的天然气管道潜在影响半径区域：

$$r = 0.69\sqrt{pd^2} \tag{1}$$

ASME B31.12—2019 中的氢气管道潜在影响半径区域：

$$r = 0.47\sqrt{pd^2} \tag{2}$$

式中：r 为潜在影响半径，ft(1ft = 0.3048m)；p 为最高允许操作压力，psig(1psi = 0.0689MPa)；d 为管道外径，in(1in = 25.4mm)。

由此可见，两项标准规范均规定了输送管道的潜在影响半径计算公式，在相同的允许操作压力和管径下，氢气管道的潜在影响半径为天然气的 68%，说明在相同泄漏场景下，氢气管道的潜在影响半径明显小于天然气管道。同时，ASME B31.12—2019 在适用范围中说明，本标准规范不适用于氢气浓度小于 10% 的天然气管道，即表示氢气含量大于10%的含氢管道是适用的，但计算公式仅体现了管道外径与最高操作压力等贡献，未体现组分的影响，而从ASME B31.12—2019和ASME B31.8S—2020的对比可看出，组分对潜在影响半径的影响明显。因此，尚需进一步论证该公式的实际适用性。

3.2 含氢天然气管道潜在影响半径计算与分析

潜在影响半径公式考虑了埋地可燃气体输送管道在完全破裂的场景下形成喷射火，其喷射火热辐射造成1%死亡概率时的影响半径，考虑的热辐射通量为15.8kW/m^2，影响因素包括当量泄漏速率、燃烧系数、辐射系数、燃烧热、热辐射通量等。其中，当量泄漏速率、燃烧热等参数均与组分相关。当量泄漏速率的计算与管道直径、管道运行压力、气体比热比等有关。由此，在介质组分确定的情况下，不同介质的潜在影响半径计算公式的形式与前述规范一致，且前述规范中公式的系数实际上就是组分特征的折算值，这也就解释了氢气、天然气管道的潜在影响半径计算公式差异所在。

因此，本文推导了适用于不同氢气含量的氢气-天然气体系的潜在影响半径计算公式(3)。

$$r_{\text{mixture}}=m\sqrt{pd^2} \tag{3}$$

式中：r_{mixture}为含氢天然气管道的潜在影响半径，m；p为最高允许操作压力，MPa；d为管道外径，mm；m为浓度修正系数，m的典型取值见表2。

表2　不同氢含量浓度修正系数表

天然气浓度	氢气浓度	m取值
0	100%	0.0688
10%	90%	0.0699
40%	60%	0.0792
80%	20%	0.0924
100%	0	0.0986

根据公式(3)和前述规范中推荐的公式，模拟了最高允许操作压力为8MPa的DN300管道输送天然气和氢气下的潜在影响半径，计算结果见表3。

由表3可见，由于从潜在影响半径的本质进行了探讨，本文推导的计算结果与规范中推荐公式的计算结果误差较小，产生误差的主要原因可能是关联公式中组分特性取值有所差别；同时，从计算结果可以看出，ASME B31.12—2019推荐的计算公式实际上是纯氢气管道的潜在影响半径。结合前文在探讨站场间距时的结果也印证了此问题，即相同泄放场景下，天然气的等强度热辐射范围大于氢气。

表3　各公式模拟工况潜在影响半径对比表

介质	各公式影响半径/m			相对误差
	推导公式	ASME B31.8S—2020	ASME B31.12—2019	
100%天然气	90.29	91.32	-	0.32%
100%氢气	62.99	-	62.21	1.25%

进一步分析结果也说明了ASME B31.12—2019规范在潜在影响半径公式的适用性上存在说明不充分的问题，例如，若对于氢气含量10%的含氢天然气管道，其计算的潜在影响半径约为87.5m，而采用ASME B31.12—2019的计算结果为62.99m，误差较为明显，并且这种误差将导致对管道潜在影响半径的估算不足。

4 站场爆炸性气体环境危险区域划分与范围探讨

站场爆炸危险区域是爆炸性混合物出现的或预期可能出现的数量达到足以要求对电气设备的结构、安装和使用采取预防措施的区域。按照爆炸性混合物出现的频率和持续时间可分为不同危险程度的若干区。爆炸性气体环境应根据爆炸性气体混合物出现的频繁程度和持续时间分为0区、1区和2区。由于中国尚未发布含氢管道工程站场的相关规范，其爆炸危险区域范围有待讨论。

4.1 爆炸性气体危险区域划分

氢气、甲烷或含氢天然气均属于可燃性气体，其爆炸性气体环境危险区域划分均可执行GB 50058—2014《爆炸危险环境电力装置设计规范》的规定。GB 50516—2010和GB 50251—2015《输气管道工程设计规范》(以下简称GB 50251—2015)对于环境危险区域划分的原则一致，但具体作法有所不同。GB 50516—2010认为：国内已建的氢气站内有爆炸危险房间均设置了自然通风和一般的机械通风，但未设局部通风。因此，在氢气站的制氢间、氢气纯化间、氢气压缩机间、氢气灌装间等房间内爆炸危险物质的释放属于第一级释放源，其爆炸危险区域的划分应定为1区。对于有爆炸危险的房间，GB 50251—2015针对室内的分区，采用了“通风良好”或“通风不良”进行区分，将存在1类释放源的“通风良好室内区域”划分为2区，将存在1类释放源的“通风不良室内区域”划分为2区。

同时，在户外区域，GB 50251—2015在有介质放散的管口区域(半径为1.5m范围)也考虑为1区，在GB 50516—2010中未提出这类要求。

综上所述，鉴于含氢管道工程的站场流程、操作条件和设施等与天然气管道工程较为类似，在含氢管道工程的爆炸性气体危险区域划分相关要求中，可按照GB 50251—2015的要求执行，但需要进一步对“通风良好”的实际做法进行专业分析和讨论。

4.2　爆炸性气体危险区域范围

GB 50516—2010和GB 50251—2015对室内或密闭区域的爆炸性气体危险区域范围的确定原则一致，均整体考虑为气体危险区域范围；但对2区的边界划分略有区别。具体地，对点释放源均按照半径4.5m的原则划分2区范围，对面释放源均按照外延4.5m的原则划分2区范围；在放散口区域，天然气按照放散口为中心划分4.5m球形区域为2区，氢气则从氢气放空管管口计算，半径4.5m的区域和顶部以上7.5m的空间区域为2区。

实际上，在微小泄漏时，氢气由于分子量较小，临界流速较高，水平扩散到50%爆炸下限的距离大于天然气，因此按照氢气相关标准选择4.5m的指标是可以满足含氢天然气的同类场景扩散距离要求的。在GB 50160—2008《石油化工企业设计防火标准(2018年版)》第5.2节条文解释中，认为正常操作时，甲类(包括甲烷)工艺设备周围3m左右属于可燃气体的微小泄漏扩散范围，同时也进一步指出“氢气的水平扩散距离一般不超过4.5m。”这也对前述分析进行了佐证。

综上所述，对于含氢管道站场的爆炸性气体危险区域范围，宜结合GB 50516—2010和GB 50251—2015的从严要求执行。

5　结论和建议

本文基于氢气、天然气的介质特性，结合工程设计关键间距要求问题，重点开展了含氢管道站场区域布置防火间距、潜在影响半径确定、防爆区域范围等关键定量问题的探讨，得出以下结论和建议。

(1)相同泄漏场景下，含氢天然气的热辐射范围总体呈现随氢气含量升高而下降的趋势，但受初始喷射速度的影响，中、小孔泄漏下，含氢天然气的扩散范围(至50%爆炸下限)随氢气含量升高而升高。通过深入分析国内、国外氢气站和国内相关防火规范的间距要求，基于不同比例含氢天然气泄漏后果分析，结合含氢管道工程工艺流程、运行压力等实际情况，推荐含氢管道工程的防火间距参考GB 50183—2004中的同规模天然气站场要求，并建议部分可由扩散后引燃的间距范围适当考虑设计裕量。

(2)现行国外氢气规范的潜在影响半径计算存在适用范围说明不清晰的问题，仅适用于纯氢气体；针对含氢管道的潜在影响半径问题进行了定量探讨，提出了一种基于氢气含量、操作压力和管径的潜在影响半径计算方法，见公式(3)，可对工程提供参考和借鉴。

(3)含氢管道站场的爆炸性气体危险区域划分宜参照输气管道站场要求执行，但需进一步探讨“通风良好”的具体措施；对于含氢管道站场的爆炸性气体危险区域范围，宜结合GB 50516—2010和GB 50251—2015的从严要求执行。

参考文献

[1] 赵永志，张鑫，郑津洋，等. 掺氢天然气管道输送安全技术[J]. 化工机械，2016，43(1)：1-7.
[2] 尚娟，鲁仰辉，郑津洋，等. 掺氢天然气管道输送研究进展和挑战[J]. 化工进展，2021，40(10)：5499-5505.
[3] 李敬法，苏越，张衡，等. 掺氢天然气管道输送研究进展[J]. 天然气工业，2021，41(4)：137-152.
[4] 陈俊文，尚谨，刘玉杰，等. 混氢天然气管道安全设计要点探讨[J]. 天然气与石油，2020，38(6)：8-13.
[5] 陈石义，龙海洋，李天雷，等. 天然气管道掺氢探讨[J]. 天然气与石油，2020，38(6)：22-26.
[6] 朱建鲁，周慧，李玉星，等. 掺氢天然气输送管道设计动态模拟[J]. 天然气工业，2021，41(11)：132-142.
[7] 罗子萱，徐华池，袁满. 天然气掺混氢气在家用燃气具上燃烧的安全性及排放性能测试与评价[J]. 石油与天然气化工，2019，48(2)：50-56.
[8] 刘自亮，熊思江，郑津洋，等. 氢气管道与天然气管道的对比分析[J]. 压力容器，2020，37(2)：

56-63.

[9] 张小强，蒋庆梅. ASME B31.12标准在国内氢气长输管道工程上的应用[J]. 压力容器，2015，32(11)：47-51.

[10] 谢萍，伍奕，李长俊，等. 混氢天然气管道输送技术研究进展[J]. 油气储运，2021，40(4)：361-370.

[11] 曹军文，覃祥富，耿嘎，等. 氢气储运技术的发展现状与展望[J]. 石油学报(石油加工)，2021，37(6)：1461-1478.

[12] 杨静，王晓霖，李遵照，等. 氢气长距离管输技术现状与探讨[J]. 压力容器，2021，38(2)：80-86.

[13] American Society of Mechanical Engineers. Hydrogen piping and pipelines：ASME B31. 12—2019 [S]. New York：ASME，2019：12.

[14] Compressed Gas Association. Hydrogen pipeline systems：CGA G-5.6—2005 (R2013) [S]. Virginia：Compressed Gas Association，2013：5.

[15] 中华人民共和国住房和城乡建设部. 加氢站技术规范(2021年版)：GB 50516—2010[S]. 北京：中国计划出版社，2021：50.

[16] European Industrial Gases Association Aisbl. Gaseous hydrogen stations：IGC Doc 15/06/E [S]. Brussels：European Industrial Gases Association Aisbl，2006：5.

[17] 中华人民共和国住房和城乡建设部. 输气管道工程设计规范：GB 50251—2015 [S]. 北京：中国计划出版社，2015：48.

[18] 中华人民共和国建设部. 石油天然气工程设计防火规范：GB 50183—2004 [S]. 北京：中国计划出版社，2004：9-11.

[19] American Society of Mechanical Engineers. Managing system integrity of gas pipelines：ASME B31.8S—2020 [S]. New York：ASME，2020：21.

[20] 全国石油天然气标准化技术委员会. 油气输送管道完整性管理规范：GB 32167—2015 [S]. 北京：中国标准出版社，2015：7.

[21] 中华人民共和国住房和城乡建设部. 爆炸危险环境电力装置设计规范：GB 50058—2014 [S]. 北京：中国计划出版社，2014：9-13.

EPC 项目管理总承包管理水平改进措施分析

刘海飚　张　超　姜　潇

（中国石油工程建设有限公司 北京工程咨询分公司）

摘　要　EPC 工程总承包能够协调设计、采购、施工等环节，加强对项目成本、质量等要素的管控，有助于项目效益的提升。基于此，文章以 EPC 项目管理总承包管理为基础，论述管理水平低下的原因，提出针对性改进措施，提升 EPC 项目管理总承包管理水平，保障其优势的发挥。

关键词　EPC 项目；总承包管理；BIM 技术

EPC 项目是指业主与总承包商签署合同，由总承包商负责项目的设计、采购、施工等工作，总承包商与供应商合作采购材料，与分包商合作完成各个分项工程。项目建设中各个主体责任划分明晰，可缩短工期，降低成本。就此，关于 EPC 项目管理总承包管理的研究具有鲜明现实意义。

1　EPC 项目管理总承包管理水平低下原因

在 EPC 项目建设中，总承包管理受诸多因素影响，如管理人员、管理制度、管理内容、管理技术等，上述要素的优化配置，直接关系到 EPC 项目总承包管理效果，影响 EPC 模式的优势发挥。就目前 EPC 项目管理现状而言，导致 EPC 项目管理总承包管理水平低下的原因有以下几项。

1.1　项目管理组织不完善

在 EPC 项目建设中，项目管理组织是实施总承包管理的主体，部分项目存在项目人员配置不合理问题，工作人员大都身兼数职，跨专业管理现象普遍，工作人员负担重、精力有限，难以实施高水平的管理工作。同时，项目管理人员责任划分不合理，缺乏监督管理，可能出现管理不到位、管理缺位现象，难以开展规范有效项目管理工作，不能有效管控项目各项要素，影响项目效益。针对该问题，项目经理应组建完善工作小组，优化管理组织架构，统筹安排各项管理工作。

1.2　项目管理制度不健全

在 EPC 项目建设中，项目管理制度是总承包管理的依据，项目经理需根据 EPC 项目特点，在项目管理制度中统筹协调项目成本、质量、安全等要素，方可保障项目效益。但在实际管理中，部分项目经理工作繁重，大都照搬以往 EPC 项目的管理制度，导致项目管理制度与项目建设实际不符，并未全面覆盖 EPC 项目的各个方面，不能为总承包管理提供指导，进而使项目管理出现盲区与空白。针对该问题，项目经理应从 EPC 项目实践入手，制定完善管理制度。

1.3　项目管理薄弱环节多

在 EPC 项目管理总承包管理工作中，工作内容涵盖设计管理、采购管理、质量管理、进度管理、成本管理、安全管理等，项目管理内容繁多、复杂，项目管理工作易出现遗漏现象，影响项目建设成果，降低项目管理水平。以某 EPC 项目为例，总承包商为缩短工期，并未验证设计方案的可行性，导致部分分项工程出现设计变更现象，加大成本，延长工期；未统筹协调供应商供货时间，导致工程进度放缓，延长工期。针对该问题，项目经理应实施精细化、全面性管理工作。

1.4　项目管理技术滞后

在互联网时代，项目管理技术不断创新升级，可减轻总承包商的管理负担，提高管理效率与质量。但在实际工作中，部分项目经理缺乏创新意识，并未在总承包管理中引进 BIM 技术等先进技术，导致项目管理技术滞后，项目管理效率、项目管理水平仍处于较低水平，影响 EPC 项目效益的提升，不利于 EPC 项目的进一步发展。针对该问题，项目经理应创新理念，构建信息化 EPC 项目管理平台，引进先进项目管理技术，提高总承包管理水平。

2　EPC 项目管理总承包管理水平改进措施

2.1　优化建设项目管理组织

EPC 建设项目的组织体现过程中，只有在管理组织能够得到科学全面的建设之后，才可以让整个管理组织能够在日常的工作中，真正起到其应有的作用，从而可以让施工单位能够防范当前施工过程中所承受的各类缺陷。针对 EPC 项目管理，针对施工过程中所配置的项目经理工作组，需要由该工程的总承包方进行配置，同时针对项目监理组下辖的施工现场内配置的管理小组，以及其中所设定的所有人员，也需要由工程总承包方配置人力资源。

但是需要注意的是，该过程中必须要能够增设第三方监理工作组，针对第三方独立监理工作组来说，对于监理工作组是否需要由总承包商进行完全的确定，则要根据合同中所签订的条款进行配置。通常情况下是要由业主方，针对第三方监理工作部门进行合理的选择和配置，从而防范在施工过程中所存在的一些问题无法被第一时间的了解和发掘，从而让该工程项目无法在规定的工期内完成建设任务。此外针对管理组织的建设，必须根据该组织内的成员素质、成员的结构以及成员的工作内容进行配置，让所有的人员也可以在取得的工作结果上具有更高的科学性与可控性。

2.2　制定完善项目管理制度

在工程管理制度中，要根据该工程项目双方所签订合同内所设定的相关条件和条款进行设定，当然对于总承包商来说，需要完全根据项目合同之内所产生的所有数据制定专业化的施工过程统筹和协调工作机制，从而让最终所设定的管理工作理论和管理工作体系具有更高的完善度特征。比如对于已经设定的项目管理工作制度，要求所有的成员在该过程中，要全面化地分析目前管理制度中所囊括的内容，这类信息中包括质量因素、成本因素、工期因素以及施工人员和设备的安全元素，针对不同的因素需要建立不同的制度，其中所有的制度都必须经过分解。

比如针对安全管理制度，除了要能够对当前的制度体系按照工作项目的本身个性化工作特征进行建立健全处理，同时也必须要能够建立专业化的管理工作体系和管理工作方法，尤其是针对施工现场内所存在的各类人员安全风险以及设备风险，要能够依托于事故树模型和事件树模型，对其进行全方位的建设和总结。此外也要能够把得到的专业结果与预期设定的工作标准全面对比，此外针对各类需要完成的制度整合过程和制度的分析过程，也要根据这类信息的后续优化方案和处理工作原则，对其进行相应的协调。

2.3　实施全面精细化项目管理

针对全面精细化的项目管理过程中，一方面要了解精细化管理过程中所面对的对象，另一方面要了解这一管理工作原则和工作方法的使用标准，对专业化的管理中，包括质量管理、精细化工期管理、精细化成本管理等，所有的管理项目中，都要能够在设定的施工方案中，按照已经设定的工作要求和工作标准进行管理，同时在当前的建筑行业领域内，已经开发出的大量的新型管理和分析技术。

比如 BIM 技术，本文认为在专业精细化管理项目的建设过程中，要可以将该项技术全面应用于针对整个工程项目的管理阶段，而管理方法中，施工现场内所配置的管理人员和第三方监理部门的人员完全使用便携性的数据记录设备，把专业施工过程中所产生的所有参数第一时间进行记录，之后由该设备对所有的参数进行自主化的提交，提交之后由 BIM 技术的数据控制平台和数据分析平台自主调整，以了解当前施工中在工程施工质量的保障方面、施工数据记录方面和施工过程中投入的成本方面，分析存在的与合同中设定的相关参数不匹配问题，如果发现这类信息不匹配时，可认为所建立的管理工作体系、项目监管系统和设定的工作标准存在问题，这就意味着很可能会出现合同项目中的违约问题，在后续的施工中需要对当前所存在问题做出全面科学的处理。

2.4　构建信息化项目管理平台

施工项目管理平台的建设过程中，一方面要能够根据当前开发出的各类新型的建筑管理技术，实现对 EPC 工程项目所取得各类参数的全面化跟踪和监管，另一方面要实现针对其他各类感性指标的全面记录和分析。前项工作可以采用当前已经开发出的 BIM 技术以及 ERP 技术，综合性地记录所有工程项目施工过程中所产生的各类数据，之后把所有的这类参数都记录在数据体系内，尤其是对于 BIM 技术，更是需要使用该项技术全面记录和收集当前工程项目施工中所产生的所有数据，由信息分析平台进行自主性的监控和整理，从而使得所取得的所有工作成果和工作信息可以为该工程项目的当前运行质量、运行标准和取得的工作成果进行详细分析。

对于其他各类信息的监管，包括施工人员的素质指标、施工人员的工作能力、施工人员的道德水准指标等，所有工作指标都可以在该人员正式投入具体的工作之前，要能够落实全面专业的考核工作并进行分析，并分析该考核结果是否意味着该人员可以参与到相关的工作项目中，如果发现人员在个人能力、个人道德素养和个人工作水准方面并不能够符合该工程项目的要求时，或者素养不符合参与工程的最低条件时，则不可让其投入工作，而是必须要经过专业化培训后才可参与。此外对于详细的工作结果，在经过了人员培养后，也要经过考核，并落实工作质量和能力的跟踪工作。

3 结论

综上所述，在 EPC 项目管理总承包管理中，导致管理水平低下因素在于项目管理组织、制度、内容与技术。通过本文的分析，项目管理者应优化项目管理组织、制定完善项目管理制度、实施全面精细化项目管理工作、构建信息化项目管理平台，提升管理水平，获取更高的项目收益，进一步推广普及 EPC 模式。

参 考 文 献

[1] 于良. 基于过程控制的 EPC 总承包项目管理模式探讨[J]. 水利水电工程造价，2020(03)：21-23.

[2] 吉剑涛. EPC 总承包项目管理存在的问题及对策[J]. 工程技术研究，2020，5(14)：168-169.

[3] 岳燕国，魏巍. 基于 EPC 总承包项目管理的问题分析及对策研究[J]. 工程建设与设计，2019(22)：239-240.

浅析山区油气长输管道的本质安全设计

罗　扬[1]　杨　林[1]　边彦玮[2]　谌贵宇[1]　王棠昱[1]　康　凯[1]　张茂林[1]

（1. 中国石油工程建设有限公司西南分公司；
2. 中国石油天然气股份有限公司西南管道分公司）

摘　要　山区管道线路大部分处于崇山峻岭之中，山高谷深，多为高陡长坡及深切冲沟，地形险峻；管道所经地区多为石方区，岩石较为破碎，地质情况极为复杂，不同程度伴有次生地质灾害；管道沿线可依托的道路较少，交通条件差，天气情况恶劣。管道在施工建设过程及后期运营过程中，均易受到地质条件、天气情况、管道本体、施工等因素影响而造成安全影响。针对山区油气长输管道在建设及运营中面临的诸多挑战，从前期选定线、管材性能指标确定、变壁厚焊接、软硬地层交替的处理、山区布管、稳管措施以及运营中的后续监测等方面，论述了保证山区油气长输管道本质安全的对应措施。

关键词　油气长输管道；本质安全；选定线；管材；焊接；布管；稳管；监测

1　前言

目前，国内油气长输管道建设总里程已达到126000km。原油管道总长28000km，成品油管道和天然气管道总长分别超过22000km、67000km，国家石油天然气骨干管网已初步形成。随着中国经济的发展，长输管道建设的路由选择难度越来越大，地势平坦地区绝大部分为人口密集区、城市规划区，仅有的少数可选路由又被公路、铁路、电力线路占用，管道建设不可避免地进入山区地段。山区地段的油气长输管道建设易受到地质情况、天气等多种因素影响，因此山区油气长输管道的本质安全设计尤为重要。

2　面临的挑战及应对措施

山区油气长输管道多处人烟稀少偏远地段，在建设过程中，不仅面临路由选择、管材性能指标确定、管道焊接、不良地质条件处理、山区布管、稳管措施等方面的挑战，而且在投产后面临运营维护等的挑战。因此在设计过程中，应全方位考虑，保证山区油气长输管道的本质安全。

2.1　选定线

山区油气长输管道建成运行后虽受第三方破坏影响较小，但受恶劣天气引起的次生地质灾害影响较大，因此在前期管道选定线应综合考虑多方面因素，以确保管道的安全。

选定线应注意以下几点。

（1）应配备线路、勘察、测量、水工保护及水土保持等专业经验丰富的工程师，宜配备施工单位土建人员，并应邀请行业内经验丰富的线路专家进行审线。

（2）避免通过滑坡、泥石流和陡坡、陡坎等易造成管道失稳的不稳定边坡地带。

（3）尽可能不沿山地等高线平行敷设，若必须通过时，应选择纵向坡度较缓、削山开挖后岩体较稳定的地方，并做好相应的施工和运行安全防护措施。

（4）纵向控制线路的整体坡度，尽量选择坡长较短、坡度平缓、山型完整的地段通过。对于地形高差大、地质条件复杂的地段，要考虑将线路施工难度控制在合理、可接受的范围内。

（5）线路需要翻越山岭时，应尽量选择从垭口通过。若山脊线与管线走向一致且山脊宽、顺直、施工方便时，可考虑选择从山脊通过。

2.2　管材选取

高压大口径长输管道选用低合金高强钢，DN800~DN1000大部分选用X70，DN1000以上选用X80；国内大部分钢厂X70管材抗拉强度上限值为760MPa，X80管材抗拉强度上限值为825MPa，实际生产过程中部分X70管材抗拉强度可达到X80管材抗拉强度，钢管的抗拉强度允许值的范围较大，环焊接头实际上成为低强度匹配。标准规定的管线钢管强度要求见表1，某X80管道中的屈服强度分布见图1。

表 1 标准规定的管线钢管强度要求

钢管强度等级	屈服强度/MPa	抗拉强度/MPa
X52	360~530	460~760
X60	415~565	520~760
X65	450~600	535~760
X70	485~635	570~760
X80	555~705	625~825

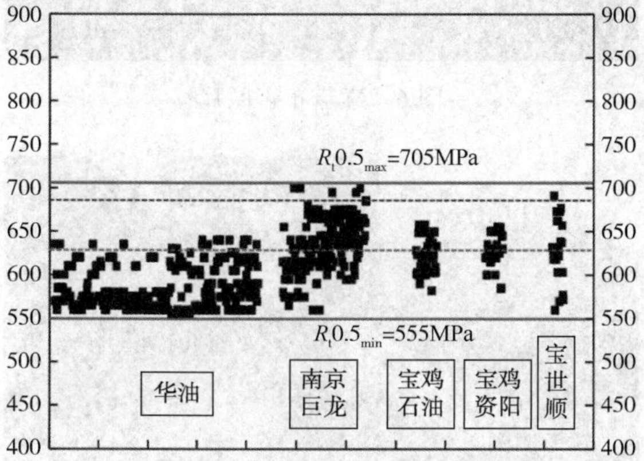

图 1 某 X80 管道中屈服强度分布图

针对具体工程项目的钢管订货，应确定合理的钢管技术指标。充分调研管道科学研究院、西安管研院、制管厂家、焊培中心，咨询业内材料、焊接专家，对线路用管的力学性能指标进行优化，进一步提升钢管的本质安全。如优化屈强比：建议在订货时严格控制同一批次钢管抗拉强度上限值，尽量缩小同一批次钢管力学性能指标差异，有利于管道焊接性能的稳定，进而保证焊接质量。X70 钢管性能指标见表 2。

批量生产的钢管中，钢管管端相互之间的直径差或外周长应符合最小错边量要求。如：管径 D1016mm 钢管周长差不大于 6mm，管口直径偏差应不大于 1.5mm，应避免在管体焊缝及其对侧出现桃尖、内陷或直边等。管端 150mm 范围内的内、外管体焊缝（如螺旋焊缝、直焊缝），应采用机械方法修磨至余高 0~0.5mm，且与母材圆滑过渡。若伤及到母材，剩余壁厚应不小于钢管标准壁厚的 95%。

表 2 X70 钢管性能指标表

钢级	管体							焊接接头	
	壁厚/mm	屈服强度 $R_{t0.5}$/MPa		抗拉强度 R_m/MPa		屈强比 $R_{t0.5}/R_m$	伸长率 A/%	抗拉强度 R_m/MPa	断裂位置
		min	max	min	max	max	min	min	
L485M（X70M）	所有壁厚	485	635	570	720	0.90（允许其中 5%的不超过 0.92）	a	570	报告

2.3 变壁厚焊接

根据近年管道焊口失效分析，变壁厚焊接点在分析的失效焊口中占比较大，为减小变壁厚差引起的焊接裂纹问题及应力集中问题，在山区地段，热弯较为集中地段，采用等壁厚设计原则，即直管壁厚选用与所在区段热弯壁厚相同。

措施 1：某工程线路用管壁厚 17.5mm，热弯用管壁厚 19.2mm，将线路用管壁厚由 17.5mm 提高至 19.2mm，采取与热弯用管等壁厚设计原则。本工程薄壁厚钢管约 39km，虽然提高壁厚增加耗钢量约 1600t，但减少约 1300 道变壁厚焊口（650 个弯头），大大消减焊接过程中由于壁厚差引起的焊接问题及应力集中问题。

措施 2：不等壁厚钢管非自动焊根焊处理见图 2，当壁厚差小于或等于 2mm 的不等壁厚钢管采用非自动焊进行根焊时，可直接进行焊接；当壁厚差大于 2mm 且 δ_2/δ_1 不大于 1.5 的不等壁厚钢管采用非自动焊进行根焊时，可在厚度大的部件上进行削薄处理；当 δ_2/δ_1 大于 1.5 时，应按设计文件要求采用壁厚过渡短节，短接长度不应小于管子外径值。

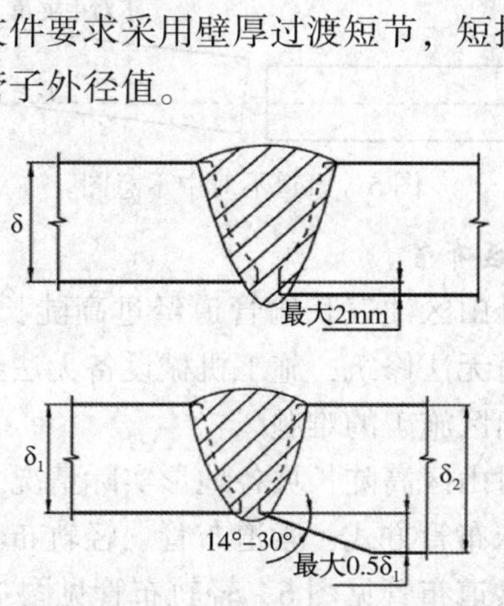

图 2 不等壁厚钢管非自动焊根焊处理示意图

措施 3：采取坡口平滑镗口设计见图 3。某工程线路用管壁厚 22.2mm，热弯用管壁厚 25mm，将热弯两端直管段坡口在工厂加工，平滑镗口至与薄壁厚管等壁厚，不仅大大消减焊接过程中由于壁厚差引起的焊接问题及应力集中问题，同时较措施 1 的等壁厚设计原则更经济合理。

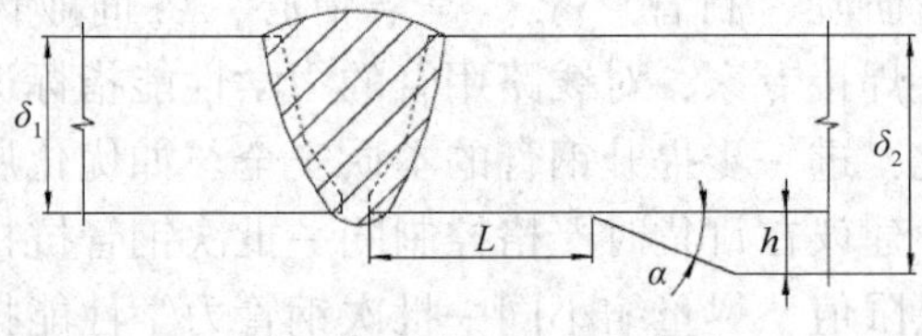

图 3　坡口平滑镗口示意图

2.4　软硬地层交替

山区油气长输管道地质情况复杂，管道常处于软硬地质情况交替频繁地段，地质软硬结合点容易出现应力集中。

在管道下沟前，对地质软硬结合点两侧各 2 根钢管长度范围内的沟底，先进行级配砂石回填再进行细土回填，消减由地基承载力不同引起的不均匀沉降，进而消减管道的应力集中，提高管道的本质安全。

连头施工前，应测量对接管道的轴线不一致偏差角度或拨管位移量，预留连头焊口两侧未回填管道长度(建议 100~200m)，且两侧未回填长度应基本一致，避免强力组对。管道平行偏移示意见图 4，管道不对中示意见图 5。

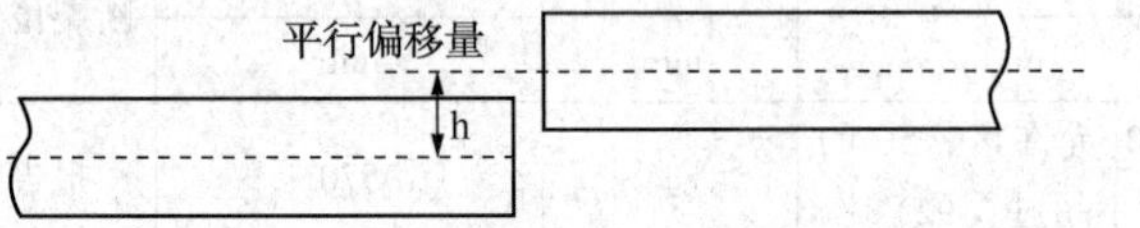

图 4　管道平行偏移示意图

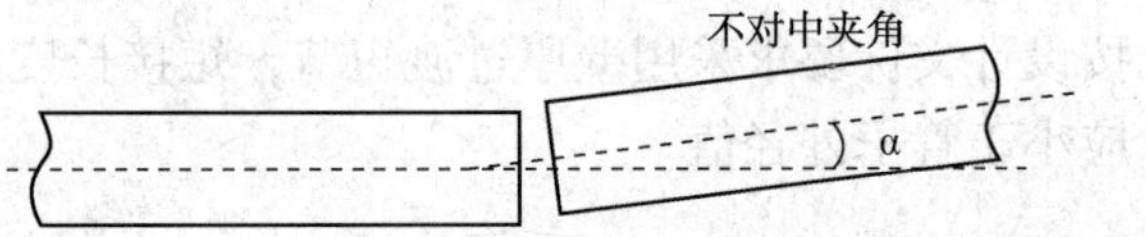

图 5　管道不对中示意图

2.5　山区布管

部分山区油气长输管道经过高陡长坡地段，施工便道无法修筑，施工机械设备无法到达，布管成为山区施工的难题。

针对山区高陡长坡各地形实际情况，可采取以下特殊布管方式：索道布管、轻轨布管、拖船布管。索道布管见图 6，轻轨布管见图 7。

2.6　稳管措施

为防止管道轴向失稳，根据现场地质情况，在高陡坡的顶部或底部设置锚固墩，锚固墩位置选择在坡体的直管段，将锚固法兰嵌入锚固墩内，避免陡坡段管道产生的作用力集中在热煨弯管处，损坏管道。

图 6　索道布管照片

图 7　轻轨布管照片

为防止管道在施工过程中侧向失稳，稳管措施采用锚杆截水墙和管卡截水墙交替布置，锚杆采用 φ25 钢筋，锚杆进入中风化岩层深度不小于 1.5m，墙体采用 C25 混凝土浇筑。

管沟内采用混凝土浇筑回填或素土袋回填，管顶覆盖植生袋，生态袋之间用卡扣连接，生态袋内装填草籽和基材，在表面用主动防护网进行稳固。坡顶、坡底、管沟两侧每 50m 交错设置截排水沟。图 8~图 9 为稳管施工现场图片。

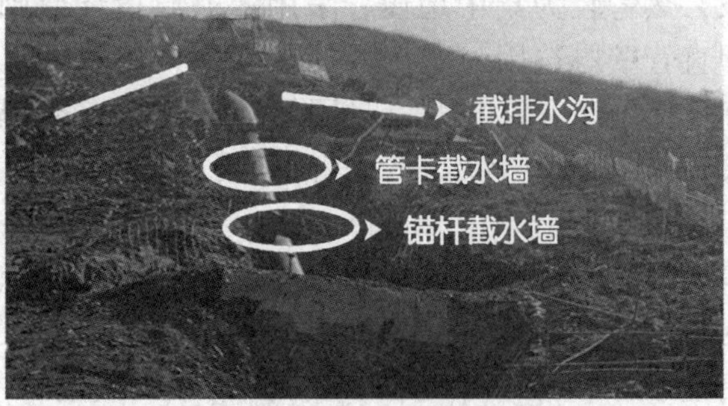

图 8　稳管施工照片 1

2.7　运营中的监测措施

2.7.1　应力应变监测

山区油气长输管道线路地质情况复杂，岩石破碎，土、石交错分布，管道易受地质情况、温度变化等影响，造成管道扭曲、变形、应力增加

图9 稳管施工照片2

等不良后果，进而降低管体自身强度，产生应力集中，甚至引起裂纹萌生及扩展，引发断裂，最终损坏管道或降低管道服役寿命。

重要地段设置应力应变监测设施，监测管道本体的受力状态，实现风险监测与预警。

2.7.2 地表位移变监测

山区油气长输管道线路地质情况复杂，天气恶劣，管沟开挖易破坏岩体完整性，施工扰动后在暴雨、持续降雨天气下，易导致上方土体滑动失稳。

重要地段设置地表位移监测设施，监测管道周围土体变化状态，实现风险监测与预警。

2.7.3 视频监控及无人机巡线

目前国内未明确设置视频监控设施的规范，只有高后果区完整性管理评价和安全评价中要求增设部分监测措施，对部分行人无法到达巡线的高陡边坡地段可设置视频监控，或者采用无人机巡线的方式，提升运行维护管理水平，增加管道的安全性。

3 建议

山区油气长输管道热煨弯管使用较多，地质情况复杂，林木茂密，地表附着物较多。为准确定位热煨弯管及冷弯管，严格要求施工单位按图施工，建议在地表附着物清障后，在管沟开挖之前，再进行一次施工图断面图设计，这样可以准确定位热煨弯管及冷弯管的角度、位置及数量，有助于控制工程按图施工。

管道变壁厚连接处，应在设计文件中明确要求热煨弯管厂家预先进行坡口加工，或进行削薄处理，或进行平滑镗口处理，并采取相应的管端坡口保护及防锈措施。

4 结论

近年来，管道环焊缝失效已引起各级单位的高度重视。特别是中缅管线2次环焊缝失效造成了较大的直接或间接损失，虽然主要原因为地表堆载土体的外部附加载荷引起的管道环焊缝失效，但提高管体的本质安全可大大降低管道环焊缝失效的概率。由于中国经济的快速发展，管道路由为避让城镇规划和基础设施建设，今后山区油气长输管道在管道建设中占比越来越重，山区油气长输管道线路建设施工难度大，建成后期运行维护难度较大，管道易受恶劣天气引起的次生地质灾害影响，威胁管道的安全。针对前期管道线路选定线、管材性能指标确定、管道焊接坡口形式、地质处理、稳管措施、后续监测等方面提出了建议措施，并应用在后期管道建设中，对保证管道本质安全起到重要作用。

参 考 文 献

[1] 张怀法. 钢管性能与管道使用环境[J]. 油气储运，2002，21(8)：41-43.

[2] 孙宏，王庆强. 国际高强度管线钢管的研究进展[J]. 压力容器，2012，29(1)：32-38.

[3] 李鹤林. 油气输送钢管的发展动向与展望[J]. 焊管，2004，27(6)：1-11.

[4] 阎光灿. 世界长输天然气管道综述[J]. 天然气与石油，2000，18(3)：9-19.

[5] 孙宏，田鹏，王晓香. X80钢级螺旋焊钢管力学性能研究[J]. 压力容器，2009，26(4)：1-4，34.

[6] 朱维斗，李年，杜百平. 包申格效应对板料与成品管屈服强度与屈强比的影响[J]. 机械强度，2006，28(4)：503-507.

[7] 高惠临. 管线钢屈强比分析与评述[J]. 焊管，2010，33(6)：10-14.

[8] 李鹤林. 天然气输送钢管研究与应用中的几个热点问题[J]. 中国机械工程，2001，12(3)：349-352.

[9] 孙宏，田鹏，王芳，等. 制造工艺对焊管力学性能的影响[J]. 管道技术与设备，2013，(5)：17-18，43.

[10] 闫彦，刘建武. 西南成品油管道工程线路设计要点[J]. 石油工程建设，2008，34(2)：27-30.

[11] 李朝，史航. 山区地段长输管道线路设计要点[J]. 油气储运，2002，21(12)：27-30.

[12] 蒋晓灵，郭瑞泉，周彬，等. 大口径长输管道山区复杂地形机械化布管工艺[J]. 天然气技术，2008，2(6)：50-52.

[13] 赵洪元，高安翔. 山区陡坡地段管道安装技术[J]. 石油工程建设，2018，44(4)：51-54.

[14] 陈晓亮，董拥梅. 山区复杂地形运用索道安装大管径管道的工艺研究[J]. 山西建筑，2017，43(32)：

75-76.
[15] 高建国. 西气东输山区管道施工的管理与实践[J]. 油气储运，2004，23(2)：27-28，35.
[16] 于博，武志明，庞丽娟. 水工保护在管道建设中的实践[J]. 油气田环境保护，2012，22(3)：64-67.
[17] 邓小武，黄岩松，张赤赫. 浅谈黔渝地区长输管道水工保护工程施工[J]. 石化技术，2015，(5)：256-257.
[18] 林铭玉. 生态袋防护措施在山区长输管道水工保护中的应用[J]. 油气田地面工程，2018，37(1)：86-88.
[19] 么惠全，冯伟，张照旭，等. “西气东输”一线管道地质灾害风险监测预警体系[J]. 天然气工业，2012，32(1)：81-84.
[20] 杨伟，杨帆. 无人机在长输管道常规巡检中的应用[J]. 能源与节能，2015，(11)：132-133.

火炬筒安装计算

薛运杰　牛龙哲

（中国石油天然气第一建设有限公司）

摘　要　本文结合工程实例，通过对盛虹炼化公用工程火炬筒提升简述以及施工过程中的施工技术要点进行归纳和总结，为同类火炬筒提升提供参考和借鉴。

关键词　火炬筒提升　设计计算　火炬筒倒装法施工

随着国内化工产业的兴起，大体量石化炼化基地不断涌现，废气处理需要利用火炬来燃烧，火炬设计也越来越大，火炬筒数量也多。大多数是需要现场采取倒装法安装，相关设计计算需要清晰。

1　工程概述

盛虹炼化一体化项目由盛虹炼化（连云港）有限公司建设，建设地点位于江苏省连云港市徐圩新区连云港石化产业基地。该火炬塔架位于厂区外东南方向。火炬系统主要由塔架、火炬筒体、火炬头、导轨、工艺管线和劳动保护组成，塔架外侧悬挂8个火炬头，塔架均为散件到货，现场拼装，塔架之间均为高强螺栓连接。火炬筒分段到货，现场分段拼装，倒装法提升就位，火炬筒需要卧式竖起，再立式拼接，每个火炬筒体分6段安装，索具设置是安装成功的重要内容（图1、表1）。

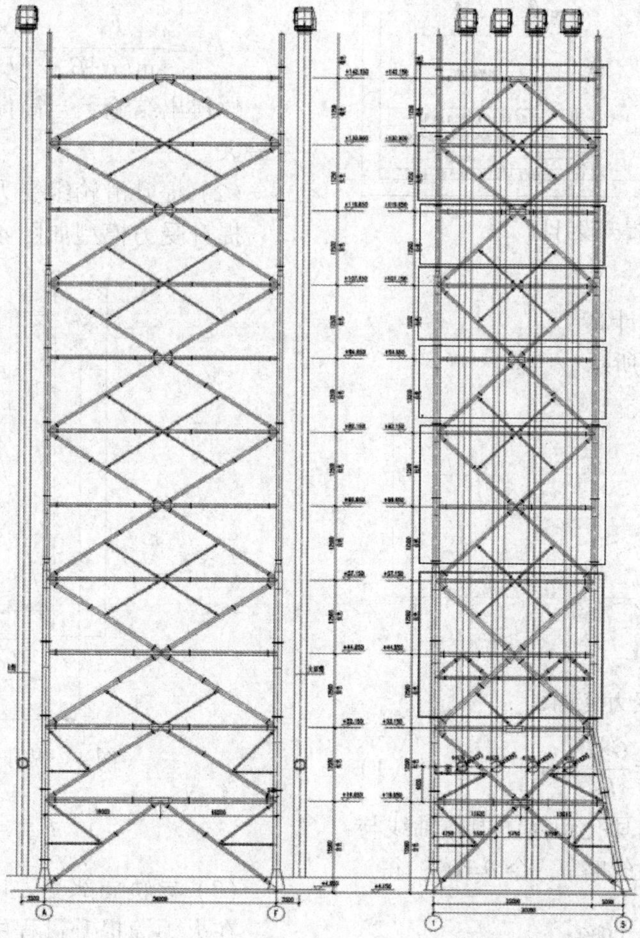

图1　塔架简图

表 1　火炬筒分段参数

序号	筒体直径/m	筒节重量/t							筒节长度/m	火炬头长度/m
		1	2	3	4	5	6	火炬头		
2#~4#	1.8	36.55	24.6	24.6	24.6	24.6	33.1	14	24	5.1
5#~7#	1.6	31.7	21.3	21.3	21.3	21.3	28.25	11	24	5.1
1#	1.4	28.65	18.85	18.85	18.85	18.85	25.6	10	24	5.1
8#	0.7	12.1	8.6	8.6	8.6	8.6	13.4	2.1	24	5.1

2　工程特点

2.1　方案设计

由于火炬筒体是 8 套，2#~4#，直径是 1.8m，火炬头+第六段总重是 47.1t，整体重量 182.05t，所以提升设计和扳起设计按照这一段进行计算比较妥当，故按此段进行索具设计计算(图 2)。

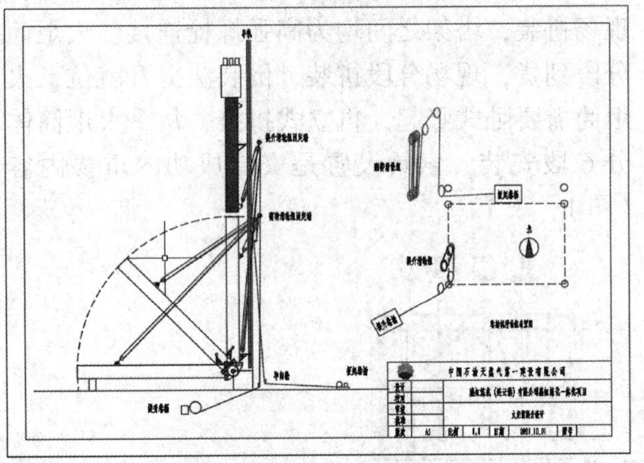

图 2　火炬筒提升设计图

2.2　受力计算

(1) 扳起滑轮组受力计算

扳起受力模型如图 3 所示。

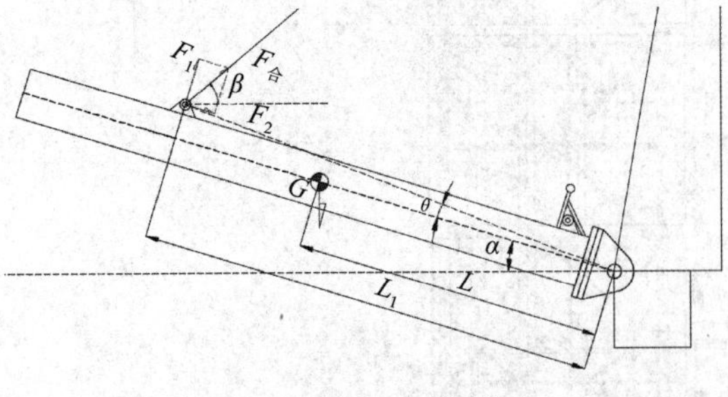

图 3　扳起受力模型图

$$F_1+F_2\tan\theta=\frac{G\times L}{L_1}\cos\alpha \tag{1}$$

由于吊耳设置处，吊耳孔到筒体中心轴线与吊耳孔到转轴处长度相比忽略 θ，令 $\theta=0°$，得

$$F_1=\frac{G\times L}{L_1}\cos\alpha \tag{2}$$

由于 F_1 一直垂直于筒体轴线，

$$\therefore\quad F_合=\frac{F_1}{\sin(\alpha+\beta)}=\frac{G\times L}{L_1}\times\frac{\cos\alpha}{\sin(\alpha+\beta)}$$

根据 CAD 制图放样：

α 值满足，$0°\leqslant\alpha\leqslant57°$

β 值满足，$46°\leqslant\beta\leqslant33°$

经过计算，当筒体平躺，刚刚离开地面时，

$$F_合=\frac{F_1}{\sin(\alpha+\beta)}=\frac{G\times L}{L_1}\times\frac{\cos(0°)}{\sin(46°)}=1.39\times\frac{G\times L}{L_1}$$

当筒体与地面成 22°时，

$$F_合=\frac{F_1}{\sin(\alpha+\beta)}=\frac{G\times L}{L_1}\times\frac{\cos(22°)}{\sin(22°+39°)}=1.06\times\frac{G\times L}{L_1}$$

当筒体轴线与滑轮组垂直时，

$$F_合=\frac{F_1}{\sin(\alpha+\beta)}=\frac{G\times L}{L_1}\times\frac{\cos(57°)}{\sin(33°)}=\frac{G\times L}{L_1}$$

故得出结论，当筒体平躺时，扳起滑轮组受力最大。

(2) 提升滑轮组受力计算

提升受力模型如图 4 所示。

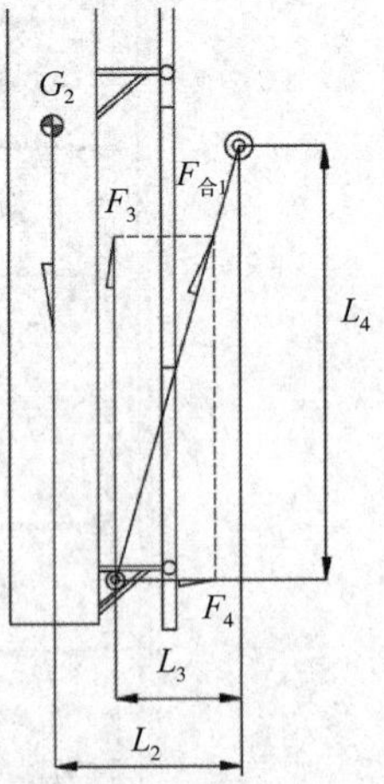

图 4　提升受力模型图

$$F_{合}'=\frac{G}{\cos\theta} \tag{3}$$

(3) 导轨局部受力计算

在火炬筒提升过程中，出现脱轨现象，故对

导轨正压力进行计算。

$$F_3 = G \quad (4)$$

$$F_4 = \frac{G\times(L_3-L_2)}{L_4} \quad (5)$$

由于 L_2，L_3，L_4，都是固定值，当 G 值增加时，对轨道的压力值也逐渐增加。

在提升过程中，12m 导轨中部受正压力，为最薄弱环节，故依据简支梁正中受集中力模型计算。

2.3　索具受力计算

（1）扳起滑轮组受力计算

根据 2.2 受力计算公式，代入 2#~4#，火炬头+第六段的相关参数，$G=47.1$t，$L=17325$mm，$L_1=23200$mm，

得 $F_{合MAX}=48.89$t，所以扳起滑轮组的设置和吊耳设置按照以 50t 以上标准设计，现场确定使用 60t 滑轮组。

故扳起滑轮组使用 60 吨滑轮组满足，滑轮组的固定锚点和筒节上的吊耳设计须满足 60t，相关连接件使用至少 85t 卸扣。

60t 滑轮组设置是 8 倍率，不考虑摩擦折减，单绳受力 6.25t，现场使用 ϕ28mm，单绳额定拉力 8t，卷扬使用 10t 卷扬机满足要求。

导向滑轮按照 90°夹角设置，单绳拉力按照 8t 计算，导向滑轮锚点吊耳须满足 12t 设计，使用 17t 卸扣满足要求。

（2）提升滑轮组受力计算

以 2#~4#筒节计算最终受力，筒节最大重量 182.05t，滑轮组与筒体轴线就位夹角 16°，初始夹角 12°，不考虑导轨受力，根据力矩平衡原理，当筒节全部连接完成后，$F_3=G=182.05$t。

$F_{合,MAX}=\frac{F_3}{\cos(16°)}=189.4$t。

故提升滑轮组按照 200t 滑轮组设置，满足要求。提升滑轮组固定锚点吊耳设计须满足 200t，连接卸扣不得小于 200t 卸扣。

200t 滑轮组设置是 16 倍率，不考虑摩擦折减，单绳受力 12.5t，现场使用 ϕ40mm，单绳额定拉力 25t，卷扬使用 28t 卷扬机满足要求。

导向滑轮按照 90°夹角设置，单绳拉力按照 12.5t 计算，导向滑轮锚点吊耳须满足 20t 设计，使用 25t 卸扣满足要求。

（3）导轨局部受力计算

在火炬筒提升过程中，出现脱轨现象，故对导轨正压力进行计算。每个导轨支撑点相距 12m。

式(4) $F_3=G$

式(5) $F_4=\frac{G\times(L_3-L_2)}{L_4}$　代入 $L_2=8500$mm，$L_3=5700$mm，$L_4=20000$mm，$F_4=0.14G$

当提升时，每段的 F_4 值都不一样，随着筒节的增加逐渐变大(表 2)。

表 2　2#~4#火炬筒提升段对轨道的压力

序号	筒节重量/t	F_4 受力/t	F_4 受力/N
1	47.1	6.594	64621.2
2	71.7	10.038	98372.4
3	96.3	13.482	132123.6
4	120.9	16.926	165874.8
5	145.5	20.37	199626
6	182.05	25.487	249772.6

经过计算，HM400×300，材质 Q420，屈服应力 360N/mm²，提升段导轨综合应力不能满足要求，需要对导轨进行横向加固。计算结果和现场实际相吻合。经过处理，将 12m 导轨中部与塔架横向连接，问题得到解决(表 3、表 4)。

表 3　HM400×300 截面特性

型　号	H	B	t_1	t_2	r	截面积/cm²	理论质量/(kg/m)	惯性矩/cm⁴		惯性半径/cm		截面模量/cm³	
								I_X	I_Y	i_x	i_y	W_x	W_y
HM400×300	390	300	10	16	13	133.3	105	37900	7200	16.9	7.35	1940	480

表 4　2#~4#火炬筒提升段对轨道计算

序号	F_4 受力/N	剪力/N	弯矩/(N·mm)	x 截面最大截面应力/(N/mm²)	判断结果
1	64621.2	32310.6	193863600	102.3535917	yes
2	98372.4	49186.2	295117200	155.8121555	yes
3	132123.6	66061.8	396370800	209.2707193	yes

续表

序号	F_4 受力/N	剪力/N	弯矩/(N·mm)	x 截面最大截面应力/(N/mm²)	判断结果
4	165874.8	82937.4	497624400	262.7292831	no
5	199626	99813	598878000	316.187847	no
6	249772.6	124886.3	749317800	395.6151034	no

2.4　索具设置

卷扬机索具设置依据2.2受力计算章节确定。确定钢丝绳规格，确定穿绳股数，设计吊耳，导向轮设置，之后计算索具长度(图5、图6)。

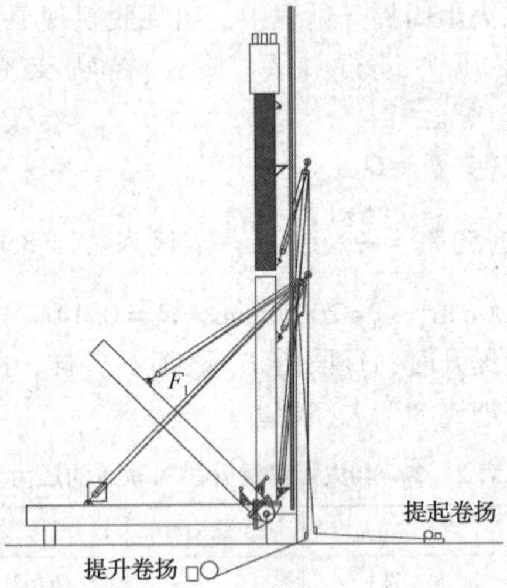

图5　卷扬机索具设置

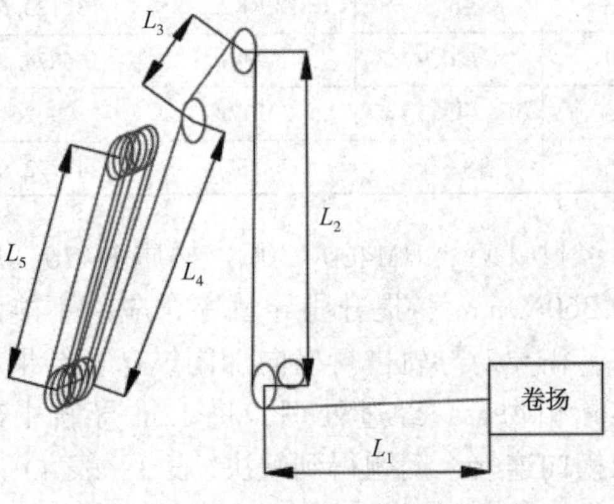

图6　卷扬机索具长度计算模型

钢丝绳最大长度计算：$L_{MAX}=L_1+L_2+L_3+L_4+n\times L_{5MAX}+\frac{n}{2}\pi D+5\pi D_{卷筒}$

钢丝绳最小长度计算：$L_{MIN}=L_1+L_2+L_3+L_4+n\times L_{5MIN}+\frac{n}{2}\pi D+5\pi D_{卷筒}$

卷扬容绳量：$R_{容绳量}=n\times(L_{5MAX}-L_{5MIN})$

注：n 滑轮组绳股数；D 滑轮组直径；d 钢丝绳直径；L_N 依赖于导向滑轮组个数。

选用滑轮直径满足 $D>16d$，卷扬机与第一个导向滑轮组之间的距离满足 $L_1>25\times$卷扬机长度

由于火炬筒提升都用的是同一套索具，长度计算时，应将所有索具全部计算一遍，取最大值考虑。

2.5　过程控制

（1）作业前，针对施工、监控及指挥人员进行专项技术交底，并进行流程练习，同时提前一周对天气、周边环境进行持续监测，以保证吊装时良好的气象条件。对讲机指挥时应确认信号清晰，不失联；

（2）严格按照方案选择相关参数，严禁超载作业；

（3）吊装索具应有合格证明文件，使用前应进行外观检查，安全系数应满足要求；

（4）过程必须平稳操作，不得出现冲击振动现象；

（5）钢丝设置过程中，要考虑动态变化，钢丝绳不得在起升过程中与其他地方剐蹭。

3　工程照片(图7~图15)

图7　火炬筒一段扳起图(1)

4　结束语

本文结合火炬筒提升工程实例，归纳和总结了火炬筒施工过程中的技术要点，可为同类条件下火炬筒安装作业实施提供良好的参考作用。

图 8　火炬筒一段扳起图(2)

图 9　扳起卷扬和提升卷扬机

图 10　火炬筒提升实图

图 11　扳起滑轮组和提升滑轮组实图

图 12　火炬筒扳起铰接点实图

图 13　火炬筒扳起卷扬机实图

图 14　火炬筒起升悬空实图

图 15　火炬筒完成后实图

四川盆地页岩气脱水装置节能优化研究

肖　乐[1]　王　刚[1]　吴明鸥[2]

（1. 中国石油工程建设有限公司西南分公司；2. 中国石油西南油气田公司天然气研究院）

摘　要　四川盆地页岩气开发地面工程多采用三甘醇(TEG)脱水工艺脱除原料天然气中的饱和水，以满足管输要求。现场运行数据表明，前期建设的页岩气脱水装置能耗相对较高。为降低页岩气脱水装置能耗，以处理规模 $300\times10^4m^3/d$ 的装置为例，借助 ASPEN HYSYS V11.0 模拟软件，选用 Cubic-Plus-Association (CPA)物性包，并结合现场实际运行情况，对页岩气脱水装置的原料气进气温度、TEG 循环量、重沸器再生温度、TEG 贫液质量分数进行优化研究。研究结果表明：(1)在进气温度为 35℃、TEG 循环量为 $2.5m^3/h$、重沸器再生温度为 203℃、TEG 贫液质量分数为 99.2%的条件下，装置在产品干气满足管输要求的同时，节能效果明显，单位产品综合能耗降低了 42.1%；(2)经优化后，单套 TEG 脱水装置的工程投资降低了 16.4%，可节省约 230 万元；(3)与现有装置相比，单套装置节约用气 $27.4\times10^4m^3/a$，节约用电 $5.3\times10^4kW\cdot h/a$，全年可节省运行费用约 30.1 万元。结论认为，研究成果可以为页岩气脱水装置的设计及优化提供参考。

关键词　页岩气；脱水；TEG；HYSYS 模拟；节能

四川盆地是中国五大产气区中唯一的页岩气产气区，2020 年中国石油在四川盆地的页岩气年产量已突破 $100\times10^8m^3$。该地区页岩气气质组分较为单一，甲烷摩尔含量可达 98%以上，CO_2 含量低且不含 H_2S，经过分离、脱水处理后即可满足管输气要求。因此，页岩气开发地面工程多建有脱水装置。针对页岩气井压力衰减较快的特点，考虑到开采后期上游来气需经过压缩机增压并采用空冷器冷却后进入脱水装置的工况，结合四川盆地夏季气温条件，前期建设页岩气脱水装置的原料气进气温度按 45~50℃进行设计。较高的原料气进气温度会提高原料气进气含水量，使脱除水量增加，从而导致三甘醇(TEG)循环量增大，再生系统规模增大，进而影响到 TEG 脱水装置能耗。

1　装置现状

1.1　工艺流程

目前页岩气开发地面工程多采用 TEG 脱水工艺，用质量分数约 99.6%的 TEG 贫液作为脱水剂，脱除原料天然气中的大部分饱和水。经吸收塔脱水后的干净化天然气作为产品气外输，吸水后的贫液采用常压火管加热再生法再生，并通过干气气提进一步降低其浓度，热贫液经换热、增压后返回吸收塔循环使用，富液再生产生的废气去尾气灼烧炉焚烧后排入大气。工艺流程见图 1。

1.2　装置能耗

前期建成投产的部分页岩气 TEG 脱水装置能耗数据见表 1。

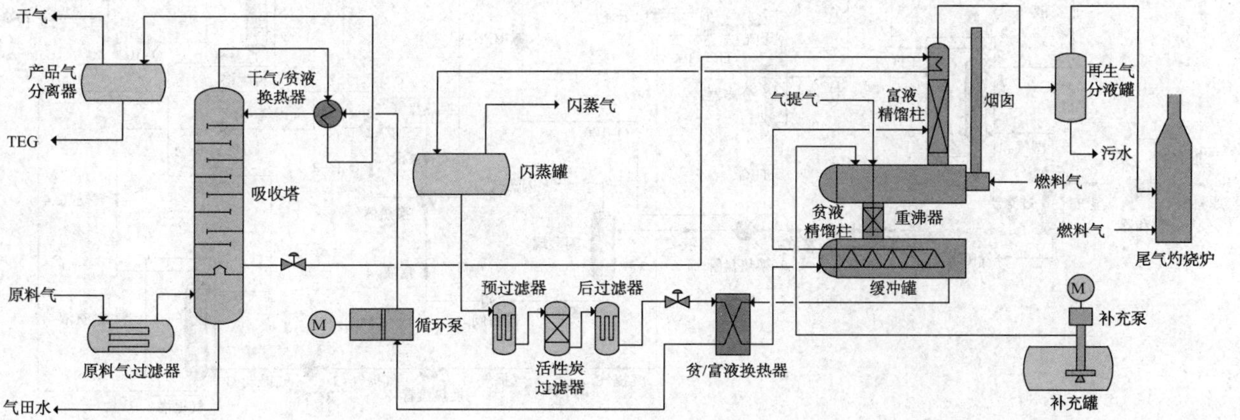

图 1　工艺流程图

表 1　前期建成投产的页岩气 TEG 脱水装置能耗数据表

TEG 脱水装置	火管重沸器燃料气用量/($m^3 \cdot h^{-1}$)	火管重沸器燃料气能耗/($MJ \cdot d^{-1}$)	气提气用量/($m^3 \cdot h^{-1}$)	气提气能耗/($MJ \cdot d^{-1}$)	灼烧炉燃料气用量/($m^3 \cdot h^{-1}$)	灼烧炉燃料气能耗/($MJ \cdot d^{-1}$)	TEG 循环泵功率/kW	TEG 循环泵能耗/($MJ \cdot d^{-1}$)	TEG 补充泵功率/kW	TEG 补充泵能耗/($MJ \cdot d^{-1}$)	单位产品综合能耗/($MJ \cdot 10^{-4} \cdot m^{-3}$)
A(处理规模 $300 \times 10^4 m^3/d$)	51	41310	30	24300	5	4050	15	3315.6	11	182.4	243.9
B(处理规模 $300 \times 10^4 m^3/d$)	53	42930	29	23490	5	4050	15	3315.6	11	182.4	246.6
C(处理规模 $280 \times 10^4 m^3/d$)	49	39690	26	21060	5	4050	11	2431.4	11	182.4	240.8
平均值	51	41310	28.3	22950	5	4050	13.7	3020.9	11	182.4	243.7

由表 1 可见，前期建成投产的页岩气 TEG 脱水装置的单位产品综合能耗基本一致，平均值为 243.7MJ/10^4m^3，相对较高，较高的能耗使得装置的运行费用增加。能耗数据表明，页岩气 TEG 脱水装置主要消耗能源为燃料气和电。其中，燃料气消耗点为重沸器和尾气灼烧炉，用电设备为 TEG 循环泵及 TEG 补充泵。因此，可通过对相关工艺参数进行优化，降低燃料气用量及用电量，最终达到节能降耗的目的。

2　模拟优化

本文以处理规模为 $300 \times 10^4 m^3/d$ 的装置为例，选取典型的页岩气气质组成，采用 ASPEN HYSYS V11.0 软件，并结合现场实际运行情况，对页岩气 TEG 脱水装置的原料气进气温度、TEG 循环量、重沸器再生温度、TEG 贫液质量分数等条件进行优化分析研究。典型的页岩气气质组成见表 2。

2.1　热力学模型的选取

因 Peng-Robinson(PR)立方型状态方程具有广泛的适用性，此前 TEG 脱水装置多选用该方程作为流程模拟的物性计算包。自 V10 版本开始，ASPEN HYSYS 开发推出了改进 Cubic-Plus-Association(CPA)物性包，并推荐将其用于甘醇型天然气脱水工艺模拟。该物性包基于 Soave-Redlich-Kwong(SRK)立方型状态方程，并与关联项结合。通过大量实验及工厂运行数据验证，CPA 物性包尤其适用于甘醇系统的相平衡计算。本文选用 CPA 物性包进行流程模拟，见图 2。

表 2　典型页岩气气质组成表

介质	甲烷	乙烷	丙烷	氮气	二氧化碳	氦气	氧气	硫化氢
组成	97.87%	0.71%	0.03%	0.56%	0.76%	0.03%	0.04%	-

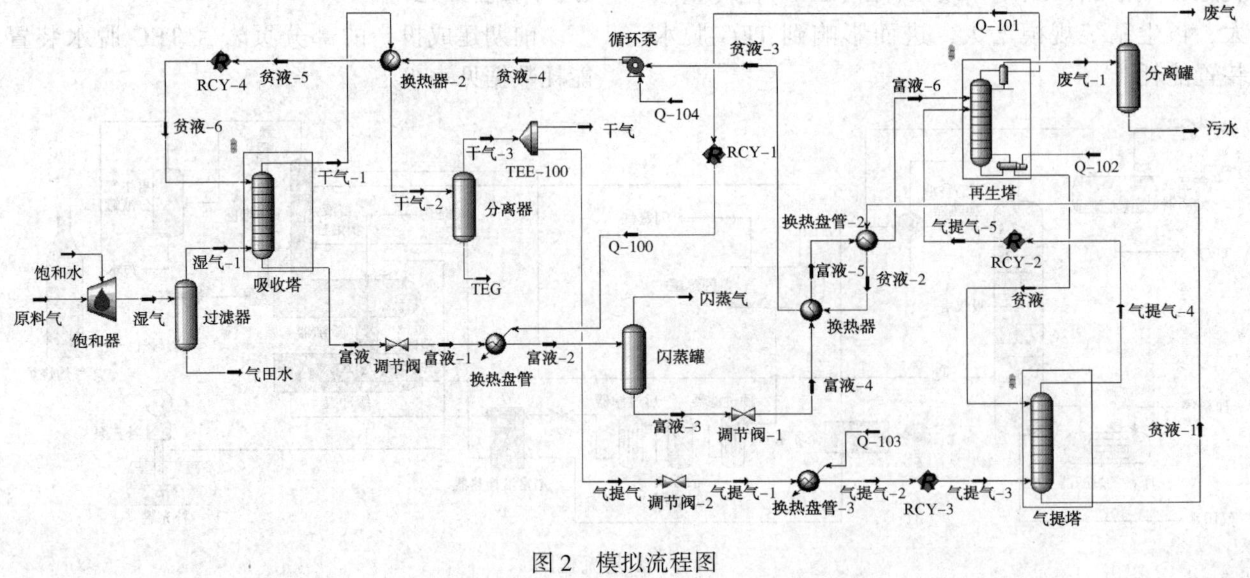

图 2　模拟流程图

2.2　原料气进气温度优化

通过模拟得出处理规模为 $300\times10^4 m^3/d$ 页岩气 TEG 脱水装置在不同温度和压力下原料气进气含水量，见图 3。

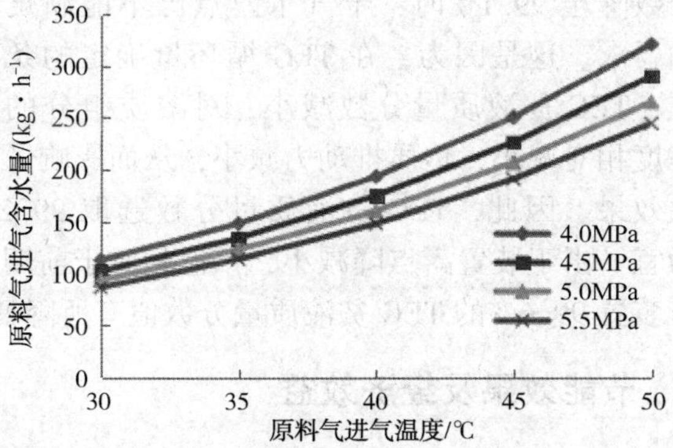

图 3　不同温度和压力下的原料气进气含水量曲线图

由图 3 可知，原料气进气含水量随进气温度的升高或进气压力的降低呈增加趋势，且在同等压力下，温度变化对原料气进气含水量影响较为明显。例如，在 4.0MPa 压力条件下，原料气在进气温度 50℃时的含水量约为进气温度 30℃时含水量的 3 倍。也就是说，在一定进气压力条件下，随着原料气进气温度的升高，需要脱除的水量增加，由此将导致 TEG 循环量增大。因此，可通过适当降低原料气进气温度，以降低 TEG 循环量，从而降低装置能耗。另一方面，原料气温度降低，吸收塔操作温度随之降低，更有利于吸收。

根据前期建设的页岩气 TEG 脱水装置多年投产运行数据表明，夏季原料气进气最高平均温度为 35℃，考虑到进气条件的适应性，并结合装置的经济性，可以将 35℃作为原料气进气温度进行设计，并按夏季高温工况进行校核。当温度过高时，通过增加气提气量来保证脱水后干气水露点满足管输要求。

2.3　TEG 循环量优化

因前期建设的页岩气 TEG 脱水装置原料气进气温度按 45～50℃进行设计，露点降较高，故 TEG 循环量较大，为 $4.5\sim5.5m^3/h$。通过模拟得出在原料气进气温度 35℃、进气压力 4.0MPa 条件下，在低 TEG 循环量时的主要工艺参数，见图 4。

由图 4 可知，随着 TEG 循环量的降低，干气水露点逐渐升高。在 TEG 循环量降为 $2m^3/h$ 时，即使大幅度增大气提气用量，干气水露点仍未能满足管输要求。因此，TEG 循环量取 $2.5m^3/h$ 为宜。同时，随着循环量的降低，TEG 贫液脱除水比率也相应降低，在循环量为 $2.5m^3/h$ 时，对应的 TEG 贫液脱除水比率为 18.2L TEG/kg 水。国内规范及国际工程经验推荐的 TEG 贫液脱除水比率为 13～30L TEG/kg 水，该值在此范围内，且接近于低限值。由此可见，随着原料气进气温度的降低，在满足干气管输要求的条件下，TEG 循环量显著降低，相对于前期建设装置降低了约 50%，取得了明显效果。

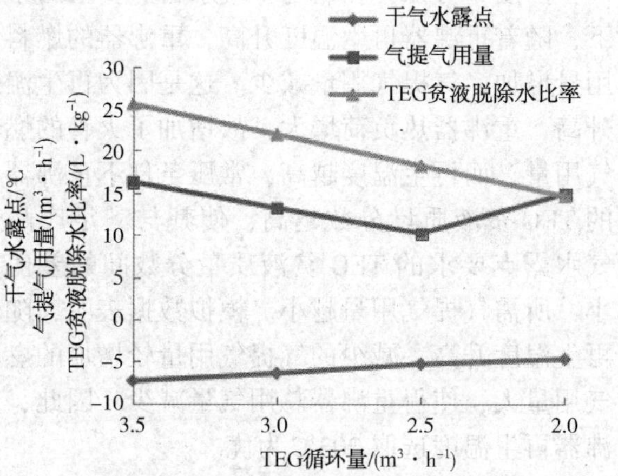

图 4　不同 TEG 循环量下各主要工艺参数曲线图

2.4　重沸器再生温度优化

因 TEG 的裂解温度为 206.7℃，常压下重沸器温度不应超过 204℃，TEG 重沸器再生温度通常控制在 192～203℃。在原料气进气温度 35℃、进气压力 4.0MPa、TEG 循环量 $2.5m^3/h$ 且干气水露点满足管输要求的条件下，模拟得出在重沸器再生温度为 192～203℃范围内的气提气用量及重沸器热负荷，并通过重沸器热负荷模拟值计算得出重沸器燃料气用量，计算中燃烧器燃烧效率按 80%取值，见图 5。

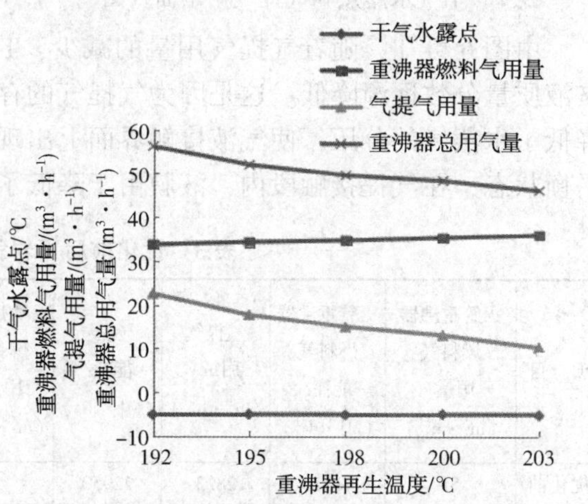

图 5　不同再生温度下的气提气及燃料气用量曲线图

由图5可知，在满足干气水露点要求的条件下，随着重沸器再生温度升高，重沸器的燃料气用量增加，气提气用量减少。这是因为再生温度升高，重沸器热负荷增大，故增加了火管的燃料气用量。而再生温度越高，常压条件下重沸器中的TEG贫液质量分数越高，使其与满足产品干气水露点要求的TEG贫液质量分数间的差值减小，所需气提气用量越小。模拟数据表明，随着再生温度升高，减少的气提气用量较增加的燃料气用量大，使得重沸器总用气量减少。因此，重沸器再生温度选取203℃为优。

2.5 TEG贫液质量分数优化

惰性气提可将TEG贫液质量分数提高至99.2%~99.98%。前期建设的页岩气TEG脱水装置TEG贫液质量分数为99.6%，而降低TEG贫液质量分数可使气提气用量减少，从而降低装置能耗。通过模拟得出在原料气进气温度35℃、进气压力4.0MPa、TEG循环量2.5m³/h、重沸器再生温度203℃条件下，不同TEG贫液质量分数下的干气水露点和气提气用量，见图6。

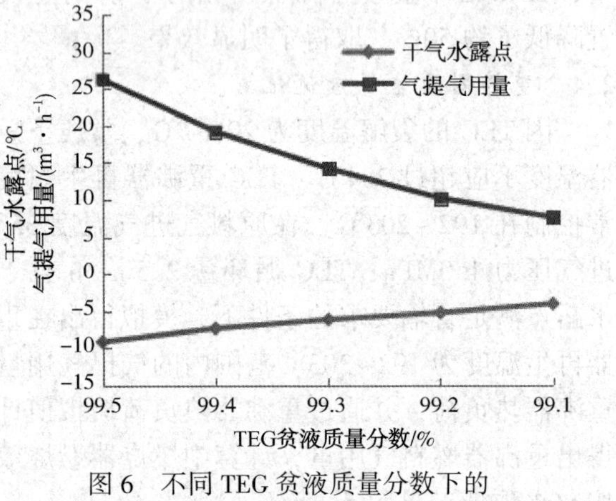

图6　不同TEG贫液质量分数下的干气水露点和气提气用量曲线图

由图6可知，随着气提气用量的减少，TEG贫液质量分数逐渐降低。这是因为气提气的存在降低了水蒸气的分压，使气液接触界面上出现不平衡状态，在气提接触段内，液膜由于降低了液体传质阻力而释出水蒸气，更有利于水分的脱除。当气提气用量减少时，气提效果变差，从而使得贫液质量分数降低。而TEG贫液质量分数降低，使得干气水露点升高，当TEG贫液质量分数降至99.1%时，干气水露点已不能满足管输要求。这是因为，在TEG循环量确定的条件下，TEG贫液质量分数减小，对溶质组分的溶解度相对减小，传质推动力减小，从而影响了吸收效果。因此，TEG贫液质量分数选取99.2%为宜。由于装置露点降减小，该值相对于前期建设装置99.6%的TEG贫液质量分数值有所降低。

3　节能效果及经济效益

3.1　节能效果

经优化后，脱水装置原料气进气温度降低，TEG循环量减小，TEG贫液质量分数降低，再生系统规模减小，燃料气用气量和设备的用电量相应减少。本文对优化前后的装置能耗进行了计算和对比，优化前后数值均不包含装置所用仪表风及照明等公用工程的用电量，见表3。

由表3可见，优化后页岩气TEG脱水装置的单位产品综合能耗从243.7MJ/10⁴m³降为141.1MJ/10⁴m³，降低了42.1%。按年运行时间8000h计，根据能耗数据计算得出，优化后的单套300×10⁴m³/d页岩气TEG脱水装置可节约用气27.4×10⁴m³/a，节约用电5.3×10⁴kW·h/a。

3.2　经济效益

由于降低了TEG的循环量，TEG脱水装置的再生系统规模减小，整个TEG循环系统设备的尺寸相应减小。例如TEG重沸器，原尺寸DN1600mm×9254mm，设备重量29.4t，优化后尺寸DN1000mm×7037mm，设备重量9.5t，减少重量19.9t，单台设备减少投资约50万元。经估算，优化后单套300×10⁴m³/d TEG脱水装置工程投资由原来的约1400万元降至约1170万元，降低了16.4%，可节省约230万元。

表3　优化前后页岩气TEG脱水装置能耗数据对比表

项　目	火管重沸器燃料气用量/($m^3 \cdot h^{-1}$)	火管重沸器燃料气能耗/($MJ \cdot d^{-1}$)	气提气用量/($m^3 \cdot h^{-1}$)	气提气能耗/($MJ \cdot d^{-1}$)	灼烧炉燃料气用量/($m^3 \cdot h^{-1}$)	灼烧炉燃料气能耗/($MJ \cdot d^{-1}$)	TEG循环泵功率/kW	TEG循环泵能耗/($MJ \cdot d^{-1}$)	TEG补充泵功率/kW	TEG补充泵能耗/($MJ \cdot d^{-1}$)	单位产品综合能耗/($MJ \cdot 10^{-4} \cdot m^{-3}$)
优化前	51	41310	28.3	22950	5	4050	13.7	3020.9	11	182.4	243.7
优化后	35.9	29079	10.2	8262	4	3240	7.5	1657.8	5.5	91.2	141.1

以单套 $300\times10^4 m^3/d$ 页岩气 TEG 脱水装置为例，按气费 1 元/m^3，电费 0.5 元/kW·h 计，全年可节约气费 27.4 万元，节约电费 2.65 万元，共计节省运行费用约 30.1 万元。

4 结论

（1）在进气温度为 35℃、TEG 循环量为 $2.5m^3/h$、重沸器再生温度为 203℃、TEG 贫液质量分数为 99.2%的条件下，装置产品干气满足管输要求的同时，节能效果明显，单位产品综合能耗从 $243.7MJ/10^4 m^3$ 降为 $141.1MJ/10^4 m^3$，降低了 42.1%。

（2）经优化后，单套 TEG 脱水装置工程投资由原来的约 1400 万元降至约 1170 万元，降低了 16.4%，可节省约 230 万元。

（3）与现有装置相比，单套 $300\times10^4 m^3/d$ TEG 脱水装置节约用气 $27.4\times10^4 m^3/a$，节约用电 $5.3\times10^4 kW\cdot h/a$，全年可节省运行费用约 30.1 万元。

（4）随着页岩气的大规模开发，高效节能的 TEG 脱水装置将带来更大的经济效益。

参考文献

[1] 戴金星. 中国陆上四大天然气产区[J]. 天然气与石油，2019，37(2)：1-6.

[2] DAI Jinxing, ZOU Caineng, DONG Dazhong, et al. Geochemical characteristics of marine and terrestrial shale gas in china[J]. Marine and Petroleum Geology, 2016, 76: 444-463.

[3] 李均方，张瑞春，陈吉刚，等. 改进的分子筛脱水装置在页岩气脱水中的应用[J]. 石油与天然气化工，2020，49(2)：14-18.

[4] 刘家洪，周平. 浅析 HYSYS 软件在三甘醇脱水工艺设计中的应用[J]. 天然气与石油，2000，18(1)：18-20.

[5] 李奇，姬忠礼，张德元，等. 三甘醇脱水装置换热网络夹点技术分析[J]. 天然气工业，2009，29(10)：104-106.

[6] 袁宗明，王勇，贺三，等. 三甘醇脱水的计算机模拟分析[J]. 天然气与石油，2012，30(3)：21-26.

[7] 诸林，邓骥，杨洋，等. 基于响应面的天然气三甘醇脱水装置用能优化[J]. 化学工程，2015，43(2)：40-43.

[8] 刘佳，邓道明，万宇飞. 天然气脱水装置 BTEX 和 VOC 减排措施研究[J]. 天然气与石油，2016，34(3)：47-53.

[9] 喻靖. HYSYS 在三甘醇脱水工艺中的模拟计算[J]. 石油化工应用，2017，36(10)：146-149.

[10] 单永康，蒋洪，魏士军，等. 三甘醇脱水工艺中 BTEX 分布模拟与研究[J]. 天然气化工，2018，43(4)：92-97.

[11] S. Watanasiri, R Sachdev, Ya-Tang Chang, et al. Dehydration with aspen HYSYS©: Validation of the CPA property package[Z]. Aspentech White Paper, 2015.

[12] 孟凡彬，周学深，王峰，等. 甘醇型天然气脱水装置规范：SY/T 0602-2005[S]. 北京：石油工业出版社，2005：16.

[13] 孟凡彬，王峰，周学深，等. 天然气脱水设计规范：SY/T 0076-2008[S]. 北京：石油工业出版社，2008：4.

[14] GPSA. engineering data book[M]. 14th ed. Oklahoma: GPSA, 2016.

[15] 王遇冬. 天然气处理与加工工艺[M]. 北京：石油工业出版社，1999：59.

[16] 郝蕴. 三甘醇脱水工艺探讨[J]. 中国海上油气(工程)，2001，13(3)：22-29.

[17] 诸林. 天然气加工工程[M]. 第 2 版. 北京：石油工业出版社，2008：143-166.

[18] 李旭成，郑小林，肖军，等. 三甘醇脱水装置运行常见问题分析及处理对策[J]. 石油与天然气化工，2015，44(5)：17-20.

[19] 周明军，赖晓斌，于建林，等. 火管式 TEG 重沸器温度控制分析与优化[J]. 天然气与石油，2016，34(6)：94-98.

[20] 陈赓良. 天然气三甘醇脱水工艺的技术进展[J]. 石油与天然气化工，2015，44(6)：1-9.

EPC模式下海外项目管理总结研究

张　超

（中国石油工程建设有限公司北京工程咨询分公司）

摘　要　EPC模式下海外项目管理总结是一种对已完成项目进行的客观评价，是通过对项目各个阶段及具体工作的综合评价研究，分析项目的实际情况与预期情况的差距，总结经验得失，为今后改进项目准备、决策、管理和监督等工作提供依据。

关键词　EPC；总结；研究

1　概述

EPC项目管理总结是指对已经完成EPC项目的目的、执行过程、效益、作用和影响所进行的系统的客观的分析。通过对项目活动实践的检查总结，确定项目预期的目标是否达到，执行是否合理有效，主要效益指标是否实现，通过分析评价找出成败的原因，总结经验教训，并通过及时有效的信息反馈，为未来EPC项目的决策和提高完善项目管理水平提出建议，同时也为被评项目实施中出现的问题提出改进建议，从而达到提高投资效益的目的。

海外项目是中石油生产经营业务的重要组成部分，公司所承揽的海外项目具有战略项目多、高端项目多、合作项目多的特点。所产生的文件资料、档案数量增长迅速，相应的档案收集难、归档难的问题日益凸显。本文针对海外项目管理总结进行解释说明，提出有建设性、可操作性的管理总结的意见和建议。

2　总结内容

EPC项目管理总结可以参考以下内容，但不仅限于该要求，内容以及格式可根据不同需求做相应调整。

2.1　项目概述

本部分内容包括但不仅限于工程建设背景及意义、项目概况、项目主要特点和难点、项目大事记、项目目标（工期、成本、质量、HSE目标等）及其完成情况。

2.2　项目前期阶段

EPC项目前期指的是从项目信息跟踪开始，参与投标报价，合同谈判直至总承包合同签订一系列工作完成的过程。本部分内容包括但不仅限于：

（1）项目信息搜集、跟踪、分析、评价情况；

（2）项目投标报价情况（包括投标前期准备、招标文件分析、风险分析、编写标书、提交标书等）；

（3）投标报价组织机构、职责分工等情况。

2.3　项目执行阶段

EPC项目执行阶段是指项目受标后，总承包商执行项目的情况，包括项目组织与管理模式、设计管理、采购管理、施工管理、投产试运管理、HSE管理、质量管理、进度管理等情况。本部分内容包括但不仅限于：

（1）项目组织与管理模式（简述项目采取的EPC管理模式，包括组织框架结构及项目管理机构设置等。列出项目主要管理制度和项目工作程序）；

（2）设计管理（主要包括：采用的设计标准和规范、设计程序和组织、设计特点和难点、现场技术交底、设计成请与变更、设计存在的主要问题及处理措施、设计成果等）；

（3）采购管理（主要包括：采购程序和组织、采购的策略和过程、监造、检验和运输清关、仓储和厂商现场服务及采购主要成果、问题等）；

（4）施工管理（主要包括：施工规范和标准、施工特点和难点、施工组织和分包、施工程序与方案、施工管控、施工中遇到的主要问题和处理措施、施工经验总结等）；

(5) 项目投产试运管理(主要包括：试运工作特点和难点、试运组织和人员配置、试运程序和方案、试运如何和施工做好衔接、试运过程中遇到的问题和处理措施、试运过程中好的做法与成绩等)；

(6) HSE 管理(主要包括：对项目在设计/采购/施工/试运等阶段的 HSSE 管理体系建立/运行和维护进行全过程梳理，总结好的经验做法和不足之处，提出合理化的改进措施等)；

(7) 质量管理(主要包括：质量管理的特点、质量管理程序、体会、好的经验做法、成果等)；

(8) 进度管理(主要包括：里程碑计划/总体计划及四级计划执行情况、进度测量体系和程序、周月报管理、与业主/分包商等相关方进度管理协调、工期索赔、计划专题会等组织开展情况以及计划管理的亮点)；

(9) 成本管理(主要包括：预算、成本控制、工程付款及结算、资金、税务、核算管理等)；

(10) 合同管理(主要包括：合同管理体系、特点、措施、体会等，合同管理要包括变更索赔、法律事务、保险、分包管理等方面情况，结合项目执行中的各类问题对总包及分包合同条款进行再评价)；

(11) 人力资源管理[主要包括：中外人员入职管理、人员动迁、员工培训(是否建立当地培训中心)、人员退场等情况]；

(12) 风险管理(包括社会风险、财务风险、工期风险、安全风险、质量风险等，总结项目执行过程中所有可预见和不可预见的风险，列出清单，利用风险评估矩阵(发生概率和影响程度两个维度)对风险进行评价)；

(13) 分包管理(对当地分包及第三国分包情况进行总结)；

(14) 当地化\国际化管理；

(15) 文档管理(含竣工文件准备、提交情况)；

(16) 综合管理(包括后勤管理、营地管理、资产管理等)。

2.4　EPC 项目影响与可持续性

影响与可持续性评价是评价 EPC 项目执行过程中环境影响、安全影响、社会影响、科技进步影响等方面内容，以及资源、市场、规模、技术、外部条件等方面的可持续性。

(1) 环境影响评价

说明项目实施过程中各项环保措施的落实情况以及工程环境保护竣工验收情况，列出环保竣工验收意见中提出的遗留问题整改要求及措施建议，并说明其落实情况。

项目建设和投产试运过程中若出现的重大环保问题，简述污染性质、程度、发生原因及造成的各项损失；说明采取的处理措施、处理结果、经济损失及后续整改措施的投入情况；评价制定的环境应急预案是否有效；针对出现的问题，认真总结教训。

(2) 安全评价

说明项目实施过程中各项安全管理制度和配套设施的落实以及安全验收情况，列出安全验收意见中提出的遗留问题整改要求、措施建议并说明整改落实情况。

项目建设和投产试运过程中若发生重大安全生产事故，简述事故性质、发生原因和造成的各项损失。简述采取的应急措施及取得的效果，评价应对安全事故应急预案的制定和演练是否规范、有效。说明经济损失和后续整改措施投入情况，认真总结教训。

(3) 社会影响评价

评价 EPC 项目实施过程中社会经济、社会环境方面产生的直接和间接的影响。

(4) 科技进步影响评价

简要评价项目对科学技术进步的推动作用，主要包括：对技术开发、技术创新、技术改造、技术引进的作用；对高新技术产业化、商品化和国际化的作用；对国家和地方科技进步的推动作用等。

(5) 持续性评价

分析和预测 EPC 项目执行所在国或项目业主今后的项目扩建预期、市场需求趋势，油气田开发规模、技术更新需求、外部条件等方面评价后续项目的可持续性。

2.5　项目经验与教训

从项目的决策、实施、工程管理、科技创新和应用、影响与持续性等方面，分析项目取得成功的主要因素，提炼出可在后续项目中值得推广、借鉴的经验；分析项目存在的问题和失利的主要原因，深刻总结应吸取的主要教训。

(1) 对项目总体执行策略/项目执行计划的

评价(编制及实施情况);

(2)项目管理亮点、管理创新及其效果;

(3)项目执行面临的主要问题、原因分析及应对措施(可从设计、采购、施工、质量、安全等方面分别进行总结分析);

(4)对今后项目执行的改进建议(重点分析如果重新执行该项目,哪些地方可以改进,如何改进)。

2.6 问题与建议

针对影响项目目标实现和持续发展,以及项目实施中存在技术、管理、安全和环保等方面的问题,提出相应的对策和建议。

3 EPC项目总结的现状

由于油气田EPC项目总结工作开展的时间不长,尚未形成完善的流程和科学的管控体系,在总结反馈机制方面还处于探索阶段。当前,EPC项目总结主要存在如下不足:

3.1 EPC项目总结管理运行机制不健全

EPC项目总结没有受到企业重视,尤其是在石油天然气行业,总结还处于早期研究阶段,还没有上升到项目管理的一个环节,其必要的管理运行机制还没有完全建立起来。

3.2 EPC项目总结数据库系统尚未建立

现阶段完整记录EPC项目整体过程的数据库系统尚未建立,项目实施过程中大量的生产经营原始数据和成果采集不全或保管不善遗失,总结工作所需的信息资料不充分、不准确,甚至无从追溯,造成知识管理水平低下,数据的时效性不高,从而影响了企业的价值实现。

3.3 EPC项目总结成果质量水平有待提高

部分项目总结价报告未能根据项目特点,选择评价目标和确定评价内容侧重点,表现出“重形式、轻内容”,过于程式化,叙述多、罗列多、内容重复、面面俱到、重点不突出。过于注重项目本身,忽视了外部因素对项目的影响,缺少在大背景、大环境下的全面、综合分析评价,以及未能提升问题的高度,造成没有把总结真正作用的内涵发挥出来,影响了总结功效的高水平发挥。

3.4 EPC项目总结反馈信息不充分、不规范

在总结实际操作中,往往是项目主管部门牵头,分公司或EPC项目部配合完成项目总结工作。这种架构设置对总结报告的编制和有效反馈造成很大障碍,问题没有深入发掘,避重就轻,总结的经验多、教训少,评价报告的反馈流于形式或信息失真严重,反馈效果不尽理想。目前尚未建立起规范、科学的反馈流程,由于内在的利益关系,评价结论并未完全反馈到项目干系人那里,特别是未反馈到设计单位、施工单位及项目前期评估单位,使总结效果的发挥打了折扣。

3.5 EPC项目总结专业人员还很缺乏

目前总结专业队伍和专家队伍的整体素质、规模数量和稳定性,都难以适应不断提高总结研究成果质量水平的要求,一定程度影响到总结结果的准确性。尤其很少开展影响评价和可持续性评价,很难了解EPC项目对项目所在地社会和环境的影响,无法掌握海外分公司今后可持续发展的方向。

4 EPC项目总结的一些建议

4.1 项目总结涉及内容要全面

因为EPC项目总结所涵盖的范围比较广,涉及到整个EPC项目的全过程,这就导致组织该工作存在一定的难度。所以部分企业在评价初期会采取先易后难的方式,而且多数评价人员只对项目的效益展开评价,以至于项目总结的内容比较片面,使得相关单位难以得到充分的经验教训。基于此,对EPC项目开展总结必须要保证内容全面,这样才有助于企业的成长进步。

4.2 项目总结提供信息要充分

部分总承包企业在开展项目总结时没有相对独立的组织机构,多使用EPC项目执行人员,再借助其他部门的配合来进行项目总结,以至于所得出的评价报告中信息不够充分,很难将信息全部反馈出来,这样只会使项目总结流于形式,很难得出有用的经验。因此,要成立专门的项目总结机构,选取专业人员,确保评价过程中所提供的信息足够充分且有用。

4.3 要形成项目总结指标体系

要对EPC项目展开总结离不开评价指标体系,只有保证评价指标科学合理,才能确保评价工作更高效。项目总结指标体系作为一个有机整体,其评价指标主要针对项目立项与决策、设计与施工、经营与效益等,评价指标之间应当互相联系。合理的项目总结指标体系能够有效反映出项目效果如何,这也是项目总结质量的重要保障。因此,在开展项目总结时必须形成科学的总

结指标体系，确保指标科学、实用且具备对应性。

4.4 需构建项目总结管理机制

项目总结所涉及的范围比较广，内容比较多，所以应当构建完善的项目总结管理机制，这是推动相关工作以及提高评价质量的重要保障。项目总结管理应当独立自主，尽量减少外界与上级行政部门的干预，同时结论应当将实际情况客观地反映出来。管理机制要具备可操作性，确保评价机构可以正常运转，有规范的总结程序和办法，并且组建高素质的总结队伍，相关评价人员要明确自己的职责范围。只有拥有完善的管理机制，项目总结工作才能富有生机且高效开展。

4.5 提高项目总结人员的素质

总结人员在整个评价过程中必须坚持公正立场，客观地进行评价。同时还应熟悉与项目有关的法律法规与标准。因此，应建立一套完善的培训程序，企业根据自身特点有意识地培养一批专业人员。

5 结语

EPC 模式下海外项目管理总结有助于提高项目管理质量、增强项目执行力、保证实现项目各项需求。因此，在 EPC 项目执行的过程当中，应当根据实际情况制定相应的准备，并在此基础上严格、客观、科学开展项目管理总结工作，从而确保 EPC 项目管理总结工作结果的有效性、适应性、可操作性，并且总结质量要过关，为以后项目工程建设和管理提供宝贵的项目经验，以推动海外 EPC 项目的良性发展。

浅谈模块化生产管理信息系统技术

吴　帅

(辽河油田建设有限公司)

摘　要　在网络信息产业技术高速发展并应用到各行各业的今天，目前我国在同络信息管理方面的理论水平与目外发达国家相差无几，但在应用管理上，特别是工程施工的管理应用中，未实现全面应用，还存在大部分的纸质化管理。本文主要对模块化施工生产管理信息系统技术进行一些阐述。

关键词　模块化；信息管理

1　前言

随着经济社会的蓬勃发展，科技发展至今日，信息化已经从以前孤立分散的状况，完善至今日一个具有庞大规模且体系完善的网络生产工具，它建立在现代通信、网络技术、大数据的基础上，可以为所需研究的事物记录下将会用到的数据，辅助研究人员分析数据，做出决策。信息化技术的应用，极大提高了人们工作的效率，对社会的进一步发展起到了很大的推动作用，在施工管理过程中更是如此，如果应用得当，将会使施工的效率与完成率大大提高。随着中石油集团公司工程信息化建设的持续推进，工程建设项目向一体化、互联网、大数据和人工智能方向发展，对承包商的技术、管理能力以及服务的多元化、全周期、多模式提出了更高要求，油田地面建设趋于模块化、撬装化、一体化产品发展，如何在模块化生产过程中进行信息化管理既是集团公司国际化发展的需要，同时，也是施工单位自身服务升级、助力提质增效、打造核心竞争力的关键所在，是施工单位当前面临的紧迫任务。

2　模块化生产管理信息系统组成及功能

(1) 管道预制设计系统(二次设计系统)：

功能1：PDS(idf)/PDMS(idf)/SP3D(pcf)/PDSOFT(dat)数据接口导入。

通过将设计院提供的idf及pcf数据导入，可以将设计院的三维管道模型进行一键还原，从而确保数据源头的准确性。并且可以直观的观测到整个站场或装置的三维模型，辅助人员进行施工。

功能2：扒图自建模功能

依靠软件的后台数据库，根据项目管道材料等级表，还原项目数据库，对设计院提供的平立剖面图进行扒图建模，从而还原项目的三维模型。

功能3：加工设计功能

对管线模型进行预制加工设计，设置现场口及预制口，对较长直管段进行中间焊口设计，并且可以根据实际情况对模型及焊口等进行编辑，从而完成加工设计。其中，预制口和现场口需要区分表示。

功能4：成批加工设计功能

需要根据装置、单元、分区等信息进行idf或pcf的分批量导入，批量进行焊口设置来完成加工设计，从而节省大量人力。

功能5：撬装加工设计功能

可以对成撬设备、管道进行加工设计，并进行标注。生成撬装的装配图及撬架图，撬装的三视图及材料明细表。

功能6：ISO图/管道安装图/预制管段图生成功能

对模型加工设计后，需要生成管道轴测方向的安装图及预制管段图。图面上需要体现现场口与预制口、焊口表、管段下料长度表、管段标识、现场材料及预制材料等信息。

功能7：材料表/焊口表生成功能

模型加工设计完成后，需要导出模型中的焊口表、管道材料表，并且焊口表里需要体现焊口的位置、寸径、管线号、管段编号、焊接工艺等信息。材料表要体现炉批号等信息。

(2) 施工管理系统

施工管理系统是一个用于撬装制造和管道预

制施工过程的过程管理软件，根据施工流程进行组织，对预制和安装的每道焊缝的焊接过程进行跟踪记录，并以此统计出完成工作量、焊工合格率、预制深度等，形成一个详细的施工记录和质量记录。它应有与三维设计软件、材料采购软件、项目计划软件接口以及施工采用的其它应用软件数据交换接口。工作流程见图1。

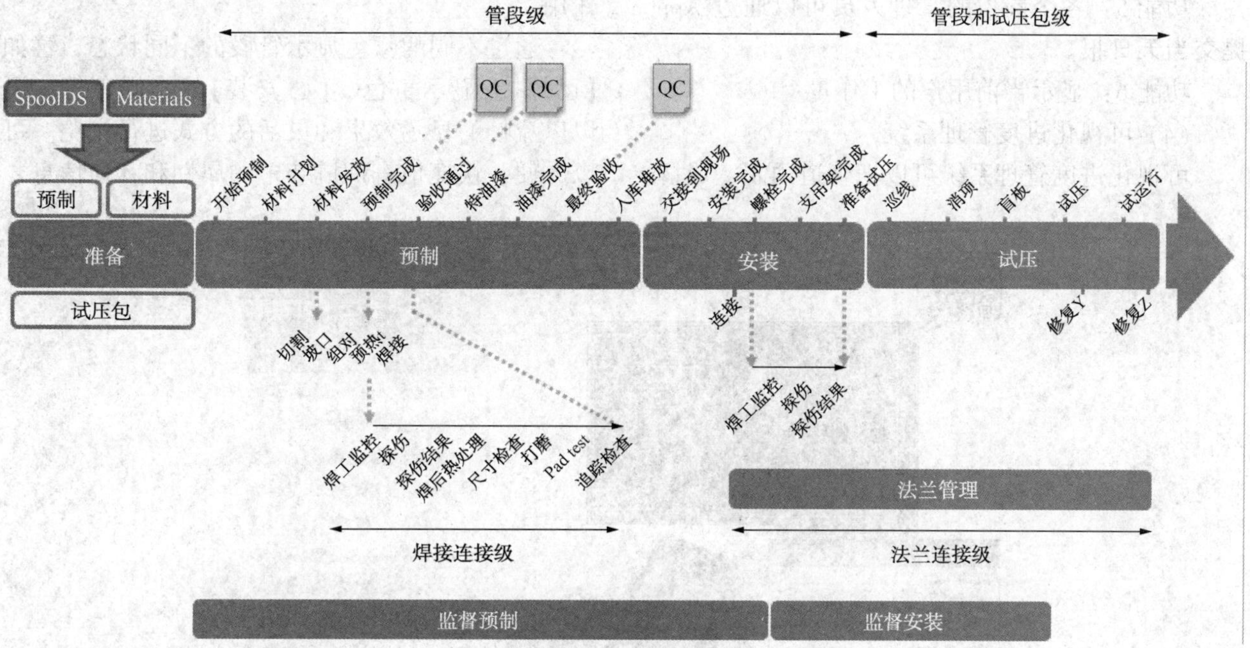

图1　工作流程图

功能1：材料出入库管理

材料出入库管理系统对进入仓库的材料进行登记。出入库单列表显示登记的所有出入库单信息，并且可以进行库存盘点、出入库汇总。通过材料编码进行材料管理及查询。

功能2：材料配料锁料

配料锁料功能根据系统里的库存材料，对计划预制的管道进行配料，配料完成后，可以在系统里进行锁料，避免材料被占用，从而保障预制计划的进度。

功能3：材料预测预留

材料预测预留系统根据每个管段需要的材料(BOM)以及仓库中的材料，系统自动预测，选择出可配料的管段和缺料的管段。

功能4：焊接数据管理

焊接数据管理系统对每一条管线、每一根管段上的每一道焊口进行管理，包括焊口的所有属性信息，如：打底、盖面的焊工号、焊接工艺、焊接时间等信息。

功能5：探伤数据管理

探伤数据管理系统包括批次管理、探伤委托以及探伤进度管理。抽检焊缝探伤的流程可简述为：分批→抽检→委托→探伤→扩探等过程。

功能6：试压管理

试压管理系统将管线添加至试压包中。添加管线后，该试压包的状态变为“准备巡线/待巡线”。系统允许添加子系统。应用试压包包含巡线/消项/盲板/试压试车/拆除等过程。

功能7：报告统计及模板定制

系统能够将施工管理系统里的各种数据进行自动统计成各种报告，并且报告的模板允许用户定制。

功能8：流程定制管理

系统根据每个施工单位的具体工作流程进行客户化定制，如项目管理流程、进度管理流程、质量管理流程等。

功能9：用户/权限/角色管理

系统具备完善的用户管理、权限管理、角色管理，使施工单位能够方便自如的进行人员名单的输入与编辑、角色的灵活转变。

(3) 岗位工作APP系统(图2)

功能1：根据当前登录用户显示用户参与的项目。

功能2：根据当前用户承担的岗位或角色显示待办任务。

功能3：通过扫描二维码查询撬装或管段信息。

功能4：通过管段查询管段的预制安装状态和该管段下所有焊口的焊接状态。

功能5：各个岗位的管理人员可以通过App提交当天日报。

功能6：显示当前用户的工作量。

（4）可视化进度管理系统

可视化进度管理系统可以把管道预制、成撬安装和三维模型连接起来，用可视化进行预制管段设计、预制、运输、安装的全生命周期管理，在安排施工计划，查看施工进度，进行技术交底、现场协调、汇报、施工等方面发挥重要作用。

通过不同的颜色显示管段的不同状态，譬如【已焊接】显示黄色、【已安装】显示绿色等。可以以流畅的显示效果和灵活的方式进行浏览。可以方便、快捷地查询撬装中的属性和几何信息。

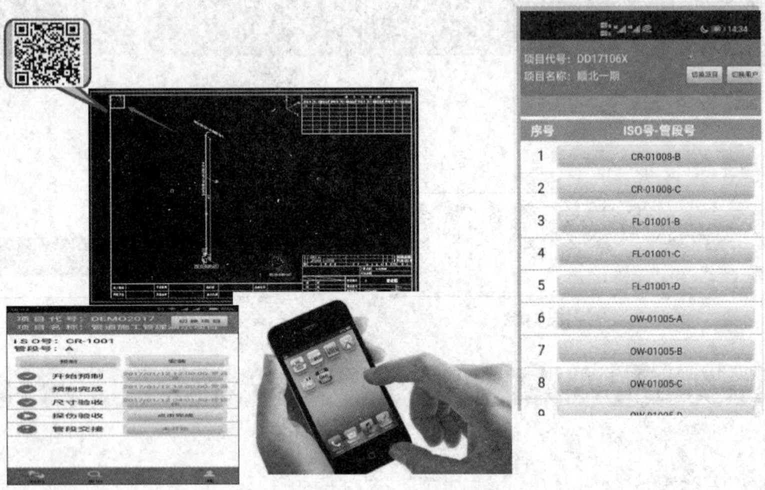

图2　PipingWorker功能—扫码日报

3　模块化生产管理信息系统应用的必要性

在传统的撬装制造项目管理模式中，各种信息的存储主要是基于表格或单据等纸面形式，信息的加工和整理完全由大量的手工计算来完成，信息的交流则绝大部分依赖于人与人之间的手工传递甚至口头传递，信息的检索则完全依赖于对文档资料的翻阅和查看。信息从它的产生、整理、加工、传递到检索和利用，都在以一种较为缓慢的速度在运动，这容易影响信息作用的及时发挥而造成项目管理工作中的失误。随着现代建设项目规模的不断扩大，施工技术的难度与质量的要求不断提高，各部门和单位交互的信息量不断扩大，信息的交流与传递变得越来越频繁，工程项目管理的复杂程度和难度越来越突出。传统的项目管理模式限制了企业的生存和发展的能力。

近年来，一些实力雄厚的企业率先应用先进的计算机技术来辅助项目管理工作。例如，开发数字化智能管理平台，采用先进的二次设计软件自动将原设计图纸（3D）生成单线图，进而生成采购料单；采用“施工管理系统”数据库软件，建立撬装产品及管道预制的技术管理、质量管理、探伤管理、进度管理和成品管理等等数据库，使管理工作的质量和效率有了显著改善。一方面，这说明在施工中应用信息技术的必要性；另一方面，各参与者单机独户式的工作方式，必然导致数据信息得不到共享。此外，由于各软件使用的数据标准不尽相同，信息的完整性和一致性得不到保证，从而为用于决策的综合信息难以提取。可见，工程项目的信息化管理，不仅仅意味着在管理过程中使用计算机，它还具有更广泛更深刻的内涵。首先，对管理过程中需要处理的信息进行高效地采集、加工、传递和实时共享，减少部门之间对信息处理的重复工作，为项目管理服务，为决策提供可靠的依据。其次它使施工活动及施工管理活动流程的组织更加科学化。因此，对施工管理实行信息化管理是十分必要并且切实可行的。通过实现信息的共享和互访，为施工参与者提供一个良好的协作环境，减少由于信息传递障碍造成的管理失误和决策失误，提高施工的整体经济效益和工作效率。

4 采用模块化生产管理信息系统技术后的展望

采取上述模块化生产管理信息系统后，将为施工单位带来管理、成本控制、品质提升方面的巨大优势：

（1）接受来自设计院的三维模型，保证源头数据的准确性，避免人工扒图扒料。

（2）利用加工设计功能最大程度的提升管道预制量（75%~80%），减少焊接成本。

（3）依靠数字化系统进行材料管理，最大程度减少材料浪费。

（4）利用岗位工作 APP 扫描二维码简化工作流程，数据一键上报。

（5）利用管理系统进行报告自动生成，大大节省人力。

（6）随时查询管段的施工信息，信息有据可查、及时反馈。

（7）利用三维施工进度系统进行管道施工状态的即时查看，直观了解工作进度。

（8）利用权限控制可满足不同角色的管理人员访问，提升管理效益。

5 结束语

当今社会处于信息化的发展环境背景下，应用信息技术是大势所趋。信息化管理的工程管理明显的不同于传统工程管理模式，其优越性明显，不仅可以将管理质量、效率有效的提升，同时也会良好的减少风险事件，减少成本支出，降低员工的工作量，促使企业产生较大化的经济效益。在信息化管理更广泛的运用于各领域中时，施工企业要把握时机，积极的发展信息化管理模式，联系起企业发展的现实状态，按照管理形势积极创新和优化管理方案，提升运用信息化的质量。模块化生产管理信息系统技术是一场信息技术与管理革命。要完成这一转变，必须抛弃已习惯的思维方式、工作方式。因此，在信息化应用于工程管理过程中，要全员参与、整体策划、系统推进，保证思想的高度统一。施工管理企业要重视信息化的作用，在实际过程中，采取有效的措施来开发和应用信息化，实现企业管理稳步发展，提升公司的核心竞争力。

参 考 文 献

[1] 王建海. 信息化在建筑工程管理中的应用刍议[J]. 市场走势，2011，(07).

[2] 吕延伶. 论信息技术在建筑工程管理中的应用探讨[J]. 建筑与预算，2015，(07).

国际工程 EPC 项目管理要点及对策分析

刘海飚　姜　潇　张　超

（中国石油工程建设有限公司 北京工程咨询分公司）

摘　要　EPC 又称工程总承包，指的是企业被委托来对工程项目进行设计、施工、试运行等工作，并且对整个工程项目的流程、质量和费用进行管控。本文首先说明了国际工程 EPC 项目的管理要点；其次，在此基础上提出了对国际工程 EPC 项目进行管理的有效策略，进而为提升国际工程项目建设质量提供一些建议。

关键词　国际工程；EPC；管理对策

随着我国综合实力的不断增强，越来越多的建筑企业开始趋于国际化的发展，EPC 模式作为当前国际工程较为主流的一种项目管理方式，提高建筑企业的 EPC 项目管理水平，有助于推动我国建筑行业的可持续性发展。基于此，建筑企业要在当前的背景下，根据工程项目的要求，不断探索和创新出有效的管理策略。

1　国际工程 EPC 项目的管理要点

1.1　充分发挥设计的主导作用

一直以来，设计环节都是国际工程 EPC 项目管理工作中的重点，建筑企业若想有效提升国际工程 EPC 项目管理工作质量，首先要做的就是充分发挥设计环节在国际工程 EPC 项目管理工作中的主导作用。一方面，建筑企业要根据国际工程的实际要求以及整体方案，来对设计环节进行调整和优化，进而确保后续的管理工作能够顺利进行，并且为后续的工作奠定基础。另一方面，企业要对国际工程 EPC 项目管理工作中的设计环节进行突破和创新，确保设计工作具有完整性和针对性，进而更好地拓展国际工程 EPC 项目管理工作的设计范围，使得设计、采购、施工等环节进行更好地衔接和结合，有效提升国际工程 EPC 项目管理工作质量。尤其是对于一些规模较大的国际工程项目，在进行设计工作时，不仅要针对业主的需求来进行设计，还要根据国际工程的实际情况，来将设计工作拓展到战略层面，并不断进行深化和完善，使得国际工程 EPC 项目管理工作更加具有完整性，并且对后续其他的管理工作，提供指向性的作用。

1.2　确保项目管理的实效性

设计、采购以及施工环节是国际工程 EPC 项目管理工作中的核心组成部分，要想更好地提高国际工程 EPC 项目管理工作的质量，就要将国际工程 EPC 项目管理工作中的设计、采购以及施工环节进行有效的衔接和结合，来确保国际工程 EPC 项目管理工作的实效性。例如：在实际的国际工程 EPC 项目管理工作过程中，要以增加投资效益为主要的管理目标，来对国际工程 EPC 项目管理工作的模式和机制进行设计，使得设计、采购和施工能够在工程项目规定的情况下，进行有效的衔接。这样一来，就可以通过国际工程 EPC 项目管理工作来对国际工程项目的成本、质量以及流程进行更好地管控，并且在一定程度上使得国际工程 EPC 项目管理工作中的各个环节进行了有效的互动，不仅能够加强管理人员之间的沟通和联系，避免出现信息不对称等问题，还能够更好地保证国际工程 EPC 项目管理工作的实效性。

1.3　确保责任主体的明确性

通过明确国际工程 EPC 项目管理工作中的责任主体，可以更好地保证国际工程 EPC 项目管理工作的责任机制，确保成本管理、质量管理、流程管理等工作中的的各个环节能够落实到具体的管理人员身上，使得在对国际工程的质量和责任进行追究时，能够具有更强的保障，更加快速和准确地找到有关负责人来对相关问题进行处理，进而有效提升国际工程 EPC 项目管理工作质量。比如说，在签订国际工程 EPC 项目合同时，可以在合同内容中标明第一责任人，使得责任主体更加清晰，不仅能让责任主体规范、全面地来履行自身的责任，还可以对国际工程 EPC 项目管理工作进行一定的约束，通过奖惩机制来进一步提高国际工程 EPC 项目管理工作的效率和质量，并且在一定程度上强化对国际工程 EPC 项目管理工作全过程的管控。

2 国际工程 EPC 项目管理的有效策略

2.1 改变传统的管理理念

提高国际工程 EPC 项目管理工作质量的首要环节，就是改变传统的管理理念，根据当前国际工程的实际要求，来不断深化和创新管理理念。首先，在进行国际工程 EPC 项目管理工作时，要将经济效益和质量效益协调发展，并在此基础上对国际工程 EPC 项目管理工作的整个流程进行把控，这也就需要建筑企业在进行国际工程 EPC 项目管理工作时，根据国际工程项目的需求，来打破传统工程项目承包工作的约束，利用创新、发展的理念，来进一步完善国际工程 EPC 项目管理工作。例如：建筑企业可以构建全生命周期管理模式，来扩大国际工程 EPC 项目管理工作的覆盖性，进而更好地保证国际工程 EPC 项目管理工作的质量。其次，建筑企业还要加强国际工程 EPC 项目管理工作过程中的责任意识，不仅要对管理人员的工作流程进行规范，还要保证以人为本管理理念，来不断对国际工程 EPC 项目管理工作的资源配置环节进行优化，确保整个管理流程合理、有序的进行。

2.2 建立完善的管理机制

管理机制不仅可以为国际工程 EPC 项目管理工作提供基础，加强国际工程 EPC 项目管理工作的系统性，并且为后续的管理工作提供指向性的作用；同时，完善的管理机制还能够对整个国际工程 EPC 项目管理工作的流程进行规范，进而更好地保证国际工程 EPC 项目管理工作的质量。基于此，建筑企业在进行国际工程 EPC 项目管理工作时，要对整个管理流程进行系统性的设计和安排，在将设计、采购和施工环节进行衔接的同时，不断进行创新，确保国际工程 EPC 项目管理工作的协调性。例如：建筑企业可以针对内部部门的设置，来建立完善的管理机制，加强各个部门员工之间的协调，来防止国际工程 EPC 项目管理工作中出现信息孤岛或是信息不对称的问题，进一步提升国际工程 EPC 项目管理工作的效率。除此之外，对于国际工程 EPC 项目管理工作中的采购环节来说，需要通过管理机制来对采购范围进行规范，不能将全部的采购都归到总承包人的工作范围内，保证国际工程 EPC 项目管理工作的针对性。

2.3 落实精细化管理体系

落实精细化的管理体系有助于提高国际工程 EPC 项目管理工作的效果和质量，并且能够对国际工程 EPC 项目管理工作中的各个环节进行规范。首先，建筑企业在进行国际工程 EPC 项目管理工作时，必须要确保设计、采购和施工环节的协调性，确保三者之间有效衔接，进而更好地促进各个部门之间的沟通和合作，来落实精细化的管理体系。其次，建筑企业要制定明确的管理制度，对国际工程 EPC 项目管理工作中的各个环节进行严格的管控，确保管理工作的全面化和全程化。例如：建筑企业可以在国际工程 EPC 项目管理体系工建立严格的监督机制，来对国际工程 EPC 项目管理工作进行事前、事中和事后监督，不仅能够提高国际工程 EPC 项目管理工作的效率，还可以提升其最终的落实效果。

2.4 不断创新管理制度

管理制度是保证国际工程 EPC 项目管理工作顺利开展，并进一步提高哦国际工程 EPC 项目管理工作质量的关键因素，因此，建筑企业在进行国际工程 EPC 项目管理工作时，应根据国际工程项目的实际要求，以及外部环境的发展形势，来完善和创新国际工程 EPC 项目管理制度。比如说，无论是规模较大的国际工程项目，还是规模较小的普通国际工程项目，都会在实际开展的过程中存在一定的风险，因此，在进行国际工程 EPC 项目管理工作时，需要对国际工程项目进行风险管控工作。基于此，建筑企业可以建立专门的风险管理部门，来对国际工程项目的潜在风险进行查找和分析，并制定科学、合理的风险管理预案，防止国际工程项目在开展的过程中产生严重的损失。

2.5 提高管理工作质量

加强施工流程的规范性、提升施工技术，是加强国际工程 EPC 项目管理工作质量的关键因素，基于此，建筑企业可以通过提高技术标准的方式，来进一步确保国际工程项目的质量。比如说，在当前的大部分国际工程 EPC 项目管理工作中，其施工技术标准都是按照欧美等先进国家的标准来制定的，但对于我国的承包商企业来说，这些施工技术标准还存在着一定的差异性。在设计、采购以及施工的各个环节中，对于施工设备和技术的标准，都应该按照我国的标准来制定，尤其是对设计进行修改，或是对施工设备进行使用时，可以按照我国不低于合同规定的标准，并获得业主的审核之后来进行，进而在一定程度上提高施工技术标准的针对性，使得国际工程 EPC 项目管理工作质量不断提升。

2.6 对项目全过程进行管理

一方面，要对国际工程项目的进度进行合理把控，将设计、采购以及施工等环节按照国际工程项目以及业主的需求，来制定合理的方案，并保证各个环节按照方案来有序的进行。另一方面，建筑企业要加强施工现场的管理工作，不仅要对国际工程的整个施工流程进行监督，还要进行有效的验收，进而确保国际工程 EPC 项目管理工作的有效性。

3 结论

综上所述，在进行国际工程 EPC 项目管理工作时，要充分发挥设计的主导作用，来进一步保证管理工作的实效性；同时，建筑企业还要改变传统的管理理念，建立完善的管理机制，并不断创新管理制度，落实精细化管理体系，来对国际工程项目进行全方位的管理，进而有效提高国际工程 EPC 项目管理工作质量。

参 考 文 献

[1] 郭维纲. 国际工程 EPC 项目管理要点及对策[J]. 工程建设与设计，2020(07)：272-273+276.
[2] 史桂合. 浅谈国际工程 EPC 项目管理要点及对策[J]. 项目管理技术，2018，16(07)：111-115.
[3] 尹向前. 国际工程 EPC 项目管理要点及策略[J]. 全国流通经济，2019，000(035)：P. 44-45.

海洋石油平台管支架辅梁安装工艺优化设计

许　东　张少华　姜　维　赵庆增　赵亚宁　杜　光　吕文斌

（海洋石油工程（青岛）有限公司）

摘　要　海洋石油平台因生产工艺需要，会布置大量的管道及管线支架。管线支架在设计建模阶段，因部分支架生根位置没有结构梁，需要管线专业在结构梁上增加辅梁，以满足管道跨距要求。需要增加结构辅梁的管线支架通常都是比较大型的支架，通过对大型管线支架的安装工艺工序进行优化，将支架分体预制，分体安装，可以减少场地施工资源的利用，提升施工工效，对后续类似项目具体有借鉴意义。

关键词　海洋平台；管支架；辅梁；安装工艺

1　引言

管线支架生根的地方通常是结构梁，以便能更好的把管线重量承接在结构梁上，为了满足管支架的跨距要求和相关专业的碰撞避让，常常存在需要有管支架生根的地方没有结构梁，因此管道专业会在结构之间增加辅助梁，称之为管支架辅梁。由于项目对各专业3D模型进度及各专业数据输入和输出的进度要求不同，管线专业支架建模出图较结构专业次梁图出图晚，所以管支架辅梁通常不具备条件显示在结构次梁图中。如图1所示，在渤海某石油平台，管道及支架建模设计阶段，管道支架为了避让电仪托架，增加了管支架辅梁。

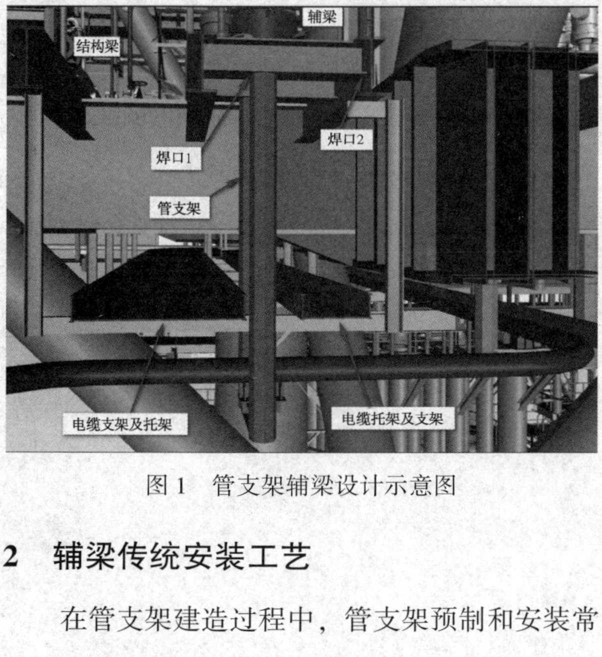

图1　管支架辅梁设计示意图

2　辅梁传统安装工艺

在管支架建造过程中，管支架预制和安装常规做法如下：

（1）管支架预制阶段，支架整体预制，将所有焊接口在车间内预制焊接完成，仅留与结构梁的焊口2，如图2所示，以减少支架与其辅梁之间的现场总装焊接工作量。

（2）现场总装阶段，对于具备条件能一体化安装的杆件，通常都会考虑一体化预舾装，将管支架及其辅梁在甲板片预制阶段就焊接在结构梁上，随甲板片整体涂装，整体吊装。对于受SPMT小车运输、结构垫墩、甲片摆放高度、设备侧装预留等影响不能一体化预舾装的管支架及辅梁，其工序为将单个支架完成涂装，然后在甲板片吊装完成后在现场安装。

管支架现场安装时，需要将整个管支架用倒链吊起，管支架的辅梁部分需要先与结构梁大致平行，然后整体提升管支架，提升到结构梁内部以后，再将支架整体旋转，调整管线辅梁与结构梁垂直后再焊接安装，现场安装费时费工。

同时传统的管支架辅梁安装工艺存在的空间受限导致现场安装困难，安装效率低等缺点。如在甲板片吊装完成后，电仪、脚手架等专业已大面积铺开，现场空间受限，管支架在整体提升和旋转过程中，会与已经存在的电仪支架、托架和脚手架干涉、碰撞。为解决碰撞问题，需要将已经预制成一体的支架切开，如图2所示，焊口1在预制阶段已经预制完成，由于安装受限，需现场切开后，完成辅梁安装，再重新焊接该焊口1。这就产生重复切割、焊接、打磨和补漆的工作量，造成现场施工变更，且工效较低。

图2 管支架辅梁现场图

3 安装工序优化设计

根据场地资源情况，为解决管支架辅梁传统安装方式的缺点，经过研究优化，将管支架及其辅梁分体预制，在预制阶段把辅梁部分和管支架分开预制，分开标记且编号相同；在安装阶段，只对辅梁进行一体化预舾装，具体优化措施包括：

(1) 在施工程序中明确技术要求，所有带有辅梁的管支架在预制阶段分体预制，分体涂装，分体安装(总装)。

(2) 在管支架详图中，将管支架辅梁在图纸标记出来，注明该部分是单独预制，并单独编号。

(3) 在一体化清单中，标注管支架和辅梁对应的支架详图中的编号，把所有辅梁一体化预舾装，并在辅梁预制后不单独涂装，随结构甲板片焊接后一起涂装。

(4) 在一体化清单中，将与辅梁相对应的管支架分为两部分，第一部分为对于不受SPMT小车运输、结构垫墩、甲片摆放高度、设备侧装预留等影响的支架预制后不涂装，全部一体化预舾装，如图2所示焊口2的工作全部完成；另一部分为受上述影响的管支架单独预制后，在车间单独涂装，在甲板片总装完成后进行支架安装，总装阶段只完成焊口1的连接。

4 优化后实际效果

通过方案工艺优化，取得了以下良好效果：

(1) 辅梁及其支架的焊接口预制阶段不焊接，整个支架总的焊接工作量未增加，辅梁全部一体化预舾装提升了管支架施工工效。

(2) 辅梁一体化预舾装，辅梁和结构梁之间的焊口2在车间涂装就完成，相比于现场散装焊接辅梁再打磨补漆，补漆施工效率更高，施工质量更好。

(3) 辅梁一体化预舾装，成功避开了现场干涉和碰撞，减少了总装阶段因碰撞和空间受限，把已预制辅梁焊口1重新切开后再焊接的修改工作，减少现场变更。

(4) 同时在总装阶段，辅梁不再需要与结构梁现场焊接，相应减少了对结构专业整体释放的影响。

以渤海项目海洋石油平台某CEP中心平台为例，设计建模阶段需要增加258根管支架辅梁，通过设计优化将辅梁分体预制后，全部一体化预舾装，大大减少了现场管支架安装施工难度，避免了管支架辅梁安装的现场修改变更，提升了工效。

5 结论

管道支架在设计建模阶段，不可避免需要在结构梁上增加辅梁，以便管支架能对管线良好的支撑。就海洋石油平台建造阶段而言，管支架辅梁的安装也往往是管道专业的施工难点之一，通过在管支架预制和安装阶段优化其安装的工序，将管支架其及辅梁分开预制和安装，可以降低现场的施工难度，提高管支架和辅梁的安装效率。

参考文献

[1] 魏玉垒，杜光，张少华，等. LNG核心工艺模块管线一体化建造工艺的应用[J]. 石油和化工设备，2019，(9)，69-72.

气田地面建设“标准化+专业化”全过程管理

郭丽姗　张　鹏　魏　巍　尹小龙　双靖士　徐英莉

（长庆油田分公司第一采气厂）

摘　要　随着气田建设高质量发展，为“十四五”开好局、起好步，奋力建成效益型、智能型百亿方采气厂，其中气田地面建设发挥着“压舱石”的作用。多年来，气田地面建设存在着进度、质量、安全管控不到位等实际问题，本文以第一采气厂工程项目部为例，研究“标准化”+“专业化”气田地面建设工程项目全过程管理方式，持续推进气田建设深化创新，提出新的管理思路，实现地面建设工程取得新突破、管理优化实现运行新模式、助力完成生产目标任务。

关键词　气田地面建设；管理；标准化；专业化

采气一厂作为公司油气产量的“领头雁”，2021年天然气产量已历史性跨越百亿方大关，第一采气厂工程项目部秉承“标准化+专业化”全过程地面建设管理。从项目的设计阶段、招投标阶段、实施阶段一直到竣工验收阶段，始终坚持由专业人员全过程管理，始终贯穿施工手续办理标准化、施工现场作业标准化、施工材料设备规格选用标准化、竣工验收结算标准化，确保气田地面建设任务高质量完成。

1　气田地面建设全过程管理问题分析

1.1　施工工期控制不力

施工工期管理是地面建设工程项目管理工作的重要内容，是工程能否如期完成的重要保障。气田地面建设工程涵盖站场、井场、工艺、设备、建筑等诸多专业，工程实施过程中现场施工情况和施工计划有着较大差别，无法根据各专业特点对现场施工进行有效统筹调控，导致具有较强的“随意性”。加之建设规模较大、分部分项工程较多，施工现场的设备、材料也比较多，缺乏对设备、材料的严格可行的管控措施，现场资源调配不合理，一方面增加工程建设成本，另一方面更影响工期管理的进度。

1.2　方案编制水平不高

气田地面建设工程除新建、改建、扩建项目之外，主要是以编制施工方案的形式体现工作内容。由于各基层单位专缺乏专业从事施工管理人员，导致施工方案编制水平参差不齐。通常是施工内容工序不全、工作量计量单位不分、工程做法专业术语描述不严谨，使得预算编制人员需多次与方案编写人员沟通确认工作量，不仅影响预算编制的准确性还过量消耗员工时间成本。

通过施工方案编制能够在施工前期有效控制成本，但并没有结合现场对施工作业内容进行全面的指导，不能保持方案与现场实际施工的一致性。

1.3　专业管理人员不足

当今气田地面建设在规模上正处在不断扩大的阶段之中，因此在地面工程建设过程中，需要更多的管理型人才参与，特别是对于工程之中的一些重要环节而言，专业性的管理型人才将会发挥出至关重要的作用。但是，就采气一厂地面工程施工而言，在技术方面的管理型人才仍然十分匮乏，多数地面管理人员为兼岗，导致很多基层单位在属地管理职能发挥中的整体技术水平以及管理水平方面都存在很大的不足，使得在施工过程监管中不能对施工工序加以标准化，同时也不能对施工人员的行为加以有效规范。因此对气田地面工程建设施工造成了十分严重的不利影响。

1.4　安全管理亟需提升

第一采气厂管理的区域广、站场多，各类站场工艺技改、维护项目多，社会化承包商数量随之增加，一方面承包商人员流动性大，安全意识薄弱，存在侥幸心理，对安全作业标准化的理解和应用的程度参差不齐。另一方面在行为安全观察管理中业务主管部门、属地单位的安全管理职责没有落到实处、双重预防机制执行不到位等一系列问题出现，致使地面建设工程安全管理隐患风险持续存在，QHSE管理工作难度不断增大。

2　实施“标准化+专业化”全过程管理的举措

为了实现创新目标，工程项目部依据近3年开展的站场、井场维修维护及6座新建保障点、5座保障点维修、改造工程的建设管理工作，全方位总结积累经验。为达到“标准化”施工必须依托“专业化”管理，结合地面建设工程项目全过程管理各个阶段的特性，从制度措施、“人、材、机”合规管理、施工现场质量、安全、进度管控等方面逐步形成“标准化+专业化”地面建设全过程管理全新体系。

2.1　施工前期

地面建设根据工程性质分为施工方案和施工图纸两部分，施工前期的管理是做好图纸的设计工作或编制施工方案，设计的是否完整对于地面建设工程的工程造价影响比例甚至超过了75%，为保证达到预期设计深度，针对图纸设计严格审查设计图纸，熟悉图纸并发现“错、漏、碰、缺”等问题。

首先，由工程项目部施工管理人员组织监理单位、设计单位、属地单位、工程造价部预算编制人员从专业人员与实际功能价值需求为出发点，开展施工图纸会审工作。

其次，依据《长庆油田分公司油气田地面建设工程变更管理办法》严格控制地面建设项目投资，工程项目部制定图纸会审记录表，各部室按照“标准格式”填写会审意见并签字盖章后保留至工程项目部，减少在施工过程中随意性、反复性变更工作量，比如2021年共委托工程设计6项，组织施工图纸审查6次，共发现各类问题30余项，发送联络函6份，最大程度地避免了设计漏项和缺项，降低因工作量、价款变动的合同变更频率。

同时，针对基层单位施工方案编制质量差，编制水平较低的情况，工程项目部每年定期开展方案编制培训班，一方面要求各基层单位指定专职人员参加相关培训编写方案，另一方面反复与工程造价部沟通商讨形成“标准施工方案文本”，按照工程概述、施工内容、工作量清单、施工安全与质量、HSE要求及其他约定、施工组织措施、施工应急预案共7大板块填充式编写方案，即规范了格式也逐步提升方案质量，为后续施工提供充足理论依据(图1)。根据统计自2019年06月至2021年11月在协同办公平台审批站场维护专项标准施工方案共115项，其中2019年25项、2020年38项、2021年52项，呈现逐年增长态势，方案审批一次性通过率提高26.8%，审批总时长缩短2.5天。

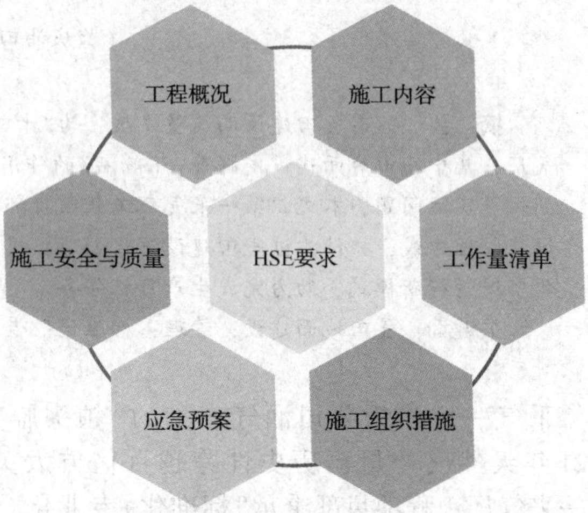

图1　工程项目部施工方案编制内容

最后，贯彻落实集团公司进一步加强承包商施工作业安全准入管理，工程项目部以专业化管理经验经过反复讨论，并结合油田公司承包商管理办法要求，制定了《承包商作业前能力准入评估模板》，以纸质文件的形式对作业人员、设备设施、合同管理、安全组织架构及管理制度五大项要求、内容及评审标准逐一进行明确，确保承包商作业前能力准入评估工作有序开展，最大化省时高效完成审核，同时将审查合格的准入评估资料装订成册，作为工程资料由工程项目部留存保管。

2.2　施工选商

地面建设选商方式主要分为招标和竞争性谈判，竞争性谈判模式已由自行组织转变为委托代理机构组织，降低了业务部门自行组织谈判的相关法律风险，使得谈判选商更标准，有利提升谈判选商专业化水平，杜绝了谈判选商的随意性。针对谈判项目的具体技术要求和性能特点等邀相应请谈判小组成员，在某一领域具有较高专业水平和实践经验，可以利用其专业知识更好的把握谈判项目的技术标准要求和市场价格，最终获得理想承包商和价格。

对于招标工程，采气一厂目前招标全部委托代理机构组织，严格按照《长庆油田分公司招标管理办法》组织招标。招标前期主要负责与计划、技术、造价、质量、安全、法律等专业管理部门协同，做好招标前期准备工作，落实招标条件，负责编制招标方案。推行区域施工总承包，合理划分标段，避免标段划分较多、降低承包商管理风险；制定一份科学、周密且详尽的招标方案是招标的基础，是决定招标能否实现其预期目标的关键性所在，在原有基础上加强招标方案及招标文件编写，细化要求承包商的投标资格条件，合理设置评审标准，杜绝挂靠、借用资质，保证施工标段与施工队伍能力相匹配，提升招标过程中的严肃性和合法性，这样既能让参与招标的承包商谈判时有的放矢，也可以在进行评标时有章可循。

2.3 标准化施工现场管理

2.3.1 推广标准化施工，提升项目管理水平

油气田标准化施工主要应用于站内设备、管线、井场围栏及各类基础等项目的施工，主要采用工厂预配、现场装配的施工流程。标准化施工以"科学规划、规范整齐、环保达标、整体和谐"为原则，现场施工按照"方便施工、便于管理、少占地、环保、经济"的原则进行布置，在满足施工的条件下，做到文明施工和环境保护达标。对作业流程、作业方法、作业条件进行标准化管理，可以达到流程清晰、目标明确，运行流畅。通过标准化施工，缩短现场高危作业、多工种联合作业的周期，有效降低事故发生率，改善人、物、场所的结合状态，减少施工现场的无效劳动及材料的消耗，提高施工的质量、安全和成本效益，降低建设单位的成本投入，保证施工企业效益。例如，现场做到标识标牌整齐清晰，设备、机具和材料固定存放，施工现场工完料清、垃圾杂物集中堆放处理，达到现场管理标准化。

2.3.2 推广标准化 HSE 检查技术手册，提高 HSE 管理能力

2020 年 6 月，勘探与生产分公司下发了《油气田地面建设项目标准化承包商 HSE 检查技术手册》为持续完善油气田地面建设制度建设，将安全管理的制度、规定落实到地面建设承包商施工作业的现场管理，努力实现三个管住(管住现场、管住承包商、管住"三违")。

标准化承包商 HSE 检查通过规范检查组织与技术，针对地面建设工程各阶段和各类承包商 HSE 管理工作，实现 HSE 检查的"检查对象场景化，检查项目标准化，检查工具表单化"。明确各类承包商 HSE 检查重点，并制定相应的检查表单，使检查工作有章可循、有据可依，检查工作的程序化、标准化和规范化，最大限度减少主观因素影响和检查不到位等情况，通过检查工作标准化促进承包商自身 HSE 管理工作的提升。

2.3.3 推行油气田地面建设标准化工程质量监督，提升质量监督管理水平

建设工程质量监督是依据国家法律、法规和强制性标准，对建设工程各责任主体质量行为和实体工程质量进行强制性监督检查的活动，以《中国石油油气田地面建设标准化工程质量监督技术手册》基本规定，明确各责任主体质量行为标准化监督内容，以质监点为单元，从监督检查依据、监督检查技术要点、常见质量问题，监督检查见证 4 个要素描述了管道与设备、建筑与道桥(安装)工程的实体质量标准化监督技术，形成了以"监督工作程序化、资源配置规范化、监督检查清单化、问题处理闭环化、监督资料信息化、监督管理标准化"为特征的标准化监督工作模式。

2.3.4 推行双重预防机制，落实风险防控措施到位

根据采气系统安全风险分级管控和隐患排查治理双重预防机制建设工作指南要求，工程项目部分别编制地面地面建设项目管理的双重预防机制建设方案、隐患排查治理方案，制定安全生产责任清单以及环境质量风险防控记录。利用岗位专业人员对施工项目熟悉的优势，从施工环境、设备设施、安全管理等方面进行全面的性和准确性的危害因素辨识，拓展危害因素辨识的深度和广度，在过程中对发现的偏差及时逐项纠正，实现双重预防机制的持续改进和闭环管理。

3 实行"标准化+专业化"全过程管理的初步成效

3.1 精益成本管控，降低工程造价

以"标准化设计、模块化建设"为指导思想，精益成本管控理念支撑下，在"材"料方面选用新的施工工艺和新材料，进而降低成本费用。将保障点建设工程设计中水暖供热方式调整为电暖供热方式，以 20 人保障点且距离邻近集气站直线距离 500m 为例，相关费用计算对比。见表 1。

施工成本费用对比，水暖方式前期开挖管沟人工费用、材料费共计 25.0178 万元，而电暖仅需设备采购安装费用 2.1700 万元，施工成本相

差高达91.3%左右。其二，以5年使用周期对比，由于水暖采用天然气热源加之管线维护，运营成本为18.1800万元，电暖耗能与其自身损耗共计运营成本为21.3990万元，比水暖方式略高3.2190万元，但综合相比而言，采用水暖方式供热前期敷设管线等施工成本费用占比过大，投入运行后维护维修费占比运营成本64%左右，而电暖方式比水暖方式共节约费用19.6288万元，极大程度上降低工程费用，与此同时电能具有清洁、安全、便捷等优势，对落实国家能源战略、促进能源清洁化发展意义重大。

3.2　减少反复性工作，节约时间成本

地面建设工程施工前期办理资料手续繁多，依据地面建设的生产安全管理、工程项目部要求以及建设项目的真实需求规范各项资料办理的标准和内容。近3年对《承包商作业前能力准入评估模板》的推行，承包商上交审核作业前能力准入评估资料的时间缩短在7日内，基本保证在修改2次之内完成审核工作，极大程度上缩短了反复修改资料、各相关人员签字耗时，加快业务办理的速度，提高业务办理的质量。

3.3　充分结合现场，推行标准化造价

“专业化”的现场管理充分考虑到地面建设工程个性化施工特点，将气田地面工程建设过程中的投资估算、概算、预算等多个环节中的重复性、普遍性施工信息进行统一化的整合和优化，从而使其能够更加全面和规范地去开展施工作业，有效地解决工程建设过程中工序内容混乱无序的现象，使得整个体系更有条理，同时将施工现场和企业定额充分地结合在一起，为标准化造价应用提供更多的数据支撑和理论支持。且依据工程的具体情况对其进行更加深入和全面的分析，逐步形成符合企业内部的标准化造价指标体系，更加有效地对气田标准化造价起到简化的作用，使得地面工程建设的施工效率得到显著的提升。

表1　供热造价对比表

	采用传统水暖供热			采用电暖供热		
	分项	费用	费用依据	分项	造价	费用依据
1	施工成本	250178.5元		施工成本	21700元	
1.1	采暖管线管线：输送流体用无缝钢管20-60×3.5室外500m、室内150m	40元/m×650m=26000(元)	第一采气厂2021年地面工程标准化造价补充指标Q1-21-1-145			
1.2	室内砖砌采暖管沟60m，室外砖砌采暖管沟500m	480/m×60m+55/m×500m=56300(元)	陕西省建筑装饰消耗量定额2009计算			
1.3	管线防腐保温	72元/m×500m=46800(元)	2021年油气田地面建设工程造价指标21-11-2-37			
1.4	铸铁式暖气片(15片以内)14间宿舍	587元/m×14间=8218(元)	第一采气厂2021年地面工程标准化造价补充指标Q1-21-1-139	温控电加热器14间宿舍	1550元/台×14台=21700(元)	市场询价
1.5	外协临时补偿费：作业带宽3m	22050(元)	靖边县人民政府文件(靖政发[2021]3号)文：坡旱耕地8407元/亩			
1.6	采暖加热炉	40000(元)	市场询价			
1.7	燃气管线：L245N-60×3.5室外500m、室内150m	78.17元/m×650m=50810.5(元)	2021年油气田地面建设工程造价指标21s-6-4-149			
2	运营成本	36360元/年		运营成本	42798元/年	

续表

	采用传统水暖供热			采用电暖供热		
	分项	费用	费用依据	分项	造价	费用依据
2.1	天然气消耗，采暖期6个月	180 天 × 60m³/天 × 1.2/m³ = 12960(元)/年	天然气价格 1.2 元/m³	用电消耗，采暖期6个月，用电量按满负荷60%计算	48h×60%×14×180天×0.5元/度 = 36288(元)/年	电费0.5元/度
2.2	燃气管线、采暖管线维护	46800 × 50% = 23400(元)/年	管线维修维护成本逐年上升，取新建平均50%计算	温控电加热器损耗	21700×30% = 6510(元)/年	市场调研按30%计算
3	总费用	431978.5元	施工费用+5年运营费用	总费用	235690元	施工费用+5年运营费用

4 结束语

“标准化+专业化”地面建设全过程管理是工程项目部实现从粗放式到规范化项目全过程管理的转变。通过结合地面建设工程存在的问题，建立详尽的技术指导与制度规范，应用至全厂地面建设全过程。为各个节点设立“标准”流程，根据工程性质的不同达到“专业”施工，从而满足项目全过程管理，以实现地面建设资源优化配置。

经过了3年的执行摸索，“标准化+专业化”地面建设全过程管理有效增强项目管控能力，有效提升了的管理水平，为地面建设工程开展取得新突破。提出管理新思路，实现运行新模式，有效的推动了地面建设的快速发展，为助力百亿方千万吨级一流采气厂打下坚实基础。

参考文献

[1] 陈述治，闫红军. 油气田地面建设标准化体系分析[J]. 油气田地面工程，2008，(10)：64-65.

[2] 唐坤，李锐，刘易彪. 浅析油气田地面建设工程施工现场的规范化管理[J]. 石化技术. 2017，24(04)：182.

大型塔器现场安装脚手架搭设安全计算技术

胡　炜　陶志宝　宋满堂

（中国石油兰州石化公司）

摘　要　以某化工装置68米高吸收塔现场分段安装为例，介绍了脚手架方案选择原则、尺寸设计及搭设要求，重点对大型脚手架的安全性进行了全面计算，为类似脚手架搭设安全计算提供了参考及借鉴。

关键词　脚手架；计算；参数

1　前言

某化工装置吸收塔 *R*102 直径和高度（含附属管线）为 $\Phi4900\times67300$mm，吸收塔尾气烟囱Y101 直径和高度为 $\Phi1800\times68300$mm，烟囱位于吸收塔正西侧，两具设备均分三段安装。两具设备布局如图1和图2。此两具设备及附属管线的安装，需要搭设脚手架。

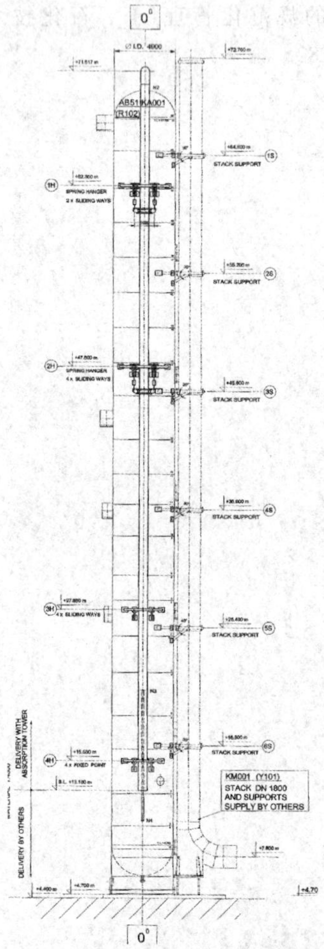

图1　R102 和 Y101 立面图

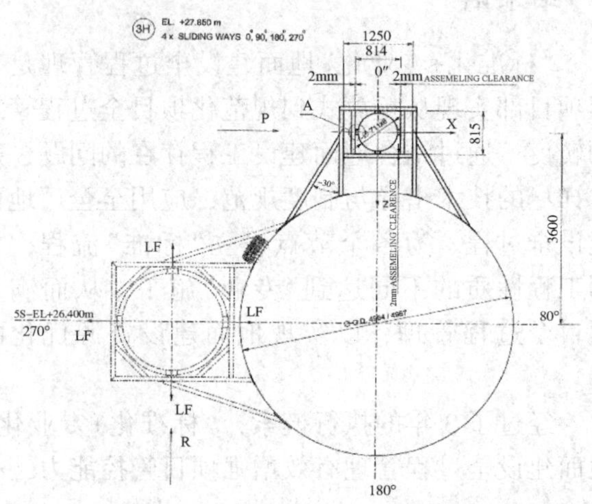

图2　R102 和 Y101 平面位置图

2　搭设方案选择原则

本工程考虑到施工工期、质量和安全要求，故在选择方案时，应充分考虑以下几点：(1)架体的结构设计，力求做到结构要安全可靠，造价经济合理。(2)在规定的条件下和规定的使用期限内，能够充分满足预期的安全性和耐久性。(3)选用材料时，力求做到常见通用、可周转利用，便于保养维修。(4)结构选型时，力求做到受力明确，构造措施到位，升降搭拆方便，便于检查验收。

结合以上脚手架设计原则，同时结合本工程的实际情况，综合考虑了以往的施工经验，决定采用坐落于混凝土地面上的敞开式钢管落地脚手架。35m 以下采用双立杆形式，35m 以上采用单立杆形式。根据吸收塔分三段吊装的进度和吸收塔三段的高度，（底段 21.014m，中段为 19.5m，上段为 25.336m），脚手架也分三个阶段搭设，第一阶段搭设到 20m，第二阶段搭设到 40m，第三阶段搭设到68m(图1、图2)。

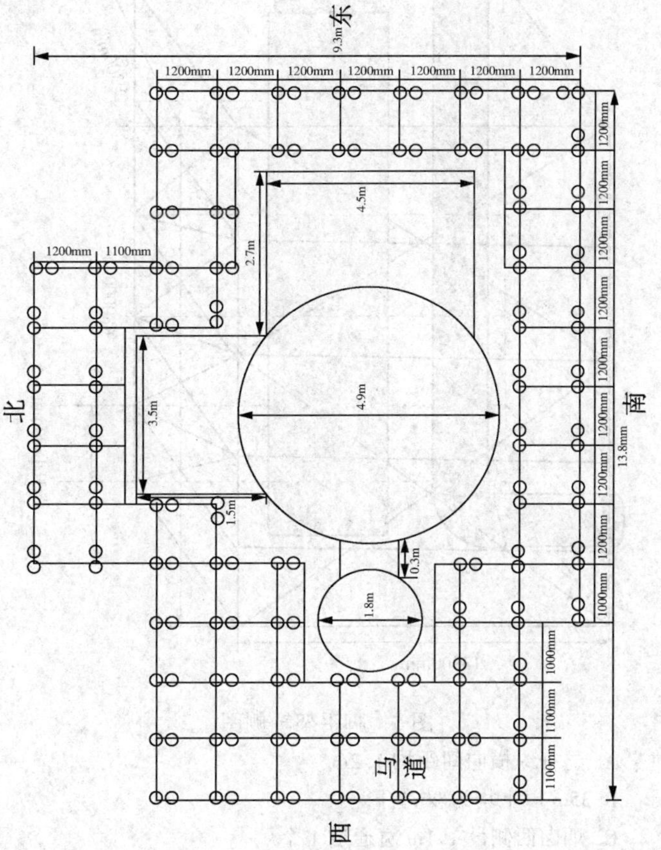

图3　脚手架平面图

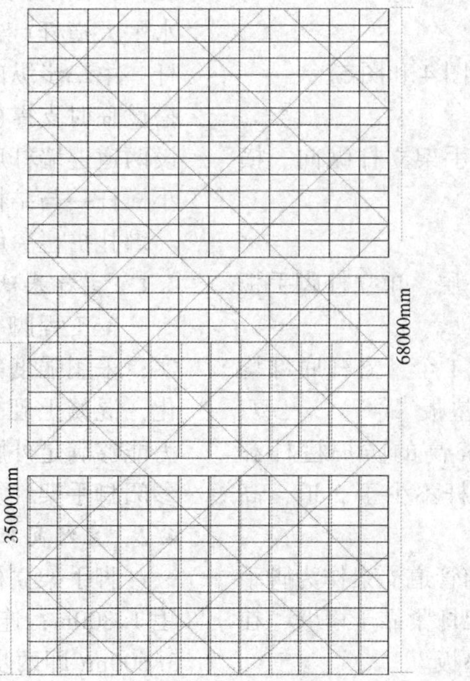

图4　脚手架立面图

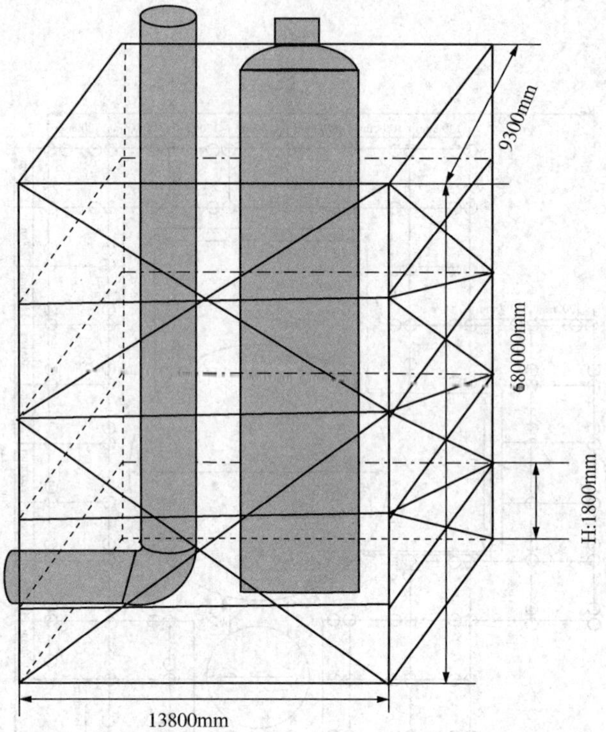

图 5　脚手架轴侧图

注：A. 立杆纵横向间距均 1.2m

B. 35m 以下均为双立杆

C. 烟囱西侧设 1.1m 宽通道 1 个

D. 立杆底部均用 150mm×300mm×5mm 厚钢垫板

3　脚手架尺寸设计

脚手架设计尺寸见图 3、图 4 和图 5。

脚手架高度 68m。

脚手架步距为 1.8m，脚手架立杆纵向、横向间距为 1.2m。

双立杆搭设高度 35m。

脚手板铺设层数最大为 8 层，单立杆脚手板铺设层数为 4 层。

烟囱西侧设 1.1m 宽通道 1 个，立杆底部均用 150mm×300mm×5mm 厚钢垫板

脚手架外侧必须设 1.2m 高的防护栏杆和 30cm 高踢脚杆，顶排防护栏杆不少于 2 道，高度分别为 0.9m 和 1.3m。

以吸收塔钢平台主托架和管道支架作为脚手架的刚性连墙件，如果某些架杆紧靠于塔壁，在塔壁与架杆之间设柔性保护垫板。

4　脚手架搭设流程及要求

脚手架搭设搭设的工艺流程：铺钢垫板→树立杆→摆放扫地杆（与立杆扣紧）→第一步纵向水平大横杆（与各立杆扣紧）→第一步横向水平杆→第二步纵向水平大杆→第二步横向水平杆→搭设临时支撑（上端与第二步大横杆扣紧、在装设两道连墙杆后可拆除）→第三、四步大横杆和小横杆→与结构拉接固定→架设剪刀撑→铺木板→绑扎护栏→绑扎挡脚板→挂网防护。

4.1　立杆基础

本工程脚手架地基础部位已经回填土和夯实，采用强度等级不低于 C15 的混凝土进行硬化，混凝土硬化厚度不小于 10cm。地基承载能力能够满足外脚手架的搭设要求（具体计算数据参阅脚手架计算书）。

4.2　立杆间距

脚手架立杆纵距 1.200m，横距 1.200m，步距 1.800m；连墙杆间距竖直 3.600m，水平间距 3.600m（即两步三跨），里立杆距塔壁 0.500m。

脚手架的底部立杆采用不同长度的钢管参差布置，使钢管立杆的对接接头交错布置，高度方向相互错开 500mm 以上，且要求相邻接头不应

在同步同跨内，以保证脚手架的整体性。

立杆下部应设置铁鞋，并设置纵横方向扫地杆，连接于立脚点杆上，离底座20cm左右。

立杆的垂直偏差应控制在不大于架高的1/400。

4.3 大横杆、小横杆设置

大横杆在脚手架高度方向的间距1.800m，以便立网挂设，大横杆置于立杆里面，每侧外伸长度为150mm。

外架子按立杆与大横杆交点处设置小横杆，两端固定在立杆，以形成空间结构整体受力。

4.4 剪刀撑和横向斜撑

高度在24m以上的双排脚手架应在外侧立面整个长度和高度上连续设置剪刀撑；

剪刀撑斜杆的接长宜采用搭接，搭接长度不应小于1m，应采用不少于2个旋转和扣件固定，端部扣件盖板的边缘至杆端距离不应小于100mm。

剪刀撑斜杆应用旋转扣件固定在与之相交的横向水平杆的伸出端或立杆上，旋转扣件中心线至主节点的距离不宜大于150mm。

横向斜撑应在同一节间，由底至顶层呈之字型连续布置，斜撑的固定应符合规范JGJ130-2011第6.5.2条第2款的规定。

一字型、开口型双排脚手架的两端均必须设置横向斜撑，中间宜每隔6跨设置一道。

4.5 脚手板、脚手片的铺设要求

脚手架里排立杆与结构层之间均应铺设木板：板宽为200mm，里外立杆应满铺脚手板，无探头板。

满铺层脚手片必须垂直墙面横向铺设，满铺到位，不留空位，不能满铺处必须采取有效的防护措施。

脚手片须用18铅丝双股并联绑扎，不少于4点，要求绑扎牢固，交接处平整，铺设时要选用完好无损的脚手片，发现有破损的要及时更换。

4.6 防护栏杆

脚手架局部地方(根据作业情况，在作业人员周围)使用建设主管部门认证的合格绿色密目式安全网半封闭，且将安全网固定在脚手架外立杆里侧。

选用18铅丝张挂安全网，要求严密、平整。

脚手架外侧必须设1.2m高的防护栏杆和30cm高踢脚杆，顶排防护栏杆不少于2道，高度分别为0.9m和1.3m。

4.7 连墙件

吸收塔每隔7米有一层钢平台，烟囱每隔10米有一层支架，另外吸收塔的塔顶管、冷却水等管线均有支架焊接在塔壁上。因此，以这些刚性固定点作为脚手架的连墙件，每隔3.6米，将脚手架沿塔周围钢结构平台的支架和管线支架刚性固定，对于靠在塔壁上的横杆，塔壁与架杆之间设柔性保护垫板。

4.8 避雷装置

脚手架顶部高于2m，四角设置(长度大于35m，应中间设几根)避雷针。

用16mm^{2}黄绿双色铜芯线作引下线，途中用磁瓶，导线绑扎。

接地装置的接地线应采用三根导体，在不同点与接地体作电气连接，垂直接地体应采用5×50角钢、Φ48钢管或Φ22圆钢，长度2.2m，不得采用螺纹钢，接地电阻不大于4Ω。

5 脚手架安全计算

5.1 参数信息

脚手架正、侧立面图如图6、图7所示。

5.1.1 脚手架参数

双排脚手架搭设高度为68.0m，35.00m以下采用双管立杆，35.00m以上采用单管立杆；

搭设尺寸为：立杆的纵距为1.200m，立杆的横距为1.200m，大小横杆的步距为1.800m；

内排架距离墙长度为0.5m；

小横杆在上，搭接在大横杆上的小横杆根数为2根；

采用的钢管类型为Φ48×3；

横杆与立杆连接方式为双扣件；取扣件抗滑承载力系数为0.80；

连墙件采用二步三跨，竖向间距3.6m，水平间距3.6m，采用扣件连接；墙件连接方式为双扣件。

5.1.2 活荷载参数

施工均布活荷载标准值：2.000kN/m^2；20米高度时的同时施工层数：6层；40m高度时的同时施工层数：4层；68.3m高度时的同时施工层数：2层。

5.1.3 风荷载参数

本工程施工地理位置基本风压为0.550kN/m^2；

风荷载高度变化系数 μ_z 为 2.200，风荷载体型系数 μ_s 为 0.105；脚手架计算中考虑风荷载作用；

5.1.4　静荷载参数

每米立杆承受的结构自重标准值（kN/m²）：0.1161；

脚手板自重标准值（kN/m²）：0.350；栏杆挡脚板自重标准值（kN/m²）：0.140；

安全设施与安全网（kN/m²）：0.005；

脚手板类别：木脚手板；栏杆挡板类别：栏杆、木脚手板挡板；

每米脚手架钢管自重标准值（kN/m²）：0.033；

脚手板铺设层数：8；

单立杆脚手板铺设层数：4；

5.1.5　地基参数

地基土类型：素填土；地基承载力标准值（kPa）：160.000；

立杆基础底面面积（m²）：0.250；地面广截力调整系数：1.000。

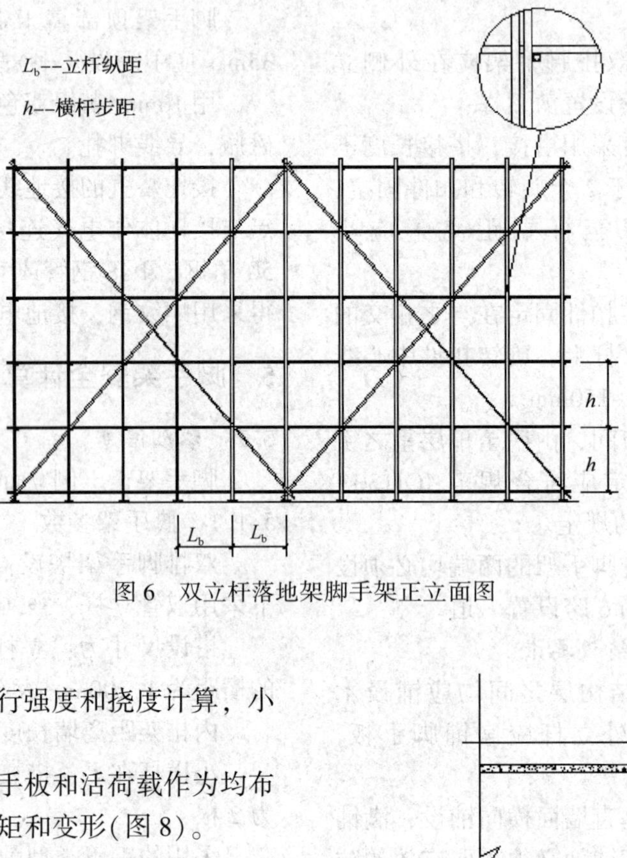

图 6　双立杆落地架脚手架正立面图

5.2　小横杆的计算

小横杆按照简支梁进行强度和挠度计算，小横杆在大横杆的上面。

按照小横杆上面的脚手板和活荷载作为均布荷载计算小横杆的最大弯矩和变形（图 8）。

5.2.1　均布荷载值计算

小横杆的自重标准值：$P_1 = 0.033\text{kN/m}$；

脚手板的荷载标准值：$P_2 = 0.350 \times 1.200/(2+1) = 0.140\text{kN/m}$；

活荷载标准值：$Q = 2.000 \times 1.200/(2+1) = 0.800\text{kN/m}$；

荷载的计算值：$q = 1.2 \times 0.033 + 1.2 \times 0.140 + 1.4 \times 0.800 = 1.328\text{kN/m}$；

如图 8 所示。

5.2.2　强度计算

最大弯矩考虑为简支梁均布荷载作用下的弯矩，

计算公式如下：

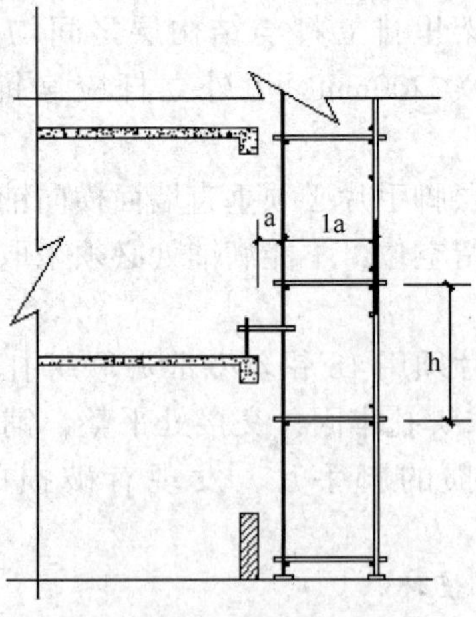

1a—横向间距或排距 h—步距
a—内排架与墙距离

图 7　落地架侧立面图

$$M_{qmax} = ql^2/8$$

最大弯矩 $M_{qmax} = 1.328 \times 1.200^2/8 =$

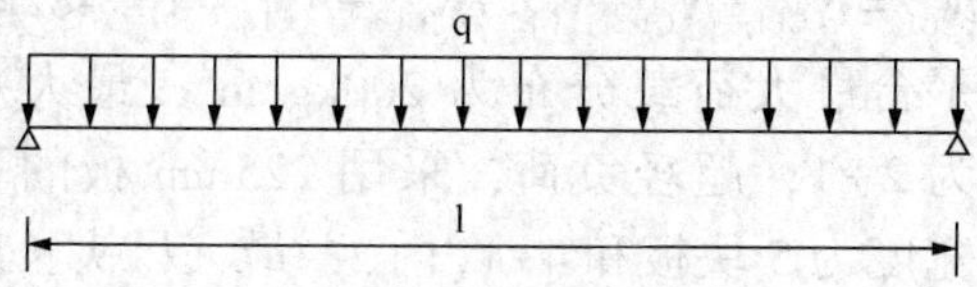

图8　小横杆计算简图

0.239kN·m；

最大应力计算值 $\sigma = M_{qmax}/W = 53.222N/mm^2$；

小横杆的最大弯曲应力 $\sigma = 53.222N/mm^2$ 小于 小横杆的抗压强度设计值 $[f] = 205.0N/mm^2$，满足要求。

5.2.3　挠度计算

最大挠度考虑为简支梁均布荷载作用下的挠度

荷载标准值 $q = 0.033 + 0.140 + 0.800 = 0.973kN/m$；

$$V_{qmax} = \frac{5ql^4}{384EI}$$

最大挠度 $V = 5.0 \times 0.973 \times 1200.0^4/(384 \times 2.060 \times 10^5 \times 107780.0) = 1.183mm$；

小横杆的最大挠度 1.183mm 小于 小横杆的最大容许挠度 1200.0/150 = 8.000 与 10mm，满足要求。

5.3　大横杆的计算

大横杆按照三跨连续梁进行强度和挠度计算，小横杆在大横杆的上面。

5.3.1　荷载值计算

小横杆的自重标准值：$P_1 = 0.033 \times 1.200 = 0.040kN$；

脚手板的荷载标准值：$P_2 = 0.350 \times 1.200 \times 1.200/(2+1) = 0.168kN$；

活荷载标准值：$Q = 2.000 \times 1.200 \times 1.200/(2+1) = 0.960kN$；

荷载的设计值：$P = (1.2 \times 0.040 + 1.2 \times 0.168 + 1.4 \times 0.960)/2 = 0.797kN$；

如图9所示。

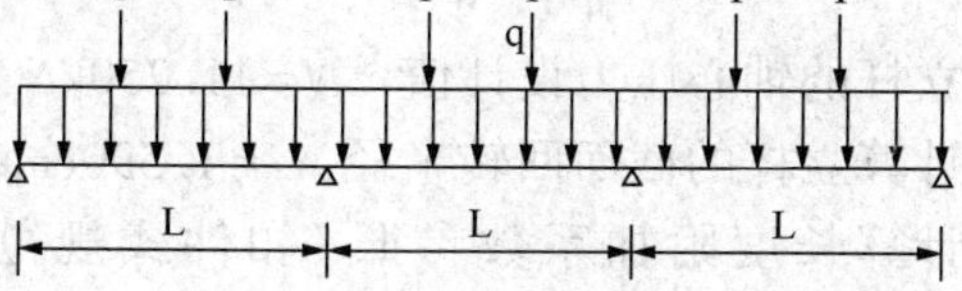

图9　大横杆计算简图

5.3.2　强度验算

最大弯矩考虑为大横杆自重均布荷载与小横杆传递荷载的设计值最不利分配的弯矩和。

$$M_{max} = 0.08ql^2$$

均布荷载最大弯矩计算：$M_{1max} = 0.08 \times 0.033 \times 1.200^2 = 0.004kN \cdot m$；

集中荷载最大弯矩计算公式如下：

$$M_{pmax} = 0.267Pl$$

集中荷载最大弯矩计算：$M_{2max} = 0.267 \times 0.797 \times 1.200 = 0.255kN \cdot m$；

$$M = M_{1max} + M_{2max} = 0.004 + 0.255 = 0.259kN \cdot m$$

最大应力计算值 $\sigma = 0.259 \times 10^6/4490.0 = 57.688N/mm^2$；

大横杆的最大应力计算值 $\sigma = 57.688N/mm^2$ 小于 大横杆的抗压强度设计值 [f] = 205.0N/mm²，满足要求。

5.3.3　挠度验算

最大挠度考虑为大横杆自重均布荷载与小横杆传递荷载的设计值最不利分配的挠度和，单位：mm

均布荷载最大挠度计算公式如下：

$$V_{max} = 0.677\frac{ql^4}{100El}$$

大横杆自重均布荷载引起的最大挠度：

$V_{max} = 0.677 \times 0.033 \times 1200.0^4/(100 \times 2.060 \times 10^5 \times 107780.0) = 0.021mm$；

集中荷载最大挠度计算公式如下：

$$V_{pmax} = 1.883 \times \frac{Pl^3}{100El}$$

集中荷载标准值最不利分配引起的最大挠度：

小横杆传递荷载 $P = (0.040 + 0.168 + 0.960)/2 = 0.584kN$

$V_{pmax} = 1.883 \times 0.584 \times 1200.0^3/(100 \times 2.060 \times 10^5 \times 107780.0) = 0.856mm$；

最大挠度和：$V = V_{max} + V_{pmax} = 0.021 + 0.856 = 0.876mm$；

大横杆的最大挠度 0.876mm 小于 大横杆的最大容许挠度 1200.0/150 = 8.000 与 10mm，满足要求。

5.4　扣件抗滑力的计算

双扣件承载力设计值取 16.00kN，按照扣件抗滑承载力系数 0.80，该工程实际的旋转双扣件承载力取值为 12.80。

纵向或横向水平杆与立杆连接时，扣件的抗滑承载力按照下式计算(规范5.2.5)：

$$R \leqslant R_c$$

其中：R_c 为扣件抗滑承载力设计值，取12.80kN；R 为纵向或横向水平杆传给立杆的竖向作用力设计值；

小横杆的自重标准值：$P_1=0.033\times1.200\times2/2=0.040$kN；

大横杆的自重标准值：$P_2=0.033\times1.200=0.040$kN；

脚手板的自重标准值：$P_3=0.350\times1.200\times1.200/2=0.252$kN；

活荷载标准值：$Q=2.000\times1.200\times1.200/2=1.440$kN；

荷载的设计值：$R=1.2\times(0.040+0.040+0.252)+1.4\times1.440=2.413$kN；

$R<12.8$kN，双扣件抗滑承载力的设计计算满足要求。

5.5　脚手架立杆荷载计算

作用于脚手架的荷载包括静荷载、活荷载和风荷载。静荷载标准值包括以下内容：

每米立杆承受的结构自重标准值(kN)，为0.1161

$N_{G1}=[0.1161+(1.200\times2/2)\times0.033/1.800]\times(68.0-35.00)=4.557$；

$N_{GL1}=[0.1161+0.033+(1.200\times2/2)\times0.033/1.800]\times35.00=5.989$；

脚手板的自重标准值(kN/m²)；采用木脚手板，标准值为0.350

$N_{G2}=0.350\times4\times1.200\times(1.200+0.50)/2=1.428$kN；

$N_{GL2}=0.350\times8\times1.200\times(1.200+0.50)/2=2.856$kN；

栏杆与挡脚手板自重标准值(kN/m)；采用栏杆、木脚手板挡板，标准值为0.140

$N_{G3}=0.140\times4\times1.200/2=0.336$kN；

$N_{GL3}=0.140\times8\times1.200/2=0.672$kN；

吊挂的安全设施荷载，包括安全网(kN/m²)；0.005

$N_{G4}=0.005\times1.200\times(68.0-35.00)=0.198$kN；

$N_{GL4}=0.005\times1.200\times68.0=0.408$kN；

经计算得到，静荷载标准值

$N_G=N_{G1}+N_{G2}+N_{G3}+N_{G4}=6.519$kN；

$N_{GL}=N_{GL1}+N_{G1}+N_{GL2}+N_{GL3}+N_{GL4}=14.482$kN；

平台最大荷载分布为200kg/m²，最大平台层数为2+1，超轻负荷，采用225mm板的平台常规宽度为5块板和4+1(内)，最大尽头长度为2.10米。

活荷载为施工荷载标准值产生的轴向力总和，内、外立杆按一纵距内施工荷载总和的1/2取值。

经计算得到，活荷载标准值

$N_Q=2.000\times1.200\times1.200\times2/2=2.880$kN；

风荷载标准值按照以下公式计算

$W_k=0.7U_z\cdot U_s\cdot W_o$

其中为 W_o 为基本风压(kN/m²)，按照《建筑结构荷载规范》(GB 50009—2012)的规定采用：

$W_o=0.550$kN/m²；

U_z为风荷载高度变化系数，按照《建筑结构荷载规范》(GB 50009—2012)的规定采用：

$U_z=2.200$；

U_s为风荷载体型系数：取值为0.105；

经计算得到，风荷载标准值

$W_k=0.7\times0.550\times2.200\times0.105=0.089$kN/m²；

考虑风荷载时，立杆的轴向压力设计值为

$Ns=1.2N_{GL}+0.85\times1.4N_Q=1.2\times14.482+0.85\times1.4\times2.880=20.805$kN；

$N_d=1.2N_G+0.85\times1.4N_Q=1.2\times6.519+0.85\times1.4\times2.880=11.250$kN；

风荷载设计值产生的立杆段弯矩 M_W 为

$M_w=0.85\times1.4W_kL_ah^2/10=0.850\times1.4\times0.089\times1.200\times1.800^2/10=0.041$kN·m；

5.6　立杆的稳定性计算

外脚手架采用双立杆搭设，按照均匀受力计算稳定性。

5.6.1　35.00米以上立杆稳定性计算

考虑风荷载时，立杆的稳定性计算公式

$$\sigma=\frac{N}{\phi A}+\frac{M_W}{W}\leqslant[f]$$

立杆的轴心压力设计值：$N=11.250$kN；

计算立杆的截面回转半径：$i=1.590$cm；

计算长度附加系数参照《扣件式规范》表5.3.3得：$k=1.155$；

计算长度系数参照《扣件式规范》表5.3.3得：$\mu=1.530$；

计算长度，由公式 $l_o=k\times\mu\times h$ 确定：l_0=3.181m；

长细比 L_o/i=200.000；

轴心受压立杆的稳定系数 ϕ，由长细比 l_o/i 的结果查表得到：ϕ=0.180

立杆净截面面积：A=4.240cm；

立杆净截面模量(抵抗矩)：W=4.490cm；

钢管立杆抗压强度设计值：$[f]$=205.000N/mm；

σ = 11.250 × 10^3/(0.180 × 424.000) + 41147.734/4490.000 = 156.575 N/mm；

立杆稳定性计算 σ=156.575N/mm 小于 立杆的抗压强度设计值 $[f]$=205.000N/mm，满足要求。

5.6.2　35.00 米以下立杆稳定性计算

考虑风荷载时，双立杆的稳定性计算公式

$$\sigma=\frac{N}{\phi A}+\frac{M_W}{W}\leqslant[f]$$

立杆的轴心压力设计值：N=10.403kN；

计算立杆的截面回转半径：i=1.590cm；

计算长度附加系数参照《扣件式规范》表 5.3.3 得：k=1.155；

计算长度系数参照《扣件式规范》表 5.3.3 得：μ=1.530；

计算长度，由公式 $l_o=k\times\mu\times h$ 确定：l_0=3.181m；

长细比 L_o/i=200.000；

轴心受压立杆的稳定系数 ϕ，由长细比 l_o/i 的结果查表得到：ϕ=0.180

立杆净截面面积：A=4.240cm；

立杆净截面模量(抵抗矩)：W=4.490cm；

钢管立杆抗压强度设计值：$[f]$=205.000N/mm；

σ = 10.403 × 10^3/(0.180 × 424.000) + 41147.734/4490.000 = 145.468N/mm；

立杆稳定性计算 σ=145.468N/mm 小于 立杆的抗压强度设计值 $[f]$=205.000N/mm，满足要求。

5.7　连墙件的计算

连墙件的轴向力设计值应按照下式计算：

$$N_l=N_{lw}+N_0$$

风荷载标准值 ω_k=0.089kN/m^2；

每个连墙件的覆盖面积内脚手架外侧的迎风面积 A_w=12.960m^2；

按《规范》5.4.1 条连墙件约束脚手架平面外变形所产生的轴向力(kN)，N_0=5.000kN；

风荷载产生的连墙件轴向力设计值(kN)，按照下式计算：

N_{lw}=1.4×W_k×A_w=1.614kN；

连墙件的轴向力设计值 $N_l=N_{lw}+N_0$=6.614kN；

连墙件承载力设计值按下式计算：

$$N_f=\phi\cdot A\cdot[f]$$

其中：ϕ 为轴心受压立杆的稳定系数；

由长细比 l_0/i=500.000/15.900 的结果查表得到 ϕ=0.915，l_0为内排架距离墙的长度；

又：A=4.240cm^2；$[f]$=205.00N/mm^2；

连墙件轴向承载力设计值为 N_f=0.915×4.240×10^{-4}×205.000×10^3=79.532kN；

N_l=6.614<N_f=79.532，连墙件的设计计算满足要求。

连墙件采用双扣件与墙体连接。

由以上计算得到 N_l=6.614 小于双扣件的抗滑力 12.80kN，满足要求。

连墙件如图 10 所示。

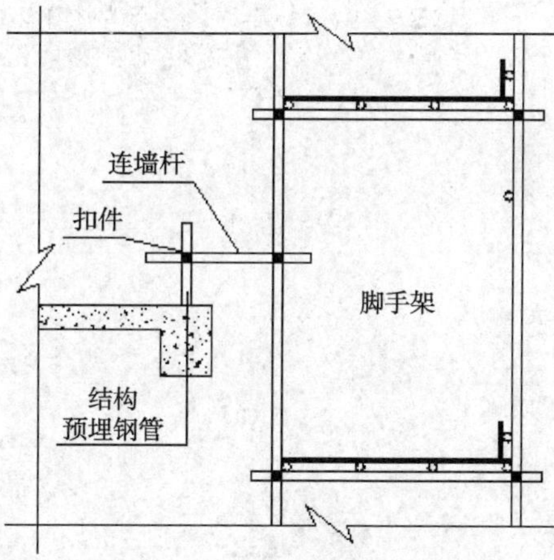

图 10　连墙件扣件连接示意图

5.8　立杆的地基承载力计算

立杆基础底面的平均压力应满足下式的要求

$$p\leqslant f_g$$

地基承载力设计值：

$$f_g=f_{gk}\times k_c=160.000\text{kPa};$$

其中，地基承载力标准值：f_{gk}=160.000kPa；

脚手架地基承载力调整系数：k_c=1.000；

立杆基础底面的平均压力：$p=N/A$=45.001kPa；

其中，上部结构传至基础顶面的轴向力设计值：N=11.250kN；

基础底面面积：$A=0.250m^2$。

$p=45.001\leqslant f_g=160.000kPa$。地基承载力满足要求。

6　结论

吸收塔脚手架搭设安全计算结论见表1. 从计算结论得出该脚手架设计符合安全要求。除立式设备分段安装焊接需要脚手架平台之外，设备的附属管线及钢结构安装焊接也需要脚手架平台，因而脚手架的使用时间一般达数月，对于超过20米高的大型脚手架，其安全可靠性显得尤为重要。脚手架的安全性能计算，也就成为脚手架设计的关键。本文所描述的计算，为同类工程提供了参考和借鉴。

基于 RFID 的油气管道工程丢失目标检测算法

刘建武[1] 车荣杰[2]

（1. 中石化石油工程建设有限公司；2. 中石化石油工程设计有限公司）

摘 要 随着我国油气管道建设需求的不断增长，过去效率低、出错率高的传统仓储管理方式已经无法满足油气管道工程的发展。基于 RFID 技术的仓储管理系统能够为油气管道工程的智能化仓储管理提供支持，有效提高仓储管理的效率和准确性。由于油气管道建设存在工地面积大、人员复杂、设备物资分散、管理作业流程琐碎等特点，本文针对仓储管理中的丢失物品检测问题，提出了高效的丢失标签检测算法 EMTD。在 EMTD 算法中，本文引入了基于 ID 移位的多次哈希函数来实现丢失标签的高效检测。最后，通过大量的仿真结果验证了 EMTD 算法的有效性。

关键词 油气管道；RFID；仓储管理；丢失标签检测A

1 引言

2020 年底，我国油气长输管道总里程已超过 16 万公里，管道运输已成为继公路、铁路、水运、空运之后第五大交通运输方式，承担着我国 70% 的原油和 99% 的天然气运输。根据国家发展改革委和国家能源局印发的《中长期油气管网规划》，到 2025 年，全国油气管网规模预计达到 24 万公里，油气储运能力实现大幅提升。国内油气管道建设经过几十年的探索，虽然各类技术已基本满足工程建设要求，但是仓储管理方面仍存在一些突出的问题。油气管道建设的工地面积大、人员复杂、设备物资分散、管理作业流程琐碎，传统的油气管道工程仓储管理采用人工收发、登记、盘点的管理方式，对物品信息的采集、录入，大部分通过人工完成，因此对人工操作的依赖性太强，自动化程度不高，仓储工作不但步骤繁琐、效率低下，而且很难保证材料进出库的准确性。显然，传统的仓储管理模式已经无法满足当前及未来阶段油气管道工程仓储管理的发展需求。

射频识别（radio frequency identification，RFID）技术可以在一定距离内通过电磁波把能量和数据发送至某一设备，该设备可以执行获取信息的预设程序完成数据交换。RFID 技术具有功耗低、响应速度快、穿透性较强等特点，同时 RFID 标签有着体积小、抗污损、安全可靠等优点，目前该技术已广泛应用在食品安全、图书档案、商场超市、物流运输等诸多领域。RFID 技术同样可以为油气管道工程的智能化仓储管理提供支持，在管理过程中实现物料识别、数据采集与动态监管的自动化，并且能够有效提高仓储管理的效率和准确性。

2 RFID 系统

RFID 系统一般由一个后端服务器（back-end server）、一个或多个 RFID 阅读器（reader）和大量的 RFID 标签（tag）等装置组成，其功能是通过无线电波进行识别和处理包含在一个或多个标签中的信息。后端服务器可以存储信息并且能够进行数据处理，来实现分析、记录或产品追溯等应用。RFID 阅读器能够通过天线接收通信距离内标签的数据，并将数据上传至后端服务器。RFID 标签由一个天线和一个低功耗芯片组成，而且每个 RFID 标签都拥有一个独一无二的 ID。一般来说，RFID 标签可以分为两类：主动标签和被动标签。主动标签可以依靠自身内部电源中的能量来与阅读器进行通信，而无源标签需要借助阅读器提供的射频能量来完成通信。

在很长时期内，条码技术都被认为提供了高效数据编码，并在仓储物流等领域得到了大量应用，但目前却面临着一些局限性。例如，条码技术要求扫描器必须与被识别物体保持较近的距离且不能被遮挡。RFID 技术则不存在类似的问题，其传输距离可达数十米，且 RFID 技术所具备的高耐环境特性使其数据传输更具穿透性，能够穿透纸张、木板、塑料等物体。显然，RFID 技术相比于条码技术更加适用于仓储管理这一领域的自动化升级。

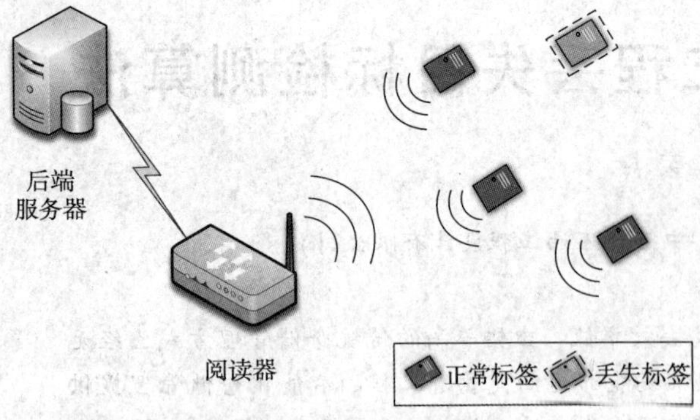

图1　RFID 系统

同时，RFID 系统所具备的数据采集与处理能力也非常适合于仓储管理的自动化要求，在各类环境下都能获得不错的灵活性和可操作性，即便针对油气管道工程中大小形状各不相同的物料，同样具备可靠的稳定性。

3　系统模型与问题建模

3.1　系统模型

如图1所示，一个大规模的 RFID 系统是由一个后端服务器、一个或多个阅读器和大量的 RFID 标签组成的。其中，RFID 标签的 ID 预先存储在后端服务器中。当然，在一些情况下，部分标签会出现丢失状态。在油气管道建设中，由于工地面积大、人员复杂、设备物资分散、管理作业流程琐碎等原因，物资遗漏或失窃极易发生，因此，本文的目的是针对仓储管理中的丢失物品检测问题，提出高效的丢失标签检测算法。

在如图1的 RFID 系统中，我们部署了大量活跃标签，每个标签都由自己的内部电源提供能量来与阅读器通信，并使用一个唯一的96位 ID。由于阅读器与后端服务器之间的通信速率足够高，为了方便起见，在本文中我们使用“阅读器”来代指阅读器和后端服务器。

本文的算法研究基于帧时隙 Aloha 协议，阅读器和标签之间的通信符合以下原则。通信由多时隙的帧构成，每个帧包含 f 个时隙。一个帧将在阅读器将参数作为命令广播给所有标签时初始化。这些参数包括帧大小 f、随机种子 R 和哈希函数的个数 k。在接收到参数后，每个标签伪随机选择 k 个时隙来发送响应。当一个帧全部执行完，阅读器会将所有的时隙分为三类：没有标签响应的空时隙、有一个标签响应的单时隙或有多个标签响应的冲突时隙。此外，这些时隙还可以根据标签所发送的消息分为标签时隙、长响应时隙或短响应时隙，其中，标签时隙表示为 $t_{tag}=2.4$ms，长响应时隙表示为 $t_l=0.8$ms，短响应时隙表示为 $t_s=0.4$ms。

3.2　问题建模

在一个大规模的 RFID 系统中，共存在 N 个已知标签，而其中包含 m 个丢失标签，它们可能被放错地方或丢失，并且不会回应阅读器。本文的目的是提出一种算法来检测在这样一个 RFID 系统中是否存在具有一定可靠性的丢失标签。因此，对本文待解决的问题可以进行如下定义：

定义1在包含 N 个已知标签(其中 m 个标签丢失)的大规模 RFID 系统中，对于给定的检测可靠性 $\alpha \in (0,1)$，当 $m \geq M$ 时，丢失标签事件的检测概率应当不低于 α。其中，M 是丢失标签的数量的阈值。

例如，我们认为在一个 RFID 系统中有少量的已知标签丢失。鉴于所要求的可靠性 $\alpha=0.99$ 和丢失标签数量的阈值 $M=5$，当丢失标签数量等于或大于5时，检测到丢失标签事件的概率应不小于0.99。

4　算法设计

为了检测丢失标签，本文提出的 EMTD 算法引入了基于 ID 移位的哈希函数，来提高单时隙的利用率，以提高算法的执行效率。此外，标签时隙被部署在丢失标签检测阶段，与短响应时隙相比，它能携带更多的消息，节省更多的时间。接下来，我们将在本章中详细描述所提出的 EMTD 算法。

丢失标签检测的关键是充分利用单时隙，我们为此引入了基于 ID 移位的多次哈希函数来实现这个目标。此外，由于时隙的数量是巨大的，标签响应的时间成本将是巨大的。在此阶段中，短响应时隙被用于响应的标签时隙所取代，而标签时隙可用于发送96bit 的消息。丢失标签检测阶段包括两个子阶段：时隙分布和标签响应。在第一个子阶段，阅读器将大多数已知的标签分布到单时隙中，然后通过匹配期望的帧向量，在第二个子阶段中检测出丢失标签。

4.1　时隙分配

阅读器首先根据随机种子 R 对标签 ID 进行

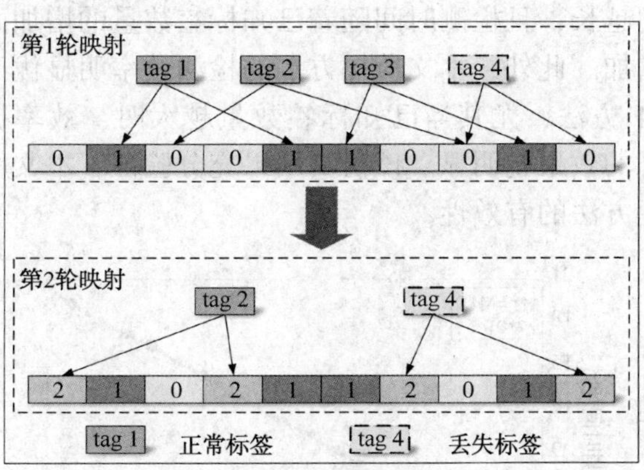

图 2　时隙分布过程示意图

k 次哈希函数运算，并依据结果将所有已知标签映射到一个期望帧向量，其大小为 f_e。然后阅读器筛选与单时隙对应的所有位，给这些位一个索引值“1”，这代表着第一轮映射的结果。阅读器将为第二轮映射删除这些位和标签。之后，每个剩余的已知标签的 ID 将右移 1 位，即 $ID \gg 1$，记为 $ID_{\rightarrow 1}$。然后，阅读器通过对 $ID_{\rightarrow 1}$ 进行 k 次哈希运算将剩余的已知标签映射到剩余的位上，并筛选出与单时隙对应的位，给这些位一个索引值“2”，这代表着第二轮映射。然后阅读器为下一轮映射删除这些位和标签并重复上一个过程，直到执行完第 h 轮映射，每轮映射的单时隙对应的位分别会得到一个索引值 $x(x \in [1, 2, \cdots, h])$。因此，绝大多数已知标签都将被映射到 k 个期望的单时隙中。需要注意的是，在第 $(i+1)$ 轮映射中使用的是 $ID_{\rightarrow i}(0 \leqslant i \leqslant h-1)$，其中 $ID_{\rightarrow 0}$ 表示每个标签本身的 ID。

如图 2 所示，在一个 RFID 系统中，我们假设帧大小为 $f_e = 10$，已知标签数为 $N = 4$，哈希函数次数为 $k = 2$，映射轮数为 $h = 2$。首先，阅读器将所有已知的标签映射到期望的帧向量，筛选与单时隙对应的位，并给出这些位一个索引值“1”。然后为第二轮映射删除这些位和标签。接着，阅读器将剩余的标签 ID 右移 1 位，并将这些标签映射到其余的位。类似地，阅读器筛选与单时隙对应的所有位，并给出这些位一个索引值“2”。此时，期望帧向量由两个映射构成，每个已知标签都被分布到 2 个期望的单时隙。

4.2　标签响应

期望帧向量构造完成后，每个位都会被一个 $\log_2(h+1)$ 位的二进制数代替。随后，期望帧向量将分为多个段，每个段为 96 位，并且可以利用 t_{tag} 进行传输。接着，阅读器向所有标签广播参数和这些段。在接收到参数和标签映射到的段之后，标签将在相应的标签时隙中传输 96 位的响应。每个标签都根据以下规则进行响应：

（1）每个标签首先计算 $H(\mathrm{ID}, \mathrm{R}) \bmod f'_1$，并在其映射的段中选择 $\log_2(h+1)$ 位，f'_1 表示在第一次映射之前未映射的时隙数。如果位的值是“1”，这表示标签选择了期望的单时隙。然后，该标签将在一个标签时隙中向阅读器传输一个 96 位的响应。该标签通过计算 $H(\mathrm{ID}, \mathrm{R}) \bmod f'_1$ 来获得它使用的标签时隙。响应消息包含一位“1”，它表示所选的 $\log_2(h+1)$ 位，其余位均为“0”；

（2）如果第一次计算选择的 $\log_2(h+1)$ 位的值不是“1”，则标签删除第一个映射位并计算 $H(ID_{\rightarrow 1}, \mathrm{R}) \bmod f'_2$，重新选择另外的 $\log_2(h+1)$ 位，f'_2 表示在第二轮映射之前没有映射的时隙数。如果位值为“2”，这意味着标签选择了期望的单时隙，那么标签将在一个标签时隙中向阅读器传输一个 96 位的响应。此时，该标签通过计算 $H(ID_{\rightarrow 1}, R) \bmod f'_2$ 来获得它使用的标签时隙。响应消息包含一位“1”，它表示所选的 $\log_2(h+1)$ 位，其余位均为“0”；

（3）重复前面的过程，直到每个标签都选择期望的单时隙，即通过计算 $H(ID_{\rightarrow i}, R) \bmod f'_j (1 \leqslant j \leqslant h)$ 得到的位值为 $i+1$。然后，每个这些标签都在相应的标签时隙中发送一个响应。如果一个标签在 h 轮计算后没有选择一个期望的单时隙，它将不会向阅读器发送任何响应。

当阅读器从标签接收到响应时，它会通过 OR 操作将同一标签时隙中的这些响应组合成一个实际的响应向量。然后，阅读器将所有的响应向量与期望帧向量进行比较，以检测丢失的标签。如果实际响应向量的任何一位是“0”，而期望帧向量的相应位不是“0”，那么阅读器报告一个丢失的标签事件，并且 EMTD 算法立即终止。如果阅读器在将期望帧向量与所有实际的响应向量进行比较后没有报告丢失的标签事件，则可以认为丢失标签的数量 m 小于阈值 M。

5　仿真验证

在本节中，我们进行了大量的仿真，并通过

实现传统的 Bloom Filter（BF）来验证本文所提出的 EMTD 算法的性能。在仿真中，我们将丢失标签数量的阈值 M 设为 1，这是丢失标签检测最困难的场景。在本文中，我们的目标是高效地检测丢失标签事件。因此，检测时间是主要的性能指标。检测时间的定义为当算法检测到缺失的标记事件时的时间成本。

5.1　丢失标签数量对检测时间的影响

为了验证丢失标签的数量对检测时间的影响，我们将已知标签的数量设置为 $N = 10000$，丢失标签的数量设置为 $m = 1：1：20$。如图 3 所示为检测可靠性分别为 $\alpha = 0.9$ 和 $\alpha = 0.99$ 时检测时间的曲线图，可以看到，可靠性越高，检测时间越长，且检测时间随丢失标签数量的增加而缩短。这是因为当丢失标签数量越多时，系统越容易检测到存在的丢失标签。同时，本文所提方法的时间效率明显优于传统的 Bloom Filter 方法，当丢失标签数量较少时效果更加明显。该仿真结果充分验证了本文所提方法的有效性。

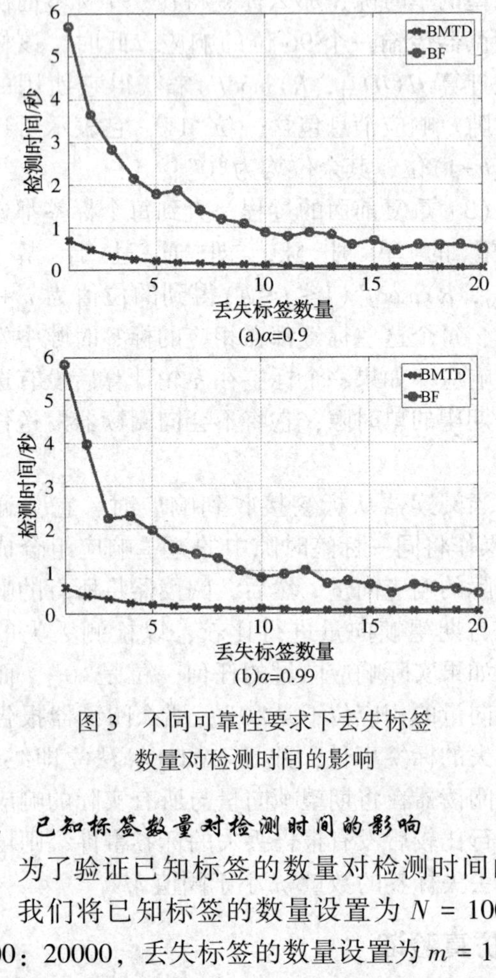

图 3　不同可靠性要求下丢失标签数量对检测时间的影响

5.2　已知标签数量对检测时间的影响

为了验证已知标签的数量对检测时间的影响，我们将已知标签的数量设置为 $N = 1000：1000：20000$，丢失标签的数量设置为 $m = 1$。如图 4 所示，可以看出，所需可靠性越高，检测时间越长，且检测时间随着已知标签数量的增加而增加。此外，本文所提方法的检测效率明显优于 BF 方法，尤其当已知标签数量越大时，效率提升的效果越明显。该仿真结果充分验证了本文所提方法的有效性。

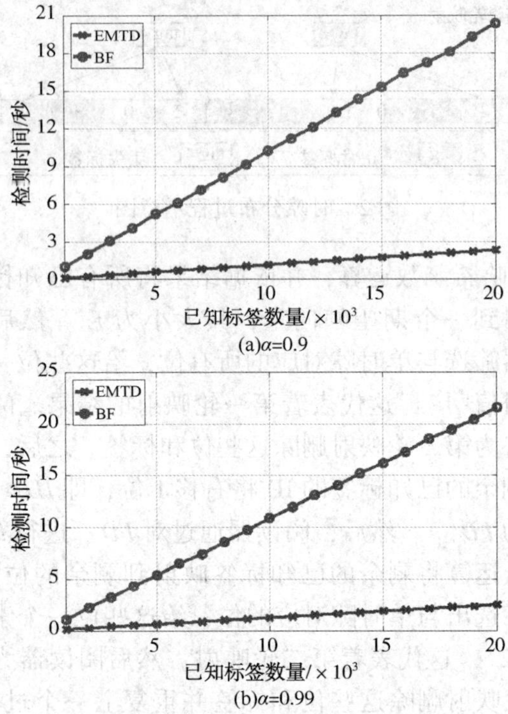

图 4　不同可靠性要求下已知标签数量对检测时间的影响

6　结论

本文根据油气管道建设中存在的工地面积大、人员复杂、设备物资分散、管理作业流程琐碎等特点，针对仓储管理中的丢失物品检测问题，提出了高效的丢失标签检测算法 EMTD。在 EMTD 算法中，本文引入了基于 ID 移位的多次哈希函数来实现丢失标签的高效检测。另外，大量的仿真结果验证了本文所提出 EMTD 算法的有效性。不过，本文设计的 EMTD 算法未曾考虑存在未知标签的情况，在今后的研究中，我们将针对未知标签对现有算法进行改进。

参　考　文　献

[1] 天工．西气东输定合复线探索智能化管道建设[J]．天然气工业，2018，38(10)：99.

[2] 罗淑芳．油田地面建设工程项目质量监督管理[J]．油气田地面工程，2017，36(11)：103-105.

[3] 陈蕾，吴克辛，刘浩飞，李静原，张一．施工现场

物资管理与智能工地建设方法分析[J]. 施工技术，2018，47(07)：1-3+25.
[4] 唐啸楠，刘海峰．石油工程施工阶段质量控制探讨[J]. 企业改革与管理，2017，23(12)：214.
[5] 陈善为．物联网环境下的智能工地研究[J]. 软件导刊，2014，1：52-53.
[6] 黄玉兰．物联网射频识别(RFID)技术与应用[M]. 人民邮电出版社：，201305. 230.
[7] 李琨，孙伟奇，史玉敏．RFID 技术在航空器材仓储管理中的应用[J]. 物流科技，2021，44(10)：135-138.
[8] 范江东，王伟，高瞻．基于 RFID 技术的电力企业物资管理系统设计[J]. 现代电子技术，2021，44(24)：11-15.
[9] 张英帅．油气生产物联网在数字化油气田构建应用研究[D]. 西南石油大学，2016.
[10] 丁鹤铭，李伍林，李斌功．基于二维码的长输管道工程人员管理系统设计[J]. 油气储运，2019，38(02)：197-201.
[11] Gong W, Liu J, Yang Z. Efficient unknown tag detection in large-scale RFID systems with unreliable channels[J]. IEEE/ACM Transactions on Networking, 2017, 25(4): 2528-2539.
[12] Hou Y, Ou J, Zheng Y, et al. PLACE: Physical layer cardinality estimation for large - scale RFID systems[J]. IEEE/ACM transactions on networking, 2015, 24(5): 2702-2714.
[13] Yu J, Chen L, Zhang R, et al. Finding needles in a haystack: Missing tag detection in large RFID systems[J]. IEEE transactions on communications, 2017, 65(5): 2036-2047.

关于国有炼化企业工程建设业务高质量发展途径的思考

石生福

（中国石油兰州石化公司工程部）

摘　要　碳达峰碳中和目标任务日益紧迫，数字化发展日新月异，国企改革三年行动收官在即，国有炼化企业如何以数字化为管理核心要素，以落实国企改革三年行动和碳达峰碳中和要求为主线，重塑企业管理迫在眉睫，本文就以构建国有炼化企业发展新格局为背景通过分析探讨炼化企业工程建设业务高质量发展的途径和方法，为国有炼化企业高质量发展提供一点点有益的思考。

关键词　碳达峰碳中和；数字化；国企改革三年行动；国有炼化企业高质量发展

国企改革三年行动方案确定的五大目标要求和八个方面的重点任务，特别是国企要完善中国特色现代企业制度，坚持“两个一以贯之”，形成科学有效的公司治理机制；国企要在创新引领方面发挥更大作用，成为有核心竞争力的市场主体，在维护国家经济安全方面发挥基础性作用，为国有炼化企业构建新发展格局指明了方向和目标。而碳达峰碳中和目标任务日益紧迫，能耗“双控”正向碳排放总量和强度“双控”转变，氢能、生物基液体燃料、新能源汽车等新型产业快速发展，对传统石化企业带来了巨大挑战。国有炼化企业站在了新的历史发展关口，如何借助实体经济数字化转型这场划时代革命东风，重塑国有炼化企业管理新格局迫在眉睫。

1　运用战略思维、系统思维、逻辑思维，找准国有炼化企业构重塑管理模式的方向

国有炼化企业在碳达峰碳中和背景下，如何维护现阶段国家能源安全的同时谋求在新能源、新材料域领创新引领能源行业，继续承担起维护国家能源安全、新材料高地的责任，是国有炼化企业的使命。新时代能源和新材料发展和需求的不确定性，客观上要求国有炼化企业具备规模化柔性生产能力，以高频应对市场需求，提高盈利能力。也就是说，新时代要求国有炼化企业将来要干好两件事：一是按照当前市场需求的分析决策结果组织好当前的柔性生产；二是按照市场预测分析决策结果抓好规划建设，提高企业规模化柔性生产能力。当前市场需求的分析决策、市场预测分析决策都离不开大量数据的收集、分析。综上述分析探讨，我们可以将国有炼化企业构建新发展格局的方向定位如下：

首先，落实“第一议题”制度，以高质量党建引领企业高质量发展，做好顶层设计，是管总；

其次，以“计划生产型”向“生产经营型”转变是总途径，抓以销定产，使得企业对市场变化和需求要做出快速精准的反应，以较低的库存保证高质量产品快速投放市场，抢抓市场机遇；高质量产品的连续供应，企业便能稳固占领、扩大市场份额，进而取得产品定价权。

以上述定位方向为原则，将国有炼化企业数字化转型战略策划确定为：企业创建智能化决策数据中台，为决策层的决策活动提供智能支持，使决策过程可智能模拟，结果可测量；“以营销为龙头、以生产和规划建设为主线”即营销为中心、生产和规划建设为基本点，来支撑企业智能决策数据中台，拓扑构架如图1所示。

将主线之外的业务按照功能分为党建、支持、监管三类体系，以主线业务流程为数据流动主通道，按照主线业务流程过程系统融入党建、支持和监管要求，及时为主线业务运作提供可靠支持，及时管控主线业务运作过程中的各类风险和纠正主线运行偏差，将事后监管变成过程监管。

支持体系：计划、人力资源、设备、采购、化验分析。

监管体系：法律法规、质量（含技经指标）、

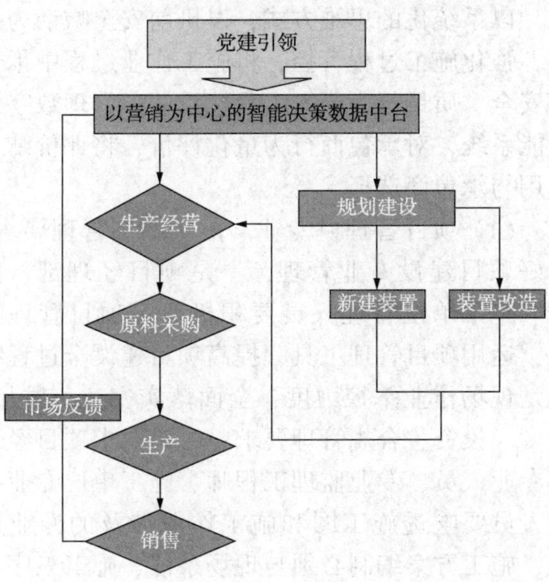

图 1

安全、环保、职业健康、财务(效益)、企管(内控)、绩效、审计要求。

主线业务流程、党建及支持监管体系业务流程实现过程管理可视化、智能化；主线业务、党建、支持体系、监管体系视需要可设分数据中台，党建、支持体系、监管体系数据智能传入决策数据中台。

2　运用战略思维、系统思维、逻辑思维，找准国有炼化企业工程建设的方向

2.1　创新工程建设管理理念，找准工程建设业务管理提升方向

2.1.1　重新审视公司工程建设业务。从国有炼化企业做大做强新能源、新材料实体经济的使命角度讲，我们不难得出“装置是企业高质量发展的物质基础和前提，是企业核心竞争力的硬实力；开好现有装置是企业当前的核心利益，建好装置是企业长远的核心利益”的结论；项目建设如果能早立项、快建设、早见效，将对企业高质量发展起到基础性的支撑作用，所以结合数字化转型系统推进企业工程建设业务机制创新，实现企业工程建设业务高质量发展具有十分重要的意义。

2.1.2　创新工程建设管理理念。一是要让企业参建干部员工认识到“项目建设是推动企业高质量发展的物质基础和前提”，项目建设是事关企业全局的重要工作，从而增强他们工作的荣誉感和自豪感；二是要让参建的各类承包商和企业干部员工树牢“安全第一”的思想，强化“任何作业都有风险、任何风险都可管控、任何事故均可避免”的理念；三是项目参建人员尤其是企业的干部员工要树立“今天的工程质量缺陷就是明天的安全环保隐患”的理念，从而增强他们工作的责任感和使命感；四是企业参建干部员工要树立“项目建设是一场接力赛，每一棒都要跑赢”，项目建设是有着不同与生产、机动等系统的完整合规要求的系统性业务，打破或不遵循工程建设管理程序，都会给本环节或下一个业务环节带来法律、合规性风险或导致整个业务链条效率降低甚至停摆，所以从项目建议书提出到项目竣工，必须进行全流程控制，每一个环节的工作质量和工作时限、工作责任都必须明确，从而实现项目建设高效运作，这就要求企业参建干部员工要有大局意识、全局观念；五是项目建设有其特殊性，每一个项目建设过程中都会遇到特殊的问题，整个业务链上的矛盾和问题往往都集中在施工阶段显现，所以企业参建干部员工要树立“施工阶段是项目建设矛盾的集结点和消化点”的理念，各环节的相关人员要积极参加项目施工例会或积极正面响应施工阶段的问题反馈，这就要求参建干部员工要有很强的系统观念。

2.2　以项目经理负责制为核心，以落实项目各专业组职责为主线，实现项目部强矩阵管理

将“标准化设计、规模化采购、工厂化预制、模块化建设、信息化管理、数字化交付”作为项目高质量建设的途径，“标准化设计”是整个途径的基点；项目建议书和可行性研究报告、基础设计直接确定了项目工艺技术路线、产品方案、主要设备和材料选型、建设规模、投资主体、场址选择等关键要素，这些要素是项目“标准化设计”的根本遵循和依据。

企业强化项目集中、统一管理，从编制项目建议书开始，明确项目工艺技术方案负责人，成立项目经理部，实行项目经理负责制，选配负责任的项目经理、设计经理、施工经理、采购经理、生产经理、项目监理，明确各专业经理及其所带领的专业组责任分工，狠抓承包商管理，加强项目咨询、设计、采购、施工、开工一体化管理，实现从投资控制到技术把关再到现场安全的全程协调管控；对项目实施全过程管理，把好项目工艺技术关，把好设备技术交流关，把好现场施工进度关，把好施工现场安全关。

项目部视情况 1 周或 2 周组织召开一次项目建设例会，协调项目建设过程中存在的问题，统筹落实“安全、质量、投资、进度、合同、廉洁”控制要求。

企业每年组织开展项目建设评优选先工作，对在项目建设过程中做出突出贡献的项目经理部和个人予以表彰奖励，以全面提高项目参建人员的工作积极性。

2.3 创建工程建设业务管理数字化智能系统，实现企业工程建设业务全面可控运作

2.3.1 坚持结果导向，明晰项目建设目标。依据市场反馈和预测、企业规划、安全环保合法合规治理要求，项目从建议书阶段，就按照科研、技措技改、投资、安全环保隐患准确分类，同时明确项目建成后需要达到的目的以及建设水平(工艺先进性、设备档次)、建设周期。

2.3.2 坚持目标导向，明晰项目各环节的工作时限。项目立项后，就需要根据项目规模、工艺复杂程度、设备档次、建设周期，就要开始明确初设、施工图设计、采购(技术交流、技术协议签订、厂家资料设计院)、招标、生产交出、施工、竣工验收各个阶段大的时间控制节点，从总体上看项目建设能否满足企业建设周期的要求，如果按照常规流程，无法满足企业建设周期要求，就需要企业决策层决策如何加快项目建设过程。

2.3.3 坚持问题导向，明晰项目各环节可视化控制要素。按照企业确定的建设周期，各阶段大的时间节点，将各环节工作时限、工作内容、工作标准和要求、负责人等工作要素倒入工程业务管理系统，由系统智能识别形成可视化的控制要素；依据各控制要素提醒、警示各责任人，抓紧完成工作并在系统上形成工作完成可视化标志，对按期完成工作的形成激励意见，对没有按期完成的工作提醒警示项目专业经理牵头分析进度滞后原因并形成考核意见、纠偏措施；后一环节中发现前一环节工作要素未能要求完成，影响工作推进的，通过系统向前一环节责任人智能反馈；按期完成的项目根据项目投资规模、项目紧急程度、建设难易程度形成激励意见，没有按期完成的环节提醒警示项目经理牵头分析进度滞后原因及考核意见。

2.3.4 运用 HSE 体系管理思想、理念、方法，强化施工过程安全管控。

以系统化的思维方式，以班前安全喊话为抓手，强化施工过程管控，将施工作业过程中承包商安全、质量行为录入工程建设业务管理数字化智能系统，对承包商行为量化评价，将评价结果运用与承包商选择。

(1) 项目管理讲专业。落实精细管理要求，抓好项目建设专业管理，一是项目经理部、监理、施工单位管理人员要积极研究项目管理特点，运用项目管理工具，提高项目建设全过程特别是现场作业掌控力度，全面落实安全、质量、进度、投资、合规管理要求；二是要求项目经理部专业人员、专业监理工程师、施工单位专业技术人员要吃透施工图和施工作业涉及的专业规范，施工方案编制必须与现场条件、施工工序和工艺、施工内容、设计文件、标准规范紧密结合，项目管理人员、技术人员及施工作业人员共同讨论确认施工方案，施工单位施工方案编制人要按照施工方案对施工技术人员进行现场培训和交底；特殊动火、特殊受限空间、大型吊装、特殊高处作业、24 米以上脚手架、50kW 或 5 台及 5 台以上临时用电、管线打开等作业的施工方案、监理规划、监理细则必须要由各自单位项目技术负责人认真审核；特殊施工的技术方案如特殊管材焊接和无损检测方案、开挖深度超过 5 米(含 5 米)深基坑支护等超过一定规模的危险性较大的分部分项工程施工方案的审核、培训交底必须要由施工单位技术负责人亲自负责，甲方项目经理部还应组织有关单位及专家召开专题会进行评审；通过上述措施切实提高施工方案编制水平，将施工作业安全、质量要求融入到日常具体施工作业安排中，确保项目建设安全质量源头受控。

(2) 具体作业讲达标。抓好项目作业精准操作管理。项目总监和施工单位项目经理要按照施工方案以当天具体作业内容所要使用的工机具和材料及所应用的工序和工艺、具体工作量等为中心细化班前安全喊话要求，落实好四个要点：一是工作量底数要交清，施工单位专业工程师要给施工作业人员交代清楚当天作业内容和具体的工作量；解决好干啥、干多少的问题。二是作业的质量标准要清，施工单位专业工程师要给施工作业人员交代清楚当天作业所遵循的施工工序、工艺标准，所完成的作业要达到的质量标准并满足设计要求实现设计意图；解决好如何干、干到啥

标准的问题。三是作业过程中的安全风险要识别清，施工单位专业工程师要提前做好当天作业时所使用的设备、机具、材料完好性检查，给施工作业人员交代清楚设备、机具、材料使用过程中和每道工序中存在的安全风险及其削减措施；HSE 工程师要检查核实人员证件、特种作业人员资质、特殊作业准备情况，补充每道工序中存在的安全风险及其削减措施；解决好怎样安全干的问题。四是专业监理工程、HSE 监理工程师监督要点要清。专业监理工程师、HSE 工程师要对作业许可证的开具、现场周边环境、现场监护人到位、施工方案的培训交底、施工单位专业工程师的现场交底、工机具的完好、设备材料验收、特种作业人员的资质、吊车、脚手架、临时用电、风险消减措施的落实等要做好补充和监督工作。

总监和项目经理要抓好作业过程中班前喊话要求落实的监督检查和日工作总结，并根据当天工作量完成情况、安全质量达标情况，安排部署次日进度是否纠偏、安全质量要求。

（3）企业项目部严格按照施工单位投标文件核实管理人员，从人员资质审核、能力测试方面严格承包商准入评估；项目部现场代表、专业代表、安全管理人员现场检查、项目例会时严格按照准入人员名单核查承包商管理人员到岗情况；严格承包商人员变更评估、审批。项目部严格承包商评价，促使承包商队伍实现优胜劣汰。

本文以新时代国有炼化企业在新时代所肩负的使命为切入点，分析了国有炼化企业重塑管理模式的必要性和方向，阐明了工程建设业务高质量的途径，点明了工程建设业务高质量对企业高质量发展起到基础性支撑作用、企业高质量发展对工程建设业务高质量发展提出了更高的要求和机遇，对于国有炼化企业重塑管理模式提供了一点点有益的思考。

大型 LNG 接收站 BOG 压缩机的选型分析

李　祥　李广超

（北京兴油工程项目管理有限公司）

摘　要　LNG 接收站在运行过程中会有大量的蒸发气(BOG)产生，蒸发气的产生主要是由于外界能量的输入造成，如泵运转、外界热量的传入、大气压变化、环境的影响及 LNG 送入储罐时造成罐内蒸发气体积的变化。蒸发气处理系统的目的是为了经济而有效地回收产生的蒸发气。BOG 压缩机被称为 LNG 接收站的“心脏”，同时也是 LNG 接收站节能减排的关键设备。由于 BOG 压缩机为低温压缩机，价格昂贵，功率较大，为了减少贵重设备投资，降低运行能耗，合理选择 BOG 压缩机单台能力及数量关系到项目运行管理及投资控制(图 1)。

关键词　蒸发气；接收站；立式迷宫压缩机；卧式往复式压缩机；选型

1　引言

根据近期国内 LNG 接收站调研情况，BOG 压缩机各生产制造企业机型型式不尽相同。国内 BOG 压缩机技术尚处于开发阶段，仅个别厂家有少量业绩。目前国内 LNG 接收站 BOG 压缩机选型以采用国外成熟产品为首要选择，如 KOBELCO、IHI、Dresser-Sand 及 Burckhardt。其中 KOBELCO、IHI、Dresser-Sand 主要生产卧式往复式压缩机，Burckhardt 主要生产立式迷宫压缩机。立式迷宫压缩机与卧式往复式压缩机在国内均有比较丰富的应用业绩。两种压缩机都各有优点和缺点，适应性也不一样，需要综合比较确定最佳配置方案。包括技术性能和工艺性能，还有前期投资、后期运营成本、维护的难易程度、压缩机的性能等综合考虑选型。

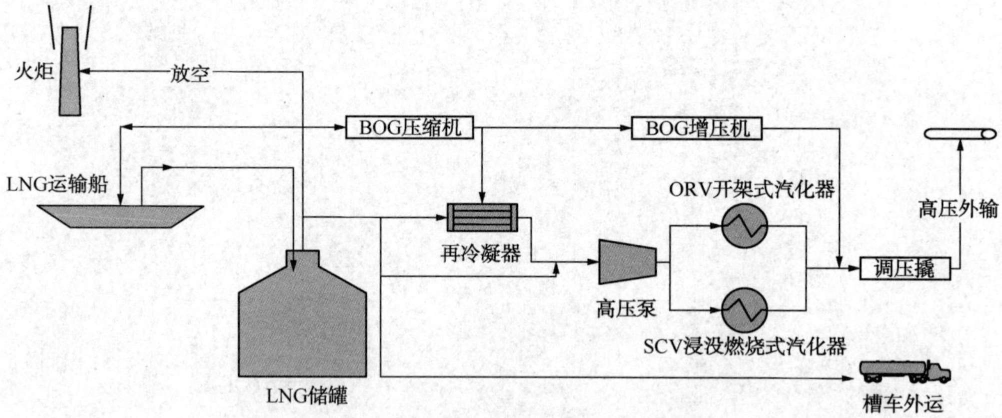

图 1　国内大型 LNG 接收站工艺流程图

2　BOG 压缩机的常用类型

BOG 压缩机多采用往复式压缩机，LNG 接收站使用超低温(如-150℃)卧式往复式压缩机和立式迷宫式压缩机，两种机型在国内外均有较成熟的业绩。

立式迷宫压缩机为非接触式、无油润滑，无活塞环及支承环。这项特殊的技术被应用于活塞和气缸壁之间以及活塞杆填料函和活塞杆之间。迷宫的密封效果是由许许多多的微小节气点形成的。少量泄漏气体通过密封系统在内部回收。由于没有了摩阻，气缸与活塞等关键部件的材料选择更加灵活，压缩机在环境温度下可以直接启动而不需要预冷。气缸与活塞不直接接触，工作表面也就没有磨损，压缩机可以选择在较高的速度下运行。

卧式往复式无油压缩机为活塞式，利用特殊材料的活塞环实现密封和无油润滑。卧式往复式无油压缩机气缸与活塞支撑环和活塞环直接接触，为尽量减少磨损，压缩机一般在较低的运转速度下运行，但其动力平衡性能较好。

3　BOG 压缩机机型对比及选型分析

3.1　卧式往复式压缩机与立式迷宫压缩机对比

立式迷宫压缩机特点：占地较小，有利于用户更加合理地布置相关设备。机型运行时震动较小。不存在活塞环，开机前无需预冷，节约运营成本。立式迷宫压缩机采用气密式曲轴箱，工艺气损失较少且无需氮气连续吹扫，降低运营成本。占地较小有利于用户更加合理地布置相关设备，无卧式机型活塞最高允许用平均速度 3.5m/s 的限制。

卧式往复式压缩机：设计紧凑、运转平稳，检修周期长，检修成本低。附属公用工程简洁、维护便捷、运行安全。部分卧式机型厂家拥有专利技术，改进耐磨损支撑环和活塞环、低噪音高效率材质阀板等，延长了卧式机型部分部件的使用寿命。传统卧式机型存在运行不稳定、震动相对较大的问题，部分卧式机生产厂家已进行降噪、减震方面优化处理，目前相关产品运行良好。

立式迷宫压缩机由于无活塞环、支撑环、防爆阀等构造优势，所需的备品备件相对较少，具有一定经济性。卧式往复式压缩机所需的备品备件较多，且易损件的更换频率相对较高，在后期运营检维修方面，对操作人员要求较高。目前在国内已建成投产的 LNG 接收站中，立式迷宫压缩机市场占有率略高，约为 60%。卧式往复式压缩机市场占有率略低，约为 40%。表 1 为卧式往复式压缩机与立式迷宫压缩机对比。

表 1　卧式往复式压缩机与立式迷宫压缩机对比

项目	卧式往复式压缩机	立式迷宫压缩机
磨损部件	环(活塞环、支撑环)寿命一般较短；缸衬、环槽均是可移动结构，但由于重力因素活塞与气缸磨损大	由于摩擦不承受重力部分，因此气缸内无滑动与磨损部件；一般备件寿命比较长
开机预冷	一般 15~30 分钟左右，预冷期间需放空。(部分厂家高级快速系统可将预冷时间缩短至 5 分钟内)	无需预冷、放空
氮气连续吹扫	压缩机中腔采用氮气密封，需要氮气连续吹扫	无氮气连续吹扫
活塞环问题	无活塞环，且不存在活塞杆下沉问题	如未及时更换支撑环，由于支撑环的磨损过度会出现活塞杆下沉的情况。通过传感器监测活塞杆下沉情况
耗电量	耗电量较低，节约运营成本	相比卧式机较高
维护	维护方便，但备品备件更换较为频繁，对操作人员要求较高	高维护平台，一般维护较简单，对操作人员要求较低

3.2　BOG 压缩机的选型分析

除满足工艺参数，如进气压力、排气压力、排气温度、排气量和介质等条件外，还需综合考虑效率、可靠性、价格等因素，运行成本也是需要考虑的因素之一。下面以某 LNG 接收站为例，根据不同工况下产生的 BOG 量(表 2)，选择配置数量、处理能力及机型等方面最优方案。

表 2　某 LNG 接收站不同工况下的 BOG 量

m^3/h

不同工况		贫液	富液	备注
不卸船	调峰外输	10506	9683	工况 1
	零气化外输	18435	17744	工况 2
	基荷外输	15513	14746	工况 3
卸船	调峰外输	16149	15807	工况 4
	零气化外输	19762	19182	工况 5
	基荷外输	17639	17279	工况 6

1) 因目前大型 LNG 接收站功能越来越完

善，具备气化外输、装卸船、槽车外运及加注船等多个功能，操作工况较多。随着运行工况和操作条件的不同，LNG 接收站 BOG 量是不断变化的，而且变化范围较宽，最佳方案为根据主要工况 BOG 量、BOG 单台处理能力匹配设备台数，提供初步选型方案。

表 3　各工况下 BOG 压缩机的配置台数　　台

单台处理能力 \ 各工况	工况 1	工况 2	工况 3	工况 4	工况 5	工况 6	配置台数（1 台备用）
8t/h	3	4	4	4	5	4	6
9t/h	2	4	3	3	5	4	6
10t/h	2	3	3	3	4	3	5
11t/h	2	3	3	3	3	3	4
12t/h	2	3	3	3	3	3	4
13t/h	2	3	2	2	3	3	4

2）各配置方案 BOG 压缩机总购置价格，通过市场询价，按照卧式往复式与立式迷宫 BOG 压缩机购置总价格对比见图 2。BOG 压缩机单台处理能力小于 9t/h 时，立式迷宫相比卧式往复式机型总体购置价格占优；因立式迷宫两缸机型的处理能力上限约 9t/h，故当 BOG 压缩机单台处理能力大于 9t/h 时，卧式往复式相比立式迷宫机型总体购置价格占优。

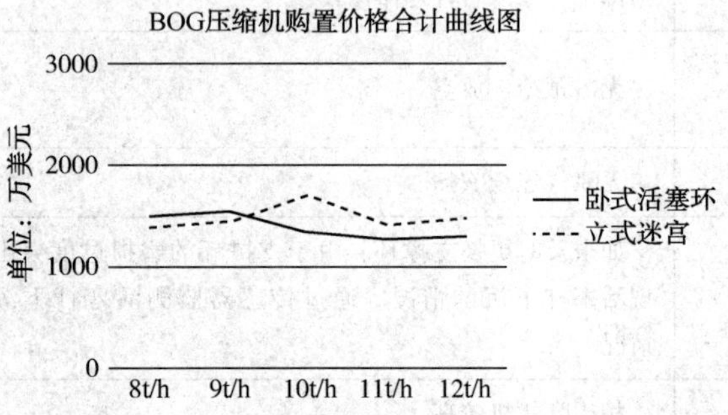

图 2　BOG 压缩机购置总价格曲线图

3）对于大型调峰接收站，每年 BOG 压缩机运行能耗费用占运营成本比重较大，应在设备选型时予以充分考虑。在满足各工况条件下，尽量减少 BOG 压缩机运行台数，以便节省运营成本。以每年 4000 小时计算、以常用工况 3 为例。按照卧式往复式与立式迷宫 BOG 压缩机分别计算各配置方案 BOG 压缩机年耗电费用，具体费用情况如见图 3。在单机处理能力一定条件下，卧式往复式机型总体耗电量相比立式迷宫机型降低约 10%~20%。

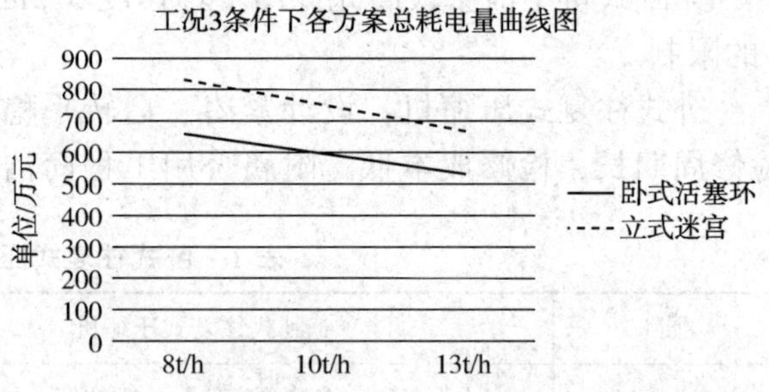

图 3　工况 3 条件下各方案总耗电量曲线图

4）按照卧式往复式与立式迷宫两种机型，分别计算各配置方案 BOG 压缩机每年维护费用(以设备预计寿命 25 年计算，不考虑资金时间价值)，具体估算的年维护费用见图 4。因为现场使用情况和工人能力水平不同，卧式机型维护周期可能 1~2 年，故维护费用计算结果有较大不确定性。总体而言，两种形式压缩机维修成本主要体现在易损件的价格及更换周期。立式压缩机由于易损件相对较少，寿命相对较长，其维修成本仅约为卧式往复式压缩机维修成本的 63%。

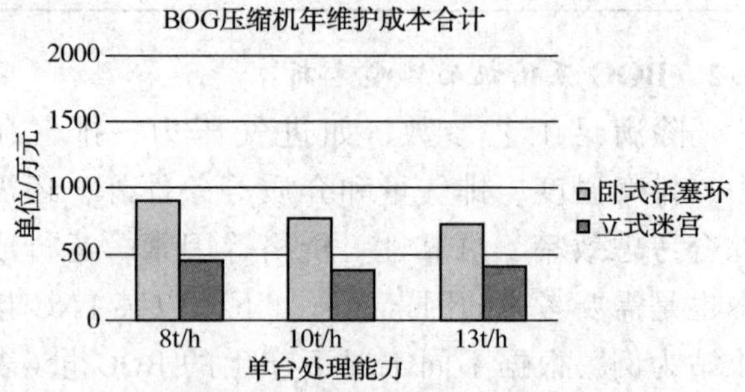

图 4　BOG 压缩机年维护成本合计柱状图

5）其他因素在 BOG 选型过程中也应综合考虑。(1)立式迷宫机型开机无需预冷，而卧式往复式压缩机由于一级气缸、活塞、支撑环等材质不同，其冷却速度、热膨胀系数、收缩率不同，因此，开机前需预冷以使所有部件收缩到位后，才可以启机。预冷时间约 15 ~ 30 分钟，个别厂家提供高级快速系统也需要 5 分钟。在预冷过程中工艺气需进行放空处理，造成了一定的成本损失。(2) N2 连续吹扫成本及工艺气连续泄漏损失。立式迷宫式压缩机的曲轴箱为气密性承压设计无需氮气吹扫，而卧式往复式压缩机，卧式 BOG 压缩机中腔(气缸和曲轴箱之间)需连续 N2 吹扫，工艺气体会少量排放，造成了一定的成本损失。(3) 立式迷宫机在投运前活塞与气缸需要磨合，进而使活塞运行状态稳定。磨合过程中，2 级活塞出现可能出现偏磨，导致撞缸和拉缸现象发生。

4 结论与建议

当选用处理能力小于 9t/h 的 BOG 压缩机时，设备统一可便于备品备件更换，且操作更加灵活，设备购置价格可减少。缺点是设备占用空间大，能耗较高，不利于项目后续规划及改造。建议适当提高压缩机单台处理能力，设备购置费用略微增加，但可以减少主要工况下的开机台数，从而达到降低能耗，节约运营成本的目的。

当选用处理能力大于 9t/h 的 BOG 压缩机时，设备统一可便于备品备件更换，且操作更加灵活，设备购置价格可减少。设备配置数量较少，初始投资较优，能耗较低，占地面积较小，利于厂区改造及未来规划。在国内接收站暂无单台处理能力 13t/h 以上的应用业绩，建议在 BOG 选型时考虑适当降低单台处理能力至 13t/h 以内。

为准确计算各工况产生的 BOG 量，业主应提供确定的 LNG 原料供应地及 LNG 组分。装船工况的 BOG 量应综合考虑船型、来船温度、压力等相关因素，不能仅依靠经验进行估算。

BOG 压缩机数量、单台能力确定比较复杂，需综合考虑介质密度、温度、LNG 组分、不同厂家压缩机机型等因素，并结合设备投资、运营费用及操作运营习惯等因素选取最佳选型方案。

参考文献

[1] 叶忠志 张园星．液化天然气 BOG 压缩机选型分析[J]．石油和化工设备，2013

[2] 李莹珂 蒲黎明等．LNG 工艺中压缩机的选型研究[J]．油气加工，2014

[3] 尹清党．BOG 压缩机在 LNG 接收站的应用[J]．压缩机技术，2009(6)

[4] 郭海涛．LNG 接收站 BOG 压缩机活塞故障分析[J]．压缩机技术，2012(3)

大型 LNG 接收站真空联合堆载预压真空压力值下降质量问题分析及控制措施

郭盛统　李汉伟

（北京兴油工程项目管理有限公司）

摘　要　真空预压是采用不透气的密封膜使待加固的土体与大气隔绝，通过埋设在砂垫层的排水管道与埋入地下的排水板，用真空设备进行抽气，将膜内空气和地下水一起排除，在膜内形成一个负压，这部分负压即变成作用于地基的荷载，达到压载的目的；堆载预压一般采用土石方压载；真空联合堆载预压则是这两种方式一起对地基起到预压的作用，对土体加速固结，对缩短施工时间起到重要作用。本文针对真空联合堆载预压施工中真空压力值下降的问题进行分析并提出控制措施。

关键词　真空预压；堆载；质量问题；措施

1　前言

拟建工程位于天津南港工业区，地基处理总面积约 60.4 万 m^2。其中 LNG 接收站地基处理面积为 52.6 万 m^2；西侧管廊及通道带地基处理面积为 7.6 万 m^2；东侧连接通道地基处理面积为 0.2 万 m^2。

针对本工程处于浅滩的地域特点，采用真空联合堆载预压施工进行地基加固处理，因为施工周期长，质量控制点多，施工工程量大等原因，在施工质量控制环节中容易出现质量问题，从而导致地基处理加固效果不理想。通过质量管理中发现的具体问题，进行分析，采取必要的控制措施，总结经验，提升质量管理效果。

2　施工工艺流程

真空联合堆载预压施工工艺从砂垫层施工、堆载山皮土到堆载卸载，流程如图 1 所示。

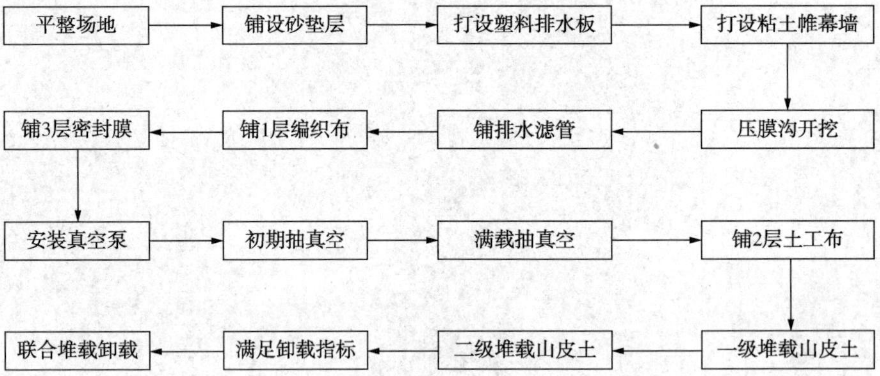

图 1

3　质量案例问题分析

在真空联合堆载预压施工过程中，第一交地区块的真空压力值出现连续下降，压力值上下波动不稳定，不能保持压力值达到 85kPa，通过对现场实际质量检查和参建单位管理工作情况进行分析，主要存在以下几个方面原因：

3.1　抽真空作业未按设计图纸要求进行同步抽真空

地基处理设计总说明中要求 A1B1 区 6 个储罐区需同步抽真空，使各分区地下压力变化尽可能同步，实现地面均匀沉降和密封膜均匀收缩，保证密封膜的完好性和密闭性。

实际施工过程中采用的是 A1B1 区非同步抽真空作业。A1B1-1、2、3 区首先抽真空，造成该区域土体沉降、并收缩；随后在 A1B1-4、5、

6区开始抽真空时，在 A1B1－1、2、3 区与 A1B1-4、5、6区中间的内部压膜沟处产生了两个方向相反的收缩力，造成压膜沟开裂，进而导致密封膜破损，在两个区域之间的压膜沟处出现一个连续的拉伸裂缝(图 2~图 4)。

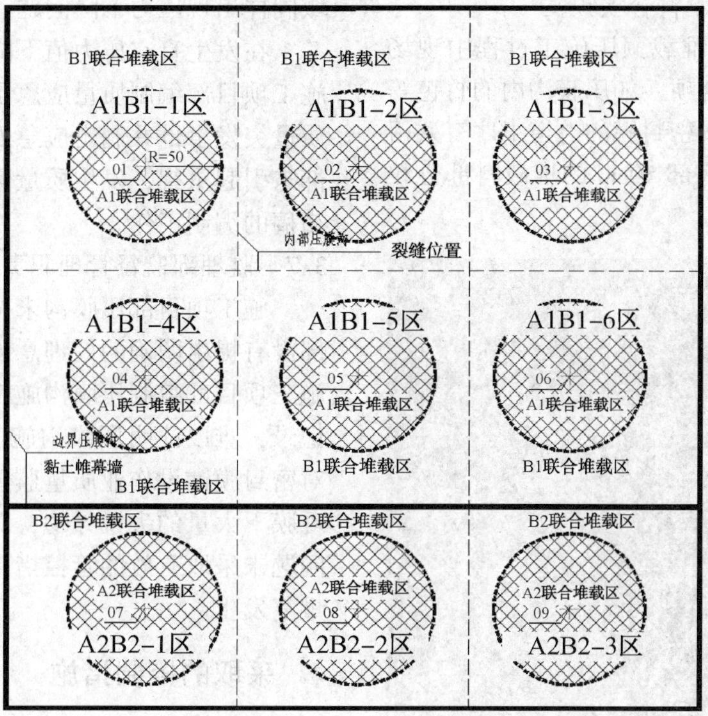

图 2

图 3

图 4

3.2 压膜沟施工未按图纸要求进行开挖放坡，压膜沟宽度、深度、土方回填量不满足设计要求，导致压膜防漏气效果达不到设计要求。

3.3 施工方案考虑不周详，质量风险辨识不到位

在改变施工工序后，施工项目部未及时变更施工方案，未制定有效的质量控制措施，仍按照原方案、原工艺组织施工，忽视了分区抽真空造成压力变化不同步、密封膜收缩不均匀可能带来的不利后果，施工项目部对质量风险的改变未引起足够重视。

原施工方案中未考虑运土机械动荷载对压力

值的影响，运土过程中机械设备的移动造成局部区域瞬间载荷过大，易造成密封膜破损，进而造成压力值下降。

3.4　施工过程中质量不符合项频发

A1B1 区真空联合堆载预压施工过程中现场出现了较多质量不符合项，如压膜沟内的竹芭等异物未清理干净；铺设密封膜的上道工序有残留异物埋在砂垫层中；底部 50cm 的堆载料部分粒径超标等(图 5、图 6)。

图 5

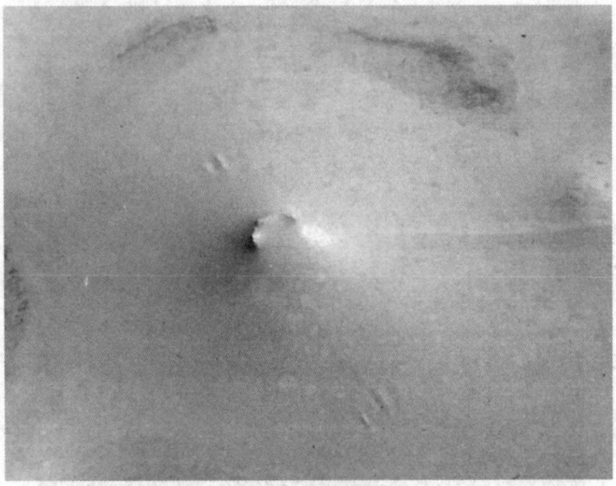

图 6

3.5　施工项目部质量责任落实不到位，质量保证体系运行不顺畅

施工项目部对施工过程质量管控不严，进场施工原材料未认真履行检查制度，施工工序验收和交接检查验收不严谨、流于形式，现场质检员责任落实不到位，反映出施工项目部质量责任落实和质量保证体系运行存在较多问题。

3.6　质量突发事件应急处置不到位

A1B1 区发生压力下降情况后，施工项目部虽采取措施进行处理，但效果不理想，且未落实问题的举一反三和事前预防，导致后续抽真空区域同样出现压力下降问题。

在发生真空压力值下降问题之前，已经要求施工项目部编制质量应急预案，分析可能出现的质量突发事件并制定应急处置措施，但施工项目部未引起重视，发生质量问题后才完成质量预案初稿的编制工作。

3.7　监理部监督管理职责未有效落实

施工项目部压膜沟未按图纸进行施工，监理部没有提出明确的处理意见和解决方案；未要求施工项目部编制压膜沟施工过程记录和质量验收记录，难以证明压膜沟施工质量是否符合要求；对密封膜铺设作业质量监管不到位，未能及时发现膜下大量的尖锐异物；对施工现场出现的质量问题未采取有效的管控措施，导致同类质量问题重复发生。

4　采取的控制措施

4.1　技术措施

(1) 组织人员全面排查内、外压膜沟，清理压膜沟膜下的尖锐异物，并修复破损的密封膜；同时运输山皮土堆载通道(跨越压膜沟处)两侧用沙袋垫底，架设枕木铺钢板跨沟形成便道。

(2) 对已铺设密封膜的其他区域，组织专人检查膜下尖锐物并修复密封膜，再进行堆载施工。后续未铺设密封膜的 A2B2 区，严格检查膜下尖锐物，由各单位共同验收完成后，再进行堆载施工。

(3) 现场投入土方筛分机对山皮土进行筛分，保证底部 50cm 的堆载料粒径不大于 2cm。

(4) 替换运土机械，改为荷载较小的小型自卸车，同时在进行堆载施工的通道上铺设钢板，避免因局部区域压力过大造成密封膜破损。

(5) 裂缝处压膜沟处理首先将裂缝处的密封膜剪开，用砂将压膜沟的裂缝填平；铺设两层编织布，在编织布内堆放砂，做成简易的沙袋围堰，放置于裂缝处；最后将剪开的密封膜修复，粘接牢固保证密封效果。

(6) 完成施工方案升版编制工作，根据后续施工内容的变化，施工方案及时进行变更，严格执行施工方案施工。

4.2 管理措施

1）通过召开质量专题会的形式，明确质量问题解决方案和质量控制要求。

2）施工项目部编制真空预压联合堆载施工质量应急预案，制定质量事件应急处置措施。

3）通过质量专题会议、预警通知等形式要求施工项目部、监理部加强现场巡视力度，强化管理人员的履职。

5 结束语

通过本次 LNG 储罐地基处理真空压力值下降问题的分析，得出质量问题发生是很多施工因素不符合要求，或者未按照标准规范和图纸要求执行造成的。真空联合堆载预压施工作为较常见的软地基处理方式，被广泛的运用，通过此次问题的产生及处理，为其他工程施工提供了参考经验。

参 考 文 献

[1] 董宪闯，武新强．基于港口真空预压联合堆载施工质量及控制措施［J］．装饰装修天地，2018，(4)：283.

国内外 HSE 管理体系的对比分析

许　涛

（北京项目管理公司北京兴油工程项目管理有限公司）

摘　要　HSE 管理体系是近三十年国际石油工业界逐步发展和完善起来的一种新型管理方法，它突出以人为本、预防为主、领导承诺、全员参与、持续改进和一体化的管理思想，体现出现代化健康安全环境管理的发展趋势。从发展来看，HSE 目前已成为中外企业共同的规则和推动企业发展的核心文化。但由于中外企业的基础和企业文化的不同，虽然国内外的公司都在搞 HSE 管理，但在对待 HSE 的认识和具体操作方法客观来讲存有很大差异的。通过国内外 HSE 管理体系的对比分析，了解差异和差距，不断学习改进，从而不断提高 HSE 管理水平。

关键词　HSE；管理体系；国内；国外

1　国内外 HSE 管理体系发展现状

HSE（健康、安全、环境）管理体系是一项现代化的企业内部管理工具，与我国的安全标准化一样，都采用要素化管理形式以及 PDCA 循环，其目的在于帮助企业实现自身设定的环境、职业健康和安全管理水平，并不断改进以达到更高的水平。HSE 管理体系兴起于上世纪 80 年代的石油行业，经过多年的发展，现在已被各行各业广泛采用。

1.1　国外 HSE 管理体系发展状况

（1）壳牌公司（Shell）

荷兰的壳牌公司是当今世界第一大石油公司，它是 HSE 管理体系的创始人，HSE 管理水平处于世界领先地位。在中国，壳牌公司的 HSE 要求也是最高的。

（2）杜邦公司（Dupont）

美国的杜邦公司经营范围覆盖了全球 70 个国家，2015 年与陶氏化学合并后成为全球第二大化工企业。杜邦的安全管理也是世界一流水平，十大安全理念更是为人熟知。杜邦的核心价值包括善待员工、要求员工遵守职业道德和把安全、环境作为核心价值。

（3）菲利普斯公司（Phillips）

美国菲利普斯公司以遵守相关法律法规为前提，把保护员工健康、安全放在首位，而把利润、股东权益等放在次位。公司致力于持续改进 HSE 管理，提高安全管理水平。菲利普斯编写的 HSE 手册已经翻译出版。

（4）挪威国家石油公司（Statoil ASA）

挪威国家石油公司是北欧最大的石油公司，在 HSE 管理方面，Statoil 拥有大量的 HSE 专家，采取“零”思维模式，即“零事故、零伤害、零损失”。此外，Statoil 于 2002 年制定了管理规定，下属企业必须建立 HSE 文化，这更是将 HSE 管理上升了一个档次。

除了上述公司，还有英国石油公司（BP）、美国雪弗龙公司（Chevron）、斯伦贝谢公司（Schlum-berger）等，均建立起了自己的 HSE 管理体系，并且经过多年的实践总结，他们的管理水平都达到世界先进，而且仍在不断改进和提高。HSE 管理体系起源于石油行业，所以在石油行业的传播和应用较为广泛。不过虽然这些公司的 HSE 管理各具特色，也有许多共同点。比如，他们的 HSE 体系都是按照 ISO9000 的体系框架构建的，结合自身进行了改进；他们对自身企业的状况有着很好的了解，并据此针对风险和隐患制定了防范措施；他们在组织结构、人员配备等硬件方面，已经相当齐全，更重要的是，他们已经逐渐形成了 HSE 文化，人人参与的理念深入人心。

1.2　国内 HSE 管理体系发展状况

（1）中国石油天然气集团公司（CNPC）

1996 年，原中国石油天然气总公司对《石油天然气工业健康、安全与环境管理体系》(ISO/CD14690)标准草案进行了翻译，并结合自身经验对其进行了“中国化”，于次年颁布了行业标准《石油天然气工业健康、安全与环境管理体系》(SY/T 6276—1997)，极大地促进了我国油气行业 HSE 的发展。2004 年，中石油对 SY/T6276—1997 进行了修订，颁布了《健康、安全与环境管理体系第 1 部分：规范》(Q/CNPCI04. 1—2004)，于当年 10 月 1 日开始实施。2007 年，中石油又对 Q/CNPCI04. 1—2004 进行了修订，新的标准为《健康、安全与环境管理体系第一部分：规范》(Q/SY10021—2007)，该标准具有更强的通用性，也标志着中石油的 HSE 管理进入了新的阶段。

(2) 中国石油化工集团(Sinopec)

2001 年，中国石化发布了《中国石油化工集团公司安全环境与健康管理体系》等一系列 HSE 管理体系标准，这些标准也成为了其他企业建立 HSE 体系的指南。与中石油类似，中石化的 HSE 管理体系也是在参照外国的基础上，吸收了自身的优点，是一种补充和完善。

而在学术研究方面，同样有不少学者在借鉴外国企业 HSE 发展的基础上，结合我国自身的实际情况，研究出了不少具有实际意义的成果。从总体来说，我国企业 HSE 管理水平与国外的先进企业还有较大的差距。可以说，我国的 HSE 水平还处在初级阶段，需要加强向国外先进企业学习。但相比于 30 年前，我们从不知道 HSE 为何物，到如今大量企业建立起了 HSE 体系，且管理层和员工对 HSE 的认识不断提高，并已取得了长足的进步。

2 国内外 HSE 管理体系对比分析

2.1 管理承诺和责任

(1) 国外

国外企业往往都有由总裁做出的 HSE 承诺，向外界公布，阐明企业对 HSE 认识、理念和责任。而且各级管理者从上到下都做出了明确的承谱，针对方针、政策和目标有明确的承诺。各级管理者充分认识到 HSE 是一个线性管理责任，各级管理者都把 HSE 作为首要业务工作之一并通过一些具体做法来履行 HSE 责任，如参与 HSE 审计，每年完成一定数量的 HSE 审计报告；在业务工作中充分考虑 HSE 要求，承担本部门 HSE 表现的责任等。

(2) 国内

国内企业有对 HSE 公开的承诺，但显得比较形式化，特别是对做出的承诺缺少认真兑现的认识和态度。企业最高管理者是 HSE 的最终责任人，建立了各级管理者的 HSE 责任，并通过领导挂点承包责任制，组织安全生产、环境保护检查等方式予以责任落实，但各业务部门条块管理意识强，HSE 与业务结合处理的不好，很多业务部门的管理者认为 HSE 是附加的职责。

2.2 HSE 意识和理念

(1) 国外

首先在 HSE 重要性的认识上，国外企业都很强调 HSE 的重要性，在意识和理念上把 HSE 作为首要事务，并且投入大量人力、物力资源作为保障；经常通过论坛、研讨的形式来提高管理者的 HSE 意识。很多国外企业已把 HSE 当作企业文化的核心内容和核自价值观。

(2) 国内

企业也充分认识到 HSE 的重要性，并且将安全生产、环境保护指标作为企业考核具有否决意义的指标。在形式上也非常重视 HSE 管理，如每年年初第一个会议通常是召开安全生产会议，第一个文件是关于安全生产文件，多以会议或文件的形式来强调 HSE 管理。

2.3 方针和政策

(1) 国外

- 多数的国外企业都有一个简洁但经过充分提炼的 HSE 原则和方针，阐述公司的总体目标，表达最高管理层的期望、HSE 领域的发展方向及对每一位员工和管理者的要求。
- 很多的国外企业的方针都体现了“零事故、零污染”思想。
- 国外企业通常制定有一系列的 HSE 政策，并由总经理签发作为企业处理具体事务的指导原则，如环境政策、吸烟政策、社区和公共关系政策、社会治安政策、工作许可政策、应急反应政策等等。

（2）国内

• 企业都有相应的 HSE 方针，以阐明总体目标和原则。

• 很多企业也引入“零事故、零污染”思想，但在实际效果上产生的影响不大。

• 对于一些具体的 HSE 政策国内企业则通过制定一系列的企业规章制度来给予指导。

2.4　组织机构

（1）国外

• 为适应商业重组和组织机构的需要，不断调整 HSE 职能机构，一般来说国外企业 HSE 管理机构小，人员精，但强调企业的每一个管理者都是 HSE 的领导者，要负责所在业务单元的 HSE 事务。

• HSE 管理植根于企业高层，HSE 是董事会会议常规讨论议题，而且很多的石油公司设立了专门的 HSE 委员会。

• 国外企业 HSE 管理组织构架建立的一个重要原则是技术性管理，着重于 HSE 事务的顾问、咨询和技术性支持服务。

• 国外企业一般都单独设有 HSE 管理部门，但在具体部门的设置上一般考虑有 HSE 审计管理部门、应急响应管理部门、安全管理部门、环境管理部门。很多的石油公司建立起 HSE 网络，包括专家网络和功能网络等。

（2）国内

• 国内企业非常重视 HSE 职能机构的设置，一般要求逐级设立相应机构，人员较多，包括了专业 HSE 管理机构和监督机构。

• 国内企业逐级设有 HSE 委员会，负责处理本单位的 HSE 问题的决策和规划。

• 国内企业 HSE 管理组织机构的设置原则侧重于监督和管理，顾问、咨询和技术性支持服务等方面体现不是很充分。

• 国内企业大部分都设置了安全环保处、科等管理部门，通常和质量管理部门合并在一起，在具体部门注重按照专业分工以条块方式设置部门。

2.5　HSE 管理体系标准

（1）国外

• 在 HSE 管理体系标准上，国外没有统一的在 HSE 管理体系模式标准，多数的石油公司基本上都是在自身发展过程中形成的 HSE 管理体系模式，而一些研究机构则制定了一些推荐使用的 HSE 管理体系标准。

• 国外企业的 HSE 管理体系框架模式一般采用闭合循环原理，包括远景、方针、政策、期望或要求、目标、计划和程序、过程或行动、检查和监督、评估改进等要素，还有一些不属于闭合管理系统的要素如领导承诺和责任、组织机构、员工参与、协商沟通等。

• 在 HSE 技术标准方面，国外企业往往参考和引用一些社团组织、研究机构推荐指南形成非常系统的 HSE 作业指南，作为 HSE 管理体系的方法指导和辅助工具。

（2）国内

• 国内目前提供了推荐性的行业 HSE 管理体系标准，在此基础上各公司制定自身的 HSE 管理体系模式标准。中国石油天然气集团公司也建立了自己的 HSE 管理体系标准，提供了 HSE 管理体系框架模式。

• 中国石抽天然气集团公司的 HSE 管理体系框架模式参考了 HSE 管理体系指南，并参考了 IS014001 和 OHSMS 标准的技术内容。

• 国内企业在 HSE 技术支持性标准和指南方面，主要是执行行业标准和企业自身制定的标准以及一些规定，相对而言系统性较差。

2.6　实施与运行

（1）国外

• 多数的国外企业针对业务活动过程制定了系统、详细的 HSE 程序和指南。对于一些具体的 HSE 事项的规定上，从整个 HSE 系统的角度考虑的很周密，从场内到场外延伸非常完善。

• 一般把 HSE 管理体系与业务紧密结合，得到一体化实施，部门的经理负责业务工作，同时也是 HSE 的管理者。

• 在 HSE 领域投入大量的资源，而且对 HSE 的价值进行评估。

• 建立了 HSE 奖励制度，并把奖金颁发作为公司重要的年度事件来安排，颁奖仪式住住非常隆重，获奖的组织和个人都非常珍惜这个荣誉。

• 许多国外企业有专门应对媒体的指导和准备。

(2) 国内

• 一般建立起了文件化的程序和工作指南，在一些具体指南方面，HSE 的考虑只偏重于场内，对有关场外 HSE 问题关注程度还不够。

• 一般都有一套比较完善的管理体系和管理制度，但多数的 HSE 管理体系是在原有基础上从外部引入，与业务结合往往不是很好，经常存在所谓的"两张皮"的现象。

• 一般通过"安措费、环措费、安保基金"的方式对 HSE 进行投入。

• 一般对年度考核优秀的单位和个人给与 HSE 奖励。

• 在出现 HSE 突发事件时，公关处理往往显得思想准备不足。

2.7 员工与承诺

(1) 国外

• 非常强调员工的主动性，强调以人为本，注重培养员工的意识，即从被告知到理解到相信的过程，所以国外员工主动执行 HSE 的意识较强。

• 每个员工都要关注身边的 HSE 潜在事故并报告，同时规定了这种任务，要求员工要完成一定数量的潜在事故报告，员工的参与意识较强。

• 非常重视员工的培训工作，为各层次的员工从普通雇员到管理者提供大量的 HSE 培训机会。

• 通过 HSE 奖励来加强员工的参与和承诺。

(2) 国内

• 比较硬性强调按要求和标准去做，往往采取从上到下强制贯彻实施，相对员工主动意识会减弱。

• 也强调员工参与 HSE 管理，开展班前班后会、月度 HSE 活动，但员工对 HSE 管理的参与度低，全员参与性差。

• 为员工提供了大量的 HSE 培训，特别是对新入厂员工三级教育已成为制度，但培训针对性和效果需要改进。

2.8 对事故的认识和处理

(1) 国外

• 企业内发生的 HSE 事故能很快在企业内得到分享。

• 有专人对事故去进行分析处理，要做很多技术性的分析工作，特别是同类型事故更是如此，这样做的目的是为了避免重犯同样的错误。

• 将承包商的工伤和事故纳入企业的 HSE 统计；一般要求大小事故事件一律上报，不得隐瞒，即使员工的手被玻璃划破这样的小事故也不例外，并且建立起一套相对科学的事故统计指标体系；而且国外企业对工伤的重视程度非常高。

• 对事故应急准备和响应相对充分。

(2) 国内

• 实行事故通报制度，但国内企业则往往有遮丑的做法，很多的事故只在内部处理，经验分享不足。

• 对事故的调查和处理往往更多的目的是为了界定和追究责任，在技术性调查分析工作往往做的不是很充分。

• 国内企业则对小事故不够重视，缺少统计数据，在事故统计，尚存在瞒报和漏报现象。

• 往往更加重视事故后的调查处理，在应对事故发生时的应急准备和响应不充分。

2.9 承包商管理

(1) 国外

• 对承包商都有资格评估认证的要求，通常有一个对承包商的 HSE 领域的最低要求，对投标者的 HSE 资质和 HSE 管理体系进行审计、评估检查。

• 通常情况下与承包商之间在 HSE 方面都有特别细致和具体的合同要求。

• 在合同期内对承包商的 HSE 管理要进行监督，或者以合作者的形式与承包商密切合作，共同开发工具和方法以及采取措施提高 HSE 表现和 HSE 文化，使其与公司标准接轨。

• 在事故统计管理方面，将工程承包商、供应商等第三方的工伤和事故纳入企业的 HSE 管理范畴。

(2) 国内

• 多数都建立了对承包商的准入评审制度，

有较明确的 HSE 要求。

• 多数签订有专门的安全合同，或者在合同中写清 HSE 条款要求。

• 多数都有对承包商的监督安排，但在管理上注重要求承包商执行自己的管理要求。

2.10　监测与检查

（1）国外

• 建立起一套 HSE 目标体系，由一系列的健康、安全、环境指标作为系统检查和评估的监测指标。各级管理者负责本单位的工作监督评审工作。

• 实施系统和规范的 HSE 审计工作，有的实施了 HSE 专家进行的总部对所属分支企业的审计。

• 建立了 HSE 自我评价系统，作为评估、完善和提高整个 HSE 管理体系的一个手段作为补充。有些还采用同级评定考核的办法，提供交流经验的机会以便于共同提高。

• 一般定期公布 HSE 年报，阐述企业的 HSE 政策和业绩，以赢得政府、社会、客户以及其他相关方的信任。

（2）国内

• 注重逐级下达控制性的 HSE 指标，并且阶段性的进行考核，同时考核结果要作为 HSE 奖惩的依据。

• 建立 HSE 内部认证制度，由专业的审核机构对所属实施企业实施第三方审核认证。一般都建立起了内部审核制度定期开展申核活动。

• 制定并实施了 HSE 创优升级计划，据此开展自我评价和改进活动。

• 多数企业在 HSE 年报公布方面做得很少，但一般都形成内部的统计公报。

• 建立了监督体制，对 HSE 管理和运行进行监督。

3　HSE 管理体系存在的问题及改进建议

3.1　HSE 管理体系存在的问题

（1）缺乏对市场竞争和风险的认识，忽视了 HSE 管理对企业收益的影响。

（2）对西方制度和管理模式的本质与核心缺乏领悟，不能实现消化理解，而机械地照搬照抄，对于自身原有的好的管理经验给予了否定。

（3）管理层对员工的约束不够，员工的积极性不高，发生问题后，也只是对员工进行轻微的惩罚，这又挫伤了 HSE 部门的积极性，最终导致 HSE 管理流于形式。

（4）对 HSE 管理的重视程度不够，HSE 管理失去了长期性和科学性。

（5）缺乏安全管理投入，意识不到 HSE 管理带来的潜在收益。

（6）在 HSE 管理体系引入和实施上主要还是外部驱动作用，因此造成 HSE 管理体系与现有的 HSE 管理结合不充分，存在着“两张皮”的现象。

（7）HSE 意识和理念跟不上，存在着差距，表现在 HSE 管理不能与业务管理充分结合，全员参与意识差，HSE 管理体系中以人为本、可持续发展的理念不能得到有效落实。

（8）在 HSE 管理体系实施方面，过分重视书面文件，而对于实质性的本质安全、环保技术、惯例应用不够，技术支持也不完善如风险评价、清洁生产、应急准备与响应等方面，在这些方面都没有落到实处。

3.2　改进建议

（1）HSE 管理过程各个环节的主体是人，人的行为是 HSE 管理的核心，因此从 HSE 管理对策来说，“人因”是最重要的因素，提升人的意识和能力的 HSE 教育对策在 HSE 管理体系的运用显得尤为重要，这方面首要的是管理者在 HSE 意识和理念上要有一个改变，HSE 管理体系的优劣最终还是取决于管理层的作为。HSE 意识的差异导致了管理思维上的差异，从而也造成了管理方式、方法的差异，因此要从根本上进行 HSE 管理的改变，还是要着重提高 HSE 管理的意识和理念。

（2）发挥领导带头示范作用，促进全员参与。纵观各大石油公司，其公司的总裁或执行董事对 HSE 管理负全责，特别强调领导力，将健康、安全、环保事项放在首位，最高管理者的承诺是 HSE 管理的动力，管理层对安全的态度、表率作用、推动作用以及及时总结、提高安全工作的能力是做好安全工作的重要因素。

(3) 组织机构清晰，责任明确。各管理层 HSE 管理职责清晰、职能明确，HSE 责任在各自的岗位描述和公司的各项制度中予以体现，各业务部门负责风险识别、管理控制，并不断改进。

(4) 预防为主，强化全面风险管理。将 HSE 的管控重点放在源头，对风险进行辨识、评估、控制、整改，强调危害和风险控制，而非事故处理。

(5) 要加强安全培训，进一步强化专业管理人员、技术人员的安全管理相关制度标准的学习培训，大力推广和有效应危险与可操作性分析(HAZOP)、故障类型和影响分析(FMEA)、安全检查表(SCL)等风险辨识分析方法和工具。

(6) 加强 HSE 绩效数据管理。开展完善的 HSE 绩效管理，HSE 绩效数据是 HSE 管理的基础，且是重要的绩效数据，为管理者决策提供科学的依据。强调所有的事故都要上报，注重未遂事件和违章事件的管理，只有把违章、小事故、未遂事件、潜在高风险事故当作严重事故来管理，才能最终实现“零伤害、零污染、零事故”的目标。

参 考 文 献

[1] 孙晓宇 . 世界一流石油公司 HSE 管理及体系对比分析[J]. 专业与综述，2015.

[2] 郭晓晓 . 国内外 HSE 管理体系对比分析[J]. 四川化工，2018

[3] 中国石油天然气集团公司 . 健康安全与环境管理体系 . 第 1 部分：规范：Q/SY. 1002. 1－2013. 北京：石油工业出版社，2007

[4] 王晓秋，马永红 .HSE 管理体系在国内外企业的发展情况[J]. 化工管理，2007

基于长距离盾构隧道工程监理智能管理实践创新

赵　良　郭精学　周邦国

（中国石油北京项目管理公司兴油项目管理公司）

摘　要　随着互联网技术及大数据快速发展，传统监理工作在互联网的推动下取得了较多突破性发展。以中俄东线长江盾构项目为案例，开展长距离盾构隧道工程监理智慧管理创新实践。尤为突出的是监理利用项目管理信息系统、智慧工地、执法记录仪、智能安全帽定位、二维码交底、智慧视频监控、不符合自动识别、自动化监测等智能管理方式，实现了监理工作管理模式的创新，使得长距离盾构隧道监理工作逐步实现共享和集成管理，有效提高监理管理工作效率。

关键词　长距离盾构隧道；工程监理；智能管理；实践创新

中俄东线长江盾构穿越工程是目前世界上单向掘进距离最长、埋深最深、水压最高、直径最大、施工环境最复杂的管道穿江盾构工程。在监理创新管理工作过程中，通过使用项目信息管理系统、执法记录仪、自动监测等新型方式进行管理，使得管理信息化深度融入到施工质量安全管理核心业务中，实现了对长距离盾构隧道项目进行智能化监管，丰富了质量安全监管手段，从而节省监理人员投入，提高监理工作效率和项目管理水平，促使项目安全、优质、高效、平稳推进，打造“智慧建造、绿色施工、人文工地”的示范工程。

1　监理项目管理信息系统

1.1　信息系统

为促进项目管理工作标准化，提高工作效率和管理水平，我们基于多层级复杂项目创新管理思路，以管理手段信息化、过程管理流程化、进度展示可视化、资料归档一键化等思路研发出监理项目管理信息系统，涵盖展示层、业务管理层、数据采集与管理层和基础支撑层，可以满足单个项目管理、项目群管理、项目组合管理及企业集约化经营管理的要求。通过监理项目管理信息系统，项目信息能够基于电子介质进行海量存储、高效加工和高速传输，并进行自动统计分析，使项目各参建单位管理人员能够通过网络方便地共享信息、协同工作，大幅度的提高工作效率(图 1)。

以不符合项管理平台为例，不符合项管理平台分管理不符合项和自检不符合项两部分，实现提出、填报、整改、复验的现场管理功能。按照“全员参与、逢错必报、有错必纠”的管理原则，监理工程师在现场巡视检查发现不符合项时，通过拍照利用手机 app 在线填报；施工单位收到此不符合项时，组织现场整改并经监理工程师现场复验，通过不符合项管理平台进行整改回复闭合。同时不符合项管理平台具有填报记录自动统计分析功能，能够随时以趋势图、分布图来统计分析出指定时间内的隐患类别及辨识率，便于管理人员制定专项控制措施，减少或杜绝类似问题重复发生。

1.2　智慧工地管理平台

智慧工地管理平台综合运用 CBIM、GIS、大数据、物联网、边缘计算、云计算等信息技术，将盾构施工各数据信息采集并汇总到统一管理平台上，进行大数据智能分析和工程过程管理，以信息化无感应用方式实现监理管理三维信息化集成应用，可实现与监理项目管理信息系统数据交互与共享。通过智慧工地管理平台提供直观、动态的可视化展示，为监理工程师监测预警、动态监管提供可靠的依据，提升监理工程师预测预管能力(图 2)。

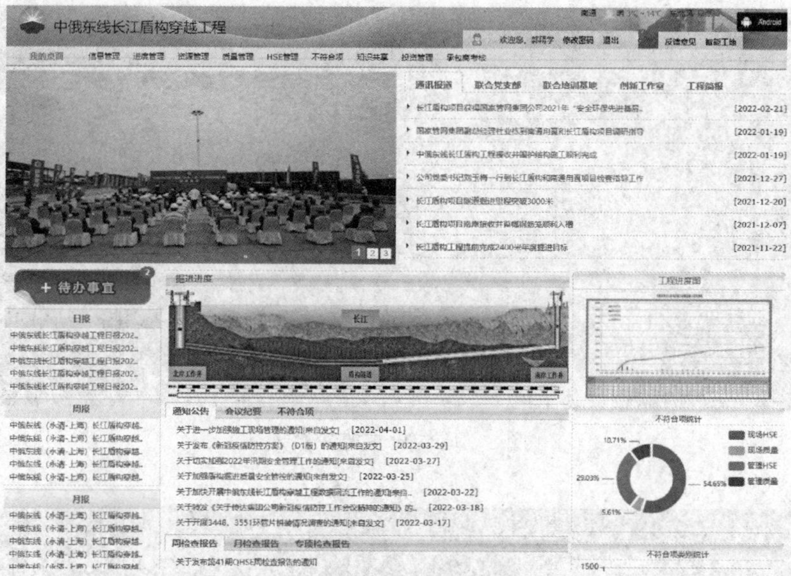

图 1　监理项目管理信息系统

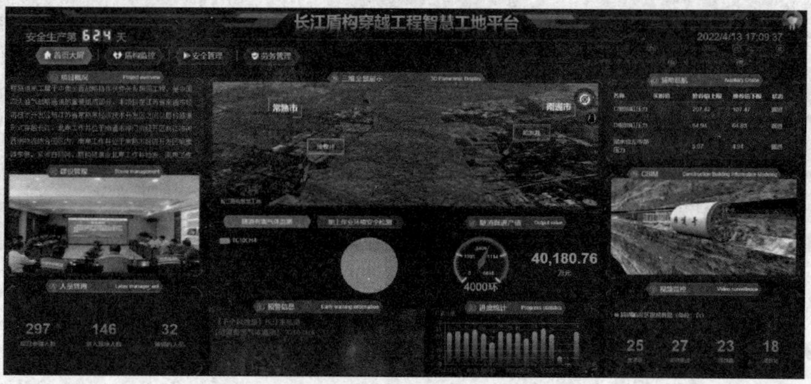

图 2　智慧工地平台首页

随着超长距离盾构隧道掘进逐步延伸，监理工程师在隧道内巡检时间逐渐增加，通过智慧工地管理平台提升监理工作效率，准确、有效地对盾构掘进过程进行监管。一是通过实时采集工程现场的人员、设备机械、关键施工部位及环境等信息，结合项目信息、施工方案、图纸方案、地质情况、BIM 模型、知识库和经验库，进行隧道施工“全要素、全流程、全覆盖”的全生命周期管理。二是监理工程师通过对自动统计分析生成的每环掘进时间、管片拼装时间等数据，从多个层面分析不同地质条件下盾构掘进的效率，便于对施工进度进行管控。三是通过录入平台中的风险源位置、等级、处理措施等基础数据，结合工程地质信息和盾构施工参数，动态设置掘进参数预警阈值，超出阈值的状况自动触发相关预警机制进行风险源预警。四是可以随时掌握盾构机主控室掘进施工总推力、推进速度、刀盘转速、刀盘监测数据、扭矩值、泥水压力、气垫仓压力、导向系统等参数，通过盾构施工主要参数展示与分析可迅速了解盾构设备运行状态及健康状态，如有异常情况，可立即远程进行控制。五是隧道内视频监控实现场隧道、盾构机等智能视频监控全覆盖。当隧道内发生涌水涌砂等紧急情况时，通过盾构机视频监控和信息反馈，可通过应急指挥设备对讲机和喇叭，快速直接与各级管理人员取得联络处理现场险情，及时报警并通知现场人员撤离。此时再通过现场施工人员安全帽智能定位能在监控中心实时了解施工场地和隧道内人员的位置状态，实时统计施工场地和隧道内人员的数量，便于工作调遣，提升生产效率；在发生危险时，可依据人员分布位置信息快速救援(图 3、图 4)。

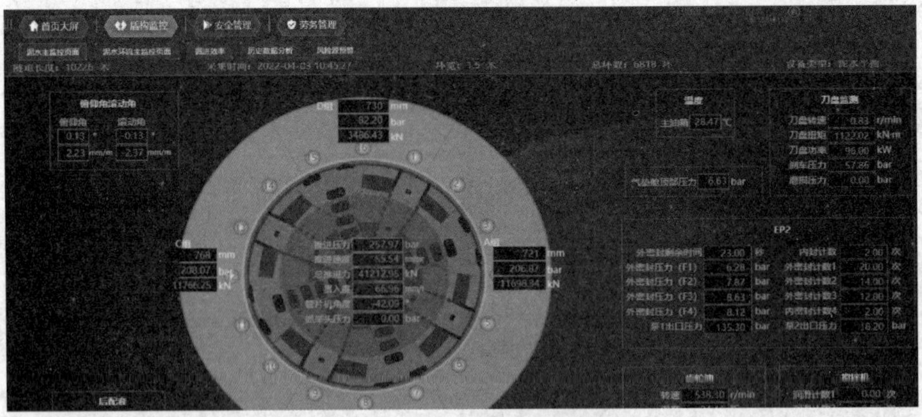

图 3　盾构机主监控页面

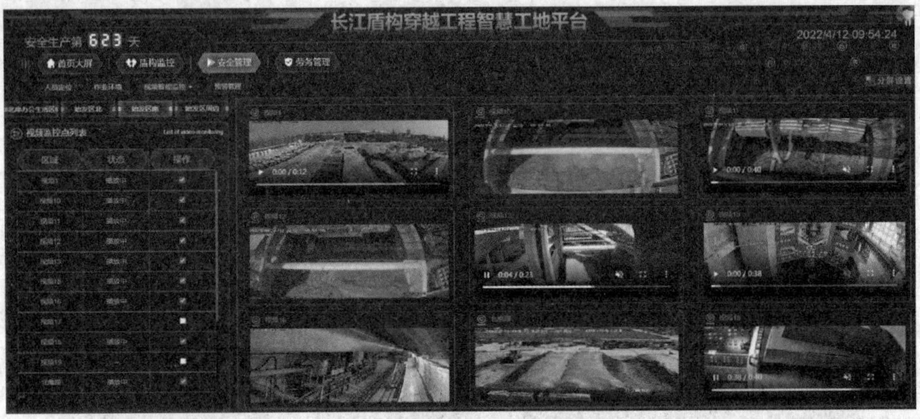

图 4　盾构视频监控

1.3　自动识别现场隐患

盾构工程项目的施工现场交叉作业多、施工面积大，如果只依靠着人工进行环境监察和工人管理，那么难免会因为一时疏忽而出现各类问题。智慧工地监控中心在实时监控的同时实现视频存储功能，摄像头拍摄的现场实时视频传送到智慧工地管理平台。视频监管区域实施全方位立体监控体系，采录实施高清视频数据，对重点时段、重点领域、重点施工作业现场进行全面监管，并提供佐证。

系统可设置于通道外或作业区，通过视频自动识别现场施工低老坏、违规操作等不符合项并发出警告。警告信息同步推送至管理人员，同时截取图片作为证据留存。不符合项识别系统极大地提升了作业区域的管控效率，形成了强大的震慑作用，保障了作业人员的安全。监理工程师通过智慧工地视频监控系统就能实时看到施工现场环境，其次还能及时发现施工中出现的各类隐患，一旦发现隐患可以立即启动本地预警，让现场工作人员及时消除隐患，减少工程事故的发生(图 5)。

图 5　不符合项自动识别

2　执法记录仪

执法记录仪具有拍照、录音、录像功能，其佩戴方便，使用简单，能够对项目现场进行动态、静态数字化记录，并能实时储存、回传影像资料。监理人员在施工现场巡视、检查、验收时佩戴执法记录仪，可有效的记录监督检查过程影像资料。例如监理工程师在施工现场检查验收新进场设备，盾构机刀盘常压刀具更换，进场物资钢筋、水泥、膨润土、硅粉等见证取样，钢筋混凝土隐蔽工程施工等监督、巡视、检查验收等工作时，对重点部位和重点工序可录像保存，保留工作过程证据，录像资料保存在执法仪内置的存储卡中，安全可靠。

监理工程师在日常巡查过程中，针对存在争议的问题，监理部总监可查看执法记录仪录像视频，弥补了监理工程师在工作中的疏漏，能及时消除隐患，降低施工风险。同时，通过执法记录仪可以规范监理的现场行为，以及施工单位对监理指令的执行力度、及时性均有所提高(图6)。

图6　监理工程师佩戴执法记录仪

3　二维码交底

在施工现场人员管理、施工交底、特种设备管理和消防器材管理等方面运用二维码进行统一管理，促进全员“码上知道”，有效促进项目管理效率提升。例如质量安全技术交底是指导作业人员的重要保证，该交底是针对此项作业的质量、安全操作规程和注意事项的培训，并通过书面文件方式予以确认。施工前，施工单位应按批准的施工组织设计或专项安全技术措施方案，向有关人员进行安全技术交底。

监理工程师要求以二维码信息化技术交底将各专业技术交底内容内置于“二维码”中，通过集成式、可移动的体验，改变了过去书面交底或配以现场口头交底内容陈旧繁琐、形式枯燥乏味以及工人往往不想看、看不懂、记不住的不利现状。二维码技术充分发挥其方式更新颖、传播更快捷、制作更方便、成本更节约的优势，现场作业人员在进入工地前只需拿起手机微信“扫一扫”就能快速查询到各工序施工工艺和质量把控要点。相比于传统的纸质资料，二维码交底方式能够进一步提高工作效率，节约项目成本，提升现场管理水平(图7)。

图7　“码上知道”二维码交底

4　自动化监测

盾构法因其具有对周围环境影响较小的优点已成为新建油气管道主要施工手段，因此在地质条件复杂、周边环境要求严格的条件下研究隧道施工对邻近建筑物的影响具有十分重要的意义。施工过程中的监控量测与反馈控制是盾构施工对邻近建构筑物影响的重要控制手段，即在盾构施工过程中，监理工程师通过去现场对大量施工及监测信息的采集、分解、分类以及处理，这是一个动态跟踪的过程，不能及时处理监测信息，不能及时做到信息化指导施工(图8)。

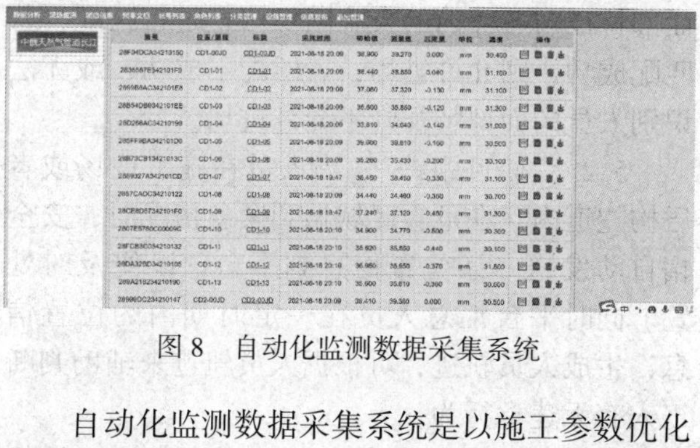

图8　自动化监测数据采集系统

自动化监测数据采集系统是以施工参数优化为内核，借助地上监控中心为载体集成，实现远程自动化获取大量如隧道内净空收敛、拱顶沉降、拱底沉降、平面位移等监测数据，并对监测信息的采集、分解、分类以及处理，提取施工参数中影响施工质量的控制变量及其对应的信息因子，通过渐进逼近的方法将控制变量进行全过程调整和优化，指导整个盾构施工过程。监测控制标准按照设计图纸结合相关规范最终确定的控制标准进行控制，现场监测成果确认达到报警状态时，系统会立即将风险信息自动报送相关部门，及时进行预警响应和处置。同时依据前步施工监测信息及施工参数的变化，判断下步施工工况及其对策，使得“地下”与“地上”真正联动，及时反馈数据，使得监理工程师实时了解监测信息，发布各种指令，协调各方关系，确保盾构下穿建构筑物沉降可知、险情可控、统一联动、协调促进。

5 安全帽定位芯片

智能安全帽中安装集成 NB－IOT、蓝牙、GPS 等技术的智能芯片，实现对工地人员的主动管理，包括人帽合一、区域定位、安全帽佩戴检测、临边防护特种作业等，智能安全帽能自动“感知”区域真实施工作业情况，具备主动报警提醒和需求救助功能。安全帽定位芯片的应用，可以有效提高监理现场项目管理效率，保证工程质量安全整体受控(图 9)。

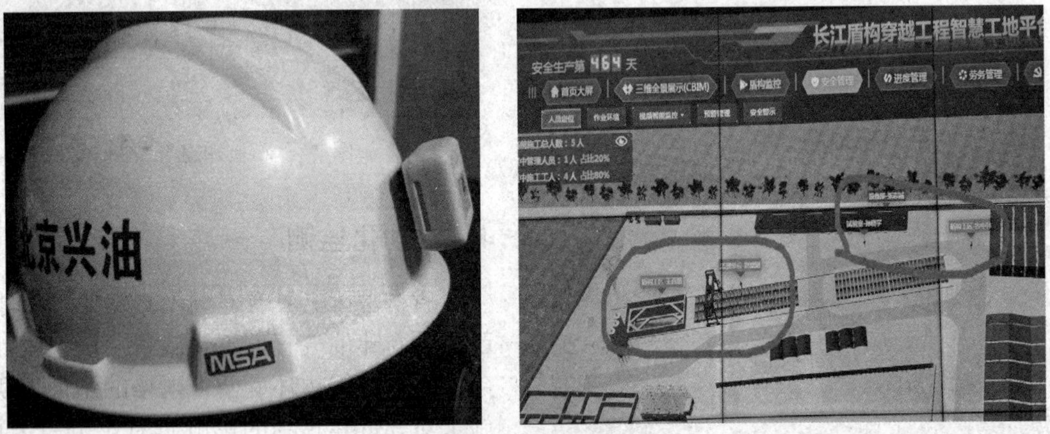

图 9　智能安全帽定位

5.1 “人帽合一”。新进场作业人员前往物资部门登记、领用安全帽，并由工作人员录入人员的个人信息，包括姓名、年龄、人脸图像、状态、培训、教育等，并将帽内芯片与帽子编号绑定。人员进场时，摄像头抓取人脸，判断人员的面部特征与芯片内的人脸图像信息是否匹配，若匹配成功，则允许进场，若匹配不成功，或无法识别人员的面部特征则不允许进场。

5.2 “轨迹跟踪”。当人员在施工现场或者盾构隧道内，在危险区域遇到紧急情况时，安全帽自动发送一条位置信息到平台，以便及时处置。同时平台汇总人员在一定时期内的位置信息，生成人员轨迹，可根据人员轨迹来辅助判断工人有无违章行为。

5.3 “区域告警”。GPS 和黄色色谱工地标识模块为人员提供基础定位，在基础定位区域内，势必存在特殊作业区、危险区等二级定位(告警)区域。人员在 GPS 和黄色色谱工地标识模块覆盖下，移动靠近警告区域(如红色色谱工地标识模块)，则系统在平台端和安全帽端发起告警，同时安全员客户端收到提示信息。

5.4 “一键呼叫”。人员遇到危险或异常情况时，可按下安全帽内一键呼叫按钮，后台收到警告提示，系统管理员可调阅发起一键呼叫的人员信息和联系方式，由相关人员与该人员联系或安排现场巡查。

6 结束语

基于长距离盾构隧道施工的监理项目管理信息系统+智慧工地平台采用先进的计算机网络通信、信息处理、视频监控技术及智能设备，加强了盾构隧道施工现场的质量、安全管理。对施工操作工作面上的各安全要素等实施有效监控，保证了施工质量、施工人员的人身安全和工地的建筑材料及设备的财产安全；同时减少了监理管理人员频繁地往返现场去监督检查，以及管理上造成的困难，提高了监理工程师工作效率，消除了盾构隧道施工安全隐患，监理工作真正做到了在效率、质量、安全等方面的提质增效，实现盾构隧道工程监理工作监管方式的创新。

参考文献

[1] 黄明利．建筑施工工地智能化系统设计及应用[J]．民营科技，2014(7)：200.
[2] 顾威．沈阳工地用工管理智能化[J]．农村百事通，2013(16)：68.
[3] 朱贺，张军，宁文忠，等．智慧工地应用探索——智能化建造、智慧型管理[J]．中国建设信息化，2017(9)：76-78.
[4] 陈怡．轨交 12 号线首推“智能化”工地[N]．上海科技报，2013-04-12(A01).
[5] 闻江，朱启立．中建二局三公司：打造现代 2.0 标杆智能化工地[J]．建筑，2016(17)：46-47.

浅论大型石油化工项目 PMC 项目管理体系文件建设

李善亮

（北京项目管理公司北京兴油工程项目管理有限公司）

摘　要　项目管理(PMC)作为一门管理学科，其概念出现于第二次世界大战后期，是伴随着社会的进步和项目的复杂化而逐渐形成的。深受国际大型、超大型工程建设项目业主的青睐，并在国内石油化工领域大型、超大型项目得到了较为广泛的应用。本文结合笔者所经历的大型石油化工项目，浅谈在“业主+PMC+EPC+监理”管理模式下，大型石油化工项目 PMC 项目管理体系文件的建设。

关键词　项目管理承包商；项目管理体系文件；项目管理体系文件层级管理；PMC 项目管理体系文件清单

1　定义

1.1　项目管理承包商

项目管理承包商(PMC)是指业主在项目建设过程中，选择一家具有丰富管理经验的项目管理公司与之签订项目管理承包(以下简称 PMC)合同。PMC 依据合同委托的内容组织开展相应管理工作，其工作范围可涵盖项目总体策划，可行性研究、核准、专项评价、勘察设计、采购、施工、试运投产、竣工验收等项目过程和全方位的项目管理。

1.2　项目管理体系文件

项目管理体系文件是项目管理实施的方针和步骤。在 PMC 管理模式的项目中，PMC 承包商依据合同委托的工作内容制定项目范围内的体系管理文件，使得项目管理工作标准化、规范化、程序化、科学化。PMC 通过项目体系管理文件来规范项目参与各方的行为，使各参与方能够在同一个平台上进行管理，以确保项目管理有章可循，有据可依，提高沟通协调的效率。

1.3　项目管理体系文件层级管理

在“业主+PMC+EPC+监理”管理模式下，项目管理体系文件整体构架可分为“三层、四级”。“三层”即管理层、监督层和实施层。其业主项目经理部编制的项目总体部署、PMC 项目部编制的项目执行计划、协调(管理)手册、程序文件及管理规定，构成顶层管理体系架构。由监理部编制的监理规划、实施细则构成实施阶段的监督管理体系。由 EPC 项目部编制的项目管理执行计划、管理程序、作业指导书及管理规定等文件，构成项目各阶段的实施管理体系。“四级”即业主项目经理部、PMC 项目部、监理部与 EPC 项目部(图 1)。

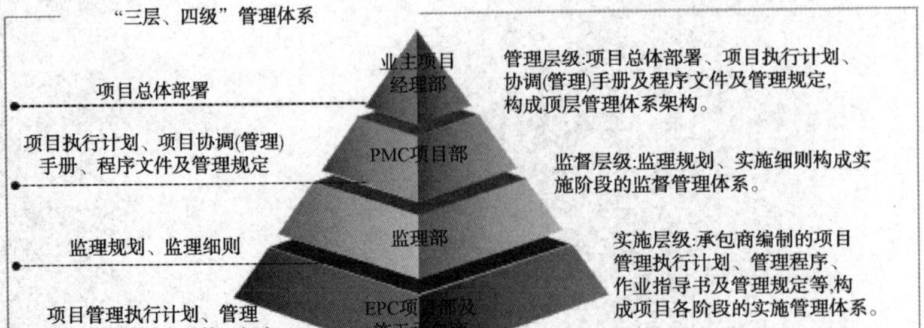

图 1

2 项目管理体系文件的编制

2.1 项目管理体系文件编制的原则

(1) 规范性：规范性是项目管理体系文件编制的最大特点，其目的是通过制定统一的标准以达到进一步规范项目参与各方的行为。

(2) 层次性：管理是有层次性的，制订项目管理体系文件也要有层次性。各层次的管理制度包含不同的管理要素。

(3) 适应性：项目管理体系文件编制的目的是多、快、好、省地实现项目目标，是使项目团队和项目各个利益相关方尽量满意。项目管理体系文件应该言简意赅，便于理解、执行、检查、考核。

(4) 有效性：制定出管理体系文件要对管理有效。管理体系文件的制订是为了项目管理的效率，必须在规范、标准、人性化之间取得平衡。

(5) 创新性：项目管理体系文件的动态变化需要组织进行有效的创新，项目本身就是创新活动的载体，也只有创新才能保证项目管理程序文件具有适应项目的相对稳定性、规范性，合理、科学、把握好或利用好时机的创新，是保持项目管理体系文件规范性的重要途径。

2.2 项目管理体系文件的一般形式

在“业主+PMC+EPC+监理”管理模式下，其项目管理体系一般由范围、目的、定义、职责、说明、可交付成果和参考文件与附件组成。

范围：在体系文件中指的是本体系适用的范围或对象。

目的：说明本体系颁布要达到的预先设想的行为目标和结果。

定义：对本体系中应用到的相关定义、概念进行说明、解释。

职责：说明了本体系所涉及的任务由谁负责，以及完成这些任务所需承担的相应责任。

说明：是体系中的主体部分。详细说明做什么、怎么做才能实现体系的内容。

可交付成果：是指本体系阶段或最终交付物，可交付成果很大程度上反应的项目目标要求。

参考文件：是指与本体系相关的其他程序、文件等。

附件：随同主要文件一同制定的文件，如本体系所涉及的表格、流程图和图形等。

2.3 项目管理体系文件的构成

在“业主+PMC+EPC+监理”管理模式下，PMC 项目管理体系文件可划分为“两个层次、四个层级”。

2.3.1 二个层次

第一个层次：是指 PMC 对承包商的管理体系；

第二个层次：是指 PMC 承包商内控管理体系。

2.3.2 四个层级

第一层级：项目管理策划。包括项目管理手册、项目协调手册、项目质量计划、项目 HSE 计划以及项目总体执行计划，该部分内容是业主总体部署的补充，较为详细定义项目范围和目标，概述 PMC 承包商完成目标的方法和需要完成的关键工作。

第二层级：职能管理与过程管理执行计划。该计划作为对 PMC 项目执行计划的补充，对 PMC 职能管理与过程管理的工作范围、组织机构与主要岗位职责及包括的活动进行较为详细描述，主要包括合同管理、设计管理、采购管理、施工管理、试运行管理、项目控制、质量管理、HSE 管理、信息文控管理等方面的执行计划。

第三层级：项目管理程序。该计划是管理整个项目工作过程的主要执行文件，从项目管理、合同管理、设计管理、采购管理、施工管理、试运行管理、项目控制、质量管理、HSE 管理、信息文控管理等方面展开，说明 PMC 管理整个项目所涉及的各个方面工作的流程与实施。

第四层级：细则、办法、规定。该文件是对项目执行计划的进一步的补充和说明，可以进一步反应操作层的需要。

3 项目管理体系文件清单

项目管理体系文件清单如表 1 所示。

表 1　PMC 项目管理体系文件清单

序号	文件内容	文件名称	承包商管理程序	内部管理程序	管理层级
1	项目管理策划	项目协调手册	▲		一级
2		项目管理手册	▲		一级
3		项目质量计划	▲		一级
4		项目 HSE 计划	▲		一级
5		项目管理总体执行计划		▲	一级
6		项目设计管理执行计划		▲	二级
7		项目采购管理执行计划		▲	二级
8		项目施工管理执行计划		▲	二级
9		项目质量管理执行计划		▲	二级
10		项目 HSE 管理执行计划		▲	二级
11		项目进度管理执行计划		▲	二级
12		项目费用控制管理执行计划		▲	二级
13		项目合同管理执行计划		▲	二级
14		项目风险管理执行计划		▲	二级
15		项目文件控制管理执行计划		▲	二级
16		项目沟通管理执行计划		▲	二级
17		竣工资料组织工作执行计划		▲	二级
18		项目部人力资源配置计划		▲	二级
19		项目部组织机构与岗位说明书		▲	二级
20		项目部质量内审计划		▲	二级
21	项目管理程序	设计管理程序	▲		三级
22		设计文件审查程序	▲		三级
23		物资采购招投标管理程序	▲		三级
24		采购管理控制程序	▲		三级
25		设备材料管理程序	▲		三级
26		长周期进口设备技术文件交接和确认程序	▲		三级
27		质量管理程序	▲		三级
28		HSE 管理程序	▲		三级
29		项目进度管理程序	▲		三级
30		项目投资控制管理程序	▲		三级
31		项目试运投产管理程序	▲		三级
32		项目竣工验收管理程序	▲		三级
33	管理办法、细则、规定	项目项目划分手册	▲		四级
34		项目工程保险管理办法	▲		四级
35		项目开工管理办法	▲		四级
36		项目施工组织设计编制管理规定	▲		四级
37		项目人力资源动态管理办法	▲		四级
38		项目焊工准人许可实施细则	▲		四级

续表

序号	文件内容	文件名称	承包商管理程序	内部管理程序	管理层级
39	管理办法、细则、规定	项目QHSE奖惩管理办法	▲		四级
40		项目监理考核管理办法	▲		四级
41		项目EPC总承包绩效考核管理办法	▲		四级
42		项目检测承包商考核管理办法	▲		四级
43		项目供应商生产情况监督及考核管理办法	▲		四级
44		项目工程创优总体方案	▲		四级
45		项目工程创优管理实施细则	▲		四级
46		项目外协进度控制实施细则	▲		四级
47		项目设计成果验收管理办法	▲		四级
48		项目设计交底和图纸会审管理办法	▲		四级
49		项目设计变更管理办法	▲		四级
50		项目工程设计文件审批办法	▲		四级
51		项目设计进度控制实施细则	▲		四级
52		项目物资采购计划	▲		四级
53		项目物资采购动态管理办法	▲		四级
54		项目物资采购进度控制实施细则	▲		四级
55		项目线路工程施工工序控制细则	▲		四级
56		项目方案审查管理办法	▲		四级
57		项目QHSE不符合项管理办法	▲		四级
58		项目HSE管理实施细则	▲		四级
59		项目安全生产事故专项应急预案	▲		四级
60		项目HSE监督检查实施细则	▲		四级
61		项目HSE变更管理办法	▲		四级
62		项目HSE培训管理办法	▲		四级
63		项目分包商HSE管理实施办法	▲		四级
64		项目应急管理办法	▲		四级
65		事故事件管理办法	▲		四级
66		项目设备设施完整性管理办法	▲		四级
67		项目工作前安全分析(JSA)管理办法	▲		四级
68		项目特种作业管理办法	▲		四级
69		项目项目文明施工管理办法	▲		四级
70		项目百万工时安全统计管理办法	▲		四级
71		项目安全生产升级管理实施细则	▲		四级
72		项目检测放射源管理办法	▲		四级
73		项目脚手架作业安全管理办法	▲		四级
74		项目起重吊装作业安全管理办法	▲		四级
75		项目临时用电管理办法	▲		四级
76		项目高处作业安全管理办法	▲		四级
77		项目夜间施工安全管理办法	▲		四级
78		项目安全防护与隔离管理办法	▲		四级

续表

序号	文件内容	文件名称	承包商管理程序	内部管理程序	管理层级
79	管理办法、细则、规定	项目危险性较大的分部分项工程安全办法	▲		四级
80		项目施工现场目视化标准管理办法	▲		四级
81		项目招投标管理办法	▲		四级
82		项目合同管理办法	▲		四级
83		项目索赔与反索赔管理办法	▲		四级
84		工程投资计划管理办法	▲		四级
85		工程投资统计管理办法	▲		四级
86		项目现场签证管理办法	▲		四级
87		项目工程变更费用审批管理办法	▲		四级
88		项目工程预结算管理办法	▲		四级
89		项目支付管理实施细则	▲		四级
90		项目造价咨询管理实施细则	▲		四级
91		项目进度预警规定	▲		四级
92		项目进度管理措施	▲		四级
93		项目施工进度控制实施细则	▲		四级
94		项目竣工资料组卷管理办法	▲		四级
95		项目会议管理实施细则	▲		四级
96		项目设计风险辨识与控制手册	▲		四级
97		项目物资采购风险辨识与控制手册	▲		四级
98		项目进度风险辨识与控制手册	▲		四级
99		项目质量风险识别与控制手册	▲		四级
100		项目“三查四定”工作方案	▲		四级
101		项目“PSSR”工作方案	▲		四级

4　结论

为满足项目建设需要，在项目建设前期，PMC需要结合业主工程建设体系文件，编制项目管理体系文件，制定项目管理计划，规范项目管理程序和规章制度，明确各参建单位职责界面，理顺项目管理衔接关系，指导项目全过程管理工作，确保工程建设目标的实现。

油气管网建设过程质量管理措施优化分析

周永涛　苏东旭　祖　越

（国家管网集团北京管道有限公司）

摘　要　油气能源在我国经济建设中发挥着重要的作用，随着我国工业化发展水平的不断增长，社会对于能源产品的需求也与日俱增。为了满足经济建设对石油天然气能源的需求，建设相应的油气管道施工项目也在增多。油气管道施工过程中受到各种条件的影响具有一定的复杂性，制约因素较多导致施工难度大，一旦出现质量问题会造成严重的事故，因此必须加强油气管网长输管道施工质量管理。

关键词　油气管网；项目管理；质量管理；优化措施

1　油气长输管道建设现状及特点

1.1　油气长输管道建设现状

社会经济的发展离不开能源的支持，能源作为重要的物资基础，在人民生产 生活的方方面面提供了很大的帮助。现今世界能源的主要来源就是石油能源和天 然气能源。我国能源分布不均匀是重要的国情之一，为解决这一问题，我国开展了大规模的管道运输方式，帮助解决东部地区资源匮乏的问题。随着我国国力的提高和经济的快速发展，对能源的需求量也越来越大。为了解决能源分布不均以及东部地区需求量增大等等影响发展的制约条件，长管道运输工程的建设得到了全面的发展。

截止到现在，我国已经建立起“西气东输”、“西油东进”等项目，使得能源资源能够快速的引进到资源匮乏的东部地区。未来，将逐步建立成分布在全国各地区的能源运输网络，从现在的情况来看，油气长输管道运输工程在之后的发展中有巨大的完善空间。据统计到 2035 年全球天然气需求总量将占全球能源需求的 25%。管道作为天然气的主要运输手段在我国的建设里程不断增加，根据《中长期油气管网规划》，到 2025 年我国天然气管道总里程将达到 16.3×10^4 km，并形成“主干互联、区域成网”的全国天然气基础网络。

1.2　油气长输管道建设质量管理重要性

在我国 90%以上的石油天然气是通过管道来输送的，管道输送方式与其他运输方式相比，具有不可替代的优越性。随着国家对石油天然气能源需求的不断增多，输送管道建设项目也逐渐增多，对应管道质量要求也不断提升。在施工过程中，如果管道施工质量达不到设计要求，在正式运行后，就会出现油气泄漏的风险，对能源资源造成大量损失，对生态环境也造成严重的污染，企业也承受较大的经济损失。所以，油气长输管道施工的质量管理对于整个工程来说具有重大意义，建立完善质量管理体系、制定切实可行的质量管控措施，对于油气管道施工质量具有重要保障。

1.3　油气长输管道建设质量管理特点

油气长输管道建设通常以项目的方式开展。项目的渐进性、复杂性、动态性、难以纠正性等特点给长输管道工程项目管理带来了困难和挑战。由于长输管道工程具有投资额巨大，野外露天施工，受当地自然环境，人文地理情况影响较大。具有施工周期长，作业面多的特点。所以长输管道工程在建设和运行期间的质量对经济及社会效益带来巨大的影响。

质量是长输管道工程项目的生命，没有了质量就没有一切。质量管理不仅是现代项目管理的一个重要组成部分，而且是长输管道工程项目管理工作的核心。长输管道工程的建设不同于一般的工业产品或其他产品，首先它具有一次性和投资巨大性等特点。长输管道工程建设是不可逆的，如果一旦出现质量问题将会造成十分巨大的经济损失。所以长输管道工程建设只能一次成功，不能失败。其次建设过程联系面广，综合性强。长输管道工程建设成品在建设过程中涉及到众多单位如建设单位、勘察设计单位、施工承包商、材料、设备供货单位以及运输单位等众多单位。在长输管道工程建设过程中要综合组织各方面的力量围绕提高质量这个中心来进行。

最后长输管道工程建设过程中影响因素多。在长输管道建设过程中影响工程建设的因素很多如设计变更、地质情况变化、资金和物质供应条件、各专业施工承包商的协作程度、交通运输条件和环境因素等。由于长输管道工程建设几乎全是野外作业，其质量受到气候条件等因素影响大，操作工人劳动条件差。这都会对长输管道工程最终质量的形成产生严重的影响。因此，长输管道工程的质量管理工作比一般的工业产品或其他产品的质量管理工作显得更为复杂。

2　影响质量的主要因素

全面做好油气管网和长输管道建设过程质量管理，必须准确把握好影响油气管道施工质量的因素。影响施工质量的因素可以从人、机、料、法、环的角度来分析。

(1)“人”的因素

在油气管道施工过程中，影响施工质量——“人”的因素主要是指油气管道施工人员及油气管道施工质量监管人员。对于一线施工人员来讲，个人过硬的专业水平、技能水平及质量意识对应施工质量有很大的影响。在施工过程中，比较常见的管道质量问题中，油气管道焊接技术过低造成质量达不到设计要求，以及防腐质量缺陷等问题，都是由于“人”的因素引起，施工人员操作不规范导致。对管道施工监管人员来说，其具备的质量监管理念及监管流程落实是否到位，也会影响到管道施工质量。因此，“人”的因素是影响油气管道施工质量的首要因素。

(2)“机械设备”的因素

在油气管道施工建设中，由于工程量较大以及涉及工序较多会投入大量的机械设备，其中大部分为大型机械设备。机械化程度高的管道施工项目，需要施工机械设备与施工要求保持高度的协调，这样可以有效缩短建设工期，减少项目资金的投入，降低工程成本，对应工程质量也有很大保证。所以，在油气管道施工选用机械设备时，要根据施工现场的时间情况，综合施工工艺及现场条件，选择合适的施工机械设备，使施工设备与施工工艺形成一体化。

(3)“施工材料”的影响因素

实现管道对石油天然气的顺利输送，管道内部必须能够承载油气能源的运输载荷，同时还要确保管道内壁、外壁不会受到化学物质的腐蚀，让管道使用寿命达到设计要求水平。因此，在选用油气管道材料时，材料的质量首先要达标，到达设计要求的规格并具有防腐的特性。对应施工材料的质量管控，要在采购与进场验收两个环节下足功夫，建立科学的材料采购与进场验收制度。

(4)“法”的影响因素

“法”主要指的是油气管道施工工艺、焊接技术方法及详细的质量保证措施等，对于管道不同的铺设形态，对应的施工工艺也各不相同。在油气管理施工之前，相关部门应当召集专业的技术人员制定符合实际施工要求的施工工艺，科学、合理的施工工艺可以有效确保油气管道的施工质量，能够显著提升施工效率。在探讨、制定施工工艺时，还应注重施工方案具有科学性与经济性。

(5)“环境”的影响因素

油气管道施工时，外界的施工环境对于管道施工质量有较大影响。在油气管道施工前，应该对施工作业环境、自然环境与管理环境等能够影响施工质量的因素，做出全方位、系统性的分析，并根据作业现场的条件做出综合性的判断，制定出环境影响因素防控方案，进行积极主动的减少环境因素对管道施工质量的影响。

3　质量管理基本理论

3.1　PDCA 循环、三阶段控制、三全控制原理

PDCA 循环是指计划、执行、检查、调整这四个主要的步骤，以步骤循环往复保证了质量管理体系贯彻的过程中能够及时发现问题并做到及时的改进。PDCA 管理方法的重点就是帮助企业在业务流程、产品、服务和改进这四个方面能够

有条不紊的进行。这一方法最初是由管理学之父戴明博士提出的，因此为了表彰其贡献，这种方法又叫做“戴明环”。

三阶段控制原理是质量控制原理其中之一，它是指在质量控制中包括事前控制、事中控制、事后控制，这三个阶段构成质量控制的系统过程。事前控制就是要加强主动控制，要求预先针对如何实现质量目标进行周密合理的质量计划安排，事前控制包括质量目标的计划预控和质量活动的准备阶段控制。事中控制是针对工程质量形成过程中的控制，事中控制包括自控和他人监控两大环节，自控主要是质量产生过程中的自我约束行为，他人监控主要来自内部管理者的质量监控和外部力量的监控，当然加强自我监控是至关重要的。事后控制是指质量活动结果的评价认定和对偏差的纠正。这三大过程控制是一个有机的系统过程，不是孤立和截然分开的。

三全控制原理指项目质量管理应该是全面、全过程和全员参与的管理。在工程质量管理中一定要推行全面质量管理，因为只有管理全面，才不会产生质量管理中的重大遗漏，才在宏观上控制质量工程。其次，工程质量控制要覆盖全过程，跟踪到底。在工程质量控制的全过程中只有做到从头至尾始终如一的坚持工程质量控制，才能有效避免质量问题的出现。最后，对于工程质量控制中全员参与的质量控制，上至领导者下至基层施工操作人员都要有质量意识，都要积极主动参与到工程质量的控制当中。全员参与，全员重视，发挥每一个劳动主体的作用。只有每一个参与者都重视质量工程总体的质量目标才能实现。

3.2　智能化条件下的质量管理

油气管网和长输管道建设过程质量管理遵循上述基本原理，同时可借助智能化手段推进升级管理。依照国家工信部“两化融合”发展要求，建设油气管网施工信息化平台，通过信息化、智能化系统协助人工管理，进一步杜绝质量隐患。

信息化平台是实施智能化条件下质量管理的重要工具与手段。根据三全控制原理，信息化平台在系统设计时即考虑到包含业主、施工方、监理方、供应商等全员角色维度，覆盖设计管理、采购管理、施工管理、信息共享、现场操作、管理决策等项目全过程，全面支撑油气管网建设的质量管理过程。

在信息化系统平台支撑下，结合质量管理PDCA循环理论，对建设项目核准立项、勘察设计、工程施工、投产试运、竣工验收等各个环节，实现统一管理。有助于对工程施工质量管理流程进行规范，促进业主和承包商之间的协作，可以在平台中实现对建设数据进行共享。在油气长输管道工程施工质量管理中，智能化管道技术的作用主要突出表现在以下两个方面：可视化管理、数字化移交。

在可视化管理中，包括三维数字孪生、施工现场可视化管理。三维数字孪生基于高精度遥感成果，结合管道沿线地勘调查、单户居民、敏感信息、高风险源等融合数据，对长输管道进行选线、定线和线路优化，提升管道工程的设计符合性、有效性。施工现场可视化管理，主要是通过施工现场摄像头和无人机航拍等手段，以可视化平台智能化查看施工数据为抓手，针对集输管线、埋地管线和储罐等施工部位施工情况及现场重点部位施工照片查看和比对，严格监管施工质量。

在数字化移交中，主要是指建设承包商把建设过程中的所有设计、施工、采购、监理数据及竣工资料，利用标准化的形式，线上组卷归档移完整移交给业主，进而实现实体管道建设成果和数字孪生的虚拟管道建设成果同步移交，保证可以线上查询与利用所有数据，为后续工程运行调用各类数据打下良好基础。

4　油气管网建设过程质量管理保障措施

智能化条件下的质量管理保障措施优化提升，可依托信息化系统平台，运用物联网、云计算、大数据、人工智能等关键技术，使资料由分散向集中、由纸质向数字化转变，质量管理模式由被动向主动转变，信息系统由孤立分散向集中集成转变，资源调配由局部优化向整体优化转变，运行管理由人为主导向系统智能转变，以数据全面统一、感知交互可视、系统融合互联、供应精准匹配、运行智能高效、预测预警可控为目标，用信息化手段大幅提升质量管理能力，实现可视化、网络化、智能化管理，最终形成具有全面感知、自动预判、智能优化、自我调整能力、安全高效运行的智能化油气管网建设项目。具体来看，可从人员、设备、物资、数据等维度优化保障措施。

4.1 提高人员信息化认知水平

为提高建设人员和监理人员对智能化管道建设项目的理解，应定期组织开展专项培训。宏观方面从智慧管道发展历程、智慧管道优势等角度出发，促进人员对智慧管道的认知，对人员不遵守法规严重性、管道发生事故的可能性以及挽救措施的有效性进行评估是非常必要的；微观层面从信息化平台操作使用、现场设备工作原理、物联设备检查重点等角度出发，提高人员对现场的管控能力。通过不断努力，提高油气管网建设相关人员的信息化、智能化意识和技术水平。

4.2 焊接设备自动化信息采集

油气长输管道工程施工中，焊接属于关键技术，焊接质量如何直接影响到整个工程。在质量管理中，想要有效管控与提升焊接质量，应对普通焊机进行信息化改造，使其可以实现焊机数据自动采集，并且记录焊接工艺参数。

全自动焊机利用物联传感器自动采集焊接数据，并与信息化系统平台数据对接，主要是对电流电压传感器、通讯单元、温度传感器进行增加，改造后焊机属于物联网重点，具有传感器、处理单元、无线通信单元。通过传感器对关键数据进行采集，经过处理单元进行数据运算，最后经过无线通信单元，把数据上传到信息化平台系统。这些回传的数据同步关联着焊口、焊工、探伤信息，平台利用算法控制的AI分析来识别焊接效果，减少传统人工监理审核存在的误差情况。

4.3 物资二维码全流程管理

在物资管理工作中，相关人员利用智能终端，通过二维码技术，可以快速扫描与识别。实现物资全过程管理。在管材出厂时被贴上管材二维码，在二维码中具有管材属性、管号、厂家信息等内容，在实际施工过程中可以通过对二维码进行扫描采集数据，保证管材数据采集精准性。在设备机具入场时被贴上机具二维码，闭环管理机具的报验入场、性能、检定情况。

此外，针对焊口二维码的管理，在管材对口后形成焊口编号，利用智能终端，等级焊口编号，对二维码打印机进行连接，进而生成二维码标签。焊口二维码属于一种身份识别，具有唯一性的特点，和焊口前管号、后管号有关，与此同时还可以和焊接工艺规程、技术参数、环境参数、焊工、探伤检测数据进行关联。

通过将统一的二维码标识，实现物资采办全流程电子化管控，实现了物料设计、采购、入库、调拨、出库、安装全过程跟踪，提升了地面工程物资管理效率，全面促进物资管理工作深度更深，范围更广。

4.4 数据统计分析辅助质量管理

施工数据准确完整入库并统计分析，通过多种可视化手段辅助监理人员进行工程质量管理。利用APP采集管线焊缝信息、手持RTK设备精准定位测量、无损检测数字化成像、无损检测自动组批，使施工组织更高效、施工质量更可控。施工过程质量数据记录和施工质量数据统计分析，可通过图表的形式对焊接质量数据进行统计，可一目了然的掌握质量管控情况和数据。

针对管线工程，系统根据探伤、质量监理日报、周报质量审核报告及整改报告、质量缺陷与事故处理文件等质量管理数据，将管线的质量通过不同的颜色来表示，便于管理者直观查询管线某段的工程建设质量，同时，也可直接查询质量管理文件的信息。

5 总结

油气管网建设施工质量是油气运输产业健康发展的基础。长输管道工程建设质量管理提升，有着多维度、多方面、多层次的措施与办法。本文通过梳理“人、机、料、法、环”五个环节的控制要点，结合质量管理基本理论和依托信息化、智能化手段的质量管理方法，并结合我国油气管网施工企业建设项目的实际，提出了针对油气管网和长输管道建设过程的质量管理优化措施，对于今后建设项目管理有着一定的参考价值。

参 考 文 献

[1] 陈柳钦 . 中国 LNG 产业链发展前景[N]. 中国能源报，2014-03-31(13).

[2] LIN W S，ZHANG N，GU A Z. LNG (liquefied natural gas)：A necessary part in China's future energy infrastructure [J] Energy，2010，35(11)：83-91

[3] 冼国栋，吕游 . 油气管道环焊缝缺陷排查及处置措施研究 [J]. 石油管材与仪器，2020，6(2)：42-45.

[4] 周亮 . 油气管道施工工程的控制与管理[J]. 数字化用户，2017，23(51)：30.

[5] 崔英，陈亮亮，许序鹏 . 油气管道施工工程的控制与管理 探究[J]. 城市建设理论研究(电子版)，2013，(17).

[6] 宋鹏 . 长输管道工程 EPC 总承包项目风险管理研究[J]. 中国勘察设计，2006(10)：19-21.

[7] 葛红 . 三阶段原理在建筑工程质量控制中的应用[J]. 科技信息，2010(22)：27-28.

[8] 赵瑞林 . 论影响建筑工程质量的因素与控制[J]. 广东建材，2010，(8)：33-34.

[9] 郭卫刚，胡东来 . 浅谈建筑工程质量控制的方法[J]. 科技信息，2011，(32)：69-70.

[10] 陈晓莉 . 浅谈建筑工程的质量责任[J]. 科技信息，2011，(27)：87-91.

[11] 王磊 . 施工企业工程成本管理初探[J]. 产业与科技论坛，2006，(06). 6.

海上平台结构实时健康监测关键技术在结构完整性管理中的创新应用

庞洪林　万　军　桑　军　吴景健　梁　鹏

（中海石油（中国）有限公司天津分公司）

摘　要　结构评估做为结构完整性管理的重要一个环节，现阶段只能通过定期水下检测的方式开展，而结构实时健康监测的创新应用，能为结构完整性检验评估提供有效的实时数据支持，实现更高效更精确的评估。本研究针对我国在役海洋平台的特征，研发海上平台结构实时健康监测关键技术，并在结构完整性管理中的创新应用，弥补了现阶段结构完整性管理存在的技术缺陷，推动了结构完整性管理升级。海上平台结构实时健康监测系统已在渤海某在役平台上实现应用示范。

关键词　结构完整性管理；结构健康监测；智能终端

1　海上平台结构完整性管理现状

海洋平台灾难性事故可能造成严重的人员伤亡、重大的经济损伤以及不可逆转的环境污染，由此，确保海洋平台结构在物理和功能上保持完整的结构完整性管理，已成为当前海洋工程界的关键技术体系。美国石油协会API颁布了API RP 2SIM海上固定设施结构完整性管理（Structural Integrity Management，以下简称SIM）。SIM是保证海上设施安装到退役全生命周期过程的适用性评价系统，涵盖平台改造、评估、延寿、损伤、检验、应急响应全过程（图1）。

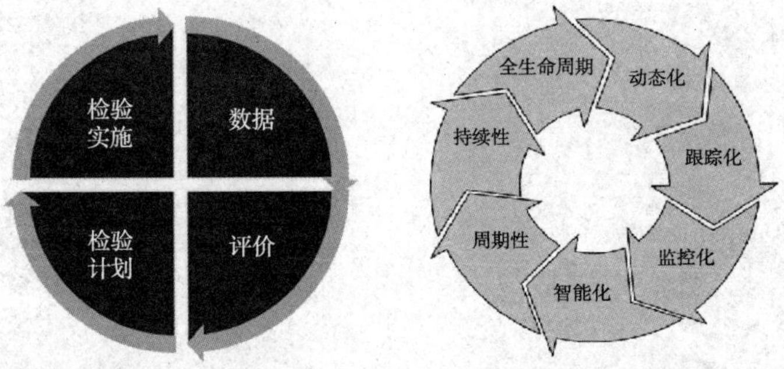

图1　SIM评价系统

定期水下检测是当前SIM技术体系中的关键环节，而恰恰是这一关键环节的根本缺陷，造成了技术瓶颈的存在。缺陷一是定期水下检测具有“盲目性”，在按照计划进行检测时，是没有任何确定性的信息可以指导检测内容和方法的制定的，这就必然促使实际的检测工作成为一种全面铺开的扫略行为，由此造成运维成本的居高不下。缺陷二是定期水下检测具有“经验性”，水下目测检验的准确性缺失往往致使损伤区域的前期判定大多是以经验为主的，致使检测过程存在很大的“经验性”，而更危险的“漏检”事件也难以有效避免。综上可知，当前海洋平台结构的完整性管理，因现行的检验策略和方法具有技术局限性，而面临结构真实状态不可知、结构异常发现不及时、结构状态发展不可测等突出问题（图2）。

图 2　定期水下检测

为克服当前 SIM 存在的上述技术瓶颈，本研究攻关海上平台结构实时健康监测关键技术，并在结构完整性管理中的创新应用，推动了海洋平台结构完整性管理升级。

2　海上平台结构实时健康监测系统关键技术

海上平台结构实时健康监测是一种对结构物进行实时、无损和全面的损伤评估技术，是从实测的结构物动力响应信号中提取结构的参数或与结构参数相关的指标，并由此推断结构损伤情况。它是传统结构动力学的逆问题，属传感器技术、结构动力学、信号处理技术、概率统计、神经网络等的交叉科学。

国家积极鼓励和支持搭建海洋工程全生命周期数字化、信息化、系统化、智能化大数据平台，全力推进海洋油气产业的数字化智能化整体创新升级。为此，本研究结合当前海洋平台结构完整性管理瓶颈，运用数字化智能化技术，成功研发出“海上平台结构实时健康监测关键技术”，弥补了现阶段结构完整性管理过程中老龄化平台安全性评估缺乏数据支撑、缺少科学依据的技术缺陷。该项技术通过先进的实时感知测量，实现了对平台动态响应、应力应变状态的动态实时监测，进而实现了在役海洋平台的动态监测与异常预警技术。进一步地，基于动态监测数据分析，开发出一套集平台结构实时数字化信息、损伤识别诊断、作业状态可视化反馈于一体的综合信息化系统，并已在渤海某在役平台上实现应用示范。

为构建海上平台结构实时健康监测系统，首先需在海上平台搭建实时监测数据采集系统，准确把握结构动力响应特征，监测的内容主要包括两类信号：一是平台上部组块的振动加速度信号，另一是结构关键位置的应力应变信号。然后将平台传感监测系统采集的结构数据传输回数据管理中心后，通过动态监测数据分析，进行平台结构损伤识别、平台结构损伤诊断、平台作业模式辨识和结构剩余寿命实时评估。最后创建集实时数字化信息、损伤识别诊断、作业状态可视化反馈于一体的海洋平台健康监测智能终端系统，将数据分析结果实时反映于智能终端中，方便技术人员和管理部门能够实时掌握平台的运行情况及结构状态，实现目标平台结构数字模型的三维可视化与交互操作。

海上平台结构实时健康监测关键技术的实现流程如图 3 所示。

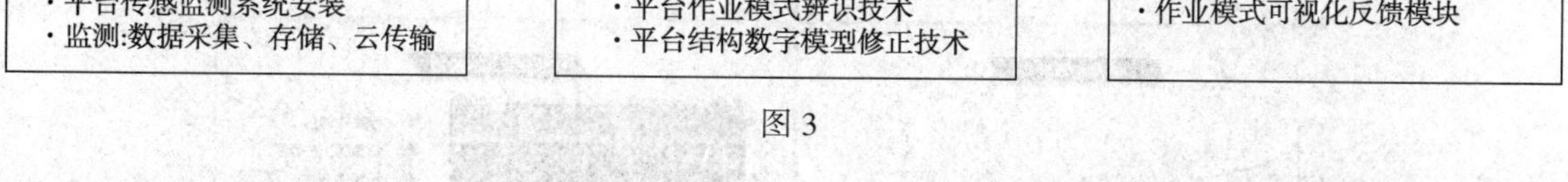

图 3

本项关键技术具有以下特点与创新性：

（1）基于模型与数据双驱动的创新理念；

（2）围绕数字核心的层级式技术架构；

（3）深度机器学习算法支撑的智能化。

海上平台结构实时健康监测关键技术弥补了现阶段结构完整性管理过程中的技术缺陷，是实现海洋平台数字化智能化升级的关键一步，也是打造数字孪生技术的第一步。

3 海上平台结构实时健康监测系统架构与应用

为方便技术人员及管理部门了解平台的作业情况，并直观呈现结构的健康状况和剩余安全寿命，海上平台结构实时健康监测系统创建智能终端，实现监测与评估结果的实时可视化反馈。为满足不同用户的具体需求，该智能终端以 Web 端和客户端两种方式上线运行。

3.1 Web 端架构与应用

海上平台结构实时健康监测智能终端 Web 端基于 B/S 架构，利用 C#语言及 ASP. NET 开发框架开展了 Web 端的开发工作，结合 Ajax 和 JavaScript 等技术实现了内部功能的开发。Web 端主要通过封装好的 Sql 语句获取云服务器中数据库管理平台内的数据，继而基于 Session 传参，在数据处理程序内完成遍历并处理成 json 数据。Web 前端通过 post 请求方法调用 ajax 接口，对数据进行处理，并以可视化图表的形式展示在前端 Web 界面，见图 4。

用户可通过 PC 或手机浏览器进行访问，Web 端具有良好的兼容性，支持主流浏览器（Firefox，Chrome，IE 等）。

图 4　Web 端用户登录界面

用户在 PC 浏览器登录界面输入具有访问权限的用户名、密码及验证码后即可进入 Web 端主界面，如图 5 所示。同样，通过手机浏览器也可对 Web 端进行访问，如图 6 所示。通过该界面，可查看平台的实时健康状态、累计已有数据量统计结果、平台剩余可靠度及作业模式实时辨别结果。

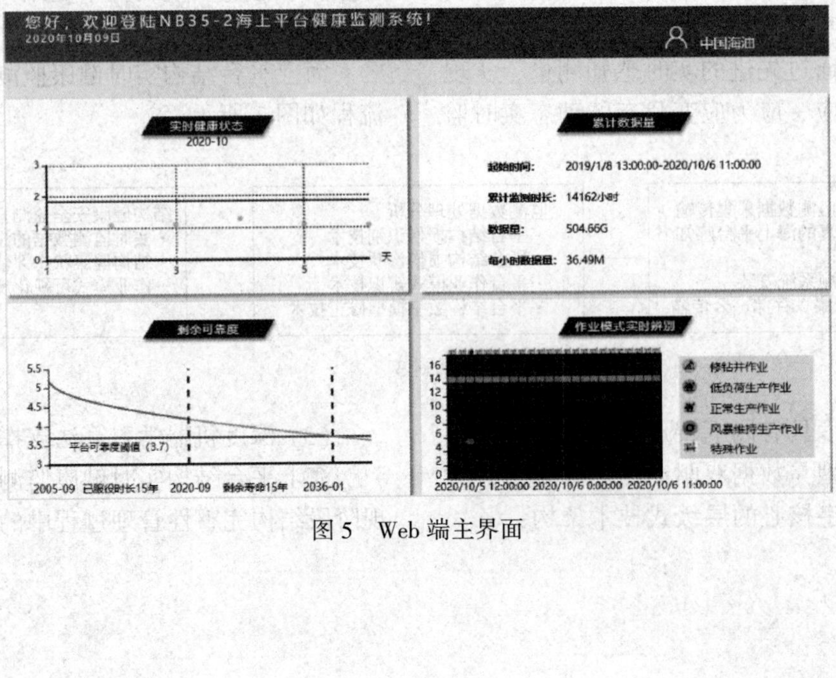

图 5　Web 端主界面

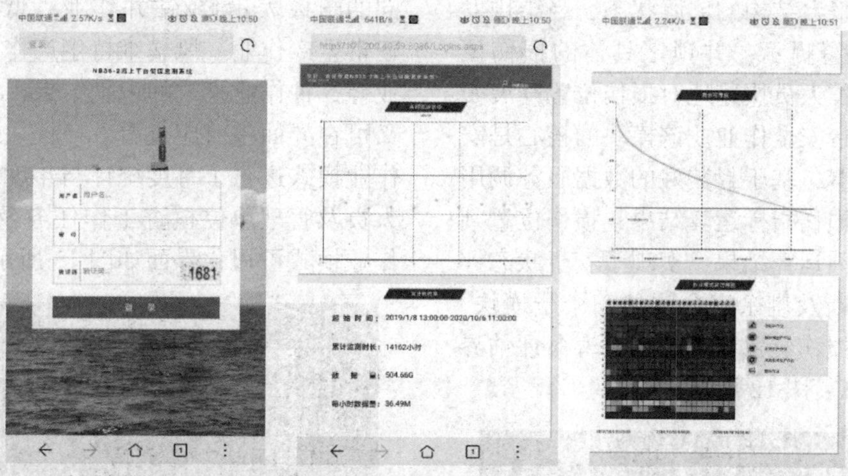

(a)手机端浏览登录界面　　(b)手机端Web首页　　(c)手机端Web滑动页面

图6　手机浏览 Web 端界面

3.2　客户端架构与应用

海上平台结构实时健康监测智能终端客户端是安装在用户 PC 机运行的一套可视化智能终端，客户端基于 C/S 架构开发，通过 C#语言编写，内嵌了 3D 引擎，实现了目标平台数字模型的三维可视化与交互操作。客户端通过封装好的 Sql 语句自动远程连接云服务器下的数据库管理平台获取数据，通过 UnityWebRequest 类处理 HTTP 与 Web 服务器进行通信的流程，调用 MySQL. Data. dll 通过 TCP3309 端口访问云服务器数据库，动态加载所需的数据源。利用 DownloadHandler 类和 UploadHandler 类分别管理数据的下载和上传。客户端集成了 AES 解密算法，用于在内存中解密小时包数据，以实现客户端监测加速度数据及应变数据的展示，并在解密完成后将其在内存中的数据删除，确保感知数据的信息安全。

客户端根据提供的信息化内容分为三大功能模块，即实时监测数据的浏览与下载模块、结构健康状态评估与诊断模块和作业模式可视化反馈模块。客户端系统首页如图 7 所示。

图7　智能终端系统首页

（1）实时监测数据的浏览与下载模块

该模块的作用是方便用户浏览并下载平台各监测点的实时监测数据。用户可通过该模块对平台监测网络有一个直观的了解，并检查平台监测网络的实时运行状况。若发现实时监测数据具有深入分析及挖掘的潜力，用户还可将其下载至 PC 本地，实现离线模式下的数据分析。实时监测界面如图 8、图 9 所示。

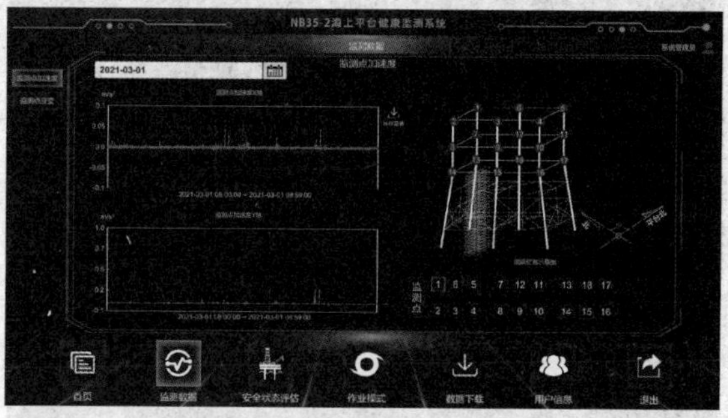

图8　加速度监测数据界面

图9　应变监测数据界面

(2) 结构健康状态评估与诊断模块

该模块的作用是方便技术人员及管理部门能

够实时掌握目标平台结构的健康状态，当结构发生损伤时提供报警提示，并锁定具体的损伤位置，方便平台工作人员快速地对损伤位置开展安全排查，保证平台安全作业。该模块的核心是安全状态评估控制器，基于封装好的数据服务调用云服务器中实时损伤指标运算结果、损伤位置判断及剩余寿命预估运算结果，实现了安全状态评估、损伤位置判断及剩余寿命评估三个子模块。安全状态评估、损伤位置判断及剩余寿命评估界面如图 10、图 11、图 12 所示。

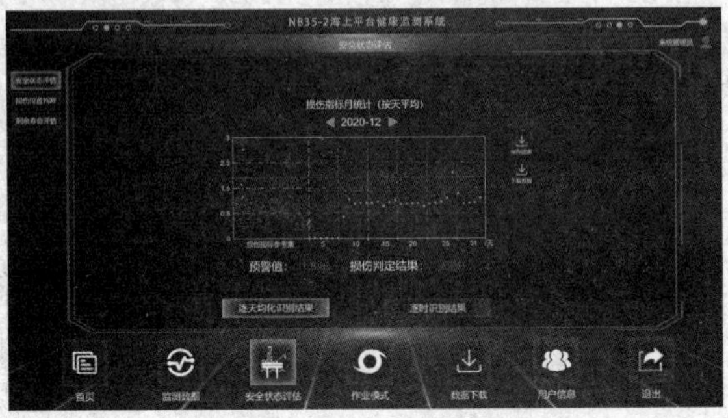

图 10　安全状态评估界面

图 11　损伤位置判断界面

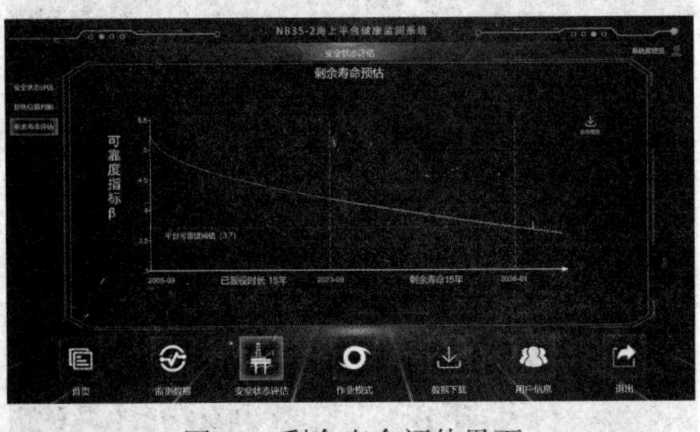

图 12　剩余寿命评估界面

(3) 作业模式可视化反馈模块

该模块的作用是方便技术人员及管理部门了解平台的作业情况，为平台的生产作业计划提供数据支撑。模块中的全景网络图与识别结果图默认显示数据库中最新 48 个小时的数据，利用不同的图标表示修/钻井作业、低负荷生产作业、正常生产作业、风暴维持生产作业及特种施工作业等 5 种作业模式的识别结果，各图标的具体含义可在界面中对应查看。该模块还对目标平台的作业模式进行了月度统计与年度统计，方便技术人员及管理单位核查工作任务及计划作业安排。作业模式可视化界面如图 13 所示。

图 13　作业模式界面

用户可通过三大功能模块及时了解平台监测网络的运行状况及平台的结构信息。若平台存在结构损伤，智能终端可提供及时的预警，并定位至损伤位置，方便平台工作人员快速地对损伤位置开展安全排查，保证平台安全作业。目前，该海洋平台健康监测智能终端系统已在渤海某在役平台上实现应用示范，至今已无故障不间断运行 39 个月。

4　结论

本研究针对我国在役海洋平台的特征，创新性的将海上平台结构实时健康监测技术应用于结构完整性管理，弥补了现阶段结构完整性管理中老龄化平台安全性评估过程中缺乏数据支撑、缺少科学依据的技术缺陷。

海上平台结构实时健康监测系统主要包括实时监测数据采集系统、监测数据处理分析、结构健康安全监测智能终端。通过先进的实时感知测量，实现了对平台动态响应、应力应变状态的动态实时监测，进而实现了在役海洋平台的动态监测与异常预警技术。基于动态监测数据分析，本研究在平台结构损伤识别、平台结构损伤诊断、平台作业模式辨识、数字模型修正和结构剩余寿命实时评估等关键技术上取得重要突破，并进一步开发出一套集平台结构实时数字化信息、损伤识别诊断、作业状态可视化反馈于一体的综合信息化系统，海上平台结构实时健康监测系统已在渤海某在役导管架平台上实现应用示范。

海上平台结构实时健康监测系统可缩减目前完整性管理中因定期检测与特检盲目性所带来的结构维护成本达60%以上，突破了当前结构完整性管理技术瓶颈，避免了结构的“盲目性”检验和“经验性”检验，优化水下检验范围和周期。本系统可辅助建立应急响应技术支持、评估现役结构损伤，为未来老龄化平台的延寿和再利用技术研发奠定坚实基础。同时，本研究的创新应用有助于提升油气开发过程中完整性数字化管理能力。

参 考 文 献

[1] 朱锟．海洋平台爆炸事故风险分析与防护对策研究[D]．山东：中国石油大学(华东)，2011.

[2] API RP 2SIM, Structural Integrity Management of Fixed Offshore Structures [S]. American Petroleum Institute, 2011.

[3] 张晓频，穆顷，王宁，等．结构完整性管理在海洋平台延期服役评估中的应用[J]．船舶，2014(2)：5.

[4] Krishnan S, Lokesh S, Devi M R. An Efficient Elman Neural Network Classifier with Cloud Supported Internet of Things Structure for Health Monitoring System[J]. Computer Networks, 2019, 151(MAR. 14): 201-210.

[5] 郑丽娟，赵而玉．重大工程结构健康监测系统的应用研究现状[J]．山西建筑，2016，42(13)：3.

iShale 平台建设及应用

于荣泽[1,2]　董大忠[1,2]　王红岩[1,2]　熊　伟[1,2]　乔德新[1]　时付更[1]
张晓伟[1,2]　孙玉平[1,2]　李俏静[1,2]　高金亮[1,2]

（1. 中国石油勘探开发研究院；2. 国家能源页岩气研发(实验)中心）

摘　要　数字化浪潮席卷全球，北美页岩革命也由 1.0 向 2.0 时代跨越，页岩革命 2.0 是一场以大数据为核心技术的智慧能源革命，通过优化 1.0 时代普遍存在的无效和低效作业持续降低成本提高页岩油气竞争力。本文详细阐述了中国石油勘探开发研究院数字化建设中的典型案例——iShale 平台。平台定位为页岩气藏专业数据应用平台。通过数据资源化、资源业务化、业务成果化和成果集成化“四化模式”，实现了页岩气上游勘探开发数据及成果由分散走向集中和集成。iShale 平台为大数据技术应用提供环境、载体和工具，为页岩气勘探开发上游业务管理决策、协同研究和油田生产提供支撑。

关键词　第四次工业革命；页岩气；大数据；iShale 平台；智能分析

近代史上前三次工业革命实现了人类社会向“机械化”、“电气化”和“自动化”的跨越式发展。自 2013 年德国在汉诺威工业博览会上推出“工业 4.0”以来，以大数据、云计算、人工智能和物联网为核心的第四次工业革命拉开序幕，人类社会将迎来人工智能时代。随互联网和云计算技术的进步和普及，大数据已普遍应用于电子商务、医疗、电信、传媒、安防、金融、教育、交通等多个领域，也在油气领域得到了广泛应用。本文详细介绍了中国石油勘探开发研究院在数字化信息化建设中的典型案例——iShale 平台(页岩气云数据智慧平台)。平台定位为页岩气藏专业数据应用平台，整体聚焦页岩气上游业务和数据应用层面，数据资源建设依托统建数据库系统，作为数字化建设应用模块之一，实现页岩气数据及研究成果由分散走向集中和集成。iShale 平台为页岩气上游勘探开发业务提供了统一数据应用环境，同时也积累了宝贵的经验，可为同类型应用平台建设提供参考借鉴。

1　平台设计

页岩气大数据应用分析需要统一的数据平台提供运行环境、海量数据资源提供数据基础、智能学习算法提供分析工具。平台、数据和算法是页岩气大数据应用分析的关键。平台总体目标为建设页岩气勘探开发数据智能应用平台。业务目标为支持页岩气上游勘探开发全业务流程，功能模块间数据互联通实现业务协同和一体化研究。技术目标为满足数据资源建设及智能应用需求、页岩气勘探开发数据增长及智能分析运算需求和云端部署及多用户线上稳定运行。应用目标为满足不同用户定制权限多途径使用。

平台围绕页岩气勘探开发数字化业务需求，划分为数据层、业务层、应用层和展示层。数据层主要依托统建基础数据库将页岩气勘探开发业务集成管理为业务层提供数据服务。数据层核心功能为数据资源化，建立多源异构数据清洗入库标准及规则形成页岩气专业数据资源库。业务层遵循页岩气上游勘探开发业务全流程，主要包括国际动态、矿权储量、规划计划、勘探评价、实验测试、开发方案、开发动态和生态环保。业务层核心功能是资源业务化，将所有数据层数据按照业务要求统一清洗派生为业务直接需求数据。应用层充分利用业务数据实现协同研究，实现业务成果化过程。应用层分为两个层面，第一个层面为集成数据建模、机器学习和知识图谱等大数据研究应用，第二个层面为研究人员利用业务数据形成的研究成果。展示层用于实现大数据智慧屏幕展示功能。除此之外，应用层通过成果集成化管理将研究成果集中管理在数据层中，业务层则为数据层提供业务数据清洗标准及派生算法。

平台技术框架包括展示层、应用层、业务层和数据层。依托开源基础服务与中间件产品，采用网格应用和云原生架构模式，应用 Restful 与 gRPC 标准构建技术框架。展示层采用 Vue + Node. js+ElementUI 以及 ES6 语法的前端技术，支撑 Web 页面访问操作，便于提高用户体验。采用 Ngnix 技术将数据流量分摊到多个服务器执行，多台服务器集群完成运行任务、提高数据吞吐量。应用层采用云原生架构模式：微服务+DevOps+持续交付+容器化(OpenShift)+ELK 分布式日志采集监控框架。在 API 网关中通过 OAuth2 标准实现用户认证与鉴权，采用 Nacos 和 Sturn 实现统一配置和任务调度，采用 Restful/gRPC 接口标准实现新服务及组件开发。业务层按照核心需求，统一整合资源和业务关系，将所有信息化资源进行业务化处理，为每一个业务场景提供完整规范信息化服务。数据层主体数据均来自统建系统，核心采用 JDBC 连接工具，执行 SQL 语句 Java API，可为多种关系数据库提供统一访问。数据资源采用云数据中心管理方式，通过"数据接入"对接专业数据库，云数据中心为逻辑中心，数据按既定逻辑维度进行组织，提供统一数据服务。

2 平台开发

平台建设历经方案论证、框架设计、开发建设及运行试用阶段，目前已初步建设成为页岩气勘探开发专业数据集成应用平台。在基础功能开发、数据资源建设和数据智能分析三个方面持续完善各项功能。目前平台已在局域网内实现稳定运行和应用，支撑页岩气管理决策和协同研究。

2.1 基础功能开发

平台具备页岩气勘探开发支持和数据智能分析两大类 12 项专业功能。平台累计开发完成 12 个以及模块 600 项功能菜单，累计代码量超 260 万行，支持局域网范围内稳定运行和应用。以单井为最小存储单元，优化部署 280 项属性标签支持不同维度数据调用和统计分析。单井属性标签由基本属性、地质参数、钻井参数、压裂参数、测试参数、投产参数、动态参数、措施参数和开发指标构成。平台通过底层数据库接入统建数据系统，每天定时更新数据。在原始数据资源基础上，标准化设计 206 项页岩气钻井、压裂、测试、动态及产能建设综合派生指标。针对派生指标植入 20 项统计参数及算法，实现产能建设、开发动态和开发指标自动实时统计、输出和成图。平台定制灵活格式化数据导出形式，支持页岩气藏 Harmony 等专业分析软件数据批量导入功能，便于科研人员一键导入数据进行专业分析评价。除原始数据和派生指标外，平台预留空间集中存储管理非结构和半结构化数据，实现成果集中管理功能。非结构化数据包含勘探评价部署方案、开发规划方案、先导试验方案、开发方案及后评价方案等各类重大设计方案文档。通过数据提取，将所有方案关键指标以结构化数据形式存储展示，便于横向方案指标对比分析(图 1)。

图 1　iShale 平台 web 登录界面

2.2 数据智能分析

平台为数据存储和分析提供环境，数据则是分析应用的基础。数据资源建设是平台建设中的重要环节。截至目前，iShale 平台已累计加载和清洗国内外页岩气勘探开发数据项超 2300 万条，派生各类开发指标数据项 1200 万条。通过接入咨询公司数据库，累计清洗接入北美典型页岩气藏 12 万口气井 600 万条基本属性、钻完井、分段压裂、生产及成本数据。典型页岩气藏生产数据主要包括 Marcellus 常压浅层-中深层巨型页岩气藏 23000 口井、Eagle Ford 中深层-深层超压页岩油气藏 30000 口井、Barnett 浅层-中深层常压页岩气藏 21000 口井、Haynesville 中深层-深层超压页岩气藏 7000 口井、Utica 中深层-深层超压页岩气藏 5000 口井和其它未定义分区的气井 14000 口井。单井数据包括垂深、测深、水平段长、机械钻速、钻井周期、压裂段数、压裂液量、支撑剂量、钻井成本、固井成本、压裂水成本、压裂支撑剂成本、压裂泵送成本、压裂其它成本、初期产气量及单井 EUR 等数据项。在原始数据基础上派生标准指标用于学习曲线绘制及对比分析，派生标准指标包括水垂比、段间距、加砂强度、用液强度、递减率、百米段长 EUR、百米段长压裂成本、单位钻压成本产气量等，累计派生指标超 600 万条。依托公司统建系统，规范有序接入 1800 口气井钻完井、录井、测井、压裂、测试及产量数据 400 万条。根据页岩气藏开发特征、管理决策及协同研究需求，派生钻完井、分段压裂、气井测试、开发动态及开发指标项超 600 万条(图 2)。

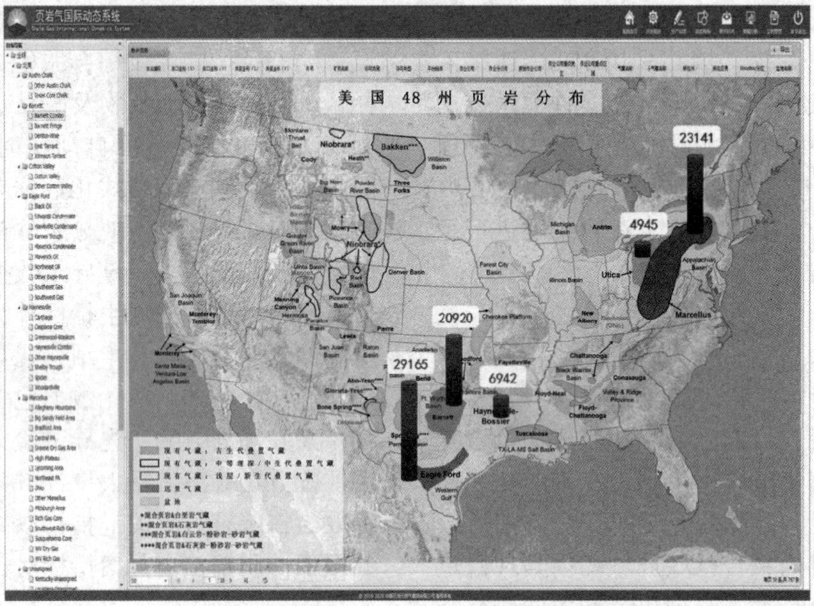

图 2　iShale 平台国际动态模块及典型页岩油气藏气井数量

2.3　数据智能分析

iShale 平台智能分析模块集成六种主流监督机器学习算法探索页岩气大数据开发评价技术。线性回归算法(Linear Regression)是利用数理统计中回归分析，来确定两种或两种以上变量间相互依赖的定量关系。随机森林(Random Forest)算法属于集成学习算法，总体思路是训练多个弱模型组成一个强模型。随机森林是利用多个决策树对样本进行训练、分类并预测的一种算法，主要应用于回归和分类场景。LightGBM(Light Gradient Boosting Machine)算法支持高效率的并行训练，该模型具有训练效果好、不易过拟合等优点。XGBoost(eXtreme Gradient Boosting)算法是经过优化的分布式梯度提升库，该算法具备速度快、效果好、能处理大规模数据，常用于分类和回归分析。支持向量回归(SVR)算法是支持向量机的改进算法主要解决回归拟合问题。BP(Back Propagation)神经网络算法是一种按误差反向传播训练的多层前馈网络。

3　平台应用案例

页岩气藏开发面临诸多难点，在海量数据基础上的统计分析能够深化认识页岩气藏开发特征。平台依托北美典型页岩气藏大量投产井数据，通过多维度多区间数据循环统计分析形成系列学习曲线及图版。平台围绕北美典型 Marcellus 常温常压巨型页岩气藏进行了多维数据统计分析并绘制了该类型页岩气藏开发学习曲线及图版。

3.1　开发学习曲线

埋深是页岩气藏关键开发指标，Marcellus 页岩气藏页岩气水平井百米段长 EUR 统计结果显示随埋深增加，气井百米段长 EUR 整体呈线性增加规律。其它条件保持恒定时，气藏压力和含气量呈线性增加，气井开发指标呈线性增加规律。浅层页岩气藏开发中钻井受水垂比限制，不同埋深气井应针对性设计开发技术政策。不同埋深气井水平段长与加砂强度之间存在合理匹配关系（图 3）。

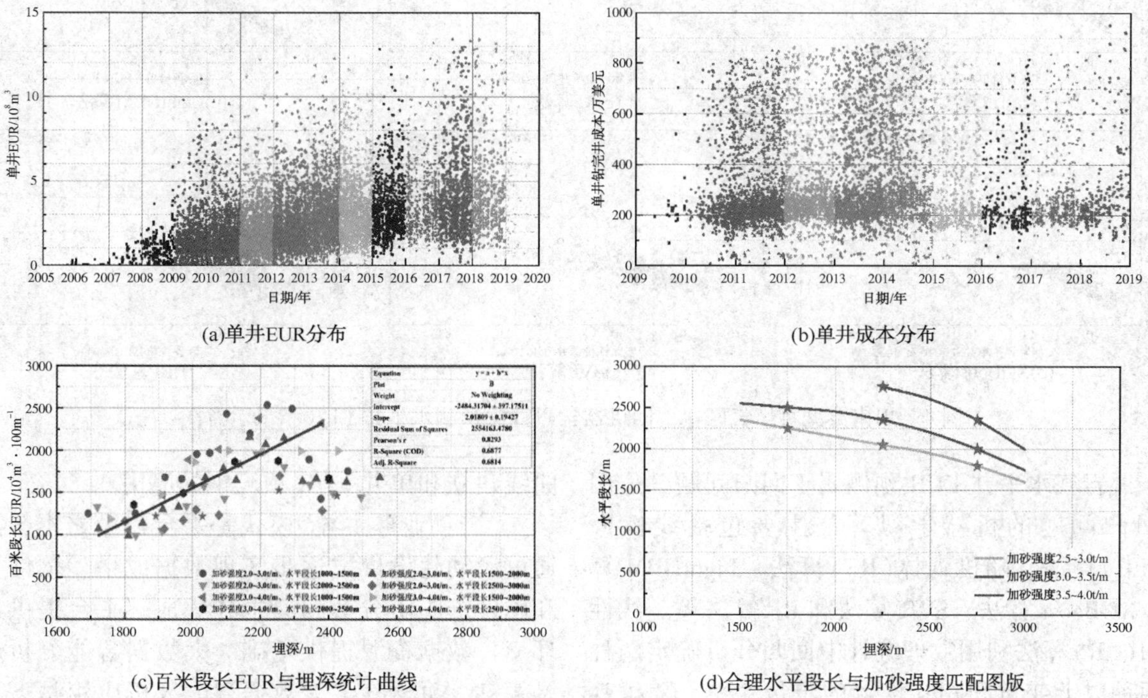

(a)单井EUR分布　(b)单井成本分布

(c)百米段长EUR与埋深统计曲线　(d)合理水平段长与加砂强度匹配图版

图 3　Marcellus 页岩气藏开发学习曲线

不同埋深页岩气井水平段长与加砂强度存在合理匹配关系。Marcellus 页岩气藏不同埋深气井水平段长与加砂强度分析结果显示随水平段长增加，技术指标百米段长 EUR 整体呈下降趋势，经济指标单位钻压成本产气量呈下上升后下降趋势，存在合理水平段长范围。相同水平段长范围内，随加砂强度增加，技术指标百米段长 EUR 和经济指标单位钻压成本产气量呈先上升后下降趋势，存在合理加砂强度范围。埋深 1500～2000m 页岩气水平井合理水平段长范围为 2000～2500m，对应合理加砂强度范围为 3.0～3.5t/m。埋深 2000～2500m 气井，加砂强度小于 2.0t/m 时，气井合理水平段长范围为 1500～2000m。加砂强度 2.0～3.5t/m 时，气井合理水平段长范围为 2000～2500m。加砂强度 3.5～4.0t/m 时，气井合理水平段长范围为 2500～3000m。埋深 2500～3000m 气井，加砂强度小于 3.5t/m 时，气井合理水平段长范围为 1500～2000m。加砂强度 3.5～4.0t/m 时，气井合理水平段长范围为 2000～2500m。

3.2　可采储量预测

EUR（最终可采储量）是指是指预计在整个生产周期内从单井（区块、盆地）可经济采出的天然气或石油总量。准确评价 EUR 能够掌握单井（区块或盆地）开采潜力，为开发方案、经济评价、开发调整和加密钻井提供可采储量依据。页岩储层致密，井间几乎不连通，气井生产具备“一井一藏”或“一台一藏”的人工油气藏特点。相较于常规油气藏动态分析，页岩气藏的单井 EUR 评价更具实际意义，北美典型页岩气藏产能也主要立足于单井开展 EUR 评价。单井 EUR 评价一直是页岩气藏动态的核心指标。常规页岩气井 EUR 评价方法包括经验产量递减分析方法、现代产量递减分析方法、解析法、数值模拟和试井分析方法等。基于数据驱动的机器学习算法为单井 EUR 预测提供了新途径，该方法具备快速和迭代预测的优势。随页岩气勘探开发数据量增加，机器学习算法将得到更广泛的应用（图 4）。

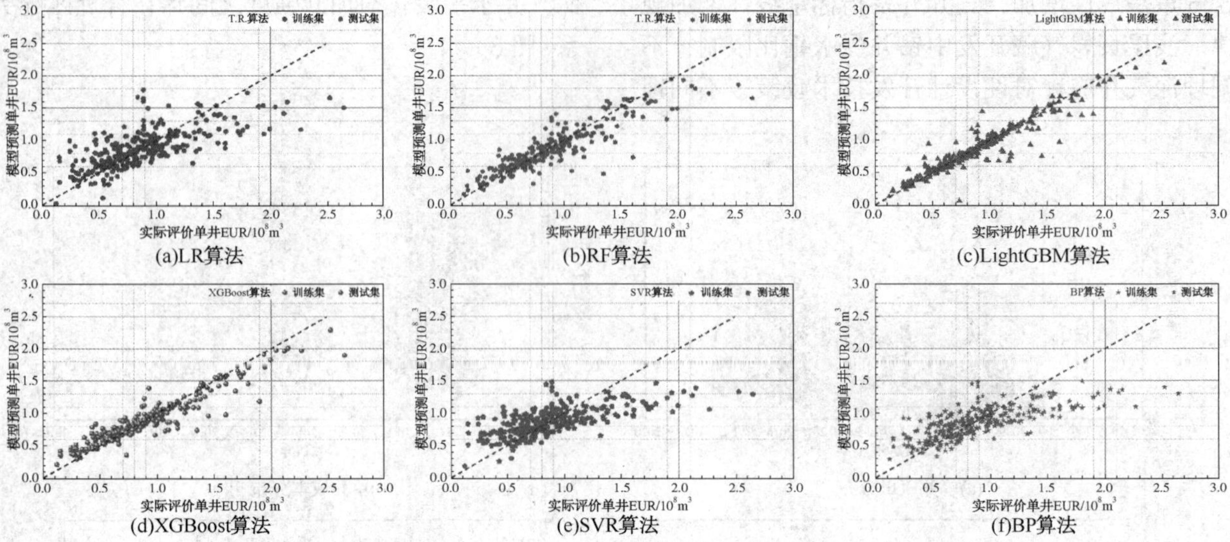

(a)LR算法 (b)RF算法 (c)LightGBM算法

(d)XGBoost算法 (e)SVR算法 (f)BP算法

图 4 川南典型页岩气区块不同机器学习算法预测水平井 EUR 结果示意图

页岩气水平井 EUR 预测属于回归问题，适用于回归问题的机器学习算法主要包括线性回归(LR)算法、随机森林(RF)算法、LightGBM 算法、XGBoost 算法、SVR 算法和 BP 算法等。线性回归(LR)算法利用数理统计中回归分析确定两种或两种以上变量间相互依赖的定量关系。随机森林(RF)算法属于集成学习算法。LightGBM 算法支持高效并行训练。XGBoost 算法为经过优化的分布式梯度提升库，具备高效、灵活和支持并行化优势。支持向量回归(SVR)算法主要解决回归拟合问题。BP 神经网络算法是一种按误差反向传播训练的多层前馈网络。选取典型区块页岩气水平井数据集合进行机器学习算例分析，将数据集划分为训练集和测试集。选取不同算法构建页岩气水平井可采储量预测模型，利用训练集和数据集进行计算分析。通过模型性能对比优选最优模型用于单井 EUR 预测。图 4 给出了川南典型页岩气区块不同机器学习算法预测水平井 EUR 结果示意图。最终根据模型精度指标优选算法进行 EUR 预测。

4 结论

(1) 初步建设完成页岩气勘探开发业务专业数据集成应用平台，具备页岩气勘探开发支持和数据智能分析两大类 12 项专业功能。通过持续标准化页岩气勘探开发数据加载格式及清洗流程，实现多源异构数据有序接入，累计加载和清洗国内外页岩气勘探开发数据项超 2300 万条。集成主流机器学习算法探索大数据分析技术在开发学习曲线建立和单井 EUR 预测中的应用。

(2)“业务主导”模式是平台建设之本，需要通过滚动建设模式逐步实现数据成果、软件平台和硬件资源由分散到集中和集成。平台提供运行环境、数据资源提供基础、大数据智能分析应用是关键，页岩气藏大数据智能分析应用是下步重点攻关方向。

参 考 文 献

[1] 克劳斯·施瓦布．第四次工业革命转型的力量[M]．北京：机械工艺出版社，2016.

[2] 樊鹏．第四次工业革命带给世界的深刻变革[J]．人民论坛，2021(Z1)：41-45.

[3] 张艳秀．工业 4.0 发展研究概述[J]．现代工业经济和信息化，2022，12(01)：20-21.

[4] 王罗汉，王伟楠．德国工业 4.0 十年发展回顾与对中国的启示[J]．全球科技经济瞭望，2021，36(12)：6-11.

[5] 王燕鹏，王学昭，陈小莉，李宜展，刘细文．基于科技政策和前沿动态的第四次工业革命关键技术和举措分析[J]．情报学报，2022，41(01)：29-37.

[6] 彭宇，庞景月，刘大同，彭喜元．大数据：内涵、技术体系与展望[J]．电子测量与仪器学报，2015，29(04)：469-482.

[7] 杜金虎，时付更，张仲宏，等．2020. 中国石油勘探开发梦想云研究与实践[J]．中国石油勘探，25(1)：58-66.

[8] Hassani H，Silva E S. Big Data：a big opportunity for the petroleum and petrochemical industry[J]．OPEC Energy Review，42(1)：74-89.

[9] 马涛，张仲宏，王铁成，等．勘探开发梦想云平台架

构设计与实现[J]. 中国石油勘探，2020，25(5)：71-81.
[10] 李永昌. 国内页岩气最新资讯与分析[J]. 中国石油和化工产业观察，2021(03)：80-81.
[11] 邹才能，潘松圻，荆振华，高金亮，杨智，吴松涛，赵群. 页岩油气革命及影响[J]. 石油学报，2020，41(01)：1-12.
[12] 邹才能，赵群，丛连铸，王红岩，施振生，武瑾，潘松圻. 中国页岩气开发进展、潜力及前景[J]. 天然气工业，2021，41(01)：1-14.
[13] 郑爱维，梁榜，舒志国，等. 基于大数据 PLS 法的页岩气产能影响因素分析[J]. 天然气地球科学，2020，31(4)：542-551.
[14] 底青云，李守定，付长民，等. 基于云端大数据的智能导向钻井技术方法[J]. 工程地质学报，2021，29(1)：162-170.
[15] 谢玮，刘斌，刘鑫，等. 大数据时代的石油地震勘探系统与软件平台[J]. 科技导报，2017，35(15)：57-62.
[16] 雷群，胥云，才博，等. 页岩油气水平井压裂技术进展与展望[J]. 石油勘探与开发，2022，49(1)：166-172，182.

油气田开发数字化智能技术应用展望

陈 智 贾 夏 吕维平 张 炎 祝叶 刘家炜

（中石油江汉机械研究所有限公司）

摘 要 石油与天然气占当前全球能源消费的58%，油气资源的开发涉及国家能源安全。油气田经过长期开采后，油气产量会逐步下降，如何保持增产稳产，是从业者亟待解决的问题。参考借鉴现有先进技术和经验，针对我国油气田开发的现状，围绕勘探钻井、采油修井、安全生产等方面，提出了油藏地质数字化建库、智能钻井系统、智能采油和修井机器人、油气生产物联网管理等建议和方案，为油气资源全生命周期内高效、安全、环保开发提供助力。

关键词 油气田开发；数字化建模；智能钻井；智能采油；修井机械人；物联网管理

目前，石油、煤炭与天然气是全球最主要的三大能源。根据《BP世界能源统计年鉴》2019年版，世界一次能源（primary energy）消费，石油占比高达34%，煤炭27%、天然气24%、水电7%、核能4%、可再生能源4%。石油仍是占比最大的一次能源，石油与天然气合计占比58%，属于能源供应大户。根据EIA、WEC、OPEC、IEEJ、ERIRAS、BP多家机构预测，到2040年石油和天然气在全球能源消耗中合计占比仍高达53%。油气资源的探明储量和开采涉及国家能源安全。

油气田开发是一项庞大的系统工程，涉及的作业环节门类较多，从初期的地质勘探、油藏评价，到中期的布井、钻完井、录井、测井，到后期环节修井、采油、集输等。各作业环节之间统筹优化、协调运行对油气田的高效、安全、环保开发具有重大影响，是行业工作者面临需要解决的问题。斯伦贝谢（Schlumberger）、贝克休斯（Baker Hughes）、哈里伯顿（Halliburton）等国外石油公司已经开展了数字化智能技术的实践，国内多家石油企业也进行了相关技术研究。实践证明，数字化智能技术在油气田开发中的推广应用，可提高油藏分析准确度，提高钻遇率、钻井效率，提高布井合理性、开采合理性，避免破坏性开采造成环境生态问题，减少工人劳动密度和强度提高生产安全系数，还便于油气田开发生产协同化管理，生产作业合规化，避免不规范不安全生产，减少生产事故。

1 油藏地质数字化建库

油藏地质数字化建库涉及油藏开发分类、地震勘探技术、数字化建模等几个方面的工作。

1.1 油藏开发分类

自然界的油藏在其地质结构、储集层特征、流体性质及分布、驱动能量与驱动类型等许多方面是千差万别的，这些差别对油田开发方式的选择，对开发效果和采收率都有巨大影响。基于勘探找油的目的，曾对油藏进行过以圈闭为主要依据的分类。这种分类有利于找油勘探，但对开发却难有帮助，因为即使圈闭条件完全一样的油藏，其储集层性质、流体性质或驱动能量都可能存在很大的差异，其开发方式和开发效果都可能完全不同。因此，基于开发的目的，有必要对油藏进行展示其开发地质特征的开发分类，用以指导油藏开发工作。

我国油藏类型较为丰富。建国以来，已经发现大小油气田400余个。针对我国油气藏以陆相储集层为主的特点，1983年，裘怿楠从我国油气田地质条件与开采特征出发，提出一个开发分类方案。该分类以储集层特点、原油性质为依据，把我国已发现的油藏分成七大类20个亚类，其中常见的有8个亚类，其主要特征参见表1。1996年裘怿楠在《油藏描述》一书的第八章“油藏类型”中又提出了一个油藏开发分类意见。这个油藏开发分类意见吸收了国内外油藏开发分类的长处和优点，是迄今我国较完善、较科学、较合理的油藏开发分类方案。

表 1　主要亚类油藏开发地质特征比较表(据裘怿楠油藏开发分类)

油藏类型	储层特点						原油性质	边底水	油田(藏)实例	备注
	岩性	物性	孔隙结构	几何形态	层间层内非均质性	剖面产状				
I_1	砂岩	高孔、中高渗	较好规则	条带规模小	层间、层内严重	层状，砂泥间互，多层	中粘高蜡高凝	边水较弱，油水系统规则	萨尔图胜坨	包括主要大油田
II_1	砾质岩	中孔中渗	复杂不规则	小叶状或条带	层间、层内严重	砂砾与泥间互，多层	中粘高蜡高凝	(同上)	克拉玛依多数，双河	包括储量第二油田
III_1	砂岩生物灰岩	低中孔中高渗	好	席状	弱	薄层状、层次很少	低粘	边水不活跃	兴隆台沙一中	部分粘度较高
IV_1	致密砂岩	低孔低渗	复杂不规则	条带	中等	砂泥岩间互，多层	低粘	边水，油水过渡带宽	马岭	低产
V_1	碳酸盐岩变质岩	低孔低渗	复杂不规则	以圈闭连片	局部内幕有成层性	块状	中粘，溶气少	底水活跃	任丘	少数变质岩无边底水
VI_1	疏松砂砾岩	中孔中渗	复杂不规则	小叶状或条带	层间、层内严重	砂泥岩间互，多层	重油高胶质沥青质	边水不活跃	克拉玛依六东二区	
VI_3	疏松砂岩	高孔高渗	较好规则	条带	层间、层内严重	砂泥岩间互，多层	高粘低凝	边水较活跃	孤岛	多数为次生油藏
VIII_1	细粉砂岩	中孔中渗	差规则	席状条带	弱	砂泥岩间互，多层	低粘	边水不活跃气顶能量大	板桥	

1.2　地震勘探技术

地震勘探是利用岩石的弹性性质研究地下矿床和解决工程地质、环境地质问题的一种地球物理方法。与重力、磁法、电法、放射性、测井、钻井、地面地质等方法相比，具有精度高、分层详细和探测深度大等优点。在油气勘探中，利用地震资料不仅能确定地下的构造形态、断裂分布，而且能了解地层岩性、储层厚度、储层参数甚至能直接指示地下油气的存在。在油气开发中，地震资料同测井、岩芯资料以及其它地下地质资料相结合能对油气藏进行描述和监测。目前绝大多数油气田都是先由地震工作找到构造，再由钻井发现，油气田开发与管理上越来越依赖地震工作。

中国于 1951 年开始进行石油和天然气资源地震勘探勘查，三维地震勘探技术是当前全球石油、天然气资源的主要勘探技术。我国石油地震勘探技术整体上处于国际先进水平，但也存在一些差距。2020 年，李海亮等人提出了面向超薄砂岩储层的全频带深度域波形反演技术，该技术提高了薄储层预测的精度和可靠性，是解决大庆油田中浅层勘探单砂体厚度 2~5 米的超薄砂岩储层预测的一种有效技术手段。2022 年，谢雄举等人提出深度域地震波形指示反演方法，该方法能够精确识别陆相薄层砂岩储层。以苏东南地区陕 18 区块辫状河三角洲相中发育的薄互层砂岩为例，反演预测的薄层厚度误差在 5~6 米之内，实现了对薄砂岩储层的定量刻画，为水平井组部署奠定了可靠的资料基础。

地震勘探发展方向：一是发展万道地震采集技术。二是发展数据处理和数据存储技术。同时发展相关的静校正处理、组合处理、叠前时间偏移、叠前深度偏移、全三维各向异性等处理技术，以提高地下成像精度和储层描述精度及含油气分析精度。三是进行高精度精细地震解释。随着微机性能的提高、成本的降低以及可视化解释软件的发展，三维可视化解释技术的发展趋向是微机群，即用于解释的微机群将以两种形式存在：一种是集成并行机群，用于大数据量的计算和三维可视化分析；另一种是分布式机群，人手一台，通过网络连接，用于精细解释研究。

1.3　数字化建模

油气田的勘探评价和开发阶段都需要对油藏的构造形态和储层分布特征进行细致的描绘和研究，储层地质模型是表征地质体规模、储层建筑结构与流体分布特征的综合体，是地质研究的最终成果和数值模拟的基础数据体。地质建模在油田开发中的作用主要有三个方面：一是地质体的数据化表述；二是为数值模拟提供根底模型；第三是用于油藏的整体评价。

地质建模技术在国外已经开展了几十年，中国自上世纪 80 年代末开始引入 EsrthVision。早期的 EsrthVision，Landmark 中的 startmod 等软件没有在油田应用起来，直到 Petrol，RMS，Gocad，Fasttracker 等软件出现后才真正在中国各油田应用起来。

地质建模的主要研究内容和步骤：(1) 根本数据集成。集成地质分层、各种图形化数据、测井参数解释数据，建立地质建模软件数据平台，生成层面图。(2) 三维网格建立。建立精细的三维地质框架，应用部分迭代算法和矢量场算法及断层锯齿化使模拟网格到达更好的正交性。设置不同的参数控制网格化程度、确保层位的一致性、防止层位的串层。(3) 构造建模。在区内的最新地震解释成果的根底上，对目的层段的层位进行追踪，并利用构造解释成果，构造建模是以地震解释成果为根底，在地质建模软件中建立构造模型。(4) 岩石物性建模。利用测井数据、钻井数据和趋势数据对储层物性进行模拟，定量描绘储层参数的空间变化。确定性和随机建模采用岩相模型等作为属性模型的约束条件，从而建立可以反映地下储层非均质性的孔隙度、渗透率、饱和度等参数模型。(5) 数据分析及地质统计。进行多种数据转换，描绘属性在空间的分布规律。(6) 模型检验和储量计算。应用定性法和定量法对地质模型进行检验，在确定合理的地质模型的根底上，计算储量，并与上交地质储量进行比照分析，同时进行储量评价。(7) 模型后处理。对合理的地质模型进行网格粗化和后处理，为油藏数值模拟提供合格的地质模型。储层三维建模的流程图如图 1 所示。

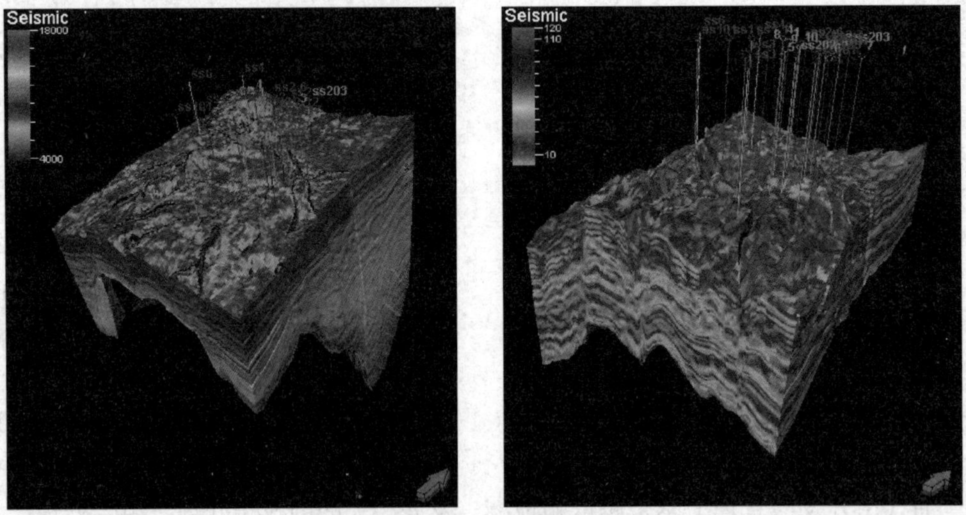

图 1　三维地质模型

中国储层地质建模经过了 30 年的发展，前 20 年在引进、吸收国外建模理念和技术的基础上，形成了中国储层地质模型的基本框架、流程和步骤；建立了扇三角洲、辫状河等储层原型地质知识库，开展了河流相储层分级构型研究，推动了定量地质学的发展；分构造背景和储层类型建立模型，在随机模拟方法和技术上取得突破。近 10 年来，建模手段日趋丰富，方法不断进步，同时随着开发阶段和开发对象的深刻变革产生了 3 个方面的重大变化：(1) 非常规储层开发逐渐受到重视，针对非常规储层的地质建模技术得到了大力发展与广泛应用；(2)许多油田进入中—高含水期或开发后期，针对老油田的储层表征与建模技术不断深化；(3)随着天然气工业的快速发展，形成了一套针对天然气开发需求的油藏描述与地质建模技术。

2　智能钻井系统

根据已建成的油藏地质数据库，通过区块链接技术、云计算对油藏大数据进行分析，实现智能钻井，提高有效钻遇率，达到最优化找油目的。

目前智能钻井技术的典型代表有水平井随钻地质导向钻井技术，其工作原理如图2所示。斯伦贝谢1993年推出IDEAL系统，在北海成功应用；1999年相继推出VISION LWD系列；2005年推出SCOPE LWD系列，目前POWER DRIVE系统代表其最高水平。贝克休斯1997年推出的AutoTrack地质导向钻井系统，实现连续井斜、方位的调整，自动定向控制，使机械钻速大为提高，适用于高开发难度的特殊油藏。AutoTack G3 RCLS系统代表其最高水平。哈里伯顿1997年GeoPilot在挪威、加拿大、墨西哥海湾等国家和地区应用获得良好效果。胜利油田1997年引进FEWD技术，2001年研制出带伽马和电阻率的LWD仪应用50余口井，2006年研制出DQN-BMSI，2007年研制出CGDSI，2010年研制出SL-NBGST。

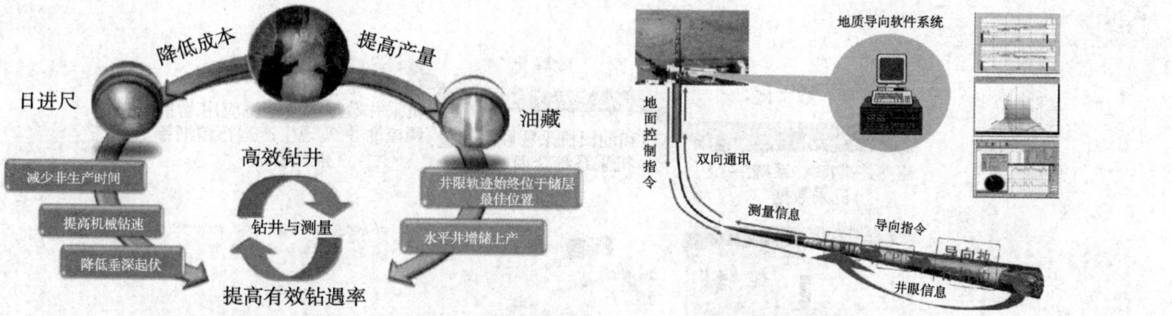

图2　水平井随钻地质导向钻井技术工作原理图

赵玥、张鹭、滕雯等人基于随钻分析，结合测、录井等现场资料，利用储层地质(储层连通性)模型，可较准确地反映储层实际情况，实现对井眼轨迹的实时监控与导向，提高水平井钻井成功率和开发效果。毕雪亮提出了基于知识发现的钻井工程优化理论及应用，完成了(1)对钻井过程中存在的不确定性问题研究。(2)钻井工程信息数据库理论研究。(3)人工神经网络优选钻头研究。(4)基于支持向量机的钻具失效分析。(5)井眼轨道的可视化理论及应用研究。

3　智能采油和修井机器人

3.1　智能采油系统

在大数据、云计算、人工智能、物联网等新一代信息技术的推动下，智能油田在全球范围内获得快速发展。通过工业化与信息化的有效结合，能够减少企业资本支出，降低运营成本。而智能油田的建设在增储上产、降本增效等方面可以起到重要作用。如：荷兰皇家壳牌公司Smart Fields项目通过智能井、先进协作环境、整体油藏管理等实现了产量提升和运营成本的下降，整体收益达到50亿美元。英国BP公司Field of the Future项目，大幅提高储量、产量、钻井效率以及公司绩效。IBM与挪威国家石油公司联合，推动智能油田建设。国内新疆油田、大庆、长庆等纷纷开展智能化建设，取得可观的经济效益。

英国BP公司Field of the Future实时监测地下和地面设备数据，传送到远程中心进行快速分析和处理，提高管理效率，实现最佳维护性作业时机预测技术。法国Chevron公司i-Field实时掌握生产状况，远程监控与报警，提前进行高效预防作业，减小井下事故，提高油井生产时率，突破工况预警技术，预测杆断、管漏提前20天。挪威statoil公司Integrated Operation全新的流程框架，将整个生产链与实时传感系统连接，通过大数据协同分析，优化生产，降本增效，实现采油方案自动设计。荷兰皇家壳牌公司Smart Fields，将数字信息化技术与油田生产相结合，实现无人值守；通过监测连续的信息流，工程师可以快速决策指挥，优化作业，大幅缩短作业周期，突破油井健康性评价技术。美国 Ambyint 公司将无线物联网和大数据技术结合，实时监控载荷电流、云端分析工况、生产参数自动调整，新井机采方案在线设计，如图 3 所示。

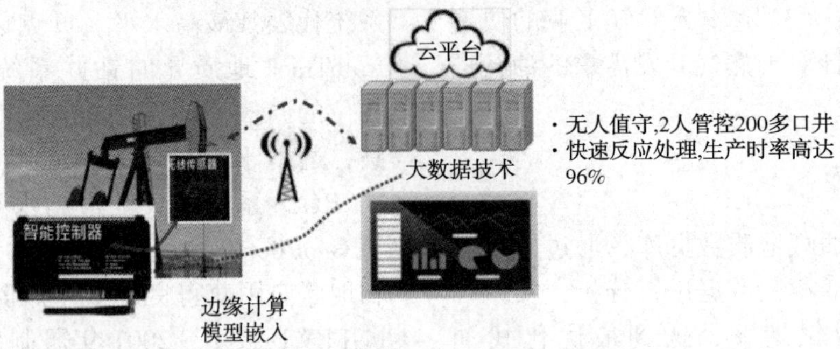

图 3 美国 Ambyint 公司智能采油系统

国内油田正在从数字化向物联化和智能化快速过渡与转型，在提高管理水平、降低成本、减员增效等方面初见成效，如图 4 所示。

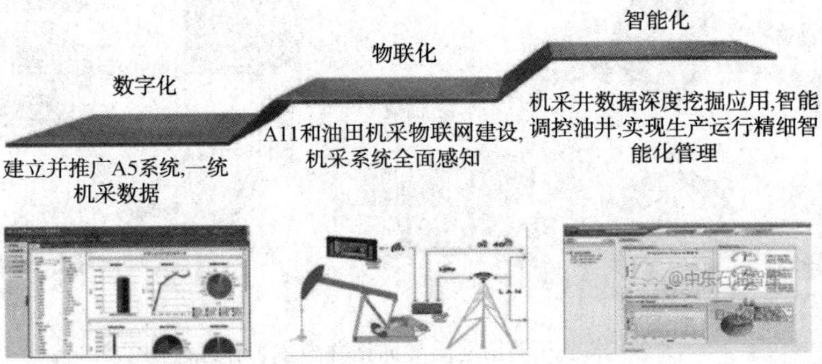

图 4 国内智能采油系统发展历程

北京侏罗纪软件股份有限公司与中国石油大学(北京)合作完成了一套智能采油管理系统，运用自主研发的核心技术，以数据流为主线，通过对生产数据在线自动采集、自动传输、自动存储管理、机理研究、大数据分析与应用等先进技术，最终实现对电潜泵井的精细化分析和管理，预测电潜泵故障事件，延长电潜泵使用寿命，降低产量损失，提高经济效益的目标(图 5)。

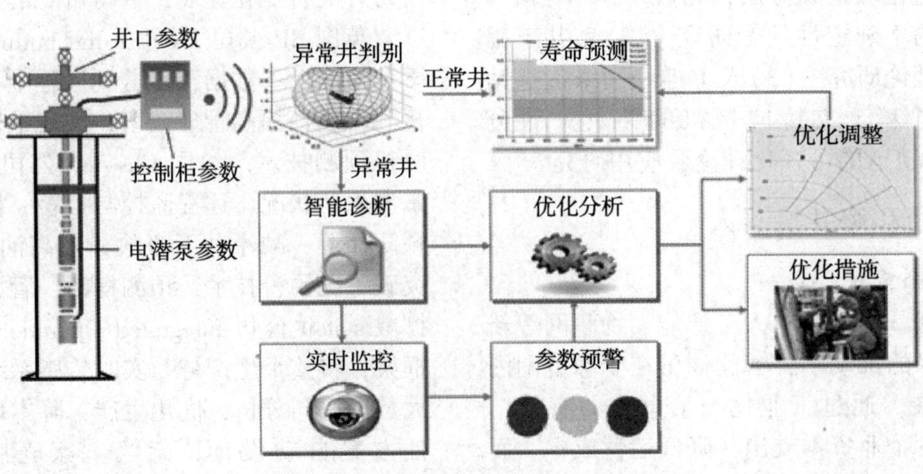

图 5 北京侏罗纪公司智能采油管理系统

3.2 修井机器人

中国科学院新松公司(SIASUN)研发的自动修井机是针对油水井小修作业中油管(抽油杆)起、下作业而研发的新型井口操作自动化设备。该设备参考人工管杆作业中的“提、转、甩”基本动作，应用机器人自动化技术，实现自动起、下管(杆)、自动上(卸)扣、自动甩管、整机自装卸自对正等功能，同时还针对油田 HSE 要求特别增加了自动抢喷等功能。

该设备采用交流变频电机驱动，与传统柴油机驱动相比具有低成本、易管理、减少环境污染的优点；采用自动化的技术手段，由控制室操作员即能控制起、下作业全部动作，真正实现了井口无人操作，将作业人员从传统的高强度、高风险的协同配合作业中解放出来，达到有效降低劳动强度、提升本质安全和降低施工成本的目的(图 6)。

修井深度（2 7/8"加厚油管）m	3200
大钩公称载荷kN	400
大钩最大载荷kN	675
驱动方式	交流变频驱动
总功率kW	150
井架高度m	21
大绳直径mm/有效绳数n	φ22/8
大钩最大提升速度m/s	1.0
刹车方式	盘式刹车
总机重量kg	35000
运移方式	撬装
常规作业人数（人）	2
外型尺寸m	14.6×2.9×3.2（运输状态） 13.8×4.4×21.0（作业状态）

图 6　中科院新松公司(SIASUN)研发的自动修井机

2022 年 1 月 16 日，华东石油局油服中心员工在修井井场调试智能修井机器人，实现了井口彻底无人化操作，进一步减轻了员工的劳动强度，提升了施工安全(图 7)。

图 7　华东石油局油服中心员工在修井井场调试智能修井机器人

大庆油田于 2018 年 12 月 10 日首次引进智能修井机器人，截至 2019 年 2 月 13 日，已在现场作业 4 口井。目前，智能修井机器人实现了自动进行油管的起下、上卸扣等工作，井口不需要工人操作，实现了起下油管过程中人员的本质安全，具备自动行走功能以适应不同井场条件、自动升降可与目前常用井口平台进行配合、自动测量油管长度并生成表格、提高作业效率等功能。智能修井机器人可以代替作业工 80% 的工作量，大大降低了员工的劳动强度(图 8)。

图 8　大庆油田首次引进智能修井机器人

4　油气生产物联网管理

4.1　行业人员车辆定位系统

定位系统实现对各类人员不安全行为进行识别、监测及管控，实现车辆的实时管理，规避因车辆的越界等违规造成的损失。每名职工都有一张“人员定位卡”。在紧急情况下使用一键求助的功能，配合企业的应急处置机制，大大提高应急处置效率。当“超/缺员、车辆越界/滞留/超速、人员串岗/滞留/长时间静止”等异常情况发生时，电子大屏实时呈现异常告警信息，帮助企业第一时间了解“人的不安全行为”，防范于未然。通过给车辆配备定位装置，同一时间实现对厂区所有车辆的有效管控。比如车辆越权进入某区域或长时间滞留某区域时，系统会立即进行告警提醒；比如对车速实时监测，超速立刻告警，杜绝车辆安全隐患。还能通过车辆的轨迹回放了解行车轨迹，优化行车路线，提升运输效能。

4.2　智能二道门系统

企业“二道门”是指有效隔离企业生产区域与办公、生活区域，有效管控出入生产区域人员和车辆，设置在非防爆区域的门禁管理系统。“智能化二道门”系统则着眼于企业日常安全生产与管理需要，利用实时定位、GIS 可视化、人脸识别等先进技术升级传统门禁管理系统，通过对进入二道门区域内人/车/物资身份的唯一性识别，行踪轨迹的可追溯管理等手段，帮助企业加强二道门内人车管控。智能化二道门采用实时定位技术，将定位卡和门禁卡集成为一张卡。当员工/车辆刷“一卡通”进入二道门时，系统通过人脸识别技术，甄别图片、视频等虚假人脸信息，智能识别是否为本人刷卡，防止出现“代打卡、尾随溜入”等不安全行为。

4.3　运用 5G 技术助力智能升级

5G 无线通信能够实现与有线通信相当的性能。与传统的 4G/LTE 相比，5G 的传输里程是其 10 倍以上，并且稳定性优良。与 Wi-Fi 相比，5G 具有高可靠性，能够保证一定时间内的响应。传统的有线网络虽然具有更稳定的高速通信，但要连接多个生产设备，布线成本高昂，添加或更改设备时很难灵活完成布局更改，无线通信可以确保布局改变的灵活性。

5G 具备超高速、超大容量、超低时延三大特点，可大幅提高工厂智能化水平。5G 技术规范将工业方面的运用纳入考量范围，有望利用物联网(IoT)实现生产线详细数据的收集和生产设备的实时控制。国际电气通信基础技术研究所实验证明，利用 5G 更改生产线布局仅需 10 分钟左右，变更后即可正常运作。

5　结束语

油气资源开发经过机械化、自动化各阶段发展后，最终将进入数字化智能化发展，数字化智能技术应用是油气资源开发今后发展的趋势。本文依据油气田开发生产的规律，提出了油藏地质数字化建库、云计算建井找油智能钻井系统、采油和修井机器人、油气生产物联网管理等建议和方案，为油气资源全生命周期内高效、安全、环保开发提供助力。

参　考　文　献

[1] 李传伟，常关羽，于振兴．基于无线传感器网络的石油钻机设备远程监控系统的设计与实现[J]．西北工业大学学报．2013，31(2)：159-165.

[2] 符仁杰，郭登明，张建军，等．折叠式油管扶正机械手的设计与分析[J]．石油机械．2022，50(2)：74-79.

[3] 耿玉广，谷全福，孙连会，王铁峰．远程控制液压油管钳自动上卸扣装置设计[J]．机械设计与制造．2015，42(12)：147-149.

[4] 于志军，王文军，黄立华，等．连续管作业数据安全评估技术研究与软件开发[J]．石油机械，2021，49(05)：115-121.

[5] 裘怿楠，贾爱林．储层地质模型 10 年[J]．石油学报，2000，21(4)：101-104，125.

[6] 伍友佳．石油矿场地质学[M]．北京：石油工业出版社，2004.

[7] 谢雄举，史松群，任景伦，崔晓杰，余松．深度域波形指示反演在薄储层预测中的应用：以苏里格气田陕 18 区块为例[J]．世界地质，2022，41(1)：

117-128.

[8] 贾爱林，郭智，郭建林，闫海军．中国储层地质模型 30 年[J]．石油学报．2021，42(11)：1506-1515.

[9] 赵玥，张鹭，滕雯，雷鸣．储层地质模型在水平井随钻分析中的应用[J]．石化技术．2021，28(2)：195-196.

[10] 毕雪亮．基于知识发现的钻井工程优化理论及应用[D]．大庆市：东北石油大学．2010(3).

[11] 沈志军，陶桂荣．华东石油局：智能修井机器人再升级 井口实现无人操作[N]．中国石化新闻网，2022-01-19.

油田地面工程数字化交付的认识与实践

李俊峰　张德发　董智超　张　强　孙崇亮

（大庆油田设计院有限公司）

摘　要　近年来，数字化和信息化已经成为一种先进的管理理念。数字化交付是以工厂对象为核心，对工程项目建设阶段产生的静态信息进行数字化创建直至交付的工作过程。大庆油田地面建设工程数字化交付建立了包含设计、采购、施工、交付全过程的数字化交付的技术方案和技术标准体系，以数字化交付系统为核心完成了数字化交付平台部署和跨平台接口开发，完善了已建设施三维逆向恢复建模技术，并在重点项目中进行了实践。本文通过在大庆油田数字化交付实施中的探索研究总结了对油田地面建设工程数字化交付的认识和实践经验，并进一步提出了工作思路和工作建议。

关键词　数字化交付；数字孪生；设计交付；采购交付；施工交付；交付标准；智能化

1　数字化交付概述

近年来，数字化和信息化已经成为一种先进的管理理念。先进的信息化管理，早已不再是以文档、图纸为中心的电子文档管理，而是以数据、模型为中心的数字化管理。这种理念不但在工程建设阶段使信息集成实现了质的突破，提高了建设效率，而且交付的数据经过校验后一方面可以支撑生产运行、维修改造业务，另一方面也可以为经营管理和生产执行管理系统提供基础数据和模型支撑。

在传统工程信息化应用时，通常移交资料多为文件或图片，难以检索，传统油田站场运维管理中大量时间用于查询信息，信息可用性差，工程数据与运维期应用系统数据脱节。同时，由于施工阶段存在大量的设计变更，设计信息与站场现状不一致，导致运维阶段仍需重新组织、录入和校对数据，信息管理难度大、工程数据分散，工程项目管理需要向工程信息的数字化信息交付、集成管理、智能应用发展。

数字化交付能够较好解决以上问题，数字化交付是以工厂对象为核心，对工程项目建设阶段产生的静态信息进行数字化创建直至交付的工作过程。涵盖信息交付策略制定、信息交付基础制定、信息交付方案制定、信息整合与校验、信息交付和信息验收。交付的资料、数据、模型可在运维阶段最大化利用，打破信息对接不畅问题，为运维阶段提供工程基础数据支撑。通过数字化交付形成的数字化站场是无形资产，通过数字化手段以更低的成本实现安全、可持续生产、运营、维护和管理，不仅交付数据，更是交付价值。

同时，随着智能化建设在油田的推进，数字孪生站场将作为油田地面工程智能化的核心要素，将成为智能油田建设的数据基座与载体，数字化交付正是建立数字孪生体重要技术手段。以实现数字孪生为目标的数字化交付平台既是一个数据集成的平台，更是一个信息浏览的端口、数据交互、数据应用的平台、辅助决策的工具，支持日常运营、维护、扩建和检维修，为更科学更高效的工程建设和生产运行创造条件。

2　大庆油田地面建设工程数字化交付技术探索

大庆油田地面建设工程数字化交付以建立包含设计、采购、施工、交付全过程的数字化交付平台为基础，在设计阶段对新建设施开展全专业三维协同设计，利用数字化交付平台完成设计图档、模型、数据的采集、集成与关联；对已建设施通过激光扫描、倾斜摄影、地下管网探测，进行逆向建模并活化处理，或依据历史图纸资料，进行智能PID活化，完成模型重建及数据恢复。在采购阶段收集采购相关数据，生成请购单，生成采购计划、辅助催缴、验收、出、入库等。在施工阶段过与油田智慧工地、油田基建运行管理信息系统采集、集成施工信息。油田地面工程以地理信息系统为导航平台，应用地理信息系统系统展示油田全貌，实现井、间、站、管线等空间关联关系展示，通过数字化交付平台展示油田站场细节，集成油田数字化建设产生的生产数据开展日常运维管理、优化运行(图1)。

图1　大庆油田地面建设工程数字化交付总体框架

2.1　技术标准体系

数字化交付工作坚持标准先行，在交付实施之初需建立具有大庆油田特色的数字化交付标准体系，涵盖数字化交付策略、工程对象定义、交付内容规定、相关管理程序等，目前以初步制定10项技术规定。通过技术标准体系规范交付实施，明确交付深度、交付责任、交付时间，保证交付质量，夯实数字化交付基础。标准体系见图2。

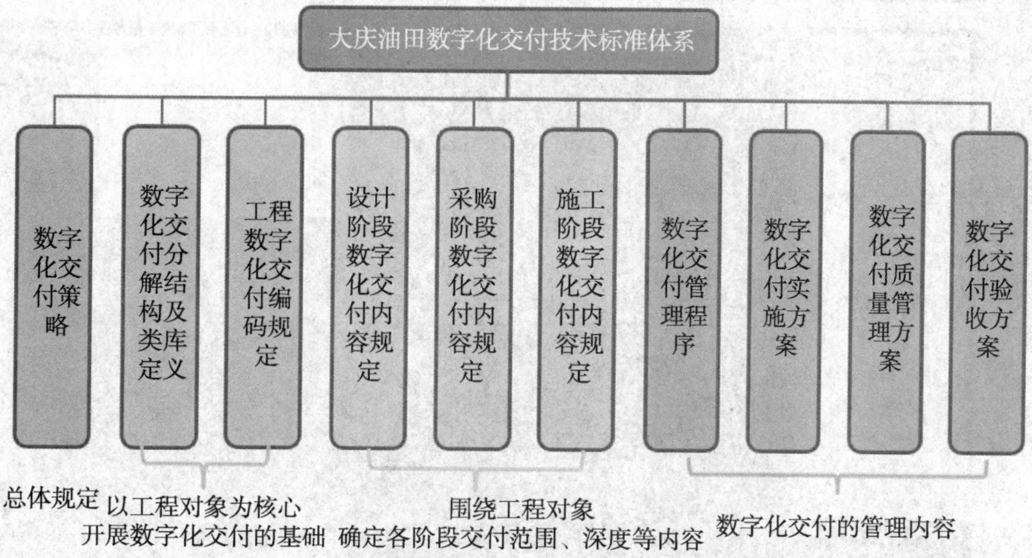

图2　大庆油田地面建设工程数字化交付标准体系框架

2.2　数字化交付平台建设

数字化交付平台以达美盛 PIMcenter 数字化交付系统为核心，部署完善可视化云协同系统、工程项目管理系统、可视化资产绩效管理系统、三维可视化看板系统，覆盖设计、采购、施工三阶段过程管理，支持伴随式交付，支持将交付成果的应用延伸至运维期，平台框架见图 3。

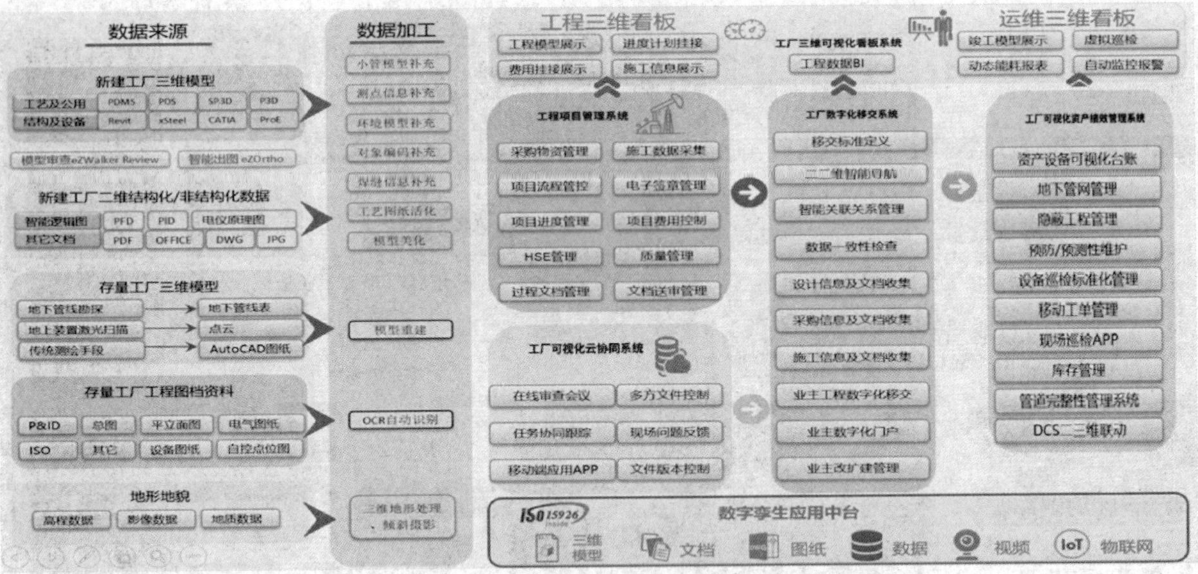

图 3　数字化交付平台框架

数字化移交系统以移交标准为基础，以开发建设项目为对象，应用移交系统对工程项目设计、采购、施工等阶段产生的文档、数据、模型进行收集、检查与关联，构建地面建设工程数字孪生体。数字化移交系统支持二三维智能导航(图 4)、智能关联关系管理、数据一致性检查、设计信息及文档收集、采购信息及文档收集、施工信息及文档收集、业主工程数字化移交、业主数字化门户、业主改扩建管理。

图 4　二三维智能导航示例

可视化云协同系统功能是交付的过程管控，保证交付的质量。对项目过程中多参与方文档的传递进行统一的管控，实现文档和模型的在线审查，审查意见在线跟踪。

工程项目管理系统主要目标是对基建项目过程中采购的流程进行管控。通过与“大庆油田基建运行管理系统”的数据接口，实现施工数据、文档流转，将成果文件和数据推送到数字化交付系统中供集成使用。系统支持采购物资管理、施工数据采集关联、项目采购流程管控等。

可视化资产绩效管理系统主要目标是依托数字化交付成果，集成现场实时运行数据，以设备静态数据为基础台账，动态数据为依据，以计划性和临时性工单的提交、调度、执行为主线，以提高维修效率、减低总体维护成本、延长设备寿命为目标，通过可视化、智能化等手段，提高企业设施设备管理效率和质量。系统支持资产设备可视化台账、预防预测性维护、设备巡检管理、设备库存管理等。

三维可视化看板系统分为工程三维看板及运维三维看板。工程三维看板利用可视化手段帮助项目管理人员快速了解项目的施工进展情况；运维三维看板系统利用三维模型接入建设期和运维期生产数据，实现运维管理、数据监控等多种业务场景的“可视化+”升级，实现“数字孪生体”的可视化展现。系统支持工程模型展示、进度计划展示(图5)、施工信息展示、虚拟巡检、能耗报表、监控报警等。

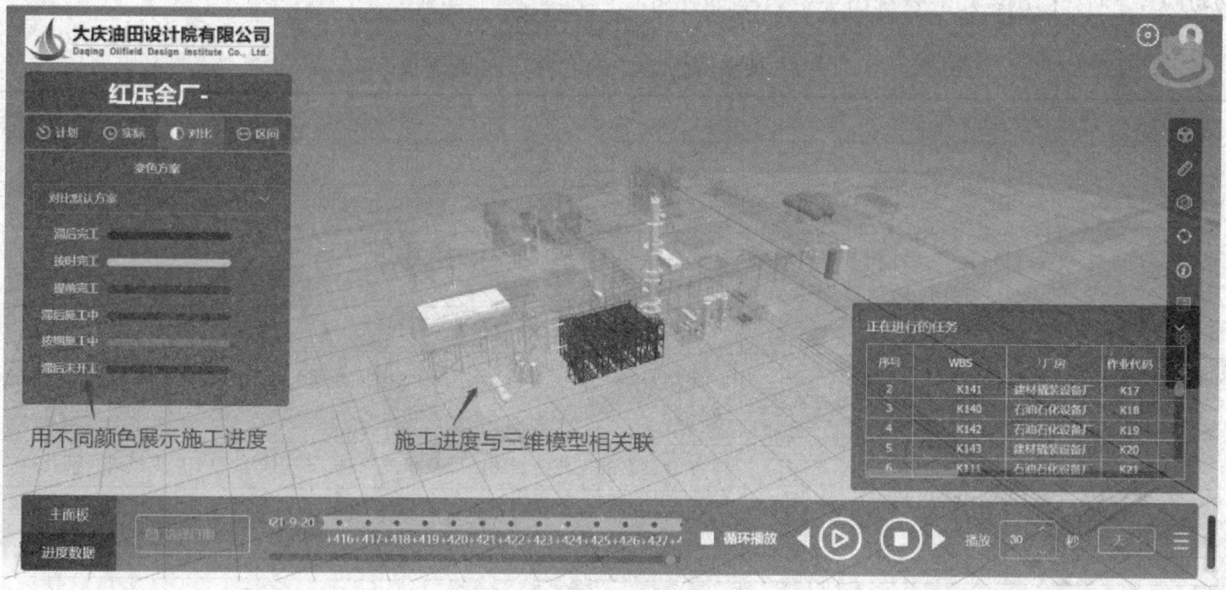

图5 进度计划可视化展示

数字化交付平台实现了与大庆油田基本建设运行管理系统数据交互。大庆油田基本建设运行管理系统基于建设管理现状，根据《油气田地面建设项目管理手册》、《油气田地面建设工程(项目)竣工验收手册》、《中国石油油气田地面建设标准化工程质量监督技术手册》要求，积极探索了应用信息化技术手段实现地面建设管理工作全周期标准化管理。系统按照项目前期、项目实施期、试运行投产、竣工验收等四个阶段，完成项目前期、施工准备、工程施工、竣工管理、工程监理、质量监督、报表管理、考核管理8个业务模块建设，涵盖281个流程、452项业务功能，1461个业务功能菜单，实现基建工作协同化管理、无纸化办公、自动化组卷，全周期标准化管理。数字化交付系统与“大庆油田基本建设管理系统“采用中间库技术实现数据集成，基建系统将已审核完成的成果文件和文件属性传到中间库；数字化交付系统每日定时同步获取成果文件及文件属性。

2.3 已建设施逆向恢复

目前油田在已建站场逆向恢复方面主要探索应用了地面三维激光扫描技术。地面三维激光扫描-可用于相对大型复杂站场的扫描工作，不留死角，并且可以扫描室内设施。该技术路线在大庆油田成功应用，已有多达180座地面设施三维模型入库，同时实现了与中国石油地理信息系统(A4)的对接(图6)。

图6　三维激光扫描逆向恢复流程

已建设施的逆向恢复还可以采用依据历史图纸资料，进行智能 PID 活化，完成模型重建及数据恢复的技术方案，主要有历史资料整理、智能 P&ID 活化、三维建模、数据恢复四个步骤(表1)。

表1　依据历史图纸资料的逆向恢复流程

序号	工作项		内容
1	历史资料整理	数据清洗、整理	设计资料及改造过程产生资料的整理、采集、汇总
			包括：文档资料收集分类、材料清单整理、纸质文件电子化
		现场 PID 清理及统一	以现有 PID 为比对资料，对在役工厂实际情况进行比对，并形成 PID 偏差记录文件，发业主方确认
			最终形成终版 PID，与在役工厂保持一致
2	智能 PID 活化	PID 标准符号库对象化	采用智能 P&ID 工具，对全部 P&ID 对象进行活化，使之具备工艺属性信息及功能
		原厂工艺流程图活化	结合已有的工艺流程图图纸及相关资料，使用智能 P&ID 工具进行活化
			以等级库驱动、符号对象化的方式，与 3D 模型能形成完全一致的路由关系，并做自动关联。
3	三维建模	等级表的编译	根据材料表反向逆推等级表
		等级库制作	根据等级表及相关标准，创建三维模型等级库
		设计模型及模型美化	根据图纸资料，进行三维模型建模。
			三维模型美化，(道路，建筑，设备等进行美化贴图工作)
4	数据恢复	数据对齐、关联	设计资料及改造过程产生历史数据对齐与关联

3　大庆油田地面建设工程数字化交付技术实践

大庆油田通过萨南深冷装置扩建项目、红压油气处理厂天然气净化厂项目、四站储气库群项目、太一联合站改造项目四个典型站场数字化交付实施，实现了工程设计、采购、施工三个阶段数字化交付。

3.1　*萨南深冷装置扩建项目*

萨南深冷装置扩建项目是大庆油田首个数字化交付项目。采用三维数字化协同设计，加工专业，应用 Diagrams 软件进行 P&ID 设计；应用 PDMS 进行三维布置设计；数据通过 Engineering 平台进行传递。仪表专业，应用 Diagrams 软件进行 P&ID 设计；应用世宏软件(SHS)进行自控系统设计，包括：仪表索引表、数据表；应用 PDMS 进行三维布置设计。机械专业，应用 Solidworks 软件对设备和梯子、平台进行三维设计。电力专业，应用 COMOS 软件进行配电柜、箱的系统接线设计；应用 PDMS 进行三维布置设计。给排水和消防专业，应用 PDMS 对全厂给水和消防管网进行三维布置设计；应用 REVIT 软件对压缩机和制冷机厂房进行给排水和消防三维设计。土建和暖通专业，应用 REVIT 软件进行厂房、管带空冷区框架的三维设计。该项目打通各专业流转通道，实现了全模型、全属性的设计成果一次性交付(图 7)。

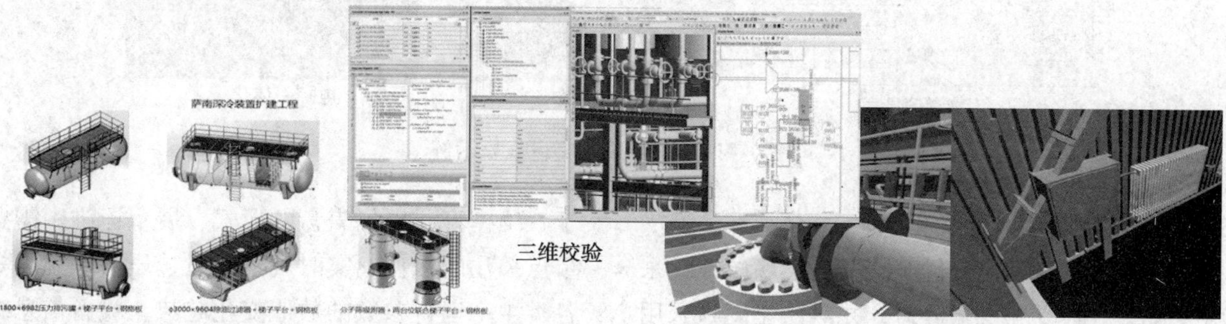

图 7　萨南项目三维设计成果示例

3.2　红压油气处理厂天然气净化厂项目

该项目重点提高全专业协同设计的深度与质量，对象类库定义等更加明细，实现 Hysys 工艺模拟软件与 COMOS 智能 P&ID、PDMS 管道、仪表模型之间数据传递与关联，完成设计交付相关工具类软件、表单的定制开发，设计阶段交付速度显著提高。

该项目拓展了交付成果应用，实现设计阶段交付成果在施工阶段应用，基于设计交付模型和施工进度计划，定制开发 4D 施工进度管理功能，依据交付模型和项目计划关联，在时间、空间双维度实现全场和预制计划进度可视化模拟、实际进度可视化模拟、进度偏差可视化综合管理、进度偏差节点追踪(图 8)。

图 8　红压项目施工进度可视化成果示例

3.3　四站储气库群项目

该项目实现了设计、采购、施工全程交付，在采购成果交付中，针对不同物资确定不同的交付属性信息，可批量导入导出，并与模型关联显示，使交付信息更具实用价值；同时实现产品橇装设备交付模型信息集成。与“大庆油田基本建设运行管理系统”集成，使数字化交付信息与施工建设同步，推动“信息化管理+数字化交付”管理升级(图9)。

物资信息表　　压缩机橇　　电控一体化橇

图9　四站项目采购交付成果示例

3.4　太一联合站改造项目

该项目在数字化交付实施中，实现设计、采购、施工三阶段交付全覆盖，并对已建设施采用历史设计资料整理、数据采集、智能 P&ID 活化、三维模型恢复四步技术方案开展逆向建模。在此项目中，探索研究在数字化交付成果基础上，实现数字孪生站场应用，初步研发站场智能运维系统。该系统包括三维可视化集成数据驾驶舱、设备信息综合管理、报警预警管理、能耗管理、虚拟巡检等应用功能。数据驾驶舱功能，基于三维模型，以仪表盘的形式，展示运维中需要重点关注的数据，实时观察流量、压力、温度等各类生产运行参数的数值变化趋势。设备信息综合管理功能，是在三维场景中，查看设备台账信息，点击设备模型，可查看设备的基础属性，P&ID 图纸、关联资料，也可查看设备的实时数据和运行记录，保证对设备运行情况及时掌握，查看任意设备基本参数的同时，还可以切换标签查看对应设备的维保历史记录(图10)。

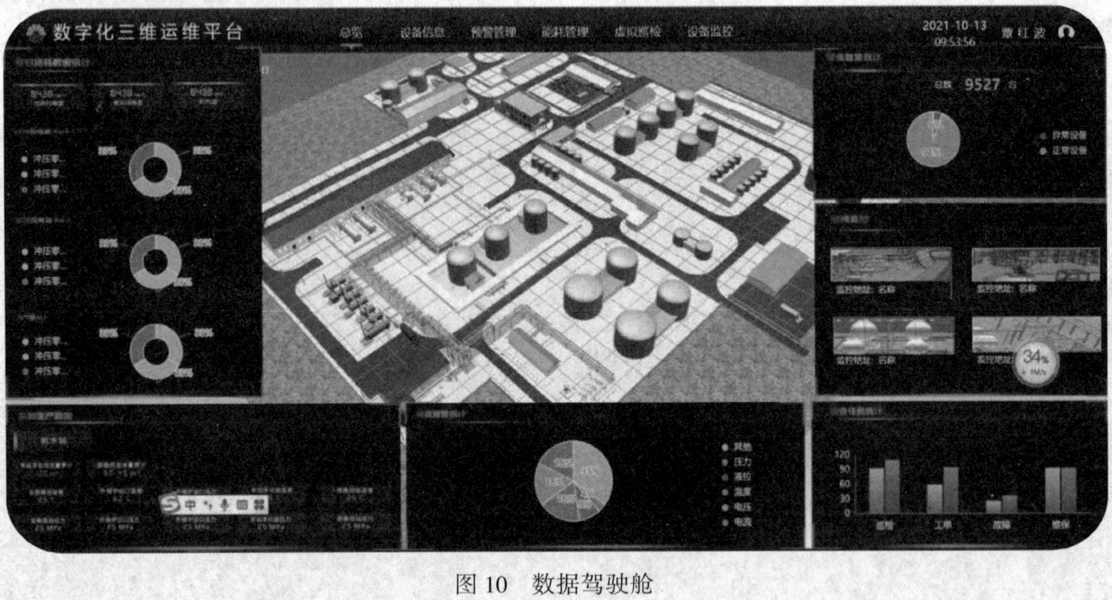

图10　数据驾驶舱

4　油田地面工程建设数字化交付下一步工作思路

大庆油田地面工程建设数字化交付实施以来，已初步探索了一条可行的技术路线，但实践远未止步，应用也亟需深化。下步将继续探索结合油田数字化、信息化建设成果，构建“信息化项目管理+数字化成果移交+智慧化现场管控”的管理模式，进一步完善技术标准体系，完善数字化交付平台，开展集成应用。例如探索施工方案模拟、工程经济费用管理可视化；与油田智慧工地系统集成，获取智慧工地进度管理成果，通过里程碑展示与预警，横道图、网络图展示，劳务资源、机械资源统计，直观展示项目全貌；与计划管理相关系统集成，结合现场人员、物资和方案等信息，预测工程施工的进度变化情况，对建设进度迟缓的项目进行评估，自动推荐处理方案进行及时纠偏，保障施工进度，同时在项目监管过程中，对经分析发现导致工期延长、安全隐患的因素进行预警等。

下步也将在油田地面智能化建设中深入应用数字化交付成果，继续探索油田智能化运维管理模式。例如研发二三维可视化生产动态监测功能，对生产情况实施监控，并将信息实时传递并在三维平台上展现，在中控室操作台实现油田数字化与三维平台的互联，通过在二维DCS发现异常、分析，通过三维了解现场环境，帮助分析异常，同时帮助指导进行问题解决。再例如以数字孪生体为基础，设立功能目标，探索研究全域和全时段仿真运行算法，实现生产优化、预测性维护、异常检测、故障隔离功能，辅助提升生产运行实时优化能力，更全面的分析和预测能力，经验和知识的数字化，超前的安全管控能力。

通过数字化交付推进了油田地面建设工程信息全生命周期管理，数字化站场的数据可以在生产运行中不断更新，维护和再利用，是一种管理的创新，也将推动智能油田、智慧油田的实现。

参 考 文 献

[1] 葛春玉．浅谈石油化工工程建设项目数字化交付[J]．石油化工建设，2019，41(2)：5-8.

[2] 肖龙．浅谈油气地面建设工程数字化交付[J]．化工管理，2018(36)：218-219.

[3] 李金彪．数字化协同设计在天然处理厂数字化交付过程中的深度应用[J]．油气田地面工程，2021，40(10)：61-66，73.

[4] 陈晓明，江飞，王佳佳．基于三维看板系统在油气田建设数字化交付中的研究和应用[J]．信息系统工程，2020(10)：19-20.

[5] 张德发，姚卫涛，董智超，等．"数字孪生"在油田地面油气站场中的应用和探索[J]．油气田地面工程，2022，41(3)：1-7.

[6] 曹万岩，张德发，张丹丹，等．油田站场智能化运维应用场景展望[J]．油气与新能源，2021，33(4)：65-68.

智能化工地建设及应用前景

吴泽飞

（大庆油田建设集团有限责任公司）

摘　要　目前数字化管道建设已经日趋完善，与数字化管道相比，智能化管道建设则利用现代通信与信息技术、计算机网络技术、行业技术、数字监控系统、智能控制技术汇集而成的针对油气管道的应用的智能集合，实现远程实时控制，实时信息收集和反馈，实时作业面监控及各工序全过程可视作业，并且在某些关键部位能进行自动决策和操作。长输管道建设管理部门通过信息化手段大幅度提升施工过程的进度、质量、安全管控能力，同时为管理者提供分析和决策的关心信息数据，智能化工地的建设实现了建设期长输管道的可视化、网络化、智能化管理。

关键词　长输管道；智能化工地；数字化管理

为满足国家管网“全数字化移交”要求，确保管道建设阶段数据采集的真实性、准确性、完整性、及时性，提出长输管道施工过程“智能化工地”建设需求。长输管道建设多数为野外区域作业，网络覆盖难、信号传输难、网络稳定性差，存在众多远程管理问题，因此智能化工地的建设显得尤为重要，完善的智能化工地可以为施工过程中数字化管理提供一个良性的载体，利用现场搭建的无限局域网络、利用信息化辅助手段、利用实时数据采集系统、利用现场监控的安装，结合二维码、电子标签、视频监控、人脸识别技术、违章报警技术等，实现对长输管道工程建设过程中实时视频监控、设备智能感知、数据自动采集，真是准确反应施工现场作业情况，及时完成进行施工数字化管理、移交和归档。

目前长输管道实现了从数字化到智能化的转变，未来运营过程中可通过智能管道平台与管道真实地理位置关联检索，反应一定范围内的管道真实二维和三维实时数据情况，通过这些数据可以在管道未来的日常运营管理、环境预警、抢险救灾等情况下为决策者和管理者提供及时而重要的依据。

1　数字化管道和智能化管道概述

1.1　发展历程

近年来随着信息化步伐的加速和技术的优化，数字化和智能化技术在石油化工行业中应用范围变的更加广泛，从最初的勘测设计到采购施工，直至生产运维都得到了广泛应用。“智慧管道”概念的出现，打开了长输管道设计、建设、运营管理的新大门。在智能化工地建设领域，由于物联网这一高新科技的应用，使得长输管道建设逐步形成一套完备化、数字化、智能化的管理模式。相比于传统的施工管理方法，“智慧管道”的出现及发展存在必然性，因其在施工建设管理中提供优秀的管理效率、较高的安全风险识别、真实准确的施工数据管理，运用智能化工地对施工过程进行管理势在必行。

1.2　数字化阶段

特点：计算机和电子产品全面覆盖，专业信息和业务信息的数字化、可视化、集合化；生产经营管理流程、业务流程与计算机系统和网络平台初步融合，达到标准化、大量数据集成和业务集成；实现初步的关联检索和自动处理。

1.3　智能化阶段

特点：管道行业信息全生命周期化；数据、知识、经验与自动控制融合；利用实时信息辅助管理和决策指挥；业务自动感知、控制和处理；生产监控、预测和自动化；事件预警与反应；系统改进和过程持续优化。

1.4　虚拟化（仿真）阶段

特点：数据、知识、经验、事件自我适应、自我调控、自我优化、自我预警、自我决策等。

2　智能化工地背景

目前我们正处在数字化管道向智能化管道迈进中，在数字化管道的基础上，完成了初步智能工地的建设并已经投入使用。就中俄东线天然气管道工程而论，同第一阶段的数字化管道比较，智能管道实现了现场焊接相关信息的实时获取、存储、处理、预警和各工序之间重要施工信息关联和对接。数字化管道向智能管道的跨越，对数据的质量要求进一步提升。随着在长输管道智能化建设中持续的尝试和探索，现已经开始了从数字化管道向智能化管道的跨越。

2.1　智能化工地组建

面对长输管道建设为野外区域施工作业，网路覆盖困难，为了实现数字化信息采集和上传、现场智能工地 WiFi 网络覆盖、海量数据和视频资料的存储管理、施工信息的处理分析、数据进行传递、监视和共享。针对上述的需求和特点，在施工现场采用 4G 网络路由器加无线 AP 组合的方式，完成智能化工地的基础建设，同时采用大功率计算机和大型存储器，对数据进行计算处理，示意图见图 1。

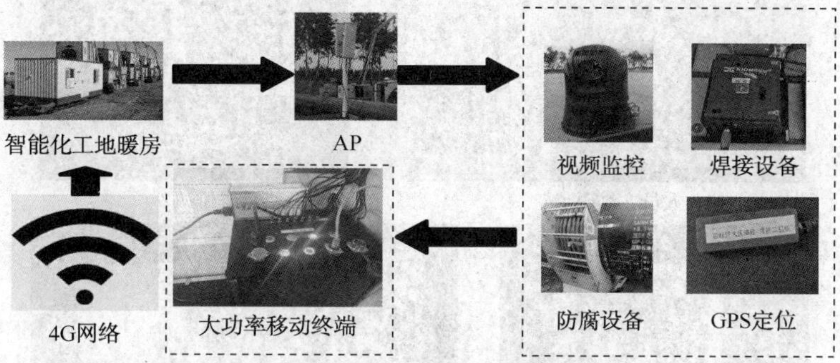

图 1　智能工地搭建示意图

利用场景摄像头和棚内摄像头通过现场智能工地 WiFi 网络，实现对施工作业面的远程管理和监视，利用高性能计算机对现场违章操作进行自扫面和预警，并且通过大容量存储设备保存施工过程影像资料，以便于管道运营维护。

利用 GPS 定位系统，获取管道施工区域内自然环境、地理信息、地址情况等现势资料，在宏观上为管道线路施工提供科学依据，利用 GPS 采集系统，采集施工过程中的管道大地坐标数据，通过测量管理系统，对施工过程中的 GPS 数据进行存储、计算、图形绘制和报表输出，对施工完成后的 GPS 数据资料进行永久性的采集、生成、上报、审核与管理。

2.2　智能化工地的现场应用

2.2.1　移动终端

依靠搭建完成的智能工地，通过施工管理助手，实现项目管理人员现场工作的数字化运作，施工现场信息及时录入，数据真实性、准确性、完整性、得到保证，工作效率得到提高。围绕多层级项目管理人员，使用唯一且关联的项目管理助手；形成多入口、全覆盖、功能强的移动终端；支持数据采集、项目管理、项目群综合分析的数据终端，示意图见图 2。

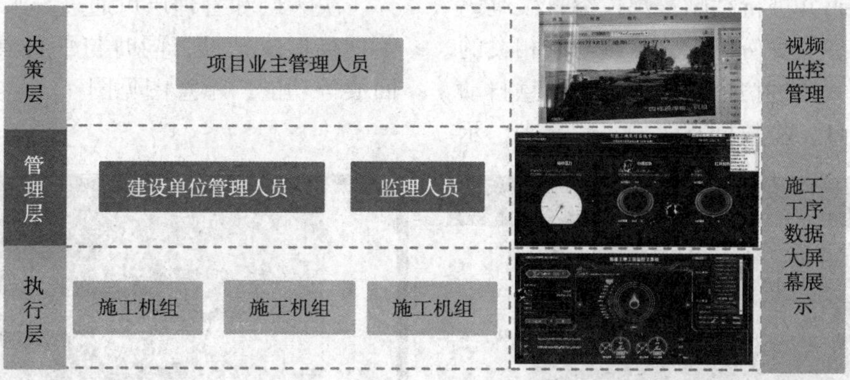

图 2　智能移动终端架构示意图

2.2.2　二维码技术

借助二维码技术，通过智能化工地搭建实现材料生产制造、采办调拨、机具规格、人员信息、施工工序的快速扫描、精确识别、准确衔接的全过程管理。

2.2.2.1　人员二维码

建立人员档案库，基于人员档案库为每位人员制作独一无二的二维码工作证，应用移动终端，对人员的培训认证、报验入场、现场检验、安全培训、入场、退场、评价、奖惩等各环节形成统一管理，示意图见图3。

2.2.2.2　机具二维码

建立机具档案库，基于机具档案库为每个机具制作并粘贴独一无二的机具二维码，应用移动终端，对设备的报验入场、维修保养、鉴定检验、进场、退场等环节形成统一管理，示意图见图3。

图3　现场二维码应用示意图

2.2.2.3　管材二维码

管材出厂时，对管材的管号、长度、壁厚、防腐等级、管材属性等信息进行封装，建立管材档案库，基于管材档案库，应用移动终端，生成管材二维码，后续施工过程中通过扫描管材二维码确保数据采集的准确性，示意图见图3。

2.2.2.4　焊口二维码

管口组对焊接之前，应用二维码打印机，通过移动终端进行焊口编号生成与登记，将焊口编号与焊接所使用的管材信息、工艺规程信息记性关联，打印二维码并进行粘贴。焊口编号二维码标签作为焊口唯一的身份标识，后续与之相关的各个工序作业时，通过扫描焊口二维码信息自动获取焊口相关信息，将数据有效的关联起来，示意图见图3。

2.2.3　视屏监控系统

基于智能化工地的搭建，施工现场配备视频监控系统，主要分为作业面实时监控、棚内施工实时监控、管理人员工作流程监控。监控系统的搭建可以加强对现场施工的监管，使关键工序的质量行为可追溯、可查询，提升整体的质量管控水平。通过对工程项目施工现场重点环节和关键部位进行监控，特别是焊接、防腐、下沟等终点作业现场。

决策层和管理层可通过与平台，实现对各施工现场形成把控，同时与平台具有展示、记录、回放等功能，示意图见图4。

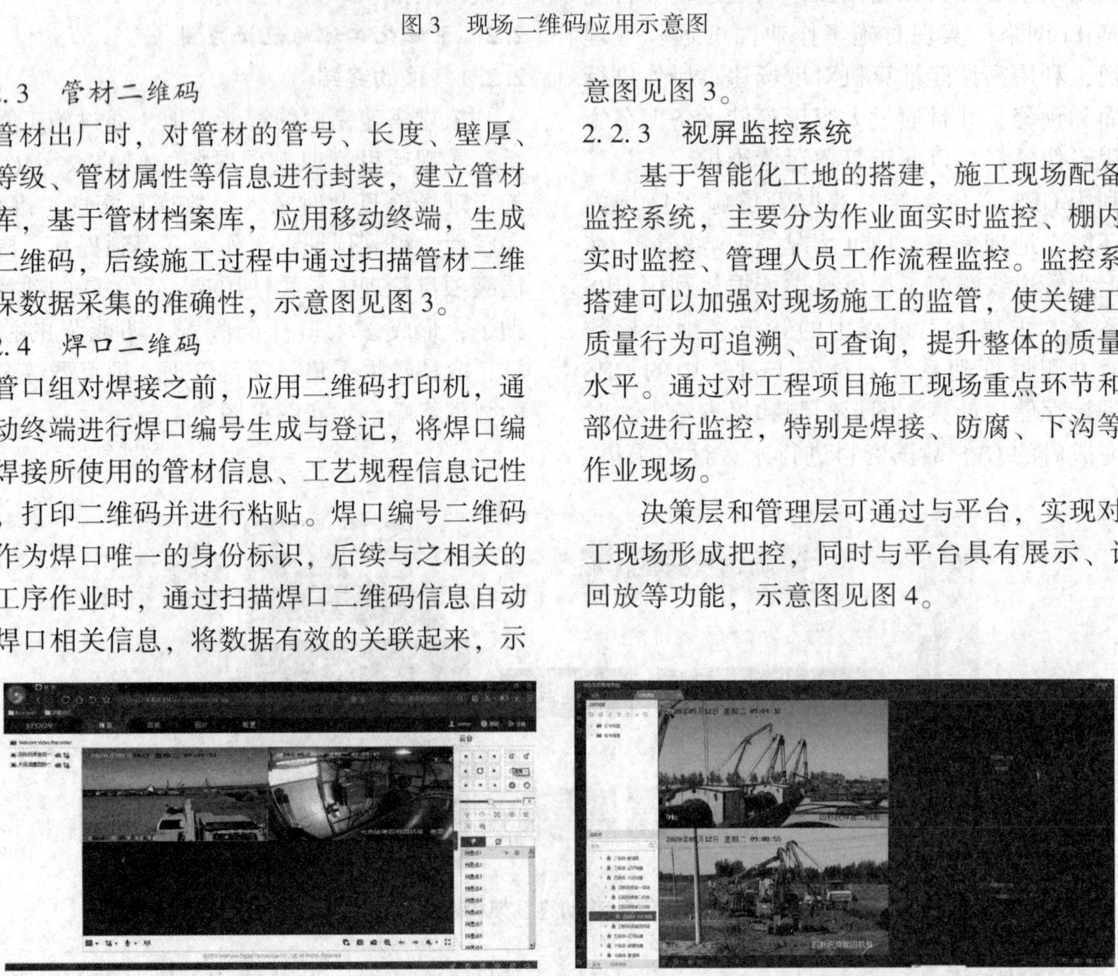

图4　实时监控示意图

3 数字化管道的发展前景

智能化工地的建设实现了对工程建设期的全数字化移交，并可通过移动终端对各个终点施工工序进行多维度追溯，实现了实时视频监控、智能感知和数据的自动采集，真实准确反应现场作业过程，使项目管理层通过信息化手段大幅度提升施工过程进度、质量、安全管控能力；实现了建设期管道的可视化、网格化、智能化管理；同时为后期的运营管理提供智能分析和决策支持依据，

截至2021年，我国建设的各类输送介质的长输管道长度已经达到数万公里，尤其是近年来输油、输气管道的大规模建设，使得长输管道的建设和管理提升到较高的水平。传统的勘察设计和施工管理方法已经不能满足管道建设和运营管理的需要，数字管道更据迫切性和必要性。

数字化管道的概念将深远的影响管道勘探设计、管道施工建设和管道运营管理的每一个环节，它彻底地改变了传统工作模式。因此，中俄东线智能化管道的建设具有里程碑式的意义，它是国内第一条“智能化管道”，它的顺利实施将为今后智能化管道建设提供参考和规范，可以编制出一套完整的管道管理新标准。智能化管道实现了管理的数字化、信息化、实时化，不仅确保了安全、优质、高效的管道工程，而且确保科学、规范和及时的管道运营，大幅度的提高管道安全生产水平。

数字化无损检测评审系统研究与应用

康　军　刘古文　董利苹　舒均满　刘　阳

（大庆油田三维工程检测有限责任公司）

摘　要　随着数字化无损检测技术应用，检测工作量大，数字化底片、图谱依然是现场评定，需要配备很多现场评定人员，质量控制点分散，存在有经验的数字评审人员缺乏问题，评审人员培养周期长、评审人员不到位和审核水平普遍不高是制约数字化无损检测技术发展的重要因素。本文提出了一种数字远程评审系统为主、底片智能评审系统为辅的评审方法，详述了数字远程评审系统基本架构、开发原理和权限分配，以及底片智能评审系统开发原理，在众多工程进行了推广应用，实现专家组集中评审，解决了数字评审人员不足的问题，提升了评审水平，并且实现项目间的交互式评审，以及外部专家的技术支持，提高了评审效率和准确性，取得了显著的效果。

关键词　数字化无损检测；远程评审；数字化底片；数字化图谱；评审质量

1　引言

无损检测是焊接质量的重要监测手段，通过无损检测可以发现焊缝内部的缺欠，能够分析缺欠引起的原因，从而采取有效措施，提高焊接合格率。随着数字化射线检测技术、自动超声检测 AUT 技术、相控阵超声检测 PAUT 技术等数字化无损检测在工程检测中的应用，检测工作量大，数字化底片、图谱依然是现场评定，需要配备很多现场评定人员，质量控制点分散，评片的质量不易把握，评定质量严重依赖评片人员个人的水平、自觉性与公司的质量内控程度。目前有经验的数字检测人员缺乏，尤其是评审人员，培养周期长，各项目评审人员缺乏的矛盾非常突出，评审人员不到位及审核水平普遍不高是目前制约数字检测技术发展的主要因素。

本文提出了一种数字远程评审系统为主、底片智能评审系统为辅的评审方法，祥述了数字远程评审系统系统软件基本架构和开发原理，客户端、服务器端权限分配，以及底片智能评审系统软件开发原理，实现了专家组集中评审和项目间的交互式评审，以及外部专家的技术支持，提高评审技术水平和评审准确性。

2　数字远程评审系统开发

2.1　数字远程评审系统基本架构

本文提出拟定两种软件构架方案，第一种采用 C/S 构架，第二种采用 B/S 构架。

C/S 构架优界面和操作很丰富，安全性能很容易保证，实现多层认证简单。由于只有一层交互，响应速度较快。C/S 构架适用面窄，通常用于局域网，用户群固定，程序需要安装才可使用。C/S 构架不适合面向一些不可知的用户，维护成本高，发生一次升级，所有客户端的程序都需要改变。

B/S 构架客户端无需安装，有 Web 浏览器即可，B/S 架构可以直接放在广域网上，通过一定的权限控制实现多客户访问的目的，交互性较强，B/S 架构无需升级多个客户端，升级服务器即可。但是在跨浏览器上，B/S 架构存在不足，要达到 C/S 程序的程度需要花费很多精力，在速度和安全性上投入较大的设计成本，B 和 S 交互是请求-响应模式，通常需要刷新页面，操作比较繁琐。

基于经济适用的原则，数字远程评审系统选择 B/S 构架，采用较少开发费用和后期维护成本，如图 1 所示。

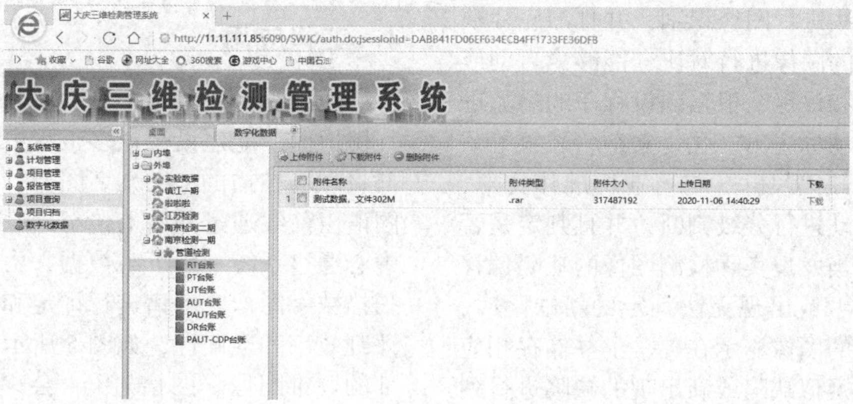

图 1　数字远程评审系统架构

2.2　检测数据的传输及加密

本文数据传输形式为串行数据传输，采用 AES 加密方式对传输的数据进行加密，通过上传、下载的方式的实验验证。实验验证分别在公司所在地项目部和外埠项目部进行，上传采用的数据大小为 300M 压缩包，分别进行了 100 次传输实验。公司所在地项目部测得的实验结果为上传平均速度 5.1M/S；外埠项目部测得的上传平均速度 2.1M/S，外埠项目部的带宽为 200Mbps，基本符合理论最大传输速度。在公司同时进行 3 个数据的下载，测得每个任务的下载平均速度均大于 550Kb/S，如图 2 所示。公司所在地项目部和外埠项目部的 100 次传输实验的数据准确无误。

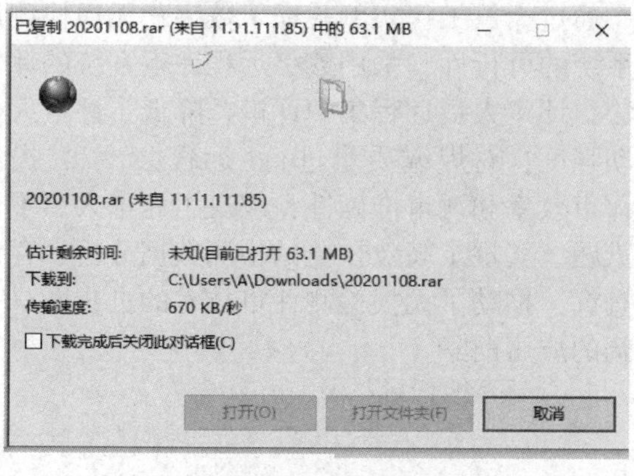

图 2　数据传输试验验证

2.3　客户端软件权限分配

由于软件构架为 B/S 构架，无法设置客户端软件的权限。但是需要增加评、审以及管理人员的权限区分。管理员具有工程管理、检测方式管理以及数据读取调用的权利，并且定期将检测数据备份至无网络环境的存储介质。评定人员只拥有检测数据上传至服务器权限。审核人员同时拥有检测数据上传及下载的权限。

3　底片智能评审系统开发

3.1　建立相对应的底片缺欠样本库

将现有评定过的大量射线底片进行数字化，并对数字化后的图像进行缺陷分析，确定缺陷特征参数，对缺陷进行分类，了解焊缝缺陷的种类及各自的特点。根据影像的几何形状、影像的黑度及其分布、缺陷影像在底片上的位置等 3 个重要方面进行分析，进行缺陷的识别。在图像识别中，常用的特征包括图像幅度特征、图像统计特征、图像几何特征、图像变换系数特征、图像的纹理特性和图像的代数特性。

通过主根据 NB/T 47013—2015 承压设备无损检测以及 SY/T 4109—2020 石油天然气钢质管道无损检测，采用长宽比、圆形度、等效面积、缺陷与母材的灰度差、缺陷自身灰度偏差、缺陷的相对位置等 6 个特征参数来做缺陷识别，建立相对应的底片缺欠样本库，如图 3 所示，搭建数字化片底片数据库。

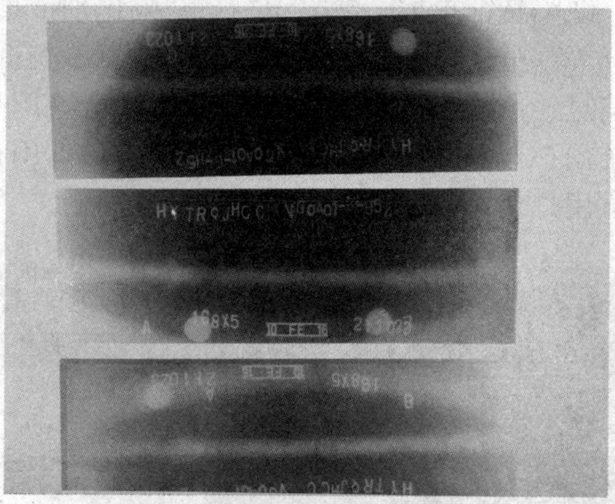

图 3　数字化片底片数据库

3.2　数字化底片中缺欠的智能评判

在针对数字化底片中的缺欠，利用计算机智

能化图像分析算法进行图像识别，并且与底片缺欠样本库中缺欠的图像进行对比，能够半自动或全自动识别缺陷和评定，根据预设程序的参数进行图像分析，自动标注出气孔、夹杂、裂纹等缺陷，并自动计算缺陷尺寸，与行业标准作比对，按照分析结果自动进行分级判断，并且判定是否影响产品质量。当发现实际检测图像的缺陷偏移预设程序参数时，或出现无法判定的新缺陷时，系统将缺陷部位的图像显示在屏幕上并储存相应的数据。对一些疑似缺陷或新出现的缺陷进行列出，通过检测人员对缺陷图像放大、增强对比度或者增加灰度值等一系列的功能性操作来辅助检测人员对该缺陷进行判断，防止检测疏漏。对不合格缺陷进行标记，判定缺陷部位，对产生的缺陷数据存入数据管理系统，以供随时调取查阅，为质量统计和分析提供依据，并产生缺陷报告从而实现检测技术智能化。

3.3　底片智能辅助评审系统

底片智能辅助评审系统软件具有如下功能：

（1）图像的显示功能，包括图像的缩放、反色、直方图；

（2）图像处理功能，包括各种几何变换、算术运算、平滑、锐化、边缘、检测、阈值分割等；

（3）缺陷特征提取功能；

（4）缺陷的识别与解释，包括对缺陷六种类型的识别以及对识别的结果做出推理解释。

系统软件应采用模块化的设计方法，依据系统功能将软件分成图像显示、图像处理、数据库、系统用户四个模块。其中图像显示包括缩放、反色、直方图等部分，图像处理包括几何变换、算术运算、平滑、锐化、边缘检测、阈值分割、缺陷特征提取、缺陷识别、缺陷识别推理与解释等部分，数据库包括显示底片信息、查询底片信息、修改底片信息、删除底片信息等部分，系统用户包括添加用户、查询用户、评审用户、删除用户、修改密码等部分，如图4所示。

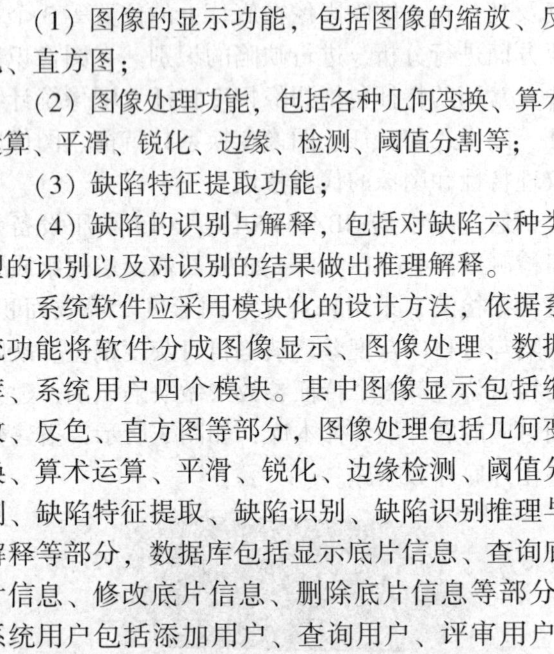

图4　底片智能辅助评审系统

4　工程应用

数字远程评审系统开发后，在长输管道、油气田地面产能建设等众多工程中应用，检测项目部将现场扫描的CR数字图像、AUT或者PAUT图谱由前线通过网络上传至云服务器，公司评审中心通过系统平台下载数据，由评审人员集中对扫描数字图像、图谱进行评定和审核，从而提高评判效率和准确性，如图5所示。并且对各项目部的疑难图像、图谱进行“会诊”，高效利用公司现有资源，实现共享。

图5　数字远程评审系统应用

5　结论

通过大量工程实例验证了数字化无损检测评审系统的可行性，采用数字远程评审系统的评审方法，评审人员远程集中评审，降低了评审人员劳动强度，对焊缝质量进行“远程会诊”，提高了评审效率和评审准确性，解决了评审人员不足的难题，实现了高效快捷的检测数据分析、存储和查询，推动了无损检测评审技术的进步，具有广阔的应用前景。

参　考　文　献

[1] 张含光，刘惕生．数字射线照相技术在无损探伤检测中的应用前景[J]．影像技术，2012，(3)：3-8.

[2] 张俊杰．管道环焊缝全自动超声波检测技术认证研究[J]．当代化工研究，2020，(8)：73-74.

[3] 赵赏鑫．油气管道环焊缝数字化无损检测技术及应用[J]．石油工程建设，2021，(5)：88-92.

[4] 周春成．图像处理技术在焊接缺陷检测中的应用[D]．郑州：郑州大学，2010.

[5] 杨国锋．基于X射线成像的焊缝质量智能分析方法研究[D]．大庆：东北石油大学，2014.

酒东油田数字化系统动液面分析思路与应用探索

王一竹　杨谨敏　岳　刚　陈　鑫

（中国石油玉门油田公司）

摘　要　随着油田开发的不断深入和信息技术应用的快速推进，油水井数字化转型，智能化应用已成为油田发展必然趋势。本文针对酒东油田油井数字化现场需求，结合机采现状，在数字化系统数据应用方面进行探索研究，力求在研究思路与深化应用方面取得一些认识，以期为油井生产提供技术指导。

关键词　酒东油田；数字化系统；动液面；系统效率；系统效率偏差因数

1　研究背景

油井动液面是反映地层供液能力的重要指标，也是进行油井工艺设计优化和工况评价的主要依据。目前，酒东油田现场普遍采用回声仪液面测试法，针对泵挂深度在2200～2800m的油井，由于受泵深、井筒条件、气油比等因素的影响，该方法存在测试工作量大、测试频率低、过程费时耗力、结果准确度不高的问题。为了解决这些生产难题，通过调研分析认为，利用数字化系统示功图计算动液面深度是一种方便有效的计算方法，其计算的准确性相对具有参考性；能够为指导油井以合理制度生产，提高油井生产分析的及时性提供帮助。

2　技术原理及数据评价思路

2.1　示功图计算动液面技术原理

示功图法测量动液面深度是建立在对大量示功图分析和统计的基础上，再结合实际的生产经验，确定示功图的上下静载荷，从而反推动液面得到的。通过对酒东油田现有数字化系统中抽油井示功图预测动液面技术的研究，可利用地面示功图进行井下动液面模拟计算。

$$h_d=\frac{\rho_l g h \pi\left(\frac{D^2}{2}\right)-(F_{up}-F_{down}-F_{oil})}{\rho_o g A_z}$$

h_d—度动液面深，m；ρ_l—液体密度，kg/m^3；D—油管内径，m；h—泵深，m；F_{up}—静载最大载荷，N；F_{down}—静载最小载荷，N；F_{oil}—F_{oil}——油压，N；ρ_o—原油密度，kg/m^3；A_z—柱塞截面积，m^2。

酒东油田数字化系统现有单井基础信息较为齐全，上述动液面计算参数均可在系统中抓取，因此可计算出各单井的动液面数据。同时优化部分动液面参数（含水、地面原油比重、产出水密度、泵径、泵深），提高计算结果准确度，实现油井动液面数据由每月定期测量到目前实时监测和输出的转化，并在系统中加构动液面和对应沉没度曲线、以报表的形式展示并增加导出功能。为油井工况分析提供一个相对可参考的技术参数（图1、图2）。

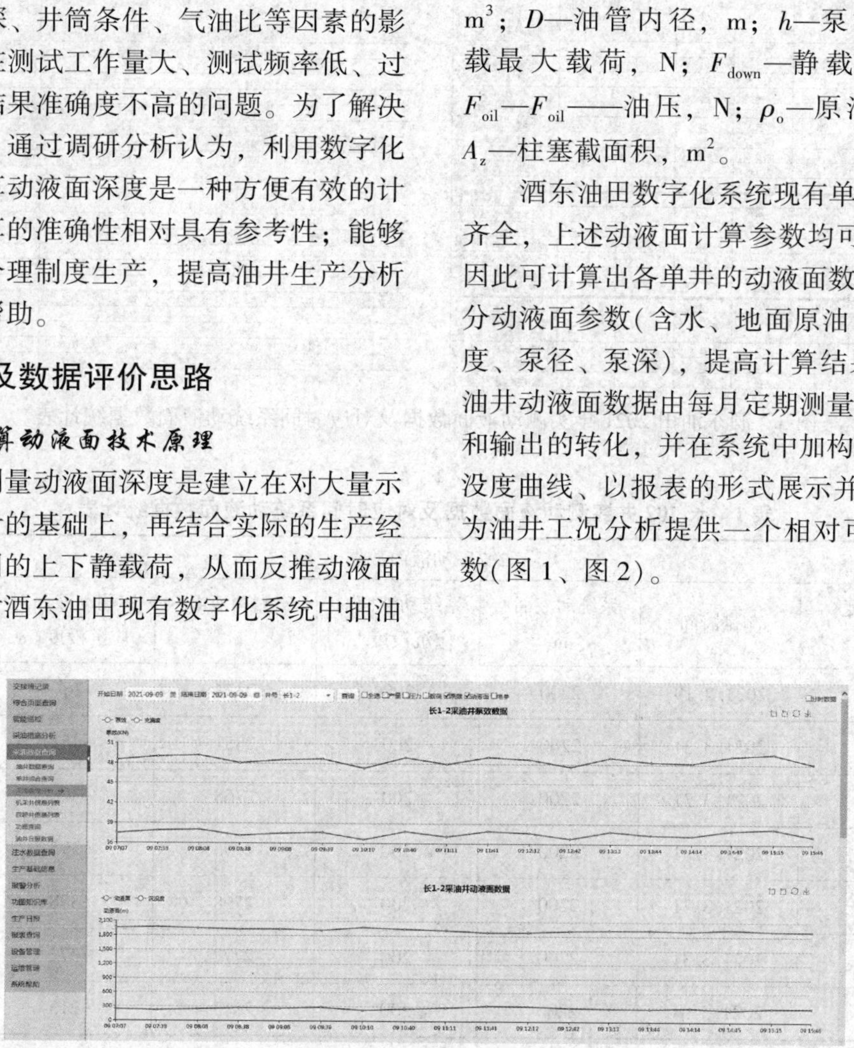

图1　酒东数字化系统动液面数据曲线图

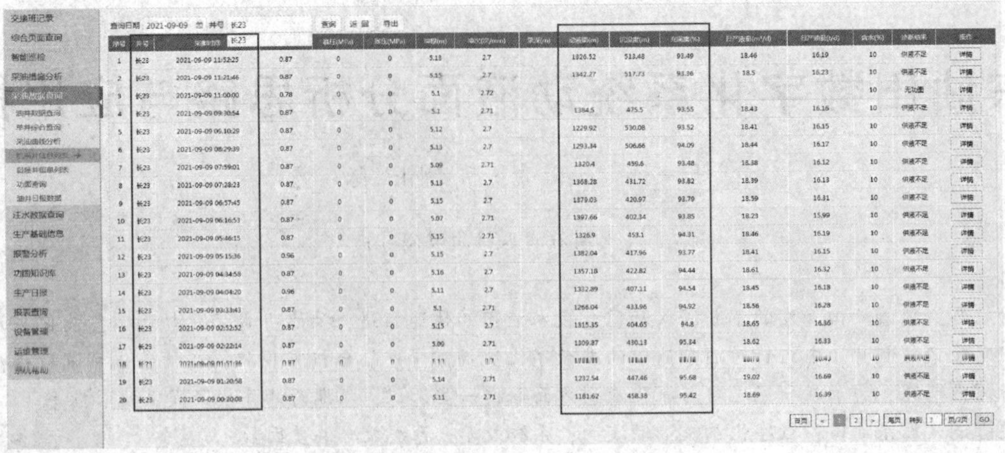

图 2　酒东数字化系统单井动液面数据报表

2.1.1　动液面数据评价思路

结合酒东油田现场实测数据，形成一套系统动液面数据评价方法，对比同一时间点动液面实测数据、系统数据、沉没度、功图，用一一对应的模式进行评价对比。完成酒东数字化系统动液面数据准确度及可参考性评价(图 3)。

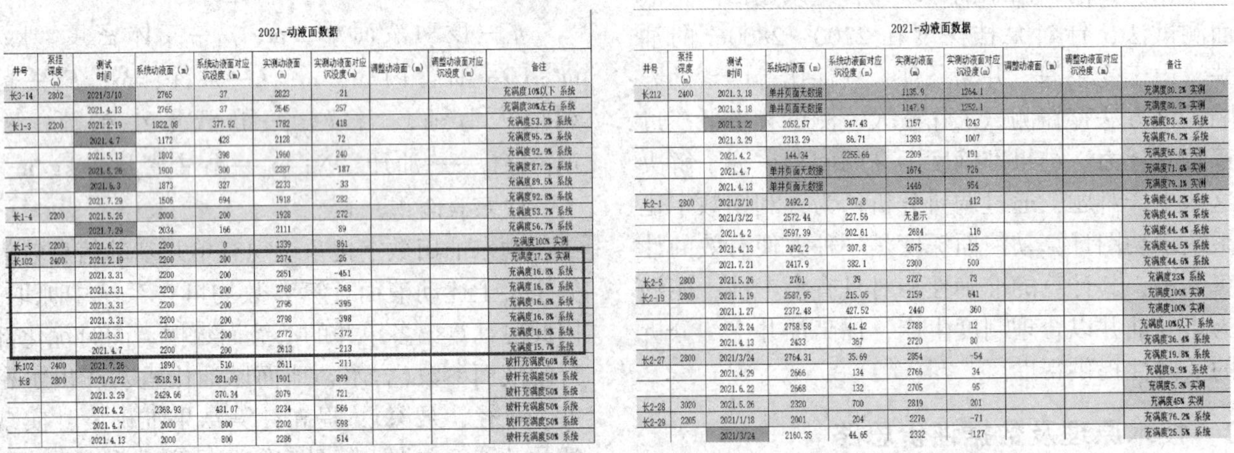

图 3　酒东油田 2021 年实测动液面数据及对应时间系统动液面数据统计表

表 1　长 102 井实测动液面数据及对应时间系统动液面数据统计表

2021-动液面数据							
井号	泵挂深度/m	测试时间	系统动液面/m	系统动液面对应沉没度/m	实测动液面/m	实测动液面对应沉没度/m	备注
长 102	2400	2021. 2. 19	2200	200	2374	26	充满度 17. 2%
		2021. 3. 31	2200	200	2851	-451	充满度 16. 8%
		2021. 3. 31	2200	200	2768	-368	充满度 16. 8%
		2021. 3. 31	2200	200	2795	-395	充满度 16. 8%
		2021. 3. 31	2200	200	2798	-398	充满度 16. 8%
		2021. 3. 31	2200	200	2772	-372	充满度 16. 8%
		2021. 3. 31	2200	200	2613	-213	充满度 16. 8%

如表 1 所示：但从数据方面看，如长 102 井，实测动液面数据对应沉没度负值，但从功图上可以得到充满度 16.8%，且可计算得出该井产液量。由此可知，实测动液面数据误差大，系统动液面数据更有参考性。

下面通过几口井的实例，对功图、实测动液面、系统动液面、实际工况用一一对应的方法举例说明。

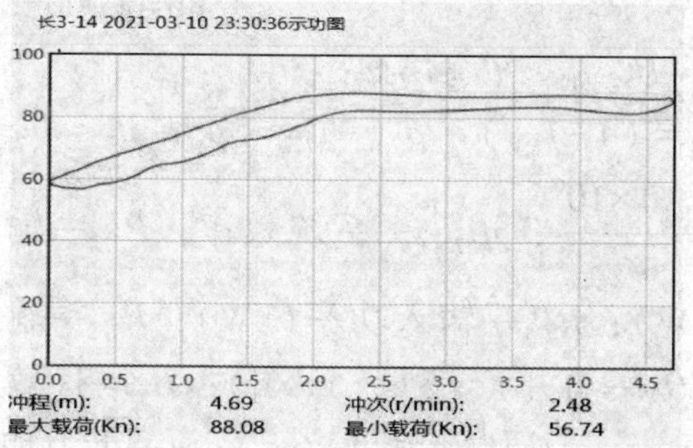

长3-14井(泵深2802 m)系统动液面2765m,对应系统沉没度37m,实测动液面2823m,对应实测沉没度-21m,如图所示:功图充满度10%以下,系统数据更符合功图显示的实际情况。对应时间现场平均套压0.78MPa,自身供液能力不强,该功图显示依然有一点充满度,符合系统沉没度数据,因此系统数据可反应真实生产情况。

井号	泵挂深度(m)	测试时间	系统动液面（m）	系统动液面对应沉没度（m）	实测动液面(m)	实测动液面对应沉没度(m)	调整动液面（m）	调整动液面对应沉没度（m）	备注
长3-14	2802	2021/3/10	2765	37	2823	-21			充满度10%以下 系统

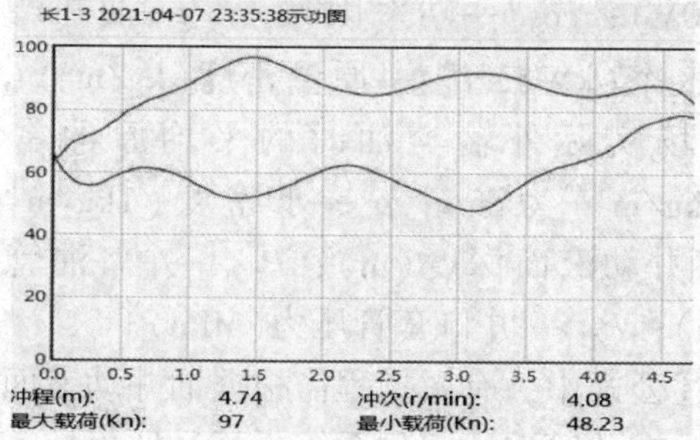

长1-3井(泵深2200m)系统动液面1772m,对应系统沉没度428m,实测动液面2128m,对应实测沉没度72m,如图所示:功图充满度95.2%以下,系统数据更符合功图显示的实际情况。以功图直观显示充满度为准,对比实测沉没度和系统沉没度,系统数据更符合实际功图表现。

井号	泵挂深度(m)	测试时间	系统动液面（m）	系统动液面对应沉没度（m）	实测动液面(m)	实测动液面对应沉没度(m)	调整动液面（m）	调整动液面对应沉没度（m）	备注
长1-3	2200	2021.4.7	1172	428	2128	72			充满度95.2% 系统

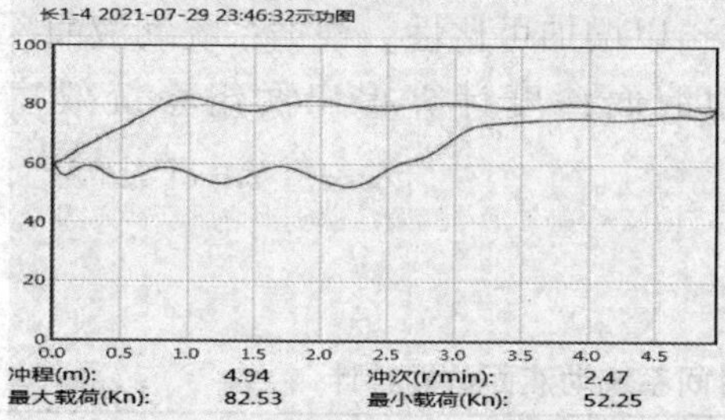

长1-4井(泵深2200m)系统动液面2034m,对应系统沉没度166m,实测动液面2111m,对应实测沉没度89m,如图所示:功图充满度56.7%以下,系统数据更符合功图显示的实际情况。以功图直观显示充满度为准,对比实测沉没度和系统沉没度,系统数据更符合实际功图表现。

井号	泵挂深度(m)	测试时间	系统动液面（m）	系统动液面对应沉没度（m）	实测动液面(m)	实测动液面对应沉没度(m)	调整动液面（m）	调整动液面对应沉没度（m）	备注
长1-4	2200	2021.7.29	2034	166	2111	89			充满度56.7% 系统

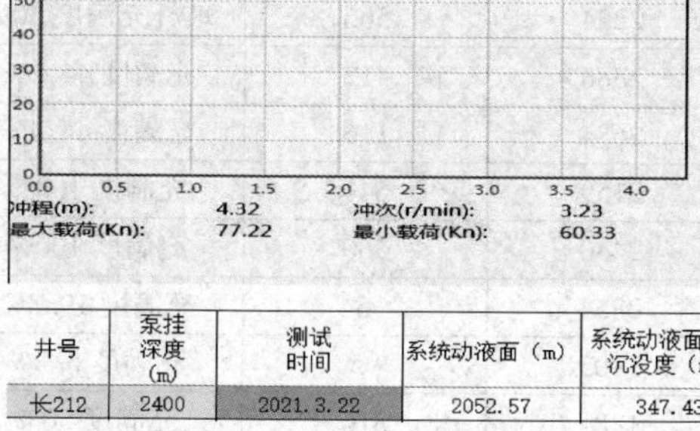

长212井(泵深2400m)系统动液面2053m,对应系统沉没度347m,实测动液面1157m,对应实测沉没度1243m,如图所示:功图充满度83.3%以下,系统数据更符合功图显示的实际情况。以功图直观显示充满度为准,对比实测沉没度1243m,不符合老井正常生产情况,系统数据更符合实际功图表现。

井号	泵挂深度(m)	测试时间	系统动液面（m）	系统动液面对应沉没度（m）	实测动液面(m)	实测动液面对应沉没度(m)	调整动液面（m）	调整动液面对应沉没度（m）	备注
长212	2400	2021.3.22	2052.57	347.43	1157	1243			充满度83.3% 系统

图 4

2.1.2　动液面数据评价结论

由图表及举例说明可见：

1. 系统动液面数据未出现对应沉没度为负值的情况；

2. 实测动液面数据对应沉没度为正时，对应系统数据更符合对应功图体现的实际工况。

截止2021年7月酒东现场实测动液面17井次，记录有效实测数据63项，其中除去系统数据上传异常的情况，有效评估数据52项。选择系统值作为参考40项，可参考性占77%，其中部分井对应的实测沉没度是负值，而当天平均套压值均<1MPa，系统动液面对应的沉没度数据也较符合相应时间点的功图充满度，也基本符合对应功图表现出的生产工况，更具有参考价值。

在系统实际应用中，可选择几口生产状况平稳的井(洗井3~5天后)，用该评价方法与实测值进行周期性评估，保证系统动液面数据在油井生产动态分析中持续具有实际参考意义。因此，系统动液面数据具有一定可参考性。

3　数字化系统动液面数据应用探索

3.1　*动液面计算系统效率原理*

以抽油机井系统为例：抽油机井系统效率为系统输出功率与输入功率的比值，用百分数表示。抽油机井系统输出功率为将井内液体输送到地面所需要的功率，计算时需要相对准确的动液面数据，经过评价对比且可参考的数字化系统动液面数据在此直接应用于计算。抽油机井的输入功率就是拖动抽油机井的电动机输入功率，在此用数字化系统中单井的电压和电流数据计算。计算公式以测试标准GB/T 33653—2017《油田生产系统能耗测试和计算方法》为准。

$$\eta_{7,s}=\frac{P_{7.3}}{P_{7.1}}\times 100\%;\quad P_{7,2}=\frac{Q_7\cdot H_7\cdot \rho_{7.1}\cdot g}{86400000};$$

$$P_{7,1}=3*U_{三相电压}{}^{*}I^{8}*\cos\varphi;$$

$$\rho_{7.1}=(1-f_{7,w})\cdot\rho_{7.0}+f_{7,w}\cdot\rho_w;\quad H_7=H_{7.d}+\frac{(\rho_{7.0}-\rho_{7.1})\times10^6}{\rho_{7.1}\cdot g};$$

$\eta_{(7.1)}$—系统效率；$P_{7.2}$—输出功率(kW)；$P_{7.1}$—输入功率(kW)；$P_{7.2}$—输出功率；Q_7—油井产液量(m^3/d)；H_7—有效扬程(m)；$\rho_{7.1}$—液体密度(kg/m^3)；g—重力加速度($9.81m/s^2$)；$P_{7.1}$—输入功率(kW)；U—动力电压(V)；I—电流(A)(对地电压220V，动力电压380V)；$\cos\phi$—功率因数；$f_{7.w}$—油井产出液体含水率(kW)；$\rho_{7.0}$—原油密度(kg/m^3)(以酒东现场实际外输交油时的平均原油密度0.822(kg/m^3)为准)；ρ_w—水密度($1kg/m^3$)；$H_{7.d}$—油井动液面深度(m)；$P_{7.0}$—井口油管压力(MPa)；$P_{7.1}$—井口套管压力(MPa)。

上述公式中，有效扬程需根据油井动液面深度计算，在此筛选数字化系统中经过评价校正的系统动液面深度及对应实测动液面深度用于计算，且选择两组动液面数值差距相对较小的进行结果对比，以增加可比性。根据系统动液面深度和实测动液面深度计算得出两组系统效率数据(表2)。

表2　系统效率计算所需实测动液面数据及对应时间系统动液面数据统计

2021-动液面数据							
井号	泵挂深度/m	测试时间	系统动液面/m	系统动液面对应沉没度/m	实测动液面/m	实测动液面对应沉没度/m	备注
长1-3	2200	2021.2.19	1822.08	377.92	1782	418	充满度53.3%
长1-4	2200	2021.5.26	2000	200	1928	272	充满度53.7%
长8	2800	2021.3.22	2518.91	281.09	1901	899	玻杆充满度56%
		2021.4.2	2368.93	431.07	2234	566	玻杆充满度50%
长2-1	2800	2021.3.10	2492.2	307.8	2388	412	充满度44.2%
		2021.4.2	2597.39	202.61	2684	116	充满度44.4%
长2-19	2800	2021.1.19	2587.95	215.05	2159	641	充满度100%
		2021.1.27	2372.48	427.52	2440	360	充满度100%
长2-27	2800	221.3.24	2764.31	35.69	2854	-54	充满度19.8%
		2021.6.22	2668	132	2705	95	充满度5.3%
长2-38	2800	2021.3.24	1922.01	277.99	1884	316	充满度50%

计算过程中输入功率考虑以下几个因素：(1)各井功率因数cosϕ，以有效功率为计算参数；(2)对地电压220V，动力电压380V，则$U=\sqrt{3}U_{三项电压}$且对于三项电路：$P=\sqrt{3}U*I*\cos\phi$因此输入功率$P_{7.1}$ $P_{7.1}=3*U_{三项电压}*I*\cos\phi$(表3)。

表3　系统效率计算参数及计算结果对比

系统效率计算参数及计算结果													
井号	泵挂深度/m	系统动液面/m	实测动液面/m	油井产液量/(m³/d)	油压/MPa	套压/MPa	电压v(取三相电压均值)	电流A(取三相电流均值)	含水/%	功率因数	系统效率(系统动液面算得)	系统效率(实测动液面算得)	系统效率偏差因数/%
长1-3	2200	1822.08	1782	9.02	0.95	1.03	224.52	35.92	47.8	0.7	9.93	9.71	2.21
长1-3	2200	1802	1960	13.18	0.9	0.94	220.66	44.54	63	0.7	12.26	13.32	7.95
长1-4	2200	2034	2111	5	0.8	0.48	218.81	17.79	17.5	0.24	35.8	37.1	3.5
长2-1	2800	2597.39	2684	4.82	0.59	0	229.36	49.94	50	0.26	15.4	15.95	3.45
长2-38	2200	1922.01	1884	9.09	0.73	0.59	231.08	40.7	54	0.26	25	24.5	2
长2-38	2200	1759	1918	8.29	0.75	0.62	228.21	10.94	41	0.26	19.9	21.7	8.29
													平均4.57

3.2　系统效率可参考性评价

以上计算结果表明：系统动液面和实测动液面数据通过计算分别可以得到抽油井系统效率数据，这两组数据的偏差因数为4.57%，因此，可以认为系统动液面数据算出的系统效率是可参考的。

以2021年玉门油田监测中心出具的节能监测报告中各井的系统效率监测结果为评价标准，选取同一时间的系统动液面数据，计算公式依然以测试标准GB/T 33653—2017《油田生产系统能耗测试和计算方法》为准。计算出系统动液面数据对应的系统效率数值并与监测报告中的数据进行评价对比(表4)。

功率因数：

$$\cos\varphi=\frac{1}{\sqrt{1+\left(\frac{Q}{P}\right)^2}}$$

Q—无功功率(kw)；P—有功功率(kw)

表4　系统效率计算参数及计算结果对比

系统效率计算参数及计算结果												
井号	系统动液面/m	油井产液量/(m³/d)	油压/MPa	套压/MPa	电压/V(取三相电压均值)	电流/A(取三相电流均值)	含水/%	有功功率/kV	无功功率/kV	功率因数	系统效率(系统动液面算得)	系统效率(检测报告)	系统效率偏差因数/%
长1-2	1416.39	11	0	0.6	229.34	12.9	50	8.87	3.49	0.806	21.43	20.47	4.68
长1-3	2078.23	16	1.2	0.81	216.33	40.96	60	21.52	19.85	0.397	33.88	30.29	11.85
长2-1	2585.12	6	0.57	0	233.15	16.3	65	26.27	16.2	0.616	24.05	24.64	2.39
长2-22	1757.03	14	0.67	0.28	239.3	38.94	38	21.07	17.96	0.441	20.72	20.85	0.6
长3-2	2472.98	12	0.91	0.68	228.63	32.35	75	22.53	13.54	0.63	23.23	20.83	11.52
												平均6.21

以上计算结果表明：系统动液面数据计算出的系统效率和检测报告出具的系统效率对比，偏差因数为6.21%，因此，可以认为系统动液面数据算出的系统效率是可参考的。

3.3　评价结论

（1）系统动液面与实测动液面分别计算得出

系统效率，以实测动液面数据计算得出的系统效率为评价标准，两组数据进行对比，偏差因数为4.57%；

（2）以2021年4月16出具的节能检测报告中的系统效率为评价标准，选取同一时间点的系统动液面数据计算系统效率，两组数据进行对比，偏差因数为6.21%。

两种数据对比得出的结论：在系统动液面数据具有一定可参考性的基础上计算得出的系统效率也同样可作参考。因此，在目前数字化系统已实现动液面数据连续动态监测的基础上，可实现系统效率数据连续动态监测，能够帮助技术人员更加直观及时的做出工况分析。

4　主要认识

（1）定期选几口工况稳定、泵挂2200m的井，在洗井三天后实测动液面并和系统对应动液面数据相互评价校正，验证系统数据的可参考性。利用抽油井系统动液面曲线智能获取和实时监测，及时掌握油井供采平衡，为间抽工作制度制定及智能间抽提供技术数据的支持。

（2）若将系统效率计算公式加构至数字化系统，则每一个有效系统动液面数据均可计算得到一个可参考的系统效率数据。以此可以实现系统效率数据连续动态监测。

通过评价，数字化系统动液面数据具有可参考性，将评价后的系统动液面数据代入计算系统效率，以抽油机井系统节能监测报告为评价标准，对数字化系统计算出的系统效率数据进行评价校正，加构数字化系统效率数据曲线。参考连续的系统效率曲线可更综合的判断出生产实况。

工程哲学视角下智能化招标对工程建设赋能的探讨

王俊杰　王郭杨　张锋忠　李明春

（中国石油物资采购中心西北分中心）

摘　要　随着我国城镇化发展进程的不断加快，工程建设项目呈现出大规模和复杂化的趋势，这对工程建设项目招标管理工作提出了更加严峻的挑战，电子招标向智能化招标转型成为新的改革方向。本文在阐述了工程哲学的基本理论和智能化技术在招标管理工作中应用的基础上，对智能化招标如何赋能工程建设进行了探讨。

关键词　工程哲学；智能化；招标；工程建设

1　引言

工程建设活动是现代社会存在和持续发展的基础，是人类能动性的最重要、最基本的表现方式之一，现代工程项目不但塑造了而且还在继续不断地改变现代社会的物质面貌。以石油石化行业为例，作为我国国民经济重要支柱行业，其工程建设项目规模越来越大、复杂程度越来越高，对社会、经济、文化、环境等方面的影响也越来越大。可以预期的是，在“双碳”战略、“创新驱动”的时代大背景下，随着物联网、云计算、大数据、人工智能、区块链、5G 技术等一系列新兴技术的应用，石油石化行业必将进入持续的创新和转型期。

工程建设项目招标工作作为工程项目建设前段的关键一环，对项目的成败起到了重要的作用。现阶段工程建设项目招标工作虽然已经实现了电子全流程招标，大大提高了招标工作的效率，但是面对规模庞大、技术复杂的工程建设项目以及海量的企业信息、技术信息、价格信息，要想从中精准地筛选出最合适的合作伙伴依旧十分困难。因此，在电子全流程招标的基础上，探索出一条智能化招标的转型的道路是我们要思考的问题。招标工作服务于工程建设项目，因此我们应当站在更高的工程哲学的视角，从探讨工程建设项目的本质和意义出发，寻找出最适合智能化招标前进的道路。

2　工程哲学的基本理念和观点

现代科学技术与工程建设活动密切结合，工程活动结构复杂性程度的提高就直接引致一门新科学的出现，这就是工程科学。以往的科学体系分类中只包括自然科学、技术科学、工程技术、社会科学、人文科学等。1948 年钱学森首次在《工程与工程科学》一文中提出“在现代科学与工程技术之间已经形成了一个独立的科学体系，就是现代工程科学”，与此同时钱学森还将哲学思想应用到我国导弹和航天事业工程中。自此，工程科学除了包含多种学科的科学要素，哲学也被纳入其中。

此后，中国工程院于 2004 年正式立项研究工程哲学问题，以殷瑞钰、汪应洛、李伯聪三位院士为首，集合我国工程界和哲学界的学者、专家智慧，相继出版了以《工程哲学》、《工程演化论》、《工程方法论》为核心的具有中国特色的学术成果，建立了完整的工程哲学体系，打破了西方科技哲学的话语垄断，形成了中国特有的学术话语。

2.1　工程哲学的概念

哲学的一个突出特点就是穷根究底，凡是对问题进行穷根究底的追问，都可以看作是一种哲学思考。然而，哲学不应该只是反思之学、爱思之学，哲学还应该是“前思”之学、行动之学、立命之学。正如马克思在《关于费尔巴哈的提纲》中指出的：以往的“哲学家们只是用不同的方式解释世界，问题在于改变世界”。新近发展起来的工程哲学正是遵循马克思的光辉思想所进行的一种全新的哲学研究尝试。可以说，工程哲学是一种改变世界、塑造未来的哲学，是关于人类改变世界以追求和谐地、长久地安身立命的哲学思考。从这个意义上说，工程哲学可以看作是与工程理论、工程实践以及工程师乃至其他工程共同体密切相关的哲学，它将人类的工程活动作为直接的研究对象，从哲学的高度探讨其本性、过程及后果，其灵魂是理论联系实际，促进自然—工程—社会的和谐相处。

2.2 工程理念

工程理念是一个源于客观世界而表现在主观意识中的哲学概念，它是人们在长期、丰富的工程实践的基础上，经过长期、深入的理性思考而形成的对工程的发展规律、发展方向和有关的思想信念、理想追求的集中概括和高度升华。工程活动的本质不是单纯地认识自然，而是要发挥人的主观能动性进行物质创造活动，工程活动不是自发的活动，而是人类有目的、有计划、有组织、有理想的造物活动，一般地说，工程理念就是人类关于应该怎样进行造物活动的理念。工程理念贯彻工程的始终，是工程活动的出发点和归宿，是工程活动的灵魂，工程理念必然会影响到工程战略、工程决策、工程规划、工程设计、工程建构、工程运行、工程管理、工程评价等。

工程理念不是僵化不变的，而是需要随着实践和时代的发展而不断发展。当代工程的规模越来越大，复杂程度越来越高，对社会、文化、经济、环境等方面的影响越来越大。为了切实搞好各种类型的工程活动，不仅需要有工程科学、工程技术和工程经济、工程管理等专业知识，而且还需要站在哲学的高度，全面地认识和把握工程的本质和发展规律，大力弘扬和落实新时代的工程理念，以人为本，要使人与自然、人与社会协调发展。一切工程都是为人而兴建的，越是重大工程，越需要通盘考虑，看看是否真正能够造福于人民，而且是不是能够持久地造福人民。人、自然与社会，三者应在工程活动中达到“和谐”状态，一切工程的决策、规划、设计、建造和运行、管理，都要以此为出发点。树立新的工程理念，处理好工程与社会发展的关系，在工程活动的全过程中处理好科技、效益、资源、环境、安全等方面的关系，不但要通过工程促进经济发展而且要努力促进我国和谐社会的建设。

2.3 工程哲学基本工程观

2.3.1 工程系统观

工程系统的特性包括整体性、动态性、复杂性、普遍性、目的性和多目的性、开放性、人本性、战略性。工程系统化是现代工程的本质特征之一，具有重大现实意义。第一，现代工程活动越来越明显地具有系统化及复杂系统特征，必须确立现代系统观，有效应对和解决好现代工程系统所面临的各种复杂问题。第二，各种专业工程之间及其与系统工程等横断学科之间的交叉、融合程度越来越高，综合集成创新功能日益发挥，应积极推进以系统观为基础的大工程观的形成和工程科学的创新发展。第三，现代工程活动对工程技术人员的观察视野、知识范围、实践能力等不断提出新的更高要求，其中包括了系统思想、系统理论、系统方法论、系统方法与技术等内容。现代工程技术人员应掌握系统思维与系统分析方法。

2.3.2 工程价值观

工程存在物的功能、属性和效用对于人类的意义，应用什么标准进行评价和怎样进行评价，是工程价值观的研究内容。工程价值观的内容具有多类型的特点，对于一项具体的工程，存在着科学价值、技术价值、经济价值、社会价值、文化价值、政治价值、生态价值等等多个方面的价值标准。这些价值标准可能是冲突的。也可能是协调的，也可能是其中若干个标准是协调的，另外的一些标准是冲突的。工程价值观要研究关于工程的一般的价值理论，也要研究具体的工程中各种不同的价值准则的协调问题。

2.3.3 工程生态观

工程活动作为人与自然相互作用的中介，对自然、环境、生态都产生了直接的影响。当下生态问题已经日益突出，严重影响了人类的生存质量和可持续发展。在今天我们必须树立科学的工程生态观，把工程现象不能理解为外在于生态系统之外的社会现象，而应该把工程理解为生态循环系统之中的生态社会现象。要做到工程的社会经济功能、科技功能与自然、生态功能相互协调和相互促进。这就是说，工程的创新与建设，必须符合生态循环的规律。

2.3.4 工程伦理观

伦理学集中研究人的行为和价值的道德领域。工程活动内在的与伦理相关，或者说，伦理诉求是工程活动的一个内在规定。伦理问题的考量和伦理关系的冲突在整个工程过程中都会出现。工程活动中每一个决策，必然涉及伦理的思考和利益的权衡。同时，在工程活动中存在许多不同的利益主体和不同的利益集团，如何公正合理地分配工程活动带来的利益、风险和代价，这也是当代工程伦理所直接面对和必须解决的重要问题之一。

3 智能化招标赋能工程建设

智能化是指事物在互联网、大数据分析、云计算、区块链、物联网和人工智能等技术的支持下，所具有的能动地满足人的各种需求的属性。具体到实际，智能化就是通过信息化、电子化及数据化的大力发展，把繁琐的工作通过数字化处理，或基于数据化直接调用或指导到工作中，将人需要付诸的精力和所需的理解减至最低，具有“拟人智能”的特性或功能。

2013 年，我国颁布了《电子招标投标办法》，这标志着电子招标时代的到来。这为智能化招标的发展创造了条件。短短六年间，招标行业取得了长足发展，这为智能化招标的发展创造了条件。然而，相对于其它行业与互联网、大数据、人工智能等的融合程度来看，招标行业还存在不足。一是招标的电子化程度不足，主要表现为电子交易平台开发还不够完备；二是由于存在“信息孤岛”现象，多个系统独立运行、各系统之间发展不协调、信息共享还没有实现互联互通；三是招标智能化转型所依赖的规范化、标准化及模块化程度尚且不足；四是多数电子交易平台与外部公众平台间的互联互通还未能实现；五是现有招投标数据库的应用不足，没有发挥大数据分析所带来的便利。

在工程哲学基本工程观的思想引领下，电子招标向智能化招标的推进，不仅可以弥补现有招标管理工作存在的不足，极大的提高招标工作效率，同时也会对工程建设产生一系列深远的影响。

3.1 智能化招标对工程建设信息的系统性整合

智能化招标应当从工程建设的全局出发，在公共服务平台的基础上，推进企业内部系统间、专业系统间互联互通，打破无法被系统群所兼容的独立系统，逐步接入跨行业、相关联的外部系统，充分了解工程建设中各参与方利益诉求、各专业工程之间的内在关系、培养招标工作人员提升系统性思维、多维度评标决策、尽可能避免工程建设中出现的各种复杂问题。对于外部相关新信息，可以通过对互联网上与工程建设活动中相关数据的收集、分析和处理，实现完备的工程建设信息数据的系统性整合。首先，将工程建设活动中所涉及到相关资料进行数据化处理，并提取出其中关键字，借助网络数据挖掘和聚类智能算法等技术，对所涉及的各领域内的政策、规范、法律、技术的数据动态收集，并对收集到的数据进行筛选、分类、保存，使数据和信息的准确性、及时性得到保证；其次，应用理论算法对收集到的数据进行逻辑性分析，明确其内在相互作用关系；最后，在招标工作中针对具体工程建设项目调用适用的数据，为招标决策提供强有力的支撑。

3.2 智能化招标提升工程建设的价值

一项具体的工程建设项目，往往是同时具备科学价值、技术价值、经济价值、社会价值、文化价值、政治价值、生态价值等多重属性的价值，以往的招标活动中很难将实际的工程建设项目价值需求完全转化为招标需求，以至于严重影响了招标目的的实现。在智能化招标中可以借助互联网、大数据、人工智能等技术的支持，在招标策划中将工程建设项目和招标活动紧密联系在一起，通过信息的互联互通，数据的共享共用以及强大的分析计算能力，综合考虑工程建设项目的各种属性的价值，分析不同属性价值的协调与冲突关系，最大化的将工程建设项目的价值需求转化为招标需求。同时，可以借助建筑信息化模型(BIM)技术，将工程建设项目在全生命周期中各个不同阶段的工程信息、建造过程和资源需求等内容集成起来，生成三维可视化的 BIM 工程模型。在 BIM 模型的基础上，调用大数据分析可以实现施工工艺的匹配、对比、优选；快速精确自动算量，编制准确的工程量清单，与行业价格库连接，得出合理的建造成本；对工程建设项目的建设工期做出合理预估等功能。

3.3 智能化招标促进人—工程—自然和谐相处

当下生态问题已经日益突出，严重影响到了人类的生存质量和可持续发展。我们应该从征服自然求发展的观念中走出来，把工程建设项目纳入到生态循环的系统中来一体考虑，建立起“人—工程—自然”和谐共处的关系。

在智能化招标中，根据工程建设项目具体生态环境保护要求，利用互联网信息，结合相关法规、政策、完善工程建设项目招标中生态环境保护评价标准和实行标准；对投标文件中涉及的主要施工方法、技术措施、施工工艺、文明施工措施是否符合环保要求严加审查；根据结构设计、工程建设项目供能方式和建筑材料分析工程建设项目进入运营维护期后的能源消耗和碳排放量估算。逐步完善智能招标环节的生态环境保护评价体系，最终实现设计、招标、施工等环节共同努力，打造生态环境友好型工程建设项目。

3.4 智能化招标助力工程建设抑制恶性工程伦理问题

工程建设活动中存在诸多恶性工程伦理问题，比如招投标阶段的投标造假、围标、串标，项目施工阶段的质量问题，工作场所安全隐患问题、工程建设项目的利益和风险分担不均等问题。智能化招标中信息的共享与共用，辅以大数据分析将有助于抑制此类问题的发生。

针对招标阶段的投标造假、围标、串标问题，可以从信息监督和技术升级两个方面入手进行控制。从信息监督方面，目前国家已经开放了"全国建筑市场监管公共服务平台"、"企业信用信息公示系统"及"全国增值税查询平台"等平台系统供公众使用，各单位的资质情况、诚信信用情况以及往期业绩情况等，都可以通过信息的共享共用得到客观证实；此外，针对围标、串标等行为，可以通过大数据分析、投标文件相似度对比等多种手段进行智能辅助甄别。从技术升级方面，可以引入区块链技术，利用区块链分布式架构、不可篡改的特性，可以解决线上招投标信任问题，实现招投标数据真实可信，评标流程与结果公开透明，既提升业务效率，又提高招标采购公信力。针对施工阶段质量问题、施工安全隐患问题和可能出现的风险，可以通过对各项资源信息进行智能化分析。将工程的材料、人员、方案和设备进行整合，利用大数据分析对各项工程项目风险进行预测，得到可能出现的问题和风险，及时查找原因，提前做出预警。另外，关于项目的风险的应对，可以通过同类风险控制的成功案例进行分析，对其应对方法进行归纳，合理分配风险责任，提供有效降低风险的办法，使工程顺利实施。帮助工作人员及时发现工作中的问题，避免了在重要环节中出现纰漏，影响工程进度。这些问题的解决，将在很大程度上抑制恶性工程伦理问题的发生，从而保证招标工作的高效开展和工程建设项目的顺利实施。

4 总结

综上所述，智能化技术在工程招投标管理中的应用可以消除传统管理模式中的弊端，对确保招标管理工作的顺利开展具有重要的现实意义，同时智能化招标对新时代工程建设项目也发挥着积极的作用。于此同时，我们也要看到，目前智能化技术只是初级的应用阶段，"拟人智能"还不是真正人的智能，我们不能盲目的智能化，为了智能化而智能化。我们应该立足当下，着眼未来，从工程哲学的角度思考智能化招标的实际意义，理论联系实践，逐步试点推广，探索智能化招标前进的道路，让智能化招标更精准高效的服务于工程建设项目。

参 考 文 献

[1] 殷瑞钰，汪应洛，李伯聪，等．工程哲学[M]．北京：高等教育出版社，2018.

[2] 汪应洛，王宏波．工程科学与工程哲学[J]．自然辩证法研究，2005(09)：59-63.

[3] 丁楠．智能化招投标工作平台的设计与开发[D]．大庆：东北石油大学，2017.

[4] 瞿万超．招标评标管理工作中智能化技术的应用[J]．天津科技，2021，48(07)：100-101+104.

[5] 王海涛．智能化信息系统在建设工程招投标管理中的应用研究[J]．信息记录材料，2019，20(11)：202-203.

[6] 孙建文．大数据 智能化 区块链——浅谈招标采购的必经之路[J]．招标采购管理，2019(08)：26-27.

[7] 季自力，王文华．对招标代理行业智能化转型的思考[J]．招标与投标，2019，7(02)：46-48.

[8] 赵宇城．招标数字化转型探索与实践[J]．招标采购管理，2021(6)：30.

LNG 接收站数字化转型建设及应用

薛宇翔　傅诚铁　米朝清　沈柏任

（广东珠海金湾液化天然气有限公司）

摘　要　近些年，应用有效清理的能源已变成基本上的共识，在其中 LNG 液化天然气被称作“最清洁的能源”，是全世界能源交易中上升较快的能源之一。殊不知，伴随着经济社会的发展趋势，能源供货问题也成为了危害中国经济的至关重要的问题。为了更好地处理这一问题，怎样根据智能化方式更精确、更有效地开展生产运营，变成一个难点。

文中利用数字化技术，创建一个互连、协作、智能生产的 LNG 接收站。将物联网技术、移动数据采集等引入系统平台，从而透彻地了解整个 LNG 接收站，提高 LNG 接收站的智能化水平。

关键词　数字化；智能化；LNG 接收站；应用；转型

在国家“十四五”规划纲要将“加快数字化发展，建设数字中国”单独成篇，在顶层设计中明确数字化转型的战略定位。在以数据为核心主体形成的价值创造体系里，企业的经营生产、管理与决策方式必将发生重大变化。而数字化转型是信息化战略的延续与迭代升级，构建整个 LNG 接收站数字化创新、智能化运行生态体系重要篇章。

在国家现阶段，LNG 接收站的数字化和智能化系统对 LNG 接收站的生产制造、存储、运送和安全工作起着主导作用。一方面，以数字化、智能化系统的方式对对 LNG 接收站的机器设备开展监管，减少安全意外事故的几率。另一方面还可以减少 LNG 接收站的劳动力投入，降低企业人力成本。因此 LNG 接收站的数字化和智能化将是 LNG 接收站将来发展的主要方向之一。

1　LNG 接收站简介

近年，中国天然气的进口量以及天然气开采总量不断提高，天然气已经成为中国重要的能源之一，而 LNG 接收站的生产运营以及发展是国家的能源安全、填补能源缺口提供了重要的支持，特别是在绿色生产以及环境保护、节能减排等发展目标的背景下，LNG 的节能减排以及 LNG 接收站的发展成为行业发展的热点问题。在我国能源紧缺日益严重的情况下，LNG 做为一种更清洁、更高效、更环保、有经济价值且储藏量丰富多彩的新能源。到 2050 年，天然气将占全世界能源耗费的 70%，变成全球最大的能源。此外，如今全世界 LNG 接收站的工程规模显著呈持续上升发展趋势，推进绿色能源发展，提升 LNG 工程建设能力，已经是清洁能源发展的必经途径。这不仅仅影响到在我国有关产业链的发展市场前景和方位，也与国内的能源安全性和能源发展发展战略息息相关。

在 LNG 储运全过程中，LNG 接收站是指储存 LNG 并接收，向外输送天然气的重要单位，它包括码头以及储罐区等，在 LNG 储运产业链有着十分广阔的应用前景。伴随着现代科技迅速发展的情况下，怎样对 LNG 接收站开展信息化管理和数字化早已变成 LNG 接收站将来发展的主要角度之一。

2　LNG 接收站数字化转型

根据中国信通院发布的《全球数字经济白皮书》，2020 年全球数字经济规模达 32.6 万亿美元，同比名义增长 3.0%，占 GDP 比重 43.7%。同年发布的《中国数字经济发展白皮书》显示，2020 年中国数字经济同比增长 9.6%，位居全球第一，全国内有一半以上的企业已经将数字化转型视为下一步发展重点。数字技术的快速迭代也给大家的生产制造生活习惯产生了天翻地覆的转变，数字信息技术性的方便快捷也让大家愈来愈依靠数，在企业的生产运营中也是如此。互联网大数据、物联网技术、区块链技术、人工智能技术等一系列信息新技术应用，已经深入地影响着现代社会的思维方式，也赋能企业的人员、设备、组织，从而使得数字化技术成为企业的核心元素。因此数字技术在企业生产经营中应用的广泛前景也在吸引着越来越多的企业去尝试数字化转型。

而如今在LNG接收站数字化转型上，目前主要存在以下三点问题：

(1) LNG接收站数字化管理方法建设缺乏技术专业的管理人才。数字化LNG接收站的建设更取决于优秀的信息科技和专业性的管理人才，但是现阶段在我国LNG接收站的数字化建设仍以技术性建设为主导，缺乏管理人才，对总体数字化建设不足高度重视，建设中存有陈规状况。

(2) 缺乏合理的数字化建设管理系统。为了更好地提升LNG接收站数字化管理方法的高效率，必须创建一个统一集中化的数字化管理系统。但是现阶段LNG接收站的数字化建设以技术性升级为主导，服务平台诸多且繁杂，对管理系统的建设缺乏统一且有必要的科学研究。

(3) 数字化建设缺乏机器设备支撑点，企业信息平台建设迟缓。数字化建设较大的优点是可以对LNG接收站内各系统的运转情况数据信息开展监测和管控，从而完成LNG接收站的整体化管理方法和配制。但数字化管理是在建设数字化管理平台基础上所开展的一项管理活动，现阶段，在我国LNG接收站数字化服务平台的建设还相对比较迟缓，缺乏必需的服务支持。

3　LNG接收站数字化危险管理

LNG接收站作为LNG存储以及调配的重要单位之一，如果缺乏统一、强大的管控和监管，很可能发生安全性事件和生产风险。而在LNG接收站生产中，潜在危险主要有以下几方面：

(1) 低温危险。如果LNG储罐区以及码头的温度过低，极有可能导致LNG接收站的部分设备出现由于温度过低无法正常运转的情况，进而导致天然气泄漏或引发其他安全事故。

(2) 火灾危险。在空气中，如果天然气有5%~15%的含量，遇到明火的时候，会出现燃爆的情况，因此针对具体情况，禁止氧化剂和点火源和可燃物的存在。

(3) BOG危险。由于外界温度以及能量的变化会使LNG出现蒸发的情况，进而形成蒸发气体，这一种气体就是BOG。而在LNG储存时，虽然储罐本身发生蒸发几率较低，但也有可能对LNG接收站的安全产生一定的不良影响，一旦出现大量蒸发气体，有可能引发火灾等严重情况。

(4) 触电危险。在原本LNG接收站建设中，LNG接收站的工作人员的人身安全也受到LNG接收站内部工作温度较低且容易出现触电等情况的危险。

在这样的生产环境下，加强LNG接收站的数字化管理建设可以有效的提高LNG接收站的安全系数，主要体现在以下几点：

(1) 能够降低人工在LNG接收站运行中的比重，进而降低工作人员出现人身危险的概率，另一方面，人力成本的降低也有利于公司的经济效益。

(2) LNG接收站数字化管理建设可完成24个小时持续监管，可以对LNG接收站进行风险预判和及时提醒。

(3) 对于储罐区以及码头区而言，通过智能监控能够提高对BOG的预警以及低温预警，进而降低安全事故发生的概率。

(4) 通过数字孪生等技术，对LNG接收站各大设备进行线上模拟，及时准备的对设备进行保养和预维修，减少因设备原因产生的风险。

4　LNG接收站数字化架构

对于LNG接收站而言，数字化管理是重要的管理形式之一，其建设应当从信息化建设出发，以LNG接收站的建设工程以及工艺流程为建设基础对LNG接收站进行分解，并按照数字化管理建设的系统框架进行分析以及构建。LNG接收站的生产运营一体化平台，开展运营期相关信息化、数字化、智能化建设，同时对工程的设计、建造过程进行技术和管理手段的管控，保障工程建设和移交的可靠性和完整性，实现对接收站的数字化运营管理。结合LNG接收站具体工作流程分析研究如下：

(1) 在设备层，工作人员应深入了解LNG接收站的主要加工工艺和工作内容，包含港口和储罐区的工作内容。在后面数字化管理基本建设中，应确立LNG接收站机器设备运作和安全性保护的常见问题。

(2) 在数据层，工作人员要从2个方面开展剖析：空间数据和业务流程数据。空间数据是对

LNG 终端区和储罐区的空间维度、自然环境和三维模型的剖析，工作人员应当结合具体的分析数据构建不同的数据库。而业务数据库则更加实时性和目的性，主要应用于机械设备的数据分析，工作人员在构建时应当从机械设备实时数据、设备管理数据以及生产运营数据等角度构建相应的数据库。

（3）服务平台层指的是公司数据可视化服务平台、数据共享平台和数据接口平台，服务平台是数字化管理运用的主要前提条件。

因此对于 LNG 接收站数字化建设架构主要体现在以下几个方面：

4.1 数字化系统平台

数字化接收站系统平台，通过 SP3D、SPP&ID 等设计软件工具，以 LNG 储罐、管道、设备为对象，基于可视化的工作流，组织工艺、管道、仪表等专业开展数字化协同设计，在设计过程通过规则驱动，对位号、图纸、模型、属性等工程数据进行智能创建，包括工程信息之间的关联关系，在图纸和模型间进行热点和导航，同时使用集成设计平台，将各专业的设计过程数据进行初步整合形成成果文件应包括智能 P&ID 和三维设计模型。

最后针对三维模型、工艺流程图、仪表索引表等集成化数据，通过 SP3D、SPP&ID 等设计工具直接发布到平台，而对于平面图、布置图、数据表等结构化与非结构化数据，通过平台数据加载的方式上载到平台，并建立数据关联，完成数据集成化。它能够帮助 LNG 接收站打造更加精准、覆盖面更广的数字化管理。

4.2 安全生产应用

传统的 LNG 接收站在安全管理上，主要通过人员巡检和一些检查报警设备进行安全管理，存在发现隐患不及时，检查效率低，纸质文档存储查阅难度大等问题。因此根据应急管理部统一要求，搭建安全生产应用，建立完善的综合安全应急管理体系，利用智能设备和信息化技术，实现环境智能监控、人员不安全行为智能监控，识别风险并完成应急处置，实现厂区全生产流程的安全管控预警，提高整体安全管控能力。主要包括内容包括：安全生产预警、重大危险源管理、风险分级管控和隐患排查治理、作业行为预警、可燃气体泄漏监测，智能巡检，人员定位等。

而 LNG 接收站数字化建设，可以将所有数据都已电子化形式传输到平台，这样既便于 LNG 接收站对相关数据进行储存以及分析，能有效提高 LNG 接收站对数据资料的利用度，人员只需要在平台上输入关键字就可以查询。且可以通过信息化、智能化手段，对巡检过程中人员到位情况、检查项目、人员轨迹等进行确认，并对巡检全过程进行有效辅助和管理，降低人员书面记录工作强度，实现巡检、巡查全过程数字化管理，提高安全生产管理水平。

4.3 数字孪生

基于数字化工厂基础平台和数字中台，建立 LNG 接收站工艺数字孪生系统。LNG 接收站数字孪生工艺逻辑模型，可以将现场数据与工艺模型参数进行映射，且在获取全 LNG 接收站工艺参数后，完成在线优化计算，并将优化参数反馈给操作人员。实现 LNG 接收站数字孪生的基础就是工程建设期的数据采集，它既是信息系统的重要组成部分，也是工程建设成果的重要体现。所采集数据的准确性和完整性将直接关系到接收站生产运营期数据分析与决策的效果，大大节约在生产运营期重复收集和查询建设期数据的成本。

数字孪生可实现 LNG 接收站在线实时开环优化，预留有相关智能应用的接口，未来可进一步扩展优化范围；在 LNG 接收站实施先进控制系统后，将先进控制系统集成至数字孪生系统中，通过先进控制软件来实现装置的自动优化运行，从而实现 LNG 接收站的在线实时闭环优化。LNG 接收站可及时完成三维可视化，提高一体化监管水准，不但可对 LNG 接收站机器设备开展监管，完成常见故障预测分析和及时维护，还可达到远程操作和维护，大幅度降低经营成本和安全系数。

5 数据采集

实现数字化 LNG 接收站其中一项重要环节就是数据采集，它既是信息系统的重要组成部分，也是工程建设成果的重要体现。取数范围包括 LNG 接收站主工艺流程：卸料区域、LNG 储存区域、BOG 处理区域、低压外输区域和高压外输区域等，以及公用工程：如燃料气系统、海水系统和氮气系统等。数据点类型主要包括现场仪表测量的温度、压力、流量、液位等。

LNG 接收站建设各方通过一个数据采集管

理系统上传、管理和共享数据，改变以往使用纸质单据与 Excel 表记录的方式，提高数据的完整性、准确性、及时性与便携性，助力施工数据采集工作高质量地完成。

系统再将所有数据模板进行数据库化，以达到数据结构化。利用线上平台采集数据，使采集到的数据一目了然，同时设置数据必填项以保证数据的完整性，数据上传到平台后，平台进行自动关联，对数据进行准确性与一致性校验，以此来控制数据的质量。

6　LNG 接收站数字化交付实现

数字化 LNG 接收站是数字化建设的重要节点，数字化移交主要是指将整个工程建设过程中产生的设计图纸、系统平台、设计模型、硬件设备、文档、工程工艺属性、工程采购数据、建造施工数据、质量检验数据等，通过格式转换及轻量化等方式转化为数字 LNG 接收站所需的集智能化、信息化、结构化于一体的三维模型。在此三维模型的基础上，LNG 接收站集成生产运营管理、应急管理、可视化培训、检维修与巡检、风险评价、效能评价、知识库等功能，辅助业主生产运营。

三维可视化系统及数字孪生的实施，为 LNG 接收站工作人员提供了最直接的展现，不但达到了查找、筛选等多种功能，还可以加强各个部门间的沟通协作。不断加强工作主动性和高效率，为管路维护、设备、应急抢险等带来模拟和规划依据，确保了生产和维护工作中的安排，节约了检修维护时间。根据可预测性故障检测和维护，可以立即把握 LNG 接收站的健康状况和性能参数，进而极大的延长设备的生命期。

7　结论

总的来说，LNG 接收站的数字化管理方法是 LNG 行业发展的必然趋势。根据字化系统软件服务平台，LNG 接收站可以在 LNG 生产制造经营、安全性储运、精准操纵、降低成本、增加效率等领域充分发挥很大的功效。

同时，随着信息技术的不断完善和提升，针对更多数据进行收集和分析，可以在以下几点进行优化：(1) HSE 的监控优化；(2) 降低设备及管线的维护难度；(3) 模拟生产，有效节约资源；(4) 减少人员工作量，降低劳动强度。

参　考　文　献

[1] 李静．风险管理在 LNG 接收站项目建设中的应用研究[J]．中国化工贸易，2019，11(24)：42.

[2] 肖昊，杨艳，丁宁，等．LNG 工厂自动化控制系统分析及 应用[J]．辽宁化工，2019，48(03)：233-235，239.

[3] 刘飞．数字化管理在工程中的应用[J]．建筑科技，2020 (2)：85-88.

[4] 伍星，周剑斌，李怡，等．基于数字化的干部人才管理平台建设研究及应用[J]．中国新通信，2020，22(20)：102-103.

[5] 孟波，安超，鲜俊，等．输油气管道完整性管理数据采集研究 [J]．全面腐蚀控制，2019，33(10)：53-56+104.

[6] 周晓飞，张杰，杨国辉．利用信息化手段提高长输管道施工阶段数据采集质量管理 [J]．科技风，2020(4)：98.

[7] 徐晓晔．三维数字化移交技术在化工工程设计中的应用探究 [J]．工程建设与设计，2020 (24)：240-241.

大数据在工程项目管理中的应用浅析

刘　洋　王　瑜

（中国寰球工程有限公司）

摘　要　工程项目管理中产生的大量数据，没有被深入挖掘、整理和分析，数据价值没有得到充分体现。在大数据时代背景下，大数据的理念、思维、技术为工程项目管理带来了新机会，有助于提升项目管理水平和价值创造能力。本文主要从工程项目数据管理面临的困境出发，探讨了大数据应用的核心理念和应用思路，描绘了工程项目管理中的部分应用场景，从项目和企业层面就如何推动大数据发展作出分析，希望有助于相互交流，起到一定积极作用。

关键词　大数据；大数据技术；大数据应用；工程项目管理

伴随着经济快速发展，工程项目往往具有投资额大、建设周期长、风险大、参与方多的特点，且不确定因素很多，常常处于快速变化之中，使得工程项目管理中数据产量变得无比庞大，但又没有被项目管理人员有效利用，其数据价值的重要性往往被忽略。随着大数据时代的来临，我们必须顺应时代潮流，转变思维方式，主动探寻工程项目管理中数据价值的实现路径，实现以数据驱动决策，带动项目管理水平迈上新台阶。

1　大数据

1.1　大数据的概念

“大数据”定义难以准确界定。国际研究机构 Gartner 对大数据的描述是：体量大、快速和多样化的信息资产，需要高效率和创新型的信息技术加以处理，以提高发现洞察、做出决策和优化流程的能力。对于大数据的特征，通常用“4V”进行概括，即：Volume（数据量巨大）、Variety（数据类型多样）、Velocity（传输和分析速度快）、Value（价值密度低）。如今，大数据的时代已然来临，代表着一种全新思维方式，通过对海量数据信息进行加工处理，分析发现事物背后的发展机理和趋势，用数据“说话”，预测未来可能发生的事件，进而指导人们进行判断和决策。

1.2　大数据技术

谈及大数据，往往并非指数据本身，而是数据和大数据技术二者的综合。大数据技术，是指伴随着大数据采集、存储、分析和应用的相关技术，对大量结构化、半结构化和非结构化数据进行处理，从而获得分析和预测结果。大数据技术是许多技术的集合体，既有数据仓库、数据挖掘等发展多年的技术，也有流计算、图计算等近年来新发展起来的技术。大数据技术的运用，让数据统一性和信息利用率达到了更高领域。

1.3　大数据与云计算、物联网

大数据、云计算、物联网相伴相生，代表了 IT 领域最新的技术发展趋势。概括地讲，大数据植根于云计算，大数据分析的很多技术都来自于云计算；云计算提供了海量数据的存储、管理和分析能力，为大数据应用提供了支撑；物联网的传感器源源不断地产生数据，构成了大数据的重要数据来源。可以说，三者彼此渗透、相融相嵌，未来还会继续相辅相成、相互促进，共同服务社会生产和生活的各个领域。

2　工程项目管理面临的困境

工程项目管理是工程建设企业的核心工作。相较于大数据时代下的项目管理，在所谓的传统项目管理中，项目经理综合运用系统工程的观点、理论和方法，通过制定进度、费用等基准计划开展项目管理工作，偏离越小，表示管理越有效。这种方法严重依赖项目经理的个体经验和管理水平，要求基准计划必须具体详细、切实可行，进而以此为依据严格控制项目管理工作。随着时代的迅猛发展，工程项目管理所处的内外部环境也随之发生了巨大变化，更加具有动态性和不确定性。

(1) 工程项目趋于规模化、复杂化，项目管理过程中产生了海量数据，涉及全生命周期全部数据信息，来源广泛、分布离散、冗余重复、格式多样，且包含大量的非结构化数据，传统手段和方式严重受到收集样本代表性制约，无法全面有效处理。

(2) 项目环境处于快速变化之中，政治、经济、社会、业主等因素影响交织叠加，受环境影响很大，项目执行过程中涉及大量的变更管理，新的数据源源不断地产生，同时也在发生动态变化，以往的项目管理模式难以进行实时高效管理。

(3) 项目全生命周期在实际工作中被人为地割裂为不同阶段，项目数据变得更加分散和不连续，如果仅仅就当期阶段的项目进行管理，遇到问题就不能总览全局，难免以偏概全，只能头痛医头、脚痛医脚，影响项目管理的质量效率。

(4) 信息化系统在项目管理中已经大量应用，但长期存在系统相互独立、数据碎片化存储等“信息孤岛”“数据烟囱”现象，没有实现不同应用系统、参与人员之间的信息集成与数据共享，不同项目的共性需求难以发现，共性规律难以积累。

鉴于工程项目的系统性、动态性和复杂性，大数据技术的应用与推广，为工程项目管理提供了新的实现路径。采用大数据技术，可以自动、连续、实时地获取项目管理过程中产生的大量数据，动态分析评估项目状态，有效提升管理水平和工作效率。

3　大数据在工程项目管理中的应用分析

3.1　核心理念

在大数据环境下，实现“数据驱动决策”是整个价值链的核心。项目管理的目标，简而言之，就是实现项目所能交付成果或服务的预期目标。通过构建大数据分析系统，对数据趋势进行学习和分析，对数据规律进行掌握，为项目经理等决策者提供预警或决策支持，进而驱动项目管理的各项活动，促进实现项目的高质量、低成本、短交付期等核心目标，提高项目执行效率和收益水平。

3.2　应用思路

在复杂工程项目管理中，大数据技术的应用可分为三个层次，呈正金字塔型，即：最底层代表工程项目中产生与利用的各种数据源和全部数据。从时间维度上看，包括需求分析、初步设计、详细设计、招标采购、施工建造、运营维护等方面数据；从领域维度上看，包括需求管理、进度管理、成本管理、质量管理、风险管理、人力资源管理等方面数据。中间层代表对采集的数据信息进行处理，统一原始数据结构，对其中的有效信息进行筛选与提取。在数据采集环节，将大量的半结构化、非结构化的项目数据进行整合提炼，转化为可用于分析的结构化数据；在数据存储环节，通过多点备份、异地备份等措施以保证可靠性。最顶层代表对数据的分析、预测和优化，为企业和客户创造价值。大数据分析的对象是全体数据，通过高效的算法、科学的模型，找到项目管理各数据之间的关联，分析发现可能影响项目的关键因素，及时找到问题原因，快速准确匹配正确的解决方案，并预测可能出现的结果，同时通过对大数据分析结果和应用案例的收集，形成大量的知识积累，为后续项目执行提供更好的支持服务。

3.3　部分应用场景

项目风险管理。构建以大数据为基础的工程项目风险管理体系，将风险识别与分析方法进行优化编程，与工程项目数据库连接，形成大数据分析系统，通过分析相关数据，得出可行性与风险评估，预测项目各阶段风险发生的可能性，以及风险发生的后果严重性，并提出风险规避措施和项目优化方案。

工期进度管理。工期进度是工程项目管理中最难控制的问题，造成工期延误的原因多种多样，同时也客观存在被忽略的因素或者不被了解的因果关系。通过对工程项目管理数据进行挖掘，可采用基于大数据的算法建立单层布尔关联关系，对工期延误原因进行挖掘模拟，根据数据分析结果作出决策。

招标采购管理。借助大数据技术，对招投标交易数据进行深入分析，挖掘交易市场内可能潜在的社团关系，通过电子招投标平台，全程跟踪项目招投标状况，对围标串标等行为进行早期预警和干预；通过对供货商交货速度、产品质量、生产负荷的分析，选择合适供货商，避免因采购问题造成项目延期。

工程报价管理。结合工期以及企业人员投入、平均工作效率数据，可简单地计算设计费用；结合供货商的交货期和价格等数据，可分析出设备采购和运输的费用及周期；结合施工单位投入、经验等数据，可分析出基本的施工费用。综合三类费用，就可作为项目 EPC 报价基础，进而指导优化项目报价。

施工成本管理。根据模型参数，通过工程造价大数据分析，可判断各类人工、材料、机械等资源需求量，以及主要资源的价格走势，也可找到降低工效的关键控制点；工程变更时，可对变更方案进行对比，选择最优方案；资金管理中，可实时分析资金收支情况，预测短期或中长期资金需求，确保资金周转运作。

4 思考

目前，大数据研究主要集中在计算机科学、商业、管理等方面，在复杂工程项目中，大数据应用研究相对滞后，实际工作中很难做到对数据的有效采集、提取和处理，如何应用这些数据进行预测和优化也在逐步摸索，大量数据没有发挥应有价值，还需不断探索和实践，寻求行之有效的方法和路径。

就工程项目而言，工程管理人员应该主动拥抱大数据时代，改变传统思维，更新工作理念，深刻把握大数据的内涵，更加注重数据之间的相关性，学会如何让数据发出“声音”；同时，也要紧跟时代步伐，积极关注大数据技术的最新进展和应用案例，通过借助先进的数据收集、挖掘、分析等技术，提升数据管理能力，用数据推动决策，指导优化项目管理工作。项目经理作为工程项目的高级领导人员，必须发挥好示范作用，高度重视大数据中蕴藏的巨大价值，改变以往过分依赖个人经验和能力的工作方式，带头以数据驱动决策，总结推广大数据应用的项目管理成功案例，推动大数据相关投入，助力大数据发展，不断提高工程建设质量与效率。

就工程建设企业而言，应做好顶层设计，制定与企业发展相适应的数字智能战略，并作为“一把手”工程，加快推进实施步伐，着力营造与大数据管理创新相契合的企业文化，动员全员广泛参与，自上而下、上下结合，抢占未来发展先机；组织结构上应做相应的优化调整，赋予信息等相关部门以大数据管理职能，为工程项目管理创新及其它业务提供专业化支持，同时组建大数据专项工作小组，以数据管理为核心、流程管理为基础、信息管理为平台，重组各业务流程，实现不同组织、不同层次数据之间的共建共享。此外，还需下大力气抓好人才培养，做好大数据专业化人才积累，加强对工程技术和管理人员的培训，培养一批既熟悉大数据技术又掌握项目管理知识的高素质复合型人才。

5 小结

当前，大数据时代正处于不断上升发展的阶段，作为数据海量的工程建设行业，更应跟上时代发展的脚步，在大数据辅助工程项目管理的正确方向上走得更实更远。工程项目管理人员应对大数据张开怀抱，抓住契机，做足功课，推动大数据与工程项目管理深度融合，不断创新应用思路，持续丰富应用场景，深度挖掘数据价值，为大数据服务工程建设添砖加瓦、铺路架桥。

参 考 文 献

[1] Badu K S, Rao D N, Balakrisshna D A, et al. Development of manufacturing database system for step-NC data from express entities[J]. International Journal of Engineering Science and Technology, 2010, 2(11): 6819-6828.

[2] La Valle S, Lesser E, Shockley R, et al. Big data, analytics and the path from insights to value[J]. MIT Sloan Management Review, 2011, 52(2): 21-32.

[3] 林子雨 . 大数据技术原理与应用：概念、存储、处理、分析与应用[M]. 2 版 . 北京：人民邮电出版社，2017：26.

[4] Raymond E L. Towards project management 2.0[J]. Engineering Project Organization Journal, 2011, 1(3): 197-210.

[5] Barton D, Court D. Spotlight on big data-making advanced analytics work for you[J]. Harvard Business Review, 2012, 90: 79-83.

[6] 杨青，武高宁，王丽珍．大数据：数据驱动下的工程项目管理新视角[J]．系统工程理论与实践，2017，37(3)：712.

[7] 马一菲，李宏剑．大数据背景下的工程项目风险管理[N]．科学导报，2017-6-13(C02).

[8] 曾晖．大数据挖掘在工程项目管理中的应用[J]．科技进步与对策，2014，31(11)：48.

[9] 刘全超．大数据辅助建筑工程项目管理[J]．中国建设信息化，2016，(4)：73.

[10] 董嘉炜．大数据环境下的项目管理方法改进之探索[J]．项目管理技术，2015，13(6)：105.

[11] 乔晓刚．基础 BIM 的工程造价大数据下的施工项目成本控制[J]．山西建筑，2017，43(8)：218 219.

浅谈国家管网油气基础设施“数据资产供应商”建设构想

叶可仲[1]　雷立辉[2]　叶祈名[3]　刘　欢[2]　李　庆[2]

（1. 国家石油天然气管网集团有限公司工程部；2. 中油龙慧北京信息科技分公司；3. 北京银行科技部）

摘　要　本文就国家管网集团油气基础设施“数据资产供应商”的来源出处做了回顾，并通过研究相关资料对其战略意义和基本做法做了初步的讨论，认为数据资产供应商商业模式有助于“全国一张网”生态重构，并能促进油气储运数字化转型。同时，围绕数据资产管理到数据资产运营，从顶层设计开展商业模式和规则运营体系建设，并提出区块链技术做深入研究应用，才能促进“数据资产”的价值评估、应用和升值，从而促进国家管网油气基础设施“数据资产供应商”战略目标的实现。

关键词　国家管网；平台经济；数据资产；数字化转型；区块链；智慧管网

1　背景介绍

1.1　国家管网集团油气基础设施“数据资产供应商”概念的提出

在“2020全球能源转型高层论坛”上，国家管网石油天然气管网集团有限公司（以下简称“国家管网”）发表了关于“平台经济”的畅想，认为国家管网“不仅是油气基础设施运营商，还要发展成为能源综合解决方案经纪人、数据资产供应商，提供多种服务、实现商业变现，通过发展平台经济，衍生出更多的商业模式和新业态。”

国家管网提出的“平台经济”，是一种基于数字技术，由数据驱动、数字平台支撑、网络协同的经济活动单元所构成的新经济系统，是基于数字平台的各种经济关系的总称。国家管网的战略是“两大一新”即打造智慧互联大管网、构建公平开放大平台、培育创新成长新生态。管网作为油气产业链中间环节，是连接产销多方的天然“物理平台”。构建全国油气一张物联管网，同时以信息化建设为基础，构建一个数字平台，实现一体化融合应用，形成“X + 1 + X”的良好格局，建设一个多方参与、互惠共赢的繁荣能源新经济生态，让更多的“X”融入和唱戏，实现油气安稳供应目标，实现“四个革命、一个合作”能源安全新战略。

1.2　行业外关于“数据资产管理”的研究与发展

关于数据资产管理的研究在油气储运行业之外已经有了不少的研究和实践。德勤中国数据分析业务研究者朱磊（2016/11）对数据资产的独特属性包括可控制、可量化、可变现等特性，并对数据资产管理（DAM）的架构做了介绍，提出了数据资产化的影响和意义，说明了信息科技部门需要因为数据资产化而转型和重组，同时提出了孵化数据资产交易市场的建议。国家电网崔吉峰等提出了国家电网数据资产化管理体系框架，并设计了数据资产化管理的体系范围、业务规划及演进路线。关于数据资产和区块链的结合问题，上海理工大学吴梦凡等提出了基于区块链的数据资产管理模式，主要提出了区块链技术优势引入数据资产管理，能帮助数据确权，促进数据流转交易与共享，提高数据真实性，实现高效、稳定、安全可靠的数据资产化。而中国信通院在2019年6月提出的《数据资产管理实践白皮书4.0版》，主要对数据资产管理的概念、现状与发展、主要内容和实施要点给予了比较详尽的说明。

数据资产运营究竟有什么意义？怎么在国家管网层面设计更成熟的数据资产运营商业模式？就这些问题，本文在下面展开讨论。

2　国家管网成为油气基础设施数据资产供应商的意义

2.1　国家管网数据资产管理势在必行

数据作为生产要素之一参与分配，推动数据资源开发利用在国家十四五规划被明确提出，关于数据生产要素特别是大数据带来的经济效益在曹硕的论文已做了较多的示例。举例来讲，数据驱动决策在工业研发设计、工艺优化、设备维护、质量控制、节能减排等方面的有很多成功案例，但核心挑战还在于能否多方合作，能否综合运用。

在不确定的未来，企业的经营不再是高度依赖经验主义，而是需要利用海量、多维数据建立起更加全面的分析评估体系。数据驱动就是要充分发挥"数据"的价值，产生历史、现状和未来预测在当下的融和交汇从而指导决策。清华大学中国经济社会数据研究中心教授许宪春认为，数字化技术在企业生产经营中的作用主要体现在产品个性化、营销精准化、生产经营智能化、资源配置高效化等方面。关于数据、数据资产、数据资产交易、数据资产定价等概念及其特点，清华大学社会科学学院经济学研究所熊巧琴、汤珂等做了比较清晰的论证，所以，数据是一种产权可界定、可交易的商品。因而，数据资产管理就变得理所当然。

2.2　国家管网成为数据资产供应商，既是目的又是手段

国家管网成为数据资产供应商是就"数字平台"愿景展开的。国家管网的成立，就是要重构油气领域的生态圈，形成"X + 1 + X"的新格局。除了对物理油气管网的建设运营进行全面统一管理之外，还需要建设一体化油气管网数字孪生体。以数据资产的范畴来讲，油气管网数字孪生体是油气生产、储运、消费整个生态中的资产核心，是数据资产的综合有机构建，这是目的。怎么共享这些数据，发挥数据要素价值，就是数据资产供应的问题；怎么让连接到数字孪生体上的各方的数据资产共享共赢，则变成了一个平台上的数据资产交易服务，这又是让数据资产增值升值的手段。

2.3　成为数据资产供应商，可以有效促进油气储运行业的数字化转型

前面已经提到，油气管网是油气产业链中间环节，是连接产销多方的天然"物理平台"，国家管网作为中间的"1"，可以更多地汇集上下游企业在这个平台上对接、交易。所以国家管网通过"两大一新"战略，来搭建以输送平台为基础的交易平台、信息平台、融资平台、创新平台、共生平台，聚集起更多商业伙伴共同推动管网建设和参与油气供应，形成主体多元、开放充分、合作紧密的发展局面，促进上下游的数字化转型。

2.4　从数据资产管理到数据资产运营不能一蹴而就

关于数据资产管理，如文献《数据资产管理实践白皮书(4.0)》就给出了基本的做法，然而，关于数据资产中的数据标准、数据质量、数据互联互通、数据安全、数据价值等问题依然是实践中碰到的难题。历史数据、实时数据、跨系统和跨单位多维数据分析，既可以发挥数据价值的目的，又因为需要多方数据共享面临巨大困难。这既是数据资产"管理"的难题，更是数据资产运营的目标。

3　国家管网成为数据资产供应商的基本做法设想

在目前，结合行业特点和需求，怎么促进数据资产的界定、确权、共享和价值交易依然是需要进行持续研究的课题。作为一个数据资产供应商，怎么让更多的人在这个平台上"唱戏"？怎么多方参与、开放充分、合作紧密、互惠共赢？要解决这个需求，首先要设计一个恰当的商业模式，其次就是构建相应的平台和运营机制支撑并逐步优化。

本文呼吁的第一目标就在于研究设计国家管网数据资产商业模式，做好顶层设计，然后通过良好的"商业"和"市场机制"，为国家管网建设成为合格的"数据资产供应商"的目标而努力。

3.1　数据资产管理需要设计一个良好的商业模式和规则运营体系

构建数据驱动决策的数字平台是国家管网持续创新的必然选择。以"云大物智链+5G"为代表的数字化新技术支撑的数字化产品、数字化服务、数字化运营、数字化生态、智能化应用将推动传统产业持续创新转型，是全国一张网的必要条件，促进生态成长与利益分配的内在需求。

油气领域的生态圈中"X"包括省级管网、社会各类管道运营主体、上下游的各个生态参与方等等，而设计良好的数据资产商业回报机制会激发"X + 1 + X"中的"X"参与活跃性。数据采集，既有被"监控"的一面，又有数据共享带来的"回报"的一面，这是个群体博弈的过程，所以需要

设计公平的商业模式，让参与方“共赢”。具体的，模式如下：

(1) 设计良好的数据采集解决方案有利于数据源的丰富，以及大数据的形成；

(2) 设计良好的激励机制，有利于克服数据从采集(投资)到利用(收益)的时间滞后性，充分考虑数据采集阶段的各执行方的“贡献”，激励他们为数据资产创建贡献力量；

(3) 设计良好的数据资产确权机制、隐私计算保护机制有利于保护数据资产方的利益；

(4) 设计良好的数据质量评估机制有利于公正和公平，防止作假；

(5) 设计良好的数据应用开发机制和数据应用回报分成模式有利于数据资产的升值和增值；

总之，有了良好的市场运行规则才能促进数据资产市场的活跃和发展。

3.2 采用区块链技术构建数据资产管理子系统是技术选择

国家管网要构建一个数据驱动，数字平台支撑、网络协同的经济活动单元组成的新经济系统，就要发挥区块链其以共享经济与价值链接为主要特征的“分布式商业”模式，催生大量的跨机构新型创新合作场景，构建起以区块链技术为虚拟中心的新产业生态系统，未来将对经济社会治理、产业变革与创新产生颠覆式影响。

(1) 发挥区块链基于共识机制和智能合约的机制，在国家管网智慧大平台体系内实现信任链条的重构和自约束；

(2) 使用区块链技术构建数字化资产权属机制和可追溯机制，可以实现业务协同和价值传递，从而服务好数字产业化和产业数字化。

(3) 结合区块链管理数据资产的特点，设计好业务模式需求、组织运行需求、数字基础设施需求，是构建区块链数据资产管理子系统的基础。

3.3 数据资产供应商目标落地的基本步骤

关于数据资产供应商目标落地的基本步骤：

第一，顶层设计。政策层面，大概过程就是在国家管网的视角，发布国家管网数据资产管理和运营政策的白皮书，促进统一大平台的建设，促进国家管网战略目标的实现。包括并不限于如数据资产生态圈建设机制、数据生产和应用、数据资产确权、交易、分成等机制的内容。

第二，试点先行。在工具和实验层面，寻求单场景和价值点，以区块链技术为底层构件《国家管网数据资产管理系统》概念验证系统来做基础小规模迭代：基础特征应该有国家管网区块链数字身份认证体系、数据资产登记系统、数据资产采集和归档体系、数据资产应用实验系统实现、数据资产交易的实验系统实现等。

第三，有序推进。在多场景试点验证可行和构建了有经验的数据资产运营团队之后，就有了深化的需求和设计，推进到了大规模推广阶段了。

3.4 “数据资产供应商”的落地目标是建立油气储运数据资产银行

通过未来的研究，研究清楚国家管网作为数据资产供应商的基本运营思路、商业模式、平台支撑的体系，以及通过场景试点试验验证概念，就为构建数据资产管理运营子系统打下深厚的基础。

按照国家管网现有的组织架构分析，游戏要成立一个类似于管网数据资产银行的部门，将数据资产作为价值载体，发挥工业互联网的高级阶段的特点和优势，发挥价值互联网的特点和优势，开发数据资产新业务，通过数据资产银行，繁荣数据生产、应用，从而促进国家管网智慧大平台的运营与繁荣。

4 小结及未来研究课题

本文就国家管网“数据资产供应商”的理念做了回顾，并参考相关资料对其战略意义和基本做法做了一简单论证，指出数据资产供应商有助于“全国一张网”生态重构，并能促进油气储运数字化转型。当然，从数据资产管理到数据资产运营即是有难度的，需要顶层设计的商业模式和规则运营体系，也需要对区块链技术做深入研究应用，才能促进“数据资产”的价值评估、应用和升值，以及解决数据资产独特性的相关问题。

总之，数据的未来不仅是数据驱动的决策，不仅是数字产业化的体现，也是产业数字化的手段，数据不仅是资产，而且还可以升值。通过数据资产的管理和运营，能够进一步构建平台的信任体系、价值体系、构建更多商业伙伴共同推动管网建设和参与油气供应，形成主体多元、开放充分、合作紧密的发展局面。

参 考 文 献

[1] 崔吉峰，杨栋枢，王维佳，等．数据资产化管理研究及体系架构设计[J]．微型电脑应用，2016，32(01)：40-43.

[2] 吴梦凡，叶春明．基于区块链的数据资产管理模式研究[J]．电子商务，2020(03)：11-13.

[3] 曹硕，廖倡，朱扬勇．数据要素的证券属性设计研究[J]．上海金融，2021(04)：71-79.

[4] 许宪春．数字经济、数字化技术和数据资产在经济社会发展中的作用[J]．经济研究参考，2020(24)：96-99.

[5] 熊巧琴，汤珂．数据要素的界权、交易和定价研究进展[J]．经济学动态，2021(02)：143-158.

数字孪生工厂的工艺流程三维模拟技术

李其锐

（中石化石油工程设计有限公司）

摘　要　随着数字化时代的到来，以虚拟现实技术为代表的数字化技术将会对石油石化行业产生重要的影响，运营单位对安全的要求也越来越高，同时油气田地面工程大部分设备必须连续作业，通常处于易燃易爆、高温高压的环境，如果想要进行人员上岗的培训、应急演练、紧急事故处理、正常调工况、开车等往往不能够直接实现，或者需要花费大量的代价或者冒很大的风险，所以本文设计阶段产生的三维模型为基础，融合虚拟现实技术与工艺流程仿真模拟技术相结合，研究了工艺流程的三维模拟技术。

关键词　虚拟现实展示技术；数字化集成系统；工艺流程三维模拟

随着数字化时代的到来，以虚拟现实技术为代表的数字化技术将会对石油石化行业产生重要的影响，业主对安全的要求也越来越高，油气田地面工程大部分设备必须连续作业，通常处于易燃易爆、高温高压的环境，如果想要进行人员上岗的培训、应急演练、紧急事故处理、正常调工况、开车等往往不能够直接实现，或者需要花费大量的代价或者冒很大的风险。而仿真技术是以计算机和各种设备为工具，在相似原理、信息技术、系统技术及其应用领域有关技术的基础上，建立并利用模型对相关系统进行实验研究的一项综合技术。当前，为了进一步降低生产运营成本、提高安全运行水平，国内外油气企业纷纷采用仿真模拟技术优化工程的设计、运行。

实现工程的虚拟现实必须要有三维模型作为基础，目前油气田地面工程在设计阶段大部分采用三维的设计软件实施，所以如果利用设计阶段产生的三维模型为基础，融合虚拟现实技术与工艺流程仿真模拟技术，形成工艺流程三维模拟系统，通过该系统可以模拟各种工况和场景；通过该技术将大大提高石油工程建设和运行的管理水平，为实现智慧油田提供技术支撑和保障。

1　工艺流程三维模拟概述

工艺流程三维模拟可分为三部分：虚拟现实展示系统、数据库系统及工艺流程模拟仿真系统，三者之间相互关联组成完整的系统。

1.1　主要内容

（1）虚拟现实展示系统。

实现工艺流程仿真系统的人机交互与信息呈现采用软件对设计阶段的三维模型进行格式转换，转换成通用格式，在转换过程中保证模型的完整性、数据的准确性，并保证轻量化，运行稳定。将模型导入到虚拟现实展示平台中，该平台有人机交互界面，用户可以在系统中浏览整个工厂，查看各种设备的属性信息，同时能够读取工艺流程仿真系统计算产生的数据以及场景展示，比如温度、压力变化通过不同的颜色展示，数值通过虚拟仪表呈现，液位通过动画展示等，同时可利用指令发布界面对实体进行操作，实现全厂信息的呈现和人机交互。

（2）工艺流程仿真模拟系统。

整个平台的机理模型和数据来源，可以在控制指令的驱动下实现不同工况下运行参数的变动计算，根据工艺流程图在系统中进行创建和参数输入控制，并通过仿真软件实现动稳态的仿真计算模拟。系统是通过执行数据库系统传递过来的虚拟展示系统的指令，计算完成后再通过数据库系统将结果反馈到虚拟展示系统中通过场景进行呈现。

（3）数据库系统。

该数据库存储物理拓扑结构及动态数据表和指令参数，主要功能是连接虚拟现实展示平台和工艺流程仿真模拟软件，通过数据库完成数据的传递和指令的响应。

1.2　工程测试

为了更好的进行工艺流程三维模拟，我们选用了某国三甘醇脱水工程作为测试项目，将天然气处理厂设计运行中重要工艺技术—三甘醇脱水工艺进行工艺流程仿真模拟计算，设定特定工况，并通过中间数据库与三维模型进行关联，并通过技术手段在三维数字化工厂中将工艺仿真数据进行可视化呈现和动态仿真三维模拟。

2　工艺流程仿真模拟

2.1　仿真模拟技术概述

工艺流程仿真模拟就是将一个由许多单元过程组成的化工流程用数学模型表现，用计算机求解描述整个化工生产过程的数学模型，得到有关化工过程性能的信息。根据模拟对象所要求的特性与时间的关系，工艺流程仿真模拟可分为稳态流程模拟和动态流程模拟。

稳态模拟的主要应用场合及功能包括：新装置设计，旧装置的改造，新工艺、新流程的开发研究，生产调优、疑难问题诊断，科学研究，以及作为动态模拟、实时优化的基础。动态模拟可以对化学过程或精炼厂进行更好的设计、优化和操作，能够确定该工厂能够以一种安全和简单的操作方式来生产理想的产品，因此对实际生产更有指导意义。

现在比较通用的大型流程模拟软件有 PRO/II，Aspen Plus，HYSYS 等。本次计算采用的是 Aspen HYSYS。

2.2　三甘醇脱水工艺流程

三甘醇脱水工艺流程是含水天然气自吸收塔底部进入，与来自塔顶的三甘醇贫液进行逆流吸收，脱除水分，脱水后的天然气自吸收塔塔顶排出，吸收后的三甘醇富液自吸收塔塔底排出，经冷凝器升温后进入闪蒸罐蒸出烃类气体，再经过滤器滤掉部分杂质后经过贫/富液换热器再次升温后通过缓冲罐，再进入再生塔内完成解吸；解吸后的三甘醇贫液经贫/富液换热器冷却后，通过甘醇泵输送至吸收塔顶部循环使用。如图 1 所示。

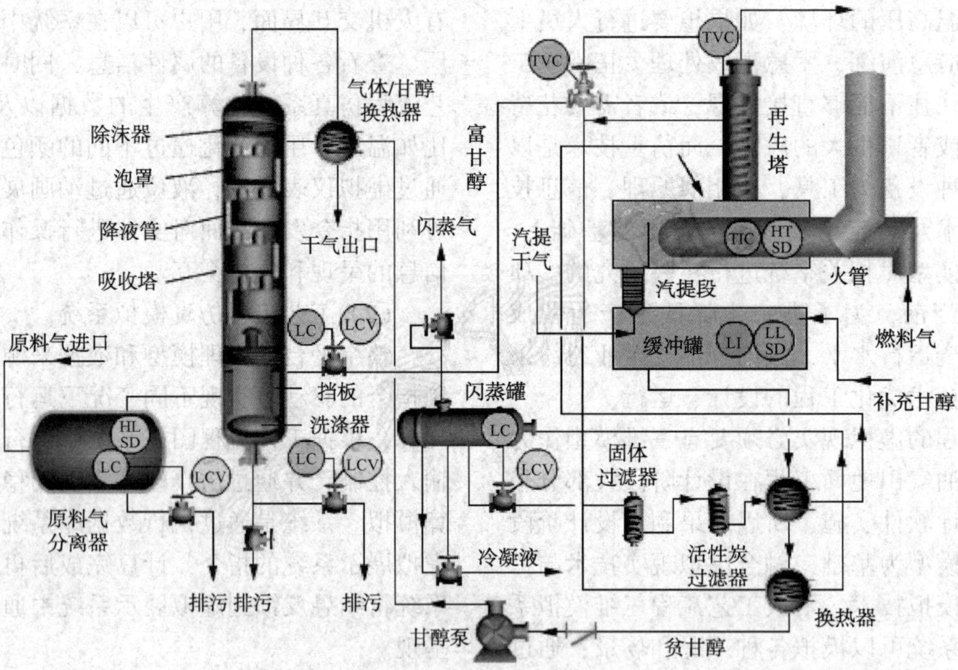

图 1　三甘醇脱水工艺流程图

2.3　实验方案

2.3.1　实验内容

（1）稳态模拟。对井口来气压力 11.2MPa、处理气量 $2.124\times10^4\ m^3/d$ 的稳定工况进行稳态模拟的模型建立和调试。

（2）正常工况下的动态模拟。以稳态模拟为基础，建立相同工况下的动态模拟模型，并进行优化调试。

（3）气源变化工况下的动态模拟。在正常工况下动态模拟的基础上，将井口来气压力由 11.2MPa 逐渐降低至 6MPa，来气温度、流量均不变，优化、调试新的动态模型。

（4）误操作工况下的动态模拟。在正常工况下动态模拟的基础上，将三甘醇吸收塔甘醇出口阀门开度由 100%变为 20%，造成吸收塔液位波动，其他条件均不变，优化、调试新的动态模型。

2.3.2　实验步骤

（1）建立稳态模型

根据现场运行参数的部分数据，在 HYSYS 的 Steady State 下，建立三甘醇脱水的稳态模型，如图 2 所示。

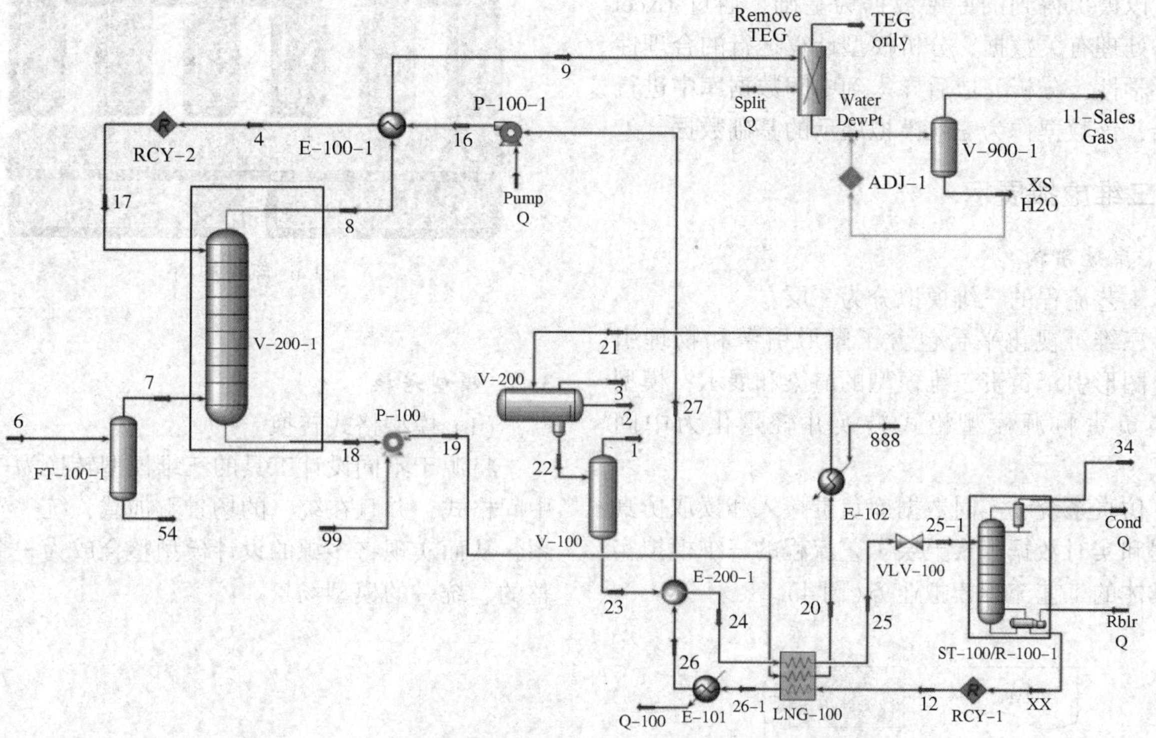

图 2　稳态模拟工艺流程图

（2）建立动态模型

在得到稳态模型各设备、环节的运行参数后，在 DynamicCode 状态下，建立各设备的动态模型。之后逐渐增加调节阀、安全阀、切断阀模型，最后增加控制逻辑。添加电子表格 SPRD-BHT-1，并记录各个设备的动态运行数据，运行时间设置为 1 小时。建立得到的三甘醇脱水的动态模型，如图 3 所示。

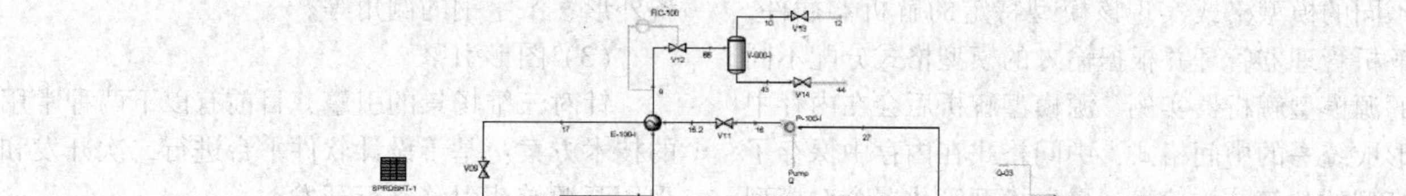

图 3　动态模拟工艺流程图

同时根据制定实验方案，对气源变化工况下的动态仿真模型进行调试，并对误操作工况下的动态仿真模型进行调试，形成动态仿真数据。

(3) 数据处理

以模拟得到的原始数据为基础，通过 Excel 表格处理有关数据，分析模型计算运行的合理性和科学性，分析完成后导入到中间数据库中进行存储，该数据作为三维模拟展示的基础数据。

3　三维虚拟展示

3.1　系统架构

工艺流程的三维模拟分为三层：

三维可视化平台包含了图形引擎和物理引擎。图形引擎负责三维模型的渲染和展示；模型转换负责将源模型格式转换并轻量化为中间格式。

仿真系统和实时数据库负责接入和读取仿真数据和实时数据。最上层工艺流程的三维模拟实现具体的工艺流程模拟业务(图4)。

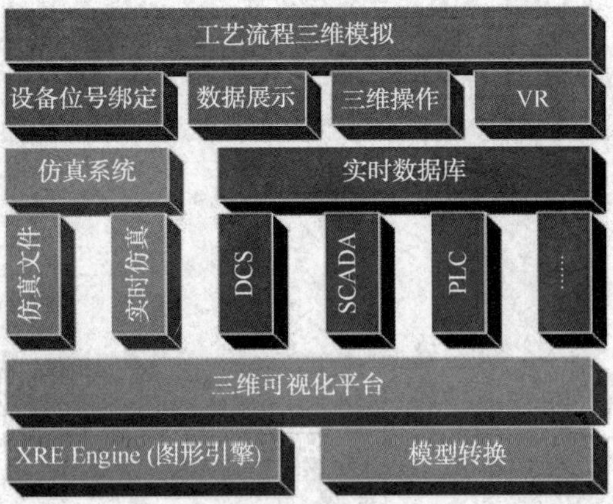

图4　系统架构

3.2　模型转换

(1) 模型格式转换

将源于不同设计工具的三维模型转换为一种中间格式，并且在统一的场景下加载，统一坐标系，从而实现将多源的设计模型整合成为一个完整的、统一的模型场景。

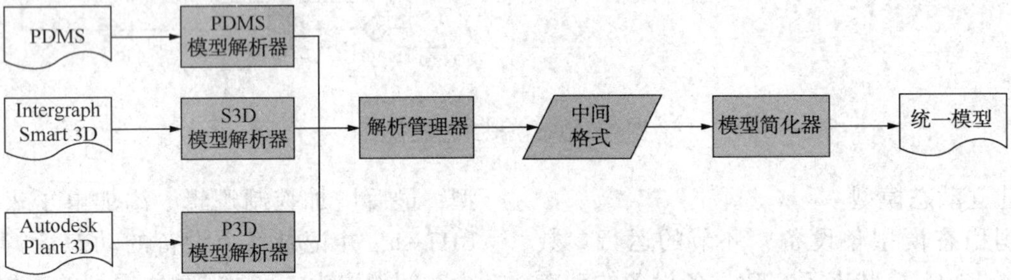

图5　模型格式转换流程

模型转换的整体流程如图5所示，首先针对不同的模型格式实现该模型特定的解析器插件，解析管理器管理并根据输入的模型格式分配不同的源模型解析器实例。源模型解析后会在内存中形成统一的中间格式，中间格式在内存中保存了模型的几何结构信息。最后模型简化器会对模型的中间格式进行简化，然后存储在磁盘形成统一的模型格式。

(2) 模型简化

三维模型分为两大类：一类为基本体，包括常见的圆柱体、球体、锥体、回转体、拉伸体等，这些基本体在发布以后保存为矢量数据，这样仅需要存储基本体的几何参数即可，可以大大降低存储空间；另一类是曲面，是无法用基本体进行表达的其他三维模型的统一管理对象，它是用三角形面片来拟合其他形状，例如：非标准设备外形、工字钢的倒角等。

(3) 图形引擎

针对三维场景的引擎，目前有以下两种常用的技术方案：基于设计软件平台进行二次开发和采用开源游戏引擎进行开发。

我们采用的实时渲染的机制，即实时运算每一个对象的每一帧真实效果，这相比于单独渲染出每一张图片再做成视频更需要运算资源，为了做到流畅且高质量的显示效果，渲染引擎主要做了以下几点优化：

① 高效视锥体裁剪算法。

② 相同材质的几何体合并渲染。

③ 像素过小时剔除。

④ 资源多线程异步加卸载。

3.3 三维虚拟展示实现方法

通过接入和读取仿真数据结合采用三维虚拟现实技术，在三维场景中展示工厂的工艺流程仿真。主要包括以下内容：

（1）数字孪生系统

三维虚拟展示平台作为数字孪生的承载系统，通过提供仿真系统与实时系统的切换以达到仿真系统与实际运营系统的映射(图6)。

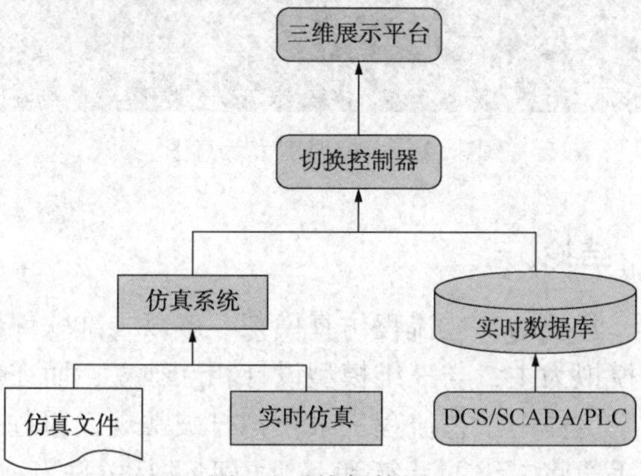

图6 系统架构图

（2）设备位号绑定

仿真系统和实时数据系统每一个点位需要保证相同的点位号，如此一次绑定即可实现仿真系统与实时数据系统同时绑定到设备位号(图7)。

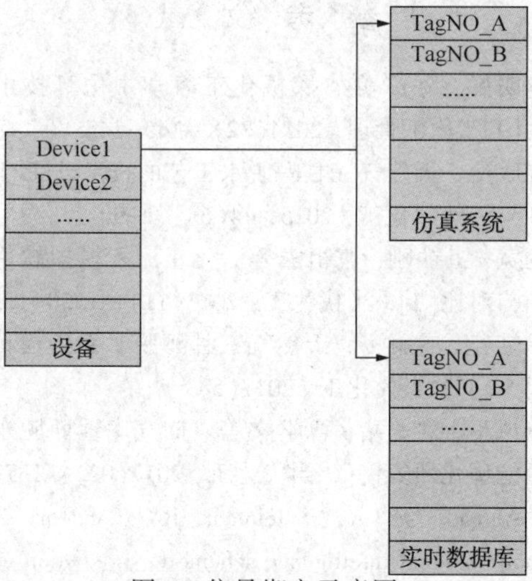

图7 位号绑定示意图

定义一个在三维场景中展现的工艺仿真流程需要首先将三维场景中的设备节点与仿真数据的设备位号进行绑定。

（3）读取仿真数据

仿真系统根据仿真过程生成时间序列的仿真数据。仿真数据每一列代表一个设备的一个数据点，每一行按照时间序列(秒)存储仿真数据。数据的导出格式为excel文件格式。

（4）仿真数据展示

工艺流程仿真系统的PID图与三维模型中的设备位号进行绑定，然后工艺流程仿真模拟系统生成仿真数据。在三维场景中实时的读取仿真数据，然后绑定的位号与多组仿真数据关联，在三维场景中的特定设备上通过标牌窗口显示与该设备绑定的仿真数据信息。标牌窗口采用基于HTML的动态页面展示，可以根据需要制定实时数据的展示风格和方式。仿真数据展示原理如图8所示。

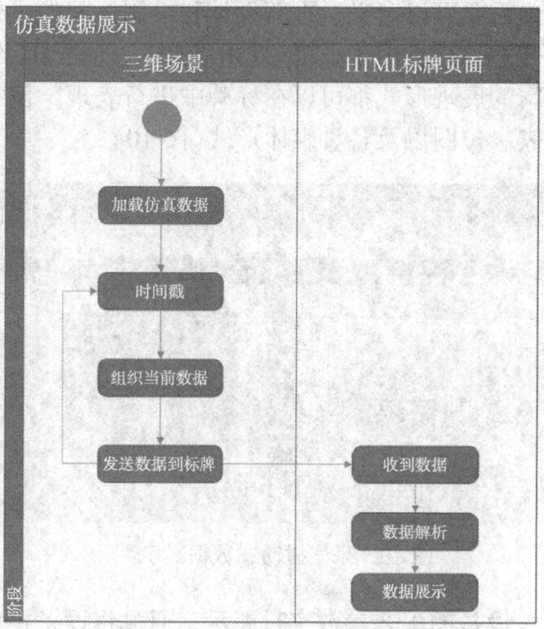

图8 仿真数据展示原理图

3.4 流程模拟三维展示

（1）高仿真三维模型制作

通过三维模型转换技术将S3D产生的三维模型和数据转换成可展示的格式，导入到展示软件中，在软件中可以进行模型的渲染、配色、定制、细化等操作，并且对周边环境、地理信息等进行参考，让模型更贴近现实(图9)。

图9 三维模型制作效果图

(2) 三维模型浏览漫游

通过软件的漫游功能，可以通过多种视角进行工厂漫游，同时也可以配置虚拟现实设备，实现VR的虚拟展示，该方式能够使用户沉浸在数字化工厂中，身临其境的感受数字化工厂以及工艺模拟数据展示。该功能能够为运营期组织人员培训、操作培训、应急演练等，大大节约成本。

(3) 实现动态数据显示

标牌采用HTML格式进行展示，可以根据用户需要可以定义、重新设计和绘制标牌的风格和样式。并且由于采用HTML格式，所以HTML丰富的展现形式都可以在标牌中进行表现，例如图表、位图以及各种媒体形式(图10)。

图10　采气树动态数据显示图

设备的工艺参数实时展示，通过将设备模型与工艺流程仿真数据相互关联，采用技术手段对三维模型进行形象化处理，比如设备本体设置为半透明，设备内部组件的设置，液位的变化等，让用户可以一目了然的了解设备工作状况，同时将关键参数，主要包括入口流量、温度、压力、液位、出口流量、温度、压力等数据进行动态展示，以便随时掌握该设备的运行状况。如图11所示。

图11　设备数据实时显示图

通过软件定制开发，实现温度表、压力表的动态展示，通过虚拟表盘和数据列表的形式呈现给用户，让用户在虚拟环境中快速的获取有效信息。如图12所示。

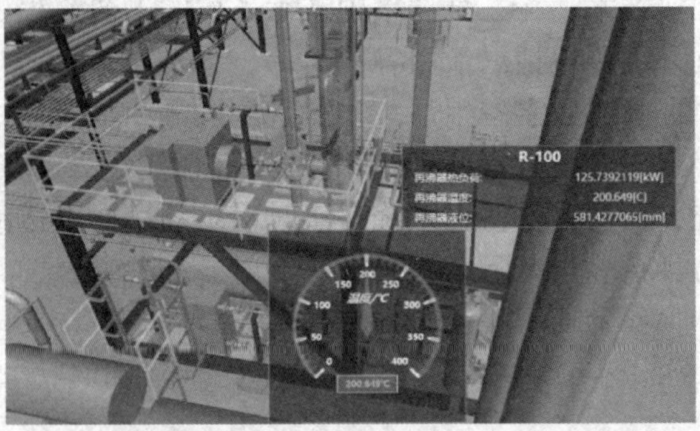

图12　虚拟温度表示意图

4　结论

常规的工艺流程仿真模拟一般以二维软件计算模拟为主，与三维模型设计相互独立，而在数字孪生体中工艺流程三维模拟打破常规，通过技术手段将二维的计算和三维模型进行关联互动，并通过数据传递交互实现信息共享，数据递延，并借助虚拟现实技术进行沉浸式展示和体验，为工程运维期生产优化、人员培训、开车试运等提供强大的技术支撑。

参　考　文　献

[1] 杨明娣，陈广美．探析化工教学中仿真技术的应用[J]．化工管理，2014(32)：145-145.

[2] 陈赓良．天然气三甘醇脱水工艺的技术进展[J]．石油与天然气化工，2015，44(6)：1-9.

[3] 刘宽，王铁刚，曹祖宾等．化工流程模拟软件的介绍与对比[J]．当代化工，2013(11)：1550-1553.

[4] 吕梦芸，盛丽媛．天然气三甘醇脱水系统模拟计算研究[J]．当代化工，2017(5).

[5] 李凤华，刘德绪，曹学文等．储气库地面脱水系统用能优化研究[J]．当代化工，2017(02)：137-141.

[6] Ahmadi M A, Soleimani R, Bahadori A. A computational intelligence scheme for prediction equilibrium water dew point of natural gas in TEG dehydration systems[J]. Fuel, 2014, 137: 145-154.

大数据技术下海底地形变化及其对海底管道在位状态的影响

侯 强 杨 光

（中国石油化工股份有限公司胜利油田分公司海洋采油厂）

摘 要 埕岛油田地处黄河口滩海交界地带，海洋动力地质条件十分复杂，造成该海区大面积区域冲刷，特别是在海底管道等构筑物附近，海床冲刷更为明显，导致部分海底管道出现裸露甚至悬空。为保障海底石油管线的安全运行，避免遭受重大经济损失和海洋生态环境的破坏，必须对海底管道在位状态进行分析。

本文以埕岛油田CB30A—海五联管道路由区为研究区域，采用大数据技术中的聚类分析和相关性分析法，依托历年来海底管道路由复测得到的水深、路由资料、浅地层剖面资料，同时结合原位土体监测数据、海底表层沉积物特征以及波浪、潮流等水文资料，对研究区域海底地形变化进行分析，研究海底变化的不稳定因素类型对海底管道在位状态的影响。最终综合所有数据建立海底管道及地层三维模型，以期为管线的路由选址及检维修、移动式平台就位提供科学合理的决策依据。

关键词 海底管道；大数据技术；水深地形；浅层地质；土体液化

1 前言

自1988年胜利油田在埕岛海域打第一口探井，证实发现了储量丰富的埕岛油田以来，胜利油田滩海油气勘探开发工作蓬勃展开，到目前为止已经建立百余座海上石油平台，这些平台依靠错综复杂的海底管线进行连接汇总。

埕岛油田地处黄河口滩海交界地带，场区海洋动力地质条件十分复杂，造成该海区大面积区域冲刷，特别是在海底管道和海上平台附近，由于海底管道等构筑物存在，海床冲刷更为明显，造成海底管道发生裸露甚至出现悬空。而海流在流经悬空管线时会产生涡流，加速悬跨段周围海底的冲蚀，造成悬跨段长度和高度不断增加。为保障海底石油管线的安全运行，避免遭受重大经济损失和海洋生物生态环境的破坏，必须对海底石油管线在位状态进行分析。

多年来，埕岛油田在CB30A—海五联管道路由区开展了大量工作，积累了海量数据，包括2009~2021年共计574条次海底管道路由复测报告，2009~2021年共计574条次静力触探资料，1999~2021年共计323条次海底管道铺设前路由勘察报告，2010~2021年476次井场调查资料和钻孔调查资料等。本文以CB30A—海五联管道路由区为研究区域，结合在该区域内开展的水深、路由复测、浅层地层调查、原位土体监测等工作，采用大数据技术中的聚类分析和相关性分析法，研究海底管道周边地形变化及各类不稳定因素类型对海底管道在位状态的影响。最终综合所有数据建立海底管道及地层三维模型，为管线的路由选址及检维修、移动式平台就位提供科学合理的决策依据。

2 海底管道路由调查

海底管道作为海洋油气输运的重要命脉，需要定期进行检测、探测，而路由调查作为其中一种方法，为海底管道的稳定性评价提供了重要依据。2009~2019年期间，在埕岛海域（图1）开展的海底管道路由复测报告共计574条次。其中一条海管路由调查以CB30A平台及其登陆管线路由区域为重点，调查区宽度为路由两侧各400m，长度为登陆点（20665644.21，4224595.63）到过CB30平台（20668797.65，4230776.66）1000m处，途经的平台为井场区重点调查区（图2），调查面积为 2000m×2000m。

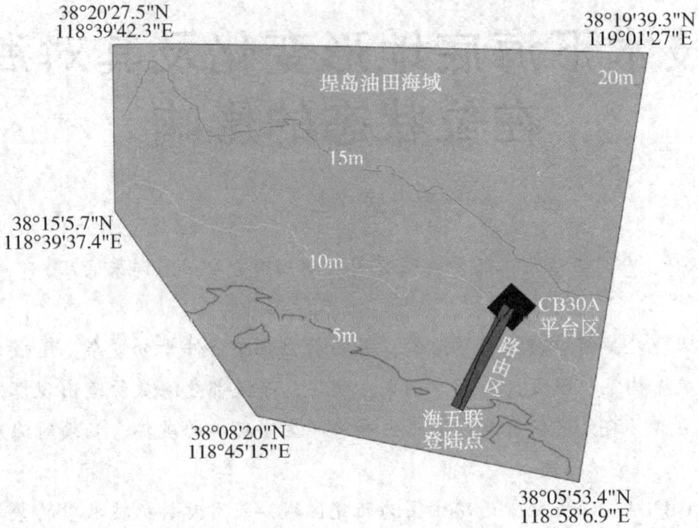

图 1　埕岛海域界址线(示意图)

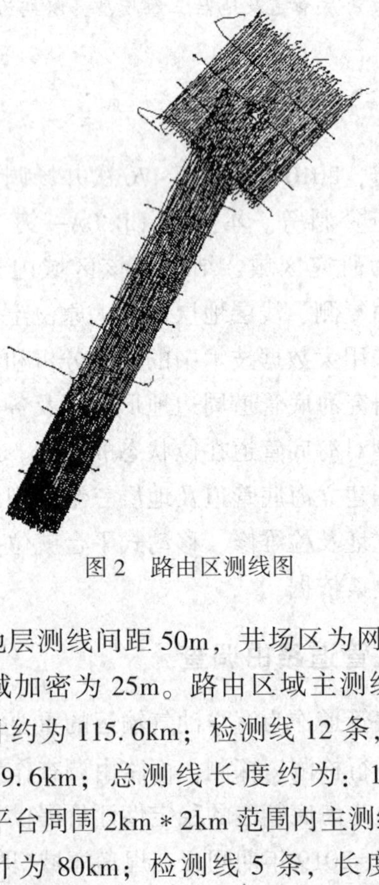

图 2　路由区测线图

浅地层测线间距 50m，井场区为网格测线，局部区域加密为 25m。路由区域主测线 17 条，长度合计约为 115.6km；检测线 12 条，长度合计约为 9.6km；总测线长度约为：125.2km。CB30A 平台周围 2km＊2km 范围内主测线 40 条，长度合计为 80km；检测线 5 条，长度合计为 10km；总测线长度为 90km。浅地层剖面调查总测线长度约为 198km，测区(路由区和平台附近区域)面积 8.57km^2。

其中，CB30A—海五联输油海管路由调查区域水深分布在 3.3～14.1m 之间(图 3)，最深水深位于靠近 CB30A 井口平台西北侧的冲刷坑内，最浅水深位于靠近海五联登陆点东南侧的岸堤维护物上。CB30A 平台存在一处比较明显的冲刷区域，水深自 CB30A 平台向海五联登陆点逐渐变浅，整体地形平缓，局部区域存在凹凸地形。CB30A 平台最深水深为 14.1m，最浅水深为 10.3m，其周围水深约为 11.9m；海五联登陆点附近水深较浅，最浅水深为 3.3m，位于岸堤维护物上，其周围水深约为 3.8m。

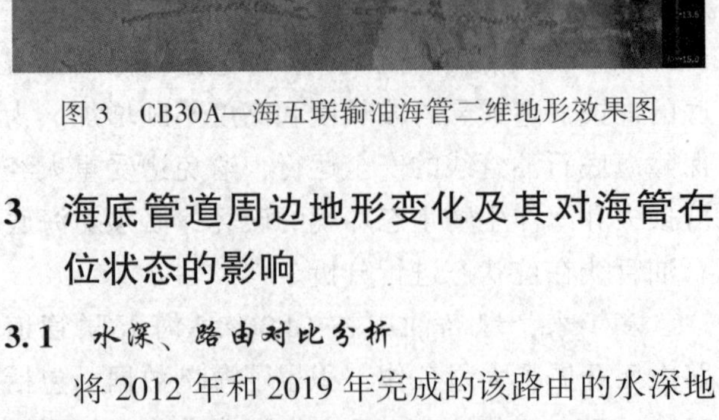

图 3　CB30A—海五联输油海管二维地形效果图

3　海底管道周边地形变化及其对海管在位状态的影响

3.1　水深、路由对比分析

将 2012 年和 2019 年完成的该路由的水深地形复测资料进行对比，分析 CB30A—海五联管道路由区的海底地形变化情况。

根据 2012 年资料(图 4、图 5)可知，2012

年 CB30A—海五联海底管道路由区的水深在 3.0~12.0m 之间变化。

由于水动力受到海岸防护堤的影响，近岸 200m 海底受到侵蚀比较多，使海底地形呈现平缓“凹”状。距登陆点 200~1200m 之间，海底地形比较平坦；1200 ~ 1540m 之间有一高差约 0.5m 的凸起；1730~2180m 之间有一深约 1m 的凹坑；2440~3030m 之间为斜坡，坡度为 0.24°，水深值从 4.0m 变为 6.5m；3060~4930m 之间是两个高差为 1.5m 的凸起，凸起表面不光滑，稍有起伏；4930 ~ 5440m 为缓坡，坡度为 0.15°，水深值从 6.9m 变为 8.2m；5850~6120m 之间为斜坡，坡度为 0.3°，水深值从 8.0m 变为 9.5m；6150~6420m 之间为一个高差为 1.5m 的凸起；6540~7075m 之间是地形稍有起伏，水深值在 9.7~10.2m 之间变化；7075m 至 CB30A 是斜坡，水深值从 11.0m 变为 11.8m。

根据 2019 年资料（图 6、图 7）可知，2019 年该管道路由区的水深在 5~13m 之间变化。

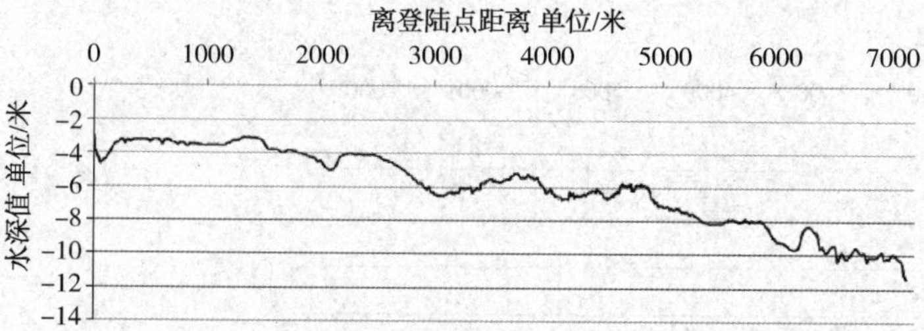

图 4　CB30A—海五联管道路由中心线水深剖面图（2012 年）

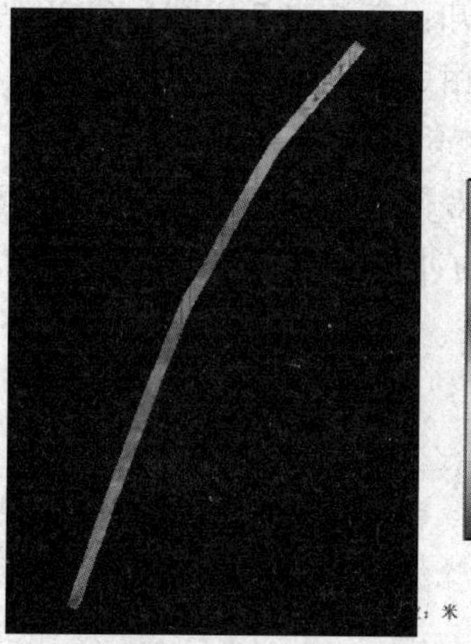

图 5　CB30A—海五联管道路由海底水深地形图（2012 年）

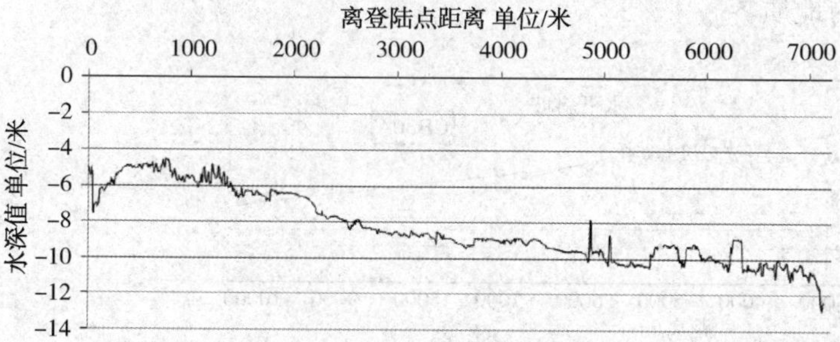

图 6　CB30A—海五联管道路由中心线水深剖面图（2019 年）

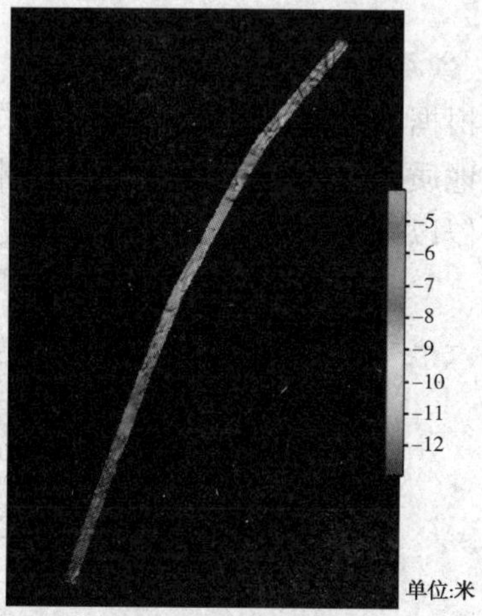

图 7　CB30A—海五联管道路由海底水深地形图（2019 年）

在登陆点至 390m 之间为一个侵蚀洼地，周围地形水深值为 5.0m，洼地水深值为 6.5m。距登陆点 580~1830m 之间为冲蚀沟槽，水深在 5~7m 之间变化，沟槽的宽度为 4~15m，沟槽的走向与路由中心线相平行，说明该处海底地形受到与路由中心线平行的流改造作用。距登陆点 1780~4820m 之间为一局部有起伏的平缓斜坡，平均坡度为 0.1°，水深值从 6.3m 变为 9.7m。

距登陆点 4845~5080m 之间有两块蚀余残留体：侵蚀残留体顶表面水深值为 7.1~7.7m，蚀余残留体四周水深值为 9.5~10.0m 之间，蚀余残留体的高差为 1.5~3.0m。距登陆点 5425~6355m 之间有三块凸起地形，凸起地形的水深值为 9.1~9.3m，周围海底地形的水深值为 10.0~10.5m。距登陆点 6360~6970m 为平缓地形，局部有起伏，水深值从 10.0m 变为 10.5m。距登陆点 6980m 至 CB30A 为侵蚀洼地。

根据 2012 年和 2019 年实测的水深资料对比分析可知：在过去 7 年间，CB30A—海五联海底管道路由区海底地形发生大幅冲蚀，而且不同区域冲蚀幅度不同。

从登陆点至 5410m，大部分区域发生大于 2m 厚的冲蚀。其中，距登陆点 2220~ 2535m、3665~3730m 和 4630~4845m 区域的冲蚀厚度可达 3~5m；冲蚀厚度小于 1m 的区域有两处：距登陆点 5920~6345m 和 6520~7030m。

波浪破碎是一个剧烈的能量和动量交换过程。研究区海域波浪破碎位于水深 7~8m 以下，破碎频率随水深增大而减少。从管道路由中心线水深剖面对比图(图 8)可以看出，该研究区海底在 7~8m 水深处冲蚀幅度比较大，冲蚀厚度为 2.0~4.5m，冲蚀速率为 0.2~0.5m/a。2012 年水深数据表明，8m 等深线距登陆点 5870m；而 2019 年的资料显示，8m 等深线距登陆点 2440m。即 8m 等深线向岸的方向后退约 2.5km，后退速率约为 280m/a。由此可见，侵蚀冲刷中心逐渐向陆迁移。

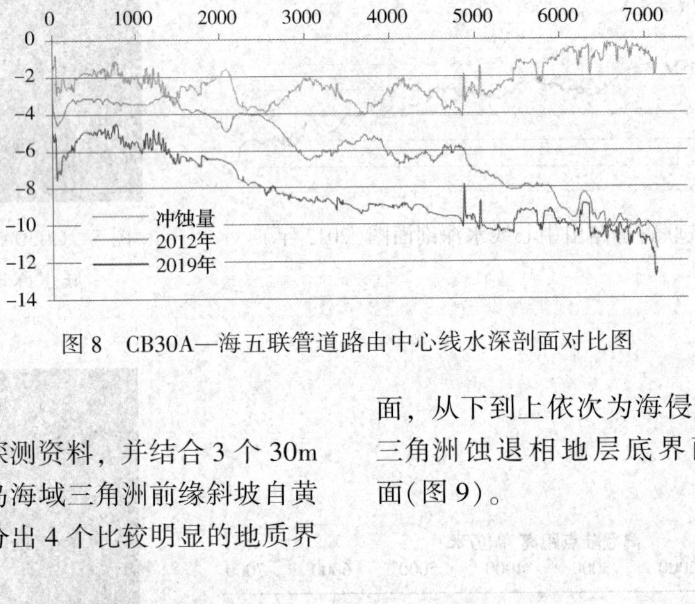

图 8　CB30A—海五联管道路由中心线水深剖面对比图

3.2　浅层地质分析

根据浅地层剖面探测资料，并结合 3 个 30m 工程地质钻孔，将埕岛海域三角洲前缘斜坡自黄骅海侵以来的地层划分出 4 个比较明显的地质界面，从下到上依次为海侵夷平面、浅海底界面、三角洲蚀退相地层底界面、表层扰动体底界面(图 9)。

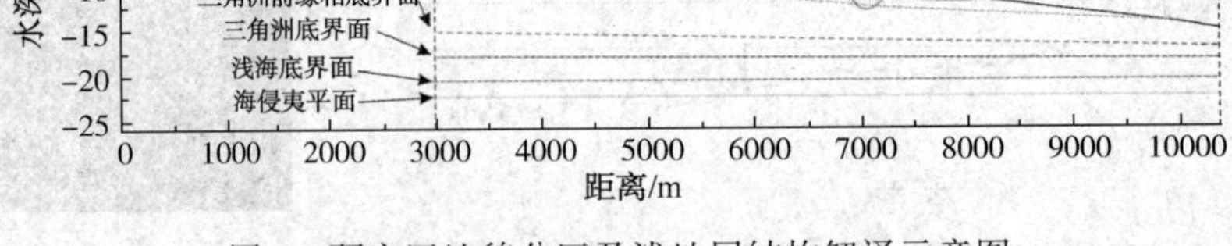

图 9　研究区地貌分区及浅地层结构解译示意图

通过分析研究区的典型浅地层剖面(图 10、图 11)，图中黄线为海侵夷平面，绿线为浅海底界面，白线为铁板沙底界面，蓝线为表层扰动体底界面，红线为海底。在水深 10m 左右的区域，海底二次反射与浅海底界面有所重叠；在水深 11m 左右的区域，海底二次发射与海侵夷平面有所重叠，划分地层界面时应注意区分。

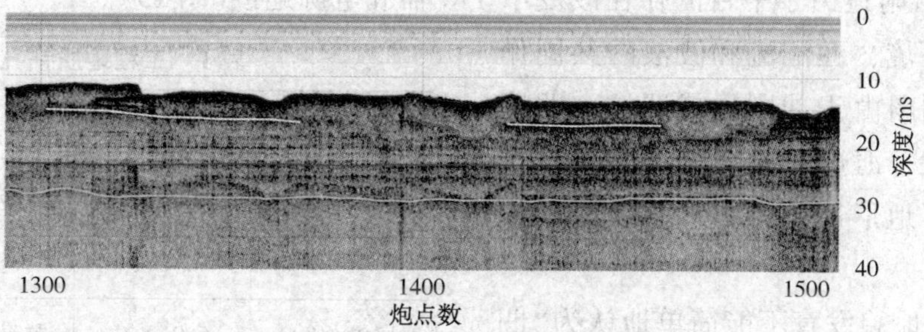

图 10　路由区典型浅地层剖面

研究区水深 0.9~20.7m，水深由陆向海逐渐变深，即西南浅、东北深。研究区地貌为黄河三角洲水下岸坡，进一步划分出 2 个次一级地貌单元：近岸浅水台地（水深小于 5m）和水下斜坡（水深大于 5m）。

根据 2019 输油海管复测技术报告，通过侧扫声呐和多波束扫测结果显示，路由区域未发现海底障碍物，海底面状况较复杂，海底地貌在平台附近以侵蚀地貌和海管维护物形成的凸起地貌为主，在路由水平段区域，海底地貌类型主要为粗糙海底。发育的海底地貌类型主要为粗糙地形（冲沟、海管维护物）和蚀余台地（图 12）。

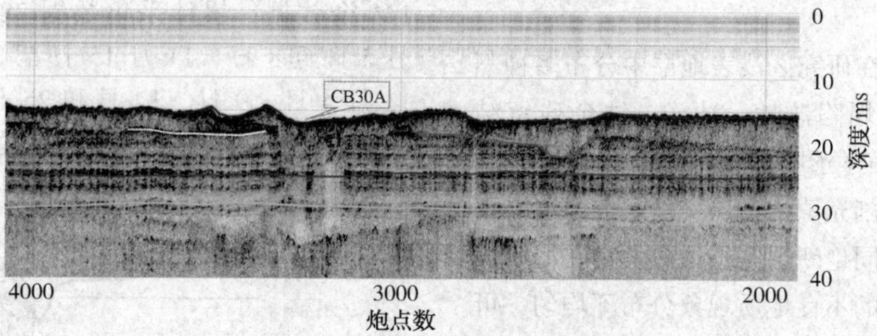

图 11　平台区典型浅地层剖面

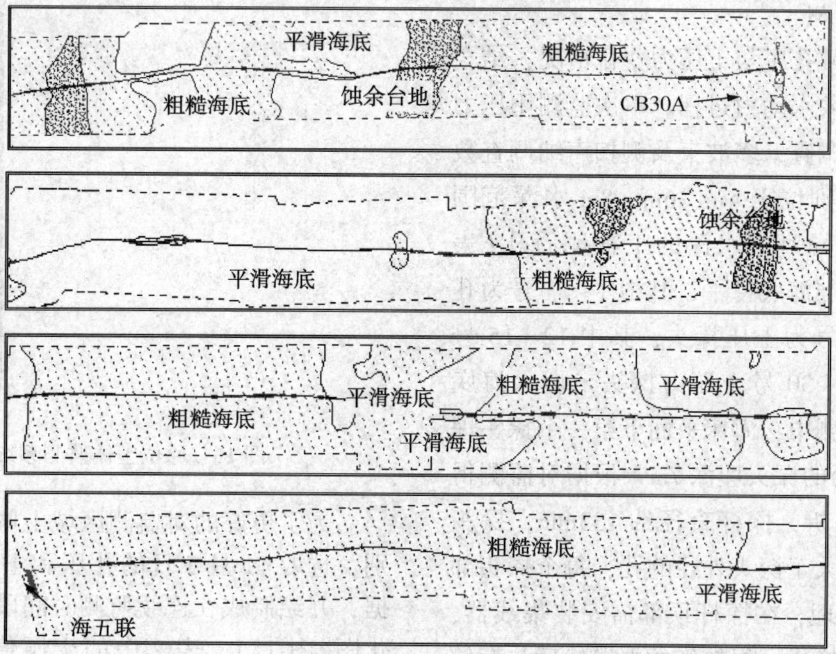

图 12　CB30A—海五联输油海管复测地貌图

在CB30A平台附近由于平台的存在改变了其周围的水动力环境，在潮流和波浪的共同作用下，平台基座周围由于冲刷形成凹坑，凹坑周围地形起伏较大，海底较为粗糙。在近岸约1.5km以内，水下地形冲刷较为严重，海底较为粗糙。

研究区海底微地貌发育不能简单地认为“凹坑即冲刷，凸起即堆积”，除人工抛沙堆积形成的正地形外，埕岛海域其它正地形基本上都是侵蚀残留体。真正的原因为：现代黄河水下三角洲是叶瓣叠复，地层结构复杂，土体强度不均一；泥沙来源断绝后，在波浪、潮流的作用下发生蚀退，蚀退过程中形成“铁板沙”，土体强度增加；海底不稳定现象，特别是碎屑流活动期间，沉积物失水塌陷形成负地形，但形成的碎屑流堆积体物质混合均匀，粉砂发生絮凝，反而使土体强度增大。

研究表明，在研究区浅表地层中分布多种不良地质现象，如塌陷洼地、冲沟、蚀余残留结构、砂土液化(声学透明层)、海底浅表层滑坡、不均匀地层、切割充填构造层、埋藏古河道与古湖泊、浅层气及同生断层等。这些发育在海底表面和海底地层中的不良地质现象分布不均匀，可能会在一种或多种诱因下对海底管道造成不同程度的危害。

3.3 原位土体监测

通过监测区域孔压与土压力变化情况，结合分析观测阶段气象水动力过程。本次监测用压力探头根据浅地层调查、多波束及侧扫声纳调查数据选址安装，分别位于4m、6m、8m水深范围处，各站位位置同对应水深的工程地质孔(表1)，监测点探杆与海底持平，其中1~15号为孔压探头，16~30号为土压探头，其中12~15号孔压力探头、27~30号土压力探头未埋入海底土中。在原位监测中，海床平面下第一个探头埋深1.5m，最深处的探头埋深7m，根据对监测得到的数据进行分析，探杆直径约133mm，探头位置各开一个略大于探头外径的孔，每个探头部经过单独密封处理，在探杆顶部需安装集线器，将多条数据线转换成一根较细的电缆然后与存储器和电源连接(图13)。

表1　工程地质钻孔简述表

CD201501			
进尺深度/m	孔深/m	样品描述	标贯击数
10.0~15.0	0~5.0	空样	5~8
15.0~18.0	5.0~8.0	黄褐色粉砂	3~8
18.0~20.0	8.0~10.0	空样	8
20.0~24.0	10.0~14.0	灰褐色粉砂	1
24.0~28.0	14.0~18.0	空样	9
28.0~40.0	18.0~30.0	黄褐色粉砂、粘土互层	10~28

本次监测的时间区间为2015年11月4日至30日，共27天。每个压力传感器每天采集144个数据，累计采集数据3888个。其中11月5日至8日、11月15日至24日风浪较大，11月4日、9日、12日和25日风浪较小。现场监测得到的孔压及土压变化总趋势图如图14所示。

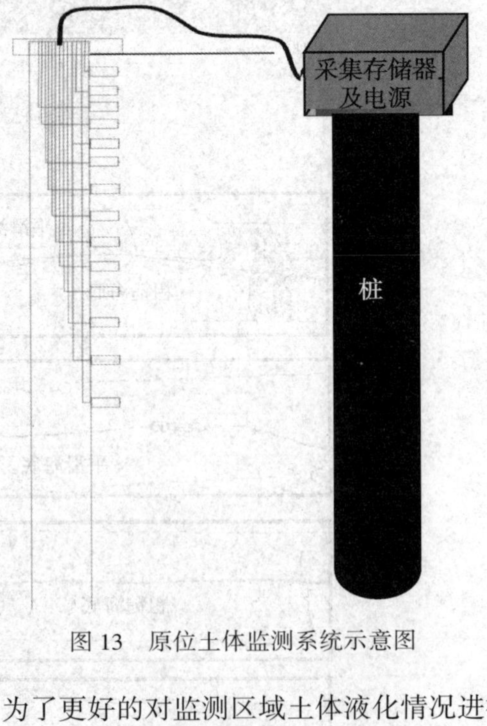

图13　原位土体监测系统示意图

为了更好的对监测区域土体液化情况进行判别，选取11月5日的孔压和土压在峰值处的数据，并绘制成在连续监测时间段内的压力垂向变化图(图15)，表2中的土压值为垂向土压力，通过监测值与土体的侧向压力系数 K_0 的比值得出，侧向压力系数 K_0 是 11 月 4 日无风天的实测土压与垂向土压的理论值之比。

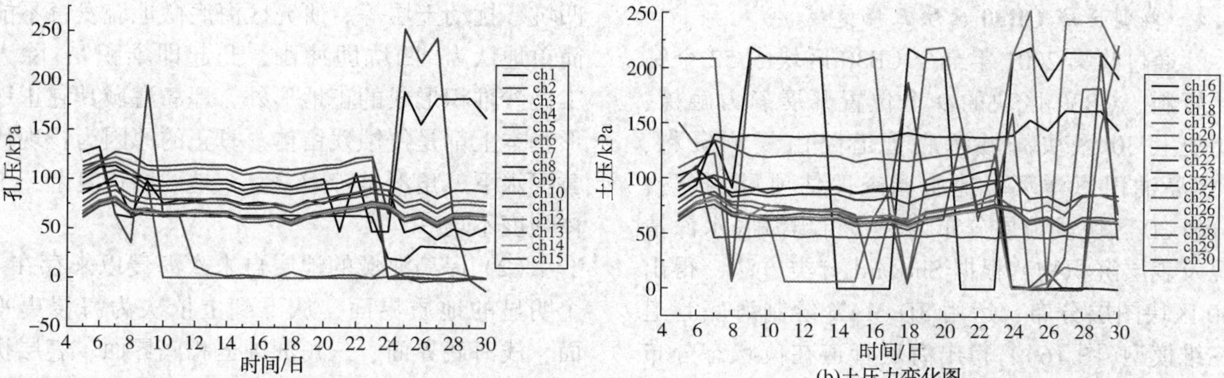

(a)孔隙水压力变化图　(b)土压力变化图

图 14　2015 年 11 月原位监测数据

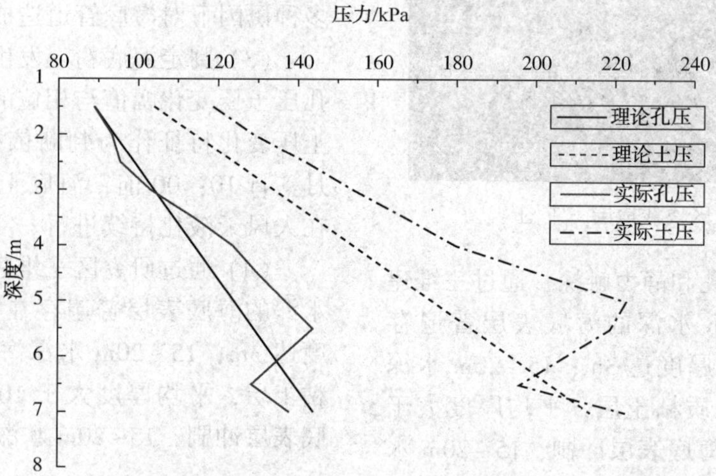

图 15　2015 年 11 月 5 日压力垂向变化图

表 2　2015 年 11 月 5 日压力垂向变化情况

	计算值			
海底以下深度/ m	水容重/（kN/ m^3）	土体容重/（kN/ m^3）	土压/kPa	孔压/kPa
1.5			118.66	88.93
2.0			128.85	93.40
2.5			141.92	95.52
3.0			153.97	103.09
3.5			167.22	113.97
4.0	10	20	179.95	123.66
4.5			372.02	129.96
5.0			223.05	136.84
5.5			218.85	143.80
6.5			195.92	128.48
7.0			222.89	137.96

如表 2，图 5 所示，图中黑线为孔隙水压力的理论值，红线为土压力的理论值，蓝线为实测的孔隙水压力，绿线为实测的土压力值。对于砂性土，在相同深度下，当孔隙水压力达到土压力值时，上覆荷载由孔隙水压力承担，土压为 0，此时土体发生液化。根据砂土液化的有效应力理论，原位试验获得的孔压土压数据没有表明土体发生液化。而对于粉土，已有研究表明在孔压达到围压的 60%（土中含粘粒 15%）~75%（土中含粘粒 9%）时，即发生液化 1。按照粉土发生液化的条件来说，监测时间段内土体发生液化。

综合实验室研究结果和现场孔压土压监测结果来看，判定海底粉土发生液化的标准，不宜套用砂土的采用孔压与上覆压力之间的关系，而应该从孔压土压变化幅值与相位的关系来判断。以孔压土压变化特征作为判断依据，在监测期间的11月5日10：00前，海底土体开始发生液化，并在大风天液化持续进行。

3.4　典型区域CB30区块三维建模

通过收集2001年至今CB30区块的52个钻孔资料、CB30区块的9个位置开展静力触探、历史上30区块海域海底管道路由复测资料、《埕岛油田海洋环境地质调查评估项目》报告，分析30区块浅地层分布情况，得出海底水深情况及表层沉积物，根据Shepard分类方法，得出30区块图层分布，运用3D MAX绘制海底管道三维模型(图16)，得出海底管道在位状态分布图，为海底管道检维修提供依据。

图16　CB30区块浅地层三维图

根据对该区域钻孔和静力触探，通过三维建模得出结论：0～15m水深的海底表层普遍存在“铁板砂层”，平均厚度达3m；15～20m水深海底表层普遍为淤泥质粘土层，平均厚度大于10m。0～15m水深的海底表层冲刷，15～20m水深的海底表层淤积。

4　小结

对埕岛油田CB30A—海五联管道路由区各类资料进行对比分析后，总结如下：

(1) 研究区内海管数量多，海底以侵蚀地貌为主，存在一系列微地貌单元，如平滑海底、冲刷沟槽、侵蚀凸起、侵蚀洼地、蚀余台地、塌陷凹坑、扰动土层等。研究区海底微地貌发育不能简单地认为“凹坑即冲刷，凸起即堆积”，除人工抛沙堆积形成的正地形外，埕岛海域其它正地形基本上都是侵蚀残留体。真正的原因为：现代黄河水下三角洲是叶瓣叠复，地层结构复杂，土体强度不均一。

(2) 埕岛海域的地层自末次海侵以来存在4个明显的地质界面，从下到上依次为海侵夷平面、浅海底界面、三角洲蚀退相底界面、表层扰动体底界面。在研究区浅表地层中分布多种不良地质现象，这些发育在海底表面和海底之下地层中的不良地质现象分布不均匀，可能会在一种或多种诱因下对海底管道造成不同程度的危害。

(3) 判定海底粉土发生液化的标准，应该从孔压土压变化幅值与相位的关系来判断。以孔压土压变化特征作为判断依据，在监测期间的11月5日10：00前，海底土体开始发生液化，并在大风天液化持续进行。

(4) 通过研究区三维建模可以看出：0～15m水深的海底表层普遍存在“铁板砂层”，平均厚度达3m；15～20m水深海底表层普遍为淤泥质粘土层，平均厚度大于10m。0～15m水深的海底表层冲刷，15～20m水深的海底表层淤积。

参　考　文　献

[1] 王利金，刘锦昆．埕岛油田海底管道冲刷悬空机理及对策[J]．油气储运，2004(01)：44-48+61-65.

[2] 许国辉，刘会欣，刘锦昆，等．黏粒含量对粉质土液化发生的作用机制[J]．海洋地质与第四纪地质，2012，32(3)：31～3

基于智能油田的生产指挥系统建设研究

陈　涛

（中石化石油工程设计有限公司）

摘　要　本文在充分研究国内外石油石化行业信息化发展趋势，分析油田信息化建设现状的基础上，融合先进的管理理念、管理模式和信息技术，以“智能油田、创新发展”为宗旨，立足提升油田发展质量和核心竞争力，本着集成、协作、优化的原则，按照“大平台、大安全、大运维”方式，构建油田企业生产指挥系统框架，分析各模块功能，为油田企业生产指挥系统的建设和进一步发展提供有益的借鉴。

关键词　智能油田；生产指挥系统；模块功能

1　前言

当前，以互联网为代表的信息通信技术，创新与迭代速度不断加快，并与制造技术、新能源技术，呈现出交叉融合的趋势，对人类的生产生活以及生产力发展，产生了持续而巨大的推动作用，我们正在进入一个“无处不在、万物互联、虚实结合、智能计算、开放共享”的新时代。

按 Gartner 公司最新《新技术趋势》报告，将云计算、大数据、物联网和 3D 打印等技术划入稳定应用期。国际管理咨询公司罗兰贝格在下一代企业技术排行榜中，将量子通信、区块链等新技术定位为战略级，且具有颠覆性，将会深刻改变商业模式，并创造新业态(图 1)。

图 1　新技术生态图

以信息通信技术(ICT)为核心的创新技术日新月异，对政治、经济、军事、生活等社会领域的管理、服务及商业的方式方法产生了深刻影响。“云、网、端”是新的基础设施，“大数据”是新生产要素，“大规模社会化协同”是新分工特点。这三大动力推动着社会经济发展，向着全社会资源的高效利用演进。推动生产方式变革、管理模式变革、服务方式变革、商业模式变革，催生共享经济时代的来临。因此加大成熟技术应用，积极跟踪前瞻技术，构建具有行业特色的“云、网、端”大平台，为企业发展提供技术支撑和引领(图 2)。

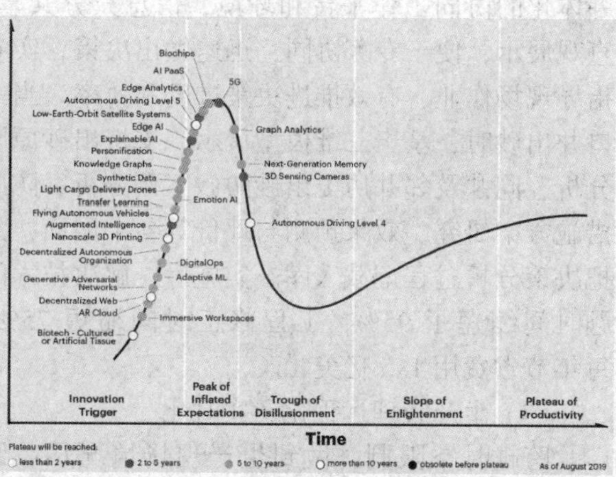

图 2　Gartner 技术成熟度曲线

2　研究现状

智能油田是在数字油田的基础上，借助业务模型和专家系统，全面感知油田动态，自动操控油田活动，预测油田变化趋势，持续优化油田管理，虚拟专家辅助油田决策，用计算机系统智能地管理油田。

智能油田是勘探开发专有技术智能化、配套产业智能化、经营管理现代化、信息应用智能化协同发展的必然结果。从发展趋势来看，体现出以下特点：

（1）综合研究虚拟化、可视化

集中各专业专家就具体问题进行在线讨论，决策视角更加完整，通过集成化的决策平台，使决策信息更加丰富，增强了决策的实效性、科学性，减少了沟通成本，专家知识得到有效的积累和传递。如埃克森美孚利用最先进的地震成像技术，工程师可以在地震数据的3D投影中走来走去，通过3D指示器（操纵虚拟环境中物体的设备），可以规划出新的矿井，油储的效果和变化一目了然。在此基础上，提升添加了时间元素，产生4D效果。通过汇聚不同月份、不同年份的地震数据，工程师就能追踪油储的变化。

（2）决策部署协同化、高效化

将地质、井筒、地面、实时信息进行高度集成，构建构造、油藏三维可视化地质模型，直观、准确地刻画构造情况和剩余油分布，实现了“虚拟现实”环境中进行研究、分析与决策，通过人机交互，完成勘探开发方案的编制。比较先进的企业已达到油藏管理的三维实时动态模拟、监视、分析、控制阶段。如斯伦贝谢公司创建了一体化的协同工作平台和环境，信息充分共享，直观展示，便于专家协同，迅速做出决策，实时指导现场作业，有效推进决策进度和效率。当一口井出砂时，基于三维模型展示，支持出砂原因分析、同井及邻井历史出砂防砂案例分析、防砂措施方案研究、效果预测与评价等各个层面，并把决策分析过程记载入库。实施后，解决技术问题时间缩短了95%，工程修正时间缩短75%，每年节省费用1.5亿美元。

（3）生产管理远程化、实时化

跨越时空限制，做到生产现场情况尽收眼底。对生产过程进行实时诊断分析，及时制定措施、调整方案，有效规避各类风险。对生产异常快速反应、科学处置，降低损失。如埃克森创建了虚拟钻井中心，壳牌公司建立了实时作业中心（RTOC），各地施工现场数据通过卫星传输到中心，实现对施工项目的实时监控和远程协同会诊，快速拿出最优解决方案，指导现场施工，从而大大降低了事故损失和风险。

（4）业务管理一体化、精细化

将业务运转全部通过网上实现。首先，使各项制度通过规范的节点得以落实，真正做到制度E化，确保业务操作符合规范；其次，通过网上协作、信息共享提高了业务办理效率；第三，业务全过程得到有效监控，对各业务节点的考核得以量化。

（5）信息资源集成化、共享化

通过资源的集中配置、共享使用，极大地提高了资源的服务能力和使用效率，信息安全能力显著提升。如挪威国家石油公司、BP、道达尔、雪伏龙、康菲等石油公司都建立起了公司级的数据中心，建立统一的管理和服务平台，实现了数据的资产化管理和集成应用，研究人员不受时间、地域限制可实时进行远程资料调用和分析。斯伦贝谢、CGG等公司实施了软硬件装备集中化共享应用，后台软硬件统一管理配置，提高了软硬件资源的使用效率，大大降低了软硬件的维护成本。

国内油田企业信息化建设已由分散建设、全面应用阶段进入到了专业集成阶段，并逐步向企业级应用集成阶段迈进，信息化作为油田企业发展的战略举措得到了很好的落实，为全面推进“智能油田”建设奠定了良好的基础。

从具体油田企业来看，信息化工作需要进一步加强和改进的地方也很多，具体体现在：一是企业层面的集成应用力度还需进一步加大。油田在企业级信息集成方面进行了有益的实践，但距离基于业务全生命周期的一体化、精细化管理要求还有较大差距。二是支持决策的能力还需进一步增强。面向勘探开发方案制定和专业决策的典型实例、经验方法、知识成果的集成应用，面向经营决策的量价匹配分析、指标诊断和问题追踪等还需进一步深化。三是生产过程自动化水平还需进一步提高。油田生产前端自动化采集面较窄，生产过程的自动控制只进行了局部探索，以节能降耗为重点的一体化生产过程模拟优化还处于试点阶段。四是信息化管理体系还需进一步完善。油田还没有形成与智能油田建设相适应的组织、管理、评价、考核体系。

3　油田生产指挥系统体系架构

依据智能油田建设思路，按照“统筹推进、融合发展、集成共享、协同智能”的工作方针，以“管控实时化、运行一体化、分析智能化、应急快捷化、效率更优化”为目标，以云计算、物联网、大数据等信息通信技术为技术手段，提高生产前端的智能化水平，实现生产全过程的实时感知、管控和超前预警，提升油田生产运行和安全防控能力，为建立扁平化组织结构和减少用工总量创造条件，以此设计油田生产指挥系统的体系架构，如图3所示。

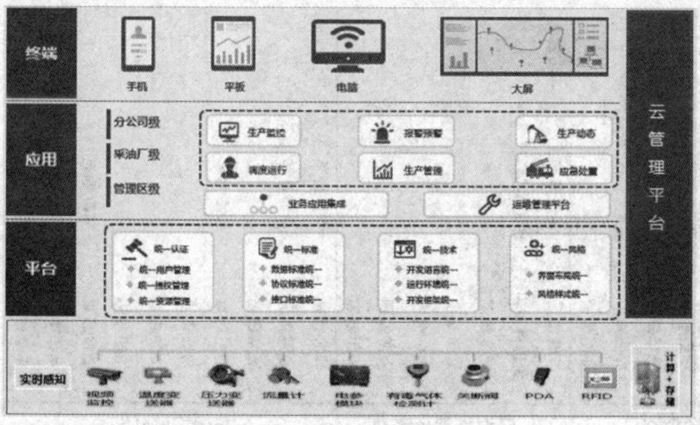

图3　油田生产指挥系统架构图

系统包括3个层级、6个模块、2个平台和1个实时感知体系的系统架构。即“分公司级、采油厂级、管理区级”三个层级。“生产监控、报警预警、生产动态、调度运行、生产管理、应急处置”六个模块。2个平台：一是统一管理平台，包括“统一认证、统一标准、统一技术、统一风格”的安全和标准体系。二是云管理平台。一个实时感知体系，就是通过各种自控、监控、通信设备及时掌握生产现场实时数据和生产状况。

4　功能模块分析

在广泛现场调研和专业协商的基础上，对生产指挥的六个模块进行细化，形成各个模块的具体功能。

4.1　生产监控模块

生产监控模块包括采油、注水等7个二级功能模块，43个业务功能点。二级模块按照专业设置，三级功能按照从系统到节点的方式进行设置，上级可穿透应用下级的监控功能。生产监控功能基本支撑管理区层级应用，局厂级功能相对薄弱（表1）。

表1　生产监控模块功能表

	分公司级	采油厂级	管理区级
采油监控			采油系统监控
	油井运行监控	油井运行监控	
			油井监控
			计量站监控
			油井实时数据
			油井功图
		视频监控	
			传感器监控
			远程巡检
采气监控			采气系统监控
	气井运行监控		
			气井监控
			集气站监控
			气井实时数据
		视频监控	
			远程巡检
注水监控		注水系统监控	
	水井运行监控	水井运行监控	
			水井监控
		注水泵站监控	
			水井实时参数
		注水泵实时参数	
		视频监控	
注汽监控	注汽系统监控		
		注汽指标	
			注汽站监控
			注汽井监控
			注汽锅炉监控
		注汽实时数据	
集输监控		原油系统监控	
		天然气系统监控	
			污水系统监控
	联合站监控		联合站监控
	接转站监控		接转站监控
	配气站监控		配气站监控
	污水站监控		污水站监控
			设备实时参数
		视频监控	
海上监控		平台生产监控	
		井组平台监控	
		中心平台监控	
施工监控		作业视频监控	
		钻井视频监控	

以采油监控为例，模块包括采油系统监控、油井运行监控、油井监控、计量站监控、视频监控、传感器监控、远程巡检、油井功图、实时参数等9个功能点，按照单位归集信息，实现从单位到站、井、参数的穿透监控应用。

4.2　报警预警模块

报警预警模块包括采油报警、注水报警等5个二级模块，43个业务功能。二级模块按照专业设置，三级功能按照“设置、分析、处置、考核”闭环管理流程进行设置。管理区实现单参数报警、多参数组合预警功能（表2）。

以采油报警预警为例，采油报警预警包括参数阈值、报警处置、处置记录等6个业务功能。实现报警从设置、生成到处置的全流程管理。

4.3　生产动态模块

生产动态模块包括采油动态、注水动态等7个二级模块，50个业务功能点。二级模块按照专业设置，三级功能按照实时、日度动态信息分类。本模块利用实时数据与源头数据资源，实现了相关报表的自动生成及展示查询功能（表3）。

以采油动态为例，采油动态模块包括油井动态、电泵井动态、新井动态、开关井动态、掺水日报、注汽日报、注汽转周、稠油井动态、油井班报、监控日报、采油日报等多类数据报表的生成展示。

4.4　调度运行模块

调度运行模块包括人员动态、重点工作、调

度日志等 7 个二级模块，37 个业务功能。二级模块按照生产运行业务设置。调度日志功能实现局厂区三级贯通，其他功能主要在厂区两级不同程度应用(表 4)。

表 2　报警预警模块功能表

模块	分公司级	采油厂级	管理区级
采油报警预警	报警统计	报警统计、油井阈值、计量站阈值、处置记录	报警统计、油井阈值、计量站阈值、报警处置、处置记录、预警设置、预警条件、预警记录
采气报警预警	报警统计	报警统计、气井阈值、集气站阈值、处置记录	报警统计、气井阈值、集气站阈值、报警处置、处置记录、预警设置、预警条件、预警记录
注水报警预警	报警统计	报警统计、水井阈值、注水站阈值、处置记录	报警统计、水井阈值、注水站阈值、报警处置、处置记录、预警设置、预警条件、预警记录
注汽报警预警	报警统计	报警统计、注汽站阈值	报警统计、注汽站阈值、报警处置、处置记录、预警设置、预警条件、预警记录
集输报警预警	报警统计、报警考核	报警统计、站库阈值、处置记录、报警督导、督导记录、报警考核	报警统计、站库阈值、报警处置、处置记录、预警设置、预警条件、预警记录、报警督导、督导记录、报警考核

表 3　生产动态模块功能表

模块	分公司级	采油厂级	管理区级
采油动态	油井动态、电泵井动态、新井动态	油井动态、电泵井动态、新井动态、开关井动态、采油日报	开关井动态、掺水日报、注汽日报、注汽转周、稠油井动态、油井班报、监控日报、采油日报
采气动态	气井动态、新井动态	气井动态、新井动态	气井班报、监控日报、采气日报
注水动态	水井动态、投转注井动态	水井动态、投转注井动态	水井班报、监控日报、注水日报、开关井动态、注水泵班报、注水泵日报
注汽动态	注汽运行动态、注汽计划	注汽运行动态、注汽计划	注汽计划、注汽锅炉班报、注汽锅炉日报、注汽井日报、注汽计划、水源井班报、水源井日报
集输动态	交油交气、油气销售、联合站动态	交油交气、油气销售、集输运行动态、联合站动态、接转站动态、污水站动态、注水站动态	接转站动态、设备运行记录
海上动态	海上油气动态、中心平台动态、井组平台动态	海上油气动态、中心平台动态、井组平台动态	中心平台动态、井组平台动态
作业动态		作业运行动态、待作业台账	作业施工日报、作业监督日报、工作量统计、作业效果跟踪

表 4　调度运行模块功能表

模块	分公司级	采油厂级	管理区级
人员动态		岗位排班、人员信息维护、单兵指挥、交接班、在岗人员查询、工作量统计、人员考勤	岗位排班、人员信息维护、单兵指挥、交接班、在岗人员查询、工作量统计、人员考勤
重点工作		工作安排、进度汇报、工作汇总、工作进度	工作安排、进度汇报、工作汇总、工作进度
调动日志	当班记录、事件发起、交接班记录、值班查询、考核管理、综合查询	当班记录、事件发起、交接班记录、值班查询、考核管理、综合查询	当班记录、事件发起、交接班记录、值班查询、考核管理、综合查询
生产会议		纪要栏目管理、纪要汇报、会议纪要汇总、纪要查询	纪要栏目管理、纪要汇报、会议纪要汇总、纪要查询
拉油运行		拉油统计	拉油井运行、装车记录、工作量统计、拉油罐信息、拉油统计、拉油计划
车辆运行		车辆报勤、车辆申请、车辆平衡、车辆单位登记	车辆报勤、车辆申请、车辆平衡、车辆单位登记
新井运行		钻前运行、钻井动态、投产动态、新井投产跟踪、试油动态	新井投产跟踪

以人员动态为例，人员动态模块包括人员基本信息、在岗人员查询、岗位排班、交接班记录、单兵指挥、工作量统计、人员考勤等 7 个业务功能点。

4.5　生产管理模块

生产管理模块包括采油、注水管理、注水管理、集输管理、注汽管理、开发管理等 6 个二级功能模块，33 个业务功能点。二级模块按照专业设置，三级功能按照业务内容设置，生成的管理和技术指标可穿透到单井(表 5)。

以采油管理为例，采油管理模块包括油井功图分析、时率统计、工况分布、工况诊断、间开优化、泵效统计、调参管理、调平衡管理、清防蜡管理、间开管理业务功能点，面向专业技术管理实现关键技术指标统计与分析。

4.6　应急处置模块

应急处置模块包括应急通讯、事件处置等7个二级模块，19个业务功能点。二级模块按照应急处理过程设置，三级功能按资源的构成要素或运行节点设置(表6)。

表5　生产管理模块功能表

<table>
<tr><td>分公司级</td><td></td><td></td><td>工况分布</td><td></td><td></td><td></td><td></td><td></td><td></td><td></td><td></td><td></td><td></td><td></td><td></td><td></td><td></td><td>配注完成率</td><td></td><td></td><td></td><td></td><td></td><td></td><td></td><td></td><td></td><td></td><td></td><td></td><td></td><td></td><td></td><td></td><td></td></tr>
<tr><td>采油厂级</td><td>油井功图</td><td></td><td></td><td>工况诊断</td><td>间开优化</td><td>泵效统计</td><td></td><td></td><td></td><td></td><td></td><td></td><td></td><td></td><td></td><td></td><td></td><td></td><td></td><td></td><td>管线穿孔记录</td><td></td><td>能耗分析</td><td>锅炉档案</td><td></td><td></td><td></td><td>井组统计分析</td><td>单元统计分析</td><td>单位产量分析</td><td></td><td></td><td rowspan="2">油井阶段对比</td><td rowspan="2">水井阶段对比</td><td rowspan="2">动液面统计</td></tr>
<tr><td>管理区级</td><td>油井功图</td><td>时率统计</td><td>工况分布</td><td>工况诊断</td><td>间开优化</td><td>泵效统计</td><td>调参管理</td><td>调平衡管理</td><td>清防蜡管理</td><td>间开管理</td><td>泡排管理</td><td>气井调峰</td><td>防腐检测</td><td>通球管理</td><td>超欠注分析</td><td>注水加药记录</td><td>工况统计</td><td>配注完成率</td><td>集输加药记录</td><td>通球记录</td><td>管线穿孔记录</td><td>腐蚀检测记录</td><td>能耗分析</td><td>锅炉档案</td><td>注汽管线档案</td><td>水源井档案</td><td>设备维修记录</td><td></td><td></td><td></td><td>油井月报</td><td>水井月报</td></tr>
<tr><td></td><td colspan="10">采油管理</td><td colspan="4">采气管理</td><td colspan="4">注水管理</td><td colspan="4">集输管理</td><td colspan="5">注汽管理</td><td colspan="8">开发管理</td></tr>
</table>

表6　应急处置模块功能表

<table>
<tr><td>分公司级</td><td>分公司级应急通讯</td><td></td><td></td><td></td><td rowspan="2">事件接警</td><td rowspan="2">任务安排</td><td rowspan="2">物资调派</td><td rowspan="2">队伍调派</td><td></td><td></td><td></td><td></td><td></td><td rowspan="2">物资附录</td><td rowspan="2">库存情况</td><td rowspan="2">库房信息</td><td rowspan="2">应急预案</td><td rowspan="2">应急专家</td><td rowspan="2">应急队伍</td></tr>
<tr><td>采油厂级</td><td></td><td>厂级应急通讯</td><td></td><td></td><td></td><td></td><td></td><td></td><td></td></tr>
<tr><td>管理区级</td><td></td><td></td><td>社会救援机构</td><td>区级应急通讯</td><td>事件接警</td><td>任务安排</td><td>物资调派</td><td>队伍调派</td><td>应急资源点</td><td>应急会议</td><td>周边信息</td><td>事件等级设置</td><td>部门角色设置</td><td>物资附录</td><td>库存情况</td><td>库房信息</td><td>应急预案</td><td>应急专家</td><td>应急队伍</td></tr>
<tr><td></td><td colspan="4">应急通讯</td><td colspan="4">事件处置</td><td colspan="5">资源维护</td><td colspan="3">应急物资</td><td>应急预案</td><td>应急专家</td><td>应急队伍</td></tr>
</table>

应急预案、应急专家、应急队伍、应急物资4个模块为应急事件处置提供资源保障，辅助快速处置运行。

事件处置模块通过对应急资源的信息集成，结合应急处置流程，提供应急处置交互平台，实现事件的安排、反馈和多资源协调运行。

5　结论

目前，国内油田企业大多已建成生产指挥系统，按照信息化建设“整体规划，分步实施”的原则，一个系统在建成之后，都有一个完善、提升的工程。统筹考虑系统应用现状和改革对生产指挥系统的迫切需求，先功能完善扩展，再智能化提升，生产指挥系统完善提升总体规划分为两个阶段。

（1）功能完善扩展阶段

按照云平台标准，对生产指挥系统功能进行完善及扩展，重点与开发、采油、生产、安全等专业结合，提升重大危险源监控、重点区域报警、开发动态分析、工程技术管理、专业化队伍协同、应急突发事件处置等方面能力，满足纵向三级贯通、横向业务协同，现生产指挥可视化、数字化。正在建设的顺北数字化交付平台、油田地面工程数字化建设系统项目在开发动态分析、工程技术管理、专业化队伍协同等方面都取得了明显的效果。

(2) 智能化提升阶段

依托油气生产实时数据，打通地面-井筒-油藏数据通道，利用大数据、AI 等先进技术，构建一体化模型和跨业务的自动化工作流，支撑地下、地面的生产一体化模拟及优化，实现各级超前感知、异常超前预警、运行质量超前控制、远程自动诊断、智能分析优化，实现油气生产过程的智能化。

下一步以云平台集成综合应用为工作方向，全面推进生产指挥系统功能完善及业务扩展，实现纵向多级贯通、横向专业协同，满足不同层级、不同专业掌控生产运行、技术管理的需要，打造支撑油田建设的生产指挥综合业务管控平台。

参 考 文 献

[1] 陈新发. 数字油田建设与实践—新疆油田信息化建设[M]. 北京：石油工业出版社，2008.

[2] 李清辉. 数字油田信息平台构架[M]. 北京：石油工业出版社，2008.

[3] 田军庆，高辉. 浅谈“数字油田”的建立[J]. 油气田地面工程，2002(4).

[4] 武铁峰. 企业生产营运指挥平台建设研究[J]. 信息通信，2012(5)：145-146.

[5] 景佩明，马勇军，张军，等. 油田设备的可视化管理[J]. 油气田地面工程，2013，32(2)：93.

[6] 刘兵，王非，杨勇，等. 可视化设备管理系统研究与应用[J]. 天然气与石油，2013，31(6)：4-6.

[7] 周定照，柳进，罗强. 可视化技术在石油行业的应用[J]. 石油工业计算机应用，2010，18(1)：2-5.

数据驱动技术在集输系统智能化建设中的应用

刘晓云

（中石化石油工程设计有限公司）

摘　要　油气集输是油气开发过程中的重要环节，也将伴随石油行业整体数字化提升和业务升级改造过程。本文首先回顾了集输系统在生产全流程的信息监测、建模、控制、故障监测等几个方面的智能化研究的进展，剖析了当前集输系统智能化改造存在的主要问题，提出了利用数据驱动技术，推进石油行业智能化、绿色化、安全化的远景目标，并论证了数据驱动技术对油田集输系统智能化改造的可行性。

关键词　集输系统；数据驱动；智能优化；预测控制

智能油气田是新一代信息通信技术与现代油气田工程技术深度融合的产物，其核心是智能油气田操作平台，而智能油气田操作平台的核心则是数字化模型。这就要求我们应围绕数字化模型的开发、部署、维护、服务构建起完善的生态体系，将大量的技术原理、行业知识、基础工艺、模型等，高效、便捷地沉淀到平台之上，形成关键技术应用软件，服务于油田生产的科学决策与智能控制，在满足生产单位降本增效个性化运维服务需求的同时提升企业核心竞争力。

数字化模型建模的方法主要分为三类：一是基于系统构成和运行原理的机理模型；二是基于系统知识与规则建立的专家系统模型；三是基于系统运行数据而建立的数据驱动模型。三种模型之中，数据驱动模型用于系统机理不明确，内部结构复杂的场景。由于数据驱动技术本身具有自学习，自适应的智能化特性，因此，用数据驱动技术建模可实现关键技术应用软件的高效开发，以构建油气田操作平台的良性循环。

1　集输系统的研究现状

1.1　集输管网运行及优化

集输管网在设计阶段已十分复杂，研究中经常采用分级优化法。其过程可以分解为油井集合、计量站站址、管网布局、管网参数这四个优化问题，四部分通过参数互联。将掺水量及温度、管内径、产液量、含水率、介质粘度作为参考因素的基础上，提出了双管掺热水集输系统参数优化模型。由此建立了油气水管网的水力热力计算方法。昌吉油田稠油井区双管

掺热水集输工艺生产中出现了掺水量大、脱水时间长、能耗高等问题，对集输管网进行水力和热力计算，优选出 MB 模型，结合“反算法”修正管道总传热系数，确定适用于该井区集油管网的水力、热力计算模型，总结形成了“回掺热水温度保持不变，得以降低其掺水量”的优化方案。

针对集输管线参数智能参数优化，在应用进化类算法之后，已取得一定的研究成果。将树状双管掺水集输管网作为研究对象，在不改变管网布局条件下，将管网掺水量、掺水温度、掺水压力视为参数变量，通过遗传算法编程对其进行优化，有效解决集输系统能耗中用电和用气单耗不断升高的问题。结合工艺计算模型和节点参数计算方法，以管道建设费用最小为目标，以稳定流动、流量平衡、速度限制等为约束条件，采用粒子群算法求解，构建了气田集输管网参数优化模型，并根据拓扑布局优化结果得到整个管网拓扑布局。

集输系统在管网布局一定的情况下，通过应用最优化理论的分析，对系统中的相关设备参数同样实现优化。对复杂天然气输送管网系统技术参数优化进行研究，优化问题分为两个连续的子问题，一个是管径优化，另一个是压缩机站优化，据此建立了数学模型。实现了在不改变管径的情况下，使设备运行参数在最优情况下运行。对于带有分支的集输管线，在整体设计过程中可以利用分支约束管网参数法优化设计模型，在简单链接和树形结构的基础上，基于标准规定的约束条件，分析水力参数设计的成本函数。

集输系统的能量利用，通过平衡算法同样可以实现优化的效果。建立能量平衡模型，利用该

模型对集输系统用能进行评价计算，找到系统用能薄弱环节，并根据评价结果制定提高集输系统能量利用率的措施。建立系统8 2 平衡模型9，将8 2 3平衡分析应用于集输系统进行中，实现对能耗现状评价和分析，同样可查询出系统耗能分布的不合理环节。

1.2　联合站运行及优化

我国自开发油田以来，其油气集输的发展经过了单井集油、选油站、密闭收集、三脱三回收、高效集输五个阶段，以上五个阶段都离不开联合站的相关优化安全运行的内容。关于联合站油气集输发展的研究中，白狼城-小河集输系统联合站通过运行优化计算，给出各站最佳匹配运行参数，优化后整个系统年总运行费用由495.86万元降到了467.74万元。

优化计算实现了联合站运行费用降低、效率提高。对于集输系统联合站安全运行方面，通过对油气集输系统压力容器的使用、压力容器操作人员的要求，阐述了压力容器维护、保养、检修的安全要点。对于联合站的站外管线优化研究同样有一定进展，除了应用先进的外检测技术，对油田埋地管道进行检测以及评价外，根据检测结果和数据智能优化分析管道存在的主要问题，对影响联合站安全运行的原因进行了总结分析，提出了相应的建议和措施，为指导油田的设计、施工、日常生产管理与维护提供技术支持。

加强联合站建设质量检验与控制，从场站建设初期考虑失效或损伤等方面的影响，要在生产运行过程中加强巡检，进行实时监控基础之上，对运行数据进行归类分析，有效避免安全隐患和油气泄漏事故。通过对油气集输系统的联合站存在风险因素进行分析，建立了一系列合理有效的应急措施，保证生产工作的正常运转，人员和设备的安全稳定。海洋油气集输压力容器失效的形式分类识别在2016年形成有效的研究结果，从人的不安全行为、容器的不安全状态、环境因素三方面综合考虑建立能够有效防护的“事故树”措施。

2　智能化改造存在的问题

2.1　智能化建模

（1）集输系统建模以运行机理为主，数据处于辅助功能。

集输系统智能化的基础是模型，合理模型的建立是系统优化改造的先决条件。上述文献中的优化模型都是以机理模型为基础的智能优化，即便于通过系统机理进行建模，但是在系统的约束条件中同样需要与系统机理相关的约束条件。

当前油田的情况是，数字化系统是针对油气勘探开发和油田管理决策的信息系统，它依托完善的物联网设备和统一的生产指挥平台，已从简单的油井功图计量、电子巡井、井站参数采集发展成为大型的油田SCADA系统。虽然系统数据的存储和处理技术在油气田生产中已有应用，但是数据模型仅用于机理参数的优化和确定。由此可见，集输系统优化控制过程中，建模方式仍以机理建模为主，并未实现面向集输系统各个环节数据驱动建模。

（2）集输系统建模针对主要运行过程，缺少面向系统的整体化模型。

由于集输系统中存在不能利用机理建模和机理模型过于复杂的环节，导致系统机理模型面向于部分环节，并不是针对系统的整体化模型。目前，油气田已将运行过程中的大量数据建立数据库，并通过云技术予以处理。但是该部分数据仅对具备机理建模条件下的参数进行优化和确定，并未实现面向集输系统各个运行过程的优化控制。

2.2　智能化运行

（1）集输系统实现的是局部智能优化，而非智能化运行。

当前油田智能优化研究大部分集中在站外管网的优化设计与运行方面，主要是将智能算法应用于工艺参数或运行参数优化过程之中。在集输管网优化方面，优化过程是基于最优化理论建立的方案，仅在目标函数和约束条件参数中存在人工智能相关理论，并未在全局实现智能控制的算法。

（2）集输系统未实现智能化中的预测功能。

集输系统对于当前时刻的运行情况能够实现实时的决策控制，但是智能化运行过程不但需要对当前状态的准确判断，还需要对未来时刻的系统状态进行预测，当前集输系统虽然在过程中实现了预测功能，但并未实现集输系统全过程环节的预测机制。

（3）集输系统智能化未将运行与管理相互结合。

集输系统的运行过程包括“源-供-注-配-

井”，系统管理同样分为“作业区—中心站—岗位”三个单元。整个管理与运行过程比较复杂，影响因素众多，而且存在生产运行过程非线性化、参数不确定、过程之间存在耦合现象等。原有的模式可以将运行与管理分开，但系统智能化改造后，不仅运行的设备有所变化，人力资源架构同样发生改变。因此需要将运行与管理两部分结合，取消原有独立运作的模式。当前油气田的智能化虽然对系统设备进行优化升级，但是并未将管理过程纳入智能化的改造目标。

3　基于数据驱动智能化改造分析

数据驱动(Data-driven)概念的出现源自计算机科学领域，近些年其理论、应用等的研究都引起控制领域及仿真应用领域等的重点关注。数据驱动是指任何应用需求都能够由系统数据及相关数据模型描述，无需进行理论数学描述的方法。

3.1　基于数据驱动智能算法建模

数据驱动下的算法建模基础是数据预处理与智能学习算法。数据结构上可以是信息系统也可以是决策系统，数据类型上可以是整型、离散型、逻辑型、区间型等。根据不同的应用领域，将会有不同结构化数据组成的决策系统，根据不同智能学习机制的特性选择合适的智能控制算法。主流的智能方法包括支持向量机，人工神经网络和模糊理论等。

基于数据驱动的黑盒建模方法是根据对象的输入输出数据进行建模，对过程经验知识和假设条件要求低。但单独的黑盒建模方法对于数据的依赖程度较大，在无法获得足够的训练数据情况下，模型的精度和泛化能力都无法保证，另外黑盒建模方法往往不能体现过程的基本知识。混合模型是将基于机理的数学模型与基于数据的黑盒模型相结合，不仅充分考虑过程的物理特性，体现过程的基本知识，同时也利用相关的数据信息(图1)。

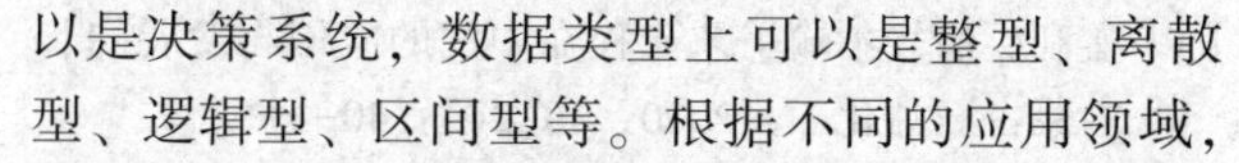

图1　数据建模流程

3.2　可行性分析

(1) 油田运行数据量较大，满足数据建模的基本条件。

利用数字化油田运行多年积累的海量数据进行大数据建模可从根本上提高工作质量和效率，压缩成本，提高企业的效益，从而建立统一的开发平台，这已成为石油行业信息化建设的发展方向。由于集输系统的数据量巨大、数据种类多，对应的智能化优化方法近几年来也迅速地发展起来，为集输系统的智能优化提供了可能。

(2) 数据驱动建模主要关注系统的输入和输出数据，避免了系统内部复杂性的问题。

由数据驱动建立的数据模型，直接根据集输系统的输入和输出数据建模，实现对整个集输系统进行优化分析。为了保证集输系统模型的准确性以满足过程优化的需求，在对集输系统进行理论分析的基础上，结合基于数据驱动的黑箱建模技术，对集输系统的混合建模方法是可行的。(图2)

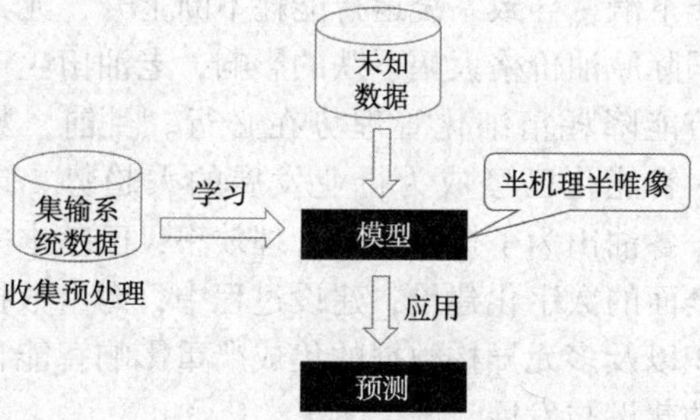

图2　基于数据驱动技术对集输系统建模

(3) 基于数据驱动的智能优化针对集输系系统的全部过程，不局限于局部设备和管线。

数据驱动模型可以改变之前集输管网和各场站的独立单点优化控制，可以实现多个过程的多点联动控制。改变以往仅局限于单一设备和参数的优化控制，有效的解决实际运行过程中变参数的问题。并可以有效解决集输管网传输过程中故障诊断和预测的问题，结合不同设备的机理模型，数据驱动模型具备更好的自适应特性，能够在行业内部实现推广。确保设备和生产的高效优化运行，降低生产能耗，实现过程节能(图3)。

数据驱动模型的智能优化方式，在电力行业，冶金行业都开始有具体的应用，说明该方法可以应用于大数据量的工业过程优化。石油行业正具备以上特性，说明该智能化方法在行业中应用是可行的。

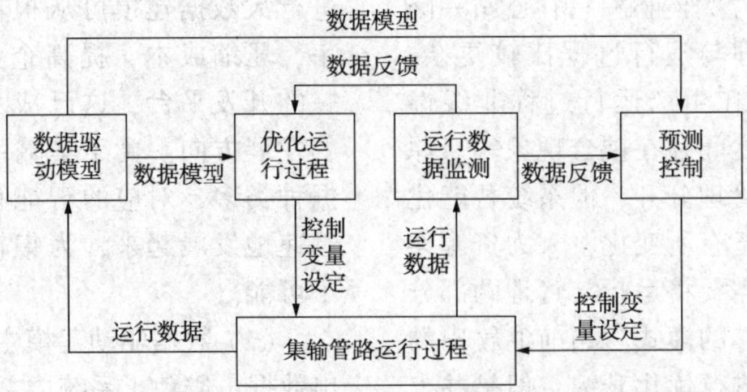

图3　集输管网能耗优化过程

4　结论

油气集输地面工程系统庞大、分散、流程复杂、管理节点多，仅凭借现有技术进行控制，调控难度大。因此，石油生产企业一直采用粗放管理的方式。随着油田进入高含水期、产能下降、品质下滑，导致系统运行能耗不断上升，尤其是受国际原油价格大幅下跌的影响，老油田生产运行节能降耗精细化管理势在必行。目前，数字化、智能化已经成为行业发展的大趋势。近年来，各油田为了提高生产管理效率，已基本完成了全面的数字化建设，建设过程中，海量数据的堆积以及多元异构数据的集成严重影响智能化油田的建设与发展。

当前中石化要求石油生产企业实现“四新、五化”，根据数据驱动对油田的智能化推广，未来能使油田摆脱系统内部设备间匹配和耦合问题，真正意义上实现生产系统全局优化。符合当前生产过程的模块化和生产管理信息化的要求。因此，应用数据驱动技术全面优化信息资源是油田信息化建设的必由之路，使数字化油田向智能化油田发展。

参考文献

[1] 崔之健，王菁，张晓阳，等．基于遗传算法的油气集输管网运行效率优化[J]．西安石油大学学报(自然科学版)，2008(06)：59-62.

[2] Yuan Z M. Study of Technical Parameters in Complicated Natural Gas Pipe Network System [J]. Journal of Southwest Petroleum Institute，2001，23(1)：60-63.

[3] Li C，Wang L，Hao G，et al. Drainage pipe network optimization design based on branch - bound method [J]. Journal of Applied Sciences，2013，13(22)：5503-5507.

[4] 盛利．油气集输工艺流程在中国的应用与发展[J]．内蒙古石油化工，2010，36(24)：40-41.

[5] 朱洪岩，王建光，周文涛．油气集输系统压力容器安全操作研究[J]．中国科技信息，2007，(17)：307-308.

[6] 陈健飞，盛华，王安泉，徐晓光．埋地管道外检测技术在油田油气集输管线检测中的应用[J]．现代制造技术与装备，2011，(03)：35-38.

[7] 侯铎，思玉琥，彭健锋，李森．油气集输管道的腐蚀失效与环境保护[J]．石油化工腐蚀与防护，2012，29(01)：23-26.

智能油田建设中通信网络技术的分析与应用

马 静

（中石化石油工程设计有限公司）

摘 要 随着云计算、物联网、大数据等信息技术的飞速发展，在油田生产和改革发展任务的驱动下，胜利油田开始由数字化向智能化迈进。建设智能油田，可以为油气生产提供强有力的信息化支撑，降低劳动成本，提高工作效率。本文围绕油田智能化建设，探讨了基础网络建设、云计算技术、掌上油田、物联网、网络安全在智能油田建设中的作用，分析通信网络技术的应用优势，并对智能油田建设进行展望，推动油田可持续发展。

关键词 智能油田；通信网络技术；云计算；网络安全

1 建设背景

信息技术日新月异，以数字化、网络化、智能化为特征的信息化浪潮蓬勃兴起，全球信息化进入全面渗透、跨界融合、加速创新、引领发展的新阶段。在2019年的政府工作报告中，李克强总理多次提出“互联网+”，并初次提出了“智能+”。近年来政府不断强调要善于运用互联网技术和信息化手段开展工作，推动互联网、大数据、人工智能和实体经济深度融合。《胜利油田2019年信息工作要点》也明确了云平台、大数据和智能化的主攻方向。作为传统制造业，石油化工行业的智能化转型也取得一定进展。而胜利油田作为原油生产企业，面临原油采出成本高、人员递减、岗位缺员等实际问题，传统生产管理模式已不适应新的发展需求。应用物联网、大数据、云计算、人工智能等信息技术，大力推进数字化、智能化建设，促进生产管理模式变革，是胜利油田破解高质量发展与传统生产管理模式之间矛盾的关键技术，实现可持续高质量发展的必由之路。

2 概述

油田的数字化转型离不开新一代信息技术的发展应用，通过智能化创新、可靠的通信网络技术，从而达到增储上产、提质增效的目的。

2.1 智能油田

智能油田是在数字化油田的基础上，利用云计算、人工智能、大数据等先进信息技术，借助业务模型和专家系统，全面感知油田动态，自动操控油田活动，预测油田变化趋势，持续优化油田管理，虚拟专家

辅助油田决策，用计算机系统智能管理油田，实现油田可视化、资源一体化、过程自动化、管理远程化、决策协同化。从建设阶段来看，可将智能油田划分为基础层建设、技术层建设及应用层建设。从应用的角度来看，数字油田代替了人的重复性统计工作，是应用知识的过程；而智能油田是代替了人的分析归纳工作，是创造知识的过程(图1)。

2.2 通信网络技术

传统通信系统主要包含网络的交换技术，IP网络技术，智能网，网络安全、移动通信技术、光纤通信技术、卫星通信技术、电话系统工程、有线电视系统、安防系统、综合业务数字网及宽带接入、广播音响系统、智能建筑通信网络系统等。通信网是一种由通信端点、节(结)点和传输链路相互有机地连接起来，以实现在两个或更多的规定通信端点之间提供连接或非连接传输的通信体系。科学技术的发展不断提升着通信技术的水平，现代通信技术的不断发展使我们的日常生活更加便利．现代通信网络技术也在新一代移动通信，物联网，云计算等关键技术上取得创新，创新的同时，也在各个领域如智能油田等方面获得应用(图2)。

3 通信网络技术的应用

自感知、自学习、自决策、自执行、自适应的智能化生产方式建成，需要大量的数据采集、传输及处理工作。智能油田的建设对通信网络的

传输层提出了更高的要求，需要更高的速率、更稳定的质量、更短的延迟、更大的带宽，所以加强油田的基础网络建设显得尤为重要，这也是智能油田建设的根本保障。

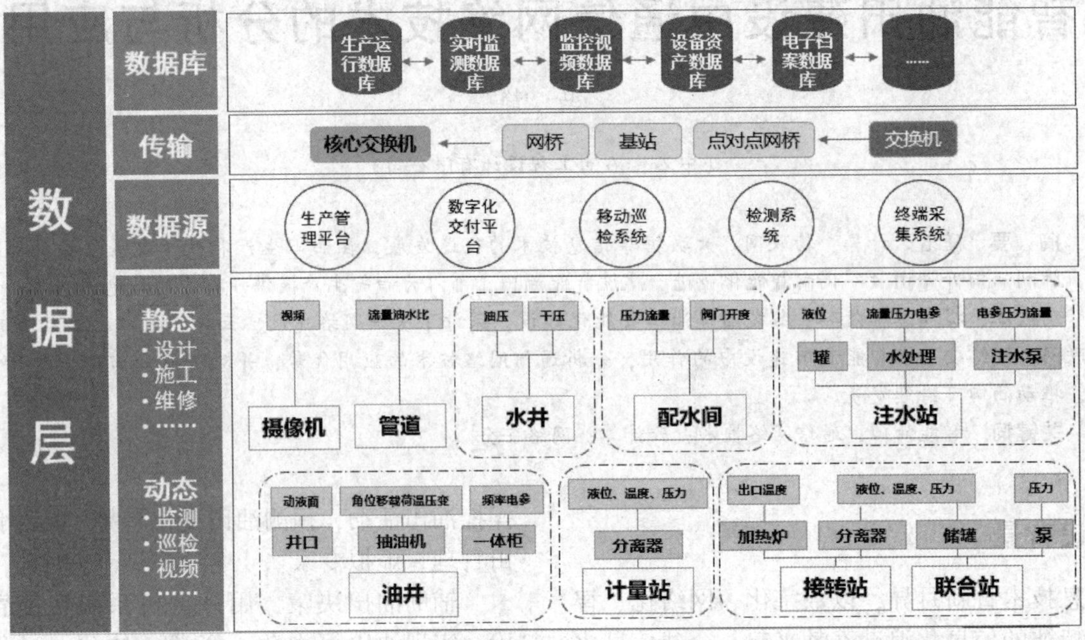

图 1　胜利油田智能化建设思路

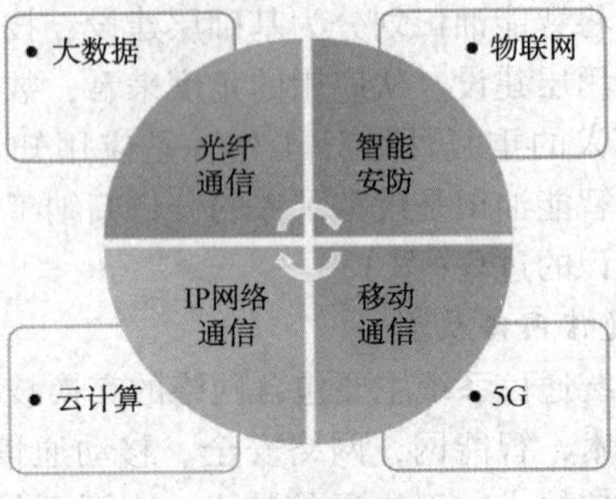

图 2　通信系统组成

3.1　增强传输网络建设

加快建设光纤通信主干网络，逐步推进光纤向角落延伸，合理利用无线通信技术，搭建稳固可靠的信息高速公路。在智能油田建设中，要注重考虑顶层设计，合理利用现有的光纤资源，统筹整合，最大限度地提升网络稳定性，同时减少油田的重复建设成本，避免在不同区域之间形成“信息孤岛”。同时，要注重优化通信传输设备，通信设备在某种程度上决定了通信系统的质量和数据传送能力，为满足智能油田建设的信息需求，需要综合评估现有设备的各项参数指标，及时更新、更换设备，使通信设备向大带宽、大容量、高效率、更智能、更安全的方向发展，为整个通信信息网络奠定良好的硬件基础。

3.2　办公、生产双网隔离

目前，大部分油田企业办公网与生产网搭建在同一张物理网络中，对数据传输的带宽及数据安全均存在不利影响。在前期传输网络建设时将 OA 办公网络与生产数据网络进行物理隔离，两网互为备份，一方面可大大提高网络的安全性和可靠性，另一方面网络的带宽瓶颈相应得到缓解。可以利用 OA 网提供 IP 语音、视频会议等办公需要求，生产网用来传输各种与生产有关的技术数据。基于大数据的需求，可在此基础上，将生产网再次进行细化，进行物理隔离或 Vlan 划分。这也是建设智能油田的一项重要的基础工作。

3.3　云计算技术

数据是最重要的基础，也是数据“采、传、存、管、用”中“用”的不断升级。在数字化阶段油田依托传感器、远程终端、PLC、SCADA 系统等初步实现数据自动采集、参数远程调控及异常报警，进入智能化阶段是在数字化基础上，构建大数据中心，将离散数据进行整合，并将海量数据和多种数据融合，应用大数据、云计算、虚拟现实、人工智能、建成智能油田，将对油田的生产建设模式和管理模式产生深远的影响。

智能油田建设过程中，业务数据量逐渐增多，数据分析处理的需求增加，对数据安全提出了更高的要求，云计算中心的应用，可以有效解决油田智能化面临的数据处理、数据安全、数据存储等诸多问题。一方面，实现基础设施资源的动态调度和按需分配，通过应用系统迁移至虚拟化服务器，对应用系统进行集中建设、运维和管理，有效整合分散的软、硬件资源，减少信息化系统建设、运维、能耗的成本，提高利用率。另一方面，通过云安全资源池等技术，实现网络安全信息审计、过滤等，构建网络安全的第一道防线，使信息网络更加安全可靠。

3.4 物联网

作为信息技术在新时代发展的重要组成部分，物联网技术是一种全新的信息技术。物联网实际上就是充分利用互联网技术实现“物—物”相连。从技术层面来讲，物联网技术在实际应用过程中会涉及射频识别技术、传感器技术、纳米技术、智能技术等各种核心技术。而从功能的层面讲，利用物联网系统的建设主要包括感知网、接入网、网络基础设施、中间件、应用平台等几个部分。

智能油田的不同建设阶段，对物联网的需求重点有所侧重，初期主要在全面感知上，后期的建设阶段则主要以职能管理为主。在目前油田智能化建设全面感知以及智能监控系统的过程中，智能视频监控系统与无线传感网络的有效结合已经成为了一种必然的选择。这两种系统能够在功能上实现互补。智能视频监控系统能够实现对油田敏感现场的可视化，将油田的关键生产环节进行直观的显示，对于一些地理上覆盖面积较大的油气田来说，实现生产现场的可视化能够为生产现场的巡视带来极大的便利，也能极大地减轻巡检工作强度。但是在这一过程中针对图像以及视频的数据分析与算法是一个难度比较大的环节，因此，要想实现智能化的难度还比较大，在多数情况下仍然需要人为干预才能实现，而且通过视频信息并不能实现对现场环境温度、湿度、压力等油气田运行参数的清晰显示。而利用无线传感技术在现场各个关键节点上设置传感器能过实现对油气田现场环境的有效监控，而且在此基础上能使各种检测参数的算法控制更加简单。由此可见，实现上述两种关键技术的有效结合，就能进一步提升整个系统的互补性，逐渐构建起完善的智能油田全面感知系统。

3.5 掌上油田

目前，油田企业的业务系统只能在企业内网使用，无法互联，因此离开办公室就处于一种“信息孤岛”的状态。基于此，94%以上的世界500强企业早在2011年就纷纷启动了移动办公项目。随着油气生产建设的加速，业务系统规模越来越大，设备越来越多，系统越来越复杂，对处理工作的及时性、实时性也提出了新的要求，同时，迅速增长的业务需求与控制用工总量的矛盾进一步凸显。因此，油田企业的管理及运营需要大量的软件支撑，需要利用信息化平台简化工作，提高工作效率及管理水平，提升工作的实效性，实现实时、实地办公。掌上油田即通过科技创新以及软件开发应用，打造各类信息化平台，实现移动办公，打破局域网的限制，解放生产力。

随着5G时代的来临，推广移动办公、打造“掌上油田”的时机更加成熟。智能油田需要系统考虑部署移动办公及信息化平台，打破地域限制进行业务信息处理，提升生产运作效率和管理效率。

3.6 网络安全

2017年5月12日，Wannacrv蠕虫病毒通过Windows MS17-010漏洞在全球范围内大规模爆发，感染了大量计算机，导致电脑中大量文件被加密，油田的生产建设也因此受到了一定程度的影响。智能油田数字化、信息化建设在为生产作业提供便利的同时，由于互联网的互通性，带来了各种网络安全威胁，使网络安全风险进一步增加。因此，油田企业需要进一步夯实网络安全，通过推进网络信息安全管理平台应用、统一计算机网络出口、身份认证和终端计算机桌面管理等措施，加强对各类信息设备的准入安全管理；以防篡改、防病毒、防瘫痪为重点，深入查找网络安全薄弱环节，及时发现并整改隐患、风险，构筑网络安全防线；建立网络安全威胁情报分析制度，提升风险智能识别和事件快速处置能力，实现网络安全的动态管控；开展云计算安全等级保护测评工作，定期对各个应用系统进行安全评估检查工作，提出整改意见；协助相关单位及时完成应用系统安全加固及复查工作。油田企业在利用信息化网络带来的便利性的同时，也要应对相应的风险，智能油田建设必须加强网络安全管理和维护，避免受到网络黑客攻击，必须坚决保护好数据资源和网络的安全。

4　结论

油田智能化建设是一项复杂的系统工程，涉及多学科、多理论、多领域，油田企业需要系统、全面、长远考虑，注重顶层设计，夯实基础网络建设，不断完善相关机制体制，引入先进核心技术，通过管理创新和技术创新，逐步实现智能化。

本文主要探讨了智能油田中与通信设计关系最为密切，也最重要的基础层建设部分。分析了基础网络建设、云计算技术、物联网、掌上油田等在智能油田建设中的作用。在智能油田建设初期，油田企业需要系统、全面、长远考虑，注重顶层设计，夯实基础网络建设，不断完善相关机制体制，引入先进核心技术，通过管理创新和技术创新，逐步实现智能化，为智能油田生产建设提供坚实的保障。

参　考　文　献

[1] 李斌，刘伟，毕永斌，等．智慧油田建设与发展[J]．石油科技论坛，2018(3)：51-56.
[2] 刘瀚，祝龙博，郭进利．移动办公在油田企业的探索与实践[J]．计算机时代，2017(6)：32-35.
[3] 杜懿珊．浅析玉门油田网络安全的预防措施[J]．信息系统工程，2017(9)：117-118，120.
[4] 杨天翼．通信技术在大庆油田数字化建设中的应用模式探讨[J]．中国设备工程，2019(12)：19-21.

数字化管道方案在海外隧道施工中应用及展望

张 平 张 明

（中油国际管道有限公司）

摘 要 大数据已成为现代工业发展的趋势，数据将成为企业未来的重要资产。随着数字科技的进步和完整性技术的发展，智能管道建设已成为当前管道建设的趋势和主流。目前，国内智能管网建设技术路线已初步形成，探索实现了自动焊接数据、现场视频监控数据等的实时上传与利用。海外油气管道的建设不仅面临着焊接、检测等工序，而且还面临着隧道施工的难点。目前国内油气管道隧道施工过程中数据采集与利用程度低。本文分析了当前隧道施工主要数据采集范围，并在塔吉克斯坦隧道施工中，根据现场通信条件、法律环境等，采取了数字化管道手段实现了质量安全管控的目标，并将在接下来的盾构建设中发挥更大作用。

关键词 油气；隧道；数据；标准；平台；工序；D线

目前，国内油气管道自中俄东线天然气管道工程以来，基本进入数字化管道时代，建设期围绕工程实体质量，对线路焊接、检测、防腐等关键工序的数据采集、传输、应用取得一定进展。随着国家经济的发展和油气管网互联互通的深化，山区管道建设将越来越多，公司正在筹建的中亚天然气管道D线穿越三个隧道群，涉及42座隧道，面临极大的管道建设与运营管理难度。油气输送隧道穿越施工是整个工程的关键控制点，隧道地质条件复杂，前期勘测数据缺乏，且目前隧道施工过程中偏重于质量、进度等常规数据收集，数据标准不统一，对地质数据采集不全面。公司自2018年起开展了中亚D线数字化管道方案研究工作，编制了《中亚D线工程建设数字化管理实施总体方案》、《油气管道工程数据标准》企业标准，搭建了工程建设数字化管理平台及相应APP，并针对线路施工形成了《线路工程关键施工工序数字化质量管理方案》成套方案，于2020年成功应用在在塔吉克斯坦段隧道施工过程中，加强了数据采集、智能监测等，为实现管道“全生命周期管理”筑牢基础，为隧道养护、维修、评价、突发事件应急处置提供信息和科学依据。

1 中亚D线隧道工程概况

中国-中亚天然气管道D线工程是经由中亚地区向中国输送天然气的一条新的能源通道，管道起自土库曼斯坦与乌兹别克斯坦边境，经过乌兹别克斯坦、塔吉克斯坦和吉尔吉斯斯坦，最后到达D线末点中国新疆乌恰县。管道全长966km，输气能力300x10Nm3/a（最大日输量可达到8886x10Nm/d），设计压力为12MPa，干线管径为1219mm（其中土乌边境至DU-CS1进站端设计压力为10MPa，干线管径为1422mm）。

山岭隧道工程位于塔国境内，沿线共设置山岭隧道共42座，大致分为三个隧道群。本隧道工程除明洞段按矿山法施工外，其余地段均按新奥法原理组织施工，采用钻爆施工工艺。

2 数字化管道方案

项目工程建设数字化管理平台将按照物联网标准的三层架构进行设计（图1），考虑到海外网络基础建设现状，将网络层分为了高速网络层和亚速网络层，支撑物联网数据较经济、便捷的部署传输方式。针对施工现场可能存在网络带宽有限甚至无网情况，设计了多种离线传输方式。

数字化管道工作主要包括数据标准、管理平台、现场工序管控等内容。

2.1 《油气管道工程数据标准》

按照集团公司智慧管道建设构想以及公司数字化转型的总体部署，形成统一的编码原则进行数据的收集、整理和入库，形成覆盖管道建设期的全专业的完整的数据标准，以便为数字化的实施奠定基础。

根据油、气管道属性，按照全生命周期理论，从编码规则、文件清单、数据规定、实施指南等进行梳理和编制，本标准分为10个部分：

第1部分：工作分解结构及文件编码规则；

第2部分：前期及设计文件清单(天然气)；

第3部分：前期及设计文件清单(原油)；

第4部分：实施文件清单；

第5部分：建设单位PMC管理文件清单；

第6部分：线路、穿跨越、阴保、通信工程结构化数据规定；

第7部分：站场工程结构化数据规定；

第8部分：配套工程结构化数据规定；

第9部分：勘察、测量、评价结构化数据规定；

第10部分：数据管理实施指南。

其中第8部分：配套工程结构化数据规定，对隧道工程、隧道周边环境、进出场道路等实体，进行了数据定义，见表1。

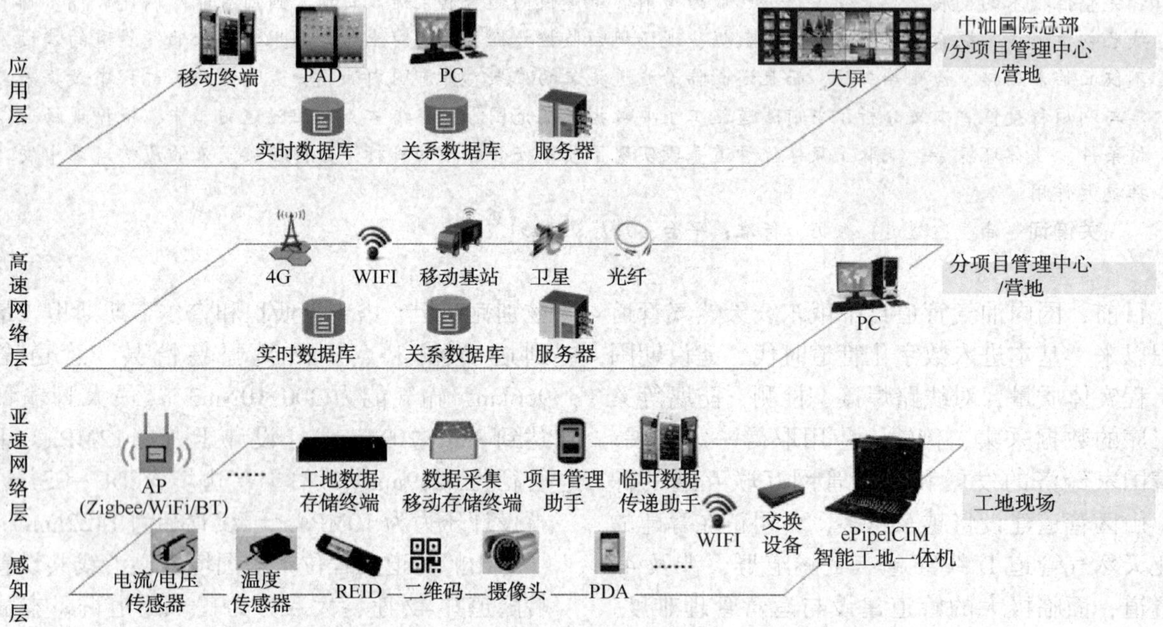

图1　中亚D线数字工地建设网络架构示意图

表1　穿跨越数据-隧道部分

业务类别	工程专业分类	实体类	备注
施工图设计、施工数据	穿跨越	隧道工程	转角点
		隧道周边环境	包括工程地质、水文地质、周边环境风险、轴线、结构及防水、附属专业(通信与监控)
		进出场道路	
		隧道洞口(明洞)	包括防护网(墙)、主体结构、边坡支护结构
		隧道超前部分	包括地质预报作业、预支护、注浆
		隧道洞体(钻爆)	包括爆破、开挖、钢拱架支护、二次衬砌、支墩基础、喷锚支护
		隧道竖井(盾构、顶管)	包括管道安装附属设施
		隧道洞体(盾构)	包括基坑开挖、沉井下沉、片钢筋笼、二次衬砌施工
		环片(盾构)	包括水平拼装、背填建筑、止水贴付
		顶套管	
		洞体监控量测	
		渣场	

2.2 工程建设数字化管理测试平台

公司搭建了一套覆盖总部、项目公司的完整的符合管理需求的数字化管理平台，通过加持数字化能力，赋能管道业务发展。

工程建设数字化管理软件测试平台于2020年1月初正式启动，期间虽然受到新冠疫情影响，但经过项目团队共同努力，于2020年4月如期上线，并完成系统培训工作；并自5月至今已经完成塔国1#隧道、哈国项目部等系统前后端测试、系统应用等工作(图2)，试运行其间系统运行通畅、应用成果显著。

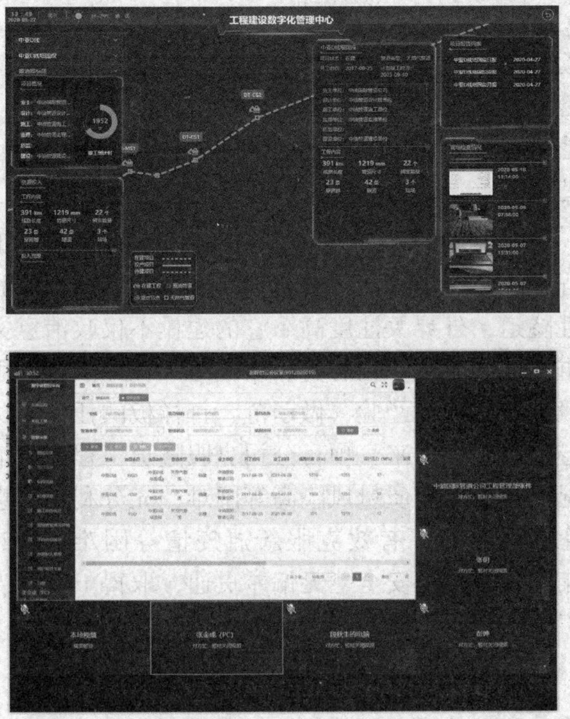

图2　工程建设数字化管理软件测试平台及培训

2.3 《线路工程关键施工工序数字化质量管理方案》

本研究针对管道建设期各主要工序，梳理现场施工管控中重点要素，结合移动终端、视频监控、电子标签、传感器等技术，按照各工序的管控要点、管控手段、数字化采集范围及方式进行详细介绍，各工序的详细内容可参考下列清单查看具体方案：

第1部分：焊接数字化管控提升方案

第2部分：无损检测数字化管控提升方案

第3部分：防腐补口数字化管控提升方案

第4部分：管道下沟数字化管控提升方案

第5部分：大开挖穿越数字化管控提升方案

第6部分：定向钻穿越数字化管控提升方案

第7部分：顶管穿越数字化管控提升方案

第8部分：盾构穿越数字化管控提升方案。

第9部分：钻爆隧道施工数字化管控提升方案

第10部分：测量放线、施工作业带清理数字化管控提升方案

第11部分：钢管及相关焊接补口材料质量数字化管控提升方案。

第12部分：施工现场人机数字化具管控提升方案

第13部分：水工保护数字化管控提升方案

第14部分：管道清管、测径、试压(扫水)、干燥数字化管控提升方案。

第15部分：竣工资料数字化管控提升方案

第16部分：竣工测量数字化管控提升方案

其中第9部分：钻爆隧道施工数字化管控提升方案中，列出了隧道施工数据采集内容，见表2。

表2　钻爆隧道施工数据采集范围与方式

数据名称	数据类型	计量单位	采集设备	采集方法
隧道名称	文本	/	采集APP	人工
施工单位名称	文本	/	采集APP	人工
机组编号	文本	/	采集APP	人工
隧道位置信息	文本	/	GNSS-RTK	人工
有害气体含量	数值	%	气体检测仪	人工
人员信息及资质	文本	/	人脸闸机获取	自动
机具设备、爆炸物品信息及资质	文本	/	采集APP	人工
爆破区域安全管理	文本	/	电子围栏系统	自动
洞口土石方加固检查	文本	/	摄像头	自动
拱顶下沉	数值	mm	水准仪、钢挂尺或全站仪	人工
净空收敛	数值	mm	收敛计、全站仪	人工
地表沉降	数值	mm	水准仪、铟钢尺或全站仪	人工

续表

数据名称	数据类型	计量单位	采集设备	采集方法
施工人员位置	文本	/	人员定位系统	自动
人员入侵	文本	/	电子围栏	自动
洞口情况	图像和音视频	/	摄像头	自动
超前地质预报	文本	/	手动输入	人工
地层岩性	文本	/	文字+照片	人工
围岩等级与变化	数值	/	文字+照片	人工
掌子面情况	文本	/	文字+照片	人工
断层破碎带情况	文本	/	照片	人工
混凝土的厚度	数值	mm	照片	人工
锚杆间距	数值	mm	照片	人工

3 海外隧道施工应用

数字化管道作为系统工程，在塔吉克斯坦1#隧道施工中得到实质检验。当前中亚D线项目境外沿线的网络设施参差不齐。经调查，项目驻地及施工现场的网络建设水平大概相当于国内10年前的水平(图3)，实现实时数据采集并集成的难度和成本都会很高。无论是通过Internet还是VPN专线，将大量的数据信息实时传回国内是不现实的。然而，要发挥信息化的作用，就需考虑网络的实效性。所以需要在国外的项目驻地架设当地的数据服务器，并且利用多种方式传输数据。

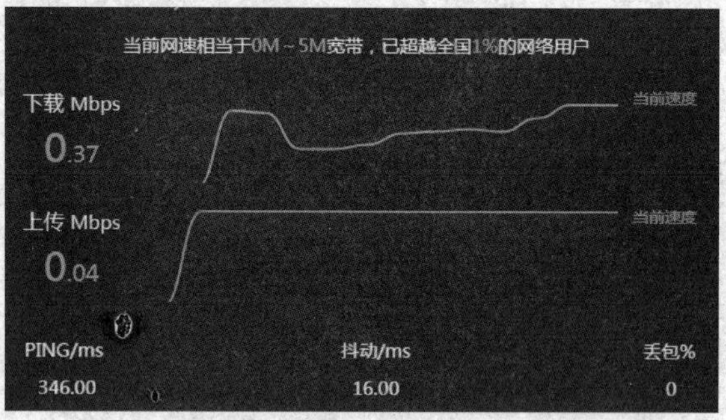

图3　海外某工地和国内服务器连通的带宽测试结果

推进工程建设数字化管理，需要利用摄像头、GPS定位、移动监控等技术来构建“数字工地”，其中的人员基础信息、地理位置信息等的采集与传输可能与当地法律法规冲突，这是约束中亚D线工程数字化技术应用的重要因素。

因此，1#隧道工程施工中，主要采取APP数据采集及网页端填报等方式，见图4，而人脸闸机、电子围栏、摄像头、人员定位系统需要结合网络、法律条件进一步探索应用范围。

1#隧道作为中亚D线工程开工的第一个工程，也是中塔天然气管道项目实施的第一条试验性隧道，外界关注度高。它的建设不仅政治意义重大，同时也承担着为后续隧道工程探索管理手段，积累建设经验，做示范、打样板的任务。1#隧道自开工以来，项目公司克服隧道工程地质情况复杂、安全质量风险高等困难，充分利用信息化管道手段，有效克服新冠疫情等困难，2020年实现了隧道安全、无偏差贯通，取得115万人工时安全无事故的业绩。

4 展望

2022年以来，中亚D线工程建设工作正在加快推动。在这种情况下，作为控制性工程的隧道群建设被提上日程，隧道施工的质量、安全管控尤为重要。针对隧道建设中的数据采集，公司联合设计、数字化单位制定了更为详尽清单(表3)。

在部分具备网络、法律条件的隧道现场，公司将充分应用视频监控、电子围栏、人员定位等措施，以数字化技术助力项目的精细化管理，有效提升盾构、钻爆等高危作业的安全及质量管理水平。

5 结束语

数字化管道在公司海外工程建设项目中的实施面临复杂的应用环境，通过对塔吉克斯坦1#隧道以及哈萨克斯坦站场施工的实践探索，结验证了数字化管控方式的可行性，并形成应用测试总结报告与下步改善计划，加强了数据采集、智能监测等，为实现管道“全生命周期管理”筑牢基础，为隧道养护、维修、评价、突发事件应急处置提供信息和科学依据，为中亚 D 线路工程全工序的应用推广奠定坚实基础，并将在今后的隧道群建设中发挥更大作用。

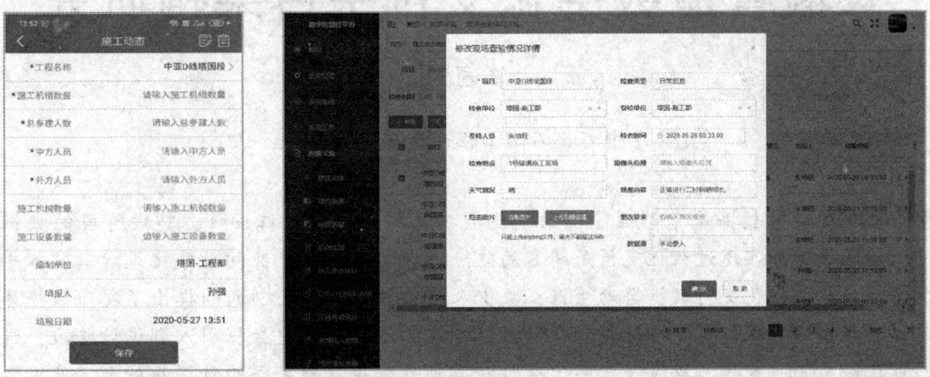

图 4　工程建设数字化管理软件测试平台 APP 填报与网页填报

表 3　穿跨越数据分类(部分)

数据分类	数据小项
盾构(顶管)隧道穿越数据	管线编号、穿越编号、穿越河流名称、起始桩号、相对起始桩里程、结束桩号、相对结束桩里程、起点坐标、终点坐标、穿越等级、通航等级、堤防等级、穿越位置、设计洪水位、设计冲刷深度、设计地震动峰值加速度、穿越长度、穿越地层、管道最小埋深、设计使用年限、隧道断面尺寸、穿越轴线形式、管道安装方式、地区等级、管径、设计压力、壁厚、制管形式、管道材质、冷弯管数量、热煨弯管数量、固定墩个数、弃渣体积、渣场面积、坐标系编号、设计洪水频率、始发井竖井断面形状、始发井竖井断面尺寸、始发井竖井深度、接收井竖井断面形状、接收井竖井断面尺寸、接收井竖井深度、填埋方式、热煨弯管壁厚、固定墩推力、固定墩尺寸
钻爆隧道穿越数据	管线编号、穿越编号、穿越河流名称、起始桩号、相对起始桩里程、结束桩号、相对结束桩里程、起点坐标、终点坐标、穿越等级、通航等级、堤防等级、穿越位置、设计洪水位、设计冲刷深度、设计地震动峰值加速度、穿越长度、穿越地层、管道最小埋深、设计使用年限、隧道断面尺寸、穿越轴线形式、管道安装方式、地区等级、管径、设计压力、壁厚、制管形式、管道材质、冷弯管数量、热煨弯管数量、固定墩个数、弃渣体积、渣场面积、坐标系编号、设计洪水频率、始发井竖井断面形状、始发井竖井断面尺寸、始发井竖井深度、接收井竖井断面形状、接收井竖井断面尺寸、接收井竖井深度、填埋方式、热煨弯管壁厚、固定墩推力、固定墩尺寸

参 考 文 献

[1] 刘相如，石朝阳．油气输送管道隧道穿越施工质量控制技术运用分析[J]，中国石油和化工标准与质量，2016，36(16)：103-105.

[2] 金庆国，中亚 D 线国际管道数字化管理规划概述[J]，中国智能化油气管道与智慧管网技术交流大会，2020：1-5.

[3] 杨建，沈裴敏，阳富强．隧道结构健康检测信息化系统设计与应用[J]，安全与环境工程，2014，5(21)：158-163.

长输管道数字化交付平台架构研究

崔国刚

（中石化石油工程设计有限公司）

摘　要　数字化交付数据是完整性管理的重要数据基础，如何保证设计、建设阶段的数据自动、及时、准确的收集和管理并实现过程化交付是研究的热点，本文从不同专业的数字化设计工具入手，通过共享、交互数据库实现数字化交付数据自动生产，减少人工干预，同时还创新的提出了发布数据库理念，既隔离了设计成果数据库又保证了交付数据的及时性，把施工阶段的变更数据引入到设计阶段，进一步提升设计数据与现场施工的一致性，提高了数字化交付的准确性。在准确完整的数据基础上，采用微服务架构开发应用平台，建设期为各参建单位提供数据服务，运营期为运营单位提供服务。

关键词　长输管道；工程建设；数字化交付；地理信息

石油石化行业数字化转型是一个大趋势，也是一个大命题。如今，随着疫情全球扩散蔓延，全球工业纷纷将数字经济应对疫情冲击，油气行业为应对冲击，推迟或取消大型资本项目投资，大幅削减资本支出，而在实体资产建设放缓的同时，数字化资产的建设却在加速。油气行业纷纷加大数字化技术应用和平台建设，以期通过数字化、智能化实现对生产的管理以及“零接触”式的资产运营，使得数字化交付的作用更加凸显。

1　现状

天然气长输管道完整性管理数据库包括设计、建设、运营期全过程的完整性数据链，在建设过程中工程设计、采购、施工阶段产生的工程数据是最基础、最真实的原始数据，是真正反映设计、施工的实际数据，如何收集、管理好这些工程数据，实现最终的数字化交付，是实现智能化管道的重要基石。

国家在2018年已经发布了《石油化工工程数字化交付标准》对数字化交付进行了定义：“对工程建设阶段产生的静态信息进行数字化创建至移交的工作过程，涵盖信息交付策略制定、交付基础制定、信息交付方案制定、信息整合与校验、信息移交和信息验收”。数字化交付是设计成果交付的升级，是工程技术服务的延伸，数字化交付包括交付方移交和接收方接收两个过程，交付方在移交平台完成交付物的收集、整合、校验后移交，接收方在接收平台完成交付内容的验收后接收。

中石化石油工程设计有限公司借助于新气输气管道工程（潜江-韶关段）以标准规范为依托，借助于二维地理信息系统技术开发完成了设计数字化交付平台，平台主要分为线路部分和站场部分，目前该平台已经在鄂安沧输气管道工程、青宁输气管道工程得到应用和推广，效果应用良好，但随着数字化交付工作的深入，如何提高设计交付的数据准确率，如何开展异地、多单位协同交付，如何管理各阶段交付数据版本，施工采集数据

如何回流以及施工阶段设计变更等问题成为关注的焦点，本文主要研究在数字化交付平台的建设架构，以期指导设计阶段数据交付、施工阶段数据采集、递延、回流及可视化高效利用。

2　数字化交付内容

数字化交付内容按照输气管道工程全生命周期数字化标准，从统一设计编码开始，建立工程分解结构、工作分解结构，以管道本体这一“实物”为基本载体，将不同业务活动的成果物逐项加载到管道“实物”上，建立统一的“数字化管道数据模型”，为管道数字孪生体的建设奠定数据基础。

数字化交付内容可按多种方式划分，按建设阶段可分为前期、设计、采购、施工阶段数据，按数据类型可分为数据、文档和模型，按专业可分管道、总图、穿跨越、隧道、防腐、水工保护、通信、勘察等专业。

3　平台架构

数字化交付平台是用于承载和管理数字化交付信息，可与多种工程软件集成并兼容多种文件格式的信息管理系统。它可承载各承包商移交的数字交付物并能对其进行整合管理。

标准规范作为智能化管道建设体系的“地基”和“框架”，是系统建设的基础和保证，能够保障整个工程数字化交付统一、有序和递延、复用，数字化交付平台中数据以标准规范为基础进行开发。

数字化交付平台主要解决数据的采集、使用问题，而标准是系统建设的“基石”，依据标准进行信息系统的设计和建设，可确保各系统之间、系统内各应用功能之间的无缝集成和数据共享。在标准规范的基础上，以设计数据作为数字化交付的源头数据，开发数字化交付平台，以移动应用和采集系统为主要手段，以项目管理系统为保障，确保施工阶段的数据采集录入及数据的递延利用。

平台主要分为三层，包括设计层、数据层及应用层，设计层，其中设计层是数据的来源和基础，通过数字化设计手段各专业生产数据、交互数据及共享数据；数据层是数字化交付平台的数据基础，一是支撑上游的数字化设计，二是下游的数字化交付平台；三是应用层，可采用电脑、移动终端访问数字化交付平台，实现设计数字化交付数据的远程访问和使用。平台架构图见图 1。

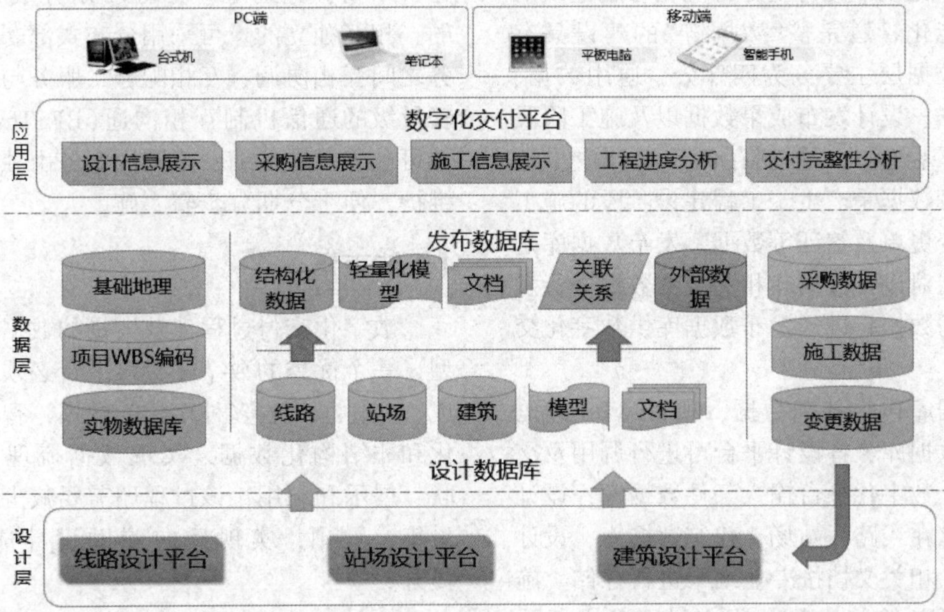

图 1　系统架构图

3.1　设计层

设计层根据专业性质不同共计分为三种方式，线路设计平台、站场设计平台及建筑建设平台，三类平台根据目前的设计方式需要进行选型或二次开发，通过二次开发满足自动交付要求。

线路设计平台，满足测量专业、勘察专业、线路专业、通信专业、水工专业、穿跨越专业（隧道专业）、防腐专业等线路系统相关专业的设计需求，实现标准化、批量化设计，达到过程可追溯、数据可回访、文件可流转、成果可导出的目标。平台采用 AutoCAD、ArcGIS 平台二次开发，其中 AutoCAD 主要用于绘图、协同设计，即不同专业间能够进行资料及数据流转，并能够实现实时共享、会签，用于施工图设计、竣工图绘制等；利用 ArcGIS 地理信息技术在空间分析、可视化等方面的特性，用于可研阶段、初设阶段及施工图设计和竣工图设计，断面图生成、土石方计算，分张图数据驱动，并形成空间数据库，满足目前国内外对线路设计交付的数据要求。

站场设计平台，采用鹰图公司 SPP&ID、SP3D、CADWORK 平台，通过解析 SmartPlant 及 CADWORKS 的设计成果，转换数据格式，生成轻量化模型并保留三维模型、属性数据之间的关联性，基于三维 GIS 平台实现站场设计成果的交付、浏览及查阅，向全生命周期数据库进行数字化设计数据移交。站场数字化设计平台设计人员包括工艺、暖通、消防、仪表自动化、站场通信、供配电、机械、站场腐蚀与阴保、总图、建筑、结构专业人员。

建筑设计平台，建筑设计目前普遍采用建筑信息建模（BIM），BIM精细化三维模型是三维GIS重要的数据来源，BIM和GIS面向不同领域的应用，两者采用截然不同的数据标准和技术，采用REVIT等BIM设计平台，通过IFC等中间格式将BIM模型转为CityGML数据，进而实现向全生命周期数据库进行数字化设计数据移交，建筑数字化设计平台涉及的专业包括建筑、结构、给排水、消防、暖通、热工、电力、仪表、通信专业。

3.2 数据层

设计数字化成果交付就是智能化管道建设的源头，对智能化管道完整“数据链”的建设具有重要意义。数据层主要分为四部分，通用数据、设计成果数据、设计发布成果数据以及施工阶段数据，设计平台生成的数据存储于设计成果数据，施工阶段数据是产生于工程建设阶段的施工数据、工程变更单及签证等数据，发布数据库是根据项目进展对设计数据库相关版本数据进行发布，发布后的数据将进入发布数据库供数字化交付平台调用。

通用数据库包括基础数据、项目WBS编码数据及实物数据库，各设计平台可进行调用及交互，也是设计数字化平台输入条件数据库；设计成果数据存储在线路、站场、建筑数据库，设计生成的模型、相关文档按专业结果进行存储。施工数据库按照长输管道数字化交付标准进行采集，同时记录工程变更信息，施工数据设计人员根据变更要求，对设计成果进行变更，变更完成后可发布到发布数据库。

3.3 应用层

数字化交付平台，作为智能管道建设的支撑平台，满足不同设计单位、业主、PMC单位、参建单位的异地查询、审查及设计管理需求，通过各参建公司的使用反向大幅提高项目设计质量、效率，推动数字化成果的管理和移交，实现知识推送和落地，达到工程建设标准统一、数据统一、水平统一和风格统一。此外通过设计数字化交付平台，向分布于不同地区业主、设计单位提供统一的交付环境。通过EXCEL、XML等透明的数据形式承接不同设计软件产生的设计成果，存储于外部数据，并能与并通过统一接口发布。数字化交付数据涵盖了各阶段设计信息，包括管道、中线桩、管材、穿跨越、防腐、通信等信息，利用地图、图形、表格等形象、可视化的展示数据。基于二三维地理信息平台实现设计与施工进度的叠加显示，为把控施工进度、质量提供有效的监控手段。

应用层平台采用航务架构模式开发，将线路、站场、施工等应用程序划分成一组小颗粒的、相互独立的、可采用分布式部署的服务，服务之间互相协调、互相配合，服务与服务间采用轻量级的通信机制互相沟通（RESTful API），服务可独立扩展伸缩，不同的服务由独立的团队来维护，便于分期分步骤实施。

4 结束语

数字化交付过程涉及大量的数据、文档和模型，一个优秀的数字化交付平台必须可以自动生成、交付、接收多种格式的数据，智能整合结构化和非结构化数据，实现数据梳理、发布、关联、展示和利用，该过程还需要减少过多的人工采集、干预，实现反向辅助设计成果的质量提升。

参考文献

[1] 樊军锋，智能工厂数字化交付初探[J]，石油化工自动化，Vol.53，No.3，2017.6.

[2] 寿海涛．数字化工厂与数字化交付[J]．石油化工设计，2017，34(1)：44-47.

[3] 吕慧玲等，BIM模型到多细节层次GIS模型转换方法[J]．地理信息世界，2016.8 V0l.23 No.4 64-65.

[4] 晋荣等，基于微服务架构的综合运维系统设计[J]．计算机与网络，2019(2)56-57.

基于智能管道的数字化输气站场建设实践

陈　冰[1]　孙淑珍[1]　南子龙[2]　刘　刚[3]　周永涛[3]　韩元仿[1]　张亚超[1]

(1. 中国石油工程建设有限公司华北分公司；2. 国家管网集团工程技术创新有限公司
3. 国家管网集团北京管道有限公司)

摘　要　智能管道是“互联网+”背景下的必然之举。大数据、人工智能、数字孪生等科技信息技术的高速发展，极大地推动了管道行业智能化转型升级。以马坊分输站为例，介绍了全专业数字化设计过程、数字化移交以及智能工地建设，系统阐述了数字化输气站场建设实践，为持续推进中国智能输气站场建设，助力国家智慧互联大管网提供了指引。

关键词　数字化设计；数字孪生；数据移交；智能工地

2016 年，国家发改委等部门联合”下发《关于推进“互联网+”智慧能源发展的指导意见》，提出以“互联网+”为手段，以智能化为基础，促进能源与信息深度融合。党的十九大提出了推动高质量发展，建设现代化经济体系等一系列新理念新思想新战略，而随着大数据、物联网、云计算、人工智能等智能技术的不断发展及应用，管道行业由传统管理模式逐步向数字化、智能化发展。马坊分输站是 2019 年度国家天然气管道互联互通保供重点工作，其为大型输气站场，设计压力 10MPa，设计分输能力 $150\times10^4m^3/h$（折合 $3600\times10^4m^3/d$），主要实现给北京市东部的平谷区供气。马坊分输站按照智能管道的建设思路开展了数字化设计、数据移交、智能工地的建设，建设实施对数字化输气站场的建设积累了经验，提升了管理。

1　数字化设计

智能管道建设过程中，数字化设计是基础。数字化设计使工程设计、施工和运维具备了协同工作的基础，本项目的数字化协同设计平台架构，分别搭建了 AVEVA PDMS 三维设计平台、Revit 建筑物三维设计平台，所有设计专业及人员在一个统一的设计平台上进行设计，从而减少现行各专业之间（以及专业内部）由于沟通不畅或沟通不及时导致的错、漏、碰、缺，真正实现所有图纸信息元的单一性，实现一处修改其他自动修改，提升设计效率和设计质量。

1.1　基于 P&ID 信息的 PDMS 三维安装

AVEVA Diagrams 是一个智能性的系统图绘制软件，应用 AVEVA Diagrams 绘制 P&ID 时，除了可以获得图形还可以获取 P&ID 图中的数据，比如管线表、设备表、仪表清单等等，还可以为 Design 模块中的三维配管与 Diagrams 模块中绘制的智能 P&ID 之间的相互校验提供基础，从而有效的减少设计错误的发生，提高工程设计质量(图 1)。

马坊分输站开展 AVEVA Diagrams P&ID 设计，绘制的智能 P&ID 可生成工艺自控流程图及管道数据表，为配管专业的设备布置提供基础，给仪表专业提供测控点位置及仪表类型，为电气专业提供电负荷，为设备专业提供设备大小等。配管布置完成后，以智能 P&ID 为依据，使用“Schematic 3D Integrator”模块检验安装与流程的一致性，包括管道等级、管件、阀门等的设置是否正确，对不一致的问题及时发现解决更新，提高各专业协同工作效率（表 1）。

马坊分输站开展基于 P&ID 信息的三维安装、布置设计。三维模型与 P&ID 对象形成逻辑关系，在站场平台中逻辑上为同一物体，且物体唯一（图 2）。

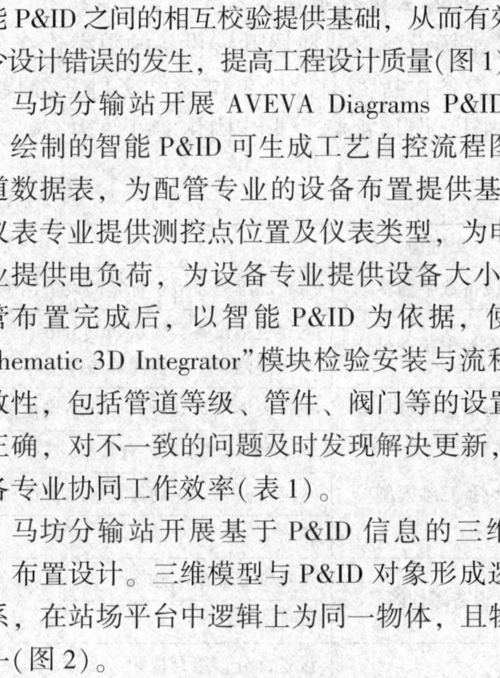

图 1　马坊分输站三维设计协同平台示意图

表 1　马坊分输站三维设计协同平台软件选用表

序号	设计软件	工作内容	涉及专业
1	AVEVA PDMS	场区的各专业三维设计	总图、配管、电气、通信、仪表、给排水消防、机制
2	AVEVA Diagrams	智能 PID 设计软件	工艺、仪表、给排水、电气
3	AVEVAEngineering	AVEVA 数据集成平台	
4	AVEVA Review	三维模型浏览工具	
5	Revit	建筑物三维设计	建筑、结构以及建筑物内各专业

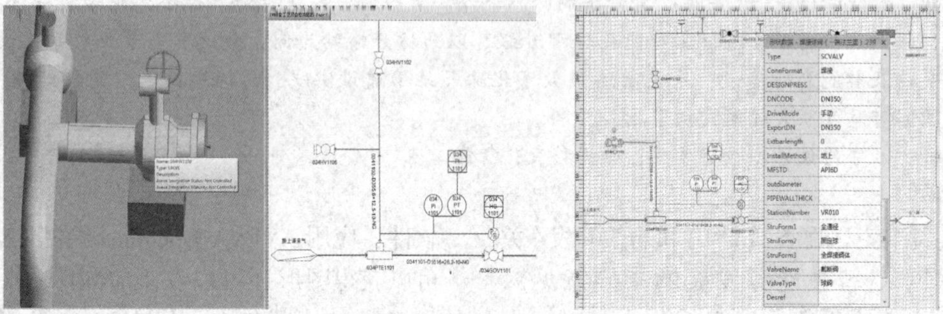

图 2　基于 P&ID 信息的 PDMS 三维安装

1.2　设备三维模型的导入

站场设备订货阶段开展设备的数字化交付工作，设备供货商向设计单位交付交付三维模型、爆炸图、爆炸视频、非结构化文件等内容。三维设计中将设备三维模型导入 PDMS 设计平台，保证三维模型的准确性。设备全数字化交付交付物清单见表 2。

表 2　设备全数字化交付清单

交付物	主要内容	责任方
设备数字标签	带有二维码及电子标签的设备铭牌或吊牌	设备供货商
设备全数字化交付计划	内容包括设备实体层级划分表、三维模型交付内容、设备爆炸图清单及交付内容、设备爆炸视频清单及展示内容，以及交付时间计划等	设备供货商
设备信息化资料表	设备实体层级划分表、非结构化文件交付清单	设备供货商
设备三维模型	*.SAT 格式设备外观模型	设备供货商
	*.Pro-E 格式(或其它标准格式)部件级设备	
	模型	
设备爆炸图	设备轴测装配示意图	设备供货商
	部件清单	
设备爆炸视频	设备拆分、组合视频	设备供货商
	设备操作、维护、维修过程视频	
非结构化设备资料	非结构化文件交付清单中所示的设备图纸	设备供货商
	说明书等相关文件	

马坊分输站主要大型设备为过滤分离器、调压橇、计量串，导入 PDMS 平台的设备三维模型如图 3~图 5 所示。

1.3　建筑物数字化设计

采用 Revit 软件搭建建筑数字化设计平台，开展建筑物协同设计，首先由建筑专业搭建综合值班室(图 6)与门卫室建筑模型，相关专业通过在线协同平台开展建筑物内数字化设计，任何对模型的修改，相关专业建筑内设计可一目了然，避免了建筑物各专业不一致或者管线交叉事情发生。

图 3　过滤分离器三维模型

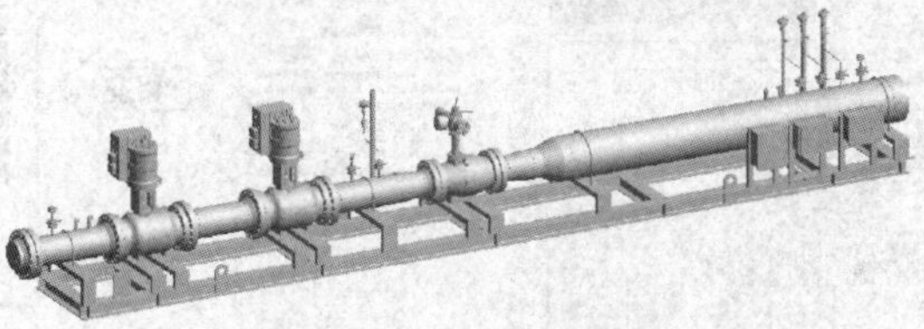

图 4　调压橇三维模型

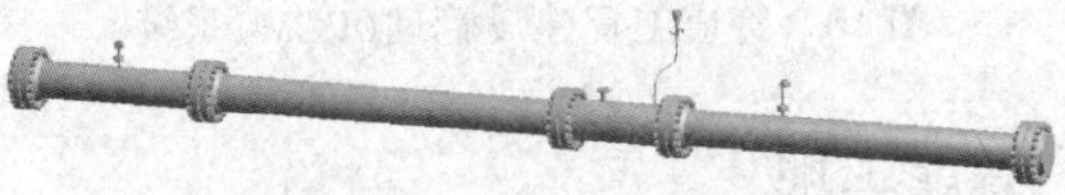

图 5　计量串三维模型

建筑物三维设计完成后，需将 Revit 建筑物模型导入 PDMS 软件。Revit 软件导出 . sat 格式，转换成 . stp 格式导入 PDMS，实现全场站的三维模型整合浏览。

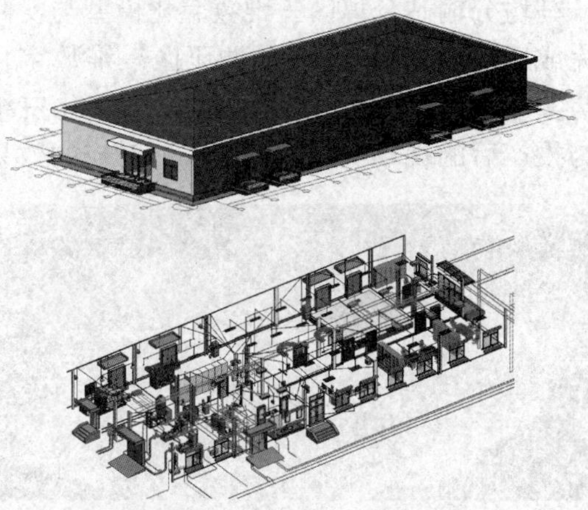

图 6　综合值班室三维模型与设备管线三维布置

1.4　全站三维设计

在完成了 AVEVA Diagrams P&ID 设计、场站三维数字化设计、设备三维模型及建筑物三维模型导入之后，整合形成全站三维数字化模型。建设完成后马坊分输站站场实际航拍图与全站三维设计模型的对比见图 7。全专业三维数字化设计为智能管道建设提供高质量的原生数据，为实现输气站场数字孪生体提供了模型与设计数据基础。

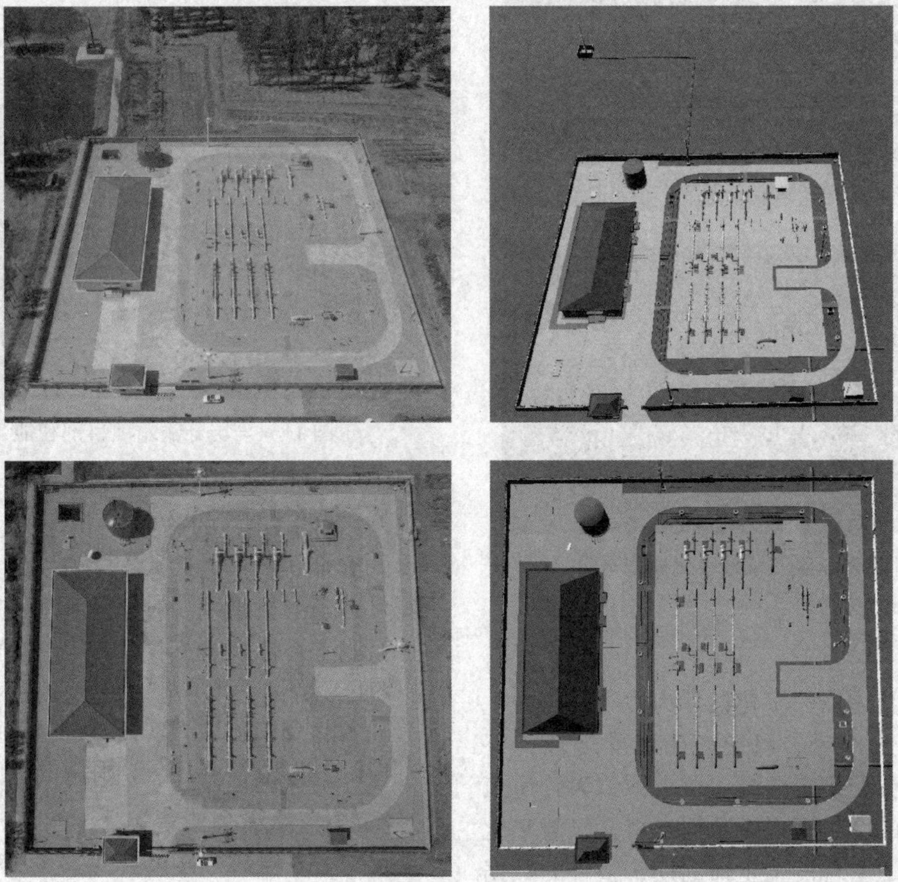

图 7　全三维数字化模型与现场鸟瞰图

马坊分输站分离区三维数字化模型与实际建设完成后对比见图8，计量调压区三维数字化模型与实际建设完成后对比见图9，数字化三维模型与投产后的现场实际达到了一一对应的效果。

图8　分输站分离区三维模型与实际案例

图9　分输站计量调压区三维数字化模型与实际案例

2　数字化移交

数字化移交是以数字化设计为源头，以全生命周期数据库为纽带，以统一的标准规范为保障，在数字化移交规定的统一要求下，为管道工程建设与管理的全过程提供数据支持，以数字化的方式贯穿管道管理的全生命周期，整合的数据包括站场三维模型、设计数据、设备采办数据等。马坊分输站数字化移交全生命周期数据库(PCM)系统(图10)，移交包含结构化数据、非结构化数据、三维数字化模型等设计数据。设计的数据模型完成后才能为工程后续阶段提供可靠的依附体，各阶段的数据才能“有的放矢”。

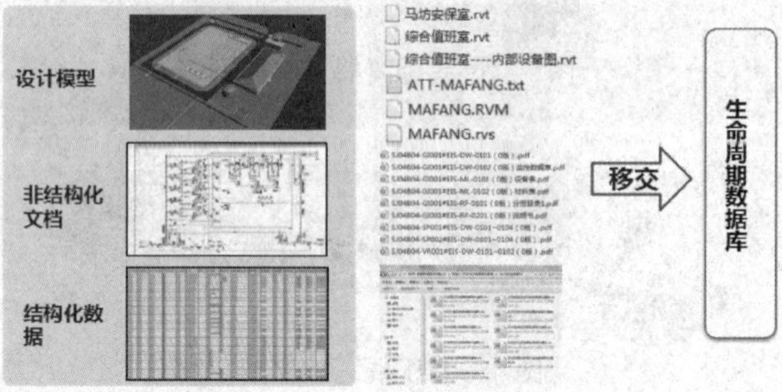

图10　管道工程建设管理(PCM)系统

3　智能工地

施工智能化管理是智能管道建设的重要环节。结合二维码、电子标签、摄像头、手机等终端设备，实现对工程建设过程的实时视频监视、感知和数据采集，真实准确反映现场作业过程，及时完整进行资料数字化移交归档，提高过程管控能力，确保工程建设质量。施工阶段在马坊分输站项目部搭建智能工地服务器及监控大屏(图11)。

图11　马坊分输站项目部智能工地平台

3.1　人员管理

“智能工地”的施工人员管理主要通过施工人员信息的审核入库+人脸识别系统进行入场管理。入场人员识别：基于人脸检测算法，实时人脸抓取，目标人脸库搜索对比主动识别人员身份(资质、培训)，匹配对应人员的授权，主动提示进入非授权区域，实现动态考勤、杜绝假借他人身份、未申报资质人员作业(图12)。

3.2　现场监控及进度管理

马坊分输站在站场工地安装8套固定式摄像头，另外在站场设置一定数量的移动式摄像头，

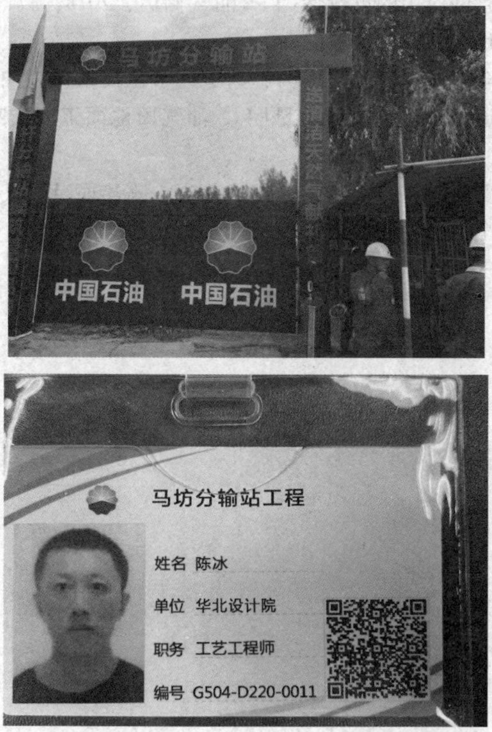

图 12　马坊分输站进场人脸识别闸机及相关人员二维码工作证

对施工过程实现实时监控，通过行为分析软件，对现场人员行为进行实时分析，识别施工作业的违规、低效等行为，提出预警(图 13)。

图 13　施工作业行为安全分析(未穿工服报警)

3.3　施工数据上传

“智能工地”的施工数据采集通过应用程序 APP+智能手机(智能设备)实现。以焊口数据为例：当一道焊口组焊完成后，通过数据采集移动端 APP 快速采集焊口信息，前后的管材信息等通过扫码可快速录入。

为班组配发便携式二维码打印机，通过数据采集 APP 可在焊接完成后及时打码，粘贴在焊缝处标识焊口唯一编码，并在焊口检测、试压等关键环节都进行扫码采集数据和在线录入结果，实现对全场焊口施工过程及质量动态跟踪，并以焊口编号为依据进行数据对齐(图 14)。

图 14　施工数据上传

4　结语

通过在马坊分输站采用全数字化设计，开展数字化移交以及智能工地实施，实现大型输气站场设计、采购、施工横向业务链的贯通，形成设计、采购、施工以及投产后运维四位一体的数字化协同建造，为构建全生命周期数字孪生体建设提供高质量原生数据，给今后大型输气站场的数字化站场建设、智能管道建设发展提供了参考依据。

参　考　文　献

[1] 黄维和，沈鑫，郝迎鹏．中国油气管网与能源互联网发展前景[J]．北京理工大学学报(社会科学版)，2019，21(1)：1-6.

[2] 杨林瑶，陈思远，王晓，张俊，王成红．数字孪生

与平行系统：发展现状、对比及展望[J]. 自动化学报，2019，45(11)：2001-2031.
[3] 李锴，李江，顾清林，王多才．西气东输智慧管网建设实践[J]. 油气储运，2021，40(3)：241-248.
[4] 王洪生，郭成华，贺伟．数字管道的兴起与发展[J]. 天然气与石油，2005，23(3)：9-10.
[5] 孙齐．数字管道的技术与应用[J]. 油气储运，2005，24(4)：1-2.
[6] 李柏松，王学力，王巨洪．数字孪生体及其在智慧管网应用的可行性[J]. 油气储运，2018，37(10)：1081-1087.
[7] 李和庆，王永，陈玥．基于数字化技术提高油气管道站场建筑设计质量[J]. 油气田地面工程，2016，35(2)：73-75.
[8] 贾韶辉，张新建，李妍，徐杰，陈洋西．油气管道全生命周期数据管理及其在中俄东线的应用[J]. 油气储运，2020，39(7)：756-820.

数字化协同设计及交付应用研究

胡耀义[1]　赵国洪[2]　严紫含[1]　李　烈[1]

(1. 中国石油工程建设有限公司西南分公司；2. 中国石油天然气股份有限公司天然气销售河北分公司)

摘　要　随着油气工业数字化转型、智能化发展战略的推进，工程设计经历了二维设计二维交付、二三维设计二维交付后，目前正加速从全专业二三维数字化协同设计向二三维关联交付方向发展，设计成果的二三维关联交付不仅可用于指导物理实体工程建设，也面向数字孪生虚拟工程的交付。由于智能油气田建设及数字化交付内涵和外延的变化，全专业数字化协同设计的新设计理念正快速成形。总结了面向智能油气田全专业二三维数字化协同设计的特点，提出了由数字化交付需求决定全专业二三维数字化协同设计的组织方式，归纳了面向智能油气田全专业二三维数字化协同设计的方法和应用成效，其成果可为智能油气田的形成提供基础条件。

关键词　智能油气田；数字化协同设计；数字化交付；数字孪生体；设计目标；交付标准

1　前言

油气田工程建设与生产运行涵盖了地下勘探与开发、地面建设、生产运行和检维修的全过程，而工程设计的核心目的、规范、标准、方法和结果，均主要用于指导物理实体工程的建设与后期运行管理。随着近年来企业数字化转型的迫切要求和工程设计工具的不断更新发展，人们对面向智能油气田建设市场的数字化交付的要求也在不断攀升。在此背景下，基于二三维数字化交付的全专业二三维数字化协同设计的新设计理念正快速形成，设计成果在用于指导物理实体工程建设的同时，面临着智能油气田数字孪生体建设和应用的新课题，如何做好在此背景下的二三维数字化协同设计成果的交付及应用，不仅成为工程设计公司数字化转型、智能化发展需要解决的迫切问题，而且成为工程设计公司增强数字化交付能力的新诉求。

工程实践中，需要对以下要素提出解决方案：(1)通过二三维数字化协同设计输出的成果，具备以电子形式进行数字档案交付的能力，但这种基于档案的数字化交付能力无法适应未来油气田的数字化转型和智能化发展；(2)通过二三维协同设计形成的设计成果，达到了建设实体工程的设计深度和要求，但建设期数字孪生体的交付是面向智能油气田数据生态建设的重点内容之一；(3)面向智能油气田的数字化交付起于数字化协同设计，贯穿横向业务链和纵向数据链，止于数据资产管理生命周期的结束；(4)在工程设计项目组织管理环节，面向未来智能油气田数字化交付要求组织设计工作，将对传统设计的目的、方法和设计组织形式提出巨大挑战，且带来工作量和成本的增加。

2　传统设计的目的与特点

2.1　目的

一次完整的工程设计通常由前期阶段和设计阶段构成，前期阶段一般指初步设计以前组织开展的规划、预可研、可研、初设等，设计阶段通常指施工图设计或详细设计、施工组织设计等。每个设计阶段都有特定的目的和任务，由浅入深、由粗到细，将一个工程的系统布局、总体方案、设计方案、设计细节、工程量与投资、施工组织方法等逐步且完整地呈现在决策者和参建者面前。尽管每个阶段的目的、任务、组织方式、技术资源配置、使用的设计工具、参建单位都不同，但工程设计所有工作的交付成果都将建设一个技术经济合理的物理实体工程作为目标。

2.2　特点

20世纪80年代兴起并迅速发展的计算机辅助设计，将延续了几十年的“手工设计(计算器计算)+人工制图+人工描图”的工作模式，转变为基于单一计算机软件的工程设计，将绝大部分繁琐的手工计算和人工制图等工作交给计算机完成，提高了设计效率和设计质量。尽管计算机辅助设计提升了设计效率和设计质量，但仍属于二维设计二维交付的初级阶段。

20 世纪 90 年代以来，随着我国油气田勘探与开发的井喷式发展和对外交流的扩大，工程设计行业加快了设计工具的升级和优化，工程设计公司逐步形成了 AUTODESK 系列、AVEVA 系列、SP 系列等为主导的三维设计体系，并形成了三维设计二维交付的成果交付特点。尽管设计单位在软件配置完整性、基础工作推进程度、平台深化应用、人才结构的快速转化与培养、软件定制与研发组织能力等方面存在一定差距，但总体而言，三维设计的组织是以部分专业参与的、部分项目实施的、部分专业之间协同的三维设计为主，成果交付仍面向实体工程建设与运行，亦存在一定程度的数据交付。

3 数字化协同设计的目的与特点

3.1 目的

2017 年末，中国石油工程建设有限公司西南分公司提出了一种“数字化/智能化油气田业务链和纵向数据链的架构模型”，其业务链包括勘探、钻采、开发、地面建设工程和运行过程的生产经营管理业务，数据链包括横向数据流的传递和纵向数据流的传递。该模型中有两项内容与数字化设计相关：一是业务链中，设计、采购、施工及相关企业在智能油气田产业链中的业务位置和数字化交付关系；二是数据链中，产业链的层级和逐步向上分层交付的路径和目标。通过该模型，可以找准各参建企业在智能油气田建设中的产业链和数据链位置以及数字化交付系统的完整结构，并揭示出建设方的数据资产管理和数据应用需求是决定产业链所有企业的数字化交付内容、格式、方式、数据标准的关键性因素，数字化协同设计也不例外。

3.2 特点

面向智能油气田数字化交付的数字化设计，是一种以“全专业二三维数字化协同设计”为基础、满足实体工程建设和运行要求、有助于油气田数据资产化管理、可推动油气田数据生态与应用生态形成的新的设计体系，其特点可总结如下。

（1）站在横向产业链数字化交付视角，数字化设计与传统设计一样，居于工程建设的龙头地位，其作用是交付设计成果、指导物理实体工程建设、推动数字化协同建设和建设期数字孪生体的形成和交付。

（2）站在纵向数据链数字化交付视角，数字化设计与采购、施工、制造等企业一样，居于智能应用的数据链底层，是数据的制造者和提供者，所交付的数据范围、内容、格式、路径要满足数据采集、数据预处理与存储、数据应用的数字化交付层级结构，以及架构设定和顶层可视化、智能化应用紧密相关的数据需求。

（3）在国家和行业尚未对数字档案颗粒度及相关数据标准提出新的要求前，传统设计文件的电子版交付，是面向数字化交付的数字化设计成果交付的一个组成部分，但不是全部内容。

（4）工程设计公司数字化设计的交付范围、内容和深度，取决于面向智能油气田数字化交付数据的颗粒度；同时，工程设计公司数字化设计的跨平台交付能力，取决于异构平台之间的适配能力和协同设计作业体系的完整性。

综上，面向智能油气田的数字化协同设计一方面从传统设计的单一维度向多维度方向发展，并从传统设计的流程作业向协同作业转变，且技术规范与标准向标准化的数据库方向演变；另一方面数字化协同设计从传统设计的单一专业软件向软件集成、数据同源与共享的平台化方向发展，且数字化设计人才需要从参与传统设计的专业技术人才向同时还具备计算机工程技术的人才方向倾斜。

4 数字化协同设计及交付应用的意义

智能油气田建设是物理油气田建设内容的拓展和延伸，其本质是实现企业的提质增效，而这一过程中，数字化协同设计成果既是实现智能油气田数字孪生体构建的基础，也是保障智能油气田生产运行的条件，数字化协同设计及交付应用的意义主要表现在以下方面：

（1）二三维协同设计是全专业参与的协同设计，该项工作将通过数字化手段为工程建设过程中解决错、漏、碰、缺等问题提供原始几何模型、业务模型和数据模型，可有效提高油气田建设的效率，降低油气田建设的成本。

（2）数字化设计使工程设计团队、建造团队和运维团队具备了协同工作的基础，提供的高质量初始数据占据智能化气田数据生态中的重要位置，尤其是全专业参与的、基于统一平台的二三维一体化协同设计，其成果是智能化气田数据生态建设的重要原生数据。

(3) 基于数字化全专业三维协同设计成果和对象编码，实现气田设计、采购、施工地面建设工程横向业务链的贯通，形成设计、采购、施工三位一体的数字化协同建造，将为智能油气田建设提供高质量的原生数据，并交付建设期数字孪生体。

(4) 建设期数字孪生体加载生产运行(含检维修)仿真模型、业务模型和数据后，将成为智能油气田运行期的数字孪生体，其成果可实时感知、诊断、预测物理实体对象的状态，并通过优化和指令来调控物理实体对象的行为。

数字化协同设计信息是数字化交付的重要组成部分，智能油气田数字孪生的构建和应用是数字化交付的本质。数字孪生体构建的核心是实现几何模型、仿真模型、业务模型和数据模型的融合，其目标指向油气田的生产优化和智能决策，且体现油气田的全生命周期管理过程信息，保证物理油气田信息与数字孪生体信息的一致，这意味着数字孪生体不应该仅是物理实体的数字镜像，更要实现对于物理实体的反向驱动，成为物理实体的先知、先觉甚至超体的载体。

5 数字化协同设计及交付应用的重点

数字化技术催生了企业发展的新业态、新模式，已成为全球经济发展的重要驱动力和经济高质量发展的重要引擎。数字化转型和智能化发展是油气工业不可逆转的发展趋势，而基于数字化协同设计的交付应用是数字化转型的基础工作。面向智能油气田数字化交付的数字化协同设计，由于其目的、范围、内容、深度、软件工具选择、数据交付标准和设计组织方法等发生了相应变化，工程设计公司的数字化设计规划与组织也应进行调整和适配。

(1) 基于数字化协同设计目的开展业务规划和体系建设，包括设计管理体系、工艺设计体系、设计计算体系、三维模型设计体系、材料管理体系和成果交付体系等。各体系的规划、设计、验证、优化和深化应用需以业务为导向、软件为基础、交付为目的进行总体布局和建设。

(2) 基于数字化协同设计目的构建基础设施与支撑环境，包括软件部署和取用方法、硬件环境、数据库(标准库、知识库、编码库、模型库、模板库、元件库、支吊架库等)及配套支撑条件等，需建立在以软件、知识和数据为核心的协同环境之上。

(3) 全专业参与的二三维数字化协同设计意味着所有专业设计工具的统一化和体系化，以及大量的专业库表标准化和 IT 定制，同时设计工具的改造和变化，带来设计从业者适应性与用工成本再评估的问题。

(4) 全专业协同设计的组织包括设计各专业之间业务的协同和数据的协同，其挑战在于，这是一种全新的生产组织关系，需要对传统设计组织模式进行重构，重构过程又是一种基于 IT 的实践，需要提高企业软件开发能力和应用水平。

(5) 与以往常规设计模式相比，数字化协同设计大大减少了中间提资环节，使得设计人员在统一的环境、平台和标准下作业，确保了设计数据的一致性、时效性和高质量。数字化设计工作的项目策划和实施落实，需体现数字化协同设计面向智能油气田的数字化交付。

(6) 随着数字化油气田向智能化油气田的延伸和发展，不仅数字化交付的内涵发生了深刻改变，而且数字化交付的目标、范围和任务也发生了转移，新形势下的数字化交付应解决交付目标、范围和规则的一致性问题。

全专业二三维协同设计的目标就是要实现设计成果的高效应用和价值传递，以满足工程建设、生产运行、设备管理、安全与应急管理等业务的提质增效。而设计成果的使用方式直接决定了数据潜在价值释放与应用用户的体验。在属性数据交付层面，需要交付结构化的，可直接被数字化交付平台识别，与数字化交付标准保持一致的可靠数据；在文档数据交付层面，即需要考虑档案交付，也要关注档案数据交付的碎片化问题，紧跟档案管理对数据形式要求发展的前瞻性和可用性；在模型数据交付层面，要综合考虑数字化设计模型对数据资产化、数字孪生等对模型设计精度，属性数据完整性，以及面向数字化交付平台的数据解析问题。

6 结论

(1) 没有三维模型就没有数字化、没有数字化就没有智能化，发展全专业二三维数字化协同设计能力，需要兼顾协同设计技术水平的提升和协同设计成果交付水平的提升，并与 IT 配套技术协调发展。

（2）面向智能油气田数字化交付的二三维数字化协同设计，既是物理实体工程建设的引领者，也是油气田智能管理的高质量数据提供者之一，数字化交付既要面向档案交付，又要面向智能油气田的应用。

（3）全专业二三维协同设计成果交付的三维模型可作为数字孪生体几何模型，二维数据可作为数字孪生体几何属性。数字孪生体的应用可构建基于过程信息共享的协同建设机制，促进工程建设质量和效率的提升。

参 考 文 献

[1] 崔丽，黄云浩，田德永．数字化开启石油化工工程设计新模式[J]．山东化工，2017，46(8)：135.

[2] 唐秀良．SOA发展探索与研究[J]．中国电子科学研究院学报，2009，4(5)：473-479.

[3] 姜力．智能油田标准体系框架研究[J]．中国管理信息化．2016，19(12)：40-41.

[4] 杨金华，邱茂鑫，郝宏娜，等．智能化——油气工业发展大趋势[J]．石油科技论坛，2016(6)：36-42.

[5] 王海龙．九江石化：流程型智能制造样本[J]．中国工业评论，2016(6)：72-77.

[6] 贾爱林，郭建林．智能化油气田建设关键技术与认识[J]．石油勘探与开发，2012，39(1)：118-122.

[7] 谢军．"互联网+"时代智慧油气田建设的思考与实践[J]．天然气工业，2016，36(1)：137-145.

[8] 张宇．信息环境下智能油田的构建[J]．气田地面工程，2015，34(9)：17-18.

[9] 刘慧婷，徐华，周东焱．基于"互联网+"模式下的石化行业智能管网的发展现状研究[J]．石化技术，2015，22(5)：90-91.

[10] 汤晓勇，王鸿捷，胡耀义．油气企业智能化转型的规划与建设方法研究[J]．天然气与石油，2018，36(1)：96-100.

[11] 覃伟中．积极推进智能制造是传统石化企业提质增效转型升级的有效途径[J]．当地石油石化，2016，24(6)：1-4.

[12] 李姗姗．浅谈辅助设计GIS平台[J]．油气田地面工程，2010，29(7)：42-43.

[13] 汤晓勇．对工程公司协同办公平台的认识与实践[J]．天然气与石油，2016，34(4)：75-78.

[14] 闵新平，李庆忠，孔兰菊，等．许可链多中心动态共识机制[J]．计算机学报，2018，41(5)：39-42.

[15] 郭成华．工程公司企业信息化建设的规划[J]．天然气与石油，2016，34(2)：78-81.

[16] 李鹏．中国石化北京石油分公司虚拟化应用系统建设的思路[J]．石油库与加油站，2013，22(5)：18-24.

[17] 王鸿捷．一种与工程公司业态高度适应的云平台建设理论与实践[J]．天然气与石油，2017，35(4)：120-124.

[18] 张恒春．智能化多功能实验台钻进参数检测与控制系统的设计与实现[D]．北京：中国地质大学，2012.

[19] 王利君．智能油田建设中的关键技术研究与应用[J]．中国管理信息化．2017，20(7)：164-167.

[20] 张海军．基于SOA架构的企业应用集成(EAI)研究与设计[D]．西安：西北大学，2008.

数字化集成设计系统建设与应用研究

杨智慧[2] 杨嘉楠[1] 武永进[2] 魏志强[2]

(1. 北京市市政工程设计研究总院有限公司；2. 中国石油工程建设有限公司)

摘 要 本文围绕“大力实施数字化集成设计，提升企业竞争力，在数字化转型智能化发展中抢占行业制高点”这个主题，针对工程设计数字化工作中存在的普遍问题，结合我们对数字化集成设计系统建设工作的研究、认识和实践成果，介绍了数字化集成设计系统建设的思路和方法，分享了数字化集成设计系统建设应用成果，希望对工程设计业务提质增效工作有所帮助。

关键词 系统设计；布置设计；数字化设计；集成设计；数字化资产

1 引言

在工程建设企业数字化转型工作中，设计业务的数字化工作起步早、基础好、效果显著，走在了采购业务、施工业务数字化的前面。大家常用的流程虚拟仿真设计软件、设备计算软件、仪表自动化设计计算软件、电气设计计算软件等，都是方案设计阶段或系统设计阶段典型的二维数字化设计工具；多专业三维工厂设计软件、BIM软件等，则是工程设计阶段或布置设计阶段典型的三维数字化设计工具。数字化设计成果是数字化工厂建设的基础，也是数字化工厂建设的核心，可以说没有数字化设计成果的支撑就没有数字化工厂的建设。

数字化设计工具的应用，在保证工程的可靠性、安全性和经济性等方面起到了重要的保障作用。但是很多企业在应用这些数字化设计工具时还存在着不少问题，设计的综合效能还可以进一步提高。

(1) 各专业、各阶段数字化设计工具之间，独立运行，无法实现专业、阶段之间高效协同与数据共享。

(2) 各专业虚拟仿真设计成果、设计计算成果，大都随各专业设计软件存储在设计人员个人账号之中，难以形成公司的设计数据资产，无法支持公司实现成果高效复用与共享。

(3) 数字化产品标准、协同设计工作规范、对外数字化设计成果交付工作规范等数字化协同设计基础工作尚未健全，协同工作效率和工作质量还需进一步提高。

(4) 缺少统一的工程主数据管理标准和数字化交付标准的规范，数字化设计成果对工程建设全生命周期的数字化支持作用需要进一步提高。

这些问题是很多工程设计公司或工程建设公司面临的共性问题。破解这些问题的有效措施就是以各类数字化设计软件工具为基础，建设数字化集成设计系统，实现不同单位、不同专业、不同阶段的高效协同与共享，实现工程设计数字化资产的有效管理和高效应用，助力企业在数字化转型发展中实现提质增效，进一步增强企业的竞争力。

中国石油工程建设协会组织的“中国石油石化工程建设科技大会暨创新驱动与数字赋能高质量发展论坛”将“大力实施数字化集成设计、数字化施工、数字化工程交付，提升企业竞争力，在数字化转型智能化发展中抢占行业制高点”列为论坛的主题，就是服务和指导工程设计业务进行数字化转型的具体措施，同时也指明了数字化设计技术的发展方向。

本文结合我们对工程设计数字化转型工作的认识，结合我们对数字化集成设计系统建设工作的研究与实践成果，谈一下数字化集成设计系统建设思路和建设要点，并与大家分享数字化集成设计系统建设成果，希望对同类企业数字化集成设计系统建设有所借鉴，有所帮助。

2 数字化集成设计系统建设研究

本文用到了几个全局性的概念包括：系统设计、布置设计，工程设计数字化资产。为了便于交流，下面对这三个全局性的概念作一个简单说明。

系统设计和布置设计是借用了三维设计模式

下，一些软件服务商对设计阶段划分的一种称谓。系统设计解决的是工程逻辑问题，对应的是传统模式下方案设计阶段的工作内容，布置设计是以系统设计为依据，解决的是工程对象空间布局的科学性和合理性等方面的问题，对应的是传统模式下的详细设计或施工图设计阶段的工作内容。在油气田地面工程设计中，也有将系统设计和布置设计称之为工艺设计和工程设计的。工程设计数字化资产，泛指与工程对象有关的工程设计图纸、模型、文档和数据的集合。

2.1　数字化集成设计系统建设目标和建设要点

数字化集成设计系统建设的主要目标，就是通过集成设计技术手段，促进数字化设计工作实现“一提一降”、“一降一增”和“一提一增”，即提高效率降低成本，降低成本增加效益，提高质量增加效益。主要措施包括：

（1）通过集成设计系统建设，为各专业、各阶段数字化设计工具建立协同设计的数据接口，进一步减少跨专业、跨阶段之间数据错误流转情况的发生，进一步提高协同工作和数据共享的支持能力，进一步提高模型、图纸和数据版本的管控水平。

（2）通过集成设计系统建设，建立涵盖各专业、各阶段设计成果的工程设计数字化资产库，实现数字化设计资产集中管控和高效共享与复用。

（3）站在工程建设全生命周期协同共享的高度，进一步扩大数字化设计产品对采购、施工和交付等阶段数字化应用的支持能力，进一步降低各阶段的劳动成本，提升设计企业数字化技术服务方面的竞争力。

（4）建立健全数字化产品标准、协同设计工作规范、对外数字化设计成果交付工作规范等数字化协同设计基础工作，保障多专业数字化协同设计工作高效率高质量运转。

2.2　数字化集成设计系统架构设计

本文以工业工程设计或石油天然气地面工程设计数字化集成设计系统架构设计为例，对数字化集成设计系统的内容规划、逻辑关系和总体架构进行说明和探讨。

根据油气田地面工程或工业工程数字化设计的特征和集成需要，我们分别设计了一个 EPCO 数字化支持架构图和一个数字化集成设计系统架构图，如图 1、图 2 所示。

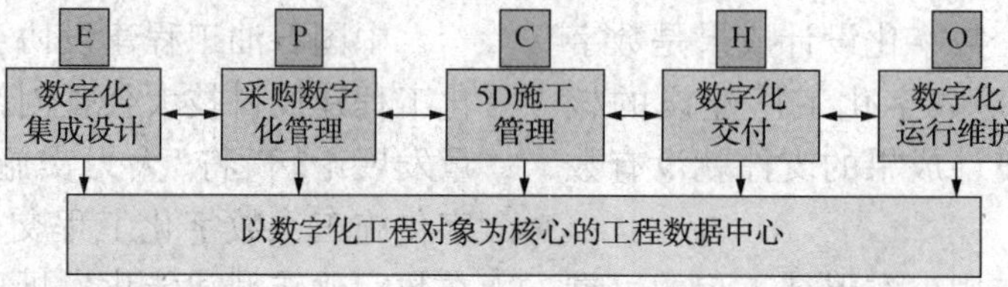

图 1　设计、采购、施工、交付、运营数字化支持架构图

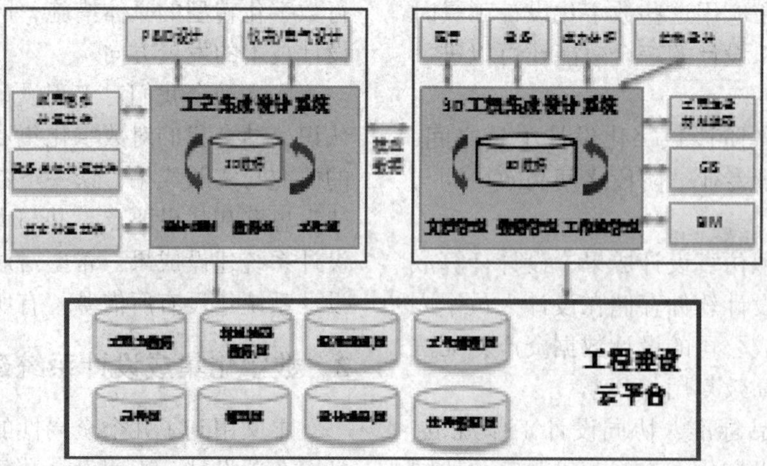

图 2　数字化集成设计系统架构图

图 1 是以工程建设云平台为支撑的，设计、采购、施工、运营、交付和运营全过程数字化运行支持架构图，该架构以数字化设计成果为基础，以工程数字化对象为核心，贯穿 E、P、C、

O 全过程。图 2 是一个工业工程或油气田地面工程数字化集成设计系统的典型架构图，该架构对数字化集成设计系统建设的主要内容、支持关系等进行了初步规划。

2.3 数字化集成设计系统建设内容与工作要点

如图 2 所示，数字化集成设计系统主要由：工艺集成设计系统、工程集成设计系统和数字化设计资源管理平台三部分构成。

（1）工艺集成设计系统

选择合适的工艺集成设计基础平台，基于统一工艺集成设计数据库，实现流程模拟计算、设备计算、电气设计计算、仪表自动控制等多专业协同设计；实现物料平衡表自动绘制；实现 PFD 和 P&ID 的半自动辅助设计；实现非标设备详细设计委托半自动提资；实现设计图纸、模型、文档和设计参数的集成管理；支持与三维设计进行数据共享和二/三维设计校验的功能需要；支持非标设备采购设计数据表半自动生成；支持数字化交付的标准化输出。

（2）3D 工程集成设计系统

选择合适的三维设计平台，支持管道、设备、结构、电气、仪表等专业的三维协同设计，支持基于三维设计成果的工程材料数字化管理与控制的应用需要，支持基于三维设计成果的 5D 施工管理数据需要，支持以工程对象为核心的数字化交付需要，支持与工艺设计阶段进行数据共享和二/三维设计一致性校验的功能需要。

（3）数字化设计资源管理平台

数字化设计资源包括数字化设计基础资源、数字化设计成果资源和设计计算软件 Licese 库。基础资源库，如：工程主数据标准库、工程建设材料编码库、元件库、模板库、标准规范库等，成果资源库，如：设计模型库、图纸库、文档库、设计参数库等；设计计算软件 Licese 库，如：流程模拟计算软件、设备计算软件、仪表自动化设计计算软件、电气设计计算软件、三维设计软件等。

2.4 数字化集成设计基础工作建设

数字化集成设计基础工作主要包括：数字化协同设计产品标准体系、数字化协同设计工作规范编制、数字化协同设计接口标准和数字化设计资源管理规范的编制与完善工作，还包括基础数据库、元件库、管道等级文件库、模板库等资源的有效积累。

本文以油气田地面工程数字化集成设计系统建设为例，对数字化集成设计系统架构设计、数字化集成设计系统建设内容和工作要点、数字化集成设计基础工作建设等进行了简要说明。其他工业工程数字化集成设计系统建设、市政工程公用工程数字化集成设计系统建设和建筑工程数字化集成设计系统，建设的基本思路和技术路线与此相类似，需要集成的设计与计算软件可能不同，选择的集成平台可能也不相同。

3 数字化集成设计系统建设成果简介

经过几年的持续推进，中国石油工程建设有限公司的数字化集成设计系统基本建成。该系统包括三个子系统，即工艺集成设计子系统、多专业三维协同设计子系统、BIM 子系统。其中，工艺集成设计系统与公司所用的两个多专业三维协同设计系统，即 AVEVA 系列产品、SP3D 系列产品都实现了数据级集成。

1）工艺集成设计子系统功能简介

油气田地面工程工艺集成设计系统选择的是西门子的 COMOS FEED 平台为基础平台，经过大量的二次开发完成的集成设计系统。该系统主要具有如下功能：(1)实现了 10 余款国际知名流程模拟计算软件与 30 余款设备单体计算软件的集成；(2)实现了工艺、电气、仪表自控、设备计算等专业的集成设计；(3)实现了 90 余类设备参数表的标准化或模板化定制；(4)实现了 90 余类非标设备详细设计委托的半自动提资；(5)建立了统一的工艺设计计算数据库、模型库和文档库；(6)实现了与三维设计的数据共享和二/三维设计的一致性校验；(7)支持数字化交付的数据、图纸和文档的标准化输出等。如图 3 所示。

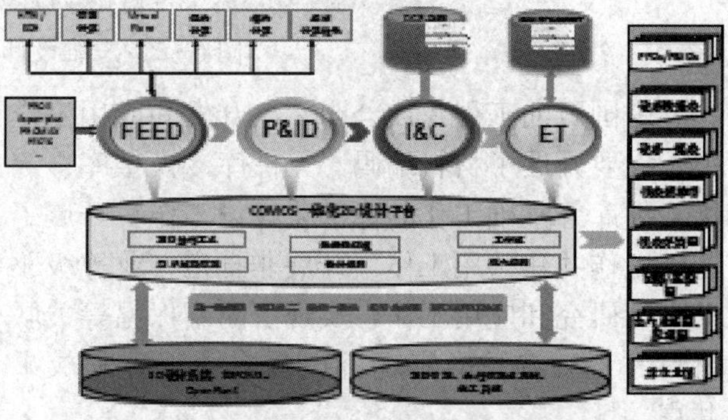

图 3　油气田地面工程工艺集成设计系统架构示意图

2）多专业三维协同设计子系统功能简介

多专业三维协同设计系统是以成熟度和集成度比较高的商品化产品为依托，支持管道、设备、电气、总图等专业的三维数字化设计，支持引力分析计算与三维模型的高度协同，支持材料统计、材料控制和工厂化预制，支持与工艺集成设计系统的数据集成等。如图4、图5、图6所示。

图4　多专业三维协同设计应用成果示意图

图5　材料自动统计与工厂化预制成果示意图

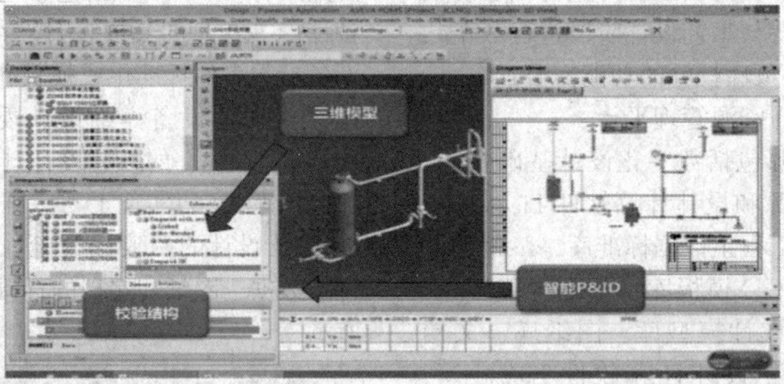

图6　二/三维设计一致性校验成果示意图

中国石油工程建设公司二次开发和应用工作中，主要开展了材料编码、元件库、模型库、等级文件库等基础工作的标准化建设工作，开展了基础工作共建共用工作，开展非管道专业等级驱动设计研究和应用工作，实现了防腐保温等关联材料的自动统计，实现公司范围内资源和成果共享。

3）BIM子系统功能简介

BIM子系统主要完成的是民用建筑或厂房等工程的三维设计，主要包括：建筑、结构、设备、管道等专业，可支持结构设计计算、结构三维建模与工厂设计三维建模数据集和模型级协同与共享。

为了保障数字化集成设计系统的高效运行，中国石油工程建设公司初步形成了适应数字化集成设计所需要的标准化业务工作体系，包括产品标准、协同设计工作规范等。数字化集成系统的建成和上线，在提高设计工作效率和工作质量方面，在促进企业提质增效方面效果明显，对国内外市场开发工作中也起到了积极的促进作用。

4 数字化设计技术发展趋势展望

数字化设计技术在工程建设企业数字化转型工作中具有重要作用，在生产企业数字化转型和智能化发展过程中更是起着决定性的作用。因此，数字化设计技术的发展趋势必然会对工程建设企业和生产企业的数字化转型与智能化化发展，起到一定的示范和引领作用。

数字化设计技术的发展趋势可以概括为："一个拓展，一个融合"。一个拓展，就是数字化设计技术的服务范围由面向工程建造过程服务，向工程建设全生命周期服务进行拓展，包括工程建设投资咨询服务、工厂生产运行、工厂维护等。一个融合，就是数字化设计技术与其他技术相融合。如：(1)工艺设计阶段的虚拟仿真设计技术及其成果与成本估算技术相融合相集成，进一步提高投资估算工作效率和工作质量；(2)将虚拟仿真设计技术及其成果与自动化技术、物联网技术相融合，提高生产运行与控制的自动化和智能化水平；(3)数字化设计技术及其成果与GIS技术、大数据、人工智能技术相结合，进一步降低工程维修成本，进一步提高工程检维修管理水平。

工程建设企业数字化转型之“道”与“法”

杨嘉楠[1]　杨智慧[2]　王庆祥[2]

（1. 北京市政工程设计研究总院有限公司；2. 中国石油工程建设有限公司）

摘　要　本文围绕工程建设数字化转型这个主题，以国务院国资委《关于加快推进国有企业数字化转型工作的通知》为指导，结合同类企业数字化转型工作中存在的问题和我们对转型工作的研究、认识与工作实践，对数字化转型之“道”与“法”进行探讨和交流，并将转型成果与大家分享，希望对同类企业数字化转型和提质增效工作有所裨益，有所帮助。

关键词　工程建设企业；数字化转型；智能化发展；工程数据资源；提质增效

1　引言

工程建设企业数字化转型是国有工程建设企业，尤其是大型国有工程建设企业面临的重要课题和重要任务。工程建设企业数字化转型之所以重要，一是数字化转型是企业进一步提质增效的有效手段；二是“数字孪生”工厂的建设能力是企业数字化服务与支持能力的重要体现，是开拓市场的重要抓手；三是国务院国资委在《关于加快推进国有企业数字化转型工作的通知》中，对国有企业包括国有工程建设企业数字化转型工作做出了统一部署。一些行业组织为了更好地服务于企业数字化转型工作，以不同方式组织和开展企业数字化转型交流与指导工作。此次，中国石油工程建设协会组织的“中国石油石化工程建设科技大会暨创新驱动与数字赋能高质量发展论坛”，将“大力实施数字化集成设计、数字化施工、数字化工程交付，提升企业竞争力，在数字化转型智能化发展中抢占行业制高点”纳入论坛主题，就是围绕工程建设企业数字化转型任务就是服务和指导工程建设企业数字化转型的具体行动。

为了搞好数字化转型工作，我们系统研究了国务院国资委的有关文件，对工程建设企业数字化转型工作开展了广泛调查和系统研究，取得了一系列重要的研究和建设成果。在调研中我们发现，有的企业对国务院国资委的转型文件理解或执行出现偏差，有的企业将工程建设企业数字化转型狭义地理解为“数字孪生”工厂建设，还有的企业将数据治理工作与相关工作相割裂，或完全照搬其他行业的数据治理的理论和方法开展数据治理工作。总之，一些企业在推进数字化转型工作时，对转型工作的认识、对转型方向的掌握以及采取的转型措施出现了较大偏差。

结合我们对工程建设企业数字化转型工作的研究和建设成果，借助中国石油工程建设协会组织的“中国石油石化工程建设科技大会暨创新驱动与数字赋能高质量发展论坛”，与更多企业分享我们理解和认识的工程建设企业数字化转型之“道”与“法”，分享转型工作取得的阶段性成果，为工程建设企业数字化转型工作贡献一份力量。这也是我们向本次论坛提交《工程建设企业数字化转型之“道”与“法”》的主要目的。

2　国有企业数字化转型文件的主要内容

为了落实党中央、国务院关于推动新一代信息技术与制造业深度融合，打造数字经济新优势等决策部署，促进国有企业数字化、网络化、智能化发展，增强竞争力、创新力、控制力、影响力、抗风险能力，提升产业基础能力和产业链现代化水平，国务院国资委于 2020 年 9 月 21 日下发了《关于加快推进国有企业数字化转型工作的通知》，对国有企业数字化转型工作进行了部署。该通知从五个方面，对数字化转型工作进行了部署。

（1）在数字化转型基础方面

该文件提出建设基础数字技术平台、建立系统化管理体系、构建数据治理体系和提升安全防护水平等四项任务。

（2）在推进产业数字化创新方面

该文件提出推进产品创新数字化、推进生产运营智能化、推进用户服务敏捷化、推进产业体系生态化等四个方面的指导意见。

(3) 在技术赋能和全面推进数字产业化发展方面

该文件提出了加快新型基础设施建设、加快关键核心技术攻关、加快发展数字产业等三个方面的工作要求。

(4) 在指导企业数字化转型方面

该文件提出了“突出重点，打造行业数字化转型示范样板”的工作部署，并将打造制造类企业数字化转型示范、打造能源类企业数字化转型示范、打造建筑类企业数字化转型示范和打造服务类企业数字化转型示范列入数字化转型示范工作。

(5) 在数字化转型保障措施方面

该文件提出“统筹部署，多措并举确保转型工作顺利实施”的指导思想，并提出了制定数字化转型规划和路线图、协同推进数字化转型工作、做好数字化转型资源保障三个方面的总体要求或指导意见。

3　工程建设企业数字化转型工作研究与探讨

3.1　工程建设企业数字化转型工作的认识

工程建设企业数字化转型的本质，是有效提高人均劳动效能。一是通过信息技术、新工具、新方法的应用，直接提高作业过程或管理过程的劳动效能；二是通过数字化成果的协同与共享，通过有效的组织与管理，间接提高作业链或管理链相关环节的劳动效能。

要搞好企业数字化转型工作，就需要对：为什么要转型、哪些工作需要转型、如何掌握转型的方向等关键问题有个正确的认识。

(1) 为什么要转型

为什么要转型的，实际上也是转型驱动力的问题，它包括内在动力和外在动力。工程建设企业数字化转型的内在动力，是进一步提高企业内部人均劳动效能；外在动力，是国家和企业上级机关数字化转型的统一要求，以及客户对进一步提高人均劳动效能的数字化服务需要。概括来说，工程建设企业数字化转型就是为了促进企业、行业和社会达到进一步提质增效的目的。

(2) 哪些工作需要转型

哪些工作需要转型，实际上也是转型工作的范围问题。工程建设企业数字化转型工作范围，应从“五个阶段”和“三个层级”进行统筹考虑。五个阶段包括，工程设计、采购、施工、制造和移交。三个层级主要是指，五个阶段对应的作业级、管理级和监督决策级。

(3) 如何掌握转型方向

如何掌握转型方向，实际上也是转型理论或转型方向的选择问题。数字化转型的理论比较多，不管学习或应用什么样的转型理论来指导企业的转型工作，都应坚持“两个导向”、“两个结合”和“两个匹配”。两个导向就是，价值导向和问题导向；两个结合是，坚持价值导向和问题导向相结合，坚持转型措施与转型需要相结合。两个匹配是，转型措施与转型目标相匹配，转型投资与转型预期效益相匹配。

本节对工程建设企业数字化转型工作中的几个关键问题进行了探讨，对这些关键问题的认识，可以归纳为对工程建设企业数字化转型之“道”的认识。

围绕企业数字化转型内容和方法，后面将重点围绕数字化转型顶层设计、数字化业务支持系统建设、工程数据资产管理与应用等进行阐述和交流。这些内容可归纳为对工程建设企业数字化转型之“法”的阐述和说明。

3.2　工程建设企业数字化转型顶层设计

工程建设企业的核心业务是工程建设全过程服务。数字化转型工作需涵盖工程建设“五个阶段”和“三个层级”的转型需要。顶层设计的重点是对各阶段、各层级的数字化业务支撑工具进行规划，对不同业务之间的协同工作与数据共享关系进行构建。如图1所示。

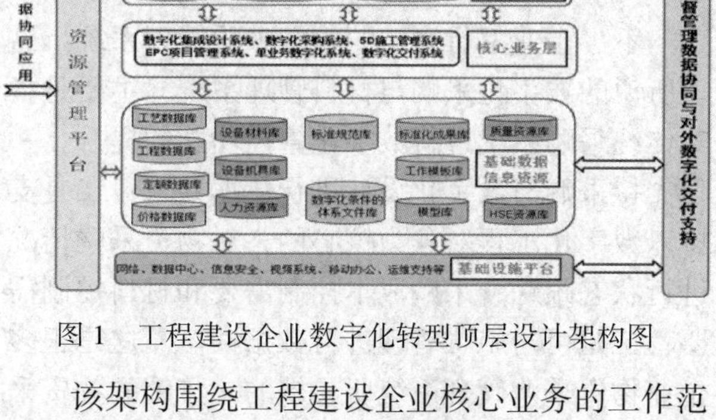

图1　工程建设企业数字化转型顶层设计架构图

该架构围绕工程建设企业核心业务的工作范围，对工程建设企业数字化转型工作的数字化业务支持系统建设、资源管理平台建设、基础平台建设和内外部协同关系等，进行了顶层设计和初步规划。该架构可供工程建设类企业数字化转型架构设计所参考。

3.3 数字化业务支持系统建设

数字化业务系统建设是工程建设企业实现数字化转型的主要抓手。它包括：数字化集成设计系统、数字化采购与材料管理系统、5D 施工管理系统、EPC 数字化项目管理系统、单业务数字化支持系统、生产经营数字化管控系统、数字化工厂交付系统等。

（1）数字化集成设计系统

不少工程设计公司都配置了数量不等的数字化设计工具，如工艺流程模拟仿真设计软件、设备设计计算软件、多专业三维协同设计软件等。要搞好数字化集成设计系统建设工作，需要重点解决各专业、各阶段数字化设计成果的协同与共享，实现多单位、多专业异地数字化协同设计能力的有效提升，进一步提高设计阶段的工作效能。

典型的数字化集成设计系统大致包括三个子系统，即：工艺集成设计子系统、多专业三维工厂设计子系统和 BIM 设计子系统。工艺集成设计子系统，可实现工艺流程模拟设计软件、设备与单体计算软件、电气专业设计计算、仪表自控专业等的协同设计；多专业三维工厂设计子系统，可支持配管、设备、结构等专业的三维协同设计；BIM 设计子系统，主要支持建筑、结构、设备、管道等专业的三维协同设计。这三个子系统之间还可以实现设计数据和三维模型的共享，支持二/三维设计的一致性校验，支持物资采购与材料的数字化控制需要，支持 5D 施工管理的模型与数据需要，支持数字孪生工厂的建设需要。

（2）数字化采购与材料管理系统

不少企业都有自己的物资采购管理系统。这里所说的数字化采购与材料管理系统，主要是指对传统采购系统进行数字化管控功能的提升。一是支持采购与数字化设计进行数据共享；二是支持以数字化工程对象为核心的，对物资采购情况进行状态跟踪、采购成本控制需要和材料控制需要；三是可与施工管理进行数据共享。这是很多企业物资采购管理系统所欠缺的。传统的物资采购系统大多数只关注招标、采购、费用支付等采买过程的管理。

（3）5D 施工管理系统

5D 施工管理系统，主要是指以数字化三维设计成果为支撑，将工程施工进度、质量、安全、成本等施工作业的过程信息和成果信息，与数字化工程对象相集成，以三维可视化的方式对管理要素进行精益化和可视化管理，支持 EPC 数字化交付需要。

（4）单业务数字化支持系统

单业务数字化支持系统，主要是指服务于单一作业或管理的数字化支持系统。如：数字化焊接管理系统、工厂化制造数字化支持系统和合同管理系统等。数字化转型条件下，需要着力提升单业务系统与其他相关业务之间的数字化协同与共享水平。

（5）EPC 数字化项目管理系统

一些大型企业都有自己的 EPC 项目管理系统，主要完成 EPC 项目进度、质量、安全、成本、资源和技术等的综合管理。在数字化转型工作中，需要重点在精益管理和协同共享两个方面进行提升。

精益管理，就是支持以数字化工程对象为核心，对进度、质量、安全、成本、资源等进行管理和控制，支持不同颗粒度的精益管理和控制需要，支持可视化管理需要。

协同与共享，就是要进一步提高设计、采购、施工、制造、交付五个阶段和作业、管理、监督三个层级之间的协同工作和数据共享水平，从而进一步提高企业对总承包项目的管控能力和管控水平，支持对外数字化交付需要，助力企业实现提质增效的目标。

（6）生产经营数字化管控系统

生产经营数字化经营管控系统，是支持以数字化工程对象为核心的，以设计、采购、施工和 EPC 总承包数字化系统为支撑的，对市场开发、项目执行、合同管理、成本控制等进行协同管控和数据共享的管理系统。

有的企业在生产经营管理信息化方面取得了不少建设成果，如：市场开发与客户管理系统、财务管理系统、预算填报与审批系统、合同管理系统、生产经营统计报表系统、内控管理系统、档案管理系统等。但这些系统之间没有实现不同业务之间的协同共管和数据共享，工作效率和工作质量还有很大提升空间，经营管理业务数字化转型提升的任务还比较重。

（7）数字化工厂交付系统

数字化交付是以数字化设计为核心的，集设

计、采购、施工、试运等过程数字化成果和信息于一体的移交工作。典型的数字化交付大致可以分为三个层次的交付，第一是以数字化工程对象为核心，对工程建设全过程图纸、模型、数据、文档等进行数字化关联交付，这是一种比较简单的交付工作；第二是以简单交付为基础，赋予交付成果一定管理应用功能，用于投资方生产运行、维修等基本需要的数字化交付；第三是与物联网、自动控制、人工智能等技术相结合，用于生产过程控制、状态优化和动态调整等生产活动，属数字化交付的高级阶段。

很多企业都在开展数字化工厂交付系统或数字化工厂交付平台建设工作，但普遍存在交付成本偏高的问题。主要原因是缺少工程建设全过程一体化的数字化交付标准，很多企业在设计、采购、施工、制造全过程数字化协同支持能力还需进一步提高。

3.4　工程数据资源管理与应用

工程数据资源分为狭义工程数据资源和广义工程数据资源。狭义工程数据资源，是指以工程对象为核心的所有工程物理对象和工程数字化对象的数据集合。工程物理对象数据，可以划分为单项工程、单位工程、分部工程和分项工程数据，还可分为设备、材料对象数据等。工程数字化对象数据，是指围绕工程物理对象进行的设计、采购、施工等过程所生成的模型、图纸、文档和数据。广义工程数据，是指工程物理对象数据、工程数字化对象数据、工程建设过程中产生的各种过程数据和成果数据，以及服务于数据分类、标识、组织、生产、协同等过程派生的各类标准、规范数据的集合。

不同类型的工程数据在数字化模式下的作用是不一样的。如：虚拟仿真设计模型、三维设计模型、生产过程状态模型、生产过程控制模型等，通过物联网技术、自动控制或人工智能技术，将工程物理对象和工程数字化模型融为一体，实现数字化技术、物联网技术和人工智能等技术在工程建设全生命周期的应用；人、材、机数据既服务于工程建设作业过程，又服务于建设过程的成本控制；标准规范用于指导和约束生产作业；各类过程数据既可以被其它类似过程复用，又可以作为知识服务于学习和培训；主数据可以对关键数据进行标识和管理，还可以支持跨业务协同工作和跨业务数据共享。

工程数据资源的管理、应用和共享，在降低重复劳动，提高劳动效能方面具有重要作用。因此，对工程数据资源进行科学规划、有效管理和高效应用，在工程建设企业数字化转型工作中，与数字化支持系统建设具有同等重要的作用。工程数据的管理，也包括数据治理工作，应与数字化支持系统的建设和应用相融合、相支持，两者不可割裂。

3.5　数字化业务管理体系建设

数字化业务支持系统建设是企业数字化转型工作的主要抓手，数字化业务管理体系建设则是各类数字化业务系统高效运行的重要保证。

结合工程建设企业设计、采购、施工、制造和交付各阶段的生产作业、业务管理、综合管控等三个层级的数字化业务需要，本文对工程建设企业数字化条件下的业务工作标准进行了初步规划，如图2所示。

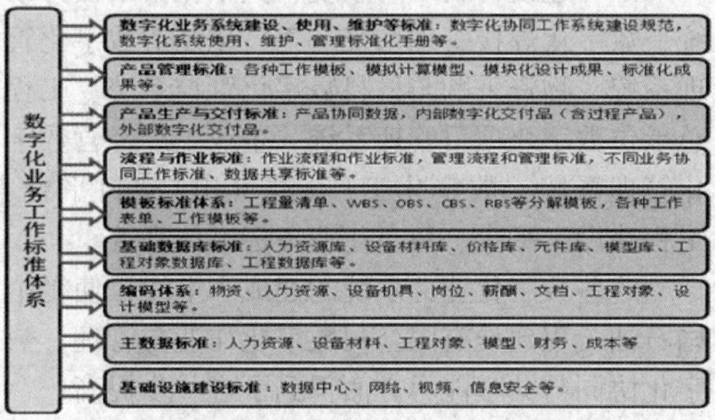

图2　工程建设企业数字化业务工作标准体系顶层规划架构图

构件数字化条件下的业务工作体系，需要在原体系文件的基础上着力搞好以下几项工作：

一是有效推动各类体系文件，包括质量体系文件、HSE体系文件或QHSE体系文件、项目总承包管理体系文件、内控体系文件等进行有机融合，并将体系文件落地工作与数字化业务支持系统建设工作相融合；二是着力加强数字化产品和数字化成果标准体系建设工作；三是重点加强“五个阶段”和“三个层级”之间协同工作和数据共享标准与规范的建设工作；四是建立健全工程建设企业与上下游业务之间协同工作与数据共享的标准和规范。

要搞好工程建设企业数字化转型工作，并取得预期的转型效果，还需要搞好“两个转变”和“一个保障”工作。一个转变就是转变思想观念，深刻理解数字化转型的本质内涵，真正用数字化的观念来指导和推进数字化转型工作；另一个转变就是转变生产作业和管理模式，充分利用数字化工具，通过协同、共享等手段提高劳动效能。一个保障就是构建数字化条件下的工作标准体系，保障数字化条件下生产作业和企业管理等各项工作有序、规范和高效运作。

此外，工程建设企业数字化转型还涉及到云计算、物联网、GIS、信息安全等技术的应用，本文不再就此展开讨论。

4　中国石油工程建设有限公司数字化转型阶段性成果简介

在中国石油天然气集团有限公司和中国石油集团工程股份有限公司的指导下，中国石油工程建设有限公司紧紧围绕工程建设核心业务的发展需要，在信息化建设和数字化转型工作中取得了重要的阶段性成果。主要包括：

工程建设材料编码系统、数字化集成设计系统、数字化焊接管理系统、工厂化制造数字化管理系统、物资采购与材料数字化管控系统、工程总承包数字化项目管理系统、企业生产经营数字化管理系统、数字化工厂(油气田)交付平台、工程建设云平台、数字化业务标准体系等。

这些数字化业务系统的建成和上线，使得中国石油工程建设有限公司数字化作业与管理、数字化协同与共享能力方面得到了进一步提高。

(1) 具备了多专业二维数字化集成设计作业支持能力，具备多专业三维协同设计作业能力，具备了一定的二/三维设计一致性校验能力，具备了多单位、多专业跨国异地协同设计与管理控制能力，具备了工程设计数字化资产集成管理能力，具备了数字化设计成果与采购、施工等阶段进行协同和共享能力。

(2) 以工程对象为核心，以数字化设计为基础，具备了设计、采购、施工和数字化交付全过程协同工作与数据共享，具备了工程项目进度、质量、安全、成本、资源、技术、财务、合同等多业务异地协同管理和数据共享支持能力。

(3) 数字化条件下的业务标准体系初步建成，资源整合、资源管理和资源优化配置能力得到了明显提升。

(4) 以工程项目总承包数字化项目管理系统为支撑，企业生产经营综合管控能力进一步提升，企业综合效能得到了明显提升。

5　结语

本文紧紧围绕本次会议的主题，“大力实施数字化集成设计、数字化施工、数字化工程交付，提升企业竞争力，在数字化转型智能化发展中抢占行业制高点”，结合工程建设企业数字化转型的工作需要，从不同视角阐述了对工程建设企业数字化转型之“道”的认识，重点介绍了数字化转型顶层设计、数字化业务支持系统建设、工程数据资源管理等方面的主要内容和工作要点，展示了企业数字化转型之“法”，简要介绍了中国石油工程建设有限公司在数字化转型工作中取得的阶段性成果，分享了数字化转型之“果”。本文通过对工程建设企业数字化转型之“道”与“法”的探讨和对转型之“果”的介绍，希望能够对同类企业正在开展的数字化转型和新技术赋能等提质增效工作有所帮助，不妥之处欢迎大家批评指正。

RFID 技术助力全生命周期及智慧化工程建设的研究

殷剑锋

（辽河油田建设有限公司）

摘　要　RFID 技术是一种非接触式的自动识别技术，是物联网在社会各方面的创新性应用，随着物联网、云计算、大数据、5G 等新技术不断与工程建设深入融合，形成以全生命周期及智慧化工程建设为目的建设模式。本文在 RFID 技术介绍、全生命周期及智慧化工程建设中的应用分析、石油化工建设项目中的展望，提出了一些阐述。

关键词　RFID 技术；全生命周期；智慧化建设；物资仓储；物联网

随着现代信息产业化的发展，社会经济高速发展，建筑规模不断过大，信息化的各种应用早已深入到各行各业的发展之中，物联网技术也随之兴起，在信息化建设中起到重要影响。石油化工系统各企业也认识到依托物联网的信息化建设对更好的企业发展是重要的课题。站在石油化工施工企业角度，可针对 RFID 技术在储气库工程建设的研究展开物联网在石油工程建设项目中的创新。

1　RFID 技术介绍

RFID 技术又叫射频识别技术，是一种非接触式的自动识别技术，通过射频信号自动识别目标对象并获取相关数据，可快速进行物品追踪和数据交换，其识别工作无需人工干预。

一般而言，RFID 系统由 5 个组件构成，包括传送器、接收器、微处理器、天线，标签。传送器、接收器和微处理器通常都被封装在一起，又统称为阅读器(Reader)，所以常规将 RFID 系统分为阅读器，天线和标签三大组件。

标签(Tag)：RFID 标签的原理和条形码相似，由耦合元件、芯片及微型天线组成的，每个标签内部有唯一的电子编码，附着在物体上，用来标识目标对象。标签进入装有阅读器扫描场的空间后，接收到阅读器发出的射频信号，凭借感应电流获得的能量发送出存储在芯片中的电子编码(被动式标签)，或者主动发送某一频率的信号(主动式标签)。

内部没有电源设备的标签被称为无源标签。无源标签内部的集成电路通过接收由阅读器发出的电磁波进行驱动，向阅读器发送数据。无源标签的通信频率可以是高频(HF)或超高频(UHF)。目前无源标签主要采用超高频通信，其通信频段为 860~960MHz。通信距离较长，可达 3~5m，并且支持多标签识别，即间读器可同时准确识别多个标签。迄今为止，第二代无源标签也是应用最为广泛的 RFID 标签，主要用于工业自动化、资产管理、货物监控、个人标识和访问控制等领域。

电子标签内部携带电源又被称为有源标签。电源设备和与其相关的电路决定了有源标签要比无源标签体积大、价格昂贵。但有源标签通信距离更远，可达上百米远。有源标签有两种工作模式，一种是主动模式，在这种模式下标签主动向四周进行周期性广播，即使没有阅读器存在也会这样做；另一种为唤醒模式，为了节约电源并减小射频信号噪声。唤醒模式有源标签一开始处于低耗电量的休眠状态。阅读器识别时需先广播一个唤醒命令，只有当标签接收到唤醒命令时才会开始广播自己的编码。这种低能耗的唤醒模式通常可以使标签的寿命长达好几年。

阅读器(Reader)：阅读器是 RFID 系统最重要也最复杂的一个组件。因其上作模式一般是主动向标签询问标识信息，所以有时又被称为询问器。阅读器一方面通过标准网口、RS232 串口或 USB 接口同主机相连，另一方面通过天线同 RFID 标签通信。有时为了方便，阅读器和天线以及智能终端设备会集成在起形成可移动的手持式阅读器。

天线(Antenna)：天线同阅读器相连，用于在标签和阅读器之间传递射频信号。阅读器可以连接一个或多个天线，但每次使用时只能激活一个天线。天线的形状和大小会随着工作频率和功能的不同而不同。RFID系统的工作频率从低频到微波，满足标签和读取器间传递射频信号工作需求。

RFID工作原理与条形码不同，和雷达极为相似，标签不需要处在识别器视线范围内，先将物品电子信息写入到标签内，再将标签贴在(嵌入)踪物体表面(内)，阅读器通过天线发出电子信号，当带有电子标签的物品进入读写器天线辐射范围时，无源电子标签凭借感应电流所获得的能量发送出存储在标签芯片中的数据，有源电子标签则主动发送存储在标签芯片中的数据，阅读器再通过天线接收并识别标签发回的信息，最后阅读器再将识别结果发送给主机系统。系统根据逻辑运算判断电子标签的合法性，并针对不同的设定进行相应的处理和控制，由此实现RFID系统的基本功能。

与传统条码相比较，RFID技术的特色具有多项优势，包括扫描速度快、可同步处理多笔资料、可识别高速运动物体并可同时识别多个标签，操作快捷方便具有较大储存空间，且资料可更新修改、可重复使用、耐油耐污等。据工研院经资中心分析，若比较人工、条码与RFID识别技术对于1笔资料辨识的处理效率，结果显示人工约10秒、扫描条码则是2秒，而透过RFID识别则仅耗时0.1秒。

2　RFID技术在全生命周期及智慧化工程建设中的应用分析

自RFID技术普及以来，RFID应用范围甚广，最初主要被应用在物流，但发展至今凡零售、物流、交通、医疗、制造等，都可以看到RFID应用的身影。虽然RFID技术已非新技术，但随智慧时代来临，近年产业仍不断透过市场需求开发各式RFID应用场景。以智慧化工程建设为方法的全生命周期项目管理来说，鉴于提高大型工程建设物资存储、收发管理和对工程实体部件(材料)准确定位的需求，建设施工领域也开始采用RFID技术，达到即时物资追踪、动态监控、工序流程上的管控以及供应链管理等应用。

2.1　石油化工建设项目物资数据共享、智慧物联的意义

2.1.1　信息化、智慧化仓储管理

使用RFID技术可直接进行出入库管理，物资随货车进入门站式无线电场内，可立刻读取车上所有物资标签信息并回传到系统，减少人工操作的同时减少错误的发生，也避免拆箱点货对商品的损坏，对于精密仪器设备十分重要。库房管理人员通过RFID手持端无需直接接触就可采集到多个货物的信息，并将信息回传到RFID仓储管理系统完成库存盘点，通过系统就可随时关注物资的位置信息，这样就可以大大减少寻找物资的时间，拣货发货效率得到了极大提升。使用RIFD仓储管理系统，可以对仓库提供信息化的管理手段，更加准确、实时的数据及数据分析图表，帮助施工单位、中转站更好掌握物资库存状态，避免超领材料的情况，同时可对于作业管控过程中出现的异常进行及时提醒，采取应急措施，保证快速解决现场问题，确保施工现场正常运作。

2.1.2　数据共享有利于工程全生命周期建设

石油工程建设项目使用数据库进行统一的数据管理，可以有效地保证数据资源共享。数据共享可以做到全项目、全生命周期内的标准化的统一，还可以使用有效的查找算法，实现资源数据的快速查询，同时还可实现复杂的组合条件查询等其他数据查找工作。物资生产厂家，比如阀门出厂发货前对标签进行相关信息写入，然后固定在阀门外壳，最后将所有出厂标签信息统一上传云平台，项目建设各方可通过云平台提取阀门信息，了解阀门到货状态及到货信息，工程投产后用户也可通过数据库掌握工程实体信息。

2.1.3　保证统计资料的准确性

石油工程建设是一个庞大的系统化的工程，往往涉及到的数据会有很多，运用RFID技术能加快盘库效率、有效地保证数据统计资料的准确性，并可以进行计算机信息化的统一管理，可以向项目管理人员直接提供动态化的精确信息，避免人工操作带来的各种弊端。从而提高物资领用过程的效率与准确率，避免物资短缺造成停工、误工。依托RFID技术的物资管理可以帮助计算机项目管理系统可以在短短几分钟时间之内进行数据库的整理更新，有效辅助项目管理人员进行科学决策。

2.1.4　推动信息化、标准体系建设

RFID 技术有助于石油工程项目的信息化标准体系建设，随着 RFID 技术的成熟和完善，越来越多的行业慢慢向 RFID 方向发展，逐步渗透到制造领域供应链系统的各个环节，RFID 技术的实施在信息化标准体系建设过程中起着至关重要的作用，通过互联网通信和标准协议可实现外部生产厂商与物资采购部门、中转站、施工现场、建设单位、用户等的数据交互、操作。因此一套相对完整的射频识别标准体系，包括标签数据标准、接口协议标准、电子信息写入标准、读取标准等，可以降低技术门槛、降低成本、形成合力、聚集产业链，推动制造业、工程建设行业信息化、标准化体系的建设。

2.2　RFID 技术在石油化工建设项目中操作流程及操作要点

2.2.1　流程图如图 1 所示

2.2.2　操作要点

（1）物资采办计划

确定物资供应商后，采购部门与厂商签订采购合同并下达采购计划。

（2）厂商生产

物资生产厂商接受采购计划按合同履行义务。

（3）标签信息写入

物资生产厂商进行信息写入标签。

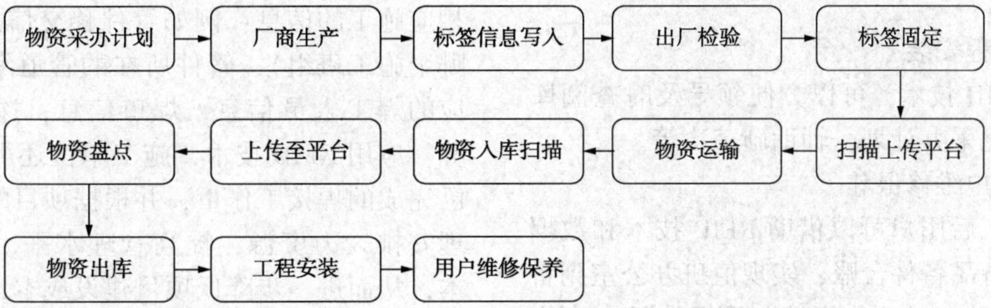

图 1

（4）出厂检验

按规范和合同要求进行出厂前检验。

（5）标签固定

物资出厂前验收合格后将标签固定在物资表面封入包装。

（6）扫描上传平台

货运车辆运载着粘贴好电子标签的物资低速通过 RFID 通道门或人工搬运通过 RFID 通道门，使 RFID 读取系统可以读取记录出库物资信息，上传至工程项目管理共享平台。

（7）物资运输

按既定路线和计划完成物资运输，抵达物资中转站。

（8）物资入库扫描

与物资出库扫描原理一致，当贴有 RFID 电子标签的货物进入仓库时，RFID 通道天线将自动识读电子标签信息，确认货物的名称、数量、类型等是否与订单一致，并且把收货时间及货物运输途中的损坏程度等信息输入数据库，完成货物接收工作，同时管理软件中标签状态改变为入库。

（9）上传至平台

物资到货及各库房台账动态调整更新实时上传至工程项目管理共享平台。

（10）物资盘点

由库房管理人员携带超高频无线盘点阅读器（手持机）对入库的物资进行盘点抽查，RFID 运用仓储盘点非常方便，只要配一个手持式 RFID 阅读器并辅以计算机网络系统即可。保管员拿着手持式 RFID 阅读器到需要盘点的地方靠近物品即可采集到仓库相应物品信息，此信息会通过 RFID 阅读器传送到计算机网络系统，与系统内现有的数据作对比，马上可出现有实物库存名称、数量与系统内所显示的名称、数量，由此达到盘点的目的，方便采购计划人员根据当前库存情况，科学制定订货计划（图 2）。

（11）物资出库

施工机组领料人员到库房，找到库管读取员工卡，管理软件记录读卡时间并显示员工已领取物品数量，是否有权限再次领取。库管在管理软件中查看该物品库存状态、位置。库管配好所需物品后拿手持机扫描，物品自动登记到该员工信

图 2　利用手持机进行库存盘点示意图

息中，员工拿物品出库，同时管理软件记录时间并将库存状态改变为已出库，确保出库物品无误。

（12）工程安装

利用 RFID 技术，可以方便领导及时查阅库存状况、对比采办计划，辅助施工决策。

（13）用户维修保养

工程完工后用户可以借助 RFID 技术和数据平台，建立备品备件台账，实现值班办公室到备品备件库的“点对点”查货，电子标签具有真实性、可追溯性、数据完整性，提高运行期维修保养工作效率。

3　RFID 技术在石油化工建设项目中的展望

RFID 技术作为本世纪最有发展前途的信息技术之一，已得到全球业界的高度重视。美国最大的零售业巨头沃尔玛在 2004 年 3 月就宣布其主要的 100 家供货商在 2005 年前必须使用 RFID 标签，从而带动了 RFID 技术在全球物流、防伪、公共安全等方面的应用。2005 年底，沃尔玛发布了阿肯色大学所作的一项有关 RFID 对供应链影响的调查报告，调查结果显示：采用 RFID 技术后，产品缺货率减少 16%；商品缺货后的补货速度比只用条码时快 3 倍；手工订货率也减少了 10%。大大提升仓储、销售效率、品质和企业管理水平。我国在 RFID 技术方面起步虽晚，但也快速发展到众多领域中，从简单的仓储识别已扩大到零售、安防、服装、制造、交通、物流等方面并得到了很好成果。

石油化工工程建设行业也是一样，在物联网、云计算、大数据、5G 等新技术高速发展的助力下，创新性的工程建设方法和工具加速更新迭代，不断与工程建设深入融合，形成以全生命周期及智慧化工程建设为目的建设模式。以施工为例采用 RFID 技术，施工单位可以根据物资的实际到货情况，准确、快速领取施工需要的物资，合理安排施工人员，极大地避免了窝工现象；同时在领取物资时，不需要专业的技术人员，普通的工作人员即可完成，大大地降低了人力成本。RFID 技术的应用，还可以降低对中转站和施工单位二级库房的要求，从而节约建设成本。通过设定标签读写功能，施工单位可以增加相应施工的信息：例如管件移交信息（管件交于哪个施工班组）；管件所在的管道编号信息；相应的焊工人员信息，焊口信息；探伤拍片信息等。应用 RFID 技术，施工单位还可以准确统计已完成的焊接工作量，并根据项目的进度要求合理安排人力资源，提高管理水平，降低人力成本，从而进一步降低项目建设成本，保障质量。

4　结束语

基于 RFID 技术的智慧化工程建设和全生命周期管理是石油化工建设未来发展的重要方向和趋势，关键在于通过 RFID 技术标准化的实施来快速地获取物资在加工、运输、出入库、领用、服役等阶段状态信息，同时利用网络传输来实现其全生命周期信息的快速获取和共享，为工程建设提供服务支撑。然而如何推进 RFID 技术标准化、互操作性、协议的实施是需要各个行业支持及相关政策的出台。

参考文献

［1］胡智超 . RFID 技术在石油化工建设项目中的应用研究［J］. 民营科技，2016，（10）：90.

［2］赵松岭，陈镜宇 . RFID 技术、人工智能等先进技术的相继投入，助推智慧物流发展［J］. 人民论坛，2020.

互联网+时代智慧油气田建设思考

姜　潇　张　超　刘海飚

（中国石油工程建设有限公司；北京工程咨询分公司）

摘　要　现阶段科学技术发展，尤其是智慧油气田建设对于保障我国能源安全有着重要作用。当前各石油企业不断提高“互联网+”思想理念的应用，并深入到上、中、下等各领域，建设领域作为油气产业的中间环节，经过长时期在传统模式下的发展，也迫切需要进行一场数字化的变革。本文主要介绍了“互联网+”概述，对于“互联网+”在油气田中的重要作用进行简要分析，提出了五点“互联网+”在我国油气田建设中的应用。

关键词　互联网+；传统发展模式；核心竞争力；顶层设计

引言

在我国“智慧能源”建设中，应该将“互联网+”作为现阶段能源企业发展的重要内容，加大对于基础建设项目的投资，逐步提升现阶段企业生产效率，适应现阶段社会发展的变化。在新时期，企业管理人员应该重视科学技术在日常施工中的应用，积极探索智慧油气田建设方案，促进企业可持续发展。

1　“互联网+”概述

“互联网+”的本质在于利用互联网思维，采用数字化工具，改变以往传统施工建设方式，从进度、成本、质量三个方面提升当前建设水平。近年来，我国重视基础设施建设，并且在日常管理中，积极应用创新理念的应用，推动当前经济发展。在政府部门的引导下，企业管理人员思维能力提升程度较高，借助互联网创新成果，促进工业生产，便于改进现有生产体系，促进当前企业高效发展。现阶段“互联网+”改变了以往的生产模式，借助便捷的数据传输机制，在智慧油气田建设中，提高了整体工作效率，有效降低了交易成本，对于当前产业发展有着重要意义。

“互联网+”可以促进当前企业加强了对管理层次的变革，并且对于企业生产技术水平的提升有着重要作用。在日常生产环节，借助先进的科学技术，能够发挥自身重要作用，在基础设施建设阶段，逐步提升当前工业生产效率。

油气田作为能源企业重要资产，在油气田建设阶段，技术人员应该重视在传统建设经验的基础上，有效应用先进的数字化管理技术，识别出企业自身不足以及领域提升痛点，推动基础设施的进步，在生产经营活动中，为企业核心竞争力的提升作出贡献。

2　“互联网+”对于智慧油气田的重要作用

2.1　改变以往传统发展模式

现阶段我国经济快速发展，对于技术的重视程度不断加深，为了改变以往传统思想理念，企业管理人员需要提高重视，集中优势资源，完成传统产业的统筹管理。在基础设施建设环节，管理人员将整体生产流程进行有效管理，制定科学的应对措施，推动产业发展，避免在企业发展中，一些传统的管理方法，制约了企业工作效率的提升。以往油气田整体建设环节，由于整体建设十分重要，需要技术人员及时制定有效决策，逐步提升企业发展质量，消除当前设备管理中存在的问题。

油气开采对于企业技术型人才的要求较高，在管理工作环节，严格按照工程施工的要求，推动产业技术快速发展。随着“互联网+”思维有效融入企业发展中，管理技术人员应该提高重视，制定有效的管理措施，实现对现阶段油气开采的科学管理，避免在企业生产中出现较大的管理的风险，提高现场管理工作效率。

2.2　加快企业核心竞争力的提升

“互联网+”时代对于我国经济发展有着重要作用，当前技术人员强调自身能力的提升，打破传统思维的界限，有利于提升现阶段管理工作质量，逐步推动当前企业经济发展质量，适应现阶段管理工作需求。当前企业管理人员重视对互联网新成果的应用，重视对技术的共享工作，不断提高企业管理工作质量，推动技术创新，改变以往企业生产模式，实现对于企业生产加工的高效管理。

3 “互联网+”在油气田中的建设与实践探索

3.1 “互联网+”的行业使命

当前油气企业在日常管理中，应该重视互联网技术的应用，改变以往传统的管理方式，提高工作人员管理效率。企业应该重视对内部资源的有效整合，改变以往传统管理方式，实现对于企业高效管理，当前企业管理人员应该重视对油田企业的基础设施建设，消除当前设备管理中存在的不足，为现阶段企业发展注入动力，推动企业信息化与智能化建设。

3.2 智慧油气田的顶层设计

智慧油气田整体建设注重信息化管理模式在油气企业中的应用，逐步提升当前企业发展质量，从三个不同的模块，完成智慧油气田整体建设。现阶段我国智慧油气田建设中，将自动化、信息化技术作为智慧油气田整体建设的核心，逐步提升我国基础设施建设质量，重视对现有数据的高效管理。

目前，智慧油气田顶层设计中，以现场自动采集与控制、远程传输存储与监控指挥以及技术支持与辅助决策为核心，从而提高智慧油气田整体建设质量。现阶段技术人员应该重视自身能力的提升，关注设备使用阶段存在的问题，制定合适的应对措施，逐步提升现阶段企业经营效益。

例如：某油田企业在日常生产运输环节，结合主管部门关于发展“互联网+”时代背景下的油田企业指导性建议文件，在企业工作中，管理人员应加强对基础设施的投资建设，引导现阶段企业管理工作效率不断提升。在现阶段企业管理中，应该重视管理技术的应用，从而推动企业有效发展。企业技术人员与专业的互联网企业之间建立合作关系，在生产环节实现对不同生产过程的协同管理，重视对数据的共享与应用，便于企业不同部门工作人员，及时掌握当前企业生产现状。并且，该企业重视“互联网+”思维的有效应用，推动基础设施建设，逐步提升企业经济发展质量，做好对于现阶段数据的有效采集，重视自动化控制技术的应用。

3.3 大数据协同共享

在智慧油气田建设中，大数据信息化协同机制的应用，重视对数据的采集与管理，逐步提升现阶段基础设施建设质量，完成整体企业布局建设，实现数据的有效共享，并且借助大数据分析软件，制定合适的应对机制，加强对于数据库的有效管理。

大数据协同共享建设，逐步提升现阶段经济发展质量，实现对于管理流程的规范化、程序化管理。当前企业管理人员应该重视自身能力的提升，重视对数据的管理，将数据处理结果作为现阶段企业决策的重要内容，以便于建设高效的管理体系，逐步提升企业管理经济效益。近几年，我国重视大数据技术在不同行业中的应用，能够实现对油田的高效管理，制定合适的应对措施，逐步提升智慧油气田整体建设质量。

油气田生产环节，企业技术人员做好对于设备参数的自动采集工作，重视对生产工艺的动态化管理，实现对于现阶段工业生产的高效管理。在基础设施建设环节，企业重视大数据技术的运用，能够提升数据的价值。通过对不同种类的数据深入挖掘，为现阶段企业管理工作优化提供科学依据，减少企业生产加工环节的劳动力，消除当前设备管理工作中质量，为企业创造更大的价值。

“互联网+”在智慧油气田中的应用，借助自动化、信息化管理机制，能够发挥自身重要作用，便于现阶段企业管理人员提高认识，使用先进的管理技术，逐步提升当前企业经营效益，降低工业生产成本，促进不同主体之间的协同合作，营造良好的沟通机制，重视对生产环节的监控，及时发现异常现象，消除油田企业生产阶段存在的安全隐患。

3.4 地质信息一体化管理平台

智慧油气田整体建设对于现阶段企业经济发展有着重要意义，在基础设施建设环节，企业管理人员重视对整体产业的布局，制定合适的应对措施，逐步提高企业经济发展质量。“互联网+”时代，企业管理人员重视对现有数据的管理，重视地质、地面、井筒一体化建设工作，技术人员熟练使用该平台，有效降低设备使用阶段存在的安全隐患，实现对于现阶段企业管理工作的高效发展。

在基础建设环节，我国重视对产业布局的应

用，借助综合管理机制，逐步调整现阶段产业布局，做好全过程管理，熟练应用新的管理机制，推动现阶段企业高效发展。

随着一体化管理平台的建成，现阶段企业重视自动化技术的应用，建立科学的气田地址模型，重视对数据的有效管理。当前企业重视自身能力的提升，充分利用现有管理机制，重视对产业布局的调整，便于分析当前企业管理中存在的问题，借助该系统，将生产加工环节出现的问题进行改进，逐步提高企业经济效益。

近年来，智慧油气田整体建设环节，对现有数据的核查，逐步提高整体建设经济效益，增强企业市场竞争能力，能够在复杂的市场环境中，实现企业可持续发展。

3.5　促进工程建设领域发展

"互联网+"最为直接的应用，便是在工程建设领域，尤其是在抽油机井整体建设环节，技术人员应该重视相关设备的使用，充分利用信息化技术，增进对于工程施工的有效监控。例如：在单井井场作业阶段，技术人员应该重视单井控制系统的应用，借助该系统，完成井口数据的自动化采集，通过远程控制，有效降低了工作人员劳动强度。

4　结论

总而言之，现阶段我国智慧油气田建设中，一些较为先进的互联网技术，对于现阶段油气田企业建设有着一定的现实意义。管理人员探讨"互联网+"对于企业的变革作用，加强顶层设计，重视对大数据的协同共享，逐步建立地质信息一体化管理平台，提高企业核心竞争力，在激烈的市场竞争中，不断提升企业自身地位。

参考文献

[1] 任传奇．"互联网+"时代智慧油气田建设的构想与探索[J]．中国石油和化工标准与质量，2019，39(06)：136-137.

[2] 谢军．"互联网+"时代智慧油气田建设的思考与实践[J]．天然气工业，2017，36(01)：137-145.

大数据分析技术在油田生产中的应用研究

姜 潇 张 超 刘海飚

（中国石油工程建设有限公司 北京工程咨询分公司）

摘 要 随着大数据兴起，大数据分析技术在油田生产中的应用研究受到社会各界的广泛关注。本文首先对大数据分析技术进行简要陈述，然后说明了油田数据的特点以及油田大数据分析体系的主要内容，对自动筛选异常井、自动诊断异常井、制定间抽井抽油计划以及规划油井清洗工作等大数据的实际应用进行详细分析。

关键词 大数据分析技术；油田生产；数据处理

在我国实现现代化的进程之中，随着科学技术的快速发展，油田生成过程之中逐渐向信息化以及智能化发展，油田在实际采油的过程之中所涉及到的步骤十分复杂而且其相关数据量十分庞大，所以对大数据分析技术在油田生产中的应用研究进行分析探讨，对今后提高生产效率具有重要的实际意义。

1 大数据分析技术概述

1.1 数据抽取技术

数据抽取技术指的是可以将数量庞大并且数据类型较为复杂的数据整合成数量较小而且类型较为统一的数据结构。数据要求在任何地点以及时间上可以统一表达，保证语言类型的标准以及规范，使得计算机可以准确快速识别。其中，还包括数据的检查，通过数据的检查可以对数据的是否准确进行有效筛查，搜寻出数据之中可能出现漏洞或者错误，进而根据实际的错误与漏洞类型对原有数据进行替换。

1.2 数据分析技术

数据分析技术是以数据抽取技术为基础，其中包括以下几种类型：第一，因子分析。因子分析指的是通过对少量的因素指标表现出其他具有实际意义因素的关系，进而在变量的归纳分析中将某几种变量作为因子，利用数量较少的因子反应其他信息。第二，回归分析。回归分析是通过对一组或者几组数据进行分析，进而得出一个变量与其他变量之间的相互关系，并且对变量中的不确定因素进行优化，进而找出其中的变量规律。第三，聚类分析。聚类分析指的是通过对多种数据特征信息的收集将数据之中所呈现的特征进行类别划分，进而使得后期可以对任何事物的类别进行准确判断，便于后期的数据处理。

2 油田大数据以及油田大数据分析体系概述

2.1 油田数据的主要特点

油田数据具有以下特点：第一，数据类型较为复杂。油田在实际的生产运行过程之中所涉及到的油温、油压、注水量以及各种设备的运行状态的数据在不同的生产阶段具有较强的差异性。第二，数据数量较大。油井在运行过程之中的数据采集工作规模较大，并且需要对各种类型的数据进行收集，进而使得油田数据的数量极大。第三，数据完整性难以保证。在实际的对油田运行数据进行记录时，由于数据具有时效性，一旦不能把握数据的收集实践便会出现数据丢失的现象。

2.2 油田大数据分析体系

企业油田若想运用油田大数据分析系统应该注重油田大数据的分析体系的构建，其中主要包括以下几个平台的建立：第一，油井信息收集平台。此平台的主要任务是对油井实际运行过程所产生的数据进行综合归纳整合，并且将数据转化为计算机可以识别的类型。第二，油井信息的储存平台。主要是将油井信息收集平台所收集的数据实现进一步分析与汇总，并且将数据进行合理储存，此平台也称作为数据仓库。第三，油井信息分析平台。此平台可以运用专业的大数据建模技术对数据进行深入挖掘，得出具有实际意义的数据，为后期油田的运行决策提供理论指导。第四，油田信息的展示平台。此平台的主要作用是利用建模对数据进行处理，使得数据具有直观性以及可视性。

3 大数据分析技术在油田生产中的应用研究

3.1 自动筛选异常井

在油田生产机构进行实际的采油过程之中，异常井现象的出现会给油田的产量产生负面影响，随着网络科技的快速发展，异常井的识别筛选工作受到了油田企业高层的重视。在过去，筛选异常井的工作通常需要人工完成，工作人员对日常油田生产资料进行仔细查阅，在大量油井之中对数据异常的油井进行有针对性的筛选，通过严密的异常井的认定过程，才可以判定异常井的实际数量，此种人工筛选的方式不仅难以保证筛选异常井的准确度，而且人工筛选异常井所用的时间较长，在筛选时会影响油田企业正常的采油计划。所以油田企业内部应该及时借助大数据分析技术对异常井进行自动智能筛选。异常井的主要特点为油井单位时间内的产量与历史生产数据之中的单位时间内的产量具有较大差异性，具有数据差异波动，并且数据的波动幅度已经超出了油井正常生产的波动范围。利用大数据分析系统可以对油田历史的生产数据以及当前生产数据进行实时监测，实现对异常井的准确筛选。首先，大数据系统会对油井的生产运行状态进行简单判断，将作业井、调开井、停用井、停电井以及常关井进行有效区分。其次，大数据分析系统可以运用 NET 等技术对算法进行编译处理，然后利用 B/S 模式进行发布。最后智能系统会根据处理后的数据准确筛选出异常井的位置，不仅可以大幅度减少工作人员的工作量，而且还可以最快的速度确定异常井的实际位置，为后期的诊断与修理争取的宝贵的时间。

3.2 自动诊断异常井

当异常井的位置可以确定之后，油田企业会及时组织工作人员对异常井进行诊断，通过诊断工作明确异常井出现异常的原因，便于后期对异常井的修理工作。但是传统对异常井的诊断工作往往使用人工诊断的方式，此种方式对诊断人员的综合素质以及工作经验具有较高要求，若诊断人员的工作经验不够，则会使得诊断结果以及诊断率难以保证，并且诊断报告与实际情况具有一定差异性，进而使得后期的维修护理工作难以顺利进行。而在诊断异常井的过程之中，可以采用大数据分析技术之中的图像处理技术解决此问题，此技术可以根据油田实际的运行情况，建立油井正常运行的工作图库，并且将当前异常井的实际工作图与历史的油田工作图库进行分析比较，通过系统的数据处理，便可以时点对异常井的自动诊断，不仅能够保证诊断的准确性，而且利用计算机确保诊断的及时性。

但是在实际的诊断工作过程之中，由于油井运行的情况具有多变性，所以利用大数据分析系统进行对油井的诊断时应该通过因子分析法，对油田运行时各种因子变量进行分析，进而建立其较为完善的油井诊断数据库，并且根据油井的实际运行情况在数据库之中选择相应的数据指标开展分析，进一步保证诊断结果的准确性。

3.3 制定间抽井抽油计划

随着油井的不断开发利用，油井内部的储油量会逐渐减少，并且油田作业会进入减产阶段，此阶段油田地下储油量会呈下降趋势，并且油井也会出现供油量不足的现象，出现此种现象的油井为间抽井。现如今间抽井的抽油计划一般由人为制定，人为制定的间抽井抽油计划不仅难以保证计划的合理性，而且制定的计划往往较为粗略，难以保证油田的使用效率。所以油田工作人员应该实现间接井的智能化控制，利用大数据分析技术之中因子分析法，对间抽井内部的储油量加以分析和预测，建立间抽井内部储油量的预测模型，预测出实际油井的液面位置以及上升高度，进而根据预测数据制定间抽井抽油计划，确定间抽井的实际开关时间，保证间抽井最大效率的利用。

3.4 规划油井清洗工作

现阶段，大多数油田企业对于油井的清理工作还存在缺陷，一般来说，油田企业之中的油井应该一个月至少清洗一次，以保证油井的正常运行，并且油井的清洗计划由人工规划，此种人工规划油井的清洗时间的方式存在较多缺点，例如：由于工作人员的疏忽，部分油井不能及时清洗而部分油井重复清洗的现象频频发生，不仅浪费清洗成本，而且还会对油田的实际生产效率造成负面影响。利用大数据分析技术系统便可以对历史清洗油井的相关参数进行有效收集，其中包括油井的清理方式、结蜡周期以及油井运行实际情况等等，进而根据收集到的信息数据进行合理的数学建模，对油井结蜡的实际时间以及清洗周期进行准确预测，保证油井清洗工作可以顺利快速的进行，提高油井的使用效率。

4 结论

综上所述，油田数据具有类别较为复杂，数量规模较为庞大以及完整性难以保证等特点，所以工作人员应该及时将大数据分析技术引入到筛选异常井、自动诊断异常井、制定间抽井抽油计划以及规划油井清洗工作之中，进而保证油田的顺利运行，提高油田的生产效率。

参 考 文 献

[1] 余冬，孙茜，何新宇．油气生产物联网技术的应用探析[J]．工程建设与设计，2019(14)：255-256.

[2] 郭卫红，崔猛，葛云华．大数据分析技术在钻井生产中的研究与应用[J]．化工管理，2019(19)：59-60.

[3] 孙晓萍．大数据分析技术在油田生产中的应用研究[J]．中国管理信息化，2019，22(09)：171-172.

新疆油田地面工程智能化场景研究与应用

郝婳婕　石　峰　王利君

（中国石油新疆油田分公司数据公司）

摘　要　油气田地面工程属于油气开发生产的关键环节，其智能化建设自“十三五”以来取得了初步成效，但仍存在数据标准未统一、施工过程管理难、项目信息掌控难、进度与质量监管难等问题，缺乏综合智能化建设。通过融合搭建地面工程数据标准化管理、施工可视化管理、建设进度智能化管理三种工程智能化场景，能够推动地面工程一体化智能管控，提高工程质量、缩减工期，降本增效。并提出了地面工程建设智能化场景应用未来的发展方向，对地面工程智能化建设提供了借鉴意义。

关键词　油气田地面工程；智能化；工程建设管理；数据标准化；建设进度可视化

1　引言

十三五期间，新疆油田按照智能油田规划进行了智能油田探索与实践，信息化建设主要以智能油田建设为主，为整体评估智能油田发展成熟度，基于智能评估指标体系开展了智能油田成熟度评估。通过智能评估指标体系的特性指标评估，新疆智能油田在感知特性、控制特性、分析特性、优化特性、决策特性方面均高于或持平于智能油田二级建设水平，在信息技术特性方面达到智能油田四级建设水平。整体来说，新疆智能油田建设取得了初步成效。

油气田地面工程作为油气田开发生产大系统中的子系统之一，属于油气开发生产的重要环节，包括油气集输、注入系统、水处理等多种复杂工艺，生产场景范围大、跨度广，工程建设期涉及参建单位众多，综合管控难度大。开展油气田地面工程的智能化建设能够帮助降低其投资规模、减少人员及管理成本、缩减工程建设周期，是实现高效开发、增产增效的重要手段。

2　油气田地面工程智能化建设现状

新疆油田近些年来先后在多个单位实施了油气生产自动化和物联网建设工作，已建数据采集与监视控制系统（Supervisory Control And Data Acquisition，SCADA）17 套，分布式控制系统（Distributed Control System，DCS）50 套。以风城稠油、采油二厂稀油为示范的物联网建设工程，持续在百口泉、陆梁等作业区复制实施，物联网单井覆盖率逐年提升，智能化建设取得了初步进展。

目前新疆油田具有良好的信息化基础设施、较为完整的数据资产，数字化基础扎实，但地面工程智能化发展的挑战依旧艰巨，仍然面临以下问题：

2.1　地面工程建设数据规范难

油气田地面建设工程属于大规模的建设施工项目，目前新疆油田已实现了工程建设的三维设计，在此过程中，累积了大量不同设计阶段的数据和文档，这些数据和文档来自于不同的参与方、不同的应用工具，且各方未形成统一的数据标准，具有不同的编写习惯与格式要求，例如：各设计单位对工厂三维模型命名、编码标准等未统一，使得各设计方针对同一工厂对象的模型字段名称、设计属性值的命名不一致，造成模型解析与展示过程中出现错误，使得工作量增加、时效性降低。且在此过程中，会存在图纸资料零散、格式版本不统一、数据不一致查找不便利等问题，严重影响用户方及管理层对地面工程数据资产的分析利用。

2.2　地面工程施工过程管理难

油气田地面工程项目建设复杂、繁琐，其施工过程中参建单位多、人员管控难，整个项目建设周期多达数十家不同的协同单位，各单位之间信息孤立，各项指令不能及时下达；现场机具种类多，数量大，各施工现场的机具存在管理盲点；承包商监管力量不足，现场管理人员责任心不够强、业务素质不够高，安全管理基本依赖建设方监管，存在一定的施工安全风险；各生产单位施工班组虽已建立了设备定期巡检、点检、维修等管理制度，但相应的计划排布、任务指派以口头传到、自发的纸质记录为主，计划和作业任务执行对经验依赖严重，受人为因素影响较大，影响设备运行、维护的稳定性，施工质量难以把控。

2.3　地面工程建设进度掌控难

油气田地面工程施工是一项大型系统性工程，在施工建设前应制定相应完整的施工进度计划，后期施工按照施工进度计划有序实施。但油气田地面工程施工持续时间较长，且分为多个施工队伍共同施工，各个队伍施工进度有差异，导致整个工程施工进度不一致，难以按照原计划推进。且油气田开发一般在沙漠腹地或离市中心较远地域，公司管理层不能时常深入施工现场了解具体施工进度，对实际施工情况不能进行准确把握，项目宏观信息掌控难。当实际施工进度与计划的施工进度出现较大差异时，无法及时调整施工资源、合理配置人员实施，导致后期施工难以顺利进行。

3　油气田地面工程建设智能化场景应用

本文研究搭建了以下三种智能应用场景，以数据管理标准化为基础，在地面工程各个阶段融合应用，以期综合解决地面工程智能化建设中遇到的上述问题，推进地面工程的智能化发展。

3.1　地面工程数据管理标准化

油气田地面数据的高效智能化分析与应用是实现油田地面系统智能化管理及运维的重要基础，对于油田地面系统的数字化、智能化建设具有重要意义，并已逐渐成为油田工业的核心竞争力。在进行油气田地面工程智能化建设过程中，首先需要以数据标准化建设为基础，通过统一已建系统的数据源头，基于大数据算法对各项数据进行清洗、转换，分类存储，将同类数据统一为标准格式。数据源包括相关生产设备的生产数据、地理信息、工作管理数据、生产流程、维护维修的备品备件参数以及设备台账等，建立起专业系统完善的可视化数据平台。要求数据平台的深度可以达到站外到井口，站内到设备，为油田生产管理和领导决策提供专业的数据支持。

数据标准化的建设内容包括编码规定标准化和数据字典标准化。编码规定主要指的是设备编码和材料编码，是工程运维阶段的基础数据，其科学性、准确性非常重要。新疆油田已实现运维三维设计，在设计阶段即可规范各类对象的主数据编码，实现自设计阶段开始，将设备的所有数据关联管理至工厂退役阶段。为了统一材料编码，在工程项目中要求各参建方使用新疆油田的材料编码体系，解决计算机对物资材料识别的问题，提升数据利用效率。

在保证数据齐全准的情况下，基于大数据的方式管理工厂中的每一个设备及其部件，基于OCR智能识别和机器学习技术，智能建立三维设备、部件模型及其对应图纸、属性之间的关联关系，并依据数据移交标准，自动校验数据的完整性和规范性。

通过地面工程数据标准化建设，能够解决不同系统间数据不共享、数据标准不统一、数据多头录入等问题，保证数据规范化、正常化。同时能够加强地面工程信息化系统与上游生产系统的结合，直观表现出生产信息，进一步优化生产系统各单元的工作流程。对于油田勘探开发生产来说，数据标准化建设可为决策人员提供油气田经营经营状况、资金流动以及项目风险等方面的规范信息，提高决策的合理性和科学性。

3.2　地面工程建设管理可视化

地面工程建设过程中，基于传统CAD+文档的管理模式，建筑、道路、通信、集输、供电、供水等系统之间缺乏有效、精准的协调与互动，易造成施工返工、资源浪费、成本增加等现象，不利于地面工程的项目管理，尤其在施工进度掌控、关键环节的施工预演、项目的整体实施状况展示方面缺乏有效的信息化支撑，而三维可视化技术结合工程管理，能有效解决以上问题。

工厂信息模型（Plant Information Modeling，PIM）是指在化工、能源等工程建设及设施全生命周期内，对其功能特性和物理进行数字化表达，并依此开展设计、施工、监理、运营等过程及成果的总称。PIM本质为工厂施工中全新的理念及工作模式，而相关的应用或软件更多是其实践中的应用载体。完整的地面工程PIM模型，承载了项目管理所需的全部信息，并能够连接施工过程中不同阶段，解决分布式、异构工程数据之间的一致性和全局共享问题。以PIM模型为核心的三维模型，具备如下优势：

（1）工程信息可视化表达：

以三维可视化数字化技术为基础，直观地对油气田地面工程进行展示表达，其中不仅包含施工对象的拓扑关系、空间信息、几何信息，同时包括完整的工程建造信息。

(2) 工程信息的关联性及一致性：

因PIM模型具有一致性及唯一性，可实现三维模型对应的施工单元可相互识别并关联，一旦三维模型的几何信息、空间信息、拓扑关系发生变化，与之关联的所有三维模型及其对应信息随之更新，以保持工程信息的完整性和一致性。

根据油田地面工程项目建设进度来建立和维护三维模型，汇总各项目管理中所有的实施工程信息，包括进度信息、数字化交付信息、施工质量信息、HSE信息等，并将工程信息关联三维模型，统一进行整理和储存，以备项目各相关方随时共享。此外，三维模型的精度细节决定了三维模型的用途，通过建立符合油田地面工程项目现有条件和使用用途的三维模型，如：施工模型、进度模型、成本模型、制造模型、操作模型等，可实现施工关键路径可视化、集成视频监控的现场管理等。

3.2.1 施工关键路径可视化

施工关键路径组织是进行施工进度科学管理的重要手段，其决定了各专业施工准备工作内容，明确了施工过程中各单位、各工种、各资源之间的相互关系。对于传统施工关键路径管理是以工作分解结构(Work Breakdown Structure, WBS)结合二维图纸的平面管理，对于关键施工环节的表现仅是繁琐的静态数据，无法提供工程管理人员全局、立体的概念。通过施工关键路径的可视化展示，对油气田地面工程重难点部分进行可建性模拟，对关键部位、重要施工环节或厂地布置等，随着施工进度计划使模型进行变色模拟，对施工关键路径的模拟和分析，以指导施工实施、提高施工计划的可行性。

基于三维模型的施工关键路径展示，地面工程实施人员可为工程中每个关键路径中的三维模型编号，关联施工起止时间等信息，在三维场景中系统将自动模拟施工关键路径的动态过程，并根据现场反馈数据，通过另一种颜色描绘实际完成的设备模型，最终在三维场景中通过可视化的形式展现施工关键环节的实施过程，有助于及时调整不合理的施工路径，合理配置人员实施，减少施工返工，降低施工风险保证施工质量(图1)。

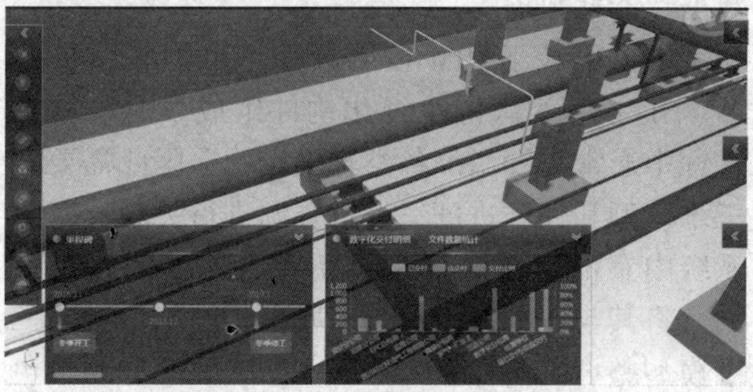

图1 油气田地面工程施工关键路径及工程信息可视化展示

3.2.2 集成视频系统的施工现场协同

可视化工程项目管理不仅集成了油田地面工程完整工程信息，同时还提供了一个可视化的协同交流环境，集成视频监控系统可通过虚拟-实现对比分析，更加直观掌握项目过程，及时发现风险隐患，减少施工返工与变更。相比传统模式下通过现场图纸管理施工实施，可提高建设效率，消除管理盲点，并提高现场管理效率与施工质量(图2)。

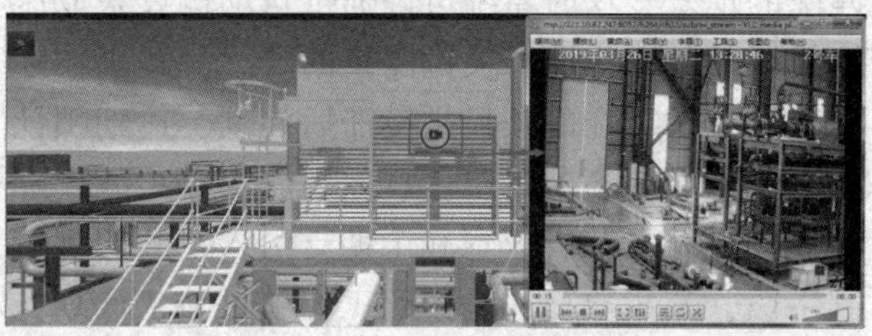

图2 油气田地面工程施工现场与视频监控结合管理

3.3 地面工程建设进度管理智能化

工程项目进度管理是工程管理的重要组成部分，直接影响工程项目建设的质量。相关部门在工程项目施工之前，需要结合具体的施工要求和施工目的，制定行之有效的工程计划，监督施工活动按照计划开展。同时，还需要重视材料的保管、验收、存储以及现场管理工作，保证各项材料设备可以合理应用到工程项目建设过程中，避免由于材料设备问题而引起的工程误工现象。

在实际工程项目建设期间，由于影响因素多，任务重，工期紧，工程进度往往难以完全匹配工程计划来开展，影响工程建设的经济效益。因此需要建立一个能够对工程进度进行实时监督的三维数据可视化平台，通过三维模型动态展示各类型的数据：如设备属性、项目建设计划、建设实际进度、建设安全质量问题数据、视频监控流、设备维保信息、DCS实时数据、预警报警数据、能耗数据等。

平台可基于 PIM 技术开发，由物联网传感器、3D 模型、大屏可视化构件组成。由于施工过程中通常需要增加各类辅助设施，因此需要把三维模型和任务进度、设备资源进行关联，基于系统内置的进度计划工具，导入项目的施工计划，将其与三维模型进行关联，将施工信息与三维模型整合在一个 4D 场景中，三维模型的颜色将根据进度状态发生相应变化，并借助各种可视化设备对项目建设进度进行虚拟描述，直观、精确地展示整个地面工程的施工过程，进而实现油田地面工程施工进度、资源和质量的统一管理和控制，达到缩短工期、降低成本、提高质量的项目管理目标。

在虚拟施工过程中，可分析施工计划是否合理、相关设备资源是否可用、施工安全是否有保障等，通过虚拟预演提前发现地面工程建设过程中存在的风险隐患，并及时做出预警与协调。在实际实施的过程中，也会存在计划与进度不完全匹配的现象，这时系统可以通过自动运算采取压缩或调整关键作业、关键路径的方式，解决实际施工过程中存在的项目进度滞后问题，达到预计工期，从而提高施工质量、效率、安全系数，降低风险，并且节省成本和工期。引入新的四维控制手段，其主要目的是按照工程项目施工计划与实际进度模拟现实的建造过程，将虚拟环境与现实进度结合实现进度跟踪，同时发现施工过程中可能存在的风险与问题，有针对的对计划进行调整，实现进度分析、优化(图 3)。

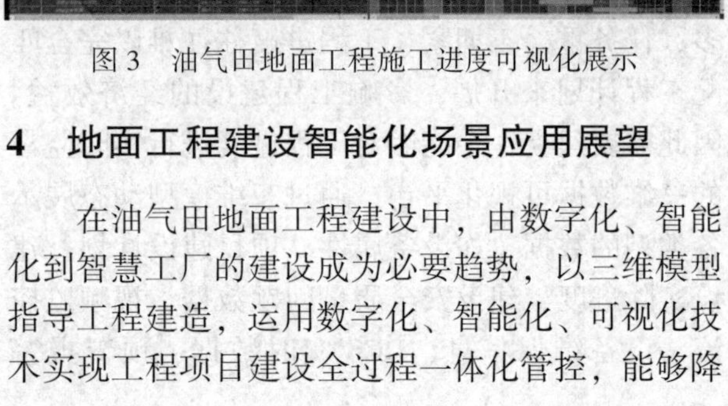

图 3　油气田地面工程施工进度可视化展示

4　地面工程建设智能化场景应用展望

在油气田地面工程建设中，由数字化、智能化到智慧工厂的建设成为必要趋势，以三维模型指导工程建造，运用数字化、智能化、可视化技术实现工程项目建设全过程一体化管控，能够降低建设过程中“错、漏、碰、缺”的实施问题，提高建造精度，最终同步建设和交付一套三维智能化工厂，并为工厂后期可视化运行管理提供高质量的数字资产，实现对工厂对象的精细化管理。

通过结合三维可视窗口，实时跟踪现场施工进度，确保了数据的真实性和准确性。充分利用好工程建设期的三维智能工厂及数字化移交数据，保障工厂安全生产、设备可靠运行，实现设备资产运维管理、品质核查、巡检维保、能耗监测、设备状态感知等。降低地面工程建设过程的安全风险，提高生产调度效率，最终实现管道与站场多维度、生产全流程的全生命周期智能化跟踪管理。

参 考 文 献

[1] 贾稳鹏，田景隆，相大为，等．油气田地面建设数字化建库探讨[J]．石油规划设计，2012，23(6)：32-35.

[2] 吕剑．油田地面建设工程实施项目管理的策略探寻[J]．化学工程与装备．2019(05).

[3] Information Technology - Information and Data Processing; Researchers at Shanghai Jiao Tong University Have Reported New Data on Information and Data Processing (Bim-based Platform for Collaborative Building Design and Project Management)[J]. Computers, Networks & Communications, 2019.

[4] 李静．探讨基于 BIM 技术在项目进度管理中的优势[J]．石化技术，2018，25(03)：186.

[5] 邢磊．试述油田地面工程施工中常见的问题及整改技术措施[J]．化工管理，2020(05)：170.

[6] 太海燕．提高油田地面工程中项目管理水平的探究[J]．化工管理，2016(08)：272.

[7] 宋文鸽．基于 BIM 模型的 VR 可视化协同设计[J]．住宅科技，2018，38(10)：12-17.

[8] 郭文强．基于“BIM+VR”的建筑可视化设计方法及应用研究[D]．北京：北京交通大学，2017.

[9] Daryn V. Fitz, Noha Saleeb. Examining the quality and management of non-geometric building information modelling data at project hand-over[J]. Architectural Engineering and Design Management, 2019, 15(4).

[10] Patrick Tutzauer, Susanne Becker, Norbert Haala. Perceptual Rules for Building Enhancements in 3D Virtual Worlds[J]. i-com, 2017, 16(3).

[11] 孙进宝，樊延丽．油田地面工程项目进度管理方法探讨[J]．石化技术，2016，23(10)：218.

[12] 闫向军，刘金龙．利用关键路径法保障油田工程项

目进度的新举措[J]. 油气田地面工程，2010，29(06)：96-97.

[13] 曹晶. 油田地面工程协同设计系统的研究与实现[D]. 大庆：大庆石油学院，2005.

[14] 梁玮玮. 徐深9油田地面工程进度管理[J]. 油气田地面工程，2015，34(2)：50-51.

[15] Huahui Lai，Xueyuan Deng，Tse-Yung P. Chang. BIM-Based Platform for Collaborative Building Design and Project Management. 2019，33(3).

基于5G技术的智能无人机在成品油销售领域多场景融合应用探索与展望

赵　星　常少帅

（中国石油湖南销售分公司）

摘　要　无人机在最近几年蓬勃发展，应用逐步多元化。本文在总结了无人机的发展现状的基础之上，梳理了无人机在成品油销售领域内的诸多用途。最后，通过实例详细说明了无人机在管线日常或应急巡检、可疑行为监测、油气泄漏监测等方面的应用前期，可有效地提高工作效率，降低人工成本，为成品油销售领域相关企业提供了重要的借鉴价值。

关键词　无人机；油库；5G网联；融合应用

前言

随着无人机产业链配套逐渐成熟、硬件成本和市场价格不断下降，小型化、低功耗、智能化的无人机在民用领域的应用越来越普及，已在遥感航拍、环境监测、森林防火、交通监控、物流快递、地质勘探等诸多领域得到应用，随着5G、大数据、物联网、云计算、人工智能等高新技术的不断发展和应用，无人机已可以快速完成管线巡检、可燃气体监测、工程施工管理等，助力实现数字化转型、智能化发展。

1　无人机发展及现状

无人机是一种无线电遥控或者自身程序控制为主的无人飞行器。在多年的研究和发展中，无人机逐渐从军用发展到工业级和消费级，各个国家都加大了对无人机技术的研究，促进其在社会多个发展领域得到了不同程度的应用，无人机具有巨大的商业价值和应用潜力，加大了各行业对其研究及应用，随着经济社会的发展和技术水平的提高，用5G移动通信蜂窝网络替代传统无人机自建通信和控制链路，通过平台超视距远程飞行控制，实现各类数据实时采集、回传、分析，应用范围在不断扩大。

2　无人机在成品油销售企业应用场景

2.1　各种管线日常巡检

销售企业各成品油库由于存在大量的输油管线，往往需安排专职安全人员负责管线的巡查工作，具体包括库内、外管线等占压情况、违规施工情况和管线老化情况等，从而确保油库管线运行良好，保证油品输送的安全。

传统的巡检主要是管线沿线设置巡查点，巡查人员利用巡检棒等设备进行巡查记录，再对巡查结果进行统计整理。而库内外管线跨度一般较大，交通不便，巡检效率相对较低，在雨雪天气等情况下不能及时安全执行巡检任务，达不到全天候、全方位的巡检要求，特别是针对库外管线缺乏夜间巡逻，无法及时发现违规施工及占压，可能对油气管线带来危险和损坏。

采用无人机技术后，不受距离、时间、交通条件限制，作业效率远高于人工，可实时回传视频、现场取证、回溯对比，也可将人工巡检与无人机巡检相结合，使得巡检更加专业化和规范化，在降低了人员工作强度的同时，巡检效率也大幅提升，安全风险得到有效控制。

2.2　油气泄漏动态监测

目前国内各成品油库及天然气储气库对于油气泄漏的监测，都是基于在栈桥、付油、泵房等关键区域安装的压力监测、可燃气体监测、视频监控等设备设施，但对大罐顶部、槽车顶部、库外管线等区域缺乏有效的动态监测。

油气泄露轻则威胁油库及周边安全，重则会导致出现较大的环境污染事件，而传统巡检方式难以及时准确定位泄露点位置，并且由于视角局限，地面人员难以快速判断石油泄露的范围与扩散趋势，通过无人机搭载专有设备对可燃气体浓度进行大范围快速检测，快速定位泄露区域，协助管理人员快速判断泄露规模，实时监控现场情况，力争将损失降到最低。

2.3 突发事件应急巡查

当输油管线或油库、加油站作业区发生事故或灾害，会带来极大地损坏力，严重威胁人们的生命和财产安全，如果出现管线渗漏，油品流入水域或农田，会带来污染甚至引发爆炸起火，严重者会引发重大安全生产事故。因此，成品油销售企业的安全管理人员需借助一定巡查手段，及时了解现场情况，做好应急预案和相关措施，减少事故发生。通过无人机进行应急巡查时，可快速巡查可疑区域，通过航拍设备传输现场影像资料，灾情追踪、现场调度，为应急处突作出安全救援依据，最大程度减少灾害。

2.4 施工作业现场监管

油库、加油站施工改造往往涉及动火作业、临时用电作业、受限空间作业、高空作业等特殊作业，施工管理的重点主要在人的不安全行为上，根据事故统计资料表明：由人的心理因素而引发的事故约占70%，分析近年来发生的事故，因人的不安全行为造成的事故占96%，尤其是违章操作占65%以上。目前在成品油销售企业在施工安全监管方面，主要还是基于一些较为固定的视频监控、现场巡查等传统方式，往往不能及时发现存在的违章操作行为。而利用无人机则可从不同高度、不同角度对施工现场进行360度的画像，快速、近距离、无盲区地感知施工现场，并通过视频动态自动识别，分析各区域作业分布是否合理、施工人员是否合理佩戴安全装备、人员所在位置是否安全、机械设备是否满足施工现场需要等，让隐患无处“藏身”，便于管理者开展隐患排查和工程质量检查工作。

3 无人机多场景融合应用案例分析

3.1 总体概况

无人机融合应用场景位于中国石油湖南销售公司所属常德油库，位于常德市德山经济技术开发区，油库占地总面积为38250m²，总储量为20000m³，集汽油、柴油接卸、储存、付油等功能为一体，进货方式分为水路，付油方式为公路(图1)。

油库趸船码头位于沅江德山大桥下游900米处的南岸大堤边，趸船至库区共铺设有三条输油管线，管线直径为DN200，长度为4.7公里，中间穿越了望江路、桃林路、常德大道、石常铁路等主要道路及居民区，其中汽柴油管线各一条，备用管线一条(图2)。

图1　常德油库平面图

图2　常德油库码头趸船图

常德油库库外管线建设年代早，建设初期管道沿线大多为农田、荒山，但随着德山经济开发区高速发展，管道沿线已逐渐发展为中心城区，私挖乱建现象时有发生，油库虽加强了管道沿线人工安全巡护力度，每天安排1人负责该段库外管线走动式巡检巡逻，全程巡检一趟需要2小时，沿途有固定巡检点位8个，在卸油作业期间每3小时安排巡检一次，非作业期间上午、下午各巡检一次。但是面对严峻的形势，常规巡检+固定监测点位模式显然无法再满足要求，已发生多次管道占压问题，增加了发生安全事件及事故的风险。

3.2 5G网联无人机系统架构

3.2.1 5G网联无人机技术优势

5G网联无人机是利用5G蜂窝网替代无人机的自建通信链路，搭载5G机载终端的无人机通过5G蜂窝网络接入无人机平台，通过平台实现无人机远程管控和应用的目的。其中，5G网联无人机机载通信终端能够为无人机提供低时延、大带宽、高可靠的5G网络接入能力，利用5G网络，实现对无人机的超远距离精准控制。

3.2.2　5G网联无人机应用平台

5G网联无人机应用平台由无人机自动化机场子系统与智能巡检服务子系统、巡检无忧APP构成，无人机自动化机场子系统由多旋翼无人机系统、任务载荷、传输链路、固定机场系统、机场管理平台、地面站系统组成；智能巡检服务子系统由航线任务管理模块、管道数据管理模块、统计分析模块、巡检报告管理模块、视频管理模块、图像二维图像拼接模块、WebGis系统、图像智能识别检测模块组成(图3)。

5G网联无人机硬件平台框架划分为：5G通信基站、无人机、自动起降机库、云管理平台、客户端操控遥控器、APP终端等(图4)。

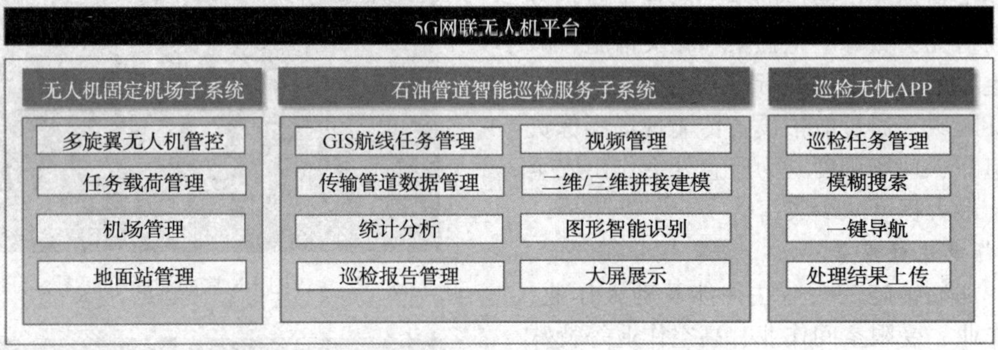

图3　软件平台系统架构图

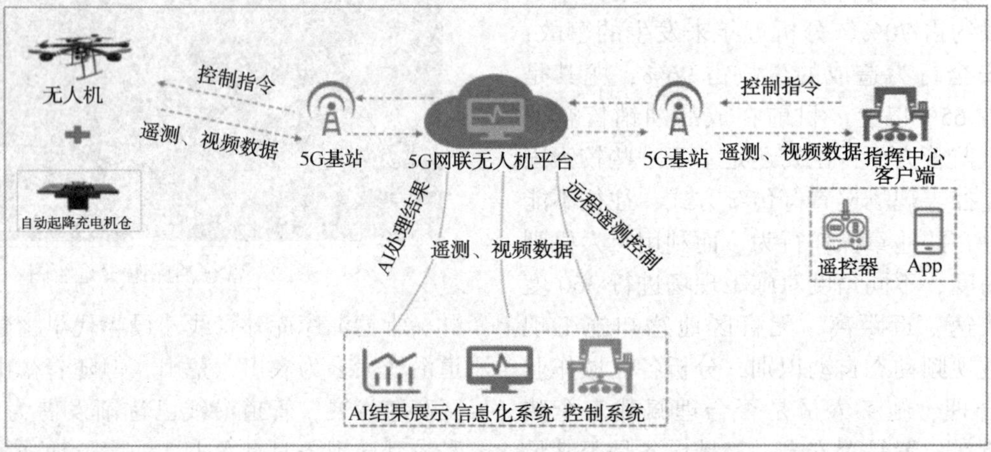

图4　硬件系统框架

3.2.3　无人机5G通信专网

5G通信技术为无人机搭建稳定的通信链路提供了必要条件，可以赋能中小型无人机进行低成本的超视距飞行。其中，大规模天线阵列(MassiveMIMO)技术能够让单个基站3公里范围内、垂直距离300米都保持稳定信号，弥补了4G满足不了无人机连续覆盖的应用需求，从而延伸了无人机的应用价值。得益于5G的超强信号，前装机载终端将与后端实时通信，充分发挥5G传输大带宽、低时延、高可靠的特点，并结合无人机响应速度快、支持长时长全自动巡航、视野开阔等优势，引入智能视频分析技术，可以高效实现对作业现场的环境感知以及高清视频图像低时延实时动态回传等功能，全面提升无人机作业的范畴及效率。

3.3　5G网联无人机应用场景

3.3.1　无人机全线智能自动巡检

在日常管道巡护中由无人机承担主要的巡检任务，巡护人员主要用于核实和处理异常情况。无人机巡检视频实时传回指挥大厅，在发现异常目标时，发出语音报警，并下发将异常目标信息下发巡护人员，巡护人员接收到异常目标信息后根据移动端导航功能，一键导航至异常目标地点，核实异常情况并进行处理。

3.3.1.1　库内作业区域巡检

自动机库布置在油库办公区，按照既定航

线，到达每个油罐区域后进行绕点飞行，将实时视频传回地面端，由安全管理员进行远程巡检，在长期运维后可对一些特征明显的异常事件和异常目标进行自动检测，自动报警(图5)。

图5　机库布置示意图

3.3.1.2　库外管线区域巡检

根据常德油库3条输油管线的具体管线坐标及管线间距绘制航线，无人机视角能够覆盖管线两侧200米范围(图6)。

图6　管线巡查重点点位

无人机同时搭载可见光及喊话器系统，每日按定时任务自动起飞，自动巡航，对巡检过程中发现的异常事件和异常目标进行自动检测，自动报警，可通过喊话器系统远程执法(图7)。

图7　无人机搭载喊话器

3.3.2　无人机和人工巡护交替运行

在日常管道巡护过程中由无人机巡护和人工巡护交替完成巡检任务，无人机进行主要巡护时人工巡护主要用于核实和处理异常情况。人工巡护为主要巡护时，无人机主要用于应急任务的补充巡护。

3.3.3　针对重点网段时段加强巡护

对于重点网段时段的巡护，可以充分利用无人机的机动能力、连续作业能力，增加重点网段时段的巡护频次，进行加密巡护。无人机在标准载荷的情况下，续航时间大概为35min左右，另外机库配有可更换电池，可满足全天候的巡检任务。

3.3.4　应急巡检(自然灾害、油气泄露等)

在无人机航程覆盖范围内的，当接到应急任务，可进行远程指点飞行，第一时间到达应急区域上空。利用无人机传回现场画面，掌握现场情况，为应急抢险提供影像及数据支持。同时方便后方人员能够从不同角度通过调焦查看现场情况，从而更好的指导抢险工作。

同时可利用无人机传回红外现场画面，从高空巡视库区，及时发现温度异常区域或者设备异常情况，准确掌握火灾发展趋势(图8)。

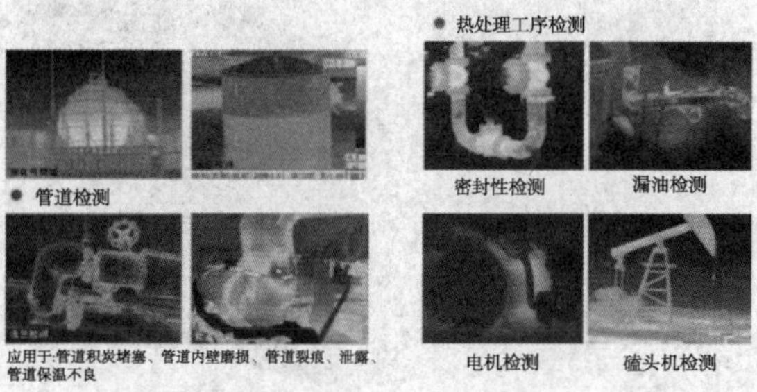

图8　泄露等事故(红外可夜间巡视)

3.3.5　AI智能自动识别

基于深度学习的卷积神经网络算法对输油管道异常点进行自动识别，通过机载端嵌入式目标实时识别技术实现施工车辆、施工板房、临时建筑等威胁管线安全的高时效性目标的识别；通过PC端目标精细检测技术实现施工板房、漏油、水坑等威胁管线安全的目标的精细检测。

3.3.6　实时检测报警

无人机在飞行过中基于无人机的实时视频，可实现实时异常目标识别，保存异常目标图像数据和异常目标的精确定位的具体地理位置，同时在平台端发出语音告警并发送信息至管理员手机。

3.3.7　移动端作业管理

无人机在实时巡检过程中发现异常目标后，会将异常目标信息推送至移动端作业管理系统。巡护人员登录移动端作业管理系统即可查看由平台下发的任务指派，会自动提醒查看当前的任务。人员(可佩戴智能巡检头盔)去现场发现管道异常问题进行现场数据采集，并将现场数据实时回传与指挥中心联动处理，然后将现场照片上传到巡检APP进行问题上报。同时巡检APP具备异常目标位置导航功能，处理结果同步平台，实现业务闭环管理。

3.3.8　油气泄漏动态监测

无人机油气泄漏动态监测主要包括气体监测模块、可视化分析软件等组成。通过气体监测模块与无人机的集成，可实现对更广阔区域的地面与空中监测，实时动态获取油气泄漏的三维浓度分布情况，让扩散区域分布一目了然，从而快速锁定泄漏气体的类型、位置与传输方向，为油库安全处置提供行动依据，高效、省时、节省人力成本(图9、图10)。

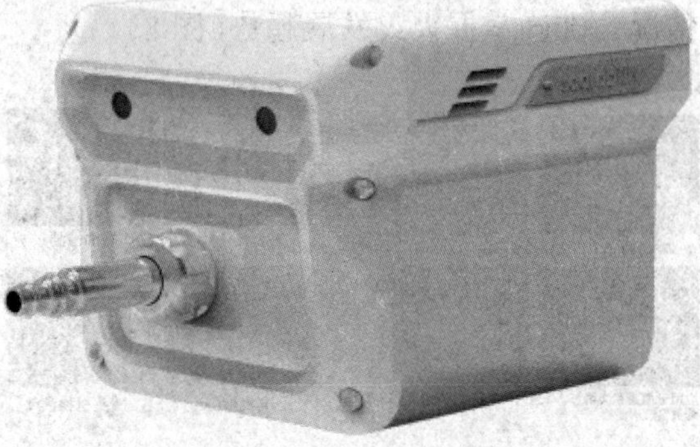

图9　气体监测设备

气体类型

环保应用典型七参数						
PM2.5	PM10	SO_2	CO	NO_2	O_3	VOCs
其他可检测参数						
C_xH_y/ CH_4/LEL/可燃气体			H_2S	NH_3	HCl	CO_2
H_2	Cl_2	PH_3	风速风向	核辐射	自动采气	–

支持9种污染物同时监测

检测项目支持自由组合、定制、后期拓展或更换

图10　可检测气体类型

3.3.9　多系统联动数据共享

与油库现有周界光纤防护系统联动。当光纤触发告警后，根据无人机在线状况，远程启动无人机开展现场巡查；与油库现有视频监控系统联动，视频监控系统智能分析发现周边安全异常情况，远程启动无人机开展现场巡查；与消防及可燃气体监测系统联动数据共享，当有设备报警后，可自动远程启动无人机开展现场巡查。

4　应用结论

无人机应用于成品油销售企业，将进一步强化油库及加油站的本质安全，提高工作效率，控降运营成本，为企业实现高质量发展提供有力支撑，加速推动企业数字化转型智能化发展。

(1) 提质增效方面

目前各油库库内、外管线人工巡检不仅工作量大，需要安排专职人员负责，且巡检效率不高，在雨雪天气等很多情况下不能及时、安全执行巡检任务，达不到全天候、全天时的巡检要求，特别是针对库外管线夜间缺乏巡逻，但这往往是非法作业施工的时间段，通过库外管线自动巡检服务，可优化安全岗2人/库。

(2) 监管完善方面

各类库内、外管线、罐体、罩棚等受长期或超期服役而导致强度性能下降、腐蚀、人为破坏等各种不确定性因素的影响，对安全运行带来潜在的巨大危害。通过应用5G网联无人机罐顶、接卸油作业远程巡检，不仅可有效减少安全管理员爬罐次数，减少作业风险，还可实现对加油站、油库现场360度无死角的全方位监管。

(3) 整合提升方面

油库在安全管控上虽已部署了巡检、视频监控等系统设备，但还存在数据整合性差，智能化应用水平不高等问题。比如各油库对于周界安防管理，目前主要是依靠部署在油库外围围墙上的震动光纤感应装置进行监测，但该系统普遍存在误差高、与视频监控联动性差，并且库内监控均为固定点位，存在较多的视线盲区，往往不能及时获取报警点实时图像等信息，将5G网联无人机与油库现有系统整合，可为油库安防科学决策提供更加可靠的数据支撑。

智慧工地在油气管道站场项目管理中的应用分析

蔡　越

（国家管网集团北方管道有限责任公司）

摘　要　在当前的社会发展过程中，油气管道站场项目管理需要具有更加智慧化的特征，因此现代社会在发展过程中，已经能够将智能化管理模式与油气管道站场的项目管理进行有机结合。智慧工地的建设方案需要在油气管道站场项目管理中进行综合性的应用。基于上述角度，文章对油气管道站场智能工地平台在应用过程中所拥有的各项内容进行详细的分析，并且对智慧工地的应用方式进行综合性的探究，希望以此使我国油气管道战场项目管理中所拥有的创新性特征得以充分的体现，使当前互联网+智慧工地管理方法能够在油气管道站场项目中发挥起创新型作用。

关键词　智慧工地；油气管道；项目管理

当前社会的发展过程中，智能化管理模式已经能够在各行各业中予以应用，而智慧工地的管理模式，对于油气管道场站项目管理而言，能够使项目管理工作所具有的安全性以及智慧化特征得以大幅度的提升，并且使项目在构建过程当中摆脱传统管理模式所存在的各类制约与弊端。文章对智慧工地在油气管道站场项目管理中所存在的综合应用模式进行详细的分析，希望能够为相应的管理工作提供有效的参考。

1　智慧工地在油气管道站场项目管理中应用的意义

在当前的社会发展过程中，油气管道站场项目管理所具有的完善性得以不断的提升，而在管理过程中同样会产生各类事故。根据统计可以发现，在工程事故发生中，拥有80%左右的事故与承包商管理不善有着直接关联，而所产生的各项人员伤亡事故之中，又拥有90%的事故会由承包商管理不善而引起。国际安全评级的综合考核过程当中，各个承包商所具有的管理是当前管理内容在统计过程中所拥有的短板，如何进一步使施工的管理模式得以不断的提升，并且使承包商的监管力度得以进一步的增加，是当前施工过程中所需要研究的重要课题。输油气站在构建过程当中属于较为高危性的场所，因此在建设及应用过程当中需要对各类防爆防护设备进行综合性的应用，并且对相应的设备应用有着更为严格化的要求。目前市场在发展过程中所拥有的主流智能监管设备无法对防爆需求予以满足，而其他行业所存在的各类监管措施，在油气场所无法予以充分的应用，同时传统性的监控模式具有了一定的安装难度，并且具有转移困难等诸多现实缺点，无法进行大修，并且在构建过程当中无法快速适应新项目所拥有的特点，因此在使用过程中会造成投资反复以及布置反导等诸多现实问题。智慧工地在构建过程当中能够对相应的施工现场管理工作进行综合性的优化，并且能够针对承包商管理的突出问题进行有效的解决，将5G技术与互联网技术进行综合性的应用，围绕对人员设备以及环境等施工相关因素进行综合性的管理，以人工智能与5G网络等诸多创新型的技术，对相应的人员环境设备进行综合性的定位与监控，对管理不善等诸多异常问题予以及时发现，将传统的被动化管理模式，逐步向主动化管理模式进行综合性的转变，并且对管理过程中所存在的人为不安定因素进行有效的消除，由此使整体管理工作所具有的现实效率得以大幅度的提升。

2　对平台建设目标进行综合性的分析

国家油气管网智慧平台在构建过程当中，会对油气行业的新建以及大修工程进行更加综合性的管理，在建设过程中能够对下项目风险综合评估承包商选择以及承包商施工准备工作管理与承包商作业的综合，HSE管理以及第三方安全绩效评估予以有效的涵括，在构建过程当中能够贯彻于整体工程项目的全流程，能够使整体施工现场以及管理理综合水平与管理效率得以大幅度的提升，管理人员在管理过程当中能够以智慧工地平台的方式，对各个项目所拥有的进展情况进行有效的了解，能够对现场的施工动态予以监控，及时对各类问题予以发现，同时督促施工单位以及负责人员对隐患予以整改，防止在操作过程中存在各类不文明的现象，使生产质量以及生产效率得以大幅度的提升。

3　智慧工地在油气管道站场项目管理中的应用

3.1　就平台技术实现角度进行分析

智慧工地平台在技术在构建过程当中能够结合大数据人工智能等诸多创新性的技术，能够对施工人员的行为进行实质化的分析，并且将人员位置的坐标予以及时上报，在施工现场能够对其环境进行综合性的监测，同时施工区域内会实现全 WiFi 覆盖，能够对油罐区各类设备的运行状态进行实时化的检查，能够对异常数据进行及时上报，使相应的负责人员对问题进行有效的了解，能够对使用过程当中所存在的各类人为不安全行为进行有效的规避，使监管不到位等问题得到综合性的解决就业人员管理。

3.2　对人员管理应用进行分析

从人员管理角度进行分析，参与项目中的全部人员需要进行人员资质审核，由建设单位以及相应的监理单位进行综合性的资质审核，在审核之后需要参与到各类不同工种的专业考试之内，考核合格后的人员所具有的信息会下发至人脸识别系统识别中，才可进入到工地之内系统自动生成相应的人员工牌，并且在进入工地时需要进行人脸打卡识别考勤，结合智能 AI 等诸多技术，实现现场人员的综合性培训，并且进行有效的在线申报，以及人数统计等诸多行为的监控。

3.3　从物联设备管理角度进行分析

智慧工地系统在构建过程当中，其底层会构建相应的物联网平台，并且能够包含设备的快速接入以及数据分析，设备授权与加密传输报文，数据储存等诸多板块，由此能够对平台中所存在的物联设备运行状态进行实时化的监测，并且设备管理在构建过程当中，能够推送至平台端以及相应的移动端进行综合性的查看，以此开展设备的报文分析，并且对各类问题情况进行综合性的预警，对问题进行提前消除，能够防止各类安全隐患发生。

3.4　对施工现场环境管理进行分析

在油气行业的使用过程当中，站场项目属于易燃易爆的场所，充分对可燃气体监测设备进行综合性的研发，能够支持实时性的上报，对浓度以及浓度超标联动现场报警两种模式进行综合性的应用，对可燃气体的浓度以及粉尘数量与含氧量进行综合性的分析。此外，针对现场施工角度能够应用扬尘监测设备进行综合性的噪音监测，对温度、湿度以及 PM2.5 等诸多因素进行有效的探究，以此完成在恶劣情况之下对各类违规作业的智能预警。施工现场在构建过程当中能够布置各类视频监控，并且相应的监控能够做到实质性的检测以及全方位的覆盖，能够在 24 小时对现场的情况进行综合性的监督，对各类行为进行算法分析，实时监测施工人员是否正确对安全帽进行佩戴，是否存在多人聚集情况等诸多情况，相应的分析结果会自动推送到手机端以及相应的计算机端，实时对现场所具有的各类施工情况以及相应的安全行为进行有效的监测。

3.5　对项目管理角度进行分析

系统会提前细分大修作业的工序，在平台的构建过程当中能够对各类进度计算方法进行综合性的细化，根据实际所具的现实工序对工程进度进行统计，在工程进度的构建过程当中，通过人工会确认以及现场监督进行有机结合的模式进行综合性的复核，在作业过程当中能够对关键工序以及相应的各项注意事项与巡检内容的数字化特征进行综合性的结合。同时，将移动 APP 以及相应的施工进度进行有机结结，由此对重点作业环节进行实时化的巡视，并向管理人员推送，由此对监管人员巡视全面性较低等诸多问题进行综合性的解决，同时实现报警与及时化的提醒，做到管控更为标准化，使得事后追溯能力得到提升。

4　分析智慧工地前端设备的综合配置

4.1　防爆出入口集装箱设备

一体式防爆出入口集装箱采用不锈钢材质打造，具有经久耐用、防撞击等特点；双通行通道，可双向进出并且具有断电掉杆功能，方便设备故障或紧急情况时应急通行；配备智能人脸识别一体机，可进行动态人脸识别分析，识别到已录入的人员后，发出语音播报(可自定义播报内容)，闸机打开，人员可以通过，识别到未录入人员后，设备发出“注意陌生人”(可自定义)的警报。同时，人脸识别设备会将识别到的(已录入)人员信息上传到平台，并在防爆显示器上显示，人员信息包括姓名、性别、工种、照片等，也可显示抓拍到的未录入信息人员的照片，记录施工人员进场出场时间。出入口在进出两个方向装有手拉式卷帘门，便于运输和储存。总体硬件设计合理，达到防爆要求，设备前期预留相应的外接设备接口，可扩展不同的传感器，可根据现场场景使用要求进行调整。

4.2　壁挂式安装43寸防爆显示器

可分区显示不同信息，包括人员信息、陌生人抓拍，气象信息、可燃气体及有害气体浓度信息、施工人员进出场时间表等信息。双通行通道以外，还配置有应急通行门，可通过大件工具和设备，也可作为消防通道。

4.3　防爆扬尘监测

设备扬尘监测设备可监测温度、湿度、噪音、PM2.5、PM10、风力、风向风速等，支持4G数据通讯，并可将数据远传到智慧工地平台端。

4.4　防爆智能监控设备

采用华为高清智能摄像机机芯，支持H265视频编码技术、SEC前向纠错技术、60帧高帧率编码处理技术；智能识别监测功能：如周界入侵监测、越线监测、人脸监测抓拍、人脸对比识别等功能，多项业界领先技术。

4.5　可燃气体监测设备

可燃气体监测设备有两种产品形态：一种为手持式设备，可监测4种可燃气体和SOS求救；一种为佩戴式设备，可监测一种可燃气体和SOS求救，设备支持可燃气体超标语音播报超标浓度和设备信息，并可实现设备联动报警，气体浓度数据、SOS数据、浓度报警数据均可远程到平台端。

5　结语

智慧工地已经能够在诸多项目中进行综合性的应用。而油气管道站场项目管理在构建过程当中，同样需要对智慧工地进行综合性的应用，相应性的管理人员需要对各类智慧工地的管理模式进行详细的分析，并且对应用的具体方法进行探索，对各类前端设备进行了解，以此更为充分的使自身的管理能力得到提升，并且提高油气管道站场项目管理中所拥有的创新能力。

参考文献

[1] 王竟宇，孙博，王妍，等．在役天然气长输管道输气站场升级改造项目管理探讨[J]．油气田地面工程，2018，37(9)：51-54.

[2] 冯瑞涛．油气站场多专业交叉施工监理控制管理研究[J]．中国化工贸易，2015，7(32)：74.

[3] 张安，潘涛，宋明信，等．基于成本理论的油气长输管道安全管理[J]．油气田地面工程，2014(11)：16-17.

自动焊机焊接数据采集及传输的研究

丁　勇　王　京

（中油（新疆）石油工程有限公司）

摘　要　焊接数据的真实性与准确性，对于油气田地面及长输管道的建设具有极其重要的意义。在物联网、云计算等新技术日新月异的今天，对于工业设备来说，实时采集任何需要监控、存储的数据已经不是难题，工程建设项目施工过程的数据实时采集及应用将会越来越广泛，野外施工焊接数据的实时采集及传输，已经有了可以实现的技术路径。通过计算机编程语言对不同传输协议生成的数据进行转换，形成计算机通用操作系统可以识别的数据存储到数据库中，利用计算机进行处理，对焊接工艺、工效的分析及焊接质量的管控，都有着积极的作用。

关键词　焊接；物联网数据采集数据协议转换

1　焊接质量

是焊接工程的生命线，它不仅影响着焊接产品的使用性能和寿命，更重要的是关系着人身和财产安全，在油气田地面和长输管道建设领域更是如此。因此，对焊接工艺的控制、焊接记录的真实性和准确性及对焊后的数据进行分析的重要性更加凸显。在目前的焊接施工过程中，自动焊机的焊接参数是存储在电焊机自身的存储器中，需要用移动存储设备从设备中拷贝出来，一般是在在焊接完成后进行数据采集，如出现焊接参数错误，在焊接完成后才能发现。

随着IT技术的飞速发展，物联网、大数据的应用在工程建设领域也不断推进。有部分焊机厂商已经开始进行焊接数据采集和传输的研究，在新型号的焊机中集成了采集与传输模块，使用场所多为工厂生产厂房，采用局域网模式进行数据采集与传输，目的是对焊机设备进行管理、维护，与工程建设单位在野外的使用环境不同，关注重点也不一致，且现有焊机无法使用。因此，结合公司现有焊机设备及野外施工的实际情况，我们开展了自动焊机焊接数据采集及传输（以下简称焊接数据采集）的研究，对现有自动焊机进行改造，重点是通过4G网络将自动焊机的焊接数据实时传输到PC服务器中收集汇总，自动生成相关报表，用于对焊接质量的管理和控制。

2　焊接数据采集主要分为数据生成、传输、接收三个部分

2.1　数据生成

焊接数据的生成由焊机完成。由于每个焊机品牌的控制系统采用的硬件不同，因此需要针对不同的控制系统开展研究工作。此次研究所使用的自动焊机，内置了电流、电压、速度等传感器，可人工输入焊机、焊工、焊口编号等数据。焊机的控制系统芯片，通信规格支持RS485及RS232串行通讯标准协议。

在传输之前，确定设备ID、每个参数的名称、采样寄存器编号、采样数据长度及数据类型、采样频次等。

2.2　数据传输

由于我公司的焊机使用环境为野外不固定场所，因此需要使用移动网络进行数据传输。我们选用了无线透明传输数据技术，支持各运营商的2/3/4G网络，可将MODBUS串行通讯协议转换成TCP/IP协议，与PC服务器进行通讯。

在透传数据工作开始之前，需要使用配置工具进行设置。首先将通信波特率、校验位、数据位、停止位等串口通信协议数据设置为与焊机PLC相同，波特率、校验位、数据位和停止位等参数数据；然后选择工作模式为网络透传，并设定接收数据的服务器地址及传输端口。数据包的发送方式为与服务器建立连接时向服务器发送一次，数据类型为自定义。

在透传数据过程中，要在服务器端进行数据

接收测试。焊接数据通过焊机的 RS485 接口进行通信，我们在连接后，在数据发送窗口输入测试数据，数据接收窗口中能接收到正确的数据即为配置正确，如图 1 所示，数据传输成功。

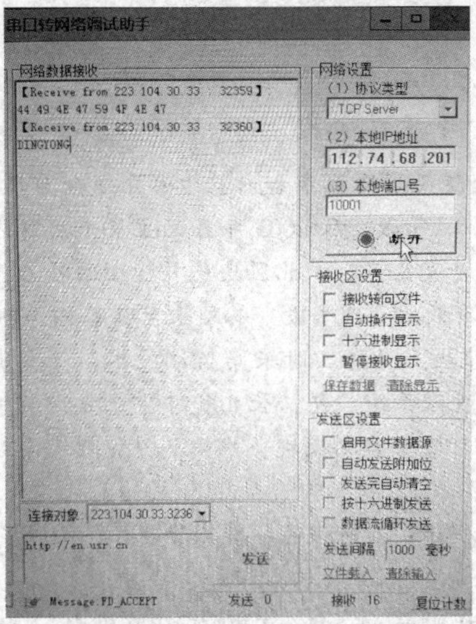

图 1　数据传输调试界面

2.3　数据接收

采用计算机编程语言编写计算机软件进行数据转换，并将转换后的数据按格式要求存储到数据库中。我们在软件中建立了配置文件对相关参数进行设置，使软件能够与焊机通信，并且能接收到正确的数据。配置文件主要分成三个部分：服务器配置、数据库配置和设备节点配置。

服务器部分描述了与焊机建立连接的相关参数，包括监听的端口号、设备连接超时时间、最大设备连接数量等。

数据库配置部分描述了数据库的接入方式以及数据存储表格格式，包括服务器地址、用户信息、数据表中各个应用字段参数、数据来源及数据类型等。

设备节点配置部分描述了焊接设备接入参数以及通讯协议，包括了设备名称、采样参数名称、采样寄存器编号、采样周期、采样间隔时间、采样指令等。

至此，焊接数据采集的工作流程全部完成，在焊机启动后，工作数据会自动实时传输到服务器的数据库中进行存储。下一步是对数据库中采集到的数据进行处理利用，可以实现焊接参数超范围报警或者施焊环境变化报警等功能，也可以分析统计焊接操作人员水平、焊接纪律、焊接质量、焊接工效等，在此不再赘述。为了应对野外焊接工作风沙大，气温变化大等情况，我们将数据传输模块集成到了全自动焊接工作站中，以适应各种工况环境。

3　结束语

在焊接工程中，每一道焊口完成后都要对相关数据进行采集填报。在实际工作中，要求填报的数据量较大、重复低效，加上焊工经过一天的作业，身心俱疲，对数据填报有抵触心理，极易出现数据填报错误、时间滞后等情况。随着焊接数据自动采集及传输的实现，可以极大的减轻人工数据采集量，提高数据的准确性和时效性。掌握焊机数据采集的原理及相关知识，在对现有的焊机进行改造时，成本也能得到有效控制。

参 考 文 献

[1] 陈波. GTAW 焊接过程数据采集与系统控制器研制[D]. 上海：上海交通大学；2007.

基于 PI 系统的气井精细化智能管理应用效果

裴　泽　杨云博　李思园　雷红妮

（中国石油长庆油田长北作业分公司）

摘　要　长北区块位于鄂尔多斯盆地榆林气田中北部，地处陕西省榆林市和内蒙古鄂尔多斯市境内，属典型的低渗、低孔、低丰度气田，主要目的层为二叠系山西组山$_2$气藏，从 2005 年开始主要采用双分支水平井开发技术进行商业性规模开发。经过十几年逐步扩大规模开发生产，长北区块气井管理面临着气井井数增多、产能逐年递减、管理效率低下等难题，亟需寻找更为有效的管理手段。本文基于现有 PI 实时数据管理系统，充分利用实时数据的时效性，形成了长北特色气井生产动态实时采集监测技术，研发出便捷、高效、实用性强的气井生产数据实时采集、监测、分析智能管理系统，包括长北气井生产数据实时曲线模块、长北气井产量实时报警监测模块、长北气井环空压力实时报警监测模块，推动气井管理迈向精细化智能管理的新阶段。

关键词　气井精细化智能管理；PI 数据库；智能监测；智能提示；实时报警；数据管理

1　引言

天然气开发管理纲要根据产量将气田开发阶段划分为上产期、稳产期、递减期和低产期 4 个阶段。为了提高气田稳产能力，需采取合理配产、排水采气、增压开采、调层补孔等挖潜老井及补充新井等有效手段，这就导致老井措施井次及新井数量迅速增加，技术人员管理气井的数量及难度也随之增加。长北区块目前在生产的气井多数都是投产十几年的老井，这些井已进入气井中后期生产阶段，陆续出现地层压力降低、产能下降、井筒积液、稳产期变短等现象，尤其是在区块进行增压生产以后，更有部分气井产量对压力较为敏感，当压缩机压力稍有升高，就会导致产量大幅度下降，降至临界携液流量甚至更低，严重影响气井连续稳产，气井生产异常的发现效率直接影响气井管理制度的执行力度（图 1）。所以迫切需要建立简单、高效、实用性强的气井生产数据智能化监测系统，用好数百万项监控数据，为气田管理人员第一时间发现各类异常气井并采取措施提供依据。

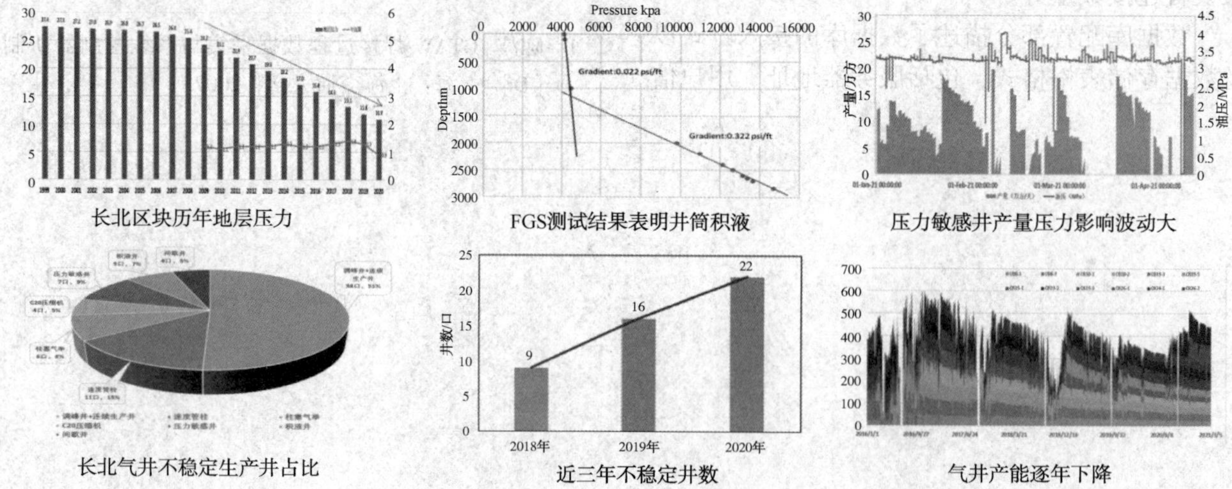

长北区块历年地层压力　FGS测试结果表明井筒积液　压力敏感井产量压力影响波动大

长北气井不稳定生产井占比　近三年不稳定井数　气井产能逐年下降

图 1　长北区块中后期开发阶段中面临的多种问题

本文基于 PI（Plant Information System）系统，研发出便捷、高效、实用性强的气井生产数据实时采集、监测、分析与智能管理系统，满足长北区块气井生产数据繁杂、实时变化和能被快速分析处理的需求，同时利用了实时数据的连续性和实效性，降低人工研究分析数据的难度和强度，解决数据统计分析中人工统计实现困难、出错频率高、计算量大等问题，实现长北气井精细化智能管理。

2　基于 PI 系统模块设计与实现

2.1　PI 系统简介

长北气井生产数据基于 PI(Plant Information System)系统，为长北气井生产管理提供实时、准确、稳定、可靠的数据基础。

PI 实时数据库系统是由美国 OSI Software 公司开发的基于 Client/Server(客户机/服务器)及 Browser/Server(浏览器/服务器)结构的商品化软件应用平台，该数据库采用旋转门压缩算法，在保证数据精度的基础上具有高效的数据压缩能力，在实时数据平台领域应用广泛。该系统作为大型实时数据库和历史数据库，能够长期在线存储海量的数据点，企业通过 PI 系统收集底层生产设备的生产数据，建立上层信息管理系统进行数据管理，既包括当前的生产数据，也可回顾过去的生产数据，这些数据都可以实时利用或追溯加以利用。PI 系统是一个模块化软件系统，主要包括服务器端模块和客户端模块。

2.1.1　PI 系统服务器端模块

PI 系统服务器模块 PI UDS(PI Universal Data Server)是 PI 系统最核心的部分，数据服务器提供信息集中采集和系统的维护，主要包括核心子系统模块、网络管理器模块、组件模块、管理工作模块 4 个模块。

2.1.2　PI 系统客户端模块

(1) PI-Datalink

PI-Datalink 作用是在 PI 系统和 Microsoft Excel 之间建立连接，实现数据访问及数据调用。用户通过 PI-Datalink 插件能够在 Excel 里调用 PI 系统中的原始数据，还可以读取由 PI 处理过的数据(求和、最大值、最小值、平均值、积分值等统计值)。其功能主要用于编制各种报表、图表，实现数据收集、分析和总结。

(2) PI-ProcessBook

PI-ProcessBook 是可视化客户端工具，可以形成比较复杂的动态、交互式的图形如棒形图、曲线图、流程图等，来直观显示 PI 系统收集和存储实时/历史数据以及设备状态。用户可以根据数据显示需求自定义显示画面，该客户端直观、实用，利于用户实时掌握数据的变化，并及时作出有关生产和管理方面的决策。此外，它还内嵌了 VBA，通过简单的编程，可以实现更加复杂的功能。

(3) PI-ODBC(Open Database Connectivity)

PI-ODBC 是外部数据库连接工具，使得 PI 数据库和普通的关系数据库能进行数据交换，是一种基于 SQL(Structured Query Language)的数据接口。通过 PI-ODBC 实现 PI 实时数据库与关系型数据库进行互访，增加了 PI 系统使用范围。

(4) PI-ActiveView

PI-ActiveView 是一个 PI 系统网页显示工具，实现了用户通过网络浏览方式实时查看流程图，在线 Excel 报表，实时数据和历史数据及其相关趋势图等。

(5) PI-SDK(Software Development Kit)

PI-SDK 是一个高效的开发工具，提供面向对象的类库、函数库以便高效开发应用程序，为第三方开发者提供了功能强大的编程接口，可以在 VC++、VB 等开发环境下使用。

2.2　设计思路

基于 PI 系统实时/历史数据采集、实时显示、远端监测等功能及特点，建立了集数据实时采集、监测、分析与智能管理于一体化的系统，应用于长北生产井丛、CPF(天然气处理厂)、TPO(试生产井)及各站等生产单元，测点数据包括压力、温度、流量、阀门开度、压缩机转速等。该智能管理系统作为长北生产动态实时采集监测技术核心，通过读取实时存储在 PI 数据库里的生产数据，实现以下气井精细化智能管理目标：(1)生产数据高精度实时采集传输；(2)生产报表自动生成、更新；(3)生产数据可视化显示；(4)异常生产数据实时智能报警；(5)气井完整性监测及预防性维护；(6)气井管理效率显著提升。

2.3　模块实现

2.3.1　长北气井生产数据实时曲线模块

长北气井生产数据实时曲线模块界面如图 2 所示，采用 PI-ProcessBook 客户端模块将不同类型复杂而庞大的实时/历史数据点组合成交互曲线显示，根据气井精细化管理关注重点以各站点、气井、压缩机建立模块，有如下数据：

(1) CPF(天然气处理厂)：南/北干线井口

压力、温度，外输总量，外输压力。

（2）井丛井：瞬时产量、累计产量、阀门开度、油压、A 环空压力、B 环空压力、关井井口压力、流量计压差、温度。

（3）TPO 井：瞬时产量、累计产量、油压、套压、流量计压差、温度。

（4）压缩机：转速、进/出口压力。

该模块特色是实时反映气井生产状态，用户可以根据需求自行加载数据点 TAG 生成对应的实时/历史数据曲线。由于数据监测频率能够达到秒级传输，用户自行调整数据显示时间段如秒、小时、天、月、年的曲线，用于分析气井生产数据。当气井出现异常时，该模块能够辅助用户分析异常原因，制定对应解决措施。

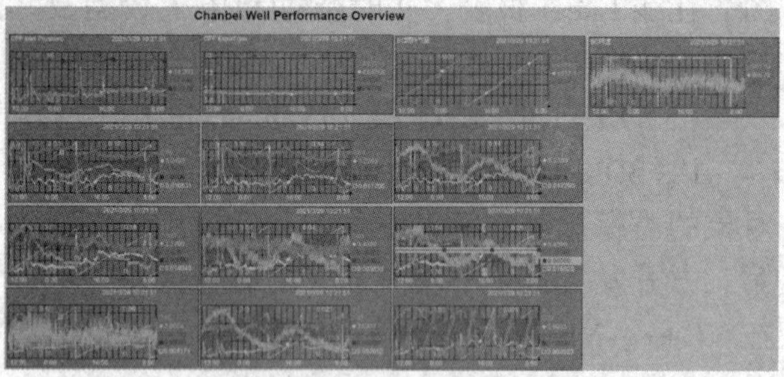

图 2　长北气井生产数据实时曲线模块

2.3.2　长北气井产量实时报警监测模块

长北气井产量实时报警监测模块如图 3 所示，采用 PI-ProcessBook 客户端模块设计开发，该模块是在“长北气井生产数据实时曲线模块”基础上改进开发的异常生产状态报警系统，是一种目视化智能管理工具，主要用来对气井异常产量进行实时报警，代替人工执行和判断的过程，保证气井综合利用率。

潜在的故障或异常实时报警是通过不间断监控大量时序数据被监测到的，意味着事先定义好一系列规则，当达到设定条件时，系统将自动触发定义的行为。

该模块分为井丛井及 TPO 井两大类，主要参数有数据更新时间、CPF 外输总量、输总气量、CPF 入口压力、外输压力、井丛、站、井号、产能、瞬时产量、产量变色报警、备注（措施井、压力敏感井、生产制度）。

该模块特色是以气井产量为监控目标，对气井产量设定“红色”、“黄色”、“绿色”三种阈值，阈值上下限设置为：

（1）红色：气井产量≤临界携液流量；

（2）黄色：临界携液流量<气井产量≤70%气井正常产能；

（3）绿色：气井产量>70%气井正常产能。

气井产量处于上述任一阈值区间时，会触发变色自动显示对应颜色，产量正常时显示绿色，产量异常时触发红色或者黄色闪烁报警提示，使管理人员能够第一时间发现异常井，保证了发现异常情况的实时性和准确性，既极大提高了做出决策的效率，又节省了人力资源，同时具备高度的灵活性和使用性，可以根据实际生产情况灵活设定阈值。

由于压力敏感井易受压力影响导致产量波动较大，该模块对 CPF 入口压力和外输压力也设置变色实时报警监测，设定相应阈值，当压力升高到一定数值时，提示优先关压力敏感井，降低压力敏感井产量异常的概率，择机关井恢复以延长气井连续稳产时间，提高这类气井产气贡献率，同时也减少了因为压力升高导致这类井需要移动计量撬放空恢复产能的次数，助力企业降本增效。

图 3　长北气井产量实时报警监测模块

2.3.3　长北气井环空压力实时报警监测模块

长北气井环空压力实时报警监测模块如图 4 所示，采用 PI-ProcessBook 客户端模块设计开发，该模块功能是用来监测气井环空压力值，分为 A 环空压力（油管与生产套管之间的环空压力）和 B 环空压力（生产套管与技术套管之间的环空压力）两大类。

该模块主要参数是井丛、井号、A 环空压力、B 环空压力，环空压力变色报警、MAASP 值（最大允许环空表面压力）、MAWOP 值（最大允许井口操作压力）。

该模块特色是以气井环空压力为监控目标，对 A、B 环空压力设定“红色”、“黄色”、“绿色”三种阈值，阈值上下限设置为：

A 环空压力：

（1）红色：A 环空压力≥90%MAWOP 值；

（2）黄色：3MPa ≤ A 环空压力 < 90%

MAWOP 值；

（3）绿色：A 环空压力<3MPa。

B 环空压力：

（1）红色：B 环空压力≥90%MAWOP 值；

（2）黄色：1MPa ≤ B 环空压力 < 90% MAWOP 值；

（3）绿色：B 环空压力<1MPa。

环空压力可能由密封实效、油套管连接处泄漏、封隔器泄漏、油套管有漏点等原因引起。气井环空带压可能会严重威胁到气井的安全正常生产，该模块对环空压力持续性进行监测，为环空压力异常升高提供较早地告警，为管理人员分析环空压力的变化情况、存在形式和形成原因提供及时、有效的数据基础，当监测到持续环空压力时就要重点关注监测，确保气井满足完整性要求，完善气井完整性管理体系。

长北气井环空压力监测

数据更新时间 0 2021/4/15 9:16:02.03601

序号	井丛	井号	A-环空完整性动态监测 MAASP (MPa)	MAWOP (MPa)	A环空压力 (MPa)	状态	B-环空完整性动态监测 MAASP (MPa)	MAWOP (MPa)	B环空压力 (MPa)	状态
1	CB A	CB A1	17.6	14.1	0.15		4.6	3.6	1.00	
2		CB A2	18.2	14.5	0.04		4.9	4.0	2.00	
3		CB A3	17.4	13.9	0.04		4.9	4.0	2.00	
4	CB B	CB B1	18.0	14.4	2.64		5.0	4.0	0.00	
5		CB B2	18.3	14.6	0.03		5.0	4.0	0.00	
6		CB B3	18.1	14.5	0.26		5.0	4.0	0.00	
7	CB C	CB C1	26.0	20.8	0.02		5.1	4.1	0.00	
8		CB C2	17.2	13.7	0.02		5.0	4.0	0.00	
9		CB C3	17.6	14.1	-0.01		5.2	4.1	0.00	
10	CB D	CB D1	10.9	8.7	Configure		5.0	4.0	0.00	
11		CB D2	26.0	20.8	Configure		4.7	3.8	0.00	
12		CB D3	16.5	13.2	0.00		5.4	4.3		
13	CB E	CB E1	17.6	14.1	0.02		5.2	4.2	0.00	
14		CB E2	17.6	14.1	0.00		5.2	4.2	0.00	
15		CB E3	26.0	20.8	0.01		4.7	3.8	0.00	
16	CB F	CB F1	17.9	14.3	-0.04		5.0	4.0	0.00	
17		CB F2	26.0	20.8	-0.02		4.7	3.8	0.00	
18	CB G	CB G1	17.6	14.1	0.01		4.3	3.4	0.00	
19		CB G2	26.0	20.8	0.47		4.4	3.5	0.00	
20		CB G3	26.0	20.8	0.04		3.8	3.0	0.00	

图 4 长北气井环空压力实时报警监测模块

3 应用效果

长北区块基于 PI 设计并建立符合生产实际的气井精细化智能管理系统，充分利用实时数据的连续性与实效性，形成了长北特色气井生产动态实时采集监测技术，具有高精度生产数据实时采集传输、设备设施完整性监测及预防性维护、气井生产异常实时判别的技术特色。同人工分析相比，做到事前自动诊断，提高预警气井可能存在的异常生产现象，刷新时间间隔设置为每 10 秒刷新一次，避免了传统生产报表延迟一天甚至更久才发现隐形降产井的问题，同时提高了不稳定生产井生产制度执行力，为优化气井开关井制度及采取排水采气措施复产提供扎实有效的数据基础。

3.1 生产异常报警实例

该井分类为稳定生产井，产能为 16 万方/天，受 CPF 入口压力升高影响产量下降，变色报警智能提示“黄色”（图 5），表明该井实时产量已降至正产产能 70% 以下，后续应该采取关井恢复压力或者移动计量撬放空措施使产量恢复正常。通过该系统追溯该井生产历史动态（图 6），该井在 2 月 20 日、3 月 17 日、3 月 31 日受压力影响产量迅速下降至产能的一半，该井关井恢复效果良好，关井 1-2 天时间即可恢复正常。

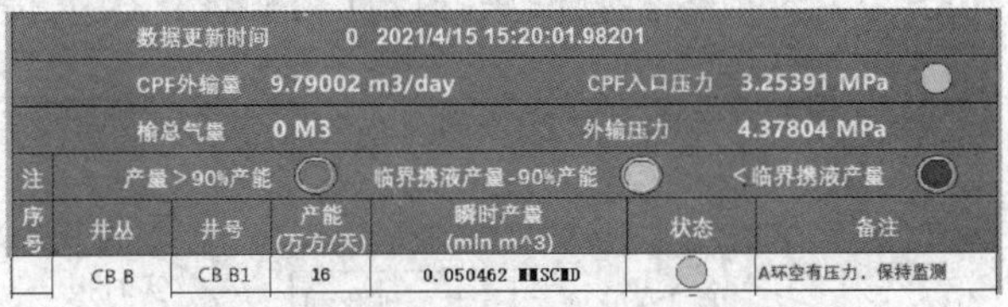
数据更新时间 0 2021/4/15 15:20:01.98201

CPF外输量 9.79002 m3/day　CPF入口压力 3.25391 MPa

输总气量 0 M3　外输压力 4.37804 MPa

注：产量>90%产能　临界携液产量-90%产能　<临界携液产量

序号	井丛	井号	产能（万方/天）	瞬时产量（mln m^3）	状态	备注
	CB B	CB B1	16	0.050462 ■■SC■D		A环空有压力，保持监测

图 5 异常井变色报警

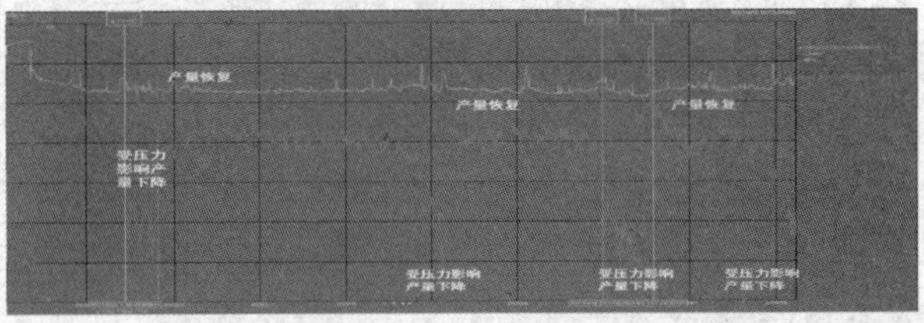

图 6 异常井变色报警

3.2 降本增效实例

该井分类为压力敏感井，产能为 13 万方/天，这类压力敏感井很容易受压力影响导致产量急剧下降，通过气井智能化管理系统及时提示现场操作人员采取适当措施，由于该井关井恢复时间长，需根据当月生产任务决定选择复产措施。2021 年至今，采用移动计量撬放空 3 次，关井恢复 2 次，放空增产约 130 万方，关井恢复增产约 82 万方（图 7）。同时为每月一次优化生产制度提供依据，压力敏感井目前的生产制度调整为：当外输压力升高时、或降低压缩机转速前、或要降产时，优先关井；连续 2 天产量低于正常值 70% 以下且仍有下降趋势，考虑关井恢复压力或者移动计量撬放空排液复产措施。该制度的优化，减少了因下游用户需求下降时引起的压力敏感井产量不稳定，短暂的关井恢复即减少了移动计量撬放空次数，又增加了这类井产量恢复概率，多种手段提质增效。

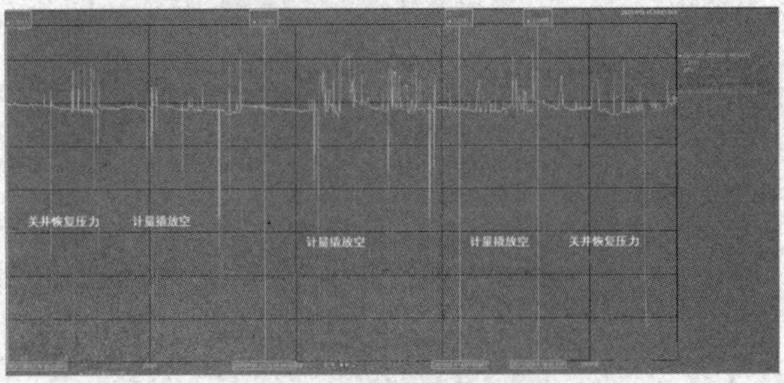

图 7 降本增效应用

3.3 提高管理效率实例

长北区块在生产井88口，每口井约4项重点关注数据类型(产量、油压、A环空压力、B环空压力)，在气井管理制度中制定了气井承包责任制，由7名技术人员主要负责紧盯气井生产动态，实时报警监测模块的设计与实现，极大提高了气井管理效率，一人就能迅速了解区块所有气井生产动态，解决了任何一名技术人员不在岗时盯井数量增多的问题，让技术人员把更多精力放在分析异常原因、制定解决措施、研究新技术新工艺方面，盘活有限的人力资源(图8)。

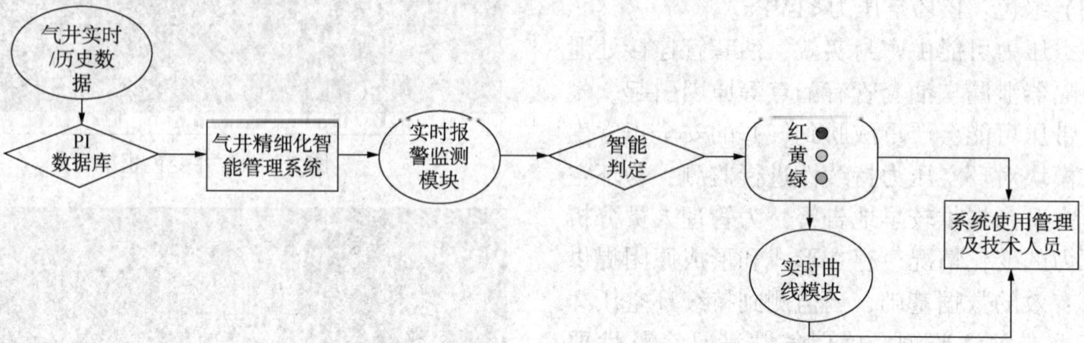

图8 长北基于PI气井精细化智能管理系统简要应用流程图

4 结论与认识

(1) 对于数据监测形式而言，替代了原有的有规律性巡回监测，选择采用先进的实时动态监测方式，确保了监测数据的连续性。

(2) 对于数据监测范围而言，替代了原有日生产报表只能监测某个时间段的数据，可精确到秒监测数据点，确保了监测数据的详实性，为分析气井生产动态提供丰富的基础数据资料。

(3) 对于管理方式而言，替代了人工分析效率低下、人员需求大、数据分析量繁杂的方式。

(4) 对于气井管理而言，提高了解决异常情况的效率，防止了故障引起的气井停产，帮助管理及技术人员提早介入分析数据，有利于避免因解决不及时导致更大问题现象的发生。

在大数据时代的今天，数据是智能化油气田的基础与关键，智能化油气田建设中应重视数字化资料实时采集和充分利用，采用先进的科学技术研发智能化系统把传统的经验和智慧应用其中，及时作出科学决策。本文在实时数据及气井精细化智能管理领域提出一定见解，可为其它油气田建设提供借鉴。

参考文献

[1] 金海东. PI系统在县级电网数据中的应用[D]. 北京：华北电力大学(北京)2016.

[2] 雷红妮，等. PI实时数据库系统在长北气田中的应用[C]. 宁夏回族自治区科学技术协会. 第十四届宁夏青年科学家论坛石化专题论坛论文集. 2018：473-476+487.

[3] 裴泽，等. 长北气井生产动态实时采集监测、分析与管理[A]. 第十六届宁夏青年科学家论坛石化专题论坛论文集. 2020，448-450.

浅谈智慧供应链在油田物资行业的探索应用

王林宏　樊哲华　任彦辉　何昭洁　胡姝瑾　李永刚

（长庆油田公司物资供应处物资管理部）

摘　要　根据长庆油田公司高质量发展以及物资系统改革的整体部署，要求物资管理采供要坚持信息化、自动化、标准化，将大数据、云计算等先进的理念、先进的技术、先进的管理用在物资管控、配送、检验方面，实现物资供应从设计、计划、采购、供应、使用、修复的数字化供应链闭环管理。本文借鉴国内智慧供应链理念和发展，探索了智慧供应链在石油物资行业的实践应用，分析了长庆油田物资共享管理平台的建设对物资改革所做的信息化支撑。

关键词　共享平台；智慧供应链；实践；模块；成效

1　实施背景

1.1　智慧供应链的技术背景

随着“互联网+”智能经济时代的到来，人工智能、大数据和物联网已经渗透了社会各行各业，越来越多的创新生产与管理模式涌现出来并被广泛应用，如JIT(Just In Time，准时制生产方式，又称无库存或零库存生产)、敏捷供应链管理等。这些创新性的生产或管理模式大幅提高了供应链的运作效率，但也在很大程度上弱化了供应链在各类风险事件中的应对抵抗能力。

目前供应链存在要么供应链执行管理系统不具备，要么执行管理系统孤岛化、碎片化，没有统一、专业、规范的顶层设计和专业系统进行指导等问题。

基于此，有机融合物联网技术与现代供应链管理方法的智慧供应链应运而生，成为未来供应链发展升级的主流方向。

“智慧供应链”这一概念最早是有复旦大学博士后罗刚在2009年上海市信息化与工业化融合会议上提出的，指通过有机结合日益发展成熟的物联网技术与现代供应链管理的理论、方法和技术，在企业内部以及企业之间构建的智能化、数字化、自动化、网络化的技术与管理综合集成系统。

智慧供应链体系包括智能采购、数字物流、全景质控三大业务链，通过内部跨专业深度协作、外部供应链高效协同，建立供应链运营中心实现采购业务智慧决策(图1)。

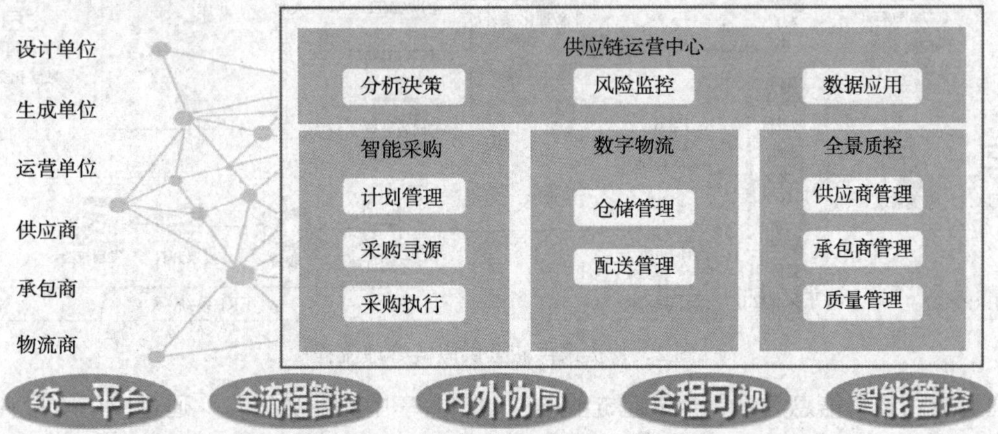

图1　智慧供应链体系架构

1.2　油田物资行业对智慧供应链的需求

1.2.1　油田物资行业的发展形势

2017年，集团公司在长庆油田召开“物资、装备与招标管理工作现场会”，对物资采供管理调整改革提出了战略性要求，通过长庆ERP与宝鸡钢管公司仓储管理系统的应用集成，长庆率先创新实现了石油专用管“工厂到现场”的运行新模式。

2018年，按照集团公司、油田公司的总体部署，长庆油田物资系统确立并推进了“三步走”规划。

2019年新疆油田现场会提出“协同共享”，全面推进长庆物资“三步走”规划，打造区域物流中心，压缩仓储管理层级，缩短供货周期，实现精准化管理。

2020年，油田公司高质量推进二次加快发展，物资系统“工厂到现场”业务不断深入推广，区域物流中心建设应用也越来越好，供应商链全过程可视化监控、溯源管理、精准管理、大数据分析等管理需求的信息化实现十分紧迫。

2022年，长庆物资规划到2025年，全供应链实现以计划精准、采购精益、供应精确、质控精细“四精管理”为目标的高质量运行，整体物资管理水平达到央企一流。

到2030年，在全供应链高质量运行的基础上，创新应用新一代信息技术，提升采供过程、管理对象以及市场资源的全面感知能力、敏捷反应能力、整合运营能力、全局优化能力，率先建成中石油同行业领先的智慧供应链。

1.2.2　当前信息系统存在的短板

当前物资供应使用ERP系统、电子采购2.0系统、合同系统等多个系统共同处理供应链业务，信息系统分散建设，系统间没有进行集成，形成信息孤岛，不能自动传输数据。

ERP系统及已上线的条码系统应用，主要在供应商协同管理、库存协同管理、物流管理方面，缺少符合全油田公司“工厂到现场”业务特色的管理系统。

基于以上背景，按照集团公司物资条码技术全面推广应用工部安排，结合长庆油田物资改革高质量发展要求和物资业务运行现状，在公司相关部门的大力支持下，通过借鉴国内智慧供应链的理念和实践案例，长庆物资管理部开始探索建设一个符合长庆物资业务的信息化平台——长庆油田物资共享管理平台(以下简称共享平台)。

2　总体目标

共享平台利用云计算、大数据等信息技术，目的是建设“国内领先、长庆特色”的物资仓储管理平台，最终实现智能化、平台化、数字共享闭环管理，为长庆油田在物资全生命周期管理方面，营造开放共享的生态圈(图2)。

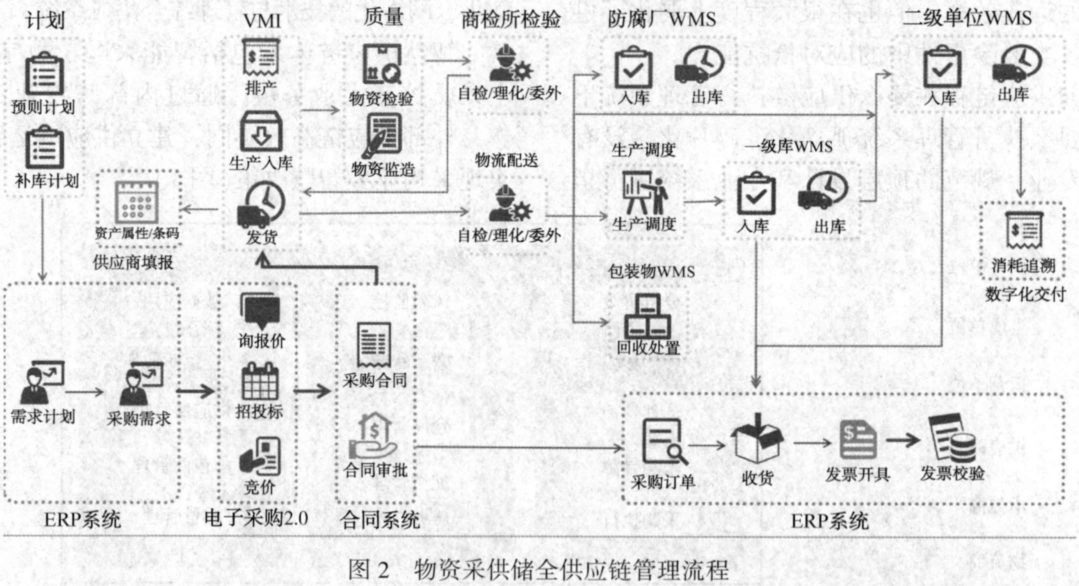

图2　物资采供储全供应链管理流程

(1) 通过应用物资信息共享、全供应链业务协同功能模块，建立油田公司一、二级库物资信息共享通道，实现供应链各环节实现信息共享互通。

(2) 通过进一步完善仓储及条码系统应用，全面支撑“工厂到现场”物资直达和区域物流仓储共享中心业务运行。通过应用质量管理功能模块，对生产制造现场的前置检验监造、物流配送和库房验收管理等关键业务进行可视化管控。

3　系统概况

共享平台立足于油田当前物资系统改革发展

的需要，项目分两期建设。一期初步完成了订单、生产计划、质量管理、库存等业务信息的共享，实现了采、供、管、用、检、监等多方业务协同，二期采用大数据、数据、人脸识别、GIS等先进技术，整合不同业务系统数据资源，打破信息孤岛，实现数据资源的共享深化应用物资“零库存”、“工厂到现场”、“物资共享”的管理模式，并将关键业务数据推送入梦想云数据湖，为公司经营决策分析提供数据支持。

3.1　设计理念

3.1.1　业务协同

应用互联网技术，通过云平台以订单数据为驱动，将采购方、供应商、检验机构、监理公司、使用单位、区域物流中心按照供应链分工实现上下游信息互联，为供应链各方全方位业务协同提供基础和保障。

3.1.2　信息共享

应用集成技术，实现与ERP系统、质检系统、视频监控、人脸识别系统、设备管理等系统之间的信息壁垒，实现订单、库存、物流、质检、监造等信息实时共享。

3.1.3　透明数字化

应用数字化技术，通过可视化手段，实现供应链信息透明化，能够真实及时反映业务运行状况。

3.1.4　全生命周期

应用物资全生命周期管理理念，实现物资从采购、供应商、监造、质检、调度、配送、验收、入库到领用消耗全生命周期管理。

3.2　框架设计

系统采用SASS平台模式，服务器部署在公司云中心DMZ区。整体框架由基础数据、数据采集、数据传输、数据应用、决策支持、系统集成等六个模块组成(图3、图4)。

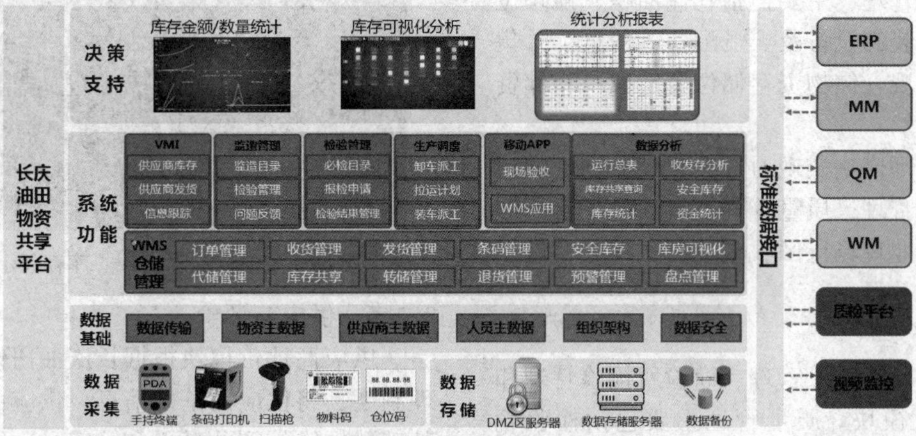

图3　一期平台整体框架

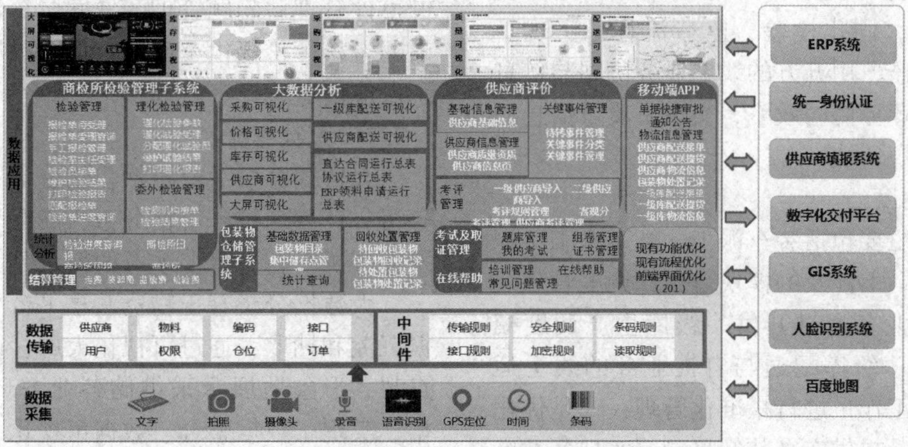

图4　二期平台整体框架

3.3　主体功能

3.3.1　VMI 管理

VIM 管理分为订单管理和供应商管理，主要流程为：合同/订单—供应商接单—监造/生产—检验入库—打码/发货。在平台上涉及到的模块有订单管理、预约管理。

3.3.2　仓储管理

仓储管理主要包括物资收发管理，物资统计报表、转储、化学品包装物管理以及其他各类管理，在平台上涉及到的模块有仓储业务管理、仓储资源管理和包装物管理。

仓储业务管理模块将条码技术以及四号定位管理贯穿于物资入库、出库、移库、转储、盘点等各业务流程中。通过仓储管理模块加强了库房现场物资实物库存管理，实现了公司一、二级区域共享中心库存信息共享，达到了以“信息换库存”的效果，进一步提高了库存合理性。

仓储资源管理模块实现了二级区域共享中心仓储资源信息管理，主要包括仓储面积、地理位置、吞吐量、装卸设备及人员配备等信息，并集成百度地图呈现仓储物资存储位置定位，仓储资源分布一目了然。

包装物管理模块实现对危废化学品物资的包装物回收处置管理，质量管理人员通过平台能够实时掌握各作业现场待回收包装物、集中存储点已回收包装物数量。

3.3.3　质量管理

平台上建设了质量管理、商检所检验管理和结算管理三大模块。质量管理主要包括检验管理、监造管理、问题管理。质量管理围绕“采购物资全生命周期”质量控制理念，以生产现场质量控制为核心，固化检验、监造流程，实现了采、供、检、监、用五方的线上业务协同与信息共享，提高了业务协同效率，实现了质量信息的可追溯性。

3.3.4　生产调度

生产调度主要包括装车派工、卸车派工、配送计划。在平台上涉及的模块是生产调度管理。

生产调度业务通过开发一级库生产调度模块，一是实现一级库配送与自提业务的线上运行，对承包商工作量进行精准化管理；二是优化库房装卸设备，提供定义装卸目录，实现各站库装卸工作量统计；三是实现卸车、配送、自提批量派工操作，提升工作效率。同时对结算业务进行统一的设计和应用，按照不同的费用项，制定结算规则，对装卸费、运费进行费用计算。

3.3.5　仓储可视化

对二级单位库房实施了库房可视化功能，主要实现了库房平面可视化、与视频监控的联动、库存总金额统计、库存总数量统计、库存四号定位可视化、安全库存预警等功能(图 5)。

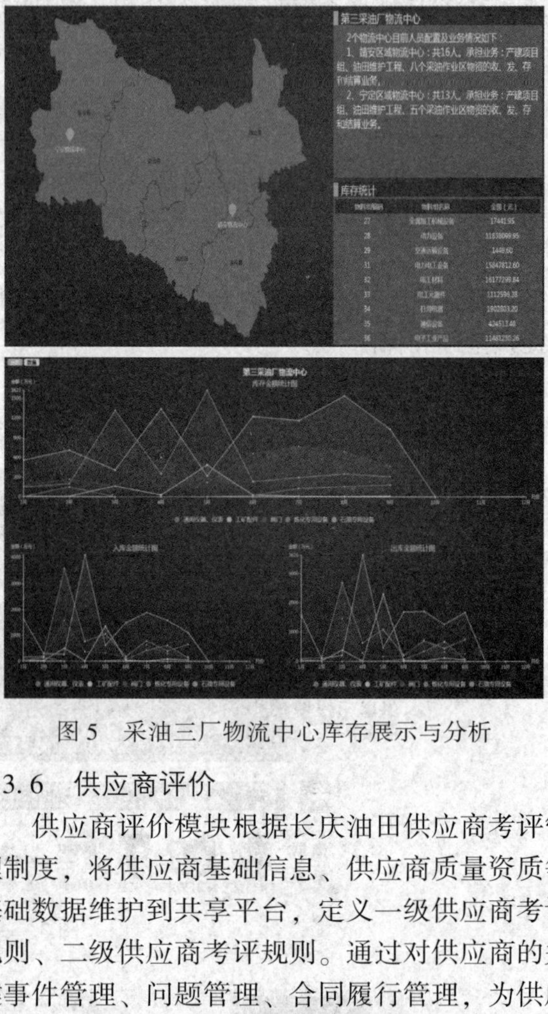

图 5　采油三厂物流中心库存展示与分析

3.3.6　供应商评价

供应商评价模块根据长庆油田供应商考评管理制度，将供应商基础信息、供应商质量资质等基础数据维护到共享平台，定义一级供应商考评规则、二级供应商考评规则。通过对供应商的关键事件管理、问题管理、合同履行管理，为供应商的考核评价提供全面的数据支撑和依据，实现了供应商考核评分管理。

3.3.7　大数据分析

大数据分析主要包括：物资类别管理、采购分析、计划分析、价格分析、库存分析、物资收发存分析。在平台上涉及的模块是大数据分析。

大数据分析基于物资共享平台全业务链的数据沉淀和抽取，通过可视化大屏，以图形化方式直观、形象地展示采供储各业务环节的关键数据，实现了数据整合、数据可视化、预测性决策分析、数据溯源等功能。为各级管理者提供决策支撑(图 6~图 12)。

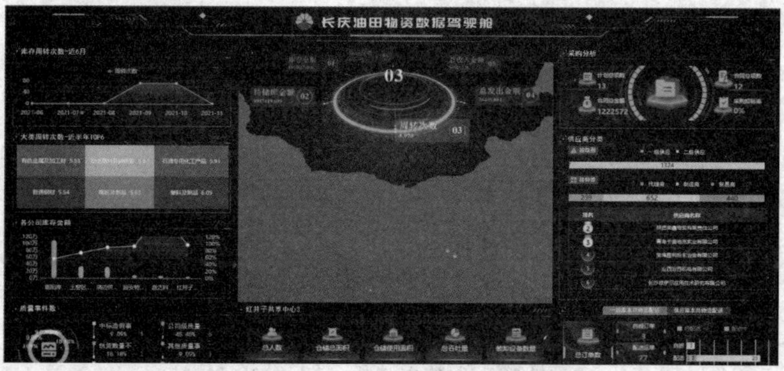

图 6　物资共享管理平台大屏可视化

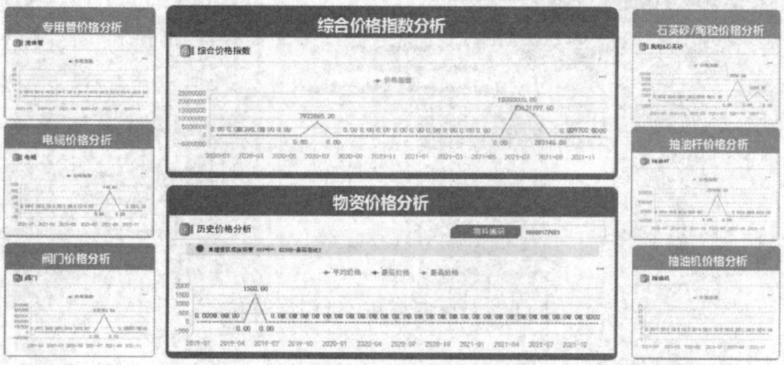

图 7　大数据分析-价格分析

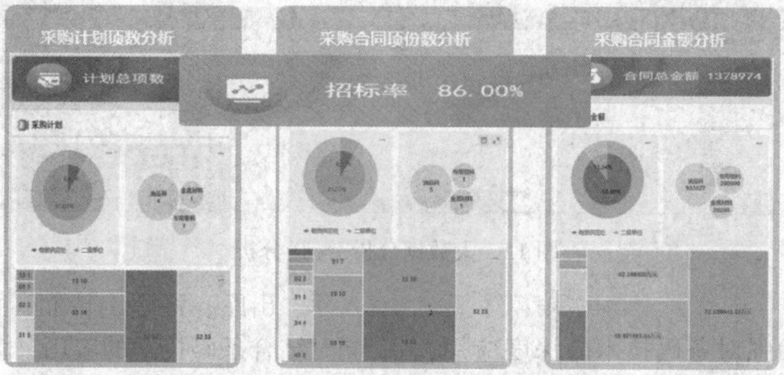

图 8　大数据分析-采购分析

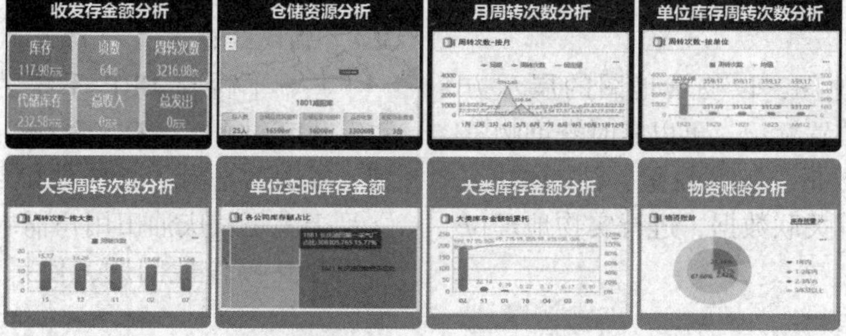

图 9　大数据分析-库存分析

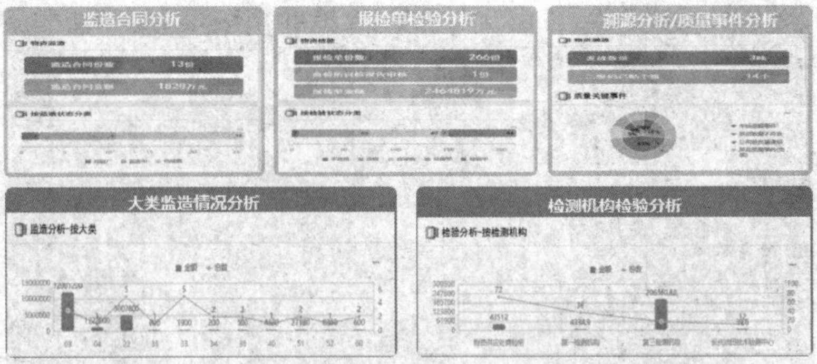

图 10　大数据分析 质量分析

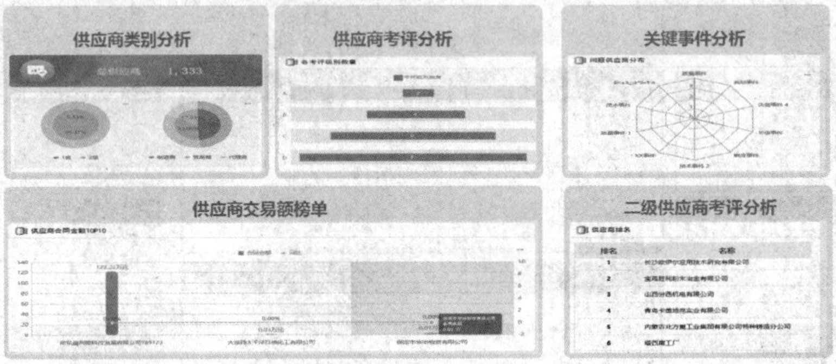

图 11　大数据分析-供应商分析

图 12　大数据分析-配送分析

3.3.8　溯源管理

溯源管理模块加强对条码技术的深度应用，维护溯源目录，维护单品物资溯源编码，利用手持/手机 APP 识读物资溯源二维码获取物资溯源信息，实现对重点物资的质量追溯、查询、防伪认证等功能应用。

3.3.9　物资地图

通过应用百度地图，以物资地图的展示方式，进行实物地理位置标记，可以实时查询物资的分布情况、计划数量、入库数量、消耗情况，仓储资源使用情况等关联数据，进行实物地理位置标记(图 13)。

3.3.10　移动端应用

库房手持移动终端，实现对物资的现场验收入库、出库、移库、转储、盘点、查询等业务，同时结合条码技术的应用，大大提高了数据采集和扫描的效率。对验收过程的异常情况，可通过拍照进行验收记录。结合 4G 技术的应用，可通过手机对直达现场物资进行现场的验收，提升物资验收的时效性(图 14)。

3.4　集成设计

共享平台与 ERP 系统、供应商填报系统、数字化交付平台、GIS 系统、百度地图、人脸识别、梦想云平台、长庆油田云平台等系统集成，立足于满足长庆油田用户需求，解决系统之间的互联和互操作性问题，使系统的整体性能达到最优。

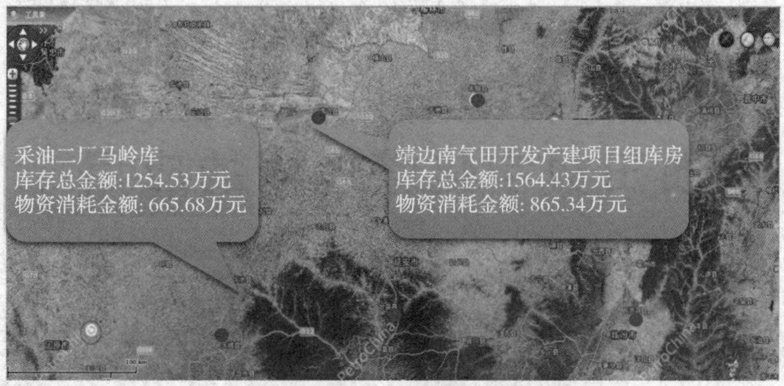

图 13　物资地图及二级单位基础数据展示

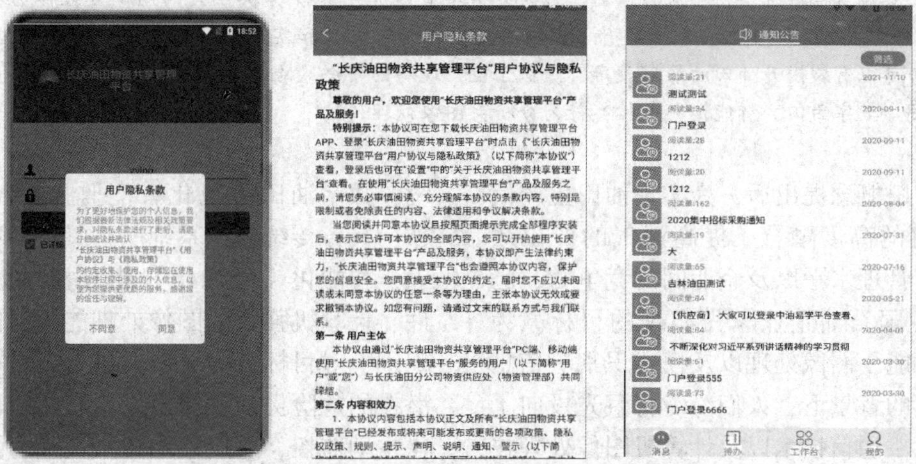

图 14　移动端 APP 操作界面

4　实施智慧供应链所取得的综合管理效果

共享平台实现了 ERP、供应商、质检、监造、验收、库存物资数据共享，优化了库存资源配置。通过"协同+共享"的深化应用，全面实现了"工厂到现场"供应链业务的信息化。

4.1　全面实现物资信息共享

通过物资信息共享功能模块，建立油田公司一、二级库物资信息共享通道，全面支撑代储代销+采购订单模式，构建联合库存管理机制。

4.2　全面提高供应链各环节实现效率

通过应用全供应链业务协同功能模块，物资采供整体效率大幅提升，实现供应链各环节实现信息互通、无缝衔接。最大限度发挥供应链协同效应。

4.3　全面提升质量管控效率

质量管理功能模块与油田内部的检测系统集成，实现报检、质量检验报告等数据同步，以及集团公司物资质量全生命周期管理要求。

4.4　全面深化支撑业务运行

通过进一步完善仓储及条码系统应用，实现物资在入库、出库、移库、盘点过程中的数据自动采集；实现物资库内的调度、装卸、资源分配。

5　结束语

共享平台的建设是借鉴智慧供应链为物资系统改革提供信息化支撑的一次创新性探索和实践。目前物资供应处(物资管理部)、各二级单位，检测机构、监理公司、各供应商、防腐厂、承运商近 1500 个单位已全面使用共享平台。长庆油田共享平台通过一年的稳定运行，给公司运营带来了巨大的经济效益，通过压缩库房层级，提高物资周转率，减少库存占用资金，减少库房相关管理人员和操作人员，一期试点运行的三个试点单位物资供应处、第一采气厂、第三采油厂共计节约运行费、用工费与库存资金占用费用：2743.53 万元。(其中物资供应处 1395.85 万元，采气一厂 450.17 万元，采油三厂 897.51 万元)。平台的成功建设和应用也为坚定不移推进物资系统"三步走"战略部署，加快物资仓储扁平化和精准管理实践，全面推进采供管一体化运行提供有力的信息化保障。

可视化智能监控系统在安塞油田数字化管理中的应用

张海峰　金　田　李海涛　张镇雄　刘　超　卢　敏

（中国石油长庆油田分公司第一采油厂）

摘　要　为提高国内油田的数字化建设水平，可视化智能监控系统的使用成为数字油田建设的迫切需求。可视化智能监控系统借助于人脸识别、行为分析等智能算法和计算机强大的图像处理能力，能将“被动”的监控转化成“主动”监控，极大提升了监控的安全性、可靠性和实效性。将可视化智能监控系统应用于数字油田可以有效提升油田的管理效率，降低了生产现场的安全风险。

关键词　数字油田；智能视频监控；行为分析；图像处理

自数字油田概念提出后，为实现油田生产信息化与工业化的高度融合，提高油气的产出效率，提升油田管理水平以及企业间的竞争力，已经成为世界各国石油企业争先实现的目标。为此，在人工智能、图像处理以及模式识别等信息技术日臻成熟的背景下，人们纷纷将目光投向了基于传感技术、通信技术以及计算机图像处理技术等，先后开发了形式多样的可视化智能监控系统，对油井、油库、输管网、油气采集、生产监控和管理等数据实现自动采集和监控，一方面极大的节省了人力成本，实现了生产操作的自动化和信息化，另一方面提高了油气生产的管理水平，提高了生产决策的及时性和准确性。因此，可视化智能监控系统在数字油田中的应用对于提升油田生产的安全性、可靠性具有重要意义，对减轻监控人员的工作负担，提高现场安全管理，提升油田的信息化和现代化管理以及提升企业核心竞争力具有重要的现实意义。

1　可视化智能监控系统

可视化智能监控系统是在传统视频监控的基础上利用当前较为先进和成熟的模式识别、图像处理以及红外感应等技术而建立的一种高效、实时、准确的系统。这种监控系统能够无需人为操控的前提下对摄像机拍摄到的图像进行自动分析、跟踪和识别，进而对目标的行为进行判断，并做出相应的决策。

1.1　可视化智能监控系统的特点

相对于传统的人工监控、模拟视频监控等系统，数字油田可视化智能监控系统更加安全可靠，具备传统监控系统所不具备的特点。

智能化。可视化智能监控系统利用智能硬件、计算机强大的图像处理能力，能够进行人脸识别、对目标行为分析并进行异常检测，可以将潜在的危险提前预警出来，将传统的被动监控变化主动监控，所以使用更加灵活，更加智能。

视频数据大。高密度、多角度的无死角监控方式以及高清的监控画面都会产生海量的视频数据，海量的视频对数据的传输、存储、处理提出了更高的要求。

数字化、网络化。可视化智能监控系统以数字化和网络化为基础，实现对监控区域的全覆盖和监控画面的无失真传输，但又不同于传统的模拟视频监控系统，它将监控设备、报警系统、图像处理系统等组建成一个高度融合的网络，能够以最快、最直接的方式为用户提供有用信息并发出警报，能更加有效地协助监控人员处理危机。

1.2　可视化智能监控系统采用的技术

在数字油田中使用可视化智能监控系统涉及到计算机视觉处理技术、人工智能和数据分析等多种核心技术。

1.2.1　行为分析技术

可视化智能监控系统会行为分析技术分为行为描述和行为建模两个步骤，其中描述行为方式可以分为三种：个体行为、群体行为以及场景行为，对这三种行为分别进行建模，当视频监控系统捕捉到有相关行为发生时，会迅速与模型进行比对，并做出相应的决策。行为分析技术可以快速浏览和精准定位视频中的全部或特定行为或事件，极大降低了监控人员看的负担。

1.2.2　人脸识别技术

可视化智能监控系统利用摄像机等监控设备获取人脸头像，然后上传头像至服务器进行比对，并将比对的结果实时显示在监控屏上。人脸识别技术可以作为可视化智能监控系统对目标人物进行身份识别的主要技术，通过非接触的方式在目标人物毫无察觉的情况下完成对目标人物人份的鉴定。识别精度较高，不容易被他人假冒，且实时监控到人脸图像资料容易获取。

1.2.3　图像处理技术

数字油田具备一定的特殊性，在油田的某些场合利用摄像机等监控设备获取的视频图像会存在分辨率较低，图像模糊等，为了弥补这些缺陷，获取更为高清的视频图像，为工作人员提供更为精准的监控信息，需要利用图像处理技术，通过诸如降噪、曲线矫正、色彩矫正等智能算法，从而改善监控画面，提升监控的精准性。

1.2.4　智能分析预警技术

智能分析预警技术包括异常检测技术、过滤技术等，这种技术通过在图像序列和事件描述之间建立映射关系，使得计算机具备从海量的视频画面中检测出异常行为，过滤掉无关紧要的信息，自动分析并提取出图像中的关键信息，并根据信息进行预警，以此提醒监控人员注意，或者根据监控的信息对即将可能要发生的事件进行预测并预警。

1.3　可视化智能监控系统的优势

可视化智能监控系统利用了当前新型的计算机视觉处理技术和模式识别等高度智能化的技术，因此相较于传统的视频监控技术具有较为明显的优势，主要体现在以下几个方面：

实效性更高。可视化智能监控系统可以实现24小时全程监控，可以通过智能视频模块或者智能视频分析服务器等硬件设备和人脸识别、目标追踪等智能算法实现对监控画面的分析。同时用户还可以借助于可视化智能监控系统强大的图像处理能力，根据自身需求，自行定义如“越界”、“长时间逗留”、“违反操作规则”等警报模型，与系统所采用的模式识别、行为判断等高级智能算法进行对比，一旦发现可疑情况或存在潜在的危险行为立即触动报警系统，也可以将危险行为设置成不同的级别，根据级别的不同制定相应的预案，第一时间对可疑情况进行处理，也可以为监控人员提供足够的时间处理险情。

全方位覆盖。由安保值班人员现场定期检查难免会存在一定的漏洞，可视化智能监控系统能够在作业区、油水井、井组等区域高密度、多角度安装监控设备，可以实现对监控区域的全方位覆盖，做到监控无盲区。

精准性更高。可视化智能监控系统拥有强大的图像处理能力，可以有效避免漏报和误报等情况的发生，能有效减少大量无用的视频数据，极大地提高了警报的精准性。并且当一旦识别到可疑情况或检测到有报警时，可视化智能监控系统能够存储当时的场景信息，安保值班人员可以根据需要快速查询存储的监控信息，能有效提高查询速度。

2　可视化智能监控系统结构

2.1　可视化智能监控系统体系结构

可视化智能监控系统主要包括四个功能模块如图1所示，分别是图像获取模块、图像处理模块、图像分析模块、图像理解模块，其中图像处理包括数据处理和预处理两个部分。

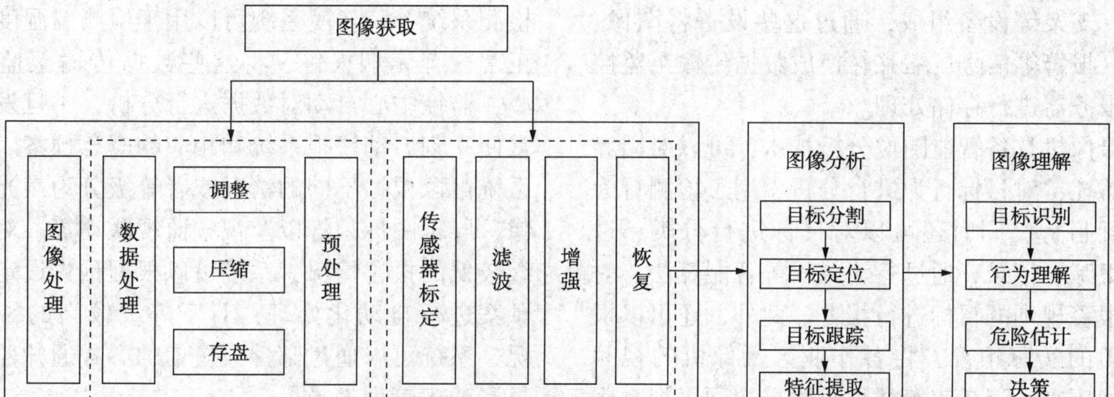

图1　可视化智能监控系统框图

图像处理模块主要是从监控设备或者服务器获取视频数据；数据处理主要对视频信息图像进行压缩、存储等，方便数据在网络中的传输，并对由于环境因素或硬件原因导致图像获取质量不高的情况下对图像进行增强、恢复、滤波等预处理；图像分析模块的主要功能是对图像中的目标进行检测和识别，对目标的行为进行分析和判断；图像理解模块的主要功能是进一步研究目标的性质，并得出对图像内容含义的理解，包括目标识别、行为理解、危险估计和决策推理四个部分。

数字油田可视化智能监控系统包括了前端图像数据获取、后端存储控制、压缩传输、图像数据分析、联动报警等多功能于一体的大型系统。根据当前数字油田对可视化智能监控系统的需求，本文设计了如图 2 所示的可视化智能监控系统，该系统主要包含了前端、传输、监控中心等子系统。根据数字油田的特点和管理方式，给油井等重要生产区域配备一体化摄像机、网络视频服务器、语音警示功能、声光报警器等。

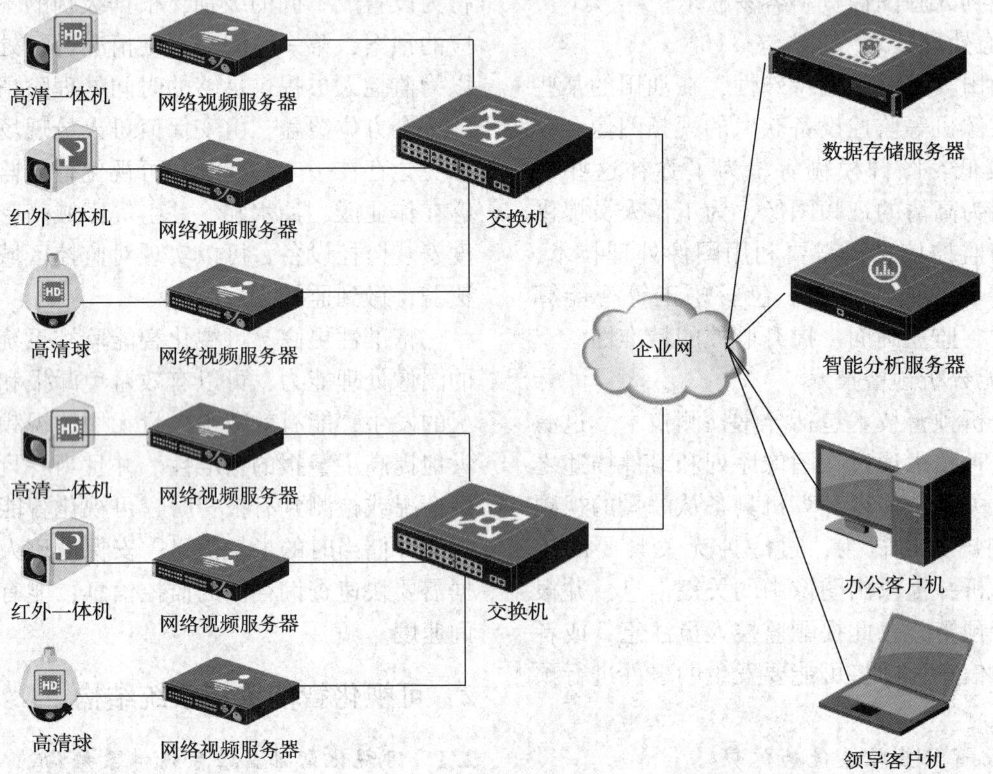

图 2　可视化智能监控系统体系结构图

2.1.1　前端子系统

前端子系统的主要作用是采集信息，主要由摄像机、火灾、气体泄露、防盗等报警装置、解码器、支架等设备组成，通过这些设备将图像、音频、报警等信号压缩并转换成数据传输至监控中心服务器进行存储处理。

摄像机具备智能图像分析技术，可以对周界进行监控，对目标行为进行分析，用于检测行为和可疑目标，同时还可以对目标进行分类、过滤、跟踪、记录，通过行为分析等智能算法，对符合报警规则的目标进行报警。此外，还可以根据油田的实际情况，将各作业区摄像机的视频线、油压表、流量表等数据总线接入网络视频服务器，给作业区的摄像机加装雨刷、防护罩等设备，避免粉尘油渍损坏摄像机。

报警设备融合消防系统、门禁系统以及环境检测系统等，环境系统可以用于检测温湿度是否正常、有无烟火等，将这些数据传输至监控中心，监控中心自动对数据进行分析，一旦发现异常便立刻启动警报系统和相应的应急预案。警报系统可以根据不同的情况或者等级分为声光、图像、屏幕图标闪烁以及视频监视联动等。对于等级较低的报警情况，系统可以根据预先设定好的预案进行自动化处理，对于等级较高的警报情况，系统可以通过邮件或短信的方式通知监控人员和油田管理人员。

2.1.2 传输子系统

前端系统采集到的信号会进行数字化、视频图像压缩编码通过传输系统发送到监控中心服务器，同时监控中心也可以通过传输系统将监控人员的对设备的控制信号、警告等信息传输至前端系统。

2.1.3 监控中心子系统

监控中心是可视化智能监控系统的枢纽，主要由屏幕显示系统、服务器、主机、监控指挥终端等设备构成，其中服务器分为管理服务器、数据存储服务器等。

监控人员可以通过管理服务器对各个网络的摄像机执行登录、录像、浏览、控制、备份等操作进行管理，同时管理服务器还可以根据报警的方式，对各监视点发的报警信号进行处理、保存，并做出相应的响应。传输子系统从各监控传回的视频图像数据都是保存在数据存储服务器中，因此，数据存储服务器可以为监控人员提供实时录像、定时录像以及录像回放等功能。

监控指挥终端可以根据需要接收监控点送回的视频数据，同时监控人员也可以通过指挥终端登录管理服务器，对各监控点设备的功能进行管理和设置。因此，监控指挥终端是监控人员和监控系统进行人机对话通道。

2.2 可视化智能监控系统组网方案

根据数字油田可视化智能监控系统的体系结构，本文设计了可视化智能监控系统的组网方案，如图3所示。

（1）在油田、作业区、各站点安装红外高清摄像机，在油井内部安装水位、红外、温湿度、烟火等传感装置构成的环境检测系统。

（2）各站点将获取的图像视频或数字信号通过以太网传输至监控中心，监控中心与以太网的交换机相连接，交换机和服务器以及各部门的电脑相连，如此接图像视频或数字信号就可以发送到各监控部门。

（3）服务器通过内部网络将视频信号传送到电视墙进行显示，再通过一路数据传输至磁盘阵列进行存储。

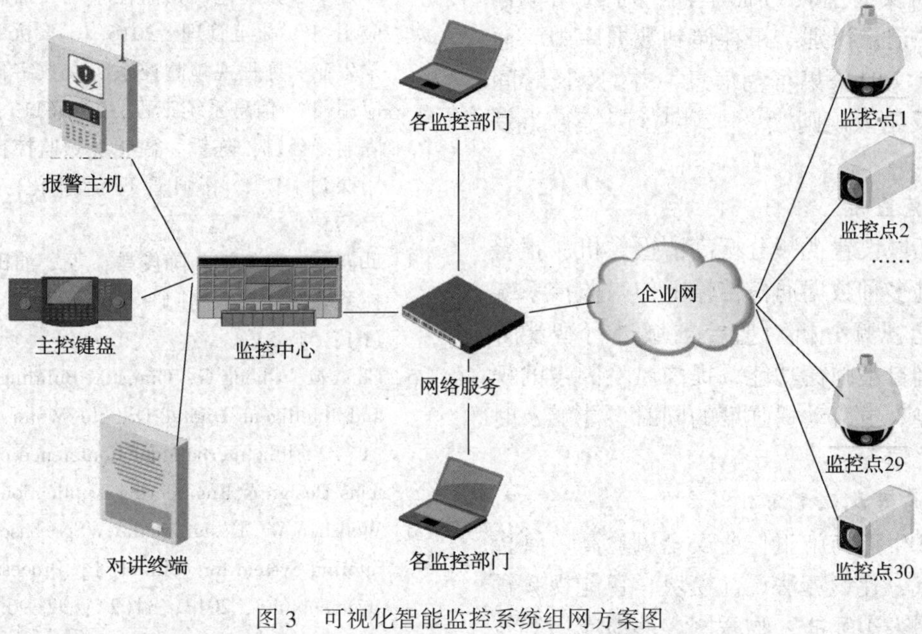

图3 可视化智能监控系统组网方案图

3 可视化智能监控系统在数字油田中的应用分析

将可视化智能监控系统应用到数字油田中，对重点油气井、重点站库等生产现场进行实时监控，当生产现场出现异常情况时进行图像抓拍、并触发报警装置，提醒工作人员注意，大幅提高油气生产的安全性和反恐应急能力。

3.1 远程智能监控生产现场，实现无人值守

在井场、管线、处理厂等重点生产现场和生产设备布置监控设备和传感器设备，实时获取生产现场信息，生产设备的运行情况，对现场的异常情况和生产设备的故障情况发出警报，并根据不同的情况制定相应的应急预案，相关的工作人员可以根据预案采取相应的处理措施，提高生产现场和生产管理的应急能力。

通过摄像机采集重点油气井实时生产现场图像，通过固定方向和焦距的摄像头对单井进行监控。采用巡检、特定监视等不同方式对站点、井场进行实时监控，同时进行图像记录。自动记录进入井场的移动物体，并对可疑目标进行分析、比对，一旦确认立即发出警报。

3.2 数字化集气站

在控制室、集气站、发电机房等关键部位安装全景摄像机、入侵探测器等装置，无死角监控这些重点区域人员出入情况以及设备的运行情况，对异常行为进行分析识别、录像、存储并报警。

3.3 远程智能门禁监控

监控中心利用人脸识别、可视化对讲机等技术远程控制大门的开关，自动记录出入人员的信息，在大门安装监控设备和报警系统，对非法闯入的情况实现自动抓拍、即时存储图像信息、即时报警，并远程控制大门。

3.4 远程车辆识别

在生产区域、油区道路等关键路口设置电子路卡，24 小时实时监控过往车辆，对过往车辆进行识别，并记录识别结果存储到数据库中。通过电子值勤点实时采集车辆信息，并对“长时间逗留”、“违反出入规则”、“车辆逆行”等行为发出警报。

3.5 风险防范应用

在风险区域设置视频分析高清摄像机，报警图像分析通过多种数据通信传输上传，监控系统基于环境智能视频分析对监控区域进行智能分析，实现报警自动弹窗功能，提高风险因素的识别效率，减轻人员劳动提强度的同时，能够及时发现现场报警情况。

3.6 安全生产可视化智能化

针对油气生产与施工作业安全风险高、管控难度大的特点，建设算法调优模块、智能视频预警模块，利用人工智能、物联网、移动应用等技术，构建 AI 智能感知能力，通过”视频 AI 能力中台“编织一张覆盖钻修井、压裂、地面工程建设等施工作业场景和场站检维修、高风险装置等固定场所生产运行场景的智能化视频监控网和安全风险监测预警网，防止因人的不安全行为、物的不安全状态带来的安全事故。

4 小结

可视化智能监控系统对于实现油田生产信息化与工业化的高度融合，提升企业的管理水平具有重要意义。本文首先分析了可视化智能监控系统的特点、采用的技术以及使用的优势，然后详细分析了可视化智能监控系统的体系结构，并提出了数字油田可视化智能监控系统的组网方案，最后对可视化智能监控系统在数字油田中的具体应用进行了分析。为了进一步加快数字油田的建设进程，未来需要着重研究视频数据的实时性和可靠性以及视频分析技术的准确性。

参 考 文 献

[1] 汪爱平．数字化视频监控系统在油田生产建设中的应用[J]．化工管理，2016(16)：96-97.

[2] 栗生亚．远程视频监控系统在数字化油田建设中的应用[J]．信息系统工程，2016(11)：38-38.

[3] 陈丽，孙娜，陈哲．智能视频监控在数字油田的应用探讨[J]．中国管理信息化，2016，19(6)：75-75.

[4] 邱淑媛，薛海鸿，陈俊昌，等．油田可视化智能监控系统设计与实施[J]．油气田地面工程，2012，31(6)：51-53.

[5] Chen M，Cheng G，Qiang X. Building a High Efficient and Intelligent Digital Oilfield Water Injection System [C]// Fifth International Conference on Intelligent Systems Design & Engineering Applications. 2014.

[6] Wenzhen W . Design of the WSN-based Intelligent Monitoring System for Oilfield[J]. Process Automation Instrumentation，2013，34(2)：92-96.

国家工业互联网标识在油气田设备管理中的应用

孔 云 王 瑞 王昊楠 李保全 陈骏涛 马 力 李铁成 苏 佳

（中国石油长庆油田分公司 机械制造总厂）

摘 要 对油气生产企业来讲，利用先进的信息技术进行创新管理，实现提质增效，对企业降低成本、盘活资产、增加效益等方面具有重要意义。本文以油气田生产设备的全生命周期管理为对象，进行国家工业互联网标识（以下简称“标识”）的创新应用研究。通过引入标识、统一标识编码规则，对油气生产设备赋予了唯一的数字身份，利用标识高效的关联性快速准确的为设备运行、维护等提供全息、可靠的数据追溯与决策支持，数据驱动力提升显著；通过建立标识解析企业节点，应用标识解析进行信息整合与数据调度，从源头上实现了跨部门、跨单位、跨行业高效协作，设备管理工作效率提高，数据储备量提升。

关键词 工业互联网标识解析；设备全生命周期管理；数字化交付

1 引言

油气生产企业属于资产密集型企业，实物资产具有“量多、线长、面广”的特点，且管理业务关联企业内外多个部门和单位，工作中需对应各类信息系统，信息孤岛多，数据驱动力软弱，对管理优化和提质增效带来了诸多困难。如何利用国内先进的信息技术应用，既能解决当前油气生产企业设备管理面临的难题，又能应对“安全管控从严、精益管理从细、改革要求创效”等挑战，是油气生产企业面对市场竞争、适应改革、谋求高质量发展面临的首要问题。

工业互联网是新一代信息通信技术与工业经济深度融合的全新工业生态、关键基础设施和新型应用模式，为实体经济数字化、网络化、智能化发展提供实现途径。2016 年，工业互联网产业联盟（AII）发布了《工业互联网体系架构（版本 1.0）》，推动产业各界认识层面统一，为开展工业互联网实践提供了参考依据。为此，探索将工业互联网标识创新应用于油气生产企业设备全生命周期管理，建立工业互联网标识解析企业节点，通过对人、机、物的全面连接，可改变传统管理模式、生产组织方式和产业形态，构建起全要素、全产业链、全价值链、全面连接的新型油气生产企业设备管理和协同服务体系。

2 应用背景

2.1 国家工业互联网标准化体系建设文件相继发布，给企业标识体系建设指明方向

2017 年 11 月 27 日，《国务院关于深化“互联网+先进制造业”发展工业互联网的指导意见》发布，明确指出要“构建标识解析服务体系，支持各级标识解析节点和递归节点建设”。2018 年 6 月 7 日，工业和信息化部发布《工业互联网发展行动计划（2018－2020 年）》提出“标识解析体系构建行动”的发展目标。在相关政策和措施的引导下，工业互联网标识解析体系相关系统建设、技术研究、标准研制、应用推广、产业生态正在加速发展。2020 年 3 月 8 日，工业和信息化部和国家标准化管理委员两部门共同印发《工业互联网综合标准化体系建设指南》指出，将重点研制当前产业发展急用技术标准，计划 2020 年初步建立工业互联网标准体系，快速推动标识解析体系建设。

2.2 国家工业互联网各级解析节点相继建立，为企业标识应用奠定基础

我国工业互联网标识解析体系在 2018 年底上线运行，截至 2022 年 3 已在北京、上海、广州、武汉、重庆五大国家顶级节点已全部上线运行，南京、贵阳两个灾备节点加速建设，形成“东南西北中”布局。178 个二级节点已完成部署上线，接入 9800 余家企业，工业互联网标识注

册数已突破 1000 亿，目前应用成效初步显现，各行业积极探索多场景标识创新应用，已在汽车制造、装备制造、船舶制造、工程机械等行业中得到深度应用。企业通过标识拓展了全流程溯源、智能产线管理、供应链协同管理、核心零配件运维管理、供应链金融服务、政府监管、数字营销等创新应用。

3　油气田设备管理存在的问题

一是在油气生产企业，由于长期形成的资产分段管理模式，导致设备的全生命周期的信息存在不同的系统中，数据共享困难，应用受限，无法有效开展大数据分析。

二是油气生产企业存在上下游供应链条长、企业内外协同工作的特点，其中部分企业利用条形码、RFID 电子标签、智能 IC 卡、芯片等标识进行物料、生产、出入库等管理，协作过程中由于采标不同，导致物料标识在不同系统里流转时时需多次编码或重新赋码，既降低工作效率，又难以实现信息的准确关联和自动获取。

三是油气田设备管理过程中普遍缺乏规范化、标准化、信息化的资料采集、处理和存储，特别是产建项目投产、改造等涉及多方交付的资料，交付周期长、纸质文件多，且随着时间推移、人员流动，资料保存成本高昂，查询和追溯也比较困难，造成大量的数据易丢失、企业基础档案管理效能低，给后期的维保工作形成了制约。

4　解决方案

4.1　统一设备标识

将工业互联网标识作为油气生产设备的唯一身份标识，载体采用二维码形式，遵循“一物一码”原则。二维码图片信息包含设备名称、型号、出厂编号、物料码、标识本体、标识码，如图 1 所示。

对于新购设备，由设备供应商进行附标；对于存量设备，由设备使用单位进行标识改造。二维码标注在设备铭牌右下角，二维码大小应满足现场使用要求，不得小于 30×30mm；有安全护栏的设备其二维码大小不得小于 74×74mm；标识牌安装位置高于 1.6m 时，二维码尺寸建议大于 59×59mm。

4.2　统一标识编码标准

工业互联网标识的编码规则遵循工业互联网产业联盟提出的石油行业标识编码结构规范(图 2)，主要用于油气生产企业内各工业互联网系应用过程中的对象信息的处理与交换。

图 1　设备铭牌二维码示例

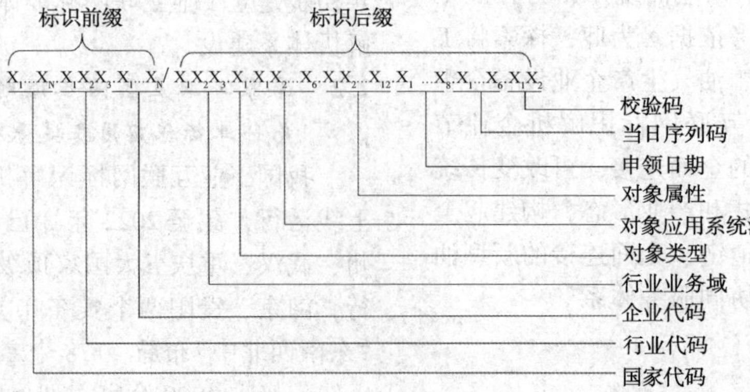

图 2　油气生产企业编码规则

编码规则为：由标识前缀和标识后缀两部分组成，前缀与后缀之间以 UTF-8 字符“/”分隔；其中标识前缀由国家代码、行业代码、企业代码组成，用于唯一标识企业主体；标识后缀由行业业务域、对象类型、对象应用系统流水码、对象属性、申领日期、当日序列码、校验码组成，用于唯一标识石油行业各类互联网系统中需进行信息流转的对象，数据类型为数字型，可存储在二维码中，也可直接使用字符表示。编码中涉及的对象类型，由国家标识解析二级节点随机生成，用于标记申领编码的系统；对象属性，由编码申领方自定义，充分考虑可扩展性和兼容性，用于确定应用系统中所对应的标识对象唯一性的自定义编码。

4.3 解析方案

4.3.1 对外解析方案

由装备制造企业互联网平台企业节点归口向国家工业互联网二级节点注册石油装备标识及制造数据解析资源，并提供制造数据访问服务；由油气生产企业建立的工业互联网企业节点向二级节点注册运行数据解析资源，获取装备制造数据访问服务；二级节点则负责向顶级节点或其代理注册标识及其解析资源，并管理标识的不同应用数据的解析(图 3)。

4.3.2 对内解析方案

油气生产企业大多都自建了内部私有云，运行过程中生产网络与办公网络具有严格的区分。因此，标识解析应定位于企业内部 PAAS 层基础设施，通过建立标识解析企业服务节点，以云组件的方式对外提供服务。向上接入标识解析二级节点，向下连接内部应用，通过标准化的接口服务，支撑内部应用在无侵入的状态下，快速便捷地对接工业互联网标识体系，统一标识解析体系在油气企业内部的应用流程。油气生产企业节点对内解析方案见图 4。

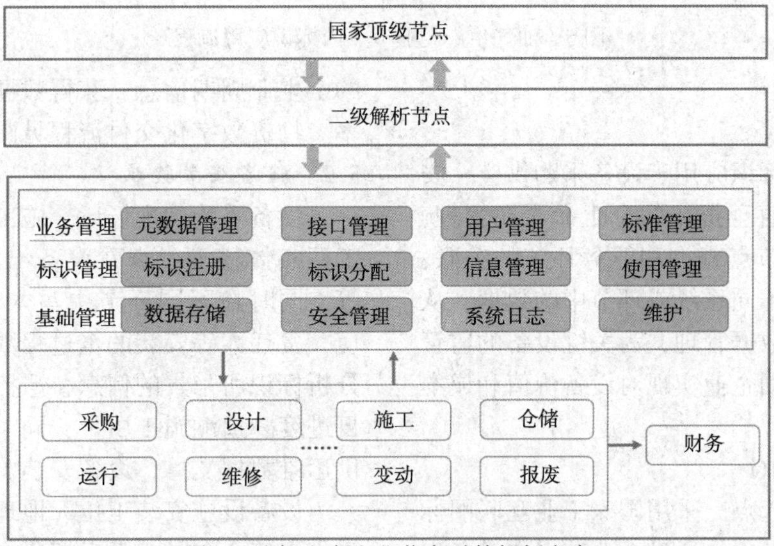

图 3　油气生产企业节点对外解析方案

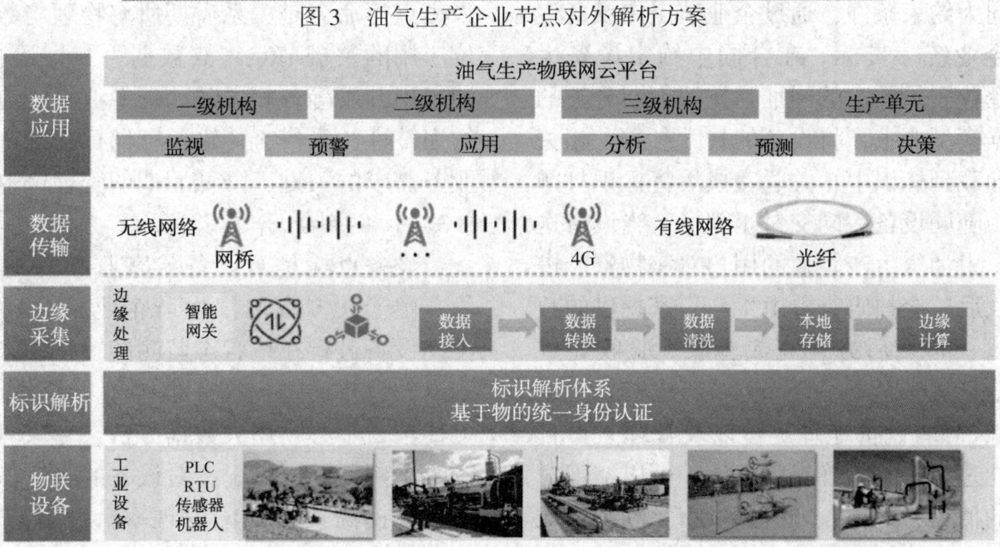

图 4　油气生产企业节点对内解析方案

4.4　标识应用方案

从设备的生产制造环节引入工业互联网标识，为每一台设备赋予唯一的身份标识，通过合同约定生产制造、供应企业协同应用二级节点或企业节点，生成及解析标识，完成数据资产的搜集、整理、分析、发布。

企业节点负责与工业互联网标识二级节点进行通讯，完成标识的注册以及解析。各设备生产(供应)企业在企业节点或二级节点进行注册后，通过关键字段索引，选择所供应的设备填写数据模板，自行将标识与产品设备进行关联绑定。用户在扫描工业互联网标识时，各关联的标识应用系统通过调用企业节点，发起解析标识的任务，查找或写入数据信息，实现系统间的数据关联应用。油气生产企业节点内标识应用流程见图5。

图5　油气生产企业节点内标识应用流程

5　应用场景

将工业互联网标识应用于设备采购供应、安装验收、运行修保直至报废的全生命周期管理，通过分层分级解析节点查询和业务环节的关联，加载或者读取存在不同系统或环节中的数据，从而提供设备完整的数据管理，为关键设备的监管提供基础支撑，帮助企业实现对设备价值和成本的大数据分析。

5.1　物资数字化交付

以物资采购为起点，采用国家工业互联网标识，以合同为约束条件，通过企业节点向设备生产、供应企业统一贯标。在合同中约定设备生产、供应企业登录固定的网址，按照不同分类的设备主数据模型要求，将设备的技术参数、相关电子文档加载到标识中，关联完成后将标识打印在铭牌上，随同设备一同交付至现场。当设备送达现场后，由油气生产企业的用户对实物资产进行初步验收后，会扫码查看由生产厂家提供的数据信息，逐一审核后方可完成验收。验收完成后，数据信息流转至下一环节(如产建安装、设备管理等)，同时设备地理定位以及管理人员自动关联。此过程产生的静态数据库，可以实现对数据资产的搜集、整理、分析、发布，利用高效的关联性快速准确的为设备运行、维护提供所需的全生命周期信息，获得数据支持，提高管理效率。物资数字化交付流程见图6。

5.2　设备安装验收

设备采购到现场后，施工人员通过扫码关联工厂实体模型，查看设备出厂信息、安装说明等，同时在不同环节中写入焊口焊接、施工环境、责任人等安装的全过程数据，管理人员通过分析标识所采集的信息，严控施工过程、管控项目进度、追溯施工质量，同时为后期设备运行提供运维数据支撑。设备安装验收流程见图7。

设备设施安装工位、地理信息、名称、数据采集点等命名是关系后期所有物理与数据空间定位应用的关键节点，其数据可支撑运行、设备、油气田开发等各相关部门的专业系统应用，数据的完整性、采集、传输及存储标准统一是满足各业务需求的关键，降低后期的管理倒追溯成本。

5.3　设备点检

设备点检是对设备状态监测的一种补充手段，由于大多数油气生产企业只对现场关键A类动设备进行在线状态监测配置，而未配置在线测点的设备通过扫描二维码采集设备特征参数，上传至云中心利用大数据分析、专家分析模型等技术来判断健康状况，对设备的状态做出正确的评估，提高设备缺陷发现率。设备点检流程见图8。

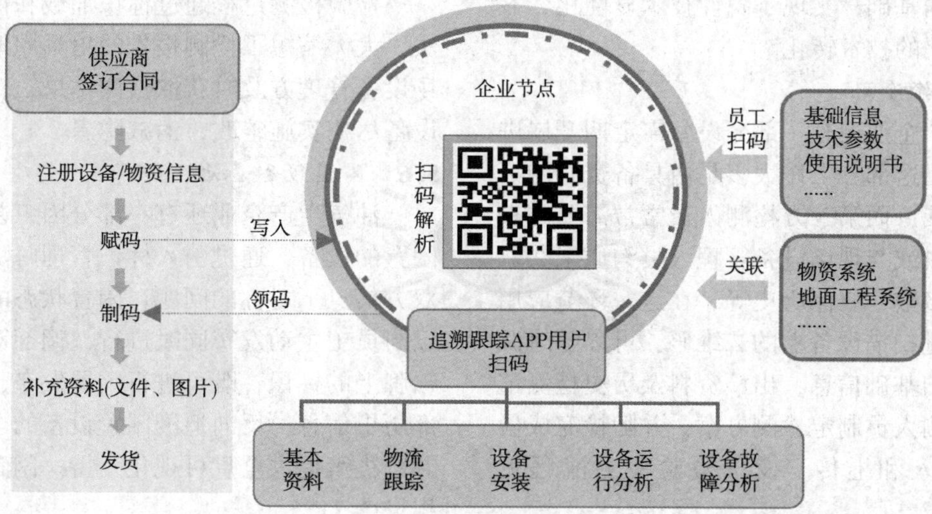

图 6　物资数字化交付

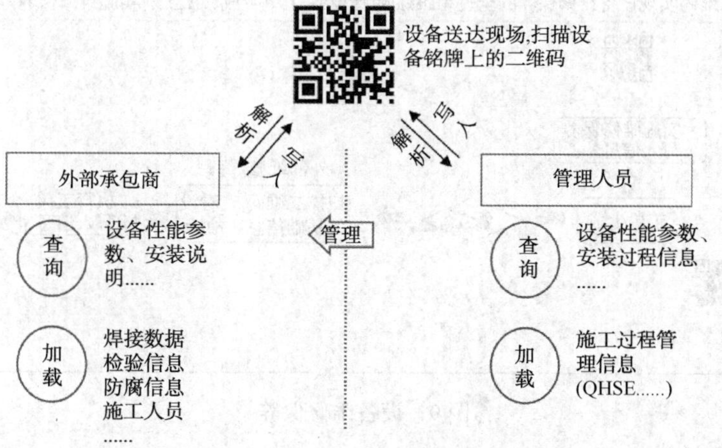

图 7　设备安装验收

图 8　设备点检

设备点检的过程，通过以设备唯一标识进行测点自动匹配，解决了离线测点无法与云中心的测点进行匹配，需要人工手动进行的问题，减少了员工工作量。

5.4　设备维修保养

设备发生故障需要维修或者需要保养时，员工通过扫描设备标识进行故障描述或者保养任务提交后，由平台派发维修工单。基于前期设备数字化交付成果，设备型号、各项技术参数及安装施工等信息，设备维修商或企业内部修保人员接收工单后，设备维修商可以可以通过标识调取设备信息、位置信息以及历史维修保养信息等，节约 80%查找资料时间。在维修过程中或维修结束后，设备维修商可在同一工单中借助标识采用多种方式记录维修过程，之后由企业员工负责对已提交数据进行审核，对本次维修商工作量和服务质量进行验收、总结或者评价。设备维修保养流程见图 9。

修保过程利用标识采集设备运行中的故障原因、故障现象、故障处理方式(更换配件、加注润滑油、紧固部件等)，充分将个人专业经验转化为企业知识，为企业建立标准维修知识库、配件库奠定数据基础，实现了隐性技术显性化、显性知识标准化的技术转化。

5.5　设备检验检测

油气生产企业还有一部分设备需定期开展进行检验检测，这部分工作大多是由具备资质的第三方机构开展，而第三方检测人员常常需要翻查设备出厂资料或与现场设备管理人员沟通来获取设备的性能参数、修保历史等。在这一环节应用标识后，通过扫描设备上的二维码，可以随时调用待检设备的基础信息、出厂资料及历史检测记录，辅助检测人员制定检测方案，并随检完成检测报告的录入和上传。设备检验检测流程见图10。

检验检测过程通过标识加载和传输信息的方法，大大缩短了检测报告的出具周期，能够使现场设备管理方及时获取检测结果，对存在风险的设备尽快实施整改，消减隐患。

5.6　闲置设备盘活

油气生产企业还有一部分因工艺调整而发生闲置的设备，通过引入标识管理解决资产管、用双方信息不对称的问题。闲置状态的自动推送可以与员工主动发布同时进行，调剂双方通过扫描铭牌上的标识，既可进行闲置发布，也可查询全部历史信息，反向追溯闲置设备的全域信息，为调剂决策提供全息可视化支持。闲置信息追溯流程见图11。

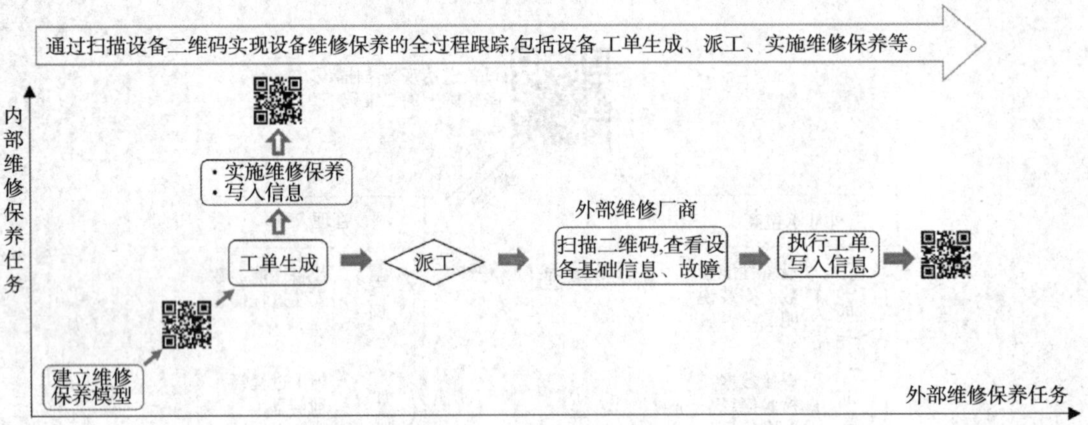

图9　设备维修保养

图10　设备检验检测

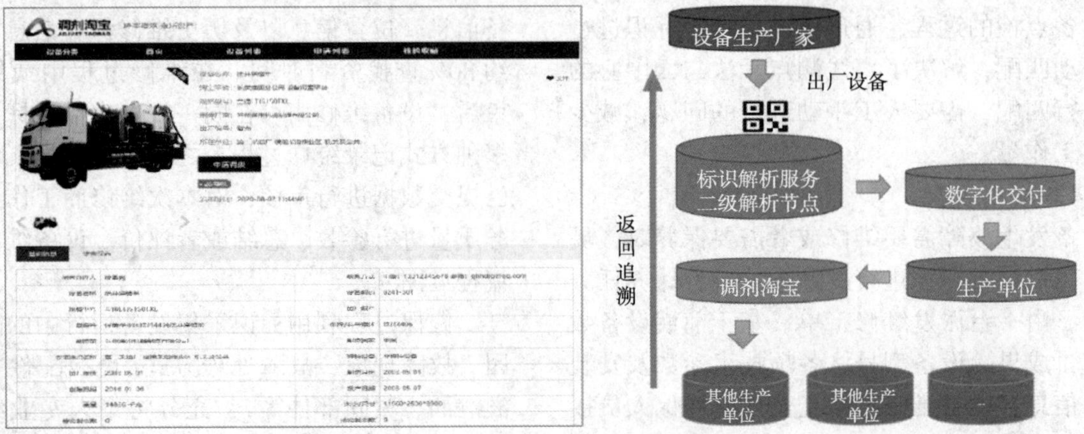

图11　闲置设备信息追溯

闲置设备盘活的过程通过标识集结数据，能够不受时间、空间限制，全息、高效地提高企业资产的管理效力。

6　应用效果

通过将标识应用于油气生产企业的设备全生命周期管理过程中，打通物资管理、基建工程以及设备管理三者的业务壁垒，减少了重复的业务环节，降低了员工的劳动强度。同时数据采集前置化，践行“谁采集、谁负责”的原则，保证数据采集有效、准确、及时。

通过标识应用将现有工作模式向无边界协同、全场景协作转型，在多方协作下完成业务流转、数据采集，最大程度上实现信息上下游联动、全局效率最优化，数据完整性提高 46%，员工工作效率提高 60%，信息获取周期缩短 50%。

引入标识后，业务管理的模式也随之发生了变革，管理链条上的责任人更加清晰准确，能够做到无论哪个环节出现问题，第一时间都能找到对应的负责人，为下一步油公司模式改革奠定基础。

7　结束语

本文提出了国家工业互联网标识在油气田设备管理中的应用解决方案，将标识应用与设备全生命周期信息化管理深度融合，实现了设备管理信息全面统计、灵活调用，提升了设备管理效率和精细化水平。标识在油气生产企业中的还有更大的应用空间，下一步将厚植发展标识在应急救援、重大危险源管理等方面的应用。

油田产能建设在“5G+”技术下全施工过程监管应用效果评价

姚卜文

（中国石油长庆油田分公司第八采油厂）

摘　要　目前油田产能建设施工过程监管依靠企业自有监督监理人员，存在现场工艺多，技术杂，施工环境乱，施工环节多，交叉作业且持续时间长，人工监管较为困难的问题。而现有数字化辅助监管方式只能依托光缆传输下的摄像监控装备，而光缆建设周期长、成本高、维护难，视频监控范围小、精度低，易破坏等问题限制了其功能发挥。5G技术的出现，打破了现有有线网络和摄像监控技术的监控范围限制，整合了油田产能建设中多项业务从无到有，施工过程监管达到全方位覆盖，利用多种传感器下的数据信息采集和快速判断，使得“5G+”的技术进一步辅助人工在施工过程监管中发挥更多功能及应用效果。

关键词　5G+；产能建设；过程监管

1　油田产能建设过程监管问题

随着国家“十四五”提出高质量发展以来，工程质量和安全环保作为了生产企业工作的重要着力方向。其中长庆油田近几年持续滚动开发，油气当量逐年攀登，由于产能建设周期长、推动发展速度快、原油投产任务重等方面，工程建设的质量和安全环保在过程监管中的要求凸显极为重要。自2019年起油田公司针对油田产能建设中的井筒作业和地面工程建设进行施工过程全要素视频监控，辅助监督监理对施工质量、安全环保进行远程管控。由于产能建设现场外协因素多、建设方案调整快、随机临时性往往导致网络建设与视频安装无法真正做到有效同步，对施工过程前期及后期的监管存在诸多盲点。同时，施工过程的监管存在关键信息数据采集不全，材料使用及存放不规范，纸质资料太多易丢失，施工现场器具凌乱，安全环保风险大，监管人员精力不足及责任心不到位等问题。并且视频监控定点安装，无法灵活移动，网桥传输效果差，光缆建设周期长、维护成本大，同时受地域地形、外协等因素限制，现有数字化技术监控措施对施工过程的监管起到的作用及效果极小。

由于现有网络传输技术的局限性及建设运维管理的成本压力，导致目前油田数字化技术在与安全管控、生产监控方面等无法有效的深入结合，对于不断增加的大数据运算量及不断增多的业务内容，就得需不断优化、不断改进，汲取先进技术，持续促进信息化与工业化不断深入融合，实现高质量安全生产、可持续发展的保障和依托。

1.1　监控设备单一、数据采集不全面

对于地面工程建设，施工范围占地面积较大，多专业交叉同步进行。现场监控设备仅靠摄像机远距离宏观监控，施工细节无法精准到点，包括施工工艺的每道环节，材料使用的质量，操作安装的标准等都无法进行过程数据采集，同时人力不足导致施工过程关键数据录取缺失，依靠人工现场监督难免遗漏，同时问题整改到位率较低。

1.2　施工人员难管理，监控设备易损坏

对于井筒作业，施工环节衔接多，流动作业机动强。经常由于现场施工环节的监督缺失，导致施工人员责任心不足，操作大型施工器具频繁碰坏现场监控设备，或挂断光缆线路，导致现场监控经常中断。并且，设备恢复维护周期长，肇事逃逸难追责，维护人员情绪大。

1.3　安全监管盲区大，前期启动无监管

油区地形梁芒沟壑，山大沟深，井站布局点多，面广。电力系统、光缆等基础配套建设难度大，同时安全风险高，无法及时有效在施工建设初期将视频监控到位，对于设备的吊装作业，电缆、光缆的架设作业，道路的推扩修整作业等都无法实施监控，导致油田产能建设过程中安全风

险最大的环节存在监控盲区。

1.4　监管有效时间短，历史追溯难度大

施工现场过程监督监理仅针对主要施工环节及工艺进行选择性现场监管，并无专门施工驻地人员进行全天监督。由于施工项目主要管理人员疲于松懈，上报数据缺失造假，纸质资料凌乱易丢，导致监督监理人员历史回溯查验效果差，重要施工工艺及环节的痕迹易覆盖，往往问题发现、问题整改和整改结果的信息不匹配，最终施工质量不达标。

2　5G+技术下的应用探索

5G技术的出现区别于4G不仅仅是带宽与网速，更是业务应用上的大发展，数据应用上的大提速。利用5G先进通信技术的“广连接、低时延和大带宽”的特点，连接点感知（传感器）、面感知（摄像仪）和更好的虚拟化场景互动（数字孪生），实现对油田有线网络支持与补充。

2.1　大数据、云计算应用

施工现场每天产生的施工建设数据数以万计，施工全过程数据的有效监控、采集、传输和存储具有多样性、体量大、实时的特点，为施工质量、标准和安全环保的远程实时监管作用引发了极大障碍，而“5G+”利用多种便携式传感器的应用，打破单一视频监控模式和宏观监控地域限制。通过5G基站接入设备，将现场多环节操作数据引入油田数字化系统平台，由系统后台大数据云计算分析、比对，实现“生产智慧监控”、“设备智慧管理”、“安全智能管控”、“环保自动监测”功能。

2.2　构建施工资料感知物联

通过可见光、红外线高清摄像仪，形成对施工现场、施工器具、主要管线焊切口、阀门、大型设备的状态进行监测，形成生产过程、环境安全的有效采集和分析预警，并以4D-GIS和数字孪生形式展示。在现有长庆油田数字化建设标准下，利用RS485、4～20mA、ZigBee、Modbus等工业无无线传感器全方位连接感知，形成超融合标准化数据存储和安全监测泛在感知物联网应用系统。

2.3　5G无线高清视频实时监控

根据5G大带宽的特点，不在拘泥限制于有线定点视频监控。安装5G无线高清摄像仪，利用5G网络高上行带宽，低延时的特点，并通过SmartH265的高压缩比的特征化图像数据传输，减少因摄像头增加带来的网络阻塞，实现视频图像的实时传输和智能呈现。构建基于井站云-边-端的5G矿用可见光高清摄像仪与红外热成像摄像仪等的多场景无线视频网络系统，通过视频图像采集与AI智能识别技术，构建油区智能化监控系统，实现对设备安全、区域安全管理等的图像数据采集与智能分析。

2.4　数字孪生动态模拟

融合4D-GIS技术、虚拟现实（VR）技术，搭建基于5G的全感知、高清视频以及生产系统的数字孪生实时动态监控系统，并通过施工现场3D数字孪生和VR大屏展现，定时更新施工建设进度及安装建设数据，可模拟工程建设运转状态，与设计数据智能匹配对比，实现建设主体施工过程全生命周期和施工环境的智能管理、实现提前预判、问题修正等功能。

2.5　移动端监控管理

现有长庆油田数字化系统的成熟应用目前只停留在以数据库网络直连的PC机端，需要操作监控人员在固定位置进行生产管理，而5G网络技术应用将大数据流量的数字化监控系统发开应用于个人手机或者移动端，减少纸质资料的产生，届时不需要人员定时定岗监测数据信息，而是在油区任意生产区域都可以一边根据生产设备资料，一边对照手中的实时数据信息。而移动端的监控系统功能可对应岗位功能实现数据共享，不再需要打电话进行沟通交流，大大提高了决策效率。

3　5G+技术应用效果浅析

3.1　实现数据监控的快速反应

不仅仅是满足产能建设过程当中的数据采集、监控，还要满足原油生产区域所有生产环节数据接入和远程监控功能，由于光缆传输路径是点对点，因地形地域、外协环境、建设成本，建设周期长等因素无法有效全部覆盖。而5G网络技术既有目前4G网络传输便捷、建设周期短、成本低的技术特点，同时兼备光缆传输带宽足，传输稳定，蜂窝互联的技术特点。在后期即便带宽不足的情况下，也可通过架设微基站的方式快速解决，大大减少了网络优化繁琐复杂的技术改造工作。

3.2 实现过程管理的本质提升

“5G+”技术的应用使得施工作业过程的全覆盖式监控，实现了5G智能巡检、5G在线监测、5G环保监测等功能，还可扩展数字孪生，VR等前沿技术的应用。多感知的物联设备实现后台数据智能筛选、分析、预警判断，过程可视，进一步提升管理人员的工作效率。

3.3 实现了安全风险的绝对管控

通过对5G技术应用，首先具有实际推广意义的数字化功能就是高清视频监控系统，广连接、低时延、高带宽无线的灵活性将是为将彻进一步解放人力，精准定点监控的技术保障，改变了传统的危险作业的“监督-录像-操作”的模式，通过机器视觉代替人工，实时、全面识别作业中的不安全行为，减少人与安全风险源的接触机会，不仅节省了人力，而且减少了监管疏漏，使危险作业全面受控。

3.4 实现了生产资料的共享互联

基于5G技术对现场物资设备实行二维码贴标管理，通过APP软件实时在线物资验收出库，同时有效监测库存情况，给予缺乏物资设备的工程项目及时进行调配。不仅使得物资使用处于受控状态，同时充分发挥中心库管理职能，提高物资共享度，实现同区域产建、油维、生产同类型物资共享共用，以最小的库存、最大的仓储利用率、最高的库存周转率，满足生产建设需求，提高建设效率。

3.5 实现对油田数字化低成本战略

“5G+”技术不仅提升了施工过程巡检的准确度和效率，在时间成本上实现了节约，同时在建设期的成本降低，在后期维护、改造、拆除等方面也大大降低了成本和操作难度。更重要实现了人力成本减少，降低了安全环保风险。为企业高质量、高效、低成本发展提供了保障。

4 结论

“5G+”技术的应用，是提升打造新一代数字化新型采油厂的高速快车，是进一步响应油田公司推动高质量发展的重要抓手。利用“5G+”技术下的人工智能、物联网、大数据、云计算等先进技术，不仅本质上达到降本增效、安全管控、高效运行的发展需求，更可解决油田生产业务中的众多实际难题。推动长庆油田从现有数字化体系下的传统生产行业向“5G+”工业互联网应用的智能化生产转型升级。

渤海边际油田无人平台标准化仪控设计研究

许晓英 刘爱明 高 阳 郝 铭 陈建玲

（中海石油（中国）有限公司天津分公司）

摘 要 随着渤海整装油田的减少，边际油田的作用不断凸显，但该类油田通常储量规模小、动用难度大，单独开发经济性差。通过梳理分析渤海油田在役无人平台仪控专业的特点，并结合近年边际油田开发技术创新成果，初步分析仪控专业的设计趋势，推出针对渤海油田动用储量在500万吨以下的边际油田无人平台标准化仪控专业设计方案。并以渤海某油田扩建项目前期研究为例，来分析阐述，为渤海油田无人平台标准化仪控设计研究奠定了基础。

关键词 边际油田；无人平台；标准化；仪控设计

1 引言

近年来，随着渤海整装油田的减少，边际油田的作用不断凸显。据统计，在1995年至2020年间，渤海在研究开发中的边际油田储量较在生产中的边际油田储量增长近7.8倍。可以看出，边际油田经济有效开发对渤海油田产能接替起到了举足轻重的作用。该类型油田通常储量规模小、动用难度大，单独开发经济性差，依托已有平台设施处理能力，建设无人平台降低投资门槛是高效开发边际油气田的主攻方向。

仪控专业设计作为渤海油田无人平台标准化设计不可或缺的部分，通过全面收集并梳理渤海油田在役无人平台仪控设计资料，总结分析在役工程设施仪控设计特点和趋势，结合近几年边际油田开发技术创新成果，研究边际油田无人平台标准化仪控专业设计方案，进行详细阐述。

2 研究范围

根据海上平台最常见且技术最成熟的钢质桩基平台，生产井在9井槽以下（包含9井槽），从结构上把边际油田无人平台分成单柱三桩、三柱三桩和四腿井口平台来做为研究对象，且不考虑气田。最终选取渤海油田17座典型无人平台为研究样本，对仪控专业设计进行趋势分析以及标准化研究（表1）。

表1 渤海边际油田无人平台仪控专业统计表

平台名称	井槽数	井口盘控制模块数量	井口盘尺寸（L×W×Hmm）	总点数	房间
A	9	7	3000×950×2000	523	中控室
B	9	6	1650×800×2000	469	中控室
C	3	3	1200×1000×2000	518	中控室
D	9	7	3000×1000×2000	575	中控室
E	4	2	2000×800×2000	0	无
F	3	6	1800×800×2000	182	电气间
G	4	2	2000×800×2000	0	无
H	4	4	2000×900×2200	726	中控室
I	6	6	1200×700×2000	641	电气间
J	6	6	1200×700×2000	642	电气间
K	5	6	3000×1000×2000	124	无
L	6	8	3700×1000×2100	1693	中控室
M	9	6	3500×850×2100	588	无

续表

平台名称	井槽数	井口盘控制模块数量	井口盘尺寸(L×W×Hmm)	总点数	房间
N	3	5	3000×1000×2200	622	电气间
O	12	8	4500×900×2100	688	中控室
P	12	5	2740×800×2000	522	中控室
Q	12	6	2370×800×2000	890	电气间

3 趋势分析

对统计的17座样本平台从井口控制盘、中控系统、多路阀、多相流量计和关断阀等设备参数进行分析研究。

3.1 井口控制盘

如图1所示，14个平台的井口控制盘长度都小于等于3m，宽度都小于1m，高度都小于等于2.2m，变化主要在长度上，单井控制模块数量越多，长度也随之越大。

因此，建议小型无人平台井口控制盘的尺寸控制在3m×1m×2.2m之内。

3.2 中控系统

17个样本平台中有8个平台设有中控室，占比47%；5个平台的中控系统放在电气间，占比29%；4个平台中控系统没有设置房间，均采用了集束海缆供电方式，把中控系统放在了室外，占比24%。

中控系统放在室内的占比为76%。因此，建议小型无人平台中控系统应首选考虑放在室内。

如图2所示，仅有1个平台控制点数最多，使用了7个控制机柜，这是因为此平台依托老平台距离较远(16.1km)，且第一次在无人平台上使用注水系统，所以加密了数据采集点。其中有2个平台不设置中控系统，所以控制机柜数量为0。

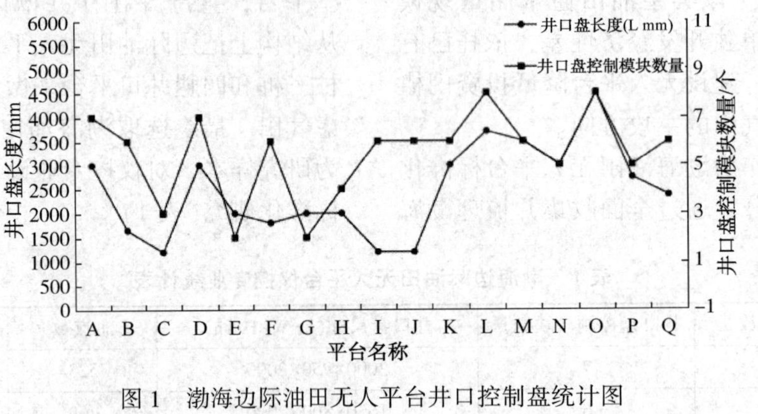

图1 渤海边际油田无人平台井口控制盘统计图

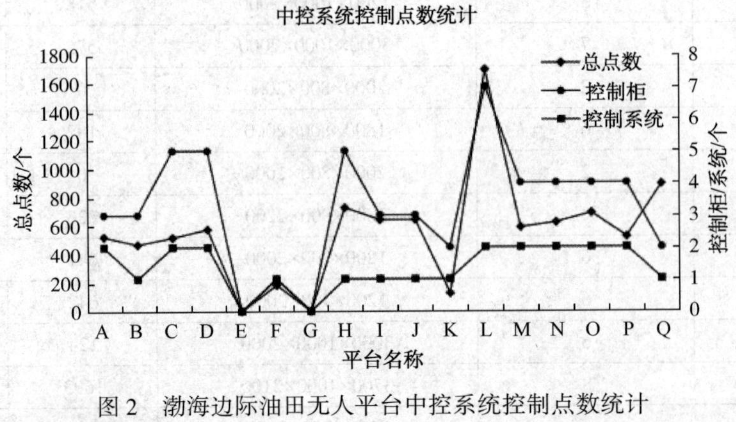

图2 渤海边际油田无人平台中控系统控制点数统计

通常控制点数都在400~700点之间，中控室控制机柜的数量和控制点数有关，一般控制点数越多，机柜数量就越多。当然和厂家制造工艺也有关系，有的厂家做的比较紧凑，有的厂家做的可能松散一些，但总的原则基本上是控制点数越多，机柜数量就越多。

因此，建议把小型无人平台中控系统按规模划分，控制点小于 500 点，宜设置 1 套控制系统，500 点以上宜设置 2 套控制系统，且系统机柜首选考虑布置在房间内。

3.3 计量方式

通过样本平台统计，有 3 个平台是手动倒井计量，占比 18%，2 个平台是多相流量计+管汇计量，占比 12%，其余都是多相流量计+多路阀计量，占比 70%。

如图 3 所示，多相流量计的长度最大是 3m，多数都是 2m 左右。宽度最大是 3m，多数都是 2m 以下。高度最大是 5.8m，多数都是 3m 左右。结合近几年多相流量计实际中标厂家提供的尺寸，建议多相流量计尺寸控制在 2m×3m×4.5m 之内。

如图 4 所示，多路阀的长度最大是 2.5m，多数是 1m 左右。宽度最大是 1.5m，多数是 1m 左右。高度最大是 3.5m，多数是 3m 以下。结合近几年多路阀实际中标厂家提供的尺寸，建议多路阀尺寸控制在 2.5m×2m×3m 之内。

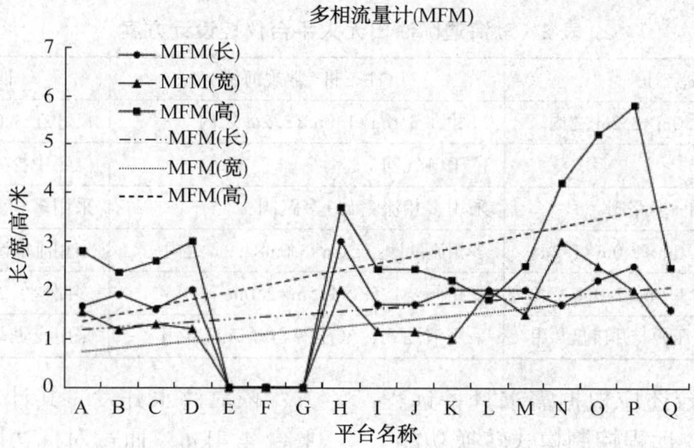

图 3 渤海边际油田无人平台多相流量计统计

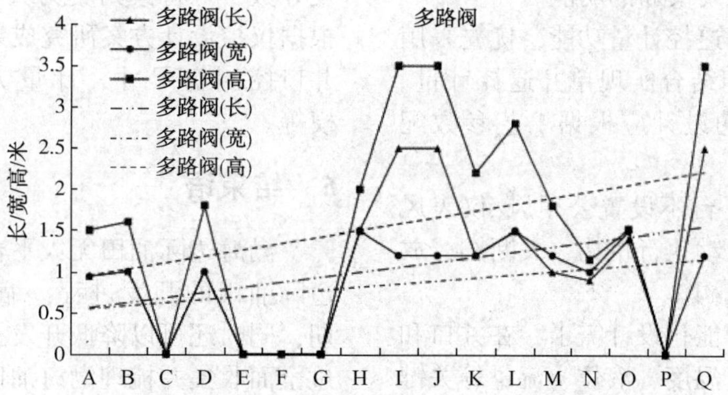

图 4 渤海边际油田无人平台多路阀统计

因此，建议小型无人平台计量方式采用多相流量计+多路阀型式。多相流量计尺寸宜控制在 2m×3m×4.5m 之内，多路阀尺寸宜控制在 2.5m×2m×3m 之内。

3.4 关断阀统计

通过样本平台统计，仅 1 个平台关断阀是气动关断阀，占比 6%，因为这是一个与依托平台通过栈桥相连的无人平台，可以利用依托平台的气源。其余 16 个平台因为无气源均使用了液动关断阀，占比 94%，且液压源均来自井口控制盘。

通常海管出入口均设置关断阀，关断阀宜采用液动型式。数量少的，液压源可与井口盘共用，否则建议厂家自带液压源。如果关断阀与井口控制盘液压源共用，井口控制盘尺寸可能会变大，设计时要引起注意。

4　仪控专业设计方案研究

仪控专业设计方案研究是在趋势特点分析成果基础上，根据《海上固定平台总体设计规范》、《海上无人驻守井口平台设计规定》、《渤海湾边际油气田海上设施设计原则及参数选取推荐做法》和《海上井口平台无人化顶层设计报告》等国家及中国海洋石油集团有限公司最新法律法规、生产作业方反馈意见，同时参考近几年无人平台创新研究成果，初步给出的设计方案，同时也是渤海边际油田无人平台标准化海洋工程专业其中一部分。

渤海边际油田无人平台标准化研究课题，形成了3个系列(三柱三桩平台、单柱三桩平台、四腿平台)6种类型组块导管架基本设计深度的标准化成果。其中三柱三桩平台只有一种集束海缆方式，而单柱三桩和四腿平台分别有常规海缆和集束海缆两种方式。对于仪控设计方案，集束海缆与常规海缆不同的是平台上没有房间，中控系统布置在室外安全区。

结合17座样本平台统计规律，同时综合考虑无人平台数字化智能化需求，对渤海边际油田无人平台标准化仪控方案进行设计。表2中列出了常规海缆方式的3个系列仪控设计方案：

表2　渤海边际油田无人平台仪控设计方案

	三柱三桩	单柱三桩(常规海缆)	四腿平台(常规海缆)
井口控制盘	尺寸在2.5m×1.0m×2.2m之内	尺寸在3.0m×1.0m×2.2m之内	尺寸在3.0m×1.0m×2.2m之内
中控系统	室外布置	位于电气间	位于中控室
计量方式	采用多相流量计+多路阀	采用多相流量计+多路阀	采用多相流量计+多路阀
	多相流量计：1.0m×1.0m×1.2m	多相流量计：2.0m×3.0m×4.2m之内	多相流量计：2.0m×3.0m×4.5m之内
	多路阀：1.0m×1.0m×2.0m	多路阀：1.5m×1.5m×2.0m	多路阀：2.5m×2.0m×3.0m
关断阀	采用液动式，液压源与井口盘共用	采用液动式，液压源与井口盘共用	采用液动式，液压源与井口盘共用或自带

此外，3个系列平台还应根据需求具备远程遥控功能，均设有就地/远程控制模式转换功能。控制系统应具备与远程控制中心通信中断10min~30min后自动触发关断的功能。

单井计量具备远程遥控计量功能，优先采用多路阀和多相流量计相结合实现单井遥控计量。多路阀和多相流量计的设计应根据工艺参数配置，可参考表2尺寸。

由于标准化无人平台不设置公用风/仪表风系统，调节阀宜采用电动执行机构，关断阀、放空阀宜选择液动执行机构。

考虑近年数字化智能化设计需求，在井口和工艺流程上增加压力、温度、液位、流量等关键数据的多点实时采集，以确保现场工艺流程数字化信息采集的全覆盖。在重要工艺设施和区域增加视频监控、井口控制盘远程开井、关断阀远程复位功能，以及必要的视频数据、生产与安全数据实时传输到依托平台，可以在依托平台上对其进行监控、调节以及应急关断，以减少现场巡检频率，提高无人平台生产的安全性和可靠性。

5　案例对标分析

渤海某油田扩建项目，动用储量308.54万方，依靠注水开发，共计8口生产井，距离依托平台4.4km。通过对标边际油田指标，发现该项目属于典型边际油田项目，根据其开发模式及开发井数，可将其归类为典型四腿井口平台系列，根据仪控设计方案研究成果(表2)，可直接选出井口控制盘尺寸、计量方式以及中控系统规模等。

6　结束语

渤海边际油田无人平台标准化建设，推进了边际油田的开发进程，缩短了边际油田建设周期，同时还可以降低开发投资。仪控专业设计通过全面收集并梳理渤海油田在役无人平台仪控设计资料，提取设备关键参数，总结分析在役工程设施仪控设计特点和趋势，并结合近几年边际油田开发技术创新成果，推出边际油田无人平台标准化仪控设计方案，为边际油田快速见产夯实了基础，为高质量开发提供了新动能。

参考文献

[1]《海洋石油工程设计指南》编委会．海洋石油工程电气、仪控、通信设计[M]．北京：石油工业出版社，2007.6.

海洋平台数字化吊装分析方法研究

李翔云　郝　铭　杨小乐　刘英雷　许晓英

（中海石油（中国）有限公司天津分公司）

摘　要　吊装在海洋工程施工建造中的地位举足轻重。为了保障海洋平台在吊装作业过程中的结构安全，制定一份科学、规范的数字化吊装分析方案是至关重要的。而现有的组块吊装分析方法中尚存在一些做法没有统一标准。因此，本文以海洋平台组块单吊技术为研究对象，总结出一套规范、高效、适用于渤海四腿平台组块的单吊吊装分析方案；针对吊装分析过程中存在的一些关键问题开展参数灵敏度分析，并提出合理化建议。本文的研究成果对建立规范高效的吊装分析方案具有重要意义。

关键词　海洋平台；组块；吊装分析

1　引言

吊装是海洋平台重要的安装就位方法。根据同时作业的吊机数量与吊装次数的不同，吊装可分为多船合吊、分块吊装和单吊。多船合吊是指两艘以上的船共同完成吊装作业，单吊是指一艘起重船单独完成吊装作业，分块吊装是指将组块分成多个不同的部分分别吊装，其中合吊与单吊如图 1 所示。通常多船合吊用于重量较大的组块一次性完成吊装；分块吊装用于重量较大的组块分成多个部分，分次完成吊装，根据起吊次数可分为一吊、两吊、三吊等；而单吊用于重量较小的组块一次完成吊装。本文研究对象为导管架平台组块单吊技术。

(a)合吊

(b)单吊

图 1　吊装方法

2　吊装分析方法研究

对于组块的吊装，由于要考虑各类因素对钩点预设位置的影响，在吊装分析时除了要在重心的正上方布置一个钩点之外，还要在其 x 和 y 方向±0.5m 处各布置一个钩点，这样一共有五个钩点。按照常规的吊装分析方法，根据每一个钩点位置建一个吊装分析模型，一共要计算五次并汇总所有计算的结果。为了简化计算，利用 SACS 的 GAP 分析方法可以将这五个计算整合到一个计算中。本文所介绍的方法即为利用 GAP 单元的吊装分析方法。

2.1　吊装模型

2.1.1　吊索

吊索模型由钩点和吊绳组成。

对于钩点的位置，其 x 和 y 坐标由组块重控中的重心决定，通常直接将钩点布置在重心的正上方，再根据±0.5m 找到另外四个钩点位置；钩点的 z 坐标，由吊绳水平面之间的夹角确定，根据规范要求，该角度应不小于 60°。同时，约束钩点所有自由度，否则会出现刚度阵分解错误，计算不收敛等情况。

对于渤海平台组块吊装，其吊点的位置通常有以下几种情况：

（1）对大部分平台而言，其吊点通常布置在四个主立柱 A-1、A-2、B-1、B-2 位置。原因是，这四个位置布置的都是组块结构的大梁，其抗弯模量较大，不容易失效；同时，这四个位置下方布置有组块的主腿，这些主腿的直径通常都大于 1 米，可以认为能够为吊点附近的大梁提供有效约束，保证大梁在吊点处不会产生较大位移。

（2）生活楼随组块一起吊装时，若结构强度可行，可以考虑将吊点布置在生活楼立柱上。

（3）对于偏心较大的组块，常规四个主立柱位置的吊点已经不能满足规范要求，此时可酌情更改吊点位置，将吊点设在 A1-1、A1-2、B1-1、B1-2 等位置。

（4）当上述三种方案因设备外形原因妨碍了原有吊装方案的顺利进行时，通常的做法是设计一个吊装框架。

连接钩点和吊点，得到吊索的结构模型如图 2 所示。

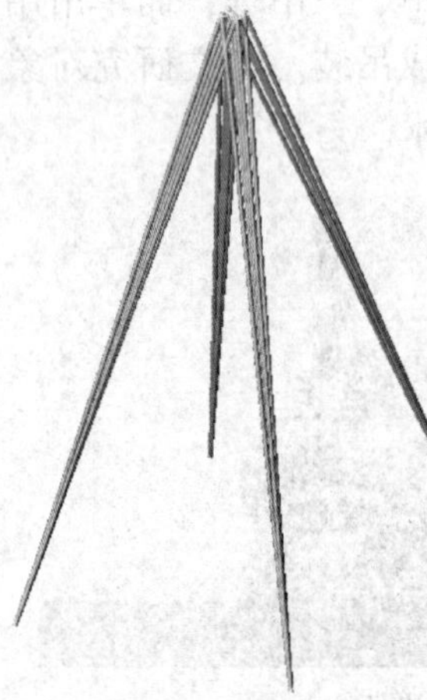

图 2　吊索计算模型

2.1.2　组块

对于组块吊装模型，主要考虑因素为组块重心位置的模拟。吊装分析时除了组块原有重心外，还要模拟其余四个重心位置，因此要对结构的重心进行平移。如图 3 所示，与钩点位置相对应，将组块重心在其原有重心位置向 x 和 y 方向各±0.5m 处偏移，得到 0、1、2、3、4 点共 5 个重心位置。根据力的平移定理，作用在刚体上的已知力 F 可以向刚体上的任意一点移动，平移时需要附加一个力偶，附加力偶的力偶矩等于已知力 F 对平移点之矩。由该定理可知，重力在组块上平移时会产生附加力偶矩，为了平衡该附加力偶矩，通常做法是在组块吊点位置加两对力偶，这两对力偶的力偶矩大小与附加力偶矩相等。

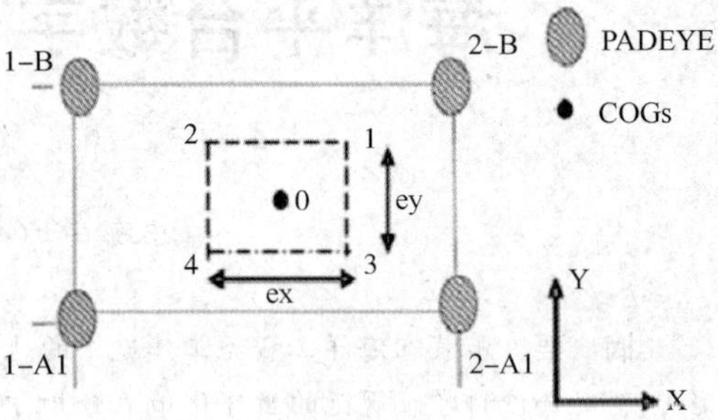

图 3　组块重心平移

结合组块与吊索模型，得到吊装模型如图 4 所示。

图 4　组块吊装分析模型

2.2　荷载与约束

组块吊装分析需要考虑的荷载包括平台组块的自重、风荷载，此外还需设置吊绳在五个吊装位置处是否承受拉力荷载。GAP 算法提供了只承受拉力、只承受压力和不承受荷载的 GAP 单元。在组块吊装分析中，通过为吊绳赋只承受拉力属性，来指定特定工况下哪一组吊绳只承受拉力荷载；通过为其余四组吊绳赋不承受荷载属性，来指定该工况下其余吊绳不承担任何载荷。

吊点处设置固定约束。此外，为防止组块在吊装过程中产生扭转，在组块立柱的底端用刚度较小的弹簧约束其水平方向位移，约束方向分别为 X+Y 方向、X 方向、Y 方向。

3　吊装分析参数灵敏度分析

吊装分析的冗余度较小，吊装工况很有可能成为控制工况，因此必须精确控制计算方法的选取与各项计算参数的取值。然而，在吊装分析中，一些计算参数的取值没有统一标准，为分析这些参数对计算结果的影响，本文开展了一系列分析来确定这些参数对计算结果的影响，并给出合理的建议值。

3.1　迭代精度分析

GAP 分析选项中的重要参数之一是迭代精度(convergence tolerance)，它是描述 GAP 计算分析过程中描述真实解与计算解的差值的一个量。

定义

迭代精度级别=-ln(迭代精度)

迭代精度级别影响着 gap 文件中吊绳作为 no load GAP 单元承担的吊绳力的大小。

迭代精度值越小，则吊装分析精度越高；但同时迭代次数增多，计算时间变长。为了达到一定的计算精度要求，同时保持较高的计算效率，需确定该参数的合理取值。本文取不同的迭代精度级别，得到计算结果如表 1 所示。由该表可知，当迭代精度为 1 级和 2 级时，作为不承担荷载单元的吊绳荷载很大，其计算结果不可信，因此删掉这两个值，得出不承担荷载单元的吊绳力随迭代精度的变化关系如图 5 所示。当精度为 4 级时，吊绳力计算结果可以满足计算精度要求。因此，迭代精度至少取为 4 级。

表 1　吊绳力迭代计算结果

迭代精度	0.1	0.01	0.001	0.0001	0.00001	0.000001
精度等级	1	2	3	4	5	6
No load gap element 吊绳力/kN	455.59	37.14	2.06	0.12	0.02	0
单工况最大迭代次数	14	20	24	28	30	33

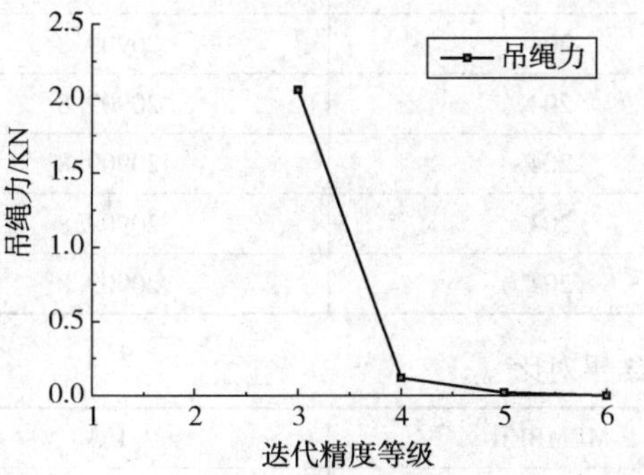

图 5　收敛精度

3.2　吊绳刚度分析

SACS 软件对吊绳的模拟仍然是作为钢结构杆件来模拟的，然后再赋予其只受轴向力的属性。当吊绳的横截面积确定之后，其拉伸刚度与弹性模量成正比。常规做法将吊绳弹性模量直接取为钢材的弹性模量，这种做法的正确性有待验证。为分析吊绳刚度对吊绳计算结果的影响，本文分别取吊绳弹性模量为 1E11，2E11 和 5E11，对比其不同取值对计算结果的影响，得出计算结果对比如下。

对于吊索和组块而言，弹簧力和支点反力都属于外力，吊索的弹性模量发生变化不会对外力造成影响，如表 2 和表 3 所示；杆件 UC 值和吊绳力都是内力，当吊绳弹性模量变化时，杆件 UC 值和吊绳力也随之变化，杆件 UC 值变化的量级为 0.001，而最大吊绳力不超过 1%，如表 4 和表 5 所示。由此可知，弹性模量对吊装分析结果有影响，但影响很小，可以忽略不计。

表 2　弹簧力计算结果对比

吊绳弹性模量	LOAD CASE	FX/kN	FY/kN	FZ/kN
1E11	101	1.38E+00	2.77E-02	0.00E+00
2E11	101	1.38E+00	2.77E-02	0.00E+00
5E11	101	1.38E+00	2.77E-02	0.00E+00

表 3　支点反力计算结果对比

吊绳弹性模量	LOAD CASE	FX/kN	FY/kN	FZ/kN
E=1E11	101	1.389	0.02	36363.07
E=2E11	101	1.389	0.02	36363.07
E=5E11	101	1.389	0.02	36363.07

表 4　杆件 UC 值计算结果对比

LOAD CASE	MEMBER	E=1E11	E=2E11	E=5E11
101	PDY1-1636	0.341	0.339	0.337
101	0011-PDY2	0.408	0.413	0.419
101	0054-PDY3	0.27	0.266	0.261
101	0422-PDY4	0.392	0.394	0.397

表 5　吊绳力计算结果对比

弹性模量	E=1E11	E=2E11	E=5E11
MEMBERNUMBER	FX/kN	FX/kN	FX/kN
PDY1-HK00	11918.31	11838.87	11731.43
PDY2-HK00	8063.44	8144.85	8254.96
PDY3-HK00	7721.45	7640	7529.83
PDY4-HK00	12173.62	12253.09	12360.59

3.3 弹簧刚度分析

为了给吊装结构物提供水平方向的约束，在吊装分析中需要在组块底端立柱加弹簧。对于弹簧刚度，现存做法差异较大，为确定弹簧刚度的合理取值，本文分别取弹簧刚度为 10kN/m、20kN/m、30kN/m、40kN/m、50kN/m，对比其不同取值对计算结果的影响，得出计算结果对比如下。

由表 6 可知，当弹簧刚度发生变化时，会对与弹簧相连的节点变形产生较大影响，但从表 7~表 10 可知，与弹簧相连的节点变形不会对弹簧力、支点反力、结构最大 UC 值和吊绳力产生影响。

综上，弹簧刚度对四腿导管架平台组块吊装分析的影响很小，可以忽略不计。

表 6　与弹簧相连节点变形

弹簧刚度	JOINT NUMBER	LOAD CASE	DEFL(X)/cm	DEFL(Y)/cm	DEFL(Z)/cm	ROT(X)/rad	ROT(Y)/rad	ROT(Z)/rad
10	104	204	-2843. 605713	-2549. 967529	-486. 5212097	-0. 4505033	0. 5198537	-0. 1011111
20	104	204	-1421. 785034	-1275. 245606	-246. 0763397	-0. 225264	0. 2590745	-0. 0504921
30	104	204	-947. 8453979	-850. 3386841	-165. 9281464	-0. 1501842	0. 1721481	-0. 0336195
40	104	204	-710. 8751831	-637. 8851318	-125. 8540115	-0. 1126444	0. 1286849	-0. 025183
50	104	204	-568. 6933594	-510. 4129028	-101. 8095474	-0. 0901204	0. 102607	-0. 0201211

表 7　弹簧力计算结果对比

弹簧刚度[kN/M]	LOAD CASE	FX/kN	FY/kN	FZ/kN
10	204	-550. 477	-491. 134	0
20	204	-550. 477	-491. 134	0
30	204	-550. 477	-491. 134	0
40	204	-550. 477	-491. 134	0
50	204	-550. 477	-491. 134	0

表 8　支点反力计算结果对比

弹簧刚度[kN/M]	LOAD CASE	FX/kN	FY/kN	FZ/kN
10	204	-551. 285	-491. 42	53558. 156
20	204	-551. 286	-491. 427	53558. 137
30	204	-551. 285	-491. 428	53558. 133
40	204	-551. 288	-491. 427	53558. 152
50	204	-551. 286	-491. 428	53558. 141

表 9　最大吊绳力计算结果对比

弹簧刚度[kN/M]	MEMBERNUMBER	LOADCASE	FX/kN
10	PDY4-HK04	204	20909. 8
20	PDY4-HK04	204	20909. 8
30	PDY4-HK04	204	20909. 8
40	PDY4-HK04	204	20909. 8
50	PDY4-HK04	204	20909. 8

表 10　结构最大 UC 计算结果对比

弹簧刚度[kN/M]	LOAD CASE	MEMBER	UC
10	204	0615-PDY4	1. 02
20	204	0615-PDY4	1. 02
30	204	0615-PDY4	1. 02

续表

弹簧刚度[kN/M]	LOAD CASE	MEMBER	UC
40	204	0615-PDY4	1.02
50	204	0615-PDY4	1.02

3.4 吊绳约束分析

吊绳属于柔索结构，只能承受拉力，不能承受弯矩。在吊装分析模拟吊绳时，为了避免计算吊绳力的结果中产生弯矩，必须释放吊绳单元的自由度。为准确模拟吊绳的受力特性，本文通过释放吊绳的自由度，得出计算结果如表 11 所示。由该表可知，111111 为不释放吊绳杆件自由度的情况，此时吊绳力除了轴向拉力之外，还会有剪力和弯矩；011111 为只允许杆件轴向变形的情况，此时吊绳力结果中只有轴向拉力，没有剪力和弯矩，这个计算结果是满足要求的；对于其他情况，都会产生弯矩。

综上所述，对于吊绳的模拟，将其一端自由度释放为 011111 的方法是合理的。

表 11 吊绳力计算结果

释放 PDY1 自由度	MEMBER NUMBER	MEMBER END	LOAD CASE	FX/kN	FY/kN	FZ/kN	MX/(kN-M)	MY/(kN-M)	MZ/(kN-M)
111111	PDY1-HK00	HK00	100	12760.56	1.89	-0.28	3.91	8.59	-28.03
011111	PDY1-HK00	HK00	100	12763.89	0.00	0.00	0.00	0.00	0.00
101111	计算不收敛								
110111	PDY1-HK00	HK00	100	0.00	0.00	-23476.18	0.00	-903473.56	0.00
001111	PDY1-HK00	HK00	100	12763.40	0.88	0.00	0.00	0.00	33.82
010111	PDY1-HK00	HK00	100	12763.74	0.00	0.07	0.00	2.51	0.00
011011	PDY1-HK00	HK00	100	12763.94	0.00	0.00	4.89	0.00	0.00

3.5 附加弯矩影响分析

组块吊装附加弯矩模拟采用力的平移定理，假设组块为刚体。这种做法忽略了一个关键点：组块本身是弹性体，而不是刚体，当加载的力偶恰好在重心周围±0.5m 的四个点时，不会产生误差；而在其他位置(如四个吊点位置)，则计算结果会产生一定的误差。这个误差与组块刚度有关，如果组块刚度很大，那么该误差会很小，可以忽略不计。

为测试组块的刚度大小，本文分别将两对力偶加载到上层甲板的吊点位置与中层甲板立柱上，得出计算结果如表 12~表 13 所示。当力偶加载位置发生变化时，弹簧力与支点反力计算结果不变，而吊绳力和杆件 UC 值有略微变化。吊绳力变化量级为 0.1kN，杆件 UC 值变化量级为 0.01，这两个计算结果变化的量级都很小。该结果说明，组块的刚度很大，调整力偶等局部荷载的位置不会对吊装分析产生影响。由此也可以推断出，当变化局部荷载来平移重心的作用方式，如将力偶改为线荷载或面荷载时，不会对结构吊装分析产生影响。而在力偶、线荷载和面荷载这三种加载方法中，加载力偶是最简单高效的。因此，在吊点处加力偶是平衡附加弯矩最简单可行的方案。

表 12 弹簧力计算结果对比

力偶位置	LOAD CASE	FX/kN	FY/kN	FZ/kN
上层甲板	101	1.38E+00	2.77E-02	0.00E+00
中层甲板	101	1.38E+00	3.63E-02	0.00E+00

表 13 支点反力计算结果对比

力偶位置	LOAD CASE	FX/kN	FY/kN	FZ/kN
上层甲板	101	1.389	0.02	36363.07
中层甲板	101	1.385	0.02	36363.07

4 结论

本文以海洋平台组块单吊技术为研究对象，总结出一套规范、高效、适用于渤海四腿平台组块的单吊吊装分析方案。针对吊装分析过程中存在的一些关键问题开展对比分析，得出结论如下：

（1）吊装分析迭代精度至少取 4 级；

（2）弹簧刚度对四腿导管架平台组块吊装分析的影响很小，可以忽略不计；

（3）吊绳刚度对吊装分析结果有影响，但影响很小，可以忽略不计；

（4）组块的刚度很大，调整力偶等局部荷载的位置不会对吊装分析产生影响。加载力偶是调整组块重心最简单高效的方法。

本文的研究成果对建立规范高效的吊装分析方案具有重要意义。

基于平台感知需求的结构实时监测数据采集传输系统研究与应用

庞洪林　梁　鹏　吴景健　赵铭文　程　霖

（中海石油(中国)有限公司天津分公司）

摘　要　海洋平台结构所处环境复杂，对海洋平台进行有效、可靠、实时的健康监测具有非常重要的意义，搭建结构实时监测数据采集传输系统是实现目标平台健康监测技术研发的重要环节。本文以渤海某平台为目标，开展了基于平台感知需求的结构实时监测数据采集传输系统的研究，通过数字仿真分析平台构件重要性分级感知需求和动力响应感知需求，制定海上平台结构感知监测网络体系架构，在目标平台搭建结构实时监测数据采集传输系统，实现示范应用。整套结构实时监测数据采集传输系统具有良好的耐久性和鲁棒性，实现了对平台动态响应、应力应变状态的动态实时监测。

关键词　数字仿真；平台感知；实时监测；数据采集

海洋平台结构是海上石油开发的重大基础性设施，是海上生产作业和生活的基地。海洋平台结构所处环境十分复杂、恶劣，它要承受海风、海浪、海冰、海流、潮汐、地震等多重作用，而环境腐蚀、海生物附着、过往船只碰撞、材料老化、构件缺陷、机械损伤等会造成疲劳累积，诸多不利因素会导致海洋平台结构的抗力衰减。海洋平台结构的失效破坏不仅会造成重大的经济损失和人员伤亡，还可能造成严重的环境污染和社会影响(图1)。

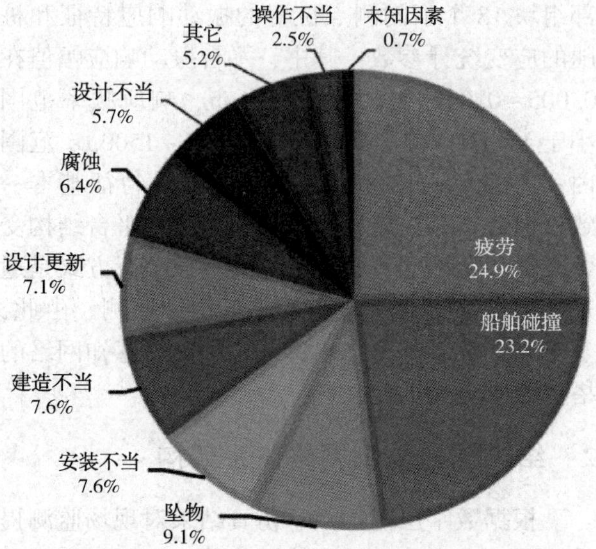

图1　欧洲北海区域海洋平台损伤事件的诱因统计

目前，对平台结构服役状态的判定主要是基于规范的要求，采用定期检测与特检相结合的方式进行，这种周期性的检测手段虽然已经取得一些成果，但显然不能够考虑不同平台结构的服役特征，往往存在“欠检测”或“过检测”的缺点。“欠检测”无法及时发现结构损伤，防患于未然；“过检测”则消耗大量的人力、物力，浪费巨大的检测费用。而这类技术仅仅用于损伤区域已知的情况，而对于结构损伤位置的诊断，还仅依靠具有高度不可靠性的目测法。因此，对海洋平台进行有效、可靠、实时的健康监测，确定损伤位置和损伤程度，评估其残余寿命，并为作业管理人安排一定的工程维修提供决策参考，具有非常重要的意义。

当前对于海洋平台结构的健康监测技术发展，整体趋势是基于振动监测的结构损伤识别和诊断。振动监测的基本原理是通过对结构动力响应监测信号的特征提取，建立有效的损伤识别指标和诊断方法，因此，搭建实时监测数据采集传输系统，就成为准确把握结构动力响应特征，实现目标平台健康监测技术研发的重要环节。

本研究通过开展海洋平台感知需求研究，构建平台感知监测网络体系框架，对其中的传感器数目、理论安装位置、数采系统的要求以及监测数据传输方案进行规划，建立结构实时监测数据采集传输系统。该系统已成功在渤海某在役平台安装应用，实现了对平台动态响应、应力应变状态的动态实时监测，为平台结构健康安全实时监测打下坚实基础。

1　海洋平台感知需求分析

以渤海某在役平台为目标，首先结合设计资料和在役期间历次改造记录和检测报告，构建数字仿真模型。然后通过数字仿真，开展平台构件重要性分级的感知需求分析和平台动力响应特征的感知需求分析。基于感知需求分析结果，制定平台感知层的总体架构，为目标平台结构实时监测数据采集传输系统的现场搭建奠定基础。

1.1　目标平台数字仿真模型的建立

本研究实施应用的目标是位于渤海中部海域的某生产平台，导管架为6腿6桩结构，设有三个水平层，平台上部组块为6腿框架结构，设有四层甲板。根据平台设计资料，分别采用SACS和ANSYS软件，首先建立了目标平台的1级理想数字化模型。根据该平台在役期间历次改造记录和检测报告对模型进行更新，得到和平台目前服役状态一致的2级数字化仿真模型，如图2所示。平台上部组块重量通过调整甲板板架结构的密度进行模拟，最终有限元数字仿真计算得到的重量重心与平台当前服役状态理论值一致。两种有限元模型分别用于对平台结构构件重要性的评估和平台虚拟振动的仿真。

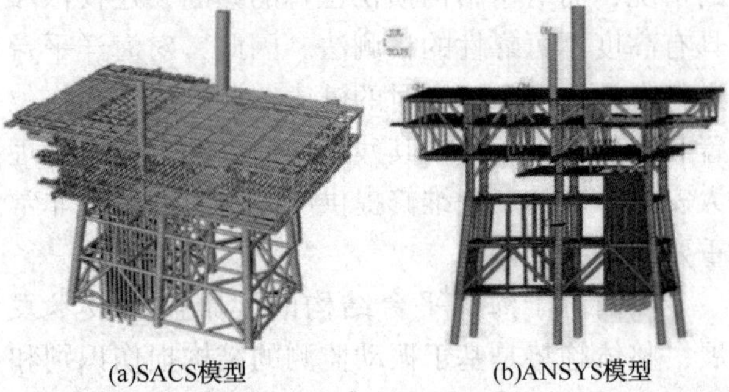
(a)SACS模型　　(b)ANSYS模型

图2　目标平台数字仿真模型

1.2　基于平台构件重要性分级的感知需求分析

基于SACS建立的数字仿真模型，进行目标平台在16种极端组合工况下的静强度分析。基于构建的结构静强度重要性指标和构件失效载荷重分配影响因子，对平台构件承载重要性和失效严重性进行评价，得到基于静强度分析的平台构件重要性分级。进一步，采用Pushover分析方法，对平台进行极限承载能力分析。基于构件拆除法，提出平台结构体系风险指标。综合从结构的鲁棒性、安全裕度、塑性储备、可靠度角度实现构件对结构整体影响程度的评价，并识别出平台结构3个重要性级别的构件，从而为平台感知需求指明了分析的对象和方向。

根据上述基于静强度分析和倾覆分析的构件重要性级别划分结果，得出以下感知需求：

（1）桩腿应力应变监测

作为重要性级别最高的构件，桩腿的承载与变形需要进行实时监测。具体的监测内容应是导管架帽位置处6根桩腿的轴向应力应变，同时考虑在不同的载荷方向下，桩腿表面不同位置处的应力应变会出现各异的不均匀分布状态，因此，应实现桩腿外表面的多点同步监测。

（2）上部组块动力响应的监测网络

导管架处于水下的构件包含了大量二级重要性构件，包括水平斜撑、外水平撑、立面斜撑等，这些具有高重要等级的构件是损伤识别与健康评估的重点对象。同时，水下监测环境的低可靠性与高风险性，决定了对这些构件的监测必须经由上部组块的动力响应监测实现。进一步地，分析表明水下结构的传力路径复杂、冗余设计充分，因此，就必须在水上建立一套能够实现实时信号信息交叉融合分析的监测网络。

1.3　基于平台动力响应特征的感知需求分析

基于ANSYS建立的有限元模型，开展基于平台动力响应特征的感知需求分析。由模态分析获取平台1阶固有频率为0.607Hz。基于瞬态响应分析，采用P-M波浪谱，详细研究平台在不同随机波浪条件下的动力响应特征，得到平台上部组块18个不同测点位置的振动响应特征和桩腿的应变统计参数。其中，平台振动响应幅值在0.005~0.04m/s^2的范围内分布，响应频率范围小于1.5Hz；桩腿弯曲应变在15~1500$\mu\varepsilon$范围内；上部组块18个测点位置的振动特征基本一致，但数字存在差异特征，反映出与平台结构受力及承载特性的关联性。因此，该布置方式是通过平台上部振动响应实现水下构件监测。由此，基于以上数字分析结果，确定了平台感知网络的搭建需求。

2　结构感知监测网络体系架构

根据数字层理想数字仿真结果对现场监测提出的感知需求，包括结构承载特性监测需求和平台动力响应监测需求，完成结构感知监测网络体系架构的建立。为保证平台现场加速度和应变时程数据的有效获取，建立包含传感监测系统、数据采集与储存系统和数据云传输系统在内的平台现场感知监测系统。系统总体架构如图 3 所示。

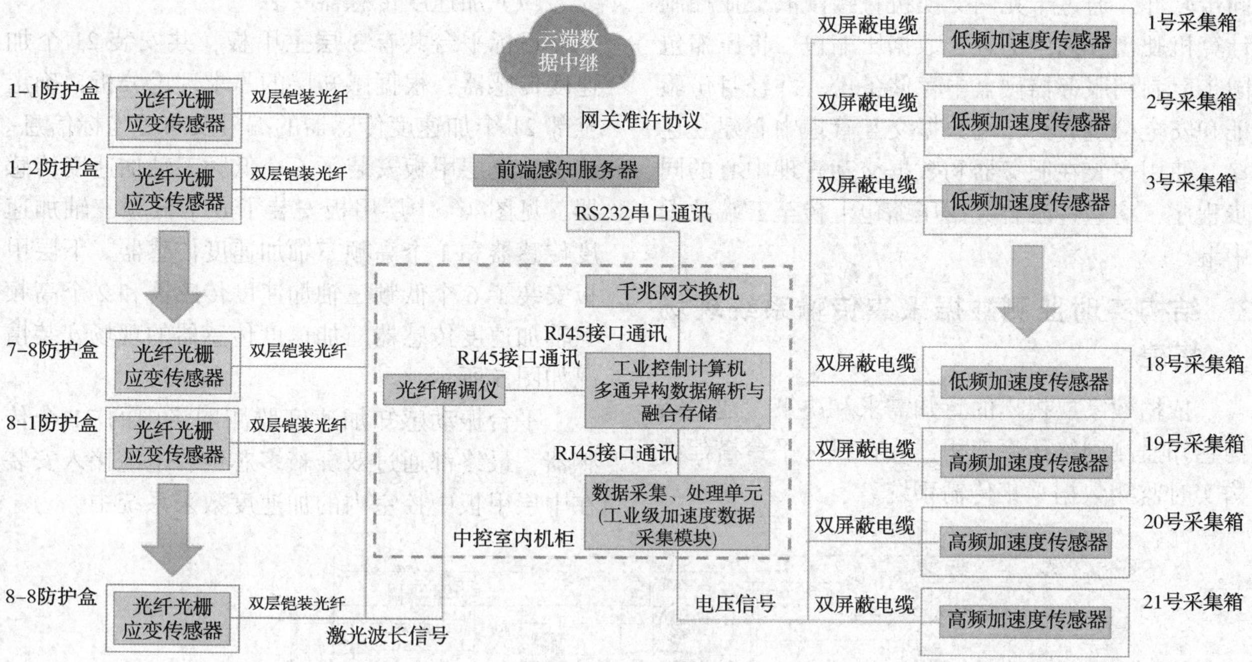

图 3　平台现场感知监测网络总体架构

根据理论分析得到的感知需求，设计传感监测系统分为加速度监测网络和应变监测网络两部分。其中加速度监测网络由 18 个低频加速度传感器和 3 个高频加速度构造的传感阵列以及相应的数据采集和传输系统构成，实现对平台上部结构全方位的振动监测，实时追踪捕捉平台各测点振动信号的差异。应变监测网络由 24 个光纤光栅应变传感器、光纤解调仪以及相应的数据通讯系统组成。两套系统通过工业控制计算机内置的算法，实现多通道异构数据的解析、融合与存储。最终通过 RS232 串口通讯方式实时将数据上传至云端数据中继，为后续方法层的运算提供现场的实时监测数据，从而实现对目标平台的状态评估和安全预警。

2.1　加速度监测网络

在加速度监测网络中，测试平台整体振动响应的低频加速度传感器和监测主要设备振动的高频加速度传感器，通过双屏蔽电缆将电压信号传输至数据采集与储存系统中的加速度信号数采模块。为对抗海洋平台恶劣的自然环境，满足长周期不间断测试的使用要求，选用可靠度高的压电式三轴加速度传感器，并安装在满足船用标准的三防盒中保护，传输电缆也使用双屏蔽船用电缆。

2.2　应变监测网络

在应变监测网络中，监测平台桩腿应变和钻井模块底梁应变的光纤光栅应变传感器，均通过双层铠装光缆将激光波长信号送入数据采集与储存系统中的光波解调仪。为应对平台飞溅区更为严苛的自然环境，每个光纤光栅应变传感器均经多层防护并置于防护盒中，传输光缆也选用满足船用标准的双层铠装型号。

2.3　数据采集与储存系统

数据采集与储存系统安装在平台中控室内的专用机柜中。加速度电压信号在加速度信号数采模块中进行增益、滤波、整理和 AD 转换，转换为加速度数据通过 RJ45 接口通讯上传至工业控制计算机。应变激光波长信号在光波解调仪中完成滤波、整理、波长解调等过程，转换为应变数据同样通过 RJ45 接口通讯上传至工业控制计算机。在工业控制计算机中，使用同一套数据接收存储软件同时读取加速度数据和应变数据，根据两类数据在数采模块和光波解调仪中的时间戳进行同步处理，并对两类异构数据进行重构和融合，以 1min 为单位生成融合数据压缩包在工业控制计算机的硬盘阵列上形成一级存储，并通过千兆网交换机同步至前端感知服务器。

2.4　前端感知服务器与云端数据中继

前端感知服务器布置在平台电仪间内，由一台高性能工业级服务器完成融合数据压缩包的二级存储(一级备份)、初步分析和云端传输。在高性能工业级服务器上安装自主开发的数据读取同步软件，通过千兆网交换机直接读取工业控制计算机硬盘阵列中的融合数据压缩包。将压缩包同步复制到服务器硬盘中存储备份，并经身份验证和安全检查后与云端数据交互管理中心建立连接，使用安装在服务器和数据交互管理中心的同步程序，将这些融合数据压缩包上传至云端数据中继。

3　结构实时监测数据采集传输系统现场搭建

依据数字层提出的感知需求和决策，建立结构感知监测网络体系架构，并在目标平台搭建结构实时监测数据采集传输系统。

3.1　平台传感监测系统安装

（1）加速度传感器安装

目标平台共有3层主甲板，共安装21个加速度传感器，根据感知层的需求理论分析，确定全部21个加速度传感器的编号及布置坐标信息。其中，上层甲板安装了6个低频三轴加速度传感器，见图4。中层甲板安装了6个低频三轴加速度传感器和1个高频三轴加速度传感器。下层甲板安装了6个低频三轴加速度传感器和2个高频三轴加速度传感器。加速度传感器的现场安装情况如图5所示。

平台振动感知加速度监测网络中的21个传感器，最终都通过双屏蔽多芯铠装电缆接入安装在中层甲板中控室内的加速度数采系统中。

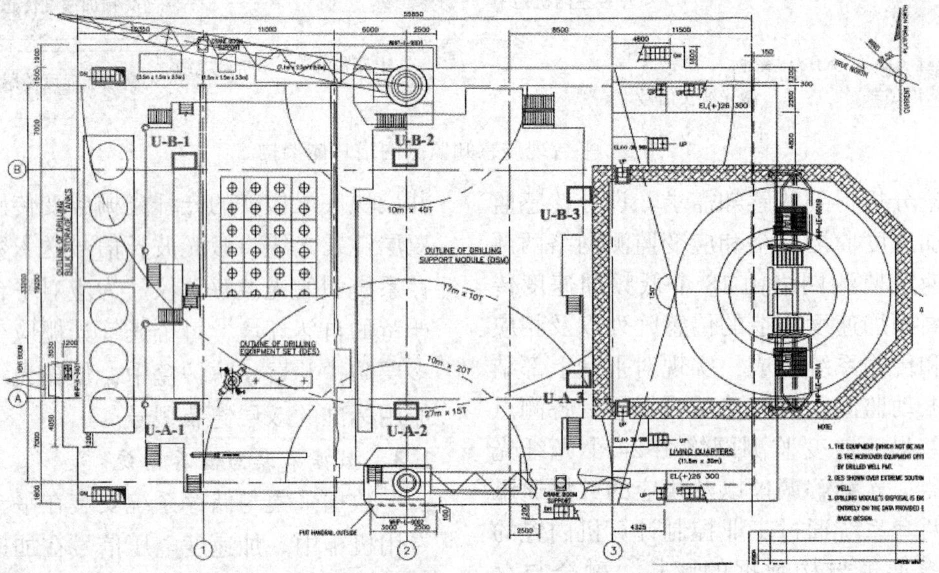

图4　上层甲板加速度传感器安装示意图

图5　加速度传感器实际安装情况

（2）应变传感器安装

依据数字层提出的应变感知需求，结合平台现场调研实际，确定光纤光栅传感器安装于导管架顶部位置通过应变的监测，获取桩头载荷的变化并通过力学反演，推断桩基承载和平台上部组块重量变化情况。在平台桩腿在导管架帽位置沿环向安装4个光纤光栅应变传感器(间隔90°)，传感器编号和安装位置示意如图6所示。应变传感器安装位置正处于平台飞溅区，为应对飞溅区恶劣的海洋环境，各应变传感器均采用了多层防腐防护措施。同时，为避免波浪拍击作用对传感器的冲击，在传感器表面均安装了防护盒并密封。应变传感器和防护盒的安装完成效果如图7所示。每个桩腿的应变传感器安装完成后需进行调试，检验传感器成活情况。

各桩腿应变传感器的传输光纤在集线箱内重新组合串联，并按连接通道分为两根24芯铠装光缆，由工作甲板出发向上穿越下层甲板，沿下层甲板桥架铺设至主配电室，并从顶部走线开孔进入中控室。

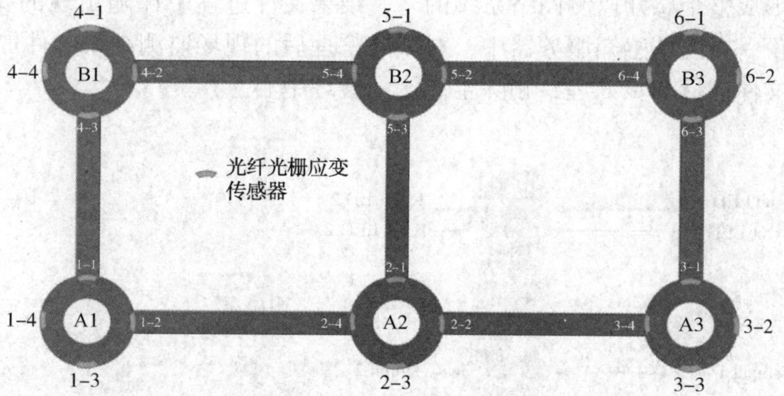

图 6　各桩腿上应变传感器布置示意图

图 7　应变传感器实际安装情况

3.2　监测数据采集与存储

传感监测系统采集得到的加速度电压信号和应变激光波长信号是两种完全不同的信号类型，具有典型的信号模式异构特征。同时，目标平台上布置了 21 个加速度传感器和 24 个应力应变传感器，每个加速度传感器包含 3 个信号通道，共计需占用 87 个信号通道。实时监测数据量巨大，每天约产生 800Mb 原始监测数据。因此，数据采集与储存系统将面对海量数据特征和模式异构数据特征的双重考验，需保证长周期、不间断、高采样频率下稳定运行，并在系统内实现对完全不同类型数据的重构和融合。

（1）加速度数采系统

目标平台上 21 个加速度传感器的测试信号，分别通过相互独立的双屏蔽多芯船用电缆，送入中控室内加速度数采模块的相应通道。为满足感知监测需求，考虑两类压电式加速度传感器的性能参数和数采模块长期不间断运行的使用要求，选用 2 通道 EL3632 型电压数采模块，见图 8。电压数采模块的功能是采集加速度电压信号，并对信号进行简单的处理。数采模块无法单独运行，信号的分析处理与 AD 转换等功能需使用数据处理模块完成。数据处理模块与连接所有加速度传感器的数采模块串联连接，负责数据采集、处理过程的运算和控制工作。经数据采集、处理单元转换得到的加速度监测数据通过 RJ45 通讯接口上传至工业控制计算机。

（2）应变数采系统

安装在导管架帽处各桩腿上的 24 个光纤光栅应变传感器，通过双层铠装船用光缆，经工作甲板集线箱将激光波长信号送入中控室内的光波解调仪，见图 9。为充分利用光波解调仪每个通道的波长范围，将多个光纤光栅应变传感器通过光纤串联接入同一通道，经光波解调仪对多个激光波长信号的解调，同时获取各传感器的应变数据。经光波解调仪处理得到的应变数据同样通过 RJ45 接口送入工业控制计算机。在工业控制计算机中，将电压信号加速度数据和激光波长应变数据这两种完全不同的异构数据进行融合，并根据加速度数采系统和光波解调仪上的时间戳同步两类数据。数据结果文件以数据包的形式每 1min 生成一个。

3.3　监测数据传输

工业控制计算机每 1min 生成的现场监测结果文件，存储在该设备的硬盘阵列中，形成整个感知监测网络系统的 1 级存储。在平台电仪间布置了一台高性能工业级服务器，作为前端感知服务器。通过该服务器连接互联网，一方面接收工业控制计算机传输过来的监测结果文件；一方面进行数据整理与加密，并通过互联网进行云传输操作。

现场监测数据压缩文件保存在前端感知服务

器的硬盘阵列中，形成整个感知监测网络系统的二级存储和一级备份。在前端感知服务器中，对二级存储监测结果文件进行初步处理，删除生成结果文件过程中伴随出现的文件夹和文件碎片。整理后的现场监测结果文件加密上传至云端数据管理中心。

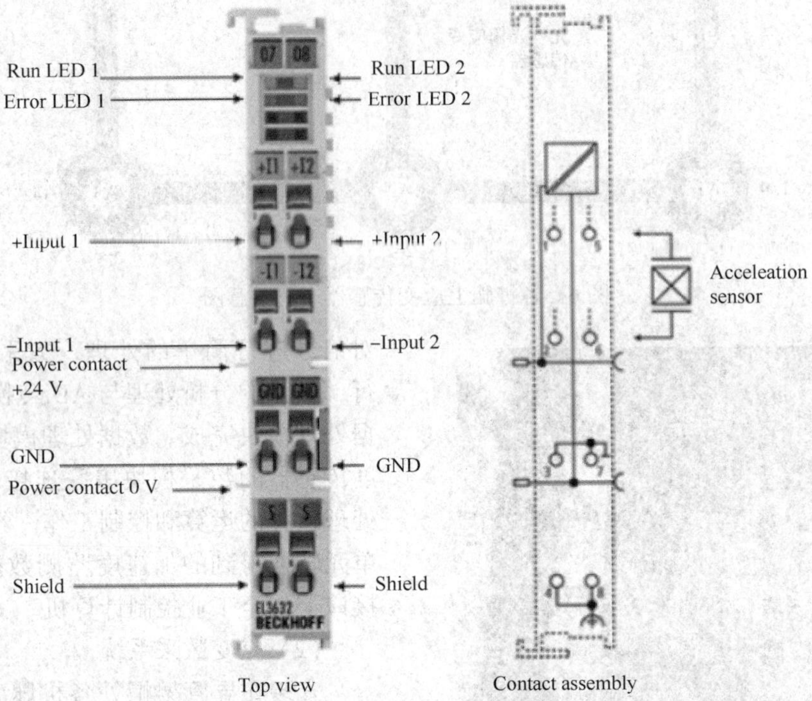

图 8　EL3632 型电压数采模块

图 9　si255 型光波解调仪

在目标平台搭建的结构实时监测数据采集传输系统上线至今已不间断连续运行 39 个月。通过长期实践表明，所安装的 21 个加速度传感器运行良好，24 个光纤应变传感器成活率为 100%。整体运行情况良好，现场运行监测数据完整，传输高效稳定，运行期间经历数次平台失电、断网等意外情况，恢复供电和网络连接后系统均能自动恢复运行，保证了良好的连续性和可靠性，整套结构实时监测数据采集传输系统具有良好的耐久性和鲁棒性。

4　结论

本文开展了基于平台感知需求的结构实时监测数据采集传输系统的研究，通过数字仿真结果对现场监测提出的包括结构承载特性监测需求和平台动力响应监测的感知需求，制定了海上平台结构感知监测网络体系架构，并完成结构实时监测数据采集传输系统搭建，在目标平台实现应用示范，至今已不间断连续运行 39 个月，通过长期实践表明整套结构实时监测数据采集传输系统具有良好的耐久性和鲁棒性。

基于平台感知需求的结构实时监测数据采集传输系统实现了对平台动态响应、应力应变状态的动态实时监测，为平台结构健康安全实时监测打下坚实基础。

智能油田建设实践探索与思考

林 杨

(中海石油(中国)有限公司天津分公司)

摘 要 能源领域的数字化转型和智能化发展已从共识转为趋势，并为传统能源行业落实国家发展战略、实施创新驱动和科技自立发挥重要作用。结合当前数字化转型新的势态，以中国海油首个智能油田建设实践，总结海油特色智能油田网络基础、数据核心、平台支撑、业务赋能、组织优化的"五大要素"构建，阐述智能化带来的模式变革与价值收益，提出企业数字化转型目标、路径、领导力、驱动力以及核心支撑与长期经济价值的思考和认识。为领域智能化建设及发展提供实践参考。

关键词 智能油田；数字化转型；工业互联网；业务赋能；模式变革；创新驱动

十四五以来国内外能源行业的数字化、智能化战略正在加快实施，国家部委及企业公司关于数字化工作的政策文件陆续出台，国内近三年涉及数字化建设的国家层面主要政策文件如表1所示，国内的数字化转型工作已从行业共识和思想理论体系研究进入方法论与技术架构体系的深化实践，在行业内外持续产生重大革命性的积极影响。以2021年10月我国首个海上智能油田示范建设项目——秦皇岛32-6智能油田(一期)的建成投用为例，着重从海油特色智能油田网络基础、数据核心、平台支撑、业务赋能、组织优化五个方面的构建，系统阐述新型海上油气开采运行模式的实践成果及思考与认识，为行业数字化转型及智能化建设相关工作提供参考。

表1 近三年涉及数字化建设的国家层面主要政策文件

发布时间	政策文件	发布机构
2020/06	《关于推进"上云用数赋智"行动，培育经济发展实施方案》	国家发展改革委、中央网信办
2020/09	《关于加快推进国有企业数字化转型工作的通知》	国务院国资委
2020/10	《中华人民共和国国民经济和社会发展第十四个五年规划和2035年远景目标纲要》	中国共产党第十九届中央委员会
2021/01	《工业互联网创新发展行动计划(2021—2023)》	中国共产党第十九届中央委员会
2021/08	《"工业互联网+安全生产"行动计划(2021—2023)》	国家工业和信息化部、应急管理部

1 数字化转型势态

1.1 国家发展战略

在党中央、国务院的高度关注及多次重要指示精神推动下，数字化转型已成为国有企业改革和转型升级的国家发展战略。2020年9月，国资委专门召开数字化转型工作现场推进会并下发通知，引导国有企业加快改造提升传统动能、培育发展新动能。明确了国有企业数字化转型工作"践行新发展理念，促进数字经济和实体经济融合发展，构建新发展格局"的总体定位；提出"深化对数字化转型艰巨性、长期性和系统性认识，强化数据驱动、集成创新、合作共赢的理念，营造勇于、乐于、善于数字化转型的文化氛围"的三个基本认识以及"坚持统筹推进、坚持数据驱动、坚持集成创新、坚持开放合作"四个基本原则，要求重点围绕"技术、管理、数据、安全"四个转型基础和"产品创新数字化、生产运营智能化、用户服务敏捷化、产业体系生态化"四个转型方向，实施"开展数字新基建、发展数字产业、攻克关键技术"三个赋能举措，推行"加强顶层规划、强化协同推进、做好资源保障"三个实施策略，打造国有企业示范标杆。

1.2 企业转型实践

传统降本增效措施已难以满足公司高质量可持续发展的需求，吸收外部技术优势重塑传统业务，提升公司核心竞争力，正在加速促进传统石油公司的转型升级。

2019年5月挪威石油与CGG合作对Johan

Sverdrup 油田进行永久性监测。作为无人平台典型代表的挪威石油公司建设了以标准化工作流程、多专业专家中心、多资产运营中心、远程精密数据传输及操控、数据集成平台支持跨学科的数据集成与共享为要点的“无人驻守井口平台”和“综合运营支持中心(IOC)”。

同期，BP 和 Emerson 宣布合作推动设备的全面预测性维修。认知智能走在前列的 BP 通过“数据湖”构建生产专家顾问、认知学习的自动化。实施 loT 和 IT 整合、数字孪生仿真，99%的油气井配备了传感器，建立了 2000km 光缆，每分钟采集 500 万个数据，形成 6PB 储存分析能力，供 BP 世界各地工程师访问，设施可靠性由 88%提升到 95%，大大提升了勘探、开发和生产设施的可靠性，降低了因设施停产所造成的产量损失，2014 年以来每年可节省 10-15%的勘探成本。

沙特阿美实现勘探开发一体化协同，建立实时作业中心、多学科集成中心、培训中心三个协作中心。利用地面和地下井技术的数字开发来优化油田开发和运营策略。壳牌 Smart Fields 打造具有强协同意识的壳牌协同工作环境(CWEs)，2015 年后，壳牌的实施重点转向中央协同的全球化部署，在全球建立围绕资产、设备、生产运营、开发等领域的不同类协同工作中心。关注对应用、工作流和技术的集成能力。

鲁迈拉超级油田数字化运营，从零发展为全新数字化体系的智能油田，仅用时 5 年，期间人工数据处理量减少为原来十分之一，油井停产时间大幅缩短。数字化油田改变了鲁迈拉油田的运用方式，操作更加安全，效率提高，工程师们的工作也更加智能。

中国海油积极落实国家战略，先后发布了《中国海油数字化转型顶层设计纲要》和《智能油田顶层设计纲要》，全面启动海上智能油田建设之路。2020 年，公司召开了“数字化转型、智能化发展”专题座谈会，提出“1534”总体发展思路，进一步明确要加快智能油田建设步伐，到 2025 年初步建成智能油田。

2　海上智能油田蓝图设计

渤海油田是中国海油产量规模最大、经济效益最好的主力油田，在“七年行动计划”指引下，渤海油田 2021 年上产 3000 万吨油当量，成为国内第一大原油生产基地和中国海油向深、向远、向外发展的战略支点和经济基础，并计划在 2025 年达到上产 4000 万吨的目标。渤海油田加快推进数字化转型刻不容缓。

中国海油首个智能油田示范项目选址秦皇岛 32-6 油田，其位于渤海中部海域，该油田距离陆地 20 公里，包括 4 座中心平台和 8 座井口平台，投产 20 年累计产油近 4 千万方，是渤海的主力油田之一。

秦皇岛 32-6 智能油田(一期)在前端物联网建设的基础上，围绕油气藏、井、设备设施等核心资产，通过智能油田云平台全面辅助资产管理和效益优化，建立“实时感知、全面协同、主动管理、整体优化”的油田。进而推动生产方式转变和管理流程优化，创建“智能、安全、高效”的新型海上油气开采运行模式，达到海上资产价值最大化(图 1)。

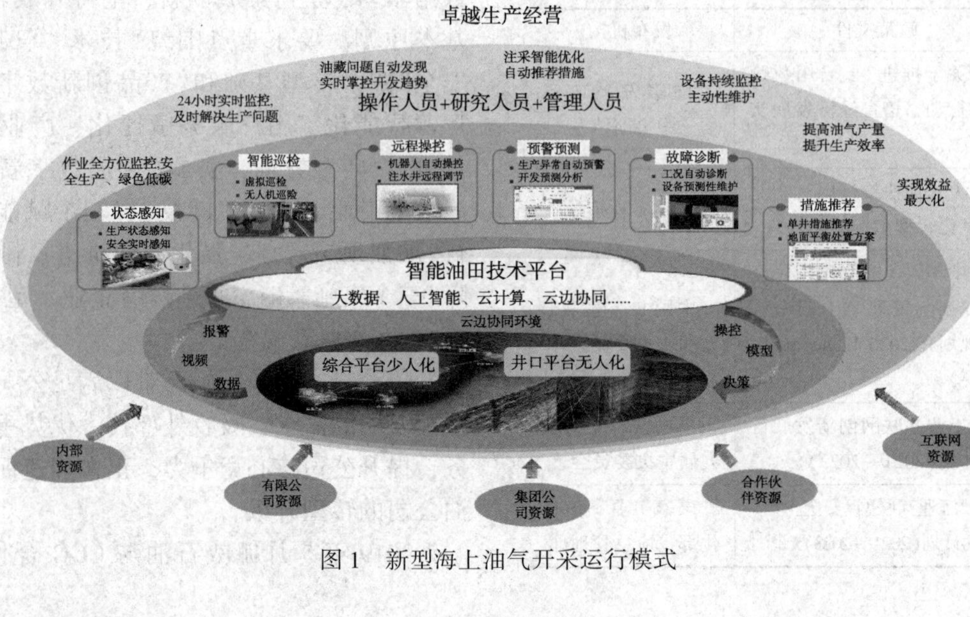

图 1　新型海上油气开采运行模式

3　海油特色智能油田建设实践

3.1　智能油田网络基础建设

网络建设是智能油田的基础，秦皇岛 32-6 油田依托岸电打造数据传输与交互的“信息高速公路”。通过陆地开关站和海上平台间光缆链路，构建两个光传输环网，实现传输链路相互备份，高冗余，建立了高可用的骨干网络。采用无线基站就近接入光纤骨干环，打通物联网最后一公里，为移动巡检、视频监控等提供可靠的网络环境，借助 5G 网络的高速率、大连接与超可靠低时延能力，首次海上试点应用，实现平台现场无线网络全覆盖。

此外，基于业务需求和安全技术策略，将网络划分为工控网、生产网、办公网三张承载网，达到物理级别的传输隔离，确保安全，并实现智能油田平台的三网接入，奠定智能油田网络基础，支撑不同类别的业务应用。

3.2　智能油田数据核心建设

数据建设是智能油田的核心，数字驱动，标准先行，秦皇岛 32-6 油田以数据资产化管理为目标实现全量数据入湖，制定涵盖数据采、传、存、管、用的各环节数据标准及规范，同时建成油田现场级工业物联网。

基于已有自控系统智能化升级，引入智能设备扩展感知能力，并通过边缘一体机实现与云端数据互联，使油田具备全面感知能力，奠定智能油田数据采集基础。完成整合海上 19 套监测系统、7 类数据采集协议、5000 多个数据点。通过开发各类通讯协议转换接口，建立统一数据网关，实现对各源头系统采集通道的融合。建立消息队列，实现多路实时数据的并发高效采集。边缘端产生的专业数据回传至云端数据湖进行汇聚，通过主数据和一体化数据模型实现各类专业数据融合；数据经过质检和清洗后进行一体化存储。进而支撑 AI、BI 等数据分析应用。真正打造为以边缘一体机为核心的海上物联网平台。

3.3　智能油田平台支撑建设

依托海油生产云平台，应用云边协同技术搭建海油版工业互联网，扩展边缘微云，构建海量实时数据采、存、管、用、算的云边端应用高效协同架构。实现边缘端高效低延迟计算与自治、云端协同管理边端同时提供云端存储与算力支持。

云边协同运行模式：引入云边协同技术，将业务场景与新技术深度融合。边端通过微云环境实现云端能力延伸、容器化部署与自治，能够实现 APP 云边两端的按需快速部署，构建服务、数据、网络、应用协同的海陆全场景工业互联网平台。

云边端协同应用：云边端的有效融合，是工业互联网平台的应用核心。针对海上设施分散，单平台部署边缘一体机，支撑低延迟边缘计算；通过多协议网关和消息队列，实现多端多频率数据的同步采集与传输；云端部署云边协同服务和云化服务，支撑边缘端微云与设备端管控和大数据云端计算，打造云边端闭环生态圈(图 2)。

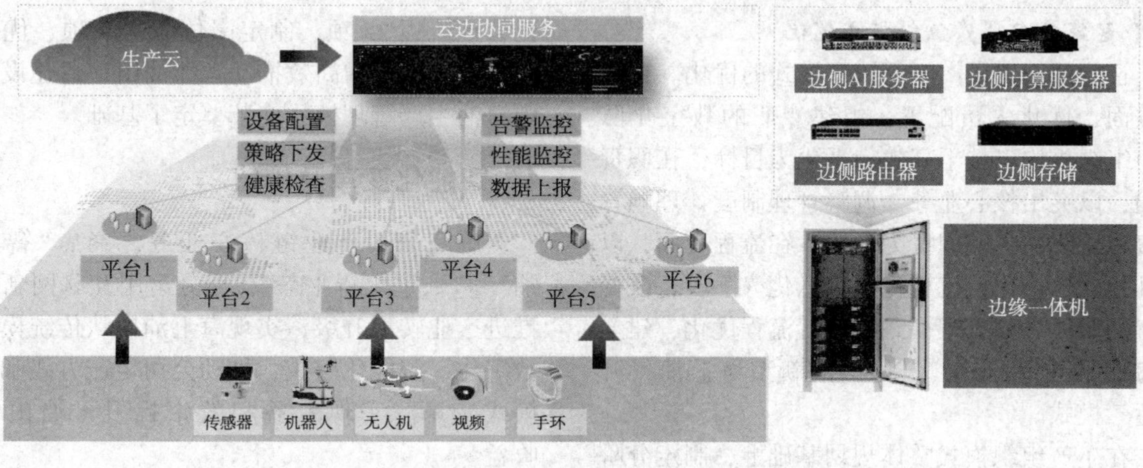

图 2　云边端协同应用

3.4　智能油田数字化赋能业务

海油智能油田建设围绕提高生产效率和油田采收率的目标，重点服务于“安全作业、油藏注采、生产管理、设备设施”四大业务应用，应用数字化技术赋能海上油气田生产领域转型升级，助力海上油气田向“智慧海油”迈进(图3)。

(1) 赋能安全——持续低碳安全环保

应用智能化设备和人工智能技术，建立安全生产闭环：始于感知-挖掘分析-精准防控。提升海上安全生产的感知、监测、预警、应急能力，推进安全生产从静态分析向动态感知、事后应急向事前预防、单点防控向全局联防联控的转变，守住海上安全生产红线。

(2) 赋能生产——油气生产运行高效化

通过配备无人机、机器人、PDA、智能仪表等设备，应用智能控制、数字孪生等技术赋能油气生产，建立新型生产运行管控模式。实现生产现场自动化操作、无人化值守，降低生产现场运营成本，提高油气生产运行效率。

(3) 赋能油藏——油藏经济价值最大化

构建油藏、单井、生产设施一体化分析模型，基于挖潜增产和监测优化两条业务主线，建立了35个算法模型，实现数据驱动的一体化智能联动分析，有效支撑了油藏、注采8大类场景的智能应用。形成智能化管理模式，大幅提升分析质量和运行效率，最大化挖掘油田开发生产潜能。

(4) 赋能设备——设备全生命周期成本最优化

构建设备诊断及预测性维护模型，基于实时数据实现5大类设备的运行状态在线监测、智能预警、综合诊断评估、主动推荐维修策略，实现设备全生命周期成本最优化，降低设备故障率和维修成本，提高设备可靠性。

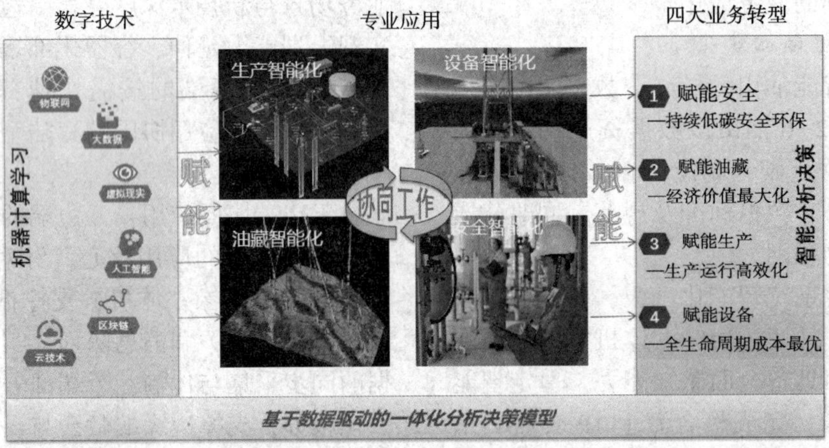

图3　智能化赋能业务

3.5　智能油田生产组织模式优化

智能油田建设离不开管理模式的优化。在组织方面，优化人员配置，组建专职的数字化队伍，组织机构以精干高效扁平化为目标；在职责方面，以突出核心业务，调整管理制度，理顺管理流程，明晰各级职责为目标；在流程方面，以标准化、模块化、流程化、信息化为手段，改变原有的职能导向管理模式，进行流程优化，建立中海油“智能、安全、高效”的新型海上油气开采运营模式。

在生产组织模式整体规划基础上，制定分阶段建设目标，拟建立一套中海油智能油田生产运营的管理制度，指导海油智能油田后续的建设实践。形成并试点运行相关管理制度30余项、优化管理流程25项、制定岗位职责9项、优化组织机构2项。为高效推动智能油田项目建设，实现海油生产管理模式变革奠定了基础。

4　智能化变革及价值

围绕公司产业链核心业务，聚焦“智慧海油”和“数字化新业态”，充分运用互联网新技术推进产业转型升级，实现海上油田从传统模式向数字化、智能化跨越，推动公司生产方式和管理模式变革。实现效益和效率提升，油田价值收益。

4.1　智能化生产方式变革

智能化技术赋能传统业务，推进业务流程优化，使业务反应速度更敏捷高效。

（1）生产作业

实现全面监控、智能巡检、远程控制，将大量重复性人工任务转变为自动化任务；

（2）生产分析

实现油藏、井筒、地面设备一体化优化，做到实时监控预警、问题自动分析、智能推荐措施，将大量的人工分析转变为基于模型的自动分析。

4.2 智能化组织方式变革

智能化技术将支撑组织模式转变，重塑降本增效核心竞争力中，实现高质量发展。

成立转型专职队伍，配套组织模式优化，形成以生产操控中心为核心的协同高效的生产运营模式，主要特征体现在：扁平化、协同化、高效化。通过跨专业、跨部门、多地域协同合作，依靠实时数据和智能化工作流程应用，实现对油田更安全、更高效、更科学的管理。

4.3 智能化价值收益

（1）推进风险管控最优

人工智能技术可以提升安全风险管控能力。通过数字孪生实现海上人员、危险区域的远程监控，减少人员暴漏风险，AI智能识别可以快速识别风险并预警；机器人代替人工从事危险操作。

（2）推进业务智能敏捷

数字技术可以优化业务流程，使业务反应速度更快。传统靠人工执行的任务，运用智能化手段自动完成，做到实时健康、异常超前预警、自动诊断分析，提升效率，赋能优化生产节奏。

（3）推进生产运营优化

数字化转型将改变决策模式，传统模式由人的经验为主，具有一定主观性和局限性。通过变革组织管理模式，融合业务壁垒和数据孤岛，实现专业协同、数据打通，建立基于知识库的一体化运营决策。

（4）推进生产效益提升

智能油田建设虽然投资较大，但预测六年内可收回投资，并将带来长期持续的收益。将实现提升生产效率30%、降低操作维护成本5%~10%。

（5）推进产品服务创新

形成全栈解决方案和“五个一”，提高成果可复用性，支持快速部署实施、提供实施监理等咨询服务。缩短推广周期、降低成本和风险，实现产品创效。

5 智能化思考及认识

5.1 企业数字化转型任重道远

数字化转型是一项需要组织全面动员的系统工程，是业务、组织和技术三大领域齐头并进驱动的转型之旅。具有长期性、艰巨性、系统性的特点。从麦肯锡的全球调研中发现，虽然70%企业启动了数据化，但大多数企业迟迟不能实现规模化推广，没有真正产生价值，也说明了数字化转型的难度。麦肯锡在全球范围调研了800多家传统企业，结果显示，尽管已有70%的企业启动了数字化，但是其中的71%仍然停留在试点阶段，85%的企业停留的时间超过一年以上，迟迟不能实现规模化推广。这种“试点困境”，主要是由于企业的业务、技术以及组织转型中存在的种种陷阱和障碍。

5.2 领导力的数字化转型

在数字化转型中，投资金额巨大，“一把手”对数字化转型要有足够的认知，要有“逢山开路，遇水搭桥”的坚定决心。需要从企业层面制定新的使命和愿景，从学习开始，然后是组织转型、人的转型、文化转型，而数字化转型最根本是人的转型。

“一把手”工程：从学习开始，坚定转型决心，引领企业数字化转型；

重构组织：数字化转型是生产关系的转变，需要建立数字化转型团队，优化组织流程；

人的转型：数字化转型其实是“人”的转型，从上到下做组织的变化，用人的变化来做数字化转型；

文化转型：培养转型文化理念，为员工营造好的转型环境，形成数字化转型的动力源泉。

5.3 智能油田的国际探索

国际领先石油公司业务现状不同，对智能油田的理解不同，没有固定模式、侧重点不同。但总结数字化应用场景却日渐清晰，关注的重点和发展趋势将为智能油田建设提供有价值的经验借鉴。

5.4 智能油田建设的内外趋势

企业数字化转型核心是业务转型、业务优化。成功的业务转型需要认清方向，从企业自身业务需求出发，以业务驱动，而不是简单地从技术应用推动转型。对外需要借助外部技术优势重塑传统业务，提升公司核心竞争力。

在数字化趋势下，国际石油公司的智能油田建设更趋于跨界合作，联合石油公司、油服公司、IT 技术公司的优势资源，构建油气合作生态。

5.5 智能化的新价值驱动力

数字化技术的蓬勃发展，赋予了智能油田建设新价值驱动力，人工智能、云计算平台、边缘计算、机器人、数字孪生等技术成为智能油田建设的重要支撑。但同时，我们对新技术应用也要保持正确的认知。

（1）人工智能的几度兴衰史

人工智能是主要数字化技术之一，自 20 世纪 50 年代的"人工智能之春：以来，人工智能在人们的嫉妒希冀、几度失望、大规模投资、撤资中经历着一次次的起伏波折，先后经历了三次"寒冬"期。究其原因虽受算法、算力和数据三个因素的瓶颈所限，而根本原因，其实是人们对于"智能"的定义偏差和复杂性理解上的限制。

（2）大数据发展现状及未来趋势

回顾过去几年的发展，我国大数据发展可总结为："进步长足，基础渐厚；喧嚣已逝，理性回归；成果丰硕，短板仍在；势头强劲，前景光明"。然而，目前仍然存在一系列短板：大数据与实体经济融合还远不够，行业大数据应用的广度和深度明显不足，生态系统亟待形成和发展等。

5.6 智能油田的核心支撑

工业互联网是实现制造业数字化的核心，油气行业存在生产现场距离远、分散、环境恶劣等特点，对网络安全性要求更高，云边协同成为建设重点。利用云边协同技术在生产前端建立微云环境保障边缘端可靠性，确保在断网情况下不影响终端生产系统正常运行。

5.7 智能油田的长期经济价值

智能油田建设尽管投资较大，但可带来生产效益显著提升，将大幅提高人员和资产效率，确保企业在激烈的行业竞争中保持领先，数字化技术带来的收益将是递增的。据麦肯锡全球研究院预测，到 2025 年，数字化突破性技术的应用每年将带来高达 1.2 万亿~3.7 万亿美元的经济影响价值。麦肯锡的 Analytics Quotient 数商数据库在调研了全球多家企业后发现，数字化水平成熟度高的企业，其业务增长动力也越强。数字化综合能力强的企业，其收入增长率和利润增长率均为其余样本平均值的 2.4 倍。数字化转型可以为企业带来真金白银的价值，为企业发展提供持续动力。

参 考 文 献

[1] 国家发展改革委中央网信办．关于推进"上云用数赋智"行动培育新经济发展实施方案[EB/OL]. 2020-04-07 http://www.gov.cn/zhengce/zhengceku/2020-04/10/content_5501163.htm

[2] 国务院国资委办公厅．关于加快推进国有企业数字化转型工作的通知[EB/OL]. 2020-8-21 http://www.sasac.gov.cn/n2588020/n2588072/n2591148/n2591150/c15517908/content.html

[3] 中国共产党第十九届中央委员会．中华人民共和国国民经济和社会发展第十四个五年规划和 2035 年远景目标纲要[EB/OL]. 2020-10-29 https://zhidao.baidu.com/question/2204213852636152148.html

[4] 工业互联网专项工作组．关于印发《工业互联网创新发展行动计划(2021-2023 年)》的通知[EB/OL]. 2020-12-22 http://www.gov.cn/zhengce/zhengceku/2021-01/13/content_5579519.htm

[5] 工业和信息化部 应急管理部．"工业互联网+安全生产"行动计划(2021-2023 年)[EB/OL]. 2020-10-10 http://www.scio.gov.cn/xwfbh/xwbfbh/wqfbh/42311/44021/xgzc44027/Document/1690213/1690213.htm

[6] 中国海洋石油集团有限公司科创局．中国海油：把握大势 抢抓机遇 加快推进中国海油数字化转型[EB/OL]. 2022-12-29 http://www.sasac.gov.cn/n4470048/n13461446/n15927611/n15927638/n16135038/c16348288/content.html

[7] 中国海洋石油报．提高站位 充分协同 推动中国海油数字化转型智能化发展迈上新台阶[EB/OL]. 2022-04-08 https://www.cnooc.com.cn/art/2022/4/8/art_191_15325829.html

[8] 梁慧．油气行业数字化转型时机成熟[J]．中国石化，2019(10)：4.

[9] 王震，陈永健．能源转型背景下石油公司的战略选择[J]．北京石油管理干部学院学报，2019，26(2)：6.

[10] 叶华文．油气企业数字化转型发展现状研究[J]．无线互联科技，2020，17(4)：2.

[11] 吴谋远，贺新春，殷冬青．国际大石油公司年度经营业绩回顾与战略动向前瞻[J]. 2021(2019-3)：45-49.

[12] 王同良．油气行业数字化转型实践与思考[J]．石油科技论坛，2020，39(1)：5.

[13] 王秀强．全面建成“智慧海油”，抢占新一轮产业竞争制高点——专访中国海洋石油集团有限公司科技信息部总经理周建良[J]．能源，2021(11)：19-22.

[14] 中国海油：积极融入数字化创新大潮 全面建成“智慧海油”[J]．国资报告，2021(11)：10028

[15] 麦肯锡北京数字化能力发展中心．数字化转型的1个目标，3大领域，6大因素和9个环节[EB/OL]. 2022-04-06 http://www.clii.com.cn/lhrh/hyxx/202204/t20220406_3953515.html

[16] 邱晓昀．数字敏感与数字化领导力[J]．清华管理评论，2021(3)：7.

基于相似性原理的设备故障预警研究

程　昊　张　晓

（中海石油气电集团有限责任公司）

摘　要　为了能够提前识别复杂机械设备运行中可能出现的故障并进行可靠预警，提出了一种基于相似性原理（SBM）和序列概率比检验（SPRT）的设备故障预警模型算法。首先，编制数据清洗算法，剔除电厂中压给水泵历史监测数据中噪音干扰和异常数据点，采用SBM算法建立当前观测向量与代表设备健康运行状态的过程记忆矩阵之间的相似度模型，得到当前观测向量中各特征预估值，根据序贯概率比检验对不同时刻下各特征的模型预测残差进行均值检验，识别设备运行异常，并与现场中压给水泵实际运行状态对比。结果表明，该预警方法对于异常时段的识别是有效的，弥补了原有工控系统阈值报警的不足，为设备预测性维修维护提供技术支撑。

关键词　故障预警；异常检测；相似原理算法；序贯概率比检验

锅炉、蒸汽轮机、燃气轮机、泵和发电机等众多大型特种设备是天然气发电厂高效运转的“心脏”。然而，设备之间的高耦合性、系统的复杂性，以及特殊的服役环境，导致其极易发生故障，甚至引发重大安全生产事故，造成重大经济损失和不良社会影响。2015 年 6 月，浙江恒洋热电有限公司汽轮机厂房内 2 号汽轮机设备爆炸引发厂房内引发重大火灾，直接经济损失约900 万元。可见，为保证电厂生产过程的安全平稳运行，防止生产中断带来重大损失，通过可靠的状态监控、诊断和预警技术对设备进行健康管理，及时发现潜在故障和异常就显得尤为迫切和重要。

早期设备故障预警技术大多采用基于机理模型的方法，但该方法在面对多变量耦合的复杂系统时适用性较差。后来发展为基于知识的方法，即在设备出现异常征兆时由专家和操作人员的“知识”为依据进行故障推理和演绎，该方法对专家知识依赖性太强，难以广泛应用。随着智能化仪表的广泛应用和数字信息技术的高速发展，海量的过程数据得以有效地监测、收集和存储，企业在生产方式、管理理念等方面发生了重大转变，使得基于数据驱动的方法在工业设备故障预警和诊断中占据着主导地位。据调研，意大利佛罗伦萨通用电气公司（GE 石油天然气）研发中心每天都会从全球燃气轮机、压缩机、蒸汽轮机和发电机等 700 多台设备中收集累积超过3850 个小时的设备状态数据，通过远程监测和诊断系统处理超过 70000 个信号，并向客户发送约 2300 条建议，推动设备智能化高效、安全运营。

目前，国内外学者已采用机器学习和深度学习算法对设备故障预警与诊断进行了大量研究，常用的故障预警算法主要有聚类分析、主成分分析、奇异值分解和神经网络等。Hai Qiu 等人采用高斯混合聚类、K 均值聚类的方法来检测信号异常状态，但当故障样本数据不足时，很难有效划分设备运行状态，及时准确发现异常的起始点。范李平等人基于逻辑回归算法建立变电设备故障预警模型，实现超前预警，谢吉伟等人采用主成分分析进行特征提取，通过计算马氏距离实现设备的健康状态评估；此外，不少学者提出将深度学习方法应用于设备故障预警，如刘隆波等人以燃气轮机为研究对象，采用小波变换和 BP神经网络开展故障预警与诊断研究；Jiao Liu 等提出采用卷积神经网络对燃气轮机热部件开展故障检测，张霄等人基于蜻蜓算法对 BP 神经网络进行参数优化，实现对燃气轮机的故障诊断。但是，基于深度学习的模型在训练阶段需要大量标记的数据集，而在实际工业系统中，非正常工况下的样本数据量往往不足。

设备故障预警算法的可靠性及准确性，与设备类型、监测数据特点等有关，不同的预警算法可能适用于不同的设备。目前，大多研究集中在燃气轮机，引风机，对于锅炉给水泵的研究甚少，缺乏相关的故障预警适用方法。笔者基于天然气发电厂中压给水泵大量历史数据，采用基于相似性原理的方法对当前观测向量进行预测估算，通过序列概率比检验判断设备运行状态，实现了设备早期预警，对提高电厂管理水平、降低设备运维成本具有重要价值和指导意义。

1 相似性原理(SBM)

基于相似性原理的建模(SBM)是一种强大的非参数建模技术，在机械故障诊断、飞机航迹建模、电厂设备异常检测中得到广泛应用。采用SBM算法对设备运行历史数据开展训练的关键是在样本数据集中选择能代表设备正常运行状态下各种运行模式的样本数据，组成记忆矩阵 D，进而建立当前状态向量与矩阵 D 的相似关系得到当前状态向量预测值，通过与实际值对比来判断设备是否运行正常。其基本原理如下：

假设某一设备包含 m 个相关的特征参数，$x_i(t_j)$ 表示第 i 个特征在 t_j 时刻的观测值，$x(t_j)$ 表示设备在 t_j 时刻的特征向量，即：

$$x(t_j)=[x_1(t_j),\ x_2(t_j),\ \cdots,\ x_m(t_j)]^T \tag{1}$$

给定 n 个代表正常状态的样本，则过程记忆矩阵为：

$$D=[x(t_1),\ x(t_2),\ \cdots,\ x(t_n)]^T \tag{2}$$

设 $\hat{x}(t_n)$ 是观测特征向量 $x(t_n)$ 的估计值，可表示为 D 矩阵的线性组合，即

$$\hat{x}(t_n)=D^T\frac{w_n}{\| w_n \|} \tag{3}$$

$$w_n=(D^{\circ}D^T)-1(D^{\circ}x(t_n))$$

式中，w_n 为权值向量，表征当前状态向量与矩阵 D 之间的相似度。w_n 存在的前提是 $D^{\circ}D^T$ 是可逆的，$^{\circ}$是相似度算子，对于向量 $x(t_i)$ 与 $x(t_j)$，相似度算子的运算公式可表示如下：

$$s_F=x(t_i)^{\circ}x(t_j)=\frac{1}{1+\| x(t_i)-x(t_j) \|_2} \tag{4}$$

2 序列概率比(SPRT)检验

序列概率比检验(The Sequential Probability Ratio Test)方法自提出以来，广泛应用于工业控制、信号处理等领域，尤其是故障检测与诊断领域。相比于阈值监测方法，SPRT 更灵敏，也就是说精度相同的情况下，SPRT 能更早识别异常起始时间，给出预警信号。基于 SPRT 检验的方法通过数学和系统特征来分析和评估模型残差来检测设备异常或故障。原理如下：

假设随机变量序列 y_1，y_2，$\cdots y_n$ 服从高斯分布，H_0 和 H_1 是 y_1，y_2，$\cdots y_n$ 的零假设和备选假设：

$$P(y_1,\ y_2,\ \cdots y_n \mid H_0)=\frac{1}{(2\pi\sigma^2)^{\frac{n}{2}}}\exp\left[-\frac{1}{2\sigma^2}\sum_{k=1}^{n}y_k^2\right] \tag{5}$$

$$P(y_1,\ y_2,\ \cdots y_n \mid H_1)=\frac{1}{(2\pi\sigma^2)^{\frac{n}{2}}}\exp\left[-\frac{1}{2\sigma^2}\sum_{k=1}^{n}y_k^2-2\sum_{k=1}^{n}y_kM+\sum_{k=1}^{n}M^2\right] \tag{6}$$

式中：M 为随机变量序列均值，σ^2 为随机变量序列方差。

则似然比定义如下：

$$L_n=\exp\left[-\frac{1}{2\sigma^2}\sum_{k=1}^{n}(M(M-2y_k))\right] \tag{7}$$

序贯概率比均值检验为：

$$SPRT=\frac{M}{\sigma^2}\sum_{k=1}^{n}\left(y_k-\frac{M}{2}\right) \tag{8}$$

为了及时识别系统异常，对观测向量的估计残差进行 SPRT 均值检验，并在拥有足够信息以确保满足预先指定的置信度边界时做出决策。检测正常/异常的判定边界通过 α 和 β 两个超参来控制，误报率记为 α，漏报率为 β，则阈值为：

$$A=\frac{\beta}{1-\alpha},\ B=\frac{1-\beta}{\alpha} \tag{9}$$

检验准则为：(1)当 $SPRT \leq \ln A$ 时，接受零假设 H_0，即为健康状态；(2)$SPRT \leqslant \ln B$，接受备则假设 H_1，即为故障状态，程序对该异常报警；(3)$\ln A \leqslant SPRT \leqslant \ln B$，继续观察。

3 应用实例

一般而言，锅炉给水泵出口压力在整个机组中是最高的，因此保障给水泵的安全对电厂的正常运转至关重要。国内某天然气发电厂发电机组中压给水泵积累了大量运行数据，以该发电厂中压给水泵 B 为研究对象，如图 1 所示，从现场 DCS 系统中采集该设备 2019 年全年历史数据(2019.1.1～2020.1.1)，采样频率为 10min，特征参数 19 个，样本量达 52560 个，样本数据为多变量时间序列，开展故障预警建模与分析，见图 2。

图1　中压给水泵 B

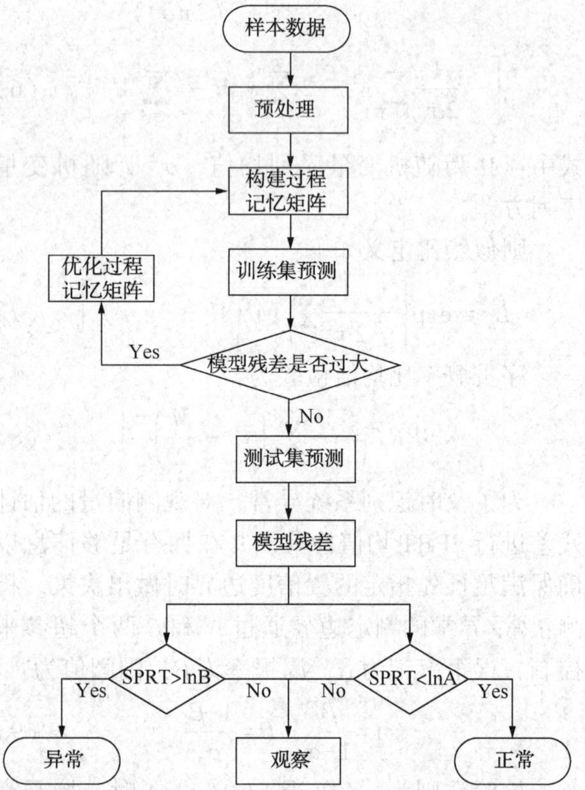

图2　分析流程

3.1 数据预处理

通常情况下，采集的样本数据涵盖设备启停车、高低负荷等多种运行工况，也会存在各种数据质量问题，如数据类型不统一、含重复值或缺失值等，倘若直接采用初始样本数据集建立模型开展训练，不仅计算量大，而且训练效果差。因此需要对数据进行预处理，使“脏”数据变为“干净”数据，形成结构化可分析的数据集从而建立有效机器学习模型。以中压给水泵 B2019 年 2 月 13 日~2 月 17 日历史数据为例，编制程序剔除设备停机状态数据后，给水泵电机电流随时间的分布如图 3 所示，可以看出，任意时间对应的中压给水泵电机电流均大于 198A。

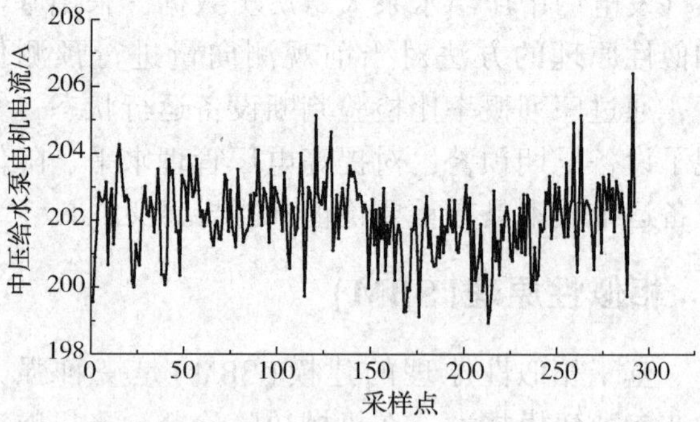

图3　数据清洗后中压给水泵电机电流随时间变化曲线

3.2 特征选择

数据预处理后，得到了中压给水泵运行状态历史数据，有效样本量为 5815 个。但是数据清洗并未对样本特征进行筛选，而选择合适的监测参数对设备运行状态进行有效评估是建立模型的关键环节，若采用所有特征不仅会造成计算量过大，也会影响预警的实时性和准确性。根据中压给水泵运行机理模型，结合电厂实际运行参数测点设置，选取如表 1 所示的中压给水泵特征参数进行建模。

表1　模型特征参数

源标签点名	标签点描述	变量名称	单位
30LAB62AP001I	中压给水泵 B 电机电流	x_1	A
30LAB62CP301	中压给水泵 B 入口压力	x_2	MPa
30LAB40CT001	中压给水泵入口母管温度	x_3	℃
30LAB60CP301	中压给水母管压力	x_4	MPa
30LAB62CP302	中压给水泵 B 出口压力	x_5	MPa
30HAC60AA102P	中压给水旁路调节阀反馈信号	x_6	%
30HAC60AA101P	中压给水调节阀反馈信号	x_7	%
30LAB40CT002	中压给水泵出口母管温度	x_8	℃
30LAB60CF301	中压给水流量 1	x_9	MPa
30LAB60CF302	中压给水流量 2	x_{10}	MPa

续表

源标签点名	标签点描述	变量名称	单位
30LAB62CT001	中压给水泵 B 驱动侧轴承温度	x_{11}	℃
30LAB62CT002	中压给水泵 B 非驱动侧轴承温度	x_{12}	℃
30HAD80CL30X-SEL	低压汽包液位	x_{13}	mm
30HAD50CL30X-SEL	中压汽包液位选择	x_{14}	mm

3.3 模型建立

数据预处理的目的在于剔除设备停机数据，获取运行状态数据，特征选择的目的在于选择对于建模有用的特征参数，剔除冗余测点，这两个过程是建模前极为关键和重要的步骤，完成后即可以进行学习建模。在样本数据中，3885 组正常运行状态数据用于模型学习和训练，1930 组数据包含故障前后数据用于模型测试，验证和评估该模型准确性。

本文采用基于相似性原理的建模方法，建立当前状态向量与正常运行状态向量之间的相似关系，来判断设备是否处于正常状态。SBM 建模的首要步骤是过程记忆矩阵 D 的构建，这直接影响着预警模型准确性与置信度。记忆矩阵 D 的维度过大，会导致模型计算量过大，耗费较多的计算资源和时间，并有可能产生过拟合现象，而若 D 的维度过小，训练样本不具有代表性，无法准确表征设备所有运行状态特性。笔者开发了一种构建过程状态矩阵 D 的算法，通过该算法可选择产生与完整数据集 L 相同性能水平的向量的最小数量，步骤如下：

（1）对于 $I=\{x_1, x_2, \cdots x_m\}$，$T=\{t_1, t_2, \cdots t_n\}$

$$x_i \in I,\ \exists t_j:\ x_i(t_j)=\max_n\{x_i(t_j)\} \cup x_i(t_j)=\min_n\{x_i(t_j)\}$$

由此方法筛选出的行向量记作矩阵 K。

（2）计算剩余矩阵（$L-K$）中行向量二范数 $\|x_i(t_j)\|_2$ 并排序，根据因子 s 抽取剩余矩阵中正常状态代表性样本 Q，即 $Q=(L-K)/s$。

（3）最终 D 可表示为 $D=K\cup Q$。

3.4 模型评估

过程记忆矩阵 D 构建完成后，建立训练集中状态向量与过程记忆矩阵 D 之间的相似关系，得到当前状态向量的预估值，并与实际状态参数分析对比。以训练集中 3 月 30 日到 5 月 16 日给水泵入口压力为例，观测变量实际值与模型预测值随时间分布如图 4 所示，相对误差如图 5 所示。从图中可以看出，模型预测值与现场监测值随时间变化的趋势线吻合度较高，平均相对误差仅为 1.118%，最大相对误差为 7.297%。中压给水泵训练集中其他特征向量的预测值与实际值之间关系与此类似，不再赘述。

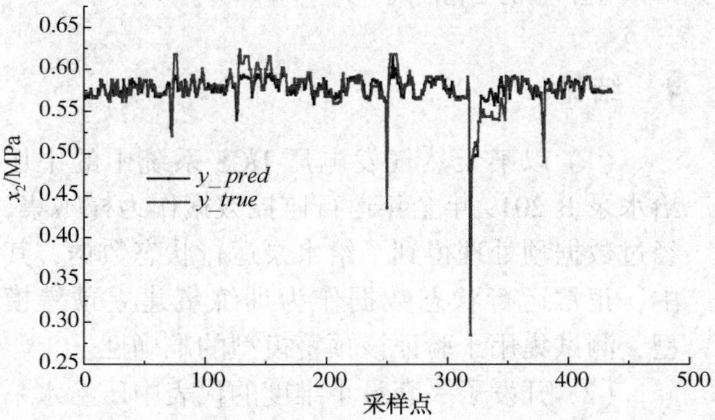

图 4 训练集中给水泵 B 入口压力实际值与预测值随时间变化曲线

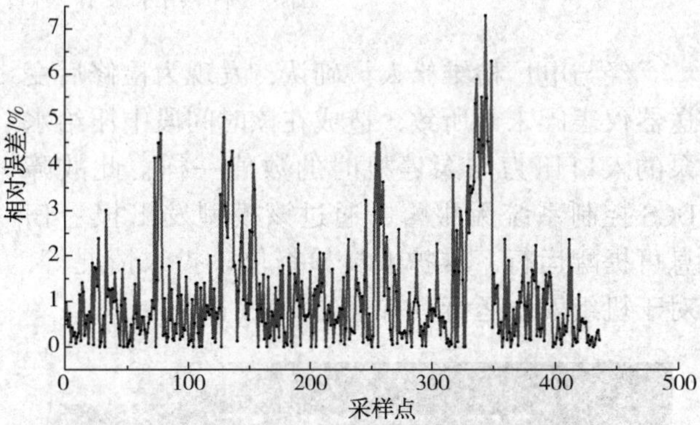

图 5 训练集中给水泵 B 入口压力模型相对误差随时间变化曲线

3.5 模型验证

测试集中前 292 组即 2019 年 2 月 13 日至 2 月 16 日之间中压给水泵 B 入口压力随时间的预测结果如图 6 所示。在 2019 年 2 月 13 日 10：30 至 2 月 14 日 15：30 之间，模型预测值与实际值相差较大，即残差较大，2 月 14 日 15：30 至 2 月 17 日 00：00 之间，模型残差较小。

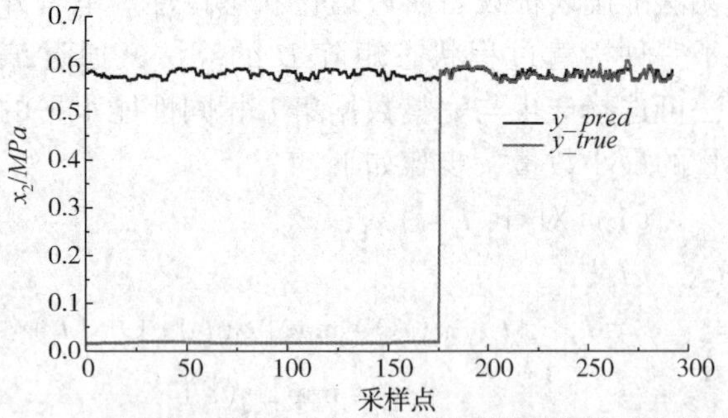

(a)中压给水泵B入口压力实际值与预测值随时间变化曲线

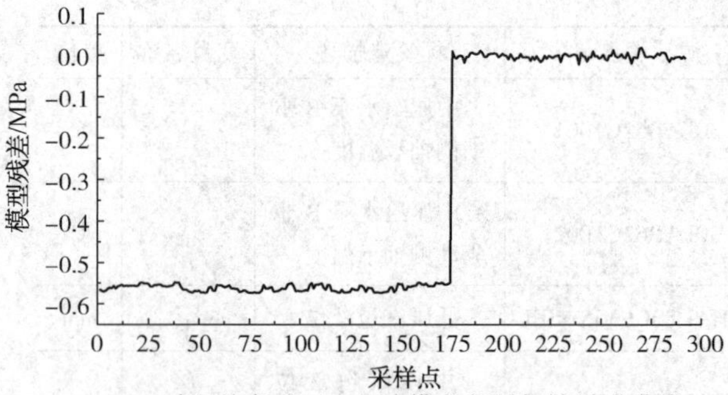

(b)中压给水泵B入口压力模型残差随时间变化曲线

图 6

为及时可靠识别中压给水泵入口压力预测残差的异常变化，对前 292 个采样点采用 SPRT 检验，假设误报率 α 和漏报率 β 分别取为 0.1，则 *SPRT* 检验阈值为 $\ln A=-2.197$，$\ln B=2.197$。按照 3.2 节提到的检验准则将 SPRT 值与阈值上下限比较，判断是否为异常信号，如图 7 所示。可以看出，前 176 个采样点(对应时间段为 2 月 13 日 10：30 至 2 月 14 日 15：30)处中压给水泵入口压力的 *SPRT* 均大于 $\ln B$，标记为 1，模型发出预警信号，从 177 采样点开始，*SPRT* 急速下降，低于阈值 $\ln A$，标记为-1，即处于正常状态。

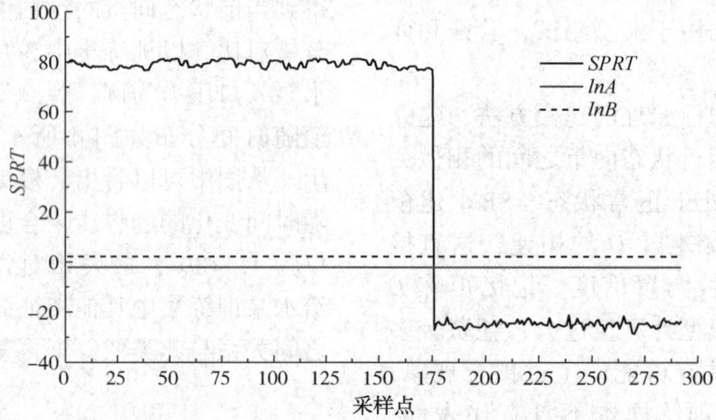

图 7　中压给水泵 B 入口压力 *SPRT* 随样本的变化曲线

经与电厂检维修人员确认，发现为检修后变送器仪表阀未开所致，造成在该时间段中压给水泵的入口压力与泵停机时的数值一样，此故障 DCS 控制系统无报警，通过该模型发出报警信息可提醒运行、维护人员检查仪表投入情况等，对于机组安全运行具有重要意义(图 8)。

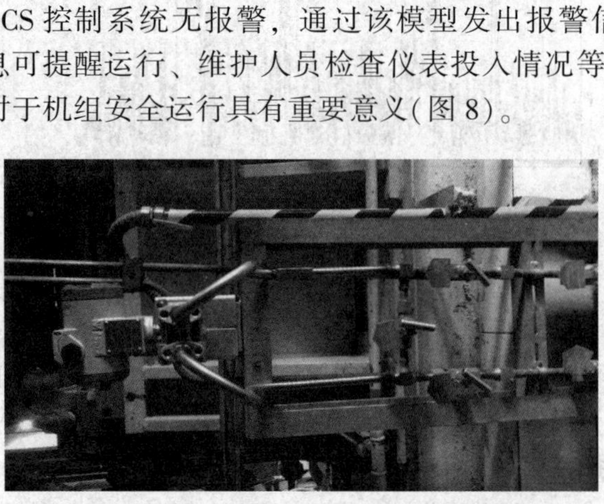
图 8　现场变送器仪表阀

4　结论

(1) 以某天然气发电厂 DCS 系统中的中压给水泵 B 2019 年全年运行监控数据作为样本集，经过数据预处理得到了给水泵运行状态数据，其中，正常运行状态数据作为训练集建立预警模型，测试集用于验证该预警模型的准确性。

(2) 开发了一套最小维度的代表中压给水泵全部正常运行工况点的过程记忆矩阵 D 的算法，通过建立当前状态向量与正常运行状态向量之间的相似关系实现中压给水泵早期预警。

(3) 为及时可靠识别中压给水泵观测向量预测残差的异常变化，采用序贯概率比检验对模型残差进行分析，有效识别设备运行异常的起始时刻。该方法对所有设备或系统都是普遍适用的，可及时发出预警信号为现场检维修工作提供技术支撑。

参 考 文 献

[1] VARUN, CHANDOLA, ARINDAM, et al. Anomaly Detection: A Survey[J]. Acm Computing Surveys, 2009.

[2] Fassois S D, Sakellariou J S. Time-series methods for fault detection and identification in vibrating structures [J]. Philosophical Transactions of the Royal Society A: Mathematical, Physical and Engineering Sciences, 2007.

[3] Qiu H, Eklund N, Hu X, et al. Anomaly Detection using Data Clustering and Neural Networks[J]. 2008.

[4] 张维, 刘吉臻, 高明明. 基于数据挖掘的循环流化床锅炉辅机故障预警[J]. 动力工程学报, 2019, 39(10): 826-833.

[5] Loboda I, Yepifanof S. A Mixed Data-Driven and Model Based Fault Classification for Gas Turbine Diagnosis[J]. International Journal of Turbo & Jet Engines, 2010, 27(3-4): 251-264.

[6] Tayarani-Bathaie S S, Vanini Z N S, Khorasani K. Dynamic neural network-based fault diagnosis of gas turbine engines [J]. Neurocomputing, 2014, 125 (feb. 11): 153-165.

[7] Shlens J. A Tutorial on Principal Component Analysis[J]. International Journal of Remote Sensing, 2014, 51(2).

[8] G, José Ragot. An improved PCA scheme for sensor FDI: Application to an air quality monitoring network[J]. Journal of Process Control, 2006, 16(6): 625-634.

[9] Wang S, Cui J. Sensor-fault detection, diagnosis and estimation for centrifugal chiller systems using principal-component analysis method[J]. Applied Energy, 2005, 82(3): 197-213.

[10] Yaguo, Lei, Jing, et al. A review on empirical mode decomposition in fault diagnosis of rotating machinery[J]. Mechanical Systems & Signal Processing, 2013.

[11] Shyamapada Mandal, N Sairam, S Sridhar, et al. Nuclear power plant sensor fault detection using singular value decomposition-based method[J]. Sādhanā, 2017.

[12] 王伟影, 赵宁波, 唐瑞, 等. 燃气轮机排气温度异常检测及诊断[J]. 哈尔滨工程大学学报, 2015(03): 337-342.

[13] Hadroug N, Hafaifa A, Kouzou A, et al. Faults detection in gas turbine using hybrid adaptive network based fuzzy inference systems to controlling there dynamic behavior[J]. Diagnostyka, 2016, 17(17 4): 3-17.

[14] 范李平, 张晓辉, 苏伟. 基于大数据挖掘的变电设备故障预警研究及应用[J]. 电力大数据, 2019, 22(01): 7-13.

[15] 谢吉伟, 刘君强, 王小磊, 等. 基于马氏距离的航空发动机健康监控方法[J]. 航空计算技术, 2015(3): 72-75.

[16] 刘隆波, 黄金娥, 沈君贤. 基于小波神经网络的燃气轮机故障诊断研究[J]. 应用科技, 2019, 46 (004): 11-15.

[17] Liu J, Yu D, et al. Fault Detection for Gas Turbine Hot Components Based on a Convolutional Neural Network[J]. Energies, 2018, 11(8): 2149.

[18] 张霄, 钱玉良, 邱正, 等. 基于蜻蜓算法优化BP神经网络的燃气轮机故障诊断[J]. 热能动力工程, 2019(3): 26-32.

[19] AD Fentaye, Gilani U H, Baheta A T, et al. Performance-based fault diagnosis of a gas turbine engine using an integrated support vector machine and artificial neural network method [J]. Proceedings of the Institution of Mechanical Engineers, 2019, 233(6): 786-802.

[20] 王惠杰, 苑国庆, 张晓博, 等. 基于混合模型的燃气轮机负荷与排气温度关系的研究[J]. 汽轮机技术, 2015, 000(005): 344-346.

[21] 胡志鹏, 何皑. 基于余弦定理的燃气轮机燃烧故障诊断方法[J]. 燃气轮机技术, 2019, 32(01): 21-25.

[22] Wang W, Xu Z, Rui T, et al. Fault Detection and Diagnosis for Gas Turbines Based on a Kernelized Information Entropy Model[J]. The Scientific World Journal, 2014, (2014-8-28), 2014, 2014: 617162.

[23] 刘旭斌、郭鹏、林峰. 基于深度学习与SPRT的风电机组齿轮箱轴承状态监测[J]. 动力工程学报, 2020, v.40; No.311(11): 30-37.

太阳能在油气行业的应用

程文学

（中国寰球工程有限公司北京分公司）

摘　要　创新是引领发展的第一动力，在中国的石油和天然气对外依存度不断提高的当下，通过技术创新提升经济效益、降低对外依存是必由之路。通过对太阳能利用的成本分析和其在油气田领域的应用研究，可知太阳能在油气田领域的发展和利用正逐步走向成熟，并具有了较好的经济优势。太阳能发电在油气田独立或联合供电、太阳能热二极管加热稠油降粘管道输送技术、光伏光热一体化原油加热处理、太阳能光催化分解水制氢研究等启示我们，在油气行业，积极研究和利用太阳能并将成熟的太阳能光热和光电应用技术进行适当创新和改造，引入油气田企业将成为新趋势和挖潜增效的重要支点，有助于油气田企业节能降耗，提升老油气田的经济效益，助力国家早日实现碳中和目标。

关键词　太阳能；光电；光热；应用；油气田

李克强指出，创新是引领发展的第一动力，必须摆在国家发展全局的核心位置，深入实施创新驱动发展战略。在中国的石油和天然气对外依存度不断提高的当下，通过技术创新提升经济效益、降低对外依存是必由之路。太阳能是司空见惯的清洁能源，经过上百年的发展，太阳能利用技术正逐步走向成熟，并具有了一定的经济优势。将成熟的太阳能光热和光电应用技术进行适当创新和改造，有助于油气田企业节能降耗，提升经济效益，助力国家早日实现碳中和目标。

1　前言

太阳能是指太阳的辐射能，就是通常所说的太阳光。利用太阳能的主要方式有光电转换和光热转换。光电主要利用光电效应来发电，所得电能经过稳压或升压处理可用来驱动油田的用电设备。光热转换一般运用反射、吸收或其他种类的方式把太阳的辐射能收集起来，将工质加热到一定温度。

目前，虽然石油在交通用能中占比超过90%，具有不可撼动的地位，然而全球非水可再生能源年增长速度（约16%）远高于能源总量的年增速（不足2%），有专家预计2050年太阳能可能取代石油。开发太阳能将是能源企业绕不开的命题。我国部分油气田所在的沙漠或高原地区，拥有丰富的无遮挡的太阳能，如果我们对其合理运用，可以一定程度上优化能源结构，减少油、气、电等常规能源资源的消耗，节能降耗，提高油气田的经济效益。

2　光电应用

2.1　光电成本分析

光伏发电发展经过几十年的技术积累取得了长足的进步，实验室里已测得的最高效率达29.15%。国际可再生能源署（IRENA）2019年报告指出，太阳能光伏发电的成本将在2020年低于任何化石燃料。如图1所示，彭博财经预测的发电成本走势，光伏发电成本逐年下降。彭博财经预测2020年底光伏电站建设的平均成本为3.5元/W左右，发电成本为0.36元/（kW·h），与同期全国脱硫燃煤发电平均价格0.3624元/（kW·h）相当，显然光伏发电应用到油气田地面已经具有了较好的经济效益。而且太阳能发电具有其他类型可再生能源发电难以比拟的优点：一是可以直接上网，二是光热发电的全生命周期碳排放量最低。

2.2　光电在油气行业的应用场景

经过不断摸索，光伏发电逐渐应用到了油气田地面：通过建设集中式或分布式光伏发电站发电，独立供电、并入电网或与电网混合供电，给井下抽油泵、抽油机、增压泵、监控摄像头、照明设备、压缩机、电加热器、电动阀门、长输管道的数据远传设备等用电设备供电。

然而光照的周期变化、黑夜、雨雪、沙尘等天气都会影响太阳能的利用，使得光伏发电稳定性差，导致需要持续运转的设备难以正常工作，所以利用光伏发电的同时需要考虑其他配套措施。

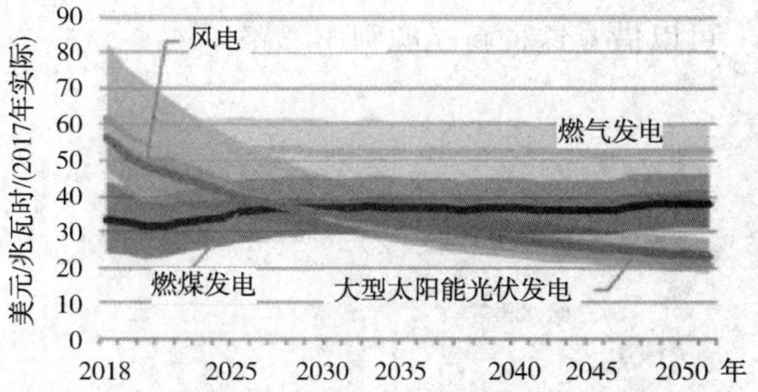

(a)中国新建大规模光伏发电与运营燃气燃煤发电平准化度电成本对比

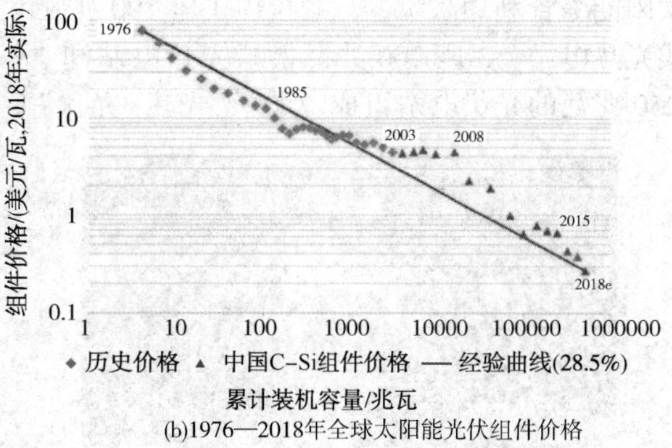

(b)1976—2018年全球太阳能光伏组件价格

图 1

2.2.1 独立供电

中石化西北油田分公司塔河油田运用光伏发电为一座偏远井场 AT22 独立供电(周围没有电网),该系统主要用于井场值守人员生活用电、井口设施电伴热和循环泵等。该系统在太阳能发电量富余时,通过蓄电池组储存能量;当太阳能发电量不足时,通过柴油发电机供电,克服了太阳能发电功率不稳定的缺点,节省了建设常规输电站的成本。

2.2.2 并网发电

大庆油田太阳能资源丰富,以大庆市胡路区为例,地面年日均辐射能 14.6MJ/m^2,开展太阳能发电,将油田荒地变废为宝。该油田将光伏发电系统划分成几个子方阵系统,最终经过并网逆变器来接入变电站用电系统,从而实现了并网发电,静态投资回收期约为 6.4 年。

2020 年 9 月 8 日,玉门油田在石油沟矿区开始建设分布式光伏电站新能源项目——老君庙采油厂太阳能综合利用试点示范项目。该项目的总装机容量为 874.80 千瓦,采用“集中并网、自发自用”方案。该油田成功运用现已成熟的太阳能光伏发电技术,缓解了矿区的用电压力,有效改善了企业的能源消耗结构,提高了经济效益。

2.2.3 混合供电

新疆油田公司陆梁油田开发了太阳能供电的抽油机技术,自 2008 年开始投产运行。油井配用 CYJSQl0—5—48HY 型抽油机,电机额定功率 22kW,额定电压 380V,接入(0.4kV)电网线路中,太阳能系统并入大电网(10/0.4kV)一同给负载供电。

3 光热应用

中国科学院宁波材料技术与工程研究所披露,实验室中太阳能的光热转换效率已高达 92.5%,比光电转换效率更高。光热转换系统已遍布生活的各处,常见的光热利用系统如图 2 所示。

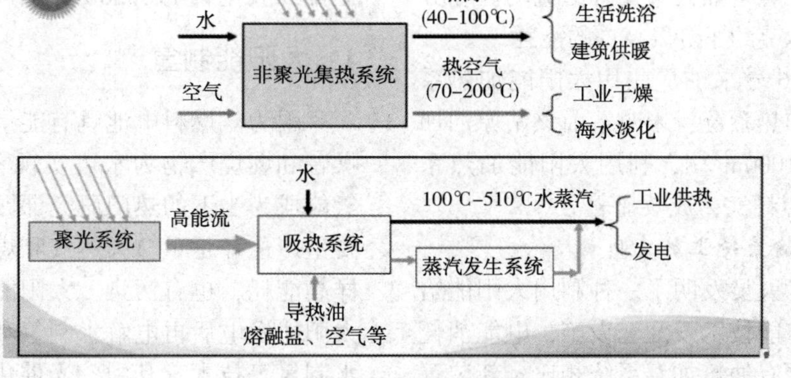

图 2 光热利用系统示意图

2018 年，迪拜开工建设了目前世界上最大的太阳能综合利用系统，该系统由 1 座 100 兆瓦塔式光热电站、3 座 200 兆瓦槽式光热电站和 1 座 250 兆瓦的光伏电站组成，属于“光热+光伏”混合太阳能发电项目(图 3)。该系统适用于光照强烈、日照长的地区。光照丰富的油气田企业也可以借鉴这种新能源利用思路。

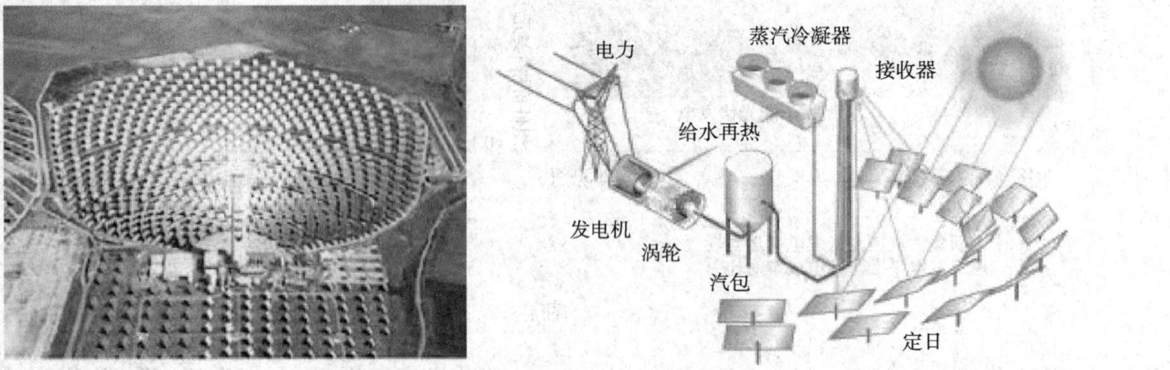

图 3　迪拜光热发电系统图

结合我国部分油气田企业的实际生产情况，如下图所示，可考虑利用太阳能集热器加热导热油，再用导热油加热所需要加热的介质。这种技术可应用在稠油加热外输、脱水加热炉、原油稳定塔加热、天然气脱酸气热处理、站场供暖等油气田上需要用热的地方，以降低运行费用。由于太阳能受风雪、黑夜、沙尘的影响，需要同时考虑光热高峰期的储能，以及太阳能光热低谷期使用电加热或伴生气加热等传统手段来保证设备的稳定运行。

3.1　太阳能在原油管输上的应用

委内瑞拉建设了一条长 32km 的稠油管道，当其运用太阳能热二极管加热技术后，管输稠油温度从原来的 28℃提高到 60℃，稠油粘度大幅降低，输送成本也大幅降低，管输能力提高 17%。

中东某电厂将太阳能集热器改造运用到燃料油加热上，并成功地将燃料油保持在系统所需要的状态，并保证了燃料油处于良好的流动性和分散性，通过此技术节约了 5%~8%的能耗

辽河油田兴 56 号采油厂应用太阳能加热系统改造管输原油加热系统，未改造前该站原油加热需要天然气近 1000m^3/d，利用太阳能加热系统后节省 30%的燃料气，成效显著。

3.2　太阳能在集输系统上的应用

大港油田技术人员发明了一种利用太阳能给油罐加温的新型节能技术及配套设施，电能消耗大幅度降低，与原有油罐加温系统相比，新装置可节省电耗 60%以上。

长庆油田技术人员开发了一套适用于油田井口的光伏发电和光热一体化综合利用原油加热系统(图 4)。实践证明，对于一口产液量为 45t/d 的单井，在白天充分利用太阳能加热系统的条件下，该系统所发的电能可以同时满足井场信号电能需求和 3. 59h 的原油夜间加热需求，每年可以节省天然气约 2 万方。

3.3　接转站槽式聚焦太阳能加热技术

胜利油田某接转站开发了一套槽式聚焦太阳能加热工艺方案。太阳能加热系统由太阳能集热器、储油罐、循环泵，以及配套电气、自控系统等组成。主要加热过程：导热油吸收太阳能集热器汇集的太阳能热量后，进入储油罐；高温导热油通过循环泵进入板式换热器与接转站来液进行热交换；换热后的低温导热油再进入太阳能集热器循环加热，接转站来液被加热后进入燃气加热炉系统进行二次加热，最终满足工艺要求。经测算，可节约标煤 476. 6t/a，减排二氧化碳 1187. 8t/a(图 5)。

4　太阳能制氢

因为氢燃料电池具有能量转化利用率高、低噪音和燃烧产物为水可实现零污染等显著优点，氢能成为当下的热门研究课题。目前，氢能的主要生产途径是重整天然气和煤，这种生产渠道同样高能耗，也有污染。太阳能制氢的技术路径有太阳能发电后再电解水制氢和太阳能光催化分解水制氢等技术。其中，光催化分解水制氢最具吸引力的技术，可实现全流程无污染。

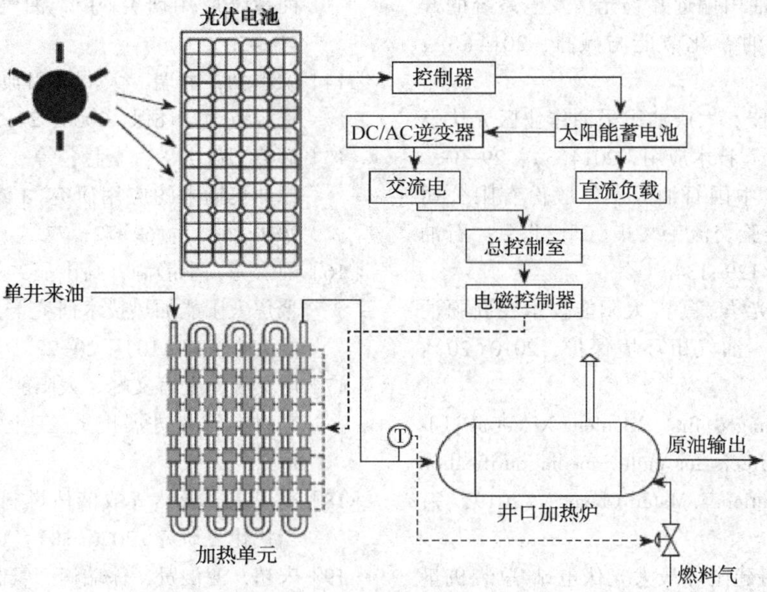

图4　井口光伏光热一体化原油加热系统流程

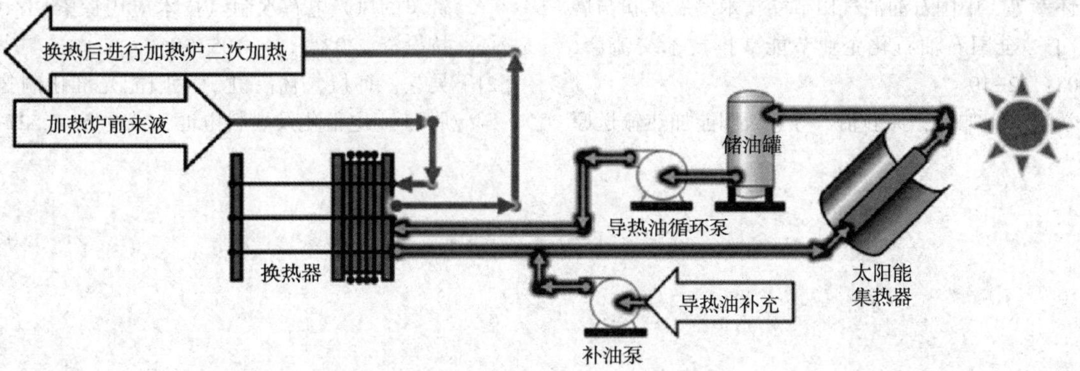

图5　太阳能加热系统工艺流程示意图

其原理是当半导体受到太阳光照时，会受激产生光电子和空穴，如果半导体价带顶对应的正电化学电位足够就可以氧化水分子或羟基从而释产生氧气，而导带底对应的负电位足够就可以还原氢离子从而释放氢气。由于硫化氢分子的解离能远小于水分子的解离能，硫化氢更易分解产生氢气，因此光解硫化氢产氢效率远高于光解水产氢。如果能利用光催化技术分解酸性油气藏中富含的大量硫化氢气体，则能变废为宝，即消除了环境污染物硫化氢，又得到了绿色清洁能源-氢气。

目前，虽然太阳能光催化分解水制氢效率较低，仍处于实验室探索阶段，但利用太阳能已水制氢是一种极具潜力和绿色可持续发展的技术。

5　小结

太阳能的光电和光热效应在油气行业已有诸多应用，将相关太阳能利用技术经过一定的技术适应性改造和创新并应用到油气田上，将产生明显的经济效益，而且油气田上太阳能利用技术还有很多潜力可挖。太阳能光催化分解水制氢或硫化氢制氢，前景诱人，期待相关技术突破。

参 考 文 献

[1] 李克强．政府工作报告[R]．北京：中华人民共和国中央人民政府，2016：2.
[2] 乐威．太阳能光伏发电技术现状及未来发展[J]．电力系统装备，2020(19)：34，133.
[3] 张正刚．太阳能光热利用浅析[J]．太阳能，2015(12)：13-17，12.
[4] 张正刚．从太阳能发电行业再思考石油公司发展新能源的探索[J]．国际石油经济，2018(10)：86-97.
[5] 贾美姿．2050年风电和太阳能将成中国主要电力供应来源[J]．电力系统装备，2015(7)：48-48.

[6] 关俊岭．西北地区油田偏远井场光伏发电系统的开发与应用[J]．石油石化节能与减排，2014(3)：23-27.
[7] 王浔，韩翠莲，刘佳．大庆油田采油作业区光伏发电技术应用分析[J]．技术应用，2014(3)：29-31.
[8] 张虎俊，刘军平．中国石油天然气股份有限公司2003年效益评价经验交流论文集[C]．北京，石油工业出版社，2003. 129-134.
[9] 胡仕南，李波，周光华，等．太阳能技术在新疆油田的应用研究[J]．油气田环境保护，2010(20)：19-22.
[10] Tiantian Li, Qile Fangco-first, Xianfeng Xi, et al. Ultra-robust carbon fibers for multi-media purification via solar-evaporation. J. Mater. Chem. A 2019, 7, 586-593.
[11] 董梓童．阿联酋将建全球最大光伏电站 总装机量2GW 发电成本仅为13.5美元/兆瓦时[N]．中国能源报，2020.08.03(05).
[12] 王怀孝等．中国石油油气田节能技术发展现状与展望[J]．全国石油石化企业节能减排技术交流会，2008：12-19.
[13] 王学生，王如竹，吴静怡，等．太阳能加热输送原油系统应用研究[J]．油气储运，2004，23(7)：41-45.
[14] 梁惠勳，姬瑞．大港油田典型节能技术介绍[J]．资源节约与环保，2008，24(3)：17-19.
[15] 郝芸，吕少华，李慧，等．太阳能光伏光热系统在原油集输中的应用研究[J]．石油石化绿色低碳，2020，5(3)：69-72，77.
[16] 刘宏亮，李静静，高中显，等．油田集输站场槽式聚焦太阳能加热技术研究与应用[J]．石油石化节能．2019，9(10)：20-22.
[17] 房文健，上官文峰．太阳能光催化制氢反应体系及其材料研究进展[J]．工业催化．2016，24(12)：1-7.
[18] 姜卫东．天然气或液体燃料制氢新工艺探讨[J]．当代化工研究．2020(18)：154-155.
[19] 宋超，谢淑贤，徐瑞峰．氢能产业发展前景及其在中国的发展路径[J]．化工管理，2021(4)：7-8.
[20] 杨云翔，高晓勇，寇永琇，等．基于甘肃酒泉风光资源的风光电解水制氢技术应用探索[J]．中国科技投资，2021(6)：105-106.
[21] 吴芝，孙岚，林昌健．太阳能光催化制氢研究进展[J]．电催化及燃料电池，2019(5)：527-552.

压力容器零部件标准化研究

陶 钧 张运强 李小梅 岳国印 彭薇薇 赵栓柱

(中国寰球工程有限公司北京分公司)

摘 要 将重复性设计的压力容器零部件标准化是工程项目提质增效的有力措施。本文阐述了压力容器零部件标准化的现状，在对压力容器零部件公称直径(尺寸)和公称压力等基本参数分析的基础上，结合具体实例，提出了零部件标准化的补充发展空间和实施思路，最后总结了压力容器标准化工作的特点和建议。

关键词 压力容器；零部件；标准化；提质增效

目前压力容器常用的零部件已大部分实现了标准化和系列化。但是仍有部分零部件没有实现标准化，或者零部件标准没有对其覆盖。从设计角度看，设计人员设计施工图时，对该部分零部件重复设计、重复校核、重复审核，消耗了大量本可以省却的设计人工时。且不同的设计人员在设计非标零部件时，由于受个人设计理念、设计习惯等因素的影响，导致设计图纸风格不统一、材料选择或材料规格不统一、图纸设计质量不稳定。从制造角度看，上述本可以形成标准零部件的非标零部件由于没有进行标准化，严重影响了零部件原材料的采购、批量生产以及后续的互换性。从管理角度看，该问题增加了工程项目的管理成本。因此，提高压力容器零部件标准化水平，能够极大的节省非标设备的施工图设计人工时，缩短项目建设周期，有益于压力容器的轻量化设计，提高设计和制造效率，促进压力容器制造的专业化和社会化，减少工程项目成本，对工程项目和压力容器行业的高质量发展具有重要意义。

1 压力容器零部件标准化的现状

1.1 压力容器零部件标准化的可行性

由于受工艺原材料、工艺路线、现场管道布置、装置规模、设计基础等因素限制，压力容器往往难以整体实现标准化和系列化，基本上每一台设备都需要专门设计，是典型的非标准设备。

压力容器的零部件与整体压力容器不同，由于其受到设计条件的限制较少，为了有利于通用和互换，一部分的压力容器零部件基于公称直径和公称压力，已经实现了标准化和系列化，如表1所示。工程师在设计压力容器施工图时，可以依据现行标准选用标准零部件图，在图纸上根据标准规定对零部件进行标记引用。

表1 常用的中国压力容器零部件标准及零部件标记示例

压力容器零部件	中国国家标准/行业标准	标记示例
压力容器封头	GB/T 25198—2010	EHA 2400×20(18.2)-Q345R
容器支座	NB/T 47065.1~47065.5-2018	鞍式支座 BII1600-S，h=400，l=60
设备吊耳	HG/T 21574—2018	吊耳 AXB-6-60-20
压力容器法兰、垫片、紧固件	NB/T 47020~47027-2012	法兰 RF 1000-2.5/78-155
		垫片 B22-1000-2.50
		螺柱 M24×160-A
		螺母 M42×3

续表

压力容器零部件	中国国家标准/行业标准	标记示例
钢制管法兰、垫片、紧固件	HG/T 20592~20635-2009	法兰 PL1200(B)-6 RF 16MnII
		缠绕垫 B600-40 0222
		双头螺柱 M36×3×120 8.8 级
		螺母 M56×3 30CrMo
钢制人孔和手孔	HG/T 21514~21535-2014	人孔 RF IV t(W·D)-2222 450-40
补强圈	JB/T 4736-2002	d_N100×8-Q345R

1.2　国内外压力容器零部件标准的现状

纵观世界众多重要的压力容器标准体系，中国和德国压力容器标准是鲜见的具有较多压力容器零部件标准的标准体系。我国的压力容器零部件标准与压力容器基础标准、产品标准一起构成了压力容器标准体系的基本框架。

与中国标准体系相比，德国标准体系具有时间早、推广快、内容多、影响深刻、效果显著的特点。德国标准具有很强的灵活性和详细程度，特别是企业标准，其对技术要求的细节把握更严、规范得更具体。一方面，80%以上的德国标准(DIN)上升为欧洲标准(EN)和国际标准(ISO)；另一方面，德国企业标准是DIN标准的主要来源。表2列举了一部分常用的德国压力容器零部件标准。图1所示为德国压力容器(不包括蒸汽锅炉)技术规范体系。

德国标准化的先进经验对于我们压力容器零部件的标准化具有重要的参考意义。

表2　常用的德国压力容器零部件标准

标准号	标准名称
DIN 28011-2012	Torispherical heads
DIN 28013-2012	Ellipsoidal heads
DIN 28033-2019	Flange joints for process vessels-Weld flanges for pressure vessels
DIN 28034-2013	Flange joints for process vessels - Weld-neck flanges for pressurized vessels
DIN 28080-2015	Saddle supports for horizontal apparatus
DIN 28081-1-2015	Supports for vessels-Part 1: Tubular supports for vessels
DIN 20801-2-2015	Supports for vessels - Part 2: Steel profile supports for vessels

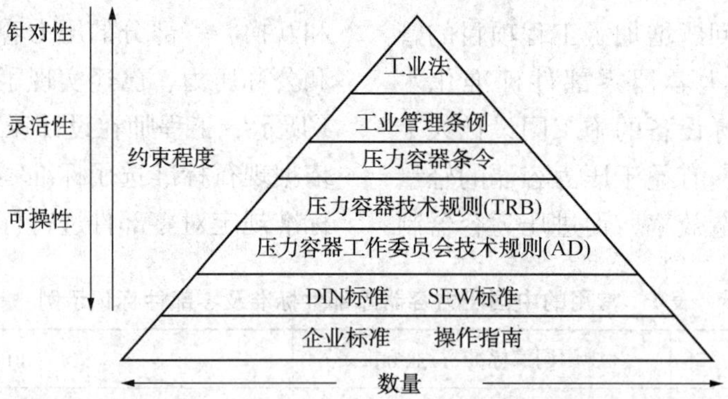

图1　德国压力容器(不包括蒸汽锅炉)技术规范体系

1.3　我国压力容器设计和制造模式的现状

由于我国压力容器的生产历史习惯等原因，目前我国的压力容器设计和制造并存以下两种模式：(1)工程公司或设计单位进行压力容器的结构设计和强度计算，制造厂根据图纸进行加工制造；(2)制造厂根据工程公司提出的设计条件进行压力容器的结构设计和强度计算并进行制造。相较于之前的设计院模式，工程公司的工作重点向工程设计转移，设计人员的工作任务更为繁重；而制造厂的工作重点在于压力容器的制造，且大部分制造厂设计人员的设计能力有待提高。因此，无论是工程公司还是制造厂，由于受到人力资源、项目工期、项目数量等因素的影响，压力容器施工图设计人员面临较大的工作压力。因此，通过提高压力容器零部件标准化水平，以稳定压力容器施工图设计质量、提高压力容器施工图设计效率，对于工程项目的高质量和高效率发展，具有重要意义。

1.4 压力容器零部件标准化的局限性和发展空间

随着化工装置和设备的大型化发展，受限于标准的适用范围，大直径、高压力或特定材料的零部件往往无法直接引用国家标准或行业标准，从而必须对其进行非标设计。举例说明，NB/T47023-2012《长颈对焊法兰》中公称压力为PN4.0MPa的法兰，其对应的最大直径仅为2000mm；公称压力为PN6.4MPa的法兰，其对应的最大直径仅为1200mm，且该标准不适用于不锈钢材料设备。HG/T21521-2014《垂直吊盖带颈对焊法兰人孔》的公称压力仅限于PN40，且同样该标准的材料没有涉及到不锈钢。

除国家或行业标准规定的常用零部件外，目前仍有部分常用压力容器零部件没有实现标准化。如容器进料管口缓冲板和容器出口的防涡流挡板等。因此，现行的压力容器零部件标准有很大的补充发展空间。

2 压力容器零部件标准化的参数

在标准化活动中，经常要解决产品或对象的多样性问题。将拟对标准化的对象的参数进行合理的选择和分档、分级，形成总体功能最佳的参数系列，是标准化工作的首要工作。公称压力和公称直径(公称尺寸)是压力容器零部件设计中最基本的两个参数。

2.1 公称压力

公称压力是为了设计、制造和使用方便，而人为规定的一种名义压力。在管道系统中，通常依据法兰的压力等级将管道系统分级。在GB/T 1048—2019《管道元件公称压力的定义和选用》中，将公称压力定义为：与管道系统元件的力学性能和尺寸特性相关的字母和数字组合的标识，由字母PN或Class和后跟的无量纲数字组成。管道元件的最大允许工作压力取决于管道元件的PN数值或Class数值、材料、元件设计和最高允许工作温度等。压力容器的公称压力一般指法兰的公称压力。

HG/T 20592~20635-2009《钢制管法兰、垫片、紧固件》PN系列(欧洲体系)的法兰公称压力包括9个等级：PN2.5，PN6，PN10，PN16，PN25，PN40，PN63，PN100，PN160；Class系列(美洲体系)的法兰公称压力包括6个等级：Class150，Class300，Class600，Class1500，Class2500。从上述分级可以看出PN系列比Class系列的压力等级分级的更加细致，在满足材料及压力等级的前提下，有利于压力容器的轻量化设计。HG/T 21514~21535-2014《钢制人孔和手孔》和NB/T 47020~47027-2012《压力容器法兰、垫片、紧固件》中公称压力的分级采用的即是PN系列。但另一方面，PN系列的较高压力等级的法兰没有覆盖较大的公称尺寸，以PN63带颈对焊钢制管法兰为例，其对应的最大公称尺寸仅为DN400。

2.2 公称直径和公称尺寸

公称直径和公称尺寸是同义术语，针对压力容器，公称直径是首选术语；针对管道工程，公称尺寸是首选术语。

在GB/T9019-2015《压力容器公称直径》中，压力容器公称直径以容器圆筒直径表示，分为两个系列。以内径为基准的压力容器公称直径系指容器圆筒的内径，以外径为基准的压力容器公称直径系指容器圆筒的外径。圆筒内径为1200mm的压力容器公称直径标记示例为：DN1200。

用于管道元件的公称尺寸同样由字母DN和后跟的无量纲的整数数字组成，这个无量纲数字与端部连接件的孔径或外径等特征尺寸直接相关。

除公称压力和公称直径(尺寸)这两个基本参数外，影响零部件设计的因素还有介质、设计温度、腐蚀裕量和材料选择等。

3 提高压力容器零部件标准化水平的实施思路

前已述及，目前部分零部件没有实现标准化，或者受限于范围等因素，现行零部件标准没有对其覆盖。上述没有实现标准化的零部件，在施工图设计时，一般需对其进行非标设计。当同一零部件图纸重复设计时，便有将其标准化的必要。在总结以往经验的基础上，选择最佳方案，将重复使用的零部件标准化，可以最大限度地减少不必要的重复劳动(重复设计、重复校核、重复审核)，又能扩大“最佳方案”的重复利用次数和范围，从标准化活动中获得诸多技术经济效果。国家标准化法中已明确，国家鼓励社会团体、企业制定高于推荐性标准相关技术要求的团体标准、企业标准。

3.1 在现行零部件标准的基础上进行零部件标准化

针对目前现行的零部件标准，当其受限于公称直径(尺寸)、公称压力或材料等因素时，可以采取对其补充的方式，基于零部件主要参数，对重复设计的零部件进行标准化。当采用该方式时，可沿用现行标准的规定、符号等。

以在HG/T 21521—2014《垂直吊盖带颈对焊法兰人孔》的基础上对垂直吊盖带颈对焊法兰人孔进行标准化扩充为例，可以对其材料进行扩充，针对其规定的筒节材料，可以补充14CrMo、12Cr1MoR等常用材料；针对其规定的紧固件，可以补充不锈钢螺柱螺母等材料。另外，可以基于HG/T 20592~20635-2009《钢制管法兰、垫片、紧固件》Class系列(美洲体系)的法兰公称压力，扩充垂直吊盖带颈对焊法兰人孔的压力等级。扩充的标准人孔的标记示例可以借鉴和沿用现有的标准，在现有的标准基础上进行略微修改。下面给出在HG/T 21521—2014《垂直吊盖带颈对焊法兰人孔》基础上，对垂直吊盖带颈对焊法兰人孔的企业内部标准化示例：

人孔RF-VII-t2(W·D-2222)600-300#-A

上述示例中的VII表示S30403人孔受压零件材料。HG/T 21514—2014《钢制人孔和手孔的类型与技术条件》虽然给出了I~XI共11种材料类别，但HG/T 21521—2014《垂直吊盖带颈对焊法兰人孔》标准仅给出了Ⅱ、Ⅲ、Ⅳ、Ⅴ、Ⅵ五种材料类别，因此可以在此基础上增加Ⅶ、Ⅷ、Ⅸ、Ⅹ、Ⅺ等材料类别，同时可以补充14CrMo、12Cr1MoR等材料，在标准的基础上赋予其Ⅻ、XIII符号表示。

上述示例中的t2表示30CrMoA螺柱。HG/T21521-2014《垂直吊盖带颈对焊法兰人孔》标准仅给出了35CrMoA螺柱材料，实际上由于介质、低温工况等因素，35CrMoA材料常常无法满足设计需求。此处t沿用了标准使用的符号，以补充数字后缀“2”的方式补充设计中常用的螺栓材料。

上述示例中的600表示公称直径，该标识方法与HG/T21521-2014《垂直吊盖带颈对焊法兰人孔》相同。

上述示例中300#表示Class系列Class300公称压力等级，由于HG/T 21521—2014《垂直吊盖带颈对焊法兰人孔》中DN600的法兰的压力等级最大为PN40，为满足工程设计需要，此处可以采用Class系列法兰。

上述示例中A表示分析设计规则，因为采用分析设计规则的疲劳分析设备与采用规则设计的设备在零部件设计上有不同的要求，需要进行区分。设计规则的标记是在企业标准化的过程中对现行标准的补充和完善。

上文给出了基于HG/T 21521—2014《垂直吊盖带颈对焊法兰人孔》标准，对垂直吊盖带颈对焊法兰人孔进行企业内部标准化的示例，针对现行标准中的其他零部件，当受限于标准适用范围，需对零部件进行标准化扩充时，可采用上述思路。

3.2 将压力容器内部和外部常用零部件进行标准化

压力容器的内部和外部零部件由于脱离了设计压力的制约，为将其实现标准化提供了契机。表1中现行标准涉及到的容器支座、设备吊耳、补强圈是典型的压力容器外部常用零部件。基于公称直径(尺寸)、腐蚀裕量等参数可以将重复性使用的、便于引用的内部和外部零部件标准化。

进料管口缓冲板是一种常见的压力容器内部零部件。图2是标准HG/T20583-2011《钢制化工容器结构设计规定》中给出的容器进料管口缓冲板的结构图例。从图例可以看出，缓冲板部件的两块板的结构参数都可以看成是图中参数d(接管内径)的函数。考虑到接管内径数值一般不固定，在不影响缓冲板功能的前提下，可以将管口的公称尺寸(直径)代替接管内径，作为上述函数的定义域。根据设备的腐蚀裕量，可以给出缓冲板厚度t的取值范围。因此，公称尺寸为DN100的12mm厚的进料管口缓冲板，可以标记为：缓冲板DN100-12。表3列出了常见的压力容器内部和外部的常用零部件，可以参考进料管口缓冲板的标准化示例对其进行标准化。

表3 可实施标准化的压力容器内部和外部常用零部件

位置	零部件名称
压力容器内部零部件	防涡流挡板
	容器内部梯子
	换热器防冲板
	换热器拉杆
	丝网除沫器

续表

位置	零部件名称
压力容器外部零部件	鞍座保冷垫木
	顶丝
	防松支耳
	接地板
	铭牌

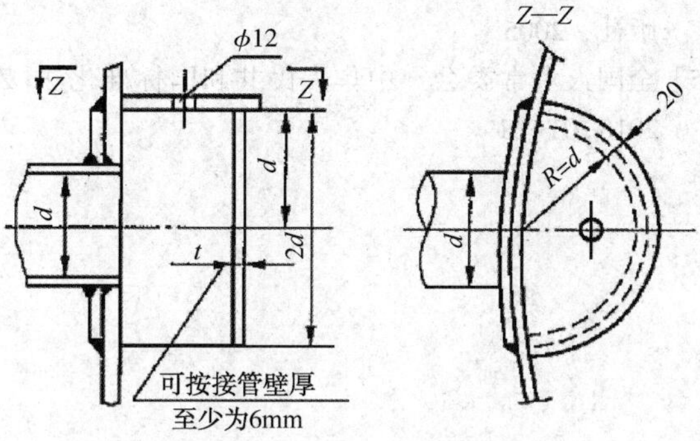

图 2　容器进料管口缓冲板

3.3　对零部件进行标准化标记

有部分压力容器零部件，一方面，其尺寸参数与设备的公称尺寸无法形成一定的函数关系，并且其尺寸参数往往连续，无法通过分档、分级的方式形成系列，因此往往必须对其进行非标设计；另一方面，该部分零部件具有固定的结构形式，仅需通过几个尺寸参数便可以将其表示清楚。根据该部分零部件的特点，可以通过对其进行标准化标记，从而在施工图设计工作中对其直接引用。图 3 所示的压力容器中常见的内伸形式的锻件加强管便属于上述零部件的范畴。根据上述分析，可对其进行标准化标记如下：锻件加强管 D_1 = XX，D_2 = XX，D_3 = XX，H = XX，其中“XX”为零部件参数的具体数值。

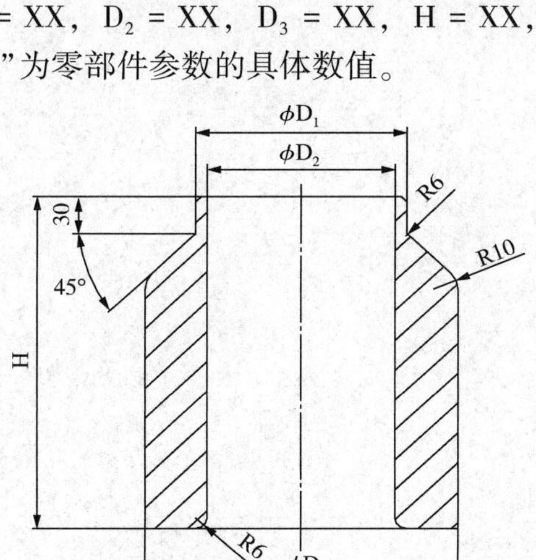

图 3　锻件加强管

4　结论与建议

（1）将压力容器常用零部件标准化，在设计方面，可以显著的提高施工图设计效率，缩短设计人工时，稳定和提高施工图的设计质量；在制造方面，可以提高设备的制造效率，促进压力容器制造的专业化和社会化，提高零部件后续的互换性。因此，提高压力容器零部件标准化水平能够推动工程项目的高质量和高效率建设，对于压力容器行业的高质量发展具有重要意义。

（2）专业团体、协会、民间组织和企业应立足我国压力容器设计和制造模式的现状，借鉴其他国家标准化的丰富经验，积极参与标准化活动，制定先进的、针对性强的行业标准和企业标准，努力提高压力容器零部件标准化的水平。

（3）虽然目前部分压力容器零部件已实现了标准化，但仍有较大的补充和发展空间。可以依据对现行标准进行补充、基于零部件的主要参数对压力容器的内部和外部零部件进行标准化、在对零部件进行标准化标记的基础上从而便于引用这三个思路开展标准化工作。压力容器零部件标准化工作宜借鉴和沿用现有标准的规定和符号等内容。

（4）基于目前工程项目中各专业分工细化的趋势，压力容器设计专业与工艺专业、仪表专业等专业的积极沟通协作有助于压力容器零部件标准化工作。

（5）压力容器零部件标准化工作是一个长期的过程，首先，根据标准化工作本身的特点，该工作是以信息反馈为推动力的循环往复的改进过程。其次，根据压力容器零部件的特点，根据零部件重复设计的次数，优先实施较为常用的零部件的标准化，对不经常使用的零部件，可以采用长期积累推进的方式实施。

参　考　文　献

[1] 陈学东，崔军，章小浒，等．我国压力容器设计、制造和维护十年回顾与展望[J]．压力容器，2012，29(12)：1-23.

[2] 郑津洋，缪存坚，寿比南．轻型化——压力容器的发展方向[J]．压力容器，2009，26(9)：42-48.

[3] 轩福贞，宫建国．基于损伤模式的压力容器设计原理[M]．北京：科学出版社，2020.

[4] 寿比南．压力容器标准技术最新进展与中国压力容器标准化[J]．中国锅炉压力容器安全，2002，

18(2)：49-53.

[5] 郑津洋，董其伍，桑芝富．过程设备设计[M]．北京：化学工业出版社，2010.

[6] 王竞楠．德国标准化与德国崛起[D]；济南：山东大学，2013.

[7] 陈展展，黄丽华．德国标准化发展现状及中德标准化合作建议[J]．标准科学，2018，(12)：11-15.

[8] 刘慧彬，扈书光，池玮波．从德国制造看标准化对中国工程机械行业发展的重要意义[J]．建筑机械(上半月)，2015，(2)：33-35.

[9] 岳雷．德国标准化战略对我国标准化改革的启示[J]．电器工业，2016，(9)：85-86.

[10] 宋明顺，王玉珏．德国标准化及其对我国标准化改革的启示[J]．中国标准化，2016，(2)：96-100.

[11] 寿比南．中、美压力容器标准的对比分析[J]．中国锅炉压力容器安全，1999，15(1)：27-29.

[12] 费伟，张学恭．关注与推进压力容器设计体制进入国际化[J]．压力容器，2011，28(1)：44-46，63.

[13] 刘欣中，李建梅，黄建虾，杨杰，胡忆沩．压力容器、管道元件的公称压力和公称直径(尺寸)术语解读[J]．吉林化工学院学报．2011，28(5)：1-4.

[14] 李春田．标准化概论[M]．北京：中国人民大学出版社，2005.

[15] 全国人大常委会．中华人民共和国标准化法[Z]．2018-01-01.

浅析通过 Aspen Plus 模拟精馏塔回流比 甲醇-水精馏塔简单建模型及讨论

王伟东

（中石油吉林化工工程有限公司）

摘　要　Aspen Plus 为 AspenTECH 公司旗下工艺流程模拟软件，广泛应用于生产装置设计、稳态模拟和优化等方面，通过 Aspen Plus 用户可以得到准确的物流模型和数据，对整个工厂、企业工程的流程实践、优化、自动化有着非常重要的促进作用。本文采用 Aspen Plus 软件模拟甲醇-水精馏塔，通过调整精馏塔回流比达到用户的产品质量要求，并对回流比、塔板数的影响因素进行简单讨论。

关键词　Aspen Plus；精馏塔；回流比

1　引言

精馏塔是化工生产装置中常见的分离设备，利用塔内混合物中各组分挥发度(或沸点)的差异使各组分得以分离。其中较易挥发的组分称为易挥发组分(或轻组分)；较难挥发的称为难挥发组分(或重组分)。例如甲醇与水的混合溶液进入精馏塔后，通过塔底再沸器对塔内混合溶液加热，加热后的混合溶液在精馏塔内部分汽化，形成气液两相。当气液两相趋于平衡时，由于甲醇的挥发性能比水强(即甲醇的沸点较水低)，气相中的甲醇含量必然高于原溶液，将精馏塔塔顶蒸汽引出并冷凝后，即可得到含甲醇较高的液体，而残留在精馏塔内的液体，甲醇含量比原来溶液的低，这样甲醇与水的混合溶液就得到初步分离。本文主要分析如何选择满足产品质量要求的回流比、塔板数，塔回流比的影响因素，最小回流比和最小理论塔板数的确定，分析用到的软件为 Aspen Plus V7.3。

2　精馏塔主要参数及软件简介

2.1　精馏塔的回流比、最小回流比、理论塔板数、实际塔板数的定义

在精馏塔计算中，回流比是一个非常重要的参数，选择合适的回流比，可以使塔在满足分离要求的前提下达到最佳经济效果，并且可以使塔的能耗达到最低。精馏操作中，由精馏塔塔顶返回塔内的回流液流量 L 与塔顶产品流量 D 的比值就是回流比，即 $R = L/D$，回流比的英文为 reflux ratio。回流比增大的上限是全回流，即进入冷凝器的蒸气在冷凝后全部返回塔中。当回流比减小至某一数值时，理论上为达到指定分离要求所需板数趋于无穷大，这是回流比的下限，称为最小回流比；在精馏塔中，假设气相与液相有充分的接触时间，足以使两相达到相平衡，而且塔板上各组分间的关系符合平衡曲线，此时计算出的塔板数量为理论塔板数。精馏操作中，回流比越大，所需塔板数越少，全回流情况下的塔板数就是最小理论塔板数；在实际精馏过程中，各塔板上气液两相的接触时间不可能满足这一要求，所以实际塔板数必大于理论塔板数；考虑精馏塔的塔板效率，在求出理论塔板数后，理论塔板数除以塔板效率为实际塔板数。

2.2　Aspen Plus 软件简介

Aspen Plus 是大型通用流程模拟系统，源于美国能源部七十年代后期在麻省理工学院(MIT)组织的会战，开发新型第三代流程模拟软件。该项目称为“过程工程的先进系统”(Advanced System for Process Engineering，简称 ASPEN)，并于 1981 年底完成。1982 年为了将其商品化，成立了 AspenTech 公司，并称之为 Aspen Plus。Aspen Plus 具有适用于化工行业的完备物性系统、物性模型、数据系统，并可以与其自身的工程计算软件相结合。Aspen Plus 有一套完整的单元操作模型，可以模拟各种操作过程，由单个精馏塔的计算到整个工厂的模拟。由于 Aspen Plus 系统采用了先进的 PLEX 数据结构，对于组分数、进出口物流数、塔的理论板数以及反应数目

均无限制，这是 Aspen Plus 的一项独特优点。通过 Aspen Plus 可以自动的把流程模型与工程知识数据库、投资分析、产品优化相结合，在石油化工设计中有着广泛的应用。

3　甲醇-水精馏操作模拟及结论

3.1　精馏操作简单模拟

本文以甲醇-水精馏塔的工艺流程图为例：精馏塔进料为甲醇和水混合溶液，甲醇沸点 64.7℃，进料温度 65℃，进料压力 110kPa，组成：水 90kmol/h，甲醇 45kmol/h，精馏塔操作压力 100kPa，塔顶冷凝器全回流，塔实际回流比取最小回流比的 1.3 倍，该精馏塔要求塔顶甲醇摩尔回收率为 98.38%，塔顶水的摩尔回收率为 5.16%。根据已知条件，启动 Aspen Plus V7.3，选用模型 DSTWU，建立图 1 所示流程图，初步估算精馏塔的最小回流比、最小理论板数、实际回流比、实际理论板数、进料位置。

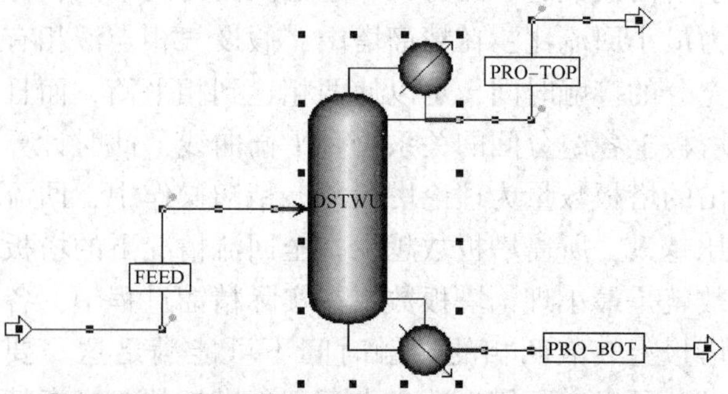

Heat and Material Balance Table

Stream ID		FEED	PRO-BOT	PRO-TOP
Temperature	C	65.0	98.2	65.7
Pressure	bar	1.100	1.000	1.000
Vapor Frac		0.000	0.000	0.000
Mole Flow	kmol/hr	135.000	86.085	48.915
Mass Flow	kg/hr	3063.272	1561.071	1502.201
Volume Flow	cum/hr	3.658	1.704	2.002
Enthalpy	Gcal/hr	-8.610	-5.755	-2.790
Mole Flow	kmol/hr			
CH4O		45.000	0.729	44.271
H2O		90.000	85.356	4.644

图 1　流程图

经过 DSTWU 简单模拟后，可得出该精馏塔最小回流比为 0.58，最小理论板数为 5，实际回流比为 0.76，实际理论板数为 11，塔顶产品和进料摩尔流率比 0.36，进料位置为 7 块塔板，计算结果见图 2。根据 DSTWU 的结果，通过模型 RadFrac 模型对该精馏塔进行严格核算，得到如图 3 所示结果。由模拟出的结果可知回流比为 0.76 时塔顶产品甲醇的摩尔回收率是 43.803/45 = 0.9734，水的摩尔回收率为 4.797/90 = 0.0533，通过 Design Specs 对回流比进行调整，以满足该塔所要求的塔顶产品摩尔回收率，调整后的组分见图 4，调整后的塔顶产品甲醇的摩尔回收率是 44.271/45 = 0.9838，水的摩尔回收率为 4.644/90 = 0.0516，满足塔顶摩尔回收率的要求，调整后的精馏塔参数见图 5，调整后的回流比为 0.82，至此可以求出满足要求的精馏塔回流比为 0.82。

Results

Minimum reflux ratio:	0.58245768	
Actual reflux ratio:	0.75719499	
Minimum number of stages:	4.7660882	
Number of actual stages:	10.5573125	
Feed stage:	6.68187858	
Number of actual stages above feed:	5.68187858	
Reboiler heating required:	0.80106505	Gcal/hr
Condenser cooling required:	0.73655748	Gcal/hr
Distillate temperature:	65.6850514	C
Bottom temperature:	98.1627245	C
Distillate to feed fraction:	0.36233333	
HETP:		

图 2　DSTWU 模拟计算后的塔参数

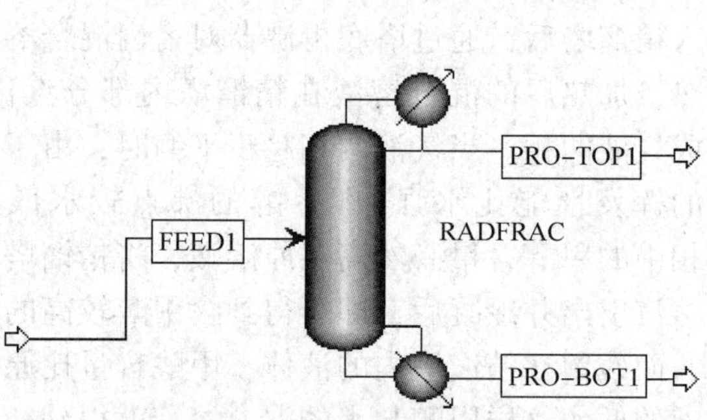

Heat and Material Balance Table

Stream ID		FEED1	PRO-TOP1	PRO-BOT1
Temperature	C	65.0	65.7	97.3
Pressure	bar	1.100	1.000	1.000
Vapor Frac		0.000	0.000	0.000
Mole Flow	kmol/hr	135.000	48.600	86.400
Mass Flow	kg/hr	3063.272	1489.963	1573.309
Volume Flow	cum/hr	3.658	1.985	1.721
Enthalpy	Gcal/hr	-8.610	-2.774	-5.772
Mass Frac				
CH4O		0.471	0.942	0.024
H2O		0.529	0.058	0.976
Mole Flow	kmol/hr			
CH4O		45.000	43.803	1.197
H2O		90.000	4.797	85.203
Mole Frac				
CH4O		0.333	0.901	0.014
H2O		0.667	0.099	0.986

图 3　RadFrac 初步建立模型

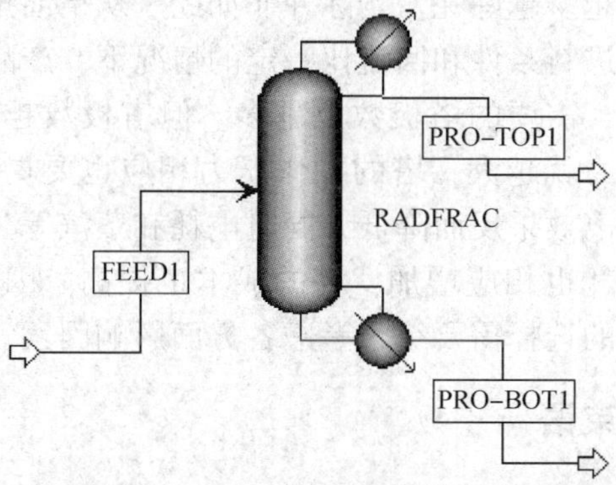

methanol-h2o				
Stream ID		FEED1	PRO-TOP1	PRO-BOT1
Temperature	C	65.0	65.7	98.2
Pressure	bar	1.000	1.000	1.000
Vapor Frac		0.000	0.000	0.000
Mole Flow	kmol/hr	135.000	48.915	86.085
Mass Flow	kg/hr	3063.272	1502.201	1561.071
Volume Flow	cum/hr	3.658	2.002	1.704
Enthalpy	Gcal/hr	-8.610	-2.790	-5.755
Mass Frac				
CH4O		0.471	0.944	0.015
H2O		0.529	0.056	0.985
Mole Flow	kmol/hr			
CH4O		45.000	44.271	0.729
H2O		90.000	4.644	85.356
Mole Frac				
CH4O		0.333	0.905	0.008
H2O		0.667	0.095	0.992

图 4　Design Specs 调整后的 RadFrac 模型

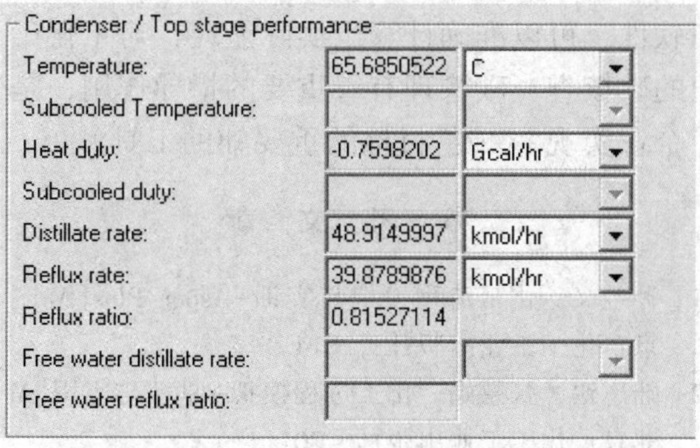
Condenser / Top stage performance
Temperature: 65.6850522 C
Subcooled Temperature:
Heat duty: -0.7598202 Gcal/hr
Subcooled duty:
Distillate rate: 48.9149997 kmol/hr
Reflux rate: 39.8789876 kmol/hr
Reflux ratio: 0.81527114
Free water distillate rate:
Free water reflux ratio:

图 5　Design Specs 调整后的塔参数

通过 Aspen Plus V7.3 中的模块分析工具(Model Analysis Tools)对该精馏塔的回流比进行讨论，通过 Model Analysis Tools 可以得到图 6 所示理论塔板数和回流比的关系，由图 6 可知，在满足分离要求的前提下，理论塔板数增加塔的回流比会减少，塔的分离效果好，在分离要求相同的情况下，塔盘上的持液量可以适当的减少也能满足分离效果，塔板持液量的减少可以通过减少回流比来达到，所以在分离要求一定的情况下塔板数增加塔的回流比会减小。

Row/Case	Status	VARY 1 RADFRAC PARAM NSTAGE	RR
1	OK	9	1.58644976
2	OK	10	1.00866713
3	OK	11	0.81532318
4	OK	12	0.74513766
5	OK	13	0.71965283
6	OK	14	0.71059866
7	OK	15	0.70747041

图 6　回流比和理论塔板数关系

通过上述分析，如果将理论塔板数放大，当回流比的基本不变的时候就是该塔的最小回流比，取塔板数的最大值为 30，最小值为 9，每次计算增加 2 个塔板数，可以得到如图 7 所示计算结果，由计算结果可知该塔的最小回流比为 0.71，DSTWU 简单模拟得到该精馏塔最小回流比为 0.58，所以在精馏塔计算中一定要对 DSTWU 算出的塔最小回流比进行严格核算。

Row/Case	Status	VARY 1 RADFRAC PARAM NSTAGE	RR
1	OK	9	1.58644976
2	OK	11	0.81528167
3	OK	13	0.7196769
4	OK	15	0.70760017
5	OK	17	0.70604987
6	OK	19	0.7057622
7	OK	21	0.70569117
8	OK	23	0.70565332
9	OK	25	0.70569267
10	OK	27	0.70565414
11	OK	29	0.70563784
12	OK	30	0.70564816

图 7　最小回流比的计算

同样通过塔板数和回流比的灵敏度核算可以算出该塔的最小理论板数，当回流比增大而理论塔板数减少到收敛的极限时得出最小理论塔板，将塔板的取值范围改为 8～15 时，可得到如图 8 所示计算结果，由图可知该塔的最小理论塔板数为 9，最小理论塔板数对应的回流比为 1.6。

▶	1	Errors	8	3
	2	OK	9	1.58673543
	3	OK	10	1.00866842
	4	OK	11	0.81532318
	5	OK	12	0.74513766
	6	OK	13	0.71965283
	7	OK	14	0.71059867
	8	OK	15	0.70747041

图 8　最小理论塔板数

3.2　结论

在精馏过程中，回流比是分离的核心，若选取的回流比太大，不仅使加热蒸汽及冷却水的消耗量增大，操作费用增加，还可能影响塔径，使设备投资费用随之增大。而且回流比太大使塔在操作时调节塔的分离能力的作用也减小，因此，在选择回流比时要综合经济、实际操作等因素，选取适宜的回流比，并尽量通过流程模拟软件对选择的回流比进行模拟计算。进行精馏模拟计算时，模拟软件默认在塔板上进行的介质热交换是充分的，即离开塔板的气-液达到平衡。实际上由于气-液均有一定流速，介质热交换不可能达到理想状态。另外介质热交换的完善程度还与塔板的结构有关。因此，离开塔板的气液均达不到平衡状态，即气液浓度均低于理论值。若达到规定的浓度，就需要更多的塔板。考虑到制造、安装的误差，如塔板拼接不良造成的液漏及塔板不平等引起的精馏效率降低，实际生产中都要求比理论塔板更多的塔板才能达到所需的气液浓度。在进行精馏计算时，若把空气只看成是氧、氮混合物，则与实际的误差就更大了，塔板效率的选择考虑了上述诸因素影响。然而，精馏塔的塔板数是否越多越好呢？实际并非如此。从精馏角度讲，在进料条件和回流比一定的情况下，产品纯度越高，需要的塔板数也越多。但塔板数越多，塔板阻力就越大，塔的操作压力相应也要提高，这使分离效果反而降低，同时电耗和蒸汽等公用工程消耗也相应增加，塔的成本也提高。因此，塔板数的选择需要综合考虑各方面影响因素。

4　结束语

近年，中国的发展进入了一个新的历史时期。在第七十五届联合国大会一般性辩论上，中国宣布将力争二氧化碳在 2030 年达峰，2060 年实现碳中和，这也被称为中国的“双碳”目标。在实现“双碳”目标过程中，从源头上减少二氧化碳排放是重要一环，二氧化碳回收、存储和利用更不可忽视。在碳排放中，电力行业是第一名，其次就是化工、交通、建筑等行业。随着国家对“双碳”战略目标的大力推进，化工行业作为碳排放大户，为了降低碳排放量，需要从可行性、技术性、经济性上综合布局。目前，化工行业的碳排放强度依然很高，节能潜力巨大，实现节能减排，优化产品能耗是实现“双碳”战略的重要措施之一。利用信息化技术和算法进行能源利用高效匹配已逐渐成为一种重要的节能手段。在化工设计中引入以 Aspen Plus 为代表的化工模拟软件，可以准确计算出实际能耗，对于化工企业的碳核查、碳管理有着重要的指导作用，是化工企业实现“双碳”目标的重要辅助工具。

参 考 文 献

[1] 孙兰义．化工流程模拟与实训-Aspen Plus[M]．北京：化工工业出版社，2014.
[2] 陆恩锡，张慧娟．化工过程模拟-原理与应用[M]．北京：化工工业出版社，2011.
[3] 屈一新．化工过程数值模拟及软件[M]．北京：化工工业出版社，2010.
[4] 柴城敬，张国亮．化工流体流动与传热[M]．北京：化学工业出版社，2000.
[5] 王志魁、向阳、王宇．化工原理[M].5 版．北京：化学工业出版社，2018.

轻烃球罐焊缝裂纹成因分析及焊接修复技术

刘古文 赵雅娟 舒均满 李 明 王 波

（大庆油田建设集团有限责任公司）

摘 要 针对轻烃球罐在制造安装过程中，母材选择不当、焊缝存在扩散氢、组装内应力、热影响区马氏体含量多等原因造成轻烃球罐赤道带与下极带连接焊缝产生延迟裂纹。本文通过轻烃球罐开罐检验发现裂纹后，采用残余应力检测和金相检验等方法，并追溯母材和焊材力学性能、化学成分等参数以及原施工数据资料，找到裂纹产生的原因，确定消除应力是修复的主要任务，制定轻烃球罐修复工艺，修正15MnNbR球罐的焊后热处理温度为580±10℃。经修复后检测各种指标参数，均符合标准规范要求，对今后的轻烃球罐裂纹处理和修复起到了借鉴和指导作用。

关键词 轻烃球罐；焊缝裂纹；成因分析；热处理；修复

1 引言

球罐为大容量、承压的球形储存容器，广泛应用于石油、化工、冶金等领域，用来作为液化石油气、液化天然气、轻烃等介质的储存容器。由于轻烃球罐在制造过程中，母材选择不当，制造安装过程中焊缝存在扩散氢，罐体组装存在内应力，热影响区马氏体含量多，焊后热处理不合理，均会使轻烃球罐产生延迟裂纹，对球罐的使用安全产生极大的影响。

本文针对轻烃球罐开罐检验发现裂纹后，采用残余应力检测和金相检验等方法，找到裂纹产生的原因，制定轻烃球罐修复工艺，确定修复轻烃球罐的焊后热处理温度为580±10℃，经修复后检测，各种指标参数均在标准范围内。

2 轻烃球罐开罐检验

轻烃球罐球壳型式为桔瓣混合式三带球壳，上、下极板各7块，赤道带20块。内径14200mm，壁厚50mm，设计压力2.2MPa，设计温度-19℃～40℃，材质：15MnNbR。

根据TSGR0004-2019《固定式压力容器安全技术监察规程》要求，某单位安全监督评价中心对3台轻烃球罐进行初次开罐检验，通过荧光磁粉检测，发现3台球罐的下环焊缝（赤道带与下极带连接焊缝）在内侧热影响区位置存在裂纹。

3 焊缝裂纹分析

针对球罐出现裂纹，首先查找出球罐建造安装时使用的钢材和焊材的基础数据，分析母材、焊材力学性能、化学成分等参数，如表1、表2所示。

3.1 裂纹检测

为分析裂纹产生的原因，委托第三方检测机构对球罐进行了残余应力检测和金相检验。检测结果如下：

表1 15MnNbR钢板力学性能

板厚/mm	σ_y/MPa	σ_b/MPa	&.%	冲击试验温度	A_{KV}/MJ（横向）
>36～60	≥350	520～640	≥20	-20℃	≥34

表2 焊接材料质量证明书

牌号	规格	批号	制造日期	执行标准	型号
CHE557R焊条	ϕ3.2×350	103193	见产品包装	JB/T 4747—2002	AWS E8015G JB E5515-G
熔敷金属机械性能			熔敷金属化学成分/%		

续表

项目		规范	实测值	成分	规范	实测值	成分	规范	实测值
抗拉强度 Rm/MPa		540~640	640	C	—	0.079	Cr	—	0.034
屈服强度 Rel/$Rp_{0.2}$/MPa		≥440	520	Mn	—	1.63	Ni	—	0.007
伸长率 A/%		≥20	22	Si	—	0.41	Mo	—	0.026
V 型冲击	冲击温度/℃	-40	-40	S	≤0.015	0.008	V	—	—
	冲击功/J	≥27	11672118	P	≤0.025	0.015	Ca	—	—
药皮含水量/%		≤0.20	0.12						

(1) 焊接残余应力较高

1) 焊缝处最大应力达到 1.06σ_s;

2) 热影响区达到 0.72σ_s;

3) 焊接部位高应力具有普遍性;

4) 已开裂区域残余应力释放。

(2) 焊缝热影响区存在少量马氏体组织

通过焊缝上下母材、焊缝和焊缝上下热影响区金相组织观察，发现焊缝上下热影响区金相组织为贝氏体+少量马氏体，如图 1 所示。

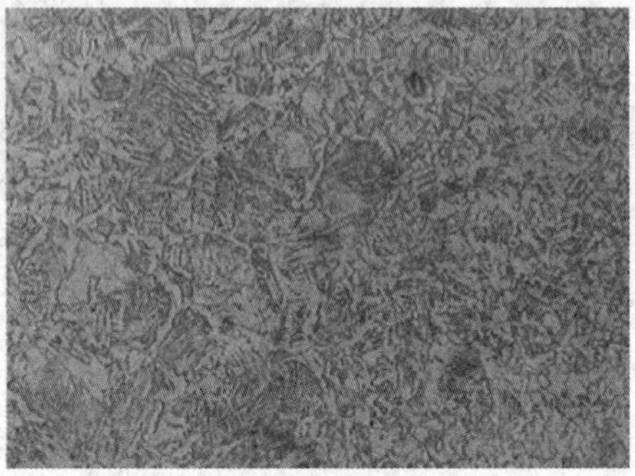

图 1 热影响区金相组织分析

此外，硬度检测未见异常，业主对轻烃中 H_2S 含量进行检测，发现 H_2S 含量超标。

3.2 裂纹产生原因分析

基于上述检测结果，相关专家经研究初步确定裂纹成因存在为应力腐蚀开裂和延迟开裂。

随后对原施工单位相关资料进行核查，并向参与施工的人员了解当时施工状况，如表 3 所示。

表 3 原球罐制造安装焊接工艺参数

预热温度允许最低值/℃：125~170　　焊后热处理温度范围/℃：565±20

焊层焊道	焊接方法	填充材料		焊接电流		电弧电压/V	焊接速度/(cm/min)	线能量/(kJ/cm)
		牌号	直径	极性	电流/A			
正 1(1)	电弧焊	J557R	Φ3.2	反接	100~130	22~24	7~9	23.4~25.6
正 2(1)	电弧焊	J557R	Φ4.0	反接	170~175	24~26	7~9	34.1~36.2
正 3(2)	电弧焊	J557R	Φ4.0	反接	170~175	24~26	7~9	34.1~36.2
正 4(3)	电弧焊	J557R	Φ4.0	反接	170~175	24~26	7~9	34.1~36.2
正 5(4)	电弧焊	J557R	Φ4.0	反接	170~175	24~26	7~9	34.1~36.2
正 6(5)	电弧焊	J557R	Φ4.0	反接	170~175	24~26	7~9	34.1~36.2
正 7(6)	电弧焊	J557R	Φ4.0	反接	165~170	22~24	7~9	32.3~34.1
正 8(7)	电弧焊	J557R	Φ4.0	反接	165~170	22~24	7~9	32.3~34.1
背 1(2)	电弧焊	J557R	Φ3.2	反接	125~130	24~26	7~9	26.4~28.6
背 2(3)	电弧焊	J557R	Φ4.0	反接	170~175	24~26	7~9	34.1~36.2
背 3(4)	电弧焊	J557R	Φ4.1	反接	170~175	24~26	7~9	34.1~36.2
背 4(5)	电弧焊	J557R	Φ4.2	反接	165~170	22~24	7~9	32.3~34.1

根据当时的 GB 12337—1998《钢制球形储罐》、JB 4708—2000《钢制压力容器焊接工艺评定》、GB 50094 及图纸要求，选择 15MnNbR 热处理温度为 565±20℃，根据热处理记录，球罐

下环焊缝处热处理温度为 545℃，保温 2h。

检查未发现导致球罐下环焊缝处开裂的主要原因，鉴于上述情况，向压力容器权威部门及相关单位进行咨询，咨询结果如下：

(1) 国内多台 15MnNbR 钢材球罐出现过类似裂纹。

(2) 15MnNbR 钢材球罐焊后整体热处理温度应在 580±10℃，相关标准要求的热处理温度 565±20℃ 较低，此温度下限时消除应力效果不好。

(3) 相关单位提供的相关实验数据如表 4 所示。

表 4　不同热处理温度热后处理后焊接接头力学性能试验结果

SR 处理规范	拉伸性能		焊缝金属 AKV/J		热影响区 AKV/J	
	σ_b/MPa	断裂位置	0℃	-20℃	0℃	-20℃
560℃×115min	550 550	均为母材	164 163 154	117 132 137	121 119 120	87 128 79
580℃×115min	555 555	均为母材	178 212 216	161 157 170	162 158 163	159 154 114
600℃×115min	545 545	均为母材	208 215 259	192 199 185	137 142 97	103 107 141
620℃×115min	545 540	均为母材	227 205 233	204 193 178	148 144 105	48 120 62

由表 4 可看出，在 560℃～620℃温度区间，随着热处理温度升高，焊接接头抗拉强度略有下降，但焊接接头冲击韧性在 560℃、620℃时较低，因此，热处理温度选择在 580℃、600℃较为合适，

根据咨询结果和检测结果，确定导致球罐下环焊缝应力偏高的原因为：处于球罐下极的环缝热处理温度低。同时确定了修复球罐的焊后热处理温度为 580±10℃。

4　球罐焊接修复工艺

4.1　裂纹清除及补焊

用砂轮机打磨清除 3 台球罐下环缝裂纹，通过荧光磁粉检测，直至裂纹彻底清除；

对 3 台球罐下环缝磨除裂纹的沟槽进行补焊，焊材选用与球罐正式焊接使用的低氢焊条，型号为 PD-J557R，规格为 φ3.2mm，焊前焊条须经 380～400℃烘干 1～2h。补焊前需将补焊位置打磨成利于焊接的凹槽，以有利于补焊时排渣；焊缝焊前的预热温度 150℃，预热范围为焊缝两侧各 150mm。补焊工艺和球罐正式焊接相同，线能量应符合焊接工艺评定规定范围；补焊采用 4 名焊工均布，同方向同步施焊，焊接采用短弧焊。补焊采用多层焊，每一层焊完后用敲击法敲击焊缝及热影响区 2min，以减少应力；焊接时加焊一层回火焊道，如图 2 所示。焊完后将回火焊道磨去；焊后将焊缝余高打磨至与母材平滑过渡。焊后立即进行后热消氢处理，后热温度为 200～250℃，保温时间 1h。

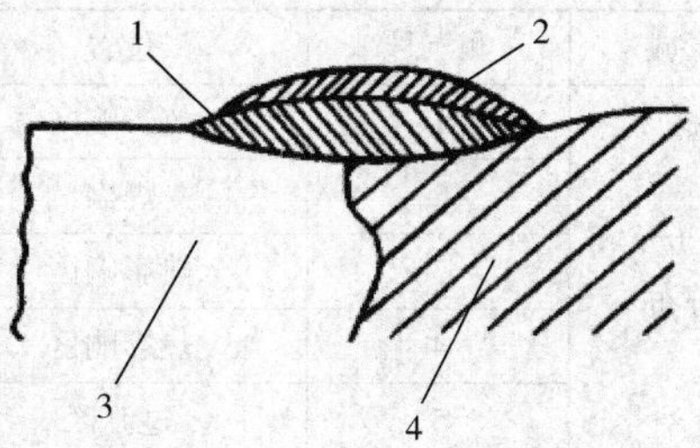

图 2　焊接修补的回火焊道

1—修补焊道；2—回火焊道；3—母材；4—焊缝金属

4.2　焊后检测

焊后进行 100%磁粉检测、100%TOFD 检测和 100%超声检测。检测结果合格。

4.3　焊后热处理

热处理采用电加热片对下环缝进行局部热处理，电加热片规格为 800mm×400mm，符合 GB150 局部热处理 2 倍壁厚要求，电加热片共使用 53 片，如图 3 所示。

焊缝热处理采用电加热片，焊缝外侧用 3 层 40mm 复合硅酸铝板保温，里侧用玻璃丝棉被保温，按要求布置好测温点和热电偶，热电偶 4.5 米间距 1 个，共计 8 个。

补焊焊缝热处理参数同球罐正式热处理工艺参数，对补焊焊缝用电热板进行热处理，热处理温度为 580±10℃，恒温时间 2h，加热时在 400℃以上，升温宜在 50～80℃/h 范围内，降温时从 580±20℃至 400℃的降温速度宜控制在 30～50℃/h 之间，400℃以下应在空气中自然冷却。

图 3　履带式加热片铺设

4.4 热处理后检测

热处理后进行 100%磁粉检测和 X 射线应力检测。

对 TA-102 球罐返修后各区沿焊缝残余应力测试结果，如表 5 所示。

球罐下环缝经补焊、热处理后，最大应力出现在上热影响区，平行方向焊缝，为 255MPa，相当 0.69σs。

平行于焊缝方向的应力为第一主应力，该结果与常规焊接应力分布规律相吻合。

由此可见，TA-102 球罐的下环缝经过电加热热处理之后，其残余应力水平较 TA-101 球罐有明显降低，最大应力由 392MPa（$1.06\sigma_s$）降至 200MPa（$0.54\sigma_s$）以下，表明热处理效果良好。

表 5　TA-102 应力测试结果

测试区域	测点号	位置	距焊缝中心/mm	σ_y/MPa	σ_x/MPa
环焊缝 1 及应力分布	1	热影响区	−25	85	130
	2	焊肉	0	100	173
	3	热影响区	25	112	141
	4	热影响区	40	70	147
	5	过渡区	65	77	139
母材	6	母材	85	152	208
	7	母材	100	165	172
环焊缝 2	8	热影响区	−25	160	234
	9	焊肉	0	142	164
	10	热影响区	25	113	176
环焊缝 3	11	热影响区	−25	188	255
	12	焊肉	0	200	221
	13	热影响区	25	155	159

5 结论

（1）15MnNbR 轻烃球罐焊接后热处理温度为 580±10℃，取得效果良好，证明 15MnNbR 球罐焊接后热处理温度确定为 580±10℃是可行的；

（2）轻烃球罐产生裂纹后，本文的焊缝裂纹检测分析、修复工艺等技术方法能提高了轻烃球罐修复效率和质量，起到了借鉴和指导作用。

（3）对于首次施工的新钢材，施工前应进行广泛而充分的调研工作，并进行必要的实验、研究，确定可靠地施工工艺，避免类似情况发生。

参 考 文 献

[1] 齐喜岑，杨恒忠，吴晓风．Q345R 钢球罐裂纹产生机理及修复工艺研究［J］．中国金属通报，2021，（2）：212-213.
[2] 姜雪江．液化气球罐裂纹产生原因分析及修复［J］．科技创新与应用，2010，（18）：36-40.
[3] 倾明，杨建，含埋藏裂纹缺陷球罐的安全评定与修复［J］．兰州石化职业技术学院学报，2021.
[4] 孙顺．Q370R 液氨球罐裂纹产生原因及修复方案［J］．设备管理与维修，2010，（23）：73-74.
[5] 李培中，苏玉虎，孙朝晖，等．2000m^3 丙烯球罐在制时的焊接裂纹分析及修复［J］．压力容器，2015，（1）：57-60.
[6] 苏楠子．球罐裂纹缺陷分析及修复［J］．中国标准化，2018，（1）：55-58.

小口径钢质管道全自动智能化焊接技术应用

周俊鹏　王智远　孟伟煜　苗　磊

（大庆油田工程建设有限公司建材公司）

摘　要　对原料钢管焊接接长，常规工艺采用氩弧焊打底、手工电弧焊盖面，焊道采用常规射线检测，存在劳动作业环境差、工作量大，效率低，成本高，辐射伤害等缺点。应用管–管接长全自动智能化焊接技术后，完成原料钢管分拣、对接、焊接、探伤工艺的数字化、集成化和智能化控制，接长后的钢质管道符合相关标准要求，能够大幅度降低工人工作强度，降低生产成本，提升生产效率。

关键词　管–管接长；全自动智能化焊接

在各类型防腐保温管道生产中，需要对小口径钢管（管径范围一般在 ϕ48mm～ϕ114mm）焊接接长到 12～16m 后，再进行工厂化防腐保温预制。针对该规格范围的小口径钢管，大庆油田工程建设公司建材公司建成了全国首条管–管接长全自动智能化焊接生产线，配套先进的自动控制系统及工业化实时成像系统，可实现原料钢管分拣、对接、焊接、数字化探伤的集成化和智能化控制。本文结合钢质管道接长自动化生产工艺流程，介绍全自动智能化焊接技术应用。

1　全自动化智能化焊接生产线技术模块构成

全自动智能化焊接生产线由中控、管子上料分拣、管子切割坡口、管管组对焊接、成品缓存探伤、成品转向、成品试压外送等 6 个技术模块组成，各模块集成了缓存料架、桁架机械手、纵向物流系统、管子对中定长中心、管子坡口加工中心、管管组对焊接中心等技术单元。钢管经过分拣、坡口加工、打磨、焊接等工序完成主要工作量，通过 X 光在线实时成像式工业电视探伤系统检测合格后，通过传送带和转向机传送到成品货架上，配合桁架机械手、传输机构和翻转机构，用于各工序钢管的自动化抓取和传输（图 1）。

2　综合控制系统

2.1　自动控制系统整体设计

全自动智能化焊接生产线控制系统采用一室五系统结构。一个中央控制室，配套 3×6 共计 18 块组成液晶拼接大屏，与配套的 3×3 共计 9 块的液晶拼接大屏、监控系统组成可视化系统。五大系统包括管管接长智能管理系统、管管接长智能控制系统、管管接长智能显示系统、管管接长智能显示系统、管管接长现场监控系统、管管接长智能设备系统。

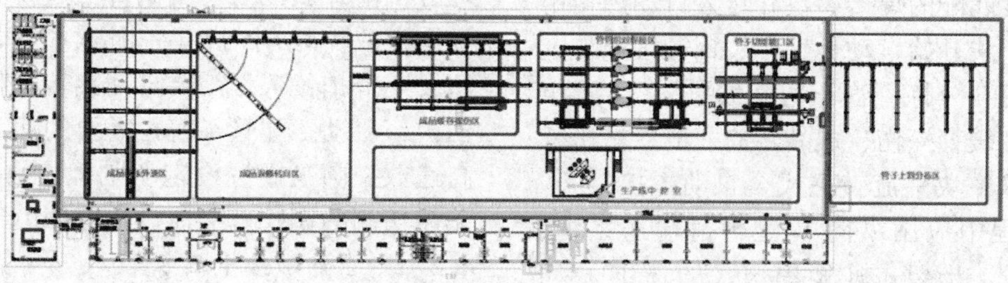

图 1　全自动化智能化焊接生产线技术模块构成

2.2　各子系统的联动配合

全自动智能化焊接控制系统划分为切割坡口系统联动、组对焊接系统联动、转向缓存系统联动 3 大联动系统，每大联动系统包括多个被联动的 PLC 系统，包括分拣锯切、居中测长、端面坡口、机械手等 13 个 PLC 系统。各设备与物流的 PLC、编码器、传感器的数据互联互通，完成管管接长智能管理、控制、显示及监控功能（图 2）。

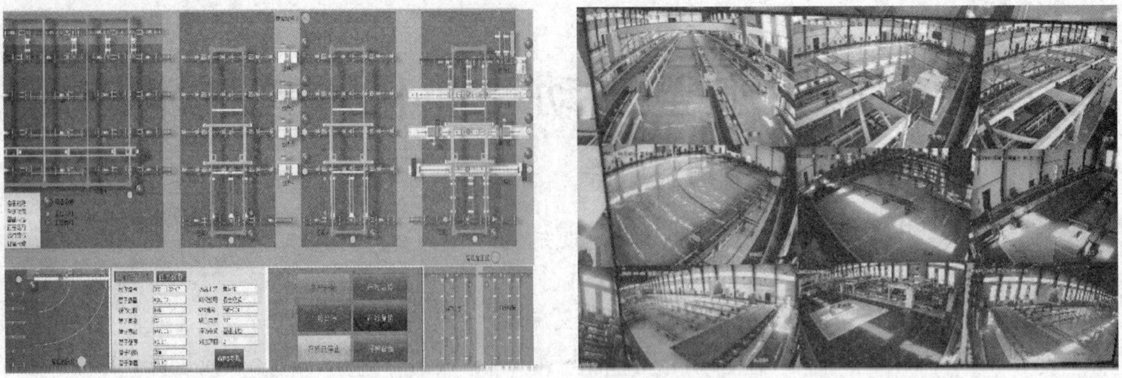

图2　各工序工作状态和视频监控

2.3　智能物流系统

采用多套纵向V型辊道输送系统、翻转机构系统以实现钢管在各工位间纵向运输；采用4套桁架式机械手实现钢管在各个工位间的横向全自动移动。管-管接长预制智能管理系统实时采集各工序状态数据，自动派发指令到各物流设备，保证各工序之间无缝衔接，实现整个作业环节钢管的地面、空中流水化自动输送(图3)。

图3　智能物流系统

3　主要生产工艺流程简述

在管管接长智能管理系统中编制《工作计划》进行生产线排产，在接长智能控制系统中选择与管径厚度匹配的焊接参数并写入自动焊接中心，启动生产线开始自动化生产。钢管按照设定程序在管子上料分拣、管子切割坡口、管-管组对焊接、成品缓存探伤、成品转向、成品试压外送等6个技术模块中流转完成全自动焊接接长。钢管流转过程中应用纵向V型辊道输送系统、翻转机构系统、桁架式机械手完成纵向横向移动传输。生产工艺流程如图4所示。

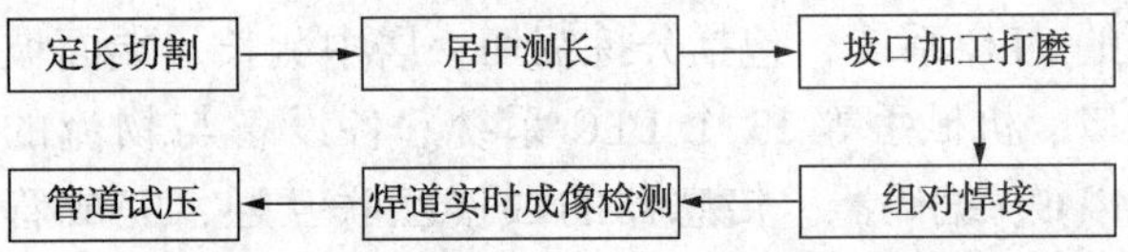

图4

4　关键工艺技术

4.1　钢管自动定长切割

设置2组原料钢管分拣区，长料管分拣待料区分批次存放无需切割钢管，短管分拣待料区分批次存放需切割钢管(单批次长度差<1m)，按照设定节拍，根据需要自动翻转上料。设置气动挡板，自动匹配管子直径需要的切割数据，应用高速数控圆盘锯按设定切割程序自动完成切割，无需切割的钢管直接通过此区域。

4.2　钢管自动居中测长

管子对中测长中心将待测钢管居中并测量管子的长度，长度数据通过WIFI自动录入管管接长智能控制系统，并将准确的数控原点信息传递到坡口加工中心和坡口打磨中心。

4.3　钢管全自动坡口加工与打磨

钢管在居中测量长度后，桁架式机械手按照

系统指令将测量定长后的管子抓取并放置到坡口加工中心，钢管就位后，自动开始坡口加工，加工完毕后机械手按照系统指令自动将管子转入管道数控打磨中心，系统自动进行坡口内侧外侧打磨。坡口加工和打磨在封闭环境下进行，打磨中心安装了工业离心式吸尘器吸附粉尘与飞屑(图5)。

图5　全自动坡口加工与打磨中心

4.4　钢管自动组对焊接

坡口加工和打磨完成后，桁架式机械手和传送带按照设定程序将钢管传输到自动焊接技术模块。自动焊接单元包括4台管道组对焊接中心，桁架式机械手自动将待焊接钢管从传送带抓取到闲置焊接工位两侧，钢管分别从自动组对焊接中心两侧进入。应用无点焊自动组对焊接工艺，卡盘固定两侧钢管端部开始钢管组对，气动定位挡块位于两个卡盘中间，用作两侧管子的端面定位，钢管自动中心调整设备及同步旋转设备保证管管同心焊接。焊接采用热丝TIG焊接技术，焊接过程应用PLC+工控机控制焊丝进给速度和钢管旋转速度。管段焊接模块通过系统后台指令自动运行，可实时监测显示焊接单元运行全过程(图6)。

图6　全自动组对焊接和焊接效果

4.5　焊道X光在线实时成像检验

采用X光在线实时成像式工业电视探伤系统，实现全天候自动NDT检测。钢管就位检测后，无损检测人员通过显示屏幕对数字化实时影像进行焊道质量评定(图7)。

图7　X光在线实时成像式工业电视探伤系统

4.6 管道试压

传送带将无损检测合格的钢管传送到旋转料架，自动将成品焊接钢管在车间内进行 90°转向转入到试压区域，压力试验合格后转入缓存架(图 8)。

图 8　可进行 90 度转向的旋转料架

5　应用效果

定长、切割、坡口、打磨、焊接各工序能够实现智能化全自动控制运行，保证各道工序自动按程序指令进行，无间隙配合，接长后的钢质管道符合 GB 50819《油气田集输管道施工规范》要求；管子端部内外实现了同步自动打磨；无点焊自动组对焊接形成焊缝美观，热丝 TIG 焊焊接效率高，一次合格率 100%；在线自动 NDT 探伤，能实时成像在线评定。

6　结束语

经过生产应用小口径钢质管道全自动智能化焊接技术，能同时实现定长、切割、坡口、打磨、焊接、物流输送与检测全过程自动化，并在中控室进行整体控制、实时智能调度整条生产线的运行，生产线各子系统的联动调试及生产运行正常。小口径钢质管道全自动智能化焊接技术的应用大幅度降低工作强度，提高操作精度和生产效率，保证了产品质量，为提高大庆油田压力管道预制水平提供技术保障。

中俄东线天然气管道工程焊接缺陷分析与预防措施

郭建明

（大庆铁人学院）

摘　要　中俄东线天然气管道项目是中国石油与俄气公司的联合项目，包括俄罗斯境内的西伯利亚力量管道和中方境内的中俄东线天然气管道。中国境内新建管道3371公里分为北段、中段、南段逐段完成。中俄东线天然气管道工程是我国建设的首条具有1422毫米超大口径、X80高钢级、12兆帕高压力等级的，具有世界级水平的天然气管道工程，每年可输送来自俄罗斯380亿立方米的天然气，相当于2018年我国全年用气量的七分之一。2019年12月2日下午17时，随着中俄两国元首下达指令，中俄东线天然气管道北段正式投产通气。目前正在施工的南段工程起自河北省廊坊市永清县，自北向南途经河北、山东、江苏，终点为位于上海市白鹤镇，南段管道全长1509公里，工程计划于2025年建成。

关键词　天然气管道；焊接缺陷形成原因；预防措施

1　中俄东线天然气管道工程焊接工艺介绍

中俄东线管道工程主线路采用8枪头自动内焊机+双焊炬自动外焊机的熔化极气体保护全自动焊工艺，连头焊接工艺是熔化极气体保护半自动焊、手工钨极氩弧焊+单焊炬药芯焊丝气保护自动焊，返修焊接工艺采用焊条电弧焊。该项目是我国在长输管道建设中第一次全部采用管道自动焊工艺的工程，充分体现了管道自动焊工艺焊接效率高、焊接质量稳定的优势，但在施工过程中受各种因素的影响还是出现了一些焊接缺陷。

2　中俄东线天然气管道工程焊接缺陷分析与防止措施

2.1　线路焊接缺陷分析与防止措施

2.1.1　主线路内焊部分

（1）气孔

产生原因：保护气纯度不够及压力不足（调节气流量阀门被误碰或松动）、气路泄漏（接头松动、气管破损）、焊接单元故障（气电缆破损）、枪头防护网堵塞、焊接时管内产生穿堂风等。射线检测内焊气孔见图1。

图1　射线检测内焊气孔

防止措施：检测保护气比例及纯度达到标准要求，每道口组对焊接前仔细检查焊接单元运行是否正常，及时更换枪头防护网、检查保护气压力是否充足，气路是否通畅，气管及接头是否存在松动泄漏现象，确保内焊机焊接时管子两端头封闭正常。

（2）根部未熔合

产生原因：管口组对时错边严重导致单侧未熔合，复合坡口加工不规范内坡口过大或过小、焊接单元故障导致焊接时偏离中心轴线（内焊机椎头偏转导致对口不严），内焊枪头干伸长度不正确。AUT检测根部未熔合见图2。

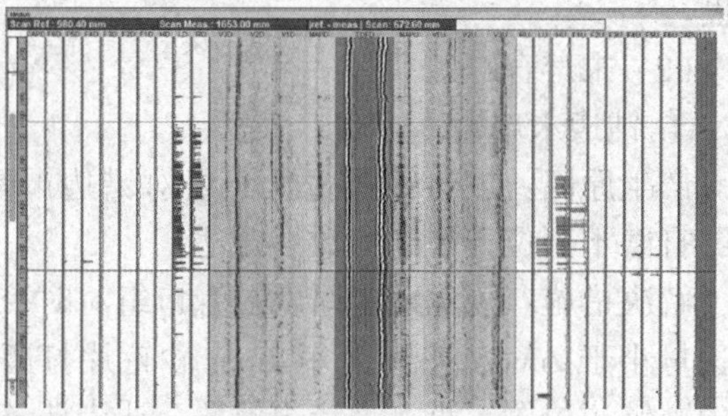

图2　AUT检测根部未熔合

防止措施：管口组对时控制错边量小于2mm，调整坡口机保证坡口面各项参数均在工艺要求范围内，焊接前检查焊接单元运行是否正常，各枪头干伸长度控制在10mm。

2.1.2　主线路外焊部分

（1）气孔

产生原因：保护气纯度不够及流量不足、气

路泄漏、野外风大防风棚不严、施工环境湿度大，温差大导致焊丝受潮、焊接过程中异物进入熔池、对面焊工接头打磨导致、焊缝中存在杂质没有及时清理、焊炬上分流器损坏、护罩高度调节不合适等。射线检测密集气孔见图3，AUT检测气孔见图4。

图3　射线检测密集气孔

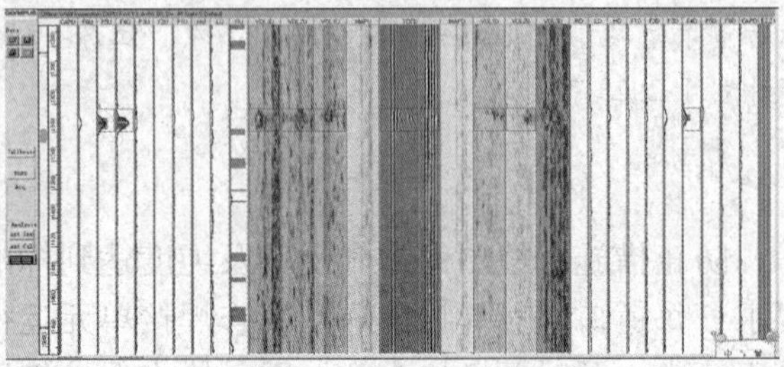

图4　AUT检测气孔

防止措施：检测保护气比例及纯度达到标准要求，检查气路密封是否正常，保护气流量是否达到要求，防风棚及时修补保证严密，环境湿度大于90%RH禁止焊接，焊接过程中仔细观察熔池状态发现异常及时停弧处理，左右焊工做好沟通接头打磨时注意提醒对面保护好熔池，焊接前仔细清理坡口内杂质、焊接前清理护罩上飞溅检查分流器有无破损，引燃电弧后及时调整护罩高度。

（2）未熔合

① 钝边未熔合

产生原因：坡口钝边过大，组对错边严重，焊缝打磨不到位，焊接参数不合适。

解决措施：规范钝边厚度，管口组对时控制错边量小于2mm，热焊前用2mm砂轮片打磨焊缝中心钝边位置，重点是错边位置，适当调整送丝速度及焊接速度。

② 坡口未熔合

产生原因：如果产生在上下接头，就是焊工起弧时焊枪对中偏差较大，跟踪系统纠偏过程中产生，焊工打磨起弧收弧不到位没有将缺陷清除掉，如果正常焊接时出现单侧坡口未熔合，检测轨道偏差过大或左右跟踪系统出现故障，双侧同时出现坡口未熔合，在该位置是否出现滑车或组对开口偏大、焊工操作摆宽不够。坡口未熔合见图5。

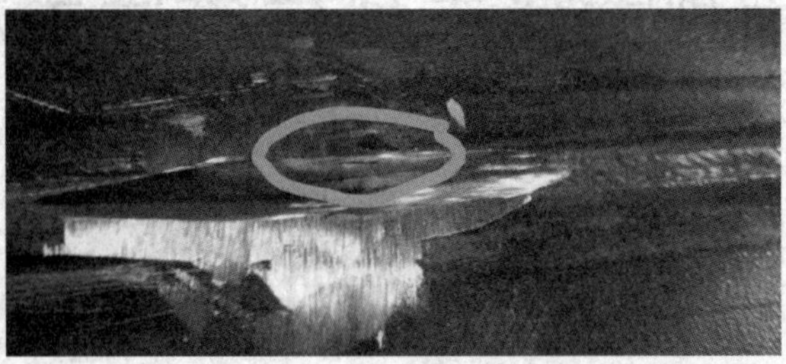

图5　坡口未熔合

解决措施：要求焊工起弧位置调枪时视线放正，焊枪一定要对准焊缝中心，进行焊前摆宽试摆，干伸长度控制在10mm，起弧、收弧位置打磨要恰到好处，既要将引弧缺陷打磨干净还要保持坡口原始形状，焊接过程中时刻注意电弧燃烧情况，出现滑车、跟踪异常及时停弧处理，如果发现电弧在坡口两侧熔合不良及时增加摆宽并及时通知组对及坡口工作组调整开口宽度。

③ 层间未熔合

产生原因：保护气混合比例不合适CO_2含量偏低、焊接参数不合适焊枪角度不正确。

防止措施：保证保护气混合比例CO_2含量在20%，调整合适的焊接工艺参数，调整正确的焊枪角度。

2.2　连头焊接缺陷分析与防止措施

连头工艺分为自由口连接和固定口连接，自由口连接是RMD或STT熔化极气体保护焊打底，固定口连接是手工钨极氩弧焊打底，填充、盖面全部采用药芯焊丝气体保护自动焊。

2.2.1　气孔

产生原因：手工钨极氩弧焊时氩气纯度不足，流量过大或过小，母材及焊丝清理不干净，药芯气保焊时混合气纯度不足，流量不正确，药芯焊丝受潮，野外施工挡风不严，环境温差造成管道内形成正压或负压导致熔池不能得到保护形成气孔。

防止措施：焊接时做好防风措施，氩气纯度99.99%以上，CO_2纯度99.5%以上，根据焊枪喷嘴直径合理调节保护气流量，将母材和焊材表面的污物和杂质清除干净。选择合理的焊接速度和焊接电流。连头施工尽可能选择在温差变化不大的夜晚进行。焊接前按照工艺要求预热，使管道内外空气压差均衡。

2.2.2　未熔合及未焊透

产生原因：坡口角度过小，钝边太厚，组对错边量大、间隙过小，焊接电流过小、焊接速度过快，层间清理过度形成较深的沟槽，焊枪角度不正确、电弧偏吹导致焊接电弧不能熔化根部及坡口。PAUT 检测未熔合见图 6。

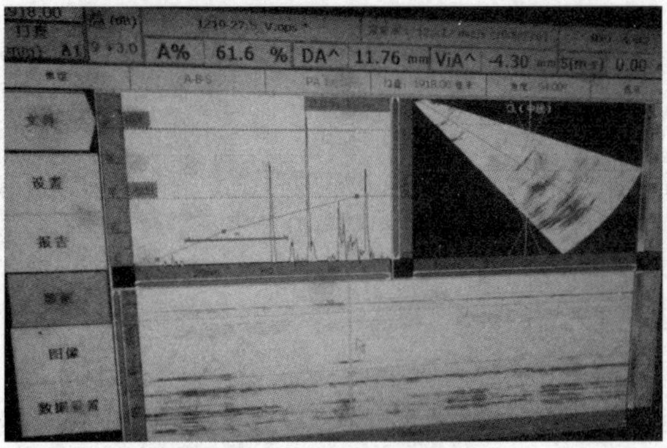

图 6　PAUT 检测未熔合

防止措施：坡口角度 22～25°，钝边 0.8～2.0，错边小于 2，对口间隙 2.5～4.5，根据对口间隙和钝边大小选择合适的焊接电流和焊接速度，填充焊接时在仰位、平位焊接时适当提高焊接速度和两侧停留时间，保证坡口两侧金属熔化良好。

2.3　返修焊接缺陷分析与防止措施

中俄东线天然气管道工程返修工艺是非全壁厚返修（不允许根部返修），焊条型号采用 E10018，返修检测采用 RT+PAUT 双检，要求返修焊接应将缺陷完全消除，同一位置返修次数不超过两次。

2.3.1　气孔

产生原因：焊接前没有按照工艺进行预热，野外风大防风措施不当，焊条烘干和保存不当受潮严重，E10018 焊条合金元素含量较高熔池较粘流动性不好，引弧位置极易产生气孔，焊接电流过小容易粘条产生气孔、焊接过程中电弧过高产生气孔。射线检测返修气孔见图 7。

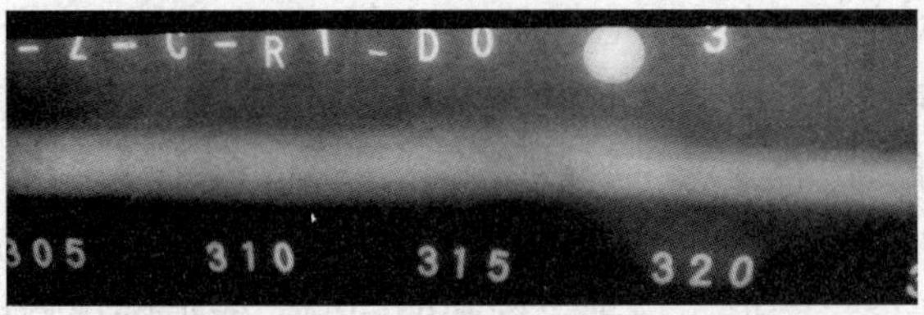

图 6　射线检测返修气孔

防止措施：焊接前按照工艺要求对缺陷位置进行 100～150℃预热，采用防风棚对焊接区严密防护，焊条按照要求进行 350℃烘干 2 小时，使用前装入焊条保温桶随用随取。引弧要在已焊焊缝位置进行，下一层焊接前打磨清理干净，避免将引弧缺陷夹在层间，焊接过程中保持短弧焊接，发现熔池异常，电弧不稳定和粘条现象时停弧处理。

2.3.2　未熔合、夹渣

产生原因：返修过程中修磨坡口角度过小、焊接电流过小或焊条角度不正确导致坡口两侧熔合不良、层间清理不彻底、打磨不平整坡口两侧产生沟槽、焊接速度过快坡口两侧停留时间不足都会产生未熔合、夹渣缺陷。返修未熔合见图 8。

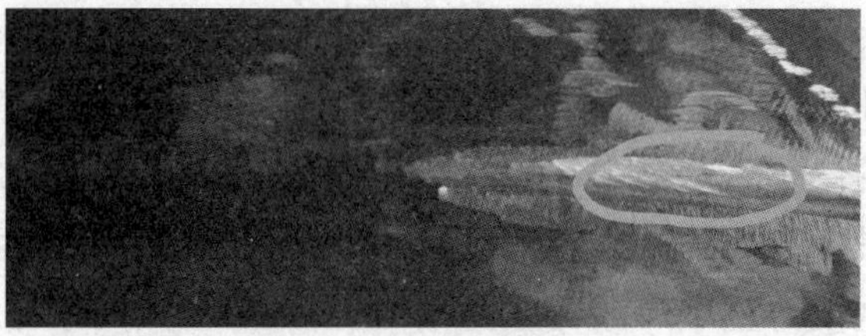

图 8　返修未熔合

解决措施：缺陷清除干净后进行坡口修磨要求坡口角度大于 25°，底部宽度大于 5mm 以便于 3.2mm 焊条摆动，焊接前根据焊接位置和焊缝深度调节合适的焊接电流，如果焊接把线和地线较长应该在试板上进行试焊以确定焊接电流，焊接过程中保持合适焊接速度，在坡口两侧适当停留保证熔合良好，调整正确焊条角度焊接，当坡口宽度大于 12mm 时应排道焊接。

3　总结

本文通过分析中俄东线天然气管道工程主线路、连头、返修工艺焊接缺陷的特点和产生缺陷的各方面因素，有针对性的总结了避免产生焊接缺陷应该采取的相应防止措施及改进方法，为提高大口径长输管道焊接质量提供了技术保障。

低密度钢与异种钢的焊接工艺研究

都宏海

（大庆铁人学院）

摘　要　随着我国经济的快速发展，汽车等大众消费品生产规模日益扩大，由此导致对低密度钢的使用持续增加，对于低密度钢的焊接和加工等工艺也有了更高的要求。尤其是对于低密度钢与异种钢的焊接方面，其工艺选择不但直接关系到产品的使用质量，同时对于性价比等企业效益影响因素都有积极的意义。本文基于试验深入探讨了低密度钢与异种钢的焊接工艺，对焊接质量和相关影响因素进行了较为具体的分析，有一定的借鉴价值和参考作用。

关键词　低密度钢；异种钢；焊接工艺

从目前情况来看，低密度钢被工业各个领域大量应用，这与低密度钢本身的良好性能是分不开的。一方面，低密度钢有着良好的机械强度，在汽车等产品中能够有效实现其设计性能要求；另一方面，低密度钢还可以保持足够低的密度，这使得整个产品的重量可以维持在较低的水平，因此其应用领域得以极大拓展。基于此，对于低密度钢的应用研究也随之得到巨大推动，而低密度钢的焊接工艺则是这些应用研究中非常重要的组成部分，也得到了相关行业的高度重视。

1　低密度钢与异种钢的焊接工艺试验

低密度钢与异种钢的焊接工艺的形成和发展离不开试验，在试验的基础上对各种材料进行优化和完善，对焊接工艺和流程进行改良，进而实现整个焊接质量的充分保证。

1.1　材料选择

本文中讨论的低密度钢材料为低碳并添加微量 Nb、V 的金属合金材料，N 的含量根据需要进行了合理控制，在生产中采用 1050~1100℃的正火进行冶炼，回火热处理温度控制在 750~800℃，是一种比较典型的低密度钢种。经过对该材料进行物理分析，等强温度约为 650℃，可以用在 650℃过热设备中。考察材料 600℃的蠕变强度，其数值达到 98MPa，有很好的强度性质。进一步分析发现，该低密度钢材料表现出一定的冷裂趋势，因此在进行与异种钢的焊接时存在形成冷裂纹以及热裂纹的可能性。

焊接工艺试验选择的异种钢材料属于低碳、低合金材料，并通过多元复合进行强化，是典型的贝氏体热强钢，综合性能表现良好，目前在我国多个领域都有比较广泛的应用。该异种钢材料存在冷裂敏感性，容易出现冷裂纹的情况，同时在再热裂纹方面也是易发生问题的环节，因为这些问题会导致该异种钢在焊接过程中热影响区出现淬硬或软化带的问题，这些都需要在确定焊接工艺时给予充分考虑。

1.2　焊接材料选择分析

在焊接工艺的选择上，重点是对焊接材料的选择，这需要充分考虑低密度钢与异种钢材料进行焊接时的匹配问题，针对低密度钢和异种钢的情况，焊接材料的选择主要考虑奥氏体及镍基合金这两种焊接材料。低密度钢和异种钢在进行焊接时，在采用高匹配焊接材料的情况下，焊接材料和低密度钢合金成分及含量更加接近。因为焊缝区域的铬含量相对较高，但铬与碳存在较强的亲和力，这使得合金另一端熔合区发生碳迁移的情况，这些碳会向裂缝区域扩撒移动，使得整个性能不均匀。低密度钢与异种钢焊接形成的接头区域碳扩散条件已经充分具备：材料成分达到梯度，温度较高，且时间足够充足。这使得异种钢母材熔合区产生脱碳带，该区域内存在较多铁素体组织，晶粒更大且质地更软。同时异种钢焊缝碳含量大增，出现过饱和的问题，使得碳化物析出造成区域材料硬化，持续下去必然导致其各方面性能的严重下降。特别是焊接衔接部分的蠕变性能，因为长期处于较高的温度条件下运行，在材料的熔合区更容易出现裂纹等问题，低密度钢与异种钢的焊接接头容易过早发生过疲劳等情况。

基于此，对于低密度钢与异种钢焊接工艺的选择，应该重点考虑采用低匹配材料作为焊接材料，在这种焊接材料中与异种钢合金在成分含量低一侧成分更加接近，焊缝中的各种合金元素含量可以与低密度钢母材中相关元素含量趋同，这使得材料中化学元素阶梯过渡的情况不会出现，同时也可以防止熔合缝隙区域的铬含量出现一些不需要的过大变化，从根本上降低碳扩散迁移，使得焊接熔合线附近碳化物难以有效形成。其另一个好处是这种选择会令焊缝金属和异种钢母材间那些不需要的碳扩散因为焊缝金属产生的钒和铌等元素而被大幅消减。因此，低密度钢与异种钢焊接工艺选择必须将低匹配材料作为选择，这样才能最终保证整个焊接质量。

2 低密度钢与异种钢的焊接工艺分析

在进行正式焊接前，需通过焊接预选工艺试验来验证工艺选择的正确性，这样做就是要对低密度钢与异种钢焊接接头进行不同工艺的施焊作业，然后对焊接接头的各方面性能进行分析和评价，从中得到对整个焊接工艺选择有帮助的常温力学性能、金相组织等内容，按照这些试验的结果从中选择低密度钢与异种钢焊接的最适宜工艺。

2.1 焊接预选工艺试验

焊接预选工艺必须依据试验方案，母材规格45×15mm，根据工艺相关标准，焊口为V型坡口，角度控制在60±2°，焊缝设计间隙为1～1.5mm。焊接作业为现场直接操作，采用工艺相对容易的手工氩弧焊和方式，手工氩弧焊打底，其填充方式为手工电弧焊。考虑到低密度钢中合金元素的影响，进行预热处理过程中，严格控制碳的含量，按照国际经验做法，对低密度钢进行预热时，其预热温度要控制在150～250℃，完成焊接作业后还要完成充分的热处理工序，其温度控制在760℃。在实际焊接过程中，为确保焊接质量，可以根据需要对异种钢材料焊接选择更加简化的焊接工艺方式，在该操作中，可以不进行预热和热处理工序，这显然可以为企业带来显著的经济效益和成本优势。因此，试验采用预热及焊后热处理和不预热及焊后不热处理，并加以比较，低密度钢与异种钢焊接方法选用全手工氩弧焊和手工氩弧焊打底加手工电弧焊填充两种方法。

2.2 低密度钢与异种钢焊接接头的力学性能

分析低密度钢与异种钢焊接接头的力学性质，这是确保焊接质量得到根本保证的必要环节。焊制的低密度钢与异种钢异种钢接头经探伤检验合格后，按标准SD340—89的要求，从对接接头上截取拉伸、弯曲试样，并进行常温力学性能试验。从试验结果看，焊接接头的抗拉强度均高于两侧母材的规定值，低密度钢与异种钢焊接接头冷弯（面弯、背弯）角度均大于50°不裂。也就是说，从焊接接头的常温力学性能不能有效地判断采用上述不同的焊接工艺的优劣。下一步还要进行加速高温持久强度试验。

2.3 低密度钢与异种钢焊接接头的金相组织

金相组织分析是非常必要和重要的环节，这是确定焊接质量的关键程序。在NEOHOT21型金相显微镜上，对低密度钢与异种钢异种钢焊接接头进行了金相组织分析。低密度钢母材的显微组织为索氏体，异种钢母材的显微组织为铁素体加碳化物。全氩弧焊的焊接方法与氩弧焊打底加电弧焊盖面的焊接方法在金相组织方面没有大的区别；但预热及热处理都使焊缝及热影响区的组织得到了改善。焊缝由马氏体或贝氏体组织转变为回火马氏体或回火贝氏体组织，低密度钢一侧的热影响区由马氏体转变为索氏体，异种钢一侧的热影响区组织则由贝氏体转变为回火贝氏体；另一方面，采用“高匹配”方案，即用T91焊接材料时的马氏体焊缝组织与使用TIG-R34焊丝或热347焊条时的贝氏体焊缝组织相比，对接头的使用性能有不利的影响，使持久管爆试验中产生早期失效。

3 结束语

综上所述，低密度被广泛应用于汽车等工业领域，其以良好的物理性质和加工性能得到业界极大关注和好评，对低密度钢与异种钢进行焊接加工在实际应用中必不可少，同时也是必须重点解决的一个技术问题。在焊接工艺选择时，不但要考虑焊接材料的匹配度问题，同时还要对很多影响因素进行有效控制，只有这些影响因素不会造成焊接质量的负面问题，才能保证焊接质量。通过系统探讨低密度钢与异种钢的焊接工艺问题，也可以为相关加工制造提供借鉴价值。

参考文献

[1] 刘春泉，彭其春，薛正良．低密度高强钢的研究现状[J]．材料导报，2019.

[2] 张仲理．火电厂管道异种钢的焊接热处理问题探讨[J]．价值工程，2017，19.

[3] 安明明．CLAM/15-15Ti 异种钢焊接接头微观组织与性能研究[D]．哈尔滨：哈尔滨理工大学，2018.

设备天眼系统的开发与应用

王 帅

（大庆油田工程建设有限公司）

摘 要 大庆油田工程建设有限公司设备种类多、品牌杂、使用过程监管难度大、特种设备施工过程安全风险高。公司加强对标管理，研发设备天眼系统，强化顶层设计，科学合理开发软件、配置硬件，实现通过设备运维平台读取发动机数据、吊装数据、监控车辆倒车盲区、左右侧盲区、配重盲区、卷扬部位、监测油位等功能，有力提升设备监管水平。相关数据实现自动采集，在生产领域、经济效益、社会效益、生态效益等方面取得良好效果，加强了部门间横向协调、上下级整体联动，强化风险点监控，掌握设备运行全过程监管，促进企业资源合理配置，降低管理风险，效率效益持续提升，动力活力持续增强。

关键词 天眼系统；运维运维管理平台；设备监管

大庆油田工程建设有限公司（以下简称公司）设备种类多、品牌杂，施工作业点多面广，分布在8个成员单位管理，使用过程监管难度大，特种设备施工过程中安全风险高。特别是公司提质增效各项工作的部署，设备系统急需强化队伍素质，提升工作效率。公司积极调研市场，成立技术团队，研究一种为设备加装设备远程监控系统和装置与大庆油田工程建设有限公司设备集中运维管理平台（以下简称设备运维管理平台）对接，实现通过设备运维管理平台读取设备发动机真实数据、监控设备周边状况及吊装物实时视频，为操作手和平台提供实时盲区监控和警示功能，对突发异常事件的过程进行及时监管，对存在的安全隐患及时预警，提升活动设备管理与安全管控能力。

1 天眼系统的设计

1.1 夯实对接基础

明确软件对接的物理方式、API接口及协议、接口的连接方式、接口规范（访问拦截、预处理请求、黑白名单、安全校验、负载均衡处理步骤）、数据规范、同步规范、对接安全、数据采集方式、是否实现自动化。天眼系统界面如图1所示。天眼系统与设备运维管理平台对接后的界面如图2所示。

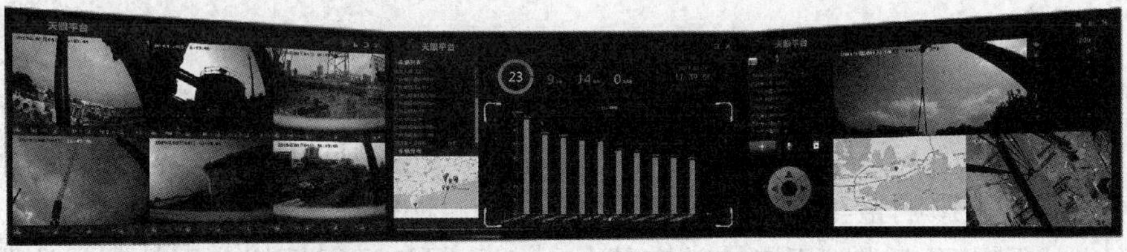

图1 天眼系统界面

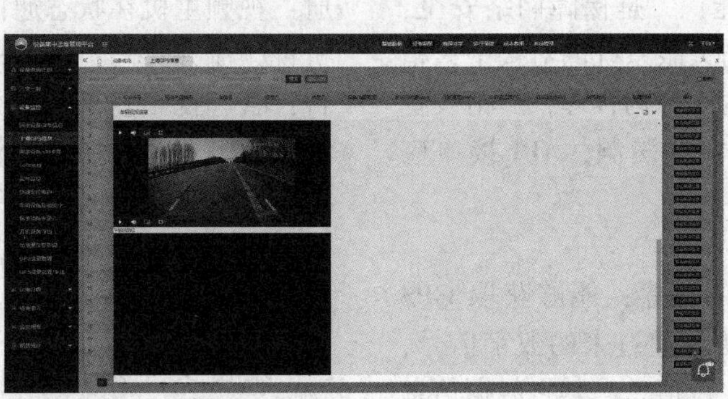

图2 设备运维管理平台与天眼系统对接完成界面

1.2 明确设备类型

从设备利用率、安全管控风险、降本增效三个方面考虑安装天眼系统的设备，包括汽车式起重机、履带式起重机等特种设备，自卸车、拖挂车等运输车辆，卷板机、压力机等固定设备。

1.3 剖析各项功能

不同的设备要实现的功能有所不同，需要进一步明确需要实现具体功能，如运输车辆主要考虑发动机数据读取(包括转速、油温、水温、里程、时速等)、倒车盲区、左右侧盲区监控、油位监测等功能，起重设备主要考虑吊装数据读取(包括重量、角度、幅度、力矩等)、作业范围突发情况预警、配重盲区监控功能、卷扬监控功能、主杆摄像头监控等功能。

1.4 选择硬件规格

以大型设备制造商、原厂配件商为突破口，结合软件情况，开展硬件规格选型。最终实现“硬件读取数据、数据回传平台、平台监控设备”的设计理念。

2 软件开发设计

2.1 整体思路

利用 GIS 地理信息技术、网络技术、图形图像传输技术、超声波油耗等高科技技术，通过对车辆的动态位置采集、对前面路面和油箱位置实时视频数据采集、油耗数据的采集等信息收集，通过各类的信息的发布等手段，实现设备的实时监控、实时图像传输、油量监控等功能。天眼系统架构如图 3 所示。

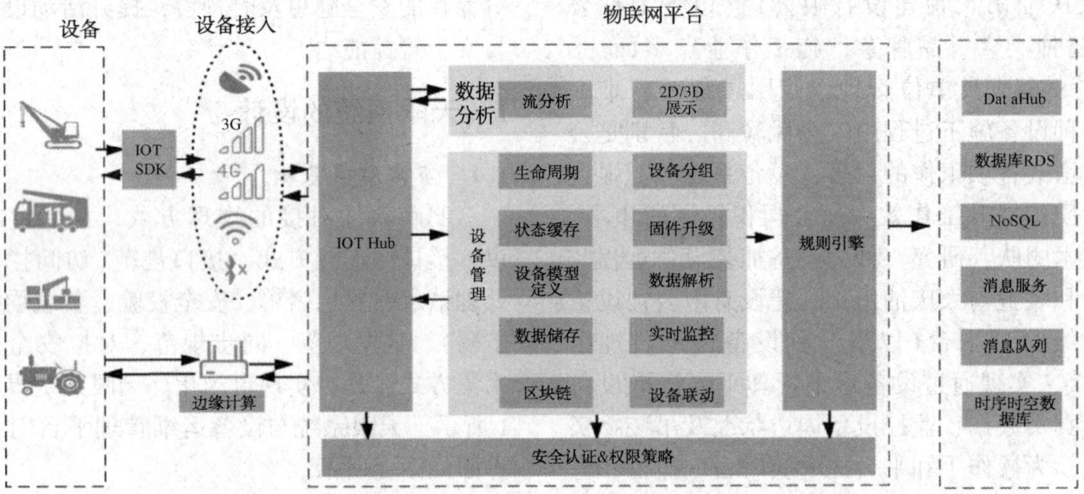

图 3　天眼系统架构

2.2 坚持原则

一是设备加装硬件不损坏原设备的各个部件、不损坏整车电气元器件、不损坏整车配套设施及各部位硬件设施，不影响整车原有性能、不影响整车原操作方式及使用方式、不影响整车的使用寿命和整车安全性能；二是保障网络安全，在与设备运维管理平台与天眼系统的对接中，精心网络拓扑设计，确保网络架构合理，严格设备 IP 设置，不会出现新的安全漏洞，API 接口应当便捷，保障数据的安全。

2.3 远程通信模块程序

支持远程更新模块的程序；能够获取 GPS 定位信息；解析其它模块传递过来的数字信号，转换成物理量数据；将定位信息、其它数据信息发送到设备运维管理平台的服务器，从网络安全考虑，其他设备、平台无法获取这些数据；起重设计车辆协议解析、数据打包、服务器握手通信、时间戳同步等。

2.4 视频服务器服务程序

服务运行框架；视频产品注册绑定、通道注册；视频主机在状态通信协议对接；拉去视频主机视频流并转码；推送视频流给设备运维管理平台；管理视频登录和播放的权限以及登录校验；视频服务器登录加密权限，未经授权的服务器无法获取改视频画面；服务器软件部署到中石油服务器后，可以切断外部服务器的取流请求，使视频画面更加安全。

3 设备类型选择

汽车起重机在油田视为特种设备管理，油田

场站使用频率高；按结构可以分为上车部分、下车部分，情况较为复杂；通过安装天眼系统后，平台能够通过 GIS 地图展示设备实施状况、所处位置、实际操作视频，进一步提升设备利用效率。汽车起重机安装示意图如图 4 所示。

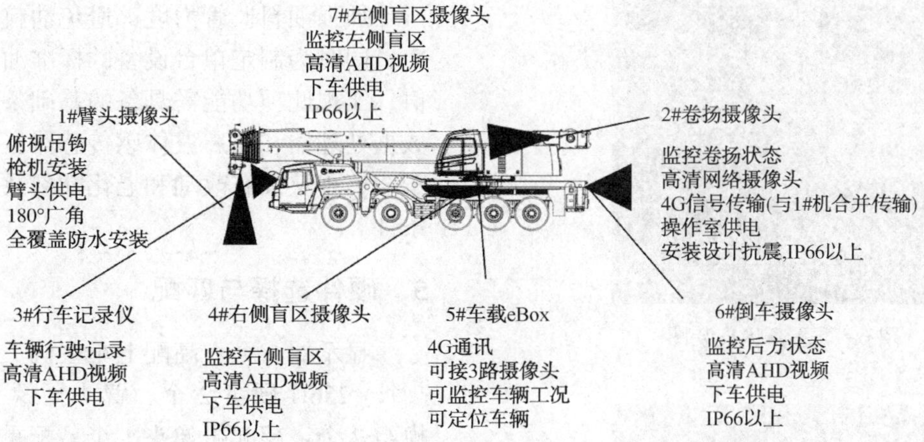

图 4　汽车起重机安装示意图

4　具体功能剖析

4.1　发动机数据读取功能

实时传输车辆全部运行数据，包括转速、油温、水温、里程、时速等，为设备的维护保养提供参考数据，为设备的科学使用提供分析依据。实现此项功能具备的基础条件：一是设备在排放标准在国Ⅳ及以上，具备 OBD 接口；二是安装 ebox（发动机数据读取）模块硬件及专用线束。

4.2　吊装数据读取功能

实时传输吊装过程的数据，包括重量、角度、幅度、力矩等，实现此项功能需具备的基础条件：一是需要安装 ebox（吊装数据读取）模块硬件及专用线束；二是需要设备生产厂家开放信息数据开放协议；三是设备吊装过卷线束具有备用线束；四是设备吊装操作室电控系统具备参数外输接口。

4.3　预警功能

通过设定识别物品种类（人、动物、大型牲畜、车辆、混凝土建筑物、金属建筑物等）及预警范围（预警范围各多少米距离），视频终端可生成安全范围，进入安全范围时，系统及时进行预警，提醒操作人员。

4.4　左右侧盲区监控功能

通过车载终端和平台实时查看盲区画面，有声光报警，提醒操作人员，可有效避免大型车辆因转弯半径存在盲区而发生的交通事故（图 5）。

图 5　左侧盲区安装图

4.5　配重盲区监控功能

汽车式起重机在大件吊装时往往会根据吊装物的重量把配重增加到相应的吨数，而配重的盲区很大，一旦遇到障碍物且无法看得见时作业非常危险，安装配重盲区摄像头有效排除安全隐患（图 6）。

4.6　卷扬监控功能

避免乱绳情况的发生，尤其是东北冬季施工，钢丝绳过硬易发生乱绳现象，严重影响钢丝绳寿命（图 7）。

4.7　主杆摄像头监控功能

操作手进行吊装作业时，辅助操作手查看主

图 6　配重盲区安装图

图 7　卷扬监控安装图

杆下的情况，避免因角度误差而发生安全事故。实现此项功能需具备的基础条件：一是需要高清摄像头，无线发射器，无线接收器，视频主机，通信模组等硬件支持；二是设备吊装限位开关线束有 24V 以上备用线束(图 8)。

图 8　主杆监控安装图

4.8　倒车盲区监控功能

为操作手在倒车时提供视觉辅助，避免因倒车盲区检测不到而发安全事故。

4.9　油位监测功能

加强油料监管力度，避免油料浪费的情况发生，同时为制定单台设备的标准油耗提供理论数值。实现此项功能需具备的基础条件：一是需要数据处理器和超声波体感传感器；二是设备底盘车线束规整没有改动和老化断裂及具备外接线束条件。

5　硬件选择与匹配

显示器 2 个、高配上车主机 1 个、下车主机 1 个、256G 硬盘 2 个、臂头摄像头 1 个、通讯模组 2 个、超起摄像头 1 个、配重盲区摄像头 1 个、主副卷摄像头 1 个、操作室摄像头 1 个、右侧盲区摄像头 1 个、左侧盲区摄像头 1 个、驾驶室摄像头 1 个、倒车摄像头 1 个、车辆数据采集 1 个。

6　安装效果分析

6.1　持续提升设备管理水平

融合设备集中运维管理平台、中油即时通讯、大庆油田地理信息系统、天眼系统等相关平台功能，打破数据壁垒，改变原有的设备管理运作方式，为企业设备管理提供了更高、更宽的视野，更新、更灵活的工具。利用物联网自动采集技术。通过油位传感器、GPS 自动采集，读取发动机数据，实现了定位、速度、里程、油耗等相关数据的自动采集，减少了传统的报表统计。深入应用大数据分析和云计算能力。通过记录设备的运行数据，有效分析生产运行需求，在海量数据的基础上，通过计算机相关技术和数学建模来计算设备的配套需求，实现辅助决策，为公司设备管理带来效益回馈。采用先进可视化技术。安装先进的变焦摄像头、网络摄像头、球形摄像头、油位传感器等硬件，将视频信号、电流信号转化为 PLC 数字信号，通过主机数据传输，操作手在操作室、驾驶室可以看见设备盲区、设备管理人员通过大屏、PC、移动设备等终端即可看见设备各项状况，应用数据库原因建立吊装监测系统数据库，实现沉浸式设备管理。

6.2　有力保障施工生产任务

通过网络传递、信息共享、一体化的设备管

理体系建设，实现部门间协同办公，提升业务整体运行效率。依托 GPS、油料自动采集等信息化手段，实现设备物联网远程监控、及时性调配，提高设备利用率。进一步凸显公司指挥中心的作用，实现对起重设备的远程视频监管、运转数据异常报警、周边危险因素预警、有效积累吊装数据、强化油料监管；进一步方便操作手作业，特殊情况及时预警，大大增强操作人员和设备的安全性。公司相关业务部门能够依据大数据分析，制定单台设备的标准油耗提供理论数值、危害因素风险防控措施，为设备的科学使用提供分析依据。设备分布如图 9 所示。

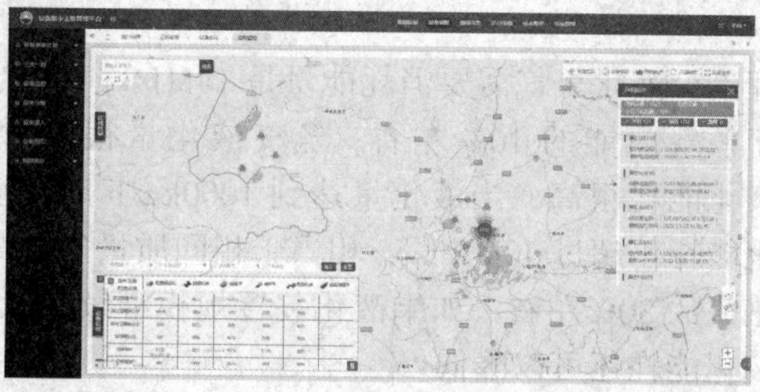

图 9　设备分布图

6.3　经济效益显著

天眼系统作为生产管理辅助系统，实现管理具有综合性，效益具有间接性，投入使用将对公司设备管理、项目管理水平产生巨大的推动作用。应用大数据可视化分析，强化设备维保能力，降低维修成本，保障设备完好，提升服务能力实现设备寿命周期全过程和全费用管理，提升装备配备、设备租赁和调剂的决策支持能力。

6.4　社会效益显著

瞄准国内先进水平，立志打造国内领先的设备集中运维管理平台。利用大数据、物联网、云计算、可视化等技术，给企业带来了更高、更宽的视野，优化原有的工作模式，实时掌握一手资料。天眼系统通过数据自动采集、大数据智能分析，辅助企业精准决策，有力推动工程建设行业设备管理水平的提高，助推企业实现高质量发展。同时，通过自动采集、数据共享、办公提醒等功能，将人力从重复性的工作中解放出来，为企业提高效率，降低资源消耗。实现设备精细化管理，有效降低人力、油料、配件、维保的投入，减少资源占用，节约社会资源。另外，带动相关行业发展。在天眼系统推广应用过程中，信息技术、视频监控等企业进行了参与，带动了一批相关制造加工企业、信息技术企业的就业和科研攻关。

6.5　生态效益显著

降低对环境的影响。天眼系统提高了设备操作效率，缩短了设备开机时间，有效缩短声音、震动时间，减少尾气的排放，降低对周围人类、动物、植物的影响，对环境的污染。

7　结论

天眼系统的开发与应用，能够有效解决了公司设备监管难度大的实际困难，降低设备作业安全风险，减少人员劳动强度和人工成本，提升操作人员安全指数、幸福指数，通过智能分析、比较，提升设备利用率，辅助企业做出精准决策，助推企业实现高质量发展。

参 考 文 献

[1] 胡红波．加强网络技术管理保障网络安全运行——孝感日报社网络技术管理实践[C]/全国报社新闻技术工作会议暨中国报业技术年会．中国报业协会，2013.

[2] 苗锡庆，梁友国．吊装监测系统数据库设计与实现[J]．石油化工建设，2019，41(5)：5.

液氢管道材料

贾琦月　吴汉宇

（中国寰球工程有限公司北京分公司）

摘　要　文章针对液氢管道材料阐述，结合液氢工况进行液氢管道选材分析。在低温金属材料的选择方面，提出了材料对氢介质的适应性和材料的氢脆倾向，提出了软密封材料选择方面的具体规定；提出了国内液氢用不锈钢材料的要求。从标准角度，总结了液氢工况的国际标准和国内标准，并指出国内新编标准对液氢工况要求的低温冲击值要求，为标准的准确使用提供了帮助。

关键词　液氢；标准；材料；低温

液氢（LH2）生产技术属于20K深冷温区制冷技术，是全球国家低温技术战略竞争领域的核心支撑技术之一。液氢作为清洁能源，广泛应用于国防、航天和氢能源领域，具有安全、高效、节能、环保等优势。氢作为一种理想的清洁能源，是21世纪最有发展前景的新能源之一。发展液氢是保障中国能源安全，实现2060年碳中和目标的重要举措。

1　液氢工况

液氢密度可达普通氢气的780倍，同体积存储量是气态氢（采用不同压力）的8~10倍。氢气的高热值为142MJ/kg，如果将氢气压缩到20MPa，大约消耗能量14MJ/kg，相当于氢气内能的10%左右。液氢的体积密度是70.8kg/m^3，体积能量密度达到8.5MJ/L，是气氢20MPa压力下的5倍。将氢气冷却至-253℃液化后，再利用槽罐车运输可大大提高运输效率，汽车槽罐车的容量可以做到65m^3，每次可有效运输超过4000kg氢气。在氢气供应方面，一辆总重量小于40t的卡车可以装载超过4t的液氢，质量能量密度大于10%，经济运输距离可达500km到1000km，单个氢气来源覆盖的供氢范围更广。理论上液化氢气需要消耗能量是14MJ/kg，相当于氢气内能的10%左右。氢气液化量很少时，液化能耗很高，当液化量达到1000kg/h时，液化能耗仍超过40MJ/kg，相当于相同质量氢气高热值的30%左右，如果液化装置规模继续扩大，液化能耗还可以降低。

2　液氢管道选材

2.1　低温金属材料的选择

目前行业中、LPG、LO2、LAr、LH2、LN2等化工低温介质的具有超低温的特性，所以选择耐低温、耐腐蚀与低温介质相容性并具有较低的导热性的材料尤为重要。对于液氢介质的材料选择，还应附加耐氢脆的性能要求。

从金相方面考虑，面心立方晶体的金属塑性都非常好，比较适合应用于液氢介质的低温环境，铜、铝在低温状态下不会出现低温脆性，但铝和铜合金耐磨性能相对于奥氏体不锈钢较差。因此，导热性差、耐腐蚀性强的奥氏体不锈钢材料在超低温行业中得到了广泛的应用。

国际标准中关于液氢介质的选材要求所选材质应具有对氢介质的适应性，详见表1。液氢材料还需要避免氢脆倾向，详见表2。

表1　氢工况材料的适用性

Material	Form of Hydrogen		Notes
	Gas	Liquid	
Aluminum and aluminum alloys	Acceptable	Acceptable	…
Austenitic stainless steels with greater than 7% nickel (eg. 304, 304L, 308, 316.321, 347)	Acceptable	Acceptable	Beware of martensitic conversion temperature if stressed above y

续表

Material	Form of Hydrogen		Notes
	Gas	Liquid	
Carbon steels	Acceptable	Not acceptable	Too brittle for cryogenic service
Copper and copper alloys (e. g, brass, bronze, and copper-nickel)	Acceptable	Acceptable	…
Gray, ductile, or cast iron	Not acceptable	Not acceptable	Not permitted for hydrogen servi
Low-alloy steels	Acceptable	Not acceptable	Too brittle for cryogenic service
Nickel and nickel alloys (e. g. , Inconel and Monel)	Not acceptable	Acceptable	Beware of susceptibility to hydro embrittlement
Nickel steels (e. g. , 2. 25%。3. 5%。5%, and 9% NI)	Not acceptable	Not acceptable	Beware of ductility loss
Titanium and titanium alloys	Acceptable	Acceptable	…

表 2 材料的氢脆倾向

Metal	Extremely embrittled	Severely embrittled	Slightly embrittled	Negligibly embrittled
Aluminium alloys				
1100				X
6061-T6				X
7075-T73				X
Be-Cr alloy 25				X
Copper. OFHC				X
Nickel 270		X		
Steel				
Alloy steel. 4140		X		
Carbon steel				
1020			X	
1042(normalized)			X	
1042(quenched and tempered)		X		
Maraging steel. 18Ni-250	X			
Stainless steel				
A286				X
17-7PH	X			
304 ELC		X		
305		X		
310			X	
316			X	
410		X		
440C		X		
Inconel 718	X			
Titanium and titanium alloys				
Titanium			X	

续表

Metal	Extremely embrittled	Severely embrittled	Slightly embrittled	Negligibly embrittled
TI-5AI-2.5SN (ELI)		X		
TI-6Al-4V(annealed)		X		
TI-6Al-4V(STA)		X		

ISO 11114-4 deseribes test methods which allow to verify the exact sensibility of steel and metallic materials tohydrogen embrittlement

2.2 软密封材料的选择

在低温行业中，软密封材料的选择尤为重要，其直接关系到阀门的密封性能，所以需要选择耐低温蠕变、耐磨、强度大且不易低温发生脆性的材料。在众多高分子材料中 PTFE、PTCFE、VESPEL 有着出色的耐低温、自润滑的特性，因此被广泛应用于各种低温环境下的阀门密封，但由于液氢有着更低的温度、更小的分子量和更高的压力，选用杜邦所开发的高强度全芳香族聚酰亚胺树脂 VESPEL，可满足液氢介质的使用条件。VESPEL 具有很高的强度和刚性，可在极端温度下应用，高 PV(极限压强和滑动线速度)下的低磨损和低摩擦优异的抗蠕变，高强度和抗冲击性；无润滑下的 PV 值是一般工程塑料的 10 倍以上，对冲击磨耗与摇动磨耗亦有很强的耐受性，最高连续使用温度在 288℃，最低温度可达 1K 以下，并有很好的电绝缘性、阻燃性和真空下良好的气密性。

2.3 国内液氢用不锈钢材料

液氢用不锈钢材料应进行固溶处理，其化学成分应符合表 3 所示的要求，机械性能应符合表 4 所示的要求。

表 3　液氢用不锈钢化学成分

材料牌号	化学成分(质量分数)/%								
	C	Mn	Si	Cr	Ni	P	S	Mo	N
CF3M、F316L、TP316L、S31603	0.03	2.00	0.75	16.0~18.0	10.0~14.0	0.035	0.020	2.00~3.00	0.10
CF8M、F316、S31608	0.08	2.00	0.75	16.0~18.0	10.0~14.0	0.035	0.020	2.00~3.00	0.10

表 4　经固溶热处理的液氢用不锈钢室温下的机械性能

材料牌号	机械性能						
	规定非比例延伸强度 Rp0.2/MPa	规定非比例延伸强度 Rp1.0/MPa	抗拉强度 Rm/MPa	断后伸长率 A/%	硬度值		
					HBW	HRB	HV
CF3M、F316L、TP316L、S31603	≥180	≥260	≥490	≥40	≤217	≤95	≤220
CF8M、F316、S31608	≥205	≥260	≥520	≥40	≤217	≤95	≤220

3 相关标准

目前，关于液氢环境使用的专业标准以国外标准为主。

(1) ASME B31.12—2019 Hydrogen Piping and Pipelines 氢气管道和长输管道；

(2) AIAA G-095A-2017 Guide to Safety of Hydrogen and Hydrogen Systems；

(3) GB/T 24925—2010 低温阀门 技术条件；

(4) 美国国家航空航天局的安全标准《SAFETY STANDARD FOR HYDROGEN AND HYDROGEN SYSTEMS—Guidelines for Hydrogen System Design, Materials Selection, Operations, Storage, and Transportation》；

(5) GB 50516—2021《加氢站技术规范》；

(6) GB/T 40061—2021《液氢生产系统技术规范》；

(7) 清洁标准：ASTM 380，CGA PS-31，GB 50073《洁净厂房设计规范》；

(8) ASME B16.34—2013《法兰、螺纹和焊连接端阀门》；

(9) BS 6364：1984(R1998)《低温阀门标准》；

（10）MESC SPE 77/200《VALVES IN LOW TEMPERATURE AND CRYOGENICSERVICES》；

（11）API 598—2009《阀门检测及试验》；

（12）ISO 15848. 1—2006《工业阀门 逸散性泄漏的测量、试验和鉴定程序 第 1 部分：阀门的分类体系和型式试验鉴定程序》；

（13）ISO 15848. 2—2006《工业阀门 逸散性泄漏的测量、试验和鉴定程序 第 1 部分：阀门的分类体系和型式试验鉴定程序》；

（14）ISO/DIS 24132 Design and testing of marine transfer arms for liquefiedhydrogen 液氢传输臂设计与检测；

（15）ISO TR 15916 Basic consideration for the safety of hydrogen systems 氢系统基本安全要求。

4 寰球公司相关标准编制

联合中机联，参与中国通用机械工业协会团体标准“氢用低温阀门通用技术规范”的编制，对于液氢环境下的低温性能要求和低温测试方案给出了规定，标准中首次规定了，阀门承压部件所使用的金属材料应选用奥氏体不锈钢。材料的金相组织结构应稳定，防止在液氢温度下因材料相变引起体积变化，从而影响阀门在低温条件下的性能。并在焊接工艺评定中首次体现了液氢工况的超低温冲击值见表 5。

表 5 承压部件的焊接工艺评定要求

序号	试验项目	试样数量/个	试验温度	合格指标	试验方法	备注
1	横向拉伸	焊接接头：2 个	室温	强度：符合 NB/T 47014—2011 第 6. 4. 1. 5. 4 条	GB/T 228. 1	
2	横向弯曲	面弯+背弯：2+2 或侧弯：4	室温	符合 NB/T 47014—2011 第 6. 4. 1. 6. 4 条	GB/T 2653	当板厚小于 10mm，采用面弯和背弯试验； 当板厚大于等于 10mm，可以采用侧弯代替面弯和背弯。
3	冲击试验	焊缝区：1 组（3 个） 热影响区：1 组（3 个）	−196℃	冲击吸收能量 KV2：≥47J 侧膨胀值 LE：≥0. 53mm	GB/T 229	
		焊缝区：1 组（3 个） 热影响区：1 组（3 个）	−296℃	冲击吸收能量 KV2：≥38J 侧膨胀值 LE：≥0. 38mm		

注：1. 冲击试验标准试样尺寸为 10mm×10mm×55mm。当制备宽度为 7. 5mm 或 5mm 的小尺寸冲击试样时，其冲击吸收能量指标分别为标准试样冲击吸收能量指标的 75%或 50%。冲击试验每个试样的冲击吸收能量均不低于规定值。当无法制备 5m×10mm×55mm 小尺寸冲击试样时，免做冲击试验。

2. 取样方法按 NB/T 47014 进行。

5 小结

综上，液氢工况对管道材料的选择提出了较为苛刻的要求，在低温金属材料的选择方面须要注意材料对氢介质的适应性和材料的氢脆倾向；在软密封材料选择方面须要考虑蠕变和抗冲击性。目前国内在液氢方面标准还不太健全，须要进一步完善。

大口径管道连头作业施工下料组对方法的应用与研讨

林士军

（大庆铁人学院）

摘　要　随着国内能源产业的需求逐日增大，输油、气等大口径长输管道的施工质量越来越受到基建行业的重视。由于在管道连头施工时，所处的环境、地形、地质、气候等因素是制约连头作业施工的重要因素，而管口的变形矫正、测量下料、管口处理、切割打磨、组对及焊接等要求又是影响连头施工质量的主要因素，

关键词　维抢修作业；大口径管道；下料工序；组对方法

在大口径管道作业连头过程中，以往的连头作业施工所采用的方法存在诸多影响施工质量的缺陷，主要存在操作工序编排不合理、连头作业时间过长、人员操作强度过大及连头质量不高等缺点，从而影响到整条管道后期的安全平稳运行。为适应油田发展需要，也为了提高自身技术水平和生产能力，通过论证和研究，编制连头组对操作方法及质量保证措施，即降低了连头作业成本，又保证了管道连头组对作业质量和生产安全，通过工装的研制又解决了大口径连头作业存在的诸多难题，有效提升了大口径管道连头作业的整体施工效率和施工质量。

1　工艺操作原理

长输管道（大口径）连头作业或动火连头维抢修作业过程中，将以两个在同一平面不同心的固定管，通过中间加设直管段将其连接成为一体的作业方式，示例如图1所示。

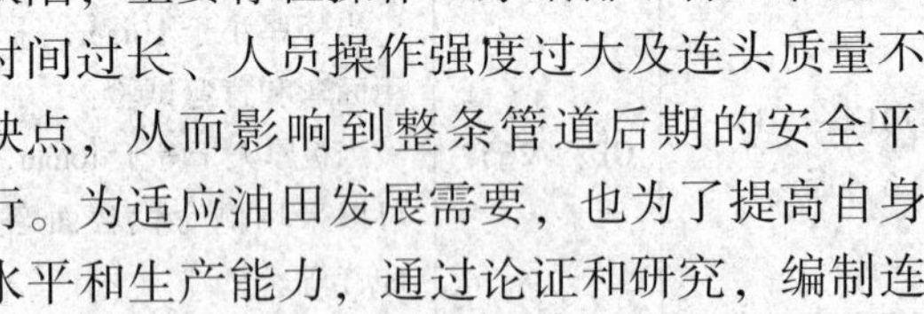

图1　直管段连接项目示意图

大口径管道连接作业工序分为固定管测量划线、连接管划线-切割、组对-加热点焊及施焊四大部分。其中固定管操作及连接管操作可同步进行，组对、加热点焊同步进行，层间加热施焊为最后工序。固定管的操作顺序为测量等分、管口修正、间距测量；连接直管段的操作顺序依次为划基准线、管口（8或12）等分、划管道切割线、管道切割、尺寸复检、管口修磨；管道组对、加热点焊、层间加热施焊。

固定管操作过程中，采用间距测量杆实测固定管间距；使用管口打磨工装进行钝边、坡口加工；使用大直角尺测量水平、垂直位置尖长。

连接直管段操作过程中，先使用划线器划分基准线，根据测量尖长画出切割线，再根据固定管测量间距数据划直管段另一管口切割线，采用轨道式切割机按照所划切割线进行切割，切割后管口打磨、尺寸复检，最后使用移动升降式管道组对车进行组对、加热点焊。

组对操作过程中，使用移动升降式管道组对车将直管段运送到所连接部位，采用外对口器进行管道组对，使用对口器顶丝调整固定管及连接管错边量，调整组对间隙，点焊处加热并点焊（氩弧焊打底）。

2　适用范围

该组对方法适用于长输管道连头作业中的管道规格为ϕ711～1422mm范围内的直管段连头施工；同时相关工装可应用于以上管道规格范围内任意角度弯的连头作业施工。

3　特点

3.1　操作方法细腻、精准，工装利用率高

操作人员根据施工项目制作测量、划线、打磨及组对等若干工装。

3.2 操作效率高

(1) 通过合理的安排工序及工装的使用，大幅提高了施工进度近 2 小时。

(2) 操作安全有保障，降低劳动强度。通过合理编排工序及各种工装的使用，大幅降低了操作人员劳动强度，使得施工安全有了保障。

(3) 施工质量提升。管道连头质量全部达到施工规范要求。

(4) 施工效益好。通过合理的施工方法及工装的使用，大幅降低机械设备的使用量，降低施工单位的机械费用。

4 工艺流程及操作要点

4.1 工艺流程

工艺流程如图 2 所示。

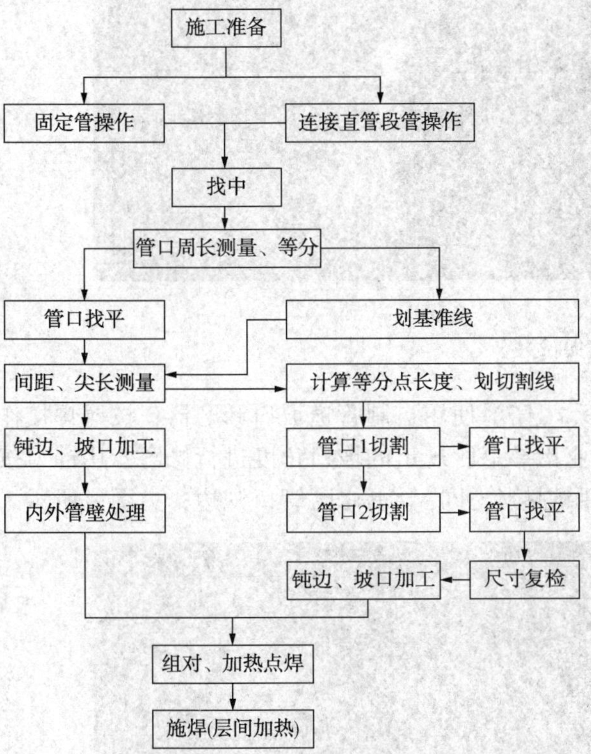

图 2

4.2 工艺操作要点

4.2.1 施工准备

(1) 根据设计要求及标准规范编制审批施工方案，施工前做好施工技术安全交底，对参与施工人员进行岗位安全教育。

(2) 现场踏勘及清理场地，查清施工场地障碍，保证车辆通道畅通，作业区进行围挡隔离。

(3) 对需要连接管段经建设单位验收合格。

(4) 施工所用机具、设备、材料、安全器材均已按要求到达现场，设备运行良好，能够保证正常施工。

(5) 施工所用工具准备齐备，所用量具已经校验合格，能够保证管道下料精准，确保施工质量。

(6) 气割设备、焊接设备准备齐全，施焊用电接线符合用电要求，确保施工用电安全，并参照焊接作业指导书进行施焊。

4.2.2 固定管操作要点

固定管与固定管的间距测量在连头作业中属于关键环节，测量的精准度为连接管段的精准操作提供基础数据。

(1) 将直角尺、水平尺合并使用并放置在两固定管管顶，找出固定管管顶中线，如图 3 所示。

图 3 固定管找中

(2) 使用钢板尺测量管口椭圆度，记录后与连接管管口椭圆度对比，以备组对时尽量使得两管口椭圆度相贴近。

(3) 使用钢盘尺测量管口周长，记录后与连接管管口周长对比，根据对比值来确定需做内壁减薄的管口及减薄量。按照实测周长将管口进行 8 或 12 等分，每等分点在管口上做线标记，如图 4 所示。

图 4 固定管周长测量、等分

（4）使用管口平整器将固定管口修磨平整，以保证下步间距测量的精准度，如图5、图6所示。

（5）使用靠尺、大直角尺结合测量水平方向、垂直方向尖长，以保证测量、计算后的数值精准反应到连接管段上，见图7所示。

图5 管口平整器修磨管口

图6 靠圈检测修磨平直度

(a) (b)

图7 测量尖长

（6）使用钢盘尺或间距测量伸缩杆实测两固定管8或12等分点对应的直线长度，实测水平方位对角长度、垂直方位对角长度。

（7）使用自制管道坡口修磨器，按照焊接作业指导书所规定的坡口角度进行修磨；用锉刀按照焊接作业指导书修磨管口钝边，见图8所示。

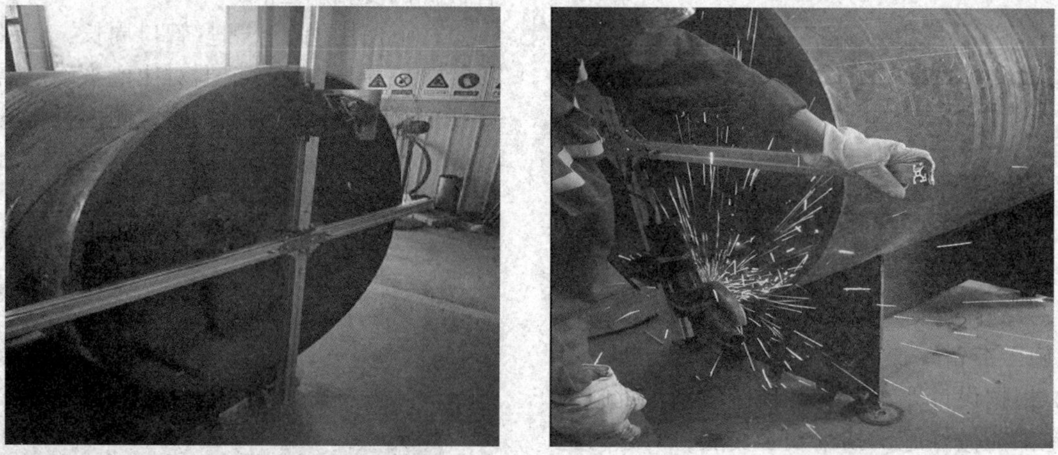

(a) (b)

图8 坡口修磨器修磨坡口角度

（8）检测修磨后的管口钝边、坡口角度。固定管操作完成。

4.2.3 连接管段操作要点

连接管段的精准测量、计算、划线下料、切

割及打磨等工作属于大口径管道连头作业重点环节，诸多工序的精准度决定了管道连头质量的优劣。

（1）该管段管顶中线的确定、管口椭圆度测量以及管口周长测量等工作与固定管管口的操作方法等同，且同步进行。

（2）使用基准线划线器在连接管段上划出基准线，以此线作为基准，根据计算数据，划出连接管段切割线，如图 9、图 10、图 11 所示。

图 9　基准线划线

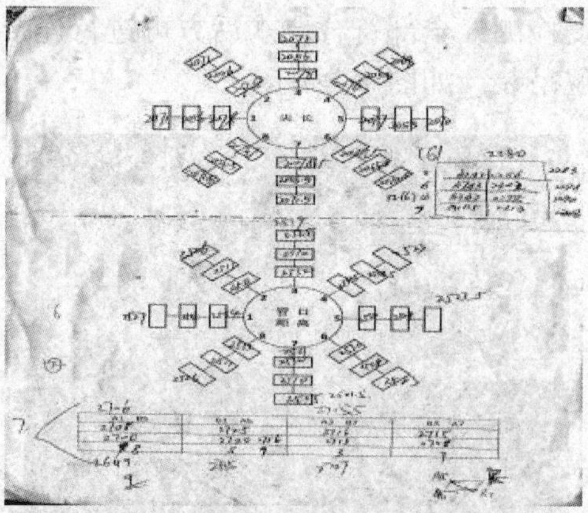

图 10　尖长、切割线计算

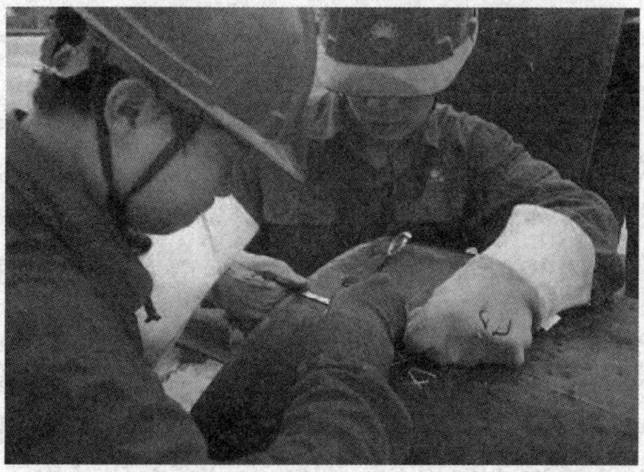

图 11　切割线划线

（3）根据第一道管口切割线，再依据固定管口测量的等分点间距数据，返划出第二道管口切割线，如图 12、图 13 所示。

图 12　第一道切割

图 13　第二道切割

（4）根据切割线，使用轨道火焰切割器依次进行连接管段切割。安装导轨，先试割，经测量其坡口角度符合标准要求再进行管口切割，如图 14 所示。

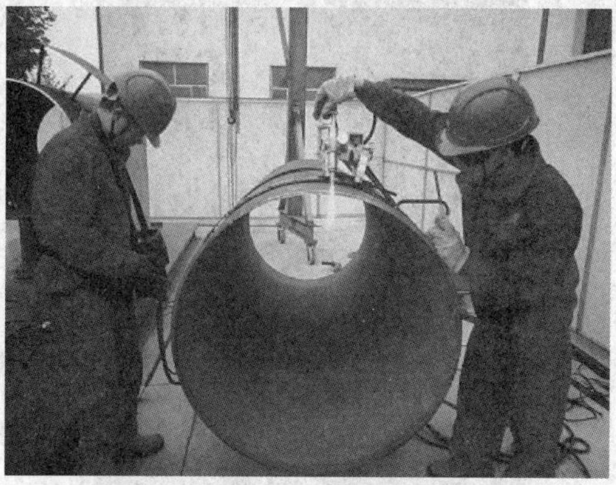

图 14　管口切割

（5）连接管段第一道管口切割后，使用自制管道钝边修平器将切割后的管口进行钝边处理。

同理，待第二道管口切割后也将进行钝边修整。两管口修磨平整后，进行连接管段直线距离、对角线数据检测，如图 15~图 17 所示。

图 15　管口修磨

图 16　钝边平整度检测

图 17　尺寸检测

(6) 连接管段整体尺寸若出现偏差，则记录数据并进行打磨；若没出现尺寸偏差，则进行两管口坡口角度、内(外)壁处理。

4.2.4　连接管段操作

该连接管段的测量、下料切割及打磨等方法区别于以往人工的比量下料方法和管口找平方法。本工法在此操作过程中使用工装较多，采用划线器所划出的基准线；采用测量计算下料方法依据固定管的轴线偏离率按照一定的计算公式计算后，按照数据管口等分点依次划出切割点并用钢板尺进行圈线，轨道火焰切割器切割后，采用管道钝边修整器、管道坡口加工器进行管口修正，这种打磨方法省时省力，精准度高，提高工效。

4.2.5　连接管段组对、点焊操作要点

将连接管段吊装至固定管段连接处是检验下料精准度的验收环节。连接管段安装在两固定管间是否符合连头规范要求，从对口间隙就能得到验证。

(1) 组对点焊前，必须由专人对固定管口、连接管管口进行钝边、坡口角度、管口内外壁及椭圆度检测，全部符合要求后方可进行连接管段的移位吊装。如图 18 所示。

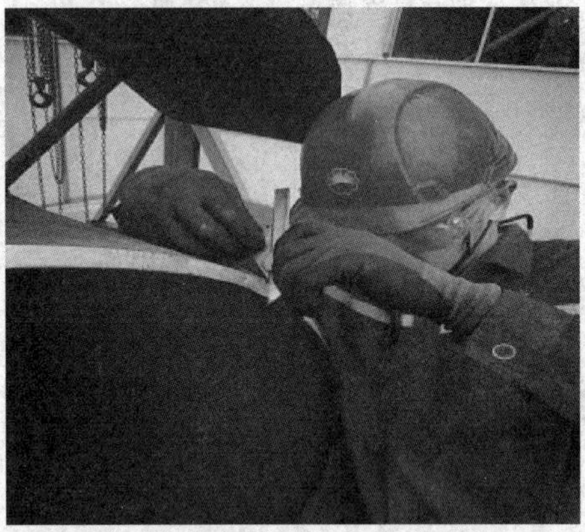

图 18　管口检测

(2) 连接管段吊装。吊装前，确认连接管段螺纹与固定管段是否错开，且符合标准规范要求。确认连接管段等分点(8 等分或 12 等分)与固定管段管口等分点偏差不大，以备组对时便于进行微调即可，如图 19 所示。动火连头作业时，可采用吊装设备或者移动式多规格管道顶升管架车进行组对；若在演练或竞赛过程中，宜采用龙门式吊管架进行操作，如图 20 所示。

图 19 管螺纹及等分点调整

图 20 连接管吊装

（3）组对、点焊操作。组对前，安装外对口器（链条式或顶丝式）。微调连接管段，确保其管口等分点与固定管等分点重合。用外对口器矫正两管错边量，使其两管口外壁错边量≤1mm；使用间隙插板调整组对间隙，确保两管口组对间隙在 3.0~5.0mm 之间。管口组对符合规范要求后，进行点焊。点焊时，必须对预点焊部位进行加热处理，温度以大于 80℃ 为宜。点焊长度宜在 20mm~30mm，如图 21 所示。

图 21 管道组对与点焊

5 质量控制

（1）固定管质量控制（图 22）

固定管质量控制		
固定管质量控制	固定管椭圆度测量	管口1测量;管口2测量,1min;注意:连接管段比对后确定打磨量。
	确定固定管中线	确定中线,反线长度200mm,3min;注意:划针划线。
	固定管圆周测量、管口等分	管口1圆周测量、等分,3min; 管口2圆周测量、等分,3min。注意:划针划线。
	固定管管口找平	管口1找平,20min; 管口2找平,20min。注意:安装打磨护罩,管口平整度偏差0.5mm,控制时间。
	固定管尖长测量	水平尖长测量3min;垂直尖长测量3min;注意:尖长准确度,一次测量。
	固定管间距测量	间距测量10min;注意:尺寸复检,盘尺与测量杆交替使用,边测量边记录。
	固定管口打磨	管口1打磨,20min;注意:安装打磨护罩,钝边1.5mm;坡口角度30°±1°; 配合连接管段划线,完成后管口2打磨,20min。注意:钝边1.5mm;坡口角度30°±1°。
	连接管口1打磨	连接管口1切割完成后,由甲人进行管口平整度打磨及内外壁打磨,15min; 注意:安装打磨护罩,平整度偏差±0.5mm;外壁用抛光片;内外壁除锈宽度均为30mm。

图 22

（2）连接管质量控制(图 23)

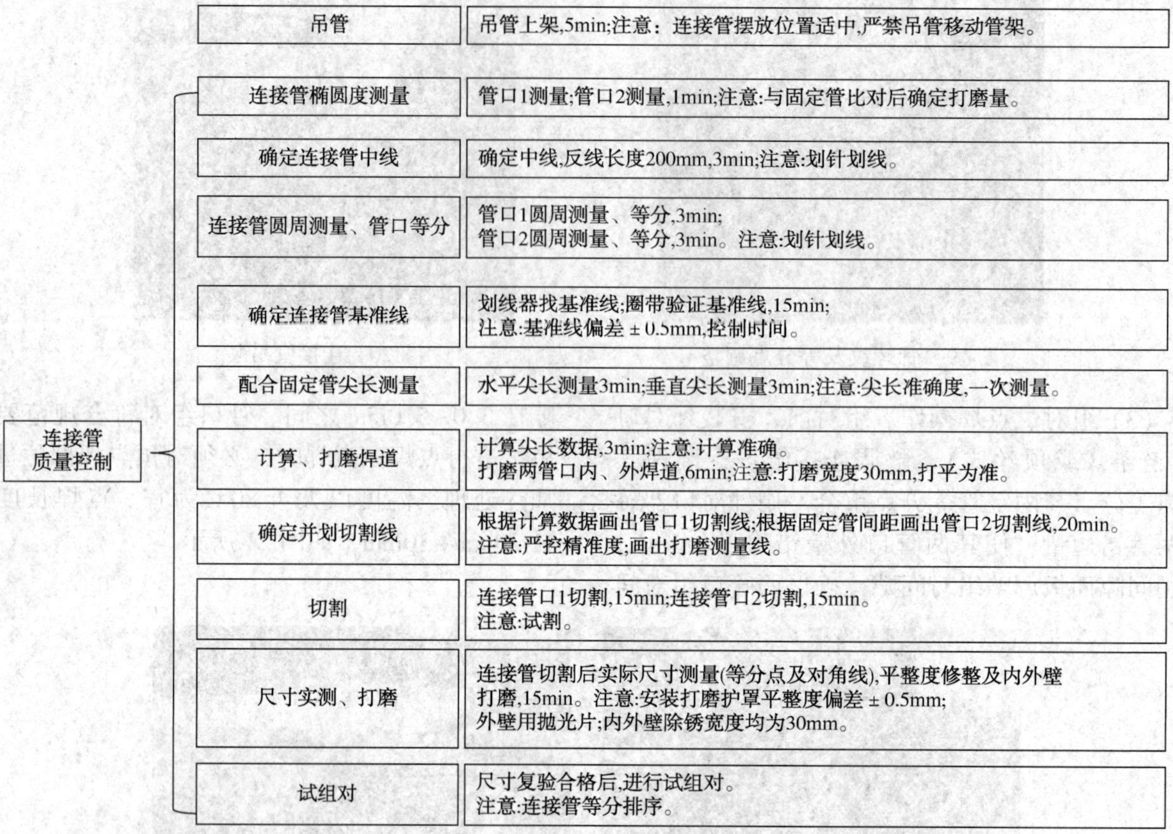

图 23

（3）组对点焊质量控制(图 24)

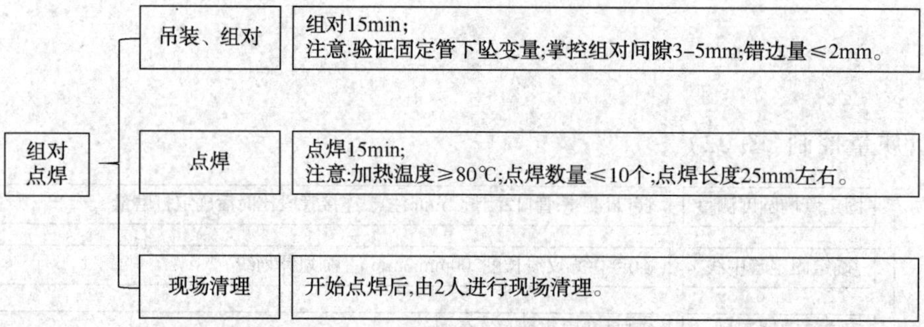

图 24

（4）组对控制要素(表 1)

表 1

序号	检测内容	检测要素	检测结果	备注
1	管口 1	钝边处理(1~2mm)		
		坡口角度(单边 27.5°~32.5°)		
		内壁减薄处理连接管段与固定管内壁允许偏差±1mm		
		对口间隙(3.0mm~5.0mm)		
		错边量(≤2mm)		

续表

序号	检测内容	检测要素	检测结果	备注
2	管口2	钝边处理(1~2mm)		
		坡口角度(单边 27.5°~32.5°)		
		内壁减薄处理连接管段与固定管内壁允许偏差±1mm		
		对口间隙(3.0mm~5.0mm)		
		错边量(≤2mm)		

6 安全措施

6.1 操作人员应穿戴齐全劳动保护用品进入现场操作。

6.2 固定管打磨时，应采用打磨护罩，以防打磨飞溅或火花引发事故。

6.3 施工时设专人检查倒链、吊耳、支撑等连接处有无异常情况，发现异常情况立即停止施工。

6.4 吊装作业时，应由专业吊装人员进行指挥吊装。

6.5 使用电动工具时，应严格按照电动工具操作规程进行操作。

6.6 使用打锤敲击时，应正确站姿，精准抡锤，按照规范进行操作。

6.7 使用气割时，必须保证两瓶间距 5m 的安全操作距离，且动火点离两瓶 10m 以上距离。

6.8 操作人员在打磨时，必须佩戴护目镜。

6.9 作业完工后，及时清理施工作业现场，做到完工料净场地清。

7 环保措施

7.1 切割费料及时回收至指定场所。

7.2 打磨过程中产生的烟尘，用清洁水及时做好降尘措施。

8 应用实例

该施工方法在集团公司举办的大口径管道维抢修竞赛及管道维抢修工程的 φ1016×21mm 燃气管道动火连头演练作业中得到了应用。在竞赛中，应用本组对方法后，操作效率极大提升，缩短了 60min 操作时间，组对精准度完全达到标准化施工要求并取得金奖。在管道维抢修工程动火连头演练作业施工中采用本方法后，得到了业主的高度评价，组对质量完全达到规范标准要求，无损检测一级片达到 100%，受到业主的一致好评。

LNG 工程项目创新管理与实践
—助力中国海油天然气产供储销建设高质量发展

衣 鹏 吴 艳

（中海石油气电集团有限责任公司）

摘 要 为深入贯彻落实习近平总书记关于加强天然气产供储销体系建设的重要指示批示精神，中国海油从上自下坚决按照党中央、国务院工作部署要求，通过提高政治站位、科学有序推进、规范和完善工程建设管理体系、建立首个接收站标准化和数字化体系、持续推进“三新三化”专项工作等工程项目创新管理方法，解决了项目工期紧，协调界面多、管理难度大等内外部复杂多变问题，有效保障了互联互通重点工程按期投产和储气能力设施高质量建设。

关键词 产供储销；互联互通；高质量发展

1 背景情况

为深入贯彻落实习近平总书记关于加强天然气产供储销体系建设的重要指示批示精神，国家发展改革委、国家能源局先后联合组织各地区、有关部门和企业要持之以恒贯彻落实好习近平总书记重要批示精神，多次召开全国电视电话会议通报天然气产供储销体系建设、储气设施建设督查情况和发现的问题，分析形势，查找不足，及早部署天然气供应保障相关工作。中国海油汪东进董事长强调和要求气电集团全面和深入贯彻落实习近平总书记重要批示精神，按照党中央、国务院工作部署，齐心协力，攻坚克难，要统筹规划、科学有序加快产供储销体系建设，全力保障互联互通重点工程按期投产和储气能力设施建设。

气电集团作为中国海油天然气产供储销体系建设践行者，守土有责，守土尽责，各级领导亲自挂帅，以高度的政治觉悟和政治责任，精心策划，周密组织，在集团公司领导的支持和带领下，持续推进天然气产供储销体系建设。面对项目工期紧，协调界面多、管理难度大等内外部复杂多变的因素影响，在工程部、项目单位相互配合，坚持不懈努力下，多措并举全面克服各种困难，协调各方资源为项目争取“绿色通道”、多次赴现场检查协调解决问题、抓住关键路径上的难点提前组织论证攻克难关、通过周月报和问题清单及时向国家和集团公司领导反馈项目进展等。以党建引领工程建设、技术创新为导向、管理提升为抓手，压实责任、统筹协同，安全、优质、高效地做好储气重点工程建设，互联互通重点工程全部按期投产。

2 主要做法

为全面确保天然气产供储销体系建设成效，始终把储气重点工程建设作为一项重大政治任务来抓，始终以“不忘初心，牢记使命”为指引坚决完成互联互通重点工程，始终以党建引领工程建设高质量发展，从 LNG 工程项目建设管理从传统模式到创新模式的新跨越、新实践、新征程。主要做法如下：

2.1 提高政治站位，自觉做习近平新时代中国特色社会主义思想的忠诚信奉者和坚定实践者

近年来，习近平总书记对保护生态环境做出一系列重要指示，指出“生态环境是关系党的使命宗旨的重大政治问题，也是关系民生的重大社会问题”、并先后多次就天然气产供储销体系建设做出指示批示。集团公司党组汪东进书记先后就贯彻习近平总书记相关指示精神，落实国家互联互通重点工程各项部署，在重点工程建设中树立中国海油履行央企社会责任良好形象等，均提出明确要求，并亲自协调解决工程建设重点难点问题；集团公司分管领导、机关部门按照党组统一安排，及时提出各阶段目标并多次深入一线现场办公。气电集团党委和各项目单位党组织认真

传达学习习近平总书记重要指示精神，自觉按党组要求统一思想，并向参建全体党员发出倡议书，要在互联互通、冬季保供战役中检验“四个意识”和“两个维护”，在完成急难险重任务中体现对国家的忠诚、对人民的责任、对海油的感情。

2.2 科学组织推进，以优质高效工程树立中国海油履行社会责任良好形象

能不能完成储气重点项目和互联互通工程，是对中国海油报效国家、服务民生能力的一个重大考验；能不能当好中国海油的代表队，也是对气电集团党委的一个重大考验。为完成好这次大考，气电集团领导和机关部门坚持“特事特办、急事急办、高效办理、全方位支持”。各项目单位超前筹划提前开工，优化工序合理抢工，及早采办保证供应，组织论证攻克难关，依靠政府解决困难，保质保量按时完成了建设任务。

如蒙西管道项目工期被两次压缩，遇到22个雨天，独流减河定向钻穿越1800米，穿越29家权属单位197处地下设施和13处道路，经过25.5公里水域，遭到24次阻工，比正常工期缩短14个半月。深圳LNG工期遇50天降雨，并遭超强台风“山竹”侵袭，组织倒排进度计划，增加施工力量机具，严把管材阀门质量，全程参与施工过程管理，管道焊接一次合格率达100%。大鹏LNG克服采办周期短、边供气边施工、停气窗口紧张和场地狭窄等困难，坚持昼夜施工，实现一次返修全部合格，同比缩短工期4个月。广东管道项目组突破政策限制征用68平方米农田，完成62处建筑征拆，进行建成未投产天然气管道投产前完整性评估，组织沉降治理和升压障碍排除，顺利打通“南气北送”通道。

2.3 积极自我革命，持续推进工程管理创新提升

一是完善工程建设体系，为工程建设保驾护航，规范了项目在工程建设过程中对质量、安全、进度、费用、证照等的管理工作，不仅能提高工作效率，更能加强对分散项目工程建设的控制性，提高气电集团在市场当中的竞争力，确保气电集团健康、长期、稳定地发展。从2018年开始，修订和更新工程管理体系文件15份。同步编制工程项目管理程序标准化文件(第一批)共32份，内容涉及项目信息管理、质量管理、进度管理、费用管理、设计管理、施工管理、项目收尾管理等七大部分。二是秉承合法合规建设的理念，将合规管理作为工程建设重点管理工作，既符合地方政府相关证照和许可的要求，同时又满足集团公司和气电集团相关部门管理规定。目前，气电集团工程部已要求新建项目在项目执行计划中制定证照审批落实计划，明确前置条件，落实责任人，并在项目不同阶段进行跟踪检查，从项目开工到项目竣工验收阶段进行全过程管控。三是加强基础设计过程管控，提高基础设计质量。从2018年至今，把基础设计管控作为工作重点，严格履行管理程序，共完成基础设计开工会30余次、基础设计内审60余次；从设计源头把控，提升项目质量，合理控制造价。在基础设计管理过程中，重点关注承包商资质和业绩，明确初设管理要求，落实建设基础条件，制定交付计划，协调专项问题，优化技术方案，关注设计进度。内审过程中，根据“三新三化”和“经验管理”的要求，从设计范围、设计深度等方面进行审查，重点关注与可研方案之间的技术和工程投资变化。在江苏LNG项目和天津LNG二期项目基础设计过程中，积极推进“三新三化”和“经验管理”的要求，经细致分析遴选，上述两个项目共计采纳气电工程部“经验管理库”中百余条“经验”，有效指导了项目的基础设计，在设计阶段规避了相应风险。

2.4 积极践行工程建设高质量发展，工程建设标准化、数字化阶段性成果显著

践行集团公司党组和气电集团党委对储气能力工程建设高质量发展和精细化管理新要求。持续推进LNG接收站工程建设标准化工作，组织和协调建立国内首个接收站设计与管理标准化体系，形成一套涵盖LNG接收站设计及管理600余份标准化文件和模板，为LNG接收站项目设计提供参考依据和快速模板化设计基础，接轨国际设计及管理体系并进行对标，提高市场竞争力，提升中国海油LNG国际一流技术水平高质量发展。目前上述标准化模板文件已通过专家验收并在近10个在建项目中顺利应用，设计流程和效率提高30%以上。数字化工作已成为是中国海油气电集团高质量发展的新动能。根据集团公司整体部署和指示要求，以工程建设项目数字化交付为目标，对标国际和国内一流能源企业工程建设数字化的良好实践，组织编制数字化交付技术规程标准，以此形成一套数字化交付体系，

目前已完成中国海油 LNG 接收站项目数字化交付技术规程企业标准。同时以江苏 LNG 一期工程为示范项目，完成工程建设数字化交付，同步向智能化接收站迭代升级。

2.5　积极打好低油价下提质增效攻坚战，持续推进工程建设“三新三化”专项工作

积极总结了以往年度的工作管理和成果推广经验，讨论完成各相关单位的成果应用需求和成果体系建设，形成中国海油三新三化技术产品推广清单。同时一如既往推动 LNG 新技术和产品工程化应用，以实现降本增效为目标，助力 LNG 工程建设高质量发展。一是顺利完成国内第一个 22 万方储罐升顶工作，并开展和实施 27 万方储罐技术研究，在江苏一期扩建和珠海二期项目应用；二是 LNG 储罐内罐立缝全自动焊接技术成果在浙江 LNG 二期工程项目示范应，发挥该技术在 LNG 储罐焊接效率、焊接质量和成本上的优势，为浙江 LNG 二期顺利投产条件做好技术保障；三是在浙江 LNG 开展大型 LNG 接收站高压外输泵应用，填补了国内空白，打破国外技术垄断，主要技术指标达到国际同类产品先进水平；四是因地制宜，为江苏 LNG 定制研究气化器 ORV 在耐高含沙海水防腐涂层技术和低温海水条件下运行技术，全面实现气化器 ORV 在江苏 LNG 国产化应用等。

3　经验启示

为认真贯彻习近平总书记关于做好国家天然气产供储销体系建设工作部署，严格落实集团公司的指示要求，按照党中央、国务院有关要求，气电集团工程建设按计划稳步实施推进，同时将严控工程建设安全和质量，持续规范承包商管理，加强现场质量安全管控；持续推动 27 万方 LNG 储罐等“三新三化”技术及产品的工程化应用；做好实施工程建设标准化；加快工程建设数字化转型和应用落地；同时探索打造更加专业化、职业化工程建设队伍，推动气电集团工程建设高质量发展。

3.1　提高政治站位，严格落实工作部署

按照集团公司关于国家天然气产供储销体系建设的总体安排，气电集团党委高度重视，专门成立了产供储销体系建设专项工作领导小组和工作组，总体统筹，梳理重点任务，倒排工作计划，细化工作任务，明确具体责任单位和人员。组织对国家天然气产供储销体系建设相关政策和指示精神进行了系统深入的学习宣贯，明确产供储销体系建设是气电集团的首要工作任务，各责任单位和人员要切实将思想和行动统一到指示精神上来，提高认识，从讲政治、顾全局、勇担当的高度，深刻领悟国家能源发展战略。成立工程建设项目协调组，充分组织和协调各责任单位和人员积极作为，多措并举，扎实推进各项工作的完成，在工作方向、工作原则上始终与产供储销体系建设工作要求保持高度一致，圆满完成工程建设任务，获得了国家有关部委的高度认可。

3.2　勇于担当，全力以赴，积极推动互联互通重点工程

自 2018 年以来，国家发改委高度重视互联互通重点工程建设，连续三年下发“关于加快推进天然气基础设施互联互通重点工程有关事项的通知”，对项目完工时间提出严格要求。面对互联互通重点工程任务重、工期紧、证照办理周期长、项目征地协调难度大等困难，内外协调，充分利用国家发改委、能源局周例会制度，积极上报工程存在困难和需国家部委协调解决的问题；上下沟通，充分利用国家互联互通工程督查组现场办公会机会，增强当地政府对气电集团互通重点工程的重视程度；提前筹备，协调相关部门采用可研代初设的方式，启动应急采办程序，缩短项目设计、采办周期，高效审批；服务基层，多次去项目协调、检查工作，与项目单位一道查摆、解决问题。在项目冲刺阶段，积极主动服务和帮助项目单位协调承包商增加施工资源，确保互联互通重点工程取得全面胜利。三年来，气电集团互联互通工作取得了显著成果，取得了国家发改委、能源局的一致认可，2018、2019 年 9 项互联互通工作全部按期完成，2020 年互联互通项目 2 项顺利划转国家管网，2 项提前完成。为 2018、2019 年国家天然气“南气北送”、华北地区天然气冬季保供做出了重要贡献。2020 年初，国家能源局向中国海油发出感谢信，表扬了中国海油在国家天然气互联互通工作中的突出贡献。

3.3　发挥党员先锋模范带头作用，率先垂范冲在第一线

气电集团党委、工程部党支部和项目单位党组织把完成冬季保供重点工程，作为融入国家发展战略、巩固产业先发优势、实现高质量发展的

历史机遇。参建员工以铁人王进喜和优秀共产党员屈长龙为榜样，撸起袖子、咬紧牙关、背水一战。蒙西管道党总支书记、总经理徐桂龙，一直带领大家连续日夜奋战，3 个月未回家，每到关键时刻就彻夜死守，项目组成立共产党员先锋队，举行授旗仪式，连续 24 小时工作成为常态。广东管道运营第一、二党支部 20 多名党员坚持吃住在现场，在工地前沿构筑起一个个堡垒，扬起一面面鲜红旗帜。广东管网、天津 LNG、福建 LNG 等各单位开展以“赛效率、赛质量、赛安全”为主题的劳动竞赛。蒙西管道对外协调部张子涵为拿到合法施工许可证，在相关部门苦等 12 小时，妻子在病房等待手术一拖再拖。广东管道维修经理何波冒着刚做完手术伤口被撕开的风险，连续奋战处理了 22 处渗漏，大家称他是一个不怕死的人。

复杂地质条件管线隧道施工质量管控及应对措施

摘　要　隧道施工作为长输管线工程施工中的一个难点，在很大程度上影响着整体管线运行和投产时间。尤其是针对复杂地质条件下的隧道施工，必须要根据隧道围岩等级、不同的地质实际情况，选择合理的施工技术，才能保证隧道施工质量，隧道内管线安装能够如期完成，确保管线按照时间节点供气、运营。

关键词　隧道；施工质量

1　工程概况

项目整体概况：工程项目管道起点为湖南省郴州宜章市桃坪隧道入口处，终点为韶关市浈江区新韶镇韶关末站，全长 132.00km，管径 Φ1016，设计压力 10MPa，站场 2 座，阀室 6 座，山体隧道 9 处，水域大型穿越 4 处，水域中型穿跨越 2 处，铁路穿越 6 次，高速公路穿越 5 次，等级公路穿越 7 次。

隧道工程概况：隧道位于广东省韶关市南岭山脉南部，地质构造复杂，岩溶地貌广布、种类多样。属于典型的喀斯特地貌，结合隧道穿越工程特点；山岭隧道具有隧道施工断面小、隧道施工作业空间受限、施工地层复杂多变、粤北地区雨季周期较长等特点；对工程建设带来众多不利因素，本工程自开工以来，隧道施工多次出现溶洞、隧道穿越破碎带、膨胀性地质等复杂情况。

隧道断面为直墙半圆拱型，净宽 3.2m，净高 3.8m(其中墙高 2.45m，拱高 1.35m)。隧道内敷设输气管线一根，采用覆土直埋敷设方式。通信光缆一条，悬挂于一侧边墙上。隧道右侧墙设置光缆埋件钢材用以敷设光缆(图 1、图 2)。

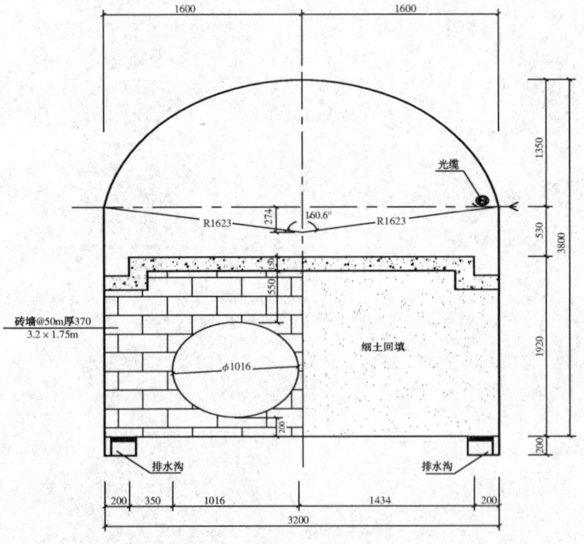

图 1

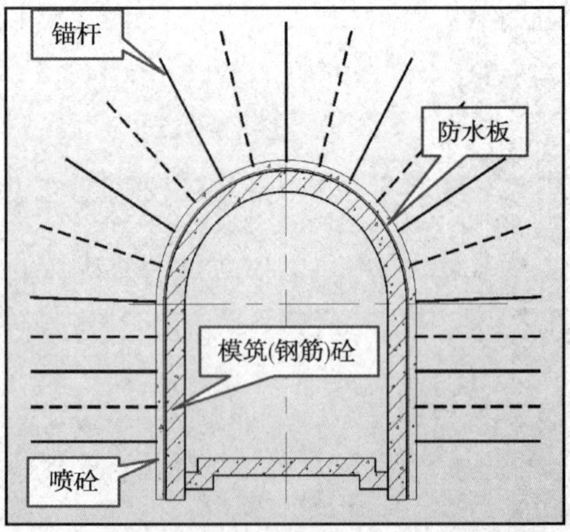

图 2

围岩类型有Ⅲ级、Ⅳ级、Ⅴ级，隧道支护根据所经围岩类型和地质情况采用锚杆、喷射混凝土、挂网喷射混凝土、模筑混凝土、模筑钢筋混凝土、工字钢架、管棚等一种或几种方式联合支护。

2　影响施工质量地质异常类别及频次分析

2.1　地质异常类别

在隧道施工中，因地质原因导致施工难度增

加，尤其是在复杂多变的南岭山区尤为显得突出，自隧道开工建设以来，因复杂的地质条件原因导致的施工难度增加共计 36 次，其中比较突出典型排子隧道突泥突水、勾鼻墩 1 号特殊地层段塌方、梯子岭隧道、排子隧道及柯树下隧道施工大型溶洞。

小断面隧道施工特点，无法设置独立的逃生通道，为隧道施工救援提供不了安全保障。隧道施工是一个系统工程；因地质异常导致出现的安全事故占比 64%，尤其是在复杂的地质条件；隧道内应力会重新进行分布、隧道内出水量剧增等均会给隧道施工质量问题带来严重影响；例如施工的鸡沙岭隧道出现初期支护开裂、变形、底板隆起等情况，如何在复杂地质条件下；保证以及提高隧道施工质量、对隧道内出水量大进行有效的治理；充分发挥围岩自身承载力及初期支护作用，在复杂的地质条件下进行围岩力学性能改变；提高初期支护参数，消除隧道施工安全隐患，是质量控制的重点工作。

2.2　地质异常频次分析

地勘资料中显示勾鼻墩 1 号隧道、梯子岭隧道、排子隧道、勾鼻墩 2 号隧道、柯树下隧道地质相对复杂。根据施工记录，对造成隧道施工中出现的突泥突水、拱顶掉块、隧道出水量大、膨胀性土体、溶洞、破碎带等特殊地质对隧道施工质量造成一定范围的影响，其中因土体膨胀性造成异常地质 2 次，因拱顶掉块造成异常地质 22 次，因隧道出水量造成异常地质 6 次，因溶洞造成异常地质 6 次，因破碎带造成异常地质 3 次、因突泥突水造成异常地质 1 次。针对调查出的问题，进行统计分析，得出如下调查表(表 1、图 3)。

表 1

项目	频数	累计频数	累积频率
突泥突水	1	1	2.5%
膨胀性土	2	3	7.5%
破碎带	3	6	15%
隧道出水量大	6	12	30%
溶洞	6	18	45%
拱顶掉块	22	40	100%

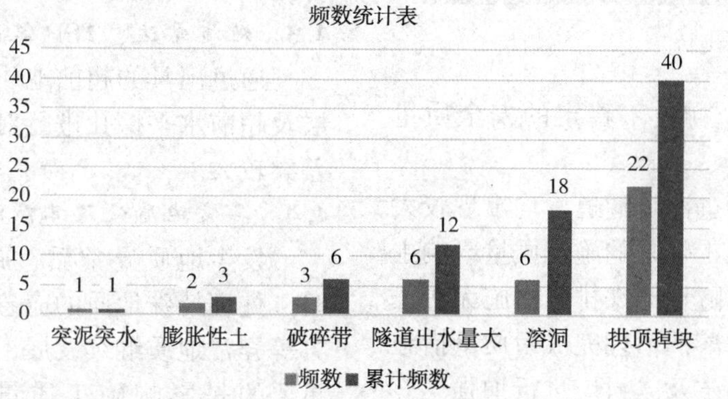

图 3

相邻标段中铁某局施工的鸡沙岭隧道突泥突水，对隧道施工影响范围比较大，波及范围广等特点，鸡沙岭隧道对目前施工完成的 300 多米初期支护不同程度造成破坏和失稳，同时地表出现下沉(图 4、图 5)。

根据数据分析得出，突泥突水、拱顶掉块、隧道出水量大、膨胀性土体、溶洞、破碎带等异常地质情况，对隧道施工质量造成一定影响。

勾鼻墩 1 号隧道拱顶掉块，勾鼻墩 1 号隧道在施工期间多次出现拱顶掉块现象，对施工带来严重困扰，主要表现为：

(1) 隧道拱顶地层变化较为复杂，主要为土体内夹在大量孤石。

(2) 隧道开挖完成后，整个掌子面围岩极其不均匀、大量孤石悬浮在掌子面侧方、上方；且孤石稳定性较差。造成隧道拱顶位置、侧方出现大面积超挖现象。

(3) 对隧道后续的拱架安装、以及超挖处空洞回填注浆，带来新的技术攻关难度。

柯树下隧道出现大量涌水，在柯树下隧道进口反坡施工中，造成大面积长距离隧道积水，无法正常排水，隧道初支浸泡于淤泥淤水中，造成

图 4

图 5

拱架拱脚变软造成整个初支不稳定的安全质量问题。

排子隧道、梯子岭进出口隧道，均出现较大溶洞，对小断面隧道施工带来的施工质量影响主要为：隧道断面突变、隧道原来排水措施无法正常满足溶洞区域排水、溶洞治理完成后质量措施需进一步进行加强、初支及二衬应进行加强。

隧道施工过程多次因围岩破碎程度比较高，造成拱顶掉块、涌水涌泥现象，对隧道施工质量造成影响的主要为一下因素：拱顶大面积脱空、涌水涌泥出现带来隧道周边土体的松软、造成对完成初期支护后拱架拱部位置悬空等问题。

在膨胀土地质中，隧道开挖后不久会见到围岩掌子面因开挖而产生变形，或者因裂隙水浸泡而膨胀，发生小面积塌方、开裂等现象，仰拱位置会出现鼓起，随着时间的推移，会出现支撑破坏、初次支护变形。

3　施工质量控制目标

针对不良地质造成隧道施工质量下降的原因调查分析，根据《隧道施工规范》JTG－F60—2009-5610 规定，为有效的控制不良地质原因对隧道施工造成的影响，通过采取有效的先进科学手段、隧道施工前各项地勘资料、超前水平探孔、地质雷达等措施，做到提前探测、制定对策、有效的把不良地质情况对隧道施工质量影响控制到最低。

4　影响施工质量因素分析

对造成本隧道群质量下降的突泥突水、拱顶掉块、隧道出水量大、膨胀性土体、溶洞、破碎带 6 大因素。

4.1　地勘资料不详细

(1) 在确定隧道位置时，地质调查不够详细，未能作详细的分析，或未能查明可能坍方的因素，没有绕开可以绕避的不良地质地段。

(2) 缺乏隧道位置较详细的地质及水文地质资料，引起施工过程中出现大的地质变化和地质异常。

4.2　作业人员未按方案施工

通过施工现场实际情况与已批准的方案进行对比，未严格按照已批方案进行实施。

4.3　地质雷达、TSP 仪器操作有误

通过出具的超前地质预报与隧道开挖实际地层及超前水平探孔进行对比分析，两种检测手段差异较大。

4.4　异常地质处理不及时

发生地质异常后，施工现场应急处置不及时，处理特殊地质的应急材料备用不足，造成塌方等异常地质继续发展，不仅影响施工进度，最重要的是影响施工质量，且存在较大的安全风险。

5　质量控制实施

5.1　源头抓质量控制

从源头查找问题进行查漏补缺工作，针对重点、关键线路的隧道进行水文地质补勘工作，根据提交的补勘资料进行施工现场施工方案优化，充分考虑因不良地质可能影响隧道施工质量问题，采用自进式锚杆、优化超前小导管间距；加强初次支护(锚杆及挂网锚喷)，控制围岩变形。(优化支护参数)

当掌子面开挖完成后，及时有效地完成锚杆、钢拱架、挂网及锚喷支护工作，并应考虑采

用早强喷射混凝土、早强锚杆和钢支撑支护措施等。(加强支护)

隧道穿过断层、破碎带，岩溶发育地段，一经爆破开挖，内在的应力释放快、围岩失稳，小则引起围岩掉块、坍落，大则引起坍方、甚至突水涂泥。本工程的柯树下隧道就是出现了突水涂泥的地质异常。

受力状态对塌方的影响包括两个方面的内容：一是地质构造应力；二是开挖后产生的应力重分布和松动变形。

(1) 隧道掌子面发生坍塌，应在排除安全风险后迅速处理，不可以让事态继续发展。

处理时要详细观测坍塌范围、形状、坍穴的地质构造，查明塌方发生的原因和地下水活动情况，并认真分析讨论，制定处理方案。

(2) 处理塌方应先加固未坍塌地段，防止继续发展。

(3) 加强防排水工作

① 地表沉陷和裂缝，用不透水材料夯填紧密，塌方边缘外侧开挖截水沟，防止地表水流进塌方体造成二次坍塌。

② 坍方出现冒顶时，需要在陷穴口地表四周挖截水沟排水，并设雨篷遮盖穴顶。

③ 坍体内若有地下水活动或者有明显水流出，用管槽引至隧洞内排水沟排出，防止水土流失造成坍方面积扩大。

④ 坍方地段的衬砌与回填

根据坍塌穴大小和地质情况对该段衬砌进行加强，衬砌背后与坍穴洞孔周壁间必须紧密支撑。当坍穴较小时，可用浆砌片石或干砌片石将坍穴填满；当坍穴较大时，可先用浆砌片石回填一定厚度，其以上空间应采用钢支撑等顶住稳定围岩；

对隧道施工不良地质段进行初支及二衬加强，确保工程质量满足运营要求。

5.2 提高质量意识和质量责任

对作业人员现场进行隧道施工安全质量教育，加强自身的质量红线责任，在隧道施工过程中，针对隧道施工出现不同情况溶洞处理，进行讨论并制定有效措施：

(1) 施工前应对地表进行详细勘察，注意研究岩溶状态，估计可能遇到的岩溶地段；了解地表水、出水地点的情况，并对地表进行必要的处理，以防止地表水湿透。

(2) 当施工达到溶洞边缘，各工序紧密衔接，支护和衬砌超前。

(3) 施工中注意检查溶洞顶部，及时处理危石。

(4) 在溶蚀地段的爆破作业应尽量做到多打眼、打浅眼，并控制爆破药量减少对围岩的扰动。防止在一次爆破后溶洞内的填充物突然大量涌入隧道，或溶洞水突然袭击隧道，造成严重损失。

5.3 技术措施控制施工质量

对于松软地层、富水软弱破碎围岩，设计一般根据地表探测和少量的地质钻孔，来推断地下深处的隧道地质条件，往往与实际地质条件存在差异。因此，准确预报施工掌子面前方的地质条件就非常必要，本工程把地质超前预报作为一个工序纳入生产过程。对前方的掌子面情况进行提前研判。

超前预报主要内容：

(1) 开挖掌子面前方的地质情况；为保证数据的准确性，只采用了前 30m 的地质雷达数据进行分析。

(2) 围岩整体性、断层、破碎带、软弱岩层在前方的位置和对施工的影响；

(3) 地下水活动情况等。采用措施如下：注浆堵水并加固围岩，堵截地下水方法

一类是整个富水段注浆止水，加固围岩，相当于提高围岩等级；一类沿隧道开挖轮廓线以外进行环形注浆，形成止水帷幕，防止或减少地下水进入开挖面；如浅孔注浆、管棚注浆、小导管注浆等，都可以起到很好的水治理效果。

排水辅助措施：集水坑、钻孔；目的是排水降压。虽地层经注浆加固，为确保施工安全，一般在开挖前采用超前支护，如超前锚杆、超前小导管等。

地下水较大的隧道，开挖前采取排水降压措施，排水主要采用钻孔，钻孔深度应超出注浆范围。开挖方法视围岩稳定情况，有：台阶法、正台阶预留核心土开挖法。

开挖手段有两种：一是非爆破开挖，如十字镐、风镐或小型挖装机开挖；二是控制爆破，如松动爆破、微振动爆破。目的是尽可能减少开挖对围岩的扰动。

5.4 特殊地质特殊设计，确保施工质量

膨胀土围岩常常具有明显的塑性流变特性，

开挖后将产生较大的塑性变形。隧道施工开挖过程中，常有初期围岩变形大，发展速度快等现象。膨胀土围岩因遇水膨胀，失水收缩，都将破坏围岩的稳定性。膨胀性土的特征：

质软，强度低，抗压强度低于10MPa；自由膨胀率高，一般高于30%；空隙率大，一般大于20%，方便水的渗入；易风化，崩解性强，膨胀压力大，1.0MPa以上。

膨胀性土的危害：

(1) 围岩普遍开裂；

(2) 围岩膨胀突出和坍塌；

(3) 拱顶下沉；

(4) 隧道底部隆起；

(5) 衬砌变形和遭到破坏造成质量事件或者是事故。

采取的措施主要有：

(1) 对围岩压力及变形情况认真量测，分析其规律；

(2) 探明地下水，确定水对施工的影响；

(3) 根据现场情况，采取相应的施工措施，实施动态管理；

(4) 减少围岩暴露时间，及时支护；

(5) 减少对围岩扰动和防止水的浸湿；

(6) 开挖后及时喷射混凝土初次支护，达到封闭和支护围岩，缩短掌子面裸露时间；

(7) 局部渗流，可采用注浆堵水阻止地下水或者是引流等措施。

采用刚性结构设计：

(1) 大刚度支护和衬砌(加大钢拱架型号、衬砌厚度加厚)；

(2) 大范围围岩加固；

隧道发生坍方后，应及时迅速的处理，切忌拖延。处理时必须详细观测坍方的范围、形状及坍穴的地质构造，查明坍方发生的原因和地下水活动情况，制定切实可行的处理方案。可按下列方法进行处理：

(1) 小塌方：坍穴不高，且纵向延伸不长，首先加固坍体两端洞身，并抓紧喷射混凝土或采用锚喷联合支护封闭坍穴顶部和侧部，再进行清碴。

(2) 大塌方：坍穴高、坍塌土体方量大，且坍碴体完全堵住洞身时，宜采取先护后挖的方法，或者分台阶开挖、两侧分开开挖，边开挖边支护。施工过程中要安排专人监护安全工作。

在查清坍穴规模大小和穴顶位置后，可采用管棚法和注浆固结法稳固围岩和碴体，待其基本稳定后，按先上部后下部的顺序清除碴体，并尽快完成模注混凝土衬砌(加强型)。对衬砌背后的空穴，可先用浆砌片石回填一定厚度，再以弃碴填实。当坍穴很大，全部填满有困难时，也可考虑采用喷锚支护等方法稳定坍穴洞壁，或请设计单位共同做出处理。

(3) 塌方冒顶指一直塌到了地表。在清碴前应先支护陷穴口，地层极差时，可在陷穴口附近地面布置地表锚杆对地层予以加固，洞内坍体可采用管棚等方法穿越。同时，地表陷穴要用雨布遮盖，周围开挖临时排水沟，以防雨水流入洞内。

6　质量控制效果

针对排子隧道出现的特殊地质，底板位置出现突水突砂现象，为隧道工程后期运营带来安全质量隐患较为严重；根据现场实际情况及地勘资料；制订方案在排子隧道二衬施工中；针对底板进行加强；目前隧道已完成二衬施工；且经过近期汛期检验；效果明显(图6、7)。

图6

图7

韶关地区山岭隧道穿越不良地层隧道施工质量得到有效提升。针对施工过程中出现特殊地质情况，根据地勘及水文资料、超前水平探孔、超前地质预报；对隧道穿越的特殊地层提前进行方案优化。提前进行土体加固等措施，对已经出现的异常施工，研究制定处置措施；提升该方案的实际操作性，优化支护参数、提高初支及二衬质量强度、优化排水措施。在实际已完成的异常地质段落经过实践证明研究成果明显。一方面节约了工程投资；另一方面缩短了异常处置时间，为工程进度提供有力条件。

做到质量管理制度化、施工方法标准化、规范化，需要采取以下措施：

(1) 进一步完善质量保证体系，对重点、难度工序指派专人负责，一旦发现问题及时处理，对于难题以会议的形式进行研究讨论。

(2) 严格执行各项质量检测程序，确保各分项工程质量合格，确保实现总体工程质量受控。

(3) 及时总结和完善施工中应用新技术、新工艺、新设备、新机具产生的效果及其优缺点，为以后类似工程施工提供可借鉴的经验和相关资料。

(4) 对于已经形成的质量控制成果，将积极推广宣贯，更多地推广科学地质量管理工作方法。

7　管线进场安装

隧道施工完成后，快速中间交接给管线安装班组开始进洞管线焊接作业(图 8、图 9)。

图 8

图 9

8　结语

在复杂地质条件下进行隧道工程施工，应当对地质条件进行细致勘察、全面分析，在此基础上选择合适的施工技术，加强施工技术管理及安全管理，制定合理有效、切合实际的安全管理方案和应急预案，并将其落实到具体工作中，尽可能减少质量安全事故，以此提高企业经济效益，保证隧道工程施工质量。隧道内管线安装能够如期完成，确保管线按照时间节点供气、运营，缓解城市供气紧张，促进经济发展。

参考文献

[1] 胡宇．探讨复杂地质下公路隧道施工问题及相关措施[J]．黑龙江交通科技，2016，39(11)：135-136.
[2] 吴文龙．复杂地质环境下隧道施工技术分析[J]．门窗，2016(08)：106.

基于光栅传感技术在水下海管立管应力检测及预警的应用探索

于俊峰　侯　强　刘　勇

（中国石油化工股份有限公司胜利油田分公司海洋采油厂）

摘　要　海底管道立管是连接海上作业平台与海底管道的构件，是海洋油气开采、输送的重要组成部分。若海底管道发生泄漏，不但国家经济受损，还将造成大面积的海洋污染，导致生态环境破坏。因此，对海底管道的检测显得十分必要。光纤光栅应变检测是近年来兴起的一项高新检测技术，具有抗恶劣环境、布设方便、检测精度高等优点，能在复杂的水下环境长期工作，适用于水下立管管道的长期实时监测。选取海管立管外管断裂的B-A输油海管2端立管，在立管轴向上布设测点，获得由于立管海况作用下的应力、应变情况，进而对一个恶劣海况周期下，立管的实时响应和累积疲劳情况进行分析和判断，预警结构风险，预期服役寿命，从而为海底管道的安全运行提供支持。

关键词　水下立管；光纤光栅；应力检测；疲劳分析

1　引言

改革开放以来，随着经济的高速增长，我国对石油、天然气的需求量持续不断增加，海洋石油、天然气的开采规模日益增大，海洋油气安全生产成为重要的研究内容。海底管道输送因为综合成本低、效率高、可靠性高等优势成为目前海洋油气资源输送的主要方式。

在役海洋管道不少已经进入中后期使用阶段，由于工作环境的复杂性，海洋管道容易受到波浪、潮汐、腐蚀等作用的影响，以及抛锚、拖挂渔网、平台坠物等第三方损伤，导致管道事故。海洋管道如果发生事故不仅会造成经济损失，并且会对生态环境造成破坏。图1为海底油气管道泄漏；图2为海底管道维修。

图1　海底管道泄漏

图2　海底管道维修

近些年来，国内外因海洋管线破坏造成的油田停产、海域环境受到污染的事例近些年来时有发生。海洋油气输送管道一旦出现事故，工业生产和居民的日常生活受到影响，产生的经济损失和社会影响又极其重大，因此，海洋管道的安全运行问题越来越受到人们的重视。图3为天然气在海面泄漏和点燃图。

目前，保证海洋水下管道安全运行的重要手段之一是对海洋管道进行定期的安全检测。安全检测部分需要中断油气的输送，检测花费时间长、效率低，无法满足海洋石油开发向远海、深海发展的要求，且一般的检测方法在面向水下恶劣的工况环境时，暴露出稳定性能差的缺点。因此，适用于水下立管进行应力检测以及相应的疲劳分析方法，在保障海洋管道的安全运行方面显得尤为重要。光纤光栅传感技术在不需要中断油气输送的情况下即可完成应力监测，相比定期检测而言有着极大的优势。

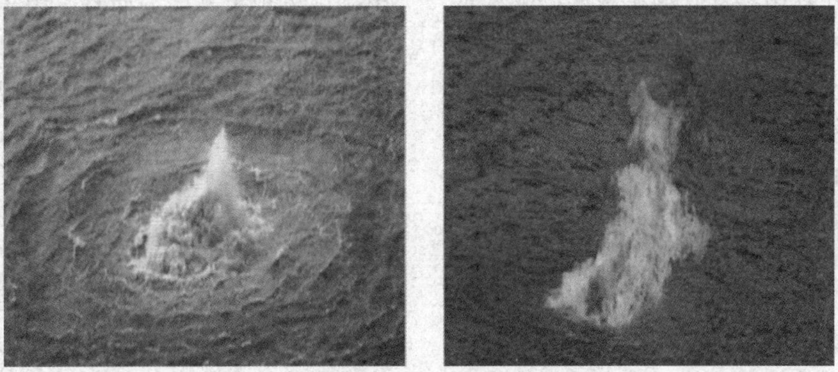

图3 天然气在海面泄漏和点燃图

2 光纤光栅传感的应力检测技术

光纤光栅应变检测是近年来兴起的一项高新监测技术，具有抗恶劣环境、布设方便、检测精度高、宽频、低衰减等一系列的优点，适合应用在大型海上构建筑物、隧道、交通等工程结构上，以进行应力、应变的监测。光纤光栅具有精巧轻柔，抗电磁干扰能力强，多参数测量，耐酸碱腐蚀，稳定性好等优点，因此光纤光栅材料能在复杂的水下环境长期工作，适用于水下立管管道的长期实时监测。本文所述的监测方法即综合考虑光纤光栅传感检测技术的优点以及检测目标环境的特殊性，选定采用此检测方法。

2.1 光纤光栅传感技术

（1）光纤传感技术

光纤传感技术是20世纪70年代伴随着光纤通信技术迅速发展起来的一种新型传感技术。与以往传感技术相比，光纤传感的最大特点在于传输光纤本身就是传感体，即：光纤本身即是信号的传输载体又是信号的调制器。如图4所示，其工作原理在于外界物理量发生变化时传输光波的特征性质会随之发生改变，因此通过监测光波的变化实现对物理量的监测。

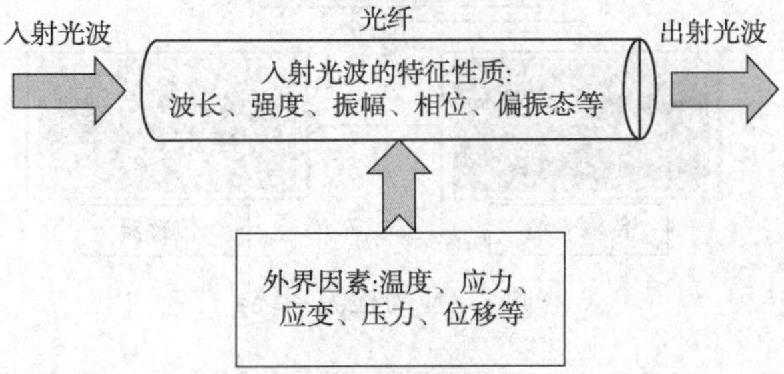

图4 光纤传感原理

（2）光纤传感系统

光纤传感系统一般由光源、传输光纤、传感探头、光电转换及信号处理四部分组成，如图5所示。光源发射入射光波，由输入光纤将其传送至传感探头，传感探头感测外界参量，并将携带外界参量信息的光波经输出光纤送至光电转换电路及信号处理端，对信号进行解调分析，获取外界物理量的状况。

图5 光纤传感系统原理图

2.2 水下立管应力检测关键技术

（1）传感探头封装工艺设计

光纤光栅封装技术是光栅传感中的一项重要的环节，封装结构和材料的不同会直接影响到光纤光栅的灵敏特性。因此，它对光纤光栅传感器在不同领域的应用开发具有重要的意义，尤其在本次研究对象面向埕岛海域特殊监测环境的情况下，其专用性的设计形式尤为重要。结合水下立管的检测目标环境，需要对光纤光栅进行保护性封装。

本文所述监测系统，专门选用适于水下海管立管微应变的检测，管道材质为16Mn，管式封装工艺形式能采集更加准确的检测结果，同时保护好光纤光栅传感器（图6）。

图6 管式封装传感器

(2) 光纤光栅交叉敏感性问题

由于光纤光栅传感器对温度和应变的敏感性都比较高，所以在利用光纤光栅传感器检测数据时存在以下两个问题：对温度进行监测时易受到应变对光纤光栅反射波长的干扰，对应变进行监测时又不可避免的会受到温度对光纤光栅反射波长的影响；即存在温度、应变交叉敏感的问题。参考光栅法实现温度补偿的原理简单，且能够很大程度上对提高应变解调精度，可操作性强，在光纤应变传感监测中有着很好的应用前景。

(3) 光纤光栅传感系统的复用技术

单个光纤光栅传感器只能对单点处的特定参数进行检测。在水下立管应力检测的应用中，检测目标点多，需要采用多点同时检测的方案。同时，当前光纤光栅传感技术越来越成熟，其可应用领域也越来越广；而且，由于光纤光栅传感最大优势在于其属于波长编码，可以实现分布式监测，因此光纤光栅传感技术的应用也越来越朝着大容量、网络化的方向发展。实现传感系统网络的重要基础在于如何布设一根光纤中光栅传感器的分布和多根含传感器的光纤的并联，即传感器的复用。

将采用波分复用与空分复用结合，构建二维的光纤光栅传感检测布局，应力检测系统采用的传感器检测系统结构如图 7 所示。

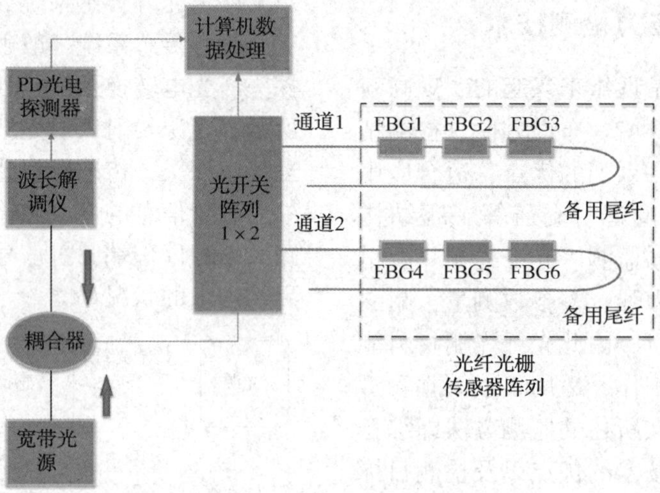

图 7　空波分混合复用技术的光纤光栅传感系统结构示意图

3　水下立管应力检测工程应用工艺

3.1　基于光纤光栅传感的立管应力检测系统

传感器的封装工艺以及结构形式的专用性的设计，可以有效防止监测系统受海水腐蚀等恶劣工况环境因素带来的不利影响；采用植入温度补偿传感器的方式，可有效解决温度与应变交叉敏感性问题；采用波分复用与空分复用结合的混合复用方法，构建二维的光纤光栅传感检测布局，既解决了多点同时检测的问题，又大大简化了监测系统结构的复杂性；针对如何提高应变传递性的问题，可针对监测立管尺寸参数设计专用的底座结构，保证管道的应力应变信息准确有效的传递给光纤光栅传感器。

检测系统实物图如图 8 所示。

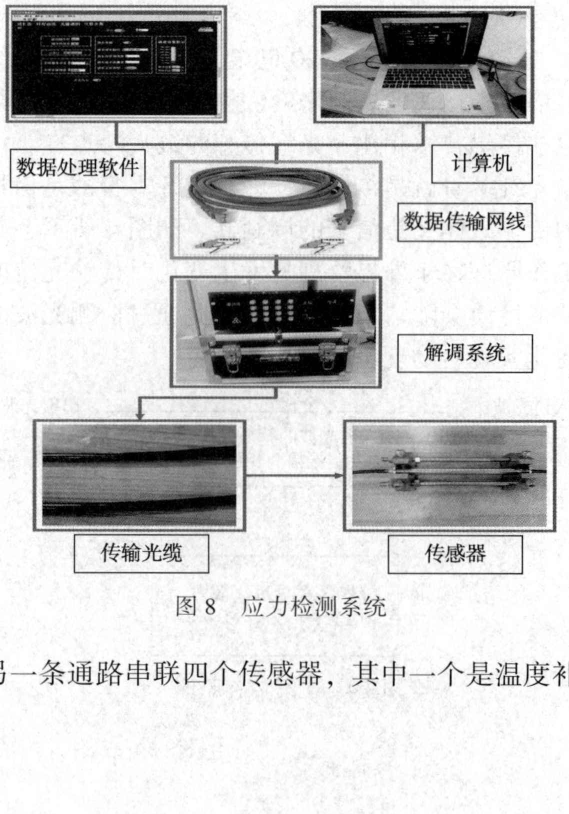

图 8　应力检测系统

立管应力检测系统包含两条通路，一条通路采用一根光缆串联三个光纤光栅传感器的形式，另一条通路串联四个传感器，其中一个是温度补偿传感器，并且将尾部光纤串连回平台解调仪处，留作备用，形成回路，保障数据采集的安全性，又大大简化了传感器及引出线的现场布设，避免了以往传统传感器逐点测量的不便，弥补了传统检测技术方案的不足。

3.2 监测系统的水下立管应用工艺保障

（1）立管应力检测点的布置

使监测点的布置需要满足监测实施过程简单、可操作性强、经济性高等要求。在立管弯头处，焊接应力大，且对内部压力承载情况最复杂，管道出现缺陷的可能性最大。立管的弯头处、接头处承接上部管道，下连海底管道，外部承载情况以及内部应力分布最复杂，工况环境最恶劣，以其作为监测的目标位置。

测点示意图如图9所示。

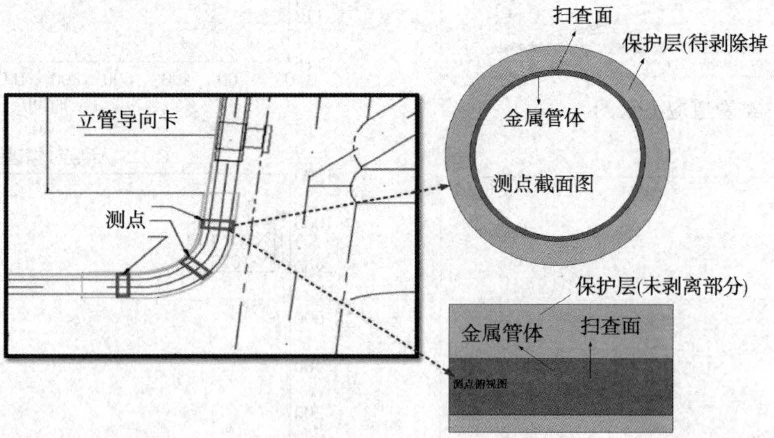

图9　监测点布置示意图

（2）监测系统的水下应用

光纤光栅传感监测技术具有抗恶劣环境、布设方便、监测精度高、宽频、低衰减等诸多优点，但在实际监测过程中，管道所处的恶劣工况环境以及粗糙的施工工艺都会对监测数据带来极不利的影响。因此，根据这一工程实际问题的实质要求，设计出一套能最大限度降低环境因素和工艺因素带来的不利影响的工程应用方案具有重大的现实意义。

① 立管表面清洁

② 传感器底座焊接

③ 传感器安装

④ 布设传输光缆

（3）监测系统水下工艺保障

① 光纤光栅传感器的保护

传感器安装完成后，通过外敷包覆层的形式对传感器进行保护，进一步提升传感器在长期工作状态下的自存率。

② 传输光缆的保护

传感器通过光缆串联在一起，光缆沿立管表面向上延伸至平台。为防止水下工况环境对光缆造成破坏和对监测产生干扰，对光缆每间隔1m进行固定，以保护光缆在恶劣海况条件下不至于松动，也有利于提高监测结果的准确性。

4 水下立管应力状态评估与疲劳寿命计算

4.1 水下立管服役应力预测

以输油管线设计资料为基础，应用ANSYS建立监测目标立管的管道模型，管道模型根据实际尺寸、实际结构建立相应的管结构。

根据立管报告资料指出的立管情况，设置相应约束等参数；根据相应海域的海况数据施加相应的环境载荷，运算获得立管服役应力状态。

通过计算分别得到2端管道在现有约束状态下，目前的波浪、海流等环境因素作用下，最大应力及应变值计算结果如下：

A管道应力云图如图10所示，内管最大应力为41.1MPa，位于靠近水下桩约束处（后两个水下桩相距17m，悬跨最大）；外管最大应力31.1MPa，位于最大悬跨中间位置。

B管道应力云图如图11所示，内管最大应力为34.0MPa，位于靠近水下桩约束处（两个水下桩相距10m，悬跨最大）；外管最大应力20.7MPa，位于立管段。

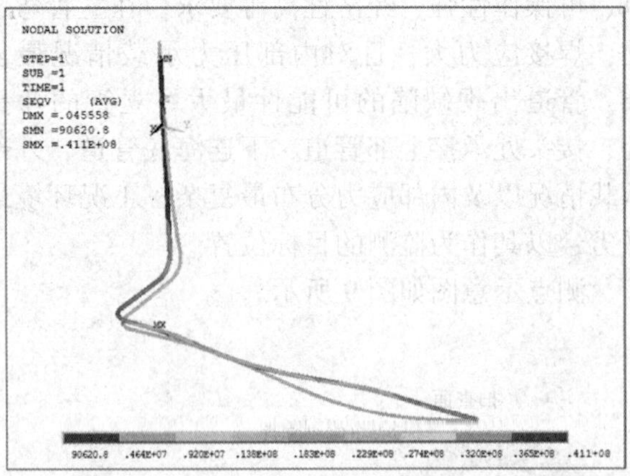

图 10　A 管道应力云图

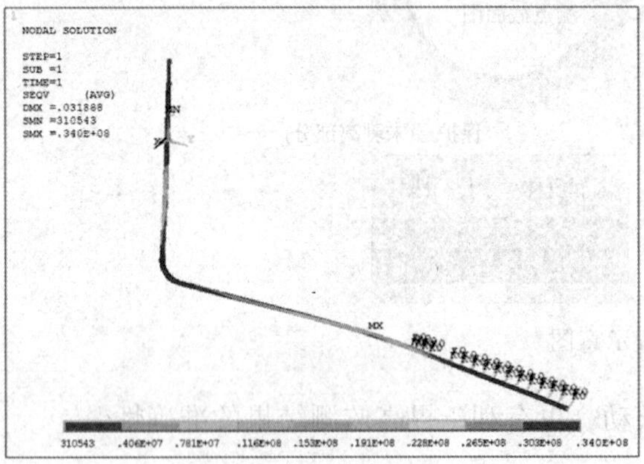

图 11　B 管道应力云图

4.2　立管的总体动力响应分析

建立管土非线性有限元模型，运用 ANSYS 有限元软件进行静应力分析以及模态分析，获得管道危险点出应力值以及管道固有频率，通过光纤光栅传感水下立管应力检测系统，获得水下立管的应力波动信息，结合 ANSYS 有限元模型计算结果，获得管道在环境载荷影响下的总体动力响应信息。

从频谱图可以分析出立管动态应力强度状态，即可以从应力强度角度上分析监测立管相对应力强度的可靠性，并且可对不同立管进行对比分析。

水下立管管道在海流、海浪等环境因素的激励下，会发生振动。当管道受到激励做出等于管道的固有振动频率时，立管会发生共振，共振将使管道除承受原来的静应力之外，还要承受振动引起的动应力，应力超过屈服极限时，则立管将发生失效。由频谱图可以得出立管的振动主频，由 ANSYS 有限元模型做模态分析得出的立管固有频率。对比分析立管固有频率与振动响应主频，即可从结构共振失效的角度上有效的分析立管安全可靠度(图 12、13)。

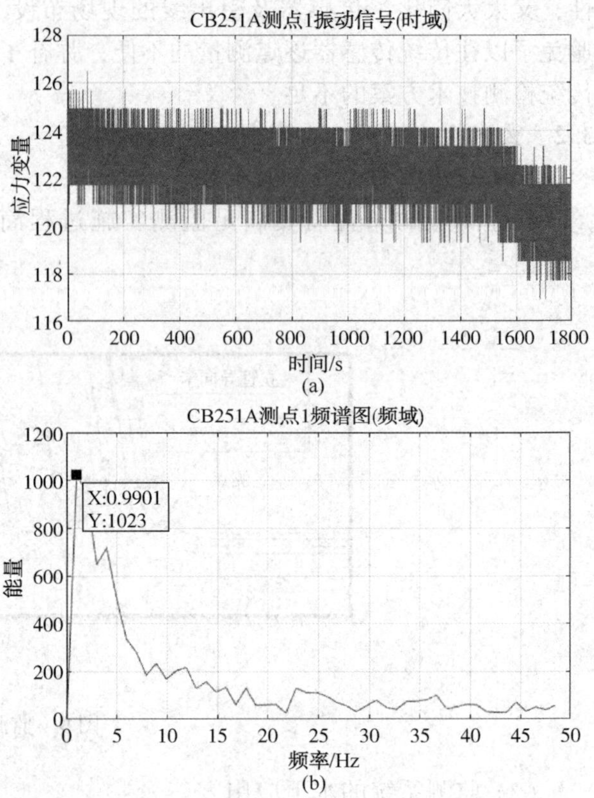

图 12　A 立管检测点 1 应力时间历程及频域频谱

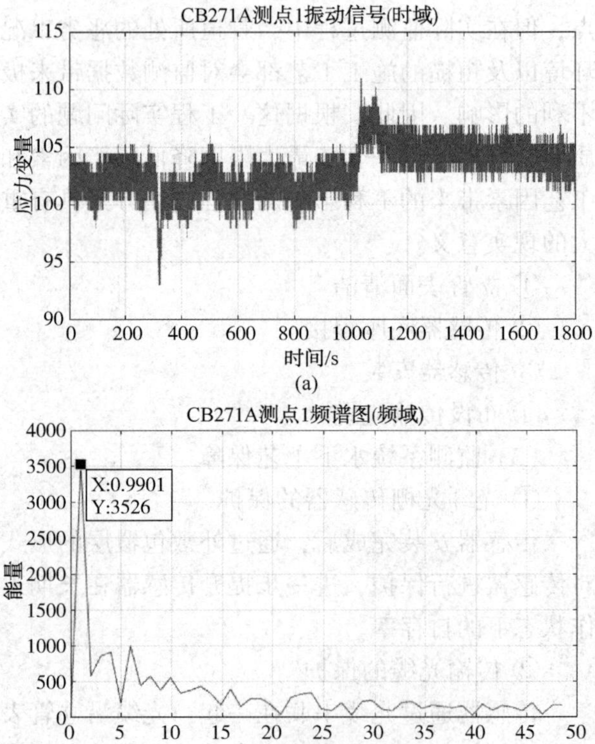

图 13　B 立管检测点 1 应力时间历程及频域频谱

4.3 立管累计疲劳损伤分析计算

逐一计算各工况应力水平在整个使用期出现的总次数ni，并从S-N曲线查出此应力水平下的破坏循环次数Ni，计算每一应力水平引起的ni/Ni值，再用Miner线性累积损伤理论求各节点一年内的∑ni/Ni值。

针对立管疲劳损伤问题采用雨流计数法原理，运用Matlab编程工具，可得出立管检测点的累计疲劳损伤度。

算例A、CB271立管监测点累计疲劳损伤度见表1。

表1　累积疲劳损伤度

疲劳损伤度	A		B	
	日	年	日	年
测点1	3.87E-5	1.41E-2	2.52E-5	9.21E-3
测点2	3.48E-5	1.27E-2	3.29E-5	1.199E-2
测点3	6.18E-5	2.26E-2	2.68E-5	9.77E-3
测点4	6.18E-4	2.26E-1	2.30E-5	8.40E-3
计算值	6.15E-5	2.24E-2	2.83E-5	1.03E-2

海洋工程结构任一点的疲劳寿命：

$$N=\frac{1}{\sum\frac{n_i}{N_i}} \tag{1}$$

上式的计算结果除以管道振动基频即得以时间表示的管道疲劳寿命。

振动基频是环境激励频率和管道固有频率的函数，实验表明这个函数是随着海流的流动状态变化的，当雷诺数处于不同范围时，其表达式是不同的。根据英国赫瑞-瓦特大学的室内实验、英国在Serven河进行的现场实验以及中国石油大学1999年的室内水槽实验，区别不同情况，给出了下列三种不同适用范围的管道振动的基频fd的表达式。

（1）亚临界状态 $103\leqslant Re\leqslant 5\times10^4$

$$f_d=0.7f_n \tag{2}$$

（2）亚临界状态 $5\times10^4\leqslant Re\leqslant 2\times10^5$

$$\frac{f_d}{f_n}=0.78+0.261\frac{f_v}{f_n} \tag{3}$$

（3）亚临界状态 $2\times10^5\leqslant Re\leqslant 5\times10^5$

$$\frac{f_d}{f_n}=1.06+0.022\frac{f_v}{f_n} \tag{4}$$

结合有限元模态分析出的管道固有频率，得出A、B立管振动基频分别为：1.2733Hz、2.0577Hz。

考虑无阴极保护时折减系数，取疲劳安全系数1.5，由管道振动基频，计算得到A、B立管以时间表示的疲劳极限寿命。如表2所示。

表2　A、B的疲劳极限寿命

管道	A	B
疲劳寿命/天	8516.04	11453.91
疲劳寿命/年	23.33	31.38

由上述计算结果得出，A和B立管弯头处的结构疲劳极限寿命分别为23.33年和31.38年。

5　结论

本文针对水下在役海管立管应力检测现状及难点，提出了适用于恶劣工况环境下水下在役立管的管道应力检测总体方案，结合光纤光栅传感技术，实现对水下在役立管关键部位的应力、应变状态的监测方法，可有效获取监测周期内管道的应力时历数据。结合管道ANSYS有限元模型分析结果，分析立管在环境载荷激励下的总体响应状况，并在此基础上完成对立管的运行安全状态的分析评估。

基于光纤光栅传感技术的水下立管应力检测方案的实际工程应用中，完成了对A、B立管的应力、应变数据的采集以及分析处理；建立管道有限元模型，预测管道初始受力状态；实现对水下立管的安全状况的分析与评估：立管动态应力强度分析、立管共振安全分析、管道疲劳极限寿命分析。A、B立管应力检测算例的主要分析结论如下：

（1）立管动态应力强度分析

管道在环境载荷激励下，发生复杂振动，关键点应力状态复杂，其最大应力值不允许超过管道材料屈服极限。A、B立管材料均为16Mn，其屈服极限为343MPa。从频谱图中可以看出，A、B立管检测点均测得了信噪比很好的应力时历数据，本监测方案可靠度以及数据采集精确度高，检测数据可靠度较高。A端立管关键点应力强度在120MPa左右，B端立管关键点应力强度在100MPa左右，即从应力强度角度上，A、B立管均具有一定的安全可靠度。对比A、B立管的应力时历数据，A应力值高于B应力值约20%，即B端立管应力强度可靠性较高。

（2）立管共振安全分析

水下立管管道在海流、海浪等环境因素的激

励下，会发生振动。当管道受到激励做出等于管道的固有振动频率时，立管会发生共振，共振将使管道除承受原来的静应力之外，还要承受振动引起的动应力，应力超过屈服极限时，则立管将发生失效。由频谱图可以得出 A、B 端立管的振动响应主频均约为 0.9901Hz，对比由 ANSYS 有限元模型模态分析得出的立管固有频率，A 立管固有频率为 1.8190Hz，B 立管固有频率为 2.9396Hz。立管固有频率均大于振动响应主频的 1.8 倍，A、B 端立管均不会发生共振，但 A 固有频率与共振频率更接近，从结构共振失效的角度上考虑，B 端立管安全性高于 A 端立管。

（3）管道疲劳极限寿命分析

水下立管激励因素多，从实验室检测或单一因素分析管道累积疲劳损伤可靠度不高。本次开展的海管立管应力检测管道振动信息，是在役海底管道的原位检测数据，为综合激励因素下的总体响应，其置信度较高。由立管累积疲劳损伤度可知，在检测周期内，A 端立管疲劳累积损伤度为 2.24E^{-2}/年；B 端立管疲劳累积损伤度为 1.03E^{-2}/年。检测周期工况下的管道疲劳极限寿命：A 立管为 23.33 年，B 立管为 31.38 年。A 立管疲劳损伤状况明显高于 B 立管。

参考文献

[1] 余尚江，杨吉祥，陈显，章丽君. 光纤 Brgg 光栅传感器高速冲击试验研巧[J]. 传感技术学报，2009，22(3)：137-141.

[2] 余尚江，陈显，杨吉洋. 冲击载荷下基于埋入式光纤光栅传感器的泡凝±动态应变测试[J]. 振动与冲击，2011，30(2)：112-116.

[3] 李新华，梁浩，徐伟弘等．常用分布式光纤传感器性能比较[J]. 光通信技术，2007，5：14. 17.

高精度三维激光扫描技术在海洋工程中的应用

刘　勇　李民强　侯　强

（中国石油化工股份有限公司胜利油田分公司海洋采油厂）

摘　要　随着胜利海上油田海上采油平台延寿及技术改造工作的展开，由于延寿的海上采油平台管网大多经过多次维修、改造，设计图纸与现场实际不符情况普遍存在，导致施工前需现场落实，落实工作量大。本文介绍了高精度三维激光扫描技术，分析了海洋工程测量数据需求及三维激光扫描技术可提供的解决方案以及实际应用，可以将数据进行三维结构建模，并输出到相应工程设计软件中形成可编辑文件。该技术是以逆向建模的方式实现原有设施的三维重构数据、三维存档或对设施及构筑物进行三维可视化管理，它的应用为工程可视化管理、实现“数字海洋平台”提供支持与保障。

关键词　三维激光扫描；测量数据；实景复制；数字海洋平台

1　前言

近年来，随着海上平台高质量可持续发展需求，每年都有涉及隐患治理、生产维修、延寿改造等项目的多个大型施工。目前海上工程项目施工工作量的测算，大多采用人工检尺测量的方式进行。海上平台遍布设备设施、空间狭窄，且大多数流程位于舷外，传统人工测算遇狭窄空间和舷外部位无法进行测量，不但费时费力，而且精度极低，造成施工物料的极大浪费。如何能在海上工程中做到精细工程测量，做好施工质量的全过程控制，是海上工程施工的重点和难点。

2　高精度三维激光扫描技术

三维激光扫描技术又被称为实景复制技术，通过高速激光扫描测量的方法，大面积、高分辨率地快速获取物体表面各个点的（x. y. z）坐标、反射率、（R. G. B）颜色等信息，由这些大量、密集的点信息可快速复建出 1：1 的真彩色三维点云模型，为后续的内业处理、数据分析等工作提供准确依据。具有快速性，效益高、不接触性、穿透性、动态、主动性，高密度、高精度，数字化、自动化、实时性强等特点，很好的解决了目前空间信息技术发展实时性与准确性的颈瓶。

高精度三维激光扫描突破了传统的单点测量方法，具有高效率、高精度的独特优势。三维激光扫描技术能够提供扫描物体表面的三维点云数据，因此可以用于获取高精度高分辨率的数字模型，主要通过高速激光扫描测量的方法，大面积高分辨率地快速获取被测对象表面的三维坐标数据，大量的空间点位信息。是快速建立物体的三维影像模型的一种全新的技术手段。

三维激光扫描利用激光测距的原理，通过高速测量记录被测物体表面大量的密集的点的三维坐标、反射率和纹理等信息，可快速复建出被测目标的三维模型及线、面、体等各种图件数据。

扫描原理：水平旋转基础上的竖直旋转镜；

测距原理：相位脉冲结合的 Trimble Lighting 闪电技术；

激光等级：1 类，对人眼安全，依据《国际电工委员会激光等级测试标准》EN60825-1，

如图 1 所示。

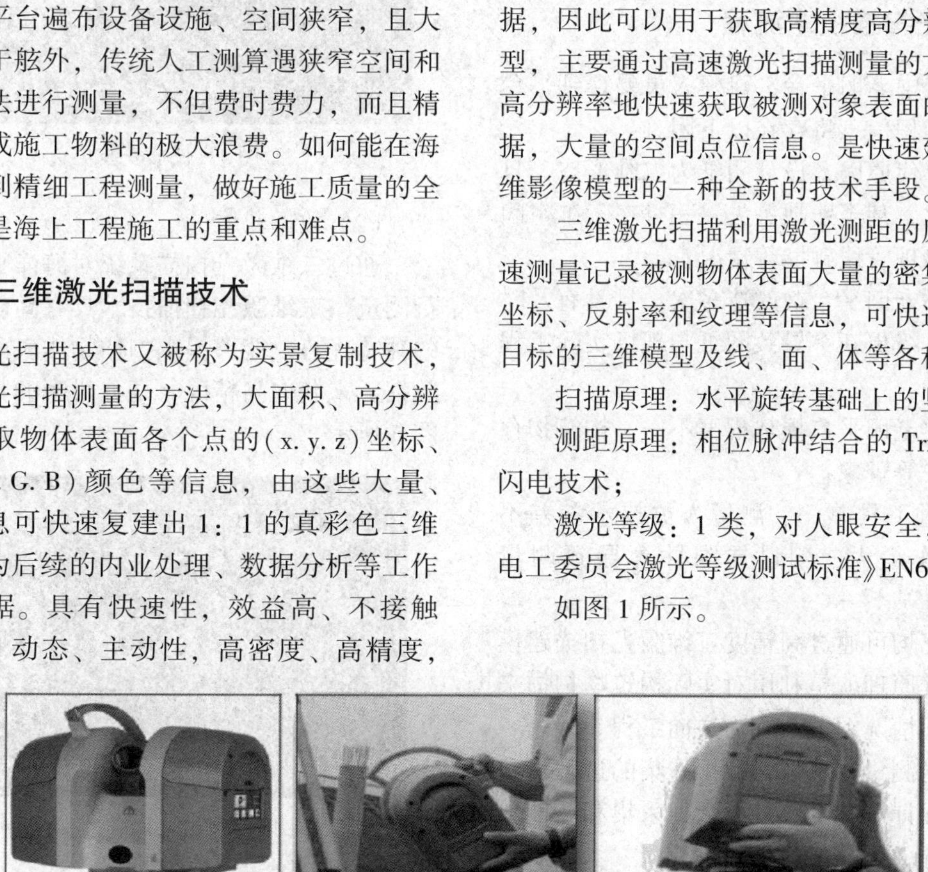

图 1　三维激光扫描仪

高速测量：50 万点/秒，完成一站只需 3 分钟；

精度恒定：100m 内<2mm 测距标准差，高精度模式下，2~80m<1mm；

性能：120 米测程，扫描后自动拼接。如图 2 所示。

常规参数：一级安全激光、人体工程学设计、只有 10 公斤重、牢固的提手、内置电池，持续扫描 2.5 小时、工作温度 0°~40℃、全密封扫描镜、IP 54 防水防尘、适应任何光照条件、轻便灵活。如图 2 所示。

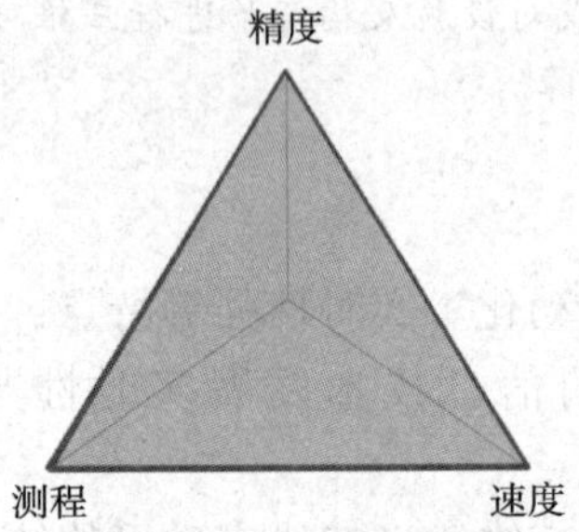

图 2　三维激光扫描仪 3 个关键指标

3　三维激光扫描技术流程

海洋工程中老旧平台，建模人员要得到平台的现场实际工程信息将存在以下困难：

(1) 因年代原因，设计图纸为二维形态，且资料品相劣化，甚至残缺丢失，一旦在三维空间内建模将会出现管线碰撞等情况；

(2) 海洋老旧平台被改造多次，且没有及时对资料进行升级更新，导致图纸与现场实际工程设施不符；

(3) 海洋老旧平台损坏程度不一，构筑物存在变形、缺失等现象；

(4) 测量工具单一、测量人员技术参差不齐，测量工作量大，测量局限性等导致测量失真。

以上情况均可通过高精度三维激光扫描建模得以解决。其原理就是利用对实际构筑物扫描来得到现场实际情况图纸，称为逆向工程。

三维激光测量技术进行数据采集的过程大致可以分为扫描计划制定、外业数据采集和后期数据处理几部分。如图 3 所示。

本文以 Trimble TX8 三维激光扫描仪扫描海洋平台为例，介绍数据采集过程。

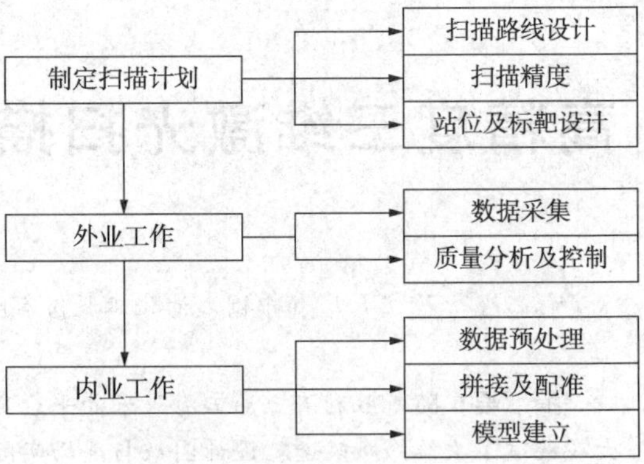

图 3　三维激光数据采集流程

(1) 仪器安装

Trimble TX8 三维激光扫描仪的安装、调试与校准。如图 4 所示。

图 4　仪器安装位置图

(2) 数据获取

通过三维激光扫描系统对海洋平台构筑物进行测量。三维激光扫描技术具有高效率、高精度的独特优势，能够提供扫描物体表面的三维点云数据，来获取高精度、高分辨率的数字模型。如图 5 所示。

图 5　扫描后的点云数据

(3) 内业处理和图件编绘

经外业调查和内业资料处理后获得的 X、

Y、Z 三维点云数据，由计算机 ThimbleReal Works 软件支持下进行编绘，得到高精度、高分辨率的数字模型。如图 6 所示。

图 6　三维扫测建模后数字化管理

4　三维激光扫描技术在海洋工程的应用

三维激光扫描技术在海上工程测量中的应用具有鲜明的技术优势。相较于传统的人工测量技术，三维激光扫描技术能够在三维形式的坐标测量和分析中，完成数字建模。三维激光扫描技术对工程测量中存在的空间限制性问题也能够集中克服，获得的三维坐标数据也较为精确，另外，还可以在高精度的快速扫描中，及时获取工程项目的内部细节特征，完成信息转换后即可处理云数据。通过三维建模，可以形象的看到整个中心一号消防流程改造施工的工作量，标绿色部分即为本次施工需新加装的流程及走向。如图 7。

通常，传统施工组织设计的设计图为平面图，图上标有大量尺寸，施工人员难以完成从二维到三维立体的转换，部分施工细节容易遗漏出错。一旦出错不但降低了施工质量、浪费了施工物料，还将大大拖延施工进度。而采取三维激光扫描技术进行施工现场的实景复制，可以清晰地看到中心一号消防平台二层泡沫间——空压机房——消防平台一层消防泵区的消防流程改造后的实际走向，有效指导施工人员进行现场施工。此外，通过三维激光扫描技术建立的模型，可以将施工的关键细节清晰地展现给施工人员，将实景建模放大后甚至一个穿越舱室的弯脖、变径的尺寸都能体现出来，一目了然。如图 8、图 9 所示。

图 7　中心一号消防流程三维建模整体效果图

图 8　中心一号消防平台三维建模效果图

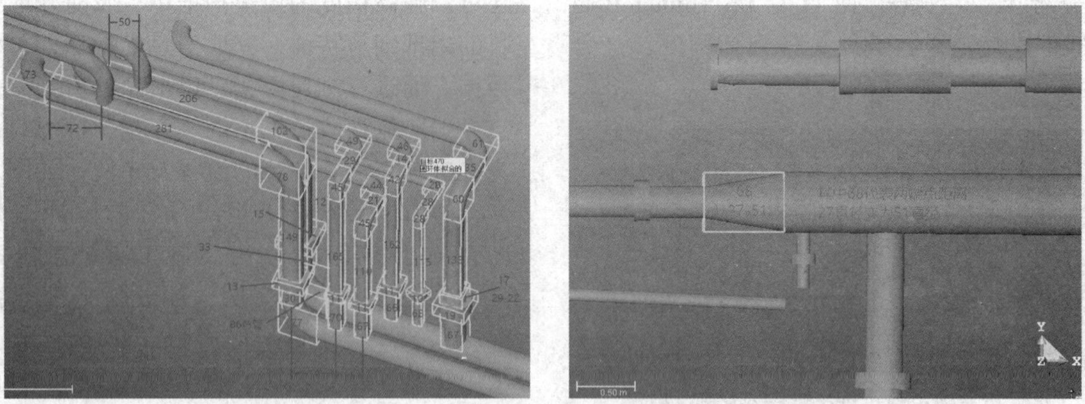

(a)　　　　(b)

图 9　中心一号消防流程三维建模细节效果图

对比传统人工测量方法，三维激光扫描技术在海上平台的应用优势明显。如表 1 所示。

表 1　中心一号消防流程三维建模细节效果图

项目对比	传统人工测量	三维激光扫描技术
数据准确率	误差大，长距离测量误差可达 1m 以上	100m 内<2mm 测距标准差
测量距离	一次 5m，需要连续进行断点测量	120m 测程，一次成型
测量时间	多次反复落实，多次测量数据计算，120m 的测量时间预计 1h	完成一站只需 3 分钟，内置电池，可持续扫描 2.5 小时
测量空间	受空间限制严重，舷外、狭窄位置无法测量	不受空间影响，舷外、舱室等特殊位置依然可以测量
应用效果	2D 平面	三维立体

5　应用前景

与传统人工测量相比高精度三维激光扫描仪测量系统具有测量精度高(±3mm，最高精度±1mm)、测量范围广(空间直径 70~340m)、可进程操控(需 WiFi 连接)、测量直观(后期处理后可生成三维模型直接测量、修改)、工作效率高、操作简便、降低劳动强度等诸多优点。三维扫描技术，实现了海上平台的三维可视化和信息化管理，极大的降低了测量成本，减少了生产风险，节约了工作时间，具有广阔的发展空间。基于三维激光扫描技术和点云模型的数字化设计将引领海洋工程的未来向精准化、科学化、高效化、定量化和功能化方向发展。

BIM 技术在工程施工中的应用价值

窦　爽　李　奕

（中石化胜利建设工程有限公司）

摘　要　本文通过对 BIM 技术在某住宅楼工程中的应用加以分析，结合施工企业自身需求、施工行业现状及未来行业发展方向，简明扼要的阐述 BIM 技术如何在施工过程中创造效益。通过不同施工阶段 BIM 技术应用所展现的效果，体现出 BIM 技术的优势，为施工单位的 BIM 技术应用点明前景。

关键词　BIM；施工；应用；提升；价值

1　引言

BIM 是 Building Information Modeling 的缩写，同时也引申出 Building Information Management 这一概念。其主要是指以工程项目的各类数据信息为基础，利用建模软件搭建三维模型，并基于模型提供该项工程实体的各类真实信息。该项技术具有信息完备性、信息关联性、信息一致性、可视化、协调性、模拟性、优化性和可出图性八大特点。并能够有效整合资源，通过建立共享平台将建设方、设计方、施工方、监理方等项目参与者有机整合。

我单位承建的某工程为四栋高层住宅楼，地下一层，地上 22 层（不包括电梯机房），建筑平面尺寸为 62.0m×14.6m，地下一层为储藏室，层高 3.9m；标准层层高 3m；电梯机房及消防机房层高 4.36m；最大跨度为 4.8m，总建筑面积 67862.00m^2，其中地下面积 2934m^2。该工程结构体系为现浇混凝土剪力墙结构体系，抗震等级为三级。地基与基础采用桩筏板基础，筏板厚度 1.4m；筏板底相对标高-5.40m，板厚 1.4m，垫层厚 0.1m，基坑底相对标高-5.50m，基坑开挖深度自室外自然地坪约为 3.55m，局部电梯井及集水坑加深 2.6m。

本文将结合该工程的实际情况，分析 BIM 技术在工程中的应用价值。

2　BIM+智慧工地内涵及应用优势

2.1　BIM+智慧工地内涵

智慧工地是指运用信息化手段，以进度为主线，成本为核心，利用 IoT、BIM、大数据、AI 等核心技术，通过三维设计平台对工程项目进行精确设计和施工模拟，围绕施工过程管理，建立互联协同、智能生产、科学管理的施工项目信息化生态圈，并将此数据在虚拟现实环境下与物联网采集到的工程信息进行数据挖掘分析，提供过程趋势预测及专家预案，实现工程施工可视化智能管理，以提高工程管理信息化水平，为项目提供生产提效、管理有序、成本节约、风险可控的项目数字化管理解决方案，从而逐步实现绿色建造和智慧建造。

2.2　BIM+智慧工地应用优势

经过 2 年多的探索与实践，胜利花园续建工程项目通过对 BIM+智慧工地的探索应用，逐步发现并总结出了 BIM+智慧工地的“可查看、可查找、可预警、可管控、可交流、可调度、可记录”的“七可”优势，并有效促进了项目管理工作水平（图 1）。

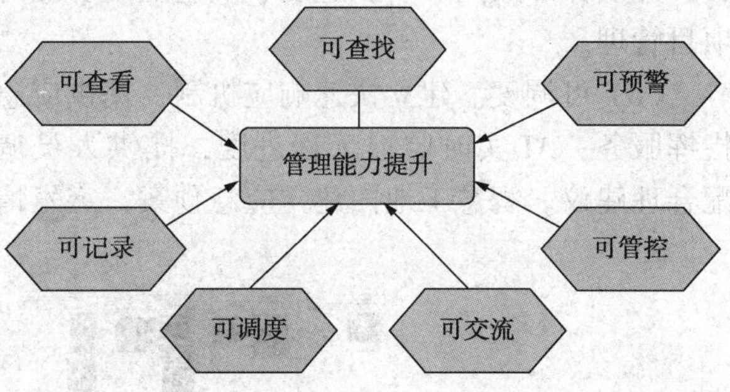

图 1

（1）可查看。利用搭建完成的 BIM 模型结合移动端 app，可随时查看各施工部位的精确模型、三维图纸、数字化交底、施工方案、安全提示等内容。通过视频监控系统可远程调用视频画面，实现工地全天候多方位实施监管；AI 技术对视频画面进行智能捕捉，抓拍违章违规操作，实现项目质量、安全、进度的可视化管理，提前预防各类违规违章行为的发生。

(2) 可查找。GIS 系统结合智能安全帽系统，实现智能查询监管。根据工地施工分区可查询各区域内工人数量、年龄、性别、工种、出入场时间、考勤记录、实时移动轨迹、是否完成培训、疫情防控提示及管理人员到场情况等，由此加强重点监管。

(3) 可预警。数据收集计算及 AI 判定可对项目周边环境及项目内部各类机械设备进行详细检测，根据相关要求进行环境监测提示报警，对塔吊及施工升降机进行碰撞、超负荷进行预警提示。有针对性的加强了环保、设备的监管，缓解环境污染，促进环境保护与和持续发展，避免了设备超负荷运行。

(4) 可管控。实时预警与管控，通过预警机制收集各类需要管控的情况，自动分析与呈现，进而针对性的监管控制。有效对各类设备、人员、物资进行质量、安全、进度的管理并形成 PDCA 闭环，降低质量、安全风险，提前规避各类问题避免工期进度延误，提升项目管理水平。

(5) 可交流。构建信息交流平台，加强建设单位、监理单位、施工单位、各类分包商的沟通交流。通过线上工序报验、节点验收、方案审批等操作实现数字化文件流转，提升办公效率，节约办公时间，同时可以随时线上调阅前期文件。各类通知单、变更单、处罚整改单等根据施工专业、部位及等级通过 app 端精确发送至相关人员，并确保形成闭环。从速度、质量上同步提升项目管理。

(6) 可调度。建立快速响应机制，提供应急指挥服务；AI 实时监控工程进度，提供人员调配合理建议。智慧工地内建立应急预案，突发情况发生时根据预案提示相关人员进行预设操作。实时分析施工进度、施工人员状况，给予合理的人员调配提示。最大限度地减少突发事件的波及范围，降低窝工、怠工或缺少工人引发的进度滞后。

(7) 可记录。各类数据资料、检查记录、会议纪要、通知变更及相关流转记录均在云平台记录储存，可随时查询调用，有效提升工作效率。

3　BIM 技术在工程项目对接中的应用

3.1　BIM 技术在深化设计中的应用

由于 BIM 技术在我国还在发展阶段，大多数设计单位仅能提供常规的二维图纸，无法满足精细化施工的需求。因此我单位需要根据工程特点及建设单位需求对图纸、模型进行深化设计。避免出现二维图纸常见问题。

3.1.1　碰撞检查

由于传统二维图纸无法全面反映工程实体中各系统之间的碰撞可能，同时由于二维设计的离散性，设计单位在设计过程中可能会产生疏漏，造成系统与系统，系统与结构产生碰撞。

而利用 BIM 技术建立三维模型，对图纸进行深化设计，利用其碰撞检查功能将系统管线与结构之间、结构与建筑之间存在的碰撞问题反馈至设计单位及建设单位，尽早协商解决问题，可有效避免施工阶段才发现碰撞导致的返工等问题。对施工成本的降低和工期的控制起到积极作用。

在该工程中标后，我单位组织人员搭建 BIM 模型，利用碰撞检查功能对图纸进行检查，发现各类碰撞问题 40 余处。经整理后通过图纸会审与设计单位沟通，均得到设计单位确认并依照我单位建议进行修改。改变了二维图纸因难以发现碰撞问题而产生的“边施工边修改”这一情况，节约了工期，降低了施工成本(图 2)。

图 2　某工程碰撞报告

3.1.2　净高控制

传统二维图纸虽然可在某一标高出表达出该平面存在的梁、系统管线等，但因为并不直观，经常造成完成施工后楼层净高度较低，导致观感较差，空间感较狭小的情况。

在该工程中，通过 BIM 建模软件 Revit 的过滤功能，将影响标高的梁、管线等明确标识，并将此类问题进行统计。整理后与建设单位、设计单位进行沟通，对不满足建设单位要求处进行修改，有效节约人工排查时间，节约人力成本，将地下室走廊净高提升 0.29m。

3.2　数字化交工

利用 BIM 系统，依托工程实体在工程竣工阶段建立与工程实体完全一致的三维模型，使建设单位可方便查看工程实体的彩色三维模型，及建筑、结构、给排水、暖通、强弱电等系统，并能够根据需求实时移动、旋转、缩放、剖切。

根据建设单位需求建立集成平台，通过点击模型的各分部、分项、子系统等便可获知其准确定位、相关数据及查看该部分二维图纸。通过这一技术能够加快工程交付速度，便于建设单位使用工程实体，也能使施工单位在保修期内可以快速借助模型定位存在问题的部位，将问题快速解决。

4　BIM 技术在工程成本控制中的应用

4.1　工程量精确计算、统计

现阶段工程量计算主要利用传统算量软件对工程量进行计算统计。经过与工程实体实际工程量进行对比，发现传统算量软件的工程量存在计算误差，对施工过程中材料的控制及工程结束后的结算工作都有一定的影响。

本工程为样本进行调查，根据现场调查分析得出土建部分算量结果偏差为 5%，安装部分算量结果偏差为 10%，以上两项总体偏差率达到 7.5%；管线与结构交叉，冲突发生率达到 8.6%(图 3)。

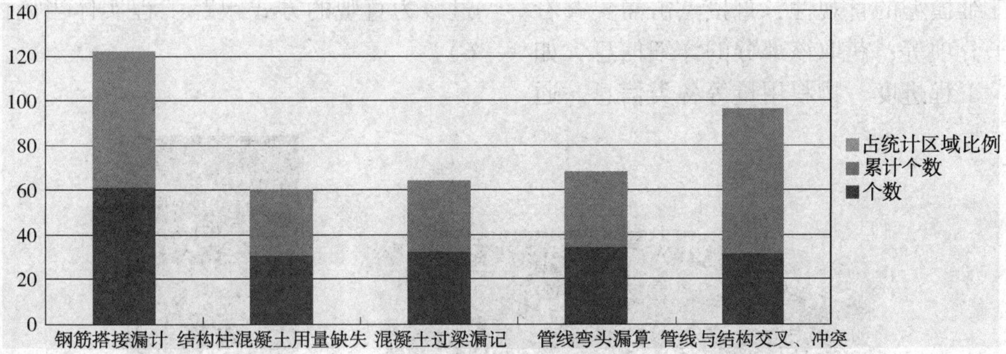

图 3

使用 Revit 软件建立三维模型，并利用其自带工程量统计功能对该工程工程量进行计算统计，并与工程实体工程量进行对比，可发现工程量计算偏差约为 2%，远低于传统算量软件的计算偏差(图 4)。

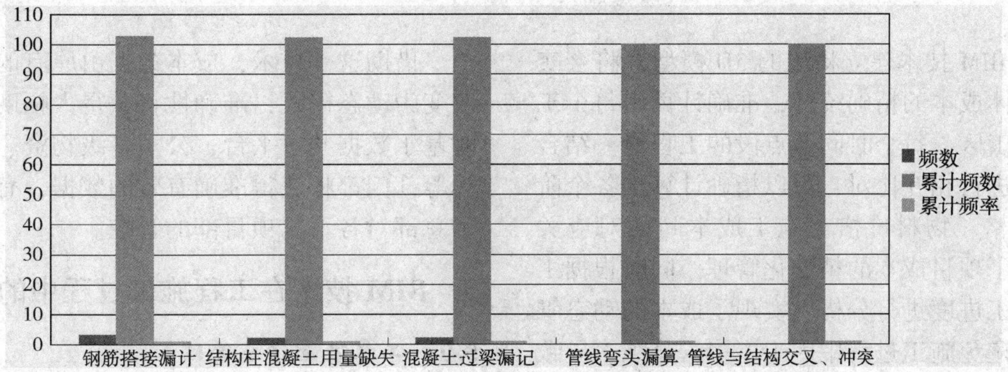

图 4

通过对 revit 软件的应用，发现利用 revit 软件后工程量计算非常准确，提升了工程量计算的准确率，可为工程施工提供有力的数据资料。

4.2 成本精细化管理

传统施工项目中对人工、物料的控制主要依靠目标成本控制。由于目标成本先于工程施工制定，与现场实际存在一定偏差，不能完全满足对工程成本的控制。

利用 BIM 技术提供的精确工程量，搭建数据共享平台，结合物联网技术并通过施工现场摄像头提供实际施工进度，可以有效对施工所用物料、人工进行控制。实现真正的限额领料。

以某 demo 状态 BIM 平台为例，不同级别人员可享有相应权限，对工程实体各类信息进行有效了解(图 5)。

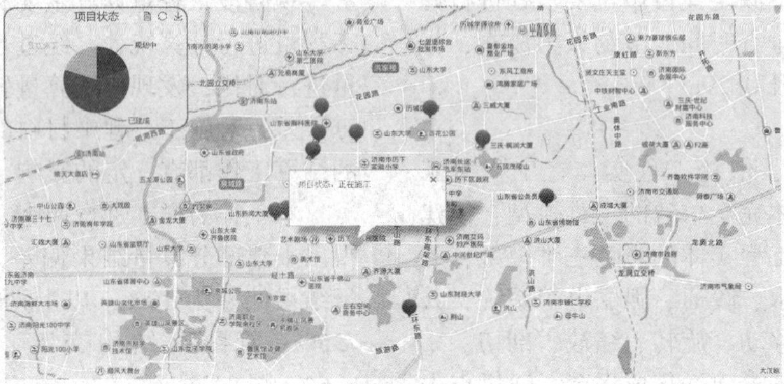

图 5

借助三维模型的直观性，直接点击需要查看的分项、子分项等，获取该部分的详细信息，如二维图纸、工程进度、物料用量等各类信息。通过较为直观的方式跟踪工程实体当前的状态(图 6)。

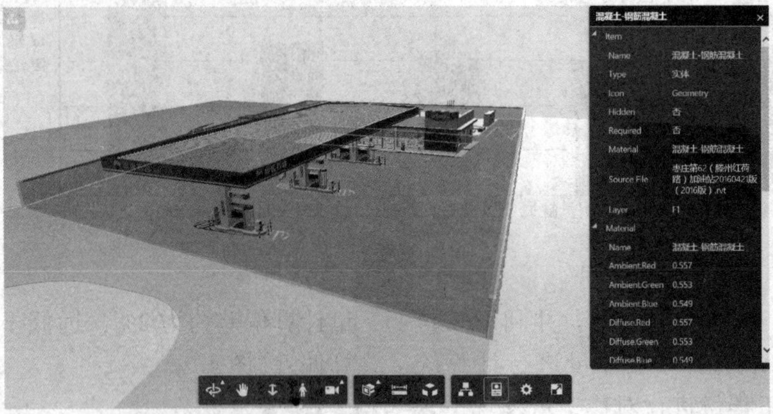

图 6

通过 BIM 技术建立精确的 5D 模型，将会实现工程实体成本的精确统计，准确计算出每个工序、每个工区、每个时间节点段的工程量。结合目标成本进行相互比对，可以精确计算出各个阶段劳务价格、物料价格与施工成本间的对应关系，实现了项目成本的精细化管理。同时根据工程实体施工进度进行分析，实现了成本的动态管理。有效避免施工过程中因工序多，分项多导致的成本分析不明确，避免无法探知超成本的具体工序。

借助这一技术，成本数据由原有的静态模式改变为动态模式，准确性将获得大幅度提升。同时基于数据共享平台，公司各级物资、成本、核算等部门都将获得准确有效的数据，有力的实现了总部对各下属项目部的管控。

5 BIM 技术在工程施工过程中的应用

5.1 工程进度动态管理

工程进度管理是工程施工中的重要一环。现阶段工程进度管理主要运用网络计划等方法，使用 project 等软件。但原有技术存在一定的局限性，不能完全贴合工程实际，满足施工单位需求。

通过在搭建完成的 BIM5D 管理平台中引入已完成的三维模型获取工程实体真实、详细的数据，使得 5D 中 3D 得以完成。平台根据施工单位的设置将剩余的 2D，即时间维度、成本指标两项内容与原有 3D 模型有机结合，使得该模型可以有效的反映出工程实体在显示施工中的空间、时间及成本等重要指标。由此，该模型可应用于工程进度管理，施工现场管理，成本控制等多个方面，在进度管理上主要表现为可视化功能、监控功能、记录功能、进度状态报告功能和计划的调整预测功能。

建立 BIM5D 管理平台，可以为管理者提供直观的管理操作界面与工具层。利用这一平台，项目管理者可以制定合理的工程施工进度计划、施工现场平面布置、物资人员配置等，从而实现施工进展、施工现场布置的可视化模拟，以及对项目进度、综合资源的动态控制和管理。

5.2 复杂施工节点模拟

传统施工图纸主要依靠大样图通过平立剖三种视角的二维平面图纸提供较复杂施工节点的施工方法。利用 BIM 技术可视化的特点，构建空间实体模型对复杂节点进行模拟，并将模型动画化，使得复杂节点的详细施工步骤能够直观表现，有效提升复杂节点的施工质量，缩短施工时间，避免因读图失误导致的施工错误(图 7~9)。

图 7　干挂大理石施工节点模拟

图 8　干挂大理石施工节点模拟

图 9　干挂大理石施工节点模拟

5.3 施工方案优化

施工方案对于工程的质量、成本、进度等方面有着非常重大的影响。科学合理的施工方案能够助力施工企业高效的完成施工，协助企业获取更多利润。传统的施工方案编织往往在项目实际情况的基础上根据相关规定结合方案编制者的经验编制形成，具有一定的主观性。借助 BIM 技术，利用建筑物模型结合现场实际情况，采用多种方案对施工进行模拟，选取其中最优的施工方案，可以有效避免因经验主义、考虑不周等引发的一系列后续问题。

在我单位施工的该项目中，利用 BIM 技术针对模板施工、砌体施工、墙体抹灰施工等多个施工方案进行优化，减少模板支撑租用 27 天，节约砌块 $40m^3$、节省工期 11 天，通过剪力墙免抹灰节省施工材料，提升施工速度(图 10~13)。

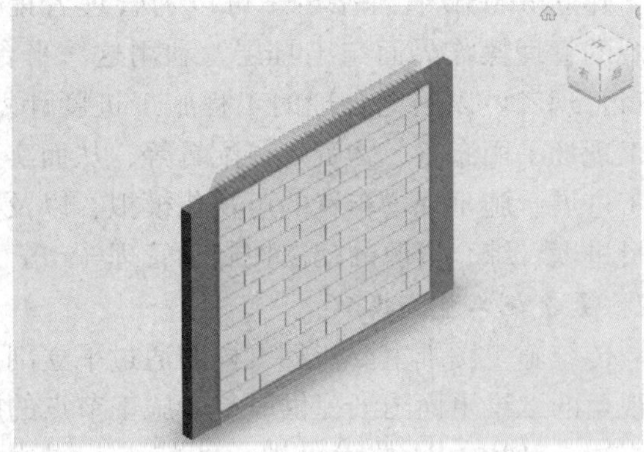

图 10　砌体排布优化方案

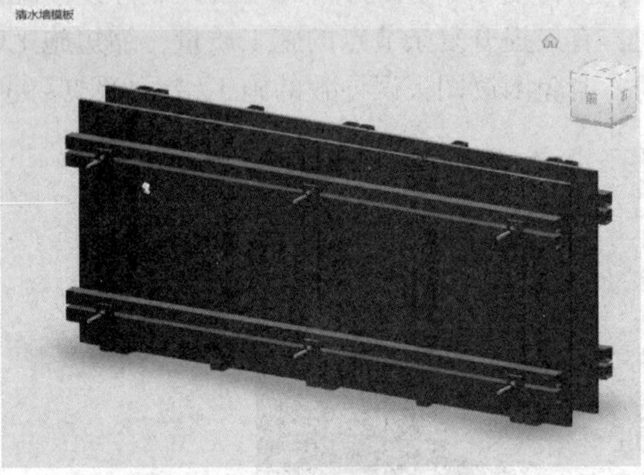

图 11　剪力墙模板优化方案

图 12　墙体免抹灰优化方案

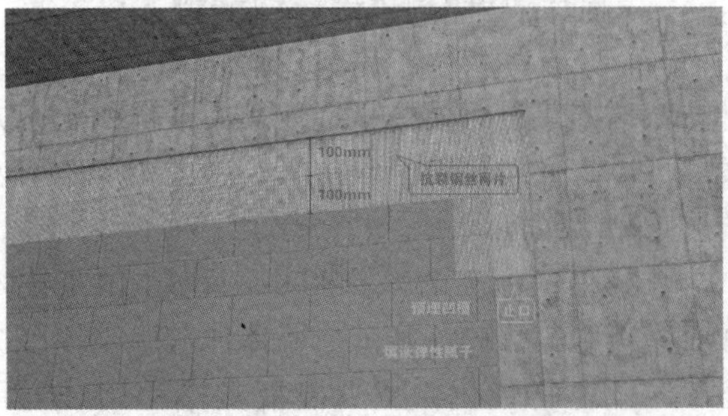

图 13　墙体免抹灰优化方案

5.4　施工现场模拟

传统施工现场存在诸多不安全因素，任由未经过专业培训的人员进入施工现场存在较多安全隐患。

利用 BIM 技术与 VR 技术相结合，BIM 技术提供与工程实体完全一致的三维模型，真实的表现出工程实体的各个特性，例如构件尺寸，建筑材料特性，施工周期，成品效果等。运用这一技术使得参观工地变得更加安全，高效，直观。

在施工过程中，传统的技术交底，安全培训等均为书面学习，口头传达等方式，无法让施工人员直观获取相应知识。

通过运用 BIM 技术，建立严格按照各类规范、标准要求施工的工序三维动画，并配合语音讲解，结合 VR 技术，使得施工工人可以身临其境的感受到工序施工的全过程及施工过程中各施工工艺的核心内容和规范要求。

同时，利用 BIM 技术及 VR 技术，可以实现动态漫游，让施工人员有更加逼真的感受：可以直接体验电击、高空坠落、洞口坠落、脚手架倾斜等效果，使得安全教育能够更加的深入。

6　实施效果

2 年来通过对 BIM+智慧工地的积极探索与应用，建立了一套数字化项目管理体系，培养了一批数字化项目管理人才，促进了项目管理的良性转型，为企业在面临新时代、新需求提供了积极有力的支撑和保障。

6.1　有效提高施工现场作业工作效率

智慧工地通过 BIM、云计算、大数据、物联网、移动应用和智能应用等先进技术的综合应用，让施工现场感知更透彻、互通互联更全面、智能化更深入，大大提升现场作业人员的工作效率。

6.2　有效增强工程项目的精益化管理水平

智慧工地有助于实现施工现场质量、安全、人员各关键要素实时、全面、智能的监控和管理，有效支持了现场作业人员、项目管理者、企业管理者各层协同和管理工作，提高了施工质量、安全、进度的控制水平，减少浪费，保证工程项目成功。

6.3　有效提升项目监管和控制能力

通过智慧工地的应用，及时发现安全隐患，规范质量检查、检测行为，保障工程质量，实现质量追溯和劳务实名制管理。促进诚信大数据的建立，有效支撑对工程现场的质量、安全、人员和诚信的监管和控制。

7 应用效益

7.1 社会效益

BIM+智慧工地通过互联网、物联网及大数据处理等科技手段实现了智能联动，不仅提升了工地科技管理的水平，还保证了施工现场的安全性。实现了“互联网+”与建筑工地的跨界交融，促进了建筑行业转型升级。同时使施工环境管理更加安全可靠，还能让智能化信息化管理流程达到更好标准，明确各种安全隐患指定责任人进行提前预防，有效避免出现各种意外疏漏，能最大程度降低施工环境出现的损失，提高施工安全性，让施工工程管理更加省心专业。

BIM+智慧工地投入使用后，组织了山东胜利监理公司观摩、胜利油田安全环保处观摩、基建处观摩、石工建安全培训班观摩，并顺利迎接了中石化绿色企业创建的验收、胜利油田地面建设工程标准化工地验收及胜利油田油田 42 次地面工程安全质量大检查，均获得一致好评。项目部先后获得山东省 2019 年绿色建筑评价标识项目，2019 年度胜利油田地面建设工程“标准化工地”，中石化“绿色工地”等荣誉称号。

7.2 综合经济效益

通过 BIM+智慧工地平台的运用，使机械、物料和劳动力资源得到更合理的利用，使进度计划达到最优化，节省生产和非生产劳动力、降低成本、减少消耗、减少生产与非生产性费用支出，使物资储备和制品数量保持在最优的水平。

经过优化，压缩现场管理人员 3 人，降低成本 21 万元；塔吊、升降机极大提升功效；利用 BIM 技术对钢筋绑扎、模板安装、混凝土浇筑、砌体砌筑、综合布管等工序经过优化共压缩工期 32 天，节约人工工日 140 天，降低成本 4.2 万元，减少模板支撑件租用天数 27 天，节约成本 18.9 万元；通过前期 BIM 碰撞检查等发现各类图纸问题，并向设计单位提出，避免后期发生设计变更，造成重复施工、工期延误等问题。

8 结语

当前，BIM 技术正在我国如火如荼的发展。作为工程技术人员，应当不断深入了解该项技术，提升对该项技术的理解程度，充分发掘该项技术的潜能并灵活运用于施工生产当中，意识到 BIM 技术在工程项目中应用的价值，利用技术谋产值、创效益，为企业的发展添砖加瓦。

参 考 文 献

[1] 岳玉英，鲁班 . BIM 技术在金虹桥项目施工方案优化中的应用[J]. 工程质量，2012(12)：27-29.
[2] 郑华，宿景芳. 面向 Web 的三维模型生成与处理技术[J]. 现代电子技术，2015(12).
[3] 龚亦凡，贾仁甫. BIM 技术在项目管理中的应用价值研究[J]. 价值工程，2015，34(31)：43-44.
[4] 黄强 . 论 BIM[M]. 北京：中国建筑工业出版社 . 2016.
[5] 黄强 . 建筑业信息分解编码 A&bCode[M]. 北京：中国建筑工业出版社 . 2019.

塔里木盆地某石炭系薄砂层智能油田稳产开发特色技术研究与应用

徐程宇　成荣红　黄召庭　刘　艳　胥珍珍

（中国石油塔里木油田勘探开发研究院）

摘　要　K 薄砂层油田位于塔里木盆地中部满加尔凹陷，是一个迄今具有超过 20 年开发历史的超薄层状边水油田，主要产油层系为石炭系卡拉沙依组中泥岩段 2、3 号砂层。为了最大限度提高油藏采收率，解决薄砂层开发面临的油藏超深超薄、储量品位及丰度特低等诸多世界性难题，建成高水平高效益的智能稳产开发油田，研究人员在对薄砂层油藏特征和初期开发方案适应性进行梳理和评价的基础上，对影响该油藏开发效果的关键因素作了分析，并借助于地震及复杂地层钻井技术，形成了多项超深超薄油藏稳产配套特色技术，实现了低储采比条件下长达 15 年的稳产高效开发，预计水驱最终采收率可达 48.76%，为同类型油藏的后续措施挖潜提供了技术储备，给油田带来了巨大的经济及社会效益。

关键词　塔里木盆地；薄砂层；智能油田；水平井网；多井型动态监测

1　前言

K 薄砂层油田构造位于满加尔凹陷塔北隆起哈得逊构造带，主要产油层系为石炭系中泥岩段，2、3 号砂层为其主力含油砂层，平均埋深 5020m，储量丰度 $9.5\times10^4 t/km^2$，是一个受地层及构造双重因素控制的层状边水未饱和油藏。油藏平均孔隙度 8.62%，平均渗透率 $36.42\times10^{-3}\mu m^2$。储层纵向及平面均存在较强的非均质性，物性最好的 3 号砂层孔、渗分别是物性较差的 2 号砂层的 1.9 倍和 6.3 倍，地层原油黏度平均 4.78mPa·s。原始地层压力 54.17～55.26MPa，目前地层压力 37.83～56.59MPa，平均地层温度 116.87℃。该油田于 1998 年开辟先导实验区试采，2000 年开始进入大规模产能建设上产期和天然能量开采期，2003 年 7 月油井开始陆续转注，进入注水开发阶段，随着油田已进入开发中后期，如何实现油田的持续稳产变得尤为重要。本文从基于超深超薄储层预测与流体识别、多井型复合高效注水开发水平井网、水平井钻井及轨迹优化、动态监测等稳产技术措施入手，编制智能油田稳产方案并依托薄砂层智能油田稳产开发特色技术，助力油田实现 $25\times10^4 t/a$ 生产规模并长期持续稳产。

2　K 薄砂层智能油田稳产方案要点及主要配套技术

2.1　稳产方案要点

K 薄砂层油田设计总井数 78 口，其中部署 34 口新井：注水井 15 口（先采后注 1 口）、采油井 19 口。新增采油井 20 口，单井产能 43t/d，累计新建成产能 $28\times10^4 t$。

预测期末累油 $754.6\times10^4 t$，采出程度 35.6%，与基础方案相比提高 11.2%。

K 薄砂层油田从 2012 开始计划每年新增 4～$7\times10^4 t$ 产能，6 年内完成实施：1 采、5 采+5 注、4 采+4 注、3 采+3 注、3 采+3 注、4 采。2012～2018 年年产油在 $30\times10^4 t$ 以上，稳产期 9 年，高峰年产油 $42\times10^4 t$，预测稳产期末累产油 $836.143\times10^4 t$，采出程度 34.80%，综合含水 83.90%。

2.2　受构造岩性双重控制超深超薄储层预测与流体识别技术

运用地震精细解释手段，立体刻画薄砂层构造形态，构造精度大幅提升，实现在井震模式下识别深度大于 5000m、厚度大于 3m 砂层的储层特征，相对误差控制在 0.5‰以内，实现薄砂层油藏 2004 年后部署的 96 口生产井，钻井成功率达到 100%（表 1）。借助新钻井资料较齐全，物性曲线能够较好反映薄层特征，新采集地震资料保幅性较好的特点，探索发展了相控模式下稀疏脉冲反演和拟声波随机反演。该反演中，地震资料不再占有半数以上的权重，而是由地震、沉积相、测井共同约束反演结果。通过综合利用拟声波、SMI、相控非线性反演、聚类分析及微地貌研究开展薄层砂体储层平面特征研究，突破了地震资料极限并识别了 3m 以下的薄储层展布规律。

表 1　K 薄砂层油田 2 号砂层 2016~2017 年新井导眼井构造误差统计

井名	设计海拔/m	实钻海拔/m	绝对误差/m	相对误差/‰
M-48H	-4098.00	-4097.96	0.04	0.01
M-42H	-4101.00	-4102.90	-1.9	0.37
M-51H	-4096.00	-4095.37	0.63	0.12
M-59H	-4060.80	-4063.32	-2.52	0.49
M-35H	-4067.20	-4065.88	1.32	0.26
M-38H	-4048.23	-4050.23	-2	0.39
M-46H	-4049.50	-4046.49	3.01	0.5
M-50H	-4045.50	-4047.78	-2.28	0.44
M-62H	-4049.60	-4049.88	-0.28	0.05
M-37H	-4104.00	-4102.94	1.06	0.26

2.3 多井型复合高效注水开发水平井网技术

对比塔里木油田其他老油田开发井网，结合自身地质背景，通过建立适合 K 薄砂层油田的超长水平井、多分支井、双台阶水平井复合高效开发井网，提高了井控程度并实现了稀井高产稳产(表 2)。至 2016 年 12 月底，基本建成一套以双台阶水平井为主、分支井和超长水平井为辅的复杂井型注水开发井网，其中双台阶水平井 79 口，多分支水平井 4 口，超长水平井 15 口，单台阶水平井 13 口，注采井数比为 0.62。双台阶水平井可实现双层合注合采(图 1)，水平段长 800m 的超长水平井可获得更高单井产能及更大泄油面积，多分支水平井可有效降低钻井成本及提高超深超薄油藏采收率(图 2)。

表 2　塔里木碎屑岩油田开发井网参数对比

油田	含油层系	油藏类型	油层厚度/m	平均孔隙度/%	平均渗透率/($10^{-3}\mu m^2$)	含油面积/m^2	地质储量/($10^4t/m^2$)	储量丰度/($10^4t/$)	主要井型	井网密度/(口/m^2)	井距/m
塔中 4	CIII	块状底水	30~40	15~17	138~244	21.3	3067	144	直井	4.25	450
轮南	TIII	块状底水	10~15	16~18	119~157	10.9	854	78	直井+水平井	4.9	450
轮南	TI	层状边水	8~15	16~19	39~193	19	1703	90	直井+水平井	6.3	370
东河塘	CIII	块状底水	50~100	16~18	4~160	8.2	2398	292	直井+水平井	3.9	400
K 薄砂层	CI+II	层状边水	0.6~1.3	4.1~11.5	10~100	145.3	1376	9.5	多井型	1.7	1250

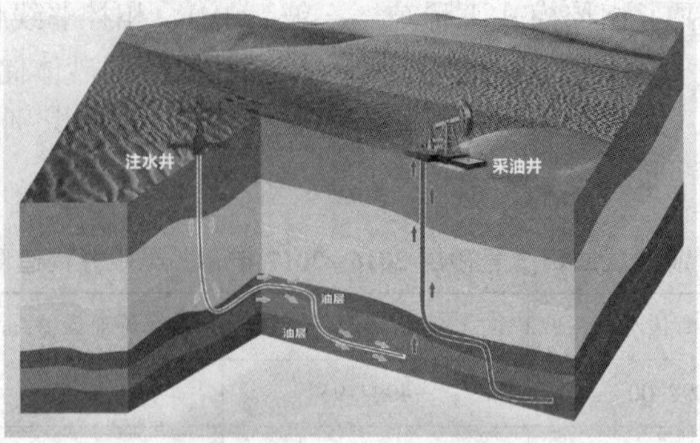

图 1　K 薄砂层油田双台阶水平井注采技术示意

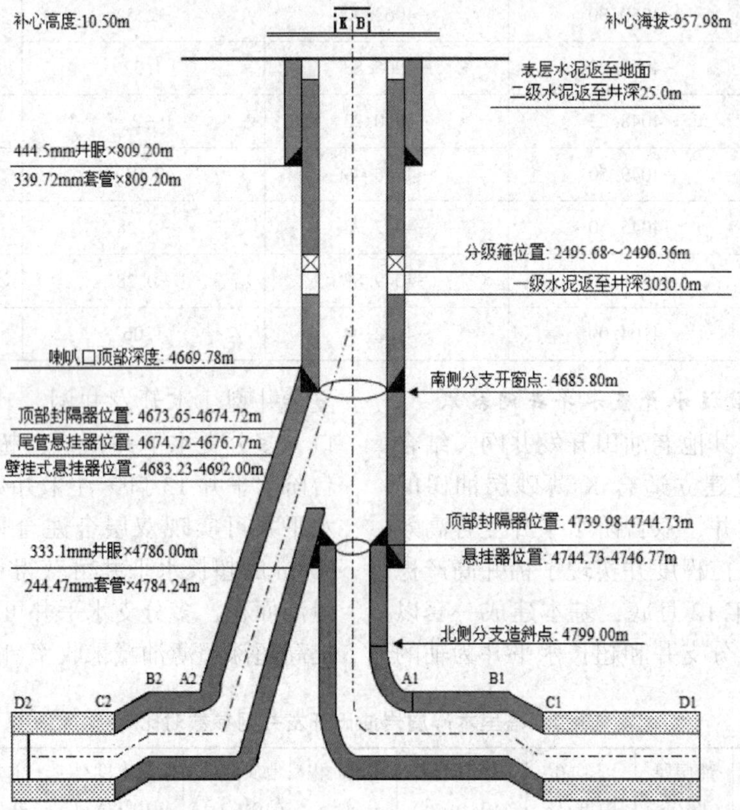

图 2　K 薄砂层油田双分支水平井井身结构

2.4　超深超薄油层水平井钻井及轨迹优化调整技术

2.4.1　水平井随钻地质导向

初期水平井开发中造斜时应用常规 MWD 设备，进入水平井段使用带随钻随测的 LWD 仪器来探测油气层位置和倾角，水平井的储层钻遇率仅为 60%。2008 年起引进随钻测井技术（PeriScope、NeoScope），其中 PeriScope 测井技术能够识别工具周围地层延伸方向和反演出工具到地层边界的距离。NeoScope 无化学源随钻测井仪能安全地将钻井和地层评价传感器相结合，进行综合、全面的多功能随钻测井地层评价测量（图 3）。借助该技术实现 A0.5～1.5m 超深超薄油层储层钻遇率由 59%提高到到 95.1%，部分井储层钻遇率达到 100%，平均单井产能提高了 30t/d。

2.4.2　“标志层逼近控制法”水平井轨迹跟踪优化技术

“标志层+剩余厚度控制法”是利用水平段目的层之上的所有标志层的实钻深度，考虑构造变化趋势和厚度变化规律，预测第 1 靶点目的层顶面构造深度，步步进行轨迹调整，达到精确入靶的目的。

图 3 NeoScope 无化学源随钻测井示意图

造斜段钻进时，与设计对比后明确实钻地层的升降并卡准标志层和目的层，及时对靶点进行调整并微调钻井轨迹。K 薄砂层油田 3 套砂层上部发育 2 个主要的标志层（标准灰岩、1 号薄砂层），全区分布稳定且与目的层之间的厚度变化幅度小，根据各标志层深度变化，可控制水平井轨迹以准确入靶。水平段钻进中通过对比分析 FEWD 测出的电阻率及伽玛曲线，及时采取措施可确保井眼轨迹穿行于储层中有利于产油的最佳位置。

2.5 复杂水平井动态监测配套技术的应用

2.5.1 为超深水平井、双台阶水平井量身定制 1 套测井输送工具

K 薄砂层油田井深超过 5000m，地下水平段长度一般为 300~500m。测井仪进入水平段需面临在井下拐弯的难题。经过攻关，首次在新疆地区引入 MaxTRAC 井下电子牵引爬行器，通过材质与设计结构的改进，提高了井下仪器耐温（175℃）耐压（15000Psi）性能，有效预防了大狗腿度段遇阻现象，改进的凸轮-卡紧式设计使爬行器具备了强劲的动力和防滑性能。

2.5.2 引入双台阶水平井吸水剖面测井的测井系列

解决了复杂井况下一期输送难的问题，应用爬行器输送法进行现场吸水剖面测试时，首先依靠测井工具串的自重下放仪器至造斜段自然遇阻，而后启动井口液压泵工作，使液流进入井筒并作用到水力伞上，加大注水量把测井仪器推送到水平井段，注水量调整到正常注水状态后再释放同位素。

K 薄砂层油田双台阶水平井 M17H 井采用爬行器输送法、水动力伞输送法测试，显示 2、3 号层的层间矛盾愈加明显，2006 年爬行器输送法测得石炭系 CⅠ、CⅡ油组相对吸水量分别为 31%、69%，与静态地质认识相符；2013 年用水力输送法测得 2、3 号层相对吸水量分别为 0%、64%（另外 36% 的注水量被上部套损段吸收），为下步找堵漏措施及分层注水提供了依据。

2.5.3 创新引入适应薄砂层油藏的饱和度测井技术

过套管 RST 饱和度测井技术可实现高矿化度多变条件下（$10\sim42\times10^4$ ppm）地层饱和度准确测试。优点是非弹性散射模式下可通过测量的总伽马谱进行解谱得到碳和氧元素的相对含量，计算地层含油饱和度。其创新点一是新型小尺寸可实现过油管测，二是双探测器改善测量精度。

CAMT 套管井地层测试器可实现 1 次下井钻穿套管进入地层，进行多次压力测量并进行高质量取样后，封堵套管的孔眼而不影响油井的正常生产，可实现实时流体组分分析，直观判断地层流体饱和度、地层压力等参数。该技术在 A 油田的应用是国内首次应用于 5000m 超深油藏套管井。

首次在 A 油田超深油藏中引入奥地利 HOTWELL 公司的 PNN 技术，与西部瑞普石油技术有限公司合作研发了高温高压承压体装置，改进提高了传统 PNN 测井装置的承温承压能力。克服了传统的中子寿命测井仪器耐温 135℃，对孔隙度小于 15% 的储层无法进行剩余油定量解释的难题。在深度 5000m 左右，温度高达 140℃、高含水油层中分辨出近井地带的油水分布，有效计算出含油饱和度、水淹级别、储层孔隙度、泥质含量及主要矿物含量等物性参数。

2.5.4 自主研发出适合薄砂层油藏双台阶水平井的同心集成式分层注水工艺

结合油藏特点和井况现状，通过分析分注工艺适应性，A 油田自主研发出 1 套同心集成式分注酸化配水器，可满足直井、大斜度井、常规水平井和双台阶水平井分层地质配注需要，已成功应用于该油藏双台阶水平井分层注水。该工艺主要由注水封隔器、配水器等组成，其中配水芯子内可安装 2 个水嘴，用于两层分注（图 4）。M37H 与 M24H 井 2014 年 1 月采用该项技术成

功实现双台阶水平井分层地质配注，有效改善了井组开发效果。

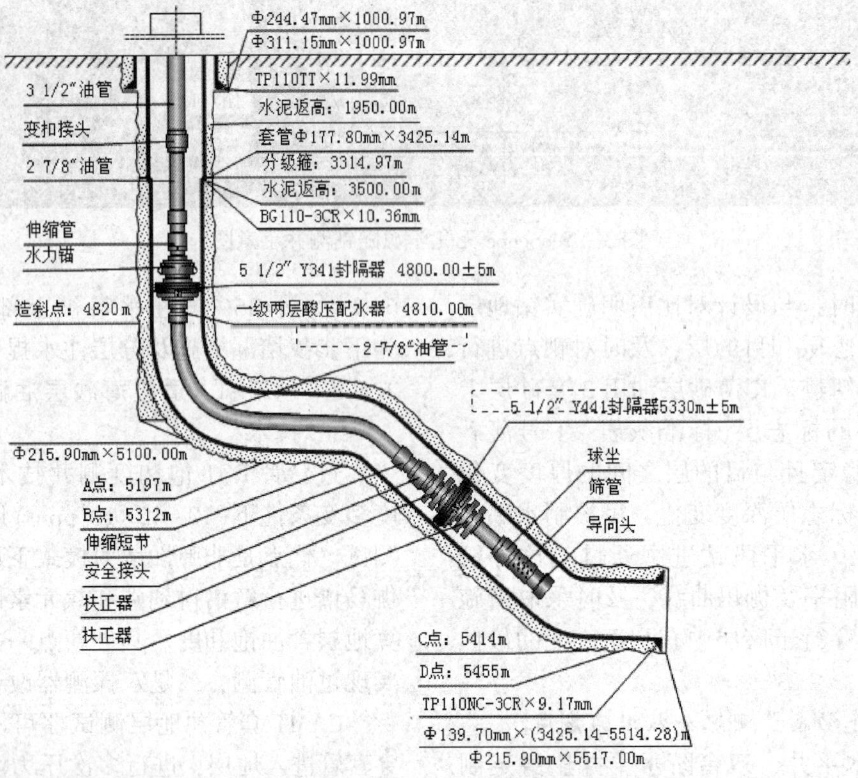

图4　M-9H井分层注水管柱结构示意图

借助复杂井动态监测配套技术，K薄砂层油田共指导实施老井措施增油147井次，措施成功率98%，增油11.84×10^4t。

3　实施效果评价

通过老井措施与部署新井延缓递减速度，K薄砂层油田产量止跌趋稳，自2007年起连续15年实现年产油25×10^4t以上稳产。截至2021年12月底，油藏年采油速度1.88%，综合含水率65.34%，累积注采比0.76，地层压力保持程度88%，累计产油449×10^4t，投入产出比为1∶1.96，地质储量采出程度29.8%，预计水驱最终采收率48.76%，成为一个整体采用双台阶水平井全面高效开发的智能油田(图5)。

4　结论

(1) K薄砂层油田油层超深、超薄导致开发难度大，技术人员编制智能油田稳产方案，并在开发过程中逐步形成了超深超薄油藏储层预测、水平井钻井及轨迹调整优化、复杂井动态监测等高效开发特色技术。

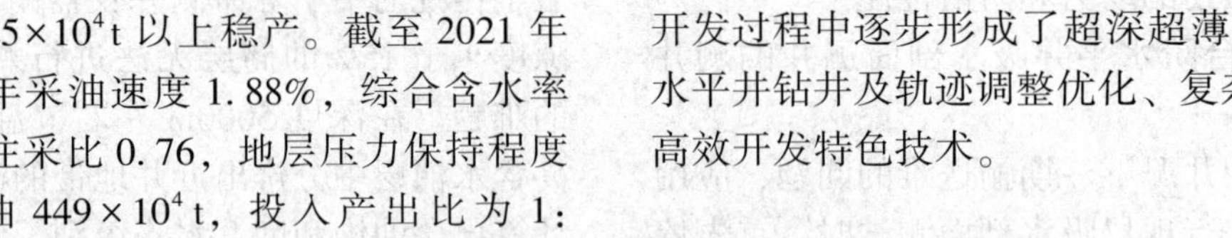

图5　K薄砂层油田历年年产油构成

(2) 长期稳产开发的实现，表明 K 薄砂层油田高效开发特色技术是与油田实际状况相适应的，也有助于智能油田继续高水平高效益开发。

参考文献

[1] 陈兰，张建华，蒋仁裕，等. 某油田超深超薄油藏注水效果分析[J]. 天然气勘探与开发，2006，32(1)，43-45.

[2] 李勤英，杨茜，刘忠亮. 地震属性在高精度三维地震解释中的应用[J]. 断块油气田，2009，16(4)，57-59.

[3] 朱卫红，江同文，买光荣，等. 超深超薄油藏的高效开发[J]. 石油科技论坛，2005，8(1)，38-40.

[4] 吴吉元，赵永刚，张德著，等. 利用声波反演技术识别储层流体性质[J]. 西安石油大学学报(自然科学版)，2008，23(5)，30-32.

[5] 梁志丰，楼一珊. 某油田薄油层水平井优化钻井技术[J]. 石油天然气学报，2005，27(4)，627-629.

[6] 朱卫红，牛玉杰，陈新林，等. 复杂油气藏水平井钻井地质设计及跟踪方法[J]. 长江大学学报(自然科学版)，2013，10(10)，61-63.

[7] 周学慧，刘卫丽，乔霞，等. 某油田东河砂岩储层夹层识别与分布规律研究[J]. 钻采工艺，2010，32(1)，111-116.

[8] 谢进庄，朱焱，郑华，等. 特高含水期油田动态监测系统优化技术研究[J]. 石油学报，2006，27(1)，77-80.

[9] 赵辉，姚军，吕爱民，等. 利用注采开发数据反演油藏井间动态连通性[J]. 中国石油大学学报(自然科学版)，2010，34(6)，91-98.

[10] 荣林，吴迪，韩易龙，等. 微地震监测水驱前缘技术在某双台阶水平井的应用效果评价[J]. 大庆石油地质与开发，2006，25(2)，94-96.

[11] 王威林，谯天杰，周玮，等. 川渝气区水平井、大斜度井连续油管动态监测技术研究与应用[J]. 天然气工业，2013，(3S2)，41-43.

浅谈汽油在线调合在炼油企业中的应用

刘峻伸

（中国昆仑工程有限公司辽宁分公司）

摘　要　辽阳石化分公司为适应市场变化的需求，解决现有罐-罐调合工艺调合时间长、油品损耗大、能源消耗多、质量波动大、质量过剩等诸多问题，将罐-罐调合工艺升级为在线调合工艺，通过近红外分析仪对油品质量指标进行在线监测，实施质量卡边控制，保证产品质量满足国家标准《车用汽油(Ⅴ)》GB 17930—2016、《车用乙醇汽油调合组分油》GB/T 22030—2017 要求，使产品环保达标，使得企业效益最大化。

关键词　汽油在线调合；质量过剩；卡边控制；在线调合管理系统

随着我国经济及汽车工业的不断发展，目前对能源的消耗日趋紧张，对原油和成品油的需要逐年递增。但我国汽油调合技术却比较落后，大部分生产企业都采用人工计算调合的方式进行，对产品质量的控制还存在诸多问题，汽油的一次调合的成功率低。各大炼厂面对巨大的油品损失，不仅造成资源的浪费，而且对环境造成严重污染。近年来我国政府对环保要求越来越严格，为达到环保排放的要求对成品汽油的质量标准也在不断升级。因此，采用在线调合工艺势在必行。

1　汽油在线调合研究背景

目前国内各炼油生产企业的组分汽油品种比较多，组分汽油的辛烷值、苯含量、烯烃、硫含量等指标随装置生产情况波动较大，指标不稳定，有时造成调合后成品汽油辛烷值过剩、硫含量超标等。因此汽油调合老工艺的弊端大面积存在，只有牺牲企业效益保证汽油质量，成品油质量过剩的情况严重。

鉴于上述原因，四川石化、青岛炼化、齐鲁石化、大连石化、延安石化、大庆炼化等国内一线生产企业已经对现有调合工艺进行升级改造，现已实现了汽油在线调合，并取得了良好效果和可观的经济效益。但是，由于我国在线调合技术发展较晚，同时由于各大企业改扩建等客观因素，导致一次调合成功率并不稳定，在线调合技术仍有技术升级优化的空间。

因此，辽阳石化分公司在对业内炼油企业进行细致调研后，取其优点克服不足，对现有调合工艺进一步升级，使得企业效益最大化。

2　辽阳石化分公司炼油厂汽油调合现状

随着中俄原油二线建成投用，辽阳石化分公司作为集团公司俄油加工基地，拥有了更充足的资源保障，主要调合国Ⅴ92 号汽油、95 号汽油、92 号乙醇汽油调合组分油。目前所有车用汽油的调合都采用罐-罐调合方式。但是随着俄油逐渐变重的趋势不断加剧，现有采用人工试凑的配方计算方式进行调合，产品质量波动较大，一次调合的成功率不高，已经难以满足日益苛刻的汽油指标要求。同时，组份汽油间存在着复杂的调合效应，使得对调合最终产品的辛烷值等质量指标预测或计算变得难以控制和掌握，依靠经验指导生产，无法达到准确调合和实现一次调合合格，往往会出现多次调合或调合后产品质量过剩，直接损失了辽阳石化分公司的经济效益。

3　汽油在线调合工艺说明

3.1　生产工艺

成品油在线调合技术的应用是采用在线优化调合技术，利用优化调合软件计算出合理的调合配方，将各组分油和添加剂按一定比例同时送入油品总管内，经过管道静态混合器使油品充分混合均匀，以达到调合目的(图 1)。

油品在线调合是油品质量在线优化的调合工艺，是近二十年来发展并走向成熟的一种新的调合工艺，取代了传统人工罐式调合工艺。其核心是数据采集、数据处理和实时控制。其调合过程为：各组分油和添加剂按一定比例同时送入调合总管内，经过管道混合器使油品充分混合均匀，以达到调合目的。在各组分油支线和成品汽油管线上设有数据采集点，用近红外在线分析仪检测汽油组分油及成品汽油的各项指标(主要包括辛烷值、烯烃含量、芳烃含量、苯含量、氧含量、密度、蒸气压等)，用总硫分析仪检测成品汽油管道上的总硫含量，由近红外在线分析仪和总硫分析仪反馈的信息控制各组分油的流量及添加剂的流量，使油品质量稳定并尽量减少辛烷值冗余，确保一批次成品油的整体合格率，提高经济效益。

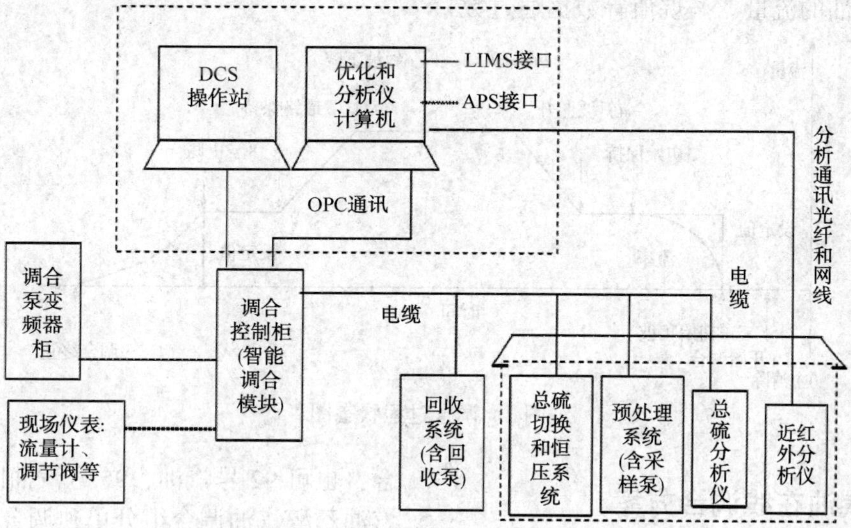

图1　汽油在线调合系统构架图

在线调合技术的最大优点是，可以同时调合不同牌号的产品，组分利用互补，富裕油量少，组分罐容需求小；组分泵利用率高。且成熟的自控控制系统可以修正调合比例，优化组分均衡，减少对下游设备的干扰。系统综合指标：成品汽油辛烷值过剩通常不超过0.2；减少再调合的次数，在线一次调合成功率大于98%；系统投用率大于99%。

3.2　优化数学模型

成品油调合问题是一个具有线性约束的优化问题[2]。优化的目的为控制调合产品的辛烷值满足目标辛烷值的同时使冗余辛烷值减少到最低、调合过程中能够进行组分优化，尽量多用低辛烷值组分，节省高辛烷值组分，以降低成本、辛烷值必需能够满足相应质量要求，各组分油的用量比例必须满足相关产品的配方要求实现平稳操作。

(1) 质量调合的目标函数

$$MAX(S_1) = J \times W - \sum (j_i - W_i)$$

式中　S_1——成品汽油利润；

J——成品汽油价格；

J_i——组分油价格；

W_i——组分油流量；

W——组分油总流量 ($W = \sum W_i$)。

(2) 质量—辛烷值约束

$$K(RON) = \sum\nolimits_{ai} \times K_i(RON) \times m_i$$

$$K(RON) = \sum\nolimits_{bi} \times K_i(MON) \times m_i$$

式中　$K(RON)$——成品汽油研究法目标辛烷值；

$K(MON)$——成品汽油马达法目标辛烷值；

$K_i(RON)$——组分油研究法辛烷值；

$K_i(MON)$——组分油马达法辛烷值；

ai——研究法辛烷值调合效应系数；

bi——马达法辛烷值调合效应系数；

m_i——组分油的质量比例。

(3) 配方比例的上下限约束

$$W_i(\min) \leqslant W_i \leqslant W_i(\max)$$

$W_i(\min)$——汽油调合配方中组分油的下限比例；

$W_i(\max)$——汽油调合配方中组分油的上限比例。

(4) 调合流量约束

$$P_i(\min) \leqslant P_i \leqslant P_i(\max)$$

$P_i(\min)$——某组分油管线所允许的最小流量；

$P_i(\max)$——某组分油管线所允许的最大流量。

上述四个约束条件组成一个线性规划问题。以这四个约束为基础条件编制汽油调合控制软件，植入汽油调合 DCS 系统计算机中。在生产过程中，各组分油的流量、辛烷值等数据通过数据采集系统送至计算机中求解，如果 W1～W9 有最优解时，计算机把相关数据传输给控制系统进行组分流量控制以进行油品调合；如果 W1～W9 无最优解，计算机进行下一周期求解，直至找出最优解(图 2)。

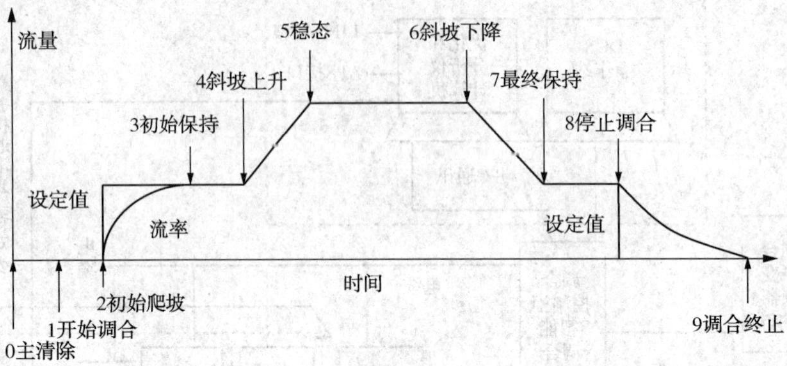

图 2　调合过程状态图

4　辽阳石化汽油在线调合方案

辽阳石化分公司参与调合的汽油组分共有 9 种，每种汽油组分均设有组分罐、调合泵。除精制重汽油组分油调合 92 号乙醇汽油调合组分时单独设置调合泵外，其余调合三种产品均共用一台泵，泵出口拟定产量分支。在线汽油优化调合系统的设计采用组分油从罐区(新建汽油组分罐组以及辽阳石化原有罐组)进入调合系统的调合工艺。设计新增三个管道静态混合器(简称调合头)，分别用于调合 92 号汽油、95 号汽油、92 号乙醇汽油调合组分，三种油品可同时进行调合，也可 92 号汽油、95 号汽油同时调合，92 号汽油乙醇汽油调合组分单独调合，也可三种油品单独调合。95＃汽油、92＃汽油执行《车用汽油(Ⅴ)》(GB 17930—2016)标准，同时其各项指标要求能满足国Ⅵ标准 B 阶段的要求。92#乙醇汽油调合组分执行《车用乙醇汽油调合组分油》(GB/T 22030—2017)标准。

根据辽阳石化现的实际运营情况，现场共配置 3 个汽油调合头；具体配置方案见表 1。经数学模型求最优解，可得出 3 种产品的优化配方年用量见图 3。

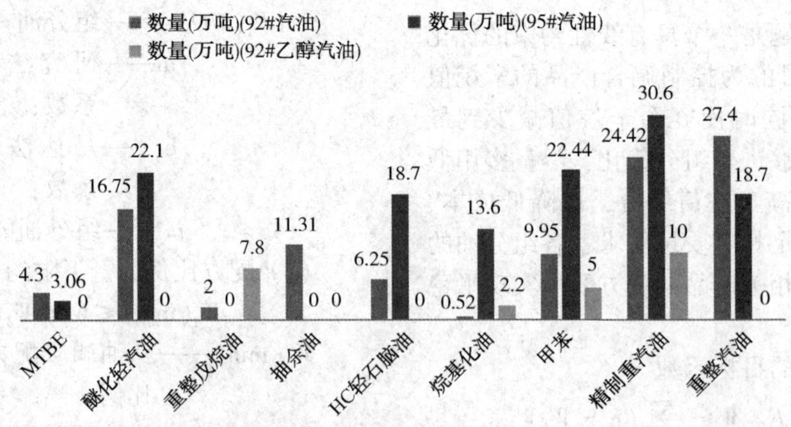

图 3　92 号汽油、95 号汽油、92 号乙醇汽油各组分油年用量

表 1　调合头配置方案表

调合头号	产品名称	调合组分油	执行标准
1#调合头	92 号车用汽油	精制重汽油、甲苯、烷基化油、MTBE、醚化轻汽油、HC 轻石脑油、重整汽油、重整戊烷油、抽余油，共计 9 种	《车用汽油(Ⅴ)》(GB 17930—2016)

续表

调合头号	产品名称	调合组分油	执行标准
2#调合头	95 号车用汽油	精制重汽油、甲苯、烷基化油、MTBE、醚化轻汽油、HC 轻石脑油、重整汽油，共计 7 种	《车用汽油(Ⅴ)》(GB 17930—2016)
3#调合头	92 号乙醇汽油	戊烷油、甲苯、精制重汽油，共计 3 种	《车用乙醇汽油调合组分油》(GB/T 22030—2017)

5 汽油在线调合管理系统

5.1 管理系统

在线汽油优化调合系统主要包括汽油在线优化调合控制系统的硬件和软件、汽油在线近红外分析系统、在线总硫分析系统、防爆分析小屋及样品预处理和回收系统、静态混合器等。

汽油在线调合控制系统是引进美国 Honeywell 公司的 Experion PKS 系统，其控制系统的实施方案主要是进行组态。组态分两个部分，一方面组态机上的调合软件主要参数，另一方面组态现场调合器中压力、温度、液位、开关阀、流控器、分析仪等需要控制的信号内容。控制系统通常由下位机、上位机、管道调合器以及辛烷值分析仪等组成。其中上位机用来设定调合系统基本参数并进行各组份汽油参调流量的优化计算，下位机主要通过节点实现成品汽油辛烷值的卡边控制，同时还控制汽油的烯烃含量、芳烃含量和苯含量三个质量指标(图 4)。

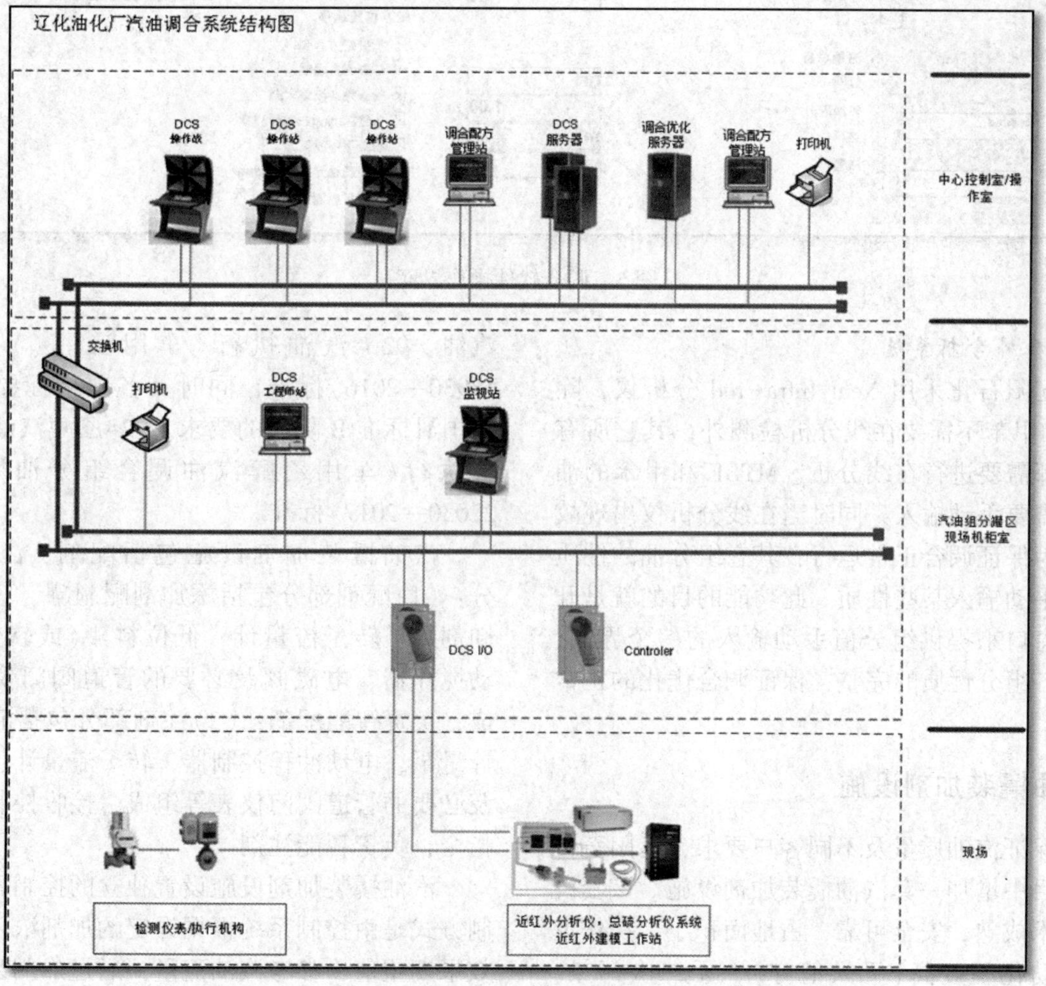

图 4 调合系统结构图

调合后的汇合总管均设有压控调节阀，稳定调合头的压力，从而稳定对组分油流量的控制。产品的在线分析仪取样点位于静态混合器与压控调节阀之间，加剂系统注入点位于静态混合器前。在线汽油调合系统，根据在线分析仪测得的组分油及产品性质，实时在线调整各组分油的质量配比，以达到特定的优化目标（如质量卡边控制或产品效益最大化）。以上优化结果（质量配比）送入DCS，通过各组分线上的流量控制调节实现。

5.2　调合软件

在线汽油优化调合系统主要核心在于调合化软件（调合数据模型、调合控制方案），通过该软件实现汽油调合的订单管理，建立订单数据库，控制汽油调合现场各类硬件设施的有序运行（图5）。

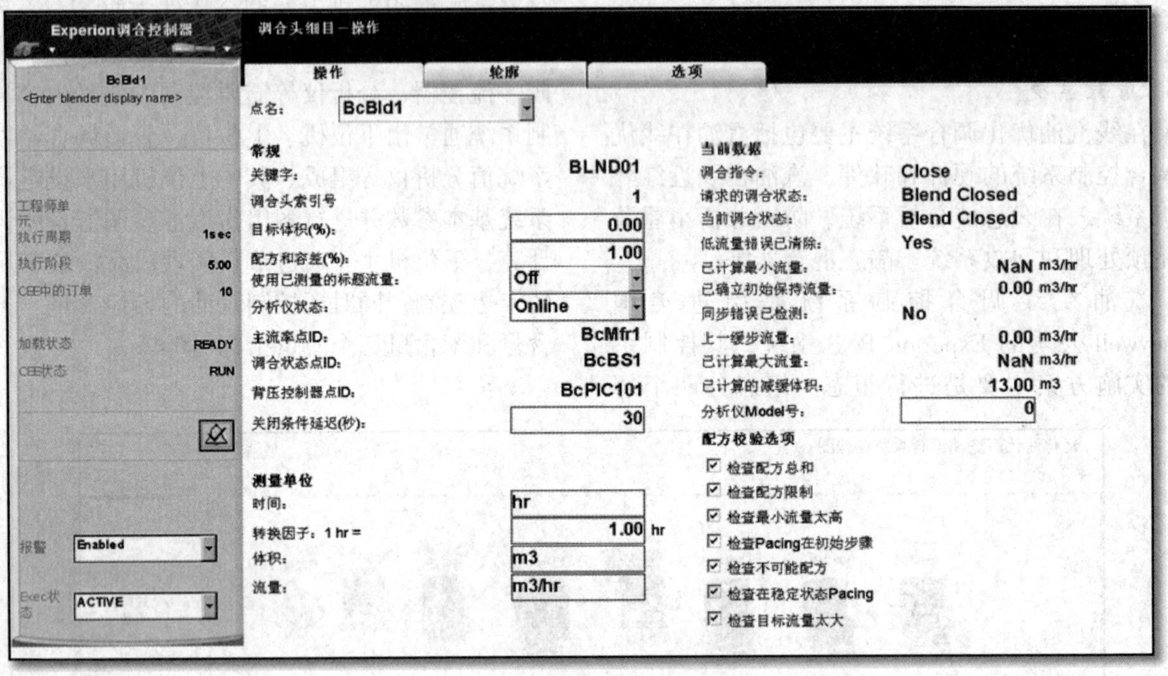

图5　调合软件操作界面

5.3　近红外分析系统

在辽阳石化采用Near Infra-red分析仪，除MTBE和甲苯不需要在线分析检测外，其它所有组分油都需要进行在线分析。MTBE和甲苯的油品性质需要手动输入，同时当在线分析仪出现故障时，为保证调合正常运行，其它组分油的性质也需要手动输入某些性质。此功能的目的就是开发一个窗口来提供组分值手动输入的一个界面，来保证各组分性质的完整，保证调合优化的正常运行。

6　汽油撬装加剂设施

为保证汽油质量及不同客户要求，辽阳石化在该项目中增加一套汽油撬装加剂设施。该套设施应技术成熟，安全可靠，占地面积小，操作灵活，自动化程度高（无人值守），无二次污染。汽油添加剂按抗氧化剂、抗静电剂、清净剂三个品种设计，加剂量分别为20ppm、2ppm、80ppm，添加剂与母液配比比例分别为1∶1、1∶20、1∶1，母液采用重整汽油。加剂后，95#汽油、92#汽油执行《车用汽油（Ⅴ）》（GB 17930—2016）标准，同时其各项指标要求能满足国Ⅵ标准B阶段的要求。92#乙醇汽油调合组分执行《车用乙醇汽油调合组分油》（GB/T 22030—2017）标准。

汽油撬装加剂设施包括配剂、注剂两部分：（1）配剂部分包括添加剂配制罐、气动隔膜卸剂泵、转子流量计、低位料斗（或软管）、电动搅拌器、电磁阀及必要的管道阀门仪表等组成，负责智能配剂；（2）注剂部分包括液压隔膜计量泵、电动冲程控制器、转子流量计、电磁阀及必要的管道阀门仪表等组成，接收控制系统的指令，负责智能注剂。

汽油撬装加剂设施设置独立的控制系统，控制方式是由控制系统根据设定的加剂浓度或加剂效果期望值，参考汽油流量，通过加剂泵，自动精准控制加剂注入量。加剂系统根据在线汽油优化调合系统对其加剂量计算出来的设定值启动自身独立的控制系统，按该设定值与在线汽油优化调合系统同步实施自动加剂控制。

7 经济效益

据统计，采用油罐调合时，成品油的一次合格率约为85%，每年因二次调合增加电费约8万元。按内浮顶储罐油品移动时大呼吸损耗0.01%计算，每年因二次调合蒸发的汽油折合人民币约为25万元。与油罐调合相比，采用汽油在线调合技术可以使成品汽油的辛烷值平均降低0.2个单位，每个单位按照50元计算，则每年可以节约2800万元，节省分析化验的费用约100余万人民币。加上采用汽油在线调合节能的各类能耗及蒸发损失，每年可以为企业节省近3000万人民币。

8 结束语

综上所述，汽油在线调合在理论上、技术上及经济上都是可行的，充分满足了国家在环保及质量方面的各项要求，有效的降低了劳动强度，缩短了调合时间。汽油在线调合技术的应用，解决了辽阳石化汽油产量上升、牌号增多与汽油罐容紧张的矛盾，最大程度地降低成本，提高利润。同时随着新建炼化项目大型化、高端化、一体化的趋势的不断升级，民营新建产能逐步释放，在业内竞争日益激烈的形势下，为辽阳石化在炼化领域创造更多效益、改善现有企业运营水平提供了必要的技术保证。

浅析主动防护系统在大型石油储罐的应用

刘峻伸　姚春东　张　航　高斯文

（中国昆仑工程有限公司辽宁分公司）

摘　要　辽阳石化分公司炼油厂原油罐区C411、C412外浮顶储罐，一二次密封不严，可燃气体浓度超标，二次密封腔内存在金属间隙放电点，当遇到连续感应雷、静电放电时易产生大量的电荷积聚，易发生爆炸，引发严重后果。为解决现有问题，增设大型石油储罐主动安全防护系统，迅速降低油气含量和氧气储量，保证储罐本质安全。

关键词　大型石油储罐；主动安全防护系统；在线监测

大型石油储罐多用于储存原油，因原油具有比重轻、闪点低、挥发性强、燃烧热值高、流动性大等特点，一旦发生火灾，会迅速形成大面积燃烧，并产生沸溢、喷溅现象，扑救极其困难。近年来，国内外大型油罐恶性火灾与爆炸事故时有发生。损失十分惨重，影响极其恶劣。近年来我国政府对炼化企业的安全要求越来越严格，2010年国家安全生产监督管理总局发布了《危险化学品重大危险源安全监控通用技术规范》AQ3035-2010和《危险化学品重大危险源罐区现场安全监控装备设置规范》AQ3036-2010。为保证大型储罐的本质安全，实现企业安全生产，采用主动安全防护系统在线监测储罐一二次密封之间的浓度势在必行。

1　主动防护系统研究背景

目前国内各炼油生产企业的原油储罐多数采用外浮顶结构，国内外广泛使用的外浮顶储罐密封装置均是由一次密封和二次密封组成，根据外浮顶石油储罐的火灾特点，据API统计密封圈火灾占比达到了72.8%，RPI统计密封圈火灾占比达88.7%。针对石油储罐的消防安全，急需一种智能高效、快速响应、安全环保的新装备。将事后灭火抢险转换为事前主动预防，从整体上提升大型石油储罐自身防爆抑爆、控火灭火的能力。

2　辽阳石化分公司炼油厂原油储罐密封现状

炼油厂原油罐区C411、C412为外浮顶储罐，存物料均为原油，火灾危险性为甲类。由于储罐密封圈采用了一次密封和二次密封结构，受浮盘漂移、罐壁悬挂浮油挥发物等影响，油气会聚集在一、二次密封之间；另外，二次密封上部的静电导除板在储罐运行时如果接触不良，会存在放电间隙；加之非金属密封材料的导电能力有限，当遇到连续感应雷时易产生大量的电荷积聚；当储罐密封圈内油气混合气体达到爆炸极限浓度范围时，遇雷击、静电放电或其它足够的点火能量时极易发生爆炸，引发严重后果。因此，储罐密封圈潜在的火灾爆炸风险是客观存在的。同时，在一、二次密封之间不可避免地存在VOCs无组织排放的隐患。

目前对密封圈可燃气体浓度检测主要依靠人工操作，其方法为：操作人员定期采用便携式可燃气体检测仪测试储罐密封圈内可燃气体浓度，如果超过了爆炸下限，用木方将二次密封与罐壁掀开一定间隙，通过空气对流来降低密封圈内的可燃气体浓度。因炼油厂C411、C412储罐在监测二次密封时存在可燃气体浓度超标，储罐二次密封腔内存在着金属间隙放电点，如包覆式导电片等，上述因素导致储罐在遭受雷击时可能发生着火事故。

3　主动防护系统工艺说明

3.1　工艺技术

该系统由撬装设施、远程监控装置、采样注氮探头、采样注氮管线及附件组成。其中，撬装设施由油气分析模块、惰化保护模块、油气净化模块、控制模块等组成（图1）。

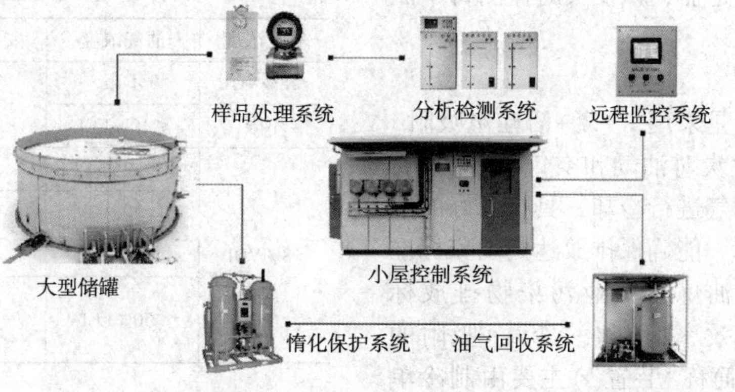

图 1　大型储罐主动防护系统图

通过在浮盘一、二次密封空间安装采样探头和注氮探头，罐顶安装浮动管线连接设备，将罐顶浮盘上采样和注氮探头连接至撬装设施。系统启动后，油气挥发气体浓度分析仪(采用色谱仪或傅里叶变换近红外分析仪)、样品处理元件和取样泵处于实时运行状态，取样泵自动进行巡回抽取各测点处密封圈内混合气体，样气经预处理元件处理后进入分析模块进行油气浓度分析及氧气浓度分析；同时油气净化模块对油气进行净化(采用双级深冷技术)，以不断降低密封空间内油气含量，回收的油品进入储存罐，处理后的尾气返输至储罐密封空间内，用来抑制油气挥发，并合理实现系统零污染排放。检测数据经处理后输出至控制模块进行安全判定，当安全判定结果为危险状态时，惰化保护模块启动(安全状态和预警状态不启动)，氮气通过注氮探头注入储罐密封空间，迅速降低油气含量和氧气储量，保证储罐安全。

3.2　工艺简述

系统启动智能保护后，将所有检测点的气体抽吸到现场撬装设施，样气通过预处理部件后进入分析仪进行油气/氧气浓度分析，分析后的气体汇总进入油气净化模块进行冷凝回收处理，然后将处理后的气体回注到储罐密封装置内。当分析仪检测结果判定为危险后，自动启动惰化保护(图 2)。

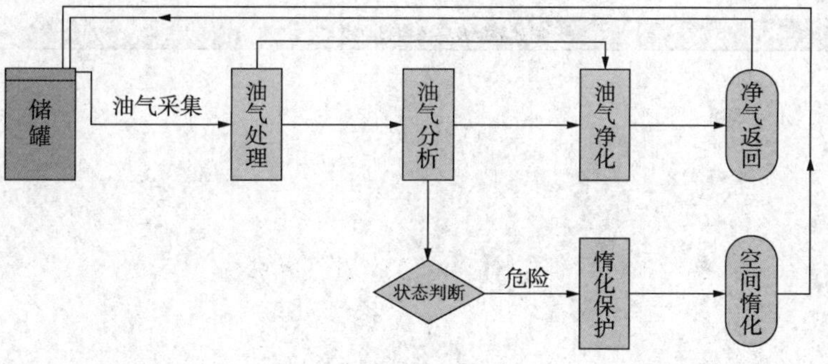

图 2　工艺流程简图

装置工作由三个流程组成，分别是：气体分析→安全判定→惰化、抽气保护。系统启动智能保护后，气体取样泵对储罐密封圈内混合气体按预设时间自动进行巡回取样，样气经过滤、分流等预处理后，进入分析仪作油气/氧气浓度分析，检测结果传输给控制模块，自动执行惰化保护，将油气/氧气浓度控制在安全范围内。同时，各设备通过以太网与远程控制装置进行通讯，实现数据存储、查询及远程监控。

3.3　油气预处理系统

油气预处理系统包含一套真空发生装置，真空发生装置保证系统处于负压工作状态，驱动油气做内部循环流动。预处理系统通过温压流传感器、过滤器、电磁阀等器件实现样品流量调节、流路切换、过滤、温压流指示等功能。预处理系统包括惰化操作装置，当监测到油气浓度超标时，启动惰化装置，对储罐保护空间进行惰化处理。油气处理系统中每一个流路均需配备温度、压力、流量指示和变送器，以便实时监测每个流路的状态。

3.4　油气净化装置

本油气净化装置是采用“冷凝+活性炭吸附”的组合技术。用活性炭对油气和空气进行分离，用制冷单元设施对油气进行冷却，具有良好的节能效果和高的回收率，能确保排放达到国家标准GB 31570—2015《石油炼制工业污染物排放标准》，有机废气处理效率≥97%。冷凝+吸附的油气净化装置(以下简称“装置”)主要由制冷单元、两个炭吸附罐、解析真空泵、管道切换用电动阀门、各种测量仪表、报警联锁装置和先进的智能化电气控制系统组成，可做到无人值守或少人值守。

3.5　在线油气专用分析系统

系统包含在线油气分析仪，标定用标准气，色谱载气，载气无扰切换装置、标气无扰切换装置、载气净化装置及自动标定装置。分析仪并行分析采集样品，使得分析速度更快，分析精度更高，样品情况掌握的更全面。在线油气分析仪采用气相色谱分析原理，对密封空间内的油气成份进行在线实时分析，测量密封空间内部的油气爆炸限动态曲线和返回气的油气动态爆炸曲线(表1)。

表1　油气浓度判定一览表

氧气浓度	油气浓度	安全判定	动作指令
≤8%VOL	不限	安全	自动模式下停止保护
不限	≤10%LEL		
>8%VOL	10%~25%LEL	一级预警	提醒注意
	25%~50%LEL	二级预警	自动模式下启动智能油气回收
	>50%LEL	危险	自动模式下启动注氮回收保护

3.6　安全判定模型分析

数据变量选取LASSO方法；边界分析-逻辑回归(Logistic Regression)方法；边界分析，错误加权-支持向量机(Support Vector Machines-SVM)方法；样条拟合(Spline)方法(图3)。

危险曲线。当实测的油气浓度和氧气浓度的坐标点位于危险曲线上方时，储罐处于危险状态，系统自动启动惰化保护。

预警曲线。当实测的油气浓度和氧气浓度的坐标点位于该曲线时，系统发出预警信号，提醒值班人员加强消防保护，如果已启动了惰化保护则维持运行。

安全曲线。当实测的油气浓度和氧气浓度的坐标点位于该曲线时，系统处于安全状态，停止惰化(图4)。

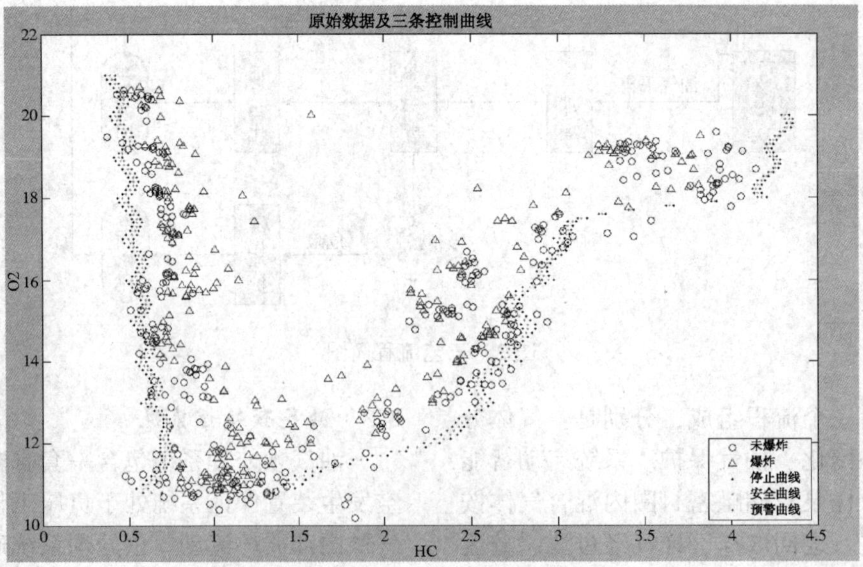

图3　危险-预警-安全曲线

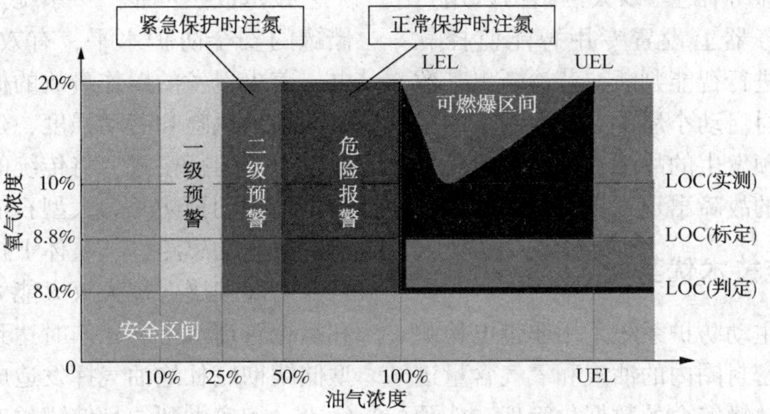

图 4　安全判定模型应用

4　主动防护控制系统

主动防护系统的控制系统可充分依托现场控制室原有的 DCS 系统，即上位机安装在 DCS，与原有控制系统融合为一体，通过以太网与油气安全防护装置通讯，进行远程控制。在控制面板上可以实现大部分现场操作指令。实现原油储罐的统一管理(图 5)。

主动系统采用自动保护方式，启动自动保护后，系统能够实时分析密封圈内的油气浓度和氧气浓度，并能根据程序自动进行相应的注氮，同时还将检测数据和惰化、抽气保护运行状态上传至远程监控中心，并在远程监控系统操作台上显示。

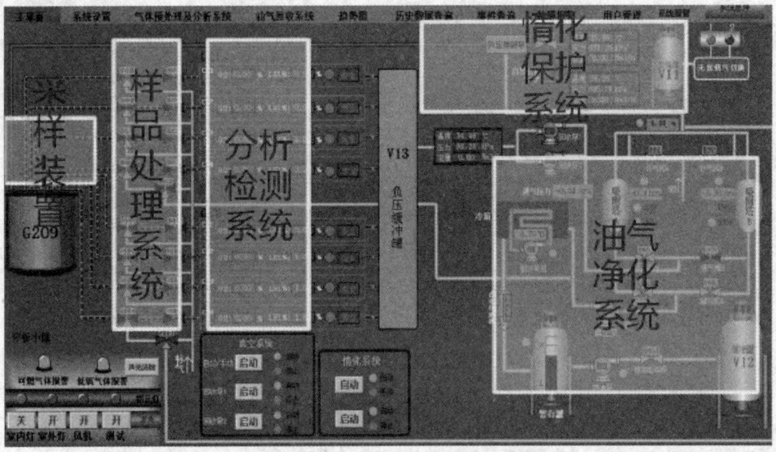

图 5　主动防护系统操作界面

在系统没有启动自动保护时，系统可以采用手动取样的方式来查看密封圈内混合气体的油气浓度和氧气浓度，并传送到各远程查看终端。系统在手动取样的控制方式下，如果出现预警状态，监控人员可以采用远程手动保护或现场手动保护方式启动惰化保护，当储罐恢复到安全状态后再停止。系统在接收到远程火灾、雷电报警信号后，自动(或现场人员手动)启动惰化保护。

系统采用“网络远程巡检维护”的思想，采用现场值班巡检人员在办公室远程巡检维护与卖方技术专家在异地远程协助诊断维护相结合的智能综合维护系统；系统共分为 2 级监控维护：

第一级：每个小屋内部对所有需要巡检维护的数据进行数据采集，集中显示；采集信号包括：小屋内部温度、湿度、氧气浓度；每套样品预处理样品出口的的温度、压力、流量；每台分析仪表的测量值、报警状态；以上所有数据集中显示在智能监控系统上，免去巡检维护人员开箱检查每台设备运行情况的麻烦，有效缩短巡检时间；

第二级：在用户维护人员办公室或 DCS 控制室内安装监控服务器，将含有远程智能监控系统的分析小屋内的所有集中采集显示数据通过用户以太网远传至该服务器上(以太网结构以用户配置为准)，该服务器上设置专用智能监控软件，对所监控数据进行智能判断，若诊断出某数据出现异常，将及时启动小屋本地及控制室的声光报警，及时处理预发生的故障；此级的应用可有效预防分析系统的故障出现，提前消灭隐患；

5 主动防护系统技术优势

大型石油储罐主动防护系统采用非带电检测技术，远程对储罐密封圈内的油气和氧气含量进行在线监测，实现储罐安全的数据化管理。能预知储罐密封圈潜在的火灾爆炸危险，并自动进行主动安全防护，实现从“人防”到“技防”的转变。能在储罐密封圈内油气、氧气含量达到防火防爆临界或在高温、雷电等极端天气情况下提供主动安全防护。能监测储罐密封装置的运行状态。

6 结束语

综上所述，该技术是一种“绿色高新技术”，工艺技术成熟可靠。该系统全面提升了大型石油储罐的安全防护水平，有效降低了因雷击、静电、着火引发的爆炸事故的概率，降低了工作人员的防护风险和劳动强度，建立了新的大型石油储罐安全运行模式，将传统的事后灭火抢险转换为事前主动预防，为大型石油储备库的安全管理提供了新的思路，从整体上提升了大型石油储罐自身防爆抑爆、控火灭火能力，提高了安全防护和运行管理水平。工作时达到油气零排放，使大型储罐彻底杜绝油气挥发造成的储罐损耗及大气污染，彻底做到油品储罐的安全、节能、环保。

该技术在辽阳石化炼油厂 C411、C412 外浮顶储罐的成功应用，填补了辽阳石化的此类技术空白，为辽阳石化的安全、环保的升级改造积极探索出一条新路。

碎屑岩强底水型凝析气藏精细描述技术在英买力凝析气田的应用

徐程宇　胥珍珍　刘　艳　乔　霞　金　权

（中国石油塔里木油田勘探开发研究院）

摘　要　碎屑岩强底水凝析气藏作为目前气田开发中十分重要的气藏类型之一，其精细储层描述一直受到研究人员的关注和重视。在强底水凝析气藏开发中后期，储层内的隔夹层及高渗储层精细刻画与描述，对井间储层发育特征精确认识及剩余油潜力的精准开发具有非常重要的作用。为了给已水淹底水气藏有效开发和稳产治理提供依据，本文以塔里木盆地英买力凝析气田为例，在搞清楚气田水淹规律和剩余油气分布基础上，充分利用岩芯资料、测井资料、动态监测资料等，建立动、静一致的三维地质模型，研究配套有效的分类稳产治理技术及对策，为延缓三大主力区块产量递减，实现气田稳产开发提供可靠依据。

关键词　精细储层描述；强底水凝析气藏；稳产治理；隔夹层　应用

近年来在陆上以塔里木盆地英买力、牙哈等为典型代表的凝析气田的重大发现及高效开发，使得凝析气藏越来越受到人们的重视，由于其独有的热力学性质和气体动力学特性，如何合理高效开发凝析气藏面临着许多问题和挑战，英买力凝析气田储层内的隔夹层及高渗储层精细刻画与描述是该地区陆相地层油气藏地质和开发工程中最基本和最重要的精细地质研究内容之一，也是急需解决的关键技术难题之一。

英买力凝析气田位于新疆阿克苏地区新和县境内，交通便利，区域地势广阔，无山地丘陵，海拔约990m左右，地表生长耐旱红柳，土壤为盐碱类型，典型的大陆性干旱气候，光照长，少雨。英买力凝析气田构造位置位于塔里木盆地库车坳陷前缘隆起带西段，自上而下钻遇的地层为：新生界第四系，新近系，古近系，中生界白垩系、三叠系，古生界二叠系、奥陶系，大多数井均未钻穿白垩系。主要含油气层段为古近系底砂岩段和白垩系巴什基奇克组顶部砂岩段。依据电性特征、沉积旋回和较稳定泥岩隔层，古近系底砂岩段（$E_{1-2}km$）可划分为E1和E2两个小层。白垩系巴什基奇克组顶部砂岩段（K_1bs）地层与上覆古近系底砂岩段为不整合接触。白垩系含油气层段据岩电特征及油气分布特性可划分为K1、K2和K3三个小层。

英买力凝析气田1983年开始地震勘察，2005年进入产建阶段。经过多年衰竭式开发，各主力区块由于水体能力强导致水淹严重，油气产量递减加快，气田稳产形势日益严峻。截至2020年10月，英买力凝析气田开井率仅为29%，其中英买7区块12口井仅3口开井，羊塔1区块12口井仅3口井开井，气田产气规模低；天然气采出程度偏低，羊塔1区块为42.34%、玉东2区块为42.64%。

1　精细储层描述及剩余油气分布预测

1.1　英买7区块精细储层描述

通过岩心观察，英买7区块古近系底砂岩段及白垩系巴什基奇克组主要发育平行层理、斜层理、波状层理以及冲刷面及泥砾，是辫状河三角洲沉积的典型特征。通过岩石颜色、矿物成份、结构、粒度以及岩心沉积构造等综合分析，研究区古近系底砂岩段为湖泊-辫状河三角洲沉积体系，发育滨浅湖和辫状河三角洲前缘亚相，浅湖泥、水下分流河道和水下分流间湾微相；白垩系巴什基奇克组为辫状河三角洲沉积体系，发育辫状河三角洲前缘亚相，水下分流河道、水下分流间湾微相，局部见河口坝微相（表1）。

根据英买7区块古近系底砂岩段64块岩心物性分析资料的统计，标定测井后解释的孔隙度集中分布特征为，EIII测井孔隙度主要分布在10.5%~26.33%之间，平均21.26%，渗透率主要分布在6.43~8637.56毫达西，平均1497.91毫达西，孔渗相关性好，储层总体表现为中孔特高渗的特征；KI 测井孔隙度主要分布在 10.33%～27.71%之间，平均 19.29%，渗透率主要分布在 3.20～3602.04 毫达西，平均 310.57 毫达西，储层总体表现为中孔高渗的特征。

表 1　英买 7 区块沉积微相划分方案

层位	相	亚相	微相
EIII	湖泊	滨浅湖	浅湖泥、水下分流河道
	辫状河三角洲	辫状河三角洲前缘	水下分流河道、水下分流间湾
KI	辫状河三角洲	辫状河三角洲前缘	水下分流河道、水下分流间湾、河口坝

英买 7 区块古近系～白垩系砂岩段全区发育的隔层共 2 条。第一条隔层位于古近系 EIII 上部，厚度在 6.5～10.2m 之间，平均厚度为 7.9m，横向分布稳定，类型为泥岩。第二条隔层位于白垩系 KI3 顶部，厚度在 1～3.5m 之间，平均厚度为 2.3m，单井均钻遇，类型为泥岩。这套泥岩隔层气藏全区分布，对底水有一定隔挡作用，对压力传导有一定的延后作用。气藏内部隔层不发育，夹层以零星分布为主，横向不连续，不起分隔作用。

古近系底砂岩储层以泥质胶结为主，岩心疏松，英买 701 井，收获率 60.23%。岩心分析渗透率明显高于测井解释渗透率，储层分选磨圆较好，石英含量高，利用岩心、测井、历年产气剖面资料，确定英买气田优势渗流通道识别特征(图 1)。在英买 7 区块气藏东高点古近系底砂岩发育一套优势渗流通道，厚度 4～6m，平均 4.7m，渗透率 1426～4514 毫达西，平均渗透率 2773.5 毫达西。

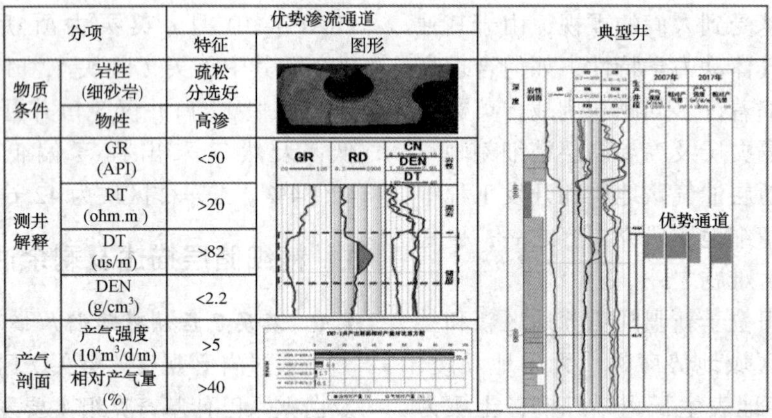

图 1　英买 7 气藏优势通道识别及特征图

1.2　羊塔 1 区块精细储层描述

通过钻、测井、地震资料并结合前人研究成果分析，羊塔 1 区块古近系主要发育滨浅湖沉积(表 2)，在钻井岩心中发育石膏、膏泥岩和楔形层理。白垩系巴什基奇克组主要发育辫状河三角洲相沉积，在钻井岩心中发育冲刷面构造、平行层理、波状层理、斜层理和楔形层理。根据羊塔 1 区块古近系底砂岩段 22 块岩心物性分析资料，标定测井后通过对 12 口井测井解释孔隙度和渗透率的统计，白垩系储层孔隙度集中分布范围为 12.5%～19.56%，平均值为 16.32%；渗透率集中分布范围为 34.57～863.43 毫达西，平均值为 132.79 毫达西，储层总体表现为中孔、高渗的特征。根据白垩系巴什基奇克组 608 块岩心物性分析资料统计，白垩系储层孔隙度集中分布范围为 17.57%～21.79%，平均值为 20.11%；渗透率集中分布范围为 192.73～671.49 毫达西，平均值为 379.39 毫达西，储层总体表现为中孔、高渗特征。

羊塔 1 区块古近系底砂岩段全区发育的隔层共 2 条。第一条隔层位于 EI-1 小层中上部，厚度在 8.5～13.5m 之间，平均厚度为 9.5m，类型为泥岩。第二条隔层位于 EI-2 小层，厚度在 5.0～13.6m 之间，平均厚度为 10.3m，类型为泥岩。泥岩隔层将古今系储层和白垩系储层完全分开，分属不同压力系统的储层。

表 2　羊塔 1 区块沉积微相划分方案

层位	相	亚相	微相
EI	湖泊	滨浅湖	砂坝
			浅湖泥
KI	辫状河三角洲	辫状河三角洲前缘	水下分流河道
			水下分流间湾
			前缘席状砂
			河口坝

EI-1 小层层状砂岩储层内部隔层不发育，夹层以零星分布为主，横向不连续，不起分隔作用。白垩系根据开发的需要分为了四个小层，白垩系砂体内泥岩零星分布，横向整体不连续，4 口井以上连续分布的泥岩夹层主要发育在 KI-2 小层顶底，对阻挡底水锥进具有明显效果，也为后续实施堵水作业提供了地质条件。

1.3　玉东 2 区块精细储层描述

通过钻井、测井、地震资料并结合前人研究成果分析，玉东 2 气田白垩系巴什基奇克组为辫状河三角洲沉积。通过对玉东 2 区块白垩系巴什基奇克组 314 块岩心物性分析资料，标定测井后，统计玉东 2 区块 5 口井 K_1bs 测井数据表明：K_1bs 测井孔隙度主要分布在 12.3%～27.8%之间，平均 24.1%，渗透率主要分布在 39.5～400.5 毫达西，平均 213.2 毫达西，储层总体表现为中孔高渗的特征。

玉东 2 区块隔夹层非常发育，共有 13 条，其中 4 条为连片的 Ⅰ 类夹层，横向连续性较好(表 3)。9 条为孤立的Ⅱ类夹层，横向连续性很差。生产动态资料表明，连片型夹层具有很好的挡水效果，尤其是油水界面附近的夹层挡水效果更强一些，对单井初始水淹时间起重要作用。

玉东 2 区块夹层平面分布主要呈孤立发育，其中呈单井孤立分布的 9 条，占 69.23%，呈连片发育的 4 条，占 30.77%。在玉东 2 区块白垩系气藏储层内夹层没有区域封隔性，整体表现为同一个气藏。

表 3　玉东 2 气田白垩系顶部砂岩段夹层分类统计表

层位		厚度/m			类型/条			分布/条		厚度/%
组	小层	最小值	最大值	平均值	物性	泥岩类	小计	孤立	连片	
K_1bs	1	0.91	1.82	1.12	1	6	7	7	0	27.58
	2	0.7	2.52	1.29	0	6	6	2	4	72.42
合计		1.61	4.34	2.41	1	12	13	9	4	100

1.4　各区块剩余油气刻画

根据动态拟合结果，结合锥间带形态刻画研究成果，充分利用精细气藏描述及剩余油分布预测结果，在动态分析和水锥形态描述刻画基础上，并结合数值模拟工作，对英买 7、羊塔 1、玉东 2 三大老区开展锥间带剩余储量研究工作。

根据单井累计采出与单井井控地质储量的比值绘制 $N_{总}/G_{总}$ 平面等值线图及 $N_{总}/G_{总}$ 与构造线叠合图(图 4)，从图中看出，英买 7 区块东、西部高点采出量较高，其中 YM7-1 井区油、气采出量高于井控储量，YM7、YM701 井区天然气采出量高于井控储量。剩余油气主要分布在气藏井间椎间带区域，椎间带剩余天然气、原油储量占总剩余天然气、原油储量分别为 66.1% 及 74.3%，其中英买 7 号构造带西部、中部以及南部采出量较低。

羊塔 1 区块南部构造高点采出量较高，其中 YT1T 井区油、气采出量与井控储量接近，其余井区采出量与井控储量相差较大。剩余油气主要分布在气藏井间椎间带区域，椎间带剩余天然气、原油储量占总剩余天然气、原油储量分别为 74.7%及 76.8%。羊塔 1 区块 YT1-1、YT1-12 井区位于构造高点，西部、中部以及南部采出量相对较低，剩余油气主要分布在 YT1-12、YT1-1 井区。玉东 2 区块 YD2 井区采出量与井控储量相当，剩余油气主要分布在气藏井间椎间带区域，椎间带剩余天然气、原油储量占总剩余天然气、原油储量分别为 56.1%及 58.9%，YD2-1、YD201 井区采出量较低，构造高点 YD2-1、YD201 井区为剩余油有利区域。

2　各区块提采挖潜稳产治理对策

2.1　治理对策实施原则

按照“投入少、见效快”的实施原则，研究成果分两个层次，首先主要利用老井，尤其是长停井验证本次研究成果基础上，如果证实成果认识正确，再在无井区实施新井，动用锥间带剩余油气储量。英买7区块由于夹层不发育，主要先实施注气压水锥并解除水锁(注气排采)，然后考虑化学堵水排采和气水分采使长停井实现复产；羊塔1区块夹层发育，首先考虑利用天然夹层进行机械堵水实现降水同采，然后考虑气水分采使长停井实现复产，玉东2区块目前开采效果好，暂时不考虑老井措施，后期可以利用夹层进行机械堵水实现降水同采。

优选老井必须满足的条件如下，地质条件方面，优先长停井进行注气压锥的地质条件必须满足两点，一是储层满足高渗条带储层发育在射孔段顶部或中上部；二是井间有剩余油气资源。井筒条件方面，井筒必须完整，没发生套管错断或目的层上下固井质量合格。地面条件方面，必须具有注气相关配套设备，气田水回注工艺及设备配套。

根据文献调研结果并结合英买力凝析气田实际情况，建议锥间带提高凝析油气采收率方法考虑下排上采、化学堵水、机械堵水、注气解水锁等提高采收率措施，根据英买7、羊塔1、玉东2区块实际地质特征，建立机理模型，预测证实“下排上采”可增加产气0.99亿立方米。“化学堵水”能有效抑制底水锥进，单井多产气0.06亿立方米，少产水3.04万立方米。高渗层发育在气藏顶部注气解水锁复产提高幅度相对较大，高渗层发育在气藏底部效果最差。

2.2　英买7区块稳产治理对策

英买7区块属于带底油的块状底水凝析气藏，水体能量充足。随着进入开发中后期，气藏水淹严重，气井在近井地带形成水锁，天然气很难突破地层水毛管力形成的渗流屏障，导致剩余油气无法采出。截至2019年12月底，老区总井数43口，开井15口，开井率仅34.9%。

常规气举能增大井底压差，排出井筒积液，但对解除储层内已形成的水锁效果差、成功率低。为有效破除水锁，2019年4月，通过系统总结国内外相似气田开发正反两方面经验，并结合英买7区块地质及地面实际情况认为，对于储层非均质性强，渗透率极差较大，气井受底水和边水横侵影响，可通过注气解水锁复产，提高单井累产和气藏采收率。高渗层发育在气藏的不同部位，形成的水淹情况有一定的差异。模拟计算结果表明：注气解水锁复产都能提高单井累产，高渗层发育在气藏顶部注气解水锁复产提高幅度相对较大，高渗层发育在气藏底部效果最差。对于高渗层发育在气藏底部的情况建议考虑堵水或者下排上采方式提高采收率。

选择英买M井开展注气解水锁先导试验，一方面，通过注气反向突破水锁毛管力，形成井周气相渗流通道，使储层剩余气通过井底顺利采出；另一方面，利用检修放空气回注，有效减少放空天然气100万立方米。2019年10月，英买M井这口因高含水关井超过1年半的高含水长关井，通过注气得以重生，最高日增凝析油1.7吨、天然气1.8万立方米，截至2020年8月底，英买M井成功复产后已累增产凝析油247吨，累增产天然气270万立方米(图2)。注气解水锁先导试验获得成功，不仅验证了技术人员在英买力凝析气田高水淹区域剩余油气地质认识上的正确性，也为其它高含水底水气田提采提供借鉴。

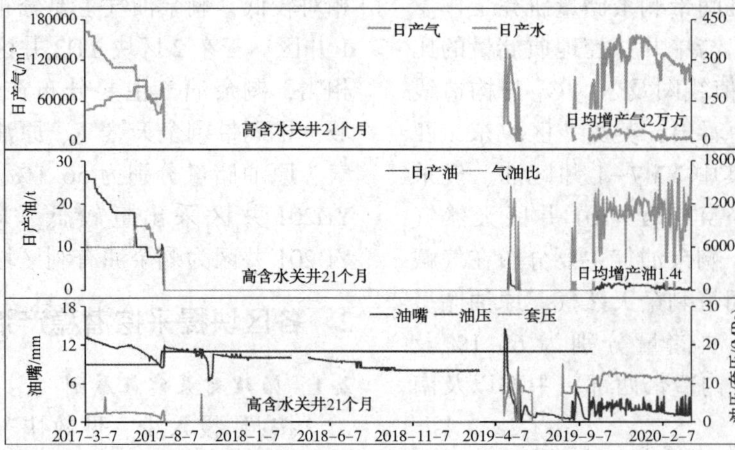

图2　英买M井注气解水锁前后生产曲线

2.3 羊塔1区块稳产治理对策

机理研究表明，对于纵向上夹层较多的水锥型水淹气井，可以充分利用天然的隔夹层实施机械堵水，抑制底水锥进，延长气井生命周期，提高气井累计产量和气藏采收率。井间展布长度大于100m的夹层具有很好的挡水效果，而井间展布长度小于50m的夹层对底水的遮挡作用基本无效。

通过诊断图版，建立羊塔1区块避水高度与无水采气关系图版。羊塔1白垩系凝析气藏夹层基本都是大于200m以上(无水生产期大于1500天)，羊塔1区块除了Y-B、Y-C为避水高度低生命周期短，其它9口井都表现出无水生产期大于实际避水高度要求的时间，夹层起了非常重要的作用。

堵水增油增气效果显著，利用天然夹层进行机械堵水是羊塔1区块提采挖潜治理首选。为此，从2014年开始就持续优选了5口进行堵水综合治理，目前实施完毕5口均获成功，累计增加凝析油5.28万吨、天然气4.78亿方，创造经济效益5.99亿元(表4)。

表4 羊塔1区块气藏堵水历年实施效果统计表

序号	井号	措施类型	措施时间	措施前/后产量				累增油/10^4t	累增气/10^8m^3	措施评价
				油压/MPa	油/t	水/t	气/10^4m^3			
1	Y-A	堵水	2015年3月~5月	13.6/13	18/13	50/0	8.6/9.9	0.80	0.77	成功
2	Y-D	堵水	2014年4月~7月	18.6/26.6	19/26	100/0	7.3/16.2	1.86	1.46	成功
3	Y-K	堵水	2014年12月~2015年3月	14.8/10.3	13/0	131/180	9.7/5.3	0.15	0.22	成功
4	Y-T	堵水	2017年2月~6月	23.9/33	18/16	123/0	14.2/21.1	1.63	1.54	成功
5	Y-N	堵水	2018年2月~7月	21.3/22.3	13/11	220/147	14.6/13.3	0.84	0.79	成功
合计								5.28	4.78	

2.4 无井区域提采挖潜稳产治理对策

通过对英买7、羊塔1和玉东2各区块凝析气藏储层渗透率平面分布状况分析表明，英买7区块凝析气藏高渗条带储层最发育，羊塔1区块次之，玉东2区块不发育。根据对英买7、羊塔1和玉东2各区块气藏数值模拟研究刻画出的含水饱和度剖面可见，目前气藏剩余油气主要集中在井间和构造相对高部位。因此，英买7区块要尽量避开高渗层部井挖潜，建议在构造落实的情况下在英买7区块的东南高点可部署一口新井，挖潜东南部无井控区域剩余油气，羊塔1和玉东2区块储层相对均质目前井控程度较高暂不考虑新井。

3 结论

(1) 经过多年衰竭式开发，英买力凝析气田各区块由于水体能力强导致水淹严重，油气产量递减加快，气田油气稳产形势日益严峻。

(2) 为了最大限度提高气藏采收率，利用岩芯资料、测井资料、动态监测资料等，重点对储层内的隔夹层及高渗储层进行精细刻画与描述。在搞清楚气田水淹规律和剩余油气分布基础上，研究配套有效的分类治理技术及对策。

(3) 结合英买力凝析气田地质及开发实际情况，各区块剩余油气主要分布在气藏锥间带，可考虑注气解水锁、机械堵水、化学堵水、下排上采等提高采收率措施。

参 考 文 献

[1] 于海迎. 油气混输技术在英买力凝析气田群的应用[J]. 天然气与石油，2013，31(3)：22-24.

[2] 罗枭，姜振学，李卓，等. 英买力地区中生界—新生界油气藏石油包裹体特征及成藏期次[J]. 石油学报，2015，36(1)：60-66.

[3] 徐模，郭肖. 低渗透气藏产水气井产能评价新方法[J]. 大庆石油地质与开发，2016，35(3)：64-68.

[4] 常元昊，乐平，姜汉桥，等. 底水油藏多分支水平井水脊规律[J]. 断块油气田，2016，23(4)：501-504.

[5] 陆家亮，涂梅桂，刘晓华，等. 产水气井稳定点二项式产能方程及其应用[J]. 科学技术与工程，2016，16(6)：66-69.

[6] 张辉，王磊，汪新光，等. 异常高压气藏气水两相流井产能分析方法[J]. 石油勘探与开发，2017，44(2)：258-262.

[7] 张睿，孙兵，秦凌嵩，等. 气井见水后产能评

展[J]. 断块油气田, 2018, 25(1): 62-65.
[8] 张风义, 张迎春, 吴婷婷, 等. 水平分支井在海上稠油开发中的应用[J]. 油气藏评价与开发, 2015, 4(5): 44-47.
[9] 刘志宏, 汤连东, 陈小凡, 等. 低渗倾斜边水油藏水平井见水时间预测[J]. 大庆石油地质与开发, 2017, 36(5): 87-92.
[10] 田中敬, 赵隆顺, 高广亮, 等. 复杂断块底水油藏含水上升规律[J]. 大庆石油地质与开发, 2017, 36(3): 56-59.
[11] 龚章晟, 吴奇, 尹顺利. 底水油藏水平井中心管控水完井优化研究[J]. 当代化工, 2017(02): 265-267.
[12] 黄全华, 童凯, 陈冲, 等. 厚层气藏气井拟稳态产能研究[J]. 岩性油气藏, 2017, 29(6): 148-153.

油气田智能工厂总体设计及技术应用

王赤宇　文　章　王景辰　唐志刚　张炳南　刘瑞平

（中国石油塔里木油田公司）

摘　要　塔里木油田油气生产装置已基本实现数字化，正在向智能运营探索和迈进。结合油气开发和生产运行的特点，本文阐述了油气田智能工厂的设计思路、需求论证、复用梳理、技术论证等工作。同时介绍了智能工厂设计过程中需要重点解决并应用的多项技术，形成智能工厂的总体框架，通过对这些技术的研究和实践，为智能工厂的实施打下坚实基础。

关键词　智能工厂；总体设计；技术应用

塔里木油田2012年开始实施物联网建设，2019年开始系统组织无人值守改造，基本实现生产现场数字化采集，大中小型站场数字率100%，初步建成数字化油田。按照油田数字化转型智能化发展的规划，计划逐步建设覆盖油气勘探、工程技术、开发生产、科学研究、生产运行、经营管理、安全环保、协同办公等全领域、全业务链的智能化生态运营模式。其中面向生产领域的智能工厂项目，具有探索性强、专业交叉、专业度高、时间周期长的特点，智能工厂的总体设计和技术应用探索成为项目前期工作的重点。

1　智能工厂总体设计

智能工厂设计要以业务为主导，信息专业密切配合，紧扣业务痛点和业务需求，集成应用国内外成熟技术，油田各专业研究成果，也要具有一定的研究探索性和前瞻性。项目总体设计和常规项目设计组织不一样，重点划分为成立多专业项目组、梳理业务流程、设计业务模型、论证技术适用性、开发和储备业务技术、设计定稿和审查等阶段。

1.1　智能工厂含义

以油气物流关系为主线，利用信息技术、智能装备、专业理论三方面持续创新和融合，在自动化数据采集和控制的基础上，通过管理方式转变和生产流程优化，实现智能气藏、智能井场、智能管网、智能站场的一体化协同，打造油气田生产全过程业务的一体化闭环管控、站场工艺动态模拟、生产运行实时优化、设备状态实时感知、生产安全实时受控、应急指挥协同联动等功能，满足企业经营决策管理需求。

技术特征：物联网全面采集与自动控制、油气藏井筒地面工艺一体化动态仿真与优化、智能工作流、一体化管控监管以及状态监测等各专业单点技术。

业务特征：厂站无人值守、少人巡检、生产监控+安环防控+作业管控三位一体井站协同管理、生产运营一体化管理。

1.2　业务需求论证

以岗位责任制为中心，逐一梳理每个部门和岗位的业务需求，对数据、管理业务和智能化应用的需求，共梳理27个岗位76项应用需求。表1为某部门岗位和业务需求。

表1　采油气工程部岗位和业务需求表

序号	科室部门	岗位需求	功能需求
1	采油气工程部	井下作业管理	油气水井生产管理
2		井控管理	井筒工况仿真与单井诊断分析
3		采油气管理	采油气工程
4		井完整性管理	井筒完整性管理
5			井下管柱及采油树失效分析预测

1.3　已建平台梳理复用

梳理岗位业务相关的已建和在建系统38项，大部分平台建设时间较早，编程语言和数据结构不完全一致，甚至部分项目缺少源代码，需要基于中石油梦想云平台架构统一二次开发和复用。通过已建模块的复用，可以加快项目进度，节约投资（表2）。

表 2　部分已建系统模块梳理和复用

序号	业务需求	系统支撑	系统状态	复用情况
1	生产组织协调	油田生产指挥系统	在用	部分功能复用
2	应急管理	生产指挥可视化平台	在建	部分功能复用
3	土地管理	油田用地综合管理系统	在用	部分功能复用
4	道路管理	油田用地综合管理系统	在用	部分功能复用
5	生产调度	油田生产指挥系统	在用	部分功能复用
6	巡检管理	油气生产标准化工作信息平台	在建	部分功能复用
7	体系建设	QHSE 管理平台	在用	部分功能复用
8	QHSE 管理	QHSE 管理平台、承包商管理	在用	部分功能复用
9	节能节水	能源管控平台	在建	部分功能复用

1.4　智能应用技术论证

针对国内外油气田智能工厂普遍存在落地难，部分专业和领域应用不理想的情况，设计阶段组织对国内油气田、炼化、煤化工等智能工厂进行调研，邀请各类专业厂家技术交流 20 余次。交流过程由业务领域专家主导，只有每一个业务领域的技术专家，才能准确把握该领域的业务痛点、难点和业务需求，熟悉该领域技术发展现状和应用，才能探索、研究、开发智能化应用技术细节和算法模型，合理决策智能技术应用项目，运行期常态化的数据和维护模型。

为降低项目风险，智能工厂以采用成熟技术为主，对于部分较难实现智能场景，规划为中长期实施，或者单独立项研究。

1.5　智能工厂总体设计

围绕全面感知、自动控制、智能预测、优化决策、协同管控的目标，规划智能工厂总体应用架构，如图 1 所示，共设置一级功能模块 12 个，二级功能模块共 75 个，其中复用模块 42 个，新建 25 个，复用总部 3 个，二期实施 4 个，规划远期 1 个(图 1)。

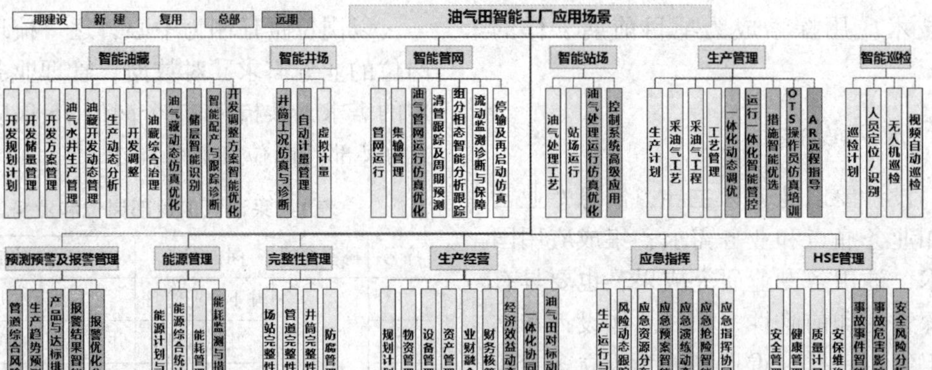

图 1　油气田智能工厂总体应用架构

2　主要技术及应用

2.1　统一软件生态

油田信息网基于梦想云技术架构，以 PaaS 云技术平台，Docker 容器和 Kubernetes 容器编排技术为手段，基于微服务和组件化开发技术，实现积木式开发模式。云化部署油气藏/井筒/管网/场站数模仿真软件，通过智能工作流打通与专业数模仿真软件系统之间的应用和数据通道，实现油气田业务智能应用。

依托智能工厂项目建立统一的智能生产管理平台，实现跨设备、跨系统、跨部门、跨岗位的信息互联互通，消除信息孤岛，为上层智能生产管理一体化平台提供良好的数据生态境，同时具备与外部系统进行数据交互的能力。

2.2　统一数字交付

建立以“数据银行”为核心的区域数据湖，打破数据孤岛，强化数据治理和数据共享。建设统一的数字交付平台，通过平台源头数据一次采集、数据质量多级管控、数据资产集中存储、数据服务统一发布高效共享的数据生态。

建立统一的交付标准，建设期的全部数据按照交付标准进行清洗和整理后移交给数据银行。同时数字化交付平台可以将工厂建设期中存储的建设期数据通过中台技术提供快速移交的功能。各类智能应用可以通过数字化交付平台的敏捷交付技术快速获得应用中的所需数据进行工作，实现数据价值的流转和充分利用。

2.3 数字孪生及技术应用

利用数字化交付的三维模型设计成果，结合模型轻量化加载技术，在各类型浏览器中对模型和清单信息进行展示和应用。通过数字化设计，数字化交付，数据实时映射，使物理实体与数字孪生体能够实现精准映射。通过数字孪生体，可以为资产管理、应急指挥、模拟仿真、可视化培训等提供基础。

例如基于数字孪生体，构建操作仿真培训系统，集成全厂工艺，融合辅助配套控制系统，实现与真实工艺流程完全一致的数字化的虚拟工程模拟器，形成可视化数字孪生体基础。主要用于开停工模拟、日常及应急操作培训、检维修操作培训等(图 2、图 3)。

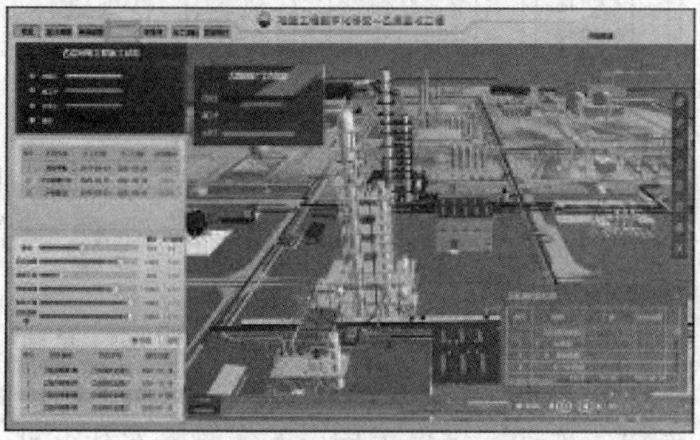

图 2　可视化地面工程管理

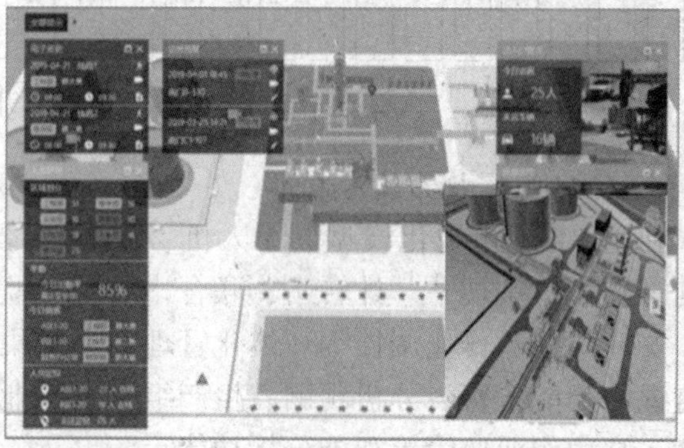

图 3　可视化操作仿真培训

2.4 一体化模型仿真模拟技术应用

以成熟商业软件为基础，统筹利用好油田已有的油气藏、井筒、地面仿真软件，模型数据资源，工程师资源，通过一体化耦合技术，搭建统一的可自动实时更新的气藏井筒地面一体化模型和典型智能工作流，实现气藏开发的全局优化，指导油气田生产管理和开发调整方案的制定。一体化模型耦合需要具有可靠性、可扩展性、开放性、敏捷性等的特点，具有专业模型集成、工作流定制和前端智能展示的功能，兼容 Eclipse、IPM、HYSYS、PIPESIM 等主流专业软件，可方便的扩展和定制。

通过一体化模型，实现储层智能识别、配产配注、流动监测诊断与保障、生产状态监测与分析预测预警、生产工艺和操作优化、设计方案优化、虚拟计量等功能，为科学的管理提供决策依据(图 4)。

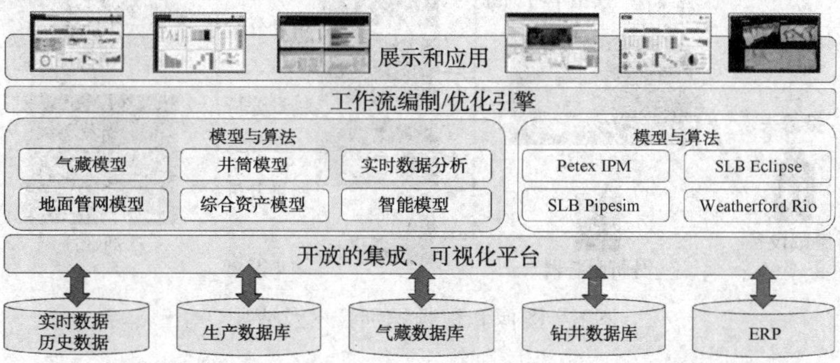

图 4　一体化模型仿真架构

2.5 控制系统高级应用

基于工控厂家成熟解决方案，控制系统包含高级应用服务器，接收现场数据并进行控制，数据统一接入 SCADA 系统。可完成高级报警优化、智能操作导航、控制系统完整性、智能仪表设备管理、PID 性能评估及整定、DCS 系统与二三维融合、Web 远程监视等 8 个方面 30 项功能。

例如，报警管理系统可对报警数据进行统计和分析；操作记录可以追踪、记录、统计授权修改和非法修改的过程；智能仪表管理可以实现仪表的状态管理、诊断、预测；PID 性能评估与整定可以实时监控 PID 回路自控率、平稳率等信息，并利用控制性能多维度分析工具，结合专家经验知识，评估分析 PID 回路的运行性能等功能(图 5)。

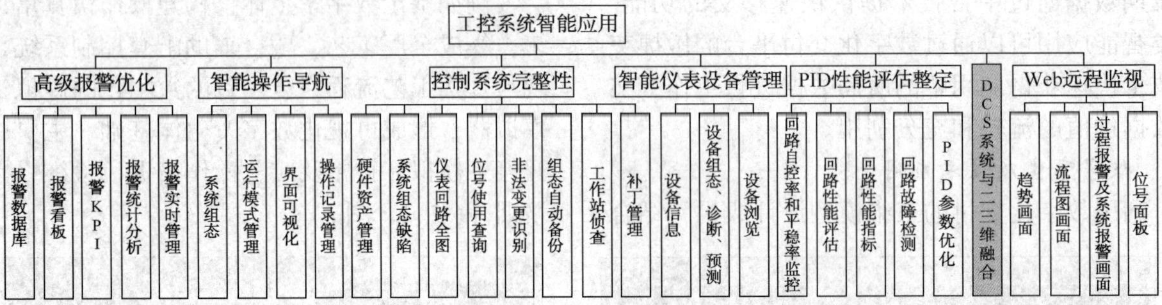

图 5　控制系统高级应用

2.6　一体化管控相关技术应用

利用 GIS、可视化模型、无人机、视频图像识别等技术，实现井、计转站、联合站的生产监控、安环防控、作业调控等一体化管理。系统集成监视、智能告警、分析预测、生产组织、作业调度、高危作业监管等智能分析功能。

融合大屏、GIS、BIM、组态、物联网、音视频等技术，建立可视化决策调度指挥平台，实现事件信息的主动报警统计，生产决策，应急指挥调度等功能。

利用搭载激光气体检测设备和视频监控的机器人、无人机，开发图像识别技术与深度学习视觉算法。结合井场摄像头视频巡检，管道无人机巡检，小型站场机器人巡检，根据不同场景业务预置相应视频巡检方案，实现无人值守，代替人工巡检。

通过移动终端数据采集设备和软件系统，可实现信息的手持端共享，巡检信息的实时采集和共享，作业、维保等指令的实时下发和审批，人员信息定位管理等功能，满足生产操作一线的业务需求。

针对作业现场，开发安全帽识别、口罩识别、安全带识别、人员跌倒、烟火识别、高危作业区域未授权识别、井架攀爬识别、翻越识别等人员行为的智能识别、自动报警等功能，满足检维修作业现场监督监管(图 6)。

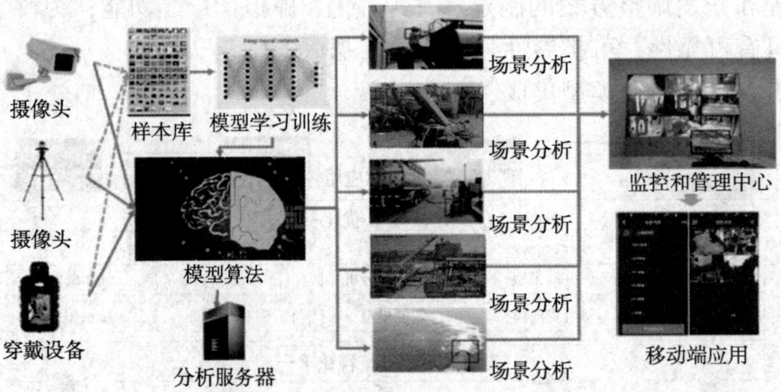

图 6　图像和视频识别技术及应用

2.7　设备状态监测技术

设备状态监测有着较为成熟的技术和解决方案，按照设备的价值和重要性进行分级监控，通过在线和离线相结合，控制投资。结合物联网、大数据、三维模型、远程诊断等技术和手段，提高动、静、电、仪设备运行质量与平均故障间隔时间，提高设备综合效率。

动设备管理基于设备监测和预测分析模型，

对关键动设备运行状态实时监测、趋势分析与预警可避免大型故障的发生，并依据设备运行状况。基于历史运行数据，多参数、多维度智能分析备件使用寿命，结合所需备件的库存情况，预测备品备件需求计划，进而优化设备的维修策略，将设备由预防式维护向预测式维护策略转变。

静设备管理系实现关键管道腐蚀状态的在线感知、趋势分析与预警。

电气设备健康管理系统，实现对配电设备状态的实时监控、趋势分析与预警。

机采井智能管理系统，通过现场数据采集，开发基于电参数转换的示功图、产量、工况诊断模型，实现机采设备的实时监控、预测预警、优化操作参数和生产调整。

2.8 腐蚀监测技术及应用

腐蚀和失效是影响油气田安全生产的最主要威胁，石油和化工行业也衍生出很多的技术手段和监测技术。最主要的技术手段和方式有：在线腐蚀探针、介质跟踪、在线定点测厚、在线阴极保护、无损检测和数据入库、管道内检测和数据入库、腐蚀模型模拟分析、缓蚀剂加注和监控、在线泄漏监测技术、安全风险评价技术等。

通过状态监测，在线检测、大数据分析等手段，提升腐蚀监控手段和能力，提升装置安全，减少过度检维修，提高效益。油田智能工厂建设管道完整性、腐蚀监控和管理模块，包含包括基础信息管理、技术措施管理、生产技术支撑、专业技术管理和知识共享管理5大应用单元22个功能模块，实现关键数据采集和监控分析，生产业务线上管理等功能(图7、图8)。

图7　重点部位在线壁厚监测

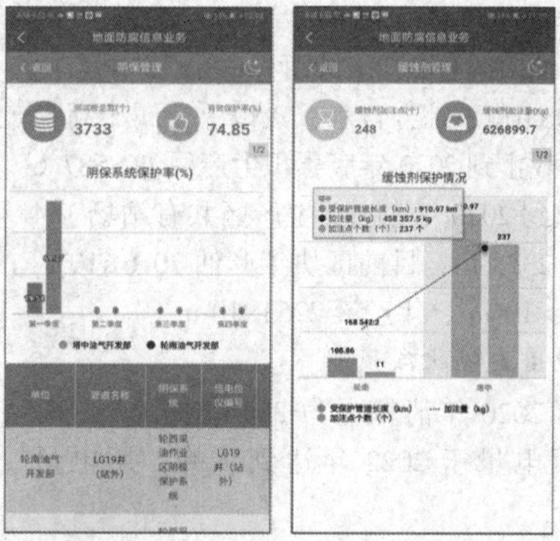

图8　腐蚀数据手机APP端同步管理

3　结束语

油气田智能工厂设计涉及专业领域多，技术探索强，信息融合量大。在设计阶段要从数据、业务、技术三个方面统筹考虑，理顺业务流程，统一信息架构，完善技术模型根基，完成总体设计。油气田智能工厂通过8个主要方面和其它的一些专业技术引进、开发和集成应用，共同丰富和探索完善智能工厂设计和开发。项目总体规划、统一标准、模块开发、分步实施，部分应用已经上线和试运行，在试运行过程中不断优化，深化业务融合，深化模型维护，有效支撑了现场的风险管控、提质提效、少人高效。

喇嘛甸油田 AA 块风光发电技术应用初探

张凤茹

（大庆油田有限责任公司）

摘　要　根据国家力争2060年实现“碳中和”，集团公司力争2050年实现“近零”排放和绿色转型的发展目标。集团公司党组书记、董事长戴厚良在工作会议中提出了“清洁替代、战略接替、绿色转型”三步走的发展战略。喇嘛甸油田积极开展绿色转型规划工作，通过对AA块区域现状进行分析得知，AA块符合绿色低碳发展转型条件，进一步对新能源资源进行分析，了解到AA块风光能资源丰富，具有开发新能源发电技术潜力，分析风光发电作出相应技术对策，最终实现绿色转型。

关键词　绿色转型　新能源　光伏发电　风机发电

1　区域现状

1.1　AA 块开发现状

喇嘛甸油田AA块，区域面积34km^2，剩余地质储量1.10×10^{8}t，综合含水97%以上，属于高含水老油田，截止到2020年底累积生产原油8587.6×10^{4}t。截止到2020年底油田生产区共有站场164座，油水井2378口，目前区块年产油70.6×10^{4}t，注水量3231×10^{4}m^3，年产液2263×10^{4}m^3。

1.2　AA 块用电现状及预测

经统计2020年消耗电力3.14×10^{8}kW·h。预测基础用电量于2022年达到顶峰，用电量3.36×10^{8}kW·h。生产用电情况见表1，产量及能耗预测表见表2。

表1　2020年喇嘛甸油田AA块用电统计表

用能类型	分类	单位	用量
电	机采系统	104kW·h	11818
	注水系统		15738
	集输系统		2270
	水处理系统		1481
	其他		127

表2　AA块产量及能耗预测表

年度	2021	2022	2023	2024	2025	2026	2027	2028	2029	2030
年产液/(10^{4}t)	2378	2397	2215	2228	2221	2230	2241	2255	2260	2271
年产油/(10^{4}t)	69.9	72.9	70.2	64.6	62.3	59.5	55.5	50.4	46.1	43.3
含水/%	97.06	96.96	96.83	97.10	97.20	97.33	97.52	97.77	97.96	98.09
年耗气/(10^{4}m^3)	4475.0	4510.0	4170.0	4190.0	4180.0	4200.0	4220.0	4245.0	4255.0	4275.0
年耗电/(10^{4}kW·h)	33363	33631	30923	31025	31086	31110	30938	30736	30703	30851

1.3　碳排放现状

2020年AA块碳排放总量为35.59×10^{4}t，天然气燃烧排放量9.35×10^{4}t，占比26.27%，购入电力排放量25.22×10^{4}t，占比70.86%，其他（逃逸）1.02×104t，占比2.87%。见表3。

由上述数据可以看出，AA块属于高含水老油田，用电现状较大，碳排放量较高。基本达到开发转型的临界点，符合绿色低碳发展转型条件。

表3　2020年喇嘛甸AA块碳排放现状调查表

排放源类别	碳排放	占比	备注
	万吨	%	
天然气燃烧排放	9.35	26.27	
购入电力排放	25.22	70.86	
其他排放	1.02	2.87	
合计	35.59	100.0	

2 新能源资源条件分析

参照国家能源局评估分级，对 AA 块太阳能、风能资源进行分析。

2.1 太阳能资源条件

大庆地区年总辐射量为 1300～1400kW·h/m^2，年有效利用小时数 1200～1400h，属于太阳能资源"较丰富(C)"地区。

总量等级：杜蒙气象站近 10 年平均的水平面总辐射为 1348kW·h/m^2，项目所在地的太阳能资源属于 C 类"资源丰富"；

稳定度等级：杜蒙气象站月平均总辐射日辐照量最低值为 1.6kW·h/m^2，最高值为 5.5kW·h/m^2，两者的比值为 0.29，项目所在地的稳定度属于 C 类"一般"；

直射比等级：杜蒙气象站近 10 年平均的水平面直接辐射为 695kW·h/m^2，其与水平总辐射的比值为 0.52。项目所在地的直射比等级属于 B 类"高"，即直接辐射较多。

综上所述，AA 块区域具有良好的太阳能条件可建设光伏发电设施。

2.2 风资源条件

根据杜蒙县已有测风塔实测数据进行处理、分析，得到风电场风能分析综合结论 70m 高度高年平均风速为 6.7m/s，相应风功率密度为 275～335W/m^2；80m 高度风速的中值出现在 3～11m/s 风速区间内；100m 高度平均风速为 6.1～7.0m/s，风功率密度 250～330W/m^2。属于风能资源"丰富(B)"地区。

通过已建测风塔数据综合分析，结论如下：

(1) 风电场大风月为 2、3、4 月和 9、10、11 月，夜晚风速大，白天风速小；

(2) 风场的主导风向不是很明显，主要集中在西北和西南方向上；

综上结论，AA 块盛行风向不是很稳定，有效风小时数多，没有破坏性风速，风的品质较好，风力资源较为丰富，具有较好的开发前景。

目前 AA 块东北方向有已建风电场一座，总装机容量 49.5MW，发电机组 33 台，单机容量 1.5MW，轮毂高度 87m，年发电量 1.13×10^{8}kW·h，年利用小时数 2038h。通过对测风塔数据和已建风电场发电量可知，AA 块区域具有良好的风力资源条件可建设风机发电设施。

上述两种新能源资源，AA 块都有一定潜力，为风光发电建设提供了有力保障。并且 AA 块所在区域及周边有一定量自有土地可以利用，可建设光伏组件及风机设施。结合区域特点及优势，AA 块具有开发新能源条件，可发展新能源风光发电技术。

3 风光发电技术对策

3.1 风、光发电原理结构及优势

风力发电的工作原理是利用风力带动风车上的叶片进行旋转，再通过一个增速器将旋转的速度进行提升，使得发电机发电。依据目前的风力发电机技术，大约是每秒三公尺的微风速度(微风的程度)，便可以开始发电。风力发电机是由叶片、机舱、塔架和基础构成。叶片是风力发电机的核心部件，机舱是由底盘、整流罩和机舱罩三部分组成，底盘上有机组发电系统、变桨距系统及偏航系统等部件组成，机舱罩后上方装有风力和风向传感器，舱壁上有隔音器和通风装置等部件，底部与塔架相连，塔架支撑机舱，塔架上有发电机和主控制器之间的动力电缆、控制电缆及通信电缆、扶梯或电梯，基础用钢筋混凝土结构制成，上面安放塔架，基础四周设置防雷击的接地装置。风力发电正在世界上形成一股热潮，因为风力发电没有燃料问题，属清洁能源，环境效益好；属于可再生能源，永不枯竭；不会产生辐射或空气污染(图 1)。

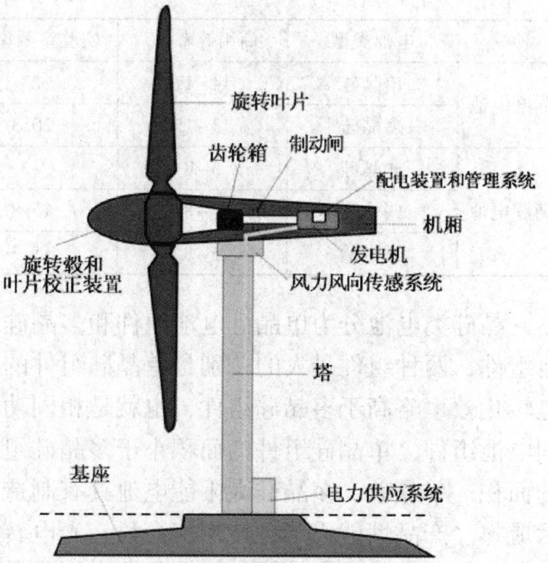

图 1 风力发电机结构图

光伏发电是将太阳光能直接转换为电能的一种发电形式。光伏发电系统是利用半导体界面的光生伏特效应而将光能直接转变为电能的一种技术。光伏发电系统由光伏电池板、控制器和电能储存及变换环节构成的发电与电能变换系统。太阳光辐射能量经由光伏电池板直接转换为电能，并通过电缆、控制器、储能等环节予以储存和转换，提供负载使用。图2是典型的光伏发电系统的构成图。太阳能发电优点是没有任何排放和噪声，凭借技术、产量等优势，过去十几年，光伏发电的成本降幅已经超过90%，如今在中国西部很多地区，光伏电价已经低于火电，根据国家发展改革委能源研究所等机构的预测，到2050年，中国近四成的用电量将来自光伏，这为光伏可持续发展打下了良好基础。

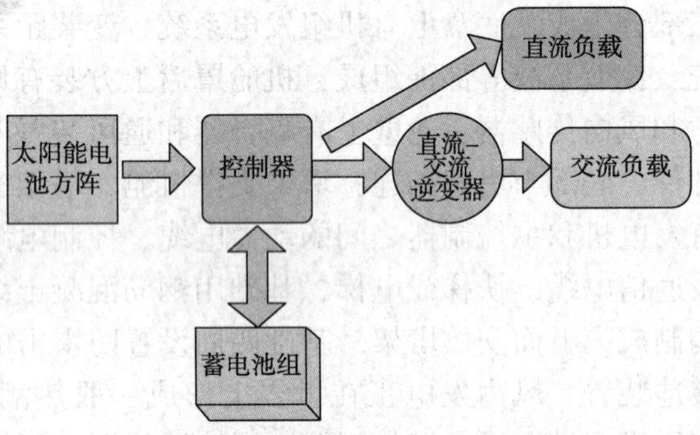

图2　太阳能光伏发电系统的构成

3.2　风、光发电组件选择

3.2.1　风机组件选择

经方案比选、与多家风机制造厂家结合，对比技术参数、基本性能、发电量等各项指标，推荐AA块选用轮毂高度85m，叶轮直径121m，单机功率为2.0MW的机组(表4)。

表4　风电机组主要技术参数比较表

机型 / 技术指标		方案一	方案二	备注
额定功率/kW		2000	3000	
轮毂高度/m		85	140	
风轮	风轮直径/m	121	140	
	扫风面积	11493	15393.8	
	功率调节	变桨变速	变桨变速	
	额定风速/(m/s)	8.8	9.3	
发电机	额定功率/kW	2000	3230	
	出口电压/V	690	760	
叶片	长度/m	60.5	68.6	
塔架	形式	5段	6段	
重量	合计	332.45	591.6	

3.2.2　光伏组件选择

太阳能电池技术是太阳能发电技术的主要组成部分。太阳能电池主要有以下几种类型：单晶硅太阳能电池、多晶硅太阳能电池、非晶硅太阳能电池、碲化镉电池、铜铟硒电池等。各类型电池主要性能如表5所示。

表5　各类电池主要性能表

种类	电池类型	商用效率/%	实验室效率/%	优点	缺点
晶硅电池	单晶硅	14~17	23	效率高，技术成熟	原料成本高
	多晶硅	13~15	20.3		原料成本较高
薄膜电池	非晶硅	5~8	13	弱光效应好，成本相对较低	转化率低
	碲化镉	5~8	15.8		有毒，污染环境
	铜铟硒	5~8	15.3		稀有金属

晶硅类电池分为单晶硅电池组件和多晶硅电池组件，两种组件最大的差别是单晶硅组件的光电转化效率略高于多晶硅组件，也就是相同功率的电池组件，单晶硅组件的面积小于多晶硅组件的面积。单晶硅、多晶硅太阳能电池具有制造技术成熟、产品性能稳定、使用寿命长、光电转化效率相对较高的特点。本工程光伏发电组件推荐选用目前国内主流产品单晶硅太阳电池组件。目前国内单晶硅太阳电池组件普遍采用2种版型的组件，小板型组件主流功率为360Wp，大板型组件主流功率为540Wp。两种版型单位造价相同，大板型效率略高，使用的土建基础及支架单位造价大板型较低，因此建议选用540Wp版型的单晶硅太阳电池组件(表6)。

3.3　风、光发电互补利用技术对策

风、光发电的优点在于资源的无限性和可再生性，取之不尽用之不竭，同时使用起来安全和可靠性高，没有噪声和环境污染而且绿色环保。

表 6　两种版型主要技术参数对比表

版型　技术参数	小板型 360Wp	大板型 540Wp	备注
工作温度范围	-40℃~+85℃	-40℃~+85℃	
标称工作温度	42℃±2℃	42℃±2℃	
短路电流温度系数	0.059%/℃	0.059%/℃	
开路电压温度系数	-0.288%/℃	-0.288%/℃	
最大输出功率温度系数	-0.381%/℃	-0.381%/℃	
组件尺寸	1755×1038×35mm	2632×1038×35mm	
组件重量	20kg	30kg	
雪载/风载	5400/2400Pa	5400/2400Pa	
电池片数量	120pcs	180pcs	
玻璃厚度	3.2mm	3.2mm	
接线盒	IP68，3 个二极管	IP68，3 个二极管	
连接器	HTC-16，IP68	HTC-16，IP68	

但无论是风能发电还是太阳能发电，都会受季节、气候、天气情况、昼夜交替等因素的直接影响，具有不确定性，任何一种独立的发电系统都是不稳定的。晴天太阳能资源较丰富时，风资源就会较弱；在阴雨(雪)天气时，则相反。所以采用风光互补发电是将风能和太阳能综合起来利用，因此应结合自身运行特点进行互补，其弥补了风电和光电独立发电的缺陷，实现了供电的连续性、稳定性和可靠性。二者的互补不仅有效的提高资源的利用率，有效的缓解了电网系统的供电压力，并对维护电网稳定性和可靠性具有重要的作用。

通过分析典型日风光发电出力曲线可知：风力发电夜间整体效果要好于日间整体效果；光伏日间发电夜间不出力；光伏出力占比 40%~50% 左右时，负荷输出更加平稳，且发电量相对较高。典型日风光发电出力曲线见图 3。

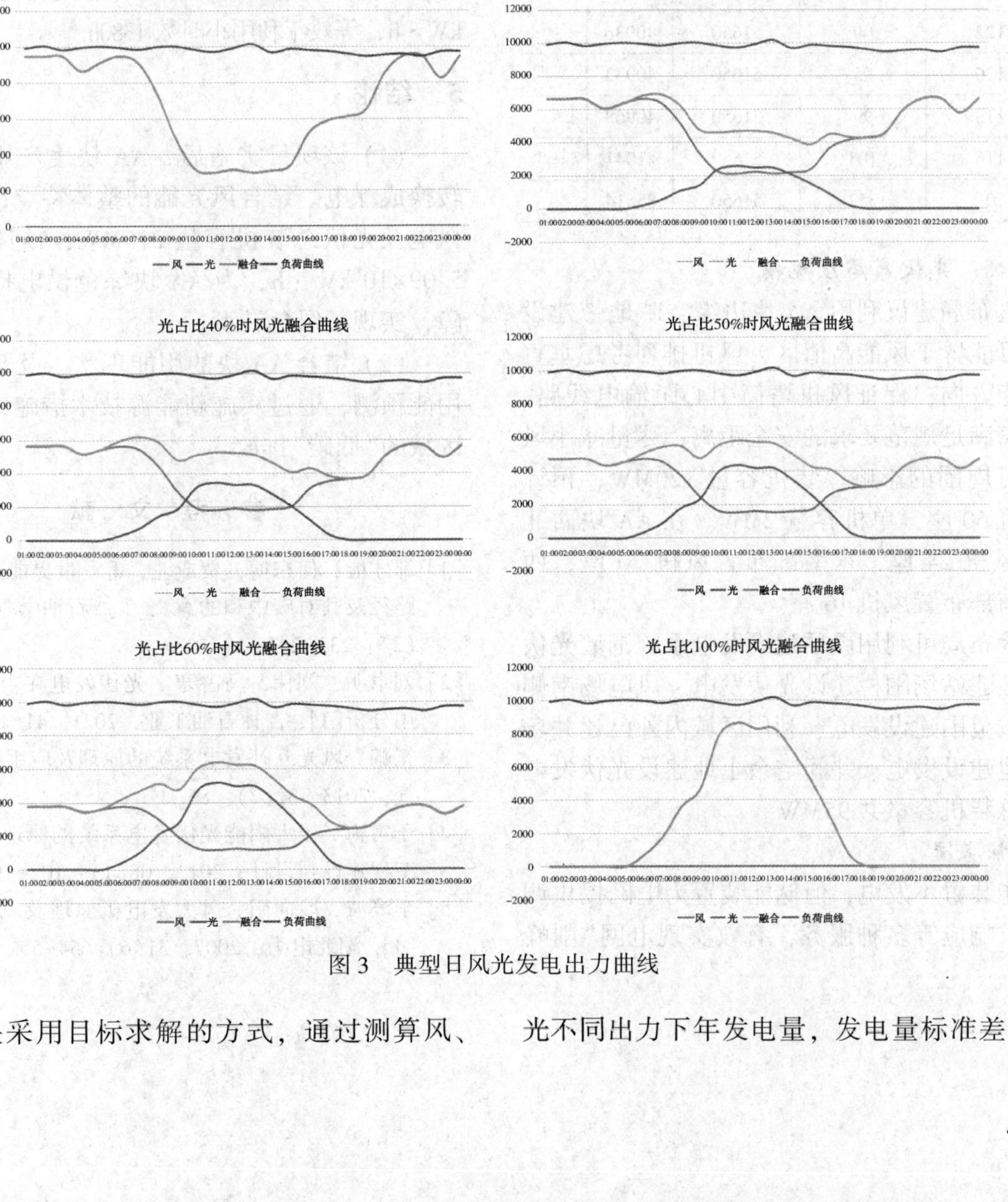

图 3　典型日风光发电出力曲线

AA 块采用目标求解的方式，通过测算风、光不同出力下年发电量，发电量标准差最小时、即为风光发电拟合最佳容量。计算公式如下：

$W_a=(P_1 \times m \times t+P_2 \times n \times t)$，$Min(Std(W_a))$

W_a——全年总发电量

P_1——单机风电机组发电功率

P_2——单位光伏发电功率

m——风电机组台数(求解值)

n——光伏装机容量(求解值)

通过软件模拟年发电量约为51650万千瓦时左右时，风机与光伏占比不同与年购电量的关系。经过软件分析，最终确定风机装机容量120MW、光伏装机95MW时，区域内供电平稳性最高，此时光伏占比约44.2%。不同装机容量下电发电量标准差统计见表7。

表7　不同装机容量下电发电量标准差统计表

序号	风机装机容量/MW	光伏装机容量/MWP	年发电量/($\times10^4$kW·h)	发电量标准差	备注
1	164	0	51595	48920	
2	124	86	51650	40975	
3	122	90	51650	40936	
4	120	95	51650	40933	
5	118	99	51650	40968	
6	116	103	51650	41041	
7	0	352	51650	85514	

3.4　风机、光伏布局及规模

风机布局建议利用AA块边缘空旷地带建设机位尽可能置于风能高值区，风机排列考虑垂直于主风能方向，保证风机塔筒中心距输电线路、油井距离满足规范要求的安全距离，尽量减小风场噪音对周围的影响。装机容量120MW，预计建设风机60座，单机容量2MW。在AA块西北部布置风机24座，东南部布置风机20座，西部、西南部布置风机16座。

光伏布局可利用屋顶建设发电系统围墙光伏发电、已建站场围栏建设光伏发电、风电场南侧空闲区域范围建设发电、利用区域内外已建井场空余土地建设发电、井间空余土地建设光伏发电系统，总装机容量共95MW。

3.5　储能装置

储能装置不发电，但储能装置为电网提供调峰、需求响应等多种服务，有效实现电网"削峰填谷"，缓解高峰供电压力；促进新能源消纳，可适当降低风、光发电的波动性。

新型储能装置响应速度快，持续放电时间在分钟级至小时级，充放电转换灵活，适用于解决新能源短时波动性问题，可提高新能源并网性能。本工程中，风电及光伏总装机容量215MW，储能装机容量按43MW(新能源装机容量的20%，用于提升电网一次调频能力)考虑。分散接入AA块内已建3座110kV变电站(A一次变、B次变、C一次变)，保证极端天气下，AA块内电网平稳运行。

4　总体效果

(1) 风力发电：理论发电量5.10×10^8kW·h，经折减，年实际发电量为3.78×10^8kW·h，等效年满发小时数约为3100h，综合折减系数为74.07%。

(2) 光伏发电：首年发电量约1.39×10^8kW·h，等效年利用小时数1460h，25年年均发电量1.31×10^8 kW·h，等效年利用小时数1380h。

5　结论

(1) 该项目实施后，AA块生产用能由火电转换成绿电。结合风光能的整体特点，综合匹配风电及光伏总装机容量215MW，预计年发绿电5.09×10^8kW·h，为AA块绿色供电提供有力保障，实现了绿色转型。

(2) 结合AA块的用能现状、及开发规划和用能预测，通过实施新能源技术措施，能够实现区域的"低碳"排放。

参　考　文　献

[1] 邹才能，何东博，贾成业，等. 世界能源转型内涵、路径及其对碳中和的意义[J]. 石油学报，2021，42(2)：233-247.

[2] 刘卓明，刘伟，马占寒. 光伏发电在吉林油田的应用分析[J]. 吉林石油工业，2021，41(1)：81-83.

[3] 崔鹏. 风光互补发电系统的原理及应用[J]. 仪表电气，2013，32(7)：85.

[4] 于雪梅. 谈太阳能光伏发电系统的原理与应用[J]. 工程建设与设计，2013，08(1)：102-105.

[5] 李滨波，段向阳. 风力发电机原理及风力发电技术[J]. 湖北电力，2007，31(6)：54-55.

空间位阻胺在有机硫脱除溶剂中的应用

汤国军[1]　刘　棋[1]　赵启龙[2]　冯骊苹[2]

(1. 中国石油工程建设有限公司西南分公司；
2. 四川省精细化工研究设计院)

摘　要　由于GB 17820—2018《天然气》标准对总硫含量要求标准的提高，含有机硫天然气的净化气气质达标问题日益突出，急需研究出对天然气有机硫具有良好脱除效果的溶剂。首先，总结了目前国内外常用的有机硫脱除溶剂类型，发现具有特殊结构的空间位阻胺对于有机硫的脱除具有良好的效果，并选出了具有潜在有机硫脱除效果的位阻胺类型。以空间位阻胺TBEE为例，从分子结构入手，分析了其具有有机硫脱除效果的原因，并搭建了相应的室内实验装置，实验对比了MDEA-水、MDEA-环丁砜-水及MDEA-TBEE-环丁砜-水溶剂的有机硫脱除效率。同时对影响溶剂脱除效率的主要因素进行了分析，在其他操作因素不变情况下，吸收塔中的气液比和原料气中酸性气体浓度降低，则有机硫脱除率上升；填料高度、吸收塔压力降低，则有机硫脱除率降低。实验结果表明在传统的物理化学溶剂体系中加入一定量的TBEE后，可有效提高溶剂脱除硫醇类有机硫的效率。本研究为天然气脱有机硫提供了一种良好的工艺方法和思路，可在含有天然气脱有机硫的工程中进行应用。

关键词　空间位阻胺；有机硫脱除；溶剂

1　前言

天然气中的总硫含量为无机硫和有机硫含量之和，无机硫一般为H_2S，而有机硫主要有RSH、R-S-S-R及COS等不同类型。随着国家标准对商品天然气中总硫含量要求的提高，强制性国家规范GB 17820—2018《天然气》中规定一类天然气的总硫(以S计)小于等于20mg/m³。常规的脱硫溶剂对天然气中有机硫的脱除效果有限，目前原料气中含有机硫的天然气净化厂都面临着产品气总硫含量难以达标的问题，因此急需研究出对天然气中有机硫具有良好脱除效果的溶剂。

2　有机硫脱除工艺技术

针对含有机硫较高的天然气，目前国内外仍普遍采用溶剂法进行净化。当单独使用溶剂法无法使净化气达标或不经济时，可采用溶剂法串联分子筛吸附及溶剂法串联羰基硫水解等多种工艺方法。溶剂法主要分为化学溶剂法，物理溶剂法，物理-化学溶剂法等，化学溶剂法对有机硫的脱除效果有限，物理溶剂的选择性又较差，会同时吸附烃类和二氧化碳，物理-化学溶剂在天然气有机硫脱除方面应用较多。

物理-化学溶剂是指按照一定比例将物理溶剂与化学溶剂复配所得的溶剂，是目前脱除有机硫溶剂技术的主流研究方向。物理-化学溶剂不仅可脱除天然气中的二氧化碳和硫化氢，并且对有机硫有一定的脱除效率，是应对含较高有机硫天然气的首选溶剂。常用的物理-化学溶剂为砜胺溶剂，其以环丁砜作为其物理溶剂，根据化学溶剂体系的不同可分为不同的型号：与DIPA配伍时称为Sulfinol-D；与MDEA配伍时称为Sulfinol-M；在Sulfinol-M中添加哌嗪后称为Sulfinol-X。目前该工艺方法在国内外众多工业装置上都获得了良好的应用，国内外部分Sulfinol装置见表1。

表1　Sulfinol装置操作数据表

装置所在地	原料气气质组分				净化气气质组分				装置处理量/($10^4m^3/d$)	吸收压力/MPa
	H_2S/%	CO_2/%	COS/(mL/m³)	RSH/(mL/m³)	H_2S/(mg/m³)	CO_2/(mL/m³)	COS/(mL/m³)	RSHmL/m³		
美国Person	1.60	6.90	7	19	2.3	<1000	未见报道	脱除率95%	90.7	6.9
德国Grossen-kenten	11.00	9.00	200mg/m³ *	20mg/m³ *	<0.35	<500	未见报道	未见报道	44	7.6

续表

装置所在地	原料气气质组分				净化气气质组分				装置处理量/(10^4m^3/d)	吸收压力/MPa
	H_2S/%	CO_2/%	COS/(mL/m^3)	RSH/(mL/m^3)	H_2S/(mg/m^3)	CO_2/(mL/m^3)	COS/(mL/m^3)	RSHmL/m^3		
加拿大 Alberta	20.10	2.00	167mg/m^3 *	34.3mg/m^3 *	<5.7	<1%	22.9mg/m^3 *		283	6.9
中国卧龙河	4.49	0.54	100	700	<5	<500	<50	<150	400	6.28

*注：含量以S计。

随着目前脱有机硫溶剂理论基础的发展和操作经验数据的积累，针对不同工况条件的复合型溶剂不断涌现，形成系列化溶剂。国外公司如Exxon Mobil公司，开发出了Flexsorb系列专利溶剂，并在哈萨克斯坦让纳若尔油田第三油气处理厂的脱硫装置中获得了应用，在该工况下可使有机硫脱除率达到95%以上。国外专利溶剂成本较高，并且通常还需要配合专有的天然气脱硫工艺包使用，会增加项目地面工程投资。国内公司也开发出了一系列有机硫脱除溶剂，如中国石油西南油气田公司天然气研究院开发的脱除天然气中高浓度有机硫的CT8-20、CT8-24配方溶剂；华东理工大学开发出的XDS、UDS溶剂，通过模拟及侧线实验表明其具有优越的有机硫脱除性能[11-12]；四川省精细化工研究设计院开发出JH-13复合脱有机硫溶剂，并通过室内实验及实际工况应用证明了其脱有机硫效果。配方溶剂的重要发展方向是寻找脱除有机硫的稳定高效配方。

3　空间位阻胺结构特点

近年来研究表明向配方溶剂中添加空间位阻胺不仅可提高溶剂的有机硫脱除效率，还能降低二氧化碳的共吸收率，是目前物理-化学溶剂法工艺的一个研究热点。空间位阻胺是指分子结构中与氨基相连的α碳原子上带有若干取代基团，从而具有显著的空间位阻效应的胺类，不同取代基团的空间位阻效应可用Taft空间常数$-Es$来表示，有研究表明当胺类物质Taft常数大于1.74后，由于位阻效应的存在，该物质对硫化氢选择吸收性会优于MDEA。常见烷基的Taft常数见表2。

表2　常见烷基空间位阻常数表

基团	结构式	空间位阻常数$-Es$
甲基	CH_3—	0
乙基	CH_3—CH_3—	0.07
正丙基	CH_3—CH_3—CH_3—	0.36
正丁基	CH_3—CH_3—CH_3—CH_3—	0.39
异丙基	$CH(CH_3)_2$—	0.47
异丁基	CH_3—$CH_2(CH_3)$—CH_3—	0.93
叔丁基	$C(CH_3)_3$—	1.13
另戊烷	CH_3—CH_3—$CH(CH_3)$—CH_3—CH_3—	1.98

质子化平衡常数(pK_a)是指醇胺溶液中氢离子浓度的负对数，可用以衡量醇胺溶液吸收酸性气体的反应活性，当其值越大时则反应活性越大。一些典型的位阻胺的Taft常数及pKa值见表3。

表3　几种位阻胺的结构与性质

名称	结构式	pK_a	$-Es$
MDEA	CH_3—N(CH_2CH_2OH)(CH_2CH_2OH)	8.5	0.79
TBE	CH_3—C(CH_3)(CH_3)—NH—CH_2CH_2OH	10.2	2.1
TBEE	CH_3—C(CH_3)(CH_3)—NH—CH_2—CH_2—O—CH_2—CH_2OH	10.3	2.1

续表

名称	结构式	pK_a	$-Es$
TBP	$CH_3-C(CH_3)_2-NH-CH_2CH_2CH_2OH$	11.1	2.13
TBIPE	$CH_3-C(CH_3)_2-NH-CH(CH_3)CH_2O-CH_2CH_2OH$	10.6	2.67
IPIPE	$CH_3-CH(CH_3)-NH-CH(CH_3)CH_2O-CH_2CH_2OH$	10.4	1.86

空间位阻胺与 MDEA 相比 Taft 空间位阻常数更大，pK_a 值也更大，因此具有更强的与酸性气体的反应活性及选择性吸收能力；TBEE 除胺基外，分子结构中还含有与 Selexol 溶剂中具有的羟基和醚基结构，使其具有了一定的物理溶解能力。

4　位阻胺溶剂对有机硫吸收效果实验

Sulfinol-M 溶剂是目前工业中常用的有机硫脱除溶剂，向其中加入一定量的 TBEE 并在室内溶剂评价装置上对两者吸收硫醇类有机硫效果进行对比评价。

实验装置主要由吸收塔、闪蒸塔及再生塔构成。含硫醇、羰基硫等有机硫混合气体经由压缩机压到实验所需压力，经流量计计量进入吸收塔底部，在填料上与溶液逆流接触，脱除气体中的酸性气体，成为净化气，从吸收塔顶部出来的净化气经气液分离器分离后，送碱液吸收塔处理。

由吸收塔底部出来的富液控制流量进入闪蒸塔降压闪蒸出部分的酸性气体后，经富液计量泵输送至贫富液换热器加热后进入再生塔再生，再生后的贫液经贫富液换热器、贫液冷却器由贫液计量泵送入吸收塔循环使用，溶剂净化评价装置见图 1。

图 1　溶剂净化室内评价装置照片

在图 1 的室内实验装置上两种组成的溶剂吸收效果见表 4。在相同的工况条件下，MDEA-水体系溶剂的各类硫醇脱除率为甲硫醇 33.9%，乙硫醇 10.5%，丙硫醇 5.3%；Sulfinol-环丁砜-水体系溶剂的各类硫醇脱除率为甲硫醇 92.5%，乙硫醇 90.7%，丙硫醇 94.7%；当向 MDEA-环丁砜-水体系溶剂中加入一定量的 TBEE 后，各类硫醇的脱除率均有明显上升，分别为 99.6%、99.0%、99.5%。

表 4　不同配方溶剂脱硫醇效果对比表

溶剂类型	原料气*			净化气*			实验压力/MPa	吸收塔气液比
	甲硫醇/(mg/m^3)	乙硫醇/(mg/m^3)	丙硫醇/(mg/m^3)	甲硫醇/(mg/m^3)	乙硫醇/(mg/m^3)	丙硫醇/(mg/m^3)		
MDEA-水	172	108	19	113.6	96.7	18	5	300
MDEA-环丁砜-水	172	108	19	12.9	10	1	5	300
MDEA-环丁砜-TBEE-水	172	108	19	0.7	1.1	0.1	5	300

*注：含量以 S 计。

从实验结果中可以看出，MDEA-水体系溶剂对于有机硫的脱除效率有限，并且其脱除效率随着硫醇中碳原子数的增加而降低；Sulfinol-环丁砜-水体系溶剂相比于MDEA-水溶剂其有机硫脱除率明显上升，但在实验工况下若想要满足总硫质量（以S计）小于20mg/m^{3}的一类天然气标准仍存在差距；向Sulfinol-环丁砜-水体系溶剂中加入TBEE后有硫醇类有机硫的脱除率进一步提高，在实验工况条件下其各类硫醇脱除率均达到99%以上。

实验证明空间位阻胺有助于溶剂脱除硫醇类有机硫。首先，TBEE作为一种仲胺，其pK_a值大于MDEA，因此加入后溶剂的化学吸收能力有所提升；其次，TBEE分子中的羟基和醚基结构，可增强溶剂对于硫醇类有机硫的物理溶解性，因此加入后溶剂的物理吸收性能也有所提升。

此外实验过程中发现，溶剂对于有机硫的脱除效率与多种因素相关。其中影响较大的因素包括吸收塔中的气液比、原料气中酸性气体（CO_2+H_2S）的浓度、吸收塔压力及吸收塔填料高度等因素有关。当其余操作条件保持不变时，吸收塔中气液比降低，则有机硫的脱除效率上升；原料气中酸性气体浓度上升时，则有机硫的脱除效率下降；吸收塔压力降低，则有机硫的脱除效率降低；吸收塔填料高度降低，则有机硫的脱除效率降低。

目前绝大多数针对酸性气体脱除进行模拟计算的化工软件中均无空间位阻胺的物化性能参数，因此针对不同的实际工况条件，在装置设计或改造中可采用先进行室内实验获取基础数据，再利用模拟软件进行针对性计算的方法来确定胺液类型及对应操作工况。

5　结论与建议

由于《天然气》标准中对于产品气总硫含量的要求标准提高，在原料气中存在有机硫的工况中，为达到净化要求必须使用高效溶剂。物理化学溶剂法是目前针对有机硫气体处理中最常见的方法，目前寻找脱除有机硫的稳定高效配方组分是其重要的发展方向。

空间位阻胺TBEE分子中不仅具有氨基，还具有羟基和醚键，兼具有物理溶剂和化学溶剂的特点。

通过室内实验证明，在传统的物理-化学溶剂体系中加入一定量的TBEE后，可有效提高溶剂脱除硫醇类有机硫的效率。对影响溶剂脱除效率的主要因素进行了分析，在其他操作因素不变情况下，吸收塔中的气液比、原料气中酸性气体浓度降低，则有机硫脱除率上升；填料高度、吸收塔压力降低，则有机硫脱除率降低。

参 考 文 献

[1] 杨超越，常宏岗，何金龙，等．基于GB 17820—2018的天然气净化工艺探讨[J]．石油与天然气化工，2019，48(1)：1-6.

[2] 王开岳．天然气脱硫脱碳工艺发展进程的回顾-甲基二乙醇胺现居一枝独秀地位[J]．天然气与石油，2011，29(1)：15-21.

[3] 李晓．高选择性脱硫剂的开发[D]．北京：华东理工大学，1996.

[4] 沈本贤，章建华，储政，等．高酸性石油天然气的高效净化脱硫剂：CN 200910233505.1[P]．2009-10-28.

[5] 张峰，沈本贤，孙辉，等．基于分子管理的脱有机硫复配型溶剂的开发与应用[J]．化工进展，2015，34(6)：1786-1791，1803.

[6] 陈赓良．天然气脱硫醇工艺评述[J]．石油与天然气化工，2017，46(5)：1-8.

[7] 王开岳．天然气净化工艺-脱硫脱碳、脱水、硫磺回收及尾气处理[M]．北京：石油工业出版社，2015：194-195.

[8] ZHANG F，SHEN B，SUN H，etal. Rational formulation design and commercial application of a new hybrid solvent for selectively removing H_2S and organosulfurs from sour natural gas[J]. Energy & Fuels，2015，30(1)：12-19.

[9] PAL P，ABUKASHABEH A，AL-ASHEH S，et al. Role of aqueousmethyldiethanolamine (MDEA) as solvent in natural gas sweetening unit and process contaminants with probable reaction pathway[J]. Journal of Natural Gas Science & Engineering，2015，24：124-131.

[10] BABURAO B，BEDELL S，RESTREPO P，et al. Advanced amine process technology operations and results from demonstration facility atedf le havre[J]. Energy Procedia，2014，63：6173-6187.

[11] 杨世伦，安阳，孙辉，等．提高UDS溶剂脱除塔河油田伴生天然气中有机硫效率[J]．化工进展，2019，38(10)：4534-4541.

[12] 章建华，沈本贤，刘纪昌，等．XDS溶剂中压吸收

脱除高酸性天然气中有机硫性能研究[J]. 石油炼制与化工，2009，40(3)：65-68.

[13] 于惠波，沈本贤，孙辉，等. 改性 UDS 溶剂提高天然气中甲硫醇脱除效率的研究[J]. 石油炼制与化工，2017，48(7)：28-33.

[14] 张峰，沈本贤，孙辉. 炼厂气脱硫系统高效脱硫溶剂提浓降耗的模拟分析与工业验证[J]. 石油炼制与化工，2014，45(1)：86-91.

[15] 肖春雨，程林，陈建良，等. 大型复合深度同步脱有机硫技术研究[J]. 天然气与石油，2014，32(1)：24.

[16] 王治红，张诗悦，高阳. 含空间位阻胺基团的选择性脱硫剂的合成与表征[J]. 石油与天然气化工，2016，45(1)：15.

[17] 杨绪甲. 高酸性天然气中有机硫脱除技术的研究[D]. 上海：华东理工大学，2014.

[18] 杨超越. 适用于天然气选择性脱硫的空间位阻胺合成及性能评价[D]. 成都：西南石油大学，2016.

[19] 陈赓良，常宏岗. 配方型溶剂的应用与气体净化工艺的发展动向[M]. 2 版. 北京：石油工业出版社，2009.

[20] 赵庆东. 多因素试验分析醇胺脱硫溶剂发泡的影响因素[J]. 化学工程师，2014，(7)：19-21.

国际 EPC 总承包项目投标策划和研究

田霖昊　张　超　陈　晨

（中国石油工程建设有限公司北京工程咨询分公司）

摘　要　企业在国际 EPC 总承包项目投标阶段需要综合考虑项目履约潜在的设计、采购、施工等方面可能面临的风险，同时还需应对项目所在国的政治、经济、法律等带来的一些不确定性，因此投标的优劣是企业能否顺利履约中标项目并实现预期利润的关键，基于国际工程 EPC 项目投标的组成内容，同时结合对国际工程 EPC 项目的一些履约经验，对投标过程进行策划和研究。

关键词　EPC；投标；研究

1　概述

对于 EPC 项目总承包商而言，投标工作流程具有自身的特殊性。在投标的每一阶段，总承包商工作的重点内容和应对技巧都有不同。EPC 项目投标工作流程如图 1 所示。

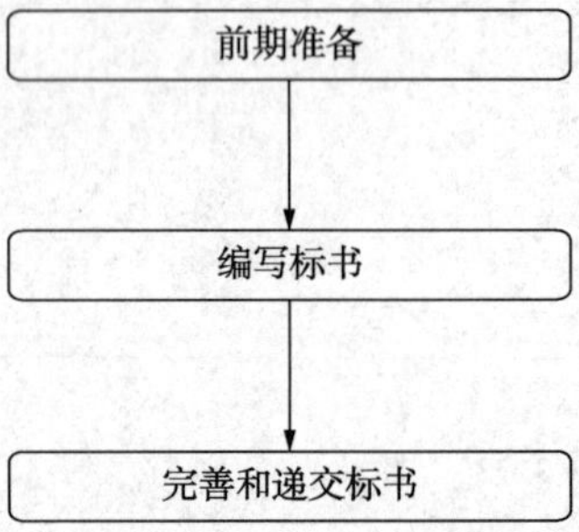

图 1　EPC 项目投标工作流程

下面将根据 EPC 项目投标工作流程三个阶段分别说明 EPC 项目投标工作的策划和研究。

2　前期准备

EPC 项目投标工作前期准备主要工作见表 1。

表 1　前期准备工作

序号	工作内容
1	准备资格预审文件
2	研究招标文件
3	决定投标的总体实施方案
4	选定分包商
5	确定主要采购计划
6	参加现场勘查与标前会议

2.1　准备资格预审文件

准备资格预审文件首先要详细了解业主进行资格预审的初衷和对提交的资格预审文件的要求，然后按照业主的要求准备相关材料，在材料的丰富程度和证明力度上深入分析。业主在资格预审时一般通过判断"总承包商是否有能力提供服务"这一终极准则进行筛选。在这一准则下，业主要求投标人提供的证明材料有（但不限于）资质、经验、能力、财力、组织、人员、资源等。准备资格预审文件需要根据投标的 EPC 总承包项目的特点有所针对的提供证明材料，表 2 为投标人准备的常用资料清单。

表 2　前期准备工作

类别		具体资料
资质	资格证书	设计资质，总承包资质等
	荣誉证书	过去曾经得到的工程或政府颁发的获奖证书
经验	信誉水平	已竣工项目业主或合作伙伴的推荐材料
	总承包项目经验	项目专业经验和项目团队机构设置
		主要项目团队成员曾经执行过的类似项目信息
能力	专业特长	设计专场、特殊施工技能、专用工装设备
	专业技术	指明相关技术可用于 EPC 项目的哪些部分，预计可降低的费用
	项目控制	质量和安全控制、工期控制、费用控制措施
	履约表现	过去类似项目参与方的背景信息
		当前工作负荷
财力	融资	自有资金数量、已完成项目的融资实例
	担保	担保能力及历史，银行给予的授信规模
	财力支持	该项目能取得的财力支持

续表

类别		具体资料
组织	管理层	管理层的组织机构
	项目	拟用项目团队的组织结构
	能力	组织与计划程序
人员	执业资质	各种证书与资质证明
	背景与经验	项目团队每一位成员的背景与经验
	人员安排	该项目各个阶段拟用人员的工作性质和服务功能
资源	设备	现有设备及预计新增设备
	分包商	拟用分包商名单
	供应商	拟用供应商名单
其他		任何可以证明降低该项目风险、减少费用支出和提供实施效率的清单

2.2 研究招标文件

2.2.1 投标者须知

对于招标文件中“投标者须知”，除了常规分析外，要重点与阅读和分析的内容有：(1)“总述”部分中有关招标范围、资金来源以及投标者资格的内容；(2)“标书准备”部分中有关标书的文件组成、投标报价与报价分解、可替代方案的内容；(3)“开标与评标”部分中有关标书初评、标书的比较和评价、相关优惠政策等内容。

2.2.2 合同条件

在通读合同通用和专用条件后，要重点分析有关合同各方责任与义务、设计要求、检查与检验、缺陷责任、变更与索赔、支付及风险条款的具体规定，归纳出总承包商容易忽略的问题清单。

2.2.3 业主要求

对于“业主要求”是总承包投标准备过程中最重要的文件，因此投标者要反复研究，将业主要求系统归类和解释，并制定出相应的解决方案，融汇到下一阶段标书中的各个文件中去。

2.3 决定投标的总体实施方案

对于总承包项目，总体实施方案包括以设计为导向的方案比选，以及相关资源分配和预算估计。按照业主的设计要求和已提供的设计参数，投标小组要尽快决定设计方案，制订指导下一步编写标书技术方案、管理方案和商务方案的总体计划。

2.4 选定分包商

选定分包商是较为费时的工作，需要提前开始。如果总承包项目包括较多或复杂的专业技术时，可能需要在早期阶段开展选择分包商和签订分包意向书的工作，这也是为总承包商增强实力、提高中标机会的手段。

2.5 确定主要采购计划

制定采购计划需要总承包商事先选择合适的供应商作为合作伙伴，由于大型总承包项目一般都含有较多的采购环节，能否做到设计、采购和施工的合理衔接是业主判断总承包商能力的重要因素之一，因此有必要在投标准备阶段就初步制定采购计划，尽早开展与供应商的业务联系，这样也有助于总承包商利用他们的专业经验和信息制定优秀的采购方案。

2.6 参加现场勘查与标前会议

现场勘察和标前会议是总承包商唯一一次在投标前与业主和竞争对手接触的机会，如果允许，总承包商可以与部分分包商代表一同参加。

在现场勘查阶段，进行项目信息的搜集工作，重点配合搜集以下(包括但不限于)信息：

(1) 项目现场地形地质、水文、气候，工作范围、内容、材料等；

(2) 可能需要的住宿条件；

(3) 现场交通道路运输情况，临时水电接入点，通信设施等条件。

搜集完以上信息之后进行整理，作为项目报价、标书编制和项目实施策划的参考和依据。在标前会议上，投标人应注意提问的技巧，不能批评或否定业主在招标文件中的有关规定。提出的问题应是招标文件中标较明显的错误或疏漏，不要将对己方有力的错误或疏漏提出来，也不要将己方机密的设计方案或施工方案透露给竞争对手，同时要仔细倾听业主、工程师和竞争对手的谈话，从中探查他们的态度、经验和管理水平。

3 编写标书

按照总承包投标内容的要求，投标文件一般划分为技术标和商务标两部分：技术标包括设计方案、采购计划、施工方案和管理方案等；商务标包括报价书以及其相关价格分解、投标保函、法定代表人的资格证明文件、授权委托书等。在准备标书内容时应充分考虑影响总承包投标质量和水平的关键因素，设立关键决策点。如表3所示。

表 3　总承包投标文件编制中的关键决策点

分类		分析内容	关键决策
技术标	技术方案	设计	应投入的设计资源
			业主需求识别
			设计方案的可操作性
		施工	如何实现业主的要求、解决施工中的技术难题
			施工方案的可行性
	管理方案	采购	采购需求和应对策略
		计划	设计、采购和施工进度计划
		组织	项目管理团队的组织结构
		协调与控制	设计阶段的内部协调与控制
			采购阶段的内部协调与控制
			施工阶段的内部协调与控制
			设计、采购与施工的协调与衔接
			进度控制
			质量和安全控制
		分包	分包策略
		经验	经验策略
商务标	商务方案	成本分析	成本组成
			费率确定
			全寿命成本分析
			风险识别
			报价模型选择

3.1　技术标

技术方案主要涵盖对总承包设计方案、施工方案和采购方案的内容，在技术方案的编制过程中需要针对各项内容进入分析其合理性和对业主招标文件的响应程度，研究如何在技术方案上突出企业在总承包实施管理方面的优势，在正式编制技术方案之前须全面了解业主对技术标的各项要求和评标规定。

3.1.1　设计方案

设计方案不仅要提供达到业主要求的设计深度的各种设计构想和必要的技术技术资料，还要提供工程量估算清单以在投标报价时使用。设计方案编制开始之前，首先应设立此项工作的资源配置和主要任务。

（1）设计资源配置

设计资源配置就是要对相关设计人员、资料提供和设计期限上作出安排。设计资源的配置要视总承包项目的设计难度和业主要求的设计深度而定，并且是针对投标阶段而言，与中标后的设计资源安排有所区别。

（2）制定设计任务书

资源配置完成后要制订本阶段的主要任务书：识别业主的要求和对设计方案评价的准则，不同设计方案的优选。

（3）识别业主需求设计

对总承包项目而言，投标阶段的设计要求是投标小组需要认真研究的首要问题。业主的设计要求一般都写在招标文件的“投标者须知”“业主要求”和“图纸”信息中。首先明确招标文件中设计文件的设计深度，图纸与基础数据是否完整。其次明确投标阶段的设计深度要求和需要提供的文件清单。考虑到报价的准确性，在资源允许的情况下适当加深设计深度，这样报价所需的工程量和设备询价所需的技术参数就更加准确。

EPC 总承包模式下的设计与施工、采购工作衔接非常紧密，如果方案设计的不切实际、技术实现困难，工期和投资目标不能保证，则这一方案是失败的。

3.1.2　施工方案

施工方案需要描述施工组织设计，各种资源安排的进度计划和主要采用的施工技术和对应的施工机械、测量仪器等。总承包项目投标阶段编写的施工方案要说明施工何种施工技术手段来实现设计方案中的种种构想。

（1）识别业主需求

如果业主需要投标人在施工方案中采用业主规定的施工技术，一定会在招标文件的“业主要求”中说明，如果该技术难度超过了企业现有的技术水平，应考虑与其他专业技术公司合作来满足业主要求，最好提前与专业技术公司签订分包合作意向书。

（2）可行性分析

完成施工方案的编制后需要进行方案的可行性论证，确保施工方案在技术上可行，在经济上合理。

3.1.3　采购方案

指定采购方案是总承包商投标的一项重要工作，尤其对于工艺设计较多的总承包项目，在投标时需要确定材料、设备的采购范围。因此制订完善的采购方案、提供具有竞争力的价格信息无疑对中标与否非常重要。采购方案需要说明拟用材料、仪器和设备的用途、采购途径、进场时间和对项目的适应程度等。对于可以由总承包商自由决定的采购范围，应在采购方案中提供一下信息：供货范围、主要设备材料的规格、技术资料、性能保证等。制定采购计划时，不必要为业主提供过细的信息，列明重要材料设备的质量要求和拟采用的主要质检措施即可。

3.1.4　管理方案

从业主评标的角度看，在技术方案可行的条件下，总承包商能否按期、保质、安全并以环保的方式顺利完成整个项目，主要取决于总承包商的管理水平。管理水平体现在总承包商制定的各种项目管理的计划、组织、协调和控制的程序与方法上，包括选派的项目管理团队组成、整个项目的设计、采购、施工计划的周密性、质量管理与 HSE 体系的完善性、分包计划和对分包的管理经验等。

制订周密的管理方案主要为业主提供各种管理计划和协调方案，尤其对 EPC 总承包模式而言，优秀的设计管理和设计、采购与施工的紧密衔接是获取业主信任的重要砝码。在投标阶段不必在方案的具体措施上过细深入，一是投标时间不允许，二是不应将设计商业秘密的详细内容呈现给业主，只需点到为止，突出结构化语言。

3.2　商务标

总承包项目的商务方案最主要的部分是项目的投标报价以及有关的价格分解。报价的高低直接影响投标人能否通过评标，获得项目。在策划报价方案之前应确信业主的评标体系，尤其是怎么评价技术标和商务标，最后的评标总分按照何种标准技术啊。

（1）评价体系

常用的评价标准有两种：一种是最佳价值表，即评标小组将技术标与商务标分别打分，并按照各自权重计算后相加得到评标总分；另一种是经调整后的最低报价，即将技术标进行打分后按照反比关系，打分越高调整的价格越低的原则，将原有商务报价进行调整后取报价最低的投标者为中标人。

（2）报价决策

明确评标体系后就可以按照报价工作的程序展开工作。投标报价决策的第一步应准确估计成本，即成本分析和费率分析，第二步是标高价决策。由于标高价决策带给承包商的价值增值部分，因此首先要进行价值增值分析，然后对风险进行评估，选择合适的风险费率，最后用特定的方法如报价的博弈模型对不同的报价方案进行决策，选择最合适的报价方案。

3.3　其他手段

总承包商对工程招标进行投标时，主要应该在先进合理的技术方案和交底的投标价格上下功夫，以争取中标，还有其他一些手段对中标有辅助性作用，如表 4 所示。

表 4　投标辅助手段

序号	内容
1	许诺优惠条件
2	聘请当地代理人
3	与实力雄厚公司联合投标
4	选用受业主赞赏的具有专业特长的公司作为分包
5	开展外交活动

4　完善与递交标书

（1）标书的排版包装

投标文件的排版编制、包装和各种签名盖章等，要完全严格按照招标文件的要求处理，不能颠倒页码次序，不能缺项漏项，不能随意带有任何附加条件。任何一点差错，都有可能导致成为不合格的标书。严格按章办事，才是投标企业提高中标率的最基本途径。另外投标人还要重视印刷装帧质量，使招标人或招标代理机构能从投标书的外观和内容上感觉到投标人工作认真、作风严谨。

（2）递送投标书

标书的递交作为投标的最后一关，递交的不正确很可能造成前功尽弃的后果，所以要完全严格按照招标文件的递交要求(包括递交地点、递交时限，递交分数等)递交标书。

5　结语

EPC 总承包项目投标是一项非常复杂的综合性工作，而 EPC 总承包模式已经成为国内外基本建设项目的主流模式，这就对建设企业提出了更高的要求，EPC 项目涉及工程承包、采购、运输、运输、劳务、保险外汇、保函及国际结算等各方面的知识，由于企业的发展策略不同，可根据具体项目的实际情况进行有选择性的投标，并且运用实际可行的投标报价策略，来增强总承包企业的投标竞争力。

工业 X 射线胶片电动裁片机的设计与应用

徐承尧　杨　鹏　黄河靖　卢建昌　张云峰

（中国石油天然气第一建设有限公司）

摘　要　通过设计工业 X 射线胶片电动裁片机并应用于工程实践，使原来重复性体力劳动变得轻松、简洁、高效。在大幅度提高工作效率的同时，降低了使用裁纸刀造成的胶片质量问题，提高了 X 射线胶片透照底片的一次合格率。

关键词　工业射线检测 X 射线胶片电动裁片机

1　传统裁纸刀使用弊端

在石油化工装置射线检测作业中需要根据焊缝规格对射线胶片进行裁切，因物美价廉和没有可替换的同种功能的产品，工业 X 射线胶片的裁切一直以手动裁片刀为主。但是在实际工作中使用手动裁片到存在以下几项问题，从而对射线透照底片质量产生不良影响，甚至导致废片。(1)刀钝(无法修磨)——人力下压刀具裁剪胶片非常吃力，裁剪部位常带有毛边而影响底片质量。(2)滑刀——在裁片过程中，每次下刀到后半程时一不小心就会产生主动刀后端与被动刀之间产生间隙，造成滑刀现象，致使胶片划伤而使之胶片不能使用。(3)指纹——在裁剪胶片时，一般是左手按住胶片，右手持刀下压，在剪切力的作用下，胶片往往会产生位移，为防止胶片产生位移，左手手指会向下紧紧压住胶片，在不小心的情况下胶片上会留下指纹或指甲印，致使拍回的底片重拍。(4)折痕(俗称指甲印)——规格为 430mm×355mm 的整张胶片，当暗室人员拿起该规格的胶片往裁片刀上摆放时，在红光下，需要把胶片摆放到相应的裁剪部位。然后，在进行胶片的对齐、卡边调整、再下刀裁剪。在拿起和调整胶片时，由于暗室人员操作不当，手指接触到整张胶片上任意一点，手指端的周围就会产生向上的力，而胶片的重量会产生向下的力，上、下两个力的释放点(交汇点)处就会产生折痕(俗称指甲印)。致使拍回的底片重拍。(5)费时费力、工效低下。如需裁剪 50 张 300×80 规格胶片张，需用时 90 分钟。如：裁剪一盒规格为 180mm×80mm 的底片，需要切刀上下往复 2200 次，摆放次数为 900 次。切刀上下往复的次数越多，就越消耗体力；胶片摆放的次数越多，伪像出现的几率就越大。手动裁纸刀工作方式如图 1 所示。

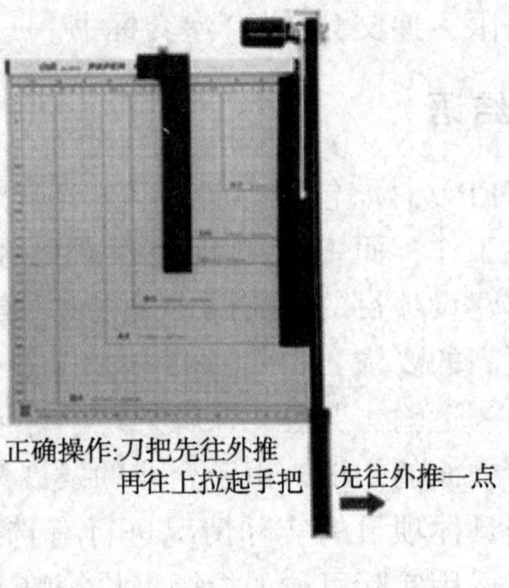

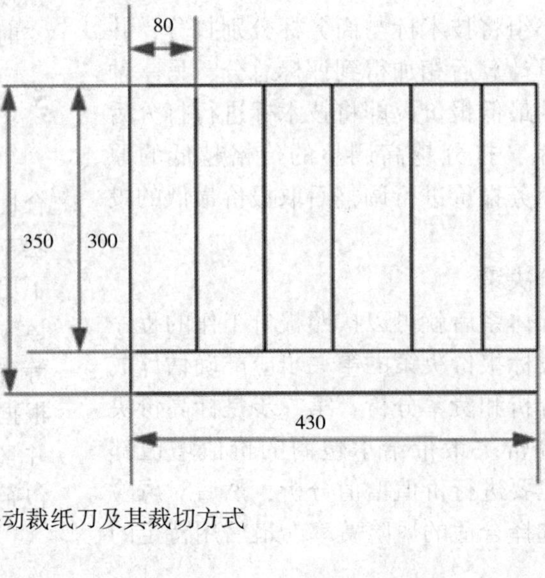

图 1　手动裁纸刀及其裁切方式

为解决以上生产难题，提高工作效率、降低劳动强度、保证射线底片质量，笔者设计了一款工业 X 射线胶片电动裁片机。

2　X 射线胶片裁切的基本要求

（1）石油化工装置射线探伤用胶片一般分为如下表所示的 8 种规格，因此电动裁片刀应能够方便调节，并根据工作需要裁剪出不同规格的胶片。

表 1　胶片裁切规格一览表

序号	规格/mm	序号	规格/mm
1	180×80	5	180×100
2	240×80	6	240×100
3	300×80	7	300×100
4	360×80	8	360×100

（2）电动裁片刀在运行过程中应平稳可靠，不应对胶片产生划伤、压痕等伪缺陷。

（3）电动裁剪刀设计应符合人体工学、操作简便、安全可靠、制作成本低等特点。

3　工业 X 射线胶片电动裁片机设计

3.1　设计流程

图 2 为工业射线检测胶片电动裁片机的设计流程图。

3.2　工作原理

通过转速可调的电机带动多组齿轮传动，齿轮带动刀头和胶片行走辅助轮的传动连杆旋转，利用刀头旋转产生的剪切力对胶片进行分裁。

为了保证对不同胶片的裁切，电动裁片机的刀头位置应可调节，胶片行走辅助轮不应在胶片上产生压痕。

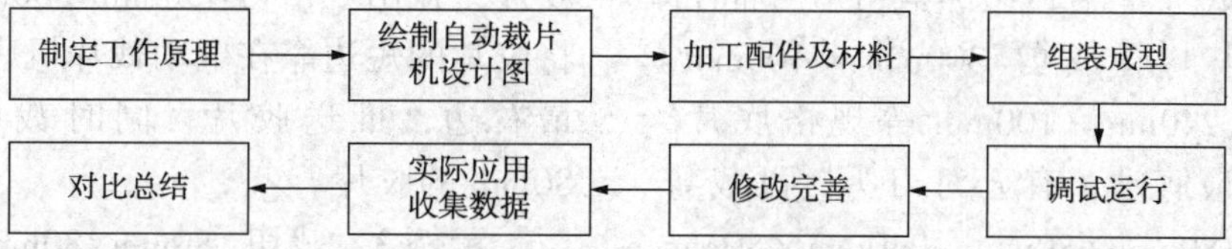

图 2　工业 X 胶片电动裁片机设计制作流程图

3.3　绘制电动裁片机设计图

根据以上设计流程及工作原理图，绘制了自动裁片机设计图（图 3）。

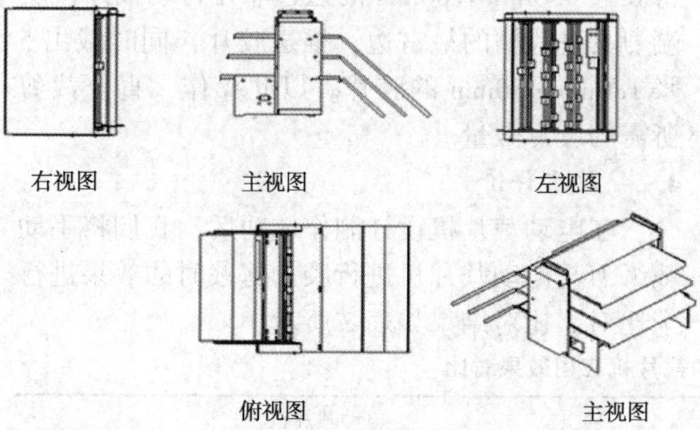

图 3　工业 X 射线胶片电动裁片机设计图

3.4　配件及材料加工

配件：转速可调电动机、传动齿轮（图 4）、传动连杆（图 5）、裁切刀头，胶片行走辅助轮、胶片输入及输出托盘。

其他需加工材料：固定支架、启动开关，传动保护板等。

根据图 3 所示设计图纸对胶片输入、输出托盘、固定支架、传动保护板进行切割钻孔。选择功率合适的电动机，对传动齿轮的位置排列进行设计，保证转动的稳定及平衡性。

图 4　传动齿轮

图 5　传动连杆

3.5　组装成型

根据设计图纸，首先将电动机安装在自动裁

片机框架底部区域，并做好绝缘保护措施，然后依次安装传动齿轮与传动连杆，安装完成后旋紧固定螺丝。组装完成后的自动裁片机如图6所示。

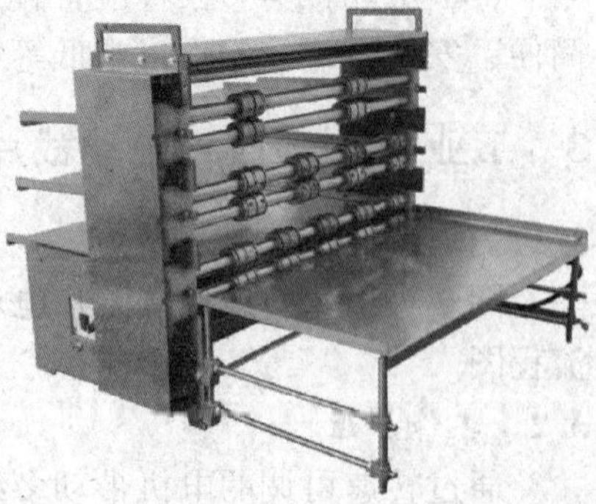

图6　电动裁片机实物图

机器构造说明：该机器有三组刀具，第一组刀具处在设备的最上端，为可调刀具，有一对刀头和一对胶片行走辅助轮。该组刀具可裁剪430mm × 300mm、430mm × 180mm、430mm × 240mm等规格的底片。第二组刀具处在中间部位，有四对刀头，可裁剪300mm × 100mm、180mm × 100mm、240mm × 100mm等规格底片。第三组刀具处在最底端，有五对刀头，可裁剪300mm × 80mm、180mm × 80mm、240mm × 80mm等规格的底片。每一组刀具都有相对应的胶片行走托盘。电机转速可调，齿轮传动，利用刀头旋转产生的剪切力对胶片进行分裁。

4　应用与评价

4.1　应用示例

示例1：裁切300mm×100mm规格胶片

先将一张规格为430mm×355mm胶片的长边靠在电动裁片机上端刀具进片槽的最右边，推送胶片，裁出规格为430mm×300mm的胶片，然后将胶片的短边靠在电动裁片机中间刀具进片槽的最右边，推送胶片，同时裁出4张300mm × 100mm的胶片。

示例2：裁切300mm×80mm规格胶片

先将一张规格为430mm×355mm胶片的长边靠在电动裁片机上端刀具进片槽的最右边，推送胶片，裁出规格为430mm×300mm的胶片，然后将胶片的短边靠在电动裁片机底端刀具进片槽的最右边，推送胶片，同时裁出5张300mm × 80mm的胶片。

示例3：裁切180mm×80mm规格胶片

先将电动裁片机上端刀片调整到180mm处，将一张胶片规格为430mm×355mm的短边靠在自动裁片机上端刀具进片槽的最右边，推送胶片，裁出两张规格为430mm×180mm胶片，然后分别将胶片430mm×180mm的短边靠在自动裁片机底端刀具进片槽的最右边，推送胶片，同时裁出5张180mm×80mm的胶片。以此操作，直至裁剪所需的胶片数量。

4.2　效果评价

在电动裁片机设计制作成功后，我们将手动裁纸刀与电动裁片机进行胶片剪裁时的效果进行了比对，比对结果如表2所示。

表2　手动裁片刀与电动裁片机应用效果对比

	手动裁片刀	电动裁片机
效率	效率低(手动裁切50张规格为300×80mm的胶片耗时1小时30分钟)	效率高(裁切50张规格为300×80mm的胶片33分钟)
工序	根据需裁剪胶片规格需调整裁切方式与次数。将整张430×355mm规格的胶片裁成180×80mm需手动裁切11次	通过调节刀头位置，裁切胶片只需放置2次即可，相同规格胶片裁切时无需调节刀头位置，速度更快。
劳动量	手动裁切，尤其在工程胶片需求量大时，在暗室需要连续工作好几个小时，劳动强度大，容易造成腰肌劳损及肘部疾病。	暗室人员只需将胶片正确放置到托盘即可，无其他多余操作，劳动量非常小
裁片质量	经常出现指甲印，划伤，毛边等	基本无裁切造成的胶片质量问题

续表

	手动裁片刀	电动裁片机
安全性	裁切过程中，胶片易划伤手，暗室环境中，裁片刀容易切到手	裁片机危险部位全都用硬防护进行了隔离，安全性非常高，在电机部位安装了漏电保护装置，确保用电安全。
成本	高峰期需要至少两人暗室裁片，裁剪或用力不当造成的废片造成成本浪费，使用有缺陷的胶片进行射线检测，造成检测工作重复进行，耽误施工生产。	1人就可满足整个施工周期的底片裁剪任务，节省成本。

通过上表整体对比我们可以看出，电动裁片机的优势在于通过设计发明，使得原来重复性体力劳动变得轻松、简洁、高效。在大幅度提高工作效率的同时，降低了使用裁片刀造成的胶片质量问题，提高了射线胶片照相检测底片一次合格率。

5 结束语

（1）设计的电动裁片机结构简单、轻便、制作成本低廉，便于根据需裁切的不同胶片规格进行调整。

（2）在实际应用过程中，不但提高了效率，也减少了辅助人员数量，显著地节约了成本。

（3）由于电动裁片机的稳定性，显著降低了由于裁片造成的胶片成像伪缺陷的产生，提高了底片质量，降低了废片率。

（4）电动裁片机的使用极大的减轻了暗室工作人员的劳动量，将重复性工作交由机器完成，同时安全性更高。

参考文献

[1] 强天鹏等．射线检测[M]2版．北京：中国劳动社会保障出版社，2007．

氢、氨能源储运技术现状及展望

潘　毅　邵艳波　邹雪净　张　佳　郭　靖

（中国石油工程建设有限公司华北分公司）

摘　要　随着世界环境危机的不断加剧和我国双碳政策的不断推进，清洁能源开发及相关关键技术的研究是未来能源发展的重要趋势。近年来，我国对新能源产业的发展日益重视，尤其是对氨能、氢能。通过介绍氢能、氨能储运关键技术及相关现状，结合管道输氢的安全性，阐述了氢能源储运技术的不足；结合液氨的理化特性，阐述了管道输氨的优势、输送安全、建设现状等。根据我国氢能、氨能储运技术与国外技术的差距，认为未来实现氢能连续性、规模化、长距离输送，是氢能大规模利用的必然发展趋势，同时氨-氢结合有望成为解决氢能发展重大瓶颈的一种有效途径。

关键词　双碳政策；清洁能源；管道输氢；管道输氨；氨-氢结合

1　前言

2020年9月22日第七十五届联合国大会上，我国宣布力争2030年前碳达峰，努力争取2060年实现碳中和。2021年中央、国务院先后印发了《关于完整准确全面贯彻新发展理念做好碳达峰碳中和工作的意见》、《关于完整准确全面贯彻新发展理念做好碳达峰碳中和工作的意见》及《2030年前碳达峰行动方案》等重要文件，随后各部委、省市地区重点领域和配套政策也相继陆续出台。

中国科学院院长侯建国在2021中关村论坛碳达峰碳中和科技论坛平行论坛上提出，需提出新路线、新理论及新技术来解决双碳问题。黄晓勇教授在《世界能源发展报告2021》发布会暨“双碳”目标与能源结构转型研讨会上提出要重视氢能的减碳作用。2022年3月23日，国家发改委高技术司发布了《氢能产业发展中长期规划(2021~2035年)》，将氢能定义为实现绿色低碳转型的重要载体。

中国汽车工程学会理事长、中国工程院院士、清华大学教授李骏在《Autonomy2.0与Ammonia=Hydrogen2.0》报告中提出，目前无碳燃料有氢和氨两种，将氢和氨融入新能源汽车可能是未来的一个重要方向。氨、氢能源是非常环保的能源，相比于煤、油、气不可再生能源，氨、氢能源质量轻、能量密度高，燃烧后不会产生其他污染物质。氢能源密度高达142MJ/kg，约为标准煤的6.8倍，氨能源密度更高，高达457~554MJ/kg，约为标准煤的22~26倍。

我国有完善的氨产业链，氢能源获取渠道也较为广泛，但氨、氢能源利用技术研究尚处于初步阶段，还未广泛应用于人们日常生活中，安全储运技术是限制其规模化应用的关键因素之一。因此想要氨、氢新能源替代传统的可再生能源，必须对氨、氢的安全储运等过程进一步进行研究。

2　氢能源储运技术

目前氢气储能主要以高压储气罐方式为主，运用规模较小，随着未来氢能工业化和商用化规模性开展，持续性、连续性、低成本供应氢气将是制约氢能发展和规模化应用的重要因素，如何降低储运成本，已经成为氢气规模化应用的关键。普遍认为大规模管道输氢是降低运输成本的有效方式，但与天然气等管道相比，现在的氢气管道普遍存在压力低、管径小、输送规模小及距离短等的问题。

2.1　输氢管道国内外建设现状

目前全球输送氢气管道总里程超过4600km，其中美国占59%，欧洲占33%，我国氢气管道建设尚不完善，总里程约400km，仅占全球总里程的8.7%。目前巴陵-长岭管道是我国里程最长的氢气管道，管道里程42km，管材20#钢管，管径406mm，设计压力5MPa，输量7万标方/年。济源-洛阳管道是我国输送规模最大、口径最大的输氢管道，管道里程25km，管道L245N钢管，管径508mm，设计压力4.0MPa，输量

10.04 万吨/年(表 1)。

表 1 国内外典型输氢管道

序号	国家		里程/km	管径/mm	设计压力/MPa	设计规模
1	美国		965	/	/	150 万标方/年
2	比利时		80	150	10	/
3	德国		240	250~300	0.2~2.1	/
4	英国		16	/	5	/
5	中国	巴陵-长岭管道	42	406	5	7 万标方/年
6	中国	济源-洛阳管道	25	508	4	10.04 万吨/年
7	中国	金陵-扬子管道	32	325	4	4 万吨/年

2.2 存在问题

目前，管道输氢主要面临的困难包括：

(1) 氢对金属管道的损伤。由于金属管道与氢气长期接触，氢会侵入到材料内部，导致金属材料出现氢脆失效、氢气渗漏、氢致开裂/鼓包等问题。

目前中东采用柔性复合管道，避免氢对金属管道的损伤问题，但柔性复合管道仍存在承压低、造价高等问题。

(2) 氢的安全输送。由于氢会对金属材料产生损伤，容易导致氢气产生泄漏，泄漏出来的氢在环境快速扩散，存在极大的输送安全问题。同时，由于缺乏完善的执行标准，管道输氢安全问题依旧是制约其发展的因素。目前美国机械工程师学会、欧洲压缩气体协会、欧洲工业气体协会已经发布了氢气管道相关的标准。美国机械工程师学会颁布的 ASME B31.12《Hydrogen Pipingand Pipelines》标准涉及到氢管道的设计、施工、操作、维护等各方面，在国内外影响最广。

(3) 缺乏经验。我国现有氢气管道普遍存在口径小、距离短、规模小等问题，相比于美国、德国、英国等技术强国，我国在氢气管道运行方面的经验也相对欠缺和有限，尤其针对风险评价方面，事故数据远少于天然气管道，因此在管理运行等方面，仍然在大量沿用天然气管道的经验和历史数据。

3 氨能源储运技术

3.1 液氨管道输送

氨能源是一种以氨为基础的新能源，是一种清洁能源，氨的特点在于其可完全由可再生能源(如水、电、空气)生产，可以说氨是一种低碳、无污染、环境友好型能源。不仅如此，价格相对低廉，低空燃比，安全性高也是氨的特点。

氢载体技术是利用储氢介质在一定条件下能与氢气反应生成稳定化合物，再通过改变条件实现放氢的技术，主要包括有机液体储氢、配位氢化物储氢、无机物储氢、液氨储氢和与甲醇储氢等。

目前技术成熟的氢载体包括高储氢密度介质液氨、甲醇作为载体，甲醇、液氨的体积能量密度分别为液氢的 1.79 倍和 1.67 倍，与有机液体储氢、液氨储氢、配位氢化物储氢、无机物储氢相比甲醇储氢相比，液氨、甲醇等更加适合于大宗、跨洋运输，同时可以利用较为成熟的输油、输气管道进行适应匹配。

3.2 氨作为氢载体

氢与氮气在催化剂作用下合成液氨，以液氨形式储运。液氨在常压、约 400℃ 下分解放氢。利用途径如图 1 所示。

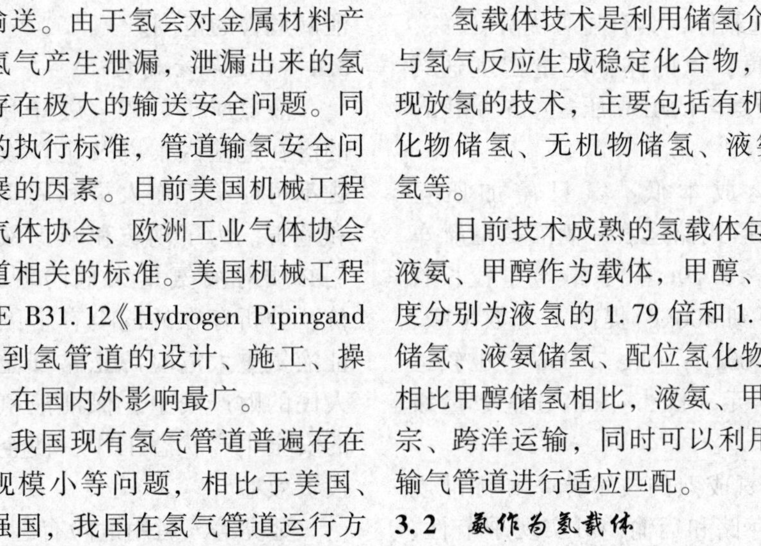

图 1 液氨储氢利用途径图

相比于低温液态储氢技术要求的极低氢液化温度-253℃，氨在一个大气压下的液化温度-33℃高得多，“氢-氨-氢”方式耗能、实现难度及运输难度相对更低。同时，液氨储氢中体积储氢密度比液氢高 1.7 倍，使用氨来进行氢的远距离出口，运输同等能量所需的船舶数量要少得多，该技术在长距离氢能储运中有一定优势。然而，液氨储氢也具有较多劣势。液氨具有较强腐蚀性与毒性，储运过程中对设备、人体、环境均有潜在危害风险；合成氨工艺在我国较为成熟，但过程转换中存在一定比例损耗；合成氨与氨分解的设备与终端产业设备仍有待集成。

氨作为氢有潜力的首选载体，主导着当前氢气出口项目的浪潮。国际能源咨询公司伍德麦肯兹(Wood Mackenzie)的氢气项目追踪计划关注了全球已公布的氢气供应项目的进展，结果显示，迄今为止在中东、澳大利亚、拉丁美洲和非洲宣布的100多个低碳氢气供应项目中大部分都是针对出口的。

氨是储氢的首选载体，具有显著优势：

(1) 高能量密度：氨的体积能量密度达约 13.6MJ·L^{-1}，1L 液氨=4.9L 高压氢(35.0MPa)=1200L 常温常压氢。

(2) 液化储运成本低：氨只需加压至 1.0MPa 即可以液态形式储运，一辆液氨槽罐车载氨量可达 30t(约含 5.29t 氢)，载氢量较长管拖车运氢(载氢量不到 400kg)提高 1 个数量级，因此运氨成本(约 0.001 元·kg^{-1}·km^{-1})也较运氢成本(0.02～0.10 元·kg^{-1}·km^{-1})呈数量级降低。

3) 无碳储能：氨成熟的技术体系和标准规范及低成本合成、存储和运输，可实现季节性、远距离、“无碳化”的“氨-氢”储能，且有研究表明，在目前主要研究的几类电制液体燃料技术(液氢、液氨、液化天然气、甲醇、有机液态储氢)中，电制氨的成本最低，效率仅次于电制液氨。

4) 安全性高：氨的火灾危险性仅为乙类，具有较氢气(4%～76%)更安全的爆炸极限(16%～25%)，其刺激性气味是可靠的警报信号。

3.3　液氨泄露分析评估

目前，针对液氨泄露的研究已经取得一些成果。杜喜臣、蔡敏琦采用事故树方法对液氨泄露原因进行了分析。陈杰等人对氨泄漏事故的后果进行了分类研究。孙东亮对液氨泄露扩散模型进行了分析与改进。张杰等人对液氨储罐泄露事故的影响范围进行了模拟分析。王洪德分析了风速、地表粗糙度、大气稳定度、泄漏速率等因素对液氨扩散的影响。定量风险评价是一种对风险进行量化评估的技术，该方法以事故发生频率和事故后果的乘积来对风险进行定量描述。目前，定量风险分析已经应用在 LPG、LNG 等危险化学品储罐的风险评价中。

于加收等人基于液氨泄漏的突发性、后果的严重性、人员疏散的复杂性等特点，分析液氨泄露的物态变化机理，进而建立合理的泄漏模型，准确的预测液氨泄漏在具体环境下的浓度场、流场等分布，结合液氨扩散的具体问题，对比概率分析模型，选择以计算流体力学模型(CFD)理论为基础，应用 FLUENT 软件对液氨扩散进行模拟研究，得到不同扩散情形和条件下的扩散规律，如流场、密度场和速度场等的分布，确定了液氨泄漏危害的范围。

3.4　管道安全输送

液氨属于可燃、爆炸和有毒物质，其本身的潜在危险因素以及生产设备设施的不完善问题都可能给工作人员和周围环境造成一定风险和危害。为了预防和减少液氨事故的发生，我们必须对液氨重大危险源进行辨识与安全评价，分析存在的危险有害因素，从而达到并保证液氨重大危险源正常安全运行，保证国家和人民的财产安全，保证液氨重大危险源以最佳的安全生产状态工作，使企业获得最优的安全投资效益。

金亮等人运用危险有害因素分析、安全检查表分析法、伤害范围评价法(中毒)和 ICI 蒙德法 4 种不同的评价方法对液氨重大危险源进行综合评价，对比后得出 ICI 蒙德法综合评价液氨重大危险源更为全面。李璐等人通过 DOW 法和易燃、易爆、有毒重大危险源评价法，给出了安全评价的程序及计算公式，并探讨了安全评价模式建立的原则。

3.5　标准规范现状

国内尚未建立完善的液氨长距离管道输送技术标准体系，长距离输送管道设计均参考相近的管道设计规范；美国在化工品长输管道建设方面具备丰富的经验，具备完善的法律、法规及完整性管理要求。目前国内已有的相关规范主要有：《液氨泄漏的处理处置方法》HG/T 4686-2014、《液氨使用与储存安全技术规范》DB41/866-2013、《液氨存储与装卸作业安全技术规范》DB37/T 1914-2011 等。

液氨管道除应符合美国运输部关于管道输送危险性物质的管理条例外，还应遵照 ASME B31.4 液体烃类运输规程及 ASMEB31.8 天然气输送规范的要求。液氨管道的设计比 LPG 管道更严格。

3.6 液氨管道国内外建设现状

美国在德州建有 1158km 的液氨管线，在路易斯安娜州建有长 3220 公里的输氨管线，两条管线的总输氨能力达到 3700~7000 吨/天。美国海湾中央氨液管道起自路易斯安那州墨西哥湾近海的石化中心，输量 300×10^4t/a。我国液氨长输管道实际案例较少，主要为小于 100km 的管道（表 2）。

表 2　国内外典型液氨管道

序号	国别	地点/由来	全长/km	管径/mm	压力/MPa	输送能力/(万吨/年)
1	美国	德州	1158	200/250	10.0	130~245
2	美国	路易斯安娜州	3220	150/200/250	10.0	130~245
3	中国	石家庄	29	133	1.3	6
4	中国	秦皇岛	82.5	89/108/133	1.5~2.45	5~8
5	中国	贵州开阳	21.5	219	3.65	30
6	中国	云南天安化工	28.7	273	1.7-3.4	28

从表 2 中可以看出，我国液氨长输管道相比国外液氨输送管道在距离、管径、压力及输送能力上均有较大差距。

4　思考与展望

目前氢能储运的主要瓶颈主要有低成本、高能效、安全、规模化等难题。在关键技术研究上，也需要多方面突破，例如：可抗氢脆的低成本管材、先进的管道设计及制造工艺、管道输送系统、管理运行及控制技术、应急及维护措施等。未来实现氢能连续性、规模化、长距离输送，是氢能大规模利用的必然发展趋势。

氨即可以作为氢能的载体，又是一种无污染燃料，氨为突破氢能产业瓶颈提供了可行的解决途径，是国际清洁能源的前瞻性、颠覆性和战略性技术发展方向，是可能解决氢能发展重大瓶颈的有效途径，也是实现高温零碳燃料的重要技术路线。近年来国内外陆续开展氨氢融合产业项目，福建“氨-氢能源重大产业创新平台”的落地标志着我国氨-氢结合零碳循环路线探索进程的加快，以期快速推动氢能产业规模升级。氨-氢能源结合是未来理想的发展方向之一，对我国实现碳达峰碳中和目标具有重要意义。

参　考　文　献

[1] 袁素. 氨能：2022 年的能源新风口[J]. 能源评论，2022(2)：4.
[2] 张全斌，周琼芳. 基于“碳中和”的氢能应用场景与发展趋势展望[J]. 中国能源，2021，43(7)：81-88.
[3] 徐也茗，郑传明，张韫宏. 氨能源作为清洁能源的应用前景[J]. 化学通报(印刷版)，2019，82(3)：214-220.
[4] 杨静，王晓霖，李遵照，等. 氢气长距离管输技术现状与探讨[J]. 压力容器，2021，38(02)：80-86.
[5] 蒋庆梅，王琴，谢萍，等. 国内外氢气长输管道发展现状及分析[J]. 油气田地面工程，2019，38(12)：6-8，64.
[6] 宋鹏飞，侯建国，穆祥宇，等. 液体有机氢载体储氢体系筛选及应用场景分析[J]. 天然气化工(C1 化学与化工)，2021，46(1)：1-5，33.
[7] PURNA CHANDRA RAO，MINYOUNG YOON，杨润泽. 液体有机氢载体(LOHC)储氢系统最新研究进展[J]. 石油科技动态，2021，(4)：69-81.
[8] 张静，白晨光，潘复生，等. 配位氢化物储氢材料的研究进展[J]. 兵器材料科学与工程，2008，31(6)：90-93.
[9] 李璐伶，樊栓狮，陈秋雄，等. 储氢技术研究现状及展望[J]. 储能科学与技术，2018，7(4)：586-594.
[10] 杜喜臣，蔡敏琦. 液氨泄漏事故树分析及风险预测[J]. 环境工程学报，2008，2(10)：1430-1432.
[11] 陈杰，李文，邓利民，等. 工艺流程中氨泄漏事故后果分类研究[J]. 中国安全生产科学技术，2011，7(1)：157-160.
[12] 孙东亮，蒋军成，张明广. 液氨储罐泄漏扩散模型

的改进研究[J]. 工业安全与环保，2011，37(1)：27-29，40.
[13] 张杰，赵明. 液氨泄漏事故的定量风险评价研究[J]. 安全与环境工程，2012，19(1)：69-72.
[14] 王丹，赵江平，刘冬华，等. 基于高斯模型的液氨储罐泄漏扩散仿真分析[J]. 环境工程，2016，34(7)：140-144.
[15] 于加收. 开放空间液氨泄露扩散规律及人员疏散的研究[D]. 北京：中国地质大学(北京)，2014.
[16] 金亮. 阜新双汇液氨重大危险源辨识与安全评价[D]. 阜新：辽宁工程技术大学，2016.
[17] 李路. 液氨储罐区安全评价[D]. 太原：中北大学，2012.

工业射线检测底片识别标记成像仪的研究与应用

徐承尧　杨　鹏　卢建昌　李　松　张海武

（中国石油天然气第一建设有限公司）

摘　要　射线检测底片识别标记是识别射线检测工件、建立档案资料、缺陷定位必不可少的标志。本文利用射线胶片二次成像原理，研究制作出了一款适用于射线底片二次曝光添加底片识别标记的成像仪。该成像仪简单易做，通过识别标记成像仪技术可大幅度减少现场检测时的编号时间，提高工作效率，降低检测成本。本成像仪已通过国家知识产权局实用新型专利授权。

关键词　射线检测；识别标记；成像仪

射线检测是一种重要的无损检测方法，在机械、化工、电力、船舶、航空航天等行业得到广泛应用。在射线检测时，需要将被检工件信息作为射线检测识别标记放置于胶片合适位置，通过射线曝光形成永久性的影像标识。识别标记一般包括：产品编号、焊接接头编号、部位编号和透照日期、返修标识、扩检标识等。

目前常规方法是在检测现场采用铅字经曝光在底片上形成识别标记信息影像。这种采用铅字标识技术的方法需要根据不同检测对象频繁的更换铅字，操作过程会造成字号重叠、掉号、压焊缝、错误标识等问题从而导致补片。尤其是在寒冷、大风、高温、高湿等环境作业中，铅字号尤为难贴且耗时。因此，现场贴字号不仅影响工作效率，而且底片质量也会受到不同程度的影响。特别是对大壁厚焊口的根焊检测，焊口识别标记信息在底片上就无法显现，给底片评定和归档带来很大的麻烦。

按照《承压设备无损检测第 2 部分射线检测》(NB/T 47013.2－2015)标准中 5.13.5 条规定，允许采用预曝光方式获得相关识别标记，但必须采取有效措施保证根据射线底片上的预曝光识别标记能追踪到工件的相应被检区域，并应采取有效屏蔽措施保证放置识别标记以外的区域不被曝光。因此，本文通过研究制作一款便携式的底片识别标识成像仪用于解决铅字号标识信息造成的底片识别困难。

1　射线检测胶片曝光成像原理

1.1　潜影形成原理

工业射线胶片主要由感光乳剂层、结合层、保护层组成。其核心部分是感光乳剂层，主要成分是卤化银感光物质极细颗粒和明胶。感光乳剂层的厚度约为 10～20μm，卤化银主要采用的是溴化银，其颗粒尺寸一般不超过 1μm。在可见光或射线照射下，胶片感光乳剂层中可形成眼睛看不见的潜在影像，称为“潜影”，潜影形成可分为四个阶段：

（1）在射线或可见光照射时，在光子作用下，卤化银微粒吸收光子，激发溴离子产生电子。

（2）产生的电子移动，到达感光中心。

（3）代负电荷的感光中心吸引卤化银晶格之间的银离子。

（4）银离子与电子结合产生银原子。

上述过程是潜影形成的基本过程。感光中心具有一个银原子后基本过程在度重复，直至曝光结束。这样产生的银原子团称为“潜影中心”，潜影中心的总和就是潜影。

1.2　暗室处理

暗室处理是指将曝光后的胶片通过显影、停显(或中间水洗)、定影、水洗、干燥这五个基本过程，使胶片潜在的图像成为固定下来的可见影像的底片并可将其长期保存。显影就是以还原作用，从感光乳胶层中感光的溴化银还原出金属银，使不可见的潜影转化为可见的影像。经过显影之后，胶片乳剂层中感光的卤化银还原为金属银，但大部分未感光的卤化银没有发生变化，还保留在乳剂层中。定影过程的作用是，将感光乳剂层中未感光也未被显影剂还原的卤化银从乳剂层中溶解掉，使显影形成的影像固定下来。在定影过程中定影剂与卤化银发生化学反应，生成溶于水的银的络合物，但对以还原的金属银不发生作用。

工业射线胶片在射线或可见光照射下在射线胶片上形成潜影，通过暗室处理使潜影形成可见影像的过程就是射线检测胶片曝光成像的基本原理。

2　射线底片识别标记成像仪的工作原理及工作流程

2.1　胶片二次曝光成像原理

由射线检测胶片曝光原理我们可知曝光后的胶片在感光乳剂层中还存在大量未感光的卤化银颗粒。因此基于胶片的感光特性，我们可利用可见光对胶片进行二次曝光，将所需要的识别标记信息成像到胶片上，通过暗室处理固定到射线底片上。

2.2　成像仪结构

根据胶片二次曝光原理，我们设计制作了一款射线检测识别标记成像仪(图1)，设备由以下几个部分组成包括：

(1) 限位挡板：限制胶片二次曝光位置，保证识别标记不歪斜。

(2) 光源窗口：光源应使用红灯，光源强度应根据所使用的胶片通过试验测定。

(3) 电源插座。

(4) 电源指示灯：应使用红灯制作，且要对红灯安全性进行检查。

(5) 调时按钮：根据胶片感光特性可以调节二次曝光时间。

(6) 电源开关。

(7) 工作按钮。

(8) 工作指示灯：均应使用红灯显示，且要对红灯安全性进行检查。

(9) 吸光压板：在胶片进行二次曝光时，压在胶片及光源窗口上，保证放置识别标记以外的区域不被曝光。

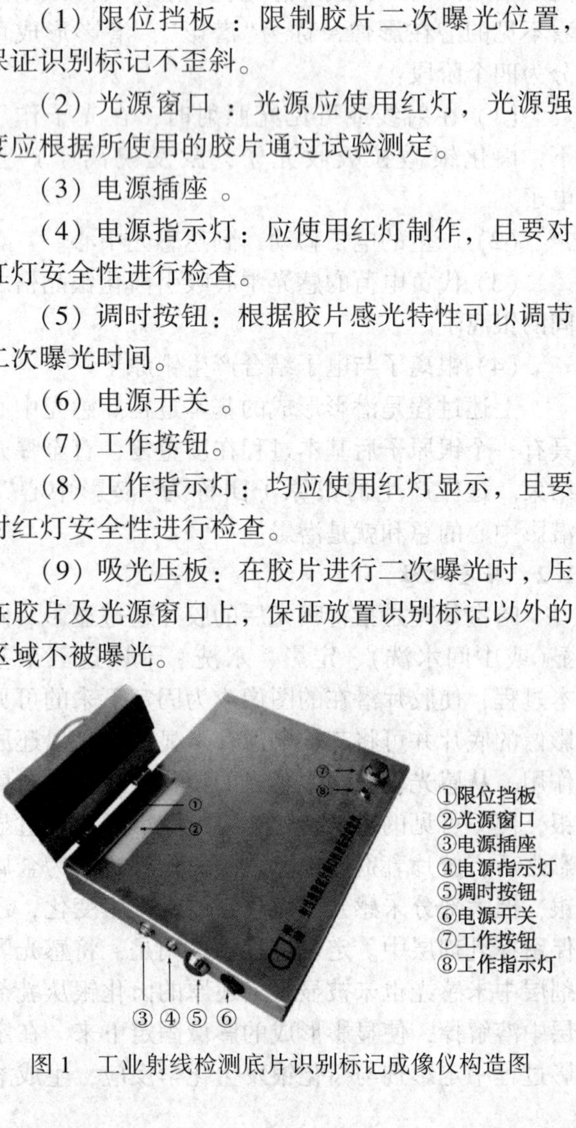

图1　工业射线检测底片识别标记成像仪构造图

2.3　成像仪工作原理及工作流程图

用一定强度的红光对射线曝光完成后的胶片进行二次曝光，由于在光源窗口位置放置了带有检测工件识别信息的纸条，红光将透过纸条白色部分在胶片上进行曝光，纸条标识信息由于是黑色打印字体，其透光性较差，因此红光将会将识别标记信息成像到射线胶片上，通过暗室处理后固定到射线底片上成为永久标记。

成像时首先将检测工件识别标识信息打印在复印纸上(图3)，剪裁成与成像仪光源窗口大小一致的信息条，并放置在成像仪光源窗口位置；然后将射线检测曝光后未进行暗室处理的胶片放置在光源窗口的合适位置，保证识别标记信息不压焊缝。盖上吸光压板，调节曝光时间，成像完毕后光源自动熄灭。成像仪整个工作流程如图2所示。

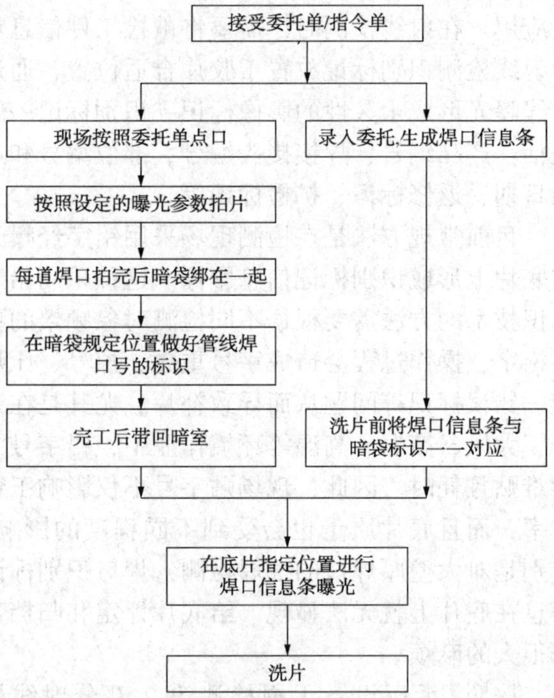

图2　射线检测底片识别标记成像流程

2.4　标识成像效果(图4)

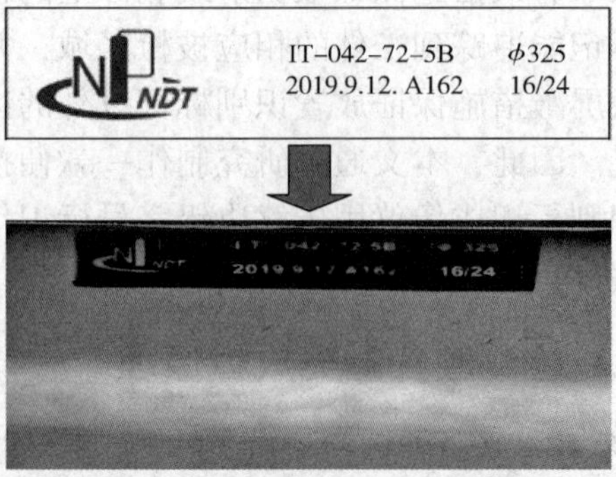

图3　底片识别标记信息条及成像效果

图 4　底片识别标记信息成像仪成像效果

3　成像仪研究目的及意义

3.1　降低检测人员作业强度

常规作业中，需要事先按委托单做好焊口信息标记带，包括但不限于业主项目名称、检测单位、产品编号、对接焊接接头编号、部位编号、焊工代号和透照日期；返修后的透照还应有返修标记，扩探检测标记等等。这些作业全部需要在透照作业前完成，字号板还要经常的更新，需要专人准备很长时间，劳动强度大。采取“后成像”法作业，即透照时先不管识别标识，只需做好定位标记，这样一来，就可以大大降低作业时间和作业强度。

3.2　提高检测工作效率

常规作业时，仅仅是粘贴字号一项，每道口就需要至少 2~4 分钟时间，遇到特殊天气字号粘贴时间更长。采取“后成像”法作业，将铅字号的准备工序取消，作业时仅按照作业清单或委托拍片，把每道焊口的底片简单标识后收集即可。这样一来，每个台班工作效率可提高 30% 以上。

3.3　降低检测底片补片率及其他标识识别困难难点

使用成像仪可以有效的解决因铅字号重叠、重影、上焊缝、掉号、漏换字号等引起的补片。大壁厚焊口根焊检测时焊口识别标记信息以及一些管件焊口检测时铅字标识很难看清，使用标识成像仪可有效解决该类工件的透照时的标识识别难题。

3.4　节省检测成本

（1）使用成像仪可以免去铅字号的使用，同时可减少氧化锌胶布、纸胶带、双面胶等的使用，节约施工成本，按照年射线检测底片 30 万张左右计，采用成像技术后，每年可节约铅字号、纸胶带、字号板及其他辅助材料等成本约 10 万元；

（2）按每年 30 万张射线底片计算，因字号原因补片约 4000 张，采用成像技术后，可避免因字号引起的补片，节省材料成本（胶片）2.1 万元。

（3）某些特殊字号（logo）的编制要求可直接在电脑上生成，节约定制的成本。可根据检测工程项目的需要，提供多样化的个性定制标识方案，提高工程可识别度。

4　结束语

射线检测作为使用最为广泛的常规检测手段，底片标识系统是辨别检测工件及位置的最重要依据。目前检测新技术层出不穷，但是射线胶片检测仍然将作为最常用的检测技术在工业生产的各个方面大量应用，底片识别标记成像仪的应用研究就是在传统领域不断改进创新，为检测人员提供标识成像新思路促进行业不断创新。通过底片识别标记的成像仪的研究应用，极大的解决了铅字标识造成的标识错误及成本浪费。

参 考 文 献

[1] 李衍．工业射线照相影像质量评价[J]．影像技术，2002，3：31-34.

[2] 强天鹏等．射线检测[M]．2 版．北京：中国劳动社会保障出版社．2007.

浅谈轻烃能源管道建设新技术在“双碳”战略下的应用前景

谭永亮　韩佩君

（中国石油辽河油田建设有限公司）

摘　要　习近平总书记在第75届联合国大会上宣布中国将增加自主减排贡献，力争二氧化碳排放2030年前达到峰值，2060年前实现碳中和。天然气作为清洁的化石能源，主要成分为轻烃，燃烧后产生二氧化碳和水，被喻为绿色清洁能源，故轻烃能源管道建将在未来“双碳”目标中扮演重要角色，未来10年将会迎来轻烃能源管道建设的高峰期，探索一种新型的轻烃能源管道建设，将会为“双碳”目标的实现，提供技术保障。

关键词　“双碳”目标；轻烃能源管道；清洁能源；新型技术研究

碳达峰与碳中和紧密相连，前者是后者的基础和前提，达峰时间的早晚和峰值的高低直接影响碳中和实现的时长和实现的难度。而后者是对前者的紧约束，要求达峰行动方案必须在实现碳中和的引领下制定。实现达峰，关键是降低碳强度，尽快使碳强度年下降率赶上GDP年增长率，从而实现二氧化碳排放达峰。对于还处在工业化和城市化发展中后期阶段的中国而言，经济仍需以较高的速度增长，能源总需求在一定时期内还会持续增长，尽管不断加大节能降碳力度，碳排放也将呈缓慢增长趋势。

碳排放与能源消费密切相关，超过85%的碳排放量来自能源活动。因此，能源结构的绿色低碳转型是实现“双碳”目标的关键举措。然而，我国一次能源消费结构长期以来“一煤独大”的现实国情，加剧了目标实现的难度。

尽管碳中和最好的方法是使用可再生能源替代化石能源，但是考虑到能源转型过程的时长、现有的技术政策、能源安全等问题，化石能源在相当长的时间内还将扮演不可替代的角色。因此，目前能源转型重点在于退煤，天然气替代煤炭对碳减排产生的积极作用毋庸置疑。

因此，天然气作为清洁高效的低碳化石能源，肩负着能源消费结构从化石能源向可再生能源过渡的重要使命，在“双碳”目标导向下的能源转型进程中，“减煤、稳油、增气和可再生能源”已成共识，大力发展天然气是中国建立清洁低碳、智慧高效、经济安全能源体系的必然选择。在今后10~15年内，中国天然气快速发展的基本面没有改变，天然气消费持续增长的客观条件依然存在，天然气必将在未来的新兴能源体系中占据一席之地。

自动焊技术的成熟与发展能够让我国的油气运输范围得到明显扩大，给中国油气资源的远距离输送带来了十分明显的变化，能够更好地解决我国部分地域的油气资源短缺问题。为了更好的进行长输油气管道自动焊技术的改进与完善，自动焊作业及其上下游的相关工作作为一个技术体系统一协调与管理，并在该技术体系内追求各专业的技术进步及相关管理人员专业知识的提升。随着管道建设用钢管强度等级的不断提高，以及管径和壁厚的不断增大，管道自动焊接头的综合性能更优良，安全可靠性更高，其应用范围将会越来越广泛。自动焊管道焊接技术与传统的手工焊和半自动焊相比较提高施工效率，降低了管道建设中的能源损耗，为管道建设中的节能降碳提供了保障。

辽河油田建设有限公司近年来在天然气管道工程施工中，通过新技术管道自动焊的应用和研究，结合南方地形和天气特点，研制出山区自动焊技术和水田水网段施工技术，在管道建设中得到了良好的应用，该施工技术已申报国家发明专利，为“双碳”目标下轻烃能源管道建设提供了宝贵经验。

1　轻烃能源管道建设在山区自动焊技术研究与应用

山区大口径自动焊工艺原理为：(1)山区施工内焊机设备研发及配套设施，设备轻量化、动力优化设计，增加视觉定位系统等，目前已经实现了通过20D热煨弯管过弯，具备了25°爬坡能力，实现了6G位置内根焊焊接，对口、刹车、行走功能一体化。(2)动力系统优化，提高行走驱动力选用更大扭矩的气动马达，改变驱动轮表面材料及表面纹路，增大滑动摩擦力，降低驱动轮打滑的几率。对刹车片进行同样的改造。

1.1　施工工艺流程及操作要点

1.1.1　工艺流程

施工工艺流程如图1所示。

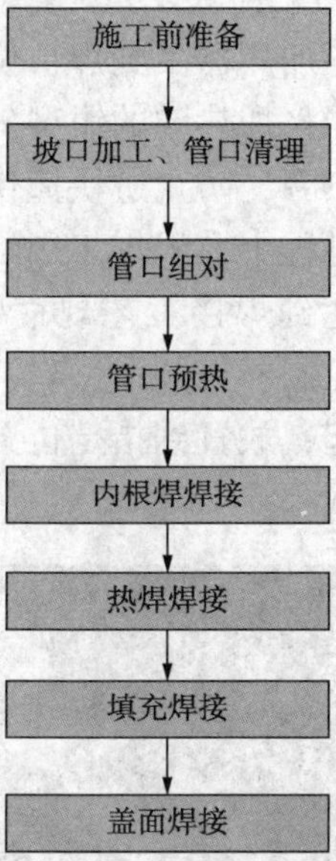

图1　施工工艺流程图

1.1.2　操作要点

1.1.2.1　施工前准备

(1) 山区施工内焊机设备研发及配套设施

与设备厂商沟通，设备轻量化、动力优化设计，增加视觉定位系统等，目前已经实现了通过20D热煨弯管过弯，具备了25°爬坡能力，实现了6G位置内根焊焊接，对口、刹车、行走功能一体化(图2)。

该装置是在焊机单元装上内置摄像机，根据不同管道直径，对口器装配的焊接单元数量有所不同，但每个焊接单元中均装有一个内置摄像机。通过焊接单元的内置摄像机进行对口间隙图像采集，计算间隙，调整涨紧气缸，判断间隙是

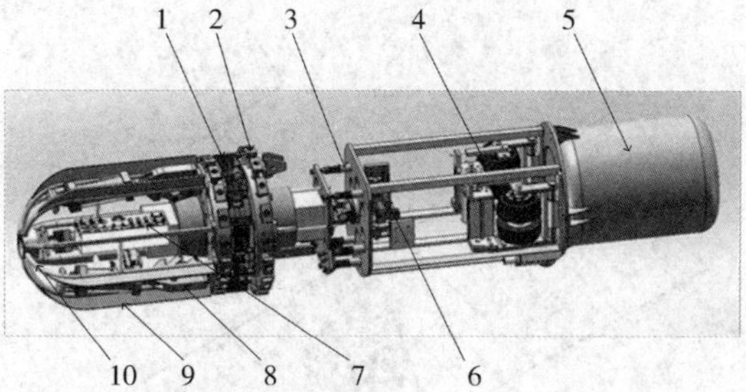

图2　山地管道对口一体机大样图

1—焊接单元；2—涨紧机构；3—机头柔性偏转机构；4—行走机构；5—储气罐；6—刹车机构；7—控制箱；8—涨紧气缸；9—导向保护板；10—机架

否符合工程要求，直至完成对口。

(2) 动力系统优化

为确保内焊机能够在大坡度条件下顺利爬坡行走和平稳停驻，对内焊机行走及刹车机构进行了优化设计。内焊机正常在管道内平稳行走时，由气动马达提供行走驱动力。提高行走驱动力选用更大扭矩的气动马达，改变驱动轮表面材料及表面纹路，增大滑动摩擦力，降低驱动轮打滑的几率。对刹车片进行同样的改造。

内对口器，完成爬坡小于25°的φ813内对口器(含带铜衬垫的)研究设计，该内对口器可通过6D弯管，锂电池遥控驱动，气动刹车，液压涨紧(图3)。

图3　山地管道对口一体机照片

(3) 优化焊接工艺，解决大坡度焊接过程中铁水下坠的问题

熔池下坠主要是受合力以及熔池处于熔融态的时间(即冷却时间，相当于其运动时间)的影响，因此，减小熔池重力、增大电弧力、加快熔池冷却速度均有利于抑制熔池下坠。

1.1.2.2　坡口加工、管口清理

(1) 全自动焊接坡口形式为复合坡口，钢管端面坡口加工尺寸、角度应符合焊接工艺规程的要求(图4)。

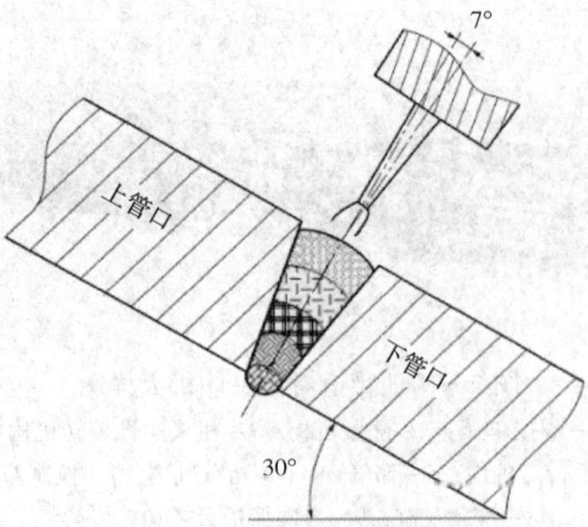

图4　坡口工艺设计图

（2）钢管内外表面坡口及两侧 25mm 范围内应采用机械法清理至显现金属光泽，钢管外表面 150mm 范围内用钢丝刷进行清理，不应有起鳞、磨损、铁锈、渣垢、油脂、油漆和影响焊接质量的其它有害物质。

（3）端部 150mm 范围内管制焊缝余高打磨掉，并平缓过渡。

（4）采用自制简易清管器清除防腐管内杂物，保持管内部清洁。

现场坡口加工如图 5 所示。

图5　坡口加工照片

1.1.2.3　管口组对

（1）自动焊接管口组对前，由管工对管口进行级配测量，将周长差控制在 0～4mm。对口过程中如发现有错边量超标现象，应对管线进行旋转调整，将错边量均匀分布，旋转后如错边量超标，更换防腐管重新组对。

（2）管道组对采用带内焊机设备的内对口器，管制焊缝间距错开不小于 100mm。组对间隙 0～0.5mm，错边量不大于 2mm，采用吊管机吊装管道保持平稳直至内根焊全部完成（图 6）。

图6　内焊机组对照片

1.1.2.4　管口预热

（1）采用工程车配合 120kW 中频加热器对管口进行预热 90～150℃。距坡口 25mm 处的圆周上均匀测量 4 点，加热宽度为坡口两侧各不小于 75mm。

（2）将中频加热器吊到焊口位置，由辅助工操作启动控制器将加热圈的钳型口打开，缓慢下放就位中频加热圈，防止过快撞伤防腐层。

（3）预热过程中，根焊工用红外线测温仪测量预热温度，达到焊接工艺规程要求的温度后，由辅助工操作控制器打开钳型口，指挥吊管机将中频加热器吊起，放置到指定位置，等待下一道口的预热（图 7）。

图7　管口预热照片

1.1.2.5　内焊根焊焊接（图 8）

（1）内焊焊工确认各项组对指标及预热温度符合焊接工艺规程的要求后，操作送达杆控制盒焊接控制按钮进行根焊焊接。

（2）焊接过程中，出现跳丝、电压不稳或焊枪不起弧等情况时，负责送达杆控制盒的焊工及时作出相应焊枪的关闭处理，待整个焊道完，经现场监理同意后，由具有资格证的内补焊焊工按照焊接工艺规程要求进入管内对存在缺陷的位置进行打磨、焊接处理。

(3) 100%根焊道完成后方能调整吊管机。若根焊焊道有开裂风险时，应在完成100%热焊道焊接后方能调整或移动吊管机。在钢管放置在稳定在管墩上之前，不能撤离支撑吊具。

图8　内焊根焊焊接照片

1.1.2.6　热焊焊接(图9)

(1) 根焊完成后，将热焊防风保温房缓慢放置到需要焊接的相应焊口上。

(2) 焊工进入防风保温房内，将焊接小车轨道卡到防腐层的指定位置，并将外焊机卡在轨道上，焊接地线放入焊缝内。

(3) 焊工将电加热带卡在裸露的管口一侧，并打开加热控制器按钮。

(4) 焊接前，热焊焊工对焊口进行检查、处理，保证层间温度符合焊接工艺规程要求，焊前进行试气。

(5) 焊接过程中，热焊工时刻注意观察电弧在坡口两侧的熔合情况，随时调整焊炬的姿态。

(6) 焊接完成后，热焊工对热焊焊道进行自检，必要时用角向磨光机进行打磨、补焊。

图9　热焊焊接照片

1.1.2.7　填充焊接(图10)

(1) 热焊接头打磨处理完成后，采用电加热带进行层间加热，焊工进行填充的焊接。

(2) 焊接前，焊工先要对焊口进行检查、处理，保证层间温度符合焊接工艺规程要求，焊前进行试气。接触式测温仪或经接触式测温仪现场比对的红外测温仪监测层(道)间温度，在焊接方向前方距施焊处200mm左右的焊缝金属上进行。

(3) 焊接过程中，焊工时刻注意观察电弧在坡口两侧的熔合情况，随时调整焊炬姿态和摆动宽度。

(4) 焊接完成后，焊工对填充焊道进行自检，必要时用角向磨光机进行打磨、补焊。

图10　填充焊接照片

1.1.2.8　盖面焊接(图11)

(1) 焊接前，先要对焊口进行检查、处理，保证层间温度符合焊接工艺规程要求，焊前进行试气。

(2) 焊接过程中，焊工时刻注意观察电弧在坡口两侧的熔合情况，随时调整焊炬姿态和摆动宽度。

(3) 焊接完成后，焊工对完成焊道进行自检，必要时用角向磨光机和钢丝刷对焊口进行修磨、补焊。

(4) 外焊机、焊接轨道及电加热带的拆除。

(5) 外观检查完成后，焊工进行外焊机、焊接轨道和电加热带的拆除。

图11　盖面焊接照片

2　轻烃能源管道建设在水田水网段施工技术研究

新型钢板桥的研制和应用，解决了水田水网段施工设备行走困难的施工难题，与传统的施工方法相比较，具有快速安拆了和循环利用的优势，在轻烃能源管道水田水网段焊接中得到了较好的应用，能够提高施工效率，降低辅助材料的使用，实现工程建设中的节能降碳的目标。

2.1　施工工艺流程及操作要点

2.1.1　工艺流程

施工工艺流程如图 12 所示。

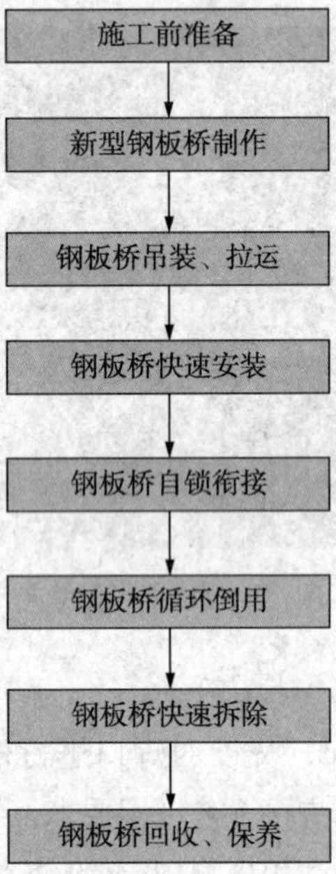

图 12　施工工艺流程图

2.1.2　施工准备

（1）新型钢板桥的设计

用 H 型钢骨架，在工字钢内加设筋板，增加钢板桥的刚度和空间体积、减少工字钢的用量进而减轻钢板桥自重，在接触面花纹钢板的设置，避免了施工人员在钢板上行走的滑到的安全隐患，通过 5°的坡度设置，实现了钢板桥的自锁功能(图 13~图 16)。

2.1.3　新型钢板桥的制作

（1）钢板桥骨架制作

用 H 型钢骨架，在工字钢内加设筋板，增加钢板桥的刚度和空间体积、减少工字钢的用量进而减轻钢板桥自重(图 17)。

（2）自锁装置制作

用 H 型钢加工通过 5°的坡度设置，在 H 型卡接位置焊接钢板，形成镶嵌体，实现了钢板桥的自锁。(图 18)

（3）防侧滑制作

在接触面花纹钢板的设置，避免了施工人员在钢板上行走的滑到的安全隐患(图 19)。

2.1.4　钢板桥的吊装和拉运

钢板桥采用汽车吊和半挂车进行拉运至现场。吊索具为钢丝绳+U 型环，现场吊装由起重工指挥，通过半挂车拉运至水田水网及淤泥段施工现场。

2.1.5　钢板桥的快速安装

对吊装进行偏心设置，在吊耳吊装时钢板桥形成倾角，3 人配合扶正，将自锁装置进行对接，安装一块的时间为 2min(图 20)。

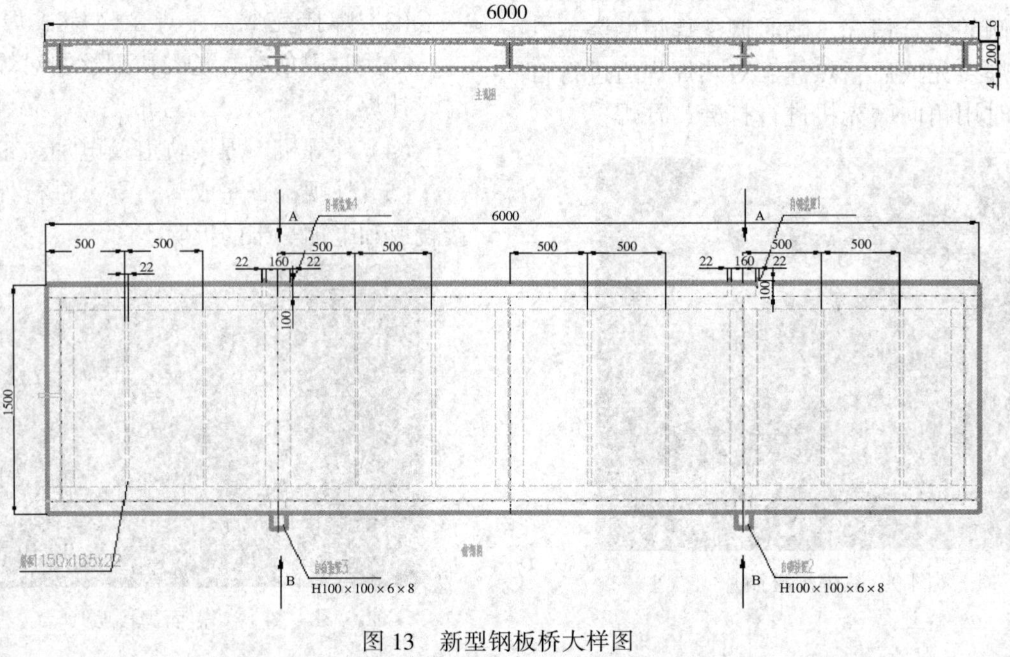

图 13　新型钢板桥大样图

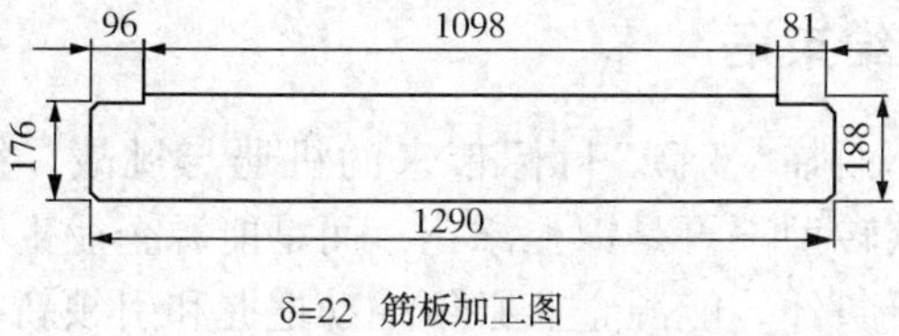

图 14　新型钢板桥筋板加工图

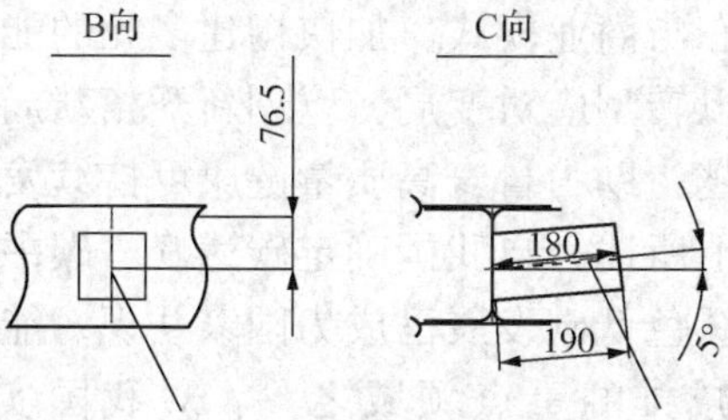

图 15　新型钢板桥自锁装置图

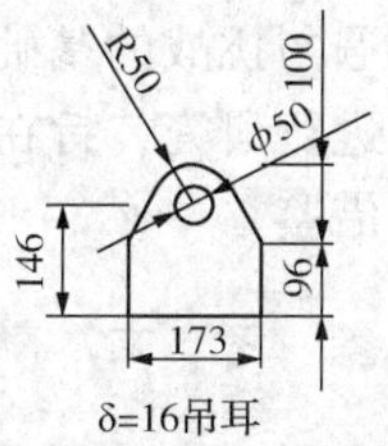

图 16　新型钢板桥吊耳加工图

图 17　H 型钢骨架制作图

图 18　自锁装置制作图

图 19　防侧滑制作图

图 20　钢板桥现场安装图

2.1.6　钢板桥自锁衔接

钢板桥的自锁装置分子锁和母锁，吊装时将母锁与自锁对其，起重工指挥，人员背后，完成自锁装置衔接(图 21)。

图 21　钢板桥自锁衔接安装图

2.1.7　钢板桥循环倒用

施工现场采用挖掘机对钢板桥敷设，通过拆除后端钢板桥，安装到前端，实现钢板桥的循环倒用，现场安装方法，同上诉操作步骤(图 22)。

图 22　现场钢板桥循环倒用图

2.1.8　钢板桥的快速拆除

拆除方法同安装方法一致，用 U 型环和钢丝绳吊住吊耳，吊耳自然成倾斜角，能够使子锁和母锁分析，从而实现自锁装置中脱落，完成钢板桥的快速拆除(图 23)。

图 23　钢板桥的拆除照片

2.1.9　钢板桥的回收与保养

钢板桥回收后，拉运至堆放车间或在现场搭设防雨钢结构，对漆面破损的地方，及时进行修补。

3　结束语

面临“双碳”目标带来的机遇与挑战，绿色低碳转型不再是锦上添花，而是能源企业生存的必要条件。能源企业必须主动把握和引领新一代能源技术的变革趋势，推动传统能源业态提质增效、清洁高效利用，大力拓展新能源产业，创新能源业态与商业模式，加快构建多元的能源供应体系，以转型应对变局，以创新开拓新局，加速突破跨越，助力自身高质量健康可持续发展。

综上所述，自我国确定碳达峰、碳中和目标以来，绿色低碳发展已成为国家共识。能源行业作为碳减排的重点领域之一，对我国实现“双碳”目标影响深远，在此背景下，能源企业转型发展成为行业热点话题。在分析“双碳”目标给能源企业带来机遇与挑战的基础上，对轻烃能源管道建设新技术进行研究，旨在为能源管道建设施工提供参考与借鉴。

参　考　文　献

[1] 陆家亮．“双碳”目标下的中国天然气发展前景及建议[J]. 石油商报，2021[4].

[2] 朱强．“双碳”背景下能源企业转型发展的思考[J]. 石油商报，2022[7].

[3] 王致友．油气长输管道自动焊接工艺技术研究[J]. 中国石油和化工标准与质量．2014(09).

[4] 樊学华，庄贵涛，李向阳，等．长输油气管道焊接方法选用原则[J]. 油气储运．2014(08).

[5] 冀秀邦，程艳超，王超．长输管道焊接施工工艺[J]. 化工管理．2013(02).

[6] 崔萌．油气管道施工中焊接技术的有效应用探析[J]. 中国石油和化工标准与质量．2012(03)

基于对抗部分域适应网络的有杆抽油系统故障诊断

辜小花　卢　飞　唐德东　潘瑶涛

（重庆科技学院电气工程学院）

摘　要　有杆抽油系统在油田应用广泛，采油现场环境条件恶劣，油井故障不断。由于各个油井所处的环境不同，每口井抽油机发生的故障类型不完全一致，不满足训练集和测试集标签空间相同的要求，导致常规域方法因源域私有的故障类型样本影响产生负迁移现象。针对以上问题，本文提出了一种基于对抗部分域适应网络(APDA)的有杆抽油系统故障诊断方法，该方法基于对抗网络和重要性加权来识别源域的潜在异常类样本，对齐源域和目标域共有类的特征，实现跨域故障诊断。在两口油井的数据集上进行实验，结果表明该方法可以有效提高模型在目标域上的故障分类精度，提高了有杆抽油系统故障诊断模型的泛化能力，从而提高了抽油机的性能与效率。

关键词　有杆抽油系统；域适应；故障诊断；重要性加权对抗

由抽油机、抽油杆和抽油泵组成的有杆抽油系统是油田主要的机械抽油方式，由于具有结构简单、适应性强、成本低等特点，是世界上采油生产中应用最广泛的设备。但随着油田采油的不断进行，大多数油田已进入特高含水期。井下工况愈发复杂，导致采油系统故障频发，进而降低了油田的生产效益。因此，建立准确、有效的有杆抽油系统故障诊断模型具有重要工程意义。

近年来，随着计算能力和算法快速发展，基于智能数据驱动的故障诊断方法在捕获测量机械数据与相应的健康状态之间的关系方面很有前景。目前基于机器学习的故障诊断算法已经在抽油机故障诊断上得到广泛研究，取得良好效果。由于深度学习在特征提取与模式识别方面显示出独特的优势与潜力，将深度学习应用于抽油系统故障诊断的研究成为热点。其中基于卷积神经网络(CNN)的诊断模型对图像数据有着优异的特征提取和分类能力的。Xia 等人利用 CNN 结构，结合传感器融合策略，进行对旋转机械的故障诊断研究，实现了更高的诊断准确性。Ye 等人提出基于 AlexNet 的深度卷积神经网络，进行基于示功图的抽油机故障识别，实现了良好效果。

尽管数据驱动的故障诊断方法已经取得一些成功，但它们主要基于训练数据和测试数据必须服从同一分布的假设下进行，这表明训练和测试数据应该是在相同的操作条件下从同一台机器上收集的。然而，在实际的采油场景中，示功图原始故障数据的采集受地理、工艺、采油装置、地点和时间等多方面因素影响，不同油井上收集的数据存在特征分布差异。上述假设很难且几乎不可能满足，导致实际应用中的故障诊断性能下降，这个问题被称为域偏移问题。

为了增强故障诊断模型在不同场景中的泛化能力，近年来人们成功开发了迁移学习技术，已经在工业故障诊断问题中得到广泛研究。Shen 等人基于 TrAdaboost 框架，使用跨域特征训练一组 KNN 诊断模型，帮助识别轴承在不同工况下的健康状态。Hasan 等人使用源域数据预训练模型，通过目标域样本进行微调，实现电机轴承在不同运行条件下的故障诊断场景。但以上方法都必须要有标签的目标域样本参与训练，不符合实际需求。领域自适应(DA)方法，作为迁移学习的一种特殊形式，旨在将从有监督的训练数据(记为源域)中学到的知识迁移到无监督的测试数据(记为目标域)中去，可以同时解决目标域标签缺乏和数据分布差异两大难题。Xing 等人提出一种不变性深度置信网络，从原始振动数据中学习分布不变性特征对机械不同工作条件下的故障诊断。Li 等人提出深度卷积域对抗迁移学习方法，通过构建一个新的深度卷积残差特征提取器来提取高层特征，采用域对抗方法完成了变工况下的轴承故障诊断。综合以上研究，域适应的方法有望学习到可迁移诊断知识在不同油井上实现重用。

目前在工业故障诊断上的许多域适应研究已经取得了较好的诊断性能。然而现有方法主要通过最小化源域和目标域之间的边际数据分布差异来提取域不变特征，这表明整个机器健康状态标签空间中的目标域数据应该在模型训练过程中可用。在实际情况中，通常可以获得不同机械健康状况的源数据进行训练，但很难并且几乎不可能另一台抽油机预先收集所有健康状况的测试数据。在这种情况下，常规方法往往会因为源域多出来的故障种类样本，影响源域和目标域共有类别样本的域迁移过程，而使得域适应的过程中产生负迁移现象。

因此，部分域适应问题更符合实际工业场景，其中可用的无监督目标域数据仅涵盖所有相关健康状况的子集。本文对此提出一种基于对抗部分域适应网络的有杆抽油系统故障诊断方法，该方法通过计算源域样本的重要性，减少源域私有类样本对域适应的影响。引入样本的加权对比域差异(WCDD)来计算子结构之间的分布差异，减少域间共享类的偏移。

1　对抗部分域适应网络

由于在实际生产过程中，每个抽油机所产生的故障类型不一致，这就导致不满足常规域适应方法中对源域和目标域故障类型相同的假设。如图1所示，常规域适应方法会因为源域私有类别的影响产生负迁移现象，而部分域适应能够避免源域私有类别样本的影响。

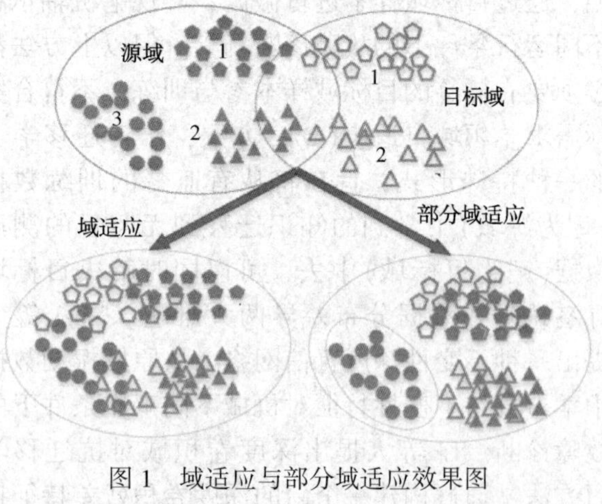

图1　域适应与部分域适应效果图

本文研究问题定义为：存在一个带标签且样本丰富的源域数据集 $D_s=\{(x_i^s,\ y_i^s)\}_i^{n_s}$ 和一个无标签的目标域 $D_s=\{(x_i^s)\}_i^{n_t}$，其中 x_i^s 表示源域样本，y_i^s 表示对应标签，n_s，n_t 分别表示源域、目标域样本数。源域和目标域的边缘分布不同 $P(x^s)\neq P(x^t)$，且目标域故障类型是源域故障类型的子集，即 Y^tCY^s。我们的任务建立一个深度网络，可以预测目标域的样本标签。

1.1　生成对抗网络

传统生成对抗网络框架如图2所示，主要包含两个模块：生成器G、判别器D，生成器和判别器都可由神经网络构成，生成器G可以对输入的随机噪声z进行处理之后生成新的数据G(z)，判别器D由一个二分类判别网络组成，对输入的真实数据x和由G产生的新数据G(z)进行判别，区分两者是否来自真实数据，生成器尽量模拟生成真实的数据，而判别器尽量去判别数据的真实性，在两者互相博弈的学习过程中，使得生成器产生类似真实数据的输出。

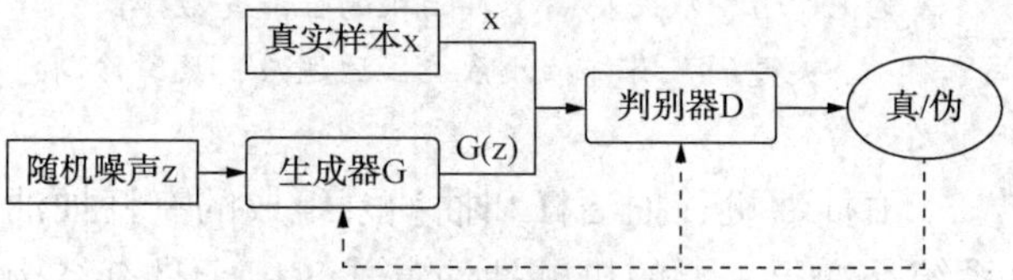

图2　传统GAN网络模型结构

基于对抗的域适应网络主要借鉴了生产对抗网络能够通过对抗学习使得真假样本难分的思想，将域分类器嵌入到特征提取器和分类器之间。域分类器旨在识别源样本和目标样本的分布之间的差异，以找到真实域分布散度的更严格的下界，而另一方面，特征提取器通过向域分类器相反方向步进来减少分布散度。通过域分类器和特征提取器的极大极小博弈训练，最小化源域数据的分类器损失，最大化域分类器的损失，促进特征提取器学习域不变的特征。

1.2　加权对比域差异

实现域间细粒度层次的对齐，在最小化类内差异的同时，最大化类间差异，能够实现更好地域适应效果。最近出现一些关于细粒度域适应的工作，但这些方法都是类别层次的域适应方法。

这里进一步考虑更加细粒度的子结构域适应方法。此外，由于在模型训练过程中，每个样本的重要性差异，采取对样本进行加权。具体来说，使用无监督聚类算法将源域和目标域的特征在同一个特征空间下划分为多个子结构，然后对子结构进行细粒度的域适配。因此对于 C 个子结构，使用局部最大均值差异(LMMD)度量子结构之间的差异，可表示为：

$$\hat{D}^{lmmd}(x^s, x^t) = \frac{1}{C}\sum_{c=1}^{C} \| \sum_{f_i^s \in D_s} w_i^{sc}\phi(\theta_f(x_i^s)) - \sum_{f_j^t \in D_t} w_j^{tc}\phi(\theta_f(x_j^t)) \|_H^2 \quad (1)$$

其中，C 表示子结构个数，w_i^{sc} 为源域中第 i 个样本属于子结构 c 的权重，w_j^{tc} 为目标域中第 j 个样本属于子结构 c 的权重。计算权重 w_i^c 的方法为：

$$w_i^c = \frac{y_{ic}}{\sum_{i=0}^{n} y_{ic}} \quad (2)$$

其中 y_{ic} 为第 i 个样本属于第 c 个子结构的概率，n 为样本数。

在此基础上，本文进一步考虑衡量跨领域的子结构内和子结构间的差异。子结构内域差异最小化，以压缩子结构内样本的特征表示，而子结构间域差异最大，以使彼此的表示远离决策边界。共同优化子结构内和子结构间的分布差异，提高适应性能。

假设：

$$\mu_{c_1c_2}(y_1, y_2) = \begin{cases} 1 & \text{if} y_1 = y_2 \\ 0 & \text{otherwise} \end{cases} \quad (3)$$

对于两类子结构 c_1、c_2（可以相同或不同），核平均嵌入估计为：

$$\hat{D}^{c_1c_2}(\hat{y}_1^t, \hat{y}_2^t, \cdots, \hat{y}_{n_t}^t, \phi) = e_1 + e_2 - 2e_3 \quad (4)$$

$$e_1 = \sum_{i=1}^{n_s}\sum_{j=1}^{n_s}\mu_{c_1c_1}(y_i^s, y_j^s)\, w_i^{sc_1} w_j^{sc_1} k(\phi(\theta_f^l(x_i^s)), \phi(\theta_f^l(x_j^s)))$$

$$e_2 = \sum_{i=1}^{n_t}\sum_{j=1}^{n_t}\mu_{c_2c_2}(y_i^t, y_j^t)\, w_i^{tc_2} w_j^{tc_2} k(\phi(\theta_f^l(x_i^t)), \phi(\theta_f^l(x_j^t))) \quad (5)$$

$$e_3 = \sum_{i=1}^{n_s}\sum_{j=1}^{n_t}\mu_{c_1c_2}(y_i^s, y_j^t)\, w_i^{sc_2} w_j^{tc_2} k(\phi(\theta_f^l(x_i^s)), \phi(\theta_f^l(x_j^t)))$$

当 $c_1 = c_2$ 时，计算的是子结构内的差异；当 $c_1 \neq c_2$ 时，计算的是子结构间的差异，因此进一步的加权对比域差异（WCDD）可写为：

$$\hat{D}^{wcdd} = \underbrace{\frac{1}{M}\sum_{c=1}^{M} \hat{D}^{cc}(\hat{y}_{1:n_t}^t, \phi)}_{\text{intra}} - \underbrace{\frac{1}{M(M-1)}\sum_{c=1}^{M}\sum_{\substack{c'=1 \\ c' \neq c}}^{M} \hat{D}^{cc'}(\hat{y}_{1:n_t}^t, \phi)}_{\text{inter}} \quad (6)$$

1.3 网络结构

对抗部分域适应网络（APDAN）的框架图如图 3 所示。源域样本x^s和目标域样本x^t通过共享特征提取器 F 进行特征提取，得到源域特征 $F(x^s)$ 和目标域特征 $F(x^t)$。然后在源域上使用$F(x^s)$和标签y^s训练特征提取器 F 和类分类器 C。同时将特征输入域分类器 D，计算出源域样本的权重后，然后将特征和权重输入域分类器D_0进行域适应训练。

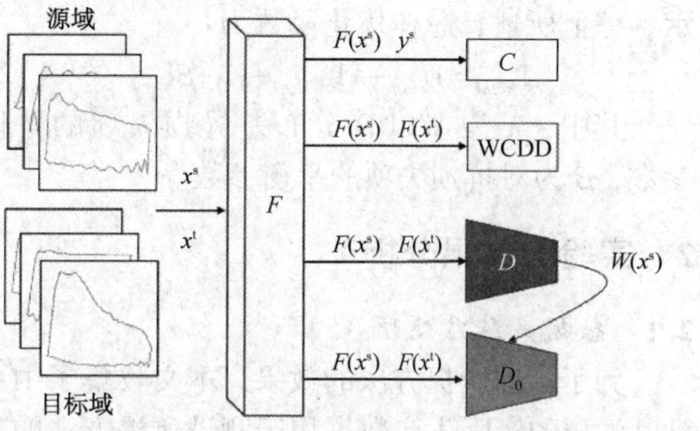

图 3 对抗部分域适应框架

这里使用一个域分类器 D 区分样本来自于共有类别还是私有类别，所有源数据标记为 1，所有目标数据标记为 0，进行源域样本重要性的计算。对于输入一个样本 x，经过特征提取器 F 后得到特征 $F(x)$，然后输入到域分类器 D 得到输出 $D(F(x))$。假设 D 已经收敛到当前特征提取器 F 的最优，那么 $D(F(x))$ 表示样本来自于源域的概率。根据生成对抗网络的思想，源域和目标域共有类别的样本是相似的，源域私有类别样本与目标域样本应该存在明显的区别。域分类器 D 的输出使用的是 sigmoid 函数，如果 $D(F(x))$ 的输出值越大、越接近 1，说明当前样本很可能来自于源域私有类别的样本如果 $D(F(x))$ 的输出值越小、越接近 0，说明当前样本很可能来自于源域和目标域共有类别的样本。

共有类别的样本，希望权重越大越好。相反，源域私有类别的样本，希望权重越小越好。因此权重应该和 $D(F(x))$ 成反比，定义为：

$$\tilde{w}(x) = 1 - D(F(x)) \quad (7)$$

进一步的，将所有的权重进行归一化：

$$w(x)=\frac{\tilde{w}(x)}{E_{z\sim p_s(x)}\tilde{w}(x)} \tag{8}$$

1.4 优化函数

所提对抗部分域适应网络的优化目标包括源域故障分类损失 L_{class}、WCDD 分布差异损失 L_{WCDD}、域分类器 D 损失 L_D、域分类器 D_0 与特征提取器 F 对抗损失 L_A。

源域故障分类损失采用交叉熵损失函数，表示为：

$$\min_{F,\ C} {}_{class} = -\sum y^s \log(\bar{y}^s) \tag{9}$$

其中，y^s 表示源域样本标签的 one-hot 形式；$\bar{y}^s$ 是源域中 softmax 分类器的输出，可以表示为 $\bar{y}^s=\theta_c(\theta_f(x))$。

域分类器 D 只用于计算源域样本的权重，不对征提取器进行优化，只进行域分类器 D 的最小化，目标函数为：

$$\min_D L_D(D,\ F) = -(E_{xp_s(x)}[\log D(F(x))] + E_{xp\sim_s(x)}[\log(1-D(F(x)))]) \tag{10}$$

域分类器 D_0 和特征提取器 F 进行极大极小博弈，同时在源域样本上进行加权，通过对抗训练使得 F 能够提取域不变特征，目标函数为：

$$\min_F \max_{D_0} {}_A(D_0,\ F) = E_{x\sim p_s(x)}[w(x)\log D_0(F(x))] + E_{x\sim p_t(x)}[\log(1-D_0(F(x)))] \tag{11}$$

这里我们采用梯度反转层（GRL）将梯度乘以-1，从而同时优化域分类器 D_0 和特征提取器 F。

为了让部分域适应的过程中，模型得到的特征具有足够的类别区分性，加入 WCDD 分布差异损失到总的损失中，目标函数如公式（6）所示。综上所述，总体优化函数为：

$$L_{total}=L_{class}+\lambda L_{WCDD}+L_D+\beta L_A \tag{12}$$

其中，λ 为 WCDD 分布差异损失项的平衡参数，β 为对抗损失项的平衡参数。

2 实验与结果分析

2.1 数据采集及处理

为了验证所提方法的效果，本文收集了中石油某油田的实际生产数据用于测试所提方法的有效性。根据行业标准手册，对 25 口油井原始数据（位移-载荷）进行数据标注，同时对数据进行归一化后转化为图片形式。最终使用 25 口油井数据，根据数据来源的不同组成了三个数据集（命名为 D1、D2、D3），每个数据集都包括正常工况和 6 类故障，编号为：Normal、Fault#1、Fault#2、Fault#3、Fault#4、Fault#5、Fault#6。工况类型及两个油井每类工况的样本数如表 1 所示。

表 1　两口油井的样本数量

编号	工况类型	样本数量		
		D1	D2	228
normal	正常工况	500	500	500
Fault#1	供液不足	500	500	282
Fault#2	严重供液不足	500	500	500
Fault#3	气锁	228	500	160
Fault#4	抽油杆断脱	500	500	500
Fault#5	油井结蜡	500	500	500
Fault#6	游动凡尔漏失	500	500	228

由于本文考察的是源域和目标域标签不一致的问题，因此实验中源域包含所有工况类型，而目标域故障仅包含最多四种工况类型（Normal、Fault#1，Fault#3，Fault#5），具体任务情况如表 2所示的前 task1-task6。

表 2　部分域适应任务设置

任务名称	源域			目标域			
	数据集（种类数）	训练集	测试集	数据集（种类数）	训练集	测试集	故障类型
task1	D1（7）	2582	645	D2（4）	1600	400	Normal、Fault#1、Fault#3、Fault#5
task2	D1（7）	2582	645	D3（4）	1382	346	Normal、Fault#1、Fault#3、Fault#5
task3	D2（7）	2800	700	D1（4）	1382	346	Normal、Fault#1、Fault#3、Fault#5

续表

任务名称	源域			目标域			
	数据集（种类数）	训练集	测试集	数据集（种类数）	训练集	测试集	故障类型
task4	D2(7)	2800	700	D3(4)	1382	346	Normal、Fault#1、Fault#3、Fault#5
task5	D3(7)	2528	632	D1(4)	1382	346	Normal、Fault#1、Fault#3、Fault#5
task6	D3(7)	2528	632	D2(4)	1600	400	Normal、Fault#1、Fault#3、Fault#5
task7	D1(7)	2582	645	D2(1)	400	100	Normal
task8	D1(7)	2582	645	D2(2)	800	200	Normal、Fault#1
task9	D1(7)	2582	645	D2(3)	1200	300	Normal、Fault#1、Fault#2
task10	D1(7)	2582	645	D2(4)	1382	346	Normal、Fault#1、Fault#2、Fault#3
task11	D1(7)	2582	645	D2(5)	1782	446	Normal、Fault#1、Fault#2、Fault#3、Fault#4
task12	D1(7)	2582	645	D2(6)	2182	546	Normal、Fault#1、Fault#2、Fault#3、Fault#4、Fault#5

2.2 实验设置

为了验证所提方法的有效性，本文将其与经典监督学习算法(ResNet18)、领域自适应方法(SIP-DAN、DSDAN)、部分域适应基线方法(IWAN)进行对比分析。

上述方法的特征提取网络都使用预训练的 ResNet18，下载地址为：https：//download. pytorch. org/models/resnet185c106cde. pth；通用的网络训练参数设置如表 3 所示。

本文在 python3. 6 和 Torch1. 6 环境下实现相关代码。

表 3　实验参数设置

参数	设定值
学习率	$\eta=\eta_0/(1+\alpha\theta)^{\beta}$，$\eta_0=0.01$，$\alpha=10$，$\theta=[0,1]$，$\beta=0.75$
优化器	SGD
Batch size	64
Epoch	50
输入维度	224×224×3
输出维度	7

2.3 实验结果分析

APDAN 等方法在 6 个任务上的诊断准确率如表 4 所示。从表 4 可以看出，ResNet18 是无任何域适应的深度模型，平均准确率为 73. 12%，虽然是无域适应的方法，但是在 task2 和 task4 上取得了最好的诊断精度。SIP-DAN 和 DSDAN 方法的平均准确率分别为 69. 90% 和 71. 20%，均比 ResNet18 差，说明域适应过程中都因为源域私有类别样本而产生了负迁移，从而导致模型准确率的下降。部分域适应基线方法 IWAN 的平均准确率为 74. 91%，相对于 ResNet18 提升了 1. 79%，说明能够一定程度上抑制负迁移，从而提高模型诊断能力。本文的方法 APDAN 最终平均准确率为 79. 13%，相对于 ResNet18 提高了 6. 01%，同时在 3 个域迁移任务上获得了最好的成绩，说明所提方法能够有效抑制负迁移。同时由于加入了 WCDD，优化了各个类别之间的差异，从而进一步提高了模型的域适应能力。

在 task1-task6 中，目标域的类别数都是 4 类，而实际情况中，目标域类别数也可能是不同的。为了验证目标域类别数量的多少对模型的影响，设置如表 2 所示的 task7-task12，对比了 ResNet18 和 APDAN 两种方法。实验结果如图 2 所示。

表 4　故障诊断模型准确率

方法	task1	task2	task3	task4	task5	task6	Average
ResNet18	83. 49	97. 52	67. 38	80. 45	45. 09	64. 81	73. 12
SIP-DAN	73. 92	58. 62	52. 89	61. 69	85. 66	86. 61	69. 90
DSDAN	82. 29	66. 96	43. 17	66. 96	89. 84	77. 99	71. 20
IWAN	75	77. 87	76. 85	66. 25	90. 74	62. 75	74. 91
APDAN	83. 56	75. 16	86. 64	71. 72	88. 25	69. 45	79. 13

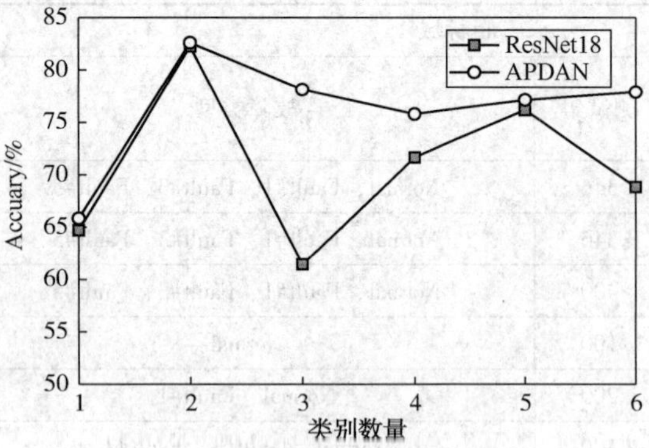

图 2　目标域种类数的影响

从图 2 可以看出，当目标域类别数量远小于源域类别数量时，APDAN 的正确率基本上与 ResNet18 相当，优势并不明显。但当目标域类别数量增多时，APDAN 的准确率明显高于 ResNet18。且总体上看，在目标域类别数量变化时，APDAN 都能保持良好的诊断能力，表明 APDAN 具有较好的稳定性。

为了进一步探索 APDAN 获得良好性能的原因，本文设计了特征可视化实验，比较了 IWAN 方法和 APDAN 方法在 task1-task6 上的特征可视化图，如图 3 和图 4 所示。从图 3 和图 4 可以看到 IWAN 方法一定程度上可以将源域私有类别的样本与共享类别样本进行区分，但共享类别样本的内部在很多时候没有明显的分类边界。而 APDAN 在部分域适应过程中加入了加权对比域差异损失，使得提取出的特征具有明显的类别可分性，从而能够获得较好的性能。

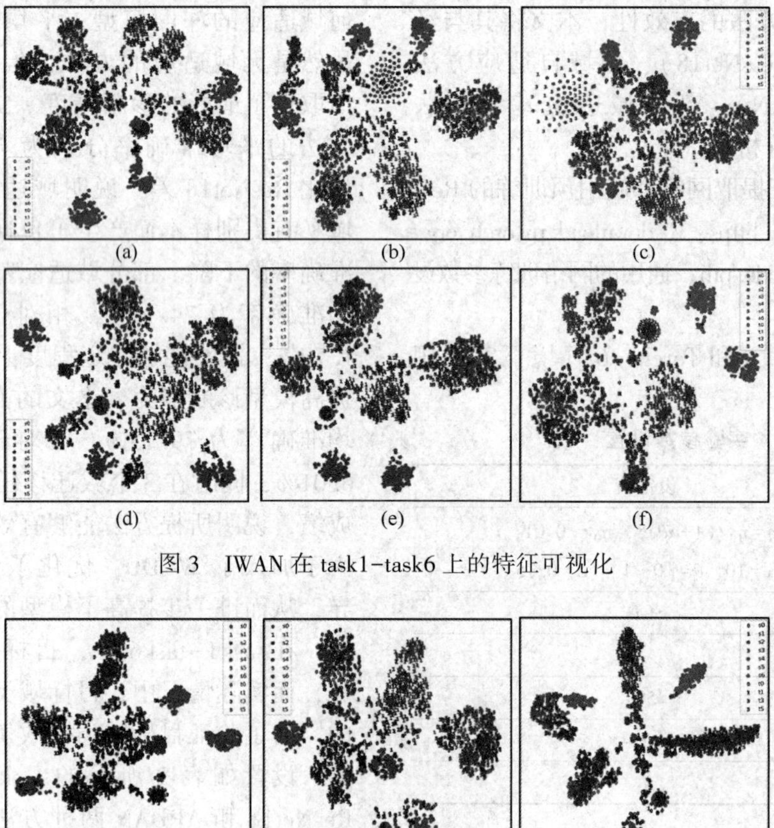

图 3　IWAN 在 task1-task6 上的特征可视化

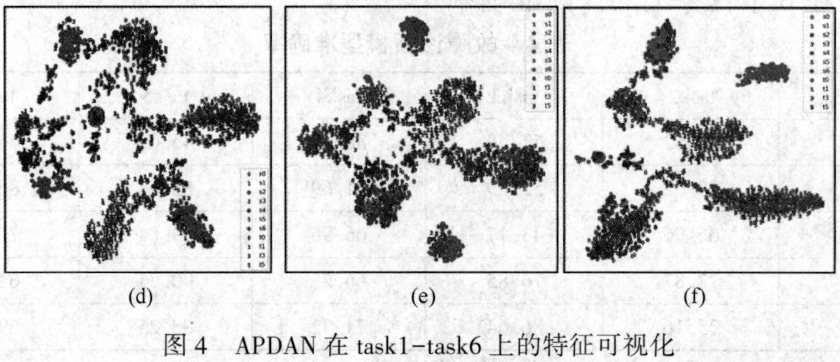

图 4　APDAN 在 task1-task6 上的特征可视化

3 结论

在实际的工业产业中，由于抽油机在不同场景下故障类型不同，源域与目标域标签空间不一致，导致常规域适应方法产生负迁移是一个常见问题。因此本文提出了一种基于 APDA 的有杆抽油系统故障诊断域适应方法，通过对源域样本进行重要性加权，在对抗域适应中降低了私有类样本对域适应的影响，促进了域间更加细粒度的对齐。此外，融入 WCDD 度量，促进不同类别之间的分离，获得更好的分类特征，提高了故障诊断效果。在两口油井的示功图故障数据上进行了实验验证，结果表明 APDAN 能够有效抑制负迁移，优于常规的域适应方法，有效提高有杆抽油系统故障诊断模型在不同油井上的泛化能力。

本文只研究了域间标签空间不一致状况下，目标域类标签属于源域子类这一特定情况，未考虑源域故障类别少于目标域，或源域和目标域的故障别类有交叉，但各域都存在不同私有类的情况。也可能是源域和目标域的种类存在交叉。未来可研究源域和目标域故障类别不一致条件下的开放域适应或者通用域适应框架。

参 考 文 献

[1] 叶安浩. 基于深度学习的示功图诊断技术研究[D]. 北京：北京邮电大学，2021.

[2] 马祥厚，刘冠辰. 基于人工智能技术的抽油机井故障诊断——以大港油田为例[J]. 信息系统工程，2020(08)：114-115.

[3] 檀朝东，陈见成，刘志海，等. 大数据挖掘技术在石油工程的应用前景展望[J]. 中国石油和化工，2015(01)：49-51.

[4] 冯中申. 基于 kNN 分类算法的有杆泵抽油井井下工况故障诊断方法[J]. 化工管理，2017(14)：101+103.

[5] 沈煜佳，陈夕松，夏峰，等. 基于相似识别的抽油机井故障检测与诊断研究[J]. 石油化工应用，2021，40(02)：39-43.

[6] Xia M，Li T，Xu L，et al. Fault Diagnosis for Rotating Machinery Using Multiple Sensors and Convolutional Neural Networks [J]. IEEE - ASME Transactions on Mechatronics，2018，23(1)：101-110.

[7] Ye Z，Yi Q. Working - condition diagnosis of a beam pumping unit based on a deep - learning convolutional neural network[J]. Proceedings of the Institution of Mechanical Engineers，Part C：Journal of Mechanical Engineering Science，2021：09544062211029688.

[8] Wang X，Liu F，Zhao D. Cross - Machine Fault Diagnosis with Semi - Supervised Discriminative Adversarial Domain Adaptation[J]. Sensors，2020，20(13).

[9] Fei S，Chao C，Yan R，et al. Bearing fault diagnosis based on SVD feature extraction and transfer learning classification[C]. 2015 Prognostics and System Health Management Conference (PHM)，2015：1-6.

[10] Hasan M J，Kim J-M. Bearing fault diagnosis under variable rotational speeds using stockwell transform - based vibration imaging and transfer learning [J]. Applied Sciences，2018，8(12)：2357.

[11] Xing S，Lei Y，Wang S，et al. Distribution-invariant deep belief network for intelligent fault diagnosis of machines under new working conditions[J]. IEEE Transactions on Industrial Electronics，2020，68(3)：2617-2625.

[12] Li F，Tang T，Tang B，et al. Deep convolution domain-adversarial transfer learning for fault diagnosis of rolling bearings [J]. Measurement，2021，169：108339.

[13] Wen L，Gao L，Dong Y，et al. A negative correlation ensemble transfer learning method for fault diagnosis based on convolutional neural network [J]. Mathematical Biosciences and Engineering，2019，16(5)：3311-3330.

[14] Zhu Y，Zhuang F，Wang J，et al. Deep subdomain adaptation network for image classification[J]. IEEE transactions on neural networks and learning systems，2020，32(4)：1713-1722.

[15] Ganin Y，Ustinova E，Ajakan H，et al. Domain-adversarial training of neural networks[J]. The journal of machine learning research，2016，17(1)：2096-2030.

[16] Qiu W，Chen W，Hu H. Partial domain adaptation based on shared class oriented adversarial network [J]. Computer Vision and Image Understanding，2020，199：103018.

工程建设项目监理工作存在的问题及解决方法

王永朝　张　超　田霖昊

(中国石油工程建设有限公司　北京工程咨询分公司))

摘　要　本文以工程建设项目监理工作现状为出发点，分析总结监理工作存在的问题，结合国家或企业对于监理的要求，以及全过程工程咨询服务的发展方向，提出改善和优化监理工作的方法，为促进监理工作的开展提供了参考依据。

关键词　工程建设项目；监理；方法

1988年，国家建设部参照国际惯例，在总结既有经验的基础上，发布了《关于开展建设监理工作的通知》，这是新中国开展建设监理工作的第一个红头文件，标志着我国正式开始建立工程建设监理制度。该制度设立的初衷就是改变工程建设“自筹、自建、自管”的传统管理模式，建立专业化、社会化的工程监理咨询机构，以提高项目投资的经济效益、社会效益和建设管理水平。

1　工程建设项目监理工作的现状

工程监理是一种有偿的工程咨询服务；是受甲方委托进行的；监理的主要依据是法律、法规、技术标准、相关合同及文件；监理的准则是守法、诚信、公正和科学；监理目的是确保工程建设质量和安全，提高工程建设水平，充分发挥投资效益。建设工程监理单位受建设单位委托，根据法律法规、工程建设标准、勘察设计文件及合同，在施工阶段对建设工程质量、造价、进度进行控制，对合同、信息进行管理，对工程建设相关方的关系进行协调，并履行建设工程安全生产管理法定职责的服务活动。

1.1　对监理工作缺乏信任

现阶段，许多建设单位(工程发包方)对监理并不是很信任，一是建设方对监理的作用认识不足，很多情况下是鉴于国家的强制性规定才不得不聘请监理企业，仅仅是需要监理单位在最后的工程资料上面签字就行了。第二就是现阶段监理整体素质不是很高，许多监理人员在监理工作中少作为，不作为，无作为或者监理不到位，监理在工程的建设过程中形同虚设，工程方面的质量控制和进度控制完全靠工程承包商的自身管理。甚至有的监理人员在工程中玩忽职守，利用职权牟取私利，伤害工程建设单位的利益和工程利益。在这种情况下，工程建设单位明显觉得自己出了钱没有取得预期的效果甚至取得反效果，觉得付出的代价不值。对监理的不信任便也更甚。顾客群体的不支持也在某种意义上严重制约了监理企业的发展。

1.2　对监理定位存在偏差

现阶段我国工程建设中，项目前期管理、设计管理、施工管理、采购管理等方面均由业主单位完成，项目建设中监理主要集中于施工阶段，且多侧重于质量监理，其作用越来越接近质检员和安全员，没有充分发挥监理作为咨询单位应起的作用，也有悖于实施监理本意，也不利于监理行业健康发展。

1.3　各方管理界面及职责不清晰

按照国际通用的工程监理经验，监理工作贯穿整个项目的全生命周期，项目执行的各个阶段都有专业的独立监理机构进行过程管理和监督。项目建设中监理主要集中于施工阶段，对项目前期设计缺乏监督。项目的建设方从自身的话语权和项目实施把控的角度出发，聘用第三方监理单位对前期工作进行监管的主观意愿不强。即使引进第三方监理，监理人员委派、监管力度也受控于项目建设方，某种程度上成为建设方的传声筒，不能充分发挥独立第三方的作用。监理责任主要通过监理委托合同来约束，对监理事后责任的界定模糊，监理行为也缺乏硬性规范和考核评价，制约了监理工作监督效力。

1.4 监理管理方法存在差距

旁站监理人员存在习惯性将现场检查发现不符合情况以口头方式直接告知承包商现场人员进行整改，仅对严重质量、安全不符合出具书面通知书，造成小问题忽视，违章成了习惯，损坏了监理的形象，侵蚀了监理的地位。监理现场检查信息不能反馈到监理部，造成现场监理与管理层之间信息短路，未能形成对 EPC 总承包各层级的有效管理机制，未能形成对 EPC 总承包各层级的有效管理机制，监理管理效果不佳，工作有效性差，质量安全管理难以有效提升。

1.5 项目监理人员能力不足

随着中华人民共和国国务院发布了《建设工程质量管理条例》(国务院令第 279 号)，规定了必须实行监理的范围，工程建设项目增多，监理业务逐步稳定，人员需求出现了快速增长。大量低端人员进入，满足了监理工作一时之需，降低了监理行业门槛，加剧了市场竞争，由于低端人员的可培养性差，责任性差，与项目业主需求矛盾越来越严重，损害了监理企业形象，职业化、正规化的队伍建设面临着前所未有的挑战。

2 解决监理工作难点的措施

2.1 建立工程管理协调机制

借鉴国际建设公司主导下监理模式成功经验，建议成立工程建设管理部门，统筹协调建设单位(业主)、设计单位、监理单位和施工单位的工作，厘清各家责权利，增强设计单位和监理单位的独立性和话语权，形成业主、监理单位和施工单位之间的约束机制，促进业主、监理单位和施工单位质量体系运转效率。

2.2 推进项目监理标准化建设

加快完善多层级项目监理管理模式的体系文件，建立规范化监理管理保障体系建设，制定并实施工作指南，结合项目特点及监理工作需求，推进项目管理“五化”建设，减少人为不可控因素，减少或者消除不符合项。逐步推进监理工作节点分工专业化、信息采集标准化、管理过程流程化、数据交互信息化、统计分析智能化，实现提升管理水平，提高监理工作效率的管理目标。

2.3 提高监理人员专业素养

引进和培养一批高素质、熟悉国际通行项目管理模式、程序、标准的项目管理人才，做好高端业务管理人才的培训与储备。全面推进项目管理人才职业化。广泛开展责任意识教育，真正把“责任是第一要素”理念根植于每一个项目管理人员心中、体现在实际行动中；推进项目管理人员知识结构的改进，通过培训提升对项目管理的认识，加强全过程项目管理知识体系培训，推进项目管理人员知识升级。加强文化建设，推进全员负责。建立起人人有责、人人负责、人人尽责的质量文化理念，加强宣传和先进评比，积极推行正向激励方式，促进质量管理实现 PDCA 良性循环上升。

2.4 加强“不符合项”管理，解决监理工作缺位问题

建立不符合项管理机制，组织制定不符合项管理办法。在工程实施阶段，狠抓不符合项管理工作，按照监控分离的原则策划不符合项发送及整改流程，提出“谁负责监督，谁负责发现不符合项”，“谁负责控制，谁负责整改不符合项”的管理新思路，切实强化监理履职尽责，解决监理工作不到位的问题，降低项目质量安全风险。

3 结语

监理引入我国已开展了将近三十年时间，它在国民经济建设中发挥了巨大作用，为提高建设工程质量、降低建筑工程造价、避免社会资源浪费、减少垃圾建筑产品的出现做出了巨大的贡献。监理作为一个行业，为中国建设工程管理水平的提高和社会稳定作出了应有的贡献。只有不断的强化监理工作的管理，加强对监理工作的重视，推进监理工作的可持续性，才能使得监理行业的更加适应市场发展的要求。

参 考 文 献

[1] 李如斌，也谈监理企业的转型与发展[J]. 建设监理，2017. 10.

[2] 阎福寿，杜改萍. 建筑工程监理存在的问题及解决措施[J]. 山西建筑，2017. 15-16

丝绸之路经济带油气田勘探开发合作研究

李昱江　张　超　牛盛宁

（中国石油工程建设有限公司　北京工程咨询分公司）

摘　要　本文以丝绸之路经济带国家为重点，梳理上游形势、探讨合作策略，展望丝绸之路经济带上游油气合作的大时代、大格局、大战略。能源消费国与能源生产国的合作具有较强的互补优势，推进合作面临重要的机遇。为促进丝绸之路经济带油气田勘探开发合作提供了参考依据。

关键词　丝绸之路经济带；油气田；开发合作

“丝绸之路经济带”是在古丝绸之路概念基础上提出的一个新的经济发展区域，通过现代化的综合交通通道和信息网络通道将丝绸之路沿线国家紧密联系起来，东牵亚太经济圈，西系欧洲经济圈，辐射东亚、中西南亚和欧洲以及北非区域，涵盖40多个国家30多亿人口，是横跨亚欧大陆的世界最长最具发展潜力的经济大走廊和战略性经济带，不仅地域辽阔，而且自然资源、旅游资源十分丰富，发展潜力巨大，世界为之瞩目。

丝绸之路经济带建设为中国与中亚及俄罗斯、西亚等地区国家的合作提供了巨大机遇，能源是其中的重要纽带。随着经济的快速发展，我国石油、天然气对外依存度逐年攀升。现在世界能源供应格局中，常规油气仍占有重要地位，据预测，到2020年，我国石油对外依存度可能达到60%以上，天然气对外依存度也将攀升到45%。丝绸之路经济带以油气出口型国家为主，包括中亚、西亚国家和俄罗斯，与我国有很强的经济互补性，所以扩大与这些国家的油气合作是推进丝绸之路经济带建设的重要内容，意义非同寻常。

1　丝绸之路经济带油气资源

全球油气大致集中分布在特提斯域、古亚洲域、南大西洋域、北大西洋~北海域、北美域、环太平洋域、大洋洲域、北极域等八大油气域中。油气剩余可采储量主要集中分布在特提斯域中，其原油剩余可采储量约占全球75%、天然气约占68%，全球已探明的70%大油气田也分布在此领域。除墨西哥湾、南美北部陆海地区外，该油气富集域基本与丝绸之路经济带涉及的国家分布范围基本一致。因此，丝绸之路经济带战略合作具有坚实的油气资源基础。

2　丝绸之路经济带油气合作现状与面临挑战

2.1　不同资源国油气上游开放程度

丝绸之路经济带重点资源国中，哈萨克斯坦和伊拉克油气市场开放程度高，国际化程度高，中国公司参与度相对较高。俄罗斯和土库曼斯坦油气市场开放程度不高，由国内各石油公司掌控，对石油和天然气控制严苛。伊朗由于长期受美欧制裁，大量国外公司撤出伊朗，但从伊朗开放程度的历史看，其上游合作开放程度较高。上游基本不对外开放国家有沙特、科威特、卡塔尔等。

2.2　不同资源国油气合作环境动态

（1）哈萨克斯坦：对外合作政策紧中有松并将长期保持现状。合作主要风险有：“后纳扎尔巴耶夫时代”或将引发政治危机、政府对于油气行业的控制力度不断增强、货币贬值、卡沙干项目复产延期等。

（2）土库曼斯坦：资源出口多元化战略步伐加快。风险有两方面：一是土国对天然气出口多元化的诉求强烈，未来合作将面临更为复杂的博弈格局；二是中国占土国天然气出口总额比重将由2013年50%攀升至2020年80%，引发土国担忧。同时，土国能源出口多元化仅停留在规划层面，具体实施仍需较长时间。

（3）俄罗斯：中俄油气合作有望得到继续深化。合作在政治、经济和财税方面都存在风险。政治上，俄美欧大国博弈加剧，存在俄政策变化的风险；同时，由于俄罗斯领导层出于政治考虑而“有目标”地反对一些公司，使投资者定位混乱，国际评级对俄罗斯的评价较为消极。经济上，俄罗斯国内经济状况未明显改善，国内滞涨仍较为严重，潜在的社会风险加大。财税方面，2005~2015年间，俄罗斯的财税政策变化最为活跃，且负向(更为严苛)变化频率较高。

(4) 伊朗：投资环境有望缓解，或将迎来油气工业复兴。合作风险主要有两方面，一是由于美欧与伊朗、沙特与伊朗的政治博弈带来的地缘政治风险，二是伊核协议执行前景不确定性带来的存违约风险。合作机遇也有两方面：一是2016年将推出新的“一体化石油合同”(IPC)，在合同期、勘探开发的划分、投资限制、酬金计算、风险补偿等方面都较旧合同模式更宽松；二是天然气开发、管道及LNG基础设施建设领域对外合作机会不断涌现。

(5) 伊拉克：产量恢复超外界预期，政策环境趋好。合作的风险主要在于政权稳定性差、教派冲突、极端组织“伊斯兰国”等带来的风险；以及低油价下国家财政维持高赤字运行，造成基础建设项目延迟，报酬费支付延期等经济风险攀升。合作机遇表现在：伊战后资源潜力迅速释放，产量稳步攀升，2014年原油产量较2010年激增4000万吨，贡献了近年来OPEC系统内60%的新增产能；由于伊中央政府与库尔德地区关系有所缓和，北部库尔德地区成为投资新热土。

总体而言，丝绸之路经济带上游投资回报/风险高于下游；上游合作既要把握机遇、更要系统评估风险。

2.3 中国公司油气合作现状

截至2016年，以三大石油公司为主体，20多家中国企业参与海外200多个油气合作与投资项目，业务遍及全球50多个国家。丝绸之路经济带分布上游合作项目68个，2016年海外权益产量达到1.5亿吨。同时，丝绸之路经济带也是海外上游合作项目现金流和收益率的主要来源。

3 油气勘探形势与资源潜力

3.1 探明储量分布与资源潜力预测

截至2016年底，丝绸之路经济带区域原油剩余探明储量625亿吨、占全球26%，主要分布在两伊、俄罗斯、哈萨克斯坦等4国；剩余探明储量天然气90.2万亿方、占全球48.3%，主要分布在伊朗、俄罗斯、土库曼斯坦等3国。

据中国石油2015年评价结果，丝绸之路经济带区域待发现资源原油294.6亿吨、占全球26.4%；天然气56.4万亿方、占全球46%，其中俄罗斯是待发现油气资源最富集国家。

油气探明储量与待发现资源富集盆地存在差异。剩余探明储量中，扎格罗斯褶皱带、西西伯利亚、伏尔加-乌拉尔、滨里海、南里海5个盆地的剩余探明储量占原油储量67.8%；西西伯利亚、阿姆河、扎格罗斯褶皱带、滨里海、东西伯利亚5个盆地占天然气储量72.5%。待发现资源方面，西西伯利亚、扎格罗斯褶皱带、滨里海、东西伯利亚、南里海等5个盆地占原油待发现资源的95%；西西伯利亚、东西伯利亚、扎格罗斯褶皱带、东巴伦支海、阿姆河等5个盆地占天然气待发现资源量90.8%。

3.2 油气勘探现状与形势分析

俄罗斯、伊朗、伊拉克、土库曼斯坦等9个资源国勘探开发始于1864年，累计发现油气田4967个；受苏联解体和油价影响，1994~1998年、2012~2014年间油气新发现略低，其余时间年均新发现油气田基本维持在60~80个；除受大型油气田发现外，年均新增油气储量基本在5亿~10亿吨油当量。

近两年勘探呈走低趋势，新发现油气储量埋深越来越大。1995年之前，约70%新发现储量主要集中在3000米以浅；1995年之后，约60%新发现储量主要集中在3000米以深，其中2003~2005年占比更是超过90%。

3.3 目前作业区块面临的挑战

(1) 成熟区块面临勘探程度高，精细勘探目标规模小、勘探难度大。滨里海东缘、南图尔盖、乌兹别克咸海、阿姆河等区块均已进入精细勘探阶段，勘探目标以小型岩性地层、复杂断块圈闭为主。

(2) 风险区块面临地面与地质条件复杂，风险大、成本高。里海北部浅海区的里海M&B区块，位于逆冲带深部、油气成藏存在不确定性；目标储层可能伴有高温高压、高含硫，钻井成本高、工程风险大；塔吉克Bokhtar区块为四周逆冲，浅层结构复杂，盐下埋藏深5000~7000米。

(3) 安全风险影响一些区块作业进程。阿富汗AD区块受战争和恐怖活动制约，地震和钻井无法实施。

(4) 有效勘探区块逐渐减少。东西伯利亚区块是以震旦—寒武纪斜坡断块—岩性油气藏为主，地面浅层复杂，地震资料差，社会依托条件差，正在退出；乌兹别克丝绸之路项目，勘探期结束，没有勘探前景，也决定退出。

3.4 未来勘探潜力目标优选

中国油公司在中亚现有项目主要位于油气富集、勘探程度相对较高的盆地。未来可按重大、拓展和战略三个层次的目标优选区块。

(1) 重点目标：中亚东部管道沿线盆地，储量丰度不低，但勘探程度低，应积极开展评价。目标盆地是滨里海盆地，在盐上和盐下两套油气富集层系，均已发现油气田；原油探明可采储量41亿吨，天然气探明可采储量为4.54万亿方。截止2015年8月底，滨里海盆地共发现242个油气田，其中盐上175个，盐下67个；盆地东南部盐下为最有利的油气成藏带，盆地西北部盐下次之。

(2) 拓展目标：扎格罗斯前陆褶皱带深层，可持续关注。该区域资源丰富，探明可采储量原油121亿桶、天然气44亿桶油当量；待发现资源原油890亿桶，天然气718亿桶油当量；当前勘探仅局限于白垩系和新生界，深部逆冲带尚未勘探；目标地区的库区大部分刚投产、采用产品分成合同，共有46家石油公司参与库区47个区块。

(3) 战略目标：东西伯利亚盆地前寒武系成藏组合和俄罗斯北极地区。全球前寒武系油气成藏组合分布在18个盆地中，累计发现259个油气藏，可采储量277亿桶；东西伯利亚盆地前寒武系探明储量占全球82.5%；但东西伯利亚相关基础设施不完善，前期投入可能较大；地表植被丰富，环保压力可能较大。北极油气资源潜力巨大，待发现油气资源分别占全球待发现资源量的14%和35%；其中俄罗斯北极地区占环北极地区90%；俄罗斯北极地区主要掌握在俄罗斯国家石油公司手中，与Exxon的合作因制裁已经停止；但俄罗斯受经济影响无力独自完成勘探开发的继续投入。

4 油气开发形势与发展潜力

4.1 资源国油气开发现状与潜力预测

从沿线9个资源国油气产量看，2016年原油以俄罗斯、伊朗、伊拉克、哈萨克、阿塞拜疆为主，产量占全球产量25.7%；天然气以俄罗斯、伊朗、土库曼、乌兹别克为主，产量占全球产量26.6%。千万吨级油气田是油气产量和油气开发合作的主体。目前，产量超过千万吨级规模油气田数量多达到59个；其中俄罗斯最多32个，其次是伊朗15个，伊拉克6个。预测丝绸之路经济带原油产量近期将持续增长，2020年达到高峰12.62亿吨峰值；中长期“稳中有降”，不确定因素多。

已开发油田中，俄罗斯受已开发大型主力油田普遍进入递减阶段、但伊拉克大规模产能建设使得产量大幅增加；未(待)建产油田中，卡莎干油田投产、俄罗斯9个百万吨级油田的陆续计划投产，使得两国产量增长最大。已开发气田产量中期仍将上升，伊朗South Pars12、土库曼Dauletabad-Donmez与South Yolotan等巨型气田的陆续投产是产量增长的主要贡献者；未(待)建产气田产量增长呈持续增长态势，其中俄罗斯26个未建产项目使其在2030年可建成2200亿方的产量规模；伊朗South Pars大型气田多期建设是产量增长重要来源。

4.2 开发形势与挑战

已开发主力油田总体进入开发中后期，老井自然递减逐年增大。以中亚和中东地区为首的主力油田，总体上已经进入开发中后期；中亚地质储量采出程度18.8%，可采储量采出程度58.4%，油田稳产形势严峻。

主力油田含水上升较快，地层压力保持水平低。一带一路地区，含水大于60%油田年产油量占53%，剩余可采储量占46%。其中中亚综合含水84.7%，PK、北布扎奇等含水上升率3-8%；另一方面，开发方式也导致主力油田地层压力保持水平普遍在50-80%之间。

措施增油量逐年下降，措施结构发生变化。部分油田的年措施井次由2006年的339井次上升至2013年的1200井次，但措施平均单井增油量由25.8t/d下降至6.6t/d，主要增油措施由简单低成本类型向复杂高成本措施转化。

开发难度增大、新井初始产量下降，但操作费用逐年上涨。中亚地区平均单井产量由14.1t/d下降至7.9t/d，新井初产由34.9t/d下降至17.3t/d，投产井数增加近2倍，但年增油没有变化。各项目操作费用均不断上涨，与2009年相比操作费用平均上涨84%，ADM、北布扎奇、MMG完全成本接近或者超过50＄/bbl。

资源国投资环境日益变差，利润空间变小。近3年来，原油出口关税由20＄/t上升至80＄/t，资源国货币贬值近20%，各合作项目资源国国内低价销售比例也逐年上涨，低油价的新常态更是雪上加霜。

4.3 未来开发对策与潜力目标优选

（1）对于开发中后期的老油田，大力实施海外二次开发。

中亚地区主力油田普遍经历了高速开发阶段，多数油田已回收投资，但目前开发矛盾日益突出。在这种情况下，通过深化油藏认识、优化开发模式、优化工艺技术、强化经济评价，大力实施二次开发，可大幅度提高油气田合同期内采收率。

（2）对于中东整装碳酸盐岩油田，有序调整保持高产稳产。

三大石油公司在两伊地区拥有7个项目，以碳酸盐岩储层为主，处于未开发或低开发程度阶段。保持大型整装碳酸盐岩油田整体开发优化部署以及注水开发技术，是实现快速规模建产和稳产的关键。

（3）对于新购大型和一体化项目，优化开发和投资策略。

俄罗斯亚马尔、哈萨克斯坦卡沙甘等新购入项目均为大型油气田，虽然高峰产量高，但投资巨大，而中方权益普遍较低（不超过20%）。对于这些项目，要通过优化开发节奏，控制投资高峰，降低投资风险。

4.4 开发潜力与方向

（1）哈萨克斯坦油田群

从原油产量看，哈国已开发大型主力油田普遍进入递减阶段，但卡莎干油田投产以及我国在哈项目合同到期后产量规模仍旧可观，需做好合同延期工作；天然气产量以伴生天然气为主，大型气田少，伴随原油开发，所以呈相类似发展趋势。

已建产油气田中，大于1亿桶油气当量油气田34个，油气探明储量77.6亿吨油气当量，占总探明储量91%；主要分布在环里海地区；未建产油气田中，大于1亿桶油气当量油气田14个，油气探明储量7.6亿吨油气当量，占总探明储量9%；集中分布在环里海地区。未来哈萨克斯坦应关注已建产油气田合同到期的延期动态，重点拓展环里海项目。

（2）土库曼斯坦气田群

土国油气资源主要以天然气为主，探明油田基本处于已开发状态，已建产油田产量将在2018年左右达到峰值，待建产原油潜力很小；Dauletabad-Donmez与South Yolotan等巨型气田的陆续投产，是天然气产量增长的主要贡献者。未来天然气产量持续增长，待建产天然气潜力很小。

已建产油气田中，大于1亿桶油气当量油气田41个，占总探明储量88%；主要分布在阿姆河盆地前陆东缘和环里海地区；未建产油气田中，大于1亿桶油气当量油气田26个，占总探明储量12%；主要分布在阿姆河盆地前陆东缘。土库曼斯坦开发市场开放度极低，拓展开发项目可能性不高，相关项目的技术支持和工程服务为未来发展的主要方向。

（3）两伊巨型油气田群

伊拉克原油产量回升快于外界预期，待建产油田主要分布在伊拉克库区，产能贡献不确定；天然气方面，伊朗South Pars12巨型天然气田投产成为产量上升的主要贡献；South Pars后续多期建设巩固了天然气产量的持续增长，预计2020年左右达到产量峰值。

两伊已建产油气田中，大于1亿桶油气当量油气田143个，占总探明储量92%；主要分布在扎格罗斯褶皱带；未建产油气田中，大于1亿桶油气当量油气田81个，占总探明储量8%；主要分布在扎格罗斯褶皱带南北两端，且油气分异性强。与两伊的合作，要在并充分考虑政局影响的基础上，关注伊拉克库尔德地区、伊朗波斯湾沿岸巨型气田招标动态，寻找合作机会。

（4）俄罗斯与极地群

俄罗斯已开发大型主力油田普遍进入递减阶段，已建产原油产量2018年左右基本达到峰值；虽然近期其9个百万吨级油田将陆续计划投产，但未来产量仍呈递减趋势；西西伯利亚盆地北部等26个待建产项目使其在2030年可建成2200亿方的产量规模。

俄罗斯与极地区域，已建产油气田中，大于1亿桶油气当量油气田454个，占总探明储量88%；主要分布西西伯利亚、东西伯利亚、北高加索和萨哈林等盆地；未建产油气田中，大于1

亿桶油气当量油气田75个，占总探明储量12%；主要分布在西西伯利亚盆地北缘和极地地区。未来需要关注西伯利亚成熟区合作机会，拓展西西伯利亚盆地北缘和极地地区。

5 油气勘探开发合作战略

5.1 合作原则

丝绸之路经济带油气勘探开发业务合作应遵循以下原则：

一是互利共赢，做到资源合作开发、技术研发共享、人才联合培养；二是层次递进；按照近中远情景，优选重点目标、拓展目标、战略目标，依次推进、逐步优化合作结构和布局，实现可持续发展；三是就近通道，合理利用现有基础设施，围绕油气通道拓展上游业务，减少不必要资金投入，加快上游成果进入市场流通的节奏，实现经济效益最大化。

5.2 实施路线

按照“由近及远、由点及面、由大及小”的路线实施。由近及远就是从通道沿线重点目标向非通道沿线战略目标拓展；由点及面是从重点资源国向全部资源国拓展，从力争作业者向多类型合作变化；由大及小指勘探成熟度高的大盆地与较低成熟度的中小盆地并重，储量规模大的油气田与地质和开发条件较好的中小规模油气田并举。

5.3 重点国家合作目标

油气勘探开发合作的重点国家合作目标为：突出中亚~俄罗斯、做大中东。

哈萨克斯坦：勘探要重点做好油田区滚动勘探，储备有利目标，为油田稳产提供资源基础；开发要做好老油田稳油控水，开展“二次开发”，推进勘探转开发及产能建设，延缓产量递减；关注滨里海地区和现有管线沿线区块。

俄罗斯：东西伯利亚、环俄大陆架和北极地区因勘探程度低、一直作为俄罗斯油气行业的三大潜力区，中方公司的合作参与需要政府的协助支持，并与俄公司及有经验的西方公司合作；重点推进以成熟油田提高采收率、待开发项目为目标的，与俄伙伴联合收购战略性；积极推动亚马尔 LNG 上下游一体化项目建设。

土库曼斯坦：与土国合作主要以工程技术服务为主。包括阿姆河项目 A 区及 B 区西部产能扩建工程，与政府协议获取海上勘探区块服务等。

伊拉克：开发方面，重点推进南部地区一揽子项目，密切关注中央政府同库区政府关系，强化南北一体化和上下游一体化整体布局，研究并审慎推进库尔德地区项目开发。

伊朗：参与伊朗扎格罗斯褶皱带深层目标勘探、推进南部海域油气勘探；积极关注油气政策变化，争取获取新合同模式下的开发项目。

5.4 上游合作战略

丝绸之路经济带油气上游合作战略，可以概括为“五个转变”：

(1) 突出陆上优势向陆海并举转移：继续突出陆上合作综合优势，加强环里海、环波斯湾海域油气合作，有序推进孟加拉湾、南美东部、东非等海域油气合作。

(2) 规模经营向优化与效益经营转移：在注重储量和产量规模的同时，突出效益合作目标，加强与国际油公司合作，推进效益较差项目的剥离与出售。

(3) 单纯上游合作向一体化合作转移：坚持上游合作的引领作用，利用上游、工程技术、工程装备等一体化经营优势，持续推进一体化合作模式。

(4) 接受合同模式向创新合作模式转移：把握低油价的机遇期，从被动接受资源国合同模式向与资源国共同构建全新合同模式转移，降低油气合作风险。

(5) 上游技术服务向构建标准化转移：当前公司以技术服务为主，合作方式较为单一；而西方公司除了技术合作之外，还依靠技术标准、软件标准、管理标准等标准输出，获得巨量利益增长源。

5.5 政策与建议

(1) 宏观战略层面：加强宏观战略研究，突出非资源条件等风险评价的重要性；加强与国际大石油公司、国内投资资本、国内民营企业等多方利益体的战略合作，完善国内油公司发展的合理战略布局

(2) 政策扶持层面：建议国家对海外不同地区、不同类型、不同阶段的油气合作项目实施不同资产考核标准，适度减轻企业考核压力；由政府牵头尽早制定海外资产“卖出机制”，规范国有资产流失与资产市场优化界限，促进海外资产的有进有出

（3）投融资层面：积极争取亚投行、丝路基金、金砖国家开发银行等资金的支持，呼吁国家加大对能源合作领域中资央企资本的注入及其他资金扶持力度，加强银企合作，利用外储资金建立海外风险勘探基金、探索引入民营资本和外国资本，谋划一带一路区内人民币结算平台的建设，争取实现人民币结算

（4）技术研发层面：加强超前技术、先导性试验等科技投入力度，为规模开发潜在领域奠定基础；开展国内油气勘探开发技术的海外适应性研究，加快国内先进、成熟技术走出去。

参考文献

[1] 吴林强，李玉龙，韩九曦，等．“一带一路”背景下中国油气战略机遇与应对建议[J]．中国能源，2016，(07)：125.

[2] 赵昕．油气产业链视角下“一带一路”主要国家的油气贸易竞争力及其合作位势研究[J]．当代化工研究，2020，(07)：45-46.

[3] 张琼，张珂，杨晓龙，董秀成．“一带一路”沿线国家油气投资环境评价研究[J]．价格理论与实践，2018，(04)：120.

[4] 张一清，刘传庚，姜鑫民．加快推进“一带一路”能源合作的思考与建议[J]．中国石油大学学报(社会科学版)，2018，(02)：32-33.

[5] 王耀青，囤凤华，孙泽生．“一带一路”油气贸易竞争力测度与合作位势评估：一个全产业链视角[J]．太平洋学报，2017，(05)：45-46.

分布式光伏发电在加油站中的应用

张一欣

（中国石油天然气第一建设有限公司）

摘　要　在“双碳”背景下，国际大型石油企业 BP、壳牌、道达尔等纷纷布局光伏发电产业，中国石油企业也在近年大力开发光伏发电业务，以加油站屋顶分布式光伏发电项目为试点，逐步实现能源转型。加油站建设光伏发电项目是将绿色光伏与传统石油行业进行有机结合的创新探索，也是当下石油企业最易实现的减碳路径之一。本文结合某分布式光伏发电加油站实例，阐述了分布式光伏发电在加油站的设计要点，探讨分布式光伏发电在加油站中的应用。

关键词　光伏发电；碳中和；石油企业；加油站

2020 年 9 月 22 日，习近平总书记在第七十五届联合国大会中提出，中国将力争于 2030 年前实现二氧化碳排放达峰，并努力争取于 2060 年前实现碳中和。2020 年 12 月，中国在气候雄心峰会上进一步宣布，到 2030 年，单位国内生产总值 CO_2 排放将比 2005 年下降 65%以上，非化石能源占一次能源消费比例将达到 25%左右，风电、太阳能发电总装机容量将达到 1.2×10^9 kW 以上。中国作为世界上最大的发展中国家，2030 年前碳达峰、2060 年前碳中和的发展目标要求仅用 30 年的时间将中国碳排放总量从尖峰中和至零排放，这意味着中国碳中和速度和力度将远远超越欧美发达国家，碳中和的时间紧、任务重。

根据国务院发布的《关于完整准确全面贯彻新发展理念做好碳达峰碳中和工作的意见》，石油化工是碳排放较高的几个重点行业之一，也是双碳政策体系中减碳方案主要执行行业，在实现碳达峰、碳中和战略目标的要求下，需要大力发展低碳可再生能源产业的开发和利用，以提高非化石能源消费，推动能源产业可持续发展，必须推动能源生产和消费革命。低碳能源中比较代表性的就是风能、太阳能、海洋能、地热能、生物质能、核能、氢能、可燃冰和页岩气等。

截止 2020 年，中国境内加油站总量达 11.9 万座，这些遍布全国的加油站大部分隶属于三大石油企业。加油站中主要建筑单体站房和罩棚屋顶有大面积闲置空间，可实施光伏发电，不占用征地。对石油企业而言，在加油站中应用光伏发电是成本最低、见效最快也是最便捷的碳减排途径。

分布式光伏发电作为光伏发电应用的一种形式，主要指布置在用户负荷附近，装机规模较小，直接在用户负荷侧并网供电的分布式电源。分布式光伏项目一般采用“自发自用、余电上网”上网模式运行，采用就地消纳的原则，所发电力优先企业自用，富余电力出售给电网企业。

1　石油企业光伏发电技术应用现状

石油公司转型是近年来广为关注的焦点话题。巴黎气候协议签订实施以来，碳排放强度较高的石油行业受到的影响首当其冲。再加之欧洲国家逐渐制定了可再生能源替代化石能源的发展目标，以及在各国政府补贴政策下，新能源汽车快速普及，形成了对传统燃油汽车的替代趋势，越来越多的能源分析机构预计石油消费将在 2030 年左右达到高峰，石油行业发展面临全面转型的压力。

国际大型石油公司探索布局光伏发电全产业链普遍较早，且装机规模较大。在 20 世纪原始发明积累的基础上，BP 于 1981 年成立了 BP 太阳能公司进军光伏发电制造领域并引领产业发展，2017 年收购了光伏项目开发商 Lightsource 的 43%股权，进一步强化了在光伏制造板块的实力。目前，BP 公司光伏发电权益装机容量约为 0.8 吉瓦，正在澳大利亚研究开发的风光互补绿色制氢厂，总装机容量预计达到 1.5 吉瓦。壳牌从 2001 年开始在全球布局光伏发电产业，先后收购了德国电池储能系统制造商 Sonnen 公司以及美国太阳能公司 SiliconRanch 的 44%股份、新加坡 CleantechSolar 公司的 49%股份等，2020 年初，壳牌在澳大利亚的 120 兆瓦光伏电站开始建设。2018 年，壳牌中国公司在河北、山东两省的 5 个加油站完成了屋顶分布式光伏发电项目试点工作。2011 年 5 月，道达尔以 13.7 亿美元的价格收购美国 SunPower 公司的 60%股份，以此为标志开始布局光伏发电产业，并已成为大型综合性太阳能运营商。2015 年，道达尔在美国加利福尼亚州的 SolarStar 项目落成，成为世界上最大的光伏发电站，拥有 160 万块太阳能电池板，总装机容量为 750 兆瓦。2019 年，道达尔在中国成立合资公司——道达尔远景，主要业务是为企业客户提供基于分布式光伏发电的能源服务解决方案。

相比而言，中国石油企业在光伏发电领域的布局相对滞后，装机容量普遍较小。

中国石化光伏发电业务起步于 2016 年，主要为企业内部利用闲置土地或加油站屋顶开展的“自发自用”分布式光伏发电项目，以及外部市场集中式光伏发电项目。2021 年 4 月 22 日，中国石化江苏常州嘉泽加油站于 4 月 22 日正式并网发电，成为我国首座实现碳中和的加油站。十四五期间，中石化规划建设 7000 座分布式光伏发电加油加气站，截至目前，已在江苏、山东、广东等地建成分布式光伏发电站点超 1000 座，均采用“自发自用、余电上网”模式。中石化加快向“油气氢电服”综合能源服务商转型，确保提前实现碳达峰，力争 2050 年实现碳中和。

中国石油 2017 年开始试点加油站屋顶分布式光伏项目，目前累计建成光伏发电装机规模 35 兆瓦。2022 年 4 月中国石油召开的总部组织体系优化调整部署动员会上宣布优化调整业务板块划分，构建油气和新能源、炼化销售和新材料、支持和服务、资本和金融四大业务板块，这是中国石油首次将新能源业务提升为第一大业务板块，与油气业务并列，彰显其能源转型决心。

中国海油 2012 年宣布进军光伏产业，中途几经波折，新能源业务一度面临选择性剥离。2019 年 7 月，中海油宣布正式进军光伏业务，成立全资子公司中海油融风能源有限公司，经营范围包括太阳能发电项目的开发等。在我国“双碳目标”提出后，中国海油在 2022 年 1 月 15 日正式宣布启动碳中和规划，宣布全面推动公司绿色低碳转型。中国海油将统筹做好碳达峰和碳中和顶层设计，积极构建绿色低碳发展体系，以更大决心、更强力度、更实举措助力我国全面实现“碳达峰、碳中和”目标。

2 分布式光伏发电加油站设计技术

下文以某加油站为例，阐述分布式光伏发电在加油站的设计要点，探讨分布式光伏发电在加油站中的应用。

该项目位于新疆阿克苏市附近，是加油加气二级合建站。该地区水平面太阳能总辐照量 1680.6kW · h/m^2，加油站罩棚顶面积 604.1m^2 站房屋顶面积 292.6m^2。选用的某品牌单晶硅高效光伏组件 460Wp 开路电压 53.3V，工作电压 44.2V；选用的某品牌 91kW 逆变器最大输入电压为 1100VDC，MPPT 电压范围为 200 ~1000VDC。

2.1 光伏发电量

光伏发电量的计算是根据水平面总辐射量计算出光伏组件在某倾斜面的总辐射量，然后乘以年峰值小时数，即可得到年总发电量。

光伏发电量计算可由专业计算软件 PVsystem、RETScreen 计算，也可以手动计算。

根据规范《光伏发电站设计规范》(GB50797-2012)第 6.6 节计算公式：

$$E_p = H_A \times \frac{P_{AZ}}{E_s} \times K$$

H_A——水平面太阳能总辐照量(kW · h/m^2，峰值小时数)；

E_p——上网发电量(kW · h)；

P_{AZ}——组件安装容量(kWp)；

E_S——标准辐照度(kWh/m^2)；

K——综合效率系数。综合效率系数 K 包括：光伏组件类型修正系数、光伏方阵的倾角、方位角修正系数、光伏发电系统可用率、光照利用率、逆变器效率、集电线路损耗、升压变压器损耗、光伏组件表面污染修正系数、光伏组件转换效率修正系数。K 值各光伏厂家有自己的经验数据，通常在 79%~82%之间。

本工程光伏组件在罩棚和站房屋顶排布共 212 片，组件安装容量 97.52kW，根据计算，该加油站全年发电量约 204865.14kW · h。

2.2 组件串并联设计及逆变器选型

光伏逆变器主要根据光伏组件安装容量选型。逆变器根据功率大小分为集中型光伏逆变器

(10～630kW)、组串型光伏逆变器(1～5kW)、微型光伏逆变器(1kW以下)等。集中型光伏逆变器因具有功率高、成本低等特点，目前应用较为广泛，故本工程选用集中型光伏逆变器。并网系统设计中要求光伏阵列与所接逆变器的功率容量相匹配，一般的设计思路是：并网逆变器的最大输入功率应近似等于光伏阵列功率，以实现逆变器资源的最大化利用。本工程光伏组件安装容量97.52kW，故选择91kW逆变器。

逆变器在并网发电时，光伏阵列必须实现最大功率点跟踪(MPPT)控制，以便光伏阵列在任何当前日照下不断获得最大功率输出。因此需考虑光伏组件的最佳工作电压(V_{pm})、和开路电压(V_{oc})的温度系数，光伏组件串的V_{pm}应在逆变器MPPT范围内，光伏组件串的Uoc应低于逆变器输入电压的最大值。光伏组件串并联的计算原则是组串开路电压不超过并网逆变器最高输入直流电压。根据规范《光伏发电站设计规范》(GB50797-2012)第6.4节计算公式：

$$\frac{V_{mpptmin}}{V_{pm}\times[1+(t'-25)\times K'_{v}]}\leqslant N\leqslant\frac{V_{mpptmax}}{V_{pm}\times[1+(t'-25)\times K'_{v}]}$$

K_v——光伏组件的开路电压温度系数；

K'_v——光伏组件的工作电压温度系数；

t——光伏组件工作条件下的极限低温(℃)；

t'——光伏组件工作条件下的极限高温(℃)；

V_{dcmax}——逆变器允许的最大直流输入电压(V)；

$V_{mpptmax}$——逆变器MPPT电压最大值(V)；

$V_{mpptmin}$——逆变器MPPT电压最小值(V)；

V_{oc}——光伏组件的开路电压(V)；

V_{pm}——光伏组件的工作电压(V)

计算可得光伏组件串数范围为5～19，结合光伏组件排布，选18块组串。

2.3 接入系统设计

光伏发电接入系统方案根据接入电压等级、运营模式、接入点位置确定，同时需考虑其对配电网的影响。

分布式光伏发电会对所接入配电网的潮流分布、短路电流的流向、电能质量、可靠性、继电保护配置等几个方面产生影响。根据分布式光伏发电容量、上级变压器或配电网情况考虑并网电压。根据国家电网要求，单个并网点容量小于300kW的采用低压380V电压接入，300kW～6MW的一般采用10kV接入。小型光伏电站(380V电压接入)总容量原则上不宜超过上一级变压器供电区域内的最大负荷的25%。本项目采用380V低压接入方案。

当前，加油站装光伏主要以“自发自用、余电上网”模式为主，其主要优势有：可获得余电上网收益(直接收益)和自用节约电费(间接收益)两部分收益，投资收益率高。对于一些特殊情况，还有“离网储能”模式，即配备蓄电池储能系统，光伏发电自发自用，余电存储。“离网储能”模式主要应用在当地没有连接电网条件、光伏自发自用不能余电上网、波峰电价比波平电价贵等地区，但因为前期投资偏高，投资回收期偏长等原因，一般情况下不建议加油站选择该模式。

3 投资回报

光伏发电投资成本由初始成本和运维成本组成。初始成本主要在项目建设期的设备造价、建设成本等，其中设备造价站初始投资成本一半以上，主要是组件成本。受到原材料硅料价格上涨的影响，目前国内大尺寸单玻组件主流成交价格在1.89～1.91元/W，逆变器成交价格0.16～0.185元/W，支架成交价格0.38～0.42元/W。加油站项目因为要考虑防雷、电气安全、防爆等等，整体造价在4～5元/W。

工商业光伏发电的收益计算主要考虑两个部分：余电上网的卖电收益(余电上网电量×当地脱硫煤标杆电价)和自发自用节省的电费。以上文加油站为例，本项目光伏组件容量97.52kW，全年发电量计算值约204865.14kWh。按照新疆省光伏发电上网电价0.262元/kWh，大工业用电电价0.378元/kWh。该项目加油站每个月用电7000kWh左右，余电上网10000kWh左右，一年收益约为6.3万元。

长期收益需要考虑光伏组件发电效率衰减和电费变化，其经济效益逐年下降。加上运维成本，综合估算回收成本周期约8年。

4 小结

随着国民生活水平不断提高，交通基础设施的不断改善和机动车保有量的快速增加，加油站数量也在快速增加，加油站的功能也将不断扩充，向综合能源服务站转变，用电量将大幅提高，更需要使用清洁能源代替传统能源，达到碳减排的目的，分布式光伏发电将成为未来新建加油加气站的“标配”。加油站建设光伏发电项目是将绿色光伏与传统石油行业进行有机结合的创新探索，同时也是当下石油企业最易实现的减碳路径之一，具有广阔的应用前景。

参 考 文 献

[1] 栾和新．中国大型石油企业光伏发电发展路径建议[J]．国际石油经济，2020，5.

[2] 张正刚．国际石油公司发展太阳能光伏业务的探索实践与启示[J]．国际石油经济，2018，8.

[3] 刘杰．太阳能光伏发电系统及应用前景分析[J]．新型能源，2021，31.

化学工程工艺中绿色化工技术的开发与应用探讨

徐海涛　张　超　姜　潇

（中国石油工程建设有限公司北京工程咨询分公司）

摘　要　目前，环境问题得到了人们的广泛重视，这也就使得化学工程工艺必须转变发展方向，创新生产形式与技术。因此，本文将对化学工程工艺与绿色化工技术进行概述，并分析绿色化工技术在化学工程工艺中的开发与应用，希望可以为相关工作者的研究提供一些帮助。

关键词　化学工程工艺；绿色化工技术；开发

进入新时代后，绿色环保理念已经深入人心，这就使得人们对化学工程工艺提出了更高的要求。因此，必须了解绿色化工技术，并加强对其的开发与应用，降低化工生产给周边环境带来的不良影响，从而为化学工程工艺健康发展奠定良好基础。

1　化学工程工艺与绿色化工技术概述

1.1　化学工程工艺

化学工程工艺指的就是当今时代化学工业生产涉及到的领域，通常情况下，在生物工程、制药工程以及冶金工程中，都存在化学工程工艺。在现代化生产过程中，人们树立起了生态理念，提出了绿色、环保等要求，并希望在这一环保理念的应用与创新下，实现当代化学工程工艺的可持续发展。

1.2　绿色化工技术

绿色化工技术指的就是以绿色化学为基础，开发出从源头上对环境污染进行阻止的化工技术。在具体的化工生产中，清洁技术指的就是通过工程技术及化学原理的使用，减少或者消除污染环境的副产品、溶剂、部分产品、催化剂以及有害原料等，从而使整个生产工艺或者是生产过程满足绿色化学的要求，其既包括高新技术还包括先进设备。绿色化工技术的主要目的就是实现传统化工的绿色化，即对环境友好化学反应路线与闭路循环工艺流程进行合理设计，并生产出绿色的化学产品，使化工过程与化学反应从根本上降低对环境造成的污染，从而使传统化学工业向着绿色、可持续发展的方向发展。

近年来，随着环境问题的加剧、可持续发展的要求，人们对化学工程工艺这一破坏生态环境的元凶提出了质疑。虽然，化学工程工艺为人们生活环境的改善提供了物质基础与能源，但其也导致了环境污染问题与能源匮乏问题的出现。在这种情况下，加强对绿色化工技术的开发与应用就成为了必然选择。

2　化学工程工艺中绿色化工技术的开发

2.1　化学原料

在绿色化工技术开发中，化学原料发挥着重要作用，因此，必须对其进行合理选择。在具体的选择过程中，研究人员应该选择农作物、植物等没有化学添加剂、无害、无毒的化学原料，并坚决杜绝含有毒、害的材料，只有这样，才能在根本上防止化学工程工艺生产出现污染或者是危害，从而在减少生产成本的同时，对现有资源进行科学、有效利用。同时，为了提高化工生产的科学性、合理性与有效性，还可以通过对化学反应原理的研究与运用，有效消耗化学工程工艺生产中的污染物，并将其转变成可以回收处理的相关物质及水。

2.2　催化剂

在具体的化工生产中，在一些情况下必然会使用到化学催化剂，以此来加快化学反应的速度。但需要明确的是，大量催化剂的应用会生产出众多的有害、有毒废弃物，若将这些废弃物质直接排放到周边环境中，那么就会给环境造成严重污染。因此，在开发绿色化工技术时，必须对催化剂进行合理选择，尽可能使用无公害、较为安全的催化剂，从而有效减少废气污染物排放给环境带来的不良影响。例如，在化学工程工艺生产中，由于烷基化固相化学催化剂不会生产出有毒、有害的物质，因此，可以加强对这一催化剂的推广与使用。同时，还应该循环利用废弃排放物，促进催化剂资源反复利用性的提高。

2.3 深化化学反应

在绿色化工技术实际开发中，除了要合理选择化学原料与催化剂，还应该深化化学反应选择，只有这样，才能充分利用化学工程工艺中的生产原料。以石油化学工程工艺生产为例，在这一生产中，其氧化物经常是由烃类物质充当，这样，虽然可以为化学反应中氧化的出现提供便利，但其会使氧化反应生产出众多的污染性质化学产物。因此，必须对化学工程工艺反应选择进行绿色深化，尽最大可能降低污染性质化学物的产生，从而使化学工程工艺反应向着绿色化工的方向进行。

3 绿色化工技术在化学工程工艺中的应用

在具体的生产过程中，绿色化工技术的应用主要表现在清洁生产技术、环境友好型产品以及生物技术三方面，下面对其进行详细介绍。

3.1 清洁生产技术

清洁生产技术属于相对技术，其指的就是通过对原有生产技术的改进，将污染物产生量与毒性降低甚至是消除的一种技术。其主要包括辐射热加工技术、临界流体技术以及绿色催化技术等，并且在海水淡化、垃圾处理、甲醇合成、煤气加工生产、现代印染工程以及冶金工程中有着广泛使用。同时，新能源发电技术、高效煤气化技术以及垃圾沼气技术等也在各个领域得到了推广。以海水淡化为例，其就是通过清洁化学方法的使用完成的，其中海水是原材料，而基本产品则是淡水。在生产过程中，清洁生产技术的使用给周边环境带来的影响是非常小的，具体操作就是在由聚丙烯酸、水解聚马来酸酐以及羟基乙叉二膦酸等构成的阻垢剂中加入羧基端的超支化聚酯，使其形成带有环保功效的低磷复配阻垢剂，并通过静态阻垢试验及 XRD、SEM 等，对这一阻垢剂的功效进行测验。综上所述，海水淡化技术在实际应用中，不但没有出现生态结构破坏、环境污染等问题，还产生了一种清洁化学产品，即氢氧化镁。

3.2 环境友好型产品

我国化学工程工艺在发展过程中对环境造成了大量破坏，不但阻碍着自身可持续发展，还严重危害着人们的健康。目前，人们逐渐认识到了环境的重要性，并树立起了环境保护的意识，这也就导致了绿色环保理念的产生，而在这一理念下，环境友好型产品的出现是必然的。环境友好型产品也称为低公害产品或者是环境无害化产品，其指的就是在整个生产周期内对环境都比较友好的产品，即在生产、使用以及废弃处理等环节中，该产品始终不会污染环境。由此看来，加强生产环境友好型产品有利于防范环境污染问题的出现，可以有效保护生态环境。以石油为例，在日常生活中，石油有着广泛的应用，但其在燃烧之后会产生一种严重污染环境的气体。而随着生活水平的提高，私家车的数量越来越多，为了有效控制汽油燃烧污染，工作人员通过不断尝试与研究，终于开发出了新型燃料和具有环保特点的汽油，而通过这些燃料的使用，在很大程度上可以降低气体污染给环境带来的不良影响。同时，塑料袋在人们生活中也十分常见，给环境带来不良影响。针对这一问题，在相关工作人员的努力之下，目前已经出现了可降解的塑料袋，也就降低了塑料袋给环境带来的危害。

3.3 生物技术

生物技术在化学工程工艺中也有着广泛应用，尤其是生物酶技术。由于生物化学工程中经常会涉及到细胞变化、基因变化等内容，如果在这一工程工艺中加强对生物酶技术的使用，不但可以发挥这一技术的催化作用，让化学反应快速发生，还不会导致化学污染物质的出现。例如，在化学反应中，可以将丙烯腈物质替换成生物酶，这样就可以得到纯净度更高的丙烯酰胺物质，还能够在一定程度上避免生产能源中不必要的损耗。同时，还可以将小麦杆这一农业生产废物原料当作生产原料，并通过生物合成技术的使用，使其在乳酸生成后形成聚乳酸。这样，就可以通过对其的使用制作出生物降解塑料，从而有效解决以往聚乙烯塑料降解困难的问题。另外，还可以通过对植物纤维资源的利用，以生物技术方式，对工业丙醇物质及化学乙醇等进行生产。在实际的化学制药产业当中，通过生物工程中的基因重组技术，可以生产出疫苗及多肽药物，有利于预防并治疗肿瘤类的疾病。由此看来，在化学工程工艺中，生物技术的运用不仅仅是让微生物进行发酵，还能够通过对不同自然界中生物资源的使用，实现绿色、无污染的化学工程生产。

4 结论

综上所述，加强绿色化工技术的开发与应用已经成为了一项重要工作。因此，必须合理选择化学原料与催化剂，并通过清洁生产技术、环境友好型产品以及生物技术的运用，减少污染，有效保护生态环境，从而促进化学工程工艺更好更快的发展。

参 考 文 献

[1] 祝运．化学工程工艺中的绿色化工技术要点分析[J]．化工设计通讯，2017，43(12)：118.

[2] 赖锦杰．化学工程工艺中绿色化工技术应用的几点探究[J]．化工管理，2017(07)：137.

[3] 汤霞．化学工程工艺中的绿色化工技术之研究[J]．化工设计通讯，2016，42(07)：142-148.

油气行业低碳发展路径探索

张亚庆　刘　欣　逯国英　杜廷召
（中国石油工程建设有限公司华北分公司）

摘　要　在《巴黎协定》和国家意志的双重约束下，油气行业需在极为严苛的外部环境下，基于自身业务结构制定相应的应对原则与宣传策略、塑造低碳形象，建立应对气候变化的统一战线，形成强大合力，探索具有中国特色的油气行业低碳发展路径显得格外重要。本文横向对比全球油气企业的低碳转型方向，并基于我国的能源结构，提出化石能源低碳化利用和可再生新能源规模化发展两大路线，在多个方面进行综合分析，旨在提出更加适合中国国情的油气行业低碳转型之路：加强油气储上产优化能源结构，重点发展天然气及LNG行业，培育发展新能源及负碳业务，最终实现化石能源低碳化、清洁能源规模化，企业转型为拥有“极具竞争力的油气业务、低碳能源、便利零售和移动出行”的复合型的综合能源公司。

关键词　低碳路径；天然气；可再生能源；负碳业务

2015年12月12日在巴黎召开的联合国气候变化大会上通过的《巴黎协定》，旨在大幅减少全球温室气体排放，将本世纪全球气温升幅限制在2℃以内，同时寻求将气温升幅进一步限制在1.5℃以内的措施。我国在2020年9月22日的第七十五届联合国大会上提出二氧化碳排放力争于2030年前达到峰值，努力争取2060年前实现碳中和的贡献目标和长期愿景。

在《巴黎协定》和国家意志的双重约束下，油气行业需在极为严苛的外部环境下，基于自身业务结构制定相应的应对原则与宣传策略、塑造低碳形象，建立应对气候变化的统一战线，形成强大合力，探索具有中国特色的油气行业低碳发展路径显得格外重要。本文横向对比全球油气企业的低碳转型方向，并基于我国的能源结构，提出化石能源低碳化利用和可再生新能源规模化发展两大路线，在多个方面进行综合分析，旨在提出更加适合中国国情的油气行业低碳转型之路。

1　碳排放源类别及特点

国际上将温室气体的排放分为三类。第一类是直接排放，指由企业拥有或者控制的来源所产生的排放，如战场的发电机组、导热油炉、火炬等燃烧产生的排放，温室气田放空及逸散性排放等。第二类是间接排放，指企业从外部购买的电力、蒸汽或其他能源产生的排放。第三类是其他间接排放，这类是企业活动的结果，但排放源并非企业拥有或控制。例如，运输或购买企业产品所使用的燃料以及使用企业产品和服务所产生的排放。第三类排放源种类复杂，对于能源企业来说，主要是终端用户因使用企业提供的能源产生的排放。第一类和第二类属于供给侧排放，反应能源企业在生产过程中的低碳化水平。第三类是在用户端产生的，属于能源产品需求侧排放，反应能源产品的清洁化程度，第三类排放量占总排放量的85%以上。

可见，油气行业的碳减排目标并非停留在供给侧，而是要从供给侧延伸至需求侧，最终的目标是实现产品全生命周期的低碳甚至零碳排放，因此必须要在生产方式及其能源结构上发生根本性变革。

2　国际石油公司低碳转型路径

《巴黎协定》生效后，欧盟态度积极，在其制定的《欧盟能源系统集成战略》中指明要“以能效为核心的循环能源系统，扩大终端用能部门的电气化；在难以电气化的部门推广使用清洁燃料”。同时在《欧盟氢能战略》中提出以近期和中长期3步走的氢能发展计划，主要利用风电和光伏发电。基于此，欧洲的油气公司选择了长期发展以可再生能源为主，中短期以天然气为过渡能源，实现低碳转型，BP、壳牌、道达尔、埃尼、挪威国家石油公司、雷普索尔已先后宣布2050年实现CO_2净零排放。

由于美国特朗普政府认为《巴黎协定》的碳排放指标严重制约美国发展，对美国不公，已于

2020年11月4日正式退出《巴黎协定》。尽管新任拜登政府表示将重返《巴黎协定》，但考虑目前美国已实现能源独立，能源消费结构持续优化，二氧化碳排放进入了下降通道，当下的美国能源行业处于近70年来最好的时期，因此拜登政府的能源政策，变的可能仅仅是形式，不变才是实质。基于上述原因，以埃克森美孚、雪佛龙、康菲石油为代表的美国石油公司在低碳转型方向并无强烈意向(表1)。

表1　国际主要石油公司低碳战略方向及主要目标

公司名称	低碳战略方向			主要目标
	天然气发展	降低温室气体排放(含甲烷)	新能源发展	
BP	√	√	√	2050年或之前，油气上游实现净零碳排放，销售产品的碳强度减少50%
壳牌	√	√	√	2050年或之前，生产过程中所有碳排放为零(第一类、第二类)，减少65%(第一类、第二类、第三类)
挪威石油	√	√	√	2050年，碳排放强度降低50%(第一类、第二类、第三类)
埃尼	√	√	√	2040年，全部业务的净碳足迹为零(第一类、第二类)；2050年，碳排强度较2018年下降55%(第一类、第二类、第三类)；开发规模为1000万吨/年的二氧化碳捕集和储存能力，可再生能源发电能力超过55吉瓦
道达尔	√	√	√	2050年或之前，在全球范围实现净零碳排放(第一类、第二类)，欧洲地区实现净零碳排放(第一类、第二类、第三类)
埃克森美孚	√	√		2025年上游排放强度下降15%~20%，甲烷排放强度下降40%~50%，燃烧排放强度下降35%~45%(第一类、第二类)；到2035年，实现行业领先的温室气体排放绩效。
雪佛龙		√		—

从各公司发布的低碳战略来看，可分为多元化发展战略和单一化低碳战略两种类型。实施多元化发展战略的公司定位为未来的一体化综合能源服务商，如BP、壳牌、道达尔等公司，一方面努力提高能效、减少火炬气的排放，降低生产过程中的温室气体排放；另一方面优化资源产品组合，逐步增加低碳产品特别是天然气产品的比重；同时还着眼于中远期的可再生能源、低碳能源业务。而实施单一化低碳战略的企业则仍定位与油气企业，聚焦控制生产过程中的温室气体排放，提高能效、减少火炬气的排放。

同时各石油公司加快优化全球资产配置与组合的步伐，高度关注非常规、深水、一体化天然气三类核心业务，加速剥离非核心资产，以集中资产发展核心资产并保证现金流稳定。

一方面加大对天然气的投资力度，预计到2030年，大公司天然气产量将占油气总产量的一半以上；另一方面大量布局新能源业务和低碳技术，结合自身优势着重发展与油气业务关联性高且协同效果好的新能源业务，以实现综合化发展(表2)。

表2　国际主要石油公司新能源业务布局

公司名称	太阳能	风能	氢能	生物燃料	储能	充电服务	碳捕集
BP	√	√	√	√	√	√	√
壳牌	√	√	√	√	√	√	√
道达尔	√	√	√	√	√	√	√
埃森克美孚							
雪佛龙	√	√		√		√	√

3　我国油气行业低碳路径

随着低碳社会的逐步构造，未来我国社会将过渡为多能互补的综合能源体系，油气公司需进行战略构造优化升级，调整业务范围和领域，从单纯的油气公司转型为拥有“极具竞争力的油气业务、低碳能源、便利零售和移动出行”的复合型的综合能源公司。

3.1　聚焦低碳转型，保证能源安全为前期

与世界能源结构相比，中国资源禀赋有“富

煤、缺油、少气”的特点。其中，煤炭、石油、天然气分别站一次能源消耗的57.6%、19.7%和7.8%；可再生能源从无到有，增长迅速，占比达到4.7%，已成为中国一次能源的重要组成部分。

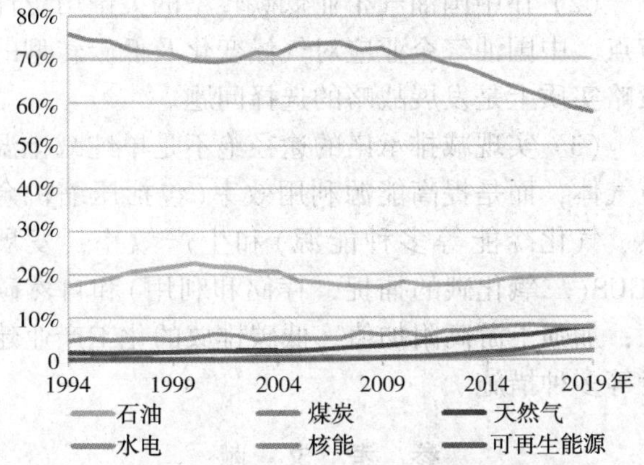

图1　1994-2019年中国一次能源消费结构变化

资料来源：BP《世界能源统计年鉴2020》

如图1所示，我国能源消费结构虽然不符合低碳要求，但受限于资源禀赋和保证能源安全，短期内无法改变以煤炭为主的能源结构，但从另一个角度来看，可以通过油气行业“增储上产”来从优化能源结构。通过增强供应保障能力建设，落实好油气勘探开发“七年行动计划”，持续加大上游生产勘探开发力度，夯实国内资源基础，保持合理储备水平，增强供应体系安全保障度、弹性和适应性，可以在保证能源安全的前提下尽可能的趋向低碳化能源结构。

3.2　重点发展天然气行业，助力低碳转型

天然气作为最清洁的化石能源，被一致认为是低碳转型的最优过渡能源。无论从满足国内不断增长的天然气需求、优化能源结构的必要性，还是从国外大型石油公司的转型经验来看，增加天然气比重应是国内石油公司推进能源转型的现实首选。建议把天然气作为转型时期的战略重点，加快发展天然气业务，重视生产、储运、应用等全产业链布局。

在大力推动天然气发展的同时，做好“天然气+”业务，面向高比例可再生能源系统，天然气在发电侧与用户侧和可再生能源融合发展是大势所趋。同时要解决低成本气源不足、中间输配层级多、输配价格需进一步理顺等问题，同时与可再生能源发展相融合，增强产业链的弹性。

3.3　加强LNG产业发展，重视LNG冷能利用

LNG(液化天然气)作为公认的优质高效、清洁低碳的化石能源，也是我国进口天然气的一个主要载体和途径。作为过渡期的战略能源，加强LNG产业发展，加强海外天然气投资合作，积极参与储量基础好、开发成本低的海外LNG项目；抓住当前全球LNG供应宽松、价格斜率低的有利时机，签署长期贸易协议，努力降低LNG成本显得格外重要。

LNG作为低碳能源已走在碳中和的前列。基于公开报道，自2019年6月以来，东亚地区已经完成了数宗“碳中和LNG”的现货交易，壳牌和道达尔等国际供应商已经向日本(东京燃气)、韩国(GS能源)、中国大陆(中国海油)、中国台湾地区(台湾中油)等市场交付了数个船次的“碳中和LNG”。

LNG汽化时释放的冷能量大(约为840kJ/kg)，冷能温位极低，属于高品位能源，且冷能利用过程中不产生任何污染物，不仅有着重要的经济价值还有极大的环保优势。LNG冷能目前主要用于空气分离、冷能发电设施等，而还可以在冷热互供、节能降耗、燃气发电等领域全方位展开进一步研究，高效合理利用LNG冷能。

3.4　做积极的碳管理者，解决上游站场的尾气排放及放空问题

甲烷短期增温效应是二氧化碳的80多倍，长期是34倍，因此控制甲烷排放也极为重要。在油气田的上游井场、站场在生产运行过程中存在直接排放或者点火放空的现象，且部分站场设置脱碳装置后分离出的二氧化碳大部分直接排放，上述情况均会增加第一类温室气体排放。

油气公司摸清家底，基于自身实际，做好能源审计及CO_2排放计量，研究制定公司CO_2管理框架，提出明确的碳管理战略，宣传相关低碳理念是在公司内部宣贯、执行低碳发展的有力手段。

3.5　着眼长远发展，培育发展新能源及负碳业务

随着技术进步，能源的发展正由“资源为王”转向“技术为王”。我国油气企业在以天然气为过渡能源的同时，应积极扩展新能源业务，保持低碳领域和新能源项目投资的增加，可大力布局太阳能发电、风力发电、地热能、生物质能等可再生能源业务和天然气发电业务。另一方面还需要在氢能领域进行深度耕耘，氢能可以来自天然气与煤炭，也可以来自可再生能源电解水，其来源决定了其碳排放强度，建议今后在规划氢能

项目时，着重注意氢气来源。

对于化石能源，碳减排技术即碳捕集、利用与封存技术至关重要。在化工、材料和发电行业释放的二氧化碳只能通过 CCUS 方式加以控制。

3.6 转变思维，重新定位一体化能源供应商

将新能源业务与传统业务优势相结合，形成互补效应，实现价值最大化。充分利用加油站的网点优势，将电力业务与加油站终端相结合，为今后公司销售终端向综合性能源加注站转型创造条件，建立以客户为中心，集供油、供气、供电、供热(冷)及智慧能源服务为一体的多元化能源供应体力，为终端客户提供高效的用能解决方案，努力能为国际一流的综合能源产品及服务提供商。

4 结论和建议

本文基于国际石油公司低碳路径研究，结合我国资源特点，深入剖析了我国油气行业低碳发展路径的探讨，得出如下结论和建议：

(1) 应大力发展可再生能源，差异化发展化石能源，石油消费将在 2030 年达到峰值或者已经达到峰值；天然气作为最清洁的化石能源将发挥重要的过渡能源作用。

(2) 在中国油气企业低碳转型的关键历史性节点，中国油气企业应对气候变化及低碳转型的策略实质上是发展战略的选择问题。

(3) 实现减排承诺的途径绝不是单纯减排温室气体，而是提高能源利用效率(包括压缩机余热、气化冷能等多种能源)和生产效率；发展 CCUS(二氧化碳的捕捉、存储和利用)和自然碳汇；加强下游高附加值、低碳排放的化工产业建设等多种措施。

参　考　文　献

[1] 顾安忠. 液化天然气技术手册[M]. 北京：机械工业出版社，2010.

开放式门架起重机和封闭式门架起重机优缺点分析

薛运杰

（中国石油天然气第一建设有限公司）

摘　要　本文结合工程实例，通过对近年来门架式起重机进行调查归纳和总结，为同类门架使用提供参考和借鉴。

关键词　门式起重机；开放式；封闭式

广东石化260万吨/年芳烃装置抽余液塔高度116米，直径13.8米，吊装重量4606吨，于2021年4月17日安全就位。主吊5000吨门式起重机，属于封闭式门架起重机，抬尾4000吨履带吊车。

江苏省泰兴市延长中燃轻烃深加工项目丙烷丙烯分离塔高度129.6米，直径9.8米，吊装重量2100吨，于2021年12月12日安全就位。主吊3600吨门式起重机，属于开放式门式门架起重机，750吨起重机抬尾。

相比较这两种不同门式起重机设计理念，对两种起重机进行优劣对比分析(表1)。

两种起重机吊装过程如图1~图6所示。

表1　起重机对比

序号	起重机类型	门架形式	底座形式	对地基水平度要求	能否行走	提升驱动方式	缆风绳	组装方便程度	设备方位旋转	吊耳以上预留	对抬尾吊车能力	对设备摆放要求	对设备高度要求
1	封闭式门架	钢结构框架	承载式	较高	能	液压钢绞线	有	难	能，需要加装	多	高	高	有限制
2	开放式门架	钢结构框架	承载式	高	能	液压千斤顶	有	易	不能	少	低	高	无限制

图1　开放式门架吊装过程图

图2　封闭式门架吊装过程图

图3　封闭式门架吊装就位图

图4　开放式门架吊装就位图

图 5　开放式门架始吊状态图

图 6　封闭式门架始吊素描图

综合结论：

开放式门架优点是：(1)低个能吊起高个，主吊吊点可以很低，对抬尾吊车选用选择范围更大；(2)吊耳上方劳动保护预留较少，可以尽可能的安装高处附件；(3)提升用的连接件重复利用率高。(4)安装时间短。缺点是：设备竖直之后不能旋转方位，对设备摆放和吊耳方位选择要求很高。

封闭式门架优点是：(1)塔架的稳定性更强；(2)加上旋转吊具，设备竖直后可以进行转动，对吊耳方位控制影响小。缺点是：(1)设备高度不能超过塔架的最大提升高度；(2)钢绞线施工复杂，顶部提升装置准备时间长，钢绞线夹片故障率高；(3)钢绞线使用次数有限，长度选择根据设备情况变化大，重复利用率不高；(4)安装时间长，顶部横梁重量大，安装不易。

综合对比，各有千秋，对于吊装工器具选用提供了更大的空间，如两种门架再进行技术更新，可以进行转化，综合其优点。

160000m³ LNG 储罐穹顶预制胎架 CAD 放样

姚凡强

（中石化第十建设有限公司）

摘　要　目前，CAD 放样在化工建设工程中越来越普遍，它不但使放样工作变的简单和高效，而且放样精度也大大提高。根据施工需要，广西液化天然气（LNG）项目穹顶预制胎架也采用 CAD 放样的方法来保证尺寸的精度。由于穹顶结构为球形拱顶网壳结构，因此预制胎架放样主要是基于穹顶梁的弧形结构进行，即通过穹顶梁的弧度进行胎架尺寸的放样，根据每个胎架立柱点所在的其球切面上的位置，通过在切面上引半径线和垂线的方法，标示出此立柱点相应的距离和高度。目前国内对此类的弧形放样没有相应的放样说明，因此本文以广西液化天然气（LNG）项目接收站工程为例，介绍穹顶预制胎架各个尺寸 CAD 放样的过程。

关键词　放样；CAD；穹顶；预制胎架；切面

1　前言

广西液化天然气（LNG）项目 160000m³ LNG 储罐穹顶钢结构为球形拱顶网壳结构，是 LNG 储罐的主要组成部分之一，其曲率半径为 R=81644mm，底部直径为 82000mm，为大跨度钢结构，具体由径向梁、环向梁、中心环组成。其中，径向梁共有 96 根，环向梁分为 7 圈，中心环 1 个。径向梁和环向梁具体组成为：径向梁根据长度不同分为①、②、③三种梁，其中①梁 24 根，②梁 24 根，③梁 48 根；环向梁由外到内分为 L1（96 根）、L2（96 根）、L3（96 根）、L4（96 根）、L5（96 根）、LR1（48 根）、LR2（24 根）。穹顶结构及分片详图见图 1。

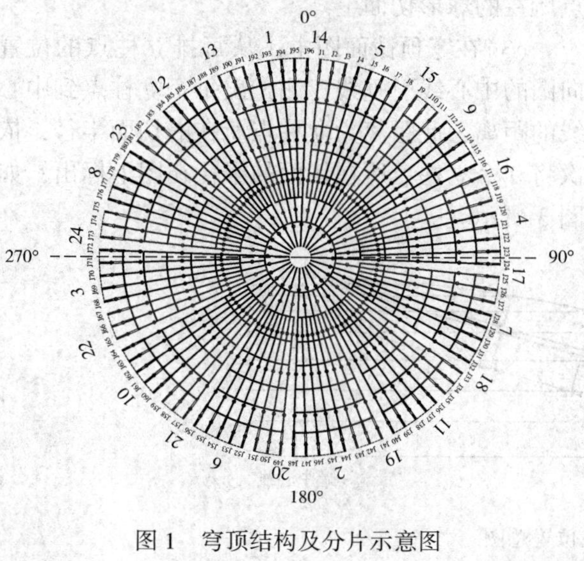

图 1　穹顶结构及分片示意图

目前国内大型 LNG 储罐穹顶的施工主要有两种方法，一是采用单根梁直接在罐内进行组装，二是采用先预制成片、后进行吊装安装的方法。为响应公司“模块化、标准化”施工的要求，广西液化天然气（LNG）项目部采用第二种方法进行穹顶的施工，加大预制深度，减少后期安装高空作业的危险性。

根据对其它 LNG 项目的施工了解，穹顶预制基本分三种不同方法：第一种为 12 大片，12 小片；第二种为 12 大片，12 小片（带侧翼，即一侧增加环向梁）；第三种为 24 等片。根据青岛 LNG 项目的施工经验，以及现场的实际情况，广西液化天然气（LNG）采用第二种方法进行预制，最大化的加深预制深度。因此，穹顶预制胎架的尺寸直接决定着穹顶的预制尺寸和预制质量，需根据穹顶图纸尺寸采用 CAD 对胎架的尺寸进行精确放样，来保证胎架尺寸的精准性。

本文以大穹顶片预制胎架来介绍胎架的尺寸放样。大穹顶片组装详图见图 2。其中大穹顶片径向梁包括①梁 2 根、②梁 2 根、③梁 1 根；环向梁 L1（4 根）、L2（4 根）、L3（4 根）、L4（4 根）、L5（4 根）、LR1（2 根）、LR2（1 根）。

图 2　穹顶大片组装结构示意图

2 放样原理

由于穹顶为球形拱顶，穹顶片除中间的径向梁在水平位置上，其余的四根的位置均是在圆上旋转一定角度后确定，导致穹顶的径向和横向方向上均为圆弧形，预制胎架在放样时必须与穹顶一样径向和横向也为圆弧形。所有方向上弧线均可看作为圆弧，因此通过穹顶梁的弧形结构截面图，做半径线和垂线确定胎架立柱点所在的相关切面圆，通过将穹顶梁在切面上展开的方法，分别确定穹顶预制胎架的长度、立柱的具体位置、以及立柱的间距和高度，最终综合所有数据得出整个预制胎架的尺寸。

根据图2，穹顶片为对称结构，则预制胎架也同样为对称结构，穹顶梁截面图中的数据为中心位置处的数据，同一排立柱中，两侧对称立柱的间距和高度相同。放样的难点就在于除中间立柱外，如何确定其余4根立柱的位置和尺寸。

3 放样步骤

3.1 穹顶结构绘制

(1) 由于预制胎架放样是基于穹顶径向梁进行放样，因此根据图纸尺寸，采用CAD绘制穹顶径向梁结构截面图，其弧形曲率半径为R＝81644mm。

(2) 由于穹顶高度为10799mm，需将穹顶梁实际放平成为拱形进行组装，因此预制胎架为拱形胎架。

(3) 根据其它LNG项目的施工经验，由于穹顶外侧还有一层6mm厚的蒙皮板需要进行焊接，外侧需满焊，焊接量大，为防止焊接导致穹顶变形，保证穹顶焊后的几何尺寸，在径向梁梁弧长不变的前提前，需将穹顶拱高增大50mm，采用CAD放样得出拱高加大后的穹顶梁的曲率半径为R＝80075mm，以此曲率半径进行预制胎架的放样。

(4) 测量拱形内弦长为39876mm，此长度即为胎架的整体投影长度。

3.2 立柱位置的选择

(1) 穹顶梁结构图绘制完成后，根据图纸尺寸，标出每圈环向梁的位置：由于穹顶梁曲率半径已变化，但径向梁总体弧长不变，为保证环向梁位置焊后与实际图纸相符，环向梁采用测量弧长的方法进行定位。

(2) 为便于环向梁安装，选择以每根径向梁的中心距离环向梁800mm的位置处各设置一个预制胎架立柱，共7个；为保证后期穹顶仰脸焊接施工，需在穹顶梁两端额外各设置一个立柱增加穹顶高度。

(3) 7个立柱点在径向梁截面图上标出后，以每个点向径向梁弦长上引垂线，垂点之间的距离为立柱的间隔距离。

(4) 立柱总数共设置9个，有大端至小端编号依次为A、B、C、D、E、F、G、H、I。

注：　第2、3条中立柱单位为"个"，是按照绘制的穹顶截面图而言；在穹顶俯视图中，第2、3条中的描述单位应为"排"。

3.3 预制胎架立柱位置放样

(1) 预制胎架位置是指穹顶片俯视图中每个支柱的具体位置，共9排立柱(两端各1排)，由大端至小端，前7排(A～G)每排5根支撑立柱，第8排(H)3根立柱，最后一排(I)2根立柱。

(2) 每排立柱之间的距离已经确定，每排立柱相互之间的距离也采用放样进行确定。由于整个穹顶为球形拱顶结构，因此立柱位置应在立柱点所在的球形切面上。

(3)在穹顶截面图中，从每排立柱点的位置向圆的中心线引垂线，测量出每个立柱点到中心线的距离，此距离为立柱点所在的切面半径，依次将9个立柱点所在切面的半径在图上标出，如图3所示。

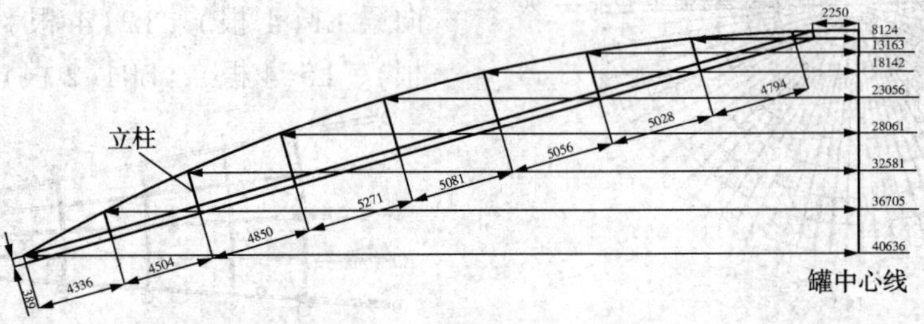

图3　胎架立柱位置总图

(4) 以每个立柱点所在的球形切面半径画圆，并按图纸径向梁安装方位将圆 96 等分，由于穹顶片由 5 根径向梁组成，选取其中 5 条等分线，这 5 条等分线与圆的交点就是同一排立柱各自所在的位置。

(5) 由于拱顶的球形结构，每排的立柱点均在一条弧形线上，为便于胎架的制作，实际制作时立柱在同一直线上，在第(4)步绘制完成后，作中间一点的切线，并将其余 4 条等分线分别延长至切线上，交点为立柱位置，将交点之间的距离标出，为实际立柱之间的间距。以此类推，按照同样的方法确定 8 排立柱的位置(最外端立柱 A 除外)。图 4 以半径为 R = 23056mm 的立柱举例表示立柱位置的确定，图中红色圆圈表示的是实际组装中立柱的位置，即立柱在同一直线上。

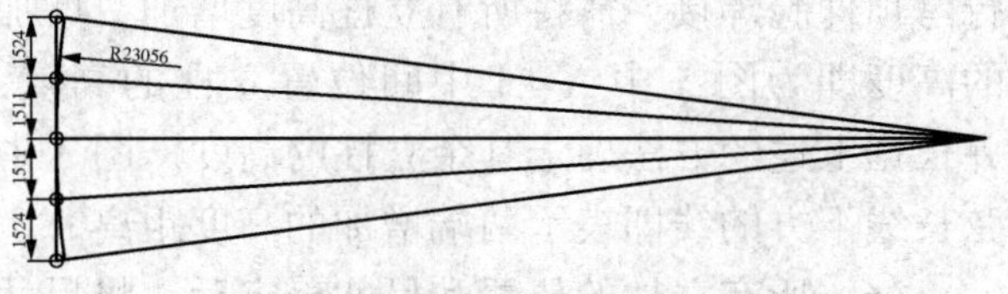

图 4　胎架立柱位置确定图

(6) 为保证穹顶片最外端成型后的弧度，此处的立柱位置采用弧线，按照第(4)步的方法将 5 个立柱点的位置在图上标出。

(7) 所有立柱位置确定完成后，根据每排立柱之间的间距、及同一排立柱相互之间的间距，可以绘制出整个穹顶预制胎架的俯视图，如图 5 所示。

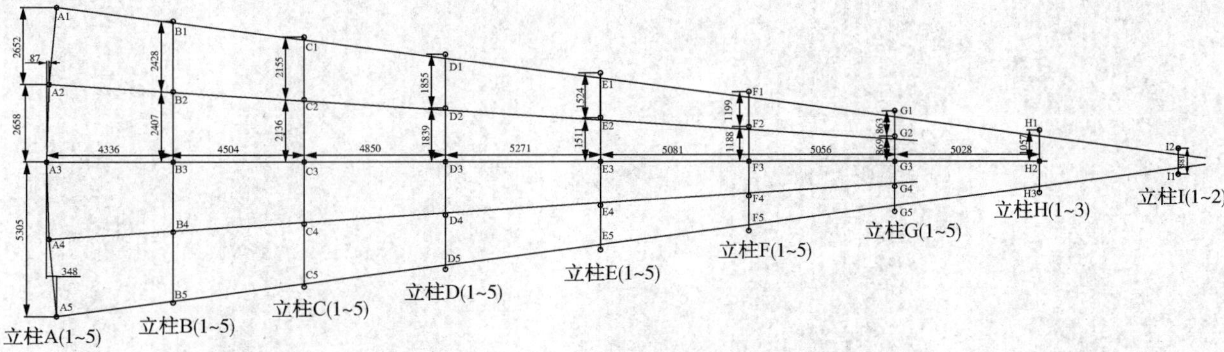

图 5　预制胎架俯视图

3.4　穹顶胎架立柱高度放样

(1) 在穹顶径向梁截面图中，每个立柱点与弦长的垂线为中间立柱的高度。

(2) 由于穹顶的球形结构，立柱的高度并成一弧形，因此其余立柱的高度放样采用切面展开的方法进行，将每个立柱点与弦长的垂线延长至与弦长平行的直径上，此距离为立柱高度方向所在切面的半径。图 6 为旋转后的穹顶立柱截面示意图。

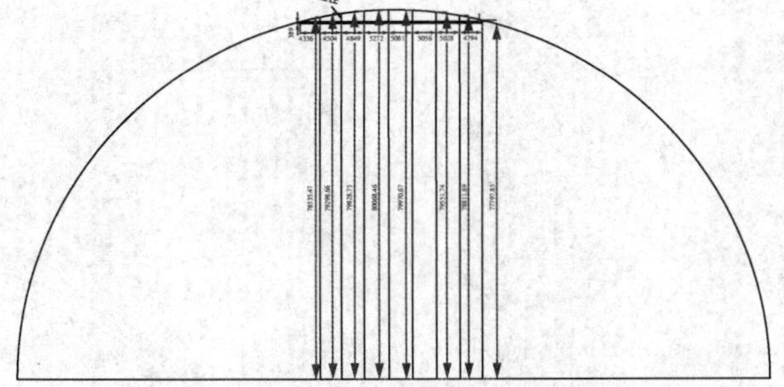

图 6　立柱截面示意图

(3) 测量每排立柱所在切面的半径，然后各以此长度为半径画圆，在圆上取一点沿半径向中心方向，画出中间支柱的高度，然后作此直线的垂线并与圆相交。以中间立柱高度为基准画水平线与圆相交，然后根据 2.3 中第 5 条方法所绘制出的的立柱间距，将中心柱所在的直线按间距距离分别向两侧进行偏移，偏移位置为其余立柱的位置，每个立柱点垂点和与圆的交点之间的尺寸为该位置立柱的高度。

(4) 以立柱 F 为例：其立柱点与弦长的垂线(即中间支柱高度)为 2417mm，图 6 中半径为 R = 79971mm，图 5 中相邻立柱的间距分别为 1188mm 和 1199mm。根据此尺寸可确定其余四根立柱的高度为 2408mm 和 2381mm，见图 7。以此类推，可确定其它位置立柱的高度。

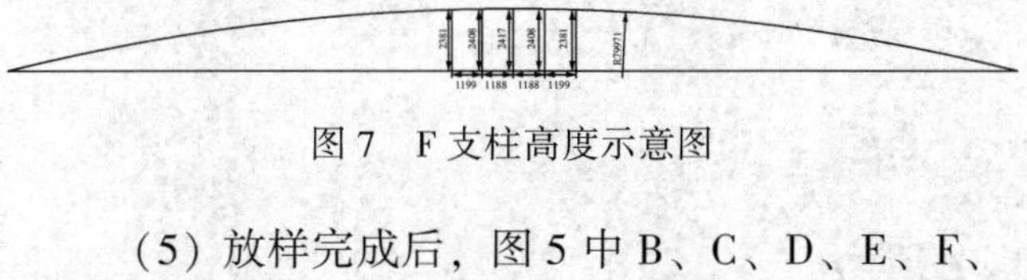

图 7　F 支柱高度示意图

(5) 放样完成后，图 5 中 B、C、D、E、F、G、H 立柱的高度已经确定，胎架两端在水平面上，胎架的两端置于水平面上。但为便于现场进行穹顶仰脸焊接，需将所有立柱高度增加，增加的高度即为图5中A、I中间位置立柱的高度，并根据上述的方法确定其余立柱的高度。图3中弦长线下方的线即表示两端增加的高度距离。

(6) 所有立柱的位置和尺寸确定后，将尺寸在胎架图上表明，至此，穹顶预制胎架放样全部完成。

4　结论

在广西液化天然气(LNG)工程项目部的实际施工中，经测量，采用CAD放样制作的穹顶预制胎架，胎架立柱的与穹顶梁的位置和尺寸偏差为0~2mm，完全满足了穹顶的预制要求，预制后的几何尺寸满足设计技术要求，达到控制整体质量的目的，对现场施工具有良好的指导作用。

目前，国内LNG储罐的项目将越来越多，而且公司正大力发展LNG储罐项目的安装，因此CAD穹顶预制胎架的放样不仅响应公司“模块化、标准化”施工要求，而且还可以为其它LNG项目提供经验，同时也可以为其它类似的弧形放样提供参考。同时希望通过以后施工经验的不断积累，继续提高我公司在这方面的施工能力。

全容式 LNG 储罐干燥置换工程施工新技术

潘吉龙

（中石化第十建设有限公司）

摘　要　LNG 接收站储罐工程机械完工后，需对 LNG 储罐内部进行干燥置换。本文以国内某项目 16 万 m^3LNG 大型储罐为例，对采用“干空气干燥+压涨式氮气置换”的新型干燥置换施工新技术进行了叙述。实践证明采用新型施工方法可有效降低 LNG 储罐干燥置换过程中液氮的使用量和缩短施工工期。

关键词　LNG 储罐；干燥置换；新技术

1　引言

随着我国对天然气需求的不断增加，近年来大型 LNG 接收站建设迅猛发展，国内大型 LNG 接收站中的储罐多采用全容式 LNG 储罐储存净化后超低温状态（-162℃、一个标准大气压）液化天然气。然而-162℃的液态天然气在进入 LNG 储罐后，如果有水，该部位将瞬时结成冰破坏保冷结构导致储罐保冷失灵，储罐内与外界热交换加剧，导致液态天然气（LNG）气化产生大量天然气挥发气使罐内压力不断升高，当挥发气气量超出设计回收能力时，挥发气将直接排放至大气，与空气混合会引起爆炸影响储罐的安全运转。因此，在 LNG 接收站储罐工程机械完工后，对 LNG 储罐内部进行干燥置换是 LNG 储罐能否安全运行的重要环节（使其内部区域空气的露点和氧气含量达到设计及规范要求）。

目前，国内外 LNG 储罐干燥置换基本上全部使用液氮进行，此方法缺点在于液氮消耗量大、成本很高且干燥置换周期较长，操作期间安全风险大。因此，如何降低 LNG 储罐干燥置换液氮使用量和缩短施工工期，降低氮气操作安全风险，是国内 LNG 储罐施工工作的一项重要内容。本文以中石化广西液化天然气（LNG）接收站工程 16 万 m^3LNG 大型储罐为例，介绍采用“干空气干燥+压涨式氮气置换”的新型施工方法进行 LNG 储罐的干燥置换。此干燥置换方法可以快速的降低罐内露点值，有效解决混凝土凝固出的游离水等难点，加快干燥进度，提高干燥质量，保证干燥置换周期，降低安全风险、降低氮气用量，降低施工成本。

2　LNG 储罐干燥置换区域划分及指标要求

16 万 m^3LNG 大型储罐干燥置换过程中不仅需要对内罐进行干燥置换，还需对储罐内多个夹层进行干燥置换作业。储罐干燥置换原理应用活塞效应，按照储罐的内部组成结构和干燥置换顺序的不同，将其分为 4 个不同区域分别进行，LNG 储罐干燥置换分区示意见图 1。

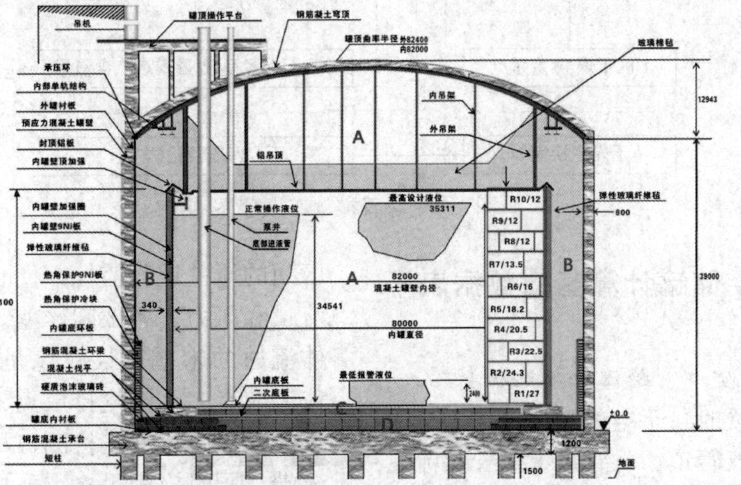

图 1　LNG 储罐干燥置换分区示意图

A—内罐及穹顶区；B—环形空间区；C—底板找平层区；D—底部保冷层区

LNG储罐整体干燥置换采用气推法，整体顺序为A区→B区→C区→D区。每个区域采用压涨法进行，即先充一定压力的气体，然后打开阀门进行泄压，降至一定压力后再关闭阀门，继续充气升压，如此反复进行，直至该区域的露点和氧含量符合设计及规范要求，LNG储罐干燥置换各区域技术指标见表1。

表1　LNG储罐干燥置换各区域技术指标

序号	区域	部位	氧含量要求	露点要求
1	A区	内罐及穹顶	≤4%	≤-20℃
2	B区	环形空间	≤4%	≤-10℃
3	C区	底板找平层	≤4%	无要求
4	D区	底部保冷层	≤4%	无要求

3　干燥置换施工顺序

大型LNG储罐由于建造过程中内罐钢筋混凝土环梁、找平层均采用混凝土形式(找平层有采用干砂，但环梁均采用钢筋混凝土结构形式)，混凝土结构的含水特性，导致凝固过程中产生游离水，游离水的置换对干燥置换难度较大，加之储罐一般建造在沿海地区，日常空气湿度较大，施工过程中不可避免的使罐内空间湿度变大，温差较大时在穹顶、罐壁、底板及罐内接管位置极易形成水珠，因此在干燥置换中露点值极不稳定，对干燥置换造成困难，特别是最后封门洞区域表现尤为突出。目前国内已投用的多个LNG接收站项目，在储罐干燥置换过程中均出现了此类问题。为克服此难题创新性的采用了“干空气干燥+压涨式氮气置换”的新型施工方法。首先采用干空气将罐内各干燥区域露点降至≤-10℃，此步是降低氮气使用量、缩短工期的关键，然后采用干燥氮气将储罐压力升至15kPa，进行压涨式氮气干燥置换。干空气和氮气的气源压力高于储罐的最高设计压力29kPa。为避免储罐在干燥置换工程中出现过压的潜在风险，在开始干燥之前，应在罐顶排气口处安装一个压力值设定在20kPa的临时安全泄压阀，干燥置换结束后，将其恢复。干燥置换施工顺序见图2。

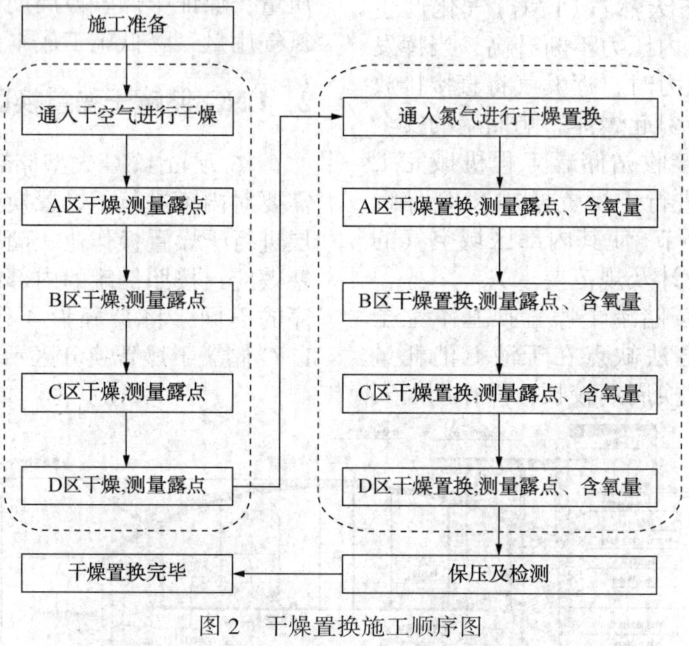

图2　干燥置换施工顺序图

4　16万m^3LNG储罐计算基础数据表干燥置换施工

4.1　气体入口、放空口、检测口的选择

储罐在干燥置换时，干空气和氮气注入口应选择管径较大的氮气管道，且管道上应安装流量计和压力表，罐顶各个区间的U型压差计安装调试完毕，以便对C与A区、C与B区、A与B区间的压差进行监控，便于随时监测氮气注入的流量和压力、各区间压差。放空口尽量选择在气体流通的末端，且应该是高点，为避免形成层流，应有多个氮气排放点，且管径尺寸不大于氮气注入点的尺寸。检测口尽量选择在气体流通的末端，同时应满足多点取样、无死角的原则，并根据现场管道位置，选择方便的检测口。16万

m^3LNG大型储罐各区域干燥置换气体入口、放空口、检测口选择布置可参考图3。

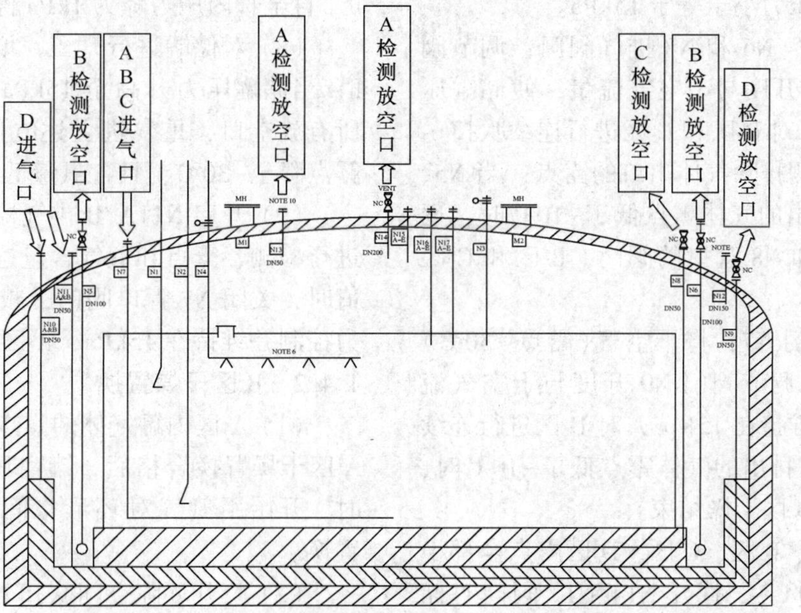

图3　储罐各区域干燥置换气体入口、放空口、检测口布置图

16万m^3LNG大型储罐各区域干燥置换气体入口、放空口、检测口的编号见表2。

表2　储罐各区域干燥置换气体入口、放空口、检测口编号

序号	区域	部位	进气管口	检测口、放空口
1	A区	内罐及穹顶	N7	N14、N13
2	B区	环形空间	N7	N5、N6
3	C区	底板找平层	N7	N8
4	D区	底部保冷层	N10A/B、N11A/B	N9

4.2　干空气干燥的要求

干空气预干燥的目的是降低罐内各干燥区域露点值，同时保证罐内保冷结构不能受干空气的破坏，因此对干空气有如下要求：

（1）干空气的流量：干空气的流量越大，干燥时间越短，但也不能无限增大，一般干空气的流量约5000Nm^3/h。

（2）干空气除油：为了防止空压机处理后的空气中带油，将油污吹入管道后对管道造成污染影响，在干空气使用前要对其进行除油。

（3）干空气温度：干空气温度越高，越有利于水分的蒸发，同时干空气的吸水能力越大，干燥效果越好。因此，施工期间考虑对干燥空气进行加热，提高干燥效率。针对干空气加热过程进行优化处理，充分利用空压机出口处的高温压缩空气的热量对干燥器出口的压缩干空气进行换热，提高压缩空气的温度，一定程度上节约了对干空气加热的能量消耗，降低了施工成本。热压缩干空气制备优化措施示意图见图4。

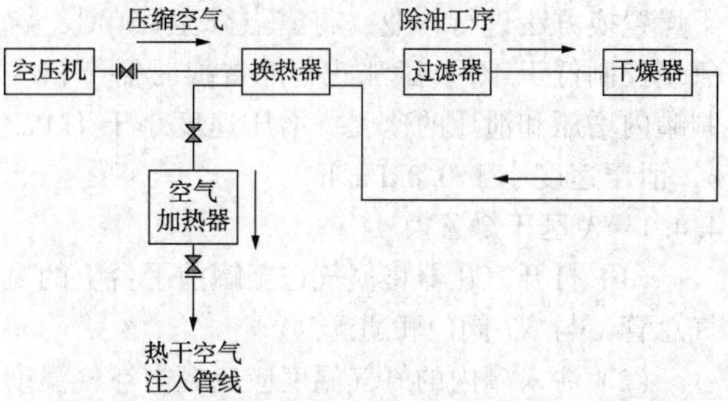

图4　热压缩干空气制备优化措施示意图

4.3　干空气干燥施工

干空气干燥施工的顺序由A区至D区，采用持续吹扫方式逐步对A区、B区、C区、D区进行干燥，将露点降至≤-10℃。

（1）关闭储罐各出口，打开阀门N7，将干空气（露点-30℃）引入储罐，逐步提升并控制流量为4500~5000m^3/h。

（2）当罐内压力增至15kPa时打开阀门N14/N13，调节阀门N14/N13开度与干空气流量，使储罐压力维持在15kPa，对A区进行连续吹扫。

（3）定时检测罐内气体排出口的露点，当N14出口排出的气体露点低于-10℃时，A区干

空气吹扫作业结束，关闭 N14/N13 阀门，调节进气量维持储罐压力小于等于 15kPa。

（4）打开 N5、N6 和 N8 排气阀门，调节阀门 N5、N6 和 N8 开度与干空气流量，使储罐压力维持在 15kpa，对 B 区和 C 区进行连续吹扫。

（5）定时检测排除气体出口的露点，当 N5、N6 和 N8 出口排出的气体露点低于-10℃时，逐个关闭 N5、N6 和 N8 管口的阀门，B 区和 C 区干燥结束。

（6）关闭阀门 N7，将干空气（露点-30℃）接入 N10、N11，调节阀门 N9 开度与干空气流量，使储罐压力维持在 15Kpa，对 D 区进行连续吹扫。当 N9 出口排出的气体露点低于-10℃时，关闭所有阀门，D 区干燥结束。

（7）当 A 区、B 区、C 区、D 区露点全部稳定后（目标值-10℃），打开 N14/N13 阀门对储罐进行卸压，排出干空气，泄压速度控制在不大于 0.8kPa/h。当罐内压力降为 1kPa 停止卸压。转入储罐氮气干燥置换流程。

4.4　压涨式氮气干燥置换施工

储罐内露点降至-10℃时，采用压涨式氮气干燥置换方法进行作业，将露点降至-30℃，含氧量控制低于 4%。压涨式干燥置换时需严格控制罐内增压和泄压的速度，增压速度小于 1kPa/h，泄压速度小于 0.8kPa/h。

4.4.1　A 区干燥置换

（1）打开汽化器将氮气送至罐前平台上的氮气总管，与 N7 阀门联通。

（2）注入罐内的氮气温度应比罐内空气温度低 5℃以增强活塞效应的层次。

（3）打开 N7 管口的阀门，向储罐内充入氮气，增压速度小于 1kPa/h，通过安装的 U 型压力计，检查罐内的压力，直到罐内压力逐步达到约 15kPa。

（4）打开位于管口 N14 置换阀，将罐内的“潮湿、氧含量超标的空气”气体排向大气，同时调整各个阀门使罐内压力维持在 10~12kPa。

（5）调节氮气流量和 N14 出口阀的开度，使储罐压力维持在 15kPa，对 A 区进行持续吹扫。

（6）N14 检测口的露点<-10℃时，关闭储罐所有放空口，采用压涨法进行干燥置换，储罐闷罐 10 小时，期间定时检测储罐露点。

（7）开启 A 区放空口 N14 的阀门，对储罐进行卸压，储罐泄压速度控制在不大于 0.8kPa/h，直至管内压力降为 1kPa 停止卸压。

（8）对储罐进行升压，增压速度小于 1kPa/h；当储罐压力升高至 15kPa 时，关闭 N7 口和所有放空口，重复进上述(6)的操作，直至 A 区露点降至-30℃，且含氧量低于 4%。

（9）开启 N11A/B 排气检查点，对储罐边缘进行检测，露点和氧气含量达到内罐置换要求数值时，关闭 N7 管口阀门，减少进气量使罐内压力控制并维持在 15kPa，A 区干燥置换完成。

4.4.2　B 区干燥置换

（1）A 区内罐气体的露点比环形空间低，当 A 区干燥置换合格后，罐内压力达到 10~15kPa 时，开始用氮气对环形空间即 B 区进行干燥、置换。

（2）打开环隙空间吹扫 N5、N6 阀门，将环形空间内的气体排到大气。通过控制氮气的进气速率或内罐排空口 N14 的阀门来维持罐内的压力为 10kPa。若在 N5、N6 排出的气流中观察到泡沫珍珠岩，则通过调节阀门 N5、N6 减小流量，若未发现则增加氮气流速，继续观察，避免珍珠岩出现移动。

（3）连续进行 B 区的干燥置换。由于 B 区受罐底混凝土一次找平层的游离水影响，应加长对 N5、N6 检测口的观察时间。

（4）每半小时通过安装在 N5、N6 处的临时压力表进行压力监控，并在取样口检测含氧量与露点，露点低于-10℃，且含氧量低于 4%时关闭阀门。

（5）保压 10 小时监测 N5、N6 的出口气体的露点温度和氧气含量，露点和氧气含量达到内罐置换要求露点低于-10℃且含氧量低于 4%时，关闭 N5、N6 管口阀门，减少进气量使罐内压力控制并维持在 15kPa，B 干燥区置换完成。

4.4.3　C 区干燥置换

（1）B 区干燥、置换合格后，进行罐底 C 区的干燥、置换。

（2）开启 N8 接管阀门，通过 N7 进气，定时检测出口，压力维持在 10~12kPa。

（3）对 C 区进行连续干燥置换，由于混凝土游离水原因应加长观察时间。

（4）每半个小时测量 N8 排气口的氧含量，直至达到文件要求露点低于-10℃且含氧量低于 4%，露点和氧气含量达到置换要求数值 N7 管口关闭阀门，减少进气量使罐内压力控制并维持在15kPa，C 区干燥置换完成。

4.4.4 D 区干燥置换

（1）在 A 区、B 区、C 区干燥置换完成后进行 D 区置换工作。

（2）开启接管 N11A/B 和 N10A/B 将氮气由内罐引入 D 区，通过 N9 接管排出。

（3）A 区、B 区、C 区压力应保持在 10~12kPa，通过 U 型压差计检测压力，接管 N10A/B 注入氮气的压力应小于罐内及环形空间的压力，防止罐底板变形。

（4）对 D 区进行连续干燥置换。

（5）定期测量 N9 排气口的氧含量，直至达到文件要求含氧量低于 4% 视为合格。

（5）关闭 N10A/B 进口阀门，将 D 区的压力排空封闭，D 区置换完成。

4.4.5 注意事项及检测

（1）在吹扫过程中为避免气体分层，在罐顶夹角平衡口位置应进行排空。

（2）储罐的升压速度不大于 1.2kPa/h。

（3）储罐泄压速度不大于 0.8kPa/h。

（4）罐内压力置换过程中保持压力不小于 1kPa。

（5）罐底保冷与内罐和铝吊顶以上、穹顶以下的压差始终不高于 0.4kPa。

（6）储罐干燥置换完成，各检测口露点及含氧量达标后，储罐进行密闭 72 小时之后，再次检测各检测口的露点和含氧量，达到标准要求干燥置换合格。

（7）保持储罐压力维持在 12kPa，直至试运行。

5 干燥置换相关参数计算

5.1 16 万 m^3LNG 储罐不同区域的干燥置换容积

如表 3 所示。

表 3 16 万 m^3LNG 储罐不同区域的干燥置换容积数据表

位置	数值
储罐气体总容积 V_t/m^3	234256
A 区内罐部分容积 V_1/m^3	182539
A 区拱顶部分容积 V_2/m^3	40937
B\ \ C\ \ D 部分容积 V_3/m^3	10780

5.2 计算论证预先通入干空气的必要性

干燥置换采用液氮气化后进行，液化后的氮气体积分数 99.9%，氧气分数 0.1%，设定大气压强为 101.325kPa，空气的体积分数为 5.05%，氧气的体积分数为 20%。以 A 区为例，根据由质量守恒定律，利用微积分原理，论证通入干空气的必要性，氧体积分数可由公式(1)计算

$$Vd\varphi = q_{氧}dt + q(\varphi_o - \varphi)dt \tag{1}$$

式中：V——气相空间干燥置换总容积，m^3

φ——储罐内氧气体积分数

$q_{氧}$——氧气生成量，m^3/h，氧气体积流量均折算成标准状态(0℃，101.325kPa)

t——干燥置换时间，h

q——干燥置换过程中氮气的体积流量，m^3/h

φ_0——氮气中氧气体积分数，取值 1‰。

因干燥过程中未发生生成氧气化学反应，故 $q_{氧}=0$，则公式(1)变为

$$Vd\varphi = q(\varphi_o - \varphi)dt \tag{2}$$

5.2.1 A 区氧气体积分数计算

A 区干燥置换过程中，根据施工经验，氮气的体积流量 $q=2000m^3/h$，A 区空间置换总体积为 $223476m^3$，代入公式(2)，积分后得到氧气体积分数随时间变化的函数。

A 区内罐部分氧气体积分数随时间变化的函数为：

$$\varphi = 0.199\exp(-0.01096t) + 0.001 \tag{3}$$

A 区拱顶部分氧气体积分数随时间变化的函数为：

$$\varphi = 0.25655\exp(-0.01096t) - 0.05755\exp(-0.048856t) + 0.001 \tag{4}$$

5.2.2 A 区水体积分数计算

A 区干燥置换过程采用与氧体积分数同理的推导方法，可到 A 区水体积分数随时间变化的函数。

A 区内罐部分水体积分数随时间变化的函数为：

$$\varphi = 0.0505\exp(-0.01096t) + 0.001 \tag{5}$$

A 区拱顶部分水体积分数随时间变化的函数为：

$$\varphi = 0.06510\exp(-0.01096t) - 0.014599\exp(-0.048856t) \tag{6}$$

5.2.3 A 区氧气体积分数与水体积分数满足要求的论证

设定 A 区氧气体积分数达到 2%，取 $\varphi=2\%$

代入(3)，得到 t=238h，然后将 $\varphi=2\%$ 代入公式(5)(6)，得到 $t=377$h，将 $t=377$h 代入公式(3)(4)，得到此时的氧体积分数为 0.42% 和 0.512%。

由此可见当氧体积分数达到要求时，水露点值不符合要求；但水露点值达到要求时，氧体积分数已经远远低于指标要求。

故可以采用先对内罐通入干空气使其内部水露点降低后，然后再使用氮气对储罐进行置换的方法，来加快施工进度和降低氮气的使用量。

5.3 干空气干燥和压涨法氮气置换不同阶段的计算

储罐在各区域干燥置换时，根据工业通风中全面通风原理可得到罐内水蒸气或者氧气达到某一质量浓度所需要的置换时间方程：

$$t=\frac{V}{q}\ln\frac{\rho_1-\rho_0}{\rho_2+\rho_0} \tag{7}$$

式中：t——储罐内的水蒸气或氧气的质量浓度由 ρ_1 变化到 ρ_2 所需要的时间，h；

V——气相空间干燥置换总容积，m^3；

q——干燥置换过程中通入气体的体积流量，m^3/h；

ρ_0——通入气体中的水蒸气或氧气的质量浓度，g/m^3；

ρ_1——罐内初始水蒸气或氧气的质量浓度，g/m^3；

ρ_2——置换后罐内水蒸气或氧气的质量浓度，g/m^3。

储罐增压阶段，由于温度不变，可以采用玻意耳定律。所需通入气体体积可按公式(8)计算

$$V_{增}=\Delta p V_{总}/p_{atm} \tag{8}$$

式中：$V_{增}$——储罐增压所需的通入气体体积，m^3

Δp——储罐增压值(储罐增压后的压力与当地大气压之差)，kPa

$V_{总}$——储罐空间总干燥置换容积，m^3

p_{atm}——当地大气压，kPa，取 1.017×10^5kPa

5.3.1 干空气通入时间及用量计算

为降低氮气的使用量，采用先通入干空气使储罐内无游离水，且露点达到-10℃时，再用氮气进行干燥置换。故采用露点为-30~-40℃的干空气对储罐内各区域进行吹扫干燥。

假定吹扫干燥前储罐内初始露点为 30℃，吹扫干燥结束时储罐内露点达到-10℃。干空气流量为 5000m^3/h。将表 3 中各分区数据代入式(7)可得罐内露点由 30℃降为-10℃时所需时间为 58h，所以共需干空气量：58 × 5000 =290000m^3。

内罐压力升为 15kPa 时，通过公式(8)计算需要的干空气量为 363000m^3，所用时间为：363000÷5000=73h。

因此计算需要的总的干空气量为 653000m^3(施工时应考虑 10% 的余量)，干空气干燥置换所用时间为：58+73=131h。

5.3.2 氮气通入时间及用量计算

在对储罐内罐进行置换时，先通入氮气对储罐升压，当储罐内压力达到 15kPa 左右时，才打开罐顶放空阀。

根据公式(8)内罐每次压力升为 15kPa 时通过计算需要的氮气量为 28119m^3(根据液氮气化比 1：646.4，液氮消耗量约为 43.5t)。

罐内露点由-10℃降为-20℃时所需时间及氮气用量计算：

将表 3 中各分区数据代入式(7)可得：时间 214h，氮气流速约为 2000m^3/h，则共需氮气量约 214×2000=428000m^3。(约为液氮 663t)。综合考虑需压涨三次，计算液氮量 43.5×3=130.5t，需要的总的液氮量为 130.5+663=795.5t。

通过上述计算可知，储罐干燥置换时间为干空气干燥时间 131h，加上氮气干燥的时间 265h，共计 396h，总共用氮量约 795.5t。本结果未考虑储罐内部附属管线及低压泵等干燥置换，也未考虑干燥置换作业中氮气泄漏及操作过程中其他氮气损失，另储罐实际压涨次数可能大于 3 次。为保证施工作业顺利安全进行，实际作业需要考虑液氮余量约 40%，液氮量约为 1100t。

6 结束语

传统储罐干燥置换全部使用液氮进行时，以往正常情况下每台储罐液氮消耗约为 1700t~2000t，液氮消耗巨大，成本高昂，时间约为 600 多小时。经广西液化天然气项目低温罐干燥证明“干空气干燥+压涨式氮气置换”的工艺效果完全满足了设计及规范的要求，每台储罐液氮用量约为 950~1100t，时间约为 400 小时，有效降低

LNG 储罐氮气置换时液氮的用量及干燥置换的时间。同时，本工艺是在露点相对稳定后采用氮气干燥和置换，因此氮气用量相对稳定，液氮使用周期相对较短，而全过程使用氮气干燥置换，受罐内自身露点差别的影响，液氮使用的数量浮动很大，不但不容易控制液氮用量，同时加大了液氮使用周期，对使用液氮带来很大的安全风险。

参 考 文 献

[1] 顾安忠．液化天然气技术手册[M]．北京：机械工业出版社，2010.

[2] 贾保印，等．液化天然气全容罐干燥置换氮气用量计算[J]．煤气与热力，2015，(08).

[3] 孙一坚，沈恒根．工业通风[M]．北京：中国建筑工业出版社，2010.

电气设备温度在线监测在油气管道行业的应用

赵国军　王　晶　张琼飞　赵惠珍　李　勇

（新疆油田油气储运分公司中油（新疆）石油工程有限公司）

摘　要　温度是表征电气设备、设施正常运行的重要参数之一，无论是过载运行、绝缘受损、接地短路等不同形式的异常或故障，最终都会导致设备整体或局部温度异常。因此电气设备温度监测对了解设备健康状况，提高站场安全稳定运行具有总要意义。文章中介绍了目前在用的温度在线监测技术原理及发展，并根据不同技术的优缺点、适用性，论述其在不同电气设备中的应用情况，为今后油气行业新疆或改造项目提供借鉴。

关键词　在线监测；电气设备；温度；油气管道

1　温度监测分析

1.1　公司业务范围

天然气在我们的日常生活中十分常见，方便着我们的生活，不仅关系到百姓民生，也是部分工业的燃料或者原料，近年来，随着经济的发展，天然气长输管道也成为天然气运送的主要方式。

以新疆天然气长输管道某压气站作为典型站场进行分析，站内涉及温度监测的电气设备有：户外断路器、隔离开关、110/35/10kV 电力变压器、35kV 及以下开关柜、10/0.4kV 配电变压器、电力电缆。

随着温度在线监测技术不断发展，电气设备温度监测成为我国电力工程中的标准配置，并已获得大量成功的案例。通过对各设备温度的监测和分析，能够获得设备运行的实时参数，提前预知设备的异常状态，从而进行早期干预，避免突发性事故的发生，提高电网的安全可靠性。电气设备温度在线监测是实现状态检修替代定期检修的有效手段。本次以西部管道公司乌鲁木齐压气站作为典型站场进行分析，站内涉及温度监测的电气设备有：110/35/10kV 电力变压器、10/0.4kV 配电变压器、35kV 及以下开关柜、户外电气设备（断路器、隔离开关等）、电力电缆。各电气设备、设施温度在线监测需求详述如下：

1.1.1　变压器

变压器是供配电系统中最常见的电力设备之一，变压器正常运行与否直接关系到供配电安全、稳定，进而影响到企业的正常生产运行。变压器的绝缘老化，主要是由于温度、湿度、氧化和油中分解的劣化物质的影响所致。但老化的速度主要由温度决定，绝缘材料的工作温度愈高，化学反应进行的愈快，绝缘材料的机械强度和电气强度丧失的愈快，绝缘老化速度愈快，变压器使用年限也愈短。实际上变压器的油温、绕组温度受负荷波动和气温变化的影响，变化范围很大。因此，对变压器的温度进行实时采集及检查处理，使其维持在一定的范围内，对变压器的寿命有重要的意义。

1.1.2　35kV 及以下开关柜

高压开关柜是电力配出环节的主要设备，母线连接处、动静触头等部位常常因老化或接触电阻过大而发热，这些发热部位的温度如果无法实时监测，将导致设备老化发热的现象进一步加剧，最终导致爆炸、火灾和大面积停电事故的发生。因此对开关柜内关键部位的温度进行实时监测，是发现设备早期缺陷的有效手段，通过早发现，早维修整改，避免最终事故的形成，是保证人身、设备安全，提高供电可靠性的有效手段。

1.1.3　6kV 及以上户外电气设备

如户外断路器、隔离开关等，设备长期在户外运行，受自然环境影响，往往出现老化、生锈、触头与导线连接松动等问题，导致开关触头发热、老化。这一变化在最终形成故障，酿成事故之前，往往不易被发现，而触头的发热又会加速触点的老化，最终发生突发性事故。因此对开关触头的温度在线监测对于开关性能、寿命的判断尤为重要。

1.1.4 电力电缆

电缆长期运行在高电压、大电流的环境下，往往由于绝缘材质老化、性能不佳或接头制做工艺不完善等原因导致电缆表面或接头处温度出现异常热效应，对企业的安全、生产都极为不利。在缺少温度监测设施的情况下，电缆及电缆头的异常发热现象很难被运行人员发现，待电缆的绝缘性能遭到严重破坏时，最终导致突发性事故时，运行人员只能被动检修。因此实时监测电缆温度的异常变化，掌握电缆的实际运行状态，对于电力设施的安全稳定运行具有重要意义。

2 电气设备温度在线监测的技术现状

用于电气设备及设施的测温技术主要有以下4种方法：红外测温技术、光纤传感测温技术、有源无线测温技术、无源无线测温技术。

2.1 红外测温技术

红外测温技术是通过吸收红外线辐射能量，测量出设备表面温度及分布，从而判断设备的发热情况，测量原理详见图1。红外测温技术制造工艺简单，成本低，响应时间短、寿命长等优点，但利用红外辐射测量温度，会受到物体发射率、测温距离、电磁场干扰、烟尘和水蒸气等外界因素的影响。采用红外测温时只可测量在传感器直视范围内的测量点温度，探头与被测物需要保证一定的安全距离，安装空间大、难度大，另外为保证测温参数的准确性，被测物表面应保证清洁，因此不适用于开关柜内部的温度测量，一般多应用于红外测温仪等离线式检测仪器。

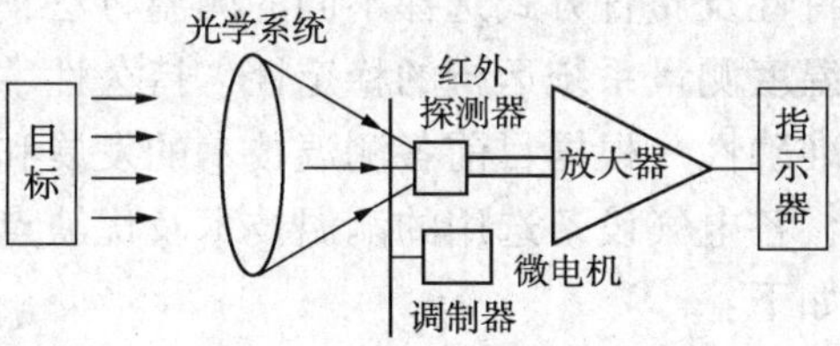

图1 红外测温技术原理

2.2 光纤传感测温技术

光纤测温传感器按工作原理可分为功能型光纤温度传感器、传输型光纤温度传感器和综合型光纤温度传感器，具体介绍如下：

(1) 功能型光纤温度传感器

功能型光纤温度传感器是依据光纤的光时域反射(OTDR)原理以及光纤的后向喇曼散射(Raman scattering)温度效应而实现，通过对反射回来的喇曼散射光进行处理和分析，从而计算出传感光纤沿线被测物的温度和位置，测量原理详图2。该技术具有结构简单、耐腐蚀、小巧、测量灵敏度高，不受电磁干扰影响等优点。但普通光纤具有易折、易断等特性，受开关柜结构的影响，柜内布线难度较大，因此一般适用于电缆表面的测温，不适用于开关柜内的温度测量。

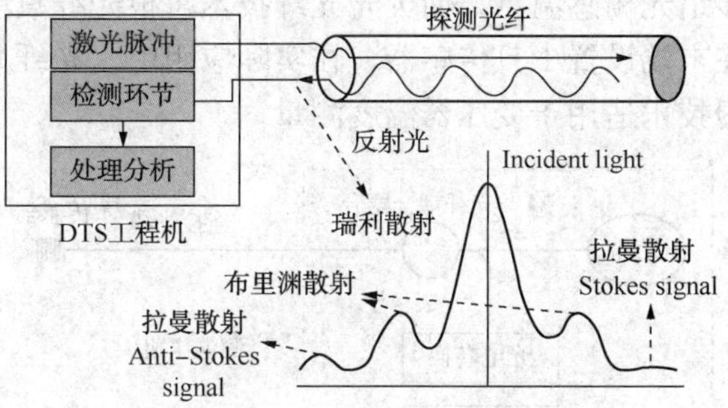

图2 功能型光纤传感测温技术原理

(2) 传输型光纤温度传感器

传输型光纤温度传感器的光纤只是起到光信号传输的作用，对待测对象的温度测量是靠其他物理性质的敏感元件来实现的。传输型光纤温度测温装置中光纤荧光温度传感技术是目前研究比较活跃的新型技术产品。测温传感器是基于稀土荧光物质的材料特性实现的，当这种材料受到光激励时，电子吸收光子由低能级跃迁至激发态高能级，从而发出荧光。当激励光消除之后，持续荧光的寿命长短取决于温度的高低，而与系统的其它变量均无关。荧光光纤测温传感器正是基于这一技术原理而开发制造而成，测量原理图详见图3。该技术具备功能性光纤测温产品所有的优点，且该类光纤经过特殊工艺处理，柔韧度高，解决了普通光纤易折、易断等缺点，适于在开关柜内使用。但由于光纤表面在积累灰尘后易导致沿面放电从而降低绝缘性等缺点，该类技术一般适用于室内电气设备或污秽等级较低的户外35kV以下电气设备上。

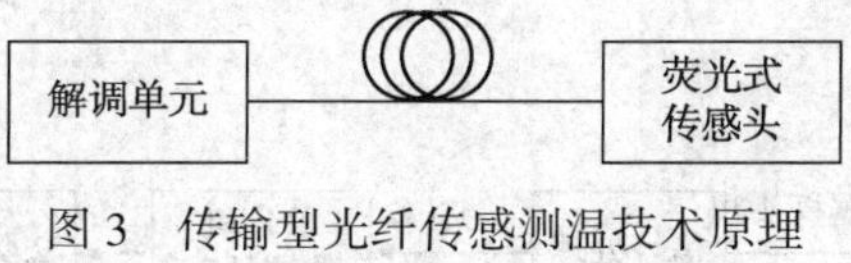

图3 传输型光纤传感测温技术原理

(3) 综合型光纤温度传感器

综合型光纤测温技术主要是指同时利用了光纤的感温功能和传输功能的测温技术，即光纤光栅测温技术。光纤光栅实质上是紫外光在光敏光纤中形成的一种周期性的折射率分布，外界温度的变化会引起光纤光栅的周期和折射率的变化，从而使光纤光栅的反射谱和透射谱发生变化。通过检测光纤光栅的反射谱和8 透射谱的变化8 就可以获得相应的温度的变化，原理图详见图4。该技术具备光纤测温产品所有的优点，与荧光光纤相比，光栅技术的优势在于1根光纤能够刻入多组光栅感温点，而荧光光纤技术每根光纤只能在末端设置1只传感器。在实际应用中，光纤光栅技术适用于变压器温度测量。

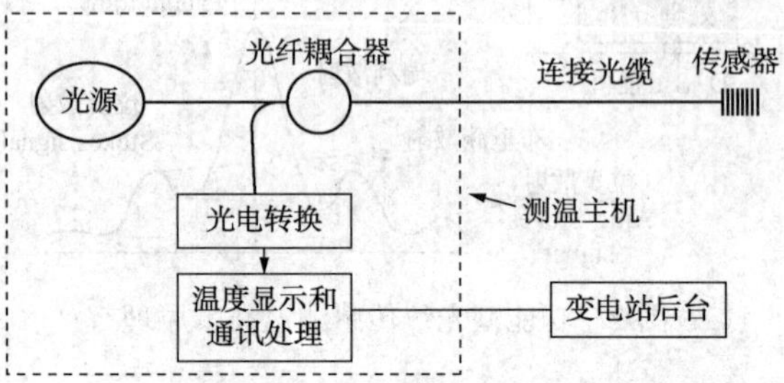

图4　光纤光栅测温技术原理

2.3　有源无线测温技术

有源无线测温技术的原理是通过单片带微处理器的传感器将被测设备温度信号转换成数字信号，再通过无线发射模块传递至接收器，接收器处理后将采集到的温度信息上传到后台系统，该方法是以往高压开关柜实时测温的主要方法。该技术结构简单、小巧，可安装于任何位置，但该技术必须采用电池供电或感应自取电，无法完全做到高低压分离，原理图详见图5。采用电池供电的传感器在高电压、大电流的环境下，电磁环境恶劣，对电池的工作寿命有较大的影响，电池容量有限，需要定期更换，维护量大，且电池自身可能存在爆炸风险等安全隐患；采用感应自取电的传感器对电流大小有要求，电流波动大对测量精度影响较大，且存在CT磁饱和现象。电气设备传统的测温产品仍采用该技术手段，广泛应用于开关柜、户外开关等电力设备。

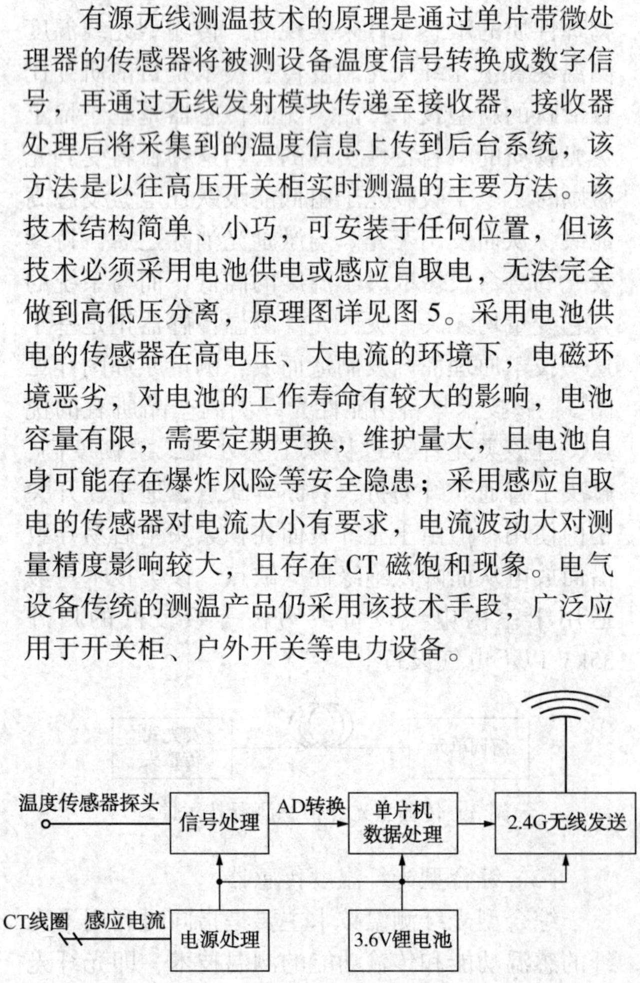

图5　有源无线测温技术原理

2.4　无源无线测温技术

随着传感器技术的发展，为了突破电池供电带来的问题障碍，无源无线测温技术已经被视为电力设备温度在线监测传感器的技术发展方向。无源无线测温技术主要是利用了声表面波（SAW，Surface Acoustic Wave）技术，具体原理就是将射频信号发射到温度传感器的压电材料表面，然后将受到温度影响了的反射波再接收回来转换成电信号，从而获取温度数据。该技术利用了晶体材料的物理特性，无需常规供电电路，彻底解决了高低压分离的难题。该技术具有高低压分离、安装方便、测温时间短、传感器免维护等优点，是目前电气设备测温技术的前沿与发展方向，技术原理详见图6。

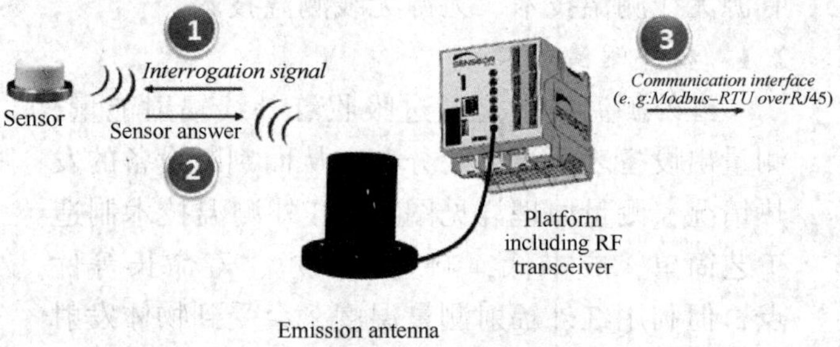

图6　无源无线SAW测温技术原理

3　电气设备测温技术的选择

综上所述，以上技术均可实现电气设备的温度监测，但各项技术并不完全适用于所有电气设备，在具体的实施过程中应根据各电气设备的结构、特性及布置方式选择不同的测温方法，才能保证温度测量系统运行的稳定性、持久性、经济性和准确性。根据目前各测温技术的发展和使用情况，各电气设备选用的测温技术及优缺点比选详述如下：

3.1　变压器

以往变压器的内部油或绕组温度测量一般采用铂电阻作为感温元件，设置于变压器内部对变压器各项温度参数进行监测。随着科技的发展，目前对变压器绕组、油温的监测可采用光纤光栅测温技术活荧光光纤测温技术。不论采用哪种技术，均需要将光纤光栅或荧光光纤传感器埋设于变压器绕组上部和下部，或顶层、底层油箱内，光缆引出至光纤温度在线监测IED，实现对绕组温度和油温的监测。光纤在绕组中的布置详见图7。

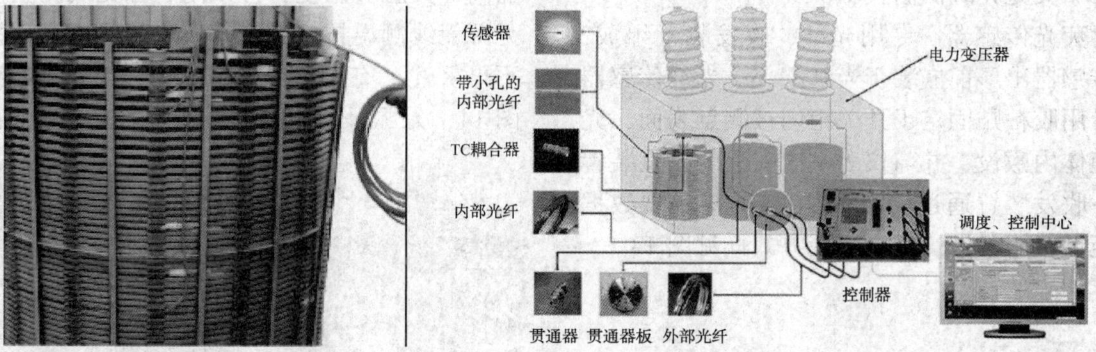

图 7　绕组中光纤布置

由于采用光纤测温需要将光纤测温探头布置于变压器器身内，因此采用光纤测温技术实现变压器油温、绕组温度的测量仅适用于新建的变压器项目，而对于改造项目，由于实施难度大，停电时间长，可行性较差。

3.2　35kV 及以下开关柜

监测柜内母线连接点处、进线处、联络处、开关动静触头、电缆与开关柜连接点处的温度信号，可采用有源无线测温技术、无源无线测温技术或荧光光纤测温技术，三种技术的具体做法及比选如下：

（1）有源无线测温技术

由温度探头、数据处理器、数据接收装置组成。受开关柜空间的限制，温度探头、数据处理器一般集成在 1 个装置内(测温终端)，安装于开关柜内被测点上，数据接收器一般采用挂式安装于配电室内墙体。测温产品及安装方式详见图 8、图 9。

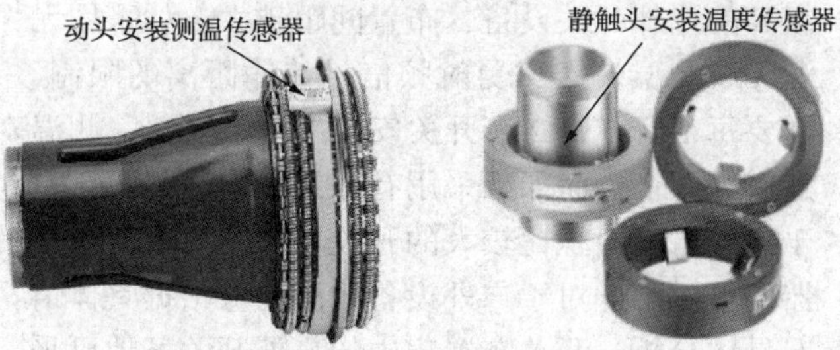

图 8　动、静触头测温终端安装方式

图 9　表带式测温终端及母线测温安装方式

（2）无源无线测温技术

由 SAW 传感器、天线、数据采集单元组成。传感器安装于开关柜内被测点表面，天线(兼局放监测功能)固定于柜内非带电体上，每面柜子数量为 2 只，数据采集单元安装于开关柜仪表室内。天线通过同轴电缆与数据收发装置连接，用于发送和接收射频信号，数据收发装置通过 Modbus 串口通信实现数据上传至开关柜综合监测单元(主 IED)。测温产品及安装方式详见图 10 至图 12。

图 10　SAW 传感器及天线

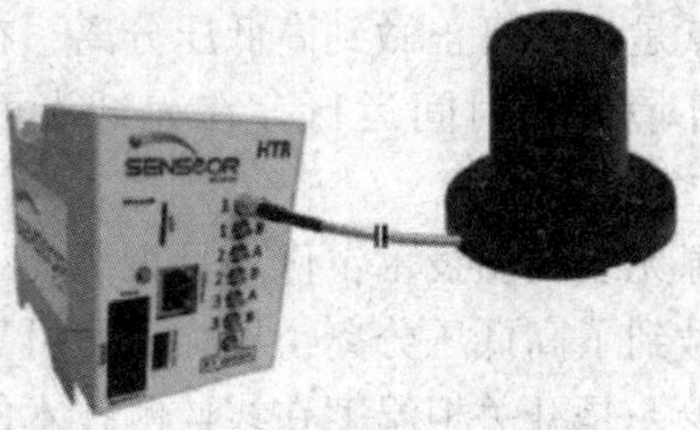
图 11　天线与收发装置采用同轴电缆连接

图 12　开关触头、母排、电缆连接点测温安装

(3) 荧光光纤测温技术

由荧光传感器、专用光纤、收发装置组成，荧光传感器出厂前嵌装于光纤端部。光纤传感器采用专用胶粘贴固定于开关柜内被测点表面，光缆沿柜体内敷设，并与仪表室内安装的收发装置连接，收发装置通过 Modbus 串口通信实现数据上传至后台服务器。测温安装方式详见图 13。

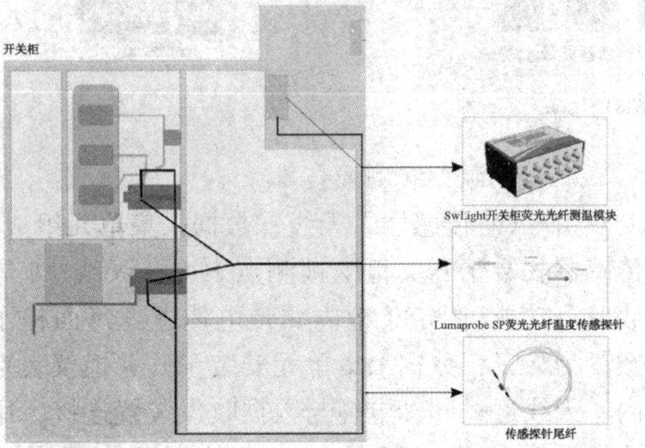

图 13　测温安装示意图

(4) 技术比选

上述 3 种测温方式目前在开关柜内均使用较多，优缺点各有不同。

有源无线测温技术：优点是安装元器件较少，施工便利，无线传输距离大；缺点是无法做到高低压分离，且电池供电或感应取电在开关柜高温强磁环境下仍存在一定的劣势和风险，且电池更换需要一次设备停电才能够进行。

荧光光纤测温技术：优点是完全不受柜内复杂环境的影响，安装元器件较少，施工较为便利；缺点是无法真正做到高低压分离，在洁净度较差的环境下长时间运行存在光纤沿面放电的风险。

无源无线测温技术：优点是无源无线测温技术真正做到了高低压分离，更加安全可靠，安装元件较少，是开关柜温度在线监测技术的发展方向；缺点是传输距离较短，一般不超过 10m，柜内除配置传感器外，还需配置天线。

针对上述比选，形成的结论如下：

① 对于 35kV 等级的开关柜，推荐采用无源无线测温技术。

② 对于 10kV 及以下等级的开关柜，采用无源无线测温技术或荧光光纤测温技术均可。

3.3　6kV 及以上户外设备

采集开关或设备触头温度，如户外断路器、隔离开关触头温度，可采用有源无线测温技术或无源无线测温技术，两种技术的原理及相关参数不再赘述，有源无线测温测温装置的安装详见图 14，无源无线测温测温装置的安装详见图 15。

图 14　有源无线测温产品触头测温

图 15　无源无线测温产品触头测温

技术比选：上述两种方案均能满足测温要求，由于室外开关场占地面积较大，越是电压等级高的户外开关设备，布置间距越大，如采用无源无线测温技术，受射频信号传输距离的限制，需要每 1 套或每 2 套开关安装 1 台收发器，测温点仅为 6 个；而如果采用有源无线测温技术，对于户外占地面积比较大的开关场仅需要 1 套采集器即可。因此对于户外设备的测温应根据具体情况具体分析，开关布置集中的户外开关场地可采用无源无线测温技术，对于户外开关布置间距较大、数量较多、占地面积大的情况下，采用有源无线测温技术更具有经济优势。

3.4　电力电缆

监测电缆全线温度通常采用光纤测温技术，而针对接头处的测温可采用光纤测温技术或通过铂电阻等感温元器件进行测温。对于 110kV、35kV 等级的电缆，由于其传输距离较远、供电容量大，可采用光纤全线测温；而对于 10kV 及以下的电缆，由于供电距离短，容量相对较小，根据实际情况仅在部分重要电缆的接头处设置测温点。

（1）光纤全线测温技术

由光缆和测温主机（温度在线监测装置）组成，拓扑结构详见图16。

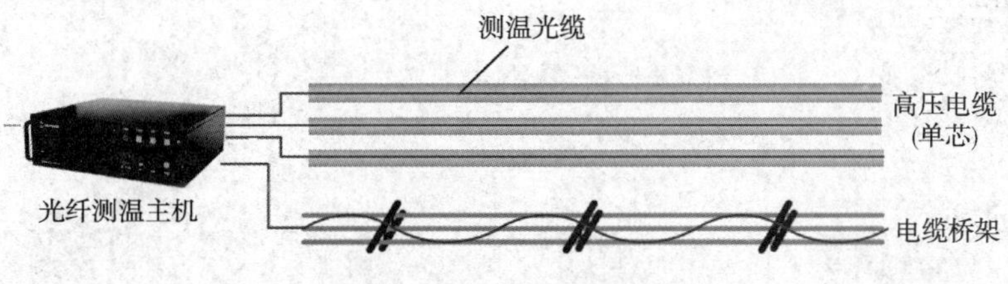

图16 光缆测温原理图

沿着电缆敷设路径全线同路径敷设1根光纤，并使用绑扎带或专用固定器件将光纤与被测电缆固定紧贴，实现对电缆表面的测温；对于多芯电缆和单芯电缆的固定方式及工程照片如图17、图18所示，多芯电缆采用绑扎带每隔0.8~1.0m的距离绑扎一次，单芯品字形排列的电缆可采用专有固定器件与绑扎带相结合的方式进行光缆的固定。

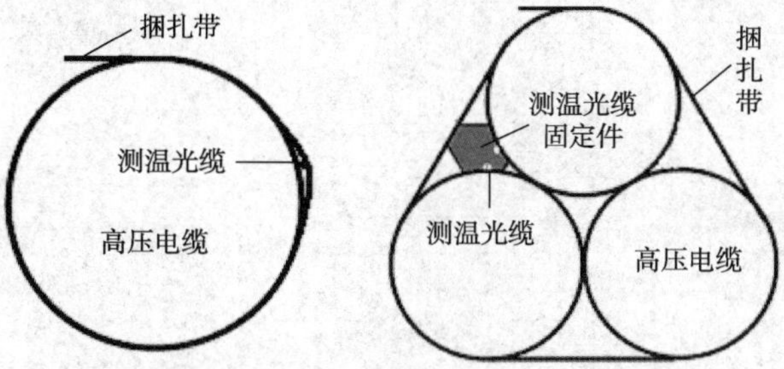

图17 多芯电缆、单芯电缆测温光缆绑扎方式

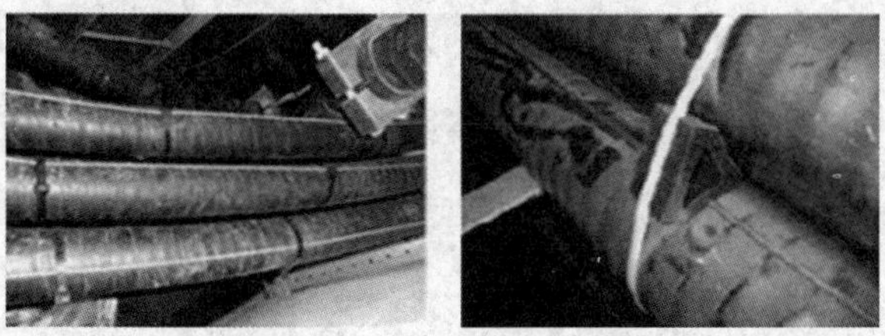

图18 多芯电缆、单芯电缆测温光缆绑扎工程照片

在电缆中间接头采取加强敷设来实现对电缆接头的重点监控，加强敷设方式采用双环折返敷设方式，沿电缆接头的纵向往返敷设三次，每次往返要在不同侧面位置，做法及工程照片详见图19。

（2）电缆接头处测温技术

电缆接头测温装置主要由温度传感器、温度采集装置构成，温度传感器内置多个感温点，紧贴固定在电缆接头处即可；温度采集器一般设置在电缆沟、隧道或电缆井内，与传感器之间有线

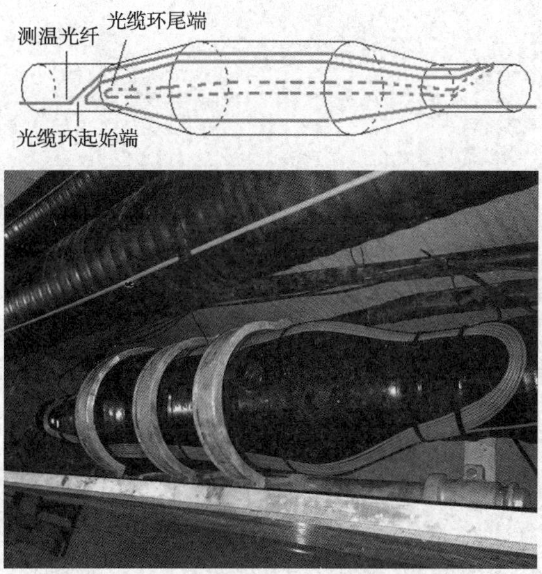

图19 电缆中间接头处绑扎做法及工程照片

连接，数据上传采用modbus串口通信方式。采集器采用隔爆型外壳，满足石油石化使用场所的防爆要求。温度传感器、采集器及其安装做法详图20。

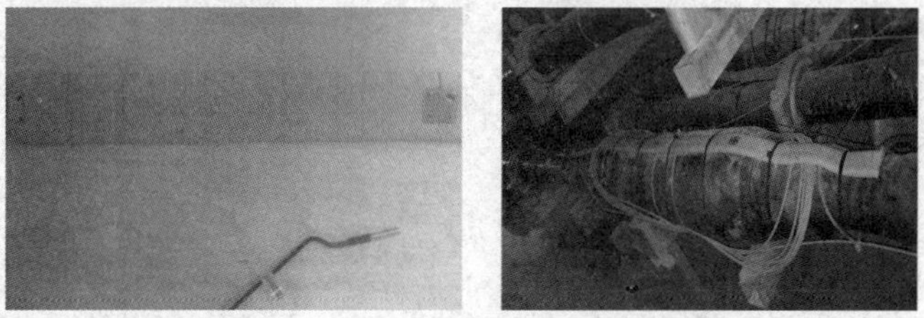

图20 温度传感器样式及安装

文章中介绍了目前在用的温度在线监测技术原理及发展，并根据不同技术的优缺点、适用性，论述其在电力系统中不同电气设备的应用情况，为今后输油气管道新建工程或已建站场的智能化改造项目提供借鉴。

参　考　文　献

[1] 周金龙．电气设备温度在线监测系统技术方案[J]．电气工程应用，2012.

[2] 滕志军．基于 ZigBee 的高压电气设备温度在线监测系统．全国电工仪器仪表，2013.

[3] 赵振兵．一种变电站电气设备温度在线监测新方法．高电压技术，2008.

长输管道工程建设百口磨合阶段的质量监督要点分析

郭 旭[1] 易斐宁[1] 蔡德宇[1]
崔雯博[2] 田 亮[3] 黄安东[1] 杨 晗[1] 蔡 越[1]
(1. 国家管网集团北方管道公司工程管理部 河北；2. 国家管网集团北方管道公司储运技术分公司；
3. 中国石油天然气管道有限公司管道投产运行分公司)

摘 要 管网行业正处于战略调整和深化改革时期，长输管道工程建设的质量监督也迎来严峻考验。焊接工序是管道建设的重要环节，百口磨合阶段的作业质量是影响焊接质量的关键因素，因此针对百口磨合的质量监督效果将直接决定长输管道工程建设全过程的施工质量。为切实保障质量监督工作在百口磨合阶段的落实情况，对百口磨合质量监督关键点进行全面梳理，强化百口磨合阶段对于质量行为和实体质量质监点的管控，提高焊接施工资源配置效率和质量管理水平，保障新形势下管网工程建设项目焊接施工的高质量实施。

关键词 长输管道；工程建设；百口磨合；质量监督；质监点

1 前言

随着近年来国家能源安全发展的战略调整和管理模式变革，长输油气管道工程建设行业的工程质量管理和监督工作也迎来了严峻的考验。2017 年 5 月，中共中央、国务院印发了《关于深化石油天然气体制改革的若干意见》，标志着国家能源战略中的油气改革工作正式启动；2019 年 12 月，国家石油天然气管网集团有限公司正式成立，标志着深化油气体制改革迈出关键一步。为满足全面实施国家能源战略、保障国家能源安全等新时代能源体系的政策要求，长输油气管道的工程建设行业由建设产业管理向宏观战略管理转型，更加注重质量创新和管理创新，通过流程化的高效质量监督管理方略持续提升质量管理水平，站在推动长输管道工程建设项目战略发展的高度认识管道高质量建设保障国家能源安全的重要意义。

焊接工序是管道建设的重要环节，百口磨合阶段的焊接作业质量是影响长输管道线路工程整体焊接质量的关键因素。百口磨合作为管道线路工程焊接施工的首道工序，是拉开焊接施工序幕的第一步，百口磨合的质量管控效果直接决定了长输管道工程建设全过程的施工质量。因此，长输管道工程建设百口磨合阶段的质量监督工作应结合国家能源战略要求和当前业务发展需要，围绕新形势下管网工程建设业务发展规划，构建配套的百口磨合质量监督管理体系，推动高标准的质量监督控制点设定编制和有效实施，实现百口磨合阶段的项目质量管理规范化，通过科学的管理制度和标准化的体系建设提升百口磨合阶段质量监督的管理水平，切实保障质量监督工作在管道线路工程焊接作业中的效用落实落地。

2 百口磨合施工特点

2.1 百口磨合的概述

“百口磨合”是长输油气管道线路工程焊接施工的首道工序，是施工单位每个焊接机组上岗前针对所负责建设标段管线的前一百道焊口进行试焊、工艺熟悉以及焊口性能测试考核的作业流程。百口磨合是业主方、施工、监理和检测单位现场人员共同熟悉焊接工艺规程、焊接工作环境、焊接设备机具、各工种交接程序、管理要点等各项焊接质量影响因素的一个重要过程，也是落实质量计划和标准要求、保证焊接质量、考核焊接人员水平、检验焊口力学性能的一个必要施工步骤，为新组建的质量管理团队、焊接机组以及与之配合作业的各流水机组是否具备独立作业能力的最终验证奠定基础。百口磨合同时也起着督促焊工尽快熟悉焊接工艺、质量员尽快掌握现场质量管理方法的作用，避免由于盲目快速开工造成焊接合格率低下、引发焊接质量事故，确保管道施工开工阶段的焊接作业稳定有序开展。

在百口磨合焊接期间，可通过焊缝外观检

测、X射线无损检测技术、超声无损检测技术、管圈破坏性力学试验等多种方法系统评判前一百道口的施工质量和力学强度能否满足工程建设的既定要求，从而为保障整条管线的焊接质量打下了坚实基础。开工前，建设单位应根据工程建设质量目标，会同各参建单位学习百口磨合要求和标准规范内容，及时完成焊接工艺规程编制、焊接工艺评定、焊工考试，制定百口磨合方案。在百口磨合焊接施工作业期间，业主方、施工、监理和检测单位现场人员共同分析底片，结合现场各因素及时沟通、比对焊口成片优劣，查找原因并提出建议，确保百口磨合期间的焊口焊接质量，为后续施工奠定工艺基础。

2.2 百口磨合的施工流程

百口磨合整体的施工工艺流程与管道正常焊接作业类似，但在监理管控力度、无损检测比例、力学性能测试等方面的相关要求更为严格。通过对国内大量长输管道工程项目的具体施工流程分析，结合管道工程建设相关法律法规、焊评焊规、标准规范的要求进行深入解读，总结出了长输管道线路工程中的焊接机组百口磨合常规的作业程序和施工流程，如图1所示。

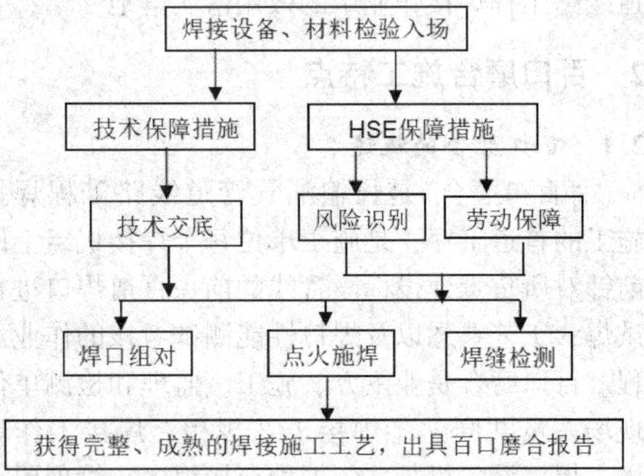

图1　长输管道百口磨合常规作业流程

百口磨合常规的施工工艺流程应根据长输管道焊接施工设计文件、相关标准规范、建设单位质量计划等相关条款要求，对施工全过程中影响焊接质量的各个步骤采取有效技术措施，以保证施焊中各项指标达到要求。与常规焊接作业流程不同之处在于对于时间的严格控制，为防止管道焊接启动阶段过快的焊接速度导致的焊接质量不可控情况发生，百口磨合阶段一般要求前一百道焊口的焊接时长控制在10~30天内，焊接的口数要求在无损检测合格的条件下稳步递增，不可超过百口磨合施工方案或者相关焊接质量控制计划等文件要求的每日焊口数量上限值。

3 百口磨合质监点的设置和实施

国内大中型长输管道建设项目在线路工程焊接施工作业前，一般均会按照项目设计文件、总体部署、质量计划等文件要求编制线路工程焊接作业百口磨合管理细则或实施方案，内容包括百口磨合作业的适用范围、管理要求、考核指标及考核方法、送检焊口要求等相关规定。因此，百口磨合期间的工程质量监督工作应紧密联系该工程项目的设计、部署、质量计划等文件，结合工程质量监督行业法律法规和工程建设质量验收标准规范的要求，通过一系列的从企业资质审查到人员资格鉴定、从施工技术要求到验收管理措施、从设备设施管理到工艺参数控制等全过程系统化的质量监督行为，保证每项工作均深入施工现场完成检查落实，认真落实落地各项质量监督技术措施，全面加强百口磨合期间现场焊接施工管理，避免质量事件、事故的发生，严格遵守焊接工艺规范，最终保障百口磨合期间焊接施工作业的合格率达到预定质量计划要求。

3.1 工程质量监督的作用与意义

工程质量监督是指质量监督机构依据《中华人民共和国建筑法》、《建设工程质量管理条例》等国家法律法规和规章制度，以及相关标准规范、管网公司工程建设有关体系文件等的规定，对工程建设各方责任主体质量行为及实体质量实施的监督。工程质量监督作为我国工程建设程序中的一项基本制度，在工程质量保证体系中发挥了重要作用。2019年之前，长输管道的工程质量监督工作主要依托于中石油、中石化、中海油等石油石化企业，与石油勘探开发工程、油气田工程、炼油化工工程等内容共同组成石油行业综合型质量监督体系。2019年国家管网成立后，围绕习近平总书记“四个革命、一个合作”能源安全新战略和“X+1+X”油气体制改革总要求，构建了具有国家管网特色的质量监督机制。新形势下的管网质量监督体系创新了监督的方式方法，实行管网行业独立监督，全面加强质量管控措施，有效识别、控制工程质量隐患，提高工程质量和本质安全水平，最终达到推动油气管网高质量发展的目的。

质量监督的内容分为质量行为监督和实体质

量监督两个当面，实施基本流程是通过设置质量控制点(简称“质监点”)的组织形式实现质量监督内容的逐项落实和全面覆盖。质监点是质量监督工作开展的主要依据，是指质量监督机构针对责任主体质量行为和实体质量，在监督计划中明确的由质量监督机构实施监督的质量控制点，包括必监点和巡监点。必监点是指根据工程项目特点，针对结构安全及使用功能有重要影响的关键工序和部位、或可能对后续工程质量造成严重影响的工序交接点和重要部位而设置的，需要作业方停止作业进程，经监督人员检查确认后才能继续作业的质量控制点；巡监点是指指监督人员根据建设工程特点、性质和质量状况有针对性地开展定期或不定期、定点或不定点监督的质量控制点。

3.2 质量行为质监点的设置

质量行为指在工程项目建设过程中，责任主体履行国家有关法律法规规定的质量责任和义务所进行的活动，质量行为监督是对建设、PMC、EPC、勘察、设计、监理、施工、检测等单位质量行为质监点进行符合性检查。质量行为的监督按照常规检查程序来说通常在管道工程项目开工前统一开展检查，与百口磨合的前期准备工作在时间逻辑上存在一定的交叉，在工作内容方面也存在着一定的重叠，因此可将部分工作内容(包括百口磨合前期准备的部分检查工作和重叠的质量行为监督工作)合并开展。

百口磨合阶段的质量行为质监点设置应覆盖到各参建单位的项目核准手续、企业资质、人员资格、质量计划、监理规划与细则、委托监造、设计及施工图审查和变更手续、质量问题处理、验收管理等各个方面，详细的质监点内容应参考如表1所示的形式并结合工程实际情况进行设置。

表1 百口磨合阶段的质量行为质监点设置

质监点名称	涉及单位	质监点性质	检查内容
企业资质	所有参建单位	必监点	企业资质证书及相关资料
人员资格	设计、监理、施工、检测单位	必监点	项目管理、技术、质量、主要专业工种操作人员资格证书、执业证书、任命文件等，与招标文件承诺人员的符合性
质量体系文件	所有参建单位	必监点	人员质量责任制的落实情况；质量计划编制及实施情况，质量计划培训、宣贯情况；质量控制资料的完成情况；百口磨合方案编制与审查情况，百口磨合技术及质量宣贯记录
资源投入	监理、施工、检测单位	巡监点	标准规范、仪器、设备、交通工具、施工操作技术规程等配备及到位情况或进场报审记录
监理规划与细则	监理单位	必监点	百口磨合期间的巡视、平行检验、旁站的抽查比例和控制要求，审(报)批及执行情况
监理指令	监理单位	必监点	百口磨合期间的监理通知单、回执单、工作联系单、工程暂停令、无损检测指令等文件
报审文件审查	监理、施工单位	巡监点	施工组织设计、百口磨合施工(检测)方案、质量检验计划和开工报审的审核签认
施工分包单位审核	施工单位	必监点	审查分包单位资质及资源投入情况
质量控制、施工技术交底、质量问题整改	施工单位	必监点	1. 百口磨合阶段进场的原材料、构(配)件、设备检验、使用前审批、安装使用部位记录；工程技术标准、施工图设计文件及工艺规程执行情况；监理指令执行情况。2. 百口磨合施工技术交底记录。3. 百口磨合质量问题整改情况或相关资料
检测方案	检测单位	必监点	检测方案审批及执行情况，检测工艺卡编制审查和实施情况
检测工作质量	检测单位	巡监点	检测指令执行情况；检测记录、评定记录、检测结果通知书、检测报告；不合格检测结果报告项目监督机构情况

3.3 实体质量质监点的设置

实体质量是指在工程建设具体实施过程中的所有实体的施工质量固有特性，实体质量的监督检查可采用查阅有关文件、记录，现场观察、访谈，对实体质量进行测量等方法开展具体工作。实体质监点抽查应覆盖到单位工程，对于改

(扩)建工程质监点抽查可覆盖到单项工程。百口磨合阶段的焊接质量将直接影响整条管线的工程质量，因此实体质量的监督检查需更加严格，监督工作内容在符合如表2所示的基础上，应不局限于监督计划中设置的质监点，监督人员有权决定对百口磨合施工阶段各个方面的其他实体质量进行抽查，若发现质量问题，应立即提出整改或返工要求。

表2　百口磨合阶段的实体质量质监点设置

质监点名称	涉及单位	质监点性质	检查内容
焊接工艺规程	施工单位	必监点	编制、审查、批准、向监理报验情况；现场焊接工艺规程执行情况。
焊缝外观	施工、检测单位	巡监点	裂纹、凹陷、咬边、余高或验收记录；检测单位拍片前的焊缝外观检查记录。
焊缝无损检测	检测单位	必监点	无损检测报告(方法、程序、比例及结果的准确性)。
除锈及除尘检查	施工单位	巡监点	洁净度、粗糙度或检验记录。
防腐层、补口、补伤质量	施工单位	必监点	厚度、搭接、附着力或验收记录。
绝热层、保护层质量(仅绝热工程适用)	施工单位	必监点	厚度、接缝、固定或验收记录。
管圈送检	监理、施工单位	巡监点	取样送检交接记录。

3.4　质监点的检查实施要求

质监点设置的准确度和覆盖全面度，将直接影响质量监督工作开展的效果。因此在实际工作的落实过程中，百口磨合阶段的质监点应结合工程实际情况并参考上述质量行为质监点和实体质量质监点进行详细编制、论证、实施。质量监督的实施还应注重以下方面的业务要求和基本原则：

(1) 保证质量监督人员的到场检查频次；

(2) 保障监理人员严格履职的行为；

(3) 保障焊接工艺规程执行的有效性；

(4) 保证无损检测的评判准确度；

(5) 保障管圈送检程序的合规性，以及管圈力学检验项目选取的合法性。

对于发现的各参建单位有违反国家现行法律、法规规定的质量责任和义务以及违反工程建设强制性标准相关规定的行为，应及时下发质量监督问题处理通知书，并对质量问题涉及单位整改后的质量问题整改情况报告书内容进行审定。对实体质量监督检查过程中发现的质量问题，监督人员还应对相关单位的质量行为的资料进行追查溯源。

4　百口磨合质量监督实例

2021年8月，河北省某天然气县县通支线工程开工建设，设计输量1.26×10^{8}m^3/a，线路全长38km，其线路工程管道规格为OD273.1mm×6.4mmL360N无缝钢管，设计压力为6.3MPa。焊接一机组百口磨合第一天焊接口数为2道，无损检测全部合格后(后续以此类推)第二天和第三天每天焊接4道，第四天至第六天每天焊接8道，第七天至第九天每天焊接16道，第十天焊接18道，至此前一百道口焊接施工全部完成。

质量监督人员针对该焊接机组的百口磨合进行了全过程质量监督，编制的质量监督计划覆盖了百口磨合阶段质量行为和实体质量的全部质监点，涵盖企业资质和人员资格审查、质量计划和百口磨合方案编制报审、焊接规程执行、焊缝外观检查等多个关键质监点。实际监督过程中发现的问题包括：

(1) 个别质量管理人员的专业证书即将到期，无法覆盖项目整个施工周期的相关工作；

(2) 监理规划中未按照国家管网新修订的体系文件编制新增的监理管理要求文件；

(3) 未在施工阶段深入开展危害识别和风险评价；

(4) 焊接施工时，焊缝两侧的防腐层未采取保护措施；

(5) 焊缝余高打磨时蹭伤管壁(管壁减薄厚度不超过5%)；

(6) 个别焊口标志记录(主要包括错边量、焊缝余高、焊缝宽度等)与质量监督人员现场实测不符；

(7) 布管距离(管与管首尾相接处距离)不符合标准要求。

针对上述问题，质量监督人员根据问题严重程度分别通过下发《质量监督工作联系单》和《质量监督问题处理通知书》的方式督促相关单位进行整改，并现场进行了技术指导和质量控制指标分析。整个质量监督过程紧密联系工程实际情况，实时跟踪相关责任单位的整改过程并做出质量评价，实现了工程质量问题和隐患的闭环管理。

5 结语

针对长输管道工程建设焊接施工存在的关键工艺问题，强化百口磨合阶段对于企业资质和人员资格审定、材料和设备审查、焊接工艺执行、无损检测工艺验证等方面的质量监督管控，深化百口磨合阶段质量监督关键点的全面梳理和有效实施，提升管道工程焊接工艺的保障能力、质量管控能力和质量事故防范能力，通过百口磨合工程启动阶段的严格质量管控和详细质监点覆盖，不断提高焊接施工资源配置效率和质量管理水平，实现长输管道工程建设项目高效高质量的实施运转，保障新形势下管网工程建设项目的顺利开展，在监管融合背景下助推管道工程建设行业健康、安全、绿色发展。

参 考 文 献

[1] 李彦杰．我国能源市场发展现状及前景分析[N]．期货日报，2021-11-15(003).

[2] 王乐乐，李莉，张斌，等．中国油气储运技术现状及发展趋势[J]．油气储运，2021，40(09)：961-972.

[3] 刘定智，张元涛，梁严，等．基于“全国一张网”的天然气管输优化模型构建及应用[J]．油气与新能源，2021，33(05)：64-70.

[4] 乔蓓蓓，陈莎莎．浅谈建设工程质量监督要点新变化[J]．中国建设信息化，2021(19)：74-75.

[5] 黄文翰．强化质量监督管理提升检验防控能力[J]．福建质量技术监督，2020(01)：17.

[6] 司春雨．石油化工工艺管道安装质量控制要点分析[J]．化工管理，2019(04)：193-194.

[7] 韩齐森，虎攀，施汶娟，崔敬．石油化工管道焊接工艺分析及其质量控制策略探析[J]．化工管理，2020(02)：185-186.

[8] 李登民．新形势下石油化工工程质量监督面临的问题与改革策略初探[J]．中国石油和化工标准与质量，2019，39(01)：21-22.

深水管道S型铺设分析二次开发研究

曹先凡[1,2]　王西录[1]　王　巍[1]　姚志广[1,2]

(1. 中国石油集团海洋工程有限公司；2. 中国石油天然气集团海洋工程重点实验室)

摘　要　通过深水管道S型铺设数值分析选取托管架曲率半径和张紧器张力等关键参数，需要多次修改模型而耗费大量时间。基于Python语言编程调用ABAQUS模块，建立海床、管道、托管架模型及接触关系，通过位移约束方式模拟海底管道铺设构型，计算管道响应。以两种深水管道为例，为满足铺设安全要求，给出托管架曲率半径和张力之间的关系。该二次开发方法提高了深水管道S型铺设分析效率，也为深水管道铺设设计的智能化奠定了基础。

关键词　深水管道S型铺设；托管架曲率半径；张力；二次开发；Python；ABAQUS

1　引言

随着深水油气的开发，海底管道大量铺设于深水海域。深水管道铺设主要有S型、J型和R型三类方法。其中S型铺设速度快，可铺设管道外径范围广，因此在深水管道铺设中得到广泛应用；与此同时，S型铺设需要考虑管道-海床以及管道-托管架相互作用，解决材料、接触、大变形等非线性问题。现有深水管道铺设分析主要有三类方式。第一种方式是基于理论推导进行编程，然后进行铺设分析。该方式可方便控制各类参数，但通用性差。第二类方式是基OFFPIPE、PIPELAY等工程应用软件进行铺设分析，此类软件将管道视为梁单元，难以进行管道截面变形分析，使用者可控制因素少。第三种方式是基于ANSYS、ABAQUS等通用软件进行管道铺设分析。由于通用软件可控因素多，可以根据项目需要进行针对性分析，比如既可选取梁单元进行管道铺设整体分析，也可进行截面变形分析，讨论截面塑性变形后的抗外压能力。

基于ABAQUS进行数值分析时，既可以采用前处理模块建模，也可以采用Python语言编程建模。前者建模直观，操作方便，但修改模型时繁琐耗时；后者可以避免建模过程中的重复工作，提高了分析效率。深水管道S型铺设需要根据托管架、张紧器的能力设计铺设参数，保证管道铺设安全；在深水铺管船概念设计阶段，需要根据预计服务的管径范围，配置适宜的托管架和张紧器。以上都需要进行大量的模型重建工作，此外，通过二次开发可以将铺管分析与智能化决策程序相联接，为深水管道铺设设计的智能化奠定基础。因此，深水管道S型铺设分析的二次开发具有重要意义。

本文首先给出深水管道S型铺设分析二次开发数值模型和计算结果，然后基于规范分析具有不同几何参数的两种管道铺设时托管架曲率半径和张紧器张力需要满足的要求，最后为结论。

2　数值模型及模拟结果

采用Python编程调用ABAQUS模块，给出1500m水深海底管道S型铺设的模拟过程。首先，进行管道、海床、托管架的建模；然后，组装各模型，建立管道-海床、管道-托管架的接触关系以及边界条件，施加载荷；最后，通过位移约束的方式模拟深水管道S型铺设的构型，计算得到管道正常铺设的内力、应变和应力。其中，深水管道S型铺设构型模拟有两种方法，方法一：基于实际铺设工序，模拟管道从水面之上逐步铺设至海床的过程；方法二：假设管道、托管架在海床之上，逐步移动托管架和管道端部，升至海平面之上。由于方法二更易于实现，文中采用该方法。

2.1　各组件数值模型

托管架长度、曲率半径和张紧器张力为深水管道铺设的重要参数，在前两个参数一定的情况下，可以计算出满足管道铺设强度要求所需要的张力范围。本文选取前两者作为输入参数，其中托管架曲率半径转化为弧度方式输入。

托管架模型

海底管道S型铺设过程中，托管架的托辊基

本处于同一圆弧之上，本文采用圆环模拟托管架。托管架长度和弧度参数分别为 Length 和 Angle，建模程序段如下：

```
mdb.models['Model-1'].ConstrainedSketch(name='__sweep__',sheetSize=200.0)
mdb.models['Model-1'].sketches['__sweep__'].ArcByCenterEnds(center=(0.0,0.0),
    direction = CLOCKWISE, point1 = (X1,Y1),point2=(X2,Y2))
mdb.models['Model-1'].ConstrainedSketch(name='__profile__',sheetSize=5.0,
    transform=(1.0,-1.22464679914735e-16,0.0,-0.0,0.0,1.0,
    -1.22464679914735e-16,-1.0,-0.0,-90.0,-1.10218211923262e-14,0.0))
mdb.models['Model-1'].sketches['__profile__'].ConstructionLine(point1=(-2.5,
    0.0),point2=(2.5,0.0))
mdb.models['Model-1'].sketches['__profile__'].ConstructionLine(point1=(0.0,
    -2.5),point2=(0.0,2.5))
mdb.models['Model-1'].sketches['__profile__'].rectangle(point1=(-1.0,-1.0),
    point2=(1.0,1.0))
mdb.models['Model-1'].Part(dimensionality=THREE_D,name='Stinger',type=
    DEFORMABLE_BODY)
mdb.models['Model-1'].parts['Stinger'].BaseSolidSweep(path=
    mdb.models['Model-1'].sketches['__sweep__'],sketch=
    mdb.models['Model-1'].sketches['__profile__'])
```

其中变量 X1、Y1、X2、Y2 根据参数 Length 和 Angle 得到，关系如下：

```
Radius=Length/Angle
X1=-Radius * sin(Angle)
Y1=Radius * cos(Angle)
X2=0.0
Y2=Radius
```

参数 Length 和 Angle 分别取 120m 和 1.57（对应圆心角 90°），运行建模程序段得到托管架模型，如图 1 所示。

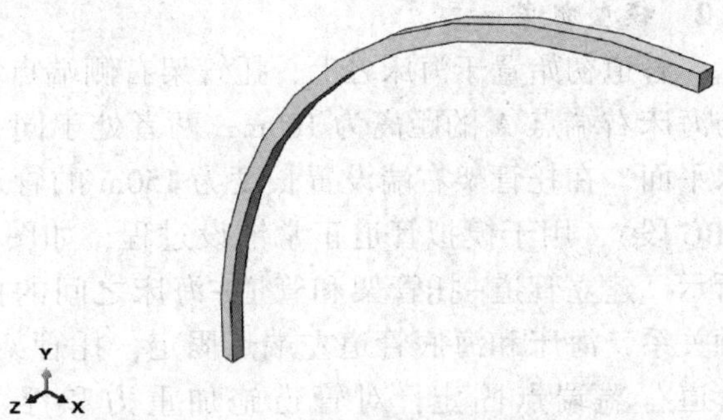

图 1　托管架模型示意图

管道模型

管道长度 5000m，外径为 12"，壁厚为 2.0cm，管材为 X65 钢，材料属性见表 1。

表 1　管道材料塑性应变-应力关系表

应力/MPa	塑性应变
448	0
500	0.045

建模程序段如下：

```
mdb.models['Model-1'].sketches['__profile__'].Line(point1=(-5000.0,0.0),
    point2=(0.0,0.0))
mdb.models['Model-1'].Part(dimensionality=THREE_D,name='Pipeline',type=
    DEFORMABLE_BODY)
mdb.models['Model-1'].PipeProfile(name='pipe',r=0.2286,t=0.015)
mdb.models['Model-1'].BeamSection(consistentMassMatrix=False,integration=
    DURING_ANALYSIS, material='steel',
name='beam',poissonRatio=0.0,profile=
    'pipe',temperatureVar=LINEAR)
```

海床模型：

海床模型长度 5000m，截面为边长 2m 的正方形。建模程序段如下：

```
mdb.models['Model-1'].sketches['__profile__'].rectangle(point1=(-1.0,-1.0),
    point2=(1.0,1.0))
mdb.models['Model-1'].Part(dimensionality=THREE_D,name='seabed',type=
    DEFORMABLE_BODY)
mdb.models['Model-1'].parts['seabed'].BaseSolidExtrude(depth=5000.0,sketch=
    mdb.models['Model-1'].sketches['__profile__'])
```

2.2 模型组装

管道初始置于海床之上，托管架右侧端点 B 与海床右端点 A 的距离为 100m，两者处于同一水平面。在托管架右端设置长度为 150m 的管道（BC 段），用于模拟管道正常铺设过程，如图 2 所示。建立管道-托管架和管道-海床之间的接触关系，海床和海底管道左端点固定，托管架、管道右端端点固定，对管道施加重力和浮力载荷。

组装程序段如下：

```
mdb.models['Model-1'].rootAssembly.Instance(dependent=ON,name='Pipeline-1',
        part=mdb.models['Model-1'].parts['Pipeline'])
mdb.models['Model-1'].rootAssembly.Instance(dependent=ON,name='Stinger-1',
        part=mdb.models['Model-1'].parts['Stinger'])
mdb.models['Model-1'].rootAssembly.Instance(dependent=ON,name='seabed-1',
        part=mdb.models['Model-1'].parts['seabed'])
mdb.models['Model-1'].rootAssembly.instances['Stinger-1'].translate(vector=(
        100.1,0.0,0.0))
mdb.models['Model-1'].rootAssembly.instances['seabed-1'].translate(vector=(
        101.3,0.0,0.0))
mdb.models['Model-1'].rootAssembly.rotate(angle=90.0,axisDirection=(0.0,2.0,
        0.0),axisPoint=(101.3,-1.0,0.0),instanceList=('seabed-1',))
mdb.models['Model-1'].rootAssembly.translate(instanceList=('seabed-1',),
        vector=(-5201.3,0.0,-1.0))
mdb.models['Model-1'].rootAssembly.rotate(angle=90.0,axisDirection=(2.0,0.0,
        0.0), axisPoint = (9.1, 0.0, 0.0), instanceList=('Stinger-1',))
mdb.models['Model-1'].rootAssembly.translate(instanceList=('Stinger-1',),
        vector=(-100.1,0.0,-91.0))
```

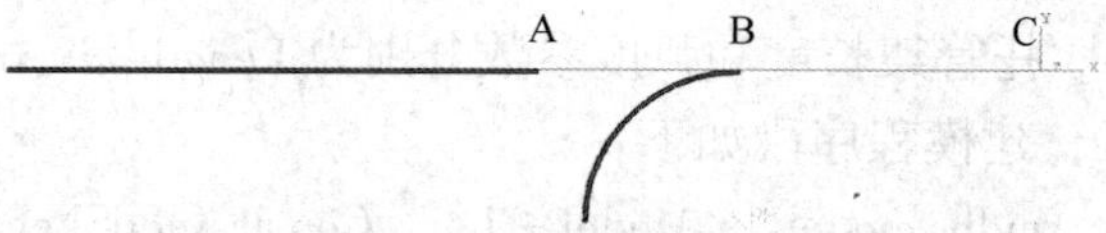

图 2 组装模型示意图

2.3 铺设构型模拟及结果

通过设置托管架和 BC 段管道不同载荷步的位移，模拟管道铺设构型，程序段如下：

```
mdb.models['Model-1'].boundaryConditions['BC-RP'].setValuesInStep(
        stepName='Step-3', u1=-200.0, u3=800.0)
mdb.models['Model-1'].boundaryConditions['BC-RP'].setValuesInStep(
        stepName='Step-4', u1=-500.0, u3=1500.0)
mdb.models['Model-1'].boundaryConditions['BC-RP'].setValuesInStep(
        stepName='Step-5', u1=-550.0, u3=1500.0)
mdb.models['Model-1'].boundaryConditions['BC-RP'].setValuesInStep(
        stepName='Step-6', u1=-600.0, u3=1500.0)
mdb.models['Model-1'].boundaryConditions['BC-RP'].setValuesInStep(
        stepName='Step-7', u1=-650.0, u3=1500.0)
mdb.models['Model-1'].boundaryConditions['BC-RP'].setValuesInStep(
        stepName='Step-8', u1=-700.0, u3=1500.0)
```

管道铺设构型的模拟过程见图 3(a)~(d)。然后向左水平移动 BC 段管道，模拟正常铺设过程，见图 3(e)。

3 铺设参数分析

基于以上二次开发方法，针对两种管道 S 型铺设至 1500m 水深海域的工况，给出托管架不同曲率半径对应的张力。首先给出深水管道铺设强度校核方法，然后给出两种管道铺设时托管架曲率半径与张力的关系。其中，托管架长度为 120m，管道一的外径为 30.48cm(12 英寸)，壁厚2cm；管道二的外径35.56cm(14英寸)，壁厚2.5cm。

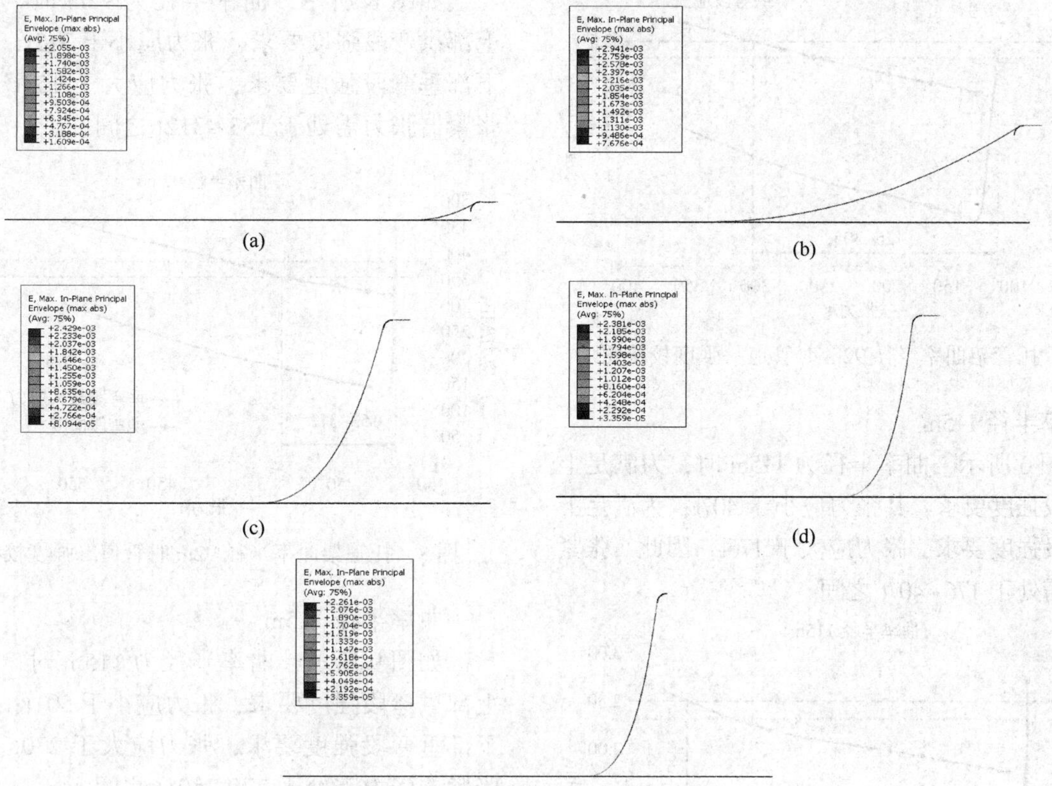

图3 S型铺设构型及正常铺设模拟

3.1 校核方法

DNV-OS-F101(2012)[20]给出了管道铺设强度校核方法，对于拱弯段采用应变校核，见表2。其中静力分析校核对应等级1，动力分析校核对应等级2。本文进行S型海底管道铺设静力分析，选择了等级1。

表2 拱弯段校核准则

管材	X70	X65	X60	X52
等级1	0.270%	0.250%	0.230%	0.205%
等级2	0.325%	0.305%	0.290%	0.260%

对于垂弯段管道采用应力校核(包含托管架末端最后一点支撑)，需要满足以下条件：

$$\sigma_e \leqslant 0.87 \cdot F_y \quad (1)$$

X65钢最小屈服强度 $F_y = 448$Mpa，因此许用应力为389MPa。

3.2 管道一铺设参数分析

托管架曲率半径分别取76m(对应圆心角90°)、92m(对应圆心角75°)和115m(对应圆心角60°)，以下给出了张紧器张力需要满足的要求。

曲率半径76m

如图4所示，曲率半径为76m时，为满足上部拱弯段强度要求，其张力应小于182t；为满足下部垂弯段强度要求，张力应大于98t。因此，张紧器张力需处于98~182t之间。

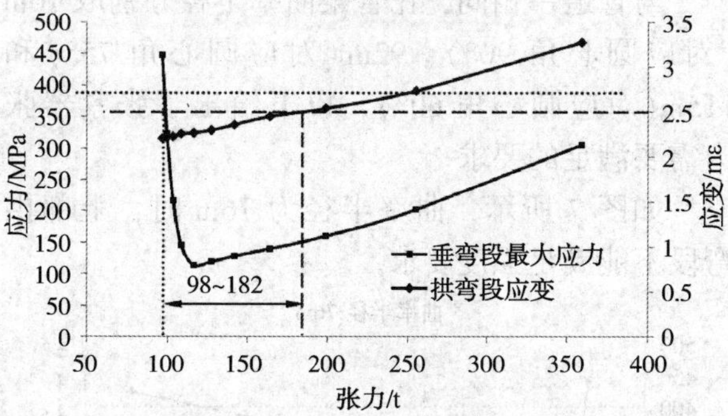

图4 托管架曲率半径76m时管道一强度校核图

曲率半径92m

如图5所示，曲率半径为92m时，为满足上部拱弯段强度要求，其张力应小于305t；为满足下部垂弯段强度要求，张力应大于126t。因此，张紧器张力需处于126~305t之间。

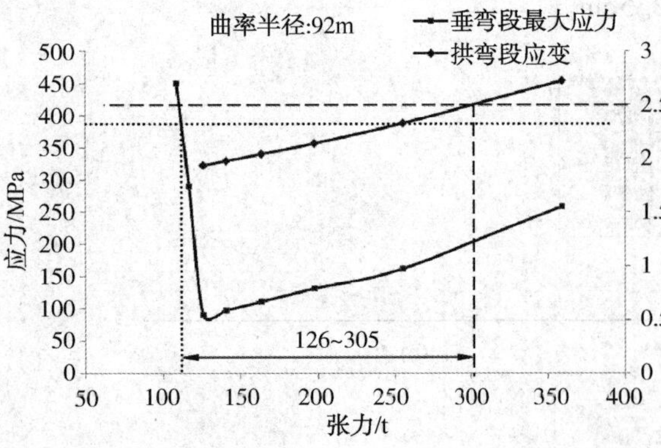

图 5　托管架曲率半径 92m 时管道一强度校核图

曲率半径 115m

如图 6 所示，曲率半径为 115m 时，为满足上部拱弯段强度要求，其张力应小于 407t；为满足下部垂弯段强度要求，张力应大于 176t。因此，张紧器张力需处于 176~407t 之间。

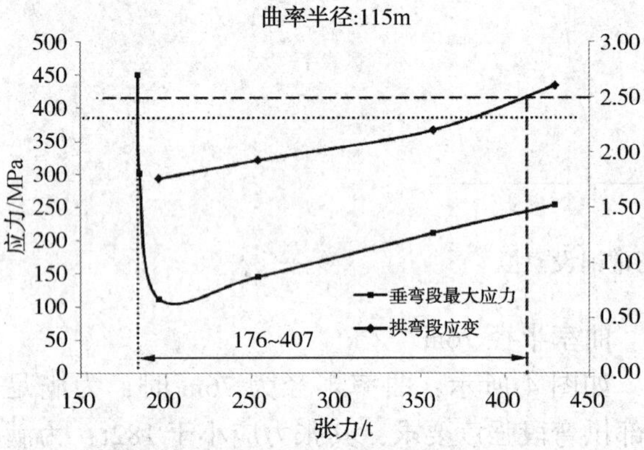

图 6　托管架曲率半径 115m 时管道一强度校核图

3.3　管道二铺设参数分析

与管道一相同，托管架曲率半径分别取 76m（对应圆心角 90°）、92m（对应圆心角 75°）和 115m（对应圆心角 60°），以下给出了张紧器张力需要满足的要求。

如图 7 所示，曲率半径为 76m 时，上部拱弯段不能满足强度要求。

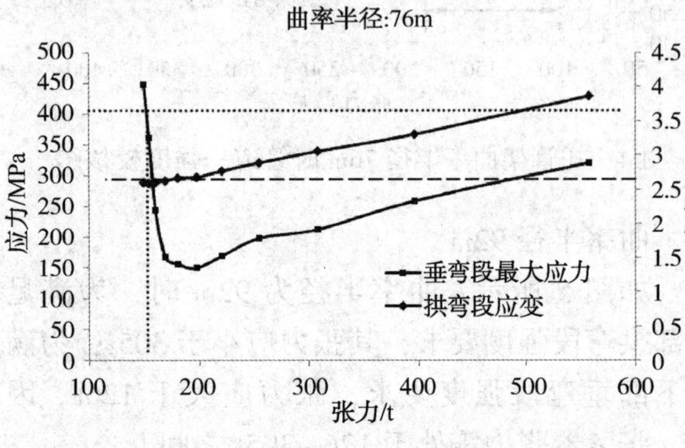

图 7　托管架曲率半径 76m 时管道二强度校核图

曲率半径 92m

如图 8 所示，曲率半径为 92m 时，为满足上部拱弯段强度要求，张力应小于 312t；为满足下部垂弯段强度要求，张力应大于 153t。因此，张紧器张力需处于 153~312t 之间。

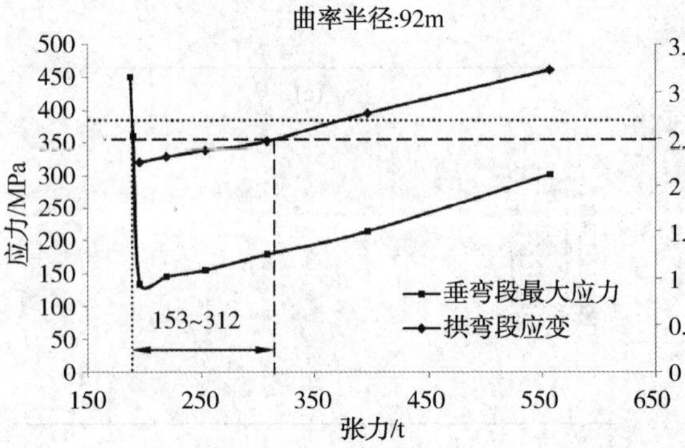

图 8　托管架曲率半径 92m 时管道二强度校核图

曲率半径 115m

如图 9 所示，曲率半径为 115m 时，为满足上部拱弯段强度要求，张力应小于 501t；为满足下部垂弯段强度要求，张力应大于 270t。因此，张紧器张力需处于 270~501t 之间。

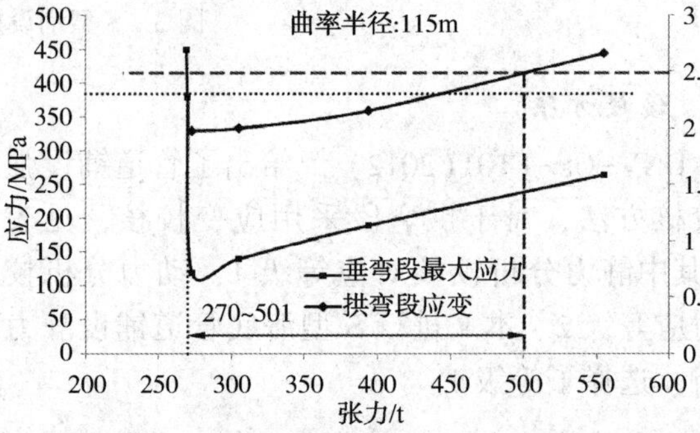

图 9　托管架曲率半径 115m 时管道二强度校核图

4　结论

（1）基于通用有限元软件 ABAQUS，以 Python 编程建立了深水管道 S 型铺设数值模型，可自动进行托管架、管道、海床模型建模、模型组装、载荷和边界条件施加、管道铺设构型和正常铺设的模拟等，提高了深水管道 S 型铺设分析的效率。

（2）针对两种管道铺设工况，给出了托管架曲率半径和张紧器张力之间的关系，验证了二次开发程序的有效性。

（3）该二次开发方法可以为深水管道 S 型铺设关键参数优化以及铺管船概念设计阶段关键装

备的优选提供技术支持，另外也为深水管道S型铺设设计的智能化提供了基础。

参 考 文 献

[1] 李志刚．深水海底管道铺设技术[M]．北京：机械工业出版社，2012．

[2] 陈凯，段梦兰，张文．深水S型铺管管道形态及力学分析方法研究[J]．力学季刊，2011，32(003)：353-359．

[3] 党学博，龚顺风，金伟良．深水海底管道极限承载能力分析[J]．浙江大学学报(工学版)，2010，44(4)：778-782．

[4] 张洪伟，李志刚，焦向东，等．深水海底管道J型铺设用管领结构设计方法研究[J]．中国海上油气，2014，26(2)：100-105．

[5] 陈景皓，段梦兰，徐崇崴，牙乾伊．深水海底管道J形铺设参数[J]．油气储运，2013，032(006)：654-658．

[6] 胡知辉，田凯，佟光军．深水Reel-lay铺管船与复合管铺设概述[J]．中国海洋平台，2015，30(04)：7-10．

[7] Erik C. Ultra Deepwater Reel and Flexible Pipelay Vessel for Pre-Salt Field Developments. The Offshore Technology Conference，Houston，Texas，May 2014.

[8] 陈凯．深水海底管线S型铺设分析方法与力学特性研究[D]．上海：复旦大学，2014．

[9] 马小燕．深水S型铺管作业中管线受力计算研究[D]．哈尔滨：哈尔滨工程大学，2012．

[10] 于国友，林镇诗，杨源．基于ANSYS的深水海底管道铺设受力分析[J]．中国造船，2012(01)：145-152．

[11] 姚舜文．500米海底石油铺管船复合管道屈曲分析[J]．农业装备与车辆工程，2020，58(04)：56-62．

[12] 朱礼云．深水海底管道S型铺管法安装分析[D]．哈尔滨：哈尔滨工程大学，2011．

[13] 倪星月．复杂荷载组合作用深水海底管道的非对称屈曲及失稳研究[D]．杭州：浙江大学，2013．

[14] 曹金凤，王旭春，孔亮．Python语言在Abaqus中的应用[M]．北京：机械工业出版社，2011．

[15] 钟同圣，卫丰，王鸷，等．Python语言和ABAQUS前处理二次开发[J]．郑州大学学报(理学版)，2006(01)：60-64．

[16] 刘维洋．压力管道焊接热影响区裂纹扩展研究[D]．成都：西南石油大学，2017．

[17] 岳永保，杨合，詹梅，等．基于Python的ABAQUS数控弯管数值模拟后处理[J]．塑性工程学报，2009，16(3)：48-54．

[18] 张强，马永，李四超．基于Python的ABAQUS二次开发方法与应用[J]．舰船电子工程，2011，31(002)：131-134．

[19] 郭玲，杨合，邱晞，等．基于Python的ABAQUS后处理研究开发及其在薄壁管数控弯曲中的应用[J]．塑性工程学报，2007，14(005)：32-37．

[20] DNV-OS-F101，Submarine Pipeline System[S]. 2012.

[21] 徐震．X65管线钢的本构关系及失效判据研究[J]．石油工程建设，2014，40(3)：23-27．

长北水平井钻井提速措施分析

罗　磊　孙佳才　王雪芹　芦造华　张孝栋　李　朋　许　星

（中国石油长庆油田长北作业分公司）

摘　要　长北区块经过十几年开发，已有45口水平井布置于主河道以及物性较好的甜点位置，为了进一步提高产能实现内部挖潜，需要开发河道边界地区，地质不确定性大，储层不连续甚至缺失，再加上生产多年储层压力衰竭，带来巨大的工程风险。为了最大程度保证砂岩钻遇率，高效完成设计水平段，快速建产，通过一系列工具优选、工艺优化和系技术的应用，解决大型漏失、井壁不稳定、钻具磨损、钻头选型、轨迹调整困难等工程难题，从而实现钻井提速的目的。

关键词　双分支水平井；钻遇率；井眼轨迹；钻井提速

1　长北双分支水平井存在的挑战

1.1　井漏及井壁稳定性问题

由于刘家沟地层发育天然裂缝，泥浆漏失现象明显，长北前期钻井施工过程中，多采用常规随钻堵漏。伴随着区块长期生产地层压力系数降低，漏失规模加剧，常规的随钻堵漏方式不能满足钻井要求。由于易坍塌的地层的存在，需要提高钻井液比重，但又加剧地层漏失。为了同时解决地层漏失和垮塌问题，需增大钻井液比重安全窗口，以便满足全井段施工安全。

1.2　底部钻具组合磨损问题

长北区块双分支水平井水平段长、轨迹调整幅度大、井眼几何形状不规则，底部钻具承受较大的摩阻和扭矩。由于储层为高研磨性石英砂岩，底部钻具组合磨损严重，特别是扶正器和螺杆钻具磨损后导致定向钻井失效，不能满足定向滑动计划。由于底部钻井组合磨损后打出小井眼，需额外花时间修复井眼(图1)。

图1　底部钻具磨损图

1.3　钻头选型问题

长北气田按岩石可钻性极值大致分两段：刘家沟组以上地层，岩石整体可钻性较好，但也存在软硬交替地层，易发生钻井问题。刘家沟组以下地层，地层岩石坚硬，研磨性强，可钻性整体较差，造成机械钻速低，钻头磨损严重。储层段致密石英砂研磨性强，伴有泥岩、碳质泥岩、砾岩夹层对钻头破坏性较大，时常发生牙轮落井事故(图2)。

图2　钻头失效图

1.4 井眼轨迹控制问题

长北目前所布井多在区块边缘，地质不缺定性更大，定向难度更高。据统计长北水平井滑动时间占比 65%，钻井效率较低。频繁的调整井眼轨迹，降低了井眼光滑度，制约了水平段长度(图 3)。

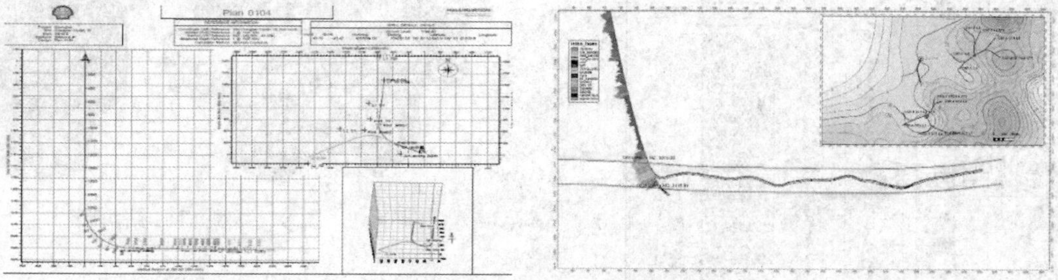

图 3 轨迹设计及实钻图

2 钻井提速方案

针对长北区块双分支水平井钻井过程中存在技术难题，总结经验制定措施应对大型漏失，采用一系列先进的技术工艺，优选适合长北地层特点的钻头，配备高效底部钻井工具，快速钻穿不稳定层，高效连通各个砂体，提高储层钻遇率。

2.1 井漏和井眼稳定性解决措施

2.1.1 刘家沟漏失解决措施

长北区块与鄂尔多斯盆地里的其他区块相同，刘家沟组存在天然裂缝，南北差异较大。区块北部微裂缝发育，钻井过程中发生微漏或者渗漏，随钻堵漏即可满足继续钻井至完钻的目的。区块南部存在大型天然裂缝，钻井过程中遭遇较大漏失。CBXX 区块钻进刘家沟地层时，遇到大型失返性漏失，常规随钻堵漏效果不佳。针对该情况组织技术专家，研究技术方案，尝试不同的堵漏和井壁加固方案(图 4、图 5)。

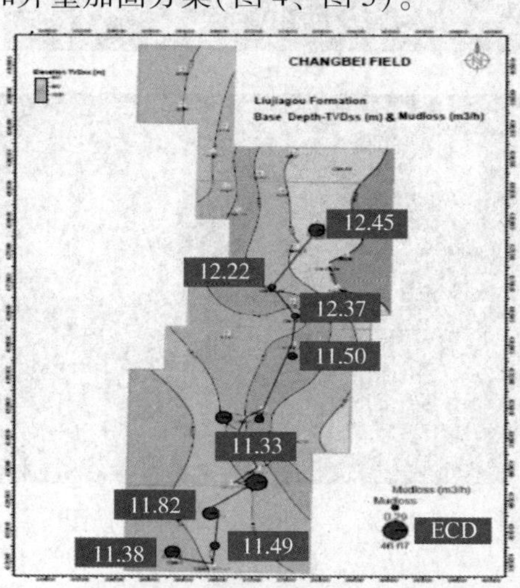

图 4 刘家沟地层泥浆当量密度分布

图 5 刘家沟地层露头图

方案 1：挤堵不同浓度配方(200 千克/方，250 千克/方)的常规堵漏材料，未能达到预期。

方案 2：打入并挤堵两个水泥塞(200 米、150 米)，承压效果不理想。

方案 3：利用弹性石墨、超细碳酸钙为主要材料，配置并挤堵不同浓度(200 千克/方，285 千克/方)的三个堵漏塞，井壁加固至等量泥浆比重为 1.19sg，仍旧不能完全满足完钻比重要求。

方案 4：分析回顾前期方案，优化堵漏配方，确定以弹性石墨、超细碳酸钙、纤维等为核心的高浓度配方(336 千克/方)，挤堵承压至等量泥浆比重为 1.22sg，实现了井壁加固的目的。

2.1.2 井眼稳定性解决措施

由于有漏失层的存在，钻井液比重未能及时提高，继续钻穿石千峰组、石盒子组、山西组的煤层、泥岩段，出现掉块，井眼不稳定性加剧。完钻后需要下入满眼多扶正工具测井仪器，再次加剧了井眼的垮塌风险。为了保证套管顺利下入，开展了多次通井，不稳定层遇阻严重，甚至侧钻出新井眼，最终决定打水泥塞侧钻新井眼(图 6)。

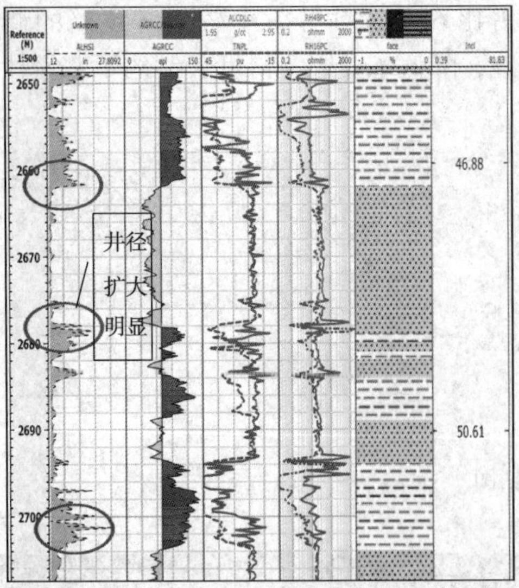

图 6　井壁垮塌测井图

测井曲线反映出泥岩段井径扩大明显，井眼垮塌严重。地质和工程团队对该井做了深刻的总结和反思，分析引起井眼复杂的原因，制定了相关应对措施：

钻井液性能优化方面：钻井液比重是最关键指标，完钻钻井液比重需要达到 1.24sg，提高钻井液的抑制性，优化氯化钾含量指标使完钻前到达 18%。

井眼准备优化：完钻后充分循环清洁井筒，根据具体情况开展通井作业。

测井优化方面：通井后充分评估井眼状况，考量测井风险，对于井况复杂考虑减少或者取消测井工作。

2.2　钻头优化措施

长北下部地层可钻性差、钻井难度大，先后使用了进口牙轮钻头和复合钻头，存在单钻头进尺短、寿命不长、落井等问题，严重影响钻井提速。伴随着 PDC 钻头在直井和定向段的成功使用，以及金刚石复合片技术的提高，开展了水平段 PDC 钻头的试用，不断论证试用效果，并积极与钻头厂家沟通，快速形成优化改型方案(图 7、图 8)。

图 7　狮虎兽钻头图

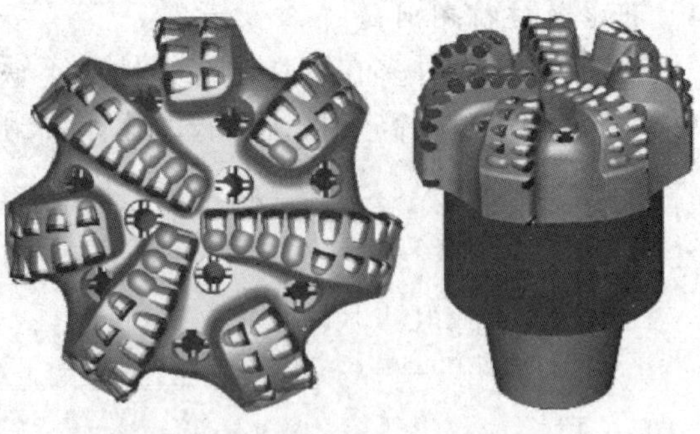

图 8　新型 PDC 钻头图

新型“三叉戟”系列 PDC 钻头，采用“低扭矩保径、高性能复合片、钻头 DOC 控制”等设计。钻头心部设减震节，减少震动对钻头的伤害，选择高性能复合片使其兼顾抗研磨性和抗冲击性的特点。

目前该新型钻头已在长北现场使用，入井的 4 只钻头平均单钻头进尺 562 米，平均机械钻速 6.3 米/小时，其中两只钻头进尺达 906 米和 693 米，最高机械钻速 8.5 米/小时，滑动比例仅 8%，打破进口复合钻头 660 米纪录。所用的钻头出井状况良好，无明显缩颈现象发生，新钻具组合入井顺利到底，划眼时间降低 50%(图 9)。

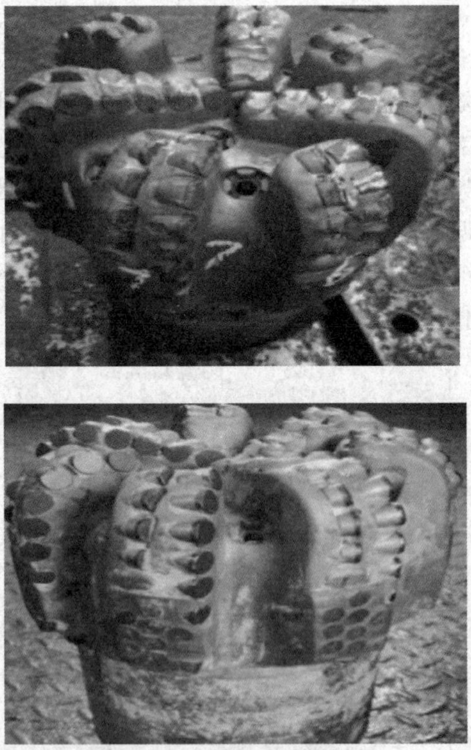

图 9　新型 PDC 钻头使用磨损图

2.3　底部钻具工艺优化措施

2.3.1　钻具磨损的解决措施

由于地层含砾较高、研磨性强等特点，螺杆扶正器磨损严重，影响井眼轨迹的控制。早期螺杆扶正器本体采用优质合金钢材料，耐磨带采用国际标准 HF4000，虽然该类型扶正器在国内外得到了广泛的应用，但对于长北项目这种研磨性极强的地层使用效果并不理想。为了解决耐磨带问题积极于螺杆厂家沟通，通过分析不同耐磨带的优缺点，最终定制了以聚晶金刚石复合片为耐磨带的专用扶正器(图 10)。

图 10　新型耐磨带螺杆扶正器图

目前该标准化定制的螺杆已规模应用于现场，实用效果良好。由于抗耐磨性是螺杆提供有效增斜率和定向效率的关键，延长螺杆井下使用寿命，从而实现减少钻井周期的目的(图 11)。

图 11　新型耐磨带螺杆扶正器出井图

2.3.2　划眼器工具的合理使用

长北水平井具有斜度大、水平段长的特点，区块存在泥岩、碳泥、煤层等不稳定层，使得井眼清洁难度高，井下钻具摩阻扭矩高，造成起下钻难度大且耗时长。另外伴随着钻井深度、水平段长度的增加且不规则，摩阻扭矩加剧，钻压传递有限，导致破岩效率低，机械钻速不高。

针对以上问题开展了划眼器工具的研究和优化，设计出了和钻杆扶正器同尺寸的带有金刚石复合片的划眼器，并进行实验室模拟，能够很好的支持扭矩降低的设想(图 12)。

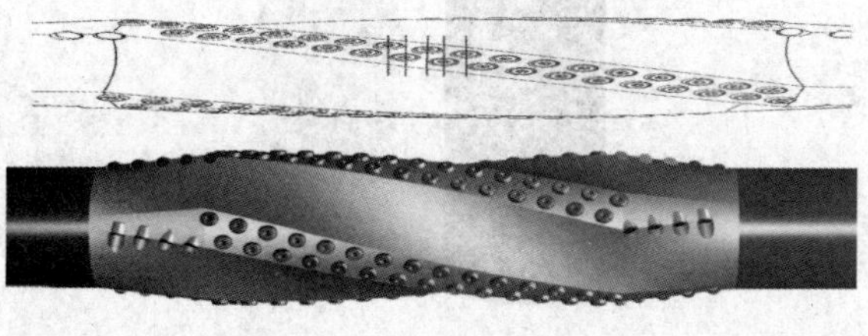

图 12　划眼器示意图

该划眼器在 CBXX 水平段(4700~4936 米)，下钻利用划眼器对井壁进行修整，同时对所钻新井眼进行二次修整，确保所钻井眼光滑。起钻过程顺利，泥岩段未发生遇阻。更换新钻具组合到底，发现钻井扭矩从 40kN · m 降低到 35kN · m，井眼光滑度提高，为最终该分支钻达水平段长度 1931 米奠定基础(图 13)。

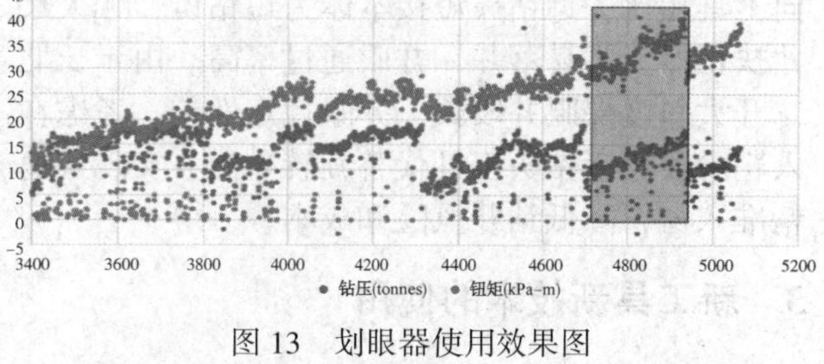

图 13　划眼器使用效果图

2.4　井眼轨迹控制措施

由于长北后期所布水平井为加密井和边界

井，储层非均质性和地质的不确定性高，井眼轨迹调整频繁，轨迹控制难度大。CBxx 井储层厚度较薄，泥岩夹层发育明显，在第一条分支钻井过程中，累计调整轨迹计划(窗口)14 次，钻遇泥岩长度 439 米，钻井效率低，无效进尺长。

针对目前储层地质条件，轨迹控制方面的挑战，可采用近钻头地质导向工具，由于该工具距离钻头仅 1 米左右，能及时反馈井下岩性变化，可快速调整井眼轨迹，减少无效进尺，提高砂岩钻遇率(图 14、图 15)。

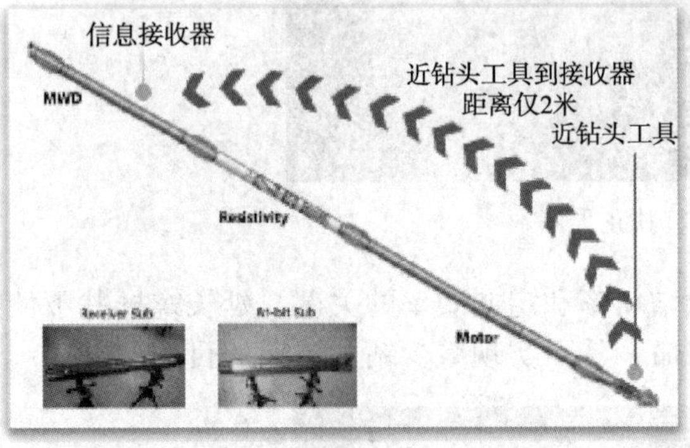

图 14　近钻工具串示意图

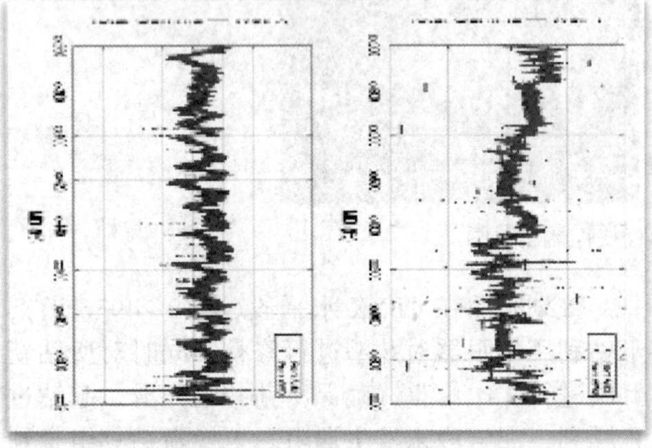

图 15　近钻头测量数据与 MWD 数据相符

近钻头工具已经广泛应用于钻井现场，取得很好的使用效果。近钻头短接与旋转(地质)导向工具相比，近钻头短接本体为短钻铤，无大尺寸扶正器，不易落井，井眼通过率高。由于长北二开大斜度裸眼井段长，井眼稳定性差，考虑在入靶阶段用近钻头工具代替旋转导向，实现快速精准入窗，降低钻井风险和成本。

3　新工具新技术的使用

伴随着石油行业的发展，深井、超深井、超长水平井等高难度井的设计越来越常见，常规钻井工具无法满足技术要求，各种不同类型的提速工具陆续面世，其中利用率较高的提速工具有水利振荡器和扭力冲击器。

3.1　水力振荡器的使用

水力振荡器主要通过自身产生的纵向振动，减少底部钻具与井眼之间的摩阻，有效提高钻压传递。梳理振荡器可在各种钻进模式中使用，在定向钻进中能改善钻压的传递，减少钻具组合脱压和粘卡风险。

水力振荡器在钻进过程中能平稳的传递钻压，不需要频繁调整工具面，有效提高机械钻速。CBXX 井由于储层衰竭严重，定向过程频繁脱压，存在较大的压差卡钻的风险，通过使用水力振荡器，脱压状况有较大改善(图 16)。

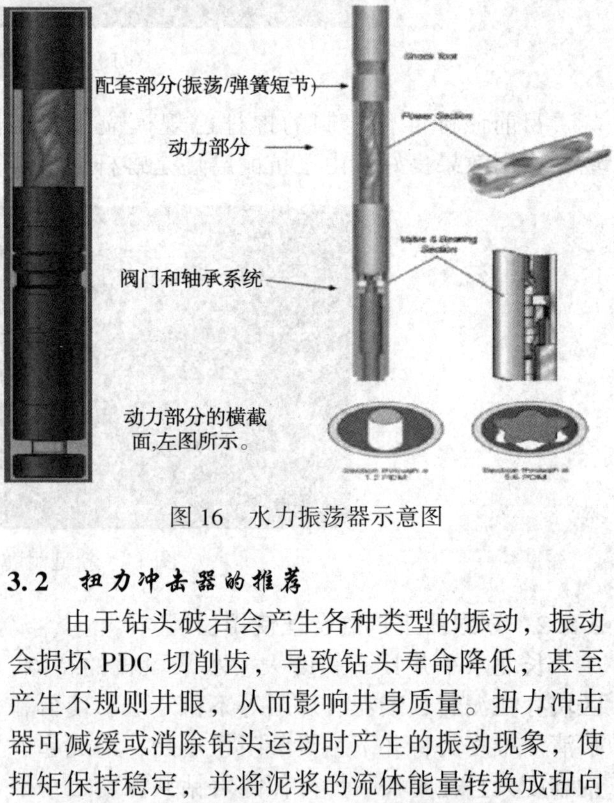

图 16　水力振荡器示意图

3.2　扭力冲击器的推荐

由于钻头破岩会产生各种类型的振动，振动会损坏 PDC 切削齿，导致钻头寿命降低，甚至产生不规则井眼，从而影响井身质量。扭力冲击器可减缓或消除钻头运动时产生的振动现象，使扭矩保持稳定，并将泥浆的流体能量转换成扭向的、高频的、均匀稳定的机械冲击能量直接传递给 PDC 钻头，使钻头始终保持连续高效破岩。

图 17　扭力冲击器示意图

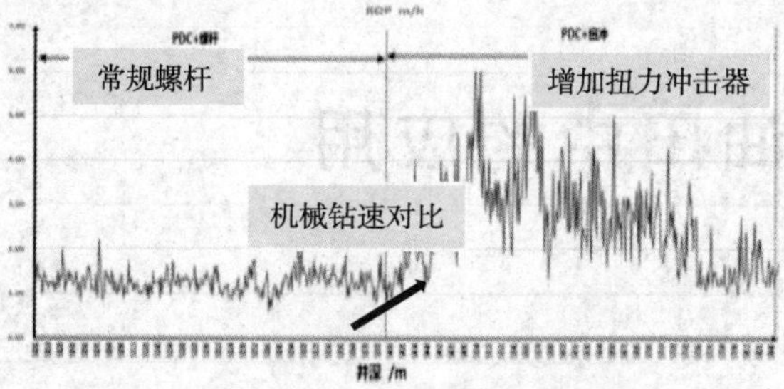

图 18　扭力冲击器示提速案例

3.3　新型智能化旋转导向工具的使用

长北目前所钻加密水平井，钻井空间局限，存在较大的绕障和碰撞风险，轨迹控制难度大。特别是 CBxx 井场处于区块边界，与相邻项目的井口距离只有几百米，由于临井均为压裂井，井下条件更加复杂，碰撞风险极高。通过采用新型旋转导向工具，通过实时、高效、精确计算并及时反馈安全系数，以便快速调整井眼轨迹。该井实施过程轨迹控制良好，无碰撞事故发生，并顺利完成双分支水平井任务。

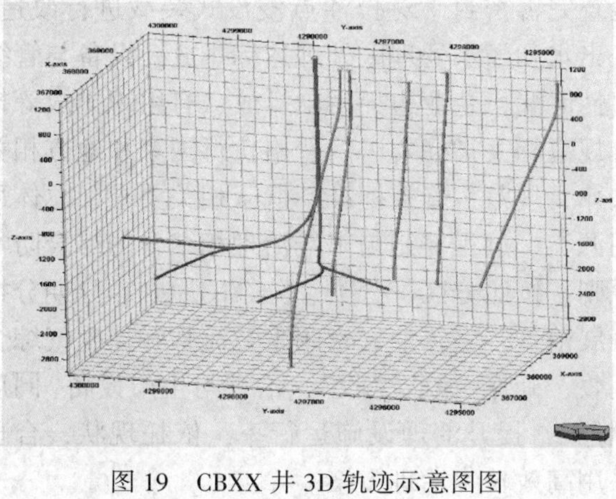

图 19　CBXX 井 3D 轨迹示意图图

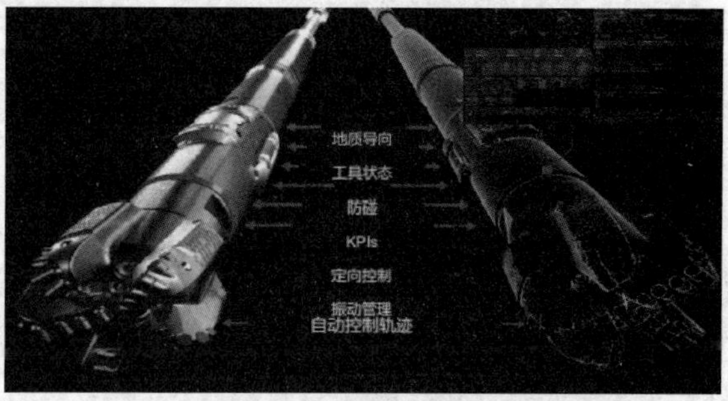

图 20　新型智能化旋转导向工具

4　结论

（1）长北双分支水平井钻井面临的挑战包括井漏和井壁稳定性问题、钻具磨损严重、钻头选型和井眼轨迹控制困难等，大大制约着钻井提速的实现。通过长期的研究实践，形成了一系列应对措施。

（2）伴随着钻井行业的发展，新技术新工具的出现，新型智能地质旋转导向、近钻头测量工具、水力振荡器、扭力冲击器等工具的成熟应用，为钻井提速、高质量建井提供有力支撑。

VOCs治理技术在油田中的应用

李　松　赵启辰　雷　梅　罗　兰　孙　诚　关　华

（中国石油长庆油田第二采油厂）

摘　要　本文通过对油田各系统VOCs排放源的统计分析，并通过对比相关制度标准、排放要求，找出VOCs排放超标点位。针对油田的开发现状及环保要求，确定了在油田的开-采-输-存各阶段的VOCs治理技术，对各类技术优缺点的对比，提出降低排放的有效措施，为油田的VOCs管理提供几点认识和建议。

关键词　VOCs；密闭；冷凝；吸附

1　前言

生态环境保护是功在当代，利在千秋的事业。当前，我国面临细颗粒物（PM2.5）污染形势依然严峻和臭氧（O_3）污染日益凸显的双重压力。挥发性有机物（VOCs）是当前大气污染控制的关键指标，也是“十四五”大气治理的重中之重。环保部2021年1月1日起正式颁布实施《陆上石油天然气开采工业大气污染物排放标准》。中国石油集团股份公司深入学习贯彻习近平生态文明思想，持续推进绿色矿山建设。明确要进一步加强VOCs污染防治，补齐短板，确保全面对标完成VOCs治理任务。长庆油田高度重视，制定了绿色低碳战略，计划对重大环境隐患问题分年分期治理。

通过对油田原油开采及集输各工艺流程进行排查，梳理出VOCs排放源主要有，储罐类挥发损失，静止损耗和工作损耗、采出水处理过程的逸散、生产场所动静密封点泄漏、原油装卸挥发损失、燃烧烟气排放、取样过程排放、逸散、站场开停工及维检修过程中由于泄压和吹扫产生、井场两池等排放等。油田VOCs主要以$C_2 \sim C_6$烷烃物质，占比达93%以上，具有排放集中、浓度高、组分复杂的特点。

本文通过对VOCs的排放源进行分析，掌握油田生产过程中的排放点位，并有针对性的制定VOCs治理措施，以探寻合理的生产工艺，为进行下步治理措施提供理论性依据，提高油田环保发展及经济效益。结合油田现有地面集输工艺，根据油田VOCs排放浓度与特点，借鉴石化企业等VOCs治理经验，对照油田生产实际，初步计划按照分类、分区、分策治理的原则制定治理措施，有序组织VOCs治理。通过完善从井场到联合站的密闭集油、密闭输油、密闭脱水、密闭输气，分场站分功能进行储罐治理，事故罐不作储存功能，对储存类储罐，按照固定顶罐改浮顶罐或大罐抽气结合油气处理技术，浮顶罐采取定期检查完善密封。对拉油点浸没式装载进行改造；采出水和污水处理区处理达标排放。设备与管线组件泄漏、企业边界污染排放、有组织排放等执行规范相关指标要求。严格执行国家和地方相关法律、规范，管控标准不低于相关要求，总体采用源头、过程控制与末端治理相结合的综合防治原则，按照分区、分类、分策的原则，分期分批开展治理，完善油气密闭工艺流程和伴生气综合回收，确保“应收尽收”，治理与生产设备“同启同停”，提升治理设施运行率，依托现状，合理采用高效技术治理方案。

2　VOCs排放分类及分析

目前油田一是对地面集输系统采用管输密闭工艺；二是通过原稳建设，原油稳定率提升至90%以上，伴生气综合利用率达到95%，可以回收90%以上的油气。剩余的地面集输系统检修、事故放空，属于短时间放空，放空量较小，回收利用难度大。根据规范管输密闭工艺要求，结合现场实际，需要对已建系统密闭流程、储油罐和拉油点进行治理。

2.1　联合站（脱水站）

1）集输工艺：三相脱水+密闭输油，此类型流程为联合站、脱水站密闭流程。

站场设施排放源主要有：污油回收装置污油

通过排气孔泄放，沉降罐油品呼吸孔挥发，净化罐油品呼吸孔挥发，外输泵检修或泵排污污油，加热炉油气燃烧不充分，伴生气分液器油气超压泄放，三相分离器超压泄放，管件阀门密封不严泄漏。工艺流程为整体流程管输密闭，站外放空泄放有组织排放为主。

通过上述排放源分析：

(1) 正常平稳运行下，整个工艺采用密闭集输，站内基本不存在排放源。

(2) 非正常工况运行时，站内的排放源主要来自装置和设备的超压泄放，主要排放源位于站外放散管。

(3) 事故工况时，站内的排放源主要来自事故油罐的呼吸口排放和设备的超压泄放，属于偶然大量泄放，主要泄放源位于事故油箱和站外放散管。

(4) 站内检修、吹扫作业时，排放源主要来自设备的本身泄压操作、油罐的呼吸口和站外放空管泄放，属于短时间大量泄放。

(5) 站内取样时，为偶然微量泄放，主要位于总机关、外输泵进出等取样口。

结论：正常工况下，站内集输部分密闭管输满足规范要求。非正常工况和检修时，储罐和站外放空不达标排放。

2) 水处理工艺：现阶段采用“气浮+过滤”采出水处理系统工艺，此类型流程为目前大部分站场采出水处理常用流程。采出水处理系统设施排放源主要有：沉降除油罐、缓冲水罐、净化水罐、气浮罐、过滤罐通气管挥发，污油回收装置油气通过排气孔泄放，污水污泥池(干化池)敞开液面挥发，管件阀门密封不严或检修时泄漏。主要特点为，受限于集输系统来水含油含量、温度及流量，主要为水处理过程中除油过程中油气挥发，除污水污泥池(干化池)外，整体流程密闭，管道输送，有组织排放为主。

2.2 井场–增压站–接转站

(1) 井场：采用套气定压回收装置实现密闭集输，主要排放源为套气放空。

(2) 增压装置：随着无人值守和伴生气综合利用的开展，增压装置实现密闭输送工艺，主要排放源为事故油箱、污油回收装置设备呼吸排放，缓冲罐、伴生气分液器超压泄放，站场放空排放，内检修作业排放。

(3) 接转站：油田内已建接转站目前采用密闭工艺输送含水油。站场设施排放源主要有，事故罐油品呼吸孔挥发，外输泵检修或泵排污污油，伴生气分液器油气超压泄放或正常泄放，缓冲罐油气超压泄放或正常泄放。工艺流程：密闭流程，检修、事故泄放。

通过上述泄漏源分析：

(1) 正常平稳运行下，整个工艺采用密闭集输，站内基本不存在排放源。

(2) 非正常工况运行时，站内的排放源主要来自装置和设备的超压泄放，属于偶然少量泄放，主要泄放源位于站外放散管。

(3) 事故工况时，站内的排放源主要来自事故油箱的呼吸口排放和设备的超压泄放，属于偶然大量泄放，主要泄放源位于事故油箱和站外放散管。

(4) 站内检修、吹扫作业时，排放源主要来自设备的本身泄压操作、事故油箱的呼吸口和站外放空管泄放，属于偶然较大量泄放。

(5) 站内取样时，为偶然较小量泄放，主要位于总机关等取样口。

结论：正常工况下，站内集输部分密闭管输满足规范要求。非正常工况和检修时，储罐和站外放空不达标排放。

2.3 拉油点和卸油台

由于地处偏远且液量较少，拉油点和卸油台目前正常运行为开式流程。正常生产运行和检修期间均存在泄漏源，但量相对较少。排放特点：间歇排放，瞬时浓度较高。站场设施泄放源主要有，储油罐排气口挥发；泵检修或泵排污污油；污油回收装置排气口泄放；卸油箱、油罐车排气口泄放。工艺流程：开式流程，排气口排放。

通过上述泄漏源分析：目前已建标准化流程满足要求，非正常工况、拉油点装车方式和卸油台超标储罐需要治理。

2.4 输油站

上游站点来油经原油稳定后，进入站内储罐，通过增压计量后输往下游站点，最终进入各大炼厂。站场设施泄放源主要有，储油罐油品呼吸孔挥发；外输泵检修或泵排污污油；收发球装置收发球作业。工艺流程：密闭流程，检修作业。结论：正常工况下，输油首末站500方以上储罐需采取治理措施。中间热泵站密闭管输满足规范要求。

3　VOCs 治理技术对策

根据油田目前的现状，依据规范要求，针对排放治理主要从以下三个方面开展：

3.1　完善地面工艺流程密闭：从井场到联合站

按照油田现有布站模式，对照成熟的工艺流程，实现从井场到联合站的密闭集油、密闭输油、密闭脱水、密闭输气。

联合站/脱水站：油气水三相分离+缓冲罐外输密闭输油；储罐改浮顶/依托原稳轻烃回收

增压装置/接转站：采用缓冲罐+外输密闭工艺

井组/井场：井组泵输油以完善缓冲罐+外输泵模式

井组拉油：满足归属条件，采用小型油气混输装置(带缓冲罐)密闭输送

井场伴生气回收：套气回收装置

1）联合站改造

联合站、脱水站按脱水工艺可分为三相脱水和大罐脱水，按输油工艺可分为密闭输油和开式输油。

(1) 三相脱水+沉降罐脱水，开式/密闭输油。既可以密闭输油，同时具有大罐脱水备用流程，此类站点今后按密闭流程输送，满足要求。

(2) 三相脱水+密闭输油，站场闭流程输送，满足要求。

(3) 三相脱水+开式输油，改造内容：新增外输缓冲罐；将站内的沉降罐流程改为备用事故流程，正常采用缓冲罐密闭输送流程。

(4) 大罐脱水+开式输油，改造内容：新增三相分离器、外输缓冲罐；将站内的沉降罐流程改为备用事故流程，正常采用缓冲罐密闭输送流程。

2）接转站改造

改造内容：新增外输缓冲罐、完善无泄漏污油回收装置、将站内的缓冲罐改为事故罐。

3）井组密闭输送改造

目前，部分井场采用的混输泵橇无缓冲装置，采用敞口储油箱不密闭，进行改造，增加来油缓冲罐，确保运行平稳。同时，对满足集输要求的拉油井组优化采用混输泵橇密闭输送。

改造内容：新增来油缓冲罐，同步配套站内管网改造及附属设施。

4）井场密闭改造

为实现伴生气密闭输送，回收井场套气，根据实际情况对其进行完善补充。

改造内容：新增套气定压阀配套附属设施。

3.2　输油处固定顶罐治理

根据规范要求，需要对原油储罐进行改造或者采取烃蒸气回收等其他有效措施，结合密闭输送工艺和成熟的处理技术，提出以下三种方案。

1）固定顶罐改浮顶罐。内浮顶储罐具有内浮盘随液面上下浮动，可以有效降低挥发损耗，密封部件可以避免外部环境影响，但后期附件更换维护不方便。外浮顶储罐则具有浮盘随液面上下浮动，采用二次密封，可以有效降低挥发损耗，易于大型化，维护相对方便等特点。从现场施工和后期维护方便考虑，内浮顶罐作业需要从人孔进入罐内施工、维护，外浮顶可以从外部作业维护，相对方便，投资相对较低，推荐采用外浮顶罐改造。

2）冷凝+吸附。储罐 VOCs 治理的主要是把呼出排放的挥发气收集起来，进行集中处理。将站内罐区多个储罐罐顶呼出排放口，用气相管路密闭联通，并汇集到一起，然后在气相管路汇集的末端进行治理。结合油田现有原稳轻烃建设情况，可以采用新建大罐抽气装置+利用已建轻烃处理装置。工艺流程：对罐区的来气进行收集，通过抽气机橇将气体输送至轻烃厂，污油输送站内污油箱，进行集中处理。对于无原稳轻烃建设情况，可以采用如下 VOCs 末端治理技措施。活性炭变压吸附-吸收工艺系统，一般用于较高浓度 VOCs 回收(入口浓度均值>100g/m^3)。具有广泛使用的油气回收工艺、大量长时间成功运行的案例，能够满足较严苛的排放标准要求，工艺简单、设备维护简便，常温、常压或负压操作，装机功率低、运行能耗低。但是回收产品的计量需要高精度仪表；需要吸收剂；部分 VOCs 仅能达到克级(g/m^3)排放，无法达到毫克级(mg/m^3)排放。膜分离工艺系统具有维护维修简单，单体分离效率高等优点，但分离膜价格昂贵，全套系统高压工作，能耗高，提供吸收剂，需加压，易产生高温热，存在安全隐患，间断工况需设缓冲气柜，部分 VOCs 仅能达到克级(g/m^3)排放，无法达到毫克级(mg/m^3)排放。催化氧化 CO 工艺系统，一般用于低浓度 VOCs 回收(入口浓度峰值<5g/m^3)。能够降低有机废气 VOCs 的起燃温度，加速化学反应速度，极大缩短反应时间，能够处理浓度范围广、成分复杂的有机气体，基本不会造成二次污染，能够达到毫克级

(mg/m^3)排放。但催化剂易于受 S、Cl、Si 等物质的毒害而失活，或受重金属作用而中毒，催化剂超温失活而烧结，价格昂贵，CO 安装位置需要考虑安全距离，空间需求较大。蓄热氧化 RTO 工艺系统，一般用于低浓度 VOCs 回收(入口浓度峰值<5g/m^3)，燃料消耗少或不消耗额外燃料，热量有效回收，能够处理浓度范围广成分复杂的有机气体，基本不会造成二次污染，反应温度低，能大量减少 Nox，能够达到毫克级(mg/m^3)排放。但不宜直接处理含胶质的 VOCs，易堵塞蓄热体，需要预处理。RTO 安装位置需要考虑安全距离，安全距离较大。

根据对比，由于销毁技术受高温、场地和处理效率等限制，在油气场所存在一定的安全隐患，不推荐使用；回收技术中的吸收技术容易产生废水二次污染，故建议油田末端采用吸附+冷凝进行回收处理。

3）其他等效措施

固定顶罐油气挥发呼吸抑制系统，系统分地面橇装设备和罐顶压力检测部分两部分，地面橇装设备上设置负压罐和压力储气罐以及气体压缩机和控制系统。当检测到大罐内部压力低时，调节负压罐中的压力高于大罐，气体可通过负压罐返回至储罐。如果油气不够，可通入天然气进行补充。另外设备设有氧气保护设备，实时检测储罐挥发油气中的氧气含量，当氧量超标时，自动切换放空，保证设备以及下游装置的安全。工艺流程：通过 PLC 程序 PID 自动控制调节压力罐至负压罐的气体流量，当大罐内部压力高时，调节负压罐中的压力低于大罐，大罐中的挥发油气自然流入负压罐，负压罐中气体通过压缩及压缩至压力罐存储，当压力罐中的气体达到设定的管网压力后开启电磁阀将挥发挥发气体排放至站内集气管网。以此到达油气挥发抑制，同时储罐呼吸阀不动作，过量的油气均接入天然气管网，实现油气回收再利用。

输油处原油均为稳定后原油，建议采用浮顶罐改造，一是规范首先推荐，其次浮顶罐运行维护简单，改造费用相对较低，年运行费用最低，三是从安全考虑，目前罐区气体收集常设有氮封装置，油田实施较难，因此，推荐方案 1。

3.3 装卸车治理

1）拉油点治理

将现有的拉油点装车软管全部改造成液下装车鹤管。装车鹤管是由多个旋转接头、弹簧缸平衡装置等组成，可实现一组管道在三维空间完成指定运动。整个鹤管采用同心套管式结构，结构紧凑，操作方便。

2）卸油台改造

已建卸油台：根据规范，卸油台涉及>100m^3储罐治理，但由于卸油台作业挥发气量小，回收难度大。将大于 100m^3缓储罐改为事故罐，不作为正常流程功能，考虑卸油台进站对站内平稳影响较大，在卸油箱旁边设置缓冲功能卸油箱，满足正常生产。新建卸油台：将 100m^3储罐优化为 70m^3。

4 认识和建议

（1）目前，油区各场站 VOCs 基础数据如装置设施的排放浓度、组分数据等缺乏系统性检测，文章中数据尚不足以代表油田全部情况，存在一定的偏差，有待于进一步开展工作。

（2）对行业标准未明确的小型站点是否执行《挥发性有机物无组织排放控制标准》，该规范的要求和范围涉及油田所有站点，要求进行全密闭回收处理，油田实施难度大，需要就管控项目、排放标准再细化研究。

（3）建立长效的油田企业的 VOCs 管控体系，制定优先控制污染源项和措施，对大型场站和城镇周边的场站增加固定源检测设施。

（4）形成适用油田的核算标准，目前核算方法主要参照石化企业标准，由于石油开采与石化工艺流程、设备、物料存在较大差异，按照石化行业排放系数计算会导致油田排放量与实际差异较大，有必要开展相关研究与调查，建立油田企业排放系数及核算方法。

参考文献

[1] 陈少奇 . VOCs 处理技术研究[J]. 山东工业技术，2019，291(13)：23.

[2] 李家强 .. VOCs 控制与油气回收技术综述[J]. 专家论坛，2015，(4)：244.

[3] 朱胜杰、邹兵等 . 外浮顶原油储罐 VOCs 排放核算参数对排放量的影响[J]. 试验研究，2016，(16)：4.

[4] 冯正敢、姚丽，等 . 挥发性有机物(VOCs)治理措施现状与发展趋势[J]. 绿色科技 . 2019，(1)：2.

[5] 余倩、邓欣，等 . 活性炭吸附技术对 VOCs 净化处理的研究进展[J]. 材料研究与应用，2010，(12)：4.

双相钢 S22053 焊接技术的探究

赵　龙　鲁克莹　李　秋　勾冬梅　谭文双

（中油管道机械制造有限责任公司）

摘　要　随着油气田勘探开发向着更深的地层发展，油气中的腐蚀性介质含量越来越高，且开采压力随着开采深度的提高也随之升高。因此，高压力油气站内管线及站场设备一般采用双相不锈钢材料，既能耐高压，又有优越的耐蚀性能，我公司在油气储运设备的制造过程中对双相不锈钢 S22503 的焊接性能及焊接工艺参数进行了探索与应用，本文将进行简要说明。

关键词　双相钢 S22053；组织；焊接工艺参数；焊接工艺评定

1　双相钢 S22053 简介

传统的奥氏体不锈钢在晶间腐蚀、应力腐蚀、点腐蚀和缝隙腐蚀等局部腐蚀方面的抗力不足，尤其是应力腐蚀引起的断裂，危害性极大。

双相不锈钢 S22053，其材料牌号为 022Cr23Ni5Mo3N，通过控制合金元素比例和热处理工艺使其固溶组织中奥氏体与铁素体各约占 50%，抗拉强度达到 450MPa、良好的低温冲击韧性以及良好的整体和局部的抗应力腐蚀能力。由于两项组织的特点，通过正确控制化学成分和热处理工艺，使双相不锈钢兼有铁素体不锈钢和奥氏体不锈钢的优点，其将奥氏体不锈钢所具有的优良韧性和焊接性与铁素体不锈钢所具有的较高强度和耐氯化物应力腐蚀性能结合在一起，使其性能与不锈钢与碳素钢相比较为优越（图 1、图2）。

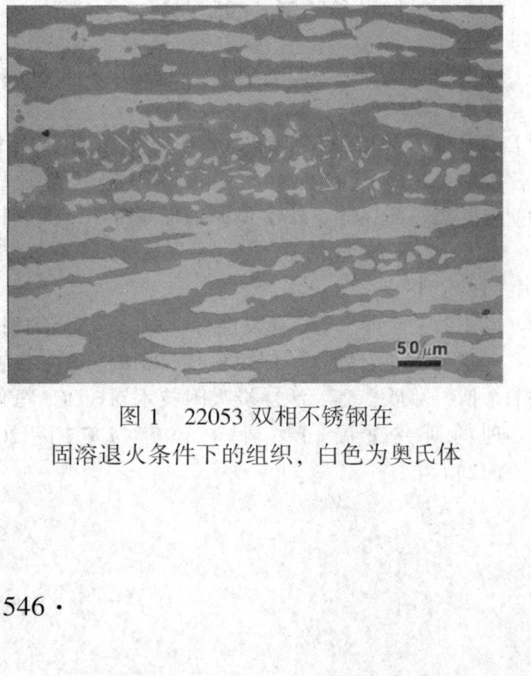

图 1　22053 双相不锈钢在固溶退火条件下的组织，白色为奥氏体

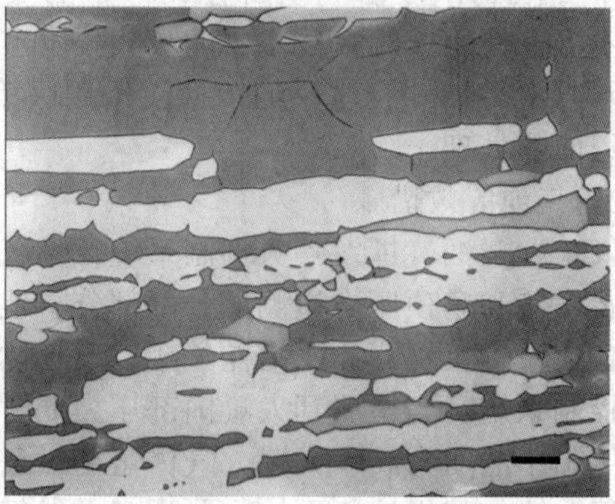

图 2　在 1200℃退火的 22053 溶液中着色的铁素体

双相不锈钢 S22053 由于其金相组织的特殊性，加工的难点就在于焊接工程中焊接接头是否仍能获得与母材相同或相近的两项组织，也是保证焊接接头是否具有与母材同样性能的关键所在，而焊接过程中焊接接头极易出现 δ 相脆化、氢脆和氢致裂纹、应力腐蚀开裂以及点蚀等问题。

2　双相钢 S22503 焊接性能分析

2.1　双相钢力学性能及影响因素

双相钢力学性能的影响因素主要有化学成分、晶粒度以及相比例等。

双相钢的屈服强度一般为奥氏体不锈钢的 2~3 倍，主要在于氮元素的强化作用。钢的抗腐蚀性能指数 PREN 值（抗点蚀当量 PREN = Cr%+3. 3Mo%+16N%）主要是由 Cr、Mo 和 Ni 元素含量决定的，其决定钢的抗点蚀和缝隙腐蚀能力，而双相钢 S22053 的 PREN 值在标准中约为 34。

双相钢的晶粒度主要影响其屈服强度和冲击韧性。细小的晶粒使钢材具有较高的屈服强度和韧性，而晶粒尺寸增加会相应的引起脆性转变温度的升高，当晶粒尺寸由 2μm 增至 25μm 时，其脆性转变温度从约-130℃上升至-45℃，因而降低其冲击韧性。

2.2 双相钢及接头的耐腐蚀性能

双相钢不仅具有良好的力学性能，而且其耐点蚀、耐应力腐蚀、耐疲劳腐蚀性能也十分优越。其接头也有很好的耐点蚀和耐氯化物应力腐蚀开裂性能，晶间腐蚀性能也不低于母材。

抗点蚀当量 PREN 的公式描述了合金元素对其的影响。但是公式中没有考虑组织的不均与和析出相的影响，因而选择合适的固溶温度才能使双相钢达到最佳的耐点蚀性能。

双相钢的屈服强度高，因此产生的应力腐蚀开裂(SSC)的临界应力值也高，在中性氯化物介质中，不锈钢多以点蚀为 SSC 的裂源，而双相钢的成分和组织特点使点蚀不易形成，因此抗 SSC 能力很强。

疲劳腐蚀是由于腐蚀和循环应力的联合作用引起的腐蚀形态。当循环应力较小而介质腐蚀性能较强时，腐蚀疲劳来源于表面的非金属夹杂上，这又是产生局部腐蚀的地方，而双相钢既具备很高的抗局部腐蚀能力，又有很高的强度，因而其抗疲劳腐蚀性能也很强。

2.3 双相钢的焊接性能

双相钢具有良好的焊接性能，合理的选择焊接材料，保证熔覆

金属的化学成分与母材相近，焊接时控制焊接热输入，可保证焊接接头的耐蚀性能不会明显降低；采用较小的焊接电流、多层多道焊接，控制焊接热输入，获得的焊接接头的力学性能与母材相近；控制道间温度，焊接前无需预热，焊接接头可以不进行焊后热处理而保证物理和化学性能。

3 双相钢 S22503 的焊接方案 .

3.1 焊接方法的选择

双相不锈钢的焊接性能良好，焊接方法较多，一般有等离子弧焊、埋弧焊、手工电弧焊和钨极氩弧焊等(表 1)。

等离子弧焊：弧柱温度高，能量密度大，对工件加热集中，熔透能力强。在同样熔深下，其焊接速度比氩弧焊高，并且焊接熔池形状和尺寸受弧长波动影响小，容易获得均匀的焊缝，因此等离子弧焊适合焊接双相不锈钢，但我公司没有等离子弧焊设备。

埋弧焊：生产效率高，焊缝质量高，没有弧光辐射等优势，但此项目绝缘接头筒节直径小，厚度薄，不适合采用埋弧焊。

钨极氩弧焊：焊接质量优良，焊缝美观，广泛用于打底焊缝及薄壁管道的焊接。此项目筒节直径小，无法进行双面焊接，因此选择氩弧焊进行打底焊接。

手工电弧焊：最常用的焊接工艺方法，其特点通用性好、灵活方便，并可实现全位置焊接，缺点是生产效率不高。但此项目筒节直径小，厚度薄，可以进行转动焊接，适合采用灵活的手工电弧焊。

表 1 焊接方法分析对比

焊接方法	优点	缺点	本项目特点	与项目适用性	是否采用
等离子弧焊	弧柱温度高，能量密度大，熔透能力强	热输入大，韧性不高	筒节直径小，厚度薄，可转动焊接，焊接填充量小，对低温韧性要求高。	不适用	否
埋弧焊	生产效率高，焊缝质量高，适合厚板焊接	不适于薄板焊接		不适用	否
手工电弧焊	灵活方便，并可实现全位置焊接	生产效率低		适用填充焊	是
钨极氩弧焊	焊接质量优良，焊缝美观，能保证单面焊双面成形	焊接速度慢		适用打底焊	是

3.2 焊材的选择

S22053 双相不锈钢焊接接头的力学性能要求为，抗拉强度≥690MPa，-20℃冲击功≥100J。根据化学成分和力学性能的匹配，选择了氩弧焊丝 H022Cr22Ni9Mo3N 和焊条 E2209-15。但由于冲击韧性要求极高，需对不同厂家焊材进行调研，以保证焊缝冲击韧性的要求(表 2)。

表 2　焊接材料对比

焊材厂家	H022Cr22Ni9Mo3N 力学性能		是否采用	E2209-15 力学性能		是否采用
	抗拉强度/MPa	冲击值-20℃/J		抗拉强度 MPa	冲击值-20℃/J	
四川大西洋	740	未做过冲击	否	785	未做过冲击	否
天津金桥	762	未做过冲击	否	750	未做过冲击	否
北京金威	795	-40℃冲击值 80J，-20℃未做过	是	835	-40℃冲击值 40J，-20℃未做过	否
哈尔滨威尔	835	未做过冲击	否	760	-40℃冲击值 70J，-20℃未做过	是

通过对各焊材厂家的焊丝和焊条的调研、对比，氩弧焊丝选择了北京金威不锈钢焊丝 H022Cr22Ni9Mo3N，焊条选择了哈尔滨威尔不锈钢焊条 E2209-15。

3.3　焊接工艺参数的确定

为了确保双相不锈钢优良的综合性能，保持铁素体与奥氏体均衡的比例是非常重要的，然而，由于大多数焊接热循环中的快速冷却速度，焊接过程中这个相平衡并不稳定，这是由于焊接金属中铁素体含量远超过 50%，为了恢复相平衡，焊丝中除了多含有 2%～4%的镍含量以外，还要控制焊接热输入，后者控制冷却速度，以及由此产生的基于扩散的铁素体-奥氏体转换程度。因此，在双相不锈钢焊接过程中，线能量是最重要的参数，对保证适当比例的铁素体含量，进而保证焊接接头的力学性能和耐蚀性能起到关键作用。有文献表明与焊后冷却速度密切相关的是焊接热输入，采用的线能量过低，工件冷却速度过快，焊缝及热影响区会产生过多的铁素体组织，从而降低焊接接头的腐蚀抗力和韧性；线能量过高，工件的冷却速度过慢，焊缝及热影响区可能析出金属间相，同时，晶粒也会长大，同样会降低焊接接头的耐蚀性和韧性。在实践中，在 1200～800℃范围内的冷却时间(奥氏体形成温度范围)，推荐值为 4～15s。基于此，一般焊接双相不锈钢的线能量应控制在 0.5～2.0kJ/mm 为宜，最高层间温度不能超过 150℃(图 3)。

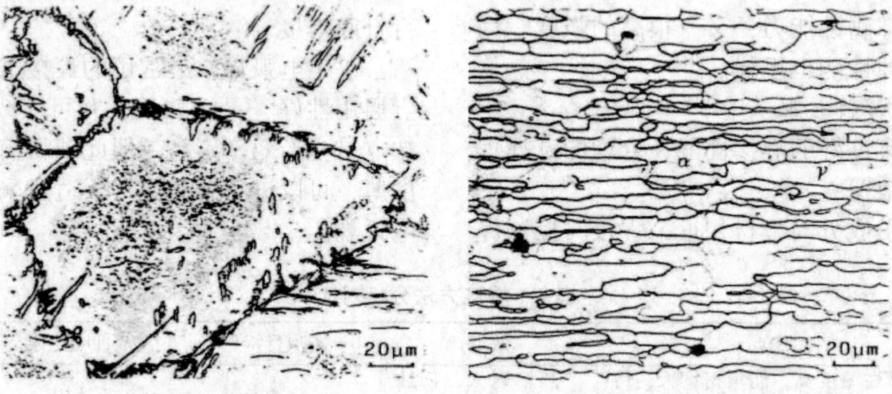

(a)焊接金属组织结构　　(b)母材组织结构

图 3　化学成分对焊接金属组织结构的影响

制定焊接工艺评定的过程中确定了焊接工艺参数如表 3 所示。

表 3　焊接方法分析对比

层数	焊接方法	焊材	规格	电流/A	电压/V	速度/(cm/min)	线能量/(kJ/cm)	气体流量/(L/min)
点焊	GTAW	H022Cr22Ni9Mo3N	ϕ2.0	90～110	14～16	8～12	6.3～13.2	10～12
打底焊	GTAW	H022Cr22Ni9Mo3N	ϕ2.0	130～145	14～16	8～12	9.1～17.4	10～12
填充焊	SMAW	E2209-15	ϕ3.2	100～130	24～26	12～15	9.6～16.9	/
盖面焊	SMAW	E2209-15	ϕ4.0	130～150	24～26	12～15	13.5～19.5	/

4　焊接工艺评定的制作

按已定方案的焊接方法、焊接材料、焊接工艺参数为本次双相不锈钢焊接制定了焊接工艺评定，并制备了焊接试板，对焊接试板进行无损检测后全部合格(表 4)。

表 4　焊接工艺评定无损检测

焊接工艺评定	评 2021-16	评 2021-17	结果
焊接试件			合格
无损检测	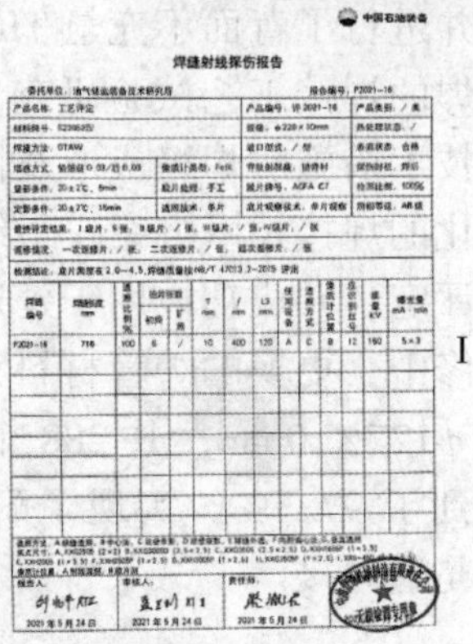 焊缝射线探伤报告 Ⅰ级片，无缺陷 Ⅰ级片,无缺陷	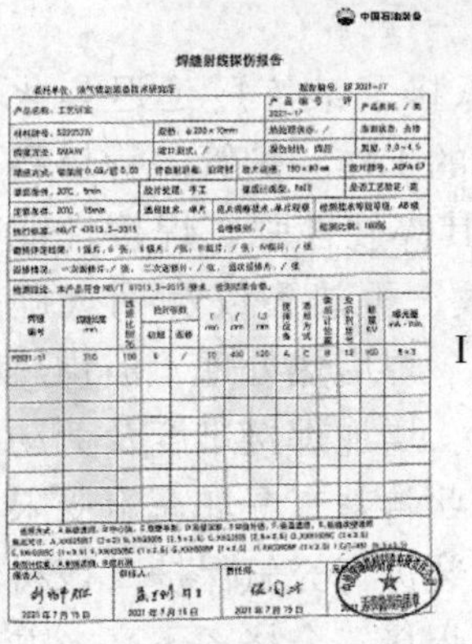 焊缝射线探伤报告 Ⅰ级片，无缺陷 Ⅰ级片,无缺陷	合格

5　结论

双相钢 S22053 继承了奥氏体不锈钢和铁素体碳钢的优点，其焊接性能良好，在做足了充分准备的前提下，焊接问题并不是特别复杂，我们结合实际操作经验，总结如下：

双相钢 S22053 焊材的正确选用是得到合适相比例的关键，通过对比分析，优选氩弧焊丝 H022Cr22Ni9Mo3N 和焊条 E2209-15。

严格的执行焊接工艺参数，线能量不能过高也不能过低，过高的线能量会导致焊缝冷却速度变慢，影响焊缝冲击韧性；过低的线能量导致焊缝冷却速度变快，无法充分析出奥氏体达到相平衡。

尽量采用多层多道焊接，能够提高铁素体向奥氏体转变的效率，得到良好的焊缝组织，从而获得良好的使用性能。

参 考 文 献

[1] 曹红霞 . 2205 双相不锈钢管 TIG 和 MMA 焊接接头组织与性能研究[D]. 哈尔滨：哈尔滨工业大学，2016.

[2] 李健，王玉山 . 不同焊接工艺对双相钢(SAF2205)金相组织的影响[J]. 压力容器，2016(02)：7-11+31.

[3] 陈祝年 . 焊接工程师手册[M]. 北京：机械工业出版社，2002.

P9管线背面免充氩焊丝的工艺应用

文　成　罗晓军　宋满堂　童爱群

（中国石油兰州石化公司）

摘　要　文中采用TGF90S-G免充氩焊丝进行了焊接工艺性试验，研究了免充氩焊丝在焊接过程中的背部成型、背部脱渣和焊接一次合格率，分析各焊接工艺参数、技术措施对焊缝成形及性能的影响，制定了最优化的焊接技术方案，最终形成了合格的焊接工艺评定，并成功应用于某炼厂延迟焦化装置4台P9材质加热炉炉管的焊接，高效优质的完成了该装置加热炉炉管的更换工作。

关键词　A335 P9炉管；背面免充氩焊接；焊接一次合格率

1　前言

2021年初，我公司承接了某炼厂延迟焦化装置4台加热炉炉管更换的工作，炉管炉管材料为ASTM A335 P9，由于其淬硬性强、焊接性能差、焊接时易产生冷裂纹、再热裂纹和回火脆性，要求焊前预热、后热、焊后热处理，但预热后充氩导致降低预热效果，增加焊接难度及劳动强度，加大成本，甚至有些特殊工况如充氩受限制的封闭管道无法使用工装进行充氩保护。该材质以往所采用的充氩焊丝焊接，合格率不高，尤其在炉管安装时由于管线较长或固定口焊接，背面充氩比较困难，需采用必要的工装进行充氩，但保护效果较差，焊接效率低且焊接一次合格率较低仅60%~70%。

由于检修工期紧，为高效优质完成炉管更换工作，经过前期调研，我公司对少数焊材厂家近年开发的耐热钢根焊背面免充氩焊丝进行了对比试验，并进行了背面不充氩TIG焊单面焊双面成型打底焊的焊接工艺试验研究，分析各焊接工艺参数、技术措施对焊缝成形及性能的影响，制定了最优化的焊接技术方案，最终形成了合格的焊接工艺评定，并成功应用于延迟焦化装置4台加热炉检修中，更换的炉管材料为ASTM A335 P9、规格为ϕ127×10mm，共288个焊口焊接一次合格率达到了97.3%，实现了耐热钢管道根焊的背面免充氩焊接。

2　背面免充氩焊丝工艺性试验

2.1　P9材料焊接特性

此次更换的炉管材料为ASTM A335 P9，规格为ϕ127×10mm，化学成分详见表1，抗拉强度及延伸率详见表2。

表1　ASTM A335 P9化学成分(质量分数)　　%

C	Mn	Si	S	P	Cr	Ni	Cu	Mo
0.12	0.5	0.48	0.007	0.011	8.08	0.06	0.68	1.06

表2　ASTM A335 P9抗拉强度及延伸率

钢号	规格/mm	抗拉强度 Rm/MPa	延伸率 A/%
A335 P9	ϕ127×10	525	21

从表1中可以看出P9材料主要合金成分为Cr、Mo，由于钢中碳和合金元素的共同作用，在焊接时极易形成淬硬组织，焊接性能差，焊接时易产生冷裂纹、再热裂纹和回火脆性。

2.2　免充氩焊丝选用

P9合金含量已近10%(表1)，氩弧焊打底时焊缝背面如氩气保护不充分即会产生焊缝根部氧化，产生气孔、未熔合等缺陷，导致焊接一次合格率很低，需经过多次返修才能符合要求，延长了时间，检修时导致工期紧张。因此，我公司开展中高合金耐热钢背面免充氩焊接技术研究。经过多方交流了解国内外中高合金耐热钢免充氩焊丝现状，通过对国内生产免充氩焊丝仅有的焊材厂(昆山京群和北京金威)进行工艺性对比试验，其背部成形及脱渣效果见图 1、图 2。

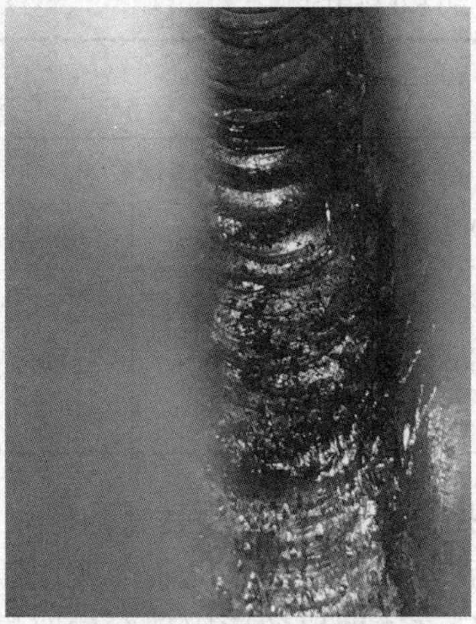

图 1 昆山京群焊丝打底

从上图中可以看出，北京金威的免充氩焊丝焊缝质量更高、背面成型好、背面焊渣易脱落，且焊接操作性更强，焊接过程稳定。因此，最终选用北京金威规格为 ϕ2.5mm 的 TGF90S-G 背面免充氩焊丝进行焊接工艺性能试验。TGF90S-G 焊丝化学成分及力学性能详见表 3，抗拉强度及延伸率详见表 4。

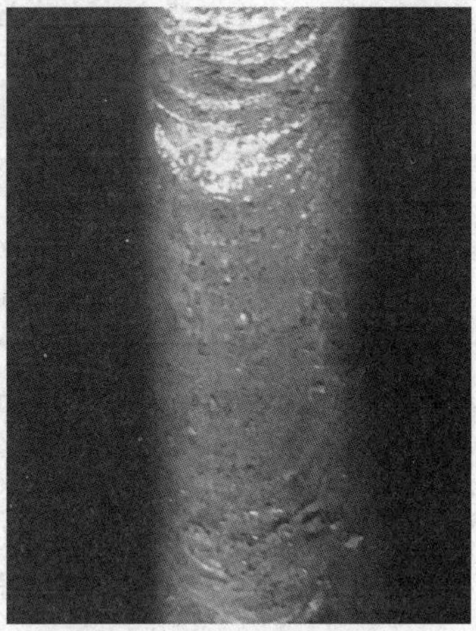

图 2 北京金威焊丝打底

表 3 TGF90S-G 焊丝化学成分(质量分数) %

熔敷金属	C	Mn	Si	S	P	Cr	Ni	Cu	Mo	V
规范值	≤0.08	≤1.2	0.15~0.50	≤0.010	≤0.010	8.0~10.5	≤0.8	≤0.2	0.85~1.2	0.85~1.2
供应值	0.07	0.97	0.16	0.003	0.006	8.94	0.67	0.02	0.90	0.17

表 4 焊材熔敷金属抗拉强度及延伸率

钢号	规格	抗拉强度 Rm/MPa	延伸率 A%
TGF90S-G	ϕ2.5	755	25

从上表中可以看出所选用的焊材合金含量更高，能够补充焊接冶金过程的合金烧损，且熔敷金属的抗拉强度值、延伸率高于母材，焊接熔池结晶后的新材质的机械机性能也由焊材的机械性能补足其损失部分。

2.3 焊接工艺试验

选用熊谷 WS5-400 型焊机，采用直流正接，坡口角度取 65°，钝边取 0.5~1.0mm，间隙取 3~4mm，免充氩焊丝选用 TGF90S-G，经多次试验，焊接工艺参数制定见表 5，按照此工艺进行了焊接工艺试验，打底焊缝正面见图 3。

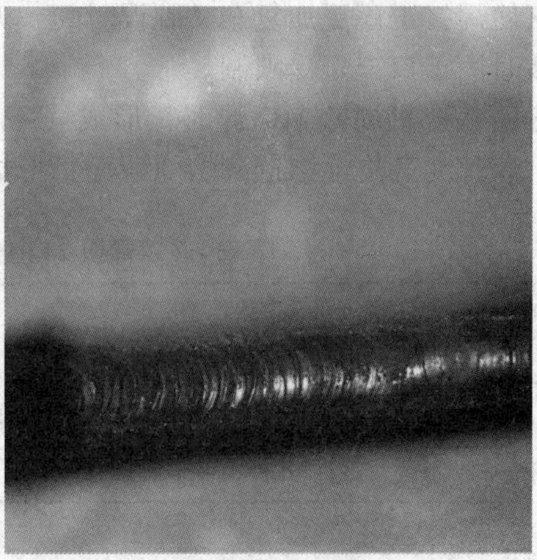

图 3 打底焊缝正面

焊前预热温度为 200~250℃，按照表 5 工艺进行焊接，焊后立即进行温度为 300~350℃，时间为 30min 的后热处理，焊接 24h 后，经 RT 100%检测合格，采用升温 55~200℃/h，保温温度 740~780℃，保温时间为 2h，降温 55~260℃/h 的热处理工艺进行热处理。

2.4 试验结果及分析

根据标准 NB/T47014—2011《承压设备焊接工艺评定》切取焊接接头力学性能试样。每个焊接接头取 2 个拉伸试样、4 个弯曲试样和 6 个充击试样(焊缝及热影响区各 3 个)，试验结果见表 6。

表5　背面免充氩焊丝工艺参数

焊接方法	焊接材料	焊接电流/A	焊接电压/V	焊接速度/(cm·min^{-1})	线能量/(kJ/cm)
FCAW	TGF90S-G	100~115	11~13	3.0~5.0	22.4

表6　试件力学性能

工艺评定编号	抗拉强度 Rm/MPa	布氏硬度			弯曲试验 (d=4a，a=180°)	充击试验 AkV/J	
		母材	焊缝	热影响区		焊缝(0℃)	热影响区(0℃)
PE2021004	485　525	105 119 112	111 107 115	88 90 92	侧弯4件，合格	56　48　35	116　92　120

从表6试验结果分析，试件抗拉强度满足≥460MPa，硬度值满足HB≤241的要求，4件侧弯全部合格，焊缝和热影响区充击值满足≥31J的要求，力学性能良好，最终形成了合格的焊接工艺评定。

3　充氩TIG焊与免充氩TIG焊效果对比

采用充氩TIG焊时，炉管内需要足够浓度的氩气，在充氩过程中，因为充氩流速的影响会降低预热效果，从而导致氢气不能很好的逸出，增加冷裂纹出现的机率。随着炉管安装长度的增加，氩气浪费更大并且充氩浓度达不到要求，管内充氩使焊接工序更加复杂又耽误时间，尤其现场焊接时固定口充氩受限制。

背面免充氩焊丝TIG焊时，形成气-渣联合保护，焊丝的药皮会渗透到熔池背面，形成一层致密的保护膜，保护效果更好，使背面不受氧化，冷却后焊渣一般会自动脱落或用压缩空气方法极易清除，这种焊丝适用于全位置焊接，应用这种焊丝不仅可以提高生产效率，并且可以降低生产成本。如表7所示，以焊接20道炉管焊口进行对比。

从表7可以看出，相比于背面充氩实芯焊丝TIG焊，背面免充氩药芯焊丝TIG焊焊接效率提升了37.5%，氩气节约了60%。另外，背面充氩实芯焊丝TIG焊需要在预热达到温度后拆开电加热带开始充氩，在充氩准备阶段及氩气流动造成温度下降，预热效果将降低，造成后续焊接时易产生裂纹等缺陷。而背面免充氩是预热达到温度后即可进行焊接，使预热达到避免产生冷裂纹的效果。

表7　以焊接20道规格为ϕ127×10mm炉管焊口进行对比

对比内容	免充氩药芯焊丝TIG焊	实芯焊丝充氩TIG焊
充氩时间	焊口直接打底施焊，管道内无充氩时间，20道焊口打底累计约200分钟。	炉管充氩准备时间6分钟，20道焊口充氩准备用时120分钟，120道焊口打底累计约200分钟，焊接合计用时320分钟。
氩气用量	20道焊口打底用气1瓶	20道焊口打底用气1瓶，内部充氩保护用气1.5瓶，合计：2.5瓶。

4　背面免充氩丝的应用

基于背面免充氩焊丝的良好工艺性能、简便的施焊工艺和高效的焊接效率，我单位在承接的炼油运行三部延迟焦化装置4台P9材质加热炉炉管更换工作中，首次应用背面免充氩药芯焊丝TIG焊新技术及新焊接材料TGF90S-G进行炉管焊接。

打底焊是影响焊接一次合格率的关键，注意焊接时接头的方法，才能避免焊接缺陷的产生。打底焊时采用直线法焊接或稍加摆动，这样容易控制熔池或熔孔保证打底焊的顺利进行和打底焊的内部质量，钨极气体保护焊是明弧操作，熔池的可见度好，容易掌握熔池的变化，可以直接观察到电弧击穿的熔孔，能够控制熔孔的大小并且保持一致，见图4和图5。

焊接时，焊丝与焊枪夹角为90°~110°，一定要保持熔孔的大小一致，添加焊丝时送进要平稳、均匀，要添加到熔孔根部，仰焊时，采用内添加焊丝以保证已保证背面焊缝的凸起。按此操作方法对 6 名焊工进行了专业培训和考核工作，确保焊接一次合格率。

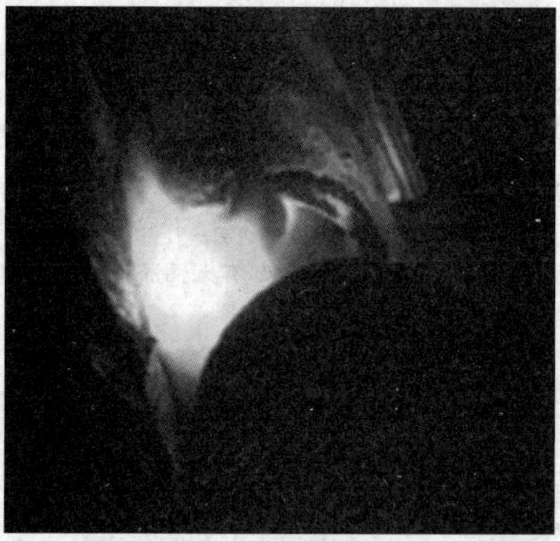
图 4　打底焊接送丝

图 5　打底焊缝外观

延迟焦化装置加热炉共 4 台，每台炉管单根长 23 米，每台 24 根。因现场场地狭小，为便于施工，同时缩短施工工期，将每台炉管分成 4 片预制，每片 6 根进行预制焊接，详见图 6 和图 7。

采用 TGF90S-G 进行背面免充氩打底焊接，对延迟焦化 4 台加热炉辐射室规格为 $\phi127 \times 10mm$ 炉管进行更换，7 月 14 日至 8 月 2 日完成了 4 组炉管合计 16 片的预制 268 道焊口焊接工作，8 月 3 日至 15 日完成现场安装 20 道口焊接工作，共 288 个焊口焊接一次合格率达到了 97.3%，较以往充氩焊接 60%～70%的合格率有了大幅提升，工期大幅缩短，从而高效优质的完

图 6　厂房预制

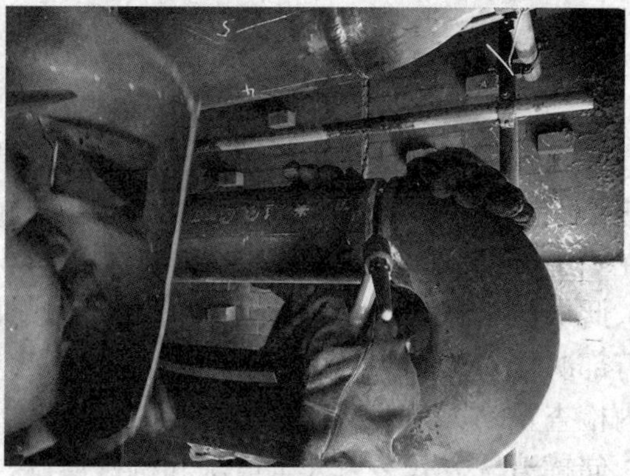
图 7　现场固定口焊接

成了炉管更换工作。

5　结论

（1）采用背面免充氩焊丝不仅可以简化焊接工艺措施、提高生产效率，并且可以降低生产成本，可以在更大的范围进行推广，特别适合于管道过长和背面不能进行充氩保护的管道连接接头焊接。既省去了充氩保护装置提高了功效，又节约了大量保护氩气，焊接效率高，焊接一次合格率高，技术可行，从根本上解决耐热钢焊口根部氧化问题，使得无条件充氩情况下焊接质量无保证的难题得到彻底解决。

（2）背面免充氩药芯焊丝 TIG 焊新技术，首次成功应用于 2021 年我公司延迟焦化装置 4 台加热炉检修中，ASTM A335 P9、$\phi127 \times 10mm$ 炉管、共 288 个焊口，焊接一次合格率达到了 97.3%，投运至今运行状况良好，实现了耐热钢管道根焊的背面免充氩焊接。

减压渣油罐机械清洗工艺优化

牟　炜　宋满堂　何世军

（中国石油兰州石化公司）

摘　要　本文通过对减压渣油储罐机械清洗效果不好的问题，提出有效的改进措施。经实践证明，与原工艺相比，该工艺油洗及水洗工期缩短39%，罐内废渣量减少97%，人员进罐施工作业时间降低93.7%，同时，该工艺在安全管理难度、罐内作业时间、环保压力及施工成本等方面都有大幅降低。

关键词　渣油储罐；机械清洗；工艺优化

1　前言

兰州石化公司炼油运行三部油品储运区域减压渣油储罐(G-573#)已正常运行6年，罐底部存在一定的淤积物，而淤积物会导致储罐容积减少，此次由于在运行过程中发现罐底存在泄漏，运行部决定对G-573#罐进行机械清洗，以满足罐内检查及动火条件。

储罐清洗方式多为人工清洗和机械清洗。人工清洗由于劳动强度大、作业风险高、施工周期长、固废量大、环保危害大、安全管控难度大等原因，已逐渐被机械清洗所取代，而机械清洗也因为其工艺不同，导致清洗效果有所不同。

2　储罐基本情况

2.1　减压渣油储罐基本情况

炼油运行三部油品储运区域减压渣油储罐为5000m^3 立式拱顶储罐，内有加热盘管(表1)。

2.2　减压渣油的主要性质(表2)

表1　储罐基本参数

容量/m^3	介质	直径/m	底面积	高度	罐内介质	形式
5000	减压渣油	23.64	440	15.143	减压渣油	立式拱顶

表2　减压渣油的主要性质

比重	黏度(100℃)/(mm^2/s)	凝固点/℃	胶质/%	沥青质/%	芳烃/%	饱和烃/%
0.945	90.56	37	31.9	7.5	44.6	16.0

3　机械清洗流程及设备简介

储罐机械清洗作业是利用喷射清洗机将清洗介质在一定温度、压力和流量下喷射到被清洗储罐的内表面和淤积物的表面，反复冲洗及循环处理一段时间后，罐内的淤积物即被清理干净。渣油罐清洗介质选用为轻质油和水。轻质油本次选用不合格柴油。

机械清洗系统由五部分组成，清洗回收设备、油罐清洗机组、惰性气体发生装置、油水分离箱和其他附属设施等组成。

清洗机利用压缩空气给气动马达提供动力，可水平0~360°旋转，垂直0~135°升降。清洗机出口压力最高可达0.8MPa，正常工作压力为0.5~0.7MPa(图1、图2)。

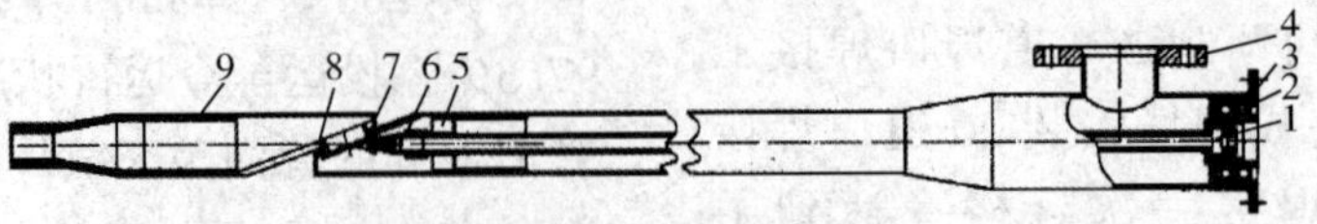

图1　清洗机喷射枪结构示意图

1—小轴；2—大轴；3—齿轮箱连接法兰；4—进口连接法兰；5—水平旋转驱动支架；6—小伞齿轮；7—大伞齿轮；8—肘动件；9—喷嘴

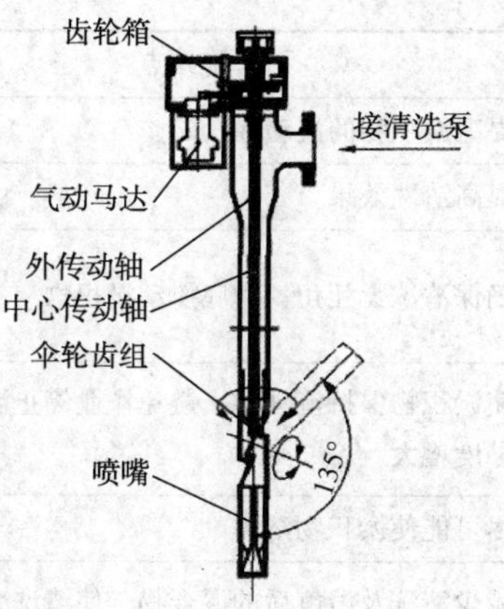

图 2　三维喷枪结构示意图

4　清洗存在问题分析及改进措施

4.1　清洗存在问题

2015 年对 G-573#罐进行机械清洗，效果不理想，主要问题如下：

（1）固废量大。清洗结束后，人工清渣约 86t，受限空间作业，工作效率低下。

（2）油水循环工序、人员进罐清渣时间长。油水循环时间为 18d，人员进罐清渣时间为 16d，且由于罐内固废多，人员进罐清理固废时间长，致使人员劳动强度大，安全管理风险增加，对罐内作业人员健康危害大。

（3）清洗效果不理想，环保压力大。机械清洗不彻底，罐底淤积物、障碍物死角等全靠人工清洗，且固废处理量大，给环保带来很大压力。

4.2　原因分析

建设公司清洗工程公司在今年 10 月下旬，按照运行三部要求，对 G-573#罐进行机械清洗，作业人员根据物料性质、储罐现场实际情况，对清洗工艺进行了优化。由于两次清洗均使用 XHQ-180III 清洗设备及 AM-76-VSR 清洗机，对设备进出场、管道连接、氮气注入等共同工序，不再进行赘述，仅从清洗工艺部分进行分析。

（1）未加入不合格柴油，仅利用清洗罐内减压渣油进行循环冲洗，未对罐内淤积物进行溶解，淤积物流动性差。

（2）油循环及水循环清洗介质温度为 50~55℃，清洗罐内清洗介质温度低，在清洗淤积物表面时，对表面的溶解作用不明显。

（3）由于未对罐体进行详细踏勘，依据常规方式，仅在罐顶透光孔、观察孔架设 3 台清洗机，清洗机喷射介质在淤积物上表面进行剥洋葱式的冲刷作业，逐层进行清理。同时，由于清洗机架设于罐顶，距离罐底 13m 左右，加之罐内盘管阻挡，对罐底淤积物清洗效果差。

4.3　清洗工艺改进措施

4.3.1　压油浸泡及油循环清洗

根据相似相溶原理，减压渣油罐的淤积物组分主要为胶质和沥青质，胶质是渣油中除沥青外最重且最复杂的组分。有研究表明，增加芳香烃的含量能够阻止沥青质的聚集。因此，在清洗时通过罐体工艺管道向清洗罐内压入不合格柴油，将罐内淤积物浸泡 3d。压油及回油循环清洗工作分别进行 2 次，以确保罐内淤积物充分溶解，提升清洗效果。

4.3.2　提高油洗及水洗介质温度

根据减压渣油胶质及沥青质含量高，减压渣油储存工艺指标为 80~150℃，清洗介质及清洗罐内淤积物温度高，流动性好[6]。在作业时提高油循环和水循环的介质温度。考虑到温度过高时油内混有的少量轻质组分会挥发出来，且依据设备使用要求，清洗设备机封使用温度不大于 75℃，经综合考虑，将罐内清洗介质温度范围设定为 60~65℃。且作业为 24 小时连续作业，确保罐内淤积物的温度保持相对稳定，避免淤积物温度降低后再进行加热，导致多次加热，工期延长。

4.3.3　优化清洗机布置

机械清洗机越是靠近淤积物，清洗效果越好。在罐顶架设 3 台清洗机的同时，根据清洗罐设备实际开孔情况，将罐底部脱水口管道 DN80 和距罐底 300mm 的预留口 DN150（罐体自带）连接至清洗设备，进行罐内底油及淤积物内循环，对罐底淤积物进行搅动，从底层解决问题。罐底部油循环按照清洗罐⇌脱水口⇌清洗设备⇌预留口⇌清洗罐顺序，正反方向循环 3d，清洗机进口压力为 0.5~0.6MPa。

5　清洗工艺改进及效果对比

5.1　清洗工艺改进对比（表 3）

表3　清洗工艺改进对比表

序号	机械清洗工艺	改进前	改进后	优缺点
1	清洗罐内油循环清洗介质温度	55~60℃	60~65℃	提高淤积物的流动性
2	清洗罐内水循环清洗介质温度	55~60℃	60~65℃	提高清洗效果
3	清洗机架设位置	罐顶3台	罐顶3台及罐底部水平位置2台	确保清洗无死角，彻底搅动淤积物
4	作业时间的连续性	仅白天作业	24小时连续作业	使淤积物保持流动性，避免作业停止温度下降淤积物黏度增大
5	不合格柴油浸泡	无	浸泡3天	尽可能使淤积物溶解
6	罐体工艺管道压油及回油	无	压油及回油2次	减少清洗及溶解后的混合物，使清洗介质尽可能与淤积物表面接触

5.2　清洗工艺改进效果对比（表4）

表4　清洗工艺改进效果对比表

序号	项目	改进前	改进后	改进效果
1	固废	86t	2.8t	↓97%
2	油洗及水洗作业时间	18d	11d	↓39%
3	人员进罐清理天数	16d	1d	↓93.7%

6　结论

（1）通过加入不合格柴油，加大罐底淤积物的溶解。

（2）通过对清洗罐内油洗介质温度和水洗介质温度的提高，提升清洗效果。并在运行部的大力支持下，储罐机械清洗工作采取24小时不间断作业，保证了罐内温度相对稳定，避免了淤积物黏度随温度发生较大变化。

（3）在储罐贴近罐底位置架设2台清洗机，进行封闭循环，最大限度的对淤积物进行搅动，加大了淤积物的流动性。

实践证明，结合现场实际，对机械清洗工艺进行改进，保证了施工在连续、安全、高效的情况下进行，缩短了清洗工期，提高清洗质量，减少固废处理量，达到了机械清洗的目的，为检修动火作业和后续生产运行争取更多的作业时间，为今后同类储罐机械清洗提供了可借鉴经验。

参考文献

［1］徐洪文，王松，汪峰，肖红江．液压机器人与高压水射流相结合的油罐清洗方法［J］．油气储运，2015，34(2)：223-228.

［2］侯小敏，汪燮卿．减压渣油及其四组分在接触剂上的裂化反应规律［J］．石油学报，2021，37(5)：1138-1144.

［3］王佳琪，王苛宇，吕园，田原宇．利用热解-气相色谱/质谱联用仪研究减压渣油及其胶质亚组分的热解规律［J］．石油炼制与化工，2019，50(7)：25-30.

［4］杨海宏，原英，孙凯，都伟浩．储罐机械清洗技术的应用及优点［J］．化工技术与开发，2016，45(2)：42-49.

［5］黄崇林，蔡业彬，何宏鹰．石油储罐机械清洗装置的国产化改造设计［J］．化工机械，2013，45(9)：528-530.

［6］王莹莹，王春生，杜秋影．机械清罐清洗效率影响因素的数值模拟［J］．石油机械，2017，45(9)：121-126.

［7］杜康，孙昱东，肖胜玉．胶质添加量对胜利减压渣油加氢过程的影响［J］．石油炼制与化工，2021，52(7)：29-33.

浇筑框架内反应器滑移法拆除及安装技术

宋满堂　王益铭　李晓明

（中国石油兰州石化公司）

摘　要　R-1A 反应器是烷基化装置的核心设备，因反应器已临近设计使用年限，在兰州石化公司烷基化装置系统检修工程中，需要拆除更换。由于反应器自重 56.2t，其所处位置上部被水泥框架覆盖，左右两边有管线及梯子平台将反应器夹在中间，无法使用大型吊车直接吊装到位，通过技术攻关使用滑移法，运用框架轨道、手拉式葫芦、50t 液压千斤顶及大型吊车配合成功进行拆除及安装。

关键词　框架轨道；液压千斤顶；手拉式葫芦；配合；吊装

烷基化 R-1A 反应器位于烷基化装置反应区框架一层东侧，西侧为备用反应器 R-1B 南北两侧为烷基化装置消防通道，安装顶标高 4m，吊装顶标高 5.5m，R-1A 反应器直径 Φ2400mm，总长 13200mm，总重 56.2t，壳体内部有总直径 Φ1600mm 换热管束一组，封头直径 Φ1740mm，管束长度 11800mm 重量 33t。

由于 R-1A 反应器所处空间位置狭小，特别是上部被水泥框架覆盖，所以大型吊车无法一次性吊装，必须使用用框架轨道、手拉式葫芦、100T 液压千斤顶等多种设备协调配合才能完成拆除与安装工作。其中最主要的框架轨道必须根据作业现场的空间位置及吊装反应器所需的承载力度，进行现场设计制作。根据 R-1A 反应器的重量及其所处的空间位置决定 R-1A 反应器的拆除安装程序为：管束的拆除、框架轨道设计制作、反应器壳体拆除、新反应器安装。

1　管束的拆除

反应器 R-1A 由壳体、管束、封头组成，设备所处位置如图 1 所示，根据反应器所处位置及管束重量，首先使用 100t 吊车配合将 R-1A 反应器南侧封头取下，在管束南侧焊接 250mm×250mm 吊耳，使用大型装载机进行抽离，在管束抽离壳体约 5000mm 时，使用 100t 吊车配合在管束上悬挂钢丝绳起吊以减轻装载机所承担的重量，在管束抽离壳体约 8000mm 时，在使用 50t 吊车管束上悬挂钢丝绳起吊进行溜尾作业，撤离大型装载机作业，由两台吊车配合完成管束抽离作业，将管束吊至拉运车辆上（图 2）。

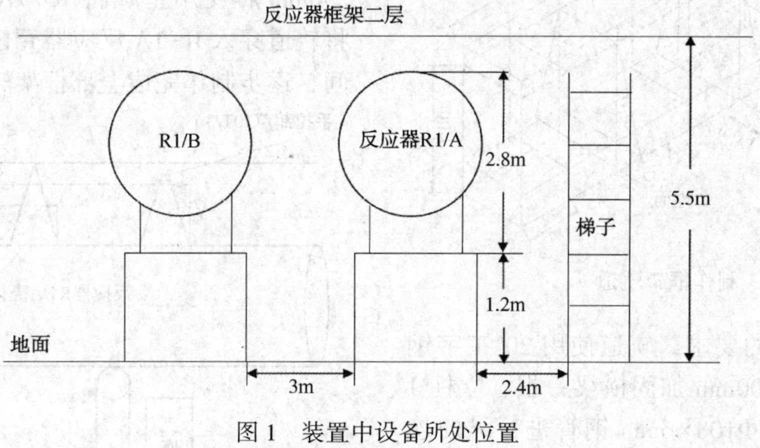

图 1　装置中设备所处位置

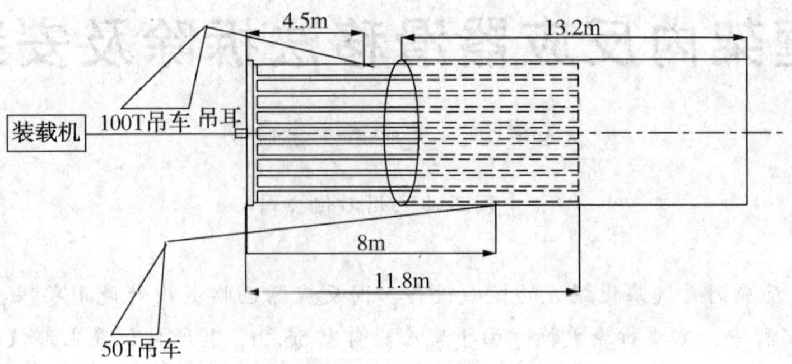

图 2　拆除吊点布置图

2　框架轨道设计制作

R-1A 反应器框架轨道需要满足的条件：足够的承载力、可以承载反应器 56.2t 的重量、足够的几何尺寸，保证新旧反应器拆除、安装，能够运用手拉式葫芦、液压千斤顶把反应器滑移到大型吊车可以进行吊装的位置，保证运行滑移方法时具有较小的摩擦面积。根据 GB50205—2021《钢结构工程施工质量验收标准》以及 R-1A 反应器几何尺寸，吊车吊装所需位置，在作业现场制运用 20# 工字钢、Φ108×6mm 钢管、20# 槽钢等材料制作 16000×1600×1400mm 轨道框架一座(图 3)。

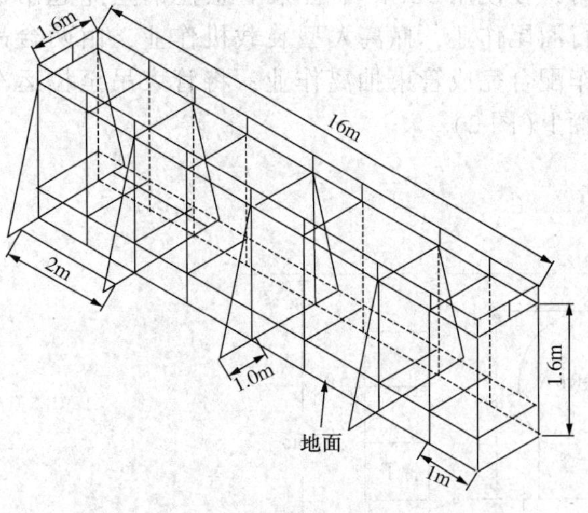

图 3　制作框架轨道

按照其承载力的要求，轨道使用 20# 工字钢制作，轨道下每 1000mm 加固横梁一根、立柱 1 副，立柱下方使用 Φ108×6mm 钢管进行纵向连接，在 9000mm、6000mm、3000mm、1000mm 处各加 45°斜撑一副，斜撑之间使用 20# 槽钢作横梁连接，在每支连接横梁上开 4 个 Φ24mm 孔，使用 Φ20mm 螺纹钢与地面连接，螺纹钢深入地面约 200mm，在轨道两侧每 500mm 均布 δ10mm 钢板制作的加强筋板。所有连接处均为满焊，轨道加长接口均为 45°连接，并配备加强肋板。

由于 R-1A 反应器安装在设备底座上，其设备底座高度为 1200mm，框架轨道高度为 1400mm，要在 R-1A 反应器下方制作框架轨道并将反应器安放在框架轨道上需将反应器壳体垂直提升 200mm 以上。

根据作业现场的实际情况，在反应器顶部水泥框架预埋有钢梁处，按反应器长度尺寸约 3000mm、6500mm、9500mm 处左右对称开 Φ50mm 孔 6 个，悬挂 10t 手拉式葫芦三个，在反应器上方形成 3 个吊点，在反应器下方约 3000mm、9500mm 两处使用 Φ530×14mm 钢管及 δ20mm 钢板制作临时支架，安放两台 50t 液压千斤顶，上下共形成 5 个作用点，将 R-1A 反应器壳体垂直提升约 230mm 后使用垫板将 R-1A 反应器壳体垫实。将轨道穿入 R-1A 反应器壳体下方与设备底座空间，逐步制作完成全部框架轨道(图 4)。

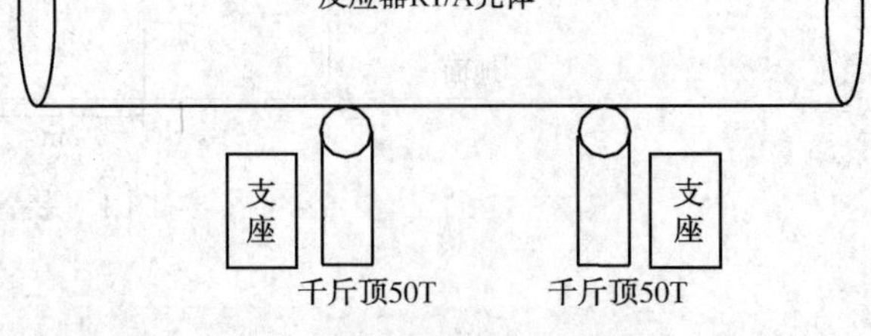

图 4　反应器顶升示意图

3　反应器壳体拆除

R-1A反应器壳体拆除，需将R-1A反应器壳体完全落在制作完成的框架轨道上。抽出R-1A反应器壳体下部垫铁，上下5个作用点同部配合使反应器壳体下降约30mm落在框架轨道上。在轨道上涂抹石墨粉以减少摩擦力，利用上方3个10t手拉式葫芦倾斜悬挂钢丝绳约1500mm，3个手拉式葫芦同时起吊，R-1A反应器壳体在轨道上逐渐向前滑动，等R-1A反应器壳体滑动完成钢丝绳倾斜悬挂部分，再次将钢丝绳倾斜悬挂，当R-1A反应器壳体向前滑动约5000mm时，利用200T吊车在R-1A反应器壳体头部悬挂钢丝绳起吊，在6500mm、9500mm处的两个手拉式葫芦继续倾斜悬挂钢丝绳起吊，促使R-1A反应器壳体继续滑动(图5)，在R-1A反应器壳体大部分滑移伸出反应器框架时，使用75t吊车接替9500mm处手拉式葫芦进行吊装溜尾，将R-1A反应器壳体放在地面。

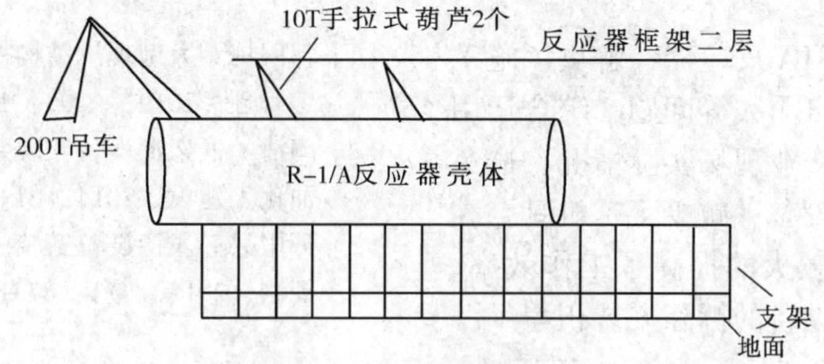

图5　壳体拆除过程

4　新反应器设备安装

新反应器由于不能分体安装，其总重56.2t给安装工作带来了较大的困难。在新反应器拉运到位后，首先使用200t吊车悬挂反应器头部，400t吊车悬挂反应器后部配合起吊，利用吊车起吊臂的转动将反应器前半部分吊装到轨道框架，在吊车吊装到最大程度，反应器前部约4000mm落在轨道上时，将反应器前部悬挂的200t吊车移除，后部继续使用400t吊车悬挂配合。

在反应器前部底座后约700mm处在左右两边的轨道上对称焊接用20#工字钢制作的底座，在底座前各水平安放50t液压千斤顶一台，利用液压千斤顶的水平推力推动反应器向前滑动(图6)，液压千斤顶的行程加上加长管的长度约1500mm，通过反复焊接千斤顶底座利用液压千斤顶推动反应器滑动，使反应器主体落在轨道上时去除反应器后部配合的400t吊车，继续运用液压千斤顶推动反应器达到预定的安装位置后，使用10t手拉式葫芦水平悬挂在反应器框架的立柱上，对反应器的左右位置进行调整，让反应器底座的预留螺栓孔和地面支座的预埋螺栓几何位置完全对应。

在反应器完全到达安装位置后，反应器落在下方的轨道框架上，而轨道框架高于反应器支座约200mm，此时利用反应器下方约3000mm、9500mm两处使用Φ530×14mm钢管及δ20mm钢板制作的临时支架，各安放一台50t液压千斤顶，千斤顶与反应器的接触面加δ10mm钢板制作的弧形垫板，将反应器向上顶起约200mm，利用反应器上方的3个吊点悬挂10t手拉式葫芦对反应器作临时定位。定位完成后破坏性的拆除反应器下方的框架轨道，拆除框架轨道后反应器上下5个受力点同时配合将反应器落座到地面支座上，通过垫铁找正后，拔紧地脚螺栓。

5　滑移法拆除及安装的特点

(1) 克服了作业现场空间狭小，无法直接吊装的困难，为今后烷基化装置检修设备更换拆除及安装积累了经验。

(2) 制作框架轨道，确保了承载力，新设备安装没有受到损伤。

(3) 合理使用液压千斤顶、手拉式葫芦等设备，部分替代了大型吊车的作用，可根据作业现场空间位置灵活进行设备拆除、安装。

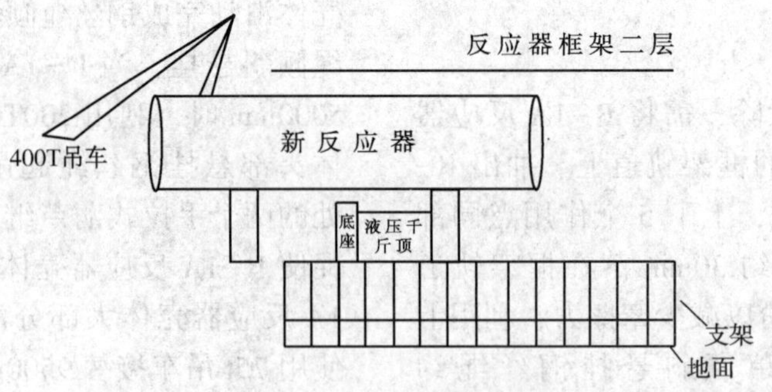

图6　安装过程示意图

6　结束语

运用滑移法拆除R-1A反应器，解决了施工几何空间狭窄，反应器自重大等问题，综合运用多种工机具配合，结合作业现场实际情况，避免拆除反应器周围框架、设备，减少了工机具、人员、工期的大量投入，较大的提高了工作效率。同时为复杂条件下大型设备的拆除安装积累了一定的经验。

参　考　文　献

[1] 韩国栋．大型现浇结构框架内设备安装方法[J]．化工管理，2019，(20)：134-135.

[2] 陶清．框架上设备安装条件中常见问题分析[J]．石油化工建设，2014，(1)：63-64.

[3] 孙中兵．浅谈设备安装中的垫铁安放[J]．全面腐蚀控制，2015，(7)：87-89.

模块化制造加热炉局部检修技术攻关

姚立栋　宋满堂　杨　宏

（中国石油兰州石化公司）

摘　要　兰州石化公司50000Nm³/h制氢装置转化炉对流排管蒸汽过热段炉管在运行过程中发生泄漏，我单位接到抢修施工任务，施工前对现场进行勘察，分析了此次炉管抢修施工的重点和难点，针对重点和难点问题，提出解决问题的措施，合理优化施工方案，按照既定方案组织施工，顺利完成炉管更换抢修任务。

关键词　转化炉；蒸汽过热段炉管；重点和难点；分析与对策

2020年3月，炼油厂50000Nm³/h制氢装置转化炉对流排管转化原料预热段(E120)与蒸汽过热段(E121)相邻部位发生蒸汽泄漏，蒸汽从北侧壁板底部往外渗漏，E121蒸汽出口温度过低，且压降增加，对比以往运行数据，判定是蒸汽过热段炉管发生泄漏。

2020年8月，蒸汽过热段北侧壁板底部蒸汽泄漏量增大，制氢装置被迫紧急停工抢修，装置的停工将影响厂区高压氢气管网量能，对加氢装置的平稳运行造成一定影响。制氢装置对流排管在该装置新建时为模块化预制、整体安装，此次抢修只对部分炉管进行更换且施工工期短，施工难度大大加大。通过对现场进行勘察发现，炉壁板吊装、炉管拆除安装等工作作业难度大，而且施工中不可避免有吊装、脚手架搭设、焊接、热处理和衬里等交叉作业。在施工前必须将所预想到的困难分析到位，并采取有效而可行的预防和施工措施，方能保证施工的顺利进行，确保此次抢修工作按期保质保量完成。

1　施工难点和重点分析

1.1　施工难点分析

装置转化原料预热段、对流排管蒸汽过热段和预转化原料预热段三段炉管在该装置新建时是先将炉管和集合管在胎具上组对焊接成一个整体的模块，然后对整个模块进行安装，如图1所示。

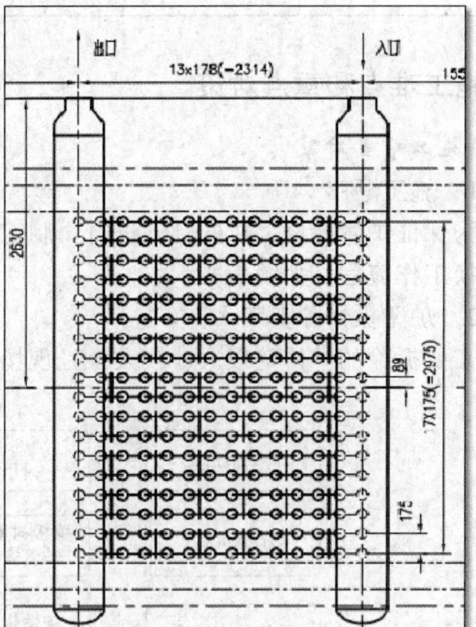

图1

此次泄漏的炉管为最北侧的三组，每组炉管长5619mm，宽2403mm，炉管长度和宽度都较大，炉管与炉壁板和炉底板间距离为100mm，每组炉管顶部和集合管焊接在一起，如果从顶部进行拆除和安装，施工工作量将大大增加，施工工期将难以保证。炉管拆除安装时难点较大，此为此次抢修难点之一。

由于炉管从顶部进行拆除安装难度较大，故只能从北侧进行施工，炉管拆除前必须要拆除北侧炉壁板(炉壁板拆除尺寸：2800×420×5719)和部分炉顶板，待新炉管更换完成后再恢复。炉子北侧为汽包框架且靠近炉壁板北侧中间部位有一条DN500的大直径管线，且有保温层。壁板拆除、安装时吊装作业难度大，此为此次抢修难点之二。

最北侧炉管与炉内壁板间距离为100mm，炉管更换完成后，炉管北侧炉壁衬里将无法恢复，此为此次抢修难度之三。

炉子顶部标高10732mm，底部标高5276mm，拆除安装过程中需要搭设脚手架，拆除、安装壁板及炉管要进行多次搭设和拆除，架手架搭设工作量大大增加，此为此次抢修难度之四。

1.2　施工重点分析

装置对流排管蒸汽过热段集合管材质T22，新炉管材质为12Cr1MoVG，化学成分如表1所示。两种材质的炉管都属于低合金耐热钢，此类钢的Cr含量较高，焊接时容易产生延迟裂纹，且在氩弧焊接打底时背部焊道容易氧化，造成焊接缺陷，焊接时整体充氩难度大。此次抢修主要是更换泄漏的部分炉管，炉管焊接质量的好坏将直接影响此次抢修工作，因此，炉管的焊接既是此次抢修的难点，更是抢修的重点工作。

表1　化学成分

材质	化学成分/%							
	C	Mn	Si	S	P	Cr	Mo	V
T22	0.12	0.45	0.28	0.003	0.009	2.23	1.02	/
12Cr1MoVG	0.11	0.49	0.27	0.003	0.01	1.03	0.29	0.16

2　施工难点和重点对策

2.1　施工难点对策

2.1.1　施工顺序

为保证炉管抢修工作的顺利进行，制定了炉管更换工作流程，如图2所示：

2.1.2　炉壁板拆除安装

需要拆除的炉体壁板尺寸较大，且现场空间狭小，拆除后的壁板无法整体从炉子北侧吊装出来。拆除前先将壁板从中间和底部位置断开，用碳弧气刨将需拆除的壁板从中间和底部分别切割出一条缝，然后从外侧把内部衬里拆除，壁板纵缝先从内侧将衬里拆除，然后用气割进行切割。从上到下分两段进行吊装拆除，每段重量约3.5t，尺寸为2800×420×2860，如图3所示。

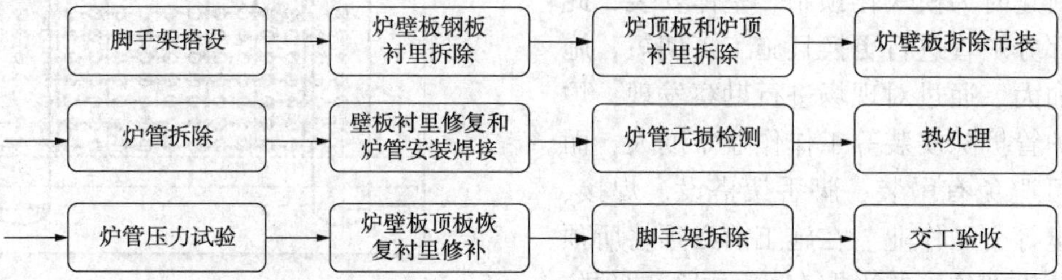

图2　施工顺序

图3　炉体壁板北侧分两段进行吊装拆除

安装时吊车吊钩上挂两个3t倒链，通过倒链作为过渡来吊装重物，这样有助于安装时能进行准确定位，保证安装质量，壁板安装时从下到上进行安装焊接。壁板安装过程如图4所示。

2.1.3　炉管拆除安装

2.1.3.1　炉管拆除

每两组炉管上部由一排吊挂固定在炉顶上，炉管底部固定在一块板上防止炉管摆动，拆除时先拆除炉管顶部吊挂，和最外侧一排炉管的固定板，再拆除最外侧一排炉管。以此类推从外向内拆除第二排和第三排炉管。

图4　安装时吊钩上挂两个3吨倒链进行准确定位

2.1.3.2　炉管安装

每组炉管供货时为整体结构，炉管长5619mm，宽2403mm，安装时对每组炉管进行整体吊装就位。安装时吊车吊钩上挂两个3吨倒链，通过倒链作为过渡来吊装重物，这样有助于安装时能进行准确定位，保证安装质量。

2.1.4　炉壁板衬里恢复

炉壁衬里在炉管安装完成后无法施工，为保证炉壁衬里施工的顺利进行和衬里施工质量，在壁板回装前，在地面把衬里施工完毕，只留两处横缝位置衬里，待壁板安装后进行修补。为保证衬里修补的顺利进行，在下段壁板的上下端焊接两块挡板，壁板恢复后从炉子外侧就能进行衬里修复，解决衬里无法施工的困难。挡板安装详见图5所示。

图5　壁板恢复前在下段壁板的上下端焊接两块衬里挡板

2.1.5　脚手架搭拆

脚手架搭拆贯穿于炉管抢修全过程，影响着每步施工的顺利进行，因此搭设一个即安全稳固又便于搭拆的脚手架非常重要。首先在需要拆除的炉壁板两侧各搭设一个独立井字架，两个架子中间炉底板以下连接在一起，保证整个架子稳定性，炉底板以上分两段把架子连接到一起。在施工过程中，可以分段对架子进行拆除搭设，架子的稳定性都非常良好，保证了各项施工的顺利进行。脚手架搭设如图6所示。

图6　施工过程脚手架的搭设

2.2　施工重点对策

针对炉管焊后容易产生延迟裂纹，且在氩弧焊接打底时背部焊道容易氧化，造成焊接缺陷，在焊接施工中对焊前准备、焊前预热、焊接工艺参数、背部充氩保护、焊后后热等进行严格控制。

2.2.1　焊前准备

（1）在炉管上部搭设一个防风棚，确保焊接施工不受风力影响。

（2）对施焊坡口100mm范围内铁锈、污垢等进行彻底清理，并保证坡口干爽。

（3）用水溶纸和紫铜管制作冲氩用的辅助用具，炉管组对前提前将折叠好的三角形锥斗分别塞入炉管和集合管，上下分别距离焊缝约200mm左右，如图7所示。为加强密封效果，可分别放置2个水溶纸锥斗。炉管内锥斗大口朝上，集合管内锥斗大口朝下，在放入集合管内的水溶纸锥斗尖部剪开10mm左右的孔洞，方便保护区域空气的逸出。

2.2.2　焊前预热

焊接前，对坡口两侧100mm范围进行加热，加热温度不低于200℃，用红外线测温枪进行测量，做好记录。

2.2.3　焊接工艺参数

为保证焊接施工质量，焊接时采用氩弧焊，严格按照焊接工艺参数进行焊接，焊接工艺参数见表2。

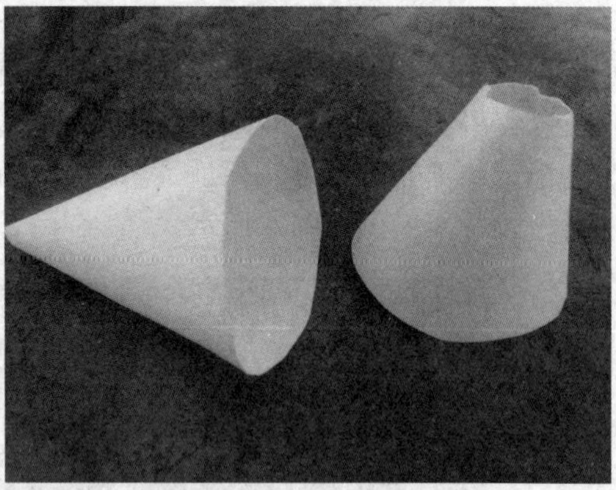

图7　充氩前管口内粘贴水溶纸锥斗

表2　焊接工艺参数

焊接位置	焊接方法	母材材质	焊接材料	电流 I/A	电压 V/V	焊接速度/(cm/min)
环缝	GTAW	T22+12Cr1MoVG	ER55-B2-MnV	90~115	9~12	5~7

2.2.4　充氩保护

在氩弧焊接打底时背部焊道容易氧化，造成焊接缺陷，焊接时将"鸭嘴式管外充氩器"插入坡口间隙，用纸胶带粘贴坡口进行封堵，开启氩气流量为10~12L/min即可，2~3分钟后内部充氩浓度满足要求后即可正常焊接。打底收弧快结束时留20mm长度的空隙继续充氩，抽出"鸭嘴式管外充氩器"快速将20mm长度的空隙焊接完成，此时内部氩气浓度满足背部保护要求，不会造成金属氧化。鸭嘴式管外充氩器和充氩保护见图8。

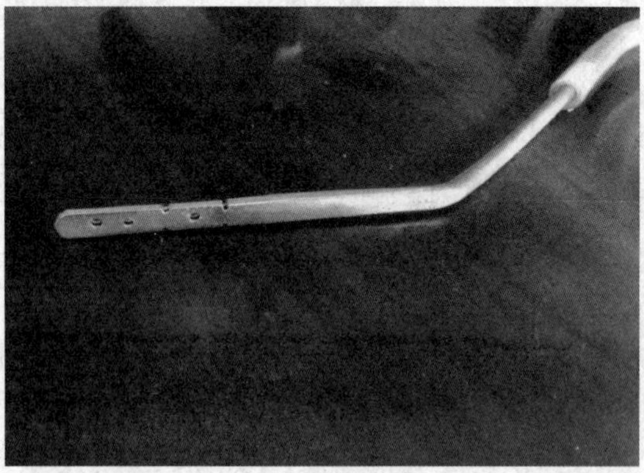

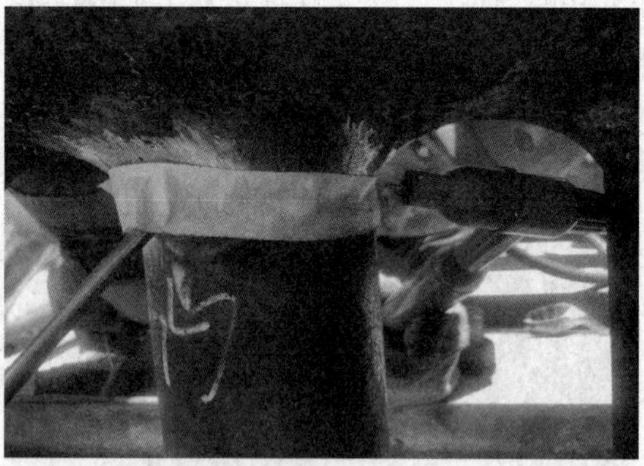

图8　鸭嘴式管外充氩器

2.2.5　焊后后热及热处理

在焊缝焊接完成后，对焊口加热温度200~250℃，持续约30分钟，完成后用60mm厚保温棉将焊口包裹严实缓慢冷却。在焊缝无损检测合格后，对整个焊缝进行焊后消应力热处理，热处理温度控制在720~750℃，持续时间为2小时。

2.2.6　焊后无损检测

为检查焊缝是否有焊接缺陷，管线焊接完成后，按照NB/T 47013—2015标准要求对焊缝进行100%射线检测，所有焊口Ⅰ级合格。为确保焊缝未产生冷裂纹，焊接完成24小时后按照NB/T 47013—2015标准要求对焊缝进行100%射线检测，所有焊口Ⅰ级合格。

3 结论

通过对 50000Nm^3/h 制氢装置转化炉对流排管蒸汽过热段炉管抢修施工中的难点和重点进行分析，针对难点和重点问题，制定了详细的措施，施工中严格按照制定的措施进行施工，提前 2 天完成抢修任务，为装置顺利开工争取了时间，也为同类施工积累了丰富的经验。

参 考 文 献

[1] 马治中等．燃油锅炉排烟温度过高原因分析及解决措施[J]．中国石油和化工标准与质量；2011，31(8)：66.

[2] 周中良等．制氢装置 E121 失效原因分析与对策[J]．中国化工贸易；2018，10(27)：170.

压力容器制造工艺及焊接管理系统的开发与应用

罗晓军　翟德宏　胡　炜

（中国石油兰州石化公司）

摘　要　我公司90年代与某大学合作开发的“压力容器计算机辅助工艺生成系统”，由于国家和行业标准更新和软件技术的发展，已使用达20年的软件受到了限制，不能满足生产需求。为此公在2018~2020年独立设计开发了“压力容器制造及焊接管理系统”，采用创新智能化算法，仅需输入压力容器产品数据、开口编号及数据、零件数据及组合件数据即可自动生成“压力容器原材料采购计划”、“压力容器制造工艺卡”、“压力容器焊接工艺卡”及热处理工艺卡等16种工艺卡及表单，很大程度提高了压力容器制造及焊接工艺设计效率，实现了网络化、数据化及信息化管理。

关键词　压力容器制造工艺；焊接管理；系统；开发与应用

我公司于1998年与某大学合作开发了“”压力容器计算机辅助工艺生成(以下简称CAPP6)、压力容器焊接工艺评定计算机管理系统(以下简称GYPD)及焊工管理(以下简称HGGL)”等三套系统，由于国家和行业标准更新，仅有CAPP6软件于2004年进行了一次数据更新，之后一直延用，已使用达20年。但随着现代软件技术的发展、各种适应标准的更新及软件适用性的变化，这些软件的作用受到了限制，其主要问题在于：CAPP6、GYPD及HGGL三套软件开发基于VFP(Visual FoxPro)数据库管理系统平台开发，数据读取与存储基于内存，软件之间的数据只能通过.DBF文件单点传输。软件系统之间，用户与用户之间相对独立，导致了数据共享繁琐，数据丢失情况严重，影响着软件使用及工作效率；且随着行业相关标准的更新，此类软件系统数据因内嵌而无法修改，致GYPD及HGGL软件已无法继续使用，而CAPP6软件因标准要求、焊接工艺、焊工资格代号、材料类别等关键数据无法更新，使用也受到了较大限制。以上软件还存在如软件报表不能导出及自定义，数据交互只能输入而不能导入，报表打印不能单点只能全部打印等设计缺陷，再次制约着该类软件系统的使用，已经不能满足生产需求，同时以上三个软件已使用20年，该软件原开发单位已不提供升级服务(表1)。

表1　原软件系统结构及存在的问题明细表

序号	软件名称	开发环境及语言	数据类型	作用	存在主要问题
1	CAPP6	FoxPro+VF	.DBF	压力容器制造工艺编制	标准停更新，数据丢失，报表非自定义
2	GYPD	FoxPro+VF	.DBF	工艺评定编制	停止更新
3	HGGL	FoxPro+VF	.DBF	焊工管理	停止更新

经我公司独立设计开发的压力容器制造及焊接管理系统，不仅可解决以上问题，使用.NET技术将CAPP、GYPD及HGGL系统集成设计开发，采用创新智能化算法，仅需输入压力容器产品数据、开口编号及数据、零件数据及组合件数据即可自动生成“压力容器原材料采购计划”、“压力容器制造工艺卡”、“压力容器焊接工艺卡”及热处理工艺卡等16种工艺卡及表单，较大程度提高了压力容器制造及焊接工艺设计效率，实现了网络化、数据化及信息化管理。

1　需求分析

为完成《压力容器制造工艺及焊接管理系统V1.0》的设计开发，满足压力容器制造相关标准、规范及程序文件要求，同时提高技术规范性及管理高效性，通过与建设公司容器结构厂沟通，力争开发一套真正满足使用要求的应用系统，同时也为了规范开发过程，便于整体规划，达到提高软件质量，降低维护成本。经分析整理，软件结构见图1。

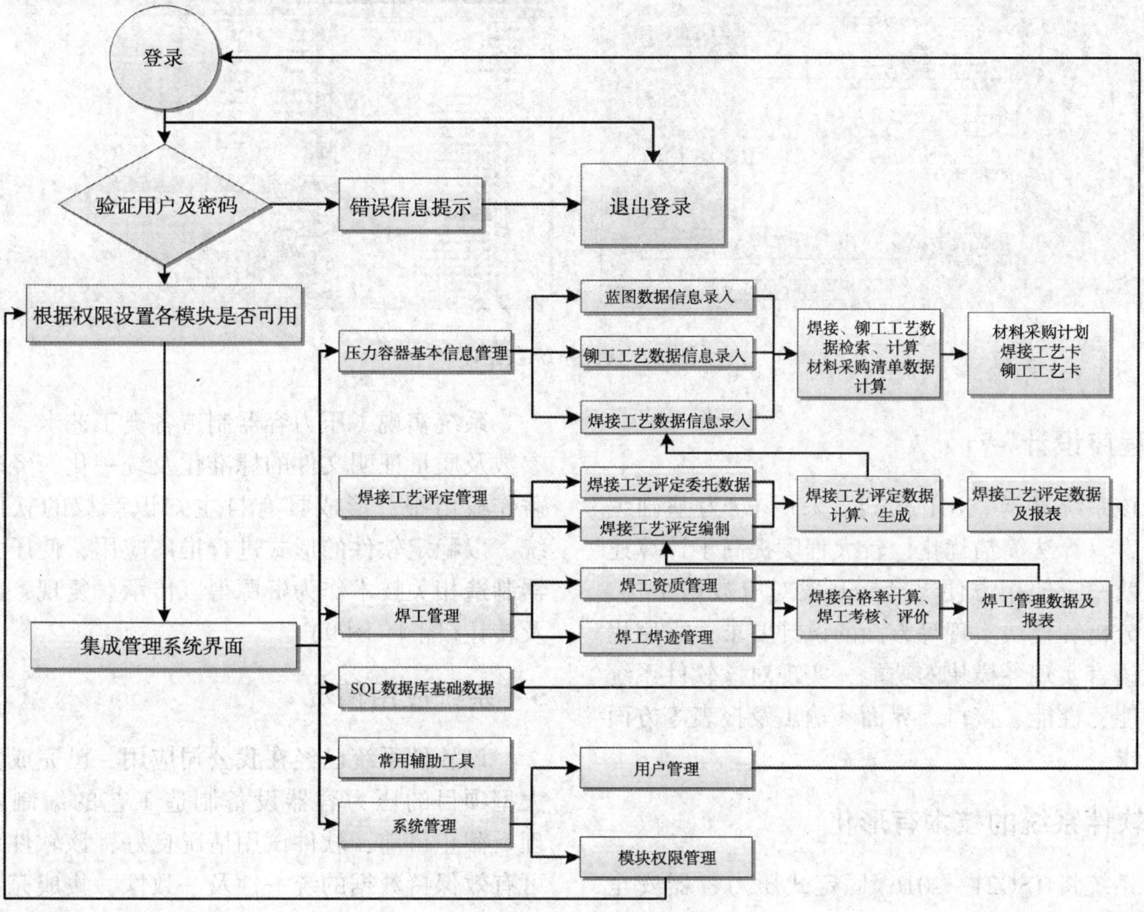

图1 软件结构图

2 系统开发环境部署

2.1 Visual Studio 2015 安装部署

Visual Studio 2015 是一套基于组件的软件开发工具和其他技术，可用于构建功能强大、性能出众的应用程序。能够创建跨平台运行的 ASP. NET；集成了对构建跨设备运行的应用的支持；连接服务 Connected Services 体验更加轻松并整合单元测试技术；集成 . NET 编译平台 Roslyn，优化代码编辑器，编译效率高，因此本项目选择采用 VS2015 平台进行程序设计(图2)。

2.2 SQLserver2008R2 安装部署

SQLserver2008R2 作为软件系统数据库，主要完成数据读取、存储及后台计算(图3)。

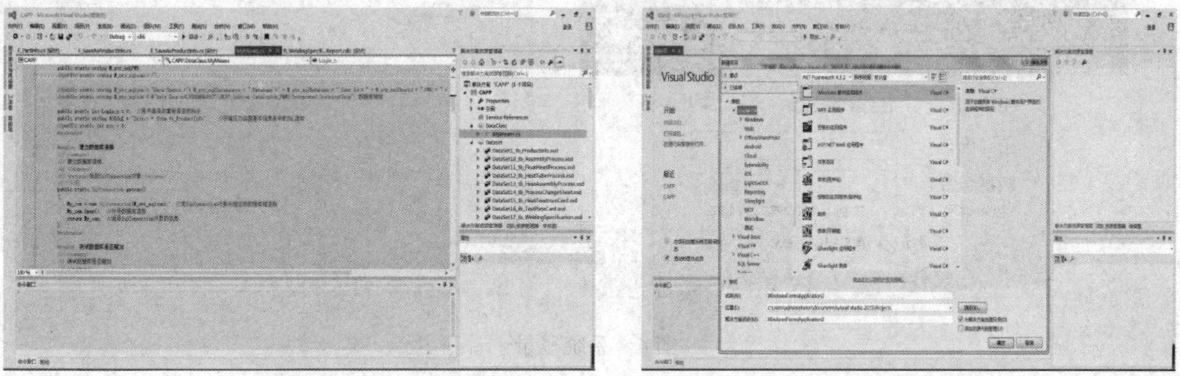

图2 VS2015 开发环境部署

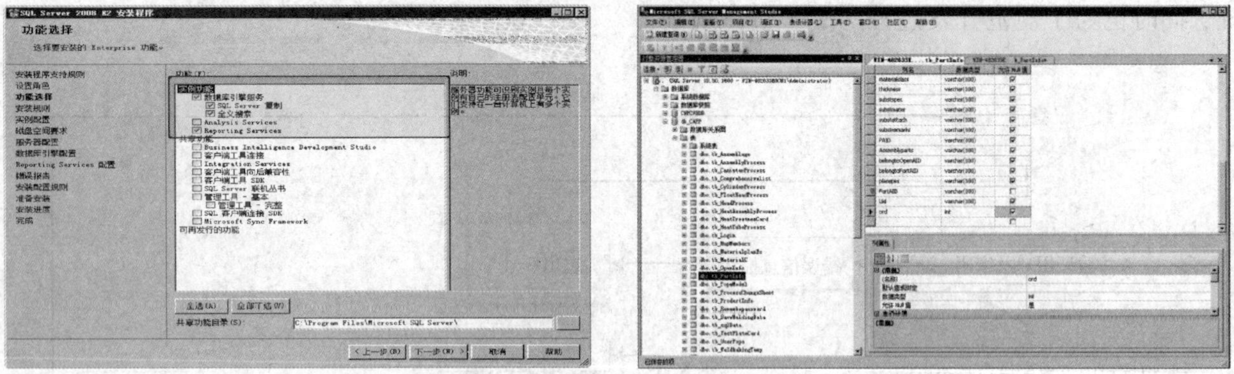

图3　软件系统数据库

3　程序设计

该系统基于 .NET 构架，采用 C#为基础编程语言，算法简洁优化，较大程度提高了计算速度与效率，使用方便灵活。开发对应数据结构、算法分析和模块实现等方面的设计要求，采用程序化语言实现各模块的功能，实现对该软件系统的功能、性能、接口、界面、输出及报表等方面的要求。

4　软件系统的技术有形化

系统将 TSG21—2016《固定式压力容器安全技术监察规程》、GB150—2011《压力容器》、GB/T151—2014《热交换器》、NB/T47014—2011《承压设备焊接工艺评定》、NB/T 47013—2015《承压设备无损检测》等国家及行业与压力容器制造相关的标准规范的计算公式程序化及数据化，编制各类工艺卡时只需输入原始数据，系统即可自动进行数据计算。

系统实现了压力容器制造各类工艺卡、工艺参数及质量证明文件的标准化及统一化，经软件著作权申报，形成具有自主知识产权的软件系统，以稳定软件的形式进行推广应用，使压力容器制造相关技术作为资源得以传承、复现、共享及转让(图4~图9)。

5　系统应用情况

该软件系统已经在我公司应用，已完成多个大型项目的压力容器设备制造工艺的编制及管理。截止目前，软件试用情况良好，该软件系统可有效保持数据的统一性及一致性，集成完善的材料、焊接工艺、热处理工艺、组合件、标准图等数据库数据，计算算法依据 GB/T150—2011及相关标准，软件系统自动化程度高，数据准确无误，可改单机操作为协同作业，解决了建设公司现有软件及技术管理的各项瓶颈，降低了管理成本，提高了管理效率。

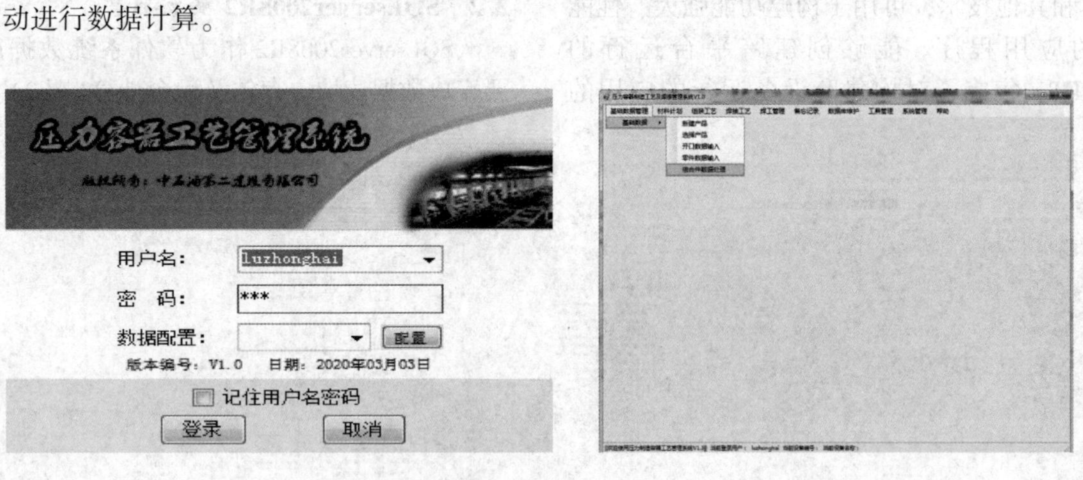

图4　系统登录

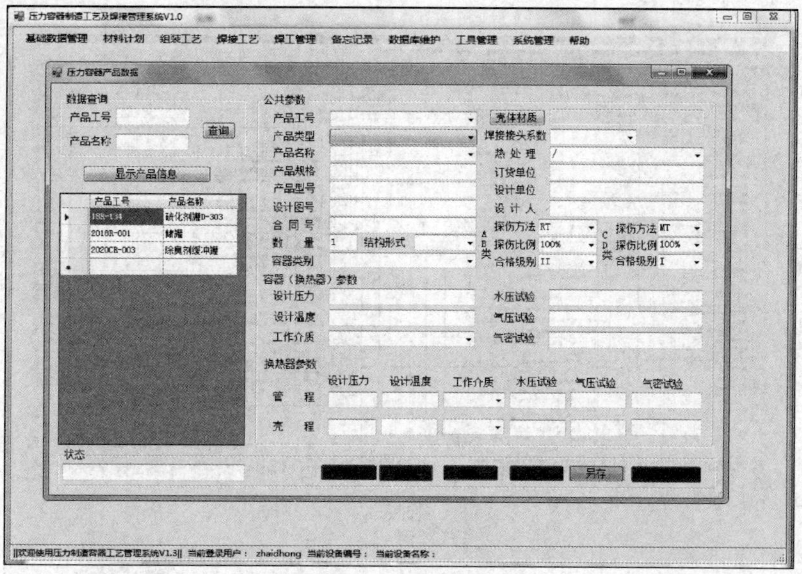

图 5 产品数据

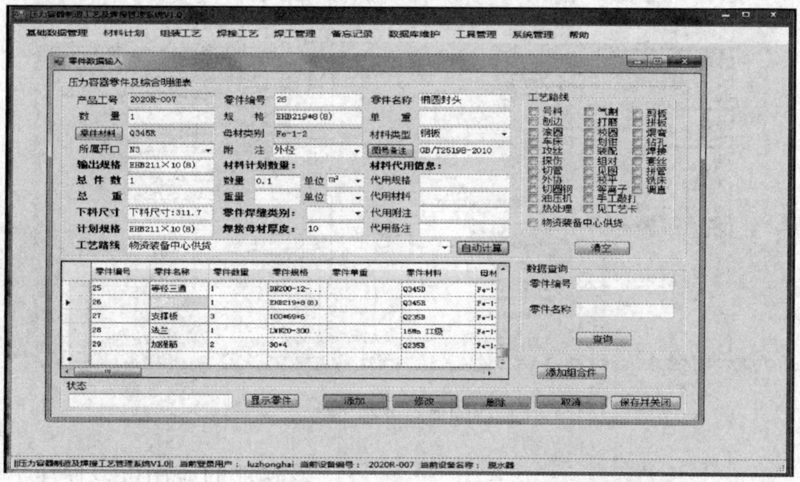

图 6

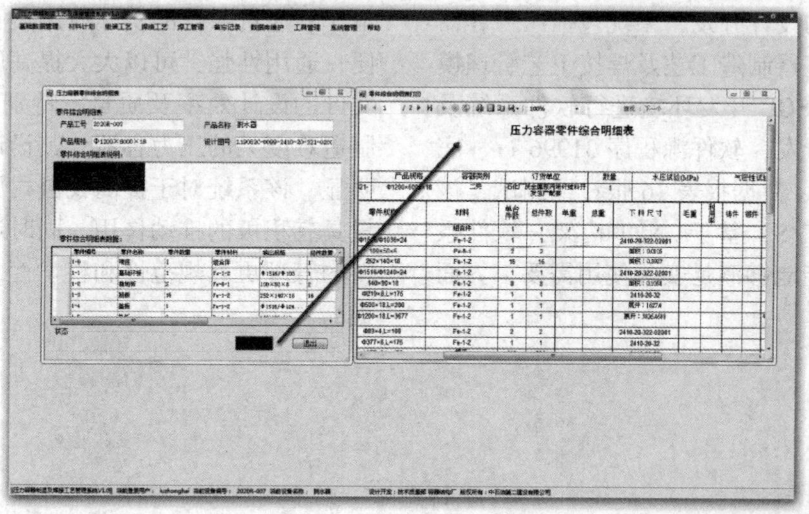

图 7 零件数据

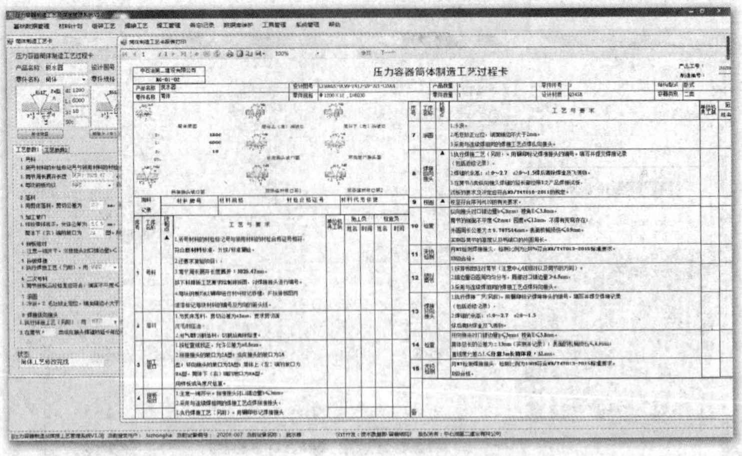

图 8

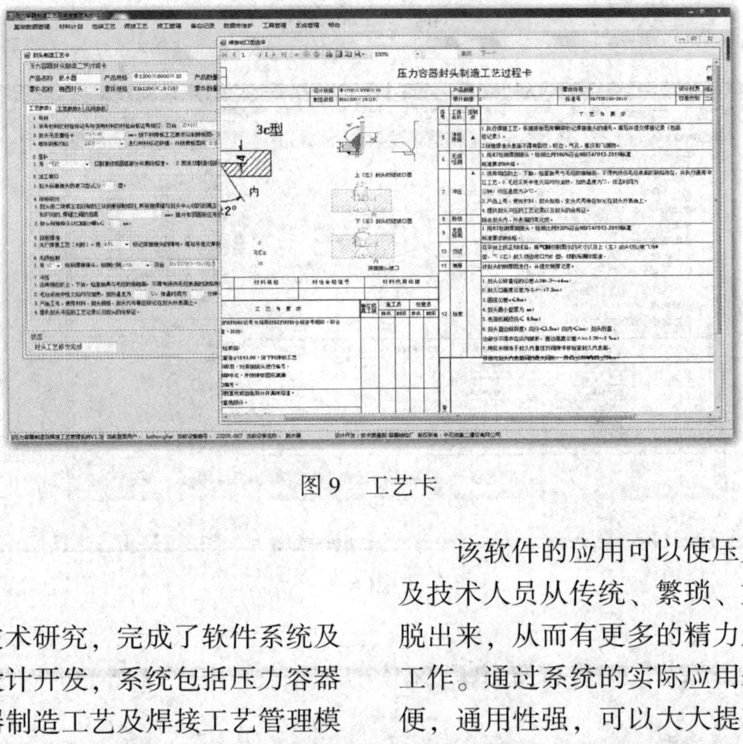

图 9　工艺卡

6　结论

经科研开发与技术研究，完成了软件系统及对应数据库系统的设计开发，系统包括压力容器基本信息、压力容器制造工艺及焊接工艺管理模块；采用 VS+C#+SQL 开发环境进行软件系统及数据库系统设计开发，软件源程序 31996 行、完成功能模块 26 个、数据报表 16 张；经测试，该软件系统结构为 C/S，基于 .NET 构架，软件系统各项指标及功能能够满足实际使用需要，界面友好，操作简单。

该软件的应用可以使压力容器制造工艺管理及技术人员从传统、繁琐、重复的工艺工作中解脱出来，从而有更多的精力从事有创造性的技术工作。通过系统的实际应用表明，该系统操作简便，通用性强，可以大大提高压力容器制造工艺文件的设计效率及质量，特别是对于结构复杂、制造难度大的压力容器，其设计效率的提高更为明显。该系统对于提高我公司压力容器产品的质量具有积极的推动作用，同时还使我公司技术资料的管理更具规范性和科学性，经济效益也显著提高。

单包容式双壁 LNG 低温储罐罐底保冷层施工技术

胡 炜 宋满堂 江润俊

（中国石油兰州石化公司）

摘 要 LNG 低温储罐罐底保冷层具有结构设计复杂、交叉作业多、施工难度大、安装技术要求高的特点，在施工中要严格遵循规定的程序和技术要求，而交叉施工的安全高效、施工的质量控制和防雨、防潮等问题的解决是大低温储罐罐底保冷层施工顺利实施的重要保证。本文以广汇吉木乃 150 万方/日液化天然气装置的核心设备—3 万方 LNG 低温储罐为例，对罐底保冷层的结构特点、施工顺序、技术要求、安装方法等内容进行了详细论述。

关键词 LNG 储罐；罐底；保冷层施工

1 引言

LNG 储罐内罐设计温度值为-165℃，因此 LNG 储罐的保冷层是其重要组成部分。从长远来看，开展大型低温储罐保冷材料（如新型低导热、高强度的保冷材料）和保冷材料安装技术等方面的研究，将对我国 LNG 大型低温储罐的建设及相关领域的发展产生深远影响。下面以广汇吉木乃 3 万立方米 LNG 大型低温储罐为例对罐底保冷材料安装施工技术进行论述。

2 LNG 低温储罐罐底保冷层结构特点

3 万立方米 LNG 低温储罐为单包容式双壁单吊顶储罐，内罐直径 39.5m，外罐内径 41.5m，罐体高度 36.018m，容积 3 万 m^3。内罐设计压力为 0mbarg，外罐设计压力（正压/负压）为 250/-5mbarg，内罐设计温度（min./max.）为-165/+38℃，外罐设计温度（min./max.）为-39/+65℃。罐体保冷措施要求严格，分为罐底保冷、罐壁保冷和罐顶保冷，而罐底保冷又由三部分构成，包括罐底中心区保冷、罐底环形边缘区保冷。储罐保冷层的结构如图 1 所示，罐底保冷剖面图见图 2，罐底保冷平面图见图 3。

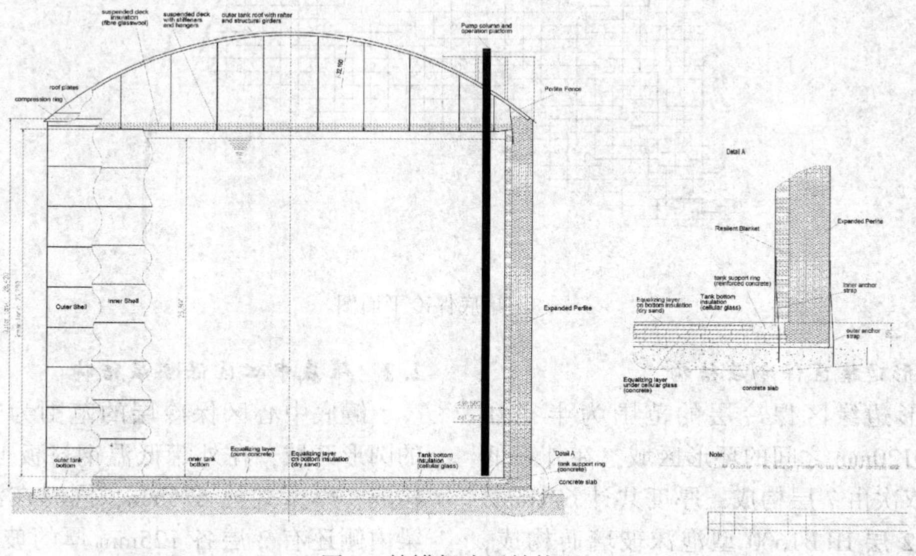

图 1 储罐保冷层结构图

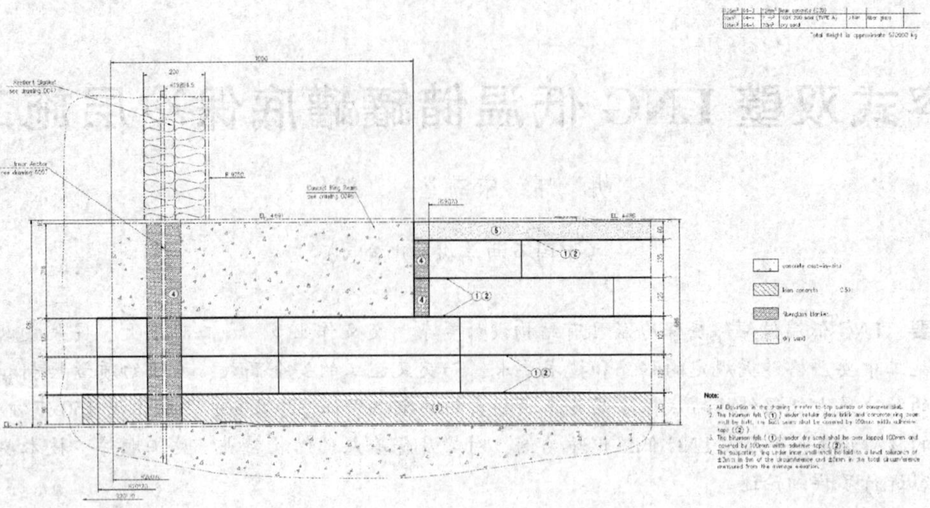

图 2　罐底保冷剖面图

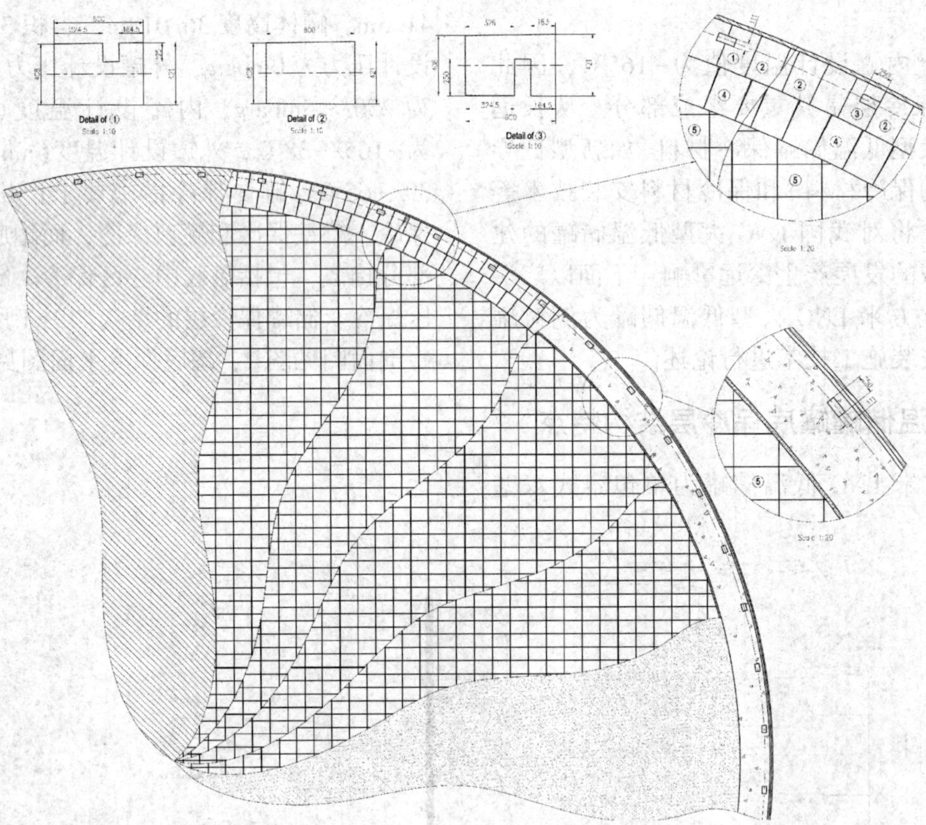

图 3　罐底保冷平面图

2.1　罐底环形边缘区保冷层结构

罐底环形边缘区保冷层的范围为半径在 R18920～R20120mm 之间的环形区域，在外罐低温钢衬板上依次由 7 层构成，厚度共计 671mm，主保冷层由 2 层 HLB1600 型泡沫玻璃砖构成，其具体结构见表 1。

2.2　罐底中心区保冷层结构

罐底中心区保冷层的范围为半径 18920mm 的圆形区域，在外罐低温钢衬板上依次由 11 层构成，厚度共计 675mm，同时在混凝土支撑环梁内侧还有 2 层各 125mm 厚的玻璃纤维毯，主保冷层由 4 层 HLB800 型泡沫玻璃砖构成，其具体结构见表 2。

表 1　罐底环形边缘区保冷层构成

层次	名称	厚度/mm
1	C30 混凝土找平层	96
2	铝箔沥青垫毡层	3
3	HLB1600 型泡沫玻璃砖	125
4	浇热沥青	3
5	HLB1600 型泡沫玻璃砖	125
6	浇热沥青(上面用玻璃布包裹)	3
7	混凝土支撑环梁	316

注：由外罐底至内罐底依次排列。

表 2　罐底中心保冷层构成

层次	名称	厚度/mm
1	C30 混凝土找平层	100
2	沥青垫毡层	3
3	HLB800 型泡沫玻璃砖	125
4	沥青垫毡层	3

续表

层次	名称	厚度/mm
5	HLB800 型泡沫玻璃砖	125
6	沥青垫毡层	3
7	HLB800 型泡沫玻璃砖	125
8	沥青垫毡层	3
9	HLB800 型泡沫玻璃砖	125
10	沥青垫毡层	3
11	干砂层	60

注：由外罐底至内罐底依次排列。

2.3　保冷材料主要性能

保冷材料的主要性能见表 3。由表 3 可知，用在罐底环形边缘区域的 HLB1600 型泡沫玻璃砖由于要承载内罐及混凝土支撑环梁的重量，它的密度、抗压强度要高于用在中心区域的 HLB800 型泡沫玻璃砖，而热导率相对要高。

表 3　保冷材料主要性能

名称	尺寸/mm	密度度/(kg/m^3)	热导率/[W/(m·K)](10℃)	抗压强度/(N/mm^2)
HLB800 型泡沫玻璃砖	600×450×125	120	0.043	0.80
HLB1600 型泡沫玻璃砖	600×450×125	160	0.048	1.60
沥青垫毡	3×1000×(≥5000)	/	/	/
玻璃纤维毯	100×1200×(≥7)	24	0.035	/

3　罐底保冷层安装施工

罐底保冷层总体施工顺序流程如图 4 所示。

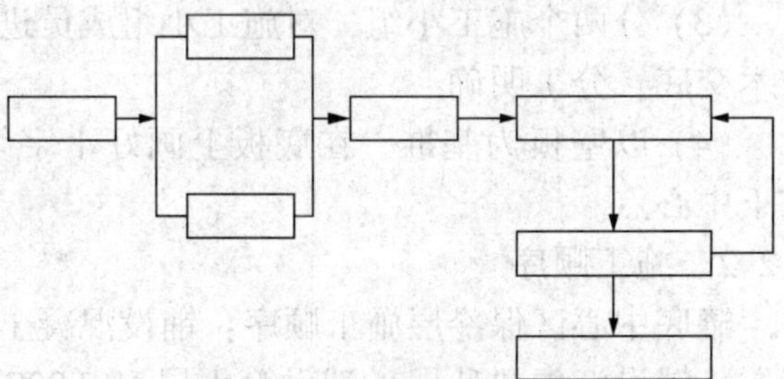

图 4　罐底保冷施工顺序流程示意图

罐底保冷安装和土建施工的环梁基础交接顺序如下：

储罐底板、壁板焊缝检验合格(安装)→找平层施工(土建)→环形边缘区保冷施工(安装)→环形圈梁施工(土建)→中心圆形区保冷施工、铺干砂(安装)

每个交接工序必须在监理、TGE 验收合格同意后进行。

3.1　罐底环形边缘区保冷层施工

3.1.1　施工准备

(1) 外罐底水泥平衡层满足标准要求并符合验收条件，作好施工准备。

(2) 底板外圆处按图纸要求定好外圆尺寸，半径尺寸为 R20120。

(3) 施工人员、机具到位，准备好加热沥青的工具和施工用工具。

(4) 分 2 个施工小组进行施工，对施工小组成员进行技术交底，分工明确。

3.1.2　施工顺序

罐底环形边缘区保冷层施工顺序：岩棉包扎内好锚固带→铺设混凝土找平层→铺设沥青垫毡层→铺第 1 层 HBL1600 型泡沫玻璃砖→浇热沥

青→铺第 2 层 HBL1600 型泡沫玻璃砖→浇热沥青、上面用玻璃布包裹→安装内底环形混凝土支撑环梁。

3.1.3　施工技术要求

（1）罐底环形边缘区保冷层施工难度大于中心区的保冷施工，主要是下料和铺设难度大。首先是 HBL1600 型泡沫玻璃砖的下料，下料图如图 5 所示。下料的尺寸一定要准确无误，是铺设质量控制的重点之一。内罐锚带开孔应严格按图纸尺寸和位置进行施工。编号为 1，2，3 的玻璃砖其开孔尺寸不宜与图纸尺寸有较大差异，注意直角的过渡。

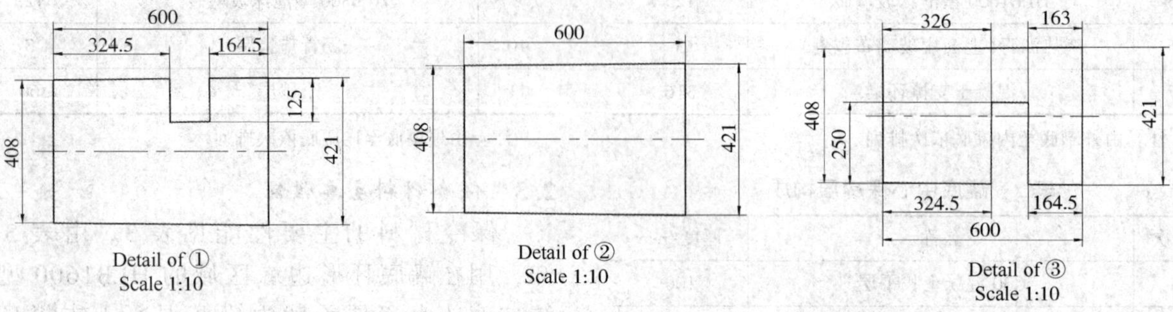

图 5　罐底环形边缘区 HBL1600 型泡沫玻璃砖下料图

（2）两层泡沫玻璃砖的铺设图见图 6，两组人从临时门相对点沿相反方向安装，玻璃砖为向心铺设。上下层玻璃砖应错缝，满足图纸所示开口时的间距为宜。

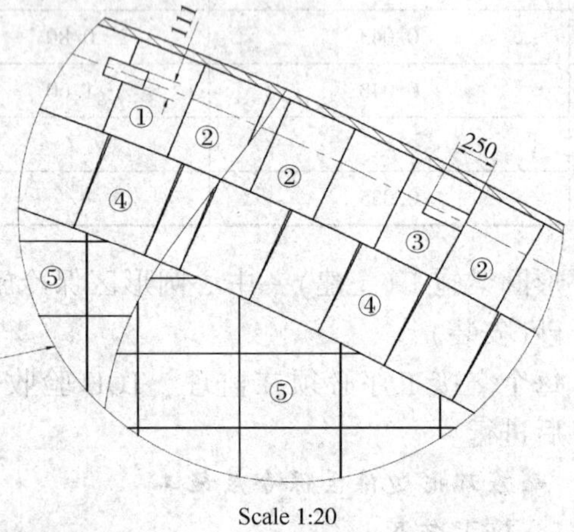

图 6　罐底环形边缘区两层泡沫玻璃砖的铺设图

（3）热沥青的温度应在 150 到 160 度。这样有更好的流动性和渗透性。

（4）玻璃砖的搬运过程中应轻放为主，注意对边角的保护。

（5）在混凝土平衡层上面，铺上沥青毡，并用少许热沥青进行粘接。沥青毡之间用铝箔胶带密封。如果混凝土平衡层有局部小凹陷，在允许的情况下用干沙找平(不推荐)。

（6）玻璃砖之间用热沥青进行粘接。热沥青应厚薄均匀，否则影响水平度。

（7）两层玻璃砖完成后，再玻璃砖表面浇上热沥青同时用玻璃布包裹并用热沥青进行局部粘接。并在外罐地留有大于 100 毫米的搭接，用沥青作好防水处理。覆盖厚度应不小于 3 毫米。

3.1.4　质量要求

（1）玻璃砖之间应粘接牢固，若有松动，应重新施工。

（2）玻璃布的包裹密封应能达到防水要求。注意锚带孔处的防水。

3.2　罐底中心区保冷层施工

3.2.1　施工准备

（1）外罐底水泥平衡层满足标准要求并符合验收条件，作好施工准备。

（2）施工人员和施工工用工具到位。

（3）分两个施工小组，对施工小组成员进行技术交底，分工明确。

（4）以壁板为基准，在底板上画好十字线，定下中心点。

3.2.2　施工顺序

罐底中心区保冷层施工顺序：铺设混凝土找平层→铺设沥青垫毡层→铺设第 1 层 HBL800 型泡沫玻璃砖→铺设沥青垫毡层(对接)→铺设第 2 层 HBL800 型泡沫玻璃砖(铺设平面图和立面图见图 7、图 8)→铺设沥青垫毡层→安装混凝土环梁内侧第 1 层岩棉(压缩 50%)、铺设第 3 层 HBL800 型泡沫玻璃砖→铺设沥青垫毡层→安装混凝土环梁内侧第 2 层岩棉(压缩 50%)、铺设第 4 层 HBL800 型泡沫玻璃砖→铺设沥青垫毡层→铺设干砂层。

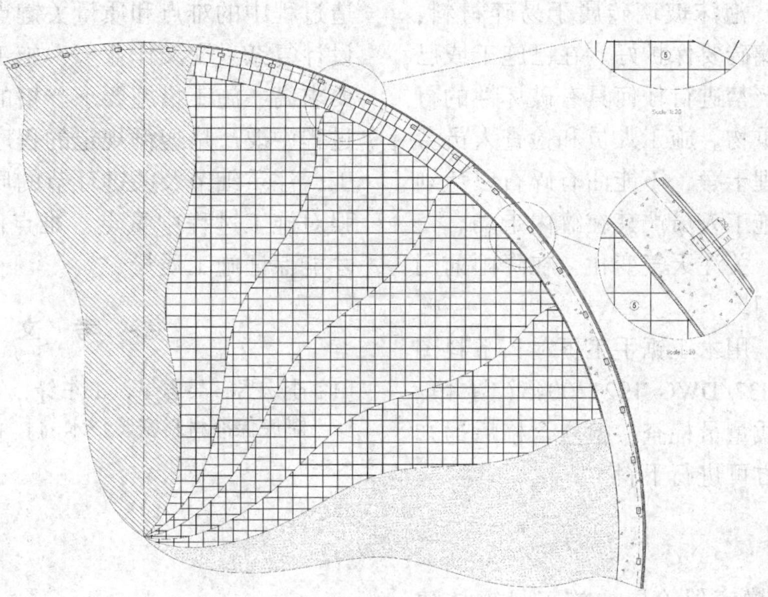

图 7 罐底中心区四层泡沫玻璃砖的铺设图

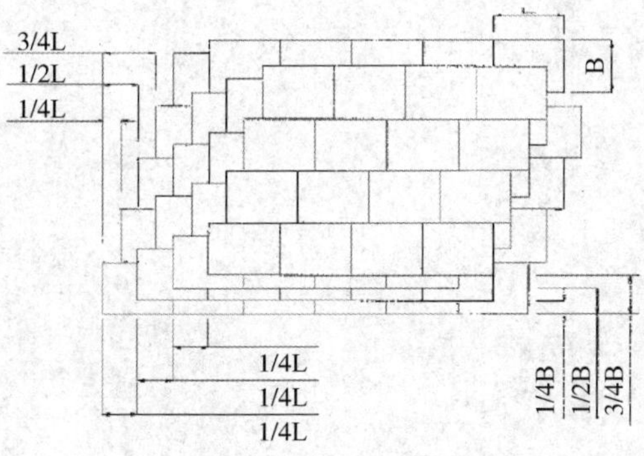

图 8 罐底中心区四层泡沫玻璃砖的铺设立面图

3.2.3 施工技术要求

（1）罐底中心区四层泡沫玻璃砖铺设图见图 7。中心区域的保冷层施工，安装方向由中心向边缘分区进行，具体是以 322 度和 143 度所对应的内半个区域先进行施工。对线铺设沥青毡；沥青毡端部过中心线 100 毫米。沥青毡之间只能对接，并用铝箔胶带进行密封。边角处应进行合理裁减、合理利用。

（2）半圆的沥青毡铺设完毕后，以中心线处铺设玻璃砖，玻璃砖铺设过程中应紧紧相靠，以手推结合到位，不能用任何东西锤击；不能有人为的空洞和缝隙；如有小量的缝隙应进行修补。可用片状玻璃砖片修复。

（3）为了更好的使沥青毡很平整，应将沥青毡预先打开，平铺，使其自由，舒展。

（4）每一层的玻璃砖都应进行质量验收。

（5）第 2 层应与第 1 层有 1/4 尺寸的错缝，第 3 层与第 2 层；第 4 层与第 3 层；以此类推，见图 8。保证所有垂直方向的缝隙不在一条线上。

（6）第 1 层铺设完成后，应有专人进行边角施工，其他人开始第 2 层的施工；中心处与边角处的施工应交叉进行，这样才有更好收边角的质量。

（7）第 2 和第 5 层沥青毡的圆周方向施工时，沥青毡应与边缘部件可靠粘接和密封。

（8）在第 3 层和第 4 层，玻璃砖与环梁之间有 50 毫米的岩棉。此岩棉仅可适当压缩。

3.2.4 质量要求

全程施工质量应由 TGE 和第三方监理共同监督和验收。没有经验收合格的施工工序是不允许通行

4 施工中应控制的重点问题

（1）安全、高效、清洁问题。由于罐底保冷层施工过程中一直贯穿着安装和土建两家单位的施工，因此一定要合理划分施工区域和施工层次，组织有序，密切配合。每天施工完毕后清扫玻璃砖表面，做到“工完料尽场地清”。

（2）罐底保冷层的施工质量控制问题。施工程序和质量严格按照 TGE 工程师的要求进行。从材料的规格型号核对、划线、下料、铺设等每个环节，施工单位的技术员和质量员都要进行检查，检查合格后通知 TGE 工程师和监理进行抽检。

（3）成品保护。泡沫玻璃砖属于易碎材料，对安装好的泡沫玻璃砖要保护好。在已施工或已完成的玻璃砖表面严禁进行任何具有破坏性的行为，如奔跑，堆放重物。施工人员和检查人员劳保鞋胶皮鞋底要清理干净，不能沾有碎石以免划伤玻璃砖表面。非施工人员严禁在罐内走动。

（4）防雨问题。关注天气变化，在降雨前用防雨材料封闭临时门。

（5）下料控制。用木工锯手工下料，下料图见施工图 05118/TH37/DWG/1921/0045（图 4）。先划线，完成后由质量员检查，检查合格后通知监理检查，确认后方可进行下料。

5 总结

LNG 低温储罐罐底保冷层的施工是罐体建造过程中的难点和质量关键点之一，其具有结构设计复杂、交叉作业多、施工难度大、安装技术要求高、施工措施要求严格的特点，所以在施工过程中要严格遵循规定的程序和技术要求进行施工，注重细节及关键环节的质量控制，尤其要加强对施工过程中重点、难点问题的解决和把握，才能保证施工质量。

参 考 文 献

[1] 李宏男，吴志星，王东锋，等 .LNG 大型低温储罐罐底保冷材料安装技术[J]. 深冷技术，2010，（3）.

降低奥氏体不锈钢焊接晶间腐蚀倾向技术研究与应用

杜永前　宋满堂　董进元

（中国石油兰州石化公司）

摘　要　奥氏体不锈钢工艺管线焊接时，焊接温度在敏化区间停留时间过长会造成晶界贫铬，在长期服役过程中，焊缝及热影响区产生晶间腐蚀，晶间腐蚀在介质及残余应力的作用下，形成裂纹并扩展，最终导致管线开裂，对装置造成很大的安全隐患和经济损失。针对奥氏体不锈钢耐晶间腐蚀性能的控制措施进行了研究攻关，在焊接过程中通过优化焊接工艺措施，设计不锈钢焊接冷却降温装置，经焊接温度曲线图对比，金相组织、耐晶间腐蚀能力实际测量等技术分析，在不锈钢焊接过程中采取必要的强制冷却措施，对降低焊接晶间腐蚀倾向对保证管道的安全长周期运行具有重要意义。

关键词　奥氏体不锈钢；焊接敏化区间；晶间腐蚀倾向；强制冷却

某石化公司6万吨/年硫黄回收装置开工初期急冷水管道相继发现9处漏点，主要集中在5个管件焊接接头上，漏点多数处于弯头侧热影响区，均为穿透性裂纹。管道材质为奥氏体不锈钢0Cr18Ni9(304)。管件更换后对有裂纹的焊口进行理化试验，由理化试验得出，晶间腐蚀裂纹是焊缝金属开裂的主要原因。本文以硫黄回收装置急冷水管道焊接接头裂纹为研究对象，进行技术攻关，旨在提出改进措施，提高焊缝晶界抗腐蚀性。

1　原因分析

1.1　宏观检查

对现场开裂管道取样不锈钢管件(DN200-SCH20S)进行了外观检查发现，裂纹发生在焊缝弯管侧的热影响区，外表面开裂部位并无明显的塑性变形及腐蚀痕迹，如图1(a)、(b)所示；外表面裂纹走向较为歪曲，两条裂纹均细短，其中一条贯通。

(a)外表面裂纹　　(b)外表面局部

图1　失效分析件及外表面裂纹形貌

在急冷水管内表面，观察到一条长约80mm的细长裂纹，裂纹平行于焊缝，内表面开裂部位并无明显的腐蚀痕迹，如图2所示。内表面裂纹长于外表面裂纹，因此可以初步判定裂纹起裂于急冷水管内表面。

1.2　化学分析

在失效件弯管侧焊缝热影响区取样对其材质进行成分分析，结果如表1所示，Cr元素含量略偏低、P 元素含量略偏高，均超出《GB/T 222—2006 钢的成品化学成分允许偏差》规定的允许偏差，其余元素含量正常。

1.3 金相组织观察

图 3 所示为裂纹部位及其附近金相组织。从图中可以看出，裂纹以沿晶形式扩展为主，主裂纹附近有大量分支裂纹。裂纹部位晶界上有碳化物析出，裂纹扩展部位局部有少量马氏体组织。

图 2　内表面裂纹

表 1　弯管侧材质成分分析结果　　wt%

元素	Cr	Mn	Ni	P	Si	C	S
试样	17.34	1.15	8.00	0.045	0.58	0.076	0.0061
GB/T 14976—2012 标准值	18.00~20.00	≤2.00	8.00~12.00	≤0.035	≤1.00	≤0.08	≤0.030

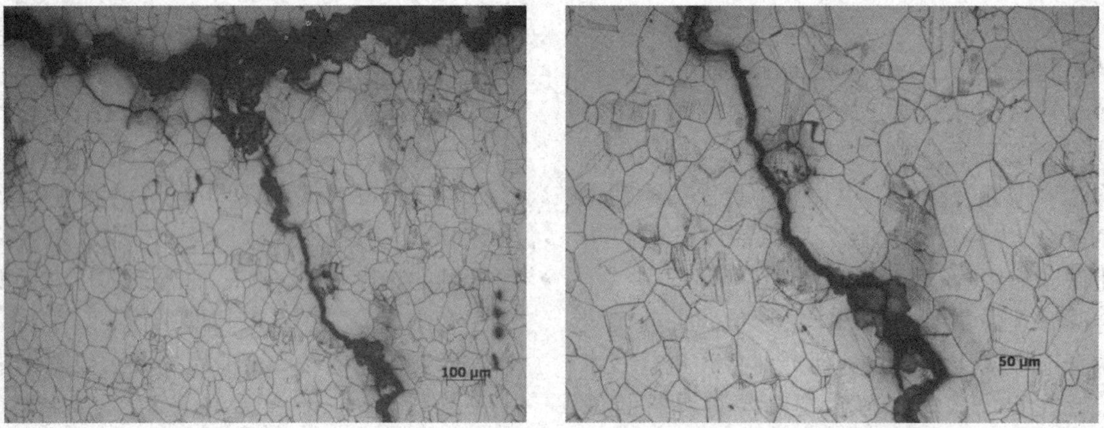

(a)放大100um裂纹部位金相　　(b)放大50um裂纹部位金相

图 3　裂纹部位及附近金相组织

1.4 断口观察及能谱分析

将断口沿壁厚方向打开，在扫描电镜下对断口形貌进行观察，结果如图 4 所示，断口形貌为沿晶断口，与金相结果相符。

图 4　断口形貌

经局部放大后，可观察到晶界上有析出相。析出相能谱分析结果表明，析出相为富 Cr、Fe 的碳化物相如图 5 所示，说明开裂部位材料发生了敏化。

断口腐蚀产物能谱分析结果如图 6 所示，腐蚀产物中发现了 S、O、C 元素，但并未发现 Cl 元素。

1.5 开裂原因分析

焊接时，焊缝热影响区在 450~850℃敏化区间停留时，过饱和的碳就会向晶界扩散，与 Cr、Fe 元素化合，形成富 Cr、Fe 的碳化物。由于碳的扩散速度大于 Cr，因此，势必会造成晶界附近贫 Cr。贫铬区的含铬量远低于钝化所需的极限值，其电位比晶粒内部的电位低，更低于碳化物的电位，且贫铬区和碳化物紧密相连，当遇到一定腐蚀介质时就会发生电偶效应，该情况下碳化铬和晶粒呈阴极，贫铬区呈阳极，晶界会迅速被侵蚀。急冷水中含有 H_2S，弯管段热影响区材料发生了敏化，电化学活性增强，在电解质溶液中会发生晶间腐蚀。以晶间腐蚀为起源，在应力和介质的共同作用下，诱发沿晶应力腐蚀开裂。

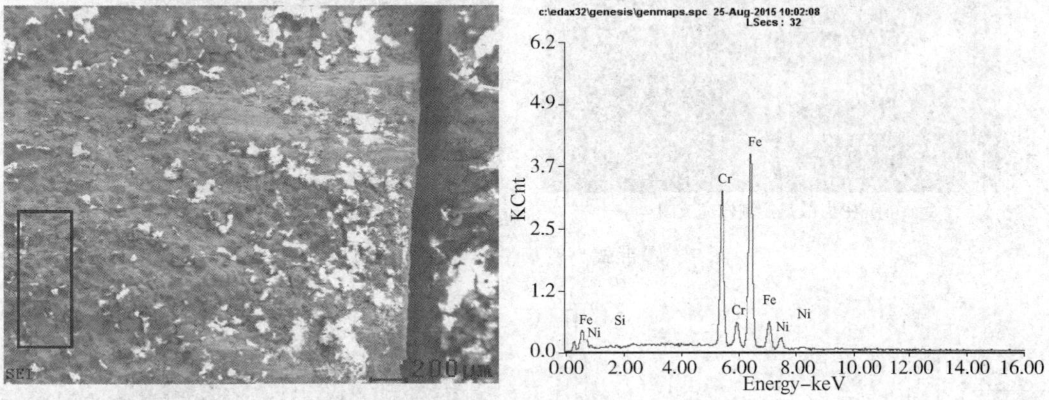

图 5　析出相及能谱分析

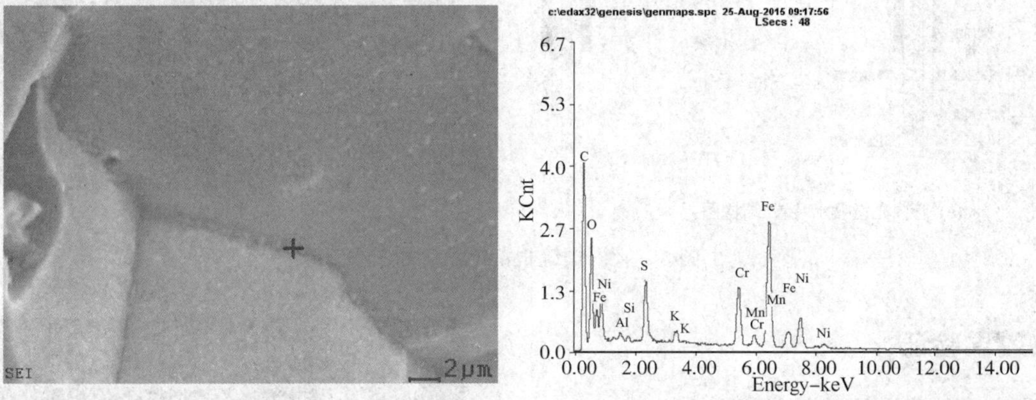

图 6　腐蚀产物及能谱分析

通过以上分析，本次硫黄回收装置急冷水管线产生裂纹的原因为：急冷水 304 奥氏体不锈钢管线在现场安装焊接过程中，弯管侧热影响区材料发生敏化，晶界贫铬，在含 H_2S 和 NH_3 的水溶液中发生晶间腐蚀，在残余应力的作用下形成裂纹并扩展，最终导致裂纹贯穿管线泄漏。

2　改进技术措施的提出及原理

首先确定改进思路，依据腐蚀原理，从焊接温度快速通过敏化温度区间（约 450～850℃）方面进行改进焊接工艺措施，在施焊过程中采用外加强制冷却装置的方法，缩短焊缝两侧热影响区在敏化温度范围停留时间，达到强化焊接接头抗晶间腐蚀的能力。

2.1　优化焊接工艺参数

焊接过程中的高温度环境会在焊接接头中会产生一些不良组织，不但严重降低接头的机械性能，而且热影响区在敏化温度区间还会在产生晶间腐蚀。因此，防止奥氏体不锈钢焊接接头晶间腐蚀就必须加强焊接工艺的管理，在满足正常焊接操作条件下尽量减少焊接热输入，采用小电流、快速焊、多层多道焊的方法，并严格控制层间温度不大于 150℃。

2.2　强制冷却方法

奥氏体不锈钢在施焊过程中采用强制冷却的技术措施，加快了冷却速度，焊接接头热影响区范围明显减小，层间温度也可得到很好的控制，使焊缝金属晶粒细密、组织均匀、焊接残余应力小等而获得理想的焊接接头。强制冷却的组合方法如下：（1）氩弧焊打底过程中采用“履带式高密齿散热器”进行散热（图 7）；（2）焊接填充、盖面过程中采用“管内充氩喷水装置”进行迅速降温，（图 8）。

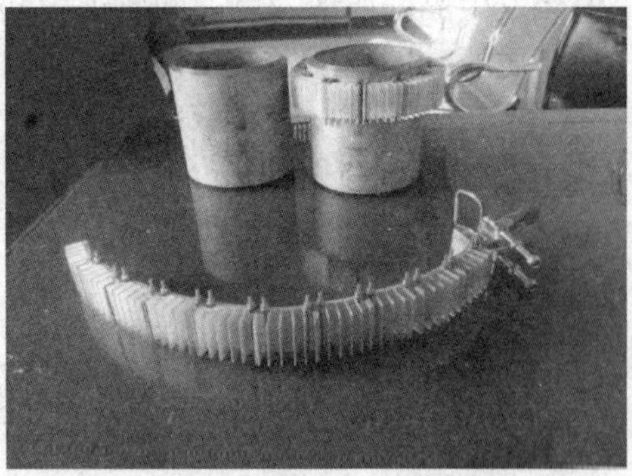

(a)高密齿散热器制作完成图

(b)高密齿散热器安装后使用图

图 7　履带式高密齿散热器制作及使用

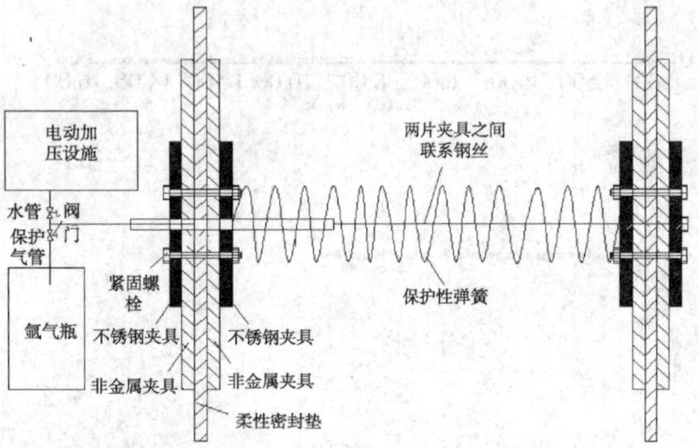

(a)“管内充氩喷水装置”结构图

(b)实物效果

图 8　管内焊缝根部充氩喷水装置

3　散热效果验证

3.1　采用改进措施进行焊接试验

从减小焊接热输入及快速通过敏化温度区两方面进行试验，进行两组焊接试验：试验选用管材规格为Φ108×6mm，材质为0Cr18Ni9(304)的奥氏体不锈钢管试件，焊接方法为手工钨极氩弧焊+焊条电弧焊，焊接电流及焊材直径采用同样参数不变。增加强制冷却方法焊接试件编号为8#；不增加强制冷却方法焊接试件编号为9#。

为控制试验过程中焊件热影响区的实时温度，试验使用温度记录仪(图9)进行温度的采集，试验温度曲线记录仪记录曲线自右向左进行，横轴时间为每个单元格(10mm)记录时间为45s，记录单位800mm/h，纵轴为表示的温度，0~10×100℃。

通过不锈钢65%硝酸腐蚀试验(GB/T4334—2008)对两组试件进行晶间腐蚀试验，利用重量损失进行试件晶间腐蚀速率的计算，并且观察两组试件晶间腐蚀试验后的金相组织，从而评价两组试件的耐晶间腐蚀性能。

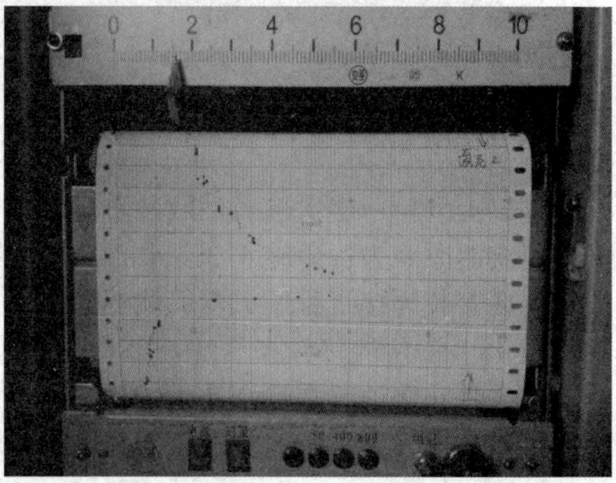

图 9　焊接接头热影响区的实时温度曲线

3.2　试验结果与分析

3.2.1　焊接接头热影响区实时温度曲线的对比分析

(1) 对使用“履带式高密齿散热器”前后进行效果检查。

经检查，不使用“履带式高密齿散热器”的9#试件敏化温度区间的停留时间为80s，峰值温度为850℃，使用8#试件后敏化区间停留时间缩短为50s，缩短了30秒。峰值温度为750℃，降低了 100℃，如图 10 所示。

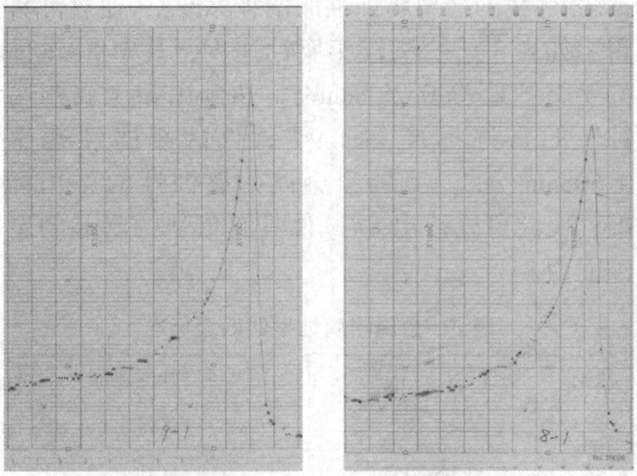

(a)使用前的9#试件　　(b)使用后的8#试件

图 10 “履带式高密齿散热器”使用前后温度曲线对比图

（2）对使用“管内充氩喷水装置”前后进行效果检查。

填充盖面未使用“管内充氩喷水装置”的 9# 试件敏化区间停留时间为 135s，峰值温度为 900℃，而使用后的 8#试件敏化区间停留时间为 16s，缩短了 119s 峰值温度为 750℃，降低了 150℃，如图 11 所示。

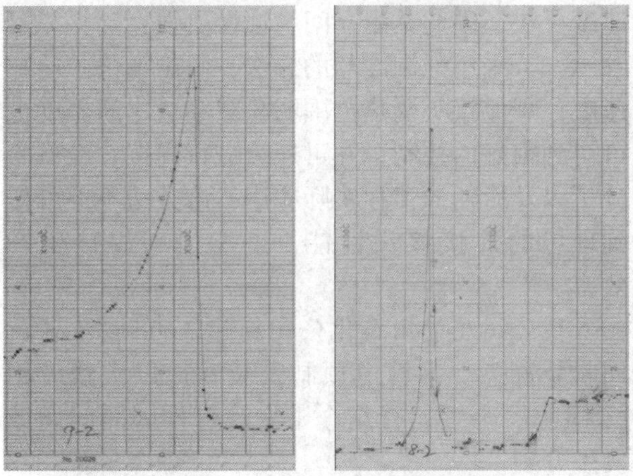

(a)使用前的9#试件　　(b)使用后的8#试件

图 11 “管内充氩喷水装置”使用前后温度曲线对比图

试验分析：通过以上两图中的温度曲线图，可以很明显地看到采用强制冷却方法的 8#试件，其在奥氏体不锈钢敏化温度范围（450～850℃）停留的时间比采用改进焊接工艺参数的 9#时间要短，施焊全过程的敏化区间停留时间合计缩短了约 149s，高温峰值温度下降了约 150℃。

由此可以根据不锈钢贫铬理论证明，8#试件由于在奥氏体不锈钢敏化温度范围停留时间短，高温峰值低，其耐晶间腐蚀能力应强于 9#试件。

3.2.2 焊接接头热影响区晶间腐蚀后金相组织的对比分析

试验分析：通过以下两图中的金相组织图（图 12、图 13），可以看到 8#、9#试件的金相组织均未产生明显的裂纹缺陷以及碳化物的析出相。由此可以证明，8#、9#试件均未产生晶间腐蚀且均具有较强的耐晶间腐蚀能力，但从金相组织图观察，8#试件晶粒明显细致于 9#试件，其耐晶间腐蚀能力应强于 9#试件。

图 12 8#试件的热影响区的金相组织

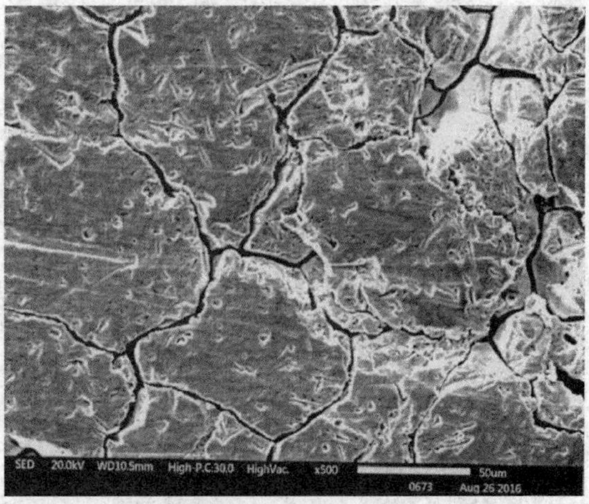

图 13 9#试件的热影响区的金相组织

3.2.3 焊接接头不锈钢 65% 硝酸腐蚀试验腐蚀速率的对比分析

依据 GB/T4334—2008，选用 65% 硝酸腐蚀试验能够通过失重法定量对比焊接接头耐腐蚀效果，选取管件的焊接接头（重点针对焊接接头的热影响区）通过 65% 硝酸溶液，进行 5 个周期的试验，采用失重法得出的结果见表 2。

表 2　焊接接头不锈钢 65%硝酸腐蚀试验腐蚀速率

样品编号	8#	9#
试样原重/g	13.2340	13.6117
第一周期重量/g	13.2157	13.6117
腐蚀率/[g/(m² · h)]	0.26	0.87
第二周期重量/g	13.2070	13.6011
腐蚀率/[g/(m² · h)]	0.12	0.15
第三周期重量/g	13.1901	13.5673
腐蚀率/[g/(m² · h)]	0.24	0.49
第四周期重量/g	13.1658	13.5287
腐蚀率/[g/(m² · h)]	0.35	0.56
第五周期重量/g	13.1441	13.4800
腐蚀率/[g/(m² · h)]	0.31	0.70
平均腐蚀率 g/(m².h)	0.26	0.55

试验分析：从两组数据可以看到 8#试件的平均腐蚀速率小于 9#试件的平均腐蚀速率，依据表 3《我国金属腐蚀性的四级标准》，通过计算得出如表 4 所示试样年腐蚀速度，其中 8#试件的年腐蚀速率 0.287mm/a，达到国家金属耐腐蚀性的良好标准；而 9#试件的年腐蚀速率 0.608mm/a，达到国家金属耐腐蚀性的可用标准；由此可以得出 8#试件具有更强的耐晶间腐蚀能力。

表 3　金属耐腐蚀性的四级标准

级别	腐蚀速度/(mm/a)	耐腐蚀性评价
1	<0.05	优良
2	0.05~0.5	良好
3	0.5~1.5	可用，腐蚀较重
4	>1.5	不适用，腐蚀严重

表 4　试样年腐蚀速度计算

试件名称	金属材料密度/ρ	平均腐蚀速率/[g/(m² · h)]	年腐蚀速度/(mm/a)	计算公式
8#试件	7.93	0.26	0.287	$B=(1/\rho)\times v\times[(365\times24\times10)/(100\times100)]$
9#试件	7.93	0.55	0.608	

在工程实际应用中的管道预制阶段由于通水条件具备可以在可优先选用强制冷却组合措施，现场安装阶段考虑现场安装工况，对于安装焊接采用优化焊接工艺参数和履带式密齿散热器的组合控制措施。

4　结论

基于试验结果的分析可作出以下结论：

（1）采用强制冷却方法的焊接接头，其耐晶间腐蚀性能大大提高，并达到国家金属耐腐蚀性的良好标准；

（2）采用强制冷却方法的焊接试件其在奥氏体不锈钢敏化温度范围停留的时间更短，其冷却速度更快，因此其耐晶间腐蚀性更强；

（3）采用强制冷却的方法，由于加快了冷却速度，焊接接头受热范围明显减小，层间温度也可得到很好的控制，并可连续进行焊接。经试验分析以及后期的工程实际应用，该方法不但可得到理想的焊接接头性能，还能提高焊接生产效率。

我公司在兰州石化公司新建 3 万吨/年硫黄回收装置急冷水管道预制安装时得以实践应用（图 14），装置运行至今未发现管件因晶间腐蚀发生开裂。

图 14　现场实际应用

参 考 文 献

[1] GB/T 4334—2020，金属和合金的腐蚀奥氏体及铁素体-奥氏体(双相)不锈钢晶间腐蚀试验方法.
[2] 魏宝明. 金属腐蚀理论及应用[M]. 北京：化学工业出版社，1984.
[3] 张耀丰，丁毅，陆晓峰，顾伯勤. 304 不锈钢在硫化氢介质条件下的应力腐蚀[J]. 中国腐蚀与防护学报，2007.

裂解炉检修炉管焊接工艺措施的优化

刘荣军　宋满堂　胡　炜

(中国石油兰州石化公司)

摘　要　乙烯裂解炉检修中，HP40Nb 材质炉管焊缝出现未熔合、凹坑、咬边等缺陷。通过对炉管母材劣化、缺陷性质等方面分析缺陷形成原因，并对送丝手法、气体保护等措施进行优化，通过实践应用，消除了缺陷，提高了焊接合格率，确保了装置按期开工。

关键词　裂解炉炉管；HP40Nb

1　前言

2021 年 2 月 27 日，根据乙烯厂检修计划，KBR 裂解炉 105B 停炉检修。炉管进行清洗疏通作业时，需切割拆除集合管入口的文丘里管 65 个(ϕ56. 6×6)，以便高压水枪伸进炉管。清洗作业结束，恢复焊接文丘里管(以下简称炉管)。此次焊接的炉管位于火焰辐射加热的下部炉膛，是辐射段的关键部件(图 1)。

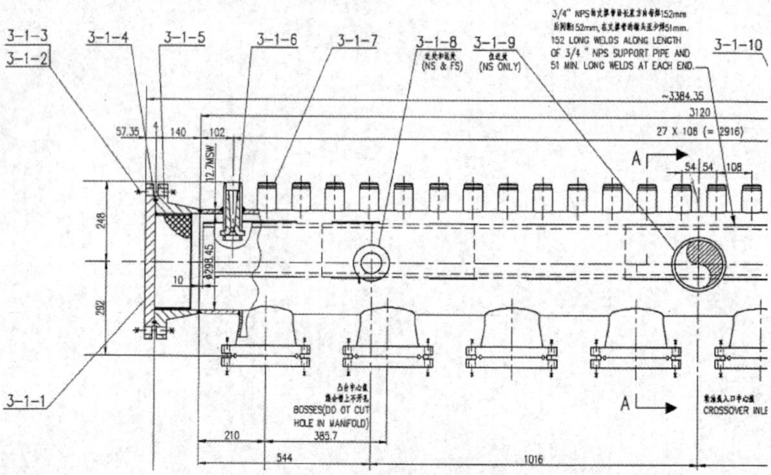

图 1　文丘里管示意图

2021 年 3 月 10 日，对焊接完成的炉管进行无损检测发现，工作温度较低的液相组炉管焊接一次合格率均为 100%，而工作温度较高的 2 通道、7 通道的气相组炉管焊缝有 26 道焊口(共 65 道)出现未熔合、凹坑、咬边等缺陷，再次切割焊接仍未彻底消除，导致气相组炉管焊接一次合格率仅为 60%。按照规范规定，对同一缺陷位置的返修次数一般不允许超过 2 次，所以对焊缝缺陷的返修必须制定可靠的工艺措施，才能确保返修质量(图 2)。

2　HP40Nb 的性能分析

2.1　化学成分及金相组织

高温炉管的工作条件十分恶劣，长期在高温、腐蚀介质环境下工作，因此要求炉管具有良好的抗渗碳性能、抗氧化性能、焊接性能。

乙烯裂解炉的辐射段炉管由 HP40Nb (ZGCr25Ni35NbTi)等材料离心铸造而成，HP40Nb 耐热钢工作温度可达 980℃，瞬间温度可到 1080℃。未服役的炉管为典型粗大树枝晶组织，随着服役时间延长，树枝晶组织越大，晶粒颗粒越大。其化学成分及铸态显微组织如表 1、图 3 所示。

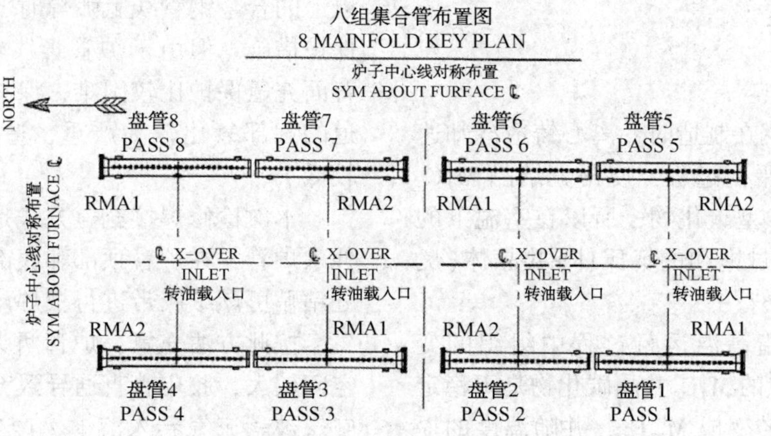

图 2　炉管通道编号图

表 1　HP40Nb(ZGCr25Ni35NbTi)钢的化学成分　%

合金元素	C	Si	Mn	P	S	Ni	Cr	Mo	Nb
HP40 Nb	0.37~0.45	2.00	≤1.25	≤0.03	≤0.03	34.0~37.0	24.0~27.0	≤0.50	0.8~1.2

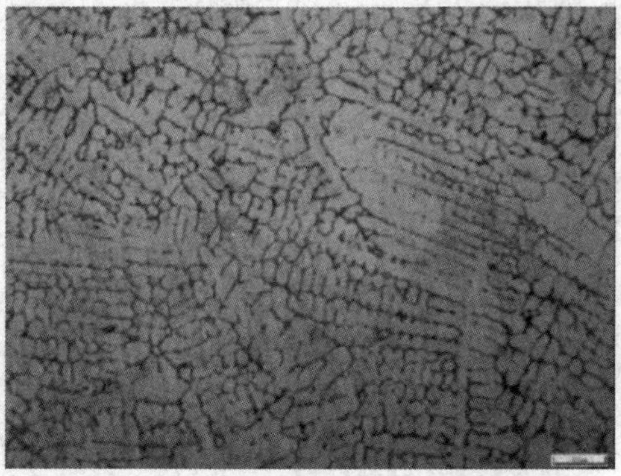
图 3　未服役 HP40Nb 炉管铸态组织 X100

2.2　焊接性能

(1) 由于 HP40Nb 碳及合金元素含量偏高，故液-固两相共存区间较大，偏析严重，焊接时具有较大的热裂纹倾向。

(2) 焊缝金属在液态状态下流动性、浸润度较差，熔深较小。

3　焊接工艺参数

3.1　焊接方法

手工钨极氩弧焊具有热量集中、焊接过热区较小、高温停留时间较短、冷却速度快、反面焊缝成形质量好，以及管道内部清洁度高等特点。所以采用气体保护钨极电弧焊，保护气体采用 99.9%纯度的氩气。

3.2　焊材选择

焊材选用主要根据母材的合金类别、化学成分以及使用的环境要求，焊接材料主要化学成分和母材应尽量相似，以保证各项性能与母材相当，和 HP40Nb 化学成分匹配的焊丝是 ERNi-CrMo-1。

3.3　焊接工艺参数

HP4ONb 炉管焊接过程中，焊接电流过大容易产生热裂纹、变形和严重的成分偏析；过小则影响熔合效果，进而影响焊缝的持久强度。因此，焊接过程的参数及层间温度(≤60℃)要严格控制。

表 2　HP40Nb 焊接工艺参数

层/道	焊接方法	焊材	焊材规格	极性	电流/A	电压/V	焊接速度/(cm/min)
1	GTAW	ERNiCrMo-1	ϕ2.4	直流正接	65~75	10~13	3~4
2~4	GTAW	ERNiCrMo-1	ϕ2.4	直流正接	85~95	11~14	4~6

4 缺陷原因分析

4.1 母材碳化

HP4ONb 耐热钢在制造时，离心铸造冷却速度很快，凝固为不平衡过程，使得先结晶 M_7C_3 来不及转变成 $M_{23}C_6$ 型碳化物，所以在室温下的铸态组织(新管)为过饱和的奥氏体+共晶体(奥氏体+M_7C_3碳化物)。

在高温使用(指高温运行过程中组织的变化)过程中，骨架状的 M_7C_3 共晶碳化物是不稳定的，很快就能全部转变成 $M_{23}C_6$，并随温度的提高而加速。在长期高温服役后，骨架状共晶碳化物会转变成网链状，运行温度越高，时间越长，炉管组织网链状越明显，说明组织劣化越严重。如图 4 所示，炉管母材晶界析出的碳化物已经出现不规则块状物，并且沿晶界聚集，原始碳化物形态断裂，晶粒晶界显示明显。

图 4　在役炉管微观金相图：200X

随着炉管运行时间的增加，其高温合金材料表面的碳化物不断析出，材料的金属晶界聚集了大量的碳化物，导致炉管机械性能逐渐下降，材料的可焊性变得越来越差，容易在焊接过程中出现以下问题：

4.1.1 熔池有杂质

熔池内部液态金属不纯净，熔池表面浮有难熔的碳化物。

4.1.2 熔滴流动性差

液态熔池伴有零星飞溅，熔滴的流动性较差，垂直固定焊口上端坡口浸润度差，熔滴难以正常过渡到焊道背面。

4.2 背部氧化

炉管 HP40Nb(ZGCr25Ni35NbTi)属于高合金钢管，为避免焊缝根部氧化，合金含量在 2.5%以上的合金钢管线氩弧焊时，根部必须采取充氩保护措施。但由于炉管管线较长或固定口焊接，背面充氩保护比较困难，保护效果较差，根部焊道的背部氧化较为严重，造成焊接一次合格率较低。

本次检修焊接充氩方式是直接将充氩胶皮管伸入炉管，在炉管顶部和底部封堵，焊接时坡口处粘贴可燃纸胶带进行根焊。

按此方法充氩，炉管两头封堵后，充氩内部空间较大，胶皮管直通导致充氩区形成紊流，使空气被紊流气卷入溶池，产生熔池保护效果差，焊道被氧化现象。充氩浓度较低，尤其是焊接碳化较严重的气相组炉管时，背部氧化严重。因此，需改善充氩条件，保证氩弧焊时根部充氩充分。

4.3 送丝手法不当

在定位焊点及焊道首、尾接头收口处呈现约 6mm×4mm×2mm 凹坑缺陷，液相组炉管由于碳化程度较轻，焊接时液态熔池较为洁净，流动性也较好，液相组炉管采用中间填丝手法，依靠液态金属表面张力过渡，根焊背部成型较好。

气相组炉管由于碳化严重，即使充氩浓度完全达标，氩弧焊接时，内部的难熔杂质使液态金属流动性变差，加上焊工无法看到钝边熔化和背面余高情况，容易导致背部上边缘焊缝不饱满，出现咬边过深，未熔合、接头凹坑等缺陷。

5 解决方案比选

5.1 免充氩焊接保护剂

由美国金帝国公司生产的“太阳”牌焊接保护剂，其中的 TYPE I 型，适用于含 Ni 量大于 25%的各种钢，将其涂于焊缝的背面，可以保护焊缝背面免于氧化，焊接速度可以更快和更均匀，实现免充氩焊接，得到优良的根焊焊道。兰州石化维达公司、福建联合石油化工有限公分别在乙烯裂解炉检修中有应用案例，但该产品为进口材料，采购周期较长，且价格较贵。

5.2 药芯焊丝

药芯焊丝电弧焊(FCAW)在根焊时，可实现背面熔渣保护，因此可不必采取背面充氩的工艺措施，特别适合根焊。这种新的焊接工艺具有的渣气联合保护作用，避免了焊缝根部的氧化和合金元素的烧损。通过咨询焊材厂商，ERNiCrMo-1 属于小众焊材，无成品药芯焊丝可用，只有需求量大时才可定制供货，且为进口焊材，供货周期较长，焊材采购成本较大，且药芯焊丝电弧焊(FCAW)需要进行焊接工艺评定，焊工需要培训、取证，不适用于施工周期短的炉管焊接。

5.3 工艺措施优化

使用免充氩焊接保护剂、药芯焊丝仅可以实现免充氩，能解决焊缝背部氧化的问题。根据奥卡姆剃刀原理："如无必要，勿增实体"，引入新材料将增大培训成本、时间成本，也将引入新的不确定因素。

液相组炉管合格率高、气相组炉管焊接合格率低，皆为同一组3名焊工施焊，证明焊工水平达标，区别在于气相组炉管的碳化较为严重，因此有针对性地调整操作手法、完善工艺措施是较为经济的解决方案。

6 焊接工艺措施优化

经上述缺陷产生原因分析、方案比选，对坡口加工、根焊接头、充氩方式、送丝手法等焊接工艺措施进行了优化，取得了良好的效果。

6.1 坡口加工及焊口组对

(1) 单面坡口角度30°±2.5°，钝边：0~1.0(mm)。当钝边过大时，不利于熔孔的打开(图5)。

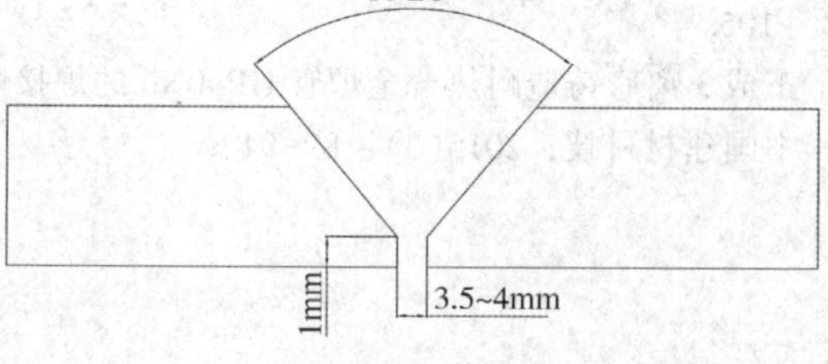

图5 坡口尺寸

(2) 由于这种炉管结构较为特殊，内部带有鳍片，因此需使用特殊内坡口机去掉20mm范围内的鳍片，焊接坡口两侧20mm内打磨掉外表氧化皮、用丙酮清洗油污等杂质，直至露出金属光泽。

(3) 为避免附加应力的产生，严禁强行组对。炉管组对时内壁应做到平齐，其错边量不应超过1mm。

(4) 焊口组对时，为保证全焊透，组对间隙应大于焊丝直径的1.2倍，为3.5~4mm。间隙过小时，根焊熔滴不易透过背面，易出现未焊透、背面焊缝内凹、焊丝不能顺利穿入、无法实现内加丝；间隙过大时，电弧摆动运条，焊接线能量大，背面焊缝易出现内凹、余高超标。

(5) 定位焊采用搭桥式点焊，且不破坏坡口，点焊时应充氩保护。

6.2 根焊接头端部处理

定位点焊及根焊首、尾接头时，主要利用电弧的热量形成熔孔，在即将收弧填丝时由于起头熔孔较厚，熔敷金属未能完全透过背部，导致形成凹坑缺陷。接头端部采用锥形合金磨头进行细致打磨，使每个接头端部呈斜坡状U型凹槽，确保接头背部有效熔透，可避免出现接头凹坑缺陷。

6.3 优化充氩方式

设计制作了充氩工装(图6)，即将鸭嘴式紫铜管接氩气胶管，紫铜管前端封死，侧面钻数个小孔作为氩气出口，此时氩气呈漫散射状态均匀输入，不会形成紊流。在炉管焊口组对前两侧各200mm处采用水溶纸进行封堵，以缩小充氩空间并缩短充氩时间。

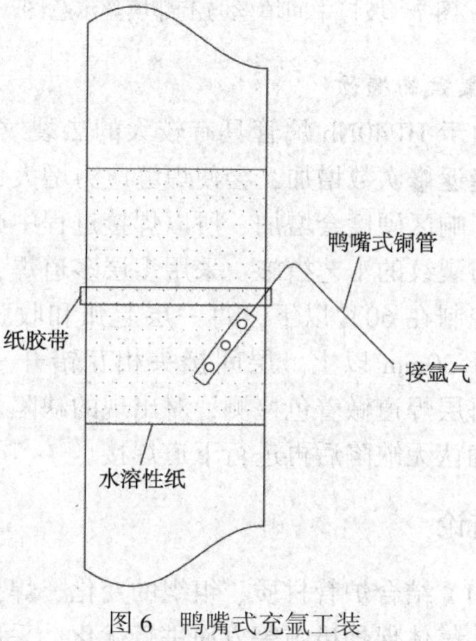

图6 鸭嘴式充氩工装

由于氩气较空气密度大，空气先从坡口处逸出，此时粘贴纸胶带，纸胶带在焊接过程中燃烧，失去部分封堵作用，因此在焊接起弧的对面留一小口，插入鸭嘴式充氩紫铜管，进行焊接过程中的氩气补充，保障了背面氩气保护充分，防止背面氧化问题。

刚开始充氩时，氩气的流量可较大，以便快速置换出空气，在确保空气排尽后，再进行焊接。当根焊快完成整道焊接时，应适当降低氩气流量，避免根焊背面因氩气的吹托而出现凹陷。

6.4 送丝手法改进

针对根焊背部未熔合、背面凹坑缺陷、熔滴流动性差等问题，气相组炉管在垂直固定位置根焊时，优化送丝手法，改变以往坡口中间填丝手法，采用坡口根部上侧填丝手法，焊丝端部始终保持在坡口上边缘的根部，利用摆动电弧将液态金属带到下侧坡口，此时背部上侧焊缝饱满，焊道冷却后不会产生上边缘咬边、背面凹坑等缺陷(图7)。

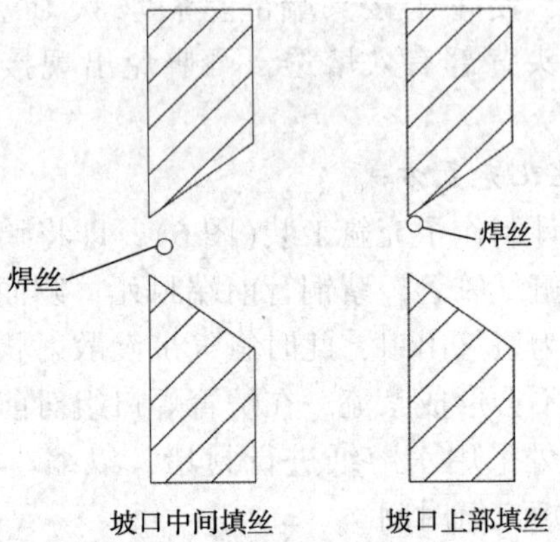

图7　坡口中间填丝与上部填丝示意图

6.5 裂纹的预防

由于 HP40Nb 炉管具有较大的热裂纹倾向，且焊缝返修次数增加，会使焊缝应力增大，焊缝及热影响区硬度会增加，所以焊接过程中必须采取预防裂纹的工艺措施：采用多层多道焊，层间温度控制在 60℃ 以下，每一层起弧和收弧处相互错开 30mm 以上。层间接头相互错开一定距离。每层焊道做着色检测，对出现的缺陷及时打磨，确认无缺陷后再进行下道焊接。

7　结论

(1) 结合炉管材质、组织的变化、焊接操作方法、气体保护措施等方面进行优化，采用新制定的焊接工艺措施，将乙烯裂解炉 26 道焊口返修完毕，并经 RT 检测，100%合格，至今运行良好。

(2) 采用焊接优化工艺措施对乙烯裂解炉管进行焊接，大幅提高了焊接一次合格率，有效缩短了检修工期，为乙烯裂解炉的重新投产赢得了宝贵时间，保障了装置长周期运行，具有操作简单、效率高、质量好等优点。

(3) 本技术所提供的焊接优化工艺措施方法并不局限于乙烯裂解炉管的焊接，还可适用于其他类似工况高温合金炉管焊接的推广应用。

参　考　文　献

[1] 张莘种．裂解炉辐射段新旧炉管焊接方法改进[J]．齐鲁石油化工，2020，48(4)：312-315+326.

[2] 邓跃兵，徐世雄，熊卫国，等．乙烯裂解炉镍基炉管焊接修复开裂原因分析及对策[J]．金属加工：热加工，2020(10)：74-77.

[3] 何正明，孟翔宇．裂解炉 25Cr-35Ni-Nb+MA 炉管焊接工艺措施[J]．化工管理，2019(4)：182-183.

[4] 黄礼琼，孟晋安，李剑．HPMOD Nb 炉管在特殊工况下的焊接工艺[J]．电焊机，2016，46(1)：71-73.

[5] 王万祥，邓雪峰，沈丹．乙苯装置 HP40Nb 高温合金炉管的焊接工艺研究及应用[J]．金属加工：热加工，2009(8)：36-39.

[6] 朱国民．HP40Nb 炉管焊接技术探讨[J]．杂文月刊：学术版，2015(6)：234-234.

[7] 张展宇，黄惠祥．高温耐热合金 HP-40Nb 的焊接[J]．机械工人：热加工，2004(3)：38-39+45.

[8] 刘天佐，王成．石化用 HP 45 Mod. Nb 裂解炉管的焊接研究[J]．热加工工艺，2006，35(23)：41-44.

[9] 董云滨，侯双英．蒸汽过热炉 HP40Nb 炉管焊接质量控制[J]．化工设备与管道，2014，51(2)：26-29.

[10] 范朗星．免充氩涂覆焊剂在乙烯辐射段炉管焊接上的应用探讨[J]．机电技术，2021(3)：50-53+105.

[11] 王成．离心铸造耐热合金炉管 HP40Nb 的焊接[J]．中国建材科技，2015(3)：89-91.

一种便捷精准检测焊缝严密性试验装置

宋 昭 宋满堂 董进元

（中国石油兰州石化公司）

摘 要 为保证立式圆筒形钢制焊接储罐施工质量，罐底板焊缝压密性试验检查过程尤其重要，由于储罐建成后内部空间光线较暗，观察时稍有疏忽就会造成焊缝漏点漏检，导致储罐充水试验过程底板漏水，需反复开罐放水再次对底板焊缝进行真空试漏，费时费工。因此研制应用检测精准度高的新型储罐底板真空试漏装置对储罐底板焊接施工质量的检验收具有重要意义。

关键词 立式圆筒形钢制焊接储罐；底板焊缝；真空试漏

1 施工背景

近年来由于炼化企业的发展需求，大型储罐的现场安装及检维修任务较为频繁。根据《立式圆筒形钢制焊接储罐施工规范》中 7.2.3 条，罐底的焊缝检查应符合下列规定："所有焊缝应采用真空箱法进行严密性试验，试验负压值不得低于 53kPa(0.053MPa)，无渗漏为合格"。因此真空试漏的精准性决定了储罐充水试验是否一次成功。

建设公司是以承担炼油化工装置设备、钢结构、压力容器和压力管道制造安装为主的施工单位。以往使用自制的真空试漏箱是采用 6mm 厚度的钢板做成无底的长方形盒子，盒顶部利用扁钢条钻孔加装螺丝压紧安装一块 8mm 厚度的玻璃，盒底四周边沿包有海绵橡胶。但是在实际施工过程中自制真空试漏箱重量大(约 20kg)、移动不便，人工搬运需四人才能完成(图 1)。在搬运过程中密封海绵在罐底板上来回拖动，损耗较大，频繁更换海绵。观察检查焊缝漏点时，存在外部手电筒照明时玻璃反光，容易出现焊缝漏点漏检的情况。

图 1 传统自制的真空试漏箱

2 问题的产生

2017 年 10 月，由我单位承担的油品储运厂一具 5000 立方米储罐罐底板更换任务，在罐底板更换完毕，充水试验过程中，发现底板底部漏水(图 2)。施工人员停止充水后，进行排水。排水完成后进入罐内检查，再次真空试漏检测出焊缝仍存在较小缺陷，泄漏点系底板搭接焊缝处有一处穿透性气孔所致(图 3)。

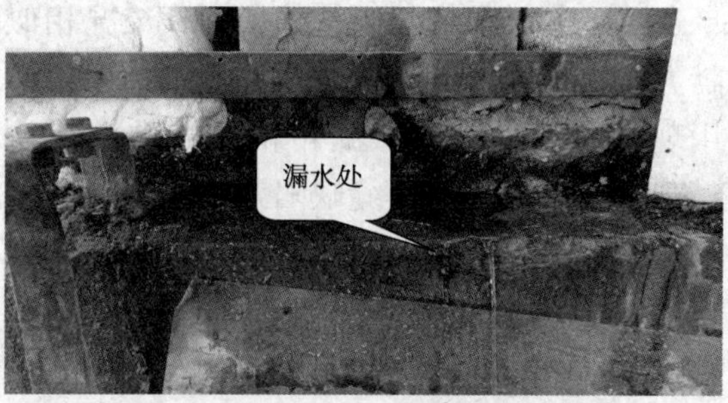

图 2 罐底板充水试验泄漏现场

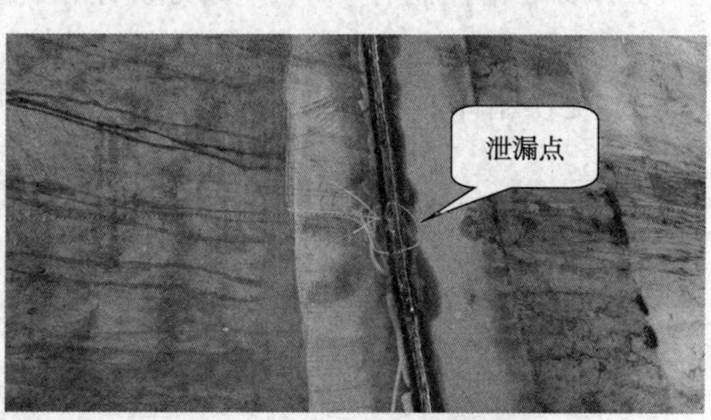

图 3 漏检的焊缝缺陷

2 分析原因

分析原因是使用的真空箱观察窗反光，操作

人员检查时，个别焊接缺陷产生的微小气泡未能及时观测到，导致部分焊缝缺陷漏检(图4)。此次储罐底板更换充水试验泄漏拖延了工期，增加了施工成本，造成了一定的施工质量负面影响。

图4　观察窗有反光现象

3　新型真空试漏箱研制过程

3.1　查新检索

我们在中国知网、万方数据检索，未见新型真空试漏装置相关报道，进而委托科技查新咨询单位“甘肃省科学技术情报研究所”、“甘肃省科技查新检索咨询中心”针对“新型储罐底板焊缝真空试漏箱”关键词进行了技术查新。

通过查新结果资料，选择了两种工况相似的文献方法进行借鉴其组件结构及使用效果，针对使用现有自制的真空试漏箱箱体笨重、移动不便、观察窗反光造成焊缝缺陷漏检情况，提出解决问题的途径：通过箱体减轻且可推拉，安装不反光照明装置。

3.2　新型真空试漏箱研制思路

3.2.1　轻便搬运

(1) 减薄箱体制作材料，实现减轻箱体重量，为单人操作创造有条件；

(2) 更换箱体抽空阀门，简化操作，可节省操作时间；

(3) 增加推拉移动装置，实现便捷移动，加快作业时间。

3.2.2　消除反光

(1) 改变照明方式，避免观察窗玻璃表面的反射光；

(2) 可调节照明亮度，满足观察照明亮度且不刺眼为宜；

(3) 可调节照明角度，满足对需检漏的焊缝进行观察照射。

3.3　制作材料选择

(1) 箱体制作材料选择：100×50×1mm 的 C 型钢(图5)。选截面高度 100mm，卷边宽度 50mm，厚度 1mm 的 C 型钢，制作简便，按照箱体四边框长度下料即可，薄壁 C 型钢上下均有 50mm 宽折边可利用，只需焊接四个边角，下料、焊接量小，焊接变形小。按照真空箱体壁板所需材料测量，重量为 1.8kg，能够承受工作真空负压不变形、单人搬运不费力。

图5　箱体选用薄壁 C 型钢

(2) 抽空阀选择：铜制 4 分阀门(图6)。测量重量为 0.05kg，价格低廉、未明显增加了箱体重量；真空试漏过程接触肥皂水等，钢制阀门会生锈。两个分别作为抽真空的进、出阀门，增加了操作动作。一个 4 分三通双开阀门更减轻了重量、也简便了操作。

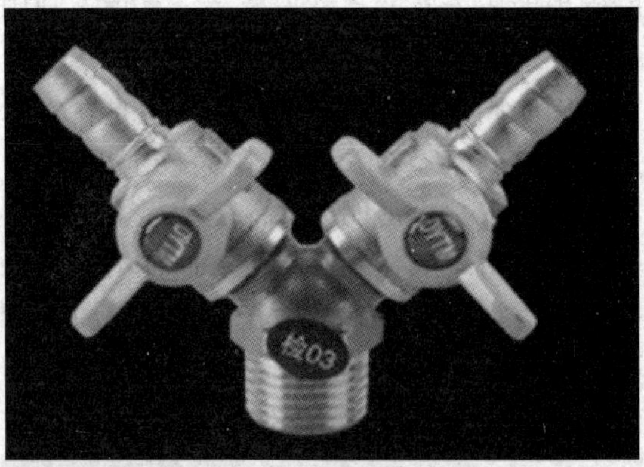

图6　双开三通铜制 4 分阀门

(3) 箱体内部照明灯选择：低压头灯(图7)。微型防爆 LED 头灯安装方便、可调节亮度及照射角度，充电续航 4 小时左右，满足工作需要。

(4) 观察窗材料的选择：6mm 厚度树脂有机玻璃板(图8)。重量较轻，在频繁搬运过程中不容易损坏，能够承受工作真空负压、透光性较好。

图 7 LED 低压头灯

图 8 厚度树脂有机玻璃板

（5）推拉轮的选择：选用直径 30mm 的尼龙轮灵活推拉，重量 0.05kg(图 9)。

图 9 尼龙轮

3.4 制作后进行测试

绘制了保护装置制作结构图(图 10)，并制作出实物。

3.5 测试过程

（1）测试内容一：制作的真空箱体可够覆盖所检测焊缝两侧 50mm 范围；测量箱体重量为 1.95kg。箱壁板在工作真空负压下无变形，满足要求。

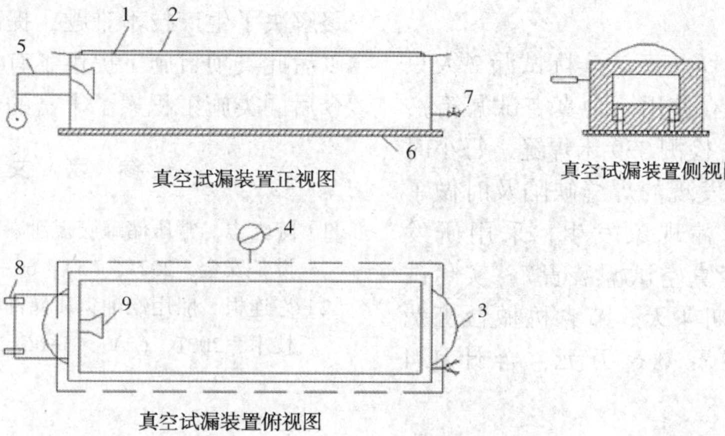

图 10 真空箱结构图

1—箱体；2—观察窗；3—把手；4—真空表；5—推拉轮支架；6—高密海绵；7—阀门；8—推拉轮；9—LED 灯

（2）测试内容二：将 4 分三通双开阀门一端连接在箱体管箍上，一端插入抽空胶管，打开真空泵，当箱内真空压力达到-53kPa 时(约 30 秒，关闭抽空阀手柄进行焊缝观察检测(约 30 秒)，确定无漏点(无气泡)打开放空阀柄，使真空表针归零，测试操作过程时间为 1 分钟。

（3）测试内容三：将微型防爆 LED 低压头灯卡在箱体内部灯架上，调整亮度，再调整照射角度，光柱覆盖在待检测焊缝表面，观察焊缝清晰，3V 安全电压 LED 照明对人身不会造成伤害。

（4）测试内容四：测量下料后的有机玻璃观察窗重量为 0.8kg，在箱体上盖用玻璃胶将有机玻璃板粘贴牢固，用 LED 低压头灯在箱体内向下照射焊缝，观察窗玻璃无反光透光性好，频繁搬运不易损坏，真空压力达到-53kPa 保压 10 分钟无变形。

(5) 测试内容五：在箱体一侧焊接支架，将两个尼龙轮安装在支架上，用手提起真空箱一端把手使轮子接触罐底板，进行推拉行走，多次测试统计，单次搬运试漏长度移动时间平均为3秒左右。

3.6 操作步骤(图11)

步骤一：将真空箱放置在涂刷好肥皂水的待检测焊缝部位，打开内部LED照明，调整好照射角度足以覆盖待检焊缝；

步骤二：开启外部真空泵，压紧高密海绵，打开抽真空阀门，待压力升至-53kPa时，关闭阀门，在LED照明下进行焊缝试漏检查，如有漏点做好标记；

步骤三：检查完毕后打开放空阀门，真空压力表显示到零位即可，提起真空箱一侧把手倾斜，前方推拉轮着地后，推动或拉动至下一检测位置，重复以上操作。

图11　实际操作步骤一、二、三

4　应用实例

2018年7月，由安装公司承建兰州石化公司油品储运厂21号储罐底板更换任务，罐底板更换焊接工作完成后，罐底板1356米焊缝需要真空试漏。

预测试漏工期为4人6天，实际试漏2人只用了2天(每人分别独立使用一台真空试漏箱)，每人每天作业6小时，检测339米焊缝，每小时约检测57米焊缝，对发现的焊缝缺陷及时做了修补，充水试验无泄漏现象发生。采用研发的"新型储罐底板焊缝真空试漏装置"，实际试漏施工2天，节省工期4天。节省机械台班费0.8万元、节省人工费0.6万元，合计1.4万元。

5　结语

通过创新努力，所研设备可节省人工，缩短施工时间，提高了施工质量，得到了业主和监理的好评，为公司赢得了效益及赞誉。以创新的思路解决了生产技术难题，提高了试漏准确度，为以后此类项目施工提供了有力的质量保障。也为今后同类施工积累了丰富的经验。

参　考　文　献

[1] 陈立志. 常压储罐底板泄漏检测技术[J]. 中国特种设备安全，2021，(5)：60-64.

[2] 许连根. 船用燃油钢质储油罐底板的修理[J]. 航海技术，2001，(2)：65-66.

一种柔性可拆装导磁装置的研发与应用

金巨槐　宋满堂　罗晓军　童爱群

（中国石油兰州石化公司）

摘　要

石化行业管道施工中，新旧管线焊接经常因旧管道带有剩磁而使管道根部氩弧焊时产生磁偏吹，致使焊接熔池无法成型，不能正常施焊。通过试验模拟管道的充磁及导磁的过程，测量磁感应强度大小对磁偏吹强弱的影响，研究出“一种柔性可拆装导磁装置”，能够有效消除导磁金属管道焊接过程中的电弧磁偏吹，经试验数据和现场实践证明，此技术简单、易行、快捷、有效。

关键词　磁感应强度；充磁电流；磁偏吹；导磁

1　前言

兰州石化公司装置检修过程中，经常遇到管道在运行后被不同程度磁化的现象，例如2014年300万吨/年重油催化裂化装置大检修，热工系统中压蒸气管道（材质为20G，规格Φ457×30mm）在管道即将封闭合拢的几个法兰焊口处，发现靠旧管线焊口磁化严重，焊条及小块金属离坡口一定距离就会被强力吸附到管道上，手工钨极氩弧焊打底焊接时，电弧偏离电极轴线，使焊接电弧偏斜形成磁偏吹，熔滴无法过渡到坡口根部形成稳定熔池，液体熔滴会随电弧的飘摆产生迸溅，电弧飘摆出氩气保护区域，熔化焊道产生气孔等缺陷，焊接质量难以保证。无法采用通常的手工钨极氩弧焊的方法进行打底焊接。2016年120万吨/年重油催化裂化装置大检修DN300的中压蒸汽线施工、2018年和2019年化肥厂C锅炉中压蒸汽线焊接时都发现此类问题，制约了检修项目的顺利进行（图1）。

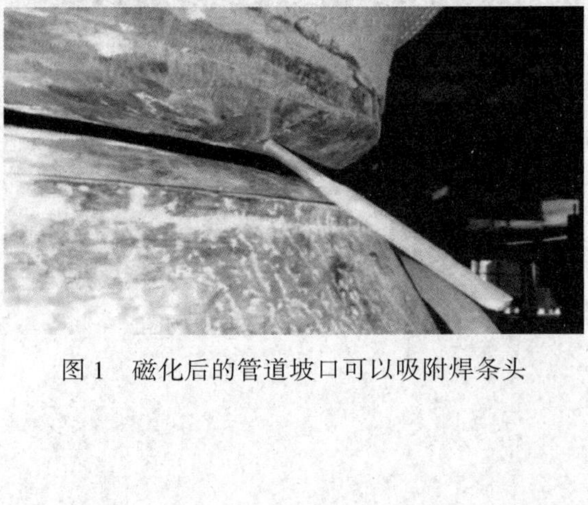

图1　磁化后的管道坡口可以吸附焊条头

2　磁偏吹的影响及常用消磁方法

2.1　磁偏吹产生的机理

在焊接带磁管道时，电弧周围空间存在较强的磁场，它是由电弧自身磁场和管道剩磁产生的外加磁场构成。在正常的条件下，电弧不会产生影响焊接的磁偏吹，但是在焊口剩磁磁场的强度超过一定数值后，就会破坏焊接过程的稳定。焊接电弧的微观结构由分离且有运动方向的正、负电荷组成，流动电荷产生的电流促使电弧周围产生感应磁场。而管口剩磁会破坏分布均匀的电弧磁场，使局部的洛伦兹力过大，受力不均匀的电弧将偏离焊条的轴线方向，与电极轴形成倾斜角度，从而产生电弧磁偏吹。如图2所示，F1、F2分别为电弧左侧、右侧磁场产生的洛伦兹力。

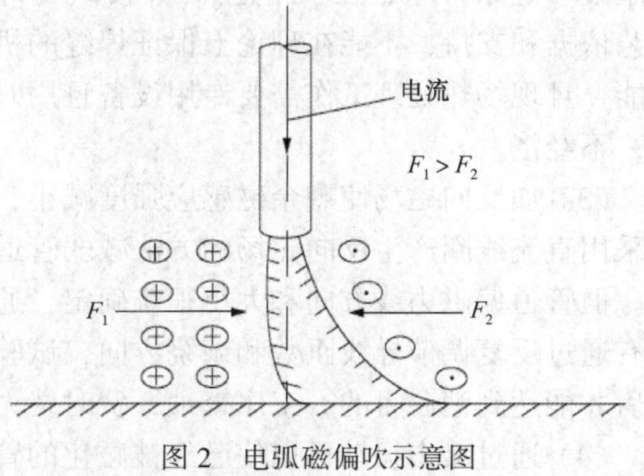

图2　电弧磁偏吹示意图

2.2　剩磁产生的原因

剩磁是产生磁偏吹现象的关键因素。剩磁产生的主要原因有以下几点：（1）金属熔炼或管道制造工艺过程中产生剩磁；（2）管道采用电磁起重机装卸产生剩磁；(3)管道用磁化方法进行无损检测产生剩磁；(4)管道接近强力供电线路产生剩磁；(5)采用电磁感应法对管道或其焊口进行预热或热处理所产生的剩磁；(6)管道采用车床切削或砂轮机打磨坡口；(7)在用管线长期受到高温高压高速介质的定向冲刷。在管道检修过程中以(3)、(5)和(7)项管道剩磁种类最为常见。前言所述的几处中压蒸汽线均和(7)吻合。

2.3 磁偏吹对焊接质量的影响

磁偏吹轻者对焊接电弧的起弧和收弧产生影响，使电弧相对焊缝发生偏移，造成电弧摇摆不稳定，使熔滴过渡不规则，无法过渡到坡口根部形成熔池，在焊缝中引起连续或断续内咬边、根部未焊透及未熔合。还能削弱电弧周围的保护气氛，使熔池中易混入空气，从而气孔夹渣等缺陷，影响焊接质量。

磁偏吹重者使电弧引燃困难，破坏电弧燃烧的稳定性，甚至导致电弧熄灭。熔滴从焊接熔池中溅出，导致无法焊接。

2.4 常用的消磁方法及消磁效果分析

(1) 调节焊机地线在管道上的位置，减轻磁偏吹。此方法在微弱管道磁偏吹情况下，简单有效，但如果碰上强磁偏吹，作用甚微。

(2) 将管道加热，使管道的温度高于其“居里点”温度，使铁磁质管道中磁化区域完全转变成为顺磁质，使管道内铁磁性消失。该方法的缺点是只有始终处于“居里点”或以上温度，管道才会由铁磁质转化为顺磁质，当低于此温度时，又转化为铁磁质，剩磁恢复。通常焊接工艺都在常温或一定条件下，在“居里点”焊接缺少焊接工艺依据和支持，不能在理论上保证焊缝的机械性能。且现场热处理工作需要专用设备且用时较长，不经济。

(3) 加反向磁场使剩余磁感应强度减小，一般采用直流线圈产生反向磁场的方法减弱管道磁场。但管道偏磁力线方向和大小很难确定，通常只有通过反复调节导线匝数和缠绕方向，试验数次后才能达到消磁目的，工序繁琐，费时费力。

(4) 通过敲击振动可以使已经被磁化的管道内部有序排列的磁场在一定程度上重新无序排列，从而消减管道剩磁。但人力使管道振动产生的效果很小，仅适用于小口径和弱剩磁管道的消磁。高频振动效果理想但受专业设备影响，经济性较低。

(5) 增加以往采用的坡口内加与母材同材质圆钢短节导磁，采用搭桥引磁法，使新旧管线磁场联通，可以有效解决不能焊接的问题，但该方法要求在母材内加焊同材质圆钢，操作要求高，且加焊的圆钢处理不当容易产生未熔合及未焊透等焊接缺陷，影响焊接质量。

3 管道充磁试验模拟

3.1 充磁方法

为了解决焊接磁偏吹难题，我们深度还原现场工况，对管道模拟充磁，进行以下试验：

根据右手螺旋定则，在模拟旧管侧用导线缠绕管线，从而对管道进行模拟充磁。该模拟试验采用的试件为 Φ159×10mm，材质为 20#钢的管线，母材坡口采用手工氧乙炔切割后进行打磨。缠绕的导线采用 10mm^{2}铜芯电源线，缠绕匝数为 10 匝，缠绕位置距离焊缝坡口处 400mm，使用为米勒 Syncrowave® 250 DX 电焊机进行管道充磁。

将模拟管道试件架设在提前制作的 Y 型支架上，用木质结构插入管道，使管道彻底不与金属支架连接，杜绝支架对试件磁感应强度的影响。

试件固定后，将导线顺时针缠绕在试件上，缠绕导线的两端分别接至充磁电焊机的正负极，充磁电焊机采用直流正接的连接方式，正极连接至导线，负极连接氩弧焊把，并将缠绕导线的另一端固定在氩弧焊接的钢板上，氩弧焊把在钢板上连续焊接，使导线内产生连续同向电流，连接方式如图 3 所示。通过调整电焊机电流大小，即可达到调整充磁电流的目的。

图 3　管道充磁模拟现场图

3.2 试验数据采集对比

使用型号为HT20数字特斯拉计对充磁电流20A至160A电流下充磁侧和不充磁侧管口的坡口表面、根部、近焊口50mm处的0°、90°、180°、270°四处方位的磁感应强度进行测量并记录，如附表1“搭桥导磁前”数据所示。

通过附表1可以看出，随着充磁电流的增大，充磁侧和不充磁侧管口的坡口表面、根部的磁感应强度均有所增大，但坡口表面增大趋势不强，而根部增大趋势明显(图4)。从上述试验可以得出，充磁电流对坡口根部的磁感应强度影响最大，因此，磁感应强度的大小对坡口根部氩弧焊打底焊接的影响最大。

同时发现，随着充磁电流的增大，充磁侧和不充磁侧管口近焊口50mm处的磁感应强度均很低，且变化趋势不明显。可以得出：“充磁电流的大小对管线中间部位的磁感应强度影响很小，而对两极位置的影响很大”。

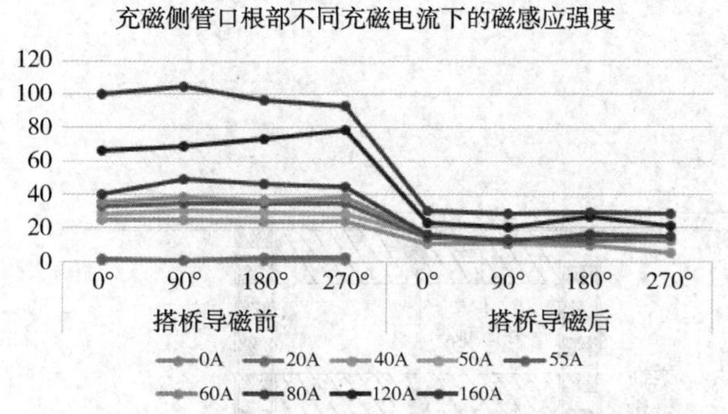

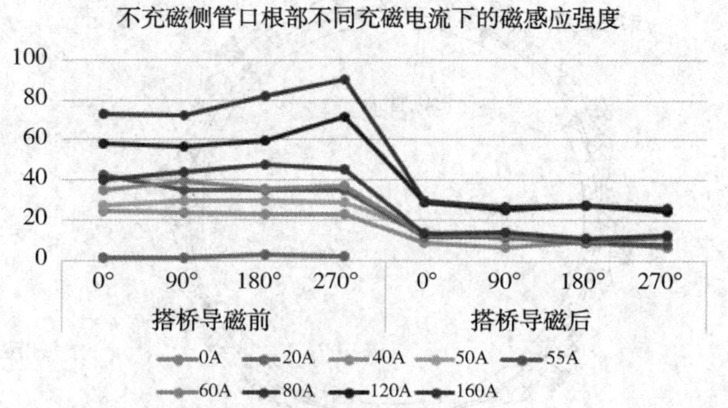

图4　不同充磁电流下搭桥导磁前后充磁侧和不充磁侧焊缝根部磁感应强度趋势图

3.3 不同磁感应强度下的焊接状态

同样采用为米勒Syncrowave® 250 DX电焊机进行管道根部焊缝氩弧焊焊接，焊接电流均设置在100A，通过在不同导线缠绕电流下的模拟试验，当充磁电流小于50A，焊缝根部磁感应强度在30mt以下时，磁偏吹不明显，焊缝可正常焊接。当充磁电流在50A~55A，焊缝根部磁磁感应强度在30~35mt，开始出现磁偏吹，焊缝仍可进行焊接，但无法保证焊接质量。当充磁电流大于60A，焊缝根部磁磁感应强度在35mt以上时，磁偏吹明显，电弧引燃后声音异常，伴有尖锐的鸣叫声，不能形成完整的熔池，熔滴无法正常过渡，焊缝不可焊接。

4　导磁装置制作及试验

4.1 工作原理

借鉴以往消磁方法，并通过前述“充磁电流的大小对管线中间部位的磁感应强度影响很小，而对两极位置的影响很大”的试验结论，我单位研发制作了“一种柔性可拆装导磁装置”，如图5所示，该工装的工作原理是利用磁铁两极的磁感线最多最为密集，而在磁铁中间磁感线较少且稀松。因此，磁铁两极磁性较强，而在磁铁中间磁性最低。将两个磁体的磁感线用导磁板联通，使之成为一个完整的磁体，这时焊缝根部所处的位置相当于该磁体的中间，因而该处磁性最低。通过加装该导磁装置，使管口两端连为整体，失衡电荷重新得到分布，管口处偏磁感线得到均衡并变为顺磁，从而消除或减轻焊接电弧磁偏吹。

4.2 试验过程

（1）根据试验管道管径制作导磁装置，导磁板材质为可以通磁的普通碳钢材料，采用50×3mm扁钢进行制作，两个导磁板的间距为60mm，间隙处用于焊缝的根部打底焊接。

（2）采用链条缠绕固定的方式，将链条与导磁板按间距要求均布后进行焊接，此种方法可以满足不同的管径的要求。在链条上设置锁紧螺栓，缠绕管口一周后进行锁紧，保证链条与管口四周贴合。

（3）在链条锁紧后，导磁板充分贴合在管口四周，增大接触面积，在导磁板位于坡口中心处加设“根部导磁顶丝”，如图6所示，顶丝由通磁的碳钢螺栓改造而成，顶丝端部锥度与坡口角度相同，通过丝扣调节插入深度，使顶丝完全与坡口贴合，以便焊缝根部两侧能更好的连接，从而更好的进行导磁。

(a)柔性可拆装导磁装置实物图

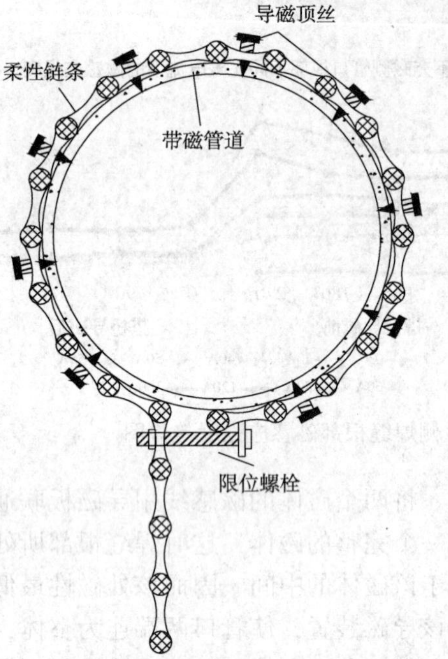

(b)柔性可拆装导磁装置侧视图

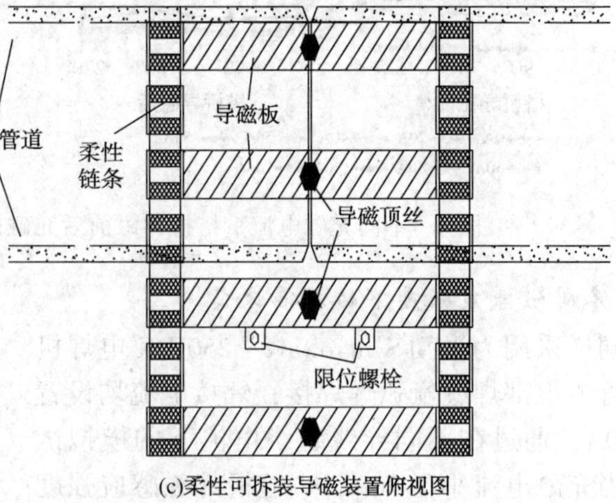

(c)柔性可拆装导磁装置俯视图

图5　柔性可拆装导磁装置示意图

(a)根部导磁顶丝实物图

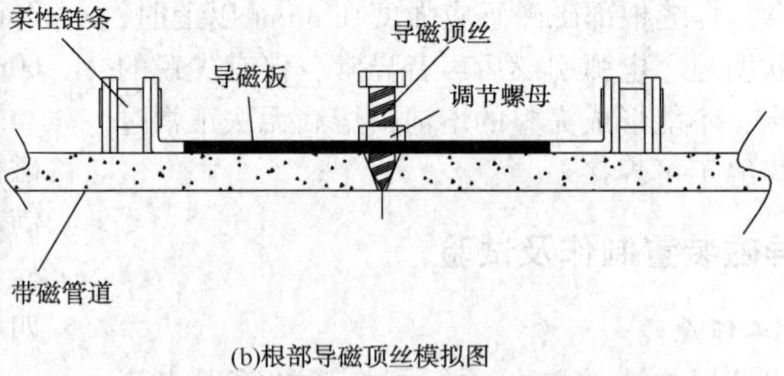

(b)根部导磁顶丝模拟图

图6　根部导磁顶丝示意图

（4）导磁装置加装完毕后，从导磁板间隙处开始逐段进行手工钨极氩弧焊根部打底，焊枪靠在坡口内部边缘，引燃电弧后加热坡口两侧呈局部熔化状态，焊接开始后，焊丝与焊枪要协调配合，焊丝填入动作要熟练、均匀，填丝要有规律，焊枪移动要平稳，速度一致。

（5）在逐段焊接几段后，坡口内磁场几乎消失，可去掉工装正常焊接。如果磁场还较强，可松开紧固螺栓，通过旋转角度重新紧固定位，从间隙处进行逐段焊接。以此类推，直至全部根部焊缝焊接完成。

4.3 实验结论

加装此装置后，通过不断增加充磁电流，对坡口表面及根部磁感应强度，的0°、90°、180°、270°四处方位的磁感应强度进行测量并记录。

通过“搭桥导磁后”测量数据可已看出，通过加装该导磁装置，在不同充磁电流下对充磁侧和不充磁侧的坡口表面、根部的不同方位进行测量，磁感应强度全部在30mt以下，（如图4搭桥导磁后所示）可以进行正常焊接。在加装该装置后，磁力线分布区域均匀，焊接时电弧受磁力影响明显减弱。随着打底焊缝完成，焊接偏磁性不会影响填充层及盖面的焊接。

5 导磁装置的现场应用

此导磁装置在2021年3.5万吨/年特种丁腈橡胶项目中得到有效应用。低压蒸汽线管线规格为Ø219×8，材质为20#，在管线打开作业时，现场发现管道内有较强剩磁，可将安全带铁钩吸附在管道上，使用HT20数字特斯拉计测量坡口根部磁感应强度最高为60.6mt，新旧管线对口焊接时，使用手工钨极氩弧焊打底时磁偏吹明显，引弧困难，无法形成有效焊接熔池，现场焊接作业无法进行。在加装本导磁装置后，再次测量坡口根部磁感应强度降为21mt，使用与试验相同的焊接方法在导磁板间隙处逐断进行打底焊接，观察发现磁偏吹现象不再出现，焊接电弧稳定，熔池均匀且得到氩气的有效保护，焊缝成型良好且检测一次合格。

6 结论

（1）该导磁装置制作简单，制造成本低，通过调整柔性链条的长短，可以满足DN50以上常见管径的管道焊接。

（2）使用本装置可有效降低焊口处磁感应强度，是一种简单、有效、便捷的消磁方法，不需要考虑管道的大小、磁力线的方向、无需增加特殊的消磁设备，避免了加反向磁场、缠绕导线、调整电流的繁琐的施工程序。在实际现场施工中充分有效的解决了管线磁化无法焊接的难题。在工程检维修项目的管线带磁焊接作业中值得推广。

（3）使用该导磁装置可以有效解决带磁管道手工钨极氩弧焊打底焊接时的磁偏吹现象，可以有效避免因磁偏吹引起的气孔、夹渣、未熔合及未焊透的焊接缺陷，大幅提高焊接合格率。

参 考 文 献

[1] 王鹏雁. 金属管道“导磁屏蔽罩”消磁焊接技术[J]. 石油化工设备技术，2011，32(5).

LNG 接收站工程消防验收管理

王圣鹏

（北京兴油工程项目管理有限公司）

摘　要　我国能源转型进程中对天然气需求日益增长，不少沿海城市陆续建设 LNG 接收站强化我国 LNG 接收能力，改善地区能源消费结构，促进我国天然气产业健康发展。LNG 接收站工程建设必须通过住建局的消防验收验证消防工程施工质量，确定合格后才能投入使用。本文主要说明 LNG 接收站建成后消防工程验收的质量控制点、检查内容和验收流程。

关键词　LNG 接收站；消防验收；质量控制点；检查内容；验收流程

LNG 接收站是我国接收进口 LNG 资源的重要中转站，其建设情况将直接影响我国的 LNG 供应能力。为保证能源供应多元化和改善能源消费结构，近年来我国大规模兴建 LNG 接收站，截至 2021 年末，我国已投运 22 家 LNG 接收站。本文通过介绍 LNG 接收站消防验收包含内容，简要说明消防验收质量控制点、检查内容和验收流程，为后续建设的 LNG 接收站顺利通过消防验收提供一定的帮助。

1　LNG 接收站工程建设与消防验收内容

LNG 接收站工程建设主要包含 LNG 储罐、房屋建筑（办公楼、宿舍楼、食堂）、中控室、变配电室、公用设施机房、库房、维修车间、海水泵房、压缩机厂房、增压机厂房、消防室/泵棚、装车撬区、高压泵区、LNG 和 NG 管道、管廊、事故收集池等。消防验收涉及面非常广，涵盖了火灾报警系统、灭火系统（自动喷淋系统、泡沫灭火系统、干粉灭火系统）、消火栓系统、消防炮系统、防雷接地系统、应急广播系统、消防给水设施、防火分隔设施、消防供配电设施、消防专用电话、消防器材、应急照明和疏散标志、消防通道等。

2　消防验收质量控制点与检查内容

LNG 接收站消防验收质量控制点主要在消防材料报验、消防管道安装、灭火系统安装、报警系统安装、通信系统安装、通风排烟系统安装、消防设备安装、消防器材安装、应急设施、消防电气、消防接地、钢结构防火这几方面。下面简要说明各个质量控制点相应的检查内容。

2.1　消防材料报验

LNG 接收站的防火要求较高，建设过程涉及的消防材料主要检查以下 8 个方面：

（1）消防产品许可强制标识；

（2）强检检定证书；

（3）厂家产品合格证书；

（4）厂家产品技术规格书或使用说明书；

（5）消防涂料有厂家实验报告，产品说明书，产品合格证；型式试验报告；耐酸耐碱耐老化，相容性试验报告；现场抽样复验粘结强度试验；

（6）建筑构配件、建筑材料、室内装修装饰材料防火性能符合国家规范标准；

（7）消防电气线缆、控制线缆、通讯线缆的材质验收；

（8）供水管道、管件验收。

2.2　消防管道安装

消防管道包括地上消防管道、地下消防管道和消防泵这三部分。

地上消防管道安装主要检查以下 6 个方面：

（1）施工方案审批；

（2）管道支架安装；

（3）管道组对、焊接；

（4）管道质量外观检验、按比例超声或射线检测；

（5）管道水压试验、气密试验；

（6）消防管道安全色涂刷。

地下消防管道安装主要检查以下 7 个方面：

（1）施工方案审批；

（2）管沟开挖，管沟挖深、底层处理并验槽；

（3）管道支墩安装验收；

（4）管道组对：粘接（玻璃钢）或焊接（金属管道）；

（5）管道水压试验、气密试验；

（6）隐蔽工程验收记录；

（7）管道分层回填。

消防泵安装主要检查以下 6 个方面：

（1）施工方案审批，设备开箱验收；

（2）机泵基础验收，混凝土强度、坐标、标高、尺寸、螺栓孔位置等复核符合设计规定，基础表面处理；

（3）设备吊装就位，找平找正，使泵进水口中心线、轴线中心线、设备基础中心线、出口法兰面水平线，符合设计规定；

（4）消防泵附属安装，控制仪表，电气，阀门、接管、隔振装置、挠性接头等；

（5）电气、仪表回路测试；

（6）单机调试。

2.3 灭火系统安装

灭火系统主要包含喷淋系统、泡沫系统、干粉系统。主要控制以下 6 个方面：

（1）设备材料入场报验、开箱检验；

（2）线缆敷设；

（3）设备基础验收、设备安装；

（4）电气仪表回路测试；

（5）启动、停机、关闭、故障报警单机测试、联动测试；

（6）喷射试验。

2.4 报警系统安装

报警系统主要包含感烟器、火焰（对射）探测器、手报按钮、消防通讯系统。探测器主要检查以下 5 个方面：

（1）探测器入场报验资料，产品合格证书及技术规格书，安装说明书等；

（2）探测器（仪表）施工方案审批；

（3）探测器底座安装、探测器安装；

（4）信号线缆、控制线缆敷设；

（5）回路测试、联动测试。

2.5 通风排烟系统安装

通风系统和排烟系统主要检查以下 4 个方面：

（1）设备材料入场报验；

（2）设备安装、风管、风机安装；

（3）电气仪表回路测试；

（4）单机测试、联动测试。

2.6 通信系统安装

通信系统主要检查以下 7 个方面：

（1）施工前准备的设计图纸、设计交底、图纸会审、技术参数等已经明确并完成；

（2）系统环境条件检查：消防通讯系统的用房、供配电、综合布线、接地等符合规范规定的验收条件；

（3）材料设备入场检查验收；

（4）设备的安装；

（5）系统接口连接；

（6）系统调试；

（7）系统各子系统验收和指挥系统集成验收。

2.7 消防设备安装

消防设备主要是消防栓和消防炮。重点关注消防栓安装高度、安装间距、安装位置、安装标识、试验验收。

消防栓安装主要检查以下 3 个方面：

（1）取顶层 1 处试验消火栓和首层取 2 处消火栓进行试射试验。达到设计要求。

（2）安装栓口朝外，取用方便；

（3）水龙带、水枪、快速接头连接好后，根据上箱体结构将水龙带挂放在挂钉、托盘和支架上。

消防炮安装主要检查以下 7 个方面：

（1）管道系统质量验收；

（2）管道和设备防腐；

（3）消防泵房、水源和水位指示装置；

（4）电源、备用动力和电气设备；

（5）系统启动（手动自动）功能验收：机泵组启、停；控制阀门启、闭；操控消防炮俯仰和回转动作；喷雾功能的消防炮，观察其喷雾动作等；

（6）联动控制功能验收；

（7）系统喷射功能验收（水炮、水幕保护、泡沫炮、干粉炮）符合设计规定。

2.8 消防器材安装

消防器材主要就是灭火器和灭火箱。主要检查以下 6 个方面：

（1）产品入场检查。检查内容包括产品合格证、压力指针、铭牌、生产日期、维修日期、外观质量，型式检验报告，执行规范；

（2）手提式灭火器。应安装设置便于取用；

设置点温度不得超过灭火器的使用温度；手提式灭火器不应被遮挡上锁或栓系；开门试灭火器箱门开启不得小于175度，翻盖式灭火器箱盖开启角度不得小于100度；嵌墙式灭火器顶部高度离地面不大于1.5m，底部离地面不小于0.08m；

(3) 推车式灭火器不得设置在台阶上，没有外力作用下，不得自行滑动；

(4) 灭火器发光标志设置。在有视线障碍的设置点设置灭火器，应在醒目的地方设置灭火器位置的发光标志；在灭火器箱体正面和灭火器设置点附近的墙面上应设置灭火器位置标志；

(5) 灭火器配置验收：随机抽查20%，其规格，类型，灭火等级，配置数量符合设计文件：灭火器设置点附近应无障碍物，取用灭火器方便，且不得影响人员安全疏散；

(6) 形成灭火器配置验收报告。

2.9 应急设施、消防电气、消防接地

应急设施主要是应急照明、应急通道、逃生通道和应急标识。

应急灯具检查以下3个方面：

(1) 灯具的入场报验，有型式试验报告；

(2) 灯具安装；

(3) 测试。

消防电气主要检查以下6个方面：

(1) 设备、材料入场报验审核；

(2) 施工方案审批；

(3) 安装过程巡检；

(4) 安装记录审核；

(5) 回路测试见证；

(6) 交接试验见证。

消防接地包含建筑物、构筑物、钢构接地，供配电系统接地、设备外壳接地和仪表接地三部分。主要检查以下4个方面：

(1) 接地材料报验审核；

(2) 接地质量巡检；

(3) 接地电阻测试报告审核及复测抽查；

(4) 气象部门防雷接地验收报告。

2.10 钢结构防火

钢结构防火检查主要就是对防火涂料的报验资料和施工质量的检查，主要检查以下5个方面：

(1) 防火涂料报验审核；

(2) 金属表面处理检查验收；

(3) 喷涂过程巡检；

(4) 涂层厚度测量及过程记录审核；

(5) 厚度、粘结强度试验报告，验收。

3 消防验收流程

LNG接收站消防验收由住建局组织专家对现场消防设施等进行现场评定，并组织召开消防验收审查会，给出特殊建设工程消防验收意见书，说明工程通过消防验收。

消防验收流程主要包含以下几步：

(1) 工程完工后，施工单位编制消防竣工报告，经由总监审核签字后提交建设单位；

(2) 建设单位收到消防竣工报告后组织设计、监理、施工方及相关技术服务单位成立查验组，制定查验方案；

(3) 建设单位组织查验(必要时，邀请专家参与查验)，消防机构进行现场预评定；查验合格后建设方编制《竣工验收消防查验报告》；

(4) 申请消防验收，消防机构进行资料检查和现场评定，出具消防验收意见书。

消防验收申请材料主要包含以下内容：

(1) 建设工程消防验收申报表；

(2) 结构图除外的全套工程竣工图纸(成册)；

(3) 消防竣工报告、竣工验收消防查验报告；

(4) 施工许可证明文件(开工报告批复)；

(5) 消防产品型式认可证书、委托检验报告、合格证件原件(复印件需加盖建设单位公章)；消防产品进场的监理查验报告原件；

(6) 防火门购货合同原件(复印件需加盖建设单位及生产企业公章)；

(7) 防火构件、材料(检测报告)、出厂合格证；

(8) 建设单位、施工、工程监理、消防检测单位的合法身份证明和资质等级证明文件；

(9) 建筑外保温材料见证取样检测报告；

(10) 自动消防设施施工、调试、验收记录；

(11) 永久用水、用电合同或相关证明文件；

(12) 防雷验收意见；

(13) 消防设计文件；

(14) 授权委托书。

参 考 文 献

[1] 刘红光 . 2020—2035 年中国 LNG 接收站建设需求测算[J]. 当代石油石化，2019.

[2] 刘长坡 . 消防工程验收现状及应对措施[J]. 中国新技术新产品，2017.

[3] 李洋 . 搞好消防工程验收提高建筑安全保障[J]. 科技信息，2014.

[4] 门琳 . 在建消防工程管理与验收前消防设施检查[J]. 山东工业技术，2016.

大型 LNG 储罐工程大体积混凝土温度控制措施及应用

李汉伟

（北京兴油工程项目管理有限公司）

摘　要　LNG 储罐依靠混凝土承台作为罐体的受力构件，其施工质量尤为重要，随着储罐罐容的增加，混凝土承台施工基本为大体积混凝土工艺，大体积混凝土因现场浇筑混凝土结构的几何尺寸较大，必须采取相应的技术措施，避免因为水泥水化热和施工工艺不当引起裂缝。

关键词　大体积混凝土；裂缝控制；施工措施

大体积混凝土具有体积大、混凝土数量多、工程条件复杂和施工技术要求高等特点，在设计和施工中除了必须满足强度、刚度、整体性和耐久性的要求外，还必须控制温度变形裂缝的开展，保证结构的整体性和建筑物的安全。

1　大体积混凝土裂缝产生的原因

1.1　水泥水化热

在混凝土结构浇筑初期，水泥水化热引起温升，且结构表面自然散热。因此，在浇筑后的3d~5d，混凝土内部达到最高温度。混凝土结构自身的导热性能差，且大体积混凝土由于体积巨大，本身不易散热，水泥水化现象会使得大量的热聚集在混凝土内部，使得混凝土内部迅速升温。而混凝土外露表面容易散发热量，这就使得混凝土结构温度内高外低，且温差很大，形成温度应力。当产生的温度应力超过混凝土当时的抗拉强度时，就会形成表面裂缝

1.2　外界气温变化

大体积混凝土结构在施工期间，外界气温的变化对防止大体积混凝土裂缝的产生起着很大的影响。混凝土内部的温度是由浇筑温度、水泥水化热的绝热温度和结构的散热温度等各种温度叠加之和组成。浇筑温度与外界气温有着直接关系，外界气温愈高，混凝土的浇筑温度也就会愈高；如果外界温度降低则又会增加大体积混凝土的内外温差梯度。如果外界温度的下降过快，会造成很大的温度应力，极其容易引发混凝土的开裂。另外外界的湿度对混凝土的裂缝也有很大的影响，外界的湿度降低会加速混凝土的干缩，也会导致混凝土裂缝的产生。

2　采取的防裂缝控制措施

以某工程为例，LNG 全容罐 20 万立方米，储罐承台采用常温混凝土，强度等级为 C50；钢筋采用 HRB400E 级普通钢筋，钢筋主要连接方式为搭接连接；承台底板面积 6731m^2，混凝土量 8642m^3，共分五块浇筑成型，各个分块之间采用免拆除钢丝网留置施工缝。

1）砼配合比设计控制措施

大体积混凝土配合比设计应符合现行国家标准 GB50496—2018、JGJ55—2011 的有关规定。大体积混凝土配合比设计以控制温度差为目标。而混凝土的水化热是由于水泥水化产生的，造成内外温差过高，所以，在提高混凝土性能的同时，充分利用砼的后期强度，采用 60d 强度设计配合比，调整配合比中水泥的用量，增加矿物掺合料用量，能降低混凝土的水化热，降低裂缝出现的几率。在混凝土配合比中增加矿物掺合料的用量，充分发挥两者之间的综合功能，从而降低混凝土中水泥水化热，减少绝热条件下的温度升高。

2）施工技术措施：

（1）降低混凝土入模温度，包括：浇筑大体积混凝土时应选择较适宜的气温，尽量避开炎热天气浇筑（入模温度不超过 30°，测量方法采用插入式传感温度计）。

（2）加强测温和温度监测与管理，实行信息化控制，随时监测混凝土内的温度变化，表里温差控制在 25 度内，及时调整保温及养护

措施，使混凝土的温度梯度和湿度不至过大，包括：在混凝土浇筑之后，做好混凝土的保温保湿养护，充分发挥其徐变特性，减低温度应力。夏季应坚决避免曝晒，注意保湿；采取长时间的养护，确定合理的拆模时间，以延缓降温速度，延长降温时间，充分发挥混凝土的“应力松弛效应”。

（3）采取合理的浇筑方式。采用斜面分层浇筑法，经常检查前面浇筑的混凝土初凝情况并配合采用二次振捣法，增加混凝土的密实度，提高抗裂能力，同时也可防止出现冷缝。热天浇筑混凝土时减少每层的浇筑厚度，利用浇筑层面散热。

（4）合理安排施工顺序，控制混凝土面在浇筑过程中均匀上升，避免混凝土拌合物堆积过大高差。

3 大体积混凝土施工措施

3.1 现场施工准备

1）浇筑机械采用 2 辆 48 米(中心区使用 56 米)泵车(另配一备用泵)，8 辆搅拌车运输。砼采用软管进行输送(若距离不够时可在软管上接硬管)。

2）LNG 储罐底板砼浇筑采用斜坡分层浇筑法，分三层，浇筑坡度 1∶10。

3）两台汽车泵布料时要注意错开相互位置，不影响另外一台汽车泵布料，每层浇筑 500mm，分层逐渐上移到顶，且每层斜面已浇筑砼，在其未初凝前，必须被后浇层全部覆盖，上下层砼覆盖时间不大于 2 小时，确保第二层砼的浇筑时间控制在第一层砼初凝时间之前进行，防止砼冷缝的产生(图 1)。

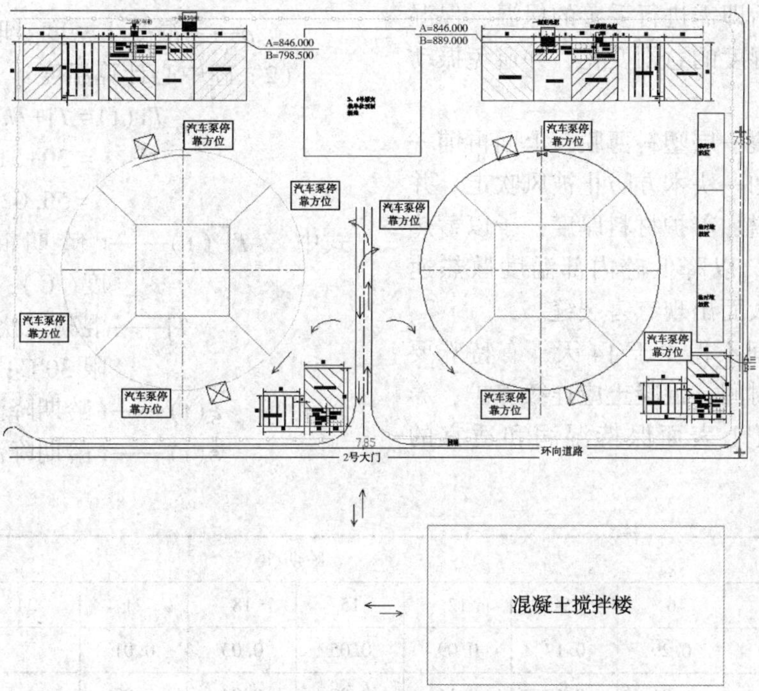

图 1　承台混凝土浇筑平面布置图

3.2 施工分段划分

1）施工分段：根据设计图纸要求，底板混凝土浇注共分五块浇筑，详见承台分区浇筑示意图(图 2)。

2）浇筑顺序：施工段 1→施工段 2→施工段 3→施工段 4→施工段 5

3.3 浇筑采用斜面分层法连续浇筑。

混凝土随浇随捣，上下层铺设时间不得超过初凝时间，应保证不产生冷缝；上层振捣作业时，振动棒伸入下层不得超过 100mm。上层混凝土浇筑完成后，在混凝土终凝前，对其表面进行整平、抹光。

混凝土需振捣密实，严防漏振。振捣时，应“快插慢拔”，振捣点应依次向某一边进行。采用两次振捣工艺，以提高混凝土密实度，对大面积的板面要进行拍打振实，去除浮浆，实行两次抹面，以减少表面收缩裂缝。

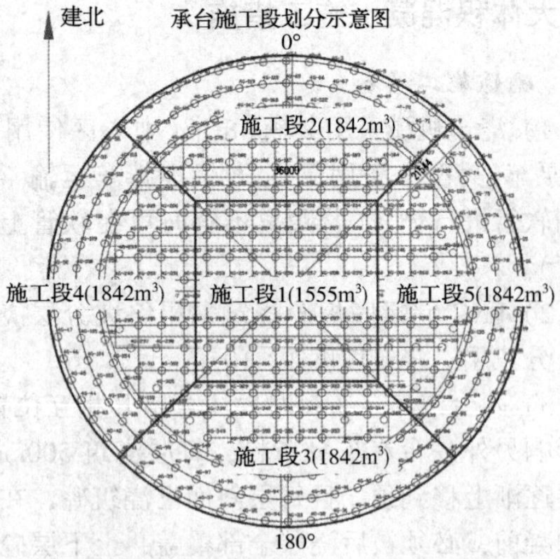

图 2　承台分区浇筑示意图

3.4　混凝土的养护

混凝土浇筑完毕后，养护前应避免太阳光暴晒，在混凝土凝结后即需进行妥善的保温、保湿养护，避免温度、湿度的急剧变化，并避免振动以及外力的扰动。

在混凝土表面覆一层塑料薄膜，上面再铺一层棉被并每隔 2 米加一块木方防止被风吹走。并根据天气条件适当增加养护材料厚度，予以蓄热保温，覆盖应严密。以降低砼内部温度散热速度，防止因温差太大而出现有害裂缝。

混凝土养护时间不得少于 14 天，有特殊要求时适当延长养护时间。混凝土应连续养护，养护期内始终使混凝土表面保持湿润和适宜的温度。

3.5　混凝土浇筑测温点布置

1）大体积砼温度计算公式

（1）最大绝热温升

$$T_{(t)}=\frac{m_c Q}{C\rho}(1-e^{-mt})$$

经推导，其最大绝热温升

$$T_{\max}=\frac{m_c Q}{C\rho}$$

$$=317 \cdot 375/0.97 \cdot 2400$$

$$=51.06℃$$

式中 T_h——混凝土最大绝热温升(℃)；

m_c——混凝土中水泥(包括膨胀剂)用量(kg/m^3)；

Q——水泥 7d 水化热(kJ/kg)为 272kJ/kg，28d 水化热取 375kJ/kg；

c——混凝土比热、取 0.97[kJ/(kg·K)]；

ρ——混凝土密度、取 2400(kg/m^3)。

（2）砼中心计算温度

$$T1(t)=Tj+Th \cdot \xi(t)$$

$$=30+51.06\times0.49$$

$$=55.02℃$$

式中 $T1(t)$——t 龄期混凝土中心计算温度(℃)；

Tj——混凝土浇筑温度(℃)，取上限 30℃；

$\xi(t)$——t 龄期降温系数；

$\varepsilon(t)$——t 龄期降温系数，见下表。

浇筑层厚度/m	龄期/d									
	3	6	9	12	15	18	21	24	27	30
1.0	0.36	0.29	0.17	0.09	0.05	0.03	0.01			
1.25	0.42	0.31	0.19	0.11	0.07	0.04	0.03			
1.5	0.49	0.46	0.38	0.29	0.21	0.15	0.12	0.08	0.05	0.04
2.5	0.65	0.62	0.57	0.48	0.38	0.29	0.23	0.19	0.16	0.15
3.00	0.68	0.67	0.63	0.57	0.45	0.36	0.30	0.25	0.21	0.19
4.00	0.74	0.73	0.72	0.65	0.55	0.46	0.37	0.30	0.25	0.24

由于底板混凝土为大体积混凝土，为防止出现裂缝，故需对混凝土内外温度进行掌握，以做好混凝土保温措施，现场采用电子测温仪测温，以进行温度的监测，在混凝土浇筑前预埋测温点，对混凝土温度进行掌握，每个测温点放置四个传感器，分别测定混凝土底部、中心、上部及表面温度。测温点布置如图 3、图 4 所示。

设专人负责砼测温和养护工作，每天根据采集到的测温资料和天气预报资料进行数据分析，通过对基础内外温差和基础降温速率的测定及比较，如降温速率过快应加厚保护层覆盖厚度。

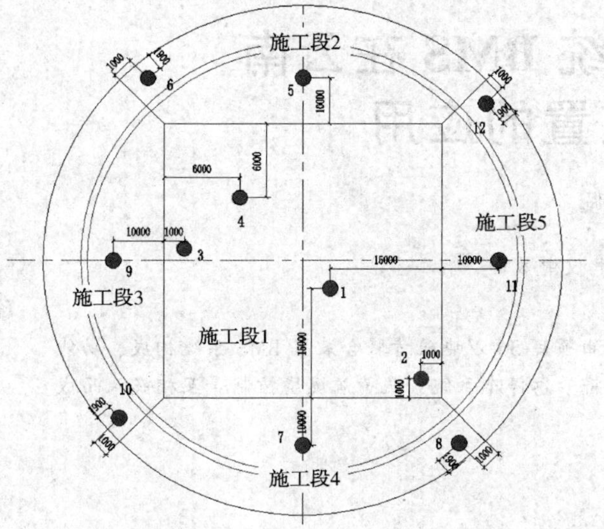

图 3

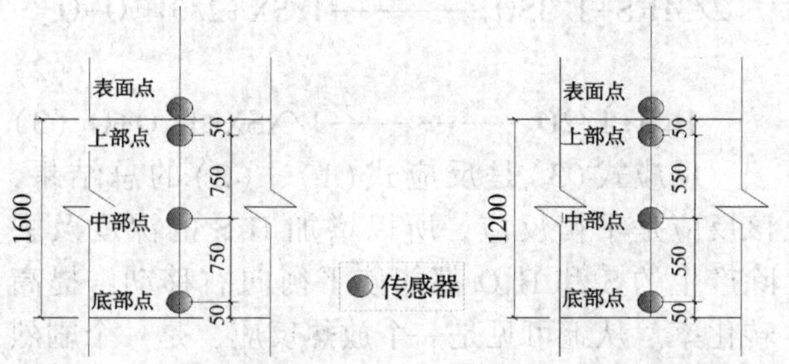

(a)外圈施工段测温点剖面图　(b)内圈施工段测温点剖面图

图 4

通过最终的温度测量结果，2 天左右达到温度峰值，各测点峰值在 55~65℃，与计算相差不大。降温过程更慢，最快 5~6℃/d。该系统的巡检周期为 30s，计算机终端的显示温度与砼内部的温度同步变化，采集周期为 15min，完全可以满足工程的实用要求。

依据检测承台内外温度变化及环境温度变化，向施工方提出合理的保温、保湿养护措施，有效的控制了混凝土内外温差。

经过温度监测，养护过程中承台内部最高温度分别降至 35℃以下，表面温度相应降至 15℃左右，满足各项指标要求。

4　结束语

通过本工程大体积混凝土浇筑施工经验得到，混凝土施工要合理划分区块，严格控制配合比，控制混凝土入模温度，再加上严格的控制措施可以有效提高大体积混凝土施工质量，为以后类似工程提供技术积累，更是为 20 万立方米 LNG 储罐工程承台施工提供借鉴。

锅炉燃烧管理系统 BMS 在云南石化硫黄装置的应用

高志强

（云南石化机电仪中心）

摘　要　本文主要介绍了云南石化1000万吨/年炼油项目36万吨硫黄联合装置BMS系统构成、功能及软硬件设计，将工艺操作规程和规范融合在软件中，将紧急停车系统、硫黄炉燃烧控制等互相嵌入而成的一体化燃烧管理系统。

关键词　CLAUS反应；TÜV认证；KVM方式

1　项目概况

云南石化1000万吨/年炼油加氢装置产生大量的酸性气，也就是H_2S，而H_2S的排放会对大气造成很大的污染，把H_2S中的硫进行回收，使尾气焚烧达到排放标准，把H_2S中的硫回收装置叫做硫黄回收装置。目前硫黄回收理论基础是克劳斯CLAUS反应。

反应温度选择在900～1300℃之间。目前，云南石化1000万吨/年炼油项目硫黄联合装置采用清洁酸性气和含氨酸性气混烧，900℃引清洁酸性气，1200℃引含氨酸性气，保证其回收率及设备安全。尾气经尾气焚烧炉700℃焚烧排放，排放气满足国家大气污染综合排放标准。

硫黄回收装置设计规模为36万吨/年，其中硫黄回收Ⅰ、硫黄回收Ⅱ规模均为12万吨/年；硫黄回收Ⅲ、硫黄回收Ⅳ规模均为6万吨/年。硫黄回收和尾气处理采用四个系列并列操作，正常操作时硫黄回收Ⅰ、Ⅱ和Ⅲ三个系列运行，硫黄回收Ⅳ作为备用。

硫黄回收装置由四个系列的CLAUS硫回收、液硫脱气、尾气处理及尾气焚烧和一个共用的溶剂再生等部分组成。其中硫黄回收Ⅰ、硫黄回收Ⅱ、硫黄回收Ⅲ和溶剂再生引进意大利Technip TKI公司的CLAUS+RAR工艺技术，硫黄回收Ⅳ采用洛阳工程有限公司专有技术。

硫黄回收装置BMS系统为一体化系统，除完成炉子燃烧安全保护功能外，还能完成其它工艺装置及设备的安全联锁，确保装置及人员的安全。

1.1　克劳斯（CLAUS）硫黄回收的原理

$$1/3H_2S+1/2O_2\text{-----}1/3SO_2+1/3H_2O+Q \quad (1)$$

$$2/3H_2S+1/3SO_2\text{-------}1/SX+2/3H_2O+Q \quad (2)$$

$$H_2S+1/2O_2\text{---------}1/XSX+H_2O+Q \quad (3)$$

反应式（3）是反应式（1）、（2）的总结果，该反应是平衡反应，所以增加H_2S的深度及去除产生的S和H_2O都能使平衡向右移动，提高转化率。从上可见是一个放热反应，是一个剧烈的热氧化反应过程。

从热动力学、动力学角度上看，温度选择是900～1300℃为最佳温度范围。

从这看出，硫黄回收过程是一个酸性气（H_2S）的燃烧炉，同时又是克劳斯反应器。并且它是一个正压炉或者是一个正压力反应器。它与一般的电厂锅炉与普通的焚烧炉不同（一般都带烟囱的负压炉）。它要把温度、H_2S流量与压力、瓦斯流量、压力、空气流量与炉子的压力都要控制在一个工艺数值上的控制系统。

1.2　SCOT（斯考特）尾气处理的原理

在克劳斯反应后的尾气中还存在一定数量的SO_2与元素硫，这些成分不能直接排放，还必须进行回收，其原理就是SCOT（斯考特）尾气处理技术。

SCOT（斯考特）尾气处理原理

硫黄尾气与富氢气混合，经回氢反应器在钴、钼加氢催化剂的作用下，尾气中二氧化硫（SO_2），元素硫（S）被加氢还原成硫化氢（H_2S）。有机硫被水解转化为硫化氢。

还原反应：$SO_3+3H_2\text{---}H_2S+2H_2O+Q$

$S+H_2$---H_2S+Q

水解反应：$COS+H_2O$---H_2S+CO_2+Q

CS_2+2H_2O---$2H_2S+CO=Q$

加氢后尾气经急冷，吸收尾气中的 H_2S 及部分 CO_2 被 30%甲基二醇胺溶液吸收。吸收后的净化尾气采用热焚烧将剩余的硫化合物转化为 SO_2，经由烟囱排放到大气；富液送回收装置处理，处理出 H_2S 送 CLAVS 反应炉作为干净的 H_2S 原料进行回收。

吸收后净化尾气采用热焚烧将剩余的硫化合物转化为 SO_2，经由烟囱排放至大气；富液送回收装置处理各部门 H_2S 送 CLAUS 反应炉作为原料进行回收。

经尾气处理后，总体硫回收率达到 99.8%以上，满足国家大气污染综合排放标准。

由于加热氢反应器其反应在 280℃左右，因此，经捕集器后的尾气与 H_2 回执炉进行加热，再进行加氢反应。这就是硫黄回收加氢回热炉。

吸收后的净化尾气采用热焚烧的炉子，我们称之为尾气焚烧炉。BMS 系统是对酸性气燃烧炉、尾气焚烧炉以及相关设备(液硫脱气、液硫罐、硫池、鼓风机、氨压机、中压蒸汽)等进行安全管理。BMS 系统将开停工的工艺操作规程与规范融合在管理软件中，由 BMS 进行监控，与 DCS 联动进行一体化操作。硫黄回收 BMS 定义：

硫黄回收装置 BMS 的燃烧系统的管理。包括克劳斯反应炉、加氢加热炉、尾气焚烧炉的燃烧启动而关联到相关的压缩机(鼓风机)、H_2S 分离器、瓦斯分离器、废热锅炉、硫池、再热器等设备的管理。同时，在燃烧过程中瓦斯与酸性气燃烧切换管理及硫黄回收装置紧急停车联锁的安全过程实时/历史数据库及操作平台。是整个硫黄回收装置的燃烧系统的实时运行过程安全监控和管理的系统。

1.3 硫黄回收 BMS 的组成与功能

(1) 炉膛安全系统 Furnace Safety System (FSS) 和燃烧器控制系统 Burner Sontrol System (BCS)统称为 FSSS。

当硫黄回收克劳斯反应炉及加氢加热炉，尾气焚烧炉点火时及炉膛燃烧熄火时，保护炉膛不爆炸(外爆或内爆)而采取监视和控制措施的自动系统。

(2) 燃烧关联安全系统 Burning Related Safety System(BRSS)

对硫黄回收克劳斯反应炉及加氢加热炉尾气焚烧炉相关联的 H_2S 分液罐、瓦斯分液罐、再热器、废热锅炉、硫池等设备进行安全联锁管理的自动系统。

(3) 燃烧炉联锁系统 Furning Interlock System (FIS)

硫黄回收的克劳斯反应炉、加氢加热炉、尾气焚烧炉它们之间互相进行联锁。从工艺角度看是一体化的。

例如：尾气焚烧炉停炉，克劳斯反应炉与加氢加热炉必须停炉；克劳斯反应炉停炉，尾气焚烧炉可以不停炉等等。

(4) 硫黄回收装置安全状态及控制管理系统 Safe and Control Management System(SCMS)

硫黄回收装置在启动前对 H_2S、瓦斯的分液罐液位、各种介质的切断阀、控制阀、手动开关、复位开关以及相关的工艺参数，同时与 DCS 控制系统的相关燃烧的控制回路在燃烧启动时的运行进行监控管理。一旦这些参数达不到启动条件就会发出报警并停止，只有各个状态参数达到启动条件方能开工的安全管理系统。

(5) 克劳斯反应炉、加氢加热炉、尾气焚烧炉吹扫管理系统 Furnace Purge System(FPS)

克劳斯反应炉、加氢加热炉、尾气焚烧炉在点火之前必须进行吹扫，而吹扫过程必须按工艺操作程序及过程的设定时间与工艺参数要求进行。

其吹扫又分：

热启动吹扫(HFPS)：炉子已点过火，在炉膛及设备空间可能存在可燃烧气体，并且温度也比较高。此时吹扫介质必须用氮气，否则容易发生闪爆现象

冷启动吹扫(LFPS)：炉子第一次点火，在炉膛及设备空间不可能存在可燃气体，此时吹扫介质可以用空气。

(6) 硫黄回收装置紧急停车系统 Emergency Shutdown Systems(ESD)

当硫黄回收装置炉子的温度、压力与压缩机等设备的各个工艺参数超限时或炉子燃烧器熄火时对硫黄回收装置进行紧急停车，见图 1。

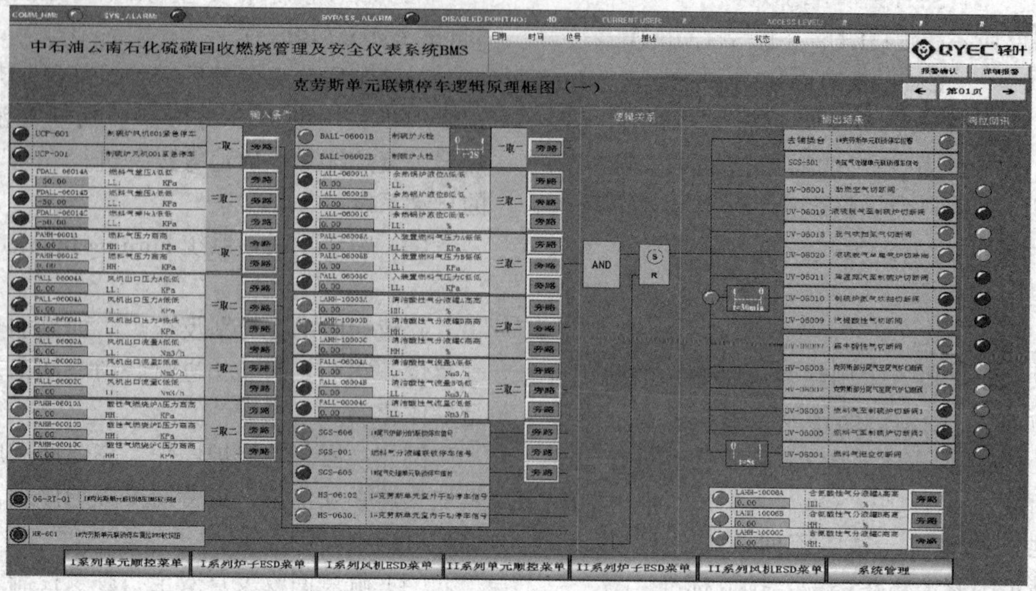

图 1 BMS 紧急停车逻辑

（7）联锁阀权限控制模块 Interlock Valve authority Control，Module（IACM）

硫黄回收的紧急切断阀动作受到 ESC 及吹扫、点火的指令进行控制，而炉子的启动、火嘴的燃烧与装置的运行各阶段对这些阀门权限进行管理的模块。

（8）酸性气与瓦斯气切换系统 Sour gas and Fuel gas the Switching System（SFSS）

克劳斯反应炉启动时先用瓦斯进行燃烧，一旦炉膛温度达到工艺要求切换到 H_2S 作为燃烧介质操作。或者 H_2S 作为燃烧介质切换到瓦斯介质时操作程序的控制系统。

（9）燃烧温度梯度数学计算模型 Mathernatic Mode of burning Tempe Rature bate of change（MMTR）

硫黄回收炉子是一个强烈的热氧化炉，其炉温从常温到 900～1300℃，其炉温升降变化均有一个工艺要求，它的温度变化率一定要达到催化剂、工艺设备及工艺操作对温升、降温要求。本模型作为操作过程工具。

（10）辅助操作台 Assictance Board（AB）

辅助操作台是设在主控室，辅助台上设 VALSW（切断阀操作仪手/自动开关）及克劳斯反应炉，加氢加热炉、尾气焚烧炉手动停炉紧急硬开关以及有关指示灯。

此操作台作为硫黄回收装置硬手动、紧急停车的安全操作系统。它一般采用高可靠性三取二，其与控制器主机通讯采用冗余配置，它是硫黄回收 BMS 不可分割部分。

FSSS+BRSS+FIS+SCMS+FPS+ESD+IACM+SFSS+MMTR+AB＝BMS

硫黄回收是由各个系统组合（互相嵌入）而成的一体化燃烧管理系统。

2 硫黄回收 BMS 系统设计

2.1 系统结构

BMS 系统采用经 TÜV 安全认证的可编程控制器系统（PLC）及其数据网络连接，见图 2。

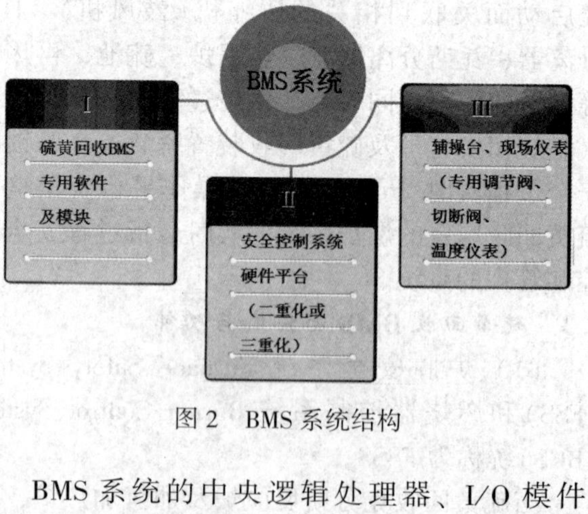

图 2 BMS 系统结构

BMS 系统的中央逻辑处理器、I/O 模件、电源模件、内部通信模件等硬件设备安装在 BMS 系统机柜中，独立完成工艺装置的安全保护和紧急停车。BMS 辅助操作台上紧急停车手动开关的信号和报警信号硬接线连接到 BMS

系统。

BMS系统与DCS系统通信，在DCS操作站显示报警。

BMS系统有报警事件顺序记录功能(SOE)。

工程师站用于BMS系统的组态、下装、调试和日常维护；SOE工作站用于顺序时间事件的记录。

BMS系统与其他系统(DCS)的连接采用硬接线及通讯的方式。

2.2 过程接口

过程接口包括输入输出卡、配电器、开关、继电器等关联设备。

输入输出卡应带光电或电磁隔离，通道应隔离，带故障诊断。

若采用三取二过程信号应分别接到三个不同的输入卡。

输入输出卡相连接的传感器和最终执行元件应设计成故障安全型。

BMS系统的旁路开关分工艺操作和仪表维护两种类型。

2.3 操作站和工程师站/SOE工作站

BMS系统工程师站及SOE工作站安装在硫黄回收装置现场机柜间，操作站及辅助操作台安装中心控制室内，现场机柜间和中心控制室间采用冗余光缆连接。

操作员站进行BMS系统日常的监控维护，不能修改安全仪表系统的编程软件。

工程师站用于安全仪表系统组态、编程、故障诊断、状态监测、在线方案调整程序开发、系统诊断、控制系统组态、数据库和画面的组态、编辑及修改。同时可以离线和在线组态、修改、设置参数及系统维护。工程师站还应具有离线仿真调试功能。

SOE工作站用于记录过程事件。过程事件从BMS系统中检索出来用于在线查看，可直接打印及存储到磁盘上，事故记录的时间分辨率为50ms。

工程师站及操作员站配置如下：

CPU：四核8M高速缓存

主频：≥2.0GHz

内存：≥8GB

硬盘：≥500GB(硬盘镜像)

独立显卡：≥512MB图形加速卡，单屏，22”

光驱：DVD+/-RW

网卡：冗余

显示器(LCD)22”的分辨率应达到1600x1200以上，能支持多窗口显示，并且配备Ethernet(TCP/IP协议)接口及相应驱动软件。操作系统采用Windows 7系统或更高版本。

中心控制室操作员站采用KVM方式。

工程师站/SOE工作站共用，操作系统采用Windows 7系统或更高版本。

2.4 辅助操作台

安装紧急停车按钮、报警指示灯、信号报警器。信号报警器宜选用带第一信号记忆型，带确认、复位、测试按钮。

紧急停车按钮、报警指示灯及信号报警器与BMS系统硬线连接。

2.5 通讯系统

BMS系统通过冗余Modbus RS485通讯接口与DCS进行通讯。DCS为主站，BMS为从站。

BMS与DCS通信卡必须是冗余配置，且冗余的两个通信接口不应在同一块通信卡上。

BMS与DCS通信协议为MODBUS RS485。

通信负荷不超过50%。

2.6 时钟同步

BMS系统具有时钟同步的性能，BMS系统控制器的时钟在系统上电和更换时钟卡件后，能够自动进行同步。

BMS系统时钟同步信号可来自于DCS系统，具有同DCS进行时间同步的硬件和软件。

2.7 系统的冗余

BMS系统中，采用冗余结构的包含以下部分：

- 中央逻辑控制器(三重化)；
- 输入/输出卡件(三重化)；
- BMS系统内部的安全网络(1∶1冗余)；
- 供电单元(1∶1冗余)；
- 与DCS系统通信的单元(1∶1冗余)；

2.8 电源

控制系统电源应为220VAC±10%，50Hz±1HZ双路UPS供电。

风扇、照明、插座电源规格为220VAC，50Hz普通工业电源。

卖方提供BMS各种设备的电源规格、工作电流、最大启动电流、供电设备保护电流规格、耗电量及发热值等资料。

现场仪表的 24VDC 电源供电，由卖方提供 1∶1 冗余的稳压电源，电源负荷不大于 50%。

2.9　接地工程

接地工程应符合 SH/T3081—2003 等有关标准规范，采用等电位连接方式的共用接地系统，最终接到电气的接地系统。

2.10　系统机柜

根据装置的控制和检测点数配置相应的控制单元及机柜。不同工作区或装置(单元)的 I/O 卡件、控制器等严禁安装于同一系统机柜内。同一个系列的 I/O 点不应配置在不同的控制器中，各系列 I/O 卡安装在不同机柜中。

各类系统机柜宜预留 20%的备用安装空间(不安装设备)。

2.11　辅助机柜

辅助机柜隔离式安全栅采用外供电方式。供电电源为 24VDC，1∶1 冗余配置，电源负荷不大于 50%。柜内应配备专用的屏蔽线接线端子、供电端子、安装配件、汇线槽、风扇等辅助设施。电源线、接地线应连接完好。柜内应有 20%的扩展空间。

3　硫黄回收 BMS 系统硬件配置

系统硬件配置如图 3 所示。

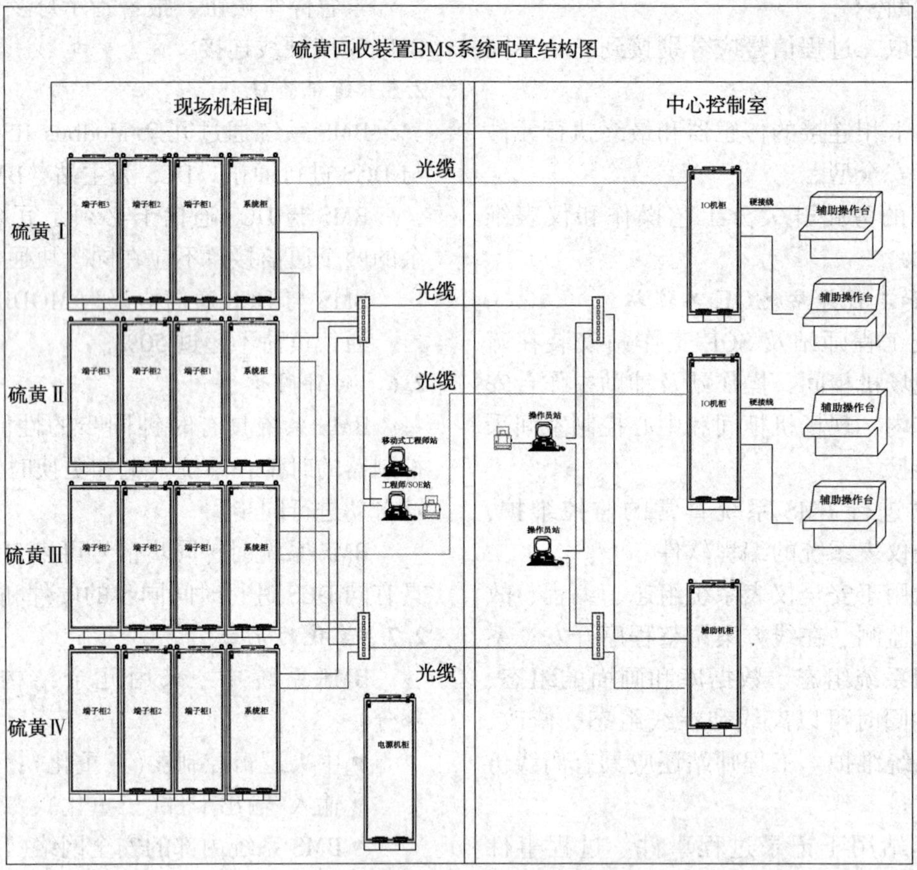

图 3　BMS 系统硬件结构

4　硫黄回收 BMS 系统软件功能

- 酸性气燃烧炉热启动功能模块
- 酸性气燃烧炉冷启动功能模块
- 引酸性气/停燃料气功能模块
- 热保持引酸性气功能模块
- 停酸性气/启动瓦斯功能模块
- 尾气焚烧炉热启动功能模块
- 尾气焚烧炉冷启动功能模块
- 炉膛温度梯度模块
- 硫黄回收装置紧急停车 ESD 功能模块

4.1　硫黄回收 BMS 软件结构(图 4)

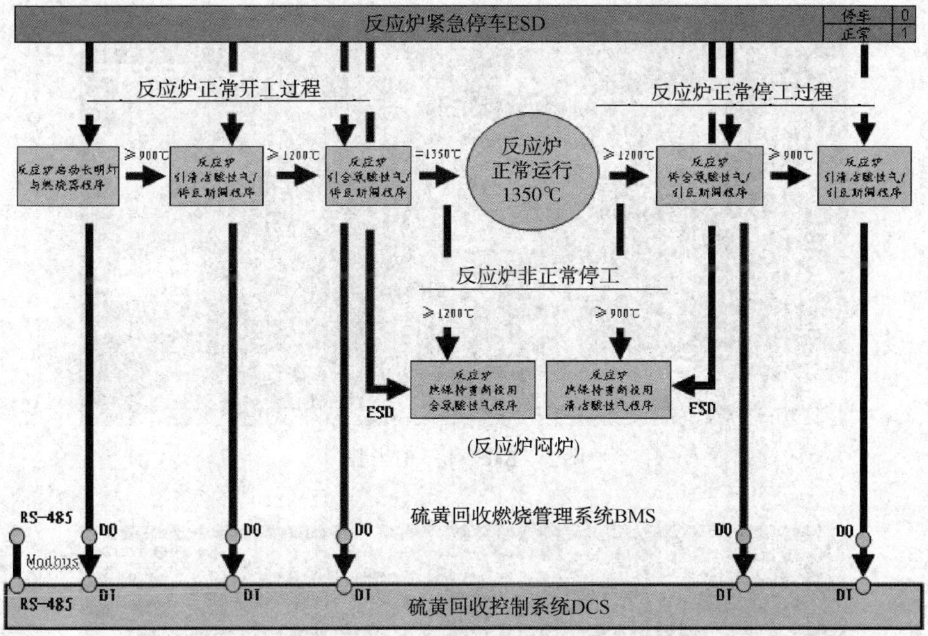

图 4　BMS 软件结构图

5　硫黄回收 BMS 操作功能

• 将硫黄回收装置一系列繁烦的过程由计算机 BMS 系统来监控执行

• 将硫黄回收装置开停工运行的工艺操作规范和规程融合在 BMS 系统内

• 用可靠的燃烧管理 BMS 系统代替以往的人工管理

• 在开停工、燃烧运行中发生故障及事故，BMS 通过 SOE 功能分析指出造成事故的原因

• BMS 将开停工运行的过程与安全联锁功能有机融合达到一体化，使操作简单、可靠、节约操作人员

• 实现自动点火和实时炉膛监控管理。通过电子点火系统、离子火焰检测器以及火焰监视探头，BMS 配合硫黄炉监控及 BMS 的安全管理程序，实现自动点火和炉膛实时监测，为科学管理提供依据

• 建立严格科学的点火程序和逻辑管理：炉膛吹扫程序和自动点火程序，都是预先设定初始安全检测条件，在此基础上每一步骤都必须满足各自的前提条件后才能执行，如果条件未达到，BMS 系统不允许进行下一步操作；同时操作过程中一旦检测到前提条件被打破，系统马上终止操作，报警并返回初始的安全状态

• 硫黄回收 BMS 系统是得到国际安全权威机构 TUV 的安全认证，SIL3 的安全等级。硫黄回收装置从开工启动，BMS 的 ESD 模块就对整个开工工程及酸性气燃烧炉、尾气焚烧炉、液硫脱气、液硫罐、硫池、鼓风机、氨压机、中压蒸汽等设备进行安全监控，一旦发生超限就会自动报警，自动联锁紧急停车

• 硫黄回收 BMS 系统凭借精确核算数据为本质安全提供科学的依据

• BMS 与 DCS 联动，在吹扫时，BMS 将瓦斯与酸性气等切断阀关闭，同时输出至 DCS 信号，将瓦斯与酸性气等调节阀输出至最小。当点火或引酸性气时再逐一打开，采用双阀关闭，防止阀门的泄漏或误动作造成可燃气体积累

• BMS 引酸性气与停酸性气模块严格监控清洁酸性气和含氨酸性气引入与停止步骤及温度要求

5.1　硫黄回收 BMS 开停工步骤(图 5)

5.2　硫黄回收 BMS 的操作画面

如图 6 所示，硫黄回收过程是一个酸性气(H_2S)的燃烧炉，同时又是一个克劳斯反应器。并且它量个正压炉(正压反应器)，它与一般的电厂锅炉及其它普通的燃烧炉不同(一般都是带烟囱的负压炉)。它要求把炉子的温度、H_2S 流量与压力、瓦斯流量压力、空气流量、炉子的压力都要控制在一个工艺设定的数值上的一个控制系统，它的启动及停炉都有一个严格要求。

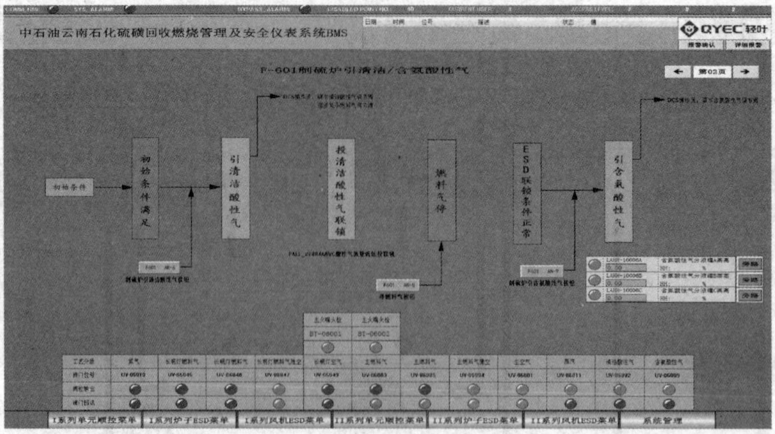

图 5　BMS 开停工步骤

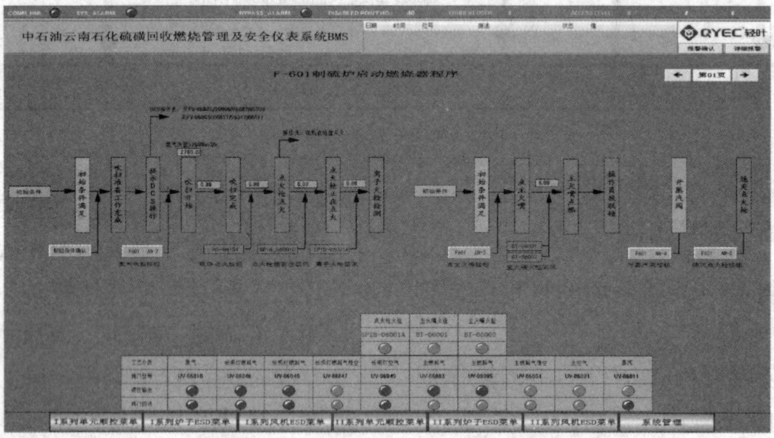

图 6　BMS 操作流程图

而一条硫黄回收线一般有三个炉子(或者二个炉子)分别为克劳斯反应炉(酸性气燃烧炉)，加氢加热炉、尾气焚烧炉。此三个炉子组成了硫黄回收燃烧主系统。此三个炉子是既串接边，又可以并联连接，是相互关联、又相互影响。从化学反应角度来说既要热量平衡，又要达到物料平衡。

此三个炉子又分别配置了与燃烧系统关联的设备，例如：废热锅炉、含氨 H_2S 分液罐、再热器、硫池、各介质的紧急切断阀及调节阀。这些设备保证了硫黄回收燃烧系统的安全运行。

以上的炉子与关联设备组成了硫黄回收燃烧一体化系统。

在这些燃烧炉，燃烧介质分别有瓦斯、含氨 H_2S、干净 H_2S。这些介质都是可燃气体。

特别是 H_2S，它是无色臭鸡蛋味的毒性气体，其化学性质活泼，在空气中易燃烧，爆炸极限 4.3%~45.5%(体积)。

H_2S 对人体健康危险极大，人吸入含 H_2S 大于 $500\times10^{-6}mg/m^3$ 的空气就会中毒。在 H_2S 浓度高达 $1000mg/m^3$ 时会使人失去知觉，并很快会死亡。

从上可看出硫黄回收燃烧系统的管理是一个有严格要求的系统，它的启动与运行必须按工艺及设备运行的一整套程序标准进行

5.3　硫黄回收热启动操作

硫黄回收 BMS 的操作界面为工艺操作员提供了一个方便动态的、按工艺岗位操作法要求的友好的人机界面。即有总流程画面，又有子设备及子功能操作画面，各种报警分类显示。系统画面上的逻辑图，在启动及其它操作出现异常时可迅速判断问题出现的原因所在，并采取最有效的措施，保证了系统的安全与可靠。

由于硫黄回收工艺及点火设备的要求，其操作时间的精度达到秒级(吹扫时间、点火器、点火时间、点火器伸缩时间)。这样保证了设备的安全与可靠，防止如炉子启动时烧坏点火器等情况的发生(图 7)。

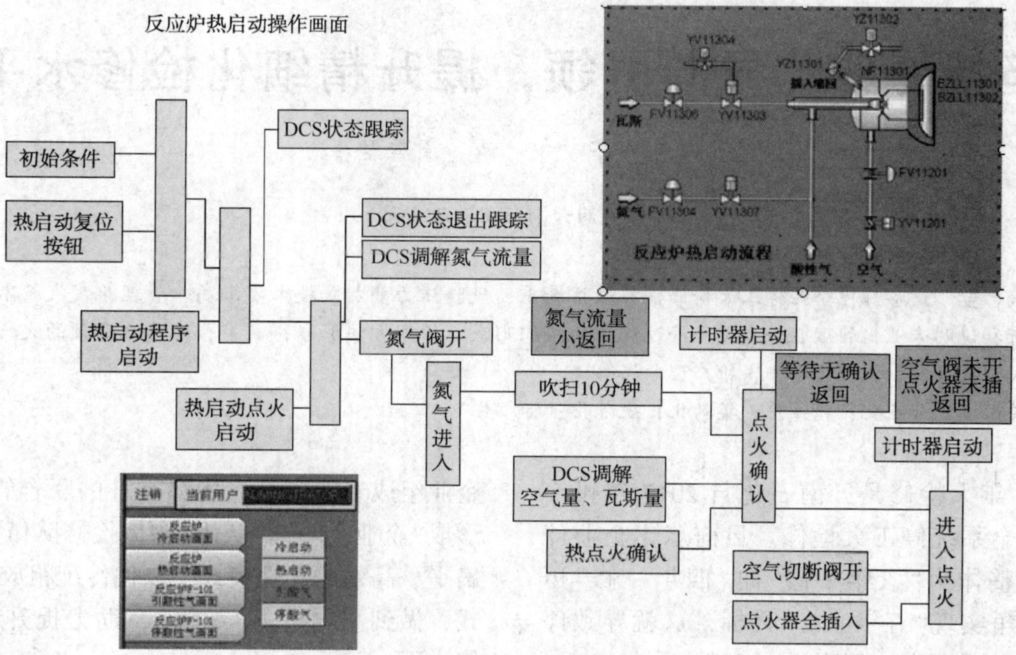

图 7 BMS 热启动步骤

6 结论

硫黄燃烧管理系统 BMS 的设计实现了将工艺操作规程与控制系统及安全仪表系统有效地融为一体，确保了 36 万吨硫黄联合装置安全可靠运行。

参 考 文 献

[1] 杜军驻．克劳斯硫黄回收工艺数学模型的研究[J]．上海化工，2013，38(3)．

坚持专业化导向引领，提升精细化检修水平

王绍华　宁　涛　周智君

（中石油云南石化有限公司）

摘　要　设备炼化企业停工大检修任务艰巨繁重、风险压力叠加、技术要求高、管理难度大，本文通过分析和说明专业化管理在停工大检修过程中的组织形式、管理方法和取得效果，为建立高效的大检修管理模式，提升精细化检修水平，推广理顺思路。

关键词　专业化；精细化；集约化；规范化；标准化

2020年大检修是云南石化自2017年投产以来首次全系统停工大检修。目前炼化企业停工大检修整体由“三年一修”向“四年一修”迈进，并力争实现“五年一修”目标，这就导致停工大检修必然存在“范围广、规模大、任务重、工期紧、风险高、管理难”的现实，无法对检修现场各类人员进行有效的专业培训，无法对检修队伍和作业进行有效规范。对于如何提升精细化检修水平，建立高效的管理模式，云南石化通过坚持专业化导向引领，取得了良好的管理效果。

1　专业化管理运行模式

云南石化2020年大检修前期，根据调研其他地区公司大检修专业化检修的情况，并结合自身实际，拟定了62项专业化检修项目。一部分是将专业性较强或技术含量较高的检修或检验工作向纵深推进，如设备专业的催化主风机升级改造、离心压缩机组检修、干气密封检修、特种设备检验、腐蚀专项检查、催化两器衬里修复等，电气专业的UPS控制板卡性能检测及易损件更换、重要鼓引风机低压变频器性能测试等，仪表专业的CCC系统检修、CCTV系统检修、DCS控制系统检修、SIS系统检修、TRICON系统检修等。另一部分是将主体检修单位的传统常规业务范围进一步细分专业领域横扩到边，如设备专业的螺栓抛丸清洗、定力矩紧固、大型吊车租赁、管束集中试压等，电气专业的变压器渗漏油处理、测温传感器电池更换等，仪表专业的就地液位仪表检修、电动执行机构检修等。62项专业化检修项目均通过引入专业化的队伍来实施，与企业组成专业齐全、优势互补的联合管理团队，形成“企业+专业化队伍+主体检修队伍”的精简、扁平、高效的管理模式，取代传统粗放式管理模式，做到“精修”、“细检”，助力提升精细化检修水平。

2　专业化管理特点

坚持专业化导向引领，其核心就是充分利用一切优势资源，更集中合理的运用现代管理与技术，充分发挥优势互补的积极效应，以提高工作效率，实现检修目标的一种形式。云南石化大检修，专业化管理主要体现出“集约化、规范化、标准化、信息化”的特点。在整个检修过程中，专业化管理有效依托精简、扁平、高效的管理模式，更加关注检修过程重要节点，管控检修过程关键细节，围绕一个目标，形成一个合力。专业化管理按照相应的计划展开流程管理，对工作的推进进行充分了解，并让不同资源得到有效配合，让设备的故障以及问题迎刃而解。对比传统的功能性判断，专业化检修标准量化，检测手段丰富，暴露设备隐形问题，做到提前预防，通过科学的检验标准降低主观因素，减少人为失误产生的影响。同时，结合“二维码”管理、推行检修规程电子化、深度融合管理平台等方式方法，实现追根溯源，进一步提高管理效能。

3　专业化管理方法

3.1　建立机构健全制度，为集约化提供管理支撑

一是建立组织机构。2019年3月份建立了大检修公司和部门两级“机构”。公司级大检修

指挥部负责大检修重大事项的决策，指挥部成立13个专业组，负责大检修各项工作的总体统筹协调。按照装置和专业划分成立8个部门级大检修项目部，负责各装置、各专业大检修工作的具体推进和实施。2020年4月份成立大检修工作专班，集中优势力量，加大工作力度，提高工作效率，有序协调推进各项工作计划的梳理、各项工作流程的编制推演、各项工作任务的对接、各项工作的具体组织实施、各项工作的动态检查和督导及各项工作的具体落实跟踪。

二是健全管理制度。完成大检修管理手册的汇编审批工作，确定大检修原则、方针、目标及要求，明确13个专业组的要求。完成大检修质量管理手册的汇编审批工作，确定大检修质量控制原则、目标及要求。完成大检修安全环保管理手册的汇编审批工作，确定大检修安全环保思想、理念、目标及要求。完成竞赛评比方案及标准化图册的汇编审批工作，形成检修作业管理要求。通过健全管理制度，确保专业化项目有章可循、有据可查、有理可依。

三是实施分级管理。明确责任主体，并制定全员责任清单，做到层层把关、责任到人。根据62项专业化项目的特点及要求实施分级管理，分为A类关键项目、B类重要项目及C类一般项目。其中对涉及全厂性的，或协调管控难度大的检修项目划分19项A类项目，如腐蚀专项检查、定力矩紧固、换热器集中试压、大型吊车租赁、仪表阀门检修等。对涉及上级部门指定厂家的，或专利技术及原厂维修的检修项目划分37项B类项目，如催化两器衬里修复、重整反应器再生器检修、焦化特阀大修、催化烟机入口蝶阀及执行机构检修等。对涉及采购备件带服务的，或纯技术支持指导的检修项目划分6项C类项目，如酸性气反应炉燃烧器检修服务配合、火炬点火系统维护维修及火炬头检查、2#原油储罐一次密封变形矫正等。

3.2　明确标准强化要求，为规范化提供技术支撑

一是对关键设备制定专项检修控制方案。制定离心机组、汽轮机、主风机、催化两器等30项质量控制方案，明确专业化项目检修执行的依据、控制程序、控制内容及控制标准等（图1，图2）。

7 离心压缩机组质量控制点及措施

离心压缩机检修质量控制

检修流程图：同心度复查→解体检查→转子检查→动平稳较正→轴瓦检查→密封检查→新件组装质量检查→组装间隙检查→仪表安装质量检查。

序号	检查内容	控制点	检查方法及控制措施	施工记录
1	同心度复查	检修前同心度确认	打表	检修规程记录
2	解体检查	各部间隙、壳体/转子结垢情况	按检修规程要求测量各部间隙，肉眼观察结垢情况并数码照相记录.	检修规程记录，数码照相记录。
3	对转子进行动平衡较正	按规程进行低速或高速动平衡。	上动平衡机进行试验	动平衡报告
4	轴承间隙及磨损检查	间隙、接触面	测量间隙、检查接触面	检修规程记录
5	密封检查	检查压缩量、端面磨损情况	测量间隙、检查端面	检修规程记录
6	对更新的新件进行尺寸复查和质量检查	按图纸和检修规程检查新件质量	进行测量、检查各部尺寸和表面精度	检修规程记录
7	组装间隙检查	按规程检查各部间隙尺寸	检查、测量	检修规程记录
8	仪表安装质量检查	检查各监测仪表的组装质量	位置、间隙、固定情况	检修规程记录

图1　离心压缩机质量控制点

5 质量验收内容

编写按照质量标准进行验收的方式，验收的关键节点，特殊的验收表格，通用的执行《检修质量验收单》.

反应器内件安装检查表

设备位号：1220-R-020__　　检查时间：________年___月___日

序号	检查部位	检查内容	参考标准	检查结果	检查人
1	通用	平均开孔宽度	0.61±0.06mm		
2		开孔最大开度	0.76mm		
3		开孔最小开度	0.46mm		
4	中心筒	中心筒孔板与约翰逊网支撑圈最大间隙	≤0.5mm		
5		每个轴向或周向连接处50mm长范围内的间隙	5.0mm（1,2,3反）		
			1.0mm（4反）		
6		纵向丝网表面波纹度	≤0.38mm		
7		中心筒约翰逊网支撑圈和框架不得堵塞内管分布孔	——		
8		中心筒约翰逊网纵向接头宽度	≤22mm		
9		中心筒约翰逊网周向接头宽度	≤10mm		
10		中心管网的垂直度	≤1/500mm		
11		约翰逊网表面的所有焊接接头必须平滑、光滑	——		
12		中心筒底板与中心筒支撑环槽间距	≤0.76mm		
13	扇形筒	相邻的焊缝穿孔间距	≤25mm		
14		横向或纵向的焊接接头最大偏移量	≤1.6mm		
15		扇形筒水平度	≤6mm		
16		相对于反应器壁扇形筒的直线度不	≤13mm		
17		扇形筒的扭曲	≤5mm		

图2　反应器检修质量控制标准

二是对全厂性协调工作制定专项管理方案。制定大型吊车、定力矩紧固、工艺阀门维修及试压、换热器管束高压水清洗及集中试压等14项专项管理方案，明确各专业化项目工作计划、工作职责、工作界面、工作流程、工作交接及工作要求等。

三是积极组织对接交底培训工作。对大检修管理规章制度、方案、办法、手册及图册等培训交底60余次。组织各检修队伍进驻现场与各生产部组织深度对接工作，并多次召开对接会，对各专业化项目存在的问题进行答疑解惑，管控专业化队伍与主体检修队伍之间的意见分歧，避免检修项目实施过程中出现推诿扯皮。

四是督促编制施工组织管控方案。督促专业化队伍落实组织机构、人力资源进场计划、工机

具及材料配置计划等，专业化项目实现高质量检修准备、高质量检修统筹、高质量检修实施、高质量检修结果。

3.3 改善环境依托资源，为标准化提供硬件支撑

一是规划高压水清洗场地(图3)。为全厂换热器管束高压水清洗、涡流检测、集中试压设置“枢纽站”。借助国际先进的管程五枪和壳程自动清洗机设备资源，全厂437台管束高压水清洗作业实现了安全、高效、节约、环保。借助壳式工装及试压胎具，全厂369台管束集中试压作业，在实现提高试压、查漏、堵漏效率的同时，为装置现场减少交叉作业，减轻现场安全环保压力，提升标准化管理水平也发挥重大作用。

图3 高压水清洗场地全貌

二是大机组依托原厂家资源。本次大检修对14台离心机、10台汽轮机、1台轴流机等大机组检修，均委托原厂家检修，这些专业化队伍检修经验足，专业化工具齐全，关键质量节点明确，设备性能最大程度得到了恢复和升级。尤其是主风机组轴流机加级改造，13级动叶片变为14级动叶片，有效的解决了前期存在的喘振线安全裕度低的问题。重整循氢机、增压机、直柴循氢机、改质循氢机、催化气压机、焦化气压机及汽轮机等8个转子返厂清洗、抛光、动平衡等一系列复杂工序高标准实施，安全运回装置。

三是推行检修标准化管理。在常减压预留地建立检修标准化示范样板，组织各检修单位进行培训学习，并印制下发《检维修标准化图册》，督促各专业化队伍遵照执行，各项目部加强督导，确保检修标准统一。

3.4 搭建平台应用新技术，为信息化提供软件支撑

一是搭建检维修协同管理平台。本次大检修通过管理平台，实现检修规程、定力矩紧固、管束高压水清洗、管束集中试压、工艺阀门、仪表阀门、安全阀及电机维修等确认工作，如图4、图5所示为定力矩紧固指导和验收内容。对100多台动设备、1300多台静设备、2900多台(套)电气、10000多台(套)仪表等设备及6700多个定力矩紧固点等设备设施配备了“二维码”，借助检维修协同管理平台，及时跟踪掌握作业项目进展，留存上传影像资料，实现可追溯管理，以信息化助推大检修管理水平提升。

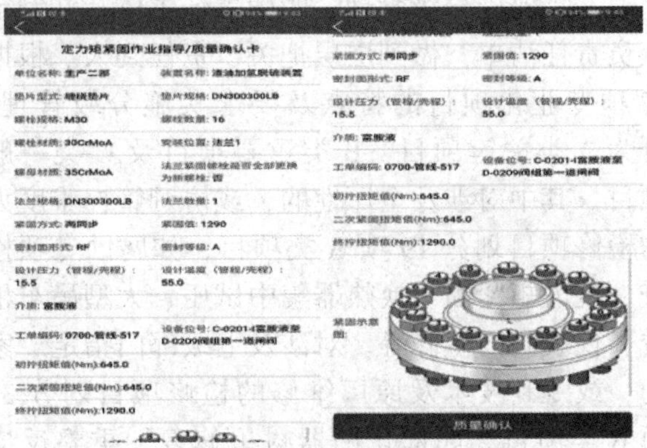

图4 定力矩紧固指导卡

图5 定力矩紧固验收记录

二是应用涡流检测技术。本次大检修共计完成229台换热器管束及147台空冷管束涡流检测抽检工作，合计11326根换热管，大检修全厂共计确定需更换26台管束，其中根据涡流检测建议更换了22台管束，通过涡流检测技术能够全方位检测出腐蚀状况，为装置长周期运行提供了坚实的技术保障。

三是应用相控阵技术。大检修小接管共检测7431条，共发现问题21处，图6为某一缺陷对应图谱。其中通过相控阵技术发现常顶二级注水线小接管发现存在两处条形型缺陷，轻烃D-0301含油污水小接管发现存在未熔合、未焊透缺陷，催化E0210壳程入口排污小接管发现存在根部体积型缺陷，相控阵技术的应用，丰富了检测手段，提高了检测效率。

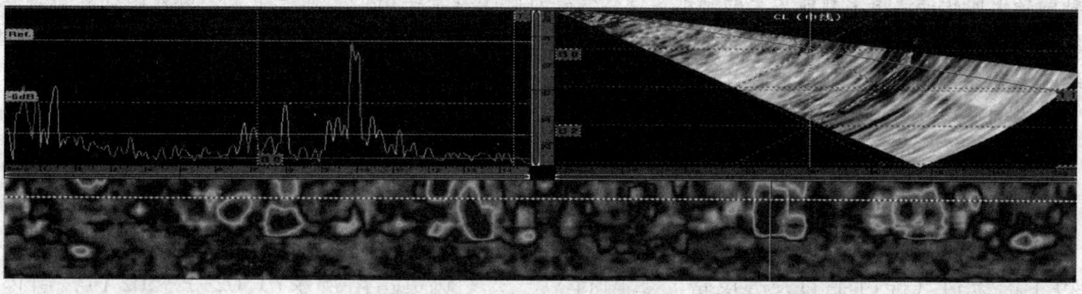

图6　相控阵缺陷图

4　专业化管理取得的效果

云南石化通过坚持专业化导向引领，大检修基本做到“精修”、“细检”，切实提升了精细化检修水平，大检修实现安全、环保、质量及进度受控。

一是管理模式得到有效评估。通过大检修的实践检验证明，管理模式具有可操作性、可持续性，在工作准备、计划执行、协调调度、控制纠偏等方面均发挥了应有作用，从把握全程到注重阶段，实现了动态化管理。管理制度、方案及手册等，集中体现了大检修管理思想、管理方法及管理目标，成为大检修实施管理的有效工具，对专业化项目管理规范性起到明显的推动作用，也为今后大检修进一步提升管理提供了经验借鉴。

二是消除隐患确保本质安全。催化双动滑阀，对衬里进行修复，开工后壁温由之前450℃降至160℃。利用停电检修机会，对14台变压器渗漏油隐患进行消除。5项公司级隐患及21项生产部级隐患均进行消除。对大检修容检、管检及腐蚀检查发现的391项隐患也进行了彻底消除，依托专业化项目管理，扫清了阻碍下一轮安全平稳长周期运行的“绊脚石”，确保了装置运行实现本质安全。

三是突破攻关促进科技创新。蜡油装置新氢压缩机(0800-K-0102A/B)开工后一直存在平台振动大，连带附近的循环氢压缩机(0800-K-0101)平台也有明显振动，通过增加阻尼器，平台振值由原先的30.3mm/s降低至0.8mm/s，减振效果显著，避免了次生危害的风险。4项公司级设备专业技术攻关项目及22项部门级设备专业技术攻关项目，均在大检修期间实现了集中突破，创造预期效益约1145万元/年，专业化项目管理助力技术攻关，增强了企业的竞争力。

5　结束语

炼化企业停工大检修，安全、环保、质量及进度管控难度大，坚持专业化导向引领，建立精简、扁平、高效的管理模式，是提升精细化检修水平的必由之路，是实现装置长周期稳定运行的重要依托。尽管如此，但如何在确保充分利用专业化优势资源的基础上，调动主体检修单位的积极性，寻求专业化队伍与主体检修单位的平衡。甚至反之，如何对传统常规检修业务进一步深入细分专业领域，实行专业化管理。这些方面，坚持专业化导向引领仍需要不断通过实践探索完善。

硫黄富溶剂磁力泵攻关改造

李吉俊　许喜红　郑登富

（中石油云南石化有限公司）

摘　要　针对硫黄装置富溶剂磁力泵故障率偏高、运行周期短，进行了故障诊断和分析。通过增加驱动轴两轴承间距并选用承载能力大的轴承、制作假轴对叶轮作动平衡、制作专用工装对外磁缸驱动组件做在线动平衡、加固轴承箱支撑等措施进行了技术攻关改造，有效延长了硫黄装置富溶剂磁力泵运行周期，节约了大量备件，保证了硫黄装置长周期稳定运行。

关键词　磁力泵；故障；分析；改造

硫黄富溶剂磁力泵是硫黄装置主要设备之一，其作用是将各生产装置返回的富溶剂加压送至溶剂再生塔进行气提再生的关键设备。云南石化公司硫黄富溶剂泵选用大连海密梯克生产的磁力泵，型号为 MCNF200-315/F65，输送介质是富溶剂，扬程 61m，流量为 614.16m^3/h。

1　设备运行现状

硫黄装置现有富溶剂磁力泵 6 台，6 台泵运行周期平均为 3 个月左右，故障率偏高，严重制约装置安全平稳运行。该泵从开工至今经历了三个阶段，第一阶段：开工阶段，由于装置系统内杂质较多，6 台磁力泵故障率特别高，严重时每个月检修 4~5 次；第二阶段：开工后，故障率大幅度下降，基本上每月检修一次，故障原因为诱导轮与泵入口碰磨，将诱导轮拆除后，运行周期达到 2 个月左右；第三阶段：通过去除管线应力、叶轮动平衡、提高对中精度和在线动平衡校核等措施，6 台泵运行周期平均提高到 12 个月左右。

2　故障概述、检查情况及原因分析

2.1　故障概述

2020 年 4 月 20 日发现硫黄富溶剂泵（1502-P-502B）振动较大，状态监测分析后建议解体检查，4 月 21 日更换备用泵头，同时生产装置对该泵试运，试运时发现轴承温度上升较快，切泵检查。但三次试图切到换备用 A 泵，都因备用 A 泵不上量而无法切换，停泵检查，发现 A 泵盘不动车，决定对 A 泵进行检修，为确保装置运行，用工业风给 B 泵轴承降温，运行到 3 小时左右，B 泵振动突然上升至 80mm/s，无法继续运转，硫黄装置不得不立即停车。

2.2　解体检查情况

硫黄富溶剂泵（1502-P-502A），解体发现

（1）石墨推力轴承损坏严重，如图 1 所示。

图 1

（2）石墨径向轴承损坏严重，如图 2 所示。

图 2

（3）泵叶轮吸入端口环磨损严重，如图3所示。

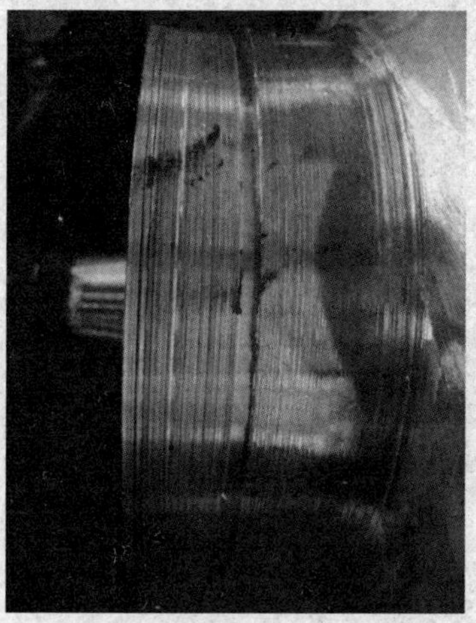

图3

（4）叶轮背部口环发现金属异物，如图4所示。

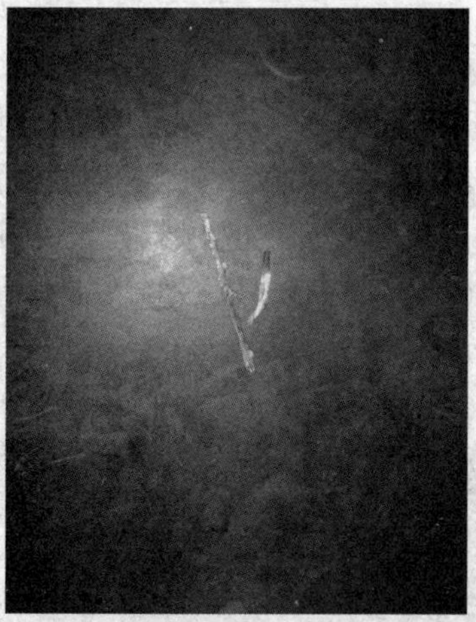

图4

（5）泵入口过滤网有空洞。

2.3 原因分析

2.3.1 硫黄富溶剂泵(1502-P-502A)

从石墨轴承损坏情况看，石墨轴承有干磨现象，可能是抽空或异物进入。

（1）机泵抽空，导致石墨轴承失去介质润滑，造成石墨轴承损坏；

（2）异物进入导致泵剧烈振动或摩擦，局部产生高温，导致泵抽空。

从倒泵的过程中，出现三次抽空，而且机泵口环磨损严重，高度怀疑异物进入。

2.3.2 硫黄富溶剂泵(1502-P-502B)

轴承烧损的原因主要有以下三个：

（1）轴承质量问题。免维护轴承内部润滑脂缺少，以往发生过免维护轴承内部没有润滑脂。

（2）轴承负荷大。对中不良、所用轴承负荷偏小和外磁缸摆动挠度大等原因造成轴承负荷较大，导致轴承温度升高，造成轴承损坏。

（3）安装不当。检修过程存在敲击，可能导致轴承出现缺陷。

2.3.3 综合分析

从富溶剂磁力泵的运行情况分析，运行周期偏短，可以排除机泵修理过程中出现的瑕疵，说明该泵存在一些固有缺陷，主要有以下问题：

（1）诱导轮设计不合理。增加诱导轮目的是避免气蚀，但是安装诱导轮后，导致诱导轮与泵入口发生碰磨，造成泵故障率极高，运行时间仅为1个月。拆除诱导轮后运行周期可以提高到2~3个月。

（2）外磁缸驱动轴承选型偏小，而且轴向定位不可靠。该泵外磁缸驱动轴承，开工以来故障率占30%，每次解体均发现，轴承磨损间隙过大和轴承轴向定位发生偏移。

（3）外磁缸驱动轴承箱中，两个支撑轴承间距偏小，导致外磁钢摆动挠度偏大。轴承间距偏小，外磁缸挠度过大极易导致外磁缸与屏蔽套和接筒发生摩擦，造成磁力泵内外磁缸损坏，故障率占50%。

3 改造措施

3.1 在驱动轴长度不变的情况下，增大两个支撑轴承间距，降低摆动挠度

由于受现场安装空间的限制，轴承间距只能增大35mm(图5)。

3.2 选用承载较大的轴承

考虑配件的通用性，将原有6216轴承更换为6316轴承，载荷对比如表1所示。

表1

轴承型号	Cr(动载荷)/kN	Cor(静载荷)/kN	备注
6216	71.5	54.2	
6316	123	86.5	载荷增加60%

3.3 制作工装假轴，对叶轮转子做动平衡，精度为G2.5

动平衡校验前，转子不平衡量为15.7g。动平衡后，不平衡量调整到2.3g，符合标准。

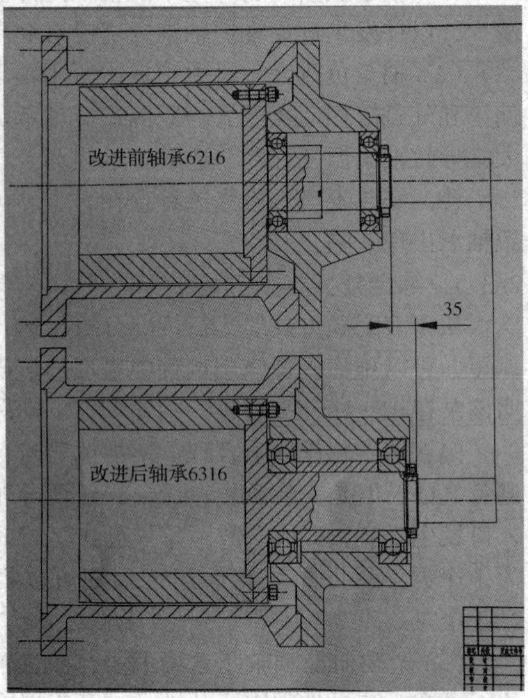

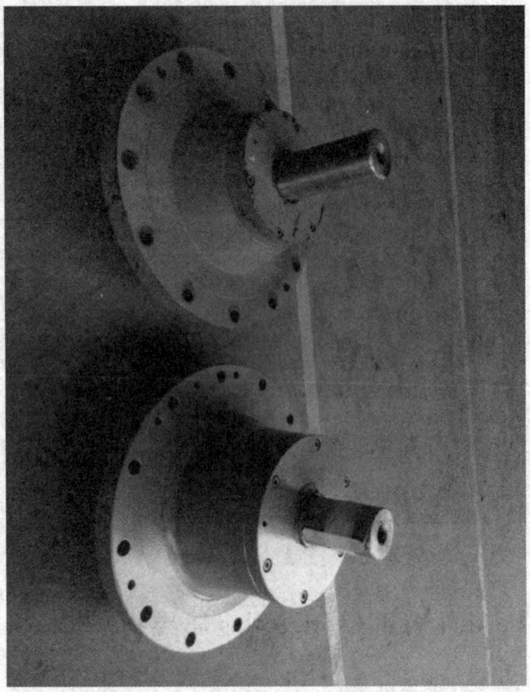

图 5 原轴承箱与改造后轴承箱结构对比

3.4 制作外磁缸驱动轴组件在线动平衡工装，进行动平衡校核，振动指标控制在 1.8mm/s 以内

由于该泵的外磁缸转子，制造厂没有做动平衡，我们制作了在线动平衡专用工装，校正动平衡，避免现场在线动平衡多次开停泵对泵造成损害。将改造后的驱动组件安装外磁缸后，通过在线动平衡校核，振动控制到最高 0.6mm/s，达到“优”级(图 6)。记录数据如表 2 所示。

3.5 加强轴承箱支撑(图 7)

(a)在线动平衡

(b)动平衡工装

图 6

表 2

部位	驱动端水平	驱动端垂直	非驱动端水平	非驱动端垂直	轴向
动平衡前	7.4mm/s	7.1mm/s	6.8mm/s	6.9mm/s	1.2mm/s
动平衡后	0.49mm/s	0.47mm/s	0.289mm/s	0.297mm/s	0.6mm/s
标准	2.8mm/s 以下运行状态为“优”；2.8mm/s 以上运行状态为“良”				

(a)原支承

(b)现支承

图 7

3.6 加强泵入口过滤器的检查，防止异物进入泵体内部

检查时发现入口过滤器滤网有破损处，修复滤网。

4 试运情况

4.1 泵启动运行后，监测各项指标如下：

（1）流量正常，压力正常，机泵运行无异常响声；

（2）轴承箱驱动端水平振动 1.9mm/s，垂直振动 1.5mm/s；轴承箱非驱动端水平振动 1.5mm/s，垂直振动 0.8mm/s；轴承温度最高为 45 度。

从以上运行指标综合分析，该泵运行工况处于优良状态。

4.2 运行 2 月后，监测各项指标如下：

（1）流量正常，压力正常，机泵运行无异常响声；

（2）轴承箱驱动端水平振动 2.2mm/s，垂直振动 1.5mm/s；轴承箱非驱动端水平振动 1.4mm/s，垂直振动 0.8mm/s；轴承运行温度最高为 49 度。

通过对该泵运行状态全面评估，状态监测单位、生产运行部、维保单位和机动处，共同分析认为：该机泵运行状况处于优良状态，预计运行周期为 12 月。

5 结论

硫黄富溶剂磁力泵严格按照以下检修要点，控制检修质量：

（1）对磁力泵内转子制作假轴，用动平衡机校核转子动平衡，精度控制到 G2.5；

（2）磁力泵内转子装配的轴串量必须保证在 2.0-2.3mm，盘车不能有任何碰摩现象；

（3）磁力泵外磁缸驱动轴组件，使用改造后的轴承箱，该轴承箱承载能力较原轴承箱提高 60%，运行周期将增大至 18 个月以上；

（4）外磁缸驱动组件需使用专门制作的在线动平衡工装，进行动平衡校核，不能使用动平衡机校核，保证外磁缸驱动组件振动控制在 1.8mm/s 以内。

严格按照以上要求进行检修，硫黄富溶剂磁力泵运行周期可以从目前的 3 个月提高到 12 个月，有效保证了硫黄装置的长周期稳定运行。

10kV 电源快速切换装置在大型石化企业的应用分析

杨　垒

（中石油云南石化有限公司）

摘　要　本文结合大型石化企业生产装置连续运行要求的特点，分析了备用电源自动投入装置在实际应用中存在的问题。通过 MFC5103 电源快速切换装置工作原理的介绍以及在某石化企业供电系统带负荷试验分析，验证了快切装置的可行性及优越性。

关键词　连续运行；快切装置；分析

1　引言

为了保证供电系统各级母线电压的稳定性，实现供电系统安全可靠运行，对大型石化企业的连续生产有着非常重要的意义。电压严重下降已经成为目前为提高供电可靠性必须解决的首要问题。

目前，大型石化企业主要采用一次系统采用双回路供电，再配合备用电源自动投入装置（以下简称“备自投装置”）的方法来解决供电可靠性，然而在石化企业存在大量的电动机、变频器等感性负荷，在突然失电的时候，电动机将向母线反馈电压。由于反馈电压的存在，从母线失电到备自投装置完成动作，其时间往往高达 1 到 2 秒，此时电动机已因低电压保护跳闸，造成装置停工停产，给企业带来巨大损失。因此在大型石化企业备自投装置并没有起到保证供电可靠性的作用。

备自投装置动作时间长的主要原因有二：一是在起动条件上，仅采用失压判据，没有把相关的主保护装置动作、开关变位作为起动条件，导致装置起动缓慢；二是在投入备用电源条件上，主要采用延时和无压无流判据，没有采用母线频率、电压、相位实时跟踪技术，实现“快速切换”。

2　MFC5103 快切装置工作原理

针对备自投装置实际应用中存在的问题，MFC5103 电源快速切换装置（以下简称“快切装置”）在起动、合闸方面提出了多种可靠的快速起动合闸判据，有效降低了备用电源投入时间。

2.1　MFC5103A 快切装置起动方式

MFC5103A 装置提供了以下几种起动方式（以单母线分段运行方式为例）：

（1）手动起动。由人工通过装置转换开关位置（投入、倒闸、退出）的变化进行切换，可以实现Ⅰ段进线 1DL、Ⅱ段进线 2DL、母联 3DL 之间的互相切换，主要用于进线停电或恢复供电时的人工倒闸操作。

（2）保护起动。将电源侧设备（变压器或线路）的快速主保护接点引入到快切装置起动回路中，当电源侧设备主保护动作时，装置立即起动，断开故障线路，合上备用电源。

（3）误跳起动。当系统正常运行时，如果在合闸位置的进线开关跳闸且低于无流定值，则装置立即起动，合上备用电源。

（4）失压起动。当检测到母线三相电压均低于失压起动定值且进线电流低于无流定值（或进线电压低于失压起动定值），装置经整定延时起动。

（5）无流起动。当检测到进线电流从大于无流起动定值降低至小于无流起动定值，同时母线频率小于无流起动频率定值，装置经整定延时起动。

（6）逆功率起动。此起动判据用于故障情况下的快速切换。

2.2　MFC5103A 快切装置切换方式

装置起动后，会按照一定的顺序控制工作电源开关及备用电电源开关动作。MFC5103A 设置的切换方式有：并联、串联及同时方式，以下以单母分段运行方式下从 1DL 切换到 3DL 为例。

(1)并联切换。是由手动起动方式触发，适用于同频系统的两个电源切换，此方式主要用于进线停电或恢复供电时的人工倒闸操作。

(2)串联切换。在装置起动后，先跳开 1DL 开关，确认 1DL 跳开，在合闸条件满足后，发出母联开关 3DL 合闸命令。如果 1DL 拒跳，则切换中断结束，装置不再发出母联开关 3DL 合闸命令。此方式主要用于事故情况下的自动切换。

(3)同时切换。装置起动后，先跳开 1DL 开关，经整定延时，满足合闸条件后合上 3DL 开关。如果 1DL 开关拒跳，装置将跳开 3DL 开关，避免两个电源之间的长时间并列。

2.3 MFC5103A 快切装置合闸方式

装置在起动后，将按照设定的切换方式跳开工作电源开关并合上备用电源开关。MFC5103A 装置设置的实现方式有：快速合闸、同期捕捉合闸、残压合闸、长延时合闸。

(1) 快速合闸。快速合闸动作速度最快，是最理想的合闸方式，能保证电动机的持续运转。并联切换方式下的合闸条件为：母线和待并侧电源频差 | Df | <“并联切换频差”，且相差 | Dq | <“并联切换相差”，压差 | Du | <“并联切换压差”。串联和同时切换方式下的合闸条件为：母线和待并侧电源频差 | Df | <“快速合闸频差”，相差 | Dq | <“快速合闸相差”。

(2) 同期捕捉合闸。同期捕捉合闸是当快速合闸不成功时，装置切换的最佳后备方式。合闸方式是实时跟踪两个电源之间的频差和角差变化，在同相点时合上开关。

(3) 残压合闸。当母线电压降低至残压合闸切换定值时进行合闸。残压合闸方式下，由于母线停电时间过长，电动机自起动时间、起动成功与否等会受到限制。

(4) 长延时合闸。当全部负荷超出备用电源容量时，只能通过长延时方式进行合闸。

3　MFC5103 快切装置在某石化企业 35kV 联合变电所的应用

从满足现场运行实际需要出发，保证生产装置连续运行，某石化企业采用了 MFC5103A 型快切装置。图 1 为该石化企业 35kV 联合变电所系统一次接线示意图，两段进线为线路变压器组接线。正常运行时，10kV 母线分段运行，10kV Ⅰ段进线开关、10kV Ⅱ段进线开关闭合，母联开关断开。母线负荷主要是 10kV 变压器、电动机、变频器等感性负载，对生产连续性要求很高。当任意一路进线电源失去时，MFC5103A 装置均能投入另一侧进线电源。

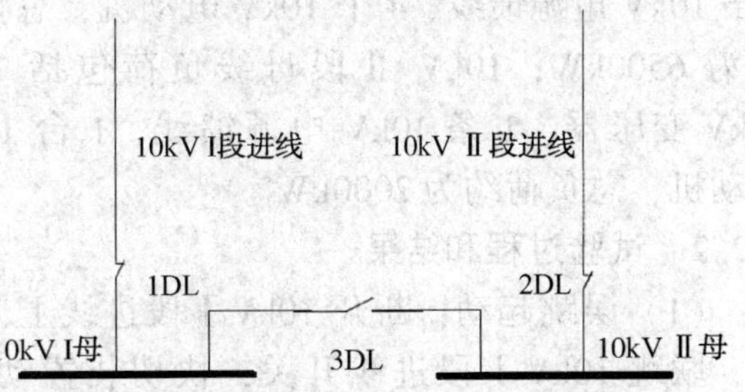

图 1　某石化企业 35kV 联合变电所系统简图

3.1 主要保护定值设置(表 1)

表 1

序号	名称	定值
1	残压切换定值	25.00%
2	长延时定值	3.00s
3	失压起动定值	70.0%
4	失压起动延时	1.10s
5	无流起动频率	49.5Hz
6	无流定值	0.06In
7	无流起动延时	0.02s
8	逆功率起动延时	0.15s
9	快速切换	1
10	同捕切换	1
11	残压切换	1
12	长延时切换	0
13	失压起动	1
14	无流起动	1
15	逆功率起动	1
16	手跳不闭锁	1
17	过流切换闭锁	1
18	保护切换方式	串联切换
19	Ⅰ段进线开关合闸时间	43ms
20	Ⅱ段进线开关合闸时间	45.3ms
21	母联开关合闸时间	45ms

3.2 快切装置带负荷切换试验方法及数据分析

3.2.1　试验工况

为保证其中一回电源线路故障跳闸或误跳导

致其供电母线失去电源时，快切装置能够正确动作投入备用电源，应做好快切装置带负荷试验。以10kV Ⅰ段进线失电为例，试验工况为：10kV两段进线开关在合位，母联开关在分位，快切装置充电完成，频差、角差、电压幅值在定值范围内。10kV Ⅰ段母线负荷包括1个10kV变压器、1条10kV电源馈线、4个10kV电动机，总负荷约为6500kW；10kV Ⅱ段母线负荷包括1个10kV变压器、1条10kV电源馈线、1台10kV电动机，总负荷约为2000kW。

3.2.2　试验过程和结果

（1）误跳起动：断开10kV Ⅰ段进线上侧开关，联跳10kV Ⅰ段进线开关，快切装置动作，合上母联开关，合闸方式为快速合闸，10kV Ⅰ段母线负荷无变化；

（2）保护起动：用短接线短接“线路光纤差动保护”起动快切装置出口端子，快切装置动作，断开10kV Ⅰ段进线开关，合上母联开关，合闸方式为快速合闸，10kV Ⅰ段母线负荷无变化；

（3）无流起动：取下10kV Ⅰ段进线开关柜上“上游联跳下游”保护硬压板，断开10kV Ⅰ段进线上侧开关，快切装置动作，断开10kV Ⅰ段进线开关，合上母联开关，合闸方式为同期捕捉合闸，10kV Ⅰ段母线负荷无变化；

3.2.3　数据分析

根据现场所做的带负荷切换试验，快切装置数据记录如表2~表4所示，电流电压波如图2~图5所示。

表2　误跳起动切换数据

切换方向			Ⅰ段进线到母联				
实现方式			快速合闸				
序号	时刻	相对时间/ms	Ⅰ段母线电压/100%			频差 Df/Hz	相角差 Dq/°
			Uab	Ubc	Uca		
1	合备用开始	0	87.44	87.00	84.81	0.01	0.6
2	合备用结束	55	80.2	78.58	79.8	2.68	57.9

表3　保护起动切换数据

切换方向			Ⅰ段进线到母联				
实现方式			快速合闸				
序号	时刻	相对时间/ms	Ⅰ段母线电压/100%			频差 Df/Hz	相角差 Dq/°
			Uab	Ubc	Uca		
1	跳工作开始	0	98.20	98.02	98.34	0	1.0
2	跳工作结束	55	94.50	88.49	98.30	1.66	3.3
3	合备用开始	55	94.50	88.49	98.30	0	1.0
4	合备用结束	105	82.44	81.67	82.10	1.86	35.8

表4　无流起动切换数据

切换方向			Ⅰ段进线到母联				
实现方式			同期捕捉合闸				
序号	时刻	相对时间/ms	Ⅰ段母线电压/100%			频差 Df/Hz	相角差 Dq/°
			Uab	Ubc	Uca		
1	跳工作开始	0	84.05	85.58	85.21	1.4	26.2
2	跳工作结束	54	77.58	77.98	78.43	3.26	80
3	合备用开始	136	62.01	73.74	67.02	6.29	-119.6
4	合备用结束	189	58.22	63.9	64.79	8.16	19.8

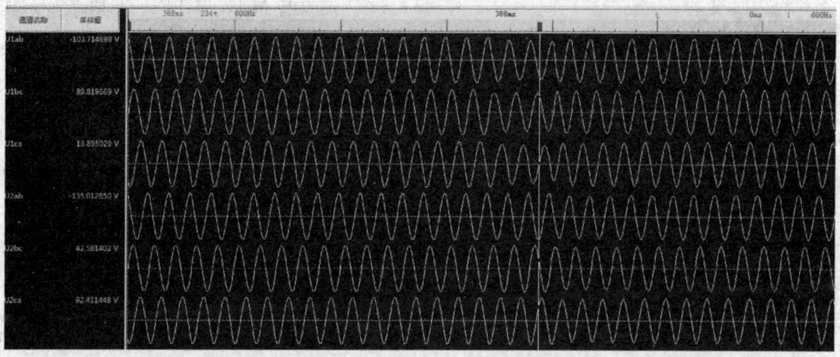

图 2　保护起动方式下两段母线电压波形

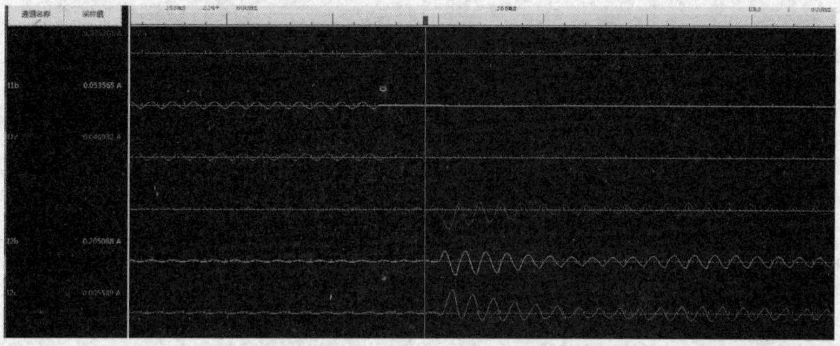

图 3　保护起动方式下两段进线电流波形

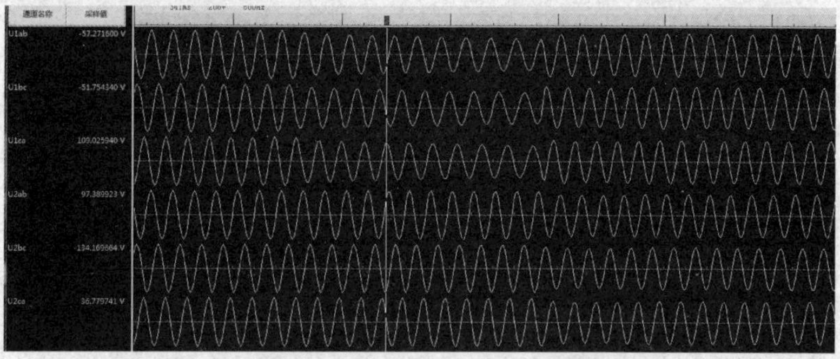

图 4　无流起动方式下两段母线电压波形

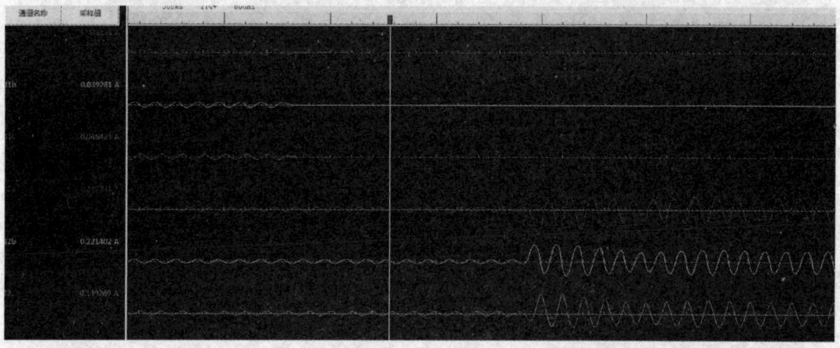

图 5　无流起动方式下两段进线电流波形

通过对上述表格数据和电压电流波形的分析可以看出，快切装置在误跳起动、保护起动、无流起动方式下，均能成功投入备用电源，母线电压下降较少，波形正常，母线负荷均未跳闸，母联合上时刻 10kV Ⅱ段进线电流约为稳定值的 1.5~2 倍，对供电系统冲击较小，有力保障了供电系统的运行可靠性。

4 结束语

通过 MFC5103A 快切装置在某石化企业 35kV 联合变电所带负荷试验分析可知，快切装置具有起动方式全面、动作迅速、合闸成功率高的特点，有效克服了备自投装置起动方式单一、动作缓慢、合闸成功率低的缺点，保证了电源切换过程的安全性和可靠性，对大型石化企业生产装置持续稳定运行提供了有力保障。

参 考 文 献

[1] 西北电力设计院．电力工程电气设计手册电气二次部分[M]．北京：中国电力出版社，1996.
[2] 卓乐友．电力工程设计手册：电气二次部分[M]．北京：水利电力出版社，1989.
[3] 郑曲直，程颖．备用电源自投装置设计、应用的若干问题[J]．继电器，2003，31(8)：18-21.
[4] 乐凌志，沈全荣，刘志超等．电厂厂用电源快速切换装置通用技术条件[S]．北京：中国电力出版社，2008.
[5] 曾玉章．微机快速切换装置在石化企业厂用电系统的应用及推广[J]．石化电气，2010，29(14)：66-70.

碳达峰碳中和背景下，石化行业转型升级的对策和建议

边思颖[1]　张福琴[2]

（1. 中国寰球工程公司北京分公司；2. 中国石油规划总院）

摘　要　本文首先分析了借鉴国外大公司应对“碳中和”的经验，在此基础上，分析了碳达峰碳中和背景下，加快我国石化产业转型的对策，提出了推进能源结构清洁低碳化、加强全过程节能、加大 CO_2 驱油和化工利用、推动绿色低碳技术创新等具体措施，最后提出了加强战略规划、鼓励企业和园区等先行开展试点、实施一批新能源重大科技项目、持续推进二氧化碳捕集技术攻关及示范共4个方面的发展建议，可供有关研究参考。

关键词　碳达峰；碳中和；石化；转型升级

近年来，国家提出了2030年碳达峰、2060年碳中和，我国能源结构不断优化，特别是经过“十三五”的发展，我国能源结构优化工作取得了一定的成效。据统计，2020年，我国能源消费总量为 49.8×10^8t 标煤，在能源消费结构中。煤炭占比为56.8%，石油占比为18.9%，天然气占比为8.4%，非化石能源占比为15.9%。为了实现低碳，仍然需要提高清洁能源和新能源的比例，石化行业直面挑战和机遇，为此，我国石化行业应充分借鉴国外的成功经验，重点结合自身的特点，提出有针对性的措施建议，实现石化行业“十四五”高质量发展。

1　借鉴国外大公司应对“碳中和”的经验

低碳环保发展理念已成为世界各国的共识。英国能源和气候信息小组统计数据显示，已有几十个国家和地区确立零碳或碳中和目标。各大石油石化公司也纷纷制定和推出“碳中和”解决方案。

Bp在2020年8月发布的新战略中表示，将大幅增加包括可再生能源、生物质能、氢能，以及碳捕集、利用和封存（CCUS）在内的低碳能源业务的投资，从每年约5亿美元增为约50亿美元。

埃克森美孚2000年以来在能效和低碳技术方面的投资超过80亿美元，其中一半用于下游提高效率和减排。其投资重心在于开发突破性的碳捕集与封存（CCS）技术，旨在降低复杂性和成本，并最终促进这一关键技术的全球推广。

道达尔对CCUS技术的经费投入也在不断增加，未来占公司研发费用的比例将保持在10%左右。

沙特阿美也在开发CCUS技术，并已在沙特的一家天然气加工厂应用，另外该公司还将可再生能源（太阳能和风能等）确定为公司的重点开发项目。

2　碳达峰碳中和背景下，加快我国石化产业转型的措施

2.1　推进能源结构清洁低碳化，大力发展低碳天然气产业，加速布局太阳能、风能、地热、氢能等新能源、可再生能源，实现从传统油气能源向洁净综合能源的融合发展

2.1.1　天然气

中国石油在“稳油”的基础上，加强天然气产供储销体系建设，保持天然气业务快速发展，把加快天然气发展作为构建清洁低碳、安全高效的现代能源体系。

中国海油加快天然气发展，一是通过加大天然气勘探开发力度、非常规气开发能力和液化天然气（LNG）供应保障能力建设，持续提升清洁能源供应水平。二是利用天然气发电，依托LNG资源建设了多个天然气发电厂，2016年以来，莆田燃气电厂累计贡献清洁电力 104.3×10^8kW·h，累计减排二氧化碳排放 540×10^4t、二氧化硫9930t、氮氧化物8665t，2019年获评

福建省“绿色工厂”。

2.1.2　太阳能和风能

截至2019年底，我国可再生能源发电总装机容量7.9亿千瓦，约占全球可再生能源发电总装机的30%，其中水电、风电、光伏发电、生物质发电均居世界首位。我国风电、光伏发电设备制造形成了完整的产业链，技术水平和制造规模处于世界前列。风电整机制造占全球总产量的41%。

国内光伏发电与风力发电技术成本快速下降，迎来平价上网时代。2019年5月，国家发展改革委办公厅、国家能源局综合司联合公布了第一批风电、光伏发电平价上网项目。全国共有来自16个省的250个项目成为第一批平价上网示范项目，总装机规模为2076×10^4kW。“十四五”期间，我国风电、光伏发电将全面迎来平价上网时代，成为具有竞争力的能源品种[1]。

截至2020年3月底，全球光伏发电装机容量排名居前三位的企业都是中国公司，分别是国家电力投资集团(1588×10^4kW)、保利协鑫(649×10^4kW)、中国广核集团(522×10^4kW)。

中国石油2017年开始试点加油站屋顶分布式光伏项目，目前累计建成光伏发电装机规模35MW，从2020年开始了全面布局光伏产业。例如在玉门等地发展光伏示范项目。

中国石化光伏发电业务起步于2016年，主要为企业内部利用闲置土地或加油站屋顶开展的“自发自用”分布式光伏发电项目，以及外部市场集中式光伏发电项目。“十三五”规划目标装机容量为500MW，实际只完成了22%，目前已建成投产的有陕西白水集中式农光互补项目(20MW)以及35个加油站屋顶分布式光伏项目，累计建成光伏发电装机规模85MW，年发电量近1×10^8kW·h。

随着风电技术的进步，海上风电的发展前景日益明朗，我国海上风电市场快速崛起。2018年全国新增装机436台，新增装机容量达到165.5×10^4kW，同比增长42.7%；累计装机达到444.5×10^4kW。海上风电产业与海上油气作业具有较高的业务契合度、相似的供应链和技术需求，具备海上油气作业能力的石油公司可以发挥优势，结合国家支持政策，积极参与海上风电项目。中国海油2018年底开始进军海上风电业务，首个风电项目——竹根沙海上风电项目年发电8.65×10^8kW·h。

2.1.3　氢能

中国石油在氢能领域成功开发低水碳比重整制氢催化剂，有效支撑中国石油大庆石化公司等制氢装置节能降耗；自主开发的天然气重整制氢工艺，助力中国石油宁夏石化公司年产45×10^4t合成氨、80×10^4t尿素大化肥装置建成投产；储氢材料、管道输氢、加氢站、燃料电池等多项储备技术取得积极进展。此外，国内正在探索绿氢化工厂等零排放石化企业设计、规划与构建。

中国石化计划2022年于中原油田建设首个兆瓦级电解水制氢示范项目，日产氢气1.12t。计划于2023年在新疆库车建设投产首个万吨级光伏绿氢示范项目绿氢示范项目，新建装机容量300MW、年均发电量6.18×10^8kW·h的光伏电站、年产能2×10^4t的电解水制氢厂、储氢规模约21×10^4m^{3}的储氢球罐、输氢能力2.8×10^4m^3/h的输氢管线及配套输变电等设施。项目生产的绿氢将供应中国石化塔河炼化，替代现有天然气化石能源制氢。

2.1.4　其它能源

中国石油还积极推进生物质能，在吉林已经建成了60×10^4t/a玉米燃料乙醇生产基地。

此外，我国石化行业也在推进供能、供热结构绿色转型，加快节能环保清洁生产技术研发转化推广，从而实现生产系统绿色转型。

2.2　大力提高能效，加强全过程节能工作，淘汰落后产能，大幅降低资源能源消耗强度，有效控制化石能源消耗总量

2.2.1　加强现有业务的节能工作，大力提高能效

以炼油厂节能为例。为了进一步降低能耗，各企业深挖潜力，开展节能工作。炼油厂用能主要以热能为主，包括燃料油、燃料气、蒸汽、催化烧焦等，其次是电能，这两项能源消耗占炼化总能耗的90%以上，其中，热能的消耗占70%左右的比例，热能的利用，应当遵循“高质高用、低质低用”的原则。只有形成能量多次梯级利用的用能格局，才能实现能量的高效利用。一般我国加热炉燃料消耗占炼油厂能耗的50%左右，因此，降低能耗的关键是提高加热炉热效率。

加热炉节能改造的技术目标：一是加热炉排烟温度在90℃左右，加热炉热效率要达到94%。

二是加热炉保持长周期，安全、稳定运行。

2.2.2　制氢装置碳减排探索

制氢过程是炼厂碳排放的主要来源之一，应借鉴国外公司的经验：德西尼布公司和 IFP 公司分别提出了优化制氢流程实现碳减排的方案。德西尼布公司在流程中增加了原料预处理装置，将 C_{2+}烃类反应生成甲烷，设计了一种平行重整装置，通过利用甲烷蒸汽重整（SMR）装置合成气的热量实现热传递，增加了额外的重整反应。并从炼厂废气中回收氢气。通过上述这些改进和创新，从空气/燃料预热、废热回收利用、提高转化率和能效等途径减少了反应中二氧化碳的生成量。对于产物中的二氧化碳，可以通过燃烧前脱除和燃烧后脱除两种途径实现碳减排。IFP 公司对 SMR 工艺进行了改进和创新。该工艺开发了创新的紧凑型反应器交换器，在一个直径 8m 的反应器中垂直排列 300 根管线，反应器底部通入加压的热烟道气，增强了热交换，反应过程中产生的蒸汽全部回收再利用，整体能效得到提升。该工艺制氢能力达到 3 万~12m^3/h，中试装置投资比常规 SMR 降低 15%，二氧化碳排放比常规 SMR 减少 7%。目前，一套中试装置正在运行中。

2.2.3　淘汰落后产能，大幅降低资源能源消耗强度

按照《石油和化学工业“十四五”发展指南》，“十四五”期间要继续加大安全和环保不达标的落后产能淘汰力度，加快推动落后产能出清，推进企业优胜劣汰。要严控新增低端产能。到 2025 年，合成氨产能、产量基本保持目前水平；氮肥产能降低到 5000×10^4t/a 左右，出口约 500×10^4t/a；磷肥产能淘汰 200×10^4t/a/（折纯），降低到 2000×10^4t/a（折纯）左右；钾肥产能小幅增长至 650×10^4t/a（折纯），进口规模略有增长。

2.3　加快部署二氧化碳捕集驱油和封存项目、二氧化碳用作原料生产化工产品项目。积极开发碳汇项目，发挥生态补偿机制作用，践行“绿水青山就是金山银山”的发展理念

2.3.1　二氧化碳捕集驱油和封存项目

随着 CCS 技术的兴起，目前国内已有的二氧化碳捕集装置中，采用的捕集方法包括化学吸收法、变压吸附法等，其中以化学吸收法为主，包括中石油吉林油田二氧化碳捕集驱油、中石化胜利油田二氧化碳捕集驱油、华能北京高碑店热电厂二氧化碳捕集示范工程、华能石洞口第二电厂碳捕获、神华集团内蒙古自治区鄂尔多斯市二氧化碳捕集封存全流程项目是从煤制油生产线中变压吸附法捕捉碳。各示范工程详细情况如表 1 所示。

表 1　国内碳捕集技术示范工程

项目	捕集对象	捕集方法	回收量和成本	利用和封存
中国石油吉林油田二氧化碳捕集驱油	长岭气田	化学吸收法	截至 2011 年 5 月 8 日，吉林油田公司累计生产含二氧化碳天然气 $18.3\times10^8m^3$，通过开展二氧化碳驱油试验累计产油 11.7×10^4t，封存二氧化碳 16.7×10^4t	用于陆相沉积低渗透油藏二氧化碳驱，提高单井产量和采收率
中国石化胜利油田二氧化碳捕集驱油	燃煤电厂	化学吸收法	每年预计可减少二氧化碳排放 3 万多吨，并可提高采油率 20.5%	用于“低渗透油藏二氧化碳驱油”先导试验
华能北京高碑店热电厂二氧化碳捕集示范工程	热电厂	化学吸收法	年回收二氧化碳 3000t	捕集的二氧化碳卖给食品店
华能石洞口第二电厂二氧化碳捕获	电厂	化学吸收法	预计年捕获二氧化碳 10×10^4t，工程投资约 1 亿元	捕集的二氧化碳卖给食品店
神华集团内蒙古自治区鄂尔多斯市二氧化碳捕集封存全流程项目	煤制油生产线	变压吸附	设计年捕集封存二氧化碳 10×10^4t，未来将分两步建成年收集与封存二氧化碳 100×10^4t 和 300×10^4t 的项目，工程投资约 2.1 亿元	经过提纯、液化等环节，运送到距离捕集地约 17km 地下约 3000m 的区域封存起来

有学者测算，国内二氧化碳驱油项目可埋藏二氧化碳(48～101)×10^8t，按照最小潜力48×10^8t持续埋藏50年计算，平均每年二氧化碳埋藏量约1×10^8t，相当于11个40×$10^8$$m^3$/h褐煤制天然气项目的二氧化碳排放量。考虑到二氧化碳捕集、管输和注入等全流程，产油规模1000×10^8t/a二氧化碳驱油项目的二氧化碳用量约2000×10^4t/a，年用电量将达到50×10^8kW·h以上。

2.3.2　二氧化碳用作原料生产化工产品项目

目前已有国内炼化企业建设二氧化碳聚酯项目，主要原料为二氧化碳和环氧丙烷或环氧乙烷，生产可降解塑料二氧化碳聚酯PPC产品，例如，据报道，案例1：内蒙古蒙西集团公司采用长春应用化学研究所的技术，利用水泥生产过程中产生的二氧化碳，已建成年产3000t二氧化碳/环氧化合物共聚物的装置，产品主要应用在包装和医用材料上。案例2：中国海洋石油总公司和中科院长化所合作，在海南东方化工城兴建年产3000t二氧化碳共聚物可降解塑料项目。以上项目实现了二氧化碳用作原料生产化工产品项目目标，直接为碳减排做出了贡献。

此外，国内有关单位正在探索以二氧化碳、生物质能、天然气等为原料直接制备化学品技术，塑料闭环循环利用技术。有关企业正在设计传统石化厂+CCUS技术，实现低碳发展。

2.4　加大科技研发力度，推动绿色低碳技术创新，着力突破一批核心和关键技术

加大科技研发力度，推动绿色低碳技术创新，中国石油新能源领域技术创新取得了多项新成果

地热能领域：开发形成电磁法地热勘探、砂岩地层回灌、废弃井改造等10项中低温地热评价与开发利用配套技术，研发高温地热钻井设备和工艺，集成创新5项高温地热钻完井技术，有效支撑冀东、华北等多个工程项目实施和肯尼亚高温地热发电快速发展。

生物质能领域：玉米燃料乙醇工业化生产成套技术完成优化升级，原料适应性强及工艺流程短的生物柴油反应分离耦合工艺技术、新一代低成本生物航煤制备技术、纤维素制燃料乙醇技术研究攻关取得重要进展。

储能领域：搭建了储能关键材料制备与性能评价综合平台，开展了钛酸锂电池、钠离子电池、固态电池等关键电极材料基础研究与规模化制备工艺研发，完成了千瓦级储能电池组装，开发出2种达到国际先进水平的钛酸锂电极材料。盐穴压缩空气储能和氢气储能前期研究取得积极进展。

天然气水合物领域：成功总包我国第二轮南海水合物试采工程，首次突破我国深海泥质粉砂水合物试采技术难题，首次创建深水浅软地层水平井钻采技术体系，创造持续生产42天、日均产气3.57×$10^4$$m^3$的世界最新纪录。

3　推进我国石化转型的建议

(1) 国家层面上，应尽快加强战略规划，制定碳中和战略路径

国家层面抓紧制定2030年前碳排放达峰行动计划。国家层面抓紧制定2030年前碳排放达峰行动计划，统筹谋划一批推动经济、能源、产业等绿色低碳转型发展的重点任务和重大工程。鼓励有条件的地方率先达峰，同时，也将强化监督考核，将达峰行动有关工作纳入中央环保督察。

(2) 国家层面上，鼓励企业和园区等先行开展试点

鼓励先行先试，依托石化基地，采用先进低碳技术和管理模式，以大型炼化一体化项目为龙头，下游烯烃产业链、芳烃产业链、化工新材料/精细化学品产业链等协同发展，结合碳捕集封存与利用(CCUS)项目，打造CO_2近零/净零排放示范工程。

(3) 加快组织实施一批新能源重大科技项目

在国家统一组织下，按照基础超前、攻关试验、产业化应用3个层次，在地热、氢能、煤炭地下气化、天然气水合物、储能等重点领域组织实施一批关系全局和长远的重大科技项目，储备一批战略性技术，突破一批关键核心技术，推广应用一批产业化技术。

(4) 持续推进二氧化碳捕集技术攻关及示范

促进国家CCS技术相关利好政策的出台。由于捕集-封存一体化集成项目往往跨企业、跨行业，涉及技术领域众多，资金需求量大，在我国没有明确政策和规范的条件下，研究力量和投入不够集中，国际化专家和人才少，行业间合作

瓶颈难以突破。如果政府不能出台鼓励政策，与企业共担风险，企业开展相关工作将缺乏动力和资金支持。建议国家进一步推出鼓励 CCS 集成示范的补贴和税收优惠，促进相关产业的发展和成熟，提高中国 CCS 产业的竞争力。

重视国际合作和技术研发，降低 CCS 的成本是目前技术发展的最大障碍。根据目前全球范围内 CCS 试验性项目的经济数据分析，二氧化碳捕集成本占 CCS 整个工艺流程的 90%，约耗费 50～90 欧元/tCO_2，并且还需增加 10%～40%的能源消耗量。欧盟各国目前是 CCS 技术的领跑者和拥有者，至 2015 年，欧洲开展 10 多个示范性先导项目，并在 2020～2030 年间，将该技术实现商业化。我们应适时开展国际合作，加强相关技术和装备制造的国产化率，以期降低捕集成本，在国际外交和科技竞争中处于主动地位。

PSP-InSAR 技术在石油储罐形变监测上的应用研究

徐从齐

（国家石油天然气管网集团有限公司华中分公司）

摘　要　本文介绍了传统石油储罐形变监测方法，分析了存在的弊端，提出并引入 PSP-InSAR 技术对石油储罐进行形变监测。通过探索应用该技术对某 1#油库、某 2#油库进行形变监测与分析，结果显示 1#库区 C 区油罐形变较其他油罐明显偏大，存在均匀沉降现象，进一步分析出油罐形变量与时间和液位成二元线性相关，最后对油罐形变产生的原因进行了分析，同时对识别出的沉降风险提出了巡护建议。应用表明，PSP-InSAR 形变监测技术能实现对目标进行全覆盖、长时间和高精度的形变监测，为石油库区、管道周边环境形变监测提供借鉴和参考。

关键词　InSAR；形变监测；沉降；石油储罐

石油储罐的安全性属于石化领域重点评估对象，《常压立式圆筒形钢制焊接储罐维护检修规程》（SHS 01012 —2019）表明，本体变形、罐壁垂直度、几何形体变形、罐基础沉降、罐基础倾斜值等是评估储罐稳定性的重要指标，也是储油罐全面检验必不可少的检测内容。近年来，特别是随着城市的不断发展，城域面积的不断扩张与改造，地面沉降事件频发，地质灾害事件及罐体自身不均匀沉降已成为威胁油罐安全的重要因素。一般来说，油罐在发生沉降事故前，会有一定时间形变的累积，形变累积过大会逐渐形成罐壁不垂直、圆度缺失、失稳、扁平等现象。因此，储油罐在原有稳定结构宏观失稳之前，其表面一定会先发生微小位移或变形，随着变形的逐渐积累，导致石油罐出现浮盘倾斜、卡盘等功能异常，进而出现罐体倾斜、倾覆以及垮塌等安全事故。因此，通过何种检测手段实现油罐区域的全覆盖，长时间、连续和高精度的形变监测，实现快速准确的预测预警预报及时消除事故隐患，已成为石油化工行业重点关注和研究的问题。特别是对风险隐患较大的罐区有必要采用有效的技术手段进行监测，有效的发现灾害易发点，并通过定期的监测而达到灾害预警、预防的作用。同时，通过形变监测，可以更深入地研究油罐形变诱发的各类事故、灾害机理。

1　传统石油储罐形变监测方法

传统石油储罐形变监测方法根据测量时是否接触监测目标，分为接触式测量和非接触式测量两大类。

1.1　接触式测量

接触式测量主要包含水准仪测量、倾斜仪测量、GPS 测量技术和无线传感器网络技术。接触式测量的最大优点是能获取高精度形变量，其年形变监测误差能控制在毫米级甚至亚毫米级。但是，它只能对场景中某些离散点进行观测，进而导致存在空间盲区。况且，接触式测量需要布设测量点，而在一些危险目标区域很难实施布设或完全不能布设。因此，接触式测量难以满足对油罐库区进行全覆盖形变监测的需求。同时，如果采用 GPS 测量技术，还可能会受到可视卫星数量的限制。所以，对于在区域分布广泛、零散分布的沉降风险区域监测，空间分布过于离散的传统接触式测量并不能满足监测需求。

1.2　传统非接触式测量

传统的非接触式测量主要包含近景摄影测量、激光扫描测量等技术。当采用近景摄影测量或激光扫描测量技术进行形变反演时，先获取场景的 DEM 信息，然后通过对比不同时刻生成的 DEM 数据来提取形变量。但是，在实际应用过程中，如果天气恶劣，这两项技术的形变反演精度会受到较大的影响，且近景摄影测量技术无法在夜间进行形变监测。因此，近景摄影测量和激光扫描测量技术难以满足对油罐区沉降危险区域进行长时间、连续形变监测的需求。

综上所述，无论是接触式测量还是传统的非接触式测量，都存在各自的技术缺陷。无法同时实现对油罐区沉降风险场景进行全覆盖、长时间和高精度的形变监测。

2 PSP-InSAR 技术基本原理

为解决传统石油储罐形变监测存在的技术缺陷，实现对油罐区沉降风险场景进行全覆盖、长时间和高精度的形变监测，在中国石化某公司智能化管线管理系统项目建设中，研究并引入PSP-InSAR 技术，来探索对储油罐进行连续性高精度形变监测及预警技术。

2.1 InSAR 技术基本原理

合成孔径雷达技术即 SAR，是一种遥感测量方式；合成孔径雷达干涉测量技术即 InSAR，是 SAR 技术和干涉测量技术相结合的技术。二轨法是 InSAR 形变测量方法中应用最为广泛的方法。其原理如图 1 所示。

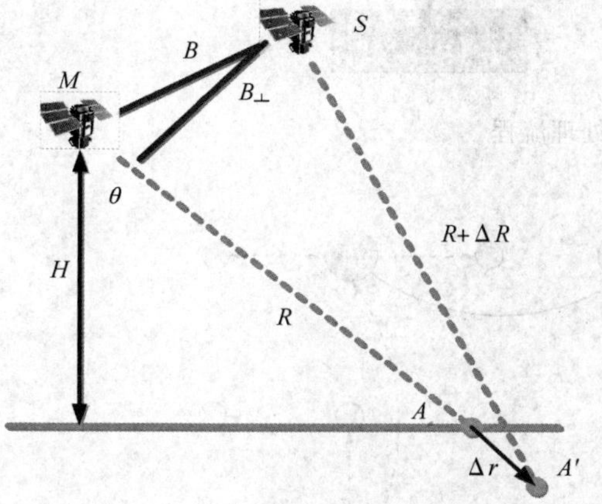

图 1 二轨法的几何模型

M、S 分别是形变前后卫星的位置。实际上，M、S 两点的卫星不是 100%重轨，会存在空间基线 B。形变前，监测点位于 A 点，形变后，监测点移动到点 A'。在干涉相位中去除模拟的地形相位，监测点在视线方向的形变量 Δr 与形变相位之间的关系为：

$$\varphi_{def}=-\frac{4\pi}{\lambda}\Delta r \quad (1)$$

式(1)中，λ 表示雷达信号的波长，从式(1)中可以看出 InSAR 技术的形变测量精度与雷达波长和形变相位相关。

对于探测形变的差分干涉测量而言，进行干涉的两幅影像一般具有较长的时间间隔，通常地物的散射特性和大气条件在这期间会发生较大变化，在干涉相位中就会存在严重的失相关噪声和大气延迟影响，造成形变相位 φ_{def} 误差较大，以致干涉失败，使得常规差分干涉方法不能获取地表形变量。

2.2 PSP-InSAR 技术基本原理

针对形变相位 φ_{def} 误差较大这个问题，Ferretti 等提出了 PS-InSAR 技术。PS-InSAR 技术首先找出研究区域内散射特性较稳定、对雷达波反射较强的地面硬目标，即高的信噪比、高相关性的 PS 点，通过对它们的一系列观测值(即干涉相位)进行时间序列分析、建模，可有效提取这些目标的形变量，然后估计补偿相位误差项。但是，PS-InSAR 算法还是存在两大局限性。一是传统 PS-InSAR 算法需要事先分析形变发生的运动模型，如果预估的形变模型与实际形变模型不匹配，将无法实现形变反演。二是传统 PS 算法在城市区域有较好的应用，但是在非城市区域，由于选出的 PS 点数量较少，难以进行有效的形变反演。为了解决传统 PS-InSAR 方法存在的局限性，2009 年，Constatini 等提出了 PSP(Persistent Scatterer Pair)方法。通过连接相位特性相同的 PS 点，构建 PS 点对，再进行不断扩展，从而建立 PS 点网格，最后选出 SAR 图像中的 PS 点集合。该方法在实际应用过程中有更强的鲁棒性。

PSP 算法的基本处理流程如图 2 所示。图 3 显示了建立 PSP 网格的示意图。黄色的目标点表示为 PS 点，白色目标点表示非 PS 点，实线表示 PS 对，虚线表示非 PS 对，PS 点中的数字表示 PS 对建立的顺序，从第 1 个 PS 点连接到第 N 个 PS 点，最终在整幅图像中选出 PS 点集合，并建立网格。

相对于传统 PS-InSAR 算法，PSP-InSAR 算法在 PS 点密度和 PS 形变测量精度两个方面都有较大提升。

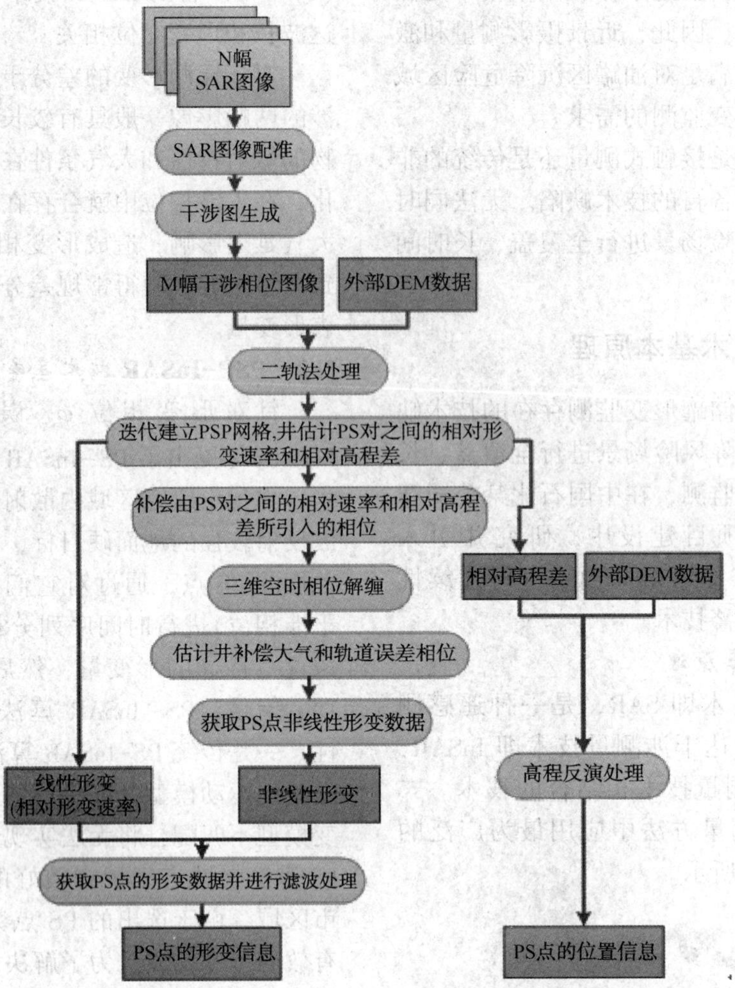

图 2　PSP 算法的基本处理流程

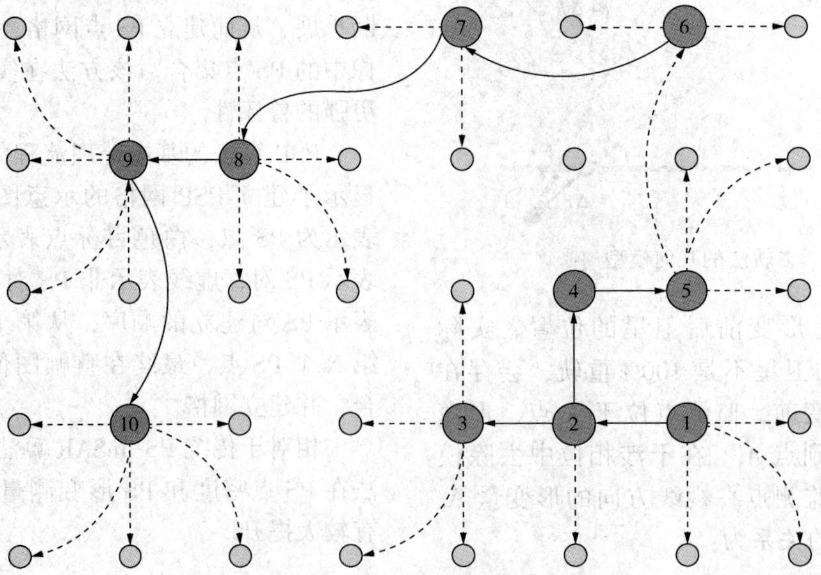

图 3　建立 PSP 网格的示意图

3　PSP-InSAR 技术在油罐形变监测上的实际应用

在中国石化某公司智能化管线管理系统项目建设中，选择了某 1#油库和某 2#油库进行 PSP-InSAR 技术应用研究，旨在探索应用该技术对储油罐进行连续性高精度形变监测及预警。

3.1　技术路线

是以长时间序列 COSMO-SkyMed HIMAGE SAR 影像集合(分辨率 3m)为输入，采用 PSP-InSAR 技术，分别获取 1#库区、2#库区范围内区内油罐形变 PS 点的三维位置坐标信息、平均形变速率信息和形变历史信息。在此基础上，分析这些 PS 点的形变演化历史，并依据这些信息分析、判断出库区油罐形变信息。通过对库区各油罐的 PS 点进行进一步监测，确定油罐地基基础是否稳定，分析油罐形变原因，判断油罐可能存在的风险，并提出针对性的防护建议。

3.2　数据分析及储罐沉降评估标准

InSAR 技术测量的是油罐整体形变量，它是多个因素的综合结果：(1)油罐自身差异性形变；(2)整体沉降；(3)由温度变化导致形变(热胀冷缩现象)；(4)其他因素引入的形变。因此，每个 PS 点形变测量结果的数学表达式如式(2)所示：

$$d_{InSAR}=d_B+d_S+d_T+d_n \quad (2)$$

式(2)中，d_B 表示油罐自身差异性形变，d_S 表示整体沉降，d_T 表示由温度变化导致的形变，d_n 表示其他因素引入的形变。

对油罐安全危害最大的是其自身的差异性形变，根据(表 1)沉降允许值要求，如果油罐不同区域的差异性形变超过阈值，那么这个油罐的安全性需要重点关注。因此，为了准确地综合评估油罐的安全状况，需要先根据地理位置信息，确定每个油罐所对应的 PS 点集合。然后，从 InSAR 形变测量结果中提取油罐自身差异性形变量。最后，再根据其结构指标数据设置阈值，评估其安全信息。

表 1　储罐沉降差允许值

浮顶罐与内浮顶罐		固定顶罐	
罐内径 D/m	任意直径方向最终沉降差许可值	罐内径 D/m	任意直径方向最终沉降差许可值
$D\leqslant22$	$0.007D$	$D\leqslant22$	$0.015D$
$22<D\leqslant30$	$0.006D$	$22<D\leqslant40$	$0.010D$
$30<D\leqslant40$	$0.005D$	$40<D\leqslant60$	$0.008D$
$40<D\leqslant60$	$0.004D$		

3.3　InSAR 数据的基本信息

在 1#库区，数据源为 2012 年 6 月～2015 年 7 月时间段内采集的 45 幅 SAR 图像，其基本信息如表 2 所示。

表 2　1#库区 InSAR 数据的基本参数

参数	数值
卫星类型	COSMO-SkyMed
拍摄模式	条带模式
空间分辨率	3m
升\降轨模式	升轨
极化方式	HH
中心下视角	32.23°
影像数量	45

续表

参数	数值
监测起始时间	20120616
监测终止时间	20150719
InSAR 处理算法	Enhanced PSP

在 2#库区，数据源为 2014 年 1 月～2016 年 12 月时间段内采集的 30 幅 SAR 图像，其基本信息如表 3 所示。

表 3　2#库区 InSAR 数据的基本参数

参数	数值
卫星类型	COSMO-SkyMed
拍摄模式	条带模式

续表

参数	数值
空间分辨率	3m
升\降轨模式	升轨
极化方式	HH
中心下视角	32.23°
影像数量	30
监测起始时间	20140118
监测终止时间	20161229
InSAR 处理算法	Enhanced PSP

3.4 监测与分析

根据PS点选取要求，周边环境的PS点主要分布于周边建筑物或者重要基础设施上，油罐的PS点主要分布于油罐罐壁上，所有的监测成果统计和分析均基于提取到的PS上的沉降信息进行。

3.4.1 整体监测情况

基于2012年6月~2015年7月期间的45期的高分辨率COSMO-SkyMed影像，采用PSP-InSAR技术，获取1#库区周边环境及油罐的形变的时间序列图(图4)。从平均速率图分析，可以看出1#库区C区部分油罐存在一定的沉降或者隆起变形，A区、B区油罐未发现明显的沉降或者隆起变形，整个库区周边环境整体比较稳定，西侧铁路线上部分点存在一定的沉降变形；基于2014年1月~2016年12月期间的30期的高分辨率COSMO-SkyMed影像，采用PSP-InSAR技术，获取2#库区周边环境及油罐的形变的时间序列图(图5)，从平均速率图分析，可以看出库区D区、E区油罐未发现明显的沉降或者隆起变形，整个库区周边环境整体比较稳定。

图4　1#库区整体变形情况

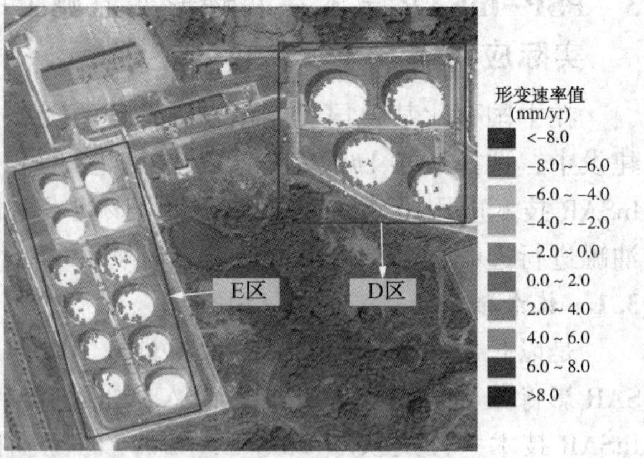

图5　2#库区整体变形情况

根据计算结果，在某1#油库监测区域内共发现12833个PS点，其中沉降速率大于8mm/year形变速率的PS点共有92个，占监测区域总数的0.72%，且主要集中在C区；在某2#油库监测区域内共发现2675个PS点，其中沉降速率均控制在4mm/year以内，沉降趋势稳定，且未发生明显变形。为此，对某1#油库C区油罐的形变做进一步监测分析。

3.4.2 某1#油库C区油罐的监测分析

C区油库位于整个库区的东侧，该位置曾经为小型油罐，在2010年曾进行重新规划建设，2011年上半年建设基本完成，2012年进行初次观测时，油库已经投入使用(图6)。

C区各油罐编号及监测点分布情况如图7所示，各油罐均为内浮顶罐，各油罐罐容为20000m^3，储罐规格为(公称直径×高度)37000×19827mm。

C区各油罐储油量大，监测结果显示其形变较其他油罐明显偏大，为全面反映油罐地基的变形情况，在每个油罐上沿罐壁外围等间隔选取3个监测点，各油罐监测点布置情况如图8所示。

同时，基于朱茂等人提出的形变随水位变化模型的形变数据分析方法，为了研究储油罐储油量的多少与油罐形变的相关性，收集了监测期间各油罐的液面数据，制作C区油罐2012年6月~2016年7月期间形变(液面高度)时间序列图，如表4~表11所示，其中304号油罐由于没有收集到相关液面数据，故未对304号油罐做油面与油罐地基沉降的对比分析，302号油罐在监测初期未投入使用，2014年5月之后才投入使用。由表分析可知：油罐形变量与时间和液位成二元线性相关；301、303、305、306、307、308号油罐整体表现为下沉，其最大沉降量控制在一定的范围内，最大沉降位置发生在308号油罐308-B和308-C监测点位置，最大沉降量约27mm；302号油罐整个监测过程表现为缓慢的隆起，最大隆起量约35mm；304号油罐在整个监测过程中无明显变形；油罐均未发生明显的差异沉降，均表现为均匀沉降；对油罐及地基稳定性进行数据分析，该区域各油罐沉降均在基础沉降差允许值范围内。

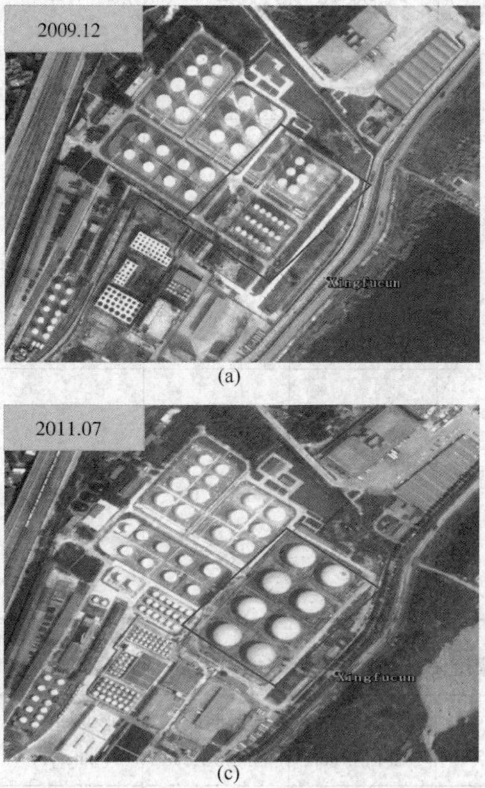

图6　C区油罐建设历史情况

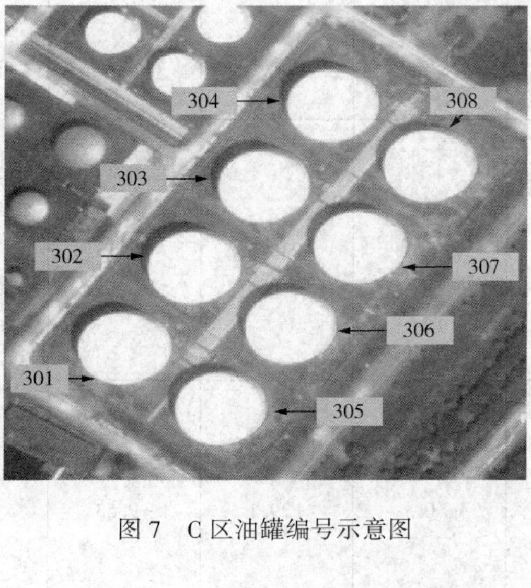

图7　C区油罐编号示意图

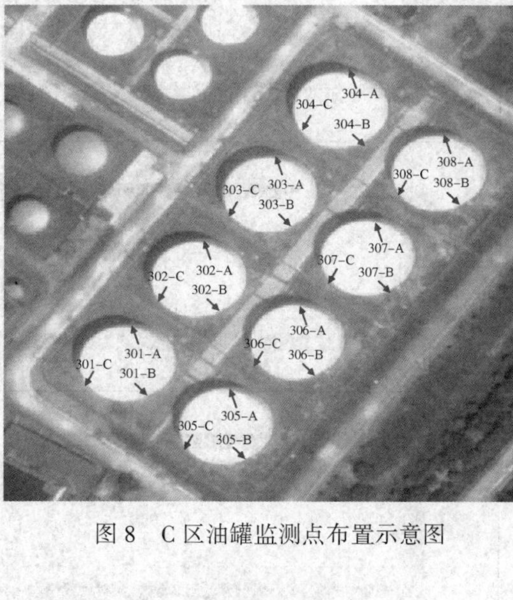

图8　C区油罐监测点布置示意图

表 4　301 油罐沉降分析

监测点号	时间-沉降曲线	监测期最大沉降值/mm	监测期最大隆起值/mm	形变速率/(mm/yr)	沉降趋势
301-A	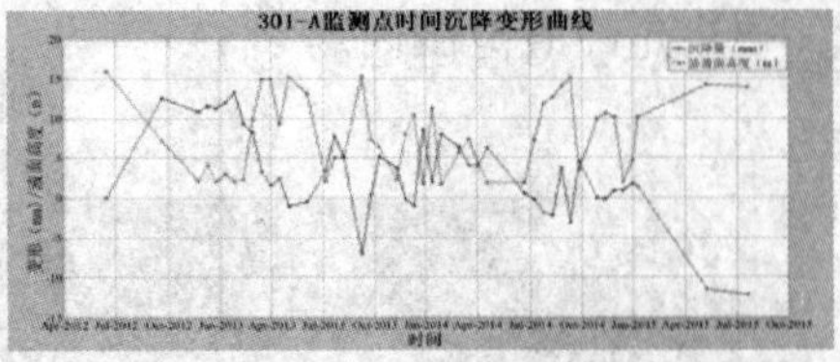	-12.2	+13.3	-3.12	
301-B	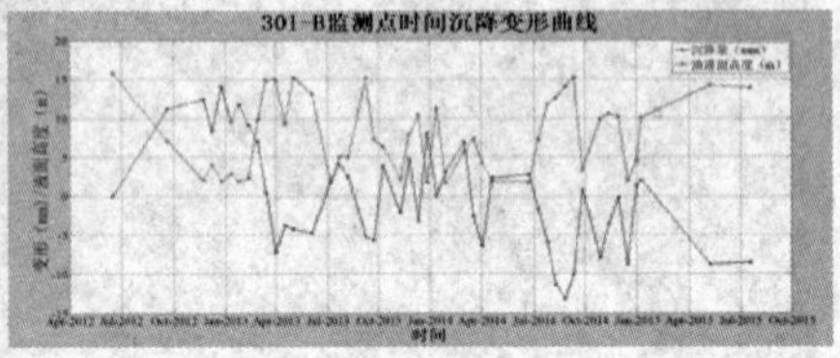	-13.2	+14.0	-4.52	比较稳定
301-C	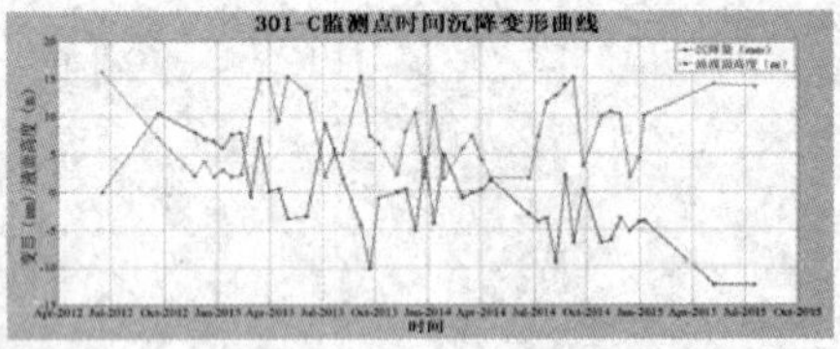	-12.4	+10.0	-3.05	

表 5　302 油罐沉降分析

监测点号	时间-沉降曲线	监测期最大沉降值/mm	监测期最大隆起值/mm	形变速率/(mm/yr)	沉降趋势
302-A	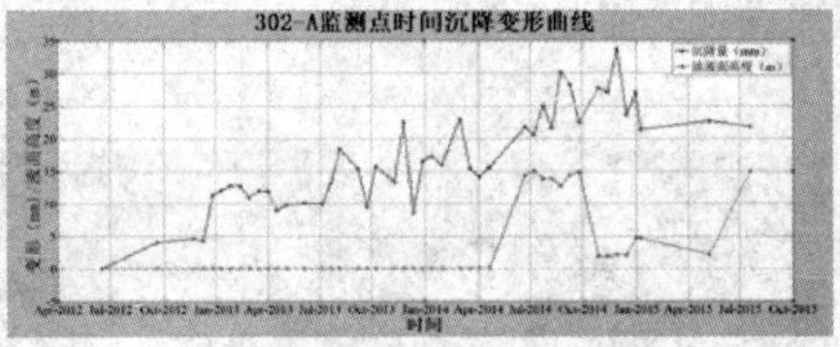	0	+33.7	+8.04	
302-B	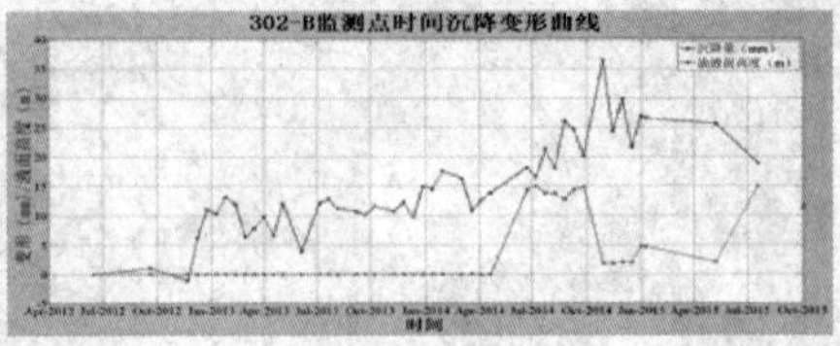	-1.0	+36.5	+9.13	前期呈阶段性隆起，最终状态趋于稳定
302-C	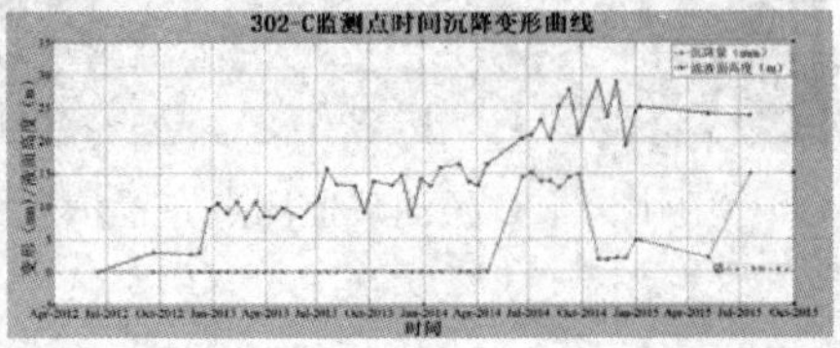	0	+29.1	+9.53	

表 6　303 油罐沉降分析

监测点号	时间-沉降曲线	监测期最大沉降值/mm	监测期最大隆起值/mm	形变速率/(mm/yr)	沉降趋势
303-A	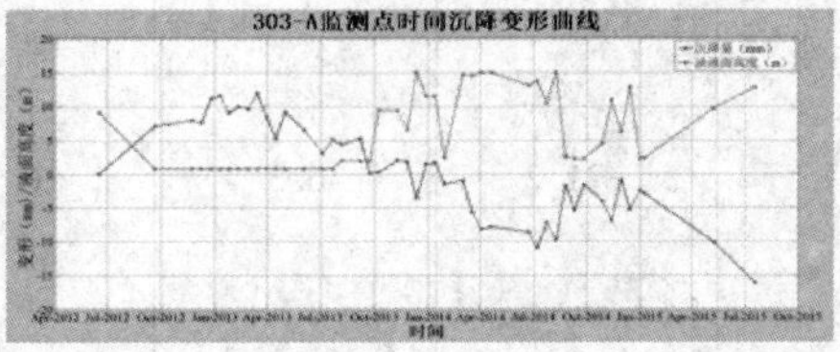	-16.1	+11.9	-6.95	
303-B	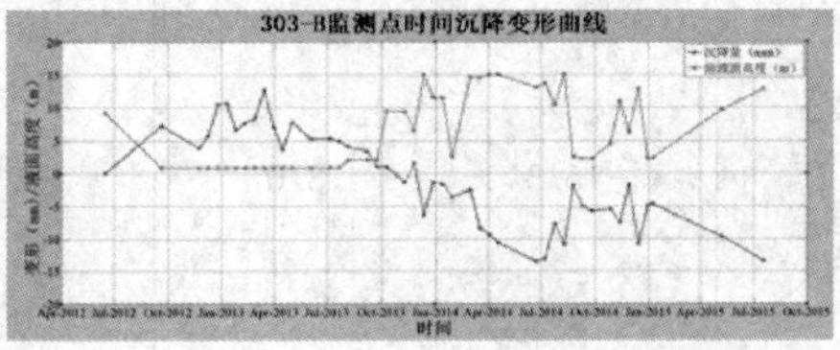	-13.5	+12.7	-7.02	比较稳定
303-C	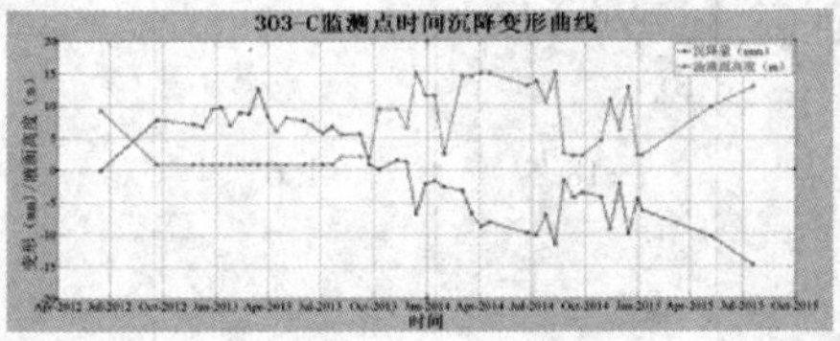	-14.8	+12.5	-7.85	

表 7　304 油罐沉降分析

监测点号	时间-沉降曲线	监测期最大沉降值/mm	监测期最大隆起值/mm	形变速率/(mm/yr)	沉降趋势
304-A	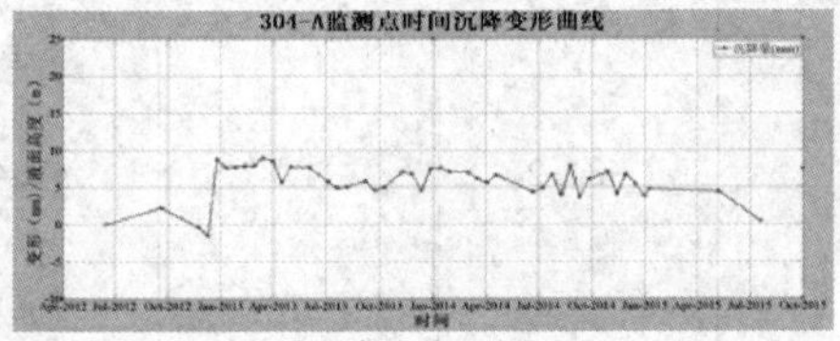	-1.5	+8.9	-0.44	
304-B	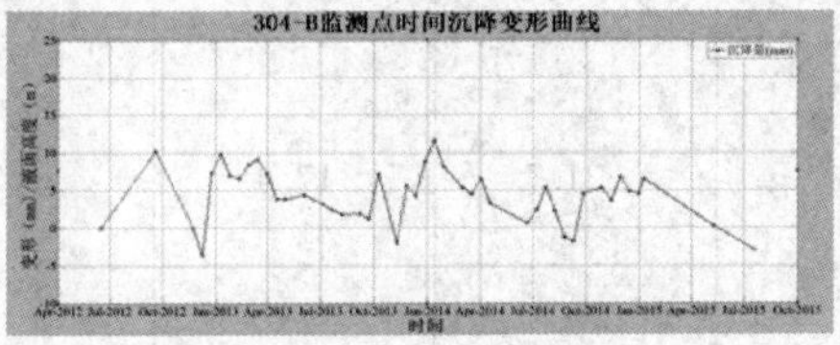	-3.6	+11.6	-0.35	稳定
304-C	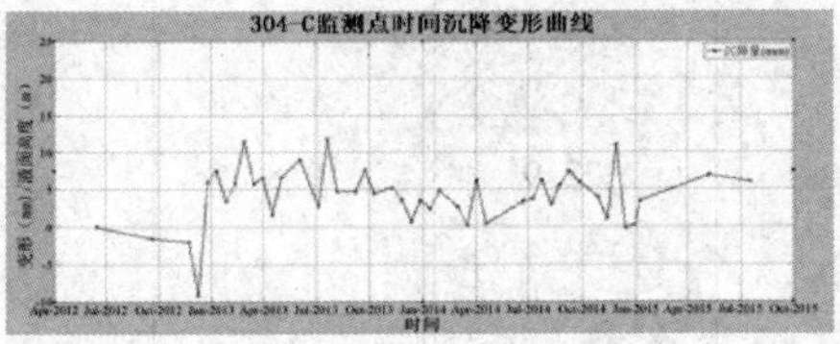	-9.2	+11.8	+0.22	

表8　305油罐沉降分析

监测点号	时间-沉降曲线	监测期最大沉降值/mm	监测期最大隆起值/mm	形变速率/(mm/yr)	沉降趋势
305-A	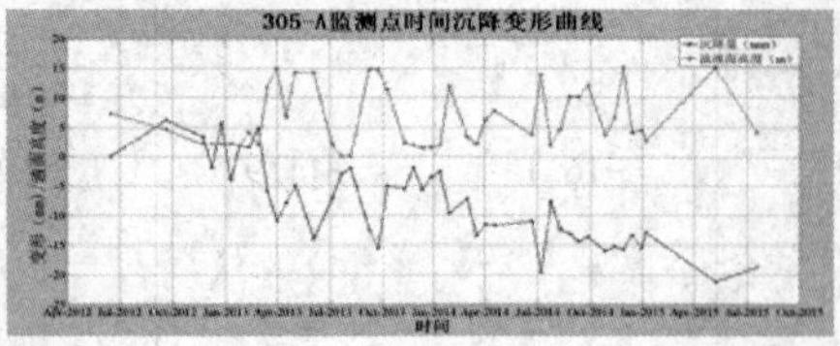	-21.2	6.3	-6.72	
305-B	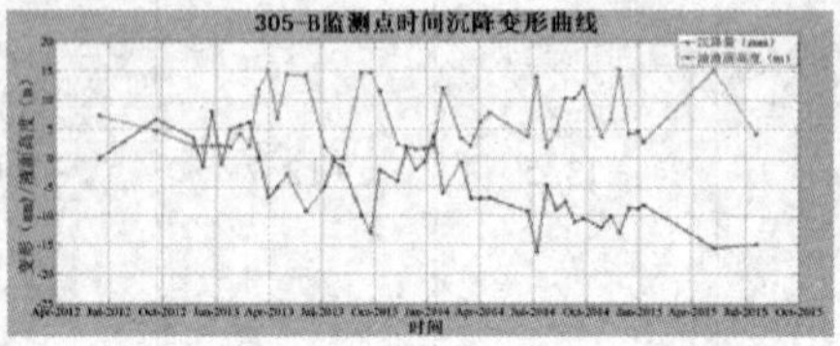	-16.3	8.0	-4.95	比较稳定
305-C	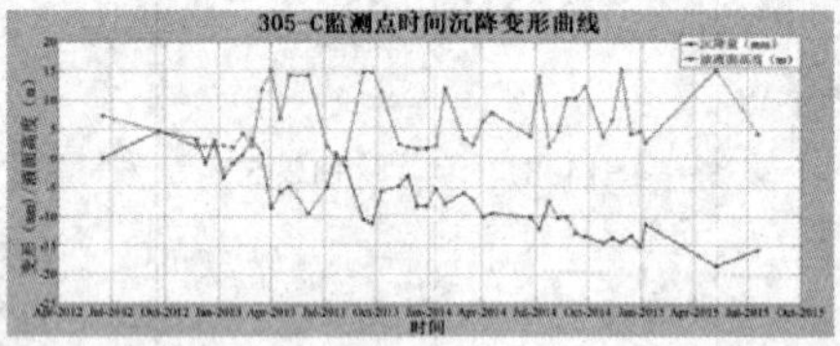	-18.5	4.6	-5.94	

表9　306油罐沉降分析

监测点号	时间-沉降曲线	监测期最大沉降值/mm	监测期最大隆起值/mm	形变速率/(mm/yr)	沉降趋势
306-A	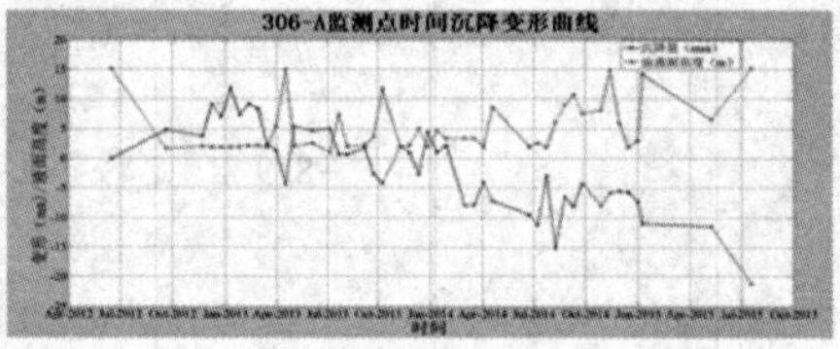	-21.2	11.8	-7.42	
306-B	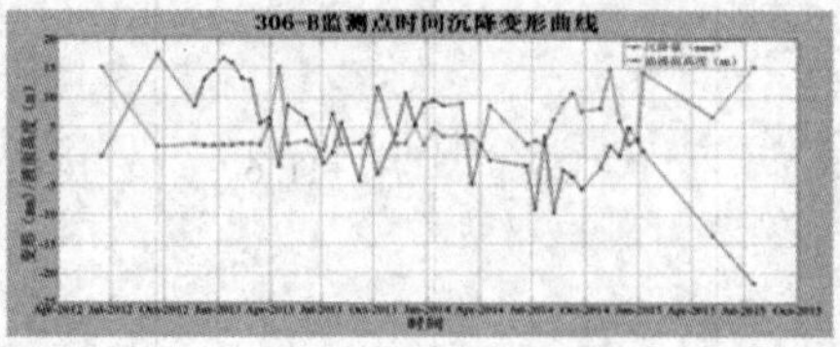	-21.7	17.4	-5.79	比较稳定
306-C	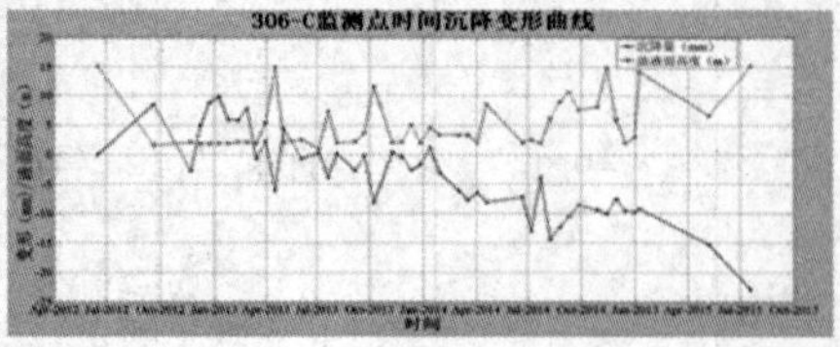	-22.9	9.8	-7.26	

表 10　307 油罐沉降分析

监测点号	时间-沉降曲线	监测期最大沉降值/mm	监测期最大隆起值/mm	形变速率/（mm/yr）	沉降趋势
307-A	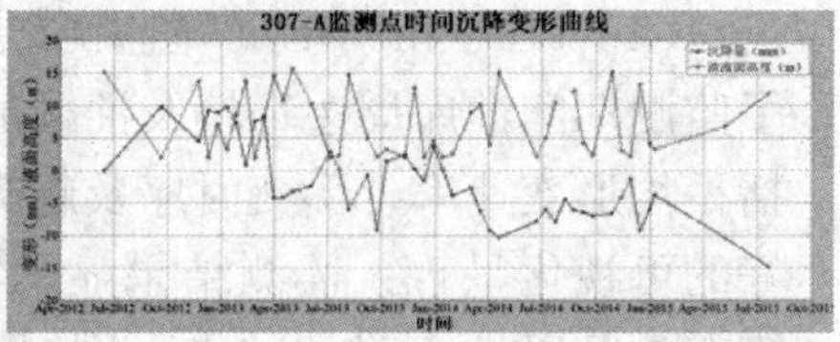	-14.8	9.9	-5.73	
307-B	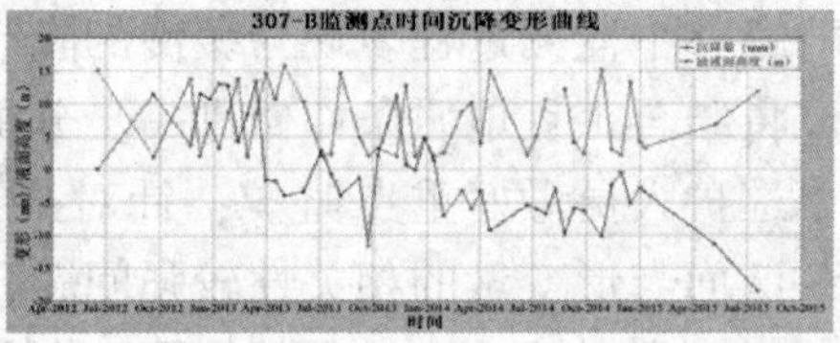	-18.5	13.3	-6.46	比较稳定
307-C	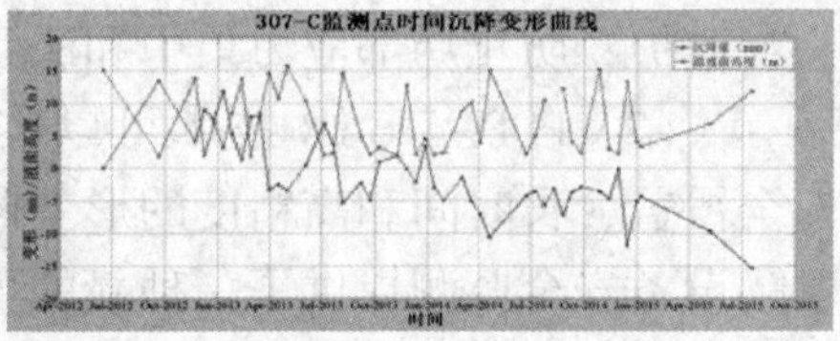	-15.3	13.4	-5.53	

表 11　308 油罐沉降分析

监测点号	时间-沉降曲线	监测期最大沉降值/mm	监测期最大隆起值/mm	形变速率/（mm/yr）	沉降趋势
308-A	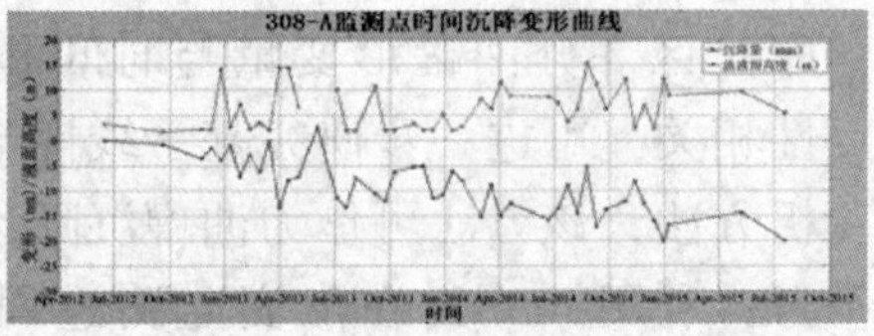	-20.1	2.6	-5.03	
308-B	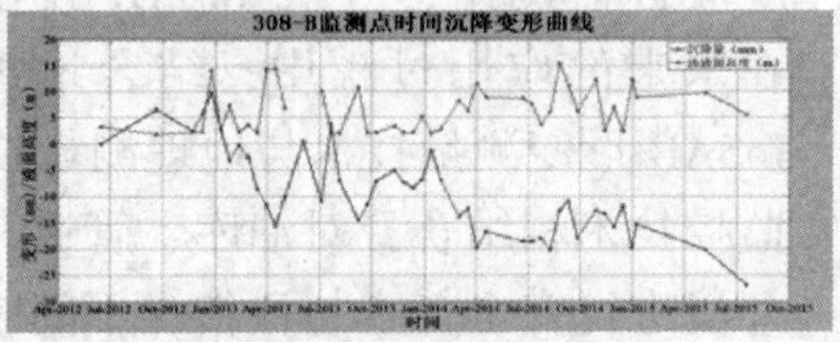	-26.9	9.8	-8.61	比较稳定
308-C	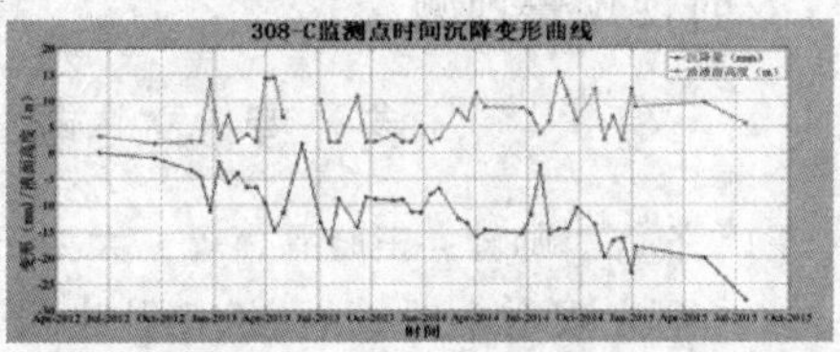	-28.1	1.7	-6.11	

3.5 油罐形变原因分析及防护建议

主要对某1#油库形变量各区域差异性、C区形变量相对较大原因和C区形变量与时间、液位的二元线性相关性进行分析。

(1) 经查阅建设资料，某1#油库A区和B区及某2#油库各油罐建设时间较早，下部地基土体的固结过程已经基本完成，其沉降已经稳定，且土体具有压硬性特点，因此地基对于上部荷载变化引起的变形相对不敏感，即表现为变形模量大，所以在监测期间，各油罐形变与时间基本呈现无关性；

(2) 某1#油库C区临江较近，属于软土地基，具有高压缩性。301、303、305、306、307、308号油罐于2011年上半年新建设完成，地基对于上部荷载变化情况比较敏感，在油罐反复的加载和卸载即液位反复上升与下降过程中，下部地基表现出土体的弹塑性特点：在油罐液面较高时，相当于地基上部加载，油罐底部土体受到压缩，油罐地基发生一定下沉；在油罐液面较低时，相当于地基上部卸载，油罐底部地基发生一定回弹，但其回弹量小于压缩量，因此会表现出阶段性下沉的特点，所以各油罐形变量与时间和液位成二元线性相关；

(3) 302号油罐整个监测过程表现为缓慢的隆起，最大隆起量约35mm，目前发生变形的原因尚未查明，由于地基的沉降和工程地质条件关系很大，因此下一步将结合具体的工程地质条件进行分析；

(4) 油罐地基在整个监测期间发生了一定的沉降或隆起变形，但是其变形量控制在一定的范围内，油罐地基整体上是比较安全的。根据油罐的变形规律，对于1#库区2011年新建的C区部分油罐，当在油罐液面突然上升(加载)和突然下降(卸载)时，油罐地基会发生一定的下沉和回弹，建议油液面变化时间段内加强安全巡视，特别是重点预防储罐与其相连管道之间产生的位移差过大而导致局部应力集中和法兰失效现象，同时注意监测下沉和回弹时与其相连管道内压力变化快慢情况，防止变化过快，发生漏油现象。

4 结论

本文以长时间序列COSMO-SkyMed HIMAGE SAR影像集合为输入，采用PSP-InSAR技术，对某1#油库、某2#油库范围内油罐进行了三年(某1#油库2012年6月—2015年7月，某2#油库2014年1月~2016年12月)的形变连续性监测，并基于监测结果开展了数据相关性分析和形变原因分析工作。结果表明：

(1) PSP-InSAR沉降监测结果很好地反映了监测期间油库周边环境及油罐的变形情况，包括平均形变速率、形变时序及趋势等均实现了很好的可视化呈现；监测结果显示1#库区部分油罐存在阶段性沉降的特点，同时结合油位数据，揭示了导致油罐地基变形的原因；针对302号油罐整个监测过程表现为缓慢的隆起现象，下一步将结合工程地质条件做进一步分析，并要求站场巡护人员做好重点监护；针对某1#油库C区油液面与形变量的相关性较强问题，一是进一步加强加密对该油罐地基的检测、评估与分析，二是要求站场人员重点加强管道与储罐连接处的巡查与监护，防止局部应力集中和法兰密封失效。

(2) PSP-InSAR技术可以实现对目标进行全覆盖、长时间和高精度的形变监测，对于储油罐设备安全监测提供了一种新的可行性的解决方案，提高对储油罐安全风险的识别能力。

由于InSAR技术数据时间分辨率较低，要实现对重点对象形变的“全过程”不间断测量，需依赖于卫星技术的进一步发展与研究。因此，针对某1#油库C区，可能需要结合多重监测技术，以更高的频率开展重点监测。鉴于某1#油库C区部分油罐形变量与时间和液位成二元线性相关，可进一步研究基于线性与液位模型的分析方法，该方法可作为油罐沉降预警预测建模参考；利用InSAR在形变监测过程中无需接近目标，危险系数较低的优势和特点，建议在管道地质灾害监测中，开展InSAR技术的应用研究；在未来的应用过程中，结合地理大数据信息，InSAR形变测量技术与地理测量技术、影像实时监控技术相结合，对油库、管道和周边地形地貌环境进行安全普查与评估，不间断地处理与分析形变的发展情况，发现潜在危险区域，从而做出及时地预警预测。

参考文献

[1] 石磊，帅健，王晓霖，等．大型石油储罐地基沉降研究现状[J]．石油工程建设，2018，44(1)：12-18.

[2] Massonnet D, Rossi M, Carmona C, et al. The dis-

placement field of the Landers earthquake mapped by radar interferometry [J]. Nature, 1993, 64 (8): 138-142.

[3] Zebker H, Rosen P, Goldstein R, et al. On the derivation of coseismic displacement fields using differential radar interferometry: The Landers earthquake [J]. Journal of Geophysical Research, 1994, 99 (B10): 19617-19634.

[4] Massonnet D, Feigl K. Radar interferometry and its application to changes in the Earth's surface [J]. Reviews of Geophysics, 1998, 36(4): 441-500.

[5] Ferretti A, Prati C, Rocca F. Non-uniform motion monitoring using the permanent scatterers technique [C]// Proc. 2nd Int. Workshop ERS SAR Interferometry, Fringe, Liège, Belgium, 1999: 1-6.

[6] Ferretti A, Prati C, Rocca F. Nonlinear subsidence rate estimation using permanent scatterers in differential SAR interferometry [J]. IEEE Transactions on Geoscience & Remote Sensing, 2000, 38(5): 2202-2212.

[7] Ferretti A, Prati C, Rocca F. Permanent scatterers in SAR interferometry [J]. IEEE Transactions on Geoscience & Remote Sensing, 2001, 39(1): 8-20.

[8] Costantini M, Falco S, Malvarosa F, et. al. A new method for identification and analysis of persistent scatterers in series of SAR images [C]//Proc. Int. Geosci. Remote Sens. Symp. (IGARSS), Boston, MA, USA, 2008, 2: 449-452.

[9] Costantini M, Falco S, Malvarosa F, et al. Persistent scatterer pair interferometry: Approach and application to COSMO-SkyMed SAR data [J]. IEEE Journal of Selected Topics in Applied Earth Observations and Remote Sensing. 2014, 7(7): 2869-2879.

[10] Costantini M, Malvarosa F, Minati F. A general formulation for redundant integration of finite differences and phase unwrapping on a sparse multidimensional domain [J]. IEEE Transactions on Geoscience & Remote Sensing, 2012, 50(3): 758-768.

[11] 朱茂，沈体雁，黄松，等. 基于 COSMO-SkyMed 数据的水库边坡 InSAR 形变监测应用[J]. 水力发电学报，2018，37(12)：13-23.

渤海海底浅层气辨别新方法及其对海洋工程安全性影响分析

昌　泰　祝海凤　刘英雷

（中海石油（中国）有限公司天津分公司）

摘　要　近年来海洋工程的安全问题一直被广泛讨论，其中海底浅层气对海上油气开发的负面影响不容小视。本文首先全面地分析了浅层气的成因以及识别方式，包括含有浅层气区域内的海底表面特征以及浅地层/数字地震剖面的资料解释，详细地说明了浅层气的不同存在形式在资料上的特点；其次结合渤海某平台的浅层气调查情况，通过反演模拟得到的含气饱和度图像定性定量地解释了浅层气对该项目的安全影响，对含有浅层气的海洋工程前期项目有一定的借鉴意义。

关键词　浅层气；地震资料解释；含气饱和度；反演模拟

1　背景概况

通常来说，海底浅层气是指贮存在海底沉积地层中1000m以内的天然气，但是只通过埋深程度来定义浅层气是不全面的，浅层气具有埋深较浅、储量少、不稳定、难开采四大特点。根据成因的不同可以区分为生物天然气和地热天然气（简称为生物气和深层气），或组成成分的不同可以区分为含气沉积物和气体状的含水化合物。虽然在世界范围内都广泛分布着海底浅层气，但以目前的技术还无法将其有效利用，反而海洋工程的实施却因海底浅层气而存在气体喷发溢出或者影响平台结构的安全隐患。

研究表明，我国近海分布着大面积浅层气。在辽东湾、山东半岛滨浅海、长江口、杭州湾、浙江近岸、珠江口、北部湾、琼东南近海等地存在以生物成因为主的浅层气；而几大近海陆架区分布有热成成因的浅层高压气囊和气团。在渤海海域不均匀地分布了数个特征较明显的浅层气区域，包括辽东湾东北端、渤中地区、曹妃甸南海附近海域、渤海湾西北部海区等。

2　浅层气的成因

已有的研究显示陆架区浅层气的来源主要分为生物气和深层气，前者是由泥质沉积中有机质经厌氧菌的生物化学作用产生，主要成分是甲烷，然后运移富集而成，气藏顶界面通常距离海底只有几m或十几m；后者则是深部气体经断层或人工钻孔等通道运移至浅部而成，气藏顶界面距离海底的距离几米到几百米不等。

实际上，通过平台或路由勘察的工程物探资料也可以初步判断浅层气的来源。顶面埋深浅（距离海底几米或十几m，位于全新世沉积物中）且呈离散的点状分布的浅层气通常是浅层生物成气；顶面埋深浅但成片分布的浅层气可能是生物气、也可能是深部源气，这种情况下需要了解更深部的地震记录是否有明显气层以及海底下方十几m范围内（通常是全新世沉积底部）是否存在泥炭层或富含有机质的淤泥。顶面埋深大（距离海底几十米至上百米）的浅层气通常是深部（油）气向上运移而成的，在气体运移通道位置处浅层气埋深通常较浅，向周围变深，浅层气顶面多呈穹状。基于上述方法，初步判断该路由段的浅层气为浅层生物成气。

3　浅层气的识别分析

3.1　溢出浅层气

由于富有浅层气的地层含量高、压力大，会导致浅层气从海底溢出甚至喷发，进而形成一系列特征明显的地质现象，包括海底“麻坑”、“喷发坑”等等。类似地质现象如果能被准确识别就能初步判断含气地层的大致范围，为后续的精确测量打好基础。

识别这些地质特征需要一系列的设备配合，例如单波束探测系统、多波束探测系统、侧扫声呐等。单波束探测系统主要依靠声波在水中的传播速度和时间来确定海底面的深度，能够线性地初步判断海底异常起伏；而多波束探测系统将单波束的测探技术从点、线扩展到面，并进一步发展到立体探测和自动成图，能够比较可靠地描绘出海底地貌的精细特征。图 1 是 Kongsberg EM302 型多波束探测系统在南海东部作业区得到的影像，该凹坑推测为浅层气喷发形成的，借助坡度图可以直观的看出地形变化趋势，为海洋工程提供重要的参考数据支持。和单波束、多波束系统相比，侧扫声呐系统是一种能更直观显示海底形态的设备，具有分辨率高、范围大、连续性强、价格便宜的优点。侧扫声呐系统可以记录海底反向散射回波强度，根据回波强度声波生成灰度不一的声呐图像，称之为目标的反射强度成像。在采用灰度显示时，一般暗色代表回波较弱，白色代表回波较强；硬的、粗糙的、凸起的海底回波强；软的、平滑的、凹陷的海底回波弱。下图为在东海采集到的侧扫声呐图像，资料显示为含有浅层气的地层在溢出海底后，在溢出口形成不稳定边坡，最后导致小型滑坡，浅层气的塌陷区域质地较软所以较周围颜色更深（图 2）。

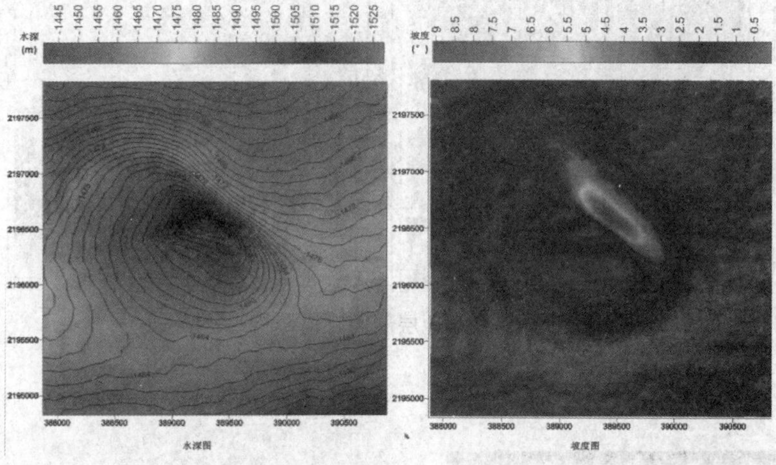

图 1　多波束探测系统探测到的浅层气喷发凹坑坡度图

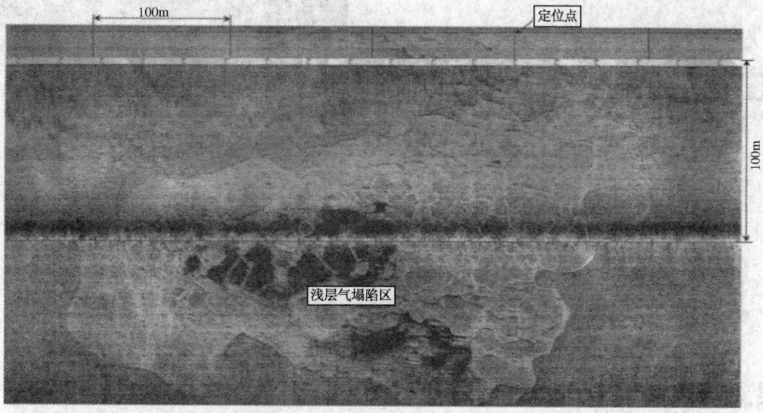

图 2　侧扫声呐下浅层气形成的塌陷区域

3.2　海底地层浅层气

为了精确判断海底地层浅层气的存在，通常要利用浅地层剖面系统和数字地震剖面系统结合的方法来进行全方位识别。在对基础的振幅剖面进行分析后，其他地震属性剖面的形态也值得去分析和探究。所以本次实验利用了不同软件来提取其它地震属性，来分析浅层气和他们的联系，包括：利用 VISTA 软件的地震属性工具包提取了浅地层\单道地震剖面的振幅包络、瞬时频率和瞬时相位等属性剖面；利用 AttributeStudio 软件计算得到多道地震剖面相对波阻抗和瞬时属性（相位、振幅、加速度，Q 值、甜点等）剖面。

3.2.1　浅地层剖面

浅地层剖面的勘探通常要用到浅地层剖面

仪，是一种走航式探测水下浅部地层结构和构造的物理方法。其主要特点是探测记录海底浅地层组织结构，且具有良好的分辨率，以纵向垂直的剖面图来高效率地反映浅地层的构造情况。现代的浅地层剖面仪对水下地层的垂直分辨率可达0.1m，穿透深度，砂质海底可达10m，泥质海底可超过100m，该设备已经成为浅地层地质剖面探测的必备装备。

利用Innomar SES2000-70参量阵浅地层剖面系统，收集到了渤海某一路由段的浅地层剖面数据，频带范围为2~8kHz(图3)。

在振幅剖面的图像上，作业水深为20~40m，浅层气多表现为浊积状反射，其上边界多是不规则的起伏，含气层的下方多是空白反射，而两侧则会出现垂直且平滑的边界。空白反射形成的原因主要是浅层气对与下方地层的屏蔽作用，故无法判断下方浅层气的底界(图4)。

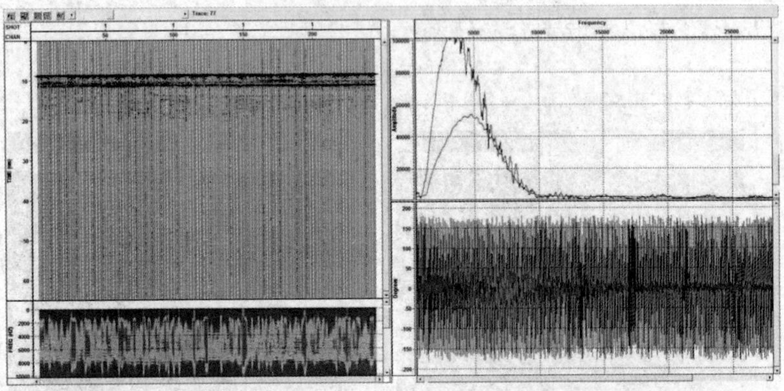

图3　浅地层剖面频谱分析

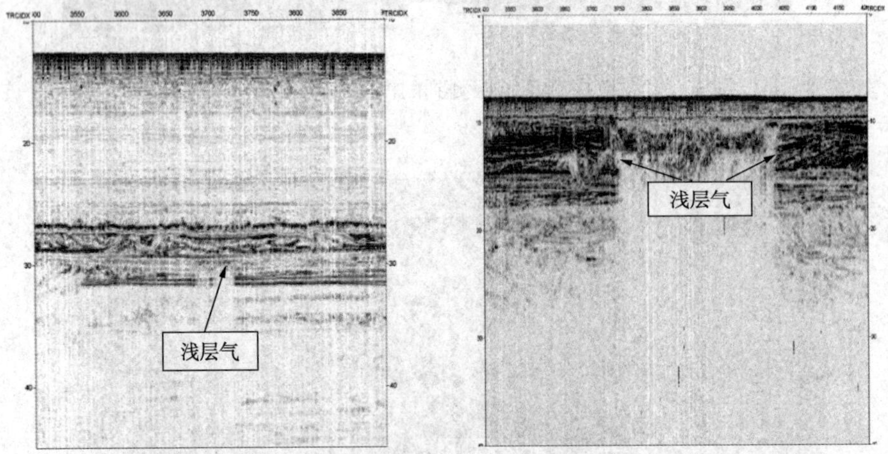

图4　浅地层剖面揭示的浅层气

提取了含浅地层剖面的振幅包络、瞬时频率和瞬时相位等属性。结果显示，在这些地震属性中，振幅包络和瞬时频率剖面上的浅层气特征明显，而瞬时相位剖面上则不明显。在频率域，由于声波在地层间传播时往往都会有吸收衰减，吸收衰减的程度Q与声波频率呈正相关而与声波波速呈负相关关系。在富有浅层气的地层中，声波的传播速度由于高孔隙度远低于正常地层，所以浅层气地层中声波的高频部分会被大量吸收，在瞬时频率图像上呈现低频的深色信号(图5)。

3.2.2　数字地震

单道地震剖面采集时使用了电火花震源，震源子波主频为200~1000Hz，采样间隔为0.2ms，得到剖面主频在800Hz左右。对于在单道地震剖面上，浅层气主要表现为气帘状扰动。提取了振幅包络和瞬时属性，结果显示，振幅包络剖面上浅层气特征明显，但在瞬时频率和瞬时相位剖面上不明显。

多道地震剖面上，部分图像区域表现为杂乱无章的反射以及部分图像区域为柱状混乱反射，所以浅层气表现为气烟囱或浊积状反射。与正常非含气地层相比，含气地层频率变低。利用 AttributeStudio 软件获得相对波阻抗、瞬时相位、瞬时振幅、瞬时 Q 值等地震属性。与振幅剖面比较可知，相对波阻抗、瞬时振幅、瞬时加速度和甜点剖面反映浅层气较明显，瞬时相位和 Q 值不明显(图 6)。

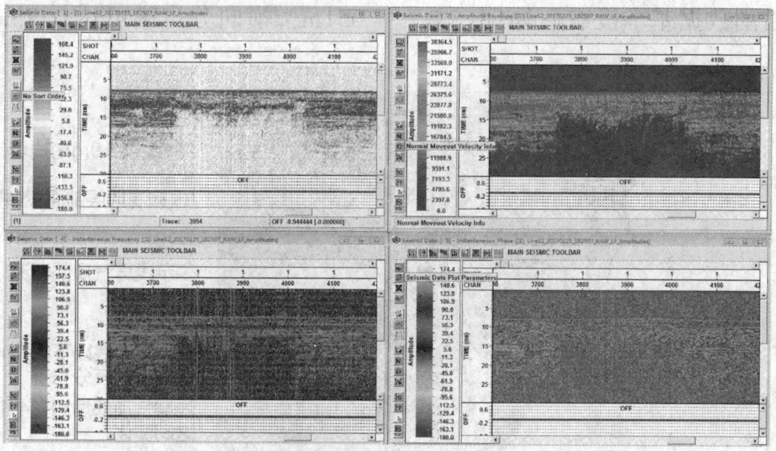

图 5　不同地震属性显示的浅层气效果

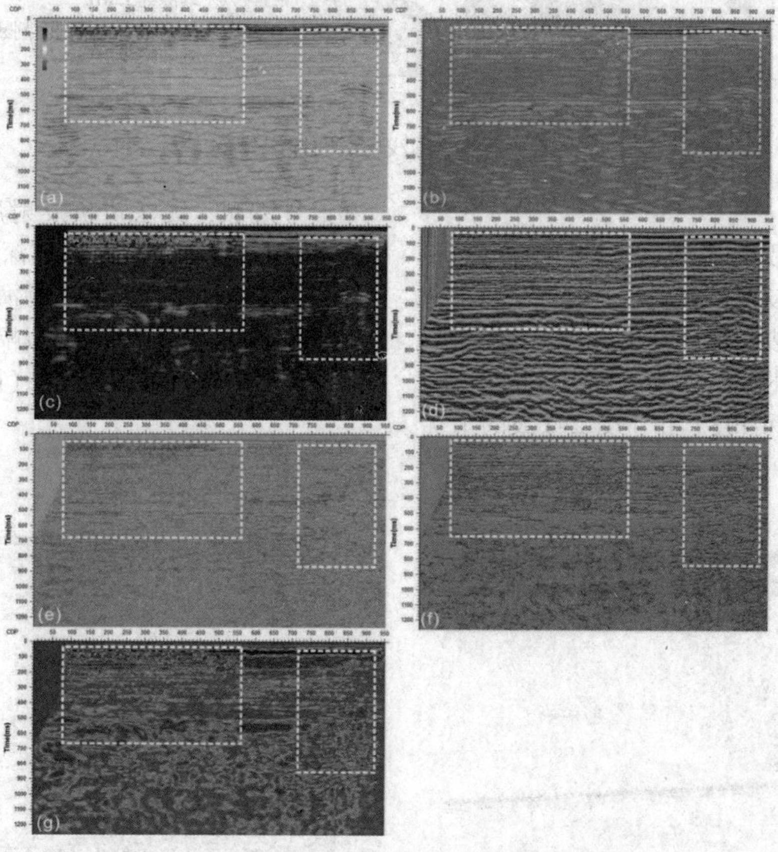

图 6　振幅剖面与不同地震属性剖面对比

4　浅层气对海洋工程的安全分析

某渤海公司计划开发一海上平台，但场址调查发现该平台周围分布有较大面积的浅层气如图 7所示，通过简单调整平台位置，不可能完全避开浅层气，因此需要对该场址处浅层气的工程影响进行评估。

本次调查的测线以设计井位为中心，采用边

长1500m的正方形区域布置。高分辨多道地震测线共34条；南北向17条，东西向17条。中心线间距50m，其它线间距100m。浅层剖面测量中心500m区域测线加密8条短测线，共计42条测线。

通常情况下，浅剖数据基本没有后处理，常规地震处理包括去噪、反褶积、多次波衰减、偏移、叠加等。地震数据频带范围在15~100Hz，主频达到50Hz，纵向分辨率可达6~7米，横向分辨率不确定。浅剖频带范围在1000~12000Hz，主频为3500Hz，纵向分辨率可达0.1m，横向分辨率可达0.75m。

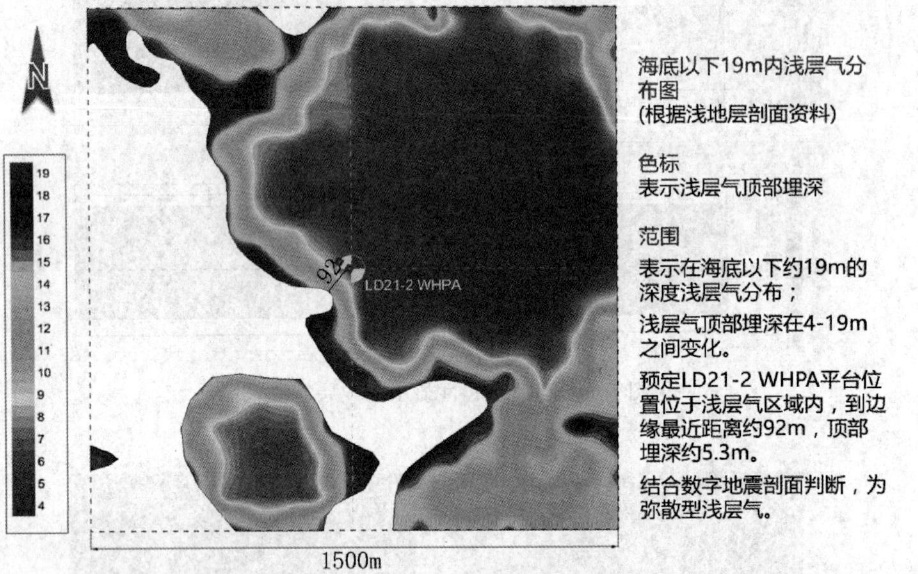

图7　平台周围浅埋气的埋深分布

4.1　剖面特征

从测线得到的浅地层剖面图像可以看出海底表面地层为强振幅反射，振幅的强度与含沙量呈正相关，表明海底表面地层含沙量较高；剖面图像上可以清楚解释的范围大致在24~44m约20m的区域内，20m以深深度，由于受二次波的干扰和信号衰减，无法辨析反射层位。大片空白反射/模糊区揭示了该区域埋深有较大范围的浅层气存在，空白带顶部基本为海底以下5~8m，反射空白区域周围伴随着强振幅反射且为短轴不连续，表明为含气的砂质地层(图8)。

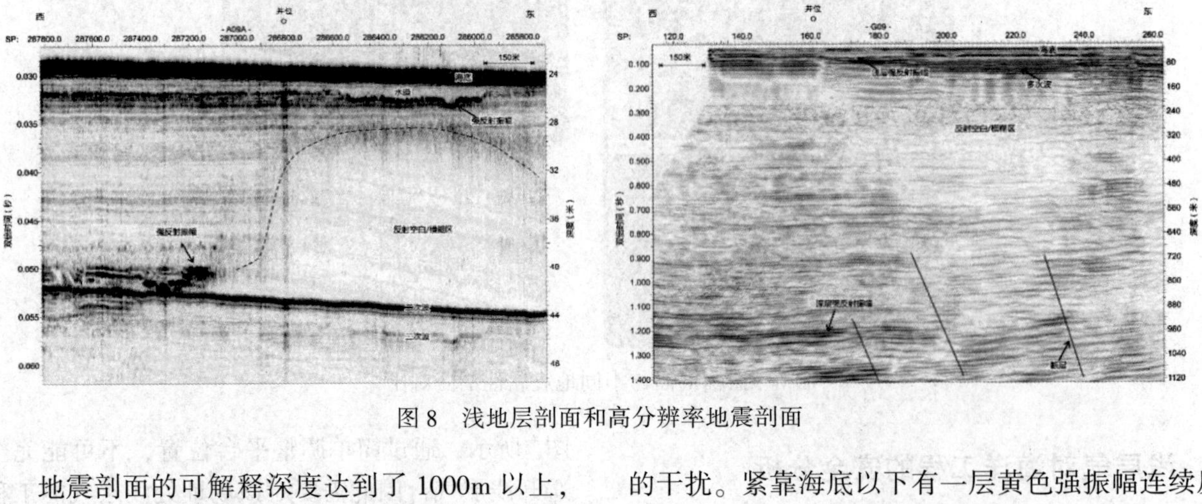

图8　浅地层剖面和高分辨率地震剖面

地震剖面的可解释深度达到了1000m以上，成像效果十分清晰。可以看出震源功率大，分辨率高，但由于震源功率较大，浅表层受到多次波的干扰。紧靠海底以下有一层黄色强振幅连续反射。这层反射与海底反射相比，发生极性反转，表明为一层含气层。这个高振幅异常反射正下方，土层出现空白反射区或模糊区。在 150m 到 450m 区间内，反射空白/模糊区特征明显，此空白或模糊区是由于本区间内的浅层气对地震波的吸收，导致波场透明不畅、成像模糊(图 9)。

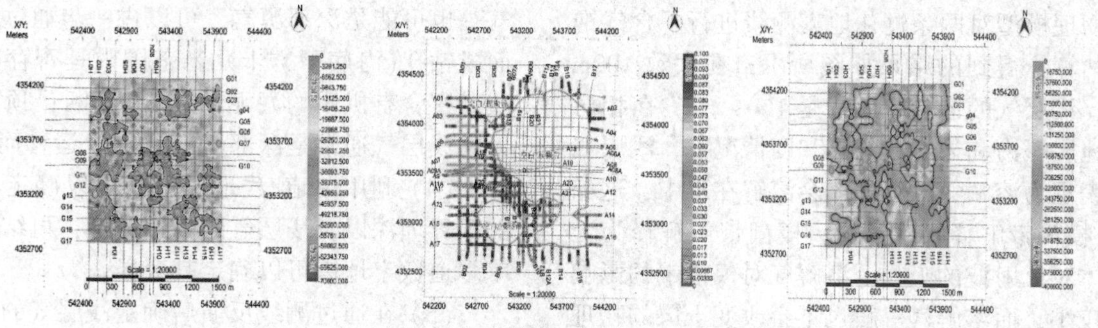

图 9　不同深度振幅反射分布图

4.2　物探数据的定性分析

利用已知的浅地层剖面和高分辨率地震资料得到的地震振幅反演结果如图所示，图中浅层剖面空白/模糊带及强振幅显示大范围的气体存在于研究区域，而 20m 左右深度地震振幅图也表示本区内存在大范围的浅层气。地层中流体(包括气体)活动运动形成了浅层气声学空白/模糊区，具体分析，高浓度离散气体完全屏蔽地层，无法在剖面上辨析地层进而造成空白带，而低浓度离散气体破坏和扰乱反射波，造成成像模糊。图中显示声学空白/模糊带范围较大，而大规模的声学空白区则需要相对多的气体不断补充才能维持其状态。浅部小规模的有机质难以提供大量气体，所以大规模声学空白区中浅层气是由于中深部地层的不断运移。尽管在浅中部地层 1000m 内地层中的有机质有能力生成生物气，但在 200~1000m 的浅中低层内，未发现浅层气大量聚集的强振幅亮点。生物气不足已维持大范围的声学空白/模糊带，应该有较深或深部地层中的气体不断向上运移到浅部地层中。

在海底上方剖面图像中未出现大片云状、点划线状逸出气泡反射，显示该区没有大量浅层气不断自海底逸出，出现这种情况推测有两种可能。一是在这个气体溢出系统中，气体供应量一直不足。在中深部 1000~2000m 的范围，断层更多作用为盖层而不是溢出通道。大量油田发现在这个深度范围表明大部分的油气已经被封盖，且 1000 米以上的多是小断层，它们运移能力本身并不强；二是也许大规模的气体溢出已经发生过，只是当前气体供应量不足，不能产生海底溢出。如果这个解释成立，应该可以发现一些古代埋藏麻坑迹象，但根据声呐图像显示并没有出现相应迹象(图 10)。

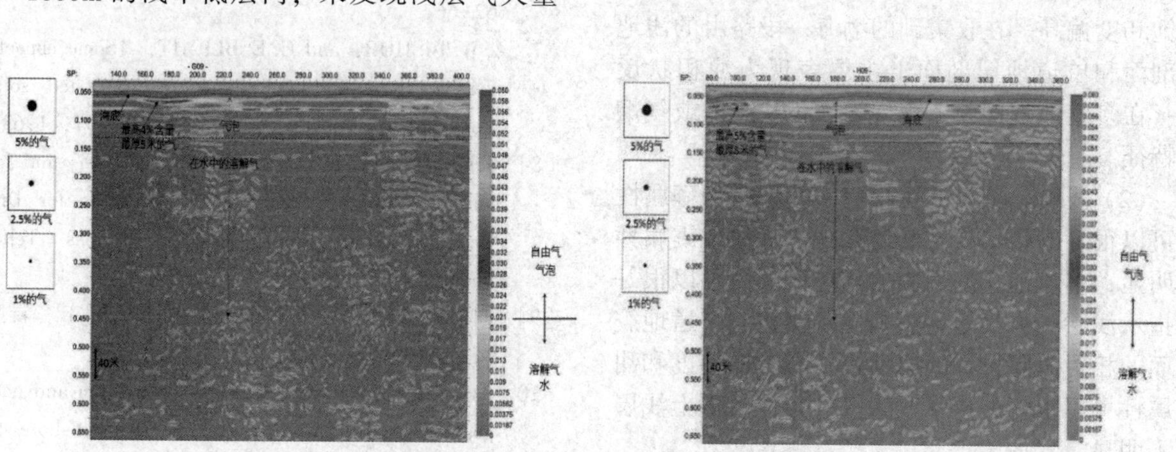

图 10　两条测线的含气饱和度剖面

4.3　物探数据的定量分析

在运用反演模拟得到浅层气的水平范围，分析了浅层气的来源后，需要对该范围内不同深度的浅层气进行定量分析。结合图 10 以及贺芙邦等人的研究结果，在含气饱和度在较低时，地震属性的变化与含气饱和度具有一定相关性。因此在已知该区域内浅层气含量较低的情况下，选择岩石物理模型对两条过井地震测线进行了含气饱和度估算，得到的结果如图所示，在大致100m以下，浅层气的饱和度大约是1%~2%，在相对高的地层压力和如此低的饱和度情况下，浅层气一般表现为溶解气，即气体会溶解在水中，这和空白/模糊带解释相互对应。模糊带可解释为上部气体对反射波的吸收，溶解气对模糊带的影响相对较小，而溶解气一般也不会改变土层的物理及力学特征。在100m以内甚至更浅的区域饱和度能达到最高5%，在相对低的地层压力情况下，浅层气表现为自由气，即气泡。气泡对反射波的影响远远大于溶解气且气泡的聚集会引起强振幅反应，但由于地层压力低，气泡显然不会大规模聚集。当气体聚集的饱和度小于5%时，气体造成强振幅，聚集在这些粗颗粒介质中；当大于5%时，气体上升且扩散，造成空白/模糊带，这可解释浅层剖面平面图中显示强振幅存在于空白/模糊带四周。尽管有饱和度超过5%的浅层气可能溢出海底，但是相对饱和度仍然偏低，很快会转变为溶解气，不会溢出海平面。

5 总结

（1）浅层气在地震/声学振幅剖面上都有明显的显示，反射相可以表现为浊积状反射、增强反射、柱状扰动或气烟囱、空白反射或亮点。其中柱状扰动、气烟囱、空白反射往往揭示着浅层气饱和度偏高。在收集到的渤海一段路由的浅地层剖面和单道地震剖面上主要表现为浊积状反射；在多道地震剖面上表现为浊积状反射或气烟囱特征。

（2）浅地层剖面的振幅包络和瞬时频率属性也可以很好的指示浅层气的存在，其他地震属性不明显；单道地震剖面的振幅包络属性可以很好的指示浅层气，其他地震属性不明显；多道地震剖面的相对波阻抗、瞬时振幅、瞬时加速度和甜点属性可以很好的指示浅层气，其他属性上浅层气不明显。

（3）综合浅地层剖面和地震剖面可以推断浅层气的来源。浅地层剖面上浅层气顶面埋深浅（几米~十几米）呈离散的点状分布的浅层气且数字地震剖面没有明显气层的通常是浅层生物成气；顶面埋深浅但成片分布的浅层气可能是生物气、也可能是深部源气，可以进一步通过地震剖面或钻孔（海底下方十几米范围内是否存在泥炭层或富含有机质的淤泥）进一步判断；顶面埋深大的浅层气通常是深部（油）气向上运移而成的。

（4）利用单道/浅地层剖面可以确定浅层气的顶界埋深以及浅层气的平面分布，再结合高功率多道数字地震可以确定其底界。

（5）在通过测线反演后确定浅层气的水平分布范围，结合浅层/高分辨地震剖面图来确定浅层气的浓度，进而可以判断浅层气是否会有溢出甚至喷发的风险。

参考文献

[1] 李萍，杜军，刘乐军，等. 我国近海海底浅层气分布特征[J]. 中国地质灾害与防治学报，2010，21(1).

[2] 于海慧. 海底浅层气在工程勘察中的特征及对工程的影响[J]. 城市建设理论研究：电子版，2012(2).

[3] 邢磊，焦静娟，刘雪芹，等. 渤海海域浅层气分布及地震特征分析[J]. 中国海洋大学学报(自然科学版)，2017(11)：73-81

[4] 杨肖迪，淳明浩，徐爽. 海底浅层气探测识别技术研究[J]. 石油工程建设，2020，46(S1)：255-26

[5] 杨肖迪，马瑞民，罗小桥，等. 海底浅层气探测识别方法研究.

[6] 贺芙邦，游俊，邵龙义. 含气饱和度半定量预测方法探讨与应用[J]. 地球物理学进展，2016，31(2)：662-667.

[7] A. W. BISHOP，and G. E. BLIGHT，"Some aspects of effective stress in saturated and unsaturated soils，" Geotechnique，vol. 13，no. 3，pp. 177-197，1963.

[8] Richard Jardine，Fiona Chow，Robert Overy and Jamie Standing (2005)，"ICP Design Methods for Driven Piles in Sands and Clays"，Thomas Telford，London，UK。

[9] 缪林昌，殷宗泽. 非饱和土的剪切强度[J]. 岩土力学，1999(03)：2-7.

[10] API RP 2GEO-ISO 19901-4，Petroleum and natural gas industries—Specific requirements for offshore structures—Part 4：Geotechnical and foundation design considerations.

渤海油田8腿带井口中心平台电气标准化研究

金 秋 薄 昭 高 阳 封 园 鲁 凯

(中海石油(中国)有限公司天津分公司)

摘 要 渤海油田已有近40年开发经验，通过对在役工程设施能力的统计与分析，有助于实现渤海油田系列化与标准化。电力系统设计是海洋工程设计中的重要一环，电气标准化主要包括电气设备及容量标准化和点前房间面积标准化。本文通过对6座典型8腿带井口中心平台电气设备及容量和电气房间面积进行统计分析并给出推荐值，最终实现了渤海油田电气8腿带井口中心平台电气标准化，是海洋工作标准化的重要组成部分。

关键词 渤海油田；8腿带井口中心平台；电气；标准化

渤海油田已有近40年开发经验，通过对在役工程设施能力的统计与分析，将有助于实现渤海油田系列化与标准化。渤海油田标准化主要分为油藏开发、钻修机、海洋工程、油田生产和油气处理能力的分析。

工程建设特点分析及趋势研究旨在收集、整理渤海油田在生产平台工程建设方面资料的基础上，通过分析对比、综合研究，找出控制储量、产能规模、开发布局、平台面积、设备选型、施工资源、工程造价等方面的内容，总结油田工程建设特点和趋势，为今后平台的标准化特别是当前阶段较为常见的平台系列设计提供参考意见。

电力系统设计是海洋工程设计众多领域中的一个专业，随着我国海洋石油的不断开发、用电规模在不断加大，电气专业也更显得加重要。电气设计工作主要包括电力负荷计算书编制、供电方案设计和选型、电力系统单线图设计、电气设备选型与数量、电气设备布置图、电气设备数据表编制。其中电气房间面积对平台规模有直接影响，从而影响海洋工程开发方案。通过电气设备数量与设备选型标准化，规范电气设计工作，可以达到优化电气房间面积的效果。

据统计渤海油田在役的8腿带井口中心平台共9座，其中原油处理系统设有三级处理设备处理为合格油的平台有4座，设有一级分离设备处理为一定含水率外输的平台有2座。本文对这4座平台的电气设备及容量、电气房间面积进行统计，通过分析，最终给出电气设备及容量和电气房间面积推荐值，最终实现了渤海油田电气8腿带井口中心平台电气标准化，是海洋工程标准化的重要组成部分。

1 电气设备数量及容量

1.1 高压盘个数

如图1所示，金县1-1油田CEPA中心平台高压盘数量最多(8面)，对其图纸进行分析，其包括2面组网高压盘，且变压器是由35kV变为6.3kV和0.4kV。结合工程实践，推荐8腿带井口中心平台高压盘个数为5个。

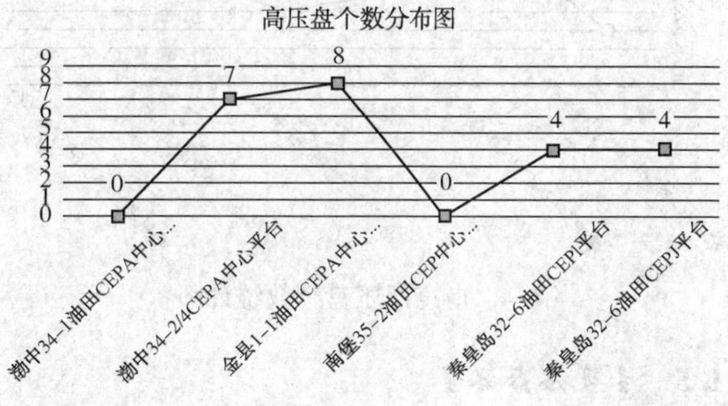

图1 高压盘个数统计图

1.2 中压盘个数

如图2所示，金县1-1油田CEPA中心平台中压盘数量最少(8面)，详见图纸，结合工程实践，推荐8腿带井口中心平台中压盘个数为28个。

1.3 正常低压盘个数

如图3所示，结合工程实践，推荐8腿带井口中心平台正常低压盘个数为46个。

1.4 应急低压盘个数

如图4所示，应急低压盘个数曲线变化较为平缓，结合工程实践，推荐8腿带井口中心平台应急低压盘个数为13个。

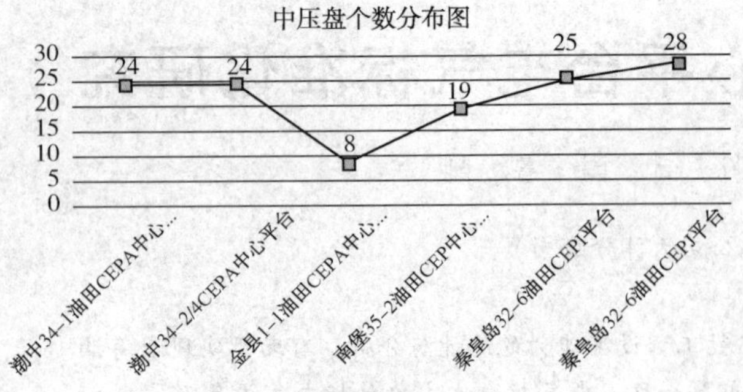

图2　中压盘个数统计图

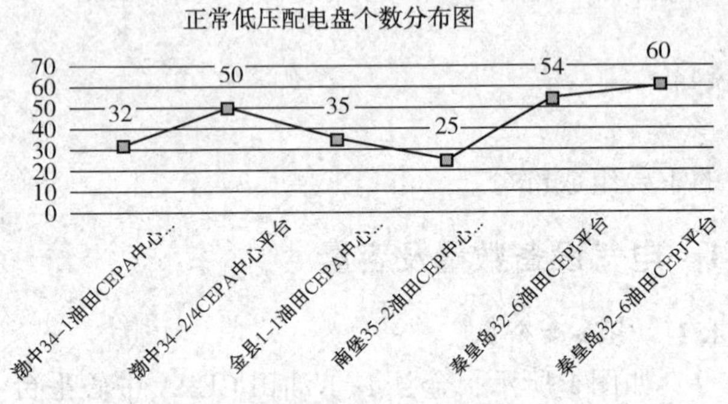

图3　正常低压配电盘个数统计图

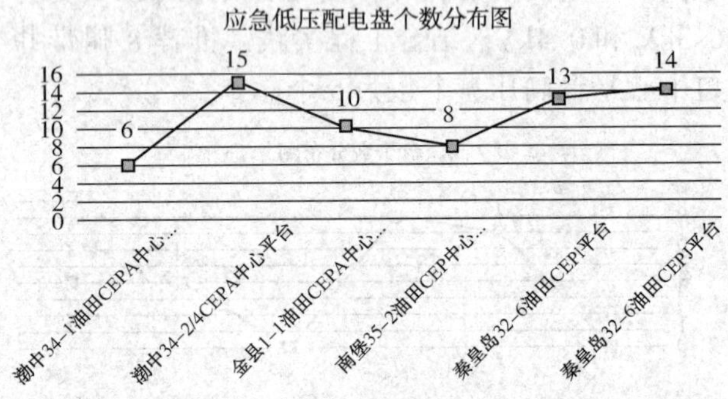

图4　应急低压盘个数统计图

1.5　主变压器容量

如图5所示，秦皇岛32-6油田CEPI平台和秦皇岛32-6油田WHPJ平台主变压器容量最大(17600kVA)，根据平台单线图可知，该平台设置有2X2500kVA+4X3150kVA共计6台变压器。结合工程实践，推荐8腿带井口中心平台主变压器容量为4X3150=12600kVA。

1.6　正常照明及小动力变压器容量

如图6所示，结合工程实践，推荐8腿带井口中心平台正常照明及小动力变压器容量为400kVA。

1.7　正常伴热变压器容量

如图7所示，表统计并结合工程实践，推荐8腿带井口中心平台正常伴热变压器容量为1260kVA。

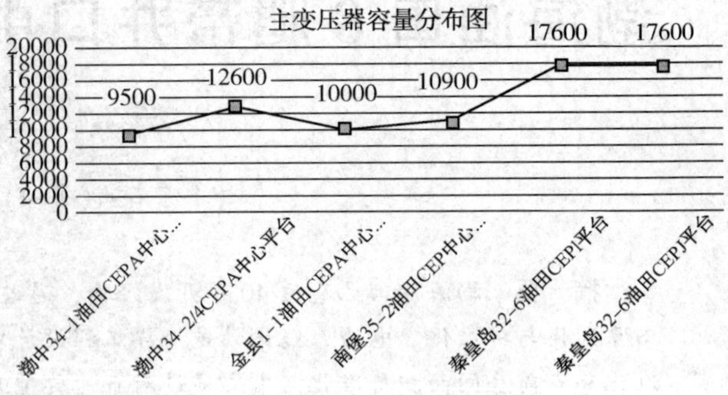

图5　主变压器容量统计图

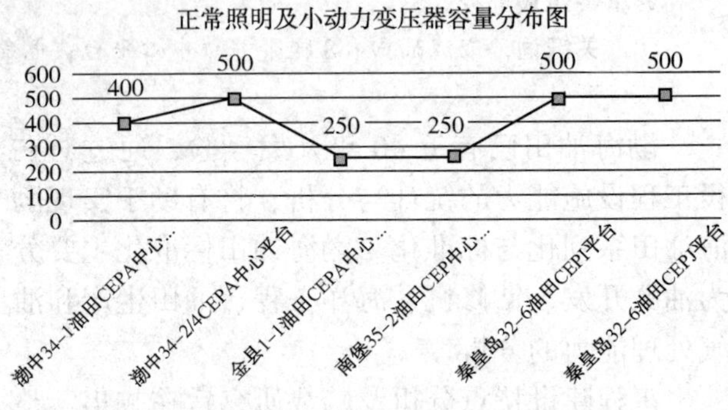

图6　正常照明及小动力变压器容量统计图

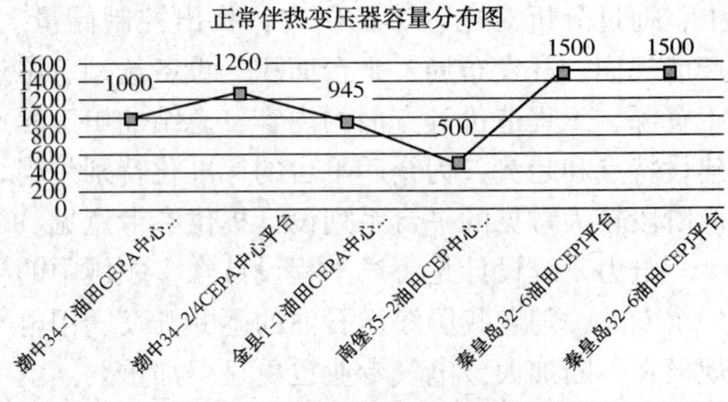

图7　正常伴热变压器容量统计图

1.8　应急照明及小动力变压器容量

如图8所示，结合工程实践，推荐8腿带井口中心平台应急照明及小动力变压器容量为250kVA。

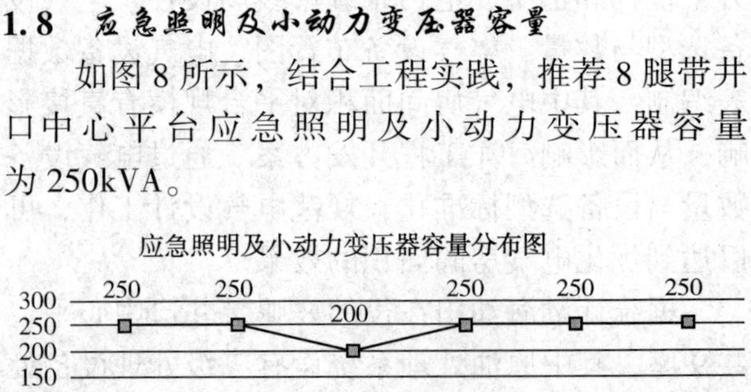

图8　应急照明及小动力变压器容量统计图

1.9 应急伴热变压器容量

如图9所示并结合工程实践，推荐在8腿带井口中心平台应急伴热变压器容量为400kVA。

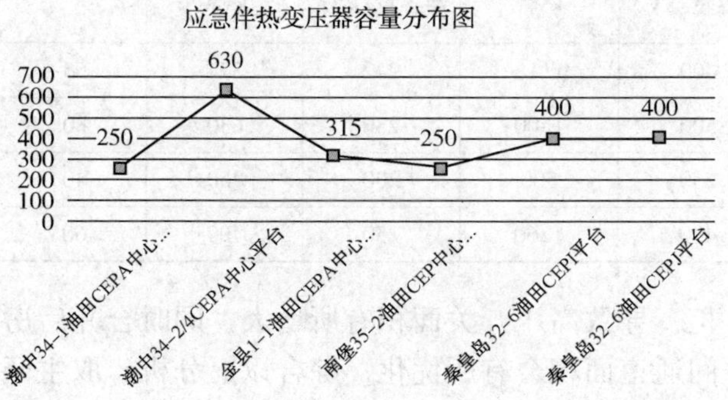

图9 应急伴热变压器容量统计图

1.10 UPS容量

如图10所示并结合工程实践，推荐8腿带井口中心平台UPS容量为60kVA。

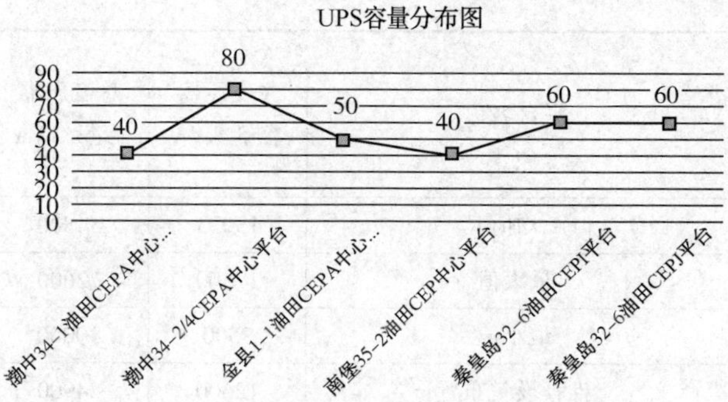

图10 UPS容量统计图

1.11 小结

根据数据统计并结合工程实践，对8腿带井口中心平台配电盘个数及设备容量的推荐值如表1、表2所示。

表1 配电盘个数推荐值表

平台名称	高压盘个数	中压盘个数	正常低压配电盘个数	应急低压配电盘个数
渤中34-1油田CEPA中心平台	0	24	32	6
渤中34-2/4CEPA中心平台	2	24	50	15
金县1-1油田CEPA中心平台	8	8	35	10
南堡35-2油田CEP中心平台	3	19	25	8
秦皇岛32-6油田CEPI平台	4	25	54	13
秦皇岛32-6油田CEPJ平台	4	28	60	14
中值	4	24	43	12
均值	4	21	43	11
最大值	8	28	60	15
最小值	0	8	25	6
推荐设备布置	5	28	46	13

表2 电气容量推荐值表

平台名称	主变压器容量/kVA	总变压器容量/kVA	正常照明及小动力变压器容量/kVA	正常伴热变压器容量/kVA	应急照明及小动力变压器容量/kVA	应急伴热变压器容量/kVA	UPS(kVA)
渤中34-1油田CEPA中心平台	9500	15100	400	1000	250	250	40
渤中34-2/4CEPA中心平台	12600	72600	500	1260	250	630	80
金县1-1油田CEPA中心平台	10000	10000	250	945	200	315	50
南堡35-2油田CEP中心平台	10900	34900	250	500	250	250	40
秦皇岛32-6油田CEPI平台	17600	42600	500	1500	250	400	60
秦皇岛32-6油田CEPJ平台	17600	33600	500	1500	250	400	60
中值	11750	34250	450	1130	250	358	55

续表

平台名称	主变压器容量/kVA	总变压器容量/kVA	正常照明及小动力变压器容量/kVA	正常伴热变压器容量/kVA	应急照明及小动力变压器容量/kVA	应急伴热变压器容量/kVA	UPS(kVA)
均值	13033	34800	400	1118	242	374	55
最大值	17600	72600	500	1500	250	630	80
最小值	9500	10000	250	500	200	250	40
推荐设备布置	12600	34900	400	1260	250	400	60

2 电气房间面积

2.1 主开关间面积

如图11、图12所示，主开关间面积最大值为秦皇岛32-6油田CEPI平台和秦皇岛32-6油田CEPJ平台($396m^2$)，最小值为南堡35-2油田CEP中心平台($176.8m^2$)，对平台单线图、房间布置图进行研究，发现秦皇岛32-6油田CEPI平台相较于南堡35-2油田CEP中心平台电站规模更大，低压盘数量更多，同时还包含4面35kV高压盘。对高压开关间进行了分析，在6个平台中，有1个平台设置了高压开关间(为SF6柜)，有些平台高压开关间与主开关间合并。

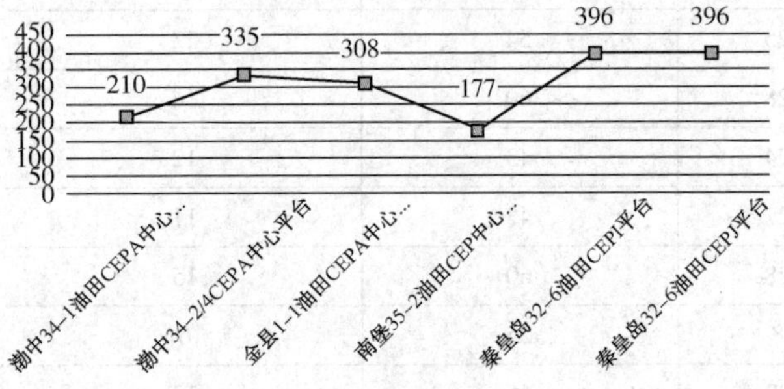

图11　主开关间面积统计图

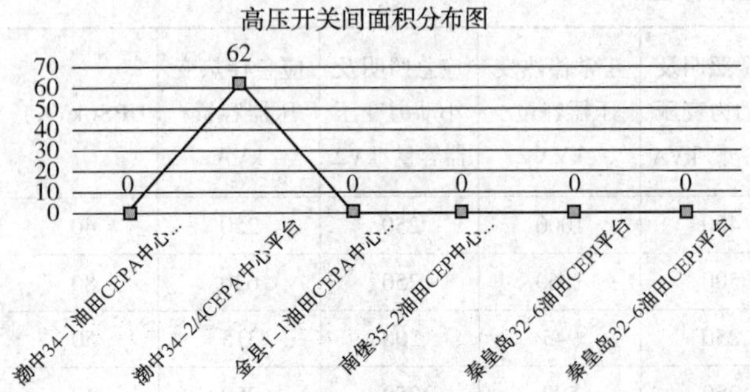

图12　高压开关间面积统计图

本研究中考虑将平台主开关间与高压开关间的面积进行合并，若合并SF6柜将需更改为空气柜，导致高压开关面积有所增大，同时合并后房间通道面积会有所优化。综合以上分析，取主开关间与高压开关间和的中值，并结合工程实践，推荐8腿带井口中心平台主开关间(包括高压开关间)的面积为$420m^2$(图13)。

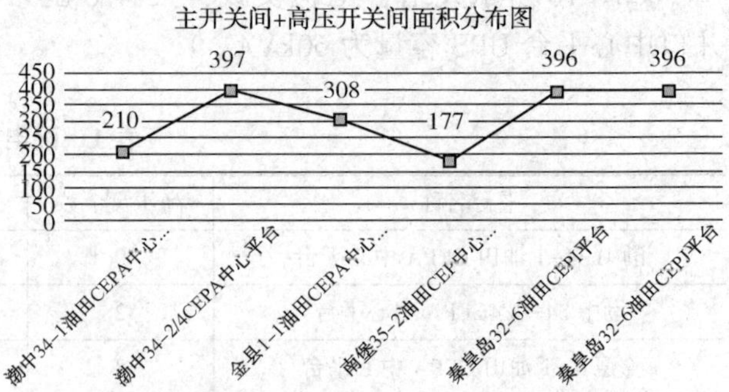

图13　高压开关间+主开关间面积统计图

2.2 主变压器面积

如图14所示，主变压器面积最大为渤中34-2/4CEPA中心平台($430.51m^2$)，对其房间布置图进行研究，发现其主变压器间包括两个房间，且包含了电潜泵变压器，考虑渤中34-2/4CEPA中心平台主变压器间与其余平台相比属于离散点，在取中值和平均值时不将其考虑在内，结合工程实践，推荐8腿带井口中心平台主变压器的面积为$250m^2$。

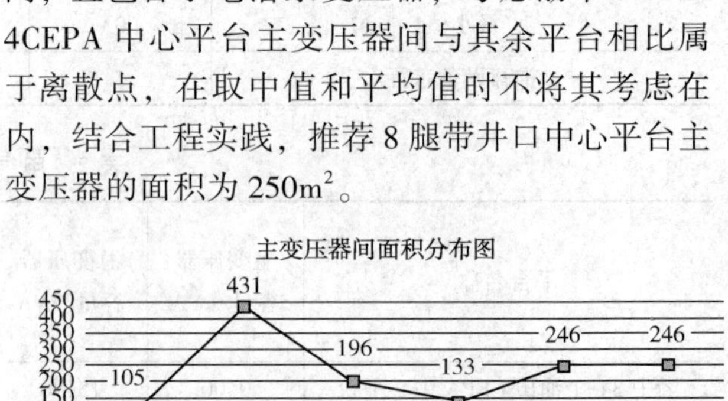

图14　主变压器间面积统计图

2.3 应急开关间面积

如图15所示，南堡35-2油田CEP中心平台应急开关间面积最小（54.9m²），渤中34-2/4CEPA中心平台应急开关间面积最大（100m²）。通过研究图纸发现渤中34-2/4CEPA中心平台应急变压器3台（315kVA），南堡35-2油田CEP中心平台应急变压器2台（250kVA），同时渤中34-2/4CEPA较之南堡35-2油田CEP应急配电盘数量要更多。结合工程实践，推荐8腿带井口中心平台应急开关间面积为100m²。

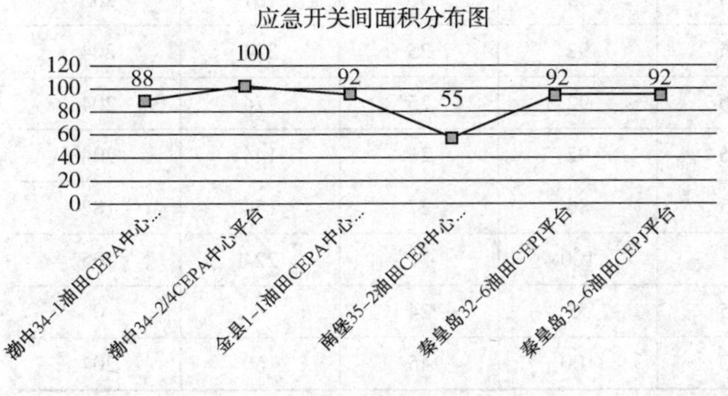

图15 应急开关间面积统计图

2.4 电池间面积

如图16所示，电池间面积曲线变化较为平缓，其与UPS容量及房间布置情况有显著关系，结合工程实践，推荐8腿带井口中心平台主变压器的面积为45m²。

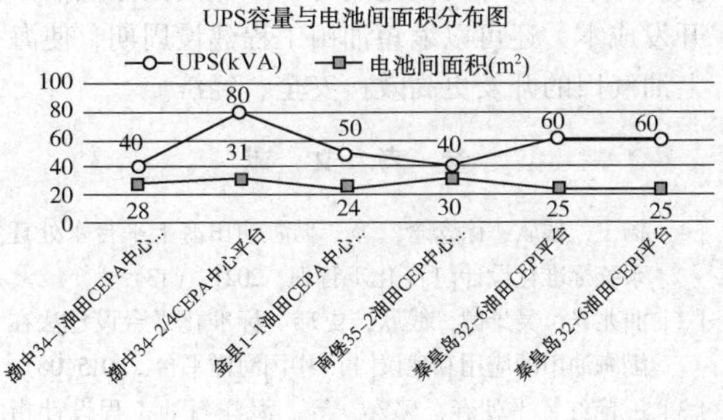

图16 电池间面积统计图

2.5 电潜泵控制间面积

如图17所示，秦皇岛32-6油田CEPI平台和秦皇岛32-6油田WHPJ平台电潜泵控制间面积最大（224.25m²），对图纸研究分析，其预留了很大一部分空间，电潜泵控制间布置图分别见下表。结合工程实践，推荐8腿带井口中心平台电潜泵控制间的面积为160m²。

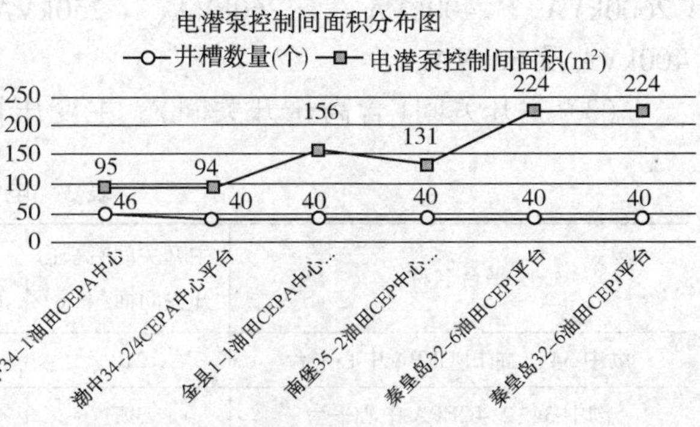

图17 电潜泵控制间面积统计图

2.6 电潜泵变压器间面积

如图18所示，南堡35-2油田CEP中心平台、秦皇岛32-6油田CEPI平台和秦皇岛32-6油田WHPJ平台电潜泵变压器间面积最大，分别为205.15m²和204m²，其面积与井数有显著关系。结合工程实践，推荐8腿带井口中心平台电潜泵变压器间的面积为204m²。

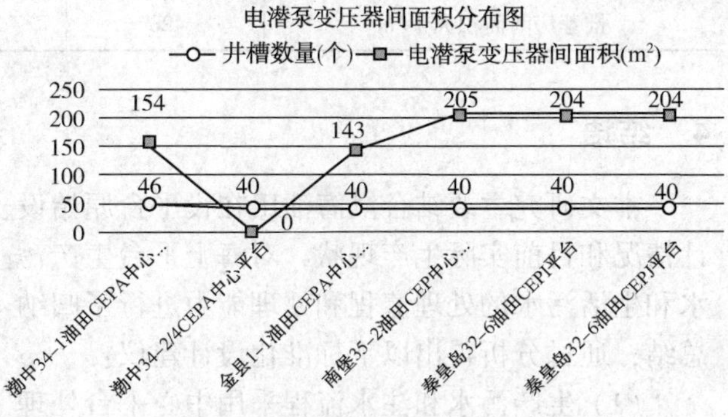

图18 电潜泵变压器间面积统计图

2.7 小结

根据数据统计并结合工程实践，对8腿带井口中心平台各个房间的面积推荐值如表3所示。

3 结论与建议

本文通过对6座典型8腿带井口中心平台电气设备及容量和电气房间面积进行统计分析并给出推荐值，最终实现了渤海油田电气8腿带井口中心平台电气标准化，是海洋工作标准化的重要组成部分。

（1）高压盘、中压盘、正常低压盘及应急低压盘的推荐数量分别为5面、28面、46面及13面。

（2）主变压器、正常照明及小动力变压器、正常伴热变压器、应急照明及小动力变压器、应急伴热变压器及UPS的推荐容量分别为

12600kVA、400kVA、1260kVA、250kVA、400kVA 及 60kVA。

（3）主开关间（含高压开关间）、主变压器间、应急开关间、电池间、电潜泵控制间及电潜泵变压器间的推荐面积分别为 $420m^2$、$250m^2$、$100m^2$、$45m^2$、$160m^2$ 及 $240m^2$。

表 3　电气房间面积荐值表

平台名称	主开关间+高压开关间面积/m^2	主变压器间面积/m^2	应急开关间面积/m^2	电池间面积/m^2	电潜泵控制间面积/m^2	电潜泵变压器间面积/m^2
渤中 34-1 油田 CEPA 中心平台	210	105	88	28	95	154
渤中 34-2/4CEPA 中心平台	397	431	100	31	94	0
金县 1-1 油田 CEPA 中心平台	308	196	92	24	156	143
南堡 35-2 油田 CEP 中心平台	177	133	55	30	131	205
秦皇岛 32-6 油田 CEPI 平台	396	246	92	25	224	204
秦皇岛 32-6 油田 CEPJ 平台	396	246	92	25	224	204
中值	352	196	92	26	144	204
均值	314	185	86	27	154	182
最大值	397	431	100	31	224	205
最小值	177	105	55	24	94	0
推荐房间面积大小/m^2	420	250	100	45	160	204

4　结语

本文研究主要结合渤海油田在役平台原始设计情况和目前实际生产现状，对海上平台生产污水和生活污水的处理流程和处理能力进行了归纳总结，通过分析得出以下标准化设计建议：

（1）生产污水和注水流程采用中心平台处理→海管输送→井口平台回注的模式；

（2）中心平台生产污水处理流程标准化设计采用“斜板除油器→气浮选机→核桃壳过滤器→注水细滤器”四级处理流程，重点关注斜板除油器的能力和设备选型，确保后续水处理流程满足要求；

（3）生产污水处理能力按照 500/1000/2000m^3/h 三档划分，工程设计阶段结合油藏配产进行选择；

（4）生活污水处理能力按照生活楼定员人数进行标准化设计，处理工艺由建设单位结合环保要求和工程可行性、经济性进行合理选择。

针对渤海油田海上平台生产和生活污水的标准化设计开展研究，不仅可以为其他工艺系统的标准化设计研究提供参考，更是对今后工程项目的开发和管理、设备和材料的采办、平台的建造和安装以及油田的生产操作等一系列过程影响重大。标准化设计的实施既可以降低大型海上油田开发成本，还可以缩短油田工程建设周期，使海上油气田的开发更高效、安全、经济。

参　考　文　献

[1] 杨飞，钱欣，徐念念，等．渤海油田海上平台水处理系统标准化设计[J]．化工管理，2021，(13)．

[2] 曲兆光，吴景健，钱欣，史玮．标准化平台设计法在渤海油田的应用和建议[J]．中国海洋平台，2015(06)．

[3] 王艳红，平朝春，郭宏，等．海洋石油工程设计指南[M]．北京：石油工业出版社．2007[5]．

[4] 李雪，张安安，敬佳佳，等．海上平台电力系统研究综述[J]．电网与清洁能源，2016(02)．

渤海油田基于固体绝缘开关柜应用的碳达峰碳中和实践

金 秋 刘英雷 薄 昭 陈建玲 许晓英

（中海石油（中国）有限公司天津分公司）

摘 要 电气方案是海洋石油开发中的重要一环，开关柜更是渤海智能电网、坚强电网的重要组成部分。为解决渤海油田空气开关柜体积大、易受环境影响的缺点，以及 SF_6 开关柜严重的环保问题，深入研究了空气开关柜、SF_6 开关柜、环保气体开关柜及固体绝缘开关柜的特点。结果表明：固体绝缘开关柜采用环氧树脂+硅橡胶的固体绝缘方式，具有占地面积小、性价比高、安全防护等级高、绿色环保、免维护、无需设置独立电气房间等优势，对降低工程开发投资具有重要作用。通过该研究，实现了固体绝缘开关柜在渤海油田开发项目的应用，实现了我国海洋石油碳达峰碳中和的良好实践。

关键词 固体绝缘开关柜；海洋石油；碳达峰碳中和；渤海油田；实践

2020 年，我国宣布力争 2030 年前碳排放达到峰值，努力争取 2060 年前实现碳中和，这必将引起能源行业的深刻变革和科学技术的不断创新。中国海油提出要准确把握“碳达峰、碳中和”行动的战略路径，要推动产业转型升级，助力低碳产业发展，全面推动公司绿色低碳转型。

海上油气开发项目主要分详细设计、现场建造、海上安装、海上联调四个阶段；设施类型涉及固定平台、海底管缆、浮式设施及水下系统；技术层面包括工艺、结构、机械、电气、配管、仪表、通讯、舾装、防腐等多个专业，是一个繁复的系统工程。电力系统设计是海洋工程设计众多领域中的一个专业，海上油气田开发工程电力系统设计的技术性能指标的合理性、实用性和规范化程度非常重要。

海洋石油平台空间紧凑，设备密集，通常设计选用小型化、轻型化的设备，以节约投资。随着海上油气田开采规模的增大，平台电站容量、电压等级不断提高，供配电设备数量不断增多。此时，配电柜的布置要占用很大空间，对平台配电间的设计会带来很大影响。

目前运行中的海上石油平台用开关柜主要为以空气绝缘为主开关柜和以 SF_6 气体绝缘为主的开关柜。空气绝缘技术应用历史悠久，且技术较为成熟。但因传统的空气开关柜设备占地面积大，易受高盐雾、霉菌、湿度等恶劣海洋环境的影响，无法满足海上平台严苛的海洋环境、维护少、紧凑的要求。

本文通过深入研究空气开关柜、SF_6 开关柜、环保气体开关柜及固体绝缘开关柜的原理及优缺点。证明固体绝缘开关柜采用环氧树脂+硅橡胶的固体绝缘方式，具有占地面积小、性价比高、安全防护等级高、绿色环保、免维护、无需设置独立电气房间等优势，对降低工程开发投资具有重要作用。最终实现了固体绝缘开关柜在渤海油田开发项目的应用，实现了我国海洋石油碳达峰碳中和的良好实践。

1 海洋平台开关柜

目前运行中的海上石油平台用开关柜主要为以空气绝缘为主的开关柜和以 SF6 气体绝缘为主的开关柜。空气绝缘技术历史悠久，技术成熟，但是传统空气开关柜在海上平台的使用有两大缺陷，一是设备占地面积大，例如海上平台使用的 35kV 空气开关柜尺寸通常为（宽×深×高）（1200～1400mm）×（2800～3400）mm×2800mm，对于平台空间要求很高，这也是长久以来海洋平台电气房间面积无法有效减小的深层原因。二是空气开关柜中母排等高压元件直接与外界大气环境连通，会受到外界灰尘、湿度等影响，外界环境直接决定空气开关的安全使用，海上平台是高盐雾、霉菌、高湿度的恶劣海洋环境，增加了空气开关柜的维护频次和难度，特别是在平台黑启时，如果除湿不到位，甚至可能引发安全事故。

在此情况下，SF_6 开关柜应运而生，其开关本体绝缘与灭弧采用真空介质，外绝缘采用 SF_6 气体，具有占地面积小、免维护的优点，但是 SF_6 开关柜的缺点同样明显，主要体现在以下三个方面：一是 SF_6 开关柜故障后维修难，影响大。SF_6 开关柜漏气后需要查找漏点，难度非常大。发现漏点后，可能需要整体停电检修，影响面广。二是 SF_6 开关柜环境危害大，SF_6 是典型的温室气体，一个分子的 SF_6 对温室效应的影响是一个分子的 CO_2 的 23900 倍，衰减周期为 3200 年。SF_6 气体的消减和替代是电力开关行业需要急迫解决的问题，也是电力设备用户不可推卸的责任和义务。三是 SF_6 气体通过电弧放电分解后，会产生各种有毒的低氟化物，需要设立独立的电气房间，气体监测装置和通风装置，增加了布置的难度和设备的总成本。

为了克服空气柜体积大、易受环境影响的缺点，以及 SF_6 开关柜严重的环保问题，市场上曾推出了环保气体开关柜。环保气体开关柜采用干燥空气或者氮气，或者混合气体替代 SF_6 气体作为绝缘介质。但是，由于这些气体在绝缘强度、导热性能方面要远逊于 SF_6 气体，只能通过提高充气压力的方式进行补偿。随着充气压力的提升，泄漏风险成倍增加，不具备高可靠性和安全性，不建议在海上平台使用。

固体绝缘开关柜的开关本体绝缘与灭弧同空气开关柜和 SF_6 开关柜相同，均采用真空介质，但是外绝缘采用固体材料，由绝缘封闭母线连接各个回路。绝缘筒采用固封极柱技术，将真空灭弧室，主导电回路和绝缘支撑有机结合为一个整体，实现全绝缘、全密封和免维护，体积缩小的同时也实现单元可拆换结构，扩展灵活。固体绝缘开关柜作为一项新型技术，在陆上系统已经得到认可与应用。固体绝缘开关柜克服了空气绝缘开关柜体积大、占地面积多的不足，同时解决了 SF_6 气体柜对大气的污染问题。

2　固体绝缘开关柜

2.1　固体绝缘开关柜

固体绝缘开关柜采用固封极柱技术将导电回路、真空灭弧室、绝缘拉杆、隔离开关等部件放入模具整体浇注环氧树脂材料固化后得到，采用分相绝缘并在固体绝缘材料最外层涂覆半导体层，进行可靠接地，避免了相间短路和触电，提高了安全性，一次回路 IP 等级达到 IP67，几乎不受外界污秽、潮气等的不良影响，具备免维护性能，特别适合高盐雾、霉菌、湿度的海洋工作环境。如图 1 所示。

图 1　固体柜(固体包覆)示意图

固体绝缘开关的核心是环氧树脂绝缘材料，直接决定固体绝缘开关的可靠性。这种绝缘材料正是变压器绕组的绝缘材料，也是电气设备中最常见、最基本的绝缘材料。最新型环氧树脂材料具备以下特点：(1)抗开裂性。通过严酷的热冲击试验，辅以柔性填充物，消除热胀冷缩引起的破坏应力，确保部件长期运行而不会开裂。(2)热收缩性。接近于铜的热收缩率，实现与铜件紧密的连接，避免产品内部出现裂缝。(3)高玻璃化温度(Tg)。135℃～150℃的玻璃化温度，使环氧树脂在高温运行环境下绝缘能力不下降。(4)导热性。80～100(10^{-2}W/m·k)的导热系数，易于热量散发。(5)环保性。通过热处理循环和化学处理循环二种处理方式，可以使环氧树脂很快分解。(6)抗老化性。材料所具有的疏水等特性确保高压带电部位满足 30 年的长期使用要求。

为了全面评估固体绝缘开关在海上平台的适应性，从占地面积、重量、价格、是否需要独立设置电气房间、是否环保、维护工作量及使用中的风险等维度对比分析固体绝缘开关柜与空气绝缘开关、SF_6 开关柜、环保气体开关的参数及特点。由于 12kV 开关柜(适用于 10.5kV 及以下电压等级)与 40.5kV(适用于 35kV 电压等级)开关柜差异较大，分别进行探讨。

2.2　12kV 开关柜

目前主流的 12kV 开关柜为空气绝缘开关，

因此，对于12kV电压等级开关柜，主要对比空气绝缘开关柜与固体绝缘开关柜的差异。为满足海上平台不同使用场景，在上平台上使用的12kV电压等级固体绝缘开关柜有两种，一种是常规的固定式固体绝缘开关柜，其集成的真空断路器是不能移除的。第二种是移开式固体绝缘开关柜，类似于常规的空气柜，可将真空断路器用小车从固体绝缘开关柜中移除(表1)。

表1　12KV 开关柜对比研究表

名称	空气绝缘开关柜	移动式固体绝缘开关柜	固定式固体绝缘开关柜
尺寸	800×1500×2360	480×1165×2250	420×780×2200
占地面积	1.2	0.55	0.32
重量	0.9	0.68	0.17
价格	12	18	16
独立电气间	否	否	否
环保	是	是	是
面维护	否	是	是
风险	受环境影响	无	无

选取容量1250A开关柜，从多维度对比分析，首先从占地面积上看，空气绝缘开关柜、移开式固体绝缘开关柜、固定式固体绝缘开关分别为1.2m^2，0.55m^2，0.32m^2。移开式固体绝缘开关柜占地面积只有空气绝缘开关柜的46%，而固定式固体绝缘开关柜的占地面积减小至空气绝缘开关柜的27%。从重量上看，三种开关柜依次为1.2t，0.68t，0.17t。移开式固体绝缘开关重量只有空气绝缘开关柜的57%，而固定式固体绝缘开关柜重量仅有空气绝缘开关柜的14%。从价格上看，三种开关柜价格依次为12万元，18万元，16万元。移开式固体绝缘开关柜费用为空气绝缘开关柜的1.5倍，固体式绝缘开关柜为空气绝缘开关柜的1.3倍，在价格方面空气绝缘开关柜略占优。从后期维护工作量看，空气绝缘开关柜易受环境影响，需要定期维护，而移开式固体绝缘开关柜与固定式固体绝缘开关柜均为免维护的。因此，综合考虑上述多种因素，固体绝缘开关柜，特别是固定式固体绝缘开关柜综合性能显著优于其他类型开关柜。

2.3　40.5kV 开关柜

对于40.5kV开关柜可比选开关类型相对较多，涉及到空气绝缘开关柜，SF_6气体绝缘开关柜，环保气体绝缘开关柜和固体绝缘开关柜(目前尚未开发对应电压等级的移开式固体绝缘开关柜)。同样从前述的维度进行分析，首先从占地面积看，依次为3.12m^2，1.06m^2，1.06m^2和0.78m^2。固体绝缘开关柜占有绝对优势。从重量看，分别为1.2t，0.6t，0.6t，0.86t，固体绝缘开关柜优于空气绝缘开关柜，稍逊于气体绝缘开关柜。从价格上看，分别为19万元，22万元，23万元，24万元，四者价格非常接近。从房间设置看，空气绝缘开关柜与固体绝缘开关柜均无需设置独立的电气间，SF_6气体绝缘开关需要设置独立电气间，环保气体绝缘开关柜需要根据气体类型确定。从使用风险看，空气绝缘开关柜易受环境影响，需要定期维修(表2)。

表2　40.5kV 开关柜对比研究表

名称	空气绝缘开关柜	SF_6气体绝缘开关柜	环保气体绝缘开关柜	固体绝缘开关柜
尺寸	1200×2600×2800	600×1760×2300	600×1760×2300	600×1300×2300
占地面积	3.12	1.056	1.056	0.78
重量	1.2	0.6	0.6	0.86
价格	19	22	23	24
独立电气间	否	是	评估	否
环保	是	否	是	是
面维护	否	是	是	是
风险	受环境影响	泄漏	泄漏	无

3　实践及结论

本文通过深入研究空气开关柜、SF_6 开关柜、环保气体开关柜及固体绝缘开关柜的原理及优缺点。证明固体绝缘开关柜采用环氧树脂+硅橡胶的固体绝缘方式，具有占地面积小、性价比高、安全防护等级高、绿色环保、免维护、无需设置独立电气房间等优势，对降低工程开发投资具有重要作用。

南堡 35-2 WHPC 平台为无人平台，甲板面积紧凑，采用常规中压空气绝缘开关柜，无法在有限的空间里完成电气设备布置，通过采用固体绝缘开关柜，中压盘柜占地面积减少了约 50%，为一体化电气房间的实施奠定了基础。

本文通过深入研究了空气开关柜、SF_6 开关柜、环保气体开关柜及固体绝缘开关柜的特点，探索证明了固体绝缘开关柜应用于海洋石油平台的可行性。既解决了海洋石油平台空间有效的问题，又实现了绿色环保。最终实现了固体绝缘开关柜在渤海油田的应用，应用效果良好，是我国海洋石油碳达峰碳中和的良好实践，有利于全面推动公司绿色低碳转型。

参　考　文　献

[1] 时璟丽 . 如何发挥可再生能源消纳保障机制[J]. 能源 . 2020(12).

[2] 夏美玉 . 中海石油工程开发项目界面管理分析[J]. 石化技术 . 2020(11).

[3] 海洋石油工程设计指南[M]. 北京：石油工业出版社 . 2007.

[4] 张晓宇 . 浅谈六氟化硫开关柜在海洋平台的应用[J]. 机电信息 . 2018(09).

[5] 王艳红，平朝春，郭宏，郭江艳，王伟，王晓智 . 海上油气田移开式中压固体绝缘开关柜关键技术研究及样机测试[J]. 中国海上油气 . 2018(06).

[6] 袁培，谭东现，毛文奇，李欣，刘赟，闫迎 . 6.3～40.5kV 干燥空气开关柜绝缘件阻燃性的实验分析与研究[J]. 高压电器 . 2020(11).

[7] 齐波，张贵新，李成榕，高春嘉，张博雅，陈铮铮 . 气体绝缘金属封闭输电线路的研究现状及应用前景[J]. 高电压技术 . 2015(05).

[8] 王飞，刘鸿雁，张伟娜 . 海上平台 SF_6 气体泄漏在线测控方案设计与应用[J]. 化工自动化及仪表 . 2014(11).

[9] 周朕蕊，韩冬，赵明月，张国强 . SF_6 替代气体分解特性的研究综述[J]. 电工技术学报 . 2020(23).

[10] 李俊豪，吴小钊，李玲玲，李鹏 . 环保气体开关柜中复合绝缘结构绝缘特性[J]. 科学技术与工程 . 2018(14).

[11] 钟恒强 . 固体绝缘环网柜在配网中压领域的技术现状及市场前景分析[J]. 电气应用 . 2011(17).

[12] 王海燕，陈硕，朱志豪，费翔，程显 . 固体开关柜环氧树脂材料绝缘特性研究[J]. 绝缘材料 . 2019(02).

[13] 孙竹森，兰剑 . 环保型金属封闭开关设备的技术特点与发展趋势[J]. 中国电业(技术版). 2014(06).

装配式模块结构在非常规天然气钻前工程中的应用研究

陈小兵　谭树成　郭小燕　李思薇　王　孔　赵云川　魏　翔　何学渊　范庆华

（四川蜀渝石油建筑安装工程有限责任公司）

摘　要　近年来，建筑行业能耗和碳排放量迅速增长，装配式结构是实现建筑行业“碳达峰”和“碳中和”的重要载体。根据节能、节地、节水、节材和环境保护的绿色低碳理念，非常规天然气钻前工程重点针对如何最大限度节约资源与减少对环境负面影响，开展了装配式模块结构的应用研究，装配式模结构块主要包括装配式场面板、装配式方井、装配式清污分流系统等，本文以装配式场面板为例，在非常规天然气的钻前工程进行了详细的研究和阐述。本文论述了装配式场面板的理论计算与设计，通过室内极限承载力试验验证了理论设计的可靠性，并推广应用到实际井场，系统地整理出一套用于钻前工程的装配式场面板施工技术，充分论证了装配式模块结构应用于非常规天然气钻前工程的可行性和必要性，为节能减排和碳中和、碳达峰的双目标提供了有效的解决途径。

关键词　钻前工程；装配式场面板；施工技术应用；复垦；节能减排

1　引言

在非常规天然气钻前工程中，传统的现浇场坪对生态环境造成了大量废弃的混凝土，不利于节能减排，及碳中和、碳达峰的实现。在钻前工程中，通常井场占地面积约 8000m^2，最大可达到上万平米。如果采用传统现浇混凝土铺设 8000m^2，厚度为 200mm，在复垦拆除时会产生约 1600m^{3}的混凝土废渣，在掩埋处理过程中所产生的碱性废渣会令大量土壤“失活”，这样在花费大量运费的同时，还会对环境造成二次污染。除此之外，混凝土在生产过程中会消耗大量的砂、石等，并且水泥的生产会伴随大量的二氧化碳产生。

2016 年国务院出台《关于大力发展装配式建筑的指导意见》，要求要因地制宜发展装配式建筑，力争用 10 年左右时间，使装配式建筑占新建建筑面积比例达到 30%。2022 年，住房城乡建设部印发《建筑节能与绿色建筑发展“十四五”规划》，提出要加快推进超低能耗、近零能耗、低碳建筑规模化发展。2022 年 5 月 31 日四川省住房和城乡建设厅等 4 部门发布《推动全省装配式建筑标准化建设工作方案》明确发展目标，加快推动装配式建筑设计标准化、部品部件生产标准化、施工工艺标准化、监督管理标准化。在全国推广装配式建筑的大背景下，装配式模块技术在钻前工程中应用研究是主动顺应国家的发展要求。

装配式施工技术能在钻前工程得以推广，将实现钻前工程模块化和工业化生产，不受雨季气候影响。拼装施工技术的掌握，对钻前工程质量保证和确保钻前工程在雨季施工提速也有重大研究意义，因此开展钻前工程装配式模块技术研发和推广十分必要。

2　装配式模块结构

在近年来在国家和地方政府大力倡导节能减排的环境保护政策指引下，为解决环境保护问题，寻找双碳目标的有效途径，本文结合了装配式建筑的技术理念，提出了在非常规天然气钻前工程中应用装配式模块结构的思路和方法，装配式模块主要包括装配式场面板、装配式方井、装配式清污分流系统等，如图 1 所示。

装配式模块结构能有效加快施工进度，又可拆除重复利用，保护生态环境。为此开展了“装配式模块结构在非常规天然气钻前工程的应用研究”，针对钻前工程中的方井、清污分流排水系统、场面等采用工期较长的砌筑和现浇等施工方法，提出模数化、标准化、规模化生产技术和标准化拼装工艺技术。在满足一定强度、耐久性和

(a)装配式场面板

(b)装配式方井

(c)装配式清污分流排水沟

图1　装配式模块结构

稳定性的条件下，缩短工期，提高施工效率，保护生态环境。同时，对提高本公司钻前工程施工效率，突破多年来钻前工程工期极度紧张这个瓶颈具有里程碑式的重大意义，同时也为钻井提速提供强有力的支撑。

本文以装配式模块中的装配式场面板为例，详细阐述了装配式模块结构的理论设计、室内试验、现场应用、施工技术要求、经济效益分析等，从而充分论证装配式模块在非常天然气规钻前工程中应用的可行性、有效性。

3　装配式场面板设计与理论计算

3.1　页岩气井场车辆荷载谱调查

现行场面板设计，大部分是根据预估交通量以及标准轴重(BZZ-100)来设计的，与钻前工程实际交通量及车辆轴重有一定不同。

因此，我们先进行了西南片区页岩气井场车载谱调查：2轴车与3轴车占比为22%，4轴车(包括货车、大型压裂车等，载重31t~40t)占比为52%，5轴车占比为14%，6轴车占比为12%。实际上，交通量呈现出以货车为主流的情况，铺设在页岩气井场场面板主要承受4轴及4轴以上的车辆荷载重量。

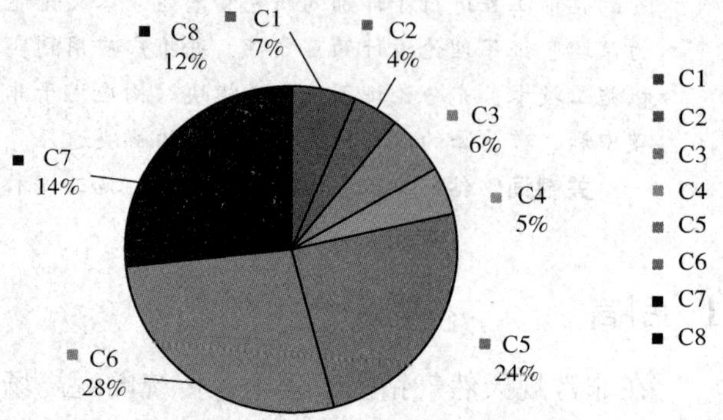

图2　各车型占交通量比例(C为典型车辆代号)

通过轴载谱调查还可得知，各型车辆普遍有超载现象：2轴、3轴及5轴车整体交通量不大，暂不考虑；4轴车辆大约有60%的轴载处于10~15t，约占井场交通量总数的52%，占据交通量的主流。综合考虑场面板的寿命及经济可靠性，先以BZZ-100轴载为基准进行装配式面板的设计工况(轴载140KN)，验算时可考虑超重工况(轴载200KN)和极限工况(轴载280KN)来适配超载现象。

3.2　车辆轮印面积计算

在荷载计算中，采用矩形面积进行计算，如图3所示。

当单轴荷载为140kN时，则d=0.252m，其他荷载工况如表3-1所示。

表3-1　轮胎接触截面参数

类别	轴载P/kN	荷载压强/MPa	单轮当量圆直径/m	轮距/m
设计工况	140	0.7	0.357	1.8
超重工况	200	0.7	0.426	1.8
极限工况	280	0.7	0.505	1.8

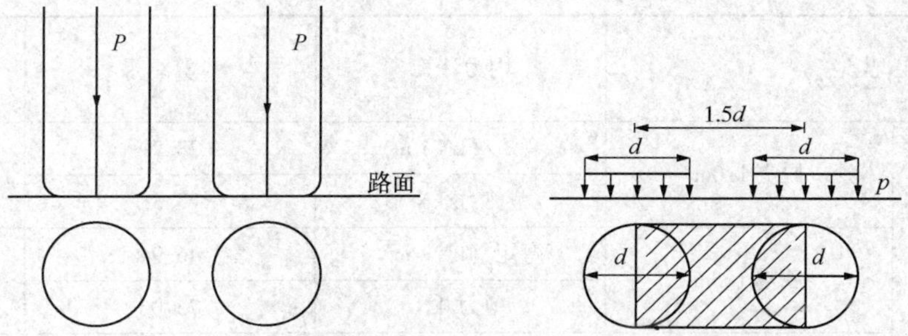

图 3　双圆车轮荷载计算图示

3.3　配筋计算

考虑到较厚的场面板不利于运输和安装，太薄的场面板无法承担较重的荷载工况，因此装配式场面板设计厚度取 150mm。混凝土保护层的厚度 $c=35$mm，从板的受拉边缘至受拉纵向钢筋的距离 $a_s=40$mm，故截面的有效高度 $h_0=110$mm。

荷载设计值中，需考虑汽车活荷载及装配式板自重：1.2 自重+1.4 汽车。

$\gamma_Q=1.4$，$q_k=\dfrac{F}{L}=140\div0.357\div2=196.08$kN/m，

$\gamma_G=1.2$，$q_h=25$kN/m^3，

活荷载：=274.51kN/m；板自重：$q_2=\gamma_Q q_h$ =6.75kN/m

装配式场面板难以和土基及找平层形成连续紧密接触，刚性路面层需要吸收大部分荷载应力。因此，板的设计不能完全按照相关现浇道路规范进行设计，为简化计算及较为准确的进行配筋，可将脱空处装配式场面板看作梁进行配筋计算，根据现场实际情况，脱空跨度可分为 1.0m、1.5m、2.0m。当脱空跨度 l=1000mm 时，计算单元的截面尺寸 $b\times h=1000\text{mm}\times150\text{mm}$。

（1）弯矩设计值

$M_b=\dfrac{1}{8}\times6.75\times1^2=0.84$kN·m

$M_c=(140\times0.5-140\times0.357\div4)\div4\times1.4=20.13$kN·m

$M_1=M_b+M_c=20.97$kN·m

（2）配筋面积

混凝土强度等级 C40：混凝土抗压强度设计值 $f_c=19.1\text{N/mm}^2$，钢筋强度设计值 $f_y=360\text{N/mm}^2$，矩形应力图应力值系数 $\alpha_1=1.0$。

$$\xi=1-\sqrt{1-\frac{M_1}{0.5\alpha_1 f_c bh_0^2}} \tag{2-1}$$

$$A_s=\frac{\xi\alpha_1 f_c bh_0}{f_y} \tag{2-2}$$

分别计算，得到各工况长方向受拉钢筋截面面积如表 3-2 所示。

由表 3-2 可知，当脱空跨度过大，装配式场面板钢筋配筋面积越大（>1500mm^2），导致板质量增加，不利于减少造价，且为较小概率事件；若选择较小的配筋面积，难以满足工况要求（<1000mm^2）。因此选取 As=1026mm^{2}满足工况 1 及部分工况 2 的配筋面积，根据《混凝土结构设计规范》（GB 50010—2020）可知，在装配式场面板下部纵向受拉钢筋应选用 C14@150，在装配式井场面板下部横向受拉钢筋应选用 C14@150。

表 3-2　跨中正截面抗弯剪极限承载力及配筋结果

工况		内力计算	计算结果	每米受拉钢筋截面面积 As/mm^2
工况 1（设计轴载：140kN）	脱空 1.0m	弯矩/(kN·m)	20.97	619
		剪力/kN	52.38	
	脱空 1.5m	弯矩/(kN·m)	34.28	928
		剪力/kN	54.06	
	脱空 2.0m	弯矩/(kN·m)	48.00	1237
		剪力/kN	55.75	

续表

工况		内力计算	计算结果	每米受拉钢筋截面面积 As/mm^2
工况 2（超重轴载：200kN）	脱空 1.0m	弯矩/(kN·m)	28.29	858
		剪力/kN	73.38	
	脱空 1.5m	弯矩/(kN·m)	46.94	1286
		剪力/kN	75.06	
	脱空 2.0m	弯矩/(kN·m)	65.92	1715
		剪力/kN	76.75	
工况 3（极限轴载：280kN）	脱空 1.0m	弯矩/(kN·m)	37.47	1170
		剪力/kN	101.38	
	脱空 1.5m	弯矩/(kN·m)	63.03	1755
		剪力/kN	103.06	
	脱空 2.0m	弯矩/(kN·m)	89.00	2340
		剪力/kN	104.75	

3.4 承载力计算

承载力计算能够更好确定装配式场面板的承载性及结构安全裕度，是设计中重要一环。以下计算将根据场面板实际使用情况，分为中部受压承载力计算及角部受压承载力计算。

$$F_l \leqslant 1.35\beta_c\beta_l f_c A_{\ln} \quad (2-3)$$

(1)装配市场面板角部受压区承载力计算；

由公式 5-7 可计算得到，

$$\beta_1=\sqrt{\frac{A_b}{A_1}}=1,\ F_1\approx 320\text{t}>14\text{t}$$

(2)装配市场面板中部受压区承载力计算

由公式 5-7 可计算得到，

$$\beta_1=\sqrt{\frac{A_b}{A_1}}=3,\ F_2\approx 960\text{t}>14\text{t}$$

参考《标准混凝土结构设计规范》(GB 50010—2020)，装配式场面最不利局部受压承载力设计值约为 3200kN，远远大于基准设计轴载 140kN、超重轴载 200kN 以及极限轴载 280kN，满足实际工程需求。

3.5 装配式场面板最大裂缝宽度验算

在井场实际工程中，裂缝宽度与装配式场面板结构失效相联系，需要考虑构件在该工况下的最大裂缝宽度。

$$W_{cr}=C_1C_2C_3\frac{\sigma_{ss}}{E_s}\left(\frac{c+d}{0.30+1.4\rho_{te}}\right) \quad (2-4)$$

$$C_2=1+0.5\frac{M_l}{M_s} \quad (2-5)$$

$$\sigma_{ss}=\frac{M_S}{0.87A_Sh_0} \quad (2-6)$$

由上述公式，可整理得到下表 5-3。

表 5-3 最大裂缝宽度验算

工况		最大裂缝宽度/mm	一类环境≤0.20mm	二类环境≤0.30mm
工况 1（设计轴载：140kN）	脱空 1.0m	0.14	通过	通过
	脱空 1.5m	0.24	未通过	通过
	脱空 2.0m	0.33	未通过	未通过
工况 2（超重轴载：200kN）	脱空 1.0m	0.2	通过	通过
	脱空 1.5m	0.33	未通过	未通过
	脱空 2.0m	0.46	未通过	未通过

续表

工况		最大裂缝宽度/mm	一类环境≤0.20mm	二类环境≤0.30mm
工况 3（极限轴载：280kN）	脱空 1.0m	0.26	未通过	通过
	脱空 1.5m	0.44	未通过	未通过
	脱空 2.0m	0.62	未通过	未通过

通过以上分析可知，装配式场面板配筋面积达到 $As=1026mm^2$，可满足工况 1 及部分工况 2、3 的使用要求，因此该配筋面积较为合理。因此，在装配式场面板下部纵向受拉钢筋应选用 C14@150，在装配式井场面板下部横向受拉钢筋应选用 C14@150。根据《混凝土结构设计规范》，当集中荷载较大时，上层钢筋纵向受拉钢筋应配置 C10@200。

4 装配式场面板极限承载力试验研究

4.1 试验装配式场面板设计

根据第 3 章的理论计算与设计要求，试验生产的装配式场面板结构尺寸为 3000mm × 1495mm，厚 150mm。场面板采用 C40 标号混凝土，同时双层双向配筋，面层钢筋设计为 C10@200，底层钢筋设计为 C14@150，如图 4 所示。

图 4　装配式场面板实物图

4.2 试验装置与加载方式

利用 100T 作动器配合试验室反力架和反力地板进行加载，如图 5 所示。

图 5　装配式场面板试验加载图

4.2.1 百分表布置

试验场面板在荷载作用下的位移(包含挠度)用百分表进行测量，百分表主要布置在场面板的制作，施加荷载处以及板中部，测量板顶的挠度和支座处。使用前，需要检测百分表的完好性方可安装测点，测点布置如图 6 所示。

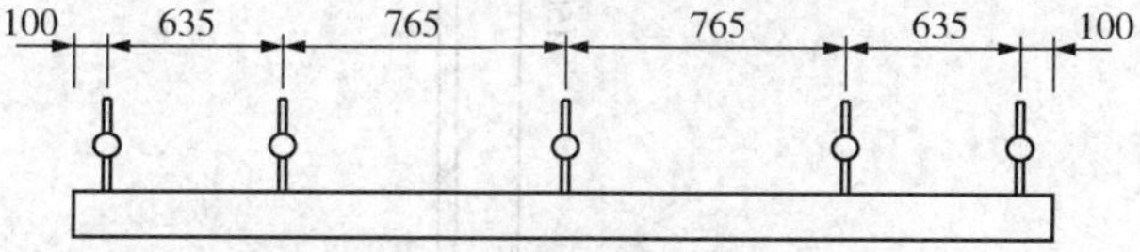

图 6　挠度测试截面布置图(单位：mm)

4.2.2 混凝土及钢筋应变测点布置图

场面板的混凝土与钢筋应变测点应根据实际受力及试验目的进行设置，以便更好研究装配式板在传力板的荷载施加下的工作状态，如图 7、图 8 所示。

4.3 装配式场面板承载力试验分析

4.3.1 挠度

在试验中，通过百分表测试，挠度随着荷载的增加而增加，基本呈现出线性变化。由图 9 可知，当施加荷载达到 100kN 之后，传力板施加荷载处以及场面板中部的挠度增加量明显比前一段曲线较快，增加速率变大，由于此时混凝土依然与钢筋共同作用，因此增长较为平稳，未突然破坏。当荷载增加到 300kN，此时板中挠度达到 23.8mm，板支座附近挠度达到 9.36mm，三个不同测点的处的挠度都产生较大增幅，混凝土退出工作，直到破坏为止。装配式场面板在荷载达到 360kN 之后，板中部挠度超过 6cm，挠度达到跨度的 1/50，钢筋屈服。

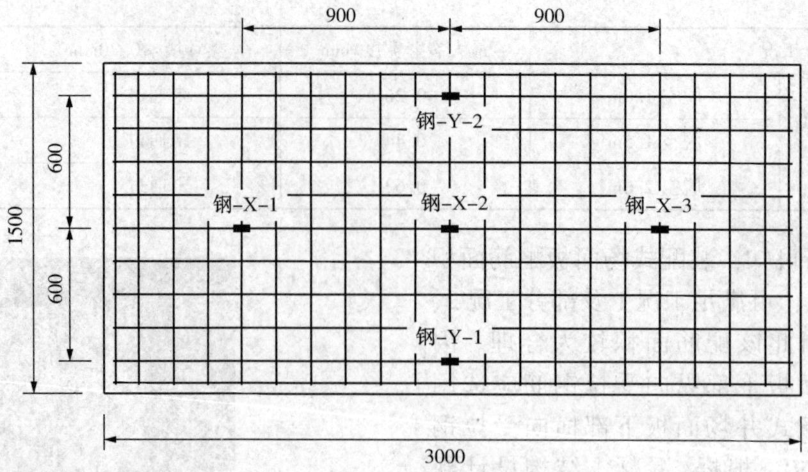

图 7　板底部钢筋应变测试截面布置图(单位：mm)

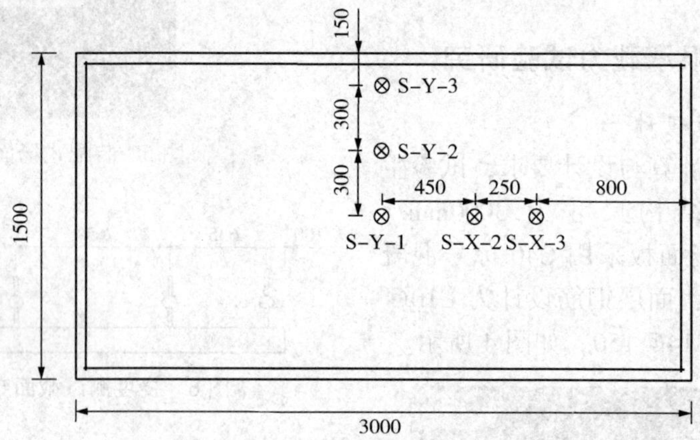

图 8　板面层混凝土应变测点布置图(单位：mm)

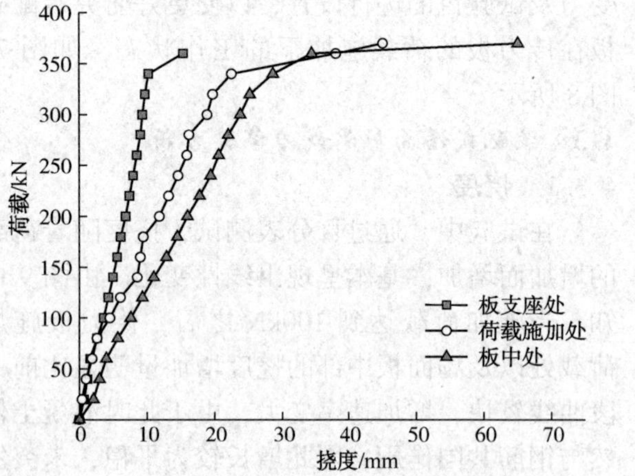

图 9　荷载-挠度曲线图

4.3.2　裂缝

场面板明显裂缝产生为 F＝100kN 时，此时受拉区混凝土依然工作，且板底中部裂缝 0.06mm，在施加荷载两处，场面板产生对称裂缝，长度在 10～80mm。但随着荷载的不断增加，板侧处、板中部及板荷载处的裂缝宽度同步增加，板底裂缝呈现由中心向支座扩展的现象，且裂缝数量不断增多。在增加荷载 100kN～300kN 的过程中，此时试件处于尚弹性阶段，在该过程中这三条裂缝宽度曲线斜率基本相同，如图 10 所示。但荷载超过 300kN 之后，细裂缝形成底贯通裂缝，同时裂缝宽度不断增加，并在荷载 F＝360kN，荷载施加处裂缝以及板侧处裂缝达到 1.5mm 以上，其中以板中部裂缝开展最大，达到 3.3mm。

由图 12 到图 13 可知，装配式场面板破坏后，两条裂缝之间相隔间距 50～100mm，平行于装配式场面板较短边产生开裂，呈现出板底中部裂缝宽度大于两侧裂缝宽度，说明在施加荷载过程中，中部混凝土早于两侧混凝土退出工作，并且钢筋最早屈服。但是在荷载后期，裂缝迅速增长，导致板体刚度骤降，挠度剧增，构件发生破坏。

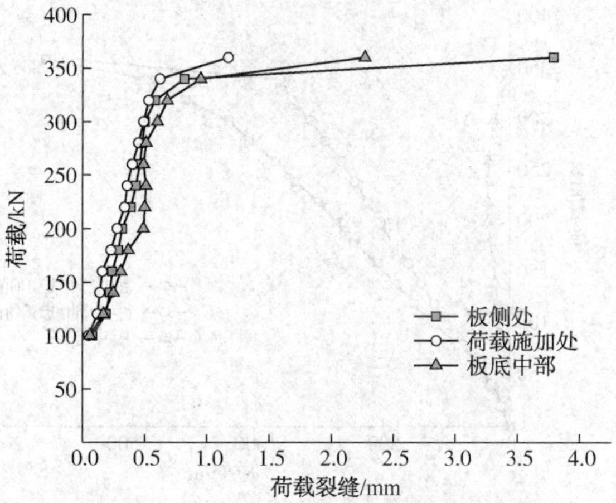

图 10　荷载-裂缝宽度曲线图

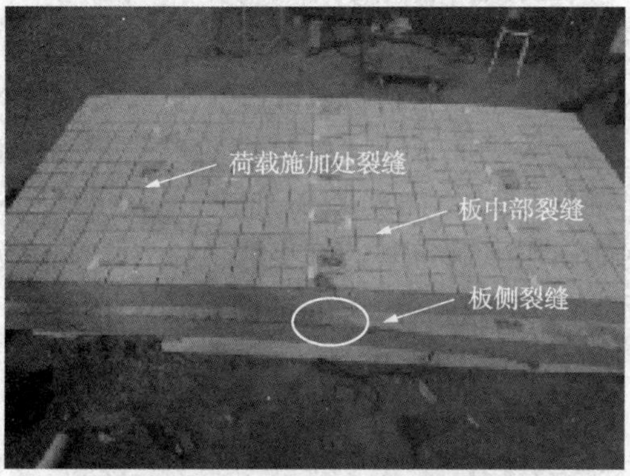

图 11　场面板裂缝分布图

图 12　场面板中部裂缝细节图

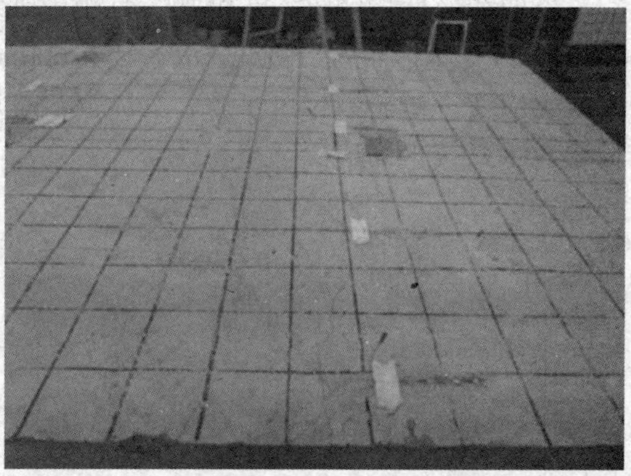

图 13　场面板荷载施加处裂缝细节图

图 14　场面板板侧裂缝细节图

4.3.3　装配式场面板钢筋应变

针对装配式场面板受拉区钢筋所取的三处应变点，明显可看出在荷载处钢筋应变在 0～100kN 变化时，该段增幅明显小于后期增幅，且荷载处(即距离板中轴线 900mm 处)应力增幅、板中部及中轴线 600mm 增长钢筋应变的斜率基本相同，但在 100～300kN 之间，距离板中轴线 900mm 处钢筋应变增长速率明显大于板中部及 600mm 处的钢筋应变速率，但增长趋势相同。在装配式场面板荷载达到 F＝300 时，钢筋进入屈服阶段，混凝土逐步退出工作，受拉区钢筋承担主要应力，最终在 F＝365kN，构件破坏，钢筋屈服。

板中部受拉钢筋应变相较于 900mm 处钢筋及 600mm 处钢筋应变较小，说明荷载处钢筋承担较大的应力。且从图 15 到图 17 可知，0～100kN 之间钢筋随荷载增加，应变稳定增加，40～365kN 之间应变值增加加快，趋于不稳定。整个荷载加载过程，钢筋应变基本呈现线性增加。

4.3.4　装配式场面板混凝土应变

装配式场面板受压区混凝土，在荷载 0kN 到 100kN 混凝土应变的增幅明显小于后期混凝土应变，且板中部荷载混凝土一直处于弹性应变中，直到装配式板破坏，应变未发增加。在荷载达到 100kN 时，可观测到肉眼可见的裂缝，随着荷载增加，受拉区混凝土开裂宽度不断增加。而在 F＝300kN 时之后，施加荷载处应变增大较快，三条曲线应变增幅进一步增加，且距中轴线900mm处的受压区混凝土应变始终大于600mm处混凝土应变。试验数据可了解，受压混凝土应变普遍大于受拉钢筋应变。

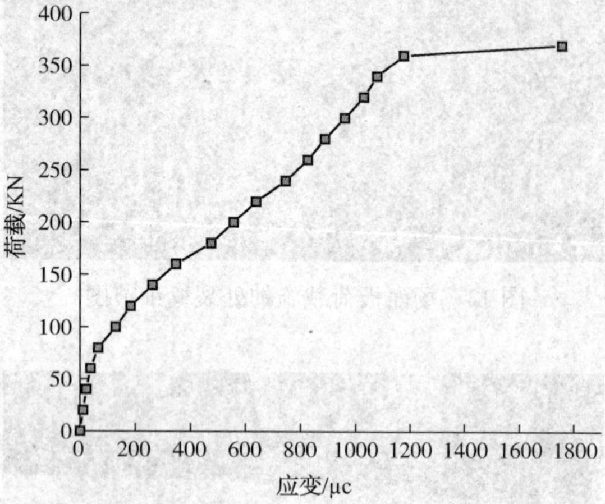

图15　距板中轴线900mm处应变图

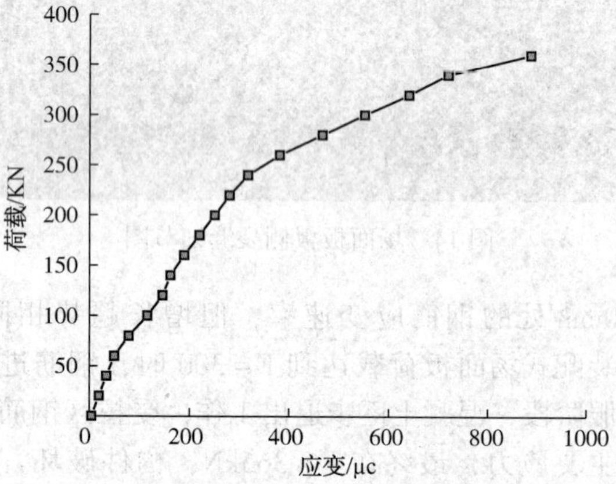

图16　距板中轴线600mm处应变图

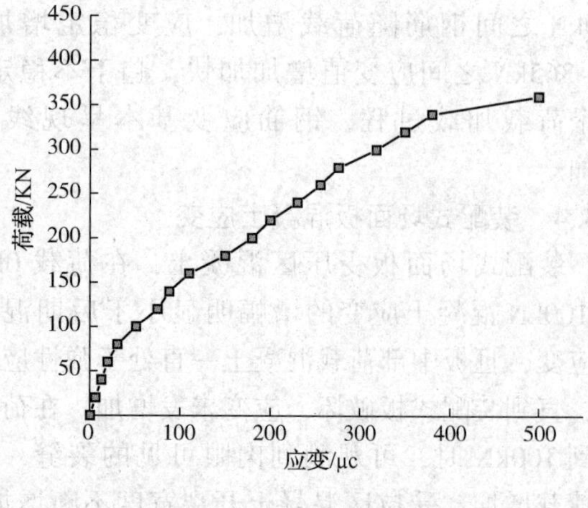

图17　板中部应变图

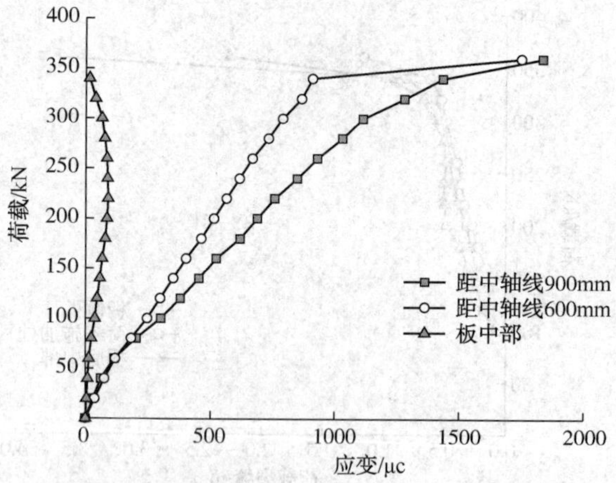

图18　荷载-受压区混凝土应变图

4.5　试验结果

装配式场面板在承载力试验中，加载到100kN之前，未见到明显裂缝，加载到300kN之前，装配式场面板进入弹塑性阶段，直到360kN裂缝宽度激增，挠度增加加快，直到365kN试件钢筋屈服，确定其破坏极限为365kN，远远大于超重荷载280kN，满足工程实际需求。

5　装配式场面板施工技术研究

5.1　施工流程

在钻前工程施工中总体施工顺序应如图19。

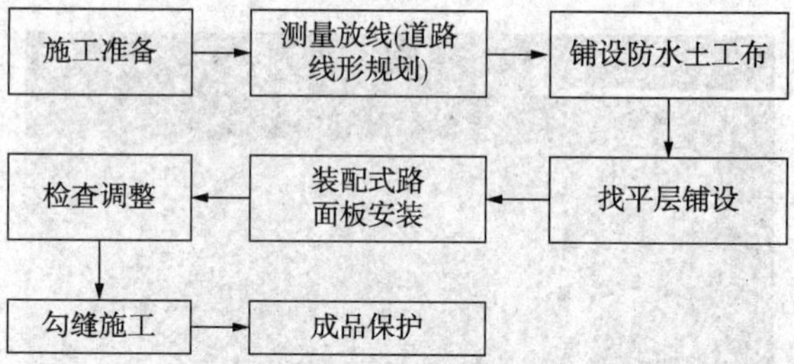

图19　流程施工图

5.2　对场坪基层要求

土基压实度应至少满足四级公路压实度≥94%，弯沉值应≤220mm，在土基碾压之后应按照相关规范对土基进行检验。

5.2.1　放线

结合页岩气井场现场实际情况，现场布置采用场面板错缝方式进行拼装。在土基施工完成后，对找平层标高、装配式场坪面层标高进行放线，定位放线要求定位准确。

5.2.2　干拌砂浆找平层施工

找平层采用干拌砂浆进行铺设，干拌砂浆配合比例为砂：水泥3：1，干拌砂浆需搅拌均匀；

找平层的铺设宽度，应严格按照设计要求进行铺设；找平层铺设高度为8cm，找平层铺设时应严格控制铺设高度。

5.3 装配式场面板安装的要求

5.3.1 橡胶垫安装

① 嵌缝胶皮为弹性材料，厚8mm，用于相邻板缝隙之间，后期一直保存于板缝内。起到保持缝隙宽度、防止后期相邻板互相摩擦造成损伤的作用。

② 将嵌缝胶皮切割为宽15cm的长条，搭设于已安装完成的场面板与待安装铺板缝隙处，安装深度与场面板厚度一致。

③ 当场面板安装定位、调整完成后，用小刀沿拼接缝隙内边缘处将胶皮切割，胶皮高度不超过场面板缝内缘高度。

5.3.2 场面板安装

① 场面板安装定位，将场面板扶正、对正安装位置，缓慢、匀速下吊至安装位置，利用撬棍对场面板安装位置进行调整。

② 直线段场面板安装，相邻板之间缝隙宽度为8mm。

③ 用扫帚清扫板缝，确保板缝无杂质，然后将干拌砂浆扫入填充板缝，填充高度控制在离板缝上表面内缘高度2-3cm处。用灰刀检测其密实度，以灰刀塞入取出后干拌砂浆不下漏为宜。

5.3.3 装配式场坪边缘约束施工

为更好约束装配式场面板，不发生错位、错台等现象，需要对板边缘进行固定。井场实际施工中通常采取两种方式对场面板外边缘进行约束，一种是采用路缘石，另一种采用最外侧缝宽不小于30cm现浇混凝土块（距离排水沟外侧），缝内填充混凝土，如下图20所示。

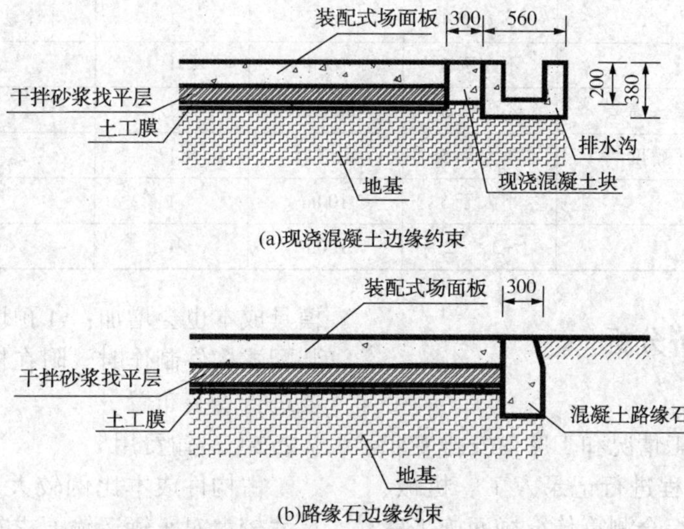

图20 装配式场面板边缘约束形式

5.4 质量控制要求

（1）装配式场面板吊装前应进行外观尺寸、平整度、伸出钢筋长度等质量检验，检查项目应符合表5-1的规定。

（2）装配式混凝土场面板施工质量验收要求及方法应符合表5-2的规定。

表5-1 装配式混凝土场面板产品的质量要求

项目	允许偏差（单位mm）
宽度	+3，-2
厚度	±3
厚度差	≤3
平整度	≤3
对角线差	≤5

续表

项目		允许偏差(单位 mm)
垂直度		≤2
正面粘皮及缺损的最大投影尺寸		≤8
缺棱的最大投影尺寸	正面	≤10，且不大于5处
	背面	≤20
掉角的最大投影尺寸	正面	不允许
	背面	≤20
裂纹	非贯穿裂纹最大投影尺寸	≤10
	贯穿裂纹	不允许

表 5-2　装配式场面板施工质量标准

项目	允许偏差	检测频率		检测方法
		范围	点数	
纵断高程/mm	±15	100m	1	水准仪测量
宽度/mm	±10	100m	1	用钢尺量
横坡/%	±0.3%	100m	1	用水准仪测量
井框与场面高差	不大于4	每座	1	十字法，用直尺和塞尺量最大值
相邻块高差/mm	不大于5	100m	1	用钢板尺量
场面板与道口现浇混凝土接头高差	不大于5	每道口	1	用钢板尺量
道口现浇混凝土上表面平整度	不大于5	每道口	1	2m 靠尺和塞尺量
纵横缝直顺度/mm	不大于5	100m	1	用 20m 线和钢尺量
缝宽/mm	+3，-2	100m	1	用钢尺量

6　装配式场面板经济分析

6.1　造价体系数据对比

根据项目的现场施工情况和工序，安排专职人员对每个分部分项工程进行记录人工、机械、材料情况和市场价格，综合测算传统场面施工费用 138 元/m^2，装配式场面施工费用 390 元/m^2（其中：制造费 308 元/m^2，拆迁安费 82 元/m^2），装配式场面施工费用比传统施工费用高。

6.2　装配式场面高成本原因分析

6.2.1　生产成本高

① 生产人工费高：从事装配式构件生产需要有专业技术的生产工人，所以工人的薪资较高，造成人工费偏高；②生产材料费高：传统和装配两者所用材料没有多大变化，但部分构件因增加了钢筋，所以构件生产材料费用有所提高；③模具费用：装配式构件需要专业定制模具。模具种类及周转次数与构件生产过程中成本增量有较大关系，装配式构件种类越多、形式越复杂，模具成本也会增加；④预埋件设置费用方面：在装配式构件制作时，附在构件内的吊装预埋件也要进行安装布置。

6.2.2　运输费用

占构件成本比例较大。构件结构形式多样、尺寸较大对车辆运输要求较高，同时运输距离对费用影响较大。

6.3　周转平衡点

按照现有混凝土场面标准结算，周转5次可完成摊销。按照设计使用寿命8次计算，可在设计使用寿命内完成摊销，有进一步降本空间。

7　装配式场面板应用效果

7.1　应用情况

目前已在页岩气区块、致密气区块推广生产应用装配式场面板 5000 余张，装配钻前工程 13 井次。其中，首次装配 11 井次，周转装配 2 井次，见表 7-1。

表 7-1 装配式场面板使用情况统计

区块	致密气区块		页岩气区块	
	首次	周转	首次	周转
数量(井次)	8	2	3	0
小计	10		3	

7.2 产品优势

7.2.1 施工方面

装配式场面施工简单便捷，较传统现浇混凝土场面减少了模板制安、混凝土浇筑、养护等工序，即装即用，有效节约了场面混凝土养护时间7~14天，实现缩短技术间歇，促进井筒作业整体提速。

7.2.2 质量方面

装配式场面板为工厂化预制，不受外部环境影响，场面板在标准养护条件下发展强度，强度与温度和龄期增长曲线更高，混凝土面板收缩徐变能更早完成，出厂即达到混凝土28天标养强度。有效避免了现浇混凝土施工模式出现的收缩裂缝、平整度差等质量问题，避免养护期不足提前使用带来的质量隐患。

7.2.3 环保方面

① 建筑垃圾减量。装配式场面重复使用有效避免了复垦过程中的混凝土破碎、建筑垃圾外运及处置等问题，按照现有装配面积 $2250m^2$/井测算，每重复使用1井次可减少混凝土建渣为 $0.15\times2250=337.5m^3$，按照设计使用寿命8井次计算，总计可减少建渣排放、处置 $2362.5m^3$。

② 节能减碳。装配式场面技术可有效减少施工噪音、粉尘等污染，以及施工现场用水、施工用电的消耗，同时避免了砂石开采、水泥生产使用，减少能源消耗。根据《水泥单位产品能源消耗限额》GB 16780—2021，水泥单位产品综合能耗不超过94kgce/t，即生产1t水泥排放 CO_2 约0.234t。每方混凝土使用水泥用量按0.4t计算，每重复使用1井次至少可减少碳排放31.6t。若按照500井次测算，年可减碳15800t。

7.2.4 使用方面

① 使用安全。场面板表面设计为花纹钢板饰面，具有防滑效果，使用更加安全可靠。

② 装配式场面目视化效果良好，简洁、美观，有效改善井队工作环境，尤其是雨期不积水、不翻浆，维保简便等特点，促进使用单位提升工作效率。

7.3 经济效益

由于装配式场面可重复使用的特性，在不增加建设单位投资的情况下，可在项目后期可直接减少复垦中混凝土场面的拆除、转运及处置费用，至少可节约4万元/平台复垦费用以及3万元/平台工程建设投资；完成场面板周转摊销后，主要发生周转产生的安装运输等费用，现场成本可进一步控制，最终实现甲乙双方降本共赢。

8 结论

本文对装配式场面板进行详细的配筋面积计算，同时根据不同配筋面积进行理论计算验证，并最终通过了承载力及最大裂缝验算。结合装配式场面板理论计算与设计，室内试验的结果表明，破坏极限荷载远大于设计极限荷载，充分证明了装配式场面板在钻前工程中应用的可行性和可靠性。

通过本文研究成果以及在非常规天然气井场施工的成功经验，总结出详细系统的装配式场面板施工工艺并推广应用到其他井场。综合分析表明，装配式场面板能有效节约资源、减少对环境负面影响。

由此可见，以装配式场面板为例的装配式模块结构在节能、节地、节水、节材和环境保护的非常规钻前工程中具有十分显著的优势和广阔的应用前景。

参 考 文 献

[1] 方涛．油基岩屑在沥青混凝土路面中的应用研究[D]．西南科技大学 2019.

[2] 陈炳生．预制块路面设计应用研究[C]．上海：上海市公路学会，1999：36.46.

[3] David K. Hein，Mike Midyett，General Manager.Design and Construction of Pavement For Tracked Military Vehicles[C]．Proceedings of 1 0nd International Conference on Concrete Block Paving，Shanghai China，2012.

[4] 范小响，罗翥，傅智等．水泥混凝土路面预制拼装快速修复技术研究[J]．公路交通科技，2006(1)：33-38.

[5] 吴德芬，罗翥，彭鹏等．预制拼装技术在水泥混凝土路面快速养护中的应用研究[J].2011(02)：8-11.

[6] 田志昌，孟亚楠等．装配式水泥混凝土路面板荷载应力分析与接缝优化[J]．山东农业大学学报(自然科学版)，20 16，47(5)：753-75.

[7] Ameen Syed, R. S. Sonparote. Analysis of Prestressed Precast Concrete Pavement[J]. Material today proceedings, 2017, 4(9): 9713-9717.
[8] 中华人民共和国国家标准.《公路桥涵设计通用规范》(JTGD62—2004)[S]. 中国建筑工业出版社, 2004.
[9] 王火明. 混凝土预制块路面力学行为及结构设计方法研究[D]. 重庆交通大学, 2014.
[10] 赵恒博. 某国省干线重载交通的轴载调查统计分析[J]. 辽宁省交通高等专科学校学报, 2019(10): 1-4.
[11] 廖礼平. 绿色装配式建筑发展现状及策略[J]. 企业经济, 2019, 38(12): 139-146. DOI: 10.13529/j.cnki.enterprise.economy.2019.12.017.